Zahlen, Zeichen und Figuren
Mathematische Inspirationen in Kunst und Literatur

linguae & litterae 11

linguae & litterae

Publications of the School of Language & Literature
Freiburg Institute for Advanced Studies

11

De Gruyter

Zahlen, Zeichen und Figuren

Mathematische Inspirationen in Kunst und Literatur

Herausgegeben von
Andrea Albrecht · Gesa von Essen · Werner Frick

De Gruyter

ISBN 978-3-11-022905-9
e-ISBN 978-3-11-022906-6
ISSN 1869-7054

Library of Congress Cataloging-in-Publication Data

Zahlen, Zeichen und Figuren : mathematische Inspirationen in Kunst und Literatur / herausgegeben von Andrea Albrecht, Gesa von Essen und Werner Frick.
p. cm. -- (Linguae & litterae ; 11)
Includes bibliographical references.
ISBN 978-3-11-022905-9 (alk. paper)
1. Mathematics in art. 2. Mathematics in literature. I. Albrecht, Andrea. II. Essen, Gesa von. III. Frick, Werner.
N72.M3Z34 2012
700.1'05--dc23 2011042071

Bibliografische Information der Deutschen Nationalbibliothek

Die Deutsche Nationalbibliothek verzeichnet diese Publikation in der Deutschen Nationalbibliografie; detaillierte bibliografische Daten sind im Internet über http://dnb.d-nb.de abrufbar.

Satz: Dörlemann Satz GmbH & Co. KG, Lemförde
Druck: Hubert & Co. GmbH & Co. KG, Göttingen
∞ Gedruckt auf säurefreiem Papier

Printed in Germany

www.degruyter.com

Inhaltsverzeichnis

III. Mathematik und Literatur

Neben den Beiträgerinnen und Beiträgern, deren wissenschaftliche Neugier und Aufgeschlossenheit diesen interdisziplinären Dialog über Zahlen, Zeichen, Figuren und ihre literarisch-künstlerischen Reflexe allererst möglich gemacht hat, gilt der Dank der Herausgeber Franziska Bomski, Aniela Knoblich, Dr. Olav Krämer und Tilman Venzl für ihre wertvolle Hilfe bei der Redaktion und Fahnenkorrektur des Bandes, Dr. Stefan Höppner und Irina Schmidt für die Übersetzung zweier Beiträge sowie Johannes Franzen und Jonas Gralle für die sorgfältige Erstellung des Registers. Den beiden sachkundigen Gutachtern im Rahmen des Peer-review-Verfahrens der Reihe *linguae & litterae* schulden wir Dank für ihre akribische Kommentierung des gesamten Manuskripts.

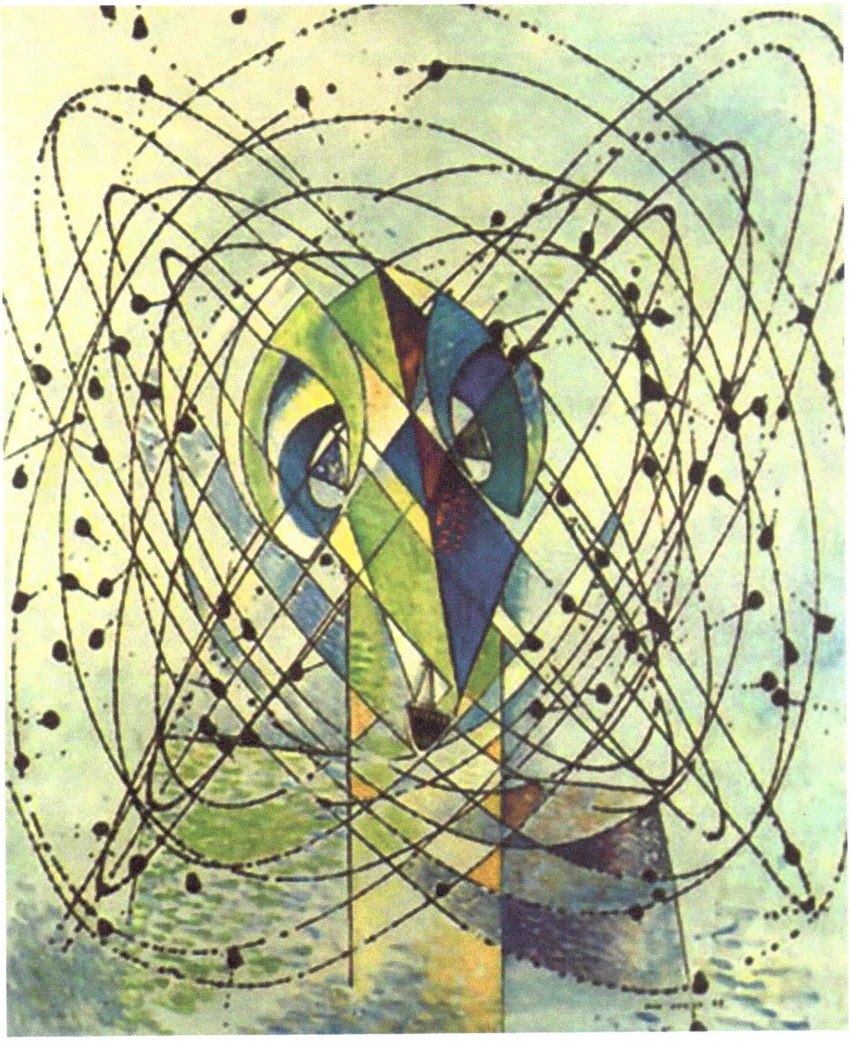

Max Ernst: *Junger Mann, beunruhigt durch den Flug einer nicht-euklidischen Fliege.*

Andrea Albrecht, Gesa von Essen und Werner Frick (Freiburg)

Einleitung

In der Eröffnungssequenz seines erst 1850 postum publizierten Gedichts *Prelude* träumt William Wordsworth von »poetry and geometric truth«. Dem in »a boundless plain / Of sandy wilderness, all black and void« ausgesetzten lyrischen Ich begegnet ein gelehrter Beduine, der auf der Flucht vor der bevorstehenden apokalyptischen Flut den Auftrag hat, die beiden wertvollsten Schätze der Menschheit (»his twofold treasure«) an einem sicheren Ort zu vergraben: einen Stein, der Euklids *Elemente*, also die Geometrie, verkörpert, und eine Muschel, aus der in Stellvertretung für die schönen Künste die Dichtung singt:

> [...] the Arab told me that the stone [...]
> Was ›Euclid's Elements;‹ and ›This,‹ said he,
> ›Is something of more worth;‹ and at the word
> Stretched forth the shell, so beautiful in shape,
> In colour so resplendent, with command
> That I should hold it to my ear; I did so,
> And heard that instant in an unknown Tongue,
> Which yet I understood, articulate sounds,
> A loud prophetic blast of harmony,
> An Ode, in passion utter'd, which foretold
> Destruction to the Children of the Earth,
> By deluge, now at hand.
> [...] he himself
> Was going then to bury those two Books:
> The one that held acquaintance with the stars,
> And wedded man to man in purest bond
> Of nature, undisturbed by space or time;
> Th' other that was a God, yea many Gods,
> Had voices more than all the winds, and was
> A joy, a consolation, and a hope.[1]

Gut anderthalb Jahrhunderte später nimmt Arno Schmidt in einem Artikel der Wochenzeitung *DIE ZEIT* diese »einleitend-mitreißende Fabel Wordsworths« zum Anlass, über das notorisch schlechte Verhältnis der Dichter zur

---

1 Wordsworth, William, *The Prelude or Growth of a Poet's Mind*, Ernest de Selincourt (Hrsg.), 2. Aufl. Oxford 1959, S. 141f.

Mathematik nachzudenken. Nach der Gegenüberstellung einer »aufs artigste poetisch« verfahrenden, mathematikfeindlichen »Dichtergruppe« einerseits und einer »poetisch« *und* »kulturgeschichtlich« relevanten »Dichtergruppe« andererseits, »die sehr wohl die Mathematik zu würdigen« wisse, bekennt er sich emphatisch zu letzterer und fordert: »Beides aber muß sein. [...] die große singende Muschel – und der Euklid!«[2] Obgleich Arno Schmidt seine mathematikaffinen Texte in die Tradition einer dem Mathematischen gegenüber aufgeschlossenen Literatur stellt und sich dazu neben Wordsworth auf Adalbert Stifter, James Fenimore Cooper, Franz Kafka und Lewis Carroll beruft, stimmt er in die auch von Mathematikern immer wieder wortreich geführte Klage über das schlechte Image ein, das von den Mathematikern und der Mathematik in den schöngeistigen Fächern kursiere. Auch der Mathematiker und Science-Fiction-Autor Eric Temple Bell kritisiert in seiner unter Mathematikern höchst wirkungsmächtigen Porträtsammlung *Men of Mathematics* aus dem Jahr 1937 die fehlende oder aber verzerrende Repräsentation der Mathematiker in Literatur und Film:

> The mathematician is a much rarer character in fiction than his cousin the scientist, and when he does appear in the pages of a novel or on the screen he is only too apt to be a slovenly dreamer totally devoid of common sense – comic relief. [...] Only by seeing in detail what manner of men some of the *great* mathematicians were and what kind of lives they lived, can we recognize the ludicrous untruth of the traditional portrait of a mathematician.[3]

In der Tat findet sich in der europäischen Kulturgeschichte eine Reihe von »negativen Urteile[n]«[4] über die Mathematik: Gotthold Ephraim Lessing konstatierte beispielsweise 1751, dass die »Philosophie des Cartesius [...] der Poesie vollends den Hals gebrochen« habe; es sei gewiss, dass dasjenige, was man

> von der Mathematik borgt, den Witz vertrocknet und ihn zu einer körperlichen Genauigkeit gewöhnet, welche [...] mit der metaphysischen Genauigkeit der Dichter und Redner gar keine Verwandschaft hat. Die Geometrie und Poesie haben ganz verschiedene Regeln, und derjenige, welcher den Homer nach dem Euklides beurtheilen wolte, würde eben so abgeschmackt handeln, als der, welcher den Euklides nach dem Homer beurtheilte [...].[5]

---

[2] Schmidt, Arno, »Der Dichter und die Mathematik«, in: *Die Zeit*, 37, 09.09.1960.

[3] Bell, Eric Temple, *Men of Mathematics. The Lives and Achievements of the Great Mathematicians from Zeno to Poincaré* (1937), New York 1986, S. 8.

[4] Schmidt, »Der Dichter und die Mathematik«.

[5] Lessing, Gotthold Ephraim, »Aus: Critische Nachrichten aus dem Reiche der Gelehrsamkeit. Auf das Jahr 1751«, in: Ders.: *Sämtliche Schriften*, Bd. 4, Karl Lachmann (Hrsg.), 3. Aufl., Stuttgart 1889, S. 202–284, hier S. 217.

Auch in Frankreich, wo man unter cartesischem Bildungseinfluss für die Mathematik im Allgemeinen empfänglicher war als in den meisten anderen europäischen Kulturen, wurde die ästhetische Aneignung algebraischer und geometrischer Ideen des Öfteren mit Misstrauen bedacht. So schien sogar dem mathematisch gebildeten Denis Diderot die intensive Beschäftigung mit Zahlen, Zeichen und Figuren dem ästhetischen Sinn eher abträglich zu sein. In seinen *Pensées sur l'interprétation de la nature* aus dem Jahr 1754 heißt es:

> Et je dis heureux le *géomètre* en qui une étude consommée des sciences abstraites n'aura point affaibli le goût des beaux-arts, à qui Horace et Tacite seront aussi familiers que Newton, qui saura découvrir les propriétés d'une courbe et sentir les beautés d'un poète, dont l'esprit et les ouvrages seront de tous les temps, et qui aura le mérite de toutes les académies![6]

Phantasie, Kreativität, Witz und Kunst auf der einen, Kalkül, Abstraktion, Trockenheit und Pedanterie auf der anderen Seite – die Abgrenzung des Ästhetischen gegenüber dem Mathematischen, die sich in den zitierten Stellungnahmen abzeichnet, ist ebenso zum Klischee geronnen wie die Klage über die schlechte Repräsentation der Mathematik in den Künsten und Literaturen. Doch wie antipodisch sind die Mathematik und die schönen Künste tatsächlich? Wie groß erscheint der Abstand zwischen poetischem und geometrischem Weltzugang, wenn man sich nicht von den wechselseitigen Vorurteilen blenden lässt, sondern einen genaueren Blick in die Musik-, Kunst- und Literaturgeschichte wirft? Möglicherweise bildet das Korpus, auf das man sich gemeinhin bezieht, einen zu kleinen Ausschnitt aus einem viel reichhaltigeren Spektrum ab. Schon eine oberflächliche Sichtung des in diesem Band versammelten und interpretierten Materials macht jedenfalls deutlich, dass die Bereitschaft der Komponisten, Künstler und Dichter, sich durch die Eigentümlichkeit der Mathematik herausfordern und ästhetisch inspirieren zu lassen, viel größer war und ist, als die zitierten Äußerungen erahnen lassen. Die Auseinandersetzung mit mathematischen Wissensordnungen, mit Quantifizierungs-, Formalisierungs- und Abstraktionsverfahren, mit algorithmischen und aleatorischen Strukturen und mit dem artifiziellen Status geometrischer und algebraischer Konstruktionen und Ideen stellt, nach dem hier sich aufdrängenden vielfachen Befund, vielmehr ein konstitutives Element musikalischen, künstlerischen und poetischen Schaffens dar, dessen Entfaltung von der Antike über Mittelalter und Neuzeit bis in die Gegenwart reicht.

---

6 Diderot, Denis, »Pensées sur l'interprétation de la nature«, in: Ders.: *Œuvres complètes*, Bd. 9, *L'interprétation de la nature*, Jean Varloot (Hrsg.), Paris 1981, S. 1–111, hier S. 30.

Dabei nehmen Mess- und Rechenkunst Einfluss sowohl auf die *Gestalt* als auch auf den *Gehalt* künstlerischer Objekte – eine Unterscheidung, die ein grobes Ordnungskriterium für die kulturwissenschaftliche Perspektivierung der Relationen zwischen Mathematik und Kunst liefert. Denn erstens können Zahlen, Maße, Proportionen und Figuren als Leitlinien ästhetischer *Formgebung* fungieren: In Musik,[7] bildender Kunst[8] und Architektur, aber auch in der rhythmischen und graphischen Gestalt poetischer Kunstwerke spielen Proportionen und Symmetrien sowie numerische und quantifizierbare Faktoren eine zentrale, strukturbildende Rolle. »Musica est disciplina quae de numeris loquitur«, bemerkte Cassiodorus schon im 6. Jahrhundert – ein Urteil, auf das sich sowohl die mittelalterliche[9] als auch die Musiktheorie der Renaissance und, wie sich zeigen wird, auch die gegenwärtige Kompositionslehre[10] zu berufen weiß. Doch auch jenseits der Musik, für welche die enge Verwandtschaft zur Mathematik seit der pythagoräischen Einsicht in die mathematischen Grundlagen der Harmonielehre nie ernsthaft bestritten wurde, entsteht Schönheit oftmals aus der Umsetzung geometrisch und arithmetisch beschreibbarer Ordnungsstrukturen. So stellt noch Mitte des 18. Jahrhunderts Johann Christoph Gottsched in seiner *Critischen Dichtkunst* kategorisch fest: »Gott hat alles nach Zahl, Maaß und Gewicht geschaffen. [...] Das genaue Verhältniß, die Ordnung und richtige Abmessung aller Theile, daraus ein Ding besteht, ist die Qvelle aller Schönheit.«[11] Auch ganz unabhängig von ästhetischen Werturteilen haben mathematische Erkenntnisse nachhaltig Einfluss auf die kulturelle Formensprache genommen und beispielsweise zahlensymbolische Gestaltungsmuster, die Technik perspek-

---

[7] Vgl. aus der umfangreichen Literatur zum Thema Musik und Mathematik nur stellvertretend zwei Titel: Assayag, Gerard/Feichtinger, Hans Georg/Rodrigues, José Francisco (Hrsg.), *Mathematics and Music. A Diderot Mathematical Forum*, Berlin u. a. 2002; Schnitzler, Günter (Hrsg.), *Musik und Zahl. Interdisziplinäre Beiträge zum Grenzbereich zwischen Musik und Mathematik*, Bonn-Bad Godesberg 1976.

[8] Vgl. aus der inzwischen umfangreichen Literatur: Maur, Karin von (Hrsg.), *Magie der Zahl in der Kunst des 20. Jahrhunderts. Katalog einer Ausstellung*, Ostfildern-Ruit 1997; Guderian, Dietmar, *Mathematik in der Kunst der letzten dreißig Jahre*, Ebringen i.Br. 1990; Werner, Gabriele, *Mathematik im Surrealismus*, Marburg 2002; Emmer, Michele/Manaresi, Mirella (Hrsg.), *Mathematics, Art, Technology and Cinema*, Berlin u. a. 2003.

[9] Vgl. z. B. Hentschel, Frank (Hrsg.), *Sinnlichkeit und Vernunft in der mittelalterlichen Musiktheorie*, Stuttgart 2000.

[10] Vgl. den Beitrag von Bernd Enders in diesem Band.

[11] Gottsched, Johann Christoph, *Ausgewählte Werke*, Bd. 6.1, *Versuch einer Critischen Dichtkunst. Erster allgemeiner Theil*, Joachim Birke/Brigitte Birke (Hrsg.), Berlin u. a. 1973, S. 183.

tivischen Zeichnens,[12] die Funktions-Harmonik der Zwölftonmusik oder auch die *contraintes formelles* des *Ouvroir de littérature potentielle (Oulipo)* orientiert.

Diese formalen Relationen sind von inhaltlichen Relationen zu unterscheiden: Denn zweitens wird Mathematisches, vor allem in Kunst und Literatur, zum *Thema* der künstlerischen Auseinandersetzung.[13] Zu den geometrisch bzw. arithmetisch inspirierten Sujets der bildenden Künste zählen nicht nur ornamentale Figuren, Symmetrien, Proportionen (wie der Goldene Schnitt), Diagramme, geometrische und topologische Kurven, Flächen und Körper. Vielmehr haben sich die Maler, Bildhauer und Baukünstler auch immer wieder der durch mathematische und physikalische Vorstellungen informierten Raum- und Zeitkonzeptionen angenommen. Wie beispielsweise der von Max Ernst ironisch ins Bild gesetzte *Junge Mann, beunruhigt durch den Flug einer nicht-euklidischen Fliege* (1947) in verdichteter Form zeigt, hat für die ästhetische Moderne hier insbesondere die Konstruktion nicht-euklidischer Geometrien eine zentrale Rolle gespielt.[14]

Ähnliches gilt für die literarische Thematisierung der Mathematik. Die in affirmativer oder auch kritischer Absicht erfolgenden poetischen Bezugnahmen auf mathematische Konzepte – oder aber auf die Träger mathematischen Wissens: die Mathematiker – erstrecken sich von spielerischen Aufnahmen einzelner mathematischer Konstrukte, wie beispielsweise die Barocklyrik sie kennt, über Assoziationen von mathematischer und poetischer Einbildungskraft (z.B. bei Novalis) und Analogisierungen von literarischer Arbeit und mathematischem Kalkül (z.B. bei Paul Valéry) bis zum kommerziellen Genre des »Math Melodrama«[15] der letzten Jahre, in dem die Figur des Mathematikers ins Zentrum eines bisweilen heroisch, bisweilen satirisch akzentuierten Plots gerückt wird.

Auch wenn weder die künstlerischen noch die literarischen Manifestationen sich zu einer Kulturgeschichte der Mathematik hochrechnen lassen,[16] so vermitteln sie in der Zusammenschau doch einen instruktiven Einblick in

---

12 Auf die arabischen Quellen der mathematischen Theorie perspektivischen Zeichnens hat kürzlich Hans Belting hingewiesen in *Florenz und Bagdad. Eine westöstliche Geschichte des Blicks*, München 2008.

13 Vgl. zur deutschen Literatur die motivgeschichtliche Überblicksarbeit von Knut Radbruch, *Mathematische Spuren in der Literatur*, Darmstadt 1997.

14 Vgl. den Beitrag von Linda Henderson in diesem Band.

15 Wallace, David Foster, »Rhetoric and the Math Melodrama«, in: *Science*, 22. Dez. 2000, S. 2263–2267.

16 Anders Radbruch, Knut, *Bausteine zu einer Kulturphilosophie der Mathematik*, Leipzig 2009.

das jeweils zeittypische Bild, das man sich von den exakten Wissenschaften macht[17] – und dieses Bild ist weit weniger schlecht, als gemeinhin angenommen wird. Vom 14. bis 17. Oktober 2008 hat die FRIAS School of Language & Literature das »Wissenschaftsjahr der Mathematik 2008« daher zum Anlass genommen, die vielfältigen Beziehungen zwischen Mathematik auf der einen, Kunst, Musik und Literatur auf der anderen Seite ins Zentrum einer interdisziplinären, komparatistisch ausgerichteten Tagung zu stellen. Ausgehend von der Überlegung, dass die Künste für die kulturwissenschaftliche Reflexion einen privilegierten Schauplatz darstellen, auf dem sich die verschiedensten Stränge der Geschichte des Wissens miteinander kreuzen, wurde der Fokus aus musik-, kunst- und literaturwissenschaftlicher Perspektive auf die vielfältigen Repräsentationsformen gerichtet, aus denen sich der Mythos der »Mathematizität« (Roland Barthes), also dasjenige speist, was vor allem aus nicht-mathematischer Perspektive ›das Mathematische‹ zu sein scheint. Mitunter kongruiert dies nicht mit den disziplinären Selbstbildern der Mathematiker, doch auch umgekehrt stimmen die Termini, welche die Mathematiker der Moderne für die Beschreibung ihrer Disziplin als Geisteswissenschaft oder sogar Kunst einsetzen, nicht unbedingt mit deren Herkunftssemantiken überein. Um das Ausloten dieses asymmetrischen Spannungsfelds war es der Freiburger Tagung zu tun.

Der vorliegende Band, der die Ergebnisse des Symposions, ergänzt um einige weitere thematisch einschlägige Beiträge, dokumentiert, gliedert sich in einen musikwissenschaftlichen, einen kunstwissenschaftlichen und einen literaturwissenschaftlichen Teil. Letzterer bildet, der Ausrichtung der FRIAS School of Language & Literature entsprechend, einen thematischen Schwerpunkt des Bandes, doch auch hinsichtlich dieses Schwerpunktes wird weder ein systematischer noch ein historischer Vollständigkeitsanspruch erhoben. Das Ziel ist ein eher exploratives, welches der noch im Anfangsstadium befindlichen Forschungslage angemessen ist: Es geht im Folgenden vor allem um eine reflektierte Erweiterung der Materialbasis, auf der Urteile über die Relation von Mathematik auf der einen, Musik, Dichtung und Künsten auf der anderen Seite getroffen werden. Ganz im Gegensatz zu Hans Magnus

---

[17] Vgl. zum Konzept wissenschaftlicher Images: Elkana, Yehuda, *Anthropologie der Erkenntnis. Die Entwicklung des Wissens als episches Theater einer listigen Vernunft*, übersetzt von Ruth Achlama, Frankfurt am Main 1986, S. 16 u. ö.; vgl. auch Corry, Leo, »Linearity and Reflexivity in the Growth of Mathematical Knowledge«, in: *Science in Context*, 3, 2, 1989, S. 409–440; Ders., »Mathematical Structures from Hilbert to Bourbaki: The Evolution of an Image of Mathematics«, in: Umberto Bottazzini und Amy Dahan Dalmedico (Hrsg.), *Changing Images in Mathematics. From the French Revolution to the New Millennium*, London u. a. 2001, S. 167–186.

Enzensbergers Beobachtung, der zufolge die Mathematik ins »Jenseits der Kultur« verdrängt und durch die Sachwalter des Geistes als Anathema stigmatisiert sei, wird sich die Mathematik dabei mitten im »Diesseits der Kultur« wiederfinden.[18]

I. Mathematik und Musik

An die Stelle von zahlensymbolischen, semantischen Ausdeutungen frühneuzeitlicher Musik ist seit den 1990er Jahren ein musikwissenschaftliches Interesse an der Rekonstruktion der numerischen und formalen Kompositions- und Strukturprinzipien musikalischer Werke getreten – ein neuer Forschungsgesichtspunkt, in dessen Zeichen sowohl *Christian Bergers* Beitrag zu »Musik und Zahl in Kompositionen des 15. Jahrhunderts« als auch *Rainer Bayreuthers* Beitrag zum »Zusammenhang zwischen arithmetischen und musikalischen Operationen in der Musik des 16. Jahrhunderts« stehen. Obwohl die Musiklehre (*scientia musica*), dem antiken Quadrivium gemäß, als Lehre von Mengen und Proportionen verstanden wurde und somit der Arithmetik, Geometrie und Astronomie nah verbunden war, haben die autonomieästhetische Wende und die romantische Musiktheorie die formalen, Mathematik und Musik verbindenden Ordnungsstrukturen zugunsten einer rein ästhetisch-sinnlichen Legitimierung der Musik aus dem Blick geraten lassen. Christian Berger zeigt am Beispiel des Renaissance-Komponisten Josquin Desprez, wie sich in Musik und Mathematik gemeinsame Sprachmuster ausgebildet haben, an denen sich die kompositorische Technik orientierte. Zahlen und Zahlenverhältnisse fungieren hier nicht, oder nur nachgeordnet, als Bedeutungsträger; primär haben sie struktur- und formgebende Funktionen für die musikalische Gestalt. Entsprechendes weist auch Bayreuther in seiner Studie unter anderem am Beispiel der Intervalltheorie des 16. Jahrhunderts nach. Dabei wird deutlich, dass man die ›Zahlhaftigkeit‹ der Musik weder als akustische Außenseite einer davon unberührten Komposition ansehen noch auf eine arithmetische Modellbildung der komponierten Töne schließen darf, sondern vielmehr strukturale Analogien von Zahlensystem und Komposition anzunehmen hat. Musik und Mathematik konstituieren demnach einen gemeinsamen Operationalitätsraum, der sich gleichermaßen aus arithmetischem und musikalischem Wissen speist. Dass diese Beobachtungen

---

18 Enzensberger, Hans Magnus, »Zugbrücke außer Betrieb oder Die Mathematik im Jenseits der Kultur. Eine Außenansicht« (erstmals 1998 in der FAZ), zit. nach: Ders., *Die Elixiere der Wissenschaft. Seitenblicke in Poesie und Prosa*, Frankfurt am Main 2002, S. 11–25, hier S. 11.

ihre Entsprechung selbst noch in der Spätmoderne haben, wird in *Bernd Enders'* Beitrag »Der wohltemperierte Computer« deutlich. Aus der Perspektive eines theoretisch und kompositionspraktisch interessierten Musikwissenschaftlers gibt Enders einen Überblick über die Entwicklung arithmetisch gestützter Musikgestaltung, die vom Musikautomaten über den Synthesizer bis zum heutigen Musikcomputer als einer digitalen Universalmaschine reicht und sich ebenfalls im Anschluss an die rationalistische Musiklehre der Frühen Neuzeit von der romantischen Musikästhetik absetzen und als eine »arithmetische Tätigkeit des Geistes« (Leibniz) beschreiben lässt. In der aktuellen Musiktheorie scheint, wie alle drei Beiträge nahe legen, eine erneut große Affinität zur Mathematik zu bestehen.

II. Mathematik und die Künste

Im Mittelpunkt des Beitrags »*Memoria more geometrico.* Welt und Weltverständnis im Zeichen von Kreis und Quadrat« von *Andreas Gormans* stehen mathematisch-geometrisch inspirierte Weltentwürfe, wie sie sich etwa in mittelalterlichen Kosmogrammen manifestieren. Letztere sollten – sei es in der Tradition der rhetorischen *ars memorativa*, zum Zweck einer Repräsentation von mentalen, visionären Gedächtnisbildern oder einer geometrisch abstrahierten Ordnungsbildung – dem Betrachter die Wiederaneignung des mit dem Sündenfall verlorenen panoramatisch-synoptischen Blicks auf die göttliche Schöpfung ermöglichen. Die dabei genutzten, der Vier-Elemente-Lehre entsprechenden Quadrat- und Kreisstrukturen werden erst im 18. Jahrhundert durch die empirisch-phänomenale Vielfalt der Naturbeobachtung und eine homogene Raumvorstellung abgelöst. In transformierter Form aber findet sich, so Gormans, der panoramatische Blick auch noch in den Weltkartenvorstellungen der Enzyklopädik und im Streben nach einer mathematisch-geometrischen Beschreibung der Natur. Der engen Verknüpfung von Mathematik und Kunst im Hinblick auf die ästhetische Formensprache geht auch *Bettina Marten* in ihrem Beitrag zu »Symmetrie, Parkettierung, Perspektive, Topologie etc. Affinitäten zwischen Mathematik und bildender Kunst« nach. Sie verweist dabei unter anderem auf das Symbol des Zirkels, der nicht nur wissenschaftliche Bereiche wie die Geometrie, Astronomie, Kartographie und Ingenieurskunst repräsentiert, sondern auch künstlerische Bereiche wie die Architektur und die Malerei. Den Bogen von Albrecht Dürer bis zu M. C. Escher und anderen Künstlern der Gegenwart spannend, zeigt Marten, wie die schönen Künste unmittelbar und in kreativer Weise auf die Erkenntnisse der Mathematik, etwa auf die Erfindung der Perspektive, die Konstruktion der Fibonacci-Zahlen oder das Wissen um die

Eigentümlichkeit der Primzahlen, reagiert haben. Auch *Linda D. Henderson* richtet in ihrem Beitrag zur »Darstellung und Vorstellung der vierten Dimension in der Kunst und Kultur des 20. Jahrhunderts« den Blick auf eine besondere Kontaktzone zwischen Mathematik und Kunst: auf die künstlerischen Reaktionen auf die im 19. Jahrhundert entwickelten Konzepte n-dimensionaler Geometrien. Am Beispiel des Kubismus, des abstrakten Suprematismus (Malewitsch), der Werke Marcel Duchamps und Tony Robbins – eines Künstlers aus dem Computerzeitalter – zeigt sie dabei, dass der die Künstler inspirierende ›Einfluss‹ in der Regel nicht im direkten Kontakt mit der Mathematik erfolgte. Vielmehr wurde das nötige Wissen durch populärwissenschaftliche Texte oder über an der Popularisierung und Visualisierung ihrer abstrakten Konzepte interessierte Wissenschaftler vermittelt. Es wird deutlich, wie stark auch die Vorstellungskraft der Künstler des 20. Jahrhunderts durch mathematische Raum- und Zeitvorstellungen geprägt wurde. *Gabriele Werner* schließlich verfolgt in ihrem Beitrag »Präzise und konkret. Annäherungen an das Ästhetische in Max Benses Theorie der Ästhetik unter der Bedingung technischer Existenz« die Implikationen, die Benses Auseinandersetzung mit Wissenschaft und Technik für die Konstitution seines Realitätsbegriffs und die damit verknüpfte Theorie des Ästhetischen hat. Anhand der 1946 und 1949 publizierten Überlegungen zur Stil- und Geistesgeschichte der Mathematik zeichnet sie nach, wie Bense, zunächst unbeeinflusst von den Mathematisierungstendenzen in der zeitgenössischen Kunst, den Surrealismus in die Technikgeschichte einzubetten versteht. In den 1950er Jahren entwickelt er daraus den formal begründeten Stil einer neuen Ästhetik, der sich für ihn unter anderem in den Werken Max Bills manifestiert.

III. Mathematik und Literatur

Die produktiven Qualitäten, die sich aus der Kombination mathematischer Verfahren *mit* sowie ihrer Integration *in* die Lyrik ergeben können, stehen im Mittelpunkt der Beiträge von Dieter Lamping, Dieter Martin und Erika Greber. *Dieter Lamping* geht in seinem Beitrag »Die Zahl als poetisches Kompositionsprinzip. Über das ästhetische Vergnügen an mathematischer Ordnung« am Beispiel der spätmittelalterlichen italienischen Literatur und der spätmodernen deutschen Literatur Typen eines numerischen oder mathematischen Kompositionsprinzips nach, ohne daraus freilich eine Entwicklungsgeschichte ableiten zu wollen. Während Zahlen bei Dante, Boccaccio und Petrarca symbolische Bedeutung tragen, dienen sie bei Autoren wie Peter Weiss und Hans Magnus Enzensberger vornehmlich zur intertextuellen Anspielung auf die mittelalterlichen Hypotexte. Zahlen können aber auch eine

Ordnungsfunktion übernehmen und den Konstruktcharakter eines literarischen Textes herausstellen, wie dies exemplarisch an Prosatexten von Alfred Andersch gezeigt wird. In einem Ausblick verweist Lamping am Beispiel von Augustinus, Poe und Enzensberger auf eine tiefere Affinität von Mathematik und Dichtung, benennt aber auch die Grenzen einer solchen Parallelisierung. Einen historisch ähnlich weiten Bogen schlägt *Dieter Martin* in seinem Beitrag »Mathematische Meditationen über das Unendliche. Kombinatorische Verfahren in der Literatur des Barock – mit einem Ausblick in die Nachkriegsavantgarde«. Ausgehend von der bei Raimundus Lullus angelegten Kombinatorik zeigt Martin, wie die von Georg Philipp Harsdörffer, Athanasius Kircher, Quirinus Kuhlmann und anderen weitergeführten sprach- und lyriktheoretischen Überlegungen in der Barocklyrik wirksam wurden und die Mathematik hier zu einem Schlüssel für das barocke Weltverständnis avancierte. Er macht deutlich, dass dies auch für einige Avantgardisten der Nachkriegsmoderne, darunter Raymond Queneau, Hans Magnus Enzensberger und insbesondere die ›Wiener Gruppe‹ um Gerhard Rühm, gilt. Auch wenn die avantgardistische Lyrik im Unterschied zu den barocken Systemen einer ›mikrokosmischen Unendlichkeit‹ offen und makrokosmisch angelegt ist, erweist sich im Vergleich doch eine methodische Parallelität sprachformalisierender Verfahren. Dem Abbild des göttlichen Schaffens, das sich in der permutativen Lyrik Kirchers spiegelt, steht in Hans Magnus Enzensbergers *Poesie-Automat* ein Hinterfragen der traditionellen Möglichkeiten von Autorschaft oder in Gerhard Rühms *Abhandlung über das Weltall* eine Reflexion des Unendlichen im Modell der Sprache gegenüber. *Erika Greber* ergänzt diese formal orientierten Auseinandersetzungen mit der Mathematik in gattungstheoretischer Hinsicht. Ihr Beitrag mit dem Titel »Triskaidekaphobia? Sonettzahlen und Zahlensonette« gehört zu den letzten Arbeiten, die die Verfasserin vor ihrem vorzeitigen Tod am 31. Juli 2011 noch abschließen konnte; mit der für ihr wissenschaftliches Œuvre charakteristischen Faszination durch ludisch-aleatorische Strukturen und Spielarten der ästhetischen *ars combinatoria* leuchtet sie die Fruchtbarkeit des poetisch-lyrischen Spiels mit Zahlen an einer Vielzahl von Beispielen aus der Gattungsgeschichte des Sonetts aus. Der Fokus liegt dabei auf der genuin numerischen Begründung des Sonetts, zu dessen bestimmenden Kompositions- und Konstruktionsprinzipien eine elaborierte Zahlensemantik und -symbolik gehören. Das Zahlensonett, so die These Grebers, stellt ein Metasonett dar, in dem das Genre sich selbst reflektiert und begründet. Die performativen Qualitäten dieser Poetik der Zahl werden an historisch und typologisch signifikant unterschiedlichen Sonett-Beispielen von der Frühen Neuzeit bis zur Gegenwart illustriert.

Als form- und strukturgebendes Prinzip einer höheren Ordnung steht die Mathematik auch zur Zeit der Romantik noch hoch im Kurs. *Philippe Séguin* stellt in seinem Beitrag »Von der Philosophie zur *ars combinatoria*. Novalis' Erwartungen an die Mathematik und die Folgen« die erkenntnistheoretische Funktion der Mathematik in Novalis' *Allgemeinem Brouillon* heraus. Das Zentrum des Enzyklopädie-Projektes bildet eine von der empirischen Wirklichkeit emanzipierte, rein formale Assoziation einzelner Wissenschaften nach kombinatorischen Regeln – ein Verfahren der *ars combinatoria*, für das Carl Friedrich Hindenburgs kombinatorische Analysis Modell stand. Im Anschluss an Hindenburg, Hemsterhuis, Fichte und Werner spekulierte Novalis über die Möglichkeit einer freien Subjektivität und einer moralisch-kombinatorischen Utopie, die wiederum von Mathematikern wie Alfred Pringsheim aufgegriffen und für die Charakterisierung der modernen Mathematik verwendet wurde. Ausgehend von der Furcht vor einer ›Entgeistigung‹ der Naturgeschichte forderte auch Alexander von Humboldt eine Ordnung des Empirischen nach naturphilosophischen Ideen ein, die sich, so zeigt *Robert Matthias Erdbeer* in seinem Beitrag »Arithmetik des Lebens. Das Verfahren der numerischen Verklärung und die Mathesis der Esoterischen Moderne. Zum Denkstil bei Butte und Humboldt«, in der Darstellungsweise des *Kosmos* niederschlägt. Erdbeer situiert Humboldts Projekt der Wissenspopularisierung am Umschlagpunkt von romantischer Naturphilosophie und szientifischer Moderne – für die paradigmatisch Lorenz Oken und Gottlob Frege stehen. Der Vergleich der numerischen Poetik Humboldts mit Wilhelm Buttes Projekt einer Biotomie des Menschen belegt, dass – trotz deutlicher Unterschiede im Profil – die Kooperation von analogischem Denken und Verklärung der Zahl bei beiden Autoren zu einer Marginalisierung im naturwissenschaftlichen Diskurs führt und zugleich eine Esoterik begründet, die sich als Komplement und Korrektiv der exakten Wissenschaften versteht.

Stefan Rieger zielt in seinem Beitrag »Die Form der Kurve. Zu einer neuen Physiognomik« darauf ab, Begriff und Konzept der Kurve als sowohl physiologisch wie mathematisch interpretierbaren Datentyp mediengeschichtlich zu verorten und damit als Reflexionsinstanz zwischen Natur- und Kulturwissenschaften produktiv zu machen. Die Kurve ist nach Rieger eine eigentümliche Art Schrift, die sich allerdings von der Symbolik herkömmlicher Schriftsysteme in ihrer Polyfunktionalität unterscheidet. Zu Beginn der Klassischen Moderne war die Semantik der Kurve diffus und wurde erst durch Anregungen von Rudolf Kassner und Max Bense in Richtung jener modernen Physiognomik entwickelt, die anthropologische Analyse mit mathematischer Formalisierung verbindet und die dann, unter Fortführung von

Ansätzen der Fourier-Analyse, auch in der Mathematik und Technik Wirkung entfalten konnte.

Auch die klassische Moderne nutzt in vielschichtiger Form die Mathematik als ästhetischen, formal und inhaltlich gestalteten Reflexionsraum. Eine besondere Rolle spielt dabei der jüdisch-deutsche Mathematiker Felix Hausdorff, der unter dem Pseudonym Paul Mongré um 1900 auch als Dichter, Philosoph und Essayist bekannt wurde. Nach der misslungenen Emigration begingen Hausdorff, seine Frau und seine Schwägerin 1942 Selbstmord, um der Deportation ins Vernichtungslager zu entgehen. *Friedrich Vollhardt* beschäftigt sich in seinem Beitrag »Essayismus und Mathematik um 1900. Die Schriften von Paul Mongré (Felix Hausdorff) im Kontext« mit der Frage nach den in der intellektuellen Biographie Hausdorffs angelegten Verbindungen zwischen mathematisch-naturwissenschaftlichen und literarisch-philosophischen Denksystemen. Am Beispiel des Gedichtbands *Ekstasen* und einer Auswahl von Essays zeigt er in texttheoretischer und in wissenssoziologischer Hinsicht, wie sich der viel berufene Streit der ›Zwei Kulturen‹ aus der Perspektive des Hausdorff'schen Œuvres ausnimmt, zumal hier, wie die interdisziplinäre Zusammenarbeit an der Hausdorff-Edition hat sichtbar werden lassen, Mathematiker, Mathematikhistoriker und Literaturwissenschaftler Hausdorff/Mongré aus unterschiedlichen Perspektiven wahrnehmen. Dies gilt ebenso für Hausdorffs Repliken auf Strindbergs *Blaubuch*, die Vollhardt im Kontext der Weltanschauungsliteratur der Jahrhundertwende situiert.

Ein Grenzgänger zwischen den Kulturen ist auch Kurd Lasswitz. *Françoise Willmann* beschäftigt sich in ihrem Beitrag »Mathematik im Märchen: Kurd Lasswitz' wissenschaftliche Dichtung« mit zwei Märchen, in denen der Wissenschaftspopularisierer und Dichter in humoristischer, selbstironischer Form erkenntnistheoretisch-philosophische Aspekte des Mathematischen ausleuchtet und auf diese Weise die Gattung zeitgemäß erneuert. Anhand der exemplarischen Analyse der *Universalbibliothek* führt Willmann vor, wie Lasswitz die Grenzen der reinen, von Anschauung und Wirklichkeit entkoppelten Mathematik zu konturieren sucht. Diese Auffassung geht konsequenterweise mit einer Kritik nicht-euklidischer Geometrien einher, die Lasswitz in dem Märchen *Wie der Teufel den Professor holte* als Pakt mit dem Teufel inszeniert. *Laurence Dahan-Gaida* untersucht in ihrem Beitrag »Les mathématiques dans la méthode de Paul Valéry: modèles et diagrammes« die Berührungspunkte zwischen der Mathematik und der frühen Poetik Paul Valérys mit Blick auf die *Cahiers* und die *Introduction à la méthode de Léonard de Vinci*. Valéry habe die Mathematik als eine präzise, beschreibende und analytische Sprache wahrgenommen, mit der die Schnittstellen zwischen den Bereichen des Denkens und Darstellens markierbar seien. Dabei ist Valéry insbesondere von der mathematischen Modellierungspraxis, dem diagrammatischen Charakter und der methodischen Disziplinierung mathematischen Denkens fasziniert und versucht, dieses Potenzial der mathematischen Sprache in die Poesie zu übertragen. Aus einer anderen Untersuchungsperspektive steht Valéry auch im Zentrum von *Olav Krämers* Beitrag zum »Begriff der Konvention bei Paul Valéry und in der Mathematik und Wissenschaftstheorie seiner Zeit«. Während Henri Poincaré die Axiome der Geometrie als »conventions« betrachtete und ein Bewusstsein für die Rolle freier Festlegungen in der Mathematik und den Naturwissenschaften einforderte, steigerte Édouard Le Roy den Poincaré'schen Konventionalismus zu einem wissenschaftskritischen Skeptizismus, der mit einer an Bergson orientierten Affirmation des Primats von ›Leben‹ und ›Freiheit‹ verknüpft war. Im Gegensatz dazu übertrug Valéry den geometrischen Konventionalismus Poincarés auf Gesellschaft und Kunst und stellte die Produktivität konventioneller und willkürlicher Setzungen heraus. Konventionen als selbst auferlegte Zwänge waren ihm im Unterschied zu LeRoy keine Manifestationen, sondern Vorbedingung menschlicher Handlungsfähigkeit und -freiheit. In der Dichtung Valérys schlägt sich diese Wertschätzung der Konvention in der Präferenz für tradierte lyrische Formen nieder, die dem Gedicht eine innere Struktur verleihen und als schöpfungsermöglichende Einschränkungen zu gelten haben. Krämer führen diese Beobachtungen zu einer grundsätzlichen Verhältnisbestimmung von Literatur, Mathematik und Wissenschaftstheorie, die *Franziska Bomski* in ihrem Beitrag »Der Zufall in Robert Musils *Mann ohne Eigenschaften.* Zur literarischen Bedeutung eines mathematischen Konzepts« fortsetzt. Die Konstruktion der Romanhandlung orientiert sich in Musils Roman an einem spezifischen Begriff des Zufalls und schließt dabei an zeitgenössische mathematisch-physikalische Modellierungen an, unter anderem an Heinrich Timerdings Lehrbuch *Die Analyse des Zufalls* und Henri Poincarés Berechnungen zum Dreikörperproblem. Die literarische, ironisch gebrochene Adaption statistischer Durchschnittsberechnungen im ersten Teil des Romans führt zu einem fatalistischen Geschichtsbild, welches dem Individuum jegliche Bedeutung abspricht. Im Gegensatz dazu, so Bomskis These, glückt Musil in den Nachlass-Kapiteln eine sinnstiftende Übertragung des Zufallsbegriffs auf die Ebene der »nicht-ratioïden« Erkenntnis, was sich unter anderem in den Gesprächen der Geschwister als besonderes ästhetisches Erleben manifestiert. In ihrem Beitrag »Mathematisches Erzählen im antiutopischen Text – Evgenij Zamjatins Roman *Wir (My)*« zeigt *Anke Niederbudde*, wie das ideale Potenzial der Mathematik, das für die Literatur der Avantgarde im Russland der 1910er und 1920er Jahre von großer Bedeutung war, sowohl in utopischer als auch in utopiekritischer Hinsicht in einen literarischen Text Eingang findet. In dem von Zamjatin geschilderten idealutopischen Staat sind sowohl der Erzählertext als auch der Subtext durch mathematische Zeichenwelten und Metaphern codiert, die einerseits den Idealstaat als solchen konstituieren, andererseits aber auch den Alleinvertretungsanspruch des Einheitsstaates auf Wissenschaft und Verstand unterminieren. Ausgehend von den verschiedenen Facetten der Kulturpraxis des Zählens und Ordnens verfolgt *Monika Schmitz-Emans* in ihrem Beitrag »Gleis neundreiviertel, das siebeneinhalbte Stockwerk, die 2,333te Dimension und ein Ausflug nach Tlön: Gebrochene Ordnungszahlen als Schwellen ins Imaginäre« das Zählen und Ordnen der Dinge, des Raumes und der Zahlen vor allem in den Texten von Jorge Luis Borges und weist nach, in welcher Form sich die literarische Imagination über das Zählen und Ordnen des Endlichen und Unendlichen einen transrationalen, imaginären Raum zu erschließen weiß. Dies wird auch in den als Hommage an Borges' *Tlön, Uqbar, Orbis Tertius* gedachten phantastischen Enzyklopädien von Ines von Ketelhodt und Peter Malutzki sowie dem *Codex Serafinianus* anschaulich und hinterlässt seine Spuren selbst in den autoreflexiven Comic-Büchern von Marc-Antoine Mathieu, die Schmitz-Emans ebenfalls als Selbstdarstellungen von Kunst liest.

Zwar darf die in der Literaturgeschichte bislang nicht überbotene Symbiose, welche Mathematik, Kunst und Poesie in der Klassischen Moderne eingehen, einen Sonderstatus beanspruchen. Allerdings finden sich auch in der Kunst und Literatur nach 1945 zahlreiche literarische Bezugnahmen auf Mathematisches. Ein von der Literaturwissenschaft lange Zeit nicht als solches erkanntes Beispiel stellt *Aura Heydenreich* in ihrem Beitrag »Die Grenzen der Axiomatik und die Kritik der enzyklopädischen Wissensordnung. David Hilbert in Günter Eichs *Maulwurf* ›Hilpert‹« vor. Eichs 1966 publizierter Text galt der Forschung als hermetische Unsinnspoesie. Geht man allerdings den intertextuellen Anspielungen auf den Mathematiker David Hilbert und den damit evozierten mathematischen Kontexten nach, wird deutlich, dass der Dichter ein subversives Spiel mit der natürlichen Ordnung der Dinge, der enzyklopädischen Ordnung des Alphabets und der durch Hilpert/Hilbert symbolisierten deduktiven Ordnung der mathematischen Axiomatik treibt. In der poetischen Reflexion werden der arbiträre Status und der dogmatische Sinn absolut gesetzter Ordnungssysteme nachhaltig in Frage gestellt. Eine ganz andere, nämlich sprach- und strukturbildende Rolle spielen mathematische und alphabetische Ordnungen im Werk Inger Christensens. *Joachim Grage* demonstriert dies in seinem Beitrag »Die Abwehr des Zufalls. Inger Christensen und die sprachbildende Kraft der Mathematik« am Beispiel des Gedichts *alfabet*, dessen Strophen- und Verslängen an der Fibonacci-

Folge orientiert sind und dessen Anfangsbuchstaben dem Alphabet folgen. Die quantitative Regulierung der lyrischen Sprache, die in qualitativer Hinsicht die semantische Verantwortung für die poetische Auswahl der Worte umso deutlicher werden lässt, ist kein kombinatorisches Formelspiel und entspringt auch keiner willkürlichen Setzung, sondern hat allegorische Bedeutung: Die Struktur spiegelt zunächst das sich selbst beschleunigende Wachstum und konfrontiert es dann in der rückläufigen Strophenanzahl mit seinen destruktiven, katastrophischen Auswirkungen. Von besonderer Bedeutung ist, so stellt Grage heraus, das Ende des Gedichts nach alphabetischer Ordnung beim Buchstaben n, der einerseits in mathematischer Lesart die Fortsetzung eines Prozesses symbolisiert, andererseits im Verstummen der Sprache vorführt, dass die mathematische Form das Jenseits der Sprache nicht füllen kann.

In ihrem Beitrag »Proper Numbers« geht *Mairéad Hanrahan* am Beispiel des *Oulipo*-Dichters Jacques Roubaud der These nach, dass Zahlen innerhalb der Poesie nicht wie Abstrakta und Allgemeinbegriffe fungieren müssen, sondern wie Eigennamen im poetischen Prozess als konkrete, charakteristische Entitäten behandelt und inszeniert werden können, so etwa die für Roubaud persönlich bedeutsame Zahl 1178 und der »Humpty Dumpty of Numbers«: die Null. Im Anschluss an Jacques Derridas Überlegungen zur Spezifik von Eigennamen, Signaturen und Titeln, die jeweils Grenzen der Texte markieren und eine Supplementierung einfordern, zeigt Hanrahan unter anderem am Beispiel von Roubauds »Mathématique:«, wie bestimmte Zahlen, sobald sie der mathematischen Logik enthoben und in eine ästhetische Logik eingebunden sind, dem Dichter ermöglichen, aus dem ungeformten Chaos der Sprache Strukturen entstehen zu lassen und so Zeit poetisch benennbar zu machen. Obwohl Mathematik und Poesie also mit Zahlen zu tun haben, konstituiert der jeweilige Umgang mit Zahlen eine spezifische Differenz: Sich dem Verallgemeinerungsprogramm Hilberts und Bourbakis prinzipiell entziehend, behauptet die Dichtung auf diese Weise Singularität.

Die Literatur kann der Mathematik aber nicht nur Verfahrenweisen entlehnen oder mathematische Ordnungsprinzipien für die poetische Strukturbildung verwenden, sie kann sich auch thematisch auf die Disziplin einlassen und, wie es in der deutschen Gegenwartsliteratur gehäuft der Fall ist, Mathematikerfiguren auftreten lassen. Am Beispiel von Daniel Kehlmanns *Die Vermessung der Welt*, Michael Köhlmeiers *Abendland* und Dietmar Daths literarischem Märchen über die Mathematikerin Emmy Noether aus der Sammlung *Höhenrausch* zeigt *Andrea Albrecht* in ihrem Beitrag »›Spuren menschlicher Herkunft‹. Zur Darstellung der Mathematik in der deutschen Gegenwartsliteratur«, wie die genannten Autoren die dem literarischen Medium eigenen Möglichkeiten, vor allem Komik, Empathie und Imagination, dazu nutzen, das abstrakte mathematische Wissen zu ›reanthropomorphisieren‹ und erzählbar zu machen. Die fiktionale Literatur über Mathematik bzw. Mathematiker gerät dabei unweigerlich in Konkurrenz zu mathematikhistorischen Darstellungsformen – eine Beobachtung, der *Leo Corry* aus wissenschaftsgeschichtlicher Perspektive nachgeht: In seinem Beitrag »Berechnungen zur Grenze der poetischen Freiheit: Fiktionales Erzählen und die Geschichte der Mathematik« stellt er im Anschluss an Sabetai Unguru heraus, dass sich *mathematics in fiction* und Mathematikgeschichtsschreibung vor allem im Hinblick auf die dem Text angemessene Leser-Einstellung unterscheiden: Die Lektüre fiktionaler Texte beruht auf einer *suspension of disbelief,* was Corry exemplarisch anhand der Kurzgeschichten von Jorge Luis Borges, von Apostolos Doxiadis' *Onkel Petros und die Goldbach'sche Vermutung* sowie von Ira Hauptmans Drama *Partition* demonstriert. Allerdings hat der derzeitige Boom literarischer und populärwissenschaftlicher Mathematikdarstellungen auch Konsequenzen für das historiographische Schreiben über Mathematik: Die Übernahme narrativer Muster und Strategien führt hier oftmals zu einer dem historiographischen Anliegen entgegenstehenden Überdramatisierung des Sujets.

Lutz Danneberg kehrt in seinem Beitrag »›ein Mathematiker, der nicht etwas Poet ist, wird nimmer ein vollkommener Mathematiker sein‹: Geschmack, Takt, ästhetisches Empfinden im kulturellen Behauptungsdiskurs der Mathematik und der Naturwissenschaften im 19., mit Blicken ins 20. Jahrhundert«, der den Band abschließt, die Perspektive um und fragt nach der Funktion ästhetischer Begriffe und Konzeptionen in den Selbstbeschreibungen der Mathematiker und Naturwissenschaftler. Die Verwendung bestimmter Ausdrücke zur Beschreibung der eigenen wissenschaftlichen Tätigkeit bleibt in der Regel systematisch vage, doch die damit hergestellte Analogie zu anderen Bereichen menschlicher Tätigkeiten kann, vor allem in der Außenpräsentation der Mathematik, eine Auszeichnung der eigenen Disziplin anstreben, etwa wenn es um den Geniestatus des Mathematikers oder um die ästhetischen Qualitäten mathematischer Konstruktionen geht. Daneben können Ausdrücke wie Geschmack, Takt und Stil auch epistemische Prozesse zu beschreiben suchen, schwer zu explizierende praktische Fähigkeiten charakterisieren oder zur Erhebung eines spezifischen Wissensanspruchs dienen. Danneberg verfolgt diese Aspekte durch eine ganze Reihe von Stellungnahmen bis hin zu dem titelgebenden Zitat des Mathematikers Karl Weierstraß, der auf das Mittel der metaphorischen Exemplifikation zurückgreift, um personale Eigenschaften von Mathematikern herauszustellen und auf diese Weise innermathematische Konflikte zu schlichten. Die Inspiration der Mathematiker durch die ästhetischen Debatten ihrer Zeit orientiert sich jedenfalls, wie der Beitrag zeigt, nicht zuletzt an eigenen disziplinären Interessen.

Neben den Beiträgerinnen und Beiträgern, deren wissenschaftliche Neugier und Aufgeschlossenheit diesen interdisziplinären Dialog über Zahlen, Zeichen, Figuren und ihre literarisch-künstlerischen Reflexe allererst möglich gemacht hat, gilt der Dank der Herausgeber Franziska Bomski, Aniela Knoblich, Dr. Olav Krämer und Tilman Venzl für ihre wertvolle Hilfe bei der Redaktion und Drucklegung des Bandes. Den beiden sachkundigen Gutachtern im Rahmen des Peer-review-Verfahrens der Reihe *linguae & litterae* schulden wir Dank für ihre akribische Kommentierung des gesamten Manuskripts.

I. Mathematik und Musik

Christian Berger (Freiburg)

Musik und Zahl in Kompositionen des 15. Jahrhunderts

Der Begriff »mittelalterliche Musik« weckt beim heutigen Hörer sofort die Assoziation der Sphärenharmonie, also der zahlhaften Ordnung des Kosmos als *musica mundana* und ihrer Nachbildung durch *musica humana* und *musica instrumentalis*.[1] Erst in jüngerer Zeit versuchte vor allem Max Haas, die Sachlage neu zu gruppieren, indem er zunächst einmal die *scientia musica* in den Blick nahm, die als Teil des Quadriviums zunächst nichts mit dem musikalischen Komponieren und Singen zu tun hat. Nicht mehr die Ordnung des Kosmos, sondern Musiklehre als ein veranschaulichendes Teilgebiet der Mathematik, als eine Methode des Umgangs mit Verhältnissen steht dabei im Vordergrund.[2] Denn es ist ja viel einfacher, eine Quinte *c–g* und eine Quarte *g–c'* nacheinander zu singen und zu merken, dass man dann eine Oktave *c–c'* erreicht, als mühsam die arithmetische Operation (3:2) · (4:3) = 12:6 = 2:1 durchzuführen. Am Wortgebrauch (Quinte »und« Quarte »ergeben« eine Oktave) erkennt man schon den Abstraktionsgrad der Musik, denn wo der Mathematiker multipliziert, kann das menschliche Ohr einfach addieren, also gleichsam unbewusst mit Logarithmen rechnen.

Eine solche Sichtweise ermöglicht uns, die Musik aus einem bis heute spürbaren ideologisch gefärbten Bezugssystem herauszulösen,[3] das letztlich eine Erfindung des frühen 20. Jahrhunderts war.[4] Seit Kants Verdikt, die Mu-

---

1 Vgl. Berger, Christian, »Maß und Klang. Die Gestaltung des Tonraumes in der frühen abendländischen Mehrstimmigkeit«, in: Jan A. Aertsen (Hrsg.), *Raum und Raumvorstellungen im Mittelalter*, Berlin 1997, S. 687–701.

2 Vgl. vor allem die Arbeiten von Max Haas, zuletzt: Ders., *Musikalisches Denken im Mittelalter. Eine Einführung*, Bern 2005. Zu welchen Leistungen ein solches Denken befähigte, zeigt das »Zahlenkampfspiel«; dazu: Borst, Arno, *Das mittelalterliche Zahlenkampfspiel*, Heidelberg 1986; und Ders., »Riethmimachie und Musiktheorie«, in: Frieder Zaminer (Hrsg.), *Rezeption des antiken Fachs im Mittelalter*, Darmstadt 1990, S. 253–285.

3 Vgl. Haas, Max, »Mittelalter«, in: *Musik in Geschichte und Gegenwart*, Sachteil Bd. 6, 2. Aufl., Kassel 1997, Sp. 325–354.

4 Vgl. die Studie von Oexle, Otto Gerhard, »Das entzweite Mittelalter«, in: Gerd Althoff (Hrsg.), *Die Deutschen und ihre Mittelalter. Themen und Funktionen moderner Geschichtsbilder vom Mittelalter*, Darmstadt 1992, S. 7–28.

sik sei »freilich mehr Genuß als Kultur«,[5] gilt das Streben der romantischen Musikästhetik dem Ziel, eine ästhetische Legitimation für die besondere Rolle der Musik zu finden. Bernd Sponheuer ist ausführlich auf die Folgen dieses »romantische[n] Coup[s] einer radikalen ›Vergeistigung‹ der Musik« eingegangen.[6] An Stelle des Geistes lässt sich nun im Falle der mittelalterlichen Musik unschwer die von Hermann Zenck in den 1930er Jahren beschriebene »quadriviale Musikanschauung« einsetzen.[7] Sie erfüllt einfacher noch als die Autonomieästhetik des 19. Jahrhunderts alle Forderungen eines solchen ästhetischen Legitimationsmittels, da sie von vornherein auf das Übersinnliche, nämlich die göttliche Ordnung der Sphärenharmonie, ausgerichtet und dank ihrer prinzipiellen Unhörbarkeit auch nur der mathematischen Spekulation zugänglich ist.

Musiklehre im Mittelalter dagegen war eingebunden in ein System des Wissens und der Erkenntnisziele, deren Teil die Wissenschaften (*scientia/ars*) sind. Dabei zeigen die überlieferten Traktate ein weiteres Moment, auf das der Wissenschaftshistoriker Murdoch hingewiesen hat: Die einzelnen Disziplinen bilden einen sprachlichen Umgang mit der zu erklärenden Sache aus, der Gemeinsamkeiten über die Fächergrenzen hinweg aufzeigt. Eine dieser »languages« ist die »language of proportion«, also die Forderung aus dem Buch Sap. 11,21, dass Gott alles nach Maß, Zahl und Gewicht angeordnet habe. Damit ist Musik zwar nicht direkt angesprochen, aber das Entscheidende ist, dass die Musik zeigen kann, dass sie ihre Konstruktion ebenfalls diesen Faktoren verdankt. Dann kann Musik genau wie die anderen Disziplinen zu dem beitragen, was Max Haas in diesem Zusammenhang »Weltgewißheit« nennt, also »die Gewißheit, bezüglich der Welt zu wissen, auf was sie zurückgeht oder wodurch sie begründet ist«.[8]

Theorie begründet also eine Differenzierung oder Rückführung von Tatsachen auf Elementares. Die *grammatica* sucht das Grundelement der Sprache im Buchstaben, der sich mit anderen zu Silben und Wörtern zusammenfügt, wäh-

---

5 Kant, Immanuel, »Kritik der Urteilskraft«, in: *Kants Werke in 10 Bänden* (1. Aufl. Berlin 1790 [A]), Bd. 8, Wilhelm Weischedel (Hrsg.), Darmstadt 1968, § 53, S. A 216.

6 Sponheuer, Bernd, *Musik als Kunst und Nicht-Kunst. Untersuchungen zur Dichotomie von ›hoher‹ und ›niederer‹ Musik im musikästhetischen Denken zwischen Kant und Hanslick*, Kassel 1987, S. 155.

7 Hier sei vor allem auf die Göttinger Antrittsvorlesung Hermann Zencks aus dem Jahre 1932 verwiesen: Ders., »Grundformen deutscher Musikanschauung«, in: Walter Gerstenberg (Hrsg.), *Numerus und affectus. Studien zur Musikgeschichte*, Kassel 1959, S. 26.

8 Haas, Max, »Mittelalter«, in: Ludwig Finscher (Hrsg.), *Musik in Geschichte und Gegenwart*, Sachteil Bd. 6, 2. Aufl., Kassel 1997, Sp. 337.

rend die *musica* vom Ton, vom diskreten Einzelton ausgeht, der sich über proportionale Berechnungen auf rationale Weise mit anderen Tönen verbindet.[9] Welche Silben und Wörter dabei entstehen oder welche Tonfolgen und Zusammenklänge gebildet werden, ist nicht Sache dieser Disziplinen, sondern etwa der Rhetorik oder der allerdings erst später existierenden *musica practica*. Um 1500 war dies vor allem die Sache des Komponisten selbst, der mit Hilfe von »Emulation, Competition, and Hommage«[10] seinen Weg zur Meisterschaft zu finden versuchte. Und dazu gab es eben nur sehr elementare Texte, wie ja überhaupt die Kompositionslehre eine Erfindung erst des 19. Jahrhunderts ist.

Nun gab es eine Gattung, nämlich die isorhythmische Motette, die so elementare proportionale Verhältnisse, wie sie bei den konsonanten Intervallen herrschen, auf den formalen Bereich zu übertragen versuchte. Mit Dufays Motetten in den 1440er Jahren ist dieses Verfahren allerdings an seine Grenze gekommen[11] und wird von anderen, *cantus-firmus*-orientierten Methoden wie der Tenormotette in den Hintergrund gerückt. Zugleich wurde damit aber auch eine Basis der formalen Gestaltung aufgegeben. Andererseits sollte es noch gut 150 Jahre dauern, bis der Text für sich genommen, allerdings unter ganz anderen Voraussetzungen, die Form eines Stückes zu tragen vermochte. Damit rückt für das 15. Jahrhundert eine Methode der formalen Untersuchung in den Blick, die erst seit kurzem überhaupt in den Kreis der Betrachtung aufgenommen worden ist, nämlich die zahlbezogene Ordnung.

Anders als im 17. Jahrhundert lässt sich dabei auch die eben erwähnte strukturelle Gemeinsamkeit von Musik und Sprache konkretisieren, kann doch für beide Parameter ein gemeinsamer Bezugspunkt benannt werden, nämlich die Zahl, was schon Augustinus ausführlich dargelegt hat. In dem Bemühen, die pagan-antiken Traditionen »in ein christlich finalisiertes Ordnungssystem« zu integrieren,[12] spielt die Aneignung der Zahlenontologie der

---

9 Zum Problem der »voces discretae« bei Boethius vgl. Sachs, Klaus-Jürgen, »Musikalische Elementarlehre im Mittelalter«, in: Zaminer (Hrsg.), *Rezeption des antiken Fachs im Mittelalter*, S. 118.

10 Brown, Howard Mayer, »Emulation, Competition, and Hommage: Imitation and Theories of Imitation in the Renaissance«, in: *Journal of the American Musicological Society*, 35/1982, S. 1–48.

11 Vgl. Dammann, Rolf, »Die Florentiner Domweihmotette Dufays (1436)«, in: Heinrich Poos (Hrsg.), *Chormusik und Analyse. Beiträge zur Formanalyse und Interpretation mehrstimmiger Vokalmusik*, Mainz 1983, S. 43–66 (zuerst in: Werner Braunfels (Hrsg.), *Der Dom von Florenz*, Olten 1964, S. 71–85); dazu Berger, Christian, »Maß und Klang«, S. 696ff., sowie die Replik von Rolf Dammann: Ders., »Nachtrag zu Manetti«, in: *Archiv für Musikforschung*, 59/2002, S. 310–318, hier v. a. S. 316ff.

12 Jeserich, Philipp, *Musica naturalis. Tradition und Kontinuität spekulativ-metaphysischer Musiktheorie in der Poetik des französischen Spätmittelalters*, Stuttgart 2008, S. 68.

platonischen Tradition gemäß Sap. 11,21 eine entscheidende Rolle. Dabei ist es Augustinus gelungen, die *musica* zusammen mit den anderen *artes* in einen »mit dem Anspruch systematischer Notwendigkeit auftretenden Bildungsgang mit konsequenter theologischer Finalisierung« einzuspannen, dessen Wirkungsmacht annähernd 1000 Jahre anhalten sollte.[13] Hinzu kommt noch, dass das Hebräische wie alle frühen Schriftsprachen, also auch das Griechische, bis zum heutigen Tage Buchstaben des Alphabets als Zahlzeichen nutzt. Diese Fähigkeit, Worte in eins mit Zahlen zu denken, ist uns seit dem 14. Jahrhundert mit den arabischen Zahlzeichen verloren gegangen.

In Abgrenzung zu Darstellungen, die sich meist mit der symbolischen Bedeutung von Zahlen befasst haben,[14] geht es im Folgenden, das sei gleich zu Anfang in aller Deutlichkeit herausgestellt, um die Zahl allein als ein Konstruktionsmerkmal der formalen Gestaltung. Sollten sich Aspekte des Bedeutens aufzeigen lassen, werden sie natürlich mit einbezogen, sie sind aber nicht Ziel und schon gar nicht Ausgangspunkt einer analytischen Auseinandersetzung.[15]

I. Josquins *Kyrie* aus der *Missa De beata virgine*

Das Verfahren soll hier an einem kleinen, überschaubaren Ausschnitt vorgeführt werden, nämlich dem *Kyrie I* von Josquins Missa *De beata virgine.*[16] Diesem Stück kommt für Freiburg eine besondere Bedeutung zu, ist es doch durch die Bemerkung »Πασῶυ Τῶυ συμφωνιῶν ἥδε α κι ῶ« [sic!] [Von allen Symphonien ist diese das A und O], die Heinrich Glarean zugeschrieben werden kann, besonders geadelt worden und zu seinen Ehren am 8. September 1561, dem Geburtsfest der Patronatsherrin des Freiburger Münsters Unserer Lieben Frau, dort aufgeführt worden.[17]

---

13 Ebd., S. 115.

14 Hier wäre bei allen Verdiensten Peter Friesenhahn zu nennen: Ders., *Hellenistische Wortzahlenmystik im Neuen Testament*, Leipzig 1935.

15 Dazu ausführlich Meyer, Heinz, *Die Zahlenallegorese im Mittelalter. Methode und Gebrauch*, München 1975. Zu welchen durchaus auch fragwürdigen Ergebnissen ein solches Verfahren führen kann, zeigt Rudolf Taschner, wenn er von »der Zahlensymbolik Bachs« spricht, in der »12 für die Vollendung der Welt« steht, während »21 die Sehnsucht nach ihrer Erlösung« bedeute: Taschner, Rudolf, *Der Zahlen gigantischer Schatten. Mathematik im Zeichen der Zeit*, Wiesbaden 2004, S. 29.

16 Desprez, Josquin, »Missa De beata virgine«, in: Willem Elders (Hrsg.), *Masses Based on Gregorian Chants 1*, Utrecht 2003, S. 32–36.

17 Kirnbauer, Martin, »›sind alle lang‹. Glareans Erläuterungen zur Mensuralnotation und musikalische Praxis«, in: Nicole Schwindt (Hrsg.), *Heinrich Glarean oder: Die Rettung der Musik aus dem Geist der Antike?*, Kassel 2006, S. 77–92, hier S. 80 und S. 89.

Zunächst werden die Töne des *Kyrie I* (Mensur 1–24) gezählt und in eine Tabelle eingetragen (Tafel 1).

	d	*e*	*f*	*g*	*a*	*b/h*	c	Σ	
Superius	9	6	9	12	9	12	10	*67*	
Altus	14	11	11	4	1	1	5		47
Tenor	10		1	8	11	11	9	50	
Bassus	6	3	6	10	4	2			31
	39	20	27	34	25	26	24	*117*	*78*
								195	

Abb. 1: Tonhöhenverteilung im Kyrie I (eigene Abbildung)

Die Summe der Töne (195) wird in Teiler zerlegt und die größte Primzahl unter diesen Teilern gesucht, hier die 13, denn es gilt: 13·15=195.

Nun wird die Reihe der Tonsummen auf Reste dieser Primzahl gekürzt:

	d	*e*	*f*	*g*	*a*	*h*	*c*
	39	20	27	34	25	26	24
Mod 13	0	-6	+1	–5	–1	0	-2,

die nun leichter so gruppiert werden können, dass sich wieder Vielfache von 13 ergeben.

	d	*f*	*a*		*d, f, a*		
	39	27	25	=	91	=	9 · 13
Mod 13	0	+1	–1		0		
	c	*e*	*g*		*c, e, g*		
	24	20	34	=	78	=	6 · 13
Mod 13	-2	-6	-5		0		
					h		
					26	=	2 · 13
			Mod 13		0		

Auch in diesen Gruppierungen finden sich sowohl das Verhältnis 9:6 (*c, e, g* : *h, d, f, a* – wie Superius/Tenor : Altus/Bassus), als auch das Verhältnis 6:7 (*c, e, g* : *d, f, a* – entsprechend der 67 von »virgo«), als auch das Verhältnis 7:8 (*d, f, a* : *c, e, g, h* – entsprechend den 78 Tönen der Choralvorlage). Aber die Tonhöhenzahlen lassen sich noch auf andere Weise sinnfällig gruppieren:

	h		*d*		*f/a*		*c/e/g*		
	26		39		27+25=52		78		
Mod 13:	2	:	3	:	4	:	6		Σ 15

Damit spiegeln sich in der Tonhöhenverteilung die Grundzahlen harmonischer Proportionen:

4:2=6:3 ≈ Oktave, 3:2 = 6:4 ≈ Quinte; 4:3 ≈ Quarte. Andererseits verteilen sich die insgesamt 195 Töne des *Kyrie I* so auf die Stimmen, dass Superius und Tenor 117, Alt und Bassus 78 Töne umfassen. Das sind ebenfalls Zahlen, die durch die Primzahl 13 teilbar sind:

195=15·13 117=9·13 78 =6·13.

Dadurch ergibt sich zwischen den Tönen der einzelnen Stimmen eine Proportion von 9:6 oder auch 3:2, also das Verhältnis einer Quinte. Die Zahlen spiegeln aber auch die Textgrundlage der Messe wider, denn der gematrische Wert für den Titel der Messe *De beata virgine* beträgt 9+28+80=117. Weiter entspricht die Zahl 78 der Anzahl der Töne der Choralvorlage, und auch die Zahl der Töne im Superius, 67, ist über den gematrischen Wert von »virgo« = 20+9+17+7+14=67 mit diesem Bedeutungsfeld verknüpft.

117=9·13 ≈ »De beata virgine«
78=6·13 ≈ Töne der Choralvorlage
67 Töne im Superius ≈ »virgo«

Der gesamte Prozess, das kann nicht genug betont werden, geht aus der Sicht des Komponisten zuallererst von der Gesamtzahl aller Töne aus, hier 195. Diese Zahl ihrerseits ist in das große Ganze von 7950 Tönen der gesamten Messe eingebunden. Erst der neuzeitliche Forscher muss naturgemäß mit dem Zählen bei den kleineren Einheiten, nämlich bei den Einzelnoten beginnen, um überhaupt erst auf die Gesamtzahl zu kommen. Dabei entsteht eine strukturelle Komplexität, die es fraglich scheinen lässt, ob so ein Verfahren von einem Komponisten überhaupt sinnvoll und mit überschaubarem Aufwand angewandt werden kann, konkret, ob eine solch komplexe Zahlenstruktur nicht nur Ergebnis eines Zufallsprozesses sein kann. Diesen Aspekten sind auf der Freiburger Tagung »Zahl und Struktur in Josquins Werk« im Jahr 2007 Guido Heidloff und Rainer Bayreuther nachgegangen, und Heidloff konnte sehr erfolgreich den Versuch vorführen, aus den Vorgaben (195 Töne und eine Choralvorlage) ein Stück dieser Art zu komponieren, wobei er von vornherein bestimmte zahlhafte Beziehungen mit einplante. Es funktioniert einfacher, als man als Laie meint, da es auf relativ wenigen Grundentscheidungen beruht, die zudem überschaubar bleiben.[18] Und Rainer Bayreuther konnte mit Methoden der mathematischen Wahrscheinlichkeitsrechnung die Möglichkeit nachweisen, dass komplexe Strukturierungen über Primzahlen ab einem klar bestimmbaren Grad, der sicher noch nicht beim *Kyrie* allein, aber bei der gesamten Messe und auch beim *Miserere* klar überschritten ist, nicht mehr zufällig sein können.[19] Und so ist es ja auch der Komponist Gösta Neuwirth gewesen, der mit dem Blickwinkel des Komponisten, der zudem in der Tradition der Zweiten Wiener Schule aufgewachsen ist, völlig anders als ein nur historisch orientierter Analytiker an diese Stücke herangeht.

II. Josquins *Miserere*

In Zusammenarbeit mit Gösta Neuwirth, der seit mehr als 20 Jahren an diesem Thema arbeitet und seine umfangreichen Vorarbeiten und Erfahrungen in das Projekt mit eingebracht hat,[20] haben wir neben der *Missa* einige andere Werke Josquins auf ihre zahlhafte Konstruktion hin untersucht, was in nahezu jedem Fall zu überraschenden Ergebnissen führte. Deshalb seien hier zum Schluss noch kurz einige Ergebnisse der Analyse von Josquins *Miserere*[21] vorgestellt, zumal bei diesem Werk noch als weiterer Faktor der Text hinzukommt, der ebenfalls nach solchen zahlhaften Gesichtspunkten strukturiert worden ist und dem Komponisten schon eine Grundstruktur vorgibt.[22]

Josquins *Miserere* gehört zu den bekanntesten Werken des Komponisten, war doch schon im 16. Jahrhundert, nach dem Zeugnis Glareans, »haec cantio in omnium manu«.[23] Zugleich ist es eine der ersten vollständigen Psalm-

---

18 Heidloff, Guido, »Komponieren mit Zahlen. Josquins Kyrie aus der Missa *La sol fa re mi*«, in: Christian Berger/Gösta Neuwirth (Hrsg.), *Zahl und Struktur in Josquins Werk*, Freiburg 2012 (Druck in Vorb.).

19 Bayreuther, Rainer, »Eine wahrscheinlichkeitstheoretische Untersuchung zahlhafter Analysen«, in: Berger/Neuwirth (Hrsg.), *Zahl und Struktur in Josquins Werk*, Freiburg 2012 (Druck in Vorb.).

20 Vgl. etwa Neuwirth, Gösta, »Erzählung von Zahlen«, in: Heinz K. Metzger/Rainer Riehn (Hrsg.), *Josquin des Prés*, München 1982, S. 4–38.

21 Desprez, Josquin, »Miserere«, in: Albert Smijers (Hrsg.), *Motetten*, Amsterdam 1942 (Erstdruck in: Petrucci, Ottaviano (Hrsg.), *Motetti de a corona, Libro tertio*, Fossombrone 1519).

22 Die ausführliche Analyse haben wir 2007 auf der Freiburger Tagung »Zahl und Struktur in Josquins Werk« präsentieren können: Berger, Christian/Neuwirth, Gösta, »Josquins Miserere«, in: Berger/Neuwirth (Hrsg.), *Zahl und Struktur in Josquins Werk*, Freiburg 2012 (Druck in Vorb.).

23 Glarean, Henricus Loritus, *Dodekachordon* (1547), Nachdruck, Hildesheim 1969, Lib II, Cap. 20, S. 320.

Vertonungen in der Geschichte der Mehrstimmigkeit.[24] Dabei wird nach jeder Psalmzeile wie ein Motto der Beginn der Anfangszeile »Miserere mei Deus« eingeschaltet, wobei der Tenor secundus nichts anderes singt als diese Worte. Jedes Mal wird die Bitte auf einem einzigen Ton mit einer kleinen Ausweichung auf »De-[us]« vorgetragen. So durchschreitet der Tenor secundus im Verlauf des Stückes die modale Oktave *e–e'* von oben nach unten, in der *Secunda pars* von unten nach oben und in der *Tertia pars* von *e'* nach *a*. Da Vers 1 und Vers 13 des Psalmtextes durch zwei *Miserere*-Einschübe aufgeteilt werden, kommt es insgesamt zu 21 Ausführungen des Mottos, was den 21 Versen der hebräischen Fassung entsprechen mag.

Das »Motto« des Psalms ist der Ausgangspunkt der gematrischen Untersuchung, die neben dem reinen gematrischen Wert (G) auch die Zahlen des Kontextes mit aufnimmt, also die Anzahl der Buchstaben (B), Silben (S) und Wörter (W), wie Augustinus es in seinen *Confessiones* beschrieben hat: »So messen wir den Umfang von Gedichten durch die Länge der Verse und die Länge der Verse durch die Länge der Füße und die Länge der Füße durch die Länge der Silben und die Länge der langen Silben durch die kurzen«.[25]

Miserere	mei	Σ (Miserere mei)
88+8+4+1=101	26+3+2+1=32	114+11+6+2=133
(G+B+S+W)		19·6+19=19·7

Offensichtlich ist die Primzahl 19 eine Schlüsselzahl für diesen Psalm wie auch für seine Vertonung. Sie entspricht nicht nur der Anzahl der Verse, sondern ist auch Teiler des gematrischen Wertes für das Motto des Psalms, die ersten beiden Worte »Miserere mei«. In diesem Fall sind auch beide Einzelmomente, Gematrie und Kontext aus Buchstaben, Silben und Worten, auf 19 bezogen: Die bloße Gematrie von »Miserere mei« ergibt 88+26=114=6·19, die Kontextzahlen ergeben 13+6=19. Insgesamt ergibt das für »Miserere mei« die Zahl 133=7·19.

Auffällig ist bei der Vertonung, dass das Motto dieses Psalms in den *Miserere*-Einschüben um das Wort »Deus« erweitert wird, wodurch es einen

---

24 Vgl. dazu die kleine Liste der Vorgänger bei Patrick Paul Macey: Ders., *Josquin's ›Miserere mei Deus‹. Context, Structure, and Influence*, Berkeley 1985, S. 3f.; und Finscher, Ludwig, »›auss sunderem Lust zu den überschönen worten‹. Zur Psalmkomposition bei Josquin Desprez und seinen Zeitgenossen«, in: Hartmut Boockmann (Hrsg.), *Literatur, Musik und Kunst im Übergang vom Mittelalter zur Neuzeit. Bericht über Kolloquien der Kommission zur Erforschung der Kultur des Spätmittelalters 1989 bis 1992*, Göttingen 1995, S. 246–261.

25 Augustinus, Aurelius, »Das XI. Buch der Confessiones«, in: Kurt Flasch (Hrsg.), *Was ist Zeit?*, 2. Aufl., Frankfurt am Main 2004, S. 269.

gematrischen Wert von 187 erhält. Diese Zahl ist nicht mehr durch 19 teilbar, aber es ist die gematrische Kennzahl für Josquin Desprez (99+88).

Miserere	mei	Deus	Σ
88+8+4+1=101	26+3+2+1=32	47+4+2+1=54	161+1+8+3=187

Nun ergibt der Text des gesamten Psalms einen Zahlenwert von 15 853, eine Zahl, die bei der Teilung durch 19 einen Rest von 7 aufweist. Allerdings gibt es zahlreiche Unterteilungen des Psalms, die deutlich auf den Teiler 19 bezogen sind. Nimmt man etwa den ersten Halbvers weg, der einen Wert von 558 hat, also eine Zahl, die bei der Teilung durch 19 eben jenen Rest 7 ergibt, bleibt ein Rest von 15 295=805·19 übrig.

	Psalm		Breven	Semibreven	Miserere	Noten	Summe
	Gematrie	B., S., W.		21*187			
	13 805	2048	422	844	3927	3255	24 301
Teiler							
19	727	108	22	44	207	171	1279
Rest	–8	–4	4	8	–6	6	0
		–12		12			
			0		0		

Abb. 2: Josquin, *Miserere*, Gesamtrechnung (eigene Abbildung)

Die Tabelle 2 zeigt in der oberen Zeile eine andere Aufteilung der einzelnen text- und musikbezogenen Parameter. Am Beginn steht der gematrische Wert des Psalms (13 805), der sich als (727·19)–8, also mit einem Überschuss von 8 darstellen lässt, zu dem noch ein Überschuss von 4 Werten bei der Summe der mit »B., S., W.« gekennzeichneten Anzahl der Buchstaben, Silben und Wörter kommt: 2048=(108·19)–4. Gematrie und Buchstaben, Silben, Wörter ergeben eine Summe, die bei der Teilung durch 19 einen Überschuss von 12 aufweist: 15 853=(835·19)–12

Ebenfalls ergibt die Teilung der Summe der Breven (422) durch 19 einen Rest von 4: 422=(22·19)+4, und die Teilung der Summe der Semibreven (844) durch 19 einen Rest von 8: 844=(44·19)+8. Zusammen ergibt sich also wiederum ein Rest von 12: 422+844=1266=(66·19)+12, der den Überschuss von 12 der textbezogenen Zahlen wieder ausgleicht. Beide zusammen ergeben 17 119, das als 901·19 darstellbar ist:

13 805	+	2048	+	422	+	844	=	17 119
727 · 19		108 · 19		22 · 19		44 · 19	=	901 · 19
–8		–4		+4		+8		

Hinzu kommen nun noch zwei weitere Gruppen von Zahlen. Einmal ergeben die Worte des regelmäßig wiederkehrenden *Miserere*-Einschubs 21·187=3927 eine Zahl, die bei der Teilung durch 19 einen Überschuss von 6 aufweist, während andererseits die Summe der Noten (3255) bei der Teilung durch 19 einen Rest von ebenfalls 6 ergibt, so dass auch diese Summe beider Zahlen durch 19 teilbar ist:

3927 +	3255 =	7182
207 · 19	171 · 19	378 · 19
–6	+6	

Durch das Zusammenspiel von Text und Musik ergibt sich auf diese Weise eine Gesamtsumme von 24 301=1279·19. Dabei ergibt sich mit 1279 eine Zahl, deren Quersumme ebenfalls 19 beträgt.

III. Ausblick: Die Rolle der Primzahl

Faszinierend ist bei diesen Berechnungen die Rolle der Primzahlen. Dabei gibt es zwei wichtige Voraussetzungen. Zum einen sind die Primzahlen sozusagen das Skelett des Zahlensystems, aus dem weit eleganter als durch bloße Addition alle weiteren Zahlen entwickelt werden können.[26] Das beruht zunächst auf dem ersten Fundamentalsatz der Arithmetik: Jede natürliche Zahl lässt sich als Produkt von endlich vielen Primzahlen darstellen.

Die pythagoreischen Intervalle werden durch Zusammenstellungen von Quinten, also von Brüchen der Gestalt 3:2 erzeugt.[27] Jedes Intervall dieser Art hat einen Zähler, der durch 3, und einen Nenner, der durch 2 teilbar ist: Eine Quarte der Proportion 4:3 etwa wird durch die Differenz einer Oktave (2:1) und einer Quinte (3:2) erzeugt, wobei gilt: (2:1) : (3:2) = (2:1) · (2:3) = 4:3. Und auch ein Ganzton wird als Differenz von Quinte und Quarte gebildet: (3:2) : (4:3) = (3:2) · (3:4) = 9:8. Auf diese Weise lässt sich jeder der 16 chromatischen Töne[28] des mittelalterlichen Tonbestandes erzeugen, wobei

26 Taschner, Rudolf, *Der Zahlen gigantischer Schatten*, S. 28f.

27 Vgl. die Monochordmensuren, wie sie zuletzt von Christian Meyer zusammengestellt wurden: Ders., *›Mensura monochordi‹. La division du monocorde (IXe–XVe siècles)*, Paris 1996.

28 Sie umfassen – ohne die im pythagoreischen System nicht mögliche enharmonische Verwechslung – die Töne *c, cis, des, d, dis, es, e, f, fis, ges, g, gis, as, a, b, h*, oder als Quintenkette dargestellt: *ges – des – as – es – b – f – c – g – d – a – e – h – fis – cis – gis – dis.*

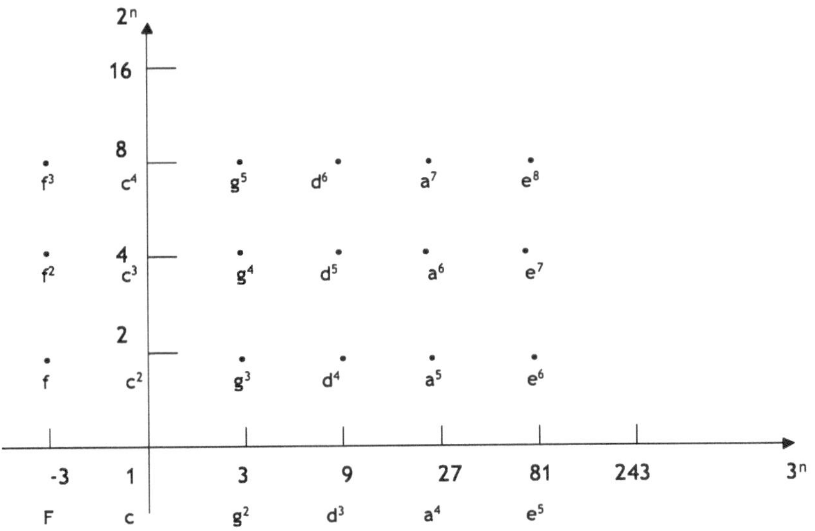

Abb. 3: Ebene der Primzahlen 2 und 3

bekanntlich der vom Ausgangspunkt *c* mit 6 Quinten entfernteste Ton *ges* sich vom *fis* auf der anderen Seite der Quintenkette durch das pythagoreische Komma, die Differenz von 12 Quinten zu 7 Oktaven, unterscheidet – ebenfalls ein Intervall, das durch ein Verhältnis bestimmt wird, das aus den beiden Primzahlen 2 und 3 erzeugt wurde:

$(3{:}2)^{12} : (2{:}1)^{7} = (2{:}3)^{12} \cdot 2^{7} = 3^{12} \cdot (2^{7} \cdot 2^{12}) = 531\,441 : 524\,288 = 1{,}01364326\ldots$

12 Quinten sind also etwa um 1,36 % höher als 7 Quinten. Diesen Unterschied auszugleichen wurde erst im 15. Jahrhundert mit der Erweiterung des chromatischen Tonbestandes notwendig und führte zu einer Entwicklung, an deren Ende die von Johann Sebastian Bach gepriesene »wohltemperierte Temperatur« Andreas Werckmeisters steht.

So lässt sich mit den ersten beiden Primzahlen 2 und 3 eine Ebene aufspannen, in der alle für die pythagoreische Intervallberechnung maßgebenden Zahlen enthalten sind (vgl. den Ausschnitt in Abb. 3).[29] Da die »natürliche« Terz 5:3 bis zum Aufkommen der mitteltönigen Stimmung im Laufe des 15. Jahrhunderts keine Rolle spielte, standen damit alle notwendigen Intervalle zur Verfügung.

---

[29] Vgl. Taschner, Rudolf, *Der Zahlen gigantischer Schatten*, S. 35ff.

Sobald aber weitere Zahlen notwendig werden, wie z. B. die 5, mit der erst die Zahl 10 und weitere im System der Ebene {2,3} nicht enthaltene Zahlen erzeugt werden können, muss das System um eine Dimension erweitert werden. Da aber die von 2 und 3 aufgespannte Ebene der pythagoreischen Intervalle ausreicht, führt jede neue Dimension auch in eine neue kompositorische Dimension, wie etwa die formale Gestaltung, die über den engen Rahmen der Ebene hinausreicht. Ein Komponist des Spätmittelalters errichtet auf der elementaren Grundlage von Tönen, deren Verhältnisse durch die Primzahlen 2 und 3 erzeugt werden, und mit deren Verbindungen zu Hexachorden, die von der Moduslehre gelenkt werden, ein Werk, das weit über diese elementaren Voraussetzungen hinausweist und somit nur über weitere Dimensionen erfasst werden kann, die von höheren Primzahlen, wie im Fall von Josquins *Miserere* der Zahl 19, erzeugt werden.[30]

Diese Beobachtung führt wieder zurück zur ontologischen Bedeutung der Zahl im Mittelalter, zu dem Versuch, »bezüglich der Welt zu wissen, auf was sie zurückgeht oder wodurch sie begründet ist«.[31] So fasste Roger Bacon im 13. Jahrhundert sogar die Fächer des Triviums als propädeutische Bestandteile der Wissensvermittlung auf, die vor allem dazu dienten, das in Worte zu fassen und »per viam narrationis« zu festigen, was in den Fächern des Quadriviums, insbesondere in der *musica* begründet und auf seine Ursachen hin dargestellt werde.[32] Letztlich ist es also sowohl auf elementarer wie auf formaler Ebene die Zahl, die allein die Existenz des tönenden Systems garantiert und eine ontologische Evidenz herstellt, auf deren Grundlage erst der Komponist die Freiheit zur künstlerischen Gestaltung entwickeln kann.

Und die Zahl ist es auch, die als diskrete Quantität nicht nur den Aufbau des Tonvorrates zu einem Ganzen bestimmt. Erst aus diesem Ganzen ergibt sich wieder die Aufteilung in Einzelglieder, also die konkrete Form. Der Aufbau eines solchen zahlhaften Ganzen, also die Form, ist nach Grosseteste, einem anderen englischen Autor des 13. Jahrhunderts, nicht über ein Schema

---

30 Vgl. auch Schönberg, Arnold, *Harmonielehre*, 3. Aufl., Wien 1922, S. 161f.: »Denn es ist ja wahrscheinlich, daß die höheren, die komplizierten Zahlen, die zusammengesetzteren harmonischen Verhältnisse eine noch reichere Mystik in sich bergen als die Primzahlen, als die unteilbaren, einfacheren harmonischen Verhältnisse und darauf gründet sich die Hoffnung auf eine, an interessanten Geheimnissen noch reichere Fortsetzung.«

31 Haas, Max, »Mittelalter«, in: Ludwig Finscher (Hrsg.), *Musik in Geschichte und Gegenwart*, Sachteil Bd. 6, 2. Aufl., Kassel 1997, Sp. 337.

32 Bacon, Roger, *Opus maius*, Bd. 1, John Henry Bridges (Hrsg.), Oxford 1897, S. 99 (Zitiert nach Jeserich, Philipp, *Musica naturalis. Tradition und Kontinuität spekulativ-metaphysischer Musiktheorie in der Poetik des französischen Spätmittelalters*, Stuttgart 2008, S. 291).

zu erfassen, sondern als ein »exemplar«, ein Urbild, »auf das der Kunstfertige Bezug nimmt, um sein [Kunst]werk in dessen Nachahmung und zu dessen Ebenbild zu formen«.[33] Über die Zahl wird das Kunstwerk zu einem nach klaren Prinzipien geordneten Bild, das nicht, wie im anderen historischen Extrem der Neuzeit, den Werken Beethovens, über eine prozessuale Entwicklung nachverfolgt, sondern allein vom Ganzen der drei oder mehr Dimensionen des von den Primzahlen aufgespannten Raumes her erfasst werden kann. Damit erhält die seit langem diskutierte Frage nach dem Vorrang von Struktur oder Prozess in der spätmittelalterlichen Musik[34] eine völlig neue Facette, die zu weitreichenden Schlussfolgerungen führt, auf die hier aber nur vorausschauend hingewiesen werden kann.[35] In unerwarteter Weise kann also auch die Musikwissenschaft am »iconic turn« teilhaben.

---

33 Grosseteste, Robert, »De forma prima omnium«, in: Ludwig Baur (Hrsg.), *Die Philosophischen Werke des Robert Grosseteste, Bischofs von Lincoln*, Münster in Westfalen 1912, S. 109: »Imaginare itaque in mente artificis artificii fiendi formam, utpote in mente architectoris formam et similitudinem domus fabricandae, ad quam formam et exemplar solummodo respicit, ut ad eius imitationem domum faciat […]«; dt. Übersetzung in: Binding, Günther/ Linscheid-Burdich, Susanne (Hrsg.), *Planen und Bauen im frühen und hohen Mittelalter nach den Schriftquellen bis 1250*, Darmstadt 2002, S. 87.

34 Reckow, Fritz, »›processus‹ und ›structura‹. Über Gattungstradition und Formverständnis im Mittelalter«; in: *Musiktheorie*, 1/1986, S. 5–29.

35 Erste Ansätze zu dieser neuen Fragestellung finden sich in: Bayreuther, Rainer, *Untersuchungen zur Rationalität der Musik in Mittelalter und Früher Neuzeit*, Bd. 1, *Das platonistische Paradigma. Untersuchungen zur Rationalität der Musik vom 12. bis zum 16. Jahrhundert*, Freiburg 2009, § 16, S. 68–79.

Rainer Bayreuther (Freiburg)

Zum Zusammenhang zwischen arithmetischen und musikalischen Operationen in der Musik des 16. Jahrhunderts

I. Was besagt die Kopula »und« in »Musik und Mathematik«?

Im Wissen der Musik von der Antike bis in die Renaissance ist die Erstellung eines Stimmungssystems zugleich die Erstellung eines Tonsystems. In der euklidischen *Sectio canonis* des vierten vorchristlichen Jahrhunderts zum Beispiel ist die Durchführung der einfachsten arithmetischen Teilungen von 2:1 und 3:2 an der Saite eines Musikinstruments zugleich die Erstellung von Gerüsttönen im Ozean akustischer Vorkommnisse: Oktave, Quinte und Quarte. Zwar ist für die Griechen selbstverständlich, dass der kleinste Zwischenraum dieses Gerüsts von – wie die *Sectio canonis* sagt – unveränderlichen Tönen von zwei weiteren Tonpunkten, den veränderlichen Tönen, ausgefüllt wird. Diese beiden Tonpunkte haben sogar einen Namen (Parhypate und Lichanos), der beibehalten wird, unabhängig davon, welche Lage auf der Saite und damit welches arithmetische Verhältnis die beiden Töne einnehmen. Es ist aber dennoch irrig, das Ensemble aus unveränderlichen und veränderlichen Tönen als ein oder vielmehr als das Tonsystem zu bezeichnen, in dem die veränderlichen eben einmal so, einmal so gestimmt seien. Die Unterschiede sind so groß, dass es sich zwischen Parhypate, Lichanos und den umgrenzenden Tönen des unveränderlichen Systems um gänzlich verschiedene Intervalle handelt. Demgegenüber ist zum Beispiel eine Quinte in einem diatonischen Tonsystem immer ein Quintintervall, gleich ob man sie in ihrem reinen Verhältnis 2:3 belässt oder ob man sie, so ab dem 16. Jahrhundert, zugunsten anderer Intervalle temperiert. Ein und dasselbe Tonsystem kann also durch unterschiedliche Stimmungssysteme akustisch instantiiert werden.

Aus diesem Grund trennt die moderne Musikwissenschaft – modern in Abgrenzung vom frühneuzeitlichen oder antiken Wissen der Musik – üblicherweise zwischen Stimmungssystem und Tonsystem:

Das Stimmungssystem ist die Disposition aller Töne des Tonvorrats hinsichtlich der exakten Tonhöhe. Beispielsweise kann man nur reine Oktaven und reine Quinten stimmen und an einer einzigen Stelle, wo diese beiden

Prinzipien miteinander kollidieren, im pythagoreischen Komma, der Oktave den Vorzug einräumen und die Quinte verstimmen. Damit sind alle Töne einer zwölftönigen Skala in der Tonhöhe exakt bestimmt; das Ergebnis ist ein pythagoreisches Stimmungssystem.

Ein Tonsystem ist eine Ordnung der Töne oder bestimmter Töne des Tonvorrats. Man kann von den zwölf Tönen acht herausgreifen und nach einem bestimmten Ordnungskriterium, das die Relation der Intervalle zueinander im Groben festlegt, zu einer Skala ordnen: die diatonische Skala. Wenn man andere Ordnungskriterien wählt, kommt man zu anderen in sich geschlossenen Ordnungen, z. B. dem Hexachord oder dem Tetrachord.

Die musikalisch entscheidende Frage lautet: Welches von beiden Systemen ist das unmittelbare Medium des Komponierens? Auf den ersten Blick wird man sagen: das Tonsystem. Die horizontale und vertikale Zusammensetzung der Töne wird entscheidend vom Tonsystem geprägt. Ein Komponist schreibt ein *a*, ein *fis*, ein *des* auf das Notenpapier und lässt sich dabei nur in wenigen Ausnahmefällen (zum Beispiel zur Unterstützung der Semantik von vertonten Wörtern im 17. Jahrhundert) von der exakten akustischen Einrichtung der Töne leiten. Das Stimmungssystem ist, so schreibt Dahlhaus, nur die »akustische Außenseite eines Tonsystems«, aber nicht die Ebene, auf der der Komponist direkt komponiert.[1]

Angenommen, es verhielte sich so. Auf welcher der musikalischen Ebenen setzte dann die Zahlhaftigkeit der Musik an? Sie beschriebe die akustische Außenseite zahlhaft. Man verstünde die akustische Außenseite einer Musik wie ein akustisches Bild, dessen Elemente man hinsichtlich ihrer Nähe und Distanz zueinander abmessen würde und das Ergebnis der Messung arithmetisch formulierte. Die Zahlenverhältnisse der Tonhöhen untereinander im pythagoreischen Stimmungssystem sind immer dieselben, unabhängig davon, wie man die Töne in der Komposition anordnet. Man machte damit aber keine Aussage über das »Wie« im Vorgang, »wie« der Komponist die Töne anordnet. Die akustische Außenseite schlüge, so verstanden, nicht aufs Komponieren durch. Mit den rechnerischen Maßen des Stimmungssystems wäre also nichts darüber gesagt, welche Prozesse von einem zum nächsten Ton oder Klang führen. Stimmungs- und Tonsystem voneinander zu trennen, also von einer akustischen Außenseite zu sprechen, von der sich eine kompositorische Innenseite der Musik unterschiede, heißt demnach, implizit zu behaupten, dass die kompositorischen Vorgänge von der Zahlhaftigkeit der Außenseite nicht beeinflusst sind.

---

1 Dahlhaus, Carl, Art. »Tonsysteme«, in: Ludwig Finscher (Hrsg.): *Die Musik in Geschichte und Gegenwart*, Sachteil Bd. 9, Kassel 1998, Sp. 638–646, hier Sp. 642.

Ich möchte darlegen, dass in dieser gängigen Auffassung ein Denkfehler steckt. Man würde einen weiteren Denkfehler machen, wenn man den ersteren beheben wollte, indem man sagte: Wenn es so ist, dass bei der Beschreibung der akustischen Disposition der Musik das eigentlich Kompositorische, die Bewegung von einem Ton oder Klang zum anderen, ausgenommen bleibt, dann muss man in einem zweiten Schritt eben auch diese musikalische Ebene ausmessen und zahlhaft beschreiben. Man hat dies immer wieder versucht. Prominente Beispiele der Musikgeschichte sind Kirchers Komponierkasten (Mitte des 17. Jahrhunderts)[2] oder auch, auf andere Weise, Eulers arithmetische Formulierung des Konsonanzgrads von Akkorden.[3] Diese und einige moderne Versuche, neuerdings auch computergestützt, wollen die Relationen der komponierten Töne, ihren Spannungswert, ihre Dynamik untereinander arithmetisch modellieren.

Warum irrt, zumindest in Bezug auf die Musik bis zum 17. Jahrhundert, auch diese Auffassung? Aus zwei Gründen:

1. Man sieht dann in den Zahlen ein bloß nominalistisches System, das gänzlich abstrakt kompositorische Verhältnisse abmisst – und abstrakt meint: ohne Beteiligung seiner eigenen arithmetischen Gesetzmäßigkeiten. Abstrakt meint dann: unter Absehung von den Strukturen, die es in der Menge der ganzen Zahlen selbst gibt. Die zahlhafte Beschreibung ist so immer bloß ein blindes *tertium comparationis* zwischen physisch gegebenen Sachverhalten. Es wird gar nicht erwogen, ob es musikalische Strukturen gibt, die nicht nur quantifizierbar per Abmessen, sondern die als solche in grundlegende arithmetische Strukturen eingelassen sind. Eine solche Vermutung ist keineswegs eine mystische Spekulation. Angesichts der Einstellung der grundlegenden musikalischen Intervalle in grundlegende Zahlenverhältnisse jenseits aller Willkür des freien kompositorischen Handelns liegt die Vermutung vielmehr nahe.

2. Man sieht, umgekehrt, in den Bewegungsvorgängen der Musik Gesetzmäßigkeiten, denen man nicht zutraut, zahlhaft erfassbar zu sein. Freilich wäre alle intervallische Bewegung auch abmess- und in abstrakten Größen formulierbar, aber man traute den Ergebnissen nicht zu, mehr als kontingenter Zahlensalat zu sein.

---

[2] Kircher, Athanasius, *Musurgia universalis sive ars magna consoni et dissoni in X. libros digesta [...]*, 2 Bde., Rom 1650, Repr. Hildesheim, New York 1970. Von dem Komponierkasten, den Kircher hier theoretisch beschreibt, hat sich in der Herzog August Bibliothek Wolfenbüttel auch ein Exemplar von Kirchers Hand erhalten.

[3] Euler, Leonhard, *Tentamen novae theoriae musicae*, St. Petersburg 1739 (verfasst um 1731).

Ich glaube nicht, dass dies die Auffassung der Musik im 16. Jahrhundert gewesen ist. Auch nicht die vorheriger Zeiten. Der nominalistische Umschlag fällt erst ins 17. Jahrhundert; angekündigt durch ein Wetterleuchten im philosophischen Nominalismus des 14., etwa bei Musiktheoretikern wie Nicole Oresme.

Stattdessen behaupte ich: Mathematik ist *kein* Beschreibungs-, Mess- oder Formalisierungsmedium von Musik. Ich behaupte, es ist für die Musik bis zum 16. Jahrhundert inadäquat, ihr eine Art von Autonomie zuzubilligen in dem wörtlichen Sinn, dass sie sich die Struktur ihrer Gesetze selbst gibt. Stattdessen ist eben diese musikalische Struktur in wesentlichen Aspekten bis ins 16. Jahrhundert zahlhaft: Die Strukturen musikalischer Verhältnisse und die Strukturen von Zahlenverhältnissen sind ein und derselbe Sachverhalt. Musikalische Vorgänge auf der operativen Ebene der Noten und arithmetische Vorgänge wie das Abzählen von Zahlenverhältnissen und das Bestimmen ihrer Proportionen zueinander sind in ein und dasselbe Gestell elementarer Größen eingelassen. Das »und« in Musik und Mathematik ist keine bloße Kopula, die zwei eigenständige Gegenstände in einer Proposition grammatisch koppelt. Es ist, recht verstanden (bis ins 16. Jahrhundert, ist zu betonen), ein Gleichheitszeichen. Das gemeinsame Gestell der beiden Ebenen ist ihre Operationalität. Operationalität meint die Gesamtheit der Bewegungsgesetze der jeweiligen Elemente der beiden Medien Musik und Zahl.

Bevor das ontologische Verhältnis zwischen Musik und Mathematik nicht für eine je bestimmte Epoche geklärt ist, verliert man die Bodenhaftung, wenn man mithilfe der Mathematik über Musik nachdenkt. Denkt man umgekehrt mit der Musik über Mathematik nach und gibt zum Beispiel auf irgendwie musikalischem Weg Zahlen wie 2 und 3 eine Bedeutung, die ihnen, rein arithmetisch gesehen, nicht zukäme, gerät man in trübe Mystik. Vielmehr gilt: Wir müssen Musik und Zahl gleich ursprünglich denken. Es geht darum, die Eigenschaften *einer* Natur, *eines* Gestells, *einer* φύσις (wie ein großer Freiburger Denker einen aristotelischen Begriff auslegte)[4] aufzudecken, in die Musik und Zahl zugleich eingefügt sind und ihre jeweilige Gestalt erhalten.

---

4 Heidegger, Martin, »Vom Wesen und Begriff der Φύσις. Aristoteles, Physik B, 1« (1939), in: Ders., *Wegmarken*, Frankfurt am Main 1976, S. 239–301.

II. Warum gibt es bis zum 16. Jahrhundert keine kompositorische Oktavidentität?

Oktavidentität ist die Eigenschaft eines Tonsystems. Mit Oktavidentität ist gemeint, dass Töne, die eine Oktave Abstand zueinander haben, als ein und derselbe Ton aufgefasst werden, der nur in unterschiedlichen Lagen oder Registern erklingt. In musikalischen Buchstabenschriften haben oktavidentische Töne in der Regel denselben Tonbuchstaben. In den Verhältnissen von Saitenlängen hat eine Oktave das Verhältnis 1:2. Die Doppeloktave hat, vom Ausgangston aus gerechnet, das Längenverhältnis 1:4, die Tripeloktave 1:8 usw.

Sind im 16. Jahrhundert die folgenden beiden Wendungen musikalisch äquivalent?

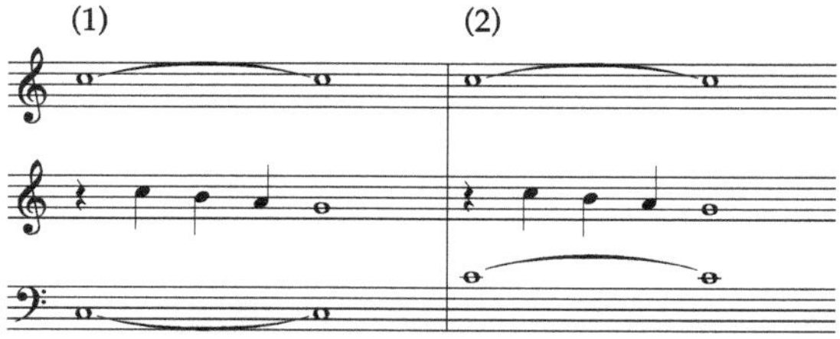

Antwort: Sie sind es nicht. (1) ist in dieser Form unrichtig, (2) ist richtig. Es gibt also keine kompositorische Oktavidentität in dem Sinn, dass es beliebig ist, ob der Abstand zweier Stimmen zueinander um eine oder mehrere Oktaven erweitert ist oder nicht.

Ab dem 18. Jahrhundert gilt diese Regel nicht mehr. In der Zeit der Wiener Klassik sind (1) und (2) tonsatzmäßig äquivalent. Wenn wir nach Gründen suchen, dann müssen das zum einen Gründe sein, die im 18. Jahrhundert nicht mehr akzeptiert wurden. Und es können zum anderen keine rein musikalischen Gründe sein, denn es gibt auch in Antike und Mittelalter viele musikalische Aspekte, die auf einer bewussten und akzeptierenden Wahrnehmung der Oktavidentität beruhen: die Umlegung des pythagoreischen Kommas auf eine Wolfsquinte statt auf eine »Wolfsoktav«, die Oktaveinteilung der Tonskala, die empfundene Identität von Frauen- und Männerstimmen, die natürlicherweise im Oktavabstand singen, und andere Aspekte.

Ich behaupte, es gibt für die Unrichtigkeit von (1) Gründe, die auf jener gemeinsamen Natur von Musik und Zahl beruhen.

Um das zu verstehen, werden einige Merkmale der antiken Lehre von den Verhältnisgattungen benötigt, die die Basis des musikalischen Konsonanzbegriffs ist. Warum konsoniert eine Konsonanz? Weil die beiden Töne des konsonanten Intervalls in einer Weise zusammenklingen, die als nicht mehr weiter harmonisierungsbedürftig gilt. Harmonisierungsbedürftigkeit ist aber keine Qualität des bloßen Hörempfindens. Ein Kriterium von musikalischer Harmonie ist die Harmonie der Zahlen, die den Saitenlängen der Klänge entsprechen. Pietro Pontio im späten 16. Jahrhundert sagt: »[…] nascono le consonantie dalle proportioni«[5] – die musikalischen Konsonanzen werden aus den Verhältnissen geboren.

Nicht weiter harmonisierungsbedürftig in der klassischen Verhältnislehre sind Zahlenverhältnisse, deren Glieder erstens eine Harmonie untereinander gemäß bestimmter Kriterien von Harmonie ausbilden und zweitens je für sich selbst harmonisch und irreduzibel gemäß bestimmter Kriterien sind. Letzterer Punkt beinhaltet, dass im pythagoreischen Denken als Glieder harmonischer Verhältnisse im strengen Sinn nur die elementaren Zahlen der Tetraktys in Frage kommen, also die Zahlen von 1 bis 4. Schon die Qualität eines Glieds selbst, unabhängig von der Verhältnissetzung, die sein Betrag bewirkt, ist also ein Kriterium für Harmonie. Stellvertretend für die antiken Verhältnislehren sei das Schema von Boethius angeführt; Boethius hat es von Nikomachos von Gerasa und von Ptolemäus übernommen. In der boethianischen Gestalt wurde es die Grundlage der *Musica speculativa* im Mittelalter und in der Renaissance:[6]

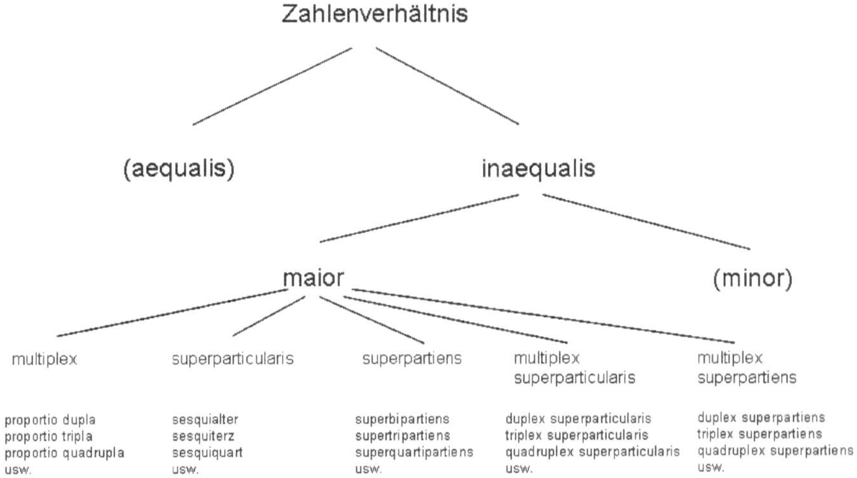

---

[5] Pontio, Pietro, *Ragionamento di musica* (zuerst Parma 1588), Kassel 1958, S. 19.

[6] Boethius, *De arithmetica*, ed. Henri Oosthout und Johannes Schilling, Turnhout 1999 (Corpus Christianorum Series Latina XCIV A), I 21–32 und II 40–54.

Sind zwei Zahlen gleich (*aequalis*), bilden sie ein Verhältnis aus, dessen Eigenschaften nicht weiter bestimmbar sind. Da aber Harmonik an den Verhältniseigenschaften geprüft wird, sind beim Verhältnis zweier gleicher Zahlen bzw. bei ihrem musikalischen Pendant, dem Einklang, Unterscheidungen nach harmonisch/unharmonisch oder konkordant/diskordant gegenstandslos. Der Einklang ist ein Zusammenklingen zweier Töne, aber kein Intervall, daher weder konsonant noch dissonant, damit musiktheoretisch irrelevant. Tief in das Gestell von universaler Harmonie, in das Musik und Zahlenverhältnisse eingelassen sind, führt ein Argument von Zarlino, einem Zeitgenossen Pontios: Das Verhältnis gleicher Zahlen bzw. der Einklang kann nicht geteilt werden.[7] Hier ist ein zentraler Faktor der klassischen Harmonik wirksam: Die Struktur der perfekten Harmonie birgt in sich schon den Modus, nach dem sie sich diversifizieren kann. Die weniger harmonischen Verhältnisse gehen aus diesem Modus hervor. Eine perfekte Harmonie, die völlig homogen wäre, wäre keine Harmonie, sie wäre ein absolut Einfaches, dessen Harmonie tautologisch wäre. Auch die perfekte Harmonie muss deshalb in sich strukturiert sein. Dann kann sie sich gemäß dem Modus, der der Struktur innewohnt, auch stufenweise diversifizieren ins weniger Harmonische.

Damit ist die grundlegende ontologische Operationalität beschrieben, von der die Medien Musik und Mathematik ihre spezifische Operationalität beziehen. Musikalisch etwa folgt daraus, dass die nicht weiter perfizierbare Harmonie also nicht der Einklang, sondern erst die einfachste Konsonanz sei, die Oktave. Dieses Denken beherrscht die Musikauffassung der Renaissance vom Intervallsystem bis zum Kontrapunkt: Das Einfache entfaltet sich durch geregelte Teilung graduiert ins Vielfache; vom Vielfachen kehrt es durch geregelte Dissonanzauflösung wieder zur Einheit zurück. Auf der mathematischen Ebene hat die klassische Verhältnislehre eine Taxonomie der Zahlenverhältnisse entwickelt. Die Taxonomie ist für das Verständnis der musikalischen Harmonik von zentraler Bedeutung, daher sei sie knapp erläutert.

Die ungleichen Zahlenverhältnisse (*inaequalis*) werden danach unterschieden, ob die eine Zahl größer (*maior*) oder kleiner (*minor*) als die andere ist. Die Gattung *minor* kann vernachlässigt werden, weil in ihr dieselben Unterscheidungen auftreten wie bei *maior*, nur umgekehrt.

Vielfach (*multiplex*) verhalten sich zwei Zahlen zueinander, wenn die größere die kleinere ohne Rest in sich enthält: 1:2, 1:3, 1:4 usw., 2:4, 3:6 usw., 2:6, 2:8, 3:9 usw. Im Übrigen sollten bei der Bestimmung ihres harmonischen Grads Zahlenverhältnisse nicht vorschnell gekürzt werden, denn es kommt auch auf die Qualität der einzelnen Glieder an. So haben die Glieder 4 und 8

[7] Zarlino, Gioseffo, *Le Istitutioni harmoniche*, Venedig 1558, I 21.

im Verhältnis 4:8 eine andere harmonische Qualität als die Glieder 1 und 2 im Verhältnis 1:2.

Überteilig (*superparticularis*) sind zwei Zahlen, wenn die eine Zahl um 1 größer ist als die andere: 1:2, 2:3, 3:4, 4:5, …, 8:9 usw. Erweitert man diese Verhältnisse (2:3 = 4:6 = 6:9 usw.), transformiert sich die Eigenschaft »um 1 größer« allerdings. Man muss dann die kleinere Zahl des Stammverhältnisses als Maß oder Einheit auffassen, um die die größere Zahl die kleinere übersteigt. Das ist das Prinzip des »*sesqui-*«. Bemerkenswert ist, dass das Oktavverhältnis 1:2 sowohl der vielfachen als auch der überteiligen Gattung angehört. Für die Doppeloktave 1:4 oder die Tripeloktave 1:8 hingegen gilt dies nicht: Sie sind nur vielfach, aber nicht zugleich überteilig.

Nun zurück zu der Ausgangsfrage. In Variante (2) des obigen Notenbeispiels 1 wird durch den Abwärtsgang der Oberstimme bis zum *g* der Oktavraum in eine Quarte (nach oben) und eine Quinte (nach unten) geteilt. Diese Aufteilung ist konsonant. In Zahlen ausgedrückt, ist die perfekte Harmonie 1:2 in die etwas schwächeren Konsonanzen 2:3 und 3:4 geteilt worden (die musikalische Terminologie ab dem 14. Jahrhundert bezeichnet sie immer noch als perfekt, weil ihre Zahlen noch innerhalb der pythagoreischen Tetraktys liegen). Der Komponist kann beim *g* also stehen bleiben, dieser Klang ist stabil nach oben und nach unten. Warum sich die Stabilität von der stärkeren auf die beiden schwächeren Konsonanzen überträgt, wird an der Operationalität der Verhältnisgattung einsichtig. Zu jedem superpartikularen Verhältnis lassen sich zwei andere superpartikulare Verhältnisse finden, die miteinander multipliziert das Ursprungsverhältnis ergeben. So ist (1:2) = (2:3) × (3:4). Mit derselben Operation kann man die Quinte in zwei Terzen aufteilen: (2:3) = (4:5) × (5:6) usw. Auch diese Terzen erben die Konsonanz der superpartikularen Verhältnisgattung, freilich schwächt sie sich ab, weil die Zahlen zunehmend größer werden. Auf diese Weise wird eine in sich stabile Architektur von abgestuften Konsonanzen errichtet, die die benachbarten Stufen immer benötigt, um Stabilität zu wahren.

Wie ist das nun bei der Doppeloktave in Variante (1)? Die Doppeloktave ist nur ein multiples Verhältnis, nicht zugleich ein superpartikulares. Sie kann daher auch nicht nach der Operationalität der superpartikularen Gattung aufgeteilt werden. Vom *g*' aus in Variante (1) ist das Intervall zum liegenden Diskantton *c*'' nach oben eine Quarte 3:4, zum liegenden Basston nach unten eine Duodezime 1:3. Die Rechnung geht zwar auf: (3:4) × (1:3) = (3:12) = (1:4). Aber 3:4 und 1:3 gehören unterschiedlichen Verhältnisgattungen an, sie können ihre Konsonanz also nicht wechselseitig stabilisieren. Sie haben irgendwelche Konsonanzgrade, diese liegen aber auf qualitativ unterschiedlichen Ebenen. Daher sind sie nicht direkt vergleichbar.

Die operationelle Ebene des Notenschreibens ist auf diese Weise direkt an die Ebene des Stimmungssystems gekoppelt. Oder präziser: Die arithmetische Operationalität des Stimmungssystems und die kompositorische Operationalität des Tonsystems sind beide eingefügt in ein Gestell von Harmonie überhaupt. Eine Operation auf der einen Ebene, die der äquivalenten Operation auf der anderen entgegensteht, ist falsch. Dahlhaus' These trifft für das 16. Jahrhundert und die vorherigen nicht zu.

III. Warum ist bis zum 16. Jahrhundert die Terz kein stabiler Klang? Oder: Warum wird das konsonante superpartikulare Terzintervall 4:5 nicht verwendet?

Im Tonsatz des 16. Jahrhunderts gilt die Regel, dass Dissonanzen schrittweise eingeführt und aufgelöst werden müssen.

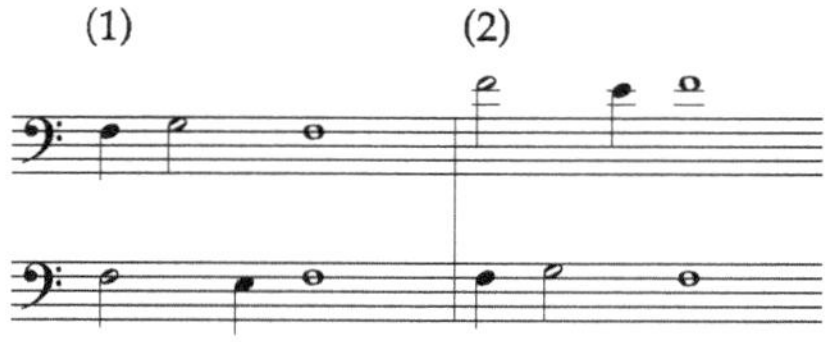

In Sekundschritten wird der Angelpunkt der Klausel (hier der Kadenzton *f*) umkreist. Der erste Sekundschritt führt in die Dissonanz, der zweite Sekundschritt dann notwendigerweise in eine Terz (Variante 1) oder Sexte (Variante 2), also in ein Terzenintervall.

Im 14. Jahrhundert schon wurden diese Klauselschritte in den folgenden Standardklauseln formalisiert:[8]

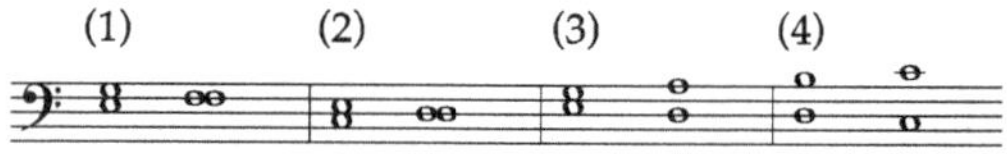

Die Auflösung in die perfekte Konsonanz (Einklang in den Varianten 1 und 2, Quinte in Variante 3, Oktave in Variante 4) geschieht immer aus einer imperfekten Konsonanz, also einer Terz (Varianten 1 bis 3) oder einer Sexte (Variante 4).

[8] Im anonymen Traktat »Quilibet affectans« (ca. 1330), in: *Scriptorum de musica medii ævi*, Bd. 3, Charles E. H. de Coussemaker (Hrsg.), (zuerst Paris 1869), Hildesheim 1987, S. 59–68.

Das Schrittprinzip ist eine musikalische Formulierung der arithmetischen Tatsache, dass Konsonanzgrade von Intervallen schrittweise voneinander abgestuft sind: Um sowohl arithmetisch als auch in der euklidischen Konstruktion der Längen von 2:1 nach 3:2 zu gelangen, muss man lediglich Einserschritte auf der Zahlenleiste gehen. Diese Einserschritte sind nicht nur nominell, sondern dem absoluten Betrag nach exakt dieselben: von 2 nach 3 und von 1 nach 2 ist der Schritt jeweils +1. Zu dieser arithmetischen Eigenschaft gibt es ein musikalisches Äquivalent: Um die perfekten Konsonanzen herum müssen Schritte gleicher Größe verfügbar sein, mit denen man aus den Konsonanzen heraus- und wieder in die Konsonanzen hineingehen kann. Genau diese Eigenschaft weisen die Standardklauseln auf. Das heißt aber doch, die dem Kadenzklang unmittelbar vorausgehenden Penultima-Intervalle müssen vor allem diese Eigenschaft erfüllen. Welche je eigene klangliche Qualität sie haben, ist dem gegenüber sekundär.

Intervallarithmetisch werden schon von zwei Klauseln her alle Töne der diatonischen Skala festgelegt:

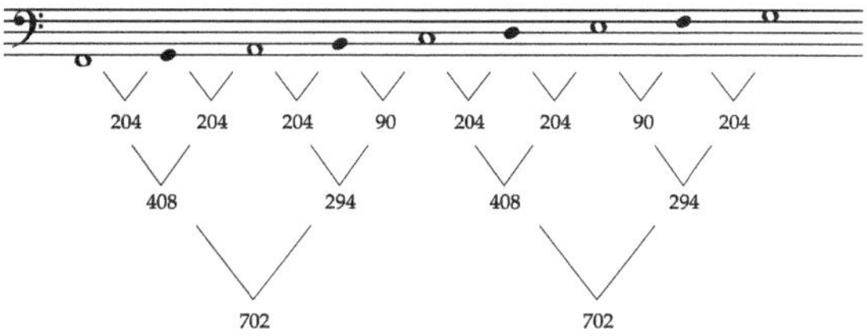

Man wähle als Ausgangspunkt die reinen Quinten *f–c* und *c–g* mit dem jeweiligen Saitenlängenverhältnis 3:2 (was bei einer 1200 Cents großen Oktave 702 Cents entspricht).[9] Wenn man die oben beschriebenen Standardklauseln anwendet und die Gerüsttöne *f*, *c* und *g* von den benachbarten Sekunden aus mithilfe der Standardklauseln erreichen will und zudem fordert, dass die anschließenden Sekundschritte an allen Stellen des Tonraums gleich groß, die Klauseln also an allen Stellen in ihrer intervallischen Relation identisch sind, kommt man zwangsläufig zu einer pythagoreischen Skala. Die genannten Bedingungen lassen offen, wie man das Verhältnis zwischen großen und kleinen Sekundschritten wählt. Üblicherweise wird die große Sekunde mit

[9] Die Umrechnungsformel für Intervalle von den Längenverhältnissen (*p*) zur logarithmischen Standardskala des gleichstufigen Halbtons von 100 Cents oder den insgesamt 12 Halbtönen der Oktave von 1200 Cents lautet: $\mathit{Intervall}(p) = \mathrm{Log}_2\,(p) \cdot 1200\ C$.

dem reinen Sekundintervall 9:8 oder 204 C bevorzugt. Für die kleine Sekunde bleibt dann das musikalisch sehr kleine und arithmetisch großzahlige Längenverhältnis 256:243 (das sog. Limma) oder 90 C übrig. Damit sind die Terzintervalle festgelegt. Entscheidend ist, dass in der pythagoreischen Teilung die Sekunden vor den Terzen festgelegt werden und die Terzintervalle sich aus den Zusammensetzungen der beiden Sekunden ergeben: die große Terz als 204 C+204 C=408 C, die kleine Terz als 204 C+90 C= 294 C. Die Terzen sind arithmetisch keine eigenständigen und musikalisch keine reinen Intervalle. In der Musiktheorie heißen diese Intervalle Ditonus, der doppelte Tonus. In den Standardklauseln sind diese Doppeltoni die Sekunden, die eine Schrittlänge von ihren Zieltönen entfernt sind.

Eine reine große Terz hingegen hätte das Verhältnis 5:4 oder 386 C, eine reine kleine Terz das Verhältnis 6:5 oder 316 C. Die reinen Terzen 5:4 und 6:5 wären keine Ditoni. Sie lassen sich nicht in Sekunden teilen, die sich um die perfekten Intervalle herum schrittweise anlagern. Würde man die Terz *f–a* als reine Terz einstimmen, bekäme man keine reine Quinte *f–c* mehr hin. Würde man die Sexte *h–g* als reine kleine Sexte mit 792 C (das Komplementärintervall, das die reine große Terz zur Oktave ergänzt: 814 C+386 C=1200 C) einstimmen, wäre die Quinte *g–d* nicht rein usw.

Es lassen sich demnach tatsächlich strukturelle Analogien zwischen dem Stimmungssystem, dem Tonsystem und der kompositorischen Handhabung des Tonvorrats in der mehrstimmigen Musik des Mittelalters und der Renaissance auffinden. Gibt es für diese Analogien irgendeine innere Notwendigkeit? Gibt es eine diesen analogen Phänomenen inhärente gemeinsame Kraft, die die Operationalität auf den analogen Ebenen steuert?

Ein grundlegendes Prinzip des Tonsatzes, der auf den beschriebenen Standardfortschreitungen beruht, scheint das Schrittprinzip zu sein: Starke Konsonanzen sollen schrittweise aus schwächeren Konsonanzen erreicht werden. Schwächere und stärkere Konsonanzen sind voneinander in graduierter Distanz, also in Schritten entfernt. Diese beiden Prinzipien werden ineinander geblendet. Entscheidend dabei ist: Es ist nicht das eine das musikalische und das andere das mathematische Prinzip. Vielmehr repräsentieren beide ein prämathematisches und prämusikalisches Ereignis. Ein Indiz dafür ist, dass sie beide weder mathematisch noch musikalisch exakt kompatibel sind. In den Verhältnisgattungen gedacht, ist die reine Terz 5:4 die nächstschwächere Konsonanz nach der Quinte 3:2 – je einen arithmetischen Schritt weiter im Zähler und im Nenner. Trotz dieses einen diskreten Schritts sind sie aber absolut voneinander getrennte musikalische Kosmen. 3 und 5 sind Primzahlen, und Primzahlen haben bis ins Unendliche keine gemeinsamen Potenzen. Die Intervalle 3:2 und 5:4 lassen sich durch keine ganzzahlige

Operation aufeinander abbilden; immer bleibt ein Rest, der nicht aufgeht. Die klassische Verhältnislehre nennt diesen Rest zwischen Quinte und Terz das syntonische Komma.[10] Auch zur Oktave mit der Primzahl 2 ist die reine Terz arithmetisch inkompatibel. Quinte und Terz in ihren reinen Intervallen sind je eigene, berührungslose Konsonanzwelten. Das bedeutet nun musikalisch: Die reine Terz kann nicht das der Quinte oder der Oktave um eine Schrittlänge vorgeschaltete Penultima-Intervall sein. Zumal da die reine Terz in zwei ungleiche Schritte zerfällt, wenn man sie in Sekunden aufteilt, und diese Teile intervallarithmetisch keine Schritte sind, sondern kleine Konsonanzen eigener Dignität.[11] Die Idee des Schritts muss musikalisch pragmatisch realisiert werden als die Schrittgröße, die die ehernen Konsonanzen Oktave und Quinte im Tonvorrat übrig lassen. Das ist der Ganzton 8:9. Diese Schrittgröße ist zugleich die Differenz zwischen Quinte und Quarte, also zwischen den beiden schwächeren Konsonanzen, in die die starke Oktavkonsonanz zerfällt.[12]

Möglicherweise kann der musikalische Schritt in der Renaissancemusik generell als die diskrete Differenz zwischen Zerfällungskonsonanzen aufgefasst werden. Diese weitreichende Vermutung wäre allerdings an der Intervalltheorie der Zeit wie auch im praktischen Tonsatz zu überprüfen, wozu hier nicht der Ort ist. Starke Indizien für die Vermutung scheinen aber zu sein, dass die reine Terz 5:4 zum kontrapunktischen Satz des 15. und 16. Jahrhunderts quersteht und dass sie sich historisch genau zu der Zeit durchsetzt, als ab dem 17. Jahrhundert der musikalische Satz akkordisch und schließlich durmolltonal wird und die Fortschreitung von der Dissonanz zur Konsonanz nicht mehr in diskreten intervallischen Schritten geregelt wird, sondern durch die funktionale Beziehung zwischen ganzen Akkorden. Die Operationalität des Schrittprinzips in der Renaissancemusik ist weder eine primär musikalische, die nur mathematisch zu beschreiben wäre, noch eine primär ma-

---

10 Das syntonische Komma ist 81:80. Es lässt sich musikalisch/rechnerisch ermitteln, indem man über Oktavierung die reine Quinte und die reine Terz miteinander vergleicht: Vier übereinander gelegte Quinten abzüglich (rechnerisch: dividiert durch) zwei Oktaven müsste das Terzintervall geben. Dieses Terzintervall ist aber nicht 5:4, sondern ein um das Mikrointervall 81:80 vergrößerter Klang: $(3:2)^4:(2:1)^2 = (5:4)(81:80)$.

11 Eine der Sekunden ist die auch dem Ditonus zugrunde liegende Sekunde 9:8. Das Pendant dazu ist eine etwas kleinere große Sekunde 10:9. Verhältnisrechnung: (10:9)(9:8)=(5:4). In dieser Betrachtung ist die Sekunde 9:8 nicht mehr die Hälfte des Ditonus, sondern ein Teil des Paars von Zerfällungskonsonanzen, in die man jede superpartikulare Konsonanz arithmetisch aufteilen kann.

12 Quinte und Quarte sind das erste und grundlegende Dupel von Zerfällungskonsonanzen eines superpartikularen Verhältnisses: (4:3)(3:2)=(2:1).

thematische, die zu abgeleiteten musikalischen Ergebnissen führte. Es ist eine zugrunde liegende Operationalität, aus der die je konkrete musikalische und mathematische Operationalität erst hervorgehen, und zwar unmittelbar unter Realitätsbedingungen, das heißt, mit dem Zwang, zwischen ihren primzahlbedingten Inkompatibilitäten Kompromisse zu schließen.

Bernd Enders (Osnabrück)

Der wohltemperierte Musikcomputer

Musica est disciplina quae de numeris loquitur, qui inveniuntur in sonis.

Isidor von Sevilla

Computer sind die direkte Erweiterung des Paradigmas vom Musikinstrument auf alle Ebenen musikalischer Tätigkeit, im Denken und im Spielen.

Guerino Mazzola

Der große Philosoph und Mathematiker Gottfried Wilhelm Leibniz behauptete 1712 in einem Brief: »Die Musik ist eine verborgene arithmetische Tätigkeit des Geistes, der sich seines Rechnens nicht bewußt ist«.[1] Anders ausgedrückt ist Musik nichts anderes als ein unbewusster innerer Rechenprozess des menschlichen Bewusstseins. Leibniz bezog die mathematische Komponente erstmals auf die psychischen Vorgänge der menschlichen Wahrnehmung von Musik. Die zahlengesetzlichen Phänomene von Musikstrukturen wurden allerdings schon früher erkannt, wenn etwa Isidor von Sevilla (560–636), Bischof und wichtiger Schriftsteller des frühen Mittelalters, einst definierte: »Musik ist eine Wissenschaft, die sich mit Zahlen befaßt, welche als Töne erfahren werden.«[2] Diese Definition wurde um 570 n. Chr. ähnlich von dem spätrömischen Senator Aurelius Cassiodorus (*Institutiones musicae* II 5) formuliert,[3] der sich wiederum auf eine pythagoräische Definition von Nikomachos bezieht.

---

1 »Musica est exercitium arithmeticae occultum nescientis se numerare animi.« Aus einem Schreiben an Christian Goldbach am 27. April 1712, in: *Studia Leibnitiana*, XX, 1988, S. 175–189.

2 Isid. orig. 3, praef. 1, zitiert nach Wille, Günther, *Musica Romana*, Amsterdam 1967, S. 709, Anm. 1210: »Musica est disciplina quae de numeris loquitur, qui inveniuntur in sonis«.

3 Cassiodor um 570: »Arithmetica est disciplina quantitatis numerabilis secundum se. Musica est disciplina quae de numeris loquitur, qui ad aliquid sunt his qui inueniuntur in sonis. Geometrica est disciplina magnitudinis immobilis et formarum. Astronomia est disciplina cursus caelestium siderum, quae figuras contemplatur omnes et habitudines stellarum circa se et circa terram indagabili ratione percurrit.« (zit. nach Günter Wille, *Musica Romana*, Amsterdam 1967, Anm. 1169, S. 706 (Cassiod. mus. 4, 1209 B).

Heutzutage sind viele Musikliebhaber, aber auch Fachleute geneigt, Musik weniger mit mathematischen Gesetzmäßigkeiten und physikalischen Vorgängen, sondern vorrangig mit Gefühl, sinnlicher Wahrnehmung, mit Genie- oder Starkult und faszinierten Fans zu assoziieren, eine Zuordnung, die sich eigentlich erst in der Romantik des 19. Jahrhunderts verfestigen und sich bis heute – zumindest in der populären Anschauung – halten konnte. Denn in früheren Zeiten galt Musik durchaus als eine rational zu betrachtende Tonkunst, die mit mathematischen, physikalischen und technischen Aspekten enge Verwandtschaft zeigte. Im Rahmen des antiken Kunst- und Wissenschaftsverständnisses wurde Musik als Teilgebiet der Mathematik (*scientia mathematica*) betrachtet, zusammen mit der Arithmetik, der Geometrie und der Astronomie gehörte sie zum Quadrivium der ältesten Wissenschaften.

Erst mit dem Ende des 18. Jahrhunderts wurde der rationalistische Musikbegriff von einer individualistischen, emotional geprägten Auffassung der Musik als einer »Sprache der Gefühle« verdrängt. Beispielsweise formulierte Johann Georg Sulzer, Schweizer Philosoph, Mathematiker (!) und Autor der Enzyklopädie *Allgemeine Theorie der Schönen Künste*: »Musik ist eine Folge von Tönen, die aus leidenschaftlicher Empfindung entstehen und sie folglich schildern.«[4]

Die Definitionen dessen, was Musik sei oder bedeute, schwankten in den verschiedenen Epochen ständig zwischen den beiden Polen emotionaler oder rationaler Betrachtung, und niemand bestreitet heutzutage ernsthaft, dass beide Perspektiven ihre Berechtigung haben, wenn die Musik und ihre Wirkung auf den Menschen erklärt werden sollen. Musik ist ein komplexes Produkt einer steten Wechselwirkung von künstlerisch-ästhetischen und mathematisch-technischen Phänomenen. Mal neigt sich in der geschichtlichen Entwicklung die Waagschale mehr der *emotio* (Minnelieder, Romantik), dann mehr der *ratio* (Barock, Computermusik) zu. Dennoch werden Begriffspaare wie Musik und Mathematik, Empfindung und Logik, Musik und Technik, Musikinstrument und Computer im musikalischen Diskurs häufig als gegensätzlich oder gar unvereinbar verstanden.

Auch innerhalb des technischen Aspekts von Musik werden eigentümlicherweise gerade heute – in einer Gesellschaft, die seit der Industrialisierung wie keine andere Gesellschaft zuvor von technischen Errungenschaften durchdrungen ist – wenig nützliche und logisch sinnlose Gegensätze konstruiert, z. B. zwischen den ›natürlichen‹ Klängen eines (mechanisch-akustischen) Musikinstruments (Geige, Klavier, Flöte usw.) auf der einen

---

4 Sulzer, Johann Georg, *Allgemeine Theorie der Schönen Künste*, Leipzig 1771–86, Stichwort: »Musik – Mittel der Musik«, 1. Satz.

Seite und den ›unnatürlichen‹ (sterilen, kalten, leblosen) Klängen elektronischer Musikinstrumente (elektronische Orgeln, Synthesizer, Musikcomputer usw.) auf der anderen. Aber musikalische Klänge sind immer ›künstlich‹, die mit Klängen gestaltete Musikstruktur ebenfalls, das gehört ja gerade zum Wesen einer Kunst.

Heute wird Musik zunehmend mit Computern gemacht, denn Computer verarbeiten Informationen rasch und umfassend, und Musik kann informationstechnisch erfasst werden. Das Wort *Computer* leitet sich bekanntlich aus dem lateinischen *computus* = ›Berechnung‹ ab. Im Mittelalter verband man im engeren Sinne mit *computus* eine bestimmte Rechenprozedur zur Ermittlung des jährlich variierenden Datums des Osterfestes, gemeint war also ein Rechnen mit der Zeit. So gesehen ist der Computer prädestiniert für die Verarbeitung musikalischer Informationen, die sich als ästhetisches Ereignis immer in einem zeitlichen Ablauf abspielen.

I. Musik ist Information

Computer können Informationen aller Art verarbeiten. Die rasante Entwicklung der Digitaltechnologie, die ständig schnellere Prozessoren, größere Speicher und komfortablere Software mit sich brachte, ermöglichte immer wieder neue Anwendungen und förderte damit einhergehend eine wachsende Verbreitung. Der Computer startete als elektronischer Abakus für einfache Rechenoperationen oder Tabellenkalkulationen, dann entwickelte er sich mit größeren Speichergeräten zur Grundlage von Datenbanken, so dass die industrielle Bedeutung rasch zunahm. Breite Kreise der Bevölkerung nahmen ihn dann als erweiterte Schreibmaschine zur Textverarbeitung wahr, bald konnten Graphiken in Schriftstücke eingesetzt werden, graphische Bedieneroberflächen und Maussteuerung vereinfachten die Handhabung, und schließlich setzte auch die professionelle Bildbearbeitung auf Computer mit schnellen Prozessoren und farbechten Bildschirmen.

Die ebenfalls parallel dazu wachsende Bedeutung des Computers für die Musik wurde in der breiten Öffentlichkeit vielleicht weniger stark wahrgenommen, obwohl erste Experimente mit Computermusik bereits Mitte der 1950er Jahre durchgeführt wurden, die Entwicklung digitaler Musikinstrumente schon Ende der 1970er Jahre begann und die Verbreitung der digitalen Compact Disc (Audio-CD) zu Anfang der 1980er auf Computertechnik basierte. Erst die massenhafte Verbreitung der MP3-Player mit digital gespeicherter, datenreduzierter Musik sorgte für eine starke Beachtung der nachhaltigen Bedeutung aktueller Computerentwicklung für die internationale Musik- und Medienwirtschaft überhaupt.

Aber schon seit Mitte der 1980er Jahre entwickelten sich mit entsprechenden Soundkarten und musikspezifischen Schnittstellen ausgestattete Computer zum nahezu perfekten Universalsystem für alle Operationen und Funktionen, die mit einer digitalen Verarbeitung musikalischer und/oder audiotechnischer Informationen einherging. Neue Fragen der Wechselwirkung von Musik und Technik kamen auf, denen sich die Musikinformatik als neue Disziplin der systematischen Musikwissenschaft widmet.

Jeder einfache Multimedia-Computer (z. B. ein handelsübliches Notebook) kann prinzipiell die Aufgaben eines Musikcomputers übernehmen, so dass von einer allgemeinen Verfügbarkeit gesprochen werden kann. Auch wenn professionelle Systeme mit hochwertigen Hardware-Erweiterungen (Mikrophone, Audio-Interfaces, Monitore usw.) und spezieller Software (Studioprogramme, teure Soundbibliotheken, Effektprozessoren u.v.a.m.) leicht Kosten im fünfstelligen Eurobereich verursachen können, sind die Produktionskosten digital erstellter Musik im Vergleich zum früheren Aufwand einer Musikproduktion in hochpreisigen, ursprünglich den Experten vorbehaltenen Tonstudios extrem gesunken.

Der Musikcomputer ist in der Lage, sämtliche Prozesse musikalischer Produktion, Reproduktion, Speicherung und Distribution mit geeigneter Software auszuführen. Diese Entwicklung hat in kürzester Zeit, innerhalb etwa zweier Jahrzehnte, die größte Veränderung für die Musikkultur und Musikwirtschaft, aber auch für die gesamte Medienindustrie ausgelöst und ist heute keineswegs abgeschlossen. Sie mündet vielmehr in eine weitreichende Umorientierung aller mit Musik im weitesten Sinne befassten Wirtschaftszweige und Institutionen.

Musik enthält Information über temporär zu realisierende Klangprozesse, die mathematisch beschrieben werden können, die technisch-physikalisch (akustisch) vermittelt werden und in einem komplizierten (bis heute nicht umfassend bekannten) physiologischen und (neuro-)psychologischen Akt vom musizierenden und/oder hörenden Menschen ›verstanden‹ werden.

Musik ist Information im Fluss der Zeit:

- Zum einen ist Musik eine real klingende Information als direktes, mittels schwingender Materialien erzeugtes Schallereignis, das sich temporär über physikalisch-akustische Änderungen von Größen (Druckschwankungen der Luft) ausbreitet oder auch über elektrische Zustandsänderungen (die allerdings erst nach einer Schallumwandlung mit einem Lautsprecher wieder hörbar werden) gespeichert oder übertragen werden kann;
- zum anderen ist Musik eine graphisch (mit Noten), mechanisch (z. B. mit Stiftwalzen) oder elektronisch (z. B. mit MIDI) fixierte Information, die

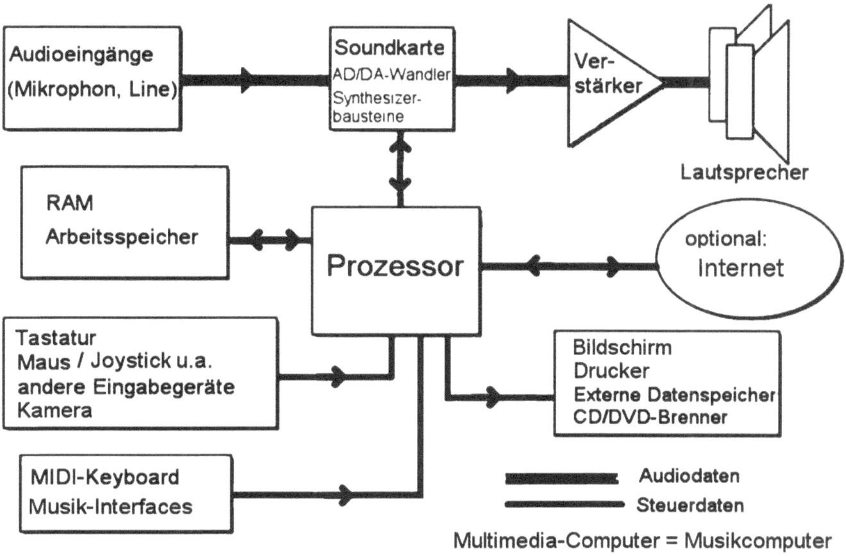

Abb. 1: Struktogramm eines typischen Musikcomputers (eigene Abbildung)

möglichst exakt beschreibt, wie man mit Instrumenten entsprechende Klänge produzieren soll (Interpretation durch Musiker) oder mit Musikautomaten die Klänge automatisch erzeugen kann (Programmierung).

Ein Computer verarbeitet Informationen allerdings nur dann, wenn sie in einem Zahlencode vorliegen, folglich müssen musikalische Ereignisse konsequent numerisch dargestellt werden, vorzugsweise in einem binären Zahlencode, wenn der Computer – wie heute allgemein üblich – auf digitalelektronischer Technik basiert. Zum Beispiel kann die Melodie des Volkslieds *Ein Männlein steht im Walde* statt mit dem üblichen Notenbild auch mit alphanumerischen Zeichen dargestellt werden (vgl. Abb. 2).

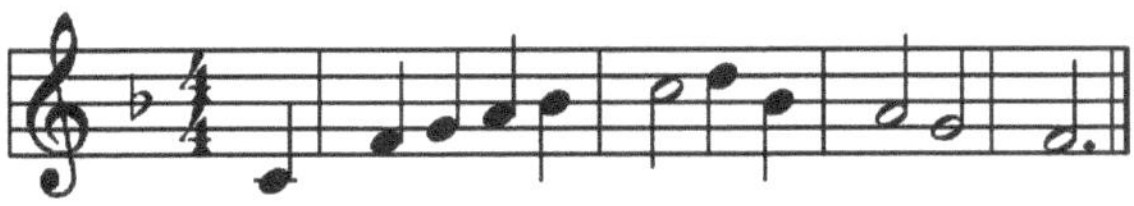

Abb. 2: »s1 v1b !4/4 4'c|fgahb|2"c4d'hb|2'ag|2.'f|«
Das Thema von *Ein Männlein steht im Walde* – dargestellt im relativ einfach gehaltenen Plaine & Easie-Code (eigene Abbildung)

Eine Thematisierung des Verhältnisses von Musik und Computer ist ohne mathematische Grundlagen kaum möglich. Die zahlenmäßige Repräsentation von Musik spielt dabei eine entscheidende Rolle. Aber schon vor dem Computer hatte die Zahl für quantitative und qualitative Beschreibungen der musikalischen Theorie und Praxis eine immense Bedeutung in der gesamten historischen Entwicklung.[5]

II. Das Monochord des Pythagoras

Die Idee, die Welt mit Zahlen zu erfassen, zu messen, also quantitativ zu beschreiben und zu erklären, hatte schon Pythagoras im antiken Griechenland. Er benutzte klingende Messgeräte, u. a. Glocken und schwingende Saiten, um mittels geometrischer Verfahren hervorgehobene Proportionen zu entdecken, die den Naturgesetzlichkeiten des Universums zugrunde lagen. Am einfachen Monochord zeigte er durch (geometrisches) Messen der verschiedenen (physikalischen) Saitenlängen auf, dass bestimmte Frequenzverhältnisse wohlklingender waren als andere. Der Kölner Musikwissenschaftler Uwe Seifert hält fest: »In der griechischen Musiktheorie werden also psychisch empfundene Tonabstände (Intervalle) vermittelt durch physische Phänomene (Saitenlängenverhältnisse bzw. Streckenlängenverhältnisse), durch Zahlenverhältnisse gemessen und repräsentiert.«[6]

Im analogen Frequenzkontinuum, das unendlich viele und graduell verschiedene Tonabstände (= Intervall) enthält, entdeckten die Pythagoräer auf diese Weise einige Tonverhältnisse, die dem Hörer durch eine eigenständige Klangqualität auffielen und die sich durch einfache (ganzzahlige) Zahlenproportionen – gemessen auf der Saitenlänge – auszeichneten. Bei einem Frequenzverhältnis von 2:1 (= Oktave) klangen die beiden Töne ausgesprochen ähnlich, fast wie ein einziger Ton, bei einem Frequenzverhältnis von 3:2 stellte sich mit der Quinte ein besonderer Wohlklang ein, mit 4:3 erhielt man so das reine Quartintervall usw. – Proportionen, die nach Auffassung der Pythagoräer die Harmonie der Welt widerspiegeln.

Aber je komplizierter das Zahlenverhältnis sich gestaltete, desto dissonanter wurden die Zweiklänge empfunden. Hörend ergab sich auf diese

---

5 Vgl. z. B. die verschiedenen Beiträge in dem von Günter Schnitzler herausgegebenen Buch *Musik und Zahl*, Bonn 1976, und hierin besonders die Aufsätze von Rudolf Haase, Rudolf Wille und Martin Vogel.

6 Seifert, Uwe, »Systematische Musiktheorie und Mathematik«, in: Bernd Enders (Hrsg.), *Mathematische Musik und musikalische Mathematik*, Saarbrücken 2005, S. 83.

C		**D**		**E**		**F**		**G**		**A**		**H**		**C'**	*Tonstufe*
1		9/8		81/64		4/3		3/2		27/16		243/128		2	*Frequenzverhältnis zum Grundton*
	Ganzton		Ganzton		Limma		Ganzton		Ganzton		Ganzton		Limma		*Intervallgröße*
	9:8		9:8		256 : 243		9:8		9:8		9:8		256 : 243		*Frequenzverhältnis zwischen den Stufen*
	203,91 C		203,91 C		90,22 C		203,91 C		203,91 C		203,91 C		90,22 C		*Abstand in Cent*

Abb. 3: Intervall- und Zahlenverhältnisse der Pythagoräischen Stimmung (Cent = 1/100 Halbton in gleichstufiger Stimmung) (eigene Abbildung)

Weise eine Digitalisierung des Klangkontinuums, denn die bekannten musikalischen Intervalle wurden durch ihre besondere Prägnanz wie klingende Leuchtpunkte auf dem analogen Band des Frequenzkontinuums fixiert und begrifflich definiert. Der Tonraum konnte in einem nächsten Schritt durch Quintenschichtung in Stufen zu einem diskreten Tonsystem organisiert werden: Zwei übereinander geschichtete Quinten ergeben eine None, minus Oktave gleich Sekunde = Ganztonschritt – oder: $(3/2)^2 : (2/1) = 9/8$. Die Intervallnamen kennzeichnen numerisch die einzelnen Stufen bzw. Abstände (vgl. Abb. 3).

Zwar schufen Pythagoras und seine Anhänger die Grundlage für alle späteren musiktheoretischen Systeme, primär interessiert waren sie jedoch an der Zahlengesetzlichkeit des Universums mit Hilfe des Musikinstruments als klingendem Messapparat. So wie der rhythmisch geschlagene Kochtopf oder die Kuhglocke als Schlagzeug – also als Musikinstrument – ›zweckentfremdet‹ werden können, so verwendete Pythagoras gewissermaßen umgekehrt das Musikinstrument als ein klingendes Messband. Die weltweit mit ›maschineller‹ Musik erfolgreiche deutsche Elektronik-Kultgruppe *Kraftwerk* macht es dann wieder umgekehrt, wenn in dem Song *Taschenrechner* (1981) der Taschenrechner zum Musikinstrument mutiert (»Ich bin der Musikant mit Taschenrechner in der Hand«).

Philosophie, Mathematik, Physik und Musik verschmelzen im pythagoräischen Experiment zu einer kognitiven Einheit, in der Spekulation, Berechnung, Experiment und Klang gleichberechtigt nebeneinander stehen.

Hätten die Pythagoräer außerdem noch gewusst, dass auch ein musikalischer Ton (also eine Schwingung, die als eindeutige Tonhöhe empfunden wird) sich durch eine Schwingungsform auszeichnet, die aus einer Reihe von in einfachen ganzzahligen Verhältnissen zueinander stehenden (›harmonischen‹) Sinusschwingungen aufgebaut ist (1:2:3:4:5… usw.), wäre ihre Begeisterung für die kosmische Bedeutung der Zahl noch sehr viel größer gewesen. Doch diesen Zusammenhang entdeckte man erst sehr viel später: Galileo Galilei (1564–1642) und Marin Mersenne (1588–1648) beschrieben erstmals die Abhängigkeit von Tonhöhe und Frequenz, und Jean Baptiste Fourier (1768–1830) erkannte 1822 schließlich, dass jede periodische Schwingung als Summe (Resultierende) von Sinusschwingungen mit einfachen Zahlenverhältnissen dargestellt werden kann (Fourier-Analyse).

Die musiktheoretischen Grundlagen der Pythagoräer hatten großen Einfluss auf die Musiktheorie bis in die Neuzeit. Jedoch ergaben sich schließlich durch die seit etwa dem Jahre 1000 aufkommende Mehrstimmigkeit, durch die Verfestigung von Dreiklangskonsonanzen mit Dur- und Mollterzen, durch die kompositorische Einführung der Chromatik und aufgrund

$$\frac{\left(\frac{3}{2}\right)^{12}}{\left(\frac{2}{1}\right)^{7}} = \frac{\frac{531441}{4096}}{\frac{128}{1}} = \frac{129,75}{125} = \frac{1,0136}{1}$$

Abb. 4: Formel zur Berechnung des Pythagoräischen Kommas

der immer größeren Bedeutung von Instrumenten mit fixierten Tonhöhen, vor allem von Tasteninstrumenten, erhebliche Schwierigkeiten, ein Tonsystem mit Hilfe reiner Quinten konsequent umzusetzen. Durch die Reihung von reinen Quinten ergibt sich kein sich schließender Quintenzirkel, sondern eine prinzipiell endlose Quintenspirale, die von C als Ausgangston mal über die Kreuztonarten bis zum Gis und weiter sich fortsetzt (C – G – D – A – E – H – Fis – Cis – Gis ...) und über die B-Tonarten bis zum Ges und so weiter (C – F – B – Es – As – Des – Ges ...). Leider sind dann die aus dem Quintverhältnis von 3:2 errechneten Frequenzen für z. B. Fis und Ges oder Cis und Des nicht deckungsgleich, obwohl sie sehr dicht zusammen liegen.

Schichtet man nun 12 Quinten (3:2) übereinander (vom C bis zum His), dann sollte sich für das His die gleiche Frequenz ergeben wie für ein C, das sich aus der Schichtung von 12 Oktaven (2:1) über die gleiche Tonstrecke ergibt. Es entsteht jedoch eine störende Differenz von knapp einem Achtelton, die man als das Pythagoräische Komma bezeichnet (vgl. Abb. 4). Es wurden zwar Tastaturen gebaut, die separate Tasten für unterschiedlich gestimmte Saiten mit Cis und Des usw. aufwiesen, aber man kann sich lebhaft vorstellen, dass diese Lösung das Klavierspiel nicht gerade erleichtert und auch die Herstellung eines Tasteninstruments immens erschwert. Hinzu kam die wenig glückliche Stimmung der pythagoräischen Terzen, die aus Quintverhältnissen abgeleitet (C-E = 81/64) weniger gut klingen als reine Terzen (C-E = 5:4).

Terzen wurden in der musikalischen Praxis (nicht in der Theorie) immer deutlicher als wohlklingende und wichtige Konsonanzen empfunden, so dass u. a. der bekannte Orgelbauer Gottfried Silbermann (1683–1753) die mitteltönige Stimmung einführte, die primär von reinen Terzen ausgeht. Aber es resultieren auch dann Probleme mit zu vielen Tönen innerhalb einer Oktave, so dass das Spiel auf wenige Tonarten beschränkt blieb und Modulationen nicht beliebig ausgedehnt werden konnten.

Erst der Organist und Musiktheoretiker Andreas Werckmeister (1645–1706) hatte etwa um 1680 die Idee, auf rein gestimmte Intervalle bei der Konstruktion von Tasteninstrumenten einfach zu verzichten. Indem er sich auf das musikalische, kleine Abweichungen eines perfekten Zahlenverhältnisses durchaus tolerierende Gehör verließ, verstimmte er fast alle Quinten geringfügig, zerlegte das Pythagoräische Komma gewissermaßen in kleinste Stücke und verteilte diese über den auf diese Weise endlich realisierten Quintenzirkel. Die »Wohltemperierte Stimmung« war geschaffen, und Johann Sebastian Bach komponierte in Köthen ab 1722 demonstrativ das berühmte *Wohltemperierte Klavier* mit insgesamt 24 Präludien und Fugen für alle Dur- und Molltonarten.

Obwohl die Diskussionen um das optimale Stimmungssystem bis zum heutigen Tage anhalten, hat sich inzwischen – zumindest theoretisch – die gleichstufig-temperierte Stimmung durchgesetzt. Die Oktave wird hier in zwölf exakt gleich große Halbtonstufen aufgeteilt, so dass genau genommen (außer der Oktave) kein Intervall mehr in reiner Stimmung erklingt. Um die entsprechenden Frequenzen zu berechnen, muss man die 12. Wurzel aus 2 (= 1,0595) berechnen können, was Werckmeister noch nicht konnte, da erst der Mathematiker Leonard Euler (1707–1783) das Rechnen mit Logarithmen einführte. Man weiß heute leider nicht genau, nach welchem Prinzip Werckmeister die Quinten letztlich intoniert hat, vermutlich gab es aber unterschiedliche Quintgrößen, so dass nicht alle Tonarten völlig gleich klangen und eine Tonartencharakteristik erhalten blieb.

Die gleichstufig-temperierte Stimmung kennt (sofern sie wirklich durch den Klavier- oder Orgelstimmer realisiert wird) keine Tonartencharakteristik mehr, aber man kommt eben innerhalb einer Oktave mit zwölf Tönen bzw. mit zwölf Tasten aus, und je nach den harmonischen Zusammenhängen werden unterschiedliche Tonbedeutungen wie Cis und Des (enharmonisch) mit nur einer Frequenz bzw. Taste belegt. Aber wer genau hinhört, bemerkt gewisse Unreinheiten des Klangs, vor allem im direkten Hörvergleich mit rein gestimmten Konsonanzen.

1754 heißt es zwar über das Spiel von Johann Sebastian Bach: »Die Clavicymbale wußte er, in der Stimmung, so rein und richtig zu temperiren, daß alle Tonarten schön und gefällig klangen.«[7]
Aber erst mit Computerhilfe gelingt es, sowohl rein als auch temperiert zu spielen. Neue Konzeptionen versuchen mit computerberechneten Stimmungssystemen den seit Jahrhunderten störenden Widerspruch zwischen reinen Intervallen mit einfachen Zahlenproportionen und flexibler Hand-

---

[7] Der Nekrolog auf Johann Sebastian Bach, 1754 (Bach-Dokumente III, Nr. 666, S. 80–93).

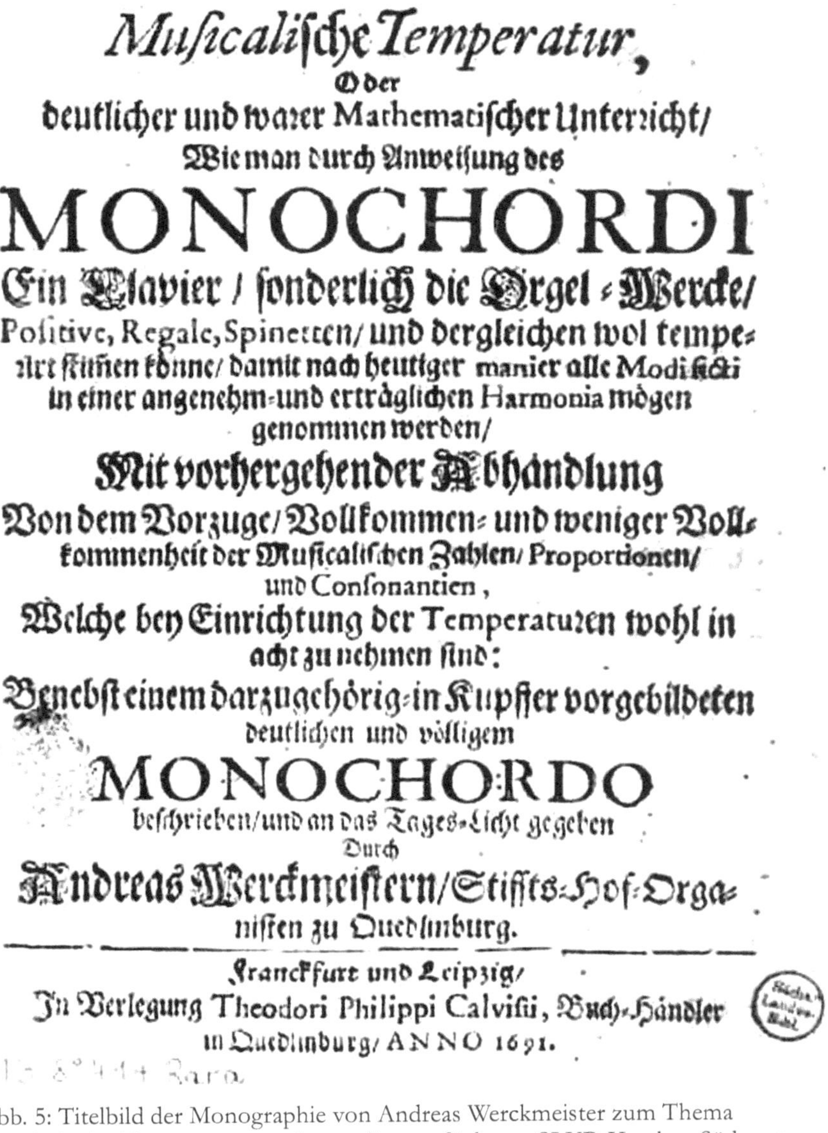

Musicalische Temperatur,
Oder
deutlicher und warer Mathematischer Unterricht/
Wie man durch Anweisung des
MONOCHORDI
Ein Clavier / sonderlich die Orgel-Wercke/
Positive, Regale, Spinetten/ und dergleichen wol tempe-
rirt stimmen könne/ damit nach heutiger manier alle Modi ficti
in einer angenehm- und erträglichen Harmonia mögen
genommen werden/
Mit vorhergehender Abhandlung
Von dem Vorzuge/ Vollkommen- und weniger Voll-
kommenheit der Musicalischen Zahlen/ Proportionen/
und Consonantien,
Welche bey Einrichtung der Temperaturen wohl in
acht zu nehmen sind:
Benebst einem darzugehörig- in Kupffer vorgebildeten
deutlichen und völligem
MONOCHORDO
beschrieben/ und an das Tages-Licht gegeben
Durch
Andreas Werckmeistern/ Stiffts-Hof-Orga-
nisten zu Quedlinburg.

Franckfurt und Leipzig/
In Verlegung Theodori Philippi Calvisii, Buch-Händler
in Quedlinburg/ ANNO 1691.

Abb. 5: Titelbild der Monographie von Andreas Werckmeister zum Thema ›Musikalische Temperatur‹ aus dem online verfügbaren SLUB-Katalog, Südwestdeutscher Bibliotheksverbund, Projekt: Quellen zur Technikgeschichte 16./17. Jh., http://digital.slub-dresden.de/ppn278955630

habung des chromatischen und enharmonischen Tonmaterials aufzulösen. Um 1987 begann der Musiker Werner Mohrlok mit der Entwicklung eines programmgesteuerten Stimmungssystems, das mit programmiertechnischer Hilfe seines Sohnes Herwig schließlich als Hermode Tuning (HMT) bekannt wurde. Es handelt sich um eine per Computerprogramm umgesetzte Methode dynamischer Intonation in Echtzeit – basierend auf Algorithmen, die den musikalischen Verlauf ständig harmonisch analysieren. Professionelle Orchestermusiker achten in der Praxis üblicherweise auf die harmonischen Zusammenhänge eines Musikstücks und gleichen die Intonation der zu spielenden Töne blitzschnell so aneinander an, dass sie möglichst rein klingen. Das Hermode-Programm verhält sich ähnlich, es verfolgt keine bestimmte mathematische Theorie, sondern passt sich elastisch und pragmatisch den erkannten harmonischen Gegebenheiten an. Werden beispielsweise Durdreiklänge erkannt, werden die Töne relativ zur gleichstufigen Stimmung verschoben, um Terzen und Quinten rein zu stimmen.

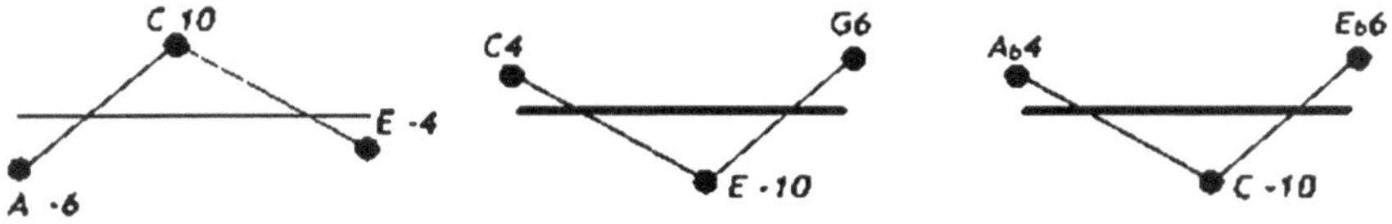

Abb. 6: Intonationsverschiebungen im Hermode-Tuning-Programm
(leicht veränderte Abbildung einer Darstellung aus der Online-Präsentation
http://www.hermode.com/html/hermode-tuning_de.html)

In der Abbildung 6 werden die notwendigen Frequenzverschiebungen der Dreiklangsakkorde a-moll, C-Dur und As-Dur angezeigt. Die waagerechte Linie stellt das Intonationsniveau der gleichstufig-temperierten Stimmung dar. Die Cent-Werte bei den einzelnen Tönen geben an, um wie viel höher oder tiefer die reine Stimmung liegen muss (ein gleichstufig-temperierter Halbton entspricht 100 Cent).

Dabei achtet das Programm über einstellbare Modi darauf, dass die errechneten Intonationsveränderungen nicht zu groß ausfallen und dadurch eventuell störend hörbar werden. Das Hermode-Tuning bleibt auf diese Weise außerdem kompatibel zur gleichstufig-temperierten Stimmung, um im Ensemble von Instrumentalklängen keine hörbaren Intonationsdifferenzen zwischen verschieden gestimmten Instrumenten zu verursachen. Auch komplizierte Akkorde oder Dissonanzen, die keine eindeutige Bestimmung reiner Intervalle mehr zulassen, verbleiben zur Gänze oder näherungsweise im gleichstufig-temperierten System. Vor allem bei dreiklangsreicher (tonaler) Musik spielt das Programm seine Stärken daher in vollem Maße aus.

Natürlich funktioniert Hermode-Tuning nur mit elektronisch erzeugten oder gespeicherten Instrumentalklängen, die sich frequenzmäßig in Realtime verschieben lassen. Aber mit digitalen Keyboards, Synthesizern oder E-Pianos mit wählbaren Sounds oder mit so genannten Orchesterbibliotheken als PlugIns in virtuellen Studioumgebungen ist es klanglich sehr vorteilhaft einsetzbar. Der ›wohltemperierte‹ Musikcomputer mit optimaler Stimmung wird zur klingenden Realität.

III. Komponiermaschinen und musikalische Algorithmen

Im Jahre 900 n. Chr. erfanden die Gebrüder Banū Mūsā am Hofe des Kalifen zu Bagdad die drehbare Stiftwalze. Mit eingehämmerten Stiften und Stegen, später auch mit großen Lochplatten oder endlos langen Lochstreifenkartons gelang es fortan, selbst spielende Musikinstrumente zu konstruieren und zu programmieren, z. B. Turmglockenspiele, die sich ab dem 13. Jahrhundert in Europa ausbreiteten, oder Spieldosen, Flöten- und Harfenspielwerke, Drehorgeln und riesige Orchestrions mit vielen Instrumenten.[8] Es gab eigens Spezialisten, die planvoll die Stifte nach Notenvorgaben setzen konnten. Berühmte Komponisten wie Wolfgang Amadeus Mozart oder Ludwig van Beethoven komponierten für Musikautomaten, mitunter darauf hoffend, dass ihre Werke endlich einmal fehlerlos zu hören waren.[9] Bis zur Verbreitung der Audiomedien wie Schallplatte und Radio im 20. Jahrhundert ermöglichten einzig und allein die mechanischen Musikautomaten, Musik gewissermaßen live (natürlich ohne Gesangsstimme) zu hören, ohne dass man dafür Musiker brauchte. Daher hatten diese Instrumente eine ausgesprochen große Bedeutung für das musikkulturelle Leben jener Gesellschaftsschichten, die sich Musiker oder ganze Orchester zur eigenen Erbauung nicht leisten konnten.[10]

---

8 Vgl. hierzu Reuter, Christoph/Enders, Bernd/Jacobi, Rolf, *Lexikon Musikautomaten* (interaktive und multimediale CD-ROM in deutsch u. englisch), Mainz 2000.

9 Beethoven sagte nach einer Aufführung des Fidelio mit einer Flötenuhr: »Sie spielt besser als das Orchester am Kärnthnerthor.« Zit. nach Kowar, Helmut, *Die Wiener Flötenuhr*, Wien 2001, S. 90.

10 Siehe Enders, Bernd, »Von Drehorgeln, Spieldosen und ›musikalischen Kunstmaschinen‹ oder: Mechanische Musikautomaten und ihre Musik im 19. Jahrhundert«, in: Sabine Schutte (Hrsg.), *Populäre Musik in Deutschland zwischen 1848 und dem Ende der Weimarer Republik*, Reinbek bei Hamburg 1987, S. 85–114.

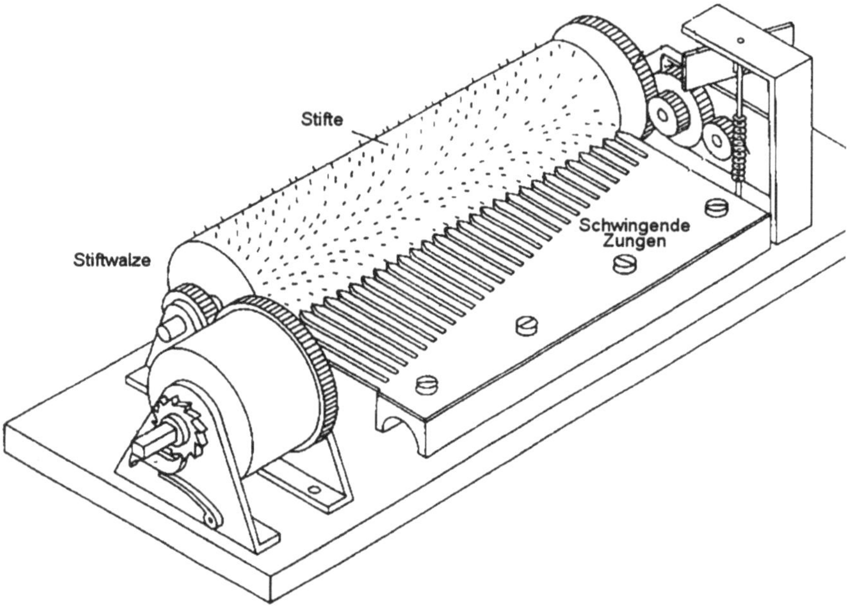

Abb. 7: Stiftwalze als erstes digitales Steuerungselement für mechanische Musikinstrumente (Banū-Mūsā-Gebrüder in Bagdad, 9. Jh.) (Abbildung aus der Online-Präsentation http://www.alte-spieluhren.de/spieluhren_details_2.htm mit freundlicher Genehmigung)

Aber auch noch im 20. Jahrhundert gab es Komponisten wie Paul Hindemith (1895–1963) oder Conlon Nancarrow (1912–1997), die sich für das automatische Spiel ohne menschliches Zutun interessierten, zumal musikalische Strukturen komponiert werden konnten, die ein Musiker überhaupt nicht hätte ausführen können. Hindemith komponierte 1926 seine *Toccata* für mehr als zehn Finger speziell für das lochkartengesteuerte Welte-Mignon-Piano, und Nancarrows 51 *Studies for Player Piano* wurden in letzter Zeit neu entdeckt. Wie ehedem Hindemith stanzte er seine Kompositionen direkt in die Notenrollen der Selbstspielklaviere. Die Faszination des Betrachters ist bis heute ungebrochen, wenn die Tasten des Instruments wie von mehreren Geisterhänden gedrückt und rasend schnelle, manuell unspielbare Läufe in die Saiten gehämmert werden.

Die Programmierbarkeit und Automatisierung von musikalischen Vorgängen brachten den Jesuitenpater, Musikgelehrten und Konstrukteur Athanasius Kircher (1602–1680) auf die Idee des algorithmischen Komponierens. In seiner 1650 gedruckten *Musurgia Universalis* wird die mechanische

Komponiermaschine *Arca Musarithmica* zur Erfindung immer weiterer Kanons beschrieben. Kircher gehörte im Übrigen ebenfalls zu jenen Wissenschaftlern, die davon überzeugt waren, dass die Musik als eine Kunst der geschickten Zahlenverhältnisse zu betrachten ist, dass ihr ein Regelsystem zugrunde liegt: »Musica nihil aliud est quam ordinem scire.«[11]

Dietrich Nicolaus Winkel (1780–1826) konstruierte 1821 mit mehreren kombinierten Stiftwalzen in ähnlicher Weise einen ›komponierenden‹ Musikautomaten, das *Componium*, eine automatisch spielende Orgel mit zwei mechanisch gekoppelten Stiftwalzen, deren Melodiefolgen nach einem komplizierten mechanischen Auswahlsystem immer wieder neu kombiniert, quasi algorithmisch ausgewählt werden, so dass Abertausende von unterschiedlichen Melodien erklingen könnten.

Ähnlich funktionieren die im 18. Jahrhundert beliebten Würfelmusikspiele. Am bekanntesten wurde das Wolfgang Amadeus Mozart zugeschriebene *Musikalische Würfelspiel* (KV 294 d), eine »Anleitung, Walzer oder Schleifer mit zwei Würfeln zu componieren ...«. In einer Tabelle werden mit musikalischen Versatzstücken gefüllte 3/8-Takte im Klaviersatz aufgelistet, die mit Hilfe der gewürfelten Zahlen ausgewählt und in Reihe gebracht werden, so dass eine kleine Komposition resultiert. Heute lässt sich das Würfelspiel mit einem Computerprogramm wiederholen, das gewürfelte Stück wird dann gleich als Partitur gezeigt und abgespielt (vgl. Abb. 8).

»Alea iacta est«, so entsteht eine Würfelmusik, die später mit Hilfe von Computerprogrammen als Aleatorik zum eigenständigen Stil der Computermusik avanciert. Zufallsmusik fasziniert bis heute.

Der Musikwissenschaftler, Chemiker, Oboist und erste Computerkomponist Lejaren A. Hiller übertrug (zusammen mit Leonard Isaacson) in den 50er Jahren des 19. Jahrhunderts thermodynamisch gewonnene Zustandsbeschreibungen chemischer Prozesse mittels informationstheoretischer Umsetzung auf musikalische Strukturen. Zum Beispiel wurden stochastische Wahrscheinlichkeiten von Notenfolgen mit Hilfe so genannter Markov-Ketten errechnet: Ist etwa der erste Ton ein C, dann folgt darauf mit einer Wahrscheinlichkeit von 65 % ein G, ein E (15 %), F (10 %) oder ein A (5 %). Die 1957 auf diese Weise geschaffene, nach dem verwendeten Computer der Universität in Illinois benannte *ILLIAC-Suite* ist das erste von einem digitalen Computer komponierte Musikstück. Das Computerpogramm (vgl. Abb. 9) erzeugte Notendaten, die in eine normale Partitur für ein (menschliches)

---

11 »Musik ist nichts anderes, als die Regel zu kennen.« Kircher, Athanasius, *Musurgia Universalis*, Rom 1650 (MU B), gegenüber dem Titelblatt von Tomus II, dort auch in griechischer Sprache als Ausspruch des Hermes zitiert (Corpus Hermeticum).

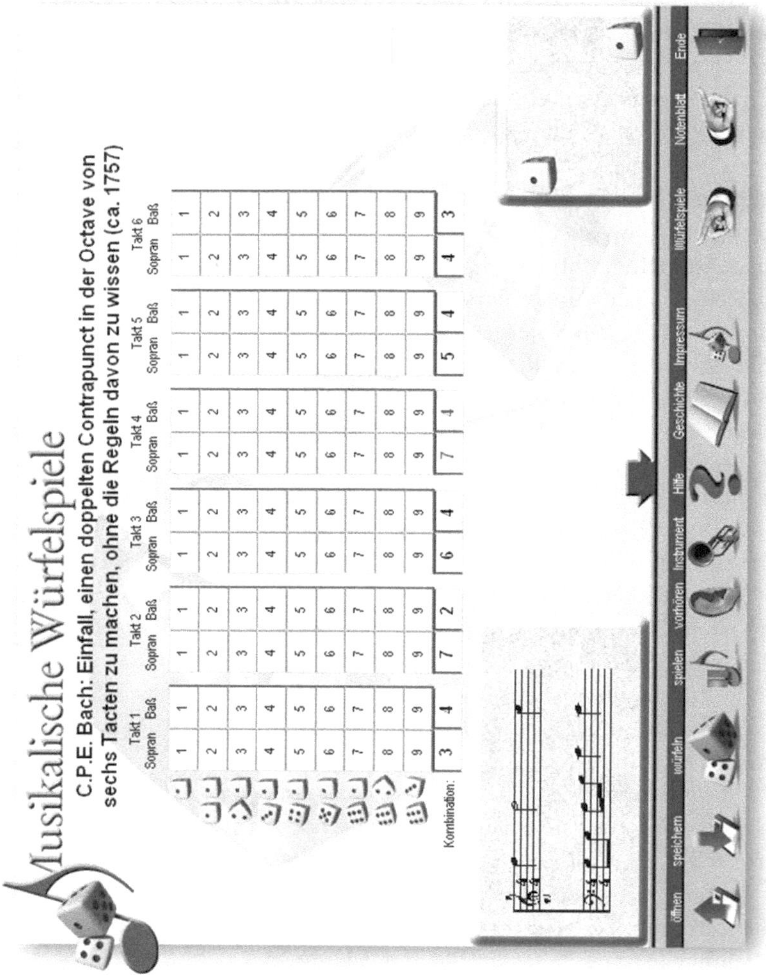

Abb. 8: Würfelspiel zum Komponieren im Stile Carl Philipp Emanuel Bachs (Windows-Programm von Christoph Reuter)

Streichquartett übertragen werden mussten. Eine elektronische Realisation der errechneten Partitur war damals noch nicht möglich.

Natürlich müssen es keine Markov-Ketten sein, die den Kompositionsvorgang bestimmen,[12] auch andere Regeln, die bei der Analyse historischer Stile auf informationstheoretischem Wege gefunden wurden, dienten als Grundlage für die komponierenden Programmroutinen. In drei von vier Sätzen der *ILLIAC-Suite* wurden Regeln des Fux'schen Kontrapunkts sowie der Schönberg'schen Zwölftontechnik verwendet. Die Erfahrungen mit kompositionsspezifischen Algorithmen führten um 1960 zu einem der ersten Kompositionsprogramme, genannt MUSICOMP (MUsic-Simulator-Interpreter for COMpositional Procedures). Seitdem unternehmen zahlreiche Komponisten[13] immer wieder Versuche, Prinzipien der mathematischen Logik, z. B. der Bool'schen Algebra (Verknüpfungsregeln von Elementen einer Menge), oder Fibonacci-Reihen zur Grundlage eines Musikstücks zu machen, indem die musikalischen Parameter, wie vor allem Tonhöhe, Rhythmus, Harmonie, aber auch Klangfarbe, Artikulation und Klangort, einem bestimmten Rechenvorgang unterworfen werden.

Besonders beliebt sind fraktalgeometrische Formeln, wie z. B. die auch für graphisch-künstlerische Transformationen gerne benutzten Mandelbrot-Mengen mit den bekannten Apfelmännchen und Seepferdchen. Obwohl man für eine musikalische Struktur die geometrisch-flächige Ausgabe in eine geeignete, vertikal nach Tonhöhen aufgelöste serielle Abfolge konvertieren muss, entstehen durch die repetierenden Algorithmen musikalische Loops, teilweise sinnvoll klingende melodische Schleifen und ostinate, aber leicht variierende Sequenzen, so dass die resultierende Musik mitunter an die Klangstrukturen der *minimal music* erinnert.

Eine irgendwie aufgestellte Kompositionsregel ist unbedingt notwendig, um die Zahl möglicher Kombinationen der musikalischen Parameter einzu-

---

12 Eine Kompositionsregel kann auch als Anregung für nachrichtentechnische Errungenschaften dienen: Die Filmschauspielerin Hedy Lamarr entwickelte ein Patent für eine störungssichere Funkfernsteuerung von Torpedos, bei dem die genutzten Frequenzen automatisch wechselten. Als der mit ihr befreundete Komponist George Antheil 16 mechanische Klaviere (Pianolas) synchronisieren wollte, gelang dies nur mit Lochkarten, die den gleichen Code für Sender- und Empfängergeräte enthielten, so dass die Idee für dieses Verfahren geboren war. Zwar kam es beim Militär nicht zum Einsatz, wird aber heute als ›frequency-hopping‹ in der digitalen Kommunikationstechnik genutzt.

13 Hier können viele Namen genannt werden, wie z. B. Max Mathews, Douglas Bolitho, Iannis Xenakis, Jean-Claude Risset, Gottfried M. Koenig, Klarenz Barlow, Georg Hajdu …

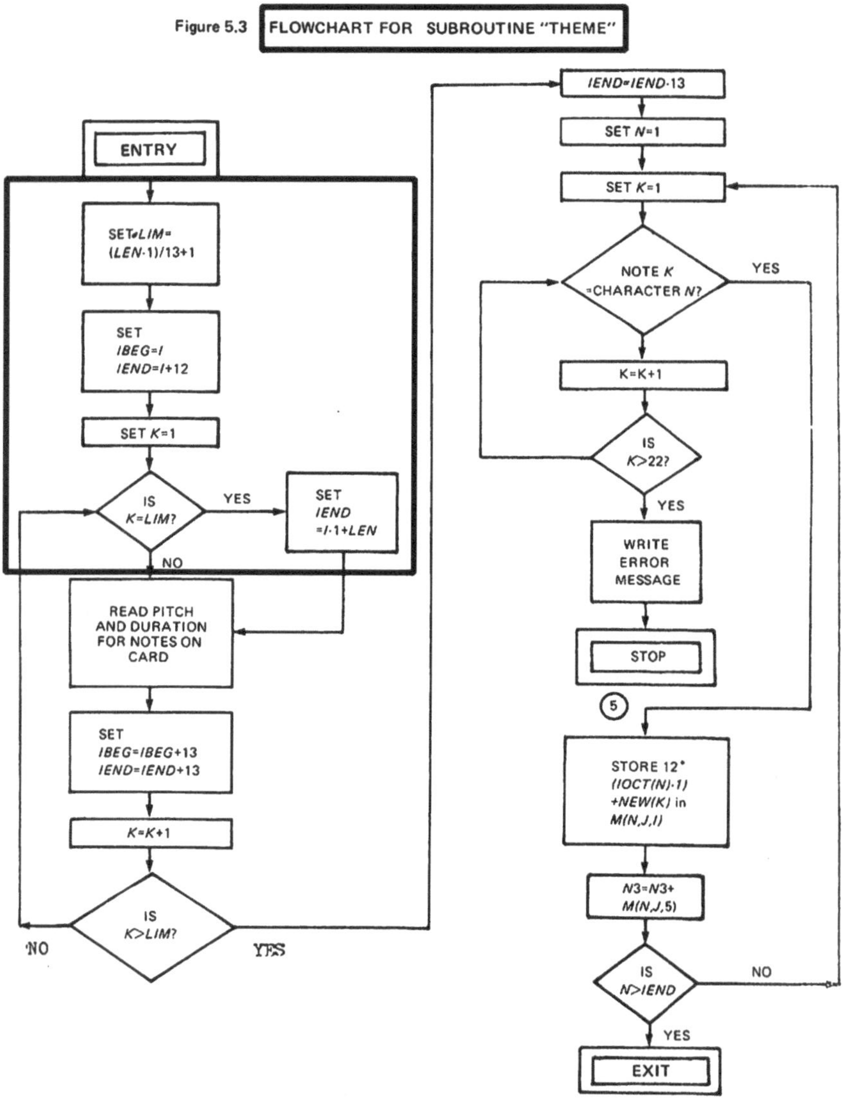

Abb. 9: Diagramm der Subroutine »Theme« von Lejaren Hiller's *Algorithms III*, aus: Hiller's technical report: Phrase Generation in Computer Music Generation, October 1978. Quelle: Lejaren A. Hiller's Flowcharts, http://ublib.buffalo.edu/libraries/units/music/exhibits/hiller2007summary.pdf

schränken. Der Mathematiklehrer Manfred Leppig[14] berechnete einmal die Summe aller einstimmigen Themen, die aus einer zufälligen Kombination von 16 Tönen und sieben Notenwerten (inkl. Pausen) theoretisch möglich sind; er kommt auf 40 000 Sextillionen (40×10^{40}) Melodien, die allerdings zu einem großen Teil musikalisch unbrauchbar sein dürften, denn z. B. sind auch wenig befriedigende Ton- und Pausenrepetitionen enthalten. Abgesehen davon, dass auch schnellste Computer hierzu ewig lange rechnen müssten, würden unbrauchbare Melodien nicht automatisch aussortiert, denn ein ästhetisches Urteilsvermögen besitzt der wohltemperierte Musikcomputer (noch) nicht.[15] Es ist also notwendig, musikalische Regeln in den computergesteuerten Kompositionsprozess einzubauen, so dass folglich auf den schöpferischen Anteil des Menschen nicht verzichtet werden kann. Letztlich wird ein Teil dieser Leistung vom Programmierer eines Composer-Systems geleistet, da er gewisse Vorgaben für die kompositorischen Modelle einbaut, die der Anwender eines derartigen Programms dann in seinem Sinne nutzt, so dass man bei genauerer Betrachtung von einem Komponistenteam sprechen könnte.

Besonderes Interesse im Sinne einer kreativen Kombination aus wissenschaftlichem Interesse und künstlerischer Idee ruft die ›partnerschaftliche‹ Verbindung von menschlicher Improvisation und musikalischer Reaktion des Musikcomputers hervor. »Interaktives Komponieren in Echtzeit« nennt der Berliner Musikwissenschaftler Martin Supper diese Form der musikalischen Performanz mit dem Musikcomputer als (gleichberechtigtem?) Partner im Live-Konzert.[16] In schnell rechnenden Computern sind Algorithmen implementiert, die in Echtzeit auf das Spiel des Musikers mit passenden Improvisationen reagieren können. Dazu muss der Computer das Spiel des Musikers erst analysieren (Interpretation), dann eine passende musikalische Struktur errechnen (Partitursynthese) und diese klanglich generieren (Klangsynthese) oder alternativ mit errechneten Musikdaten angeschlossene Synthesizer oder sonstige steuerbare Instrumente steuern; das kann z. B. ein her-

---

14 Leppig, Manfred, »Wie Computer komponieren«, in: *Musik und Bildung*, 2/1985, S. 91–95.

15 Natürlich gibt es Versuche, die ästhetische Information einer schönen Melodie in einem harmonisch abwechslungsreichen Satz wissenschaftlich zu erfassen (z. B. von Moles, Abraham A., *Informationstheorie und ästhetische Wahrnehmung*, Köln 1971), aber bislang reichen die Erkenntnisse nicht einmal zur erfolgreichen Komposition eines einfachen Hits.

16 Wie z. B. der amerikanische Komponist und Pianist Richard Teitelbaum, der 1998 sein Stück *SEQ TRANSIT PARAMMERS* für zwei Disklaviere und ein ›Interactive Computer System‹ aufführte.

kömmlicher, mit Hammer und Saiten funktionierender – aber mit entsprechender Technik selbstspielender – Flügel sein.[17]

Ein Computer, der in gewisser Weise die Regeln musikalischer Strukturen erkennen soll, um z. B. eine adäquate Begleitung zu generieren, ist analytisch tätig, ein ungleich schwierigeres Unterfangen als computergeneriertes Komponieren, denn beim mehr oder weniger zufälligen oder regelhaften Berechnen von Partituren kommt zumindest immer irgendein Output zustande, ob dieser nun gefällt oder nicht. Bei der computerunterstützten Musikanalyse – gewissermaßen das Gegenstück zur Computerkomposition – erwartet man jedoch ein musikalisch korrektes, für einen bestimmten Musikstil angemessenes Ergebnis. Hier ist angesichts der schwer zu fassenden ästhetischen Kategorien noch einige Bescheidenheit angebracht; dennoch gibt es in Teilbereichen der musikalischen Analyse durchaus schon interessante Experimente und auch kommerzielle Anwendungen. Der Computer kann etwa bei der Sichtung großer Musikdatenbestände helfen, indem er ähnliche Themenanfänge, so genannte Incipits, auffindet oder Plagiate dingfest macht. In einem Musiklernprogramm überprüft er die Richtigkeit einer Eingabe, wenn der Lernende z. B. den richtigen Verlauf einer Melodie hörend erkennen soll.[18]

Musikwissenschaftlich interessant sind z. B. Versuche, in einem Werk stilabhängige Häufigkeiten von bestimmten Tonintervallen zu ermitteln und auszuwerten, so dass automatisch erkannt wird, ob es sich um eine barocke, romantische oder moderne Komposition handelt. Experimente dieser Art unternahm der deutsche Physiker Wilhelm Fucks[19] (der dafür viel Kritik von konservativen Musikwissenschaftlern einstecken musste). Mit *Rubato*, einem von Guerino Mazzola konzipierten Composer-, Performance- und Analyzer-Programm gelingen ansatzweise sogar musikalisch zufriedenstellende Interpretationen von Werken der traditionellen Kunstmusik (Bach, Schumann, Chopin u. a.), die das System – nach Einstellung bestimmter Parameter – sozusagen selbständig aus dem Notentext generiert (Joachim Stange-Elbe nennt es »Interpretation ohne Interpreten«[20]).

---

[17] Supper, Martin, *Elektroakustische Musik und Computermusik*, Darmstadt 1997, S. 86.

[18] Zum Beispiel im Lernprogramm *Computerkolleg Musik – Gehörbildung*, Bernd Enders/Tillman Weyde (Hrsg.), Mainz 1999.

[19] Fucks, Wilhelm, *Nach allen Regeln der Kunst*, Stuttgart 1968.

[20] Stange-Elbe, Joachim, »Die computergestützte Interpretation – Interpretation ohne Interpreten«, in: Hans Günther Bastian/Gunther Kreutz (Hrsg.), *Musik und Humanität. Interdisziplinäre Grundlagen für (musikalische) Erziehung und Bildung*, Mainz 2003, S. 293–302; siehe auch Hinz, Christophe, *Analyse und Performance mit der Software RUBATO. Zur Synthese einer computergestützten Interpretation zweier Etüden von Chopin*, Osnabrück 2006.

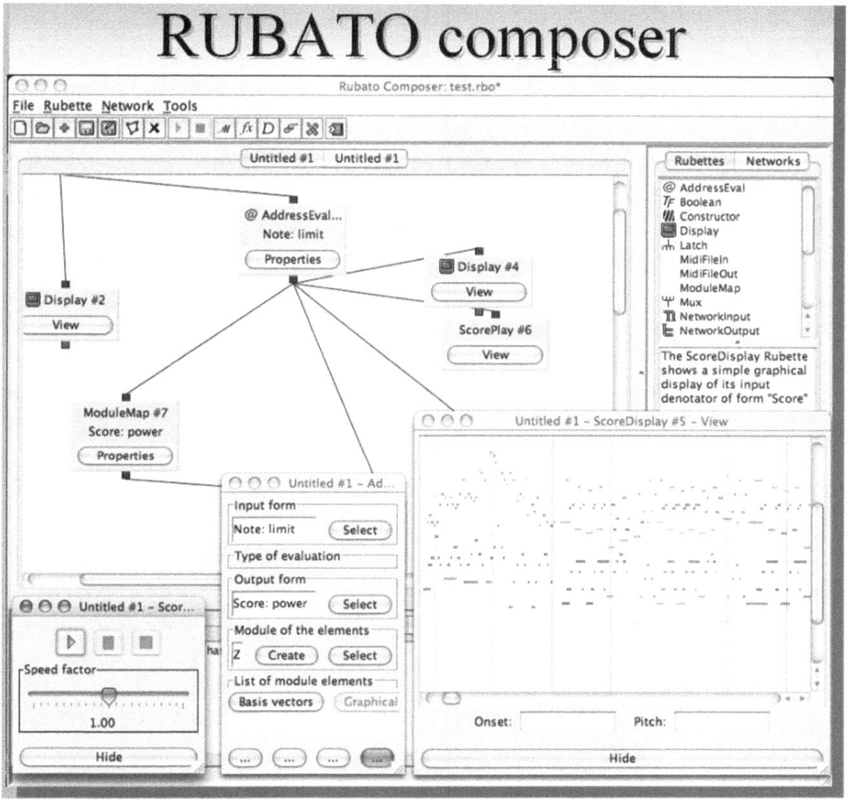

Abb. 10: Arbeitsoberfläche von *Rubato*, einer universellen Composer-Software des Schweizer Mathematikers, Musikwissenschaftlers, Komponisten und Jazzpianisten Guerino Mazzola

Ein kommerziell erfolgreiches Programm mit großer Fan-Gemeinde ist das Arranger-Programm *Band-in-a-Box*, das aus einer gegebenen oder aus einer MIDI-Datei analysierten Akkordfolge blitzschnell ein komplettes Arrangement für eine Combo generiert oder eine Etüde von Chopin harmonisch analysiert und daraus einen Swing für eine Bigband macht. Zwar gelingt die Analyse nicht in jedem Fall, aber die Arbeitserleichterung beim Arrangieren von Pop- und Jazztiteln ist schon enorm. Auch das schon erwähnte Hermode-Tuning-System führt eine harmonische Analyse durch, jedoch zu einem anderen Zweck.

IV. The Well-Tempered Synthesizer

Alle Schwingungsformen können als Summe von sinusförmigen Teilschwingungen dargestellt werden, wie Jean Baptiste Joseph Fourier nachweisen konnte, also können umgekehrt – theoretisch letztlich beliebige – Schwingungsformen aus einzelnen Sinusschwingungen zusammengesetzt – synthetisiert – werden. Werden die einzelnen Töne im Sinne einer harmonischen Obertonreihe[21] gestimmt, also im Verhältnis 1:2:3:4 usw., dann erhält man einen musikalischen Ton mit einer bestimmten Klangfarbe (vgl. Abb. 11), die allerdings auch noch von einzelnen Amplituden der Teilschwingungen abhängt. Nach der Entdeckung der Elektrizität und der Erfindung von Telefon und Grammophon dauerte es nicht lange, bis man die Möglichkeiten der additiven Klangsynthese auf elektronischem Wege erkundete und mit neuartigen Instrumentaltechnologien experimentierte.

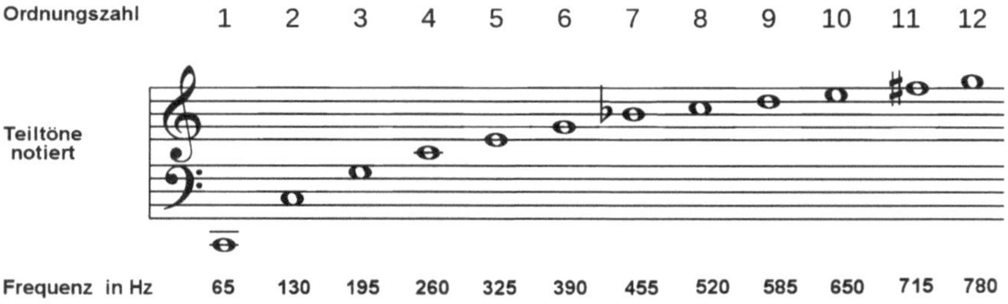

Abb. 11: Harmonisch-reine Teiltöne eines musikalischen Tons; hier: Großes C (eigene Abbildung)

Um 1900 konstruierte der amerikanische Wissenschaftler Thaddeus Cahill (1867–1934) sein industriehallengroßes Telharmonium, das erste funktionierende und spielbare Instrument mit elektromagnetischer Klangerzeugung. Die Musik wurde mangels geeigneter Lautsprecher und Verstärker in das New Yorker Telefonnetz eingespeist, gewissermaßen als erste Musik im Netz, ein Experiment, das aufgrund von Störungen aber bald abgebrochen wurde. Wie später bei der erfolgreicheren Hammond-Orgel basierten die Klänge des Telharmoniums auf einer additiven Mischung von Tönen, die mit dampfmaschinenbetriebenen Tonrädern und Tonabnehmern erzeugt wurden.

[21] Auch die Obertonreihe diente zur Ermittlung der Stimmungen eines optimalen Tonsystems, bekannt ist z. B. der Versuch des deutschen Komponisten Paul Hindemith, ein musiktheoretisches Konzept mit den akustisch gefundenen Zahlenverhältnissen aufzubauen. Leider gibt es hier ebenfalls Schwierigkeiten, eine in sich geschlossene Theorie aufzustellen.

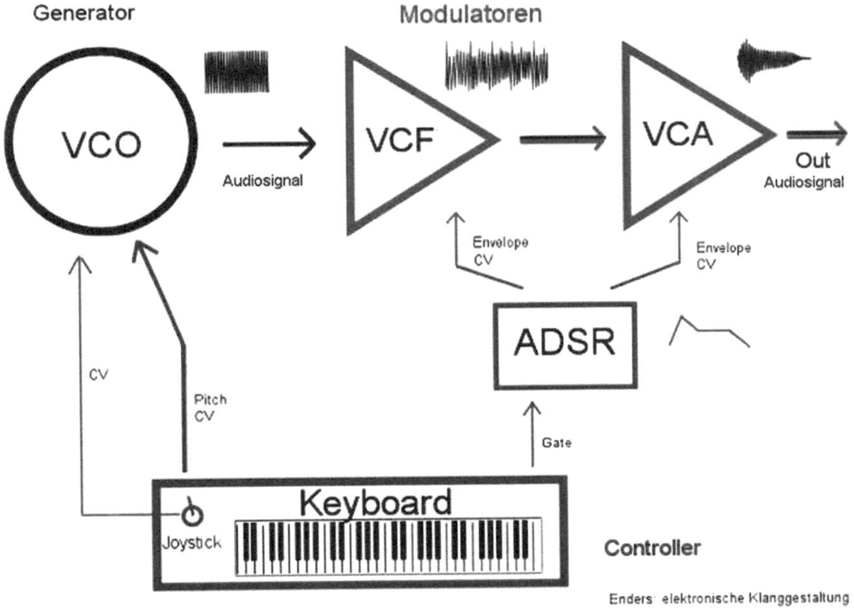

Abb. 12: Klangsynthese mit einem spannungsgesteuerten Modulsynthesizer (eigene Abbildung)
VCO = Voltage Controlled Oscillator, VCF = Voltage Controlled Filter, VCA = Voltage Controlled Amplifier, CV = Control Voltage, ADSR = Attack Time, Decay Time, Sustain Level, Release Time = Hüllkurvengenerator

In der ersten Hälfte des 20. Jahrhunderts folgten auf das Telharmonium viele weitere Konstruktionen elektroakustischer und elektronischer Musikinstrumente, die z. T., wie das legendäre, berührungslos zu spielende Thereminvox, bis heute bekannt geblieben sind und die je nach musikalischem Interesse des Erfinders und dem jeweiligen Entwicklungsstand der Röhren- und Transistortechnik verschiedene Konzepte der Klangsynthese und der Spieltechnik verfolgten. Die Entwicklung analoger Elektronikinstrumente gipfelte zweifellos in der wegweisenden Konstruktion des spannungsgesteuerten Modulsynthesizers durch den Musiktechnologen Robert Moog (1934–2005) im Jahre 1968. Einzelne Module wie Oszillatoren, Filter oder Hüllkurvengeneratoren konnten fast beliebig miteinander kombiniert werden, um unterschiedliche Klangfarben zu erzeugen; die jeweiligen Funktionen der Module, z. B. die von den Oszillatoren generierten Frequenzen oder Filterwirkungen, ließen sich außerdem durch angelegte Spannungen präzise steuern, programmieren und über eine (monophone) Tastatur oder alternative Einrichtungen spielen (vgl. Abb. 12).

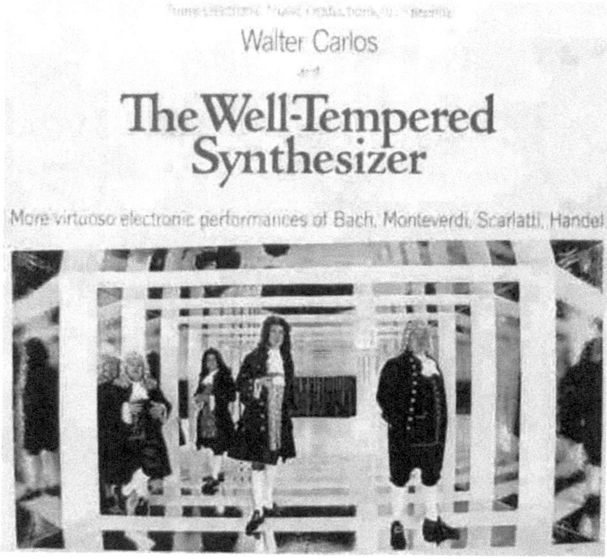

Abb. 13: *The Well-Tempered Synthesizer*, elektronische Barockmusik im Jahre 1969 von Walter Carlos

Weltweit bekannt wurden die neuartigen Klänge des Moog'schen Synthesizers zunächst durch Schallplatten von Walter Carlos, der berühmte Werke der Barockzeit, vor allem von Johann Sebastian Bach (»Switched-on Bach«, 1968) elektronisch neu arrangierte und gerade durch die unerwartete Kombination alter Musik mit der neuen elektronischen Klangwelt sehr großes Aufsehen erregte. Zwar wurden ab den 1970er Jahren die ungewohnten Synthesizerklänge auch rasch von Rock- und Popmusikern aufgenommen (z. B. von experimentierfreudigen Gruppen wie Emerson, Lake & Palmer, Pink Floyd, Kraftwerk u.v. a.), und bald entstanden sogar ausschließlich elektronische Popmusikstile, aber die Initialzündung ging zweifellos von den synthi-elektronischen Barock-Adaptionen aus.

Aufgrund des riesigen Erfolgs und der großen Akzeptanz produzierte Walter Carlos (heute eine Frau mit dem Vornamen Wendy) weitere Platten mit dem Moog-Synthesizer, im Jahre 1969 folgte die LP *The Well-Tempered Synthesizer* (vgl. Abb. 13). Da es sich bei einem analogen, mit Steuerspannungen arbeitenden Modulsynthesizer im Grunde genommen um einen analogen Computer handelt, hätte Walter Carlos damals seine LP – den Titel dieses Beitrags vorwegnehmend – auch *The Well-Tempered Computer* betiteln können.

Schon in den 1970er Jahren begann die Digitalisierung elektronischer Instrumente. Zunächst wurden polyphone Tastaturen mit digitaler Technik konstruiert, um analoge Synthesizer polyphon spielen zu können, später gelang es mit schnelleren Prozessoren, größeren Datenspeichern und zuverlässiger Chiptechnologie aber auch, Klänge über eine zu wählende Syntheseform digital zu generieren oder eine Analog/Digital-Umwandlung digital zu speichern.

Um 1981 einigten sich die großen Hersteller elektronischer Instrumente auf den so genannten MIDI[22]-Standard, um eine Kompatibilität der digitalen Steuerung von Klangmodulen mit Keyboards unterschiedlicher Fabrikate zu garantieren. Letztlich handelt es sich um eine moderne, digitalelektronische Variante der guten alten Stiftwalze, denn MIDI-Informationen enthalten keine Klangdaten, sondern übertragen lediglich eine Tastennummer, z. B. die Zahl 60 (hier dezimal angegeben) für das eingestrichene C. Sehr bald wurden diese Daten mit neuen Programmen, so genannten MIDI-Sequencern, aufgenommen und verarbeitet, so dass sich sehr rasch – etwa seit Mitte der 1980er Jahre – völlig neue Arbeitsmöglichkeiten für Komponisten, Arrangeure und ausführende Musiker ergaben.

Per MIDI kann das Orchestrion aus der Blütezeit der mechanischen Musikautomaten heute digitalelektronisch realisiert werden, automatisch ablaufende musikalische Prozesse, komplett am Bildschirm entworfene Kompositionen, Arrangements, Live-Sets gehören zum Alltag im Computerstudio, der Ausdruck von Noten in Form kompletter Partituren und Einzelstimmen ist ebenso möglich wie die unterschiedliche graphische Darstellung der musikalischen Strukturen in Form von Listings, Balkendiagrammen oder spezieller Schlagzeugnotation. MIDI steuert mechanische Musikinstrumente wie z. B. moderne Formen des Player Piano ebenso wie die *sound samples* eines virtuellen Orchesters oder einer virtuellen Jazzcombo. Die zahllosen Anwendungsmöglichkeiten erklären den bis in die Gegenwart reichenden Boom des technisch eigentlich betagten MIDI-Systems. Trotz der inzwischen belächelten vergleichsweise langsamen (seriellen) Datenübertragung hat MIDI den Einzug in die bekannten Betriebssysteme aller gängigen Computer geschafft.

Etwa seit den 1990er Jahren wurde in die MIDI-Programme auch die komfortable Verarbeitung von Audiodaten integriert, so dass per Mikrophon aufgenommene Klänge zusätzlich in das Arrangement einfließen, geschnitten, beliebig transformiert und mit Soundeffekten versehen werden können. Mit der digitalen Einbindung von Audioschwingungen in den Mu-

22 MIDI ist ein Akronym für Musical Instrument Digital Interface, weitere technische Angaben finden sich z. B. im *Lexikon Musikelektronik* (Mainz 1997) des Verfassers.

sikcomputer ist praktisch die vollständige Verarbeitung aller Arten musikalischer Information erreicht. Bis in die 1980er Jahre bestand noch eine praktische Trennung in der Speicherungstechnik von Musikinformationen: Die herkömmliche Audiotechnik (Schallplatte, Magnetband, Radio usw.) speicherte bzw. übertrug ausschließlich Klänge, die herkömmliche Musiktechnik speicherte Noteninformation (Stiftwalze, Lochstreifen usw.). Das änderte sich zunächst auch nicht durch die Digitalisierung der beiden Informationstypen, da die Produktions- und Distributionstechniken zunächst separat entwickelt und genutzt wurden: Audiodaten wurden z. B. mit CD, DVD und DAT-Bändern, digitale Noteninformationen (MIDI und Vorläuferformate) mit eigener Hard- und Software (Keyboards, Synthesizer und Sequencer-Programme) gespeichert.

Die gegen Ende der 1970er Jahre konstruierten ersten Musikcomputer (Fairlight CMI,[23] Synclavier) hoben diese Trennung aber faktisch bereits auf, und heute ist eine Verarbeitung von Audioschwingungen und damit die Speicherung, die Synthese und die effektvolle Veränderung von Klängen mit jedem handelsüblichen Computer (plus eingebauter Soundcard) möglich.

Am Ende dieser Entwicklung steht ein Computersystem, das je nach Perspektive mal virtuelles Studio, mal digitale Audio-Workstation oder Musikcomputer genannt wird, da prinzipiell alle denkbaren audio- und musiktechnologischen Prozesse ausgeführt werden können.[24] Dabei genügt es, auf einem Multimedia-Computer vielseitig bewährte Sequencer-Programme (vgl. Abb. 14) wie Cubase oder Ableton Live laufen zu lassen, um prinzipiell alle Möglichkeiten des Musikcomputers oder des virtuellen Studios nutzen zu können. Logisch sind MIDI-Daten und digitale Audiodaten zwar in den Programmen weiterhin getrennt zu behandeln, aber musikpraktisch fließen sie in einem Arrangement zusammen, da nun auch beliebige Musikaufnahmen informatisch in Form binärer Datenströme vorliegen und weit reichenden Rechenoperationen für musikalische Ziele unterworfen werden können.

Grundsätzlich lässt sich jede elektrische Schwingung in eine Zahlenkette umwandeln und speichern (Analog/Digital-Umwandlung, vgl. Abb. 15), und umgekehrt kann aus einer Sequenz von Zahlen jede beliebige Schwingungsform bzw. Abfolge von Schwingungen, also eben auch Musik, erzeugt werden, sofern eine algorithmisch formulierte Klangsynthese die benötigten Binärzahlen entsprechend berechnet hat.

---

[23] CMI = Computer Musical Instrument (!).

[24] Weiterführende Information zu den technischen Grundlagen der digitalen Klangsynthese finden sich u. a. bei Ackermann, Phillip, *Computer und Musik. Eine Einführung in die digitale Klang- und Musikverarbeitung*, Wien 1991.

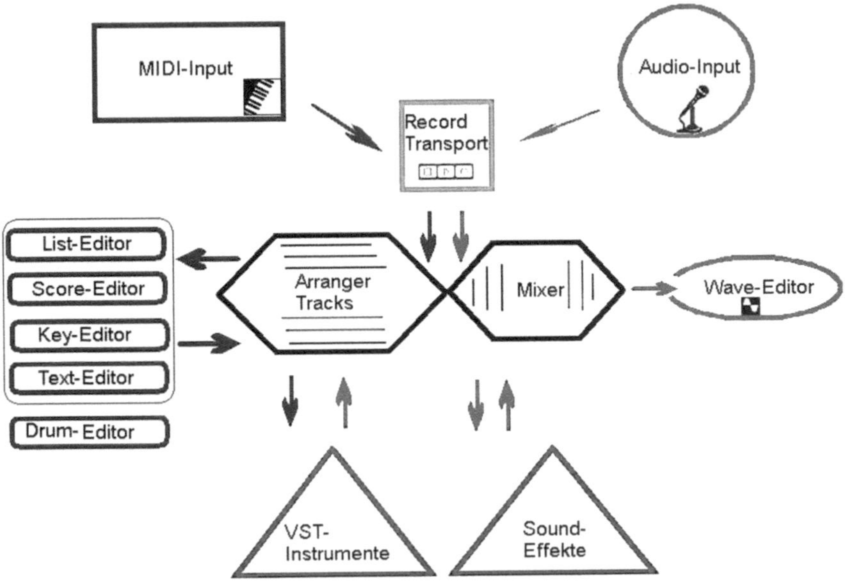

Abb. 14: Struktogramm eines virtuellen Studios = Sequencer-Programm (z. B. Cubase) zur Verarbeitung von Audio- und MIDI-Daten (VST = Virtual Studio) (eigene Abbildung)

Beispielsweise lässt sich wie bei den ersten oben erwähnten elektromechanischen Instrumenten (Telharmonium, Hammond-Orgel) eine intendierte Klangfarbe durch additive Mischung von verschiedenen Sinusschwingungen zu einer spezifischen Obertonreihe erzielen (vgl. Abb. 16).

Da die ausschließlich additive Klangsynthese rein rechnerisch die Schnelligkeit der Prozessoren in digitalen Synthesizern zunächst überforderte, wurden ab Mitte der 1985er Jahre alternative Syntheseformen wie die Frequenzmodulation von Oszillatoren (FM-Synthese) erfolgreich genutzt, mit größerer Rechenkapazität konnten aber immer weitere Klangformungsverfahren (z. B. Waveshaping, Granular Synthesis u. a. m.) digital implementiert und auch völlig neue Synthesetechniken wie das vielversprechende Physical Modelling erprobt werden.

Mit Physical Modelling ist ein Syntheseverfahren gemeint, bei dem der akustische Prozess der Klangentstehung selbst genauestens analysiert und in einzelne Funktionsmodule zerlegt wird. Sodann werden die physikalischen Eigenschaften dieser Module durch möglichst zutreffende mathematische Modelle repräsentiert. Es wird also nicht der reale Instrumentalklang mit irgendeiner Synthesemethode nachgebildet, sondern die physikalische Form

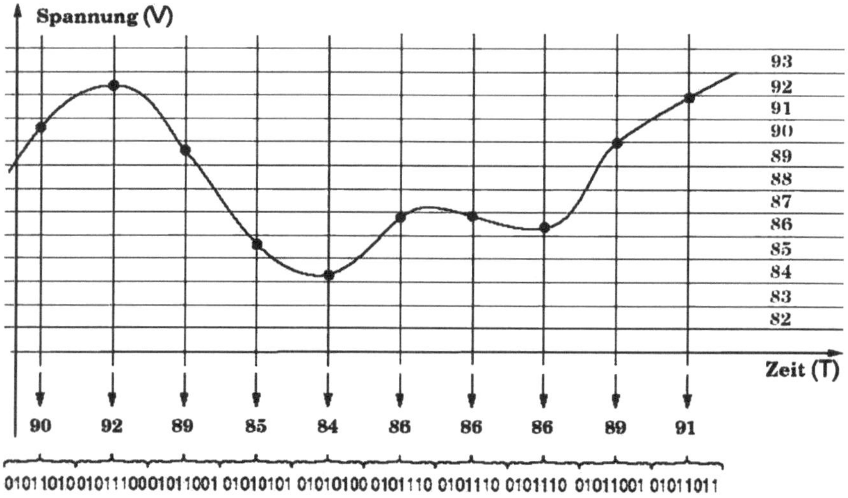

Abb. 15: Analog/Digital-Wandlung eines Klangsignals (horizontal: zeitliche Folge von Abtastwerten [*sound samples*], z. B. 44 100 Messungen pro Sekunde; vertikal: Quantisierung der Amplitude, z. B. in 16-bit-Auflösung [die Beispielwerte entsprechen dem Qualitätsstandard einer normalen Audio-CD]) (eigene Abbildung)

des Klangentstehungsprozesses eines Musikinstruments selbst. Soll beispielsweise ein Instrument modelliert werden, dessen Klangerzeugung wie bei einer Mundharmonika auf schwingenden Zungen beruht, dann müssten die Länge der Zunge, die Elastizität, die Auslenkung aufgrund des auslösenden Luftstroms, die Frequenz und anderes mehr konkret für den einzelnen Ton in die Rechnung einfließen, um die typische Schwingungsform als numerisches Resultat an den Digital/Analog-Wandler schicken zu können und über Lautsprecher schließlich den ›echten‹ Ton einer Mundharmonika zu hören. Gelingt die Nachbildung per Physical Modelling, dann ist das Ergebnis ein sehr lebendiger, da gut modulierbarer realistischer Klang, der dem des Originalinstruments recht nahe kommt.

$$\begin{aligned} x_{\text{triangle}}(t) &= \frac{8}{\pi^2} \sum_{k=0}^{\infty} (-1)^k \frac{\sin\left(2\pi(2k+1)ft\right)}{(2k+1)^2} \\ &= \frac{8}{\pi^2} \left(\sin(2\pi ft) - \frac{1}{9}\sin(6\pi ft) + \frac{1}{25}\sin(10\pi ft) + \cdots \right) \end{aligned}$$

Abb. 16: Berechnung der Dreieckschwingung durch Addieren von Teiltonschwingungen (hier nur mit ungeraden Teiltönen im Verhältnis 1:3:5…)

Zur Zeit setzen die Studios und Hersteller von elektronischen Instrumenten allerdings noch stärker auf das Sound-Sampling-Verfahren, d. h. auf die digitale Speicherung von einzelnen – original gespielten und hochwertig aufgenommenen – Instrumentaltönen (*sound sample* = Klangprobe) in möglichst vielen Spielvarianten, um herkömmliche, also mechanisch-akustische Instrumente naturgetreu wiedergeben zu können. Die gespeicherten Samples werden musikalisch über eine Tastatur (beim elektronischen Keyboard) oder per Sequencer-Programm gestartet bzw. gespielt. Der Osnabrücker Musikwissenschaftler Joachim Stange-Elbe spricht in diesem Zusammenhang mit leicht ironischem Unterton von den »Schnipsel-Sinfonikern«[25] eines virtuellen Orchesters.

Die Virtualisierung von Klangprozessen aller Art ist womöglich der eigentlich revolutionäre Aspekt der sich allgemein durchsetzenden Digitaltechnik. Die vielseitigen Möglichkeiten der Modellierung, Simulation und Emulation von Musikinstrumenten (z. B. von legendären Synthesizern der ersten Stunde = Vintage Synthesizer) oder von Studioeinrichtungen (z. B. Mischpult, Hallgerät) mit Hilfe von Computerprogrammen verändern grundlegend die Arbeitswelt der Musiker und Tontechniker in der Produktion, Reproduktion, Interpretation, Distribution und Rezeption von Musik.

V. Die digitale Universalmaschine für Musik

Fassen wir zusammen: Der Musikcomputer ist prinzipiell in der Lage, als multifunktionales Musikinstrument Klänge zu erzeugen (*sound synthesizing*), zu speichern (*sound sampling*), zu verändern (*sound processing*) und zu steuern (*sound controlling, MIDI-sequencing*), er dient als musikalisches Werkzeug zum Komponieren (*composing*), zum Analysieren (*musical analysis*), zum Notendruck (*score printing*) und zum Lernen (*music teaching, e-learning, multimedia presentation*) bzw. als (vernetzte, global zugängliche) Datenbank für musikalisches Wissen (*music library, sound bank, MP3-, Score-, MIDI-files*). Als virtuelle Produktionsumgebung bildet er ein komplettes Tonstudio (*sound recording, editing, mixing, playing*) oder ein herkömmliches Musikinstrument ab (VST-PlugIn), er verbindet multimedial Audio und Video zum virtuellen Konzert und ermöglicht im Internet Live-Konzerte von Musikern, die sich an verschiedenen Orten der Welt befinden.

Da die Klangwelt des Computers aufgrund der numerischen Basis aller Operationen nicht wie beim Akustikinstrument von einer spezifischen phy-

---

25 Stange-Elbe, Joachim, »Das ›musikalische Interface‹«, in: Bernd Enders (Hrsg.), *Mathematische Musik und musikalische Mathematik*, Saarbrücken 2005, S. 68.

sikalischen Beschaffenheit abhängt, können die musikalischen Interfaces zur Bedienung der Klangmaschinen weitgehend beliebig konstruiert und je nach künstlerischer Zielsetzung sehr individuell ausgewählt werden. Sogar Interfaces, die auf das ›*brain controlling*‹ setzen, sind nicht länger utopisch.[26] Der Computer als digitale Universalmaschine für Musik setzt – zumindest theoretisch – keine physikalischen Grenzen, wenn es um die musikalische Klangproduktion geht. Ob der ausführende Künstler im musikalischen *live act* noch auf eine traditionelle Klaviatur setzt, auf einem berührungssensitiven Bildschirm ›musiziert‹ oder eine über Sensoren abgetastete Tanzperformance zum synchronen Steuern der Klangprogramme bevorzugt – es ist grundsätzlich alles möglich, da die (digitalelektronische) Klangerzeugung nicht mehr an die Bedienung des Instruments gekoppelt ist, anders als etwa beim Kontrabass, der aufgrund physikalisch-akustischer Gesetzmäßigkeiten eine bestimmte instrumentaltechnische Konstruktion und damit einhergehende Spielweise erzwingt.

Wichtige Neuerungen des musikalischen Umgangs mit Musikcomputern erwachsen aus der Flexibilität der informatischen Modellierung von klangproduzierenden Umgebungen. So steht dem Komponisten z. B. ein beliebiger, ja sogar kontinuierlicher Übergang zwischen manuellem Spiel (Performance) und graphischer Gestaltung am Bildschirm (Komposition) offen oder dem Musiker ein kontinuierlicher Übergang zwischen Live-Musizieren und Automation. Hier knüpfen nahtlos jene Versuche an, die mit interaktiven, adaptiven und KI-basierten[27] Instrumenten und Begleitautomaten experimentieren. Sogar die Möglichkeit, mit Robotern eine musikalische Performanz zu gestalten, wird wissenschaftlich und künstlerisch evaluiert (vgl. Abb. 17). Letztlich schließt sich der Kreis zur computerbasierten Partitursynthese, der ersten Begegnung des Computers mit der Musik.

Mit Hilfe von MAX/Msp,[28] einer sehr flexiblen, mächtigen und daher weltweit erfolgreichen Programmierumgebung für Musik und Multimedia, können viele der genannten Aspekte in einer musikalischen Präsentation zusammenfließen. So gelingt es beispielsweise, die von Karlheinz Stockhausen (1928–2007) komponierte und 1954 per Rundfunk als eine der frühesten elektronischen Werke uraufgeführte *Studie II* mit digitaler Technik neu zu ar-

[26] Ein umfangreiches Projekt zur innovativen Gestaltung von musikalischen Interfaces wurde gerade von den Universitäten Köln, Lüneburg und Osnabrück zusammen mit der medizinischen Hochschule in Freiburg gestartet.

[27] KI = künstliche Intelligenz.

[28] So genannt zu Ehren des amerikanischen Elektroingenieurs und Musikers Max Mathews (1926–2011), der bereits 1957 mit MUSIC I das erste Programm zur digitalen Klangsynthese entwickelte.

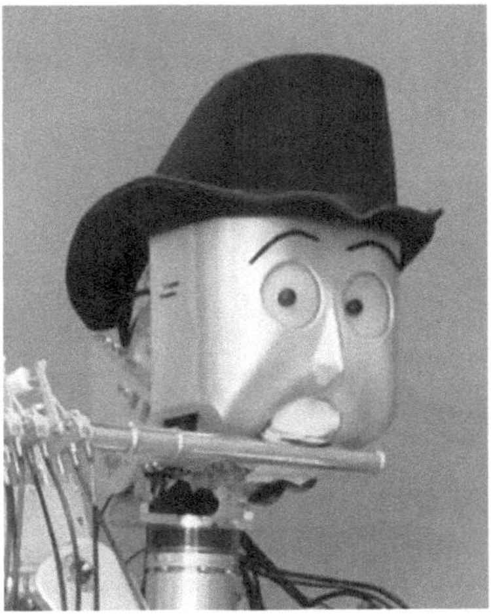

Abb. 17: Robot-Flötist der Waseda University in Tokyo

rangieren. Die viel beachtete, damals höchst innovative Komposition, deren Teiltonverhältnisse (noch mit Logarithmentafel ermittelt) auf dem irrationalen Frequenzverhältnis 25. Wurzel aus 5 beruhen, wurde mit Sinusgeneratoren, zahllosen Bandschleifen und Hallraummischung unter größtem handwerklichen Aufwand über mehrere Monate zusammengesetzt. Heute wird die *Studie II* von einem in MAX geschriebenen Programm gleichzeitig berechnet, synthetisiert und graphisch als fließende Partitur (also multimedial) ausgegeben (vgl. Abb. 18). Interaktiv kann der Hörer/Beobachter die Wiedergabe am Bildschirm beeinflussen und sogar auf Zufallsbasis neue Varianten des Stücks generieren lassen.

Der Musikcomputer hat die gegenwärtige Musikkultur in den Industriestaaten in fast allen Bereichen drastisch verändert, und er wird weiterhin noch unabsehbare Entwicklungen des musikalischen Tuns und Erlebens nach sich ziehen. Die vollständige Analyse des kulturellen Wandels ist ein umfangreiches Unternehmen, das der Grazer Musikwissenschaftler Werner Jauk auf sich genommen hat: Er spricht von einer *digital culture*, die durch digitalelektronische Medien- und Musiktechnologie längst entstanden ist.[29]

Guerino Mazzola entwarf einen dreidimensionalen Kubus musikalischer Ontologie (Abb. 19), der alle Seins- und Wirkungsebenen der Musik anzeigt.[30]

---

29 Jauk, Werner, *pop/music + medien/kunst – Der musikalisierte Alltag der digital culture*, Osnabrück 2008.

30 Siehe dazu Mazzola, Guerino/Cherlin, Paul B., *Flow, gesture, and spaces in free jazz*, Berlin, Heidelberg 2008.

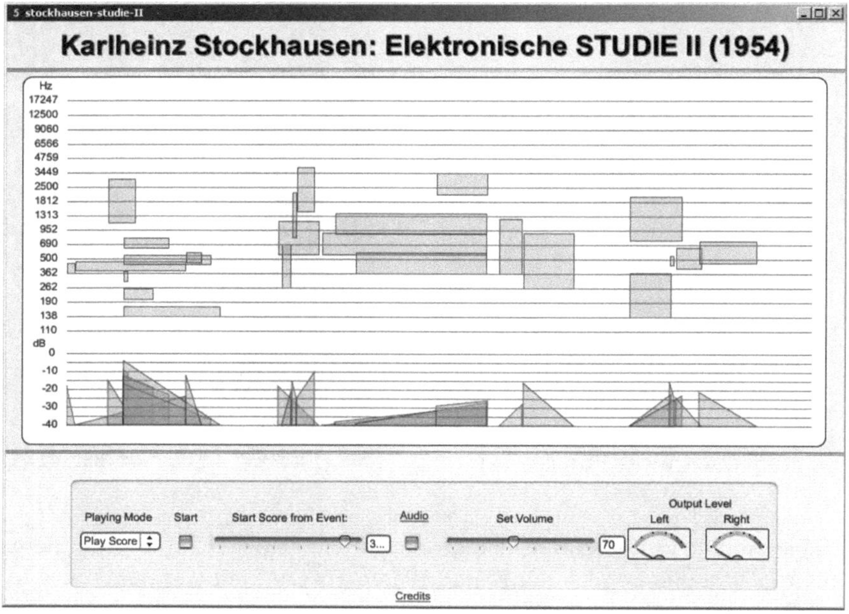

Abb. 18: Die *Studie II* von Karlheinz Stockhausen, eines der ersten Werke der Elektronischen Musik (Kölner Schule), präsentiert mit einem MAX/Msp-Skript von Georg Hajdu

In der Realitätsebene gibt es physikalische (Klangentstehung, -übertragung), psychische (Wahrnehmung) und mentale (geistige Verarbeitung) Prozesse, in der Kommunikationsebene wird der Weg vom künstlerischen Schöpfer (*poiesis*) über das produzierte Werk (Komposition, Interpretation = *neutral level*) als Resultat der poietischen Arbeit bis hin zur ästhetischen Wirkung auf den Hörer (*aesthesis*) beschrieben, und die Bedeutungsebene (*semiotics*) verweist auf die Bedeutung, die Zeichenhaftigkeit und den Inhalt von Musik.

Der Computer hat, wie gezeigt wurde, als digitale Universalmaschine für die Verarbeitung musikalischer Information auf fast allen Ebenen eine große Bedeutung erworben, und man kann Guerino Mazzola in vollem Umfange zustimmen, wenn er sagt, »dass von allen klassischen Künsten – und wohl auch von den neuen multimedialen Derivaten – die Musik und ihre Wissenschaft am meisten der Wissensgesellschaft des Informationszeitalters einverleibt worden ist«.[31]

[31] Mazzola, Guerino, *Elemente der Musikinformatik*, Basel u. a. 2006, S. 207.

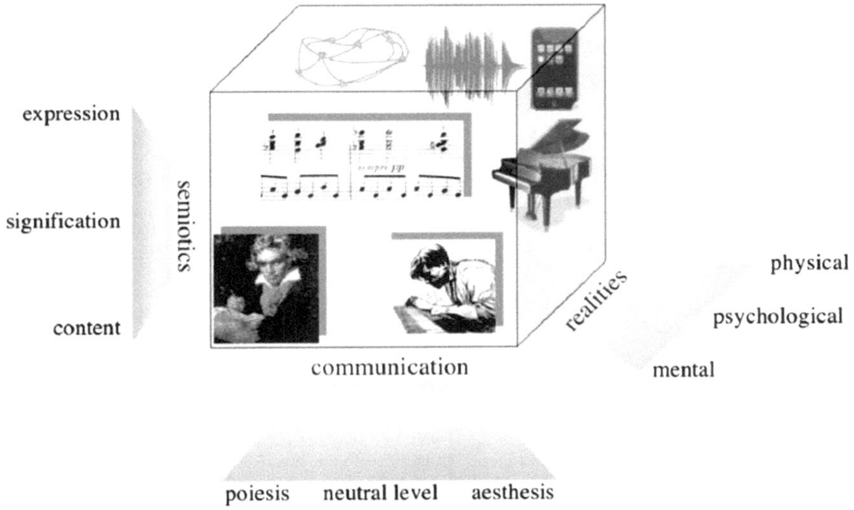

Abb. 19: Kubus der Musiktopographie von Guerino Mazzola
(Abbildung mit freundlicher Genehmigung des Autors)

Lediglich die mentalen und ästhetischen Prozesse sind wissenschaftlich noch in weiten Teilen *un*-erschlossen und damit der maschinellen Verarbeitung *ver*-schlossen. Aber das kann sich ändern: Neuronale Netzwerke, die menschliches Lernen und Denken simulieren, *brain-controlled interfaces*, die neuartige Musizierformen ermöglichen, bildgebende Verfahren, die zur Erkennung musikkognitiver Gehirntätigkeit beitragen, Roboter, die musizieren und menschliches Handeln simulieren – all das sind Wissenschaftsbereiche, die sich möglicherweise schon morgen der computerbasierten Informationsverarbeitung weiter öffnen und die ohne Computer auch nicht auskommen werden.

Musik ist ein komplexes Zusammenspiel von menschlicher Kreativität, Sinneswahrnehmungen, Empfindungen und körperlichem Bewegungsdrang, das nicht nur in Gesang und Tanz zum Ausdruck kommt, sondern sich auch über den künstlerischen Gebrauch von Musikinstrumenten äußert. Die Entwicklung des Musikinstruments steht in einer steten Wechselwirkung mit den jeweiligen handwerklichen und musiktechnologischen Errungenschaften und den zugrunde liegenden wissenschaftlichen Fortentwicklungen musiktheoretischer Systeme. Das galt im Prinzip schon für die im Neandertal aufgefundene Knochenflöte, die man auf ein Alter von ca. 30 000 Jahren datiert, und das gilt ebenso für den (wohltemperierten) Musikcomputer im 21. Jahrhundert. Auch in Zukunft wird der Mensch die Musiktechnologie weiter entwickeln und künstlerisch-innovativ nutzen. An seiner Begeisterung für die Musik wird sich letztlich nichts ändern.

Der französische Komponist André Jolivet sagte einmal selbstbewusst:

»Niemals kann eine noch so perfekte Maschine einen genialen Menschen ersetzen.«[32]

Der französische Computerkomponist Pierre Barbaud sagte ebenso selbstbewusst:

»Niemals kann ein noch so genialer Mensch eine elektronische Maschine ersetzen.«[33]

---

[32] Zitiert nach Albet, Montserrat, *Moderne Musik*, Reinbek bei Hamburg 1977, S. 103.
[33] Ebd., S. 105.

II. Mathematik und die Künste

Andreas Gormans (Aachen)

Memoria more geometrico

Welt und Weltverständnis im Zeichen von Kreis und Quadrat

Fragt man nach den Kriterien für die thematische Ausrichtung des Wissenschaftsjahres 2008, so konnte man dazu auf der entsprechenden offiziellen Website lesen, dass das Jahr der Mathematik in erster Linie das Ziel verfolgen sollte, »die vielen Facetten und die zahlreichen Anwendungen dieser Wissenschaft in den Blickpunkt der Öffentlichkeit [zu] rücken«.[1] Diese Fokussierung sah das Bundesministerium für Bildung und Forschung vornehmlich darin begründet, dass die elementare Bedeutung der Mathematik oftmals verkannt und ihre umfassende Präsenz in den unterschiedlichen Bereichen des Alltags vielfach unterschätzt worden sei. Hinzu kommt, dass die Vorbehalte, die man dieser Wissenschaft immer wieder entgegenbrachte, zahlreich waren: Mathematik galt als rein theoretisch und formelverliebt, als brotlos, längst abgeschlossen und etwas für verschrobene, weltfremde Sonderlinge, die auf einem schmalen Grat zwischen Genie und Wahnsinn wandelten.[2] Diejenigen, die in diesen Ansichten lediglich die geläufigsten Klischees einer mit Beharrlichkeit vertretenen stereotypen Wissenschaftsbetrachtung zu erkennen vermögen, wissen allerdings nur allzu gut, dass die Realität völlig anders aussieht: Wenngleich Mathematik in der heutigen von ökonomischen Kriterien diktierten Welt als »Motor der Wirtschaft« bezeichnet wird,[3] wenn Mathematik in den Natur- und Ingenieurwissenschaften *das* Grundlagenfach ist[4] und als Basiswissenschaft[5] und Schlüsseldisziplin der heutigen Gesell-

---

1 Vgl. www.jahr-der-mathematik.de (Stand: 01. 10. 2008).

2 Drösser, Christoph, »Jahr der Mathematik. Schöne Formeln. Jeder weiß, was Biologen oder Historiker tun. Aber was treiben Mathematiker? Eine Abrechnung mit sechs klassischen Vorurteilen anlässlich des Jahres der Mathematik«, in: *Die Zeit*, 24. 01. 2008, Nr. 5, S. 31.

3 Schavan, Annette, »Vorwort«, in: Gert-Martin Greuel u. a. (Hrsg.), *Mathematik – Motor der Wirtschaft. Initiative der Wirtschaft zum Jahr der Mathematik*, Heidelberg 2008, S. v-vi.

4 Briedis, Kolja u. a., *Studienaufnahme, Studium und Berufsverbleib von Mathematikern. Einige Grunddaten zum Jahr der Mathematik*, Hannover 2008, S. 3.

5 Schavan, »Vorwort«, S. v.

schaft[6] gilt, so ließ sie sich – ungeachtet aller kategorialen wissenschaftstheoretischen Dividierungstendenzen im 19. Jahrhundert[7] – genau genommen doch zu keiner Zeit in eine bestimmte Ecke drängen.[8] Vielmehr wies die Mathematik schon immer mannigfache Berührungspunkte mit ganz unterschiedlichen Lebensbereichen auf, so dass ihre Verbannung aus der Sphäre der Kultur, so Hans Magnus Enzensberger, einer Art von intellektueller Kastration gleichkäme.[9] Zu diesen Lebensbereichen ist von jeher auch der Bereich der bildenden Künste zu rechnen.

Castel del Monte, die von Friedrich II. um 1240 errichtete und von Ferdinand Gregorovius als »Krone Apuliens« bezeichnete Stauferresidenz,[10] bei der ein regelmäßiges Oktogon sowohl die Form des zentralen Gebäuderinges als auch die der acht Ecktürme bestimmt,[11] könnte in diesem Zusammenhang ebenso diskutiert werden wie einige Zeichnungen im Bauhüttenbuch des Picarden Villard de Honnecourts von etwa 1235,[12] in denen elementargeometrische Formen in figürlich-kompositorischer wie auch architektonisch-konstruktiver Hinsicht eine konstitutive Rolle besaßen.[13] In

---

6 Remmert, Reinhold/Rupprecht, Gerhard, »Geleitwort«, in: Greuel u. a. (Hrsg.), *Mathematik – Motor der Wirtschaft*, S. vii.

7 Vgl. Riedel, Manfred, »Geisteswissenschaften«, in: Jürgen Mittelstraß (Hrsg.), *Enzyklopädie Philosophie und Wissenschaftstheorie*, Bd. 1, Mannheim 1980, S. 724–728.

8 Vgl. Bense, Max, *Geist der Mathematik. Abschnitte aus der Philosophie der Arithmetik und Geometrie*, München 1939; Ders., *Konturen einer Geistesgeschichte der Mathematik. Die Mathematik und die Wissenschaften*, Hamburg 1946; Ders., *Konturen einer Geistesgeschichte der Mathematik II. Die Mathematik in der Kunst*, Hamburg 1949.

9 Vgl. Enzensberger, Hans Magnus, *Zugbrücke außer Betrieb. Die Mathematik im Jenseits der Kultur. Eine Außenansicht/Drawbridge Up. A Cultural Anathema*, Natick, Massachusetts 1999, S. 8.

10 Vgl. Gregorovius, Ferdinand, *Wanderjahre in Italien*. Einführung von Hanno-Walter Kruft, 4. Aufl., München 1986, S. 680–699, hier S. 680.

11 Vgl. Götze, Heinz, *Die Baugeometrie von Castel del Monte*, Heidelberg 1991; Ders., »Castel del Monte. Entwurf und Ausführung. Zum 800. Geburtstag Friedrichs II. von Hohenstaufen«, in: *Daidalos*, 59/1996, S. 52–69; Heinz, Werner, »Das Oktogon. Notizen zur Bedeutung, zur Konstruktion und zu Castel del Monte«, in: Dieter Ahrens (Hrsg.), *Ordo et mensura*. Internationaler interdisziplinärer Kongress für historische Metrologie, 6.–8. Oktober 1995 im Schloss Hohentübingen, St. Katharinen 1998, S. 38–50.

12 Hahnloser, Hans R., *Villard de Honnecourt. Kritische Gesamtausgabe des Bauhüttenbuches ms. fr 19093 der Pariser Nationalbibliothek*, Graz 1972.

13 Vgl. Hahnloser, *Villard de Honnecourt*, Taf. 18, 30, 31, 35, 36, 37, 38, 39, 42; Meckseper, Cord, »Über die Fünfeck-Konstruktion bei Villard de Honnecourt und im späteren Mittelalter«, in: *Architectura*, 13/1983, S. 31–40; Shelby, Lon R., »The Geometrical Knowledge of Medieval Master Masons«, in: Lynn T. Courtenay (Hrsg.), *The Engineering of Medieval Cathedrals*, Aldershot 1997, S. 27–61; Hiscock,

der Gattung der Porträtmalerei wiederum ließe sich am Beispiel von Albrecht Dürers christomimetischem Selbstporträt aus dem Jahre 1500 die Relevanz triangulärer Konstruktionsfiguren für die hieratische Frontalität oder die *vera-ikon*-Adaption ausloten.[14] Ferner ließen sich aber auch intentional ganz andere Zusammenhänge aufzeigen, so etwa kunstsoziologische, denkt man nur an den sich wandelnden Status der Künste und des Künstlers zwischen Mittelalter und Renaissance. Galt auf der Sitzung der Dombaukommission in Mailand im Jahre 1400 noch Jean Mignots Motto »*Ars sine scientia nihil est*«,[15] so ist Leonardo da Vincis Vorstellung »*Ars est scientia*«[16] ein Jahrhundert später bereits als ein exemplarischer Beleg für einen vornehmlich an der Mathematik orientierten generellen Theorieanspruch der Künste zu bewerten. Fand dieser seinen Ausdruck vor allem in der mathematischen Zentralperspektive, aber auch in geometrisch-konstruktiven Spielereien,[17] so war dieser Anspruch doch nicht zuletzt auch ein probates Mittel, um die Künste aus der Gruppe der *artes mechanicae* auszugliedern und den Künstler nicht länger der Gruppe der Handwerker zurechnen zu müssen, sondern vielmehr als selbstbewussten Vertreter der *artes liberales* zu begreifen.[18]

Nigel, »Architectural Geometry and the Portfolio of Villard de Honnecourt«, in: Marie-Therese Zenner (Hrsg.), *Villard's Legacy. Studies in Medieval Technology, Science and Art in Memory of Jean Gimpel*, Aldershot 2004, S. 3–21.

14 Dürer, Albrecht, *Selbstbildnis im Pelzrock*, 1500, Öl auf Lindenholz, 67 × 49 cm, München, Bayerische Staatsgemäldesammlungen Alte Pinakothek, Inv.-Nr. 537. Vgl. Winzinger, Franz, »Albrecht Dürers Münchener Selbstbildnis«, in: *Zeitschrift für Kunstwissenschaft*, 7/1953, S. 43–64; Schröder, Eberhard, *Dürer. Kunst und Geometrie. Dürers künstlerisches Schaffen aus der Sicht seiner »Underweysung«*, Basel u. a. 1980; Koerner, Joseph Leo, *The Moment of Self-Portraiture in German Renaissance Art*, Chicago, London 1993; Preimesberger, Rudolf, »Albrecht Dürer: › ... propriis sic ... coloribus‹ (1500)«, in: Rudolf Preimesberger u. a. (Hrsg.), *Porträt*, Berlin 1999, S. 210–219; Schreiber, Peter, »Albrecht Dürers Beiträge zur Geometrie – eine Neubewertung«, in: Wolfgang Drechsler (Hrsg.), *Genau und anders. Mathematik in der Kunst von Dürer bis Sol LeWitt*, Ausstellungskatalog Museum Moderner Kunst Stiftung Ludwig Wien, 29. Februar–18. Mai 2008, Nürnberg 2008, S. 24–31.

15 Vgl. Ackerman, James S., »›Ars sine Scientia nihil est‹. Gothic Theory of Architecture at the Cathedral of Milan«, in: *The Art Bulletin*, 31/1949, S. 84–111.

16 Vgl. Holländer, Hans, »Leonardo da Vinci, Ars est Scientia«, in: Karl-Siegbert Rehberg/Frank-Rutger Hausmann (Hrsg.), *Klassiker der Wissenschaften*, Aachen 1995, S. 97–120.

17 Vgl. Abels, Joscijka Gabriele, *Erkenntnis der Bilder. Die Perspektive in der Kunst der Renaissance*, Frankfurt am Main, New York 1985; Richter, Fleur, *Die Ästhetik geometrischer Körper in der Renaissance*, Stuttgart 1995.

18 Vgl. Jahn, Johannes, »Die Stellung des Künstlers im Mittelalter«, in: *Festschrift Eduard Trautscholdt zum siebzigsten Geburtstag am 13. Januar 1963*, Hamburg 1965, S. 38–54; Claussen, Peter Cornelius, »Früher Künstlerstolz. Mittelalterliche Signa-

Zahllos, facettenreich und zudem problemlos bis in die Gegenwart weiter zu verfolgen sind mithin die Beispiele für eine Vernetzung von Mathematik und bildenden Künsten.[19] Innerhalb des Spektrums dieser Spielformen scheint der angewandten Geometrie allerdings eine besondere Bedeutung zugekommen zu sein, was vermutlich darauf zurückzuführen ist, dass diese mehr als andere Teildisziplinen der Mathematik ein unmittelbares gestalterisches und Struktur bildendes Potential besitzt und dass Zahl, Maß und Proportion wie keine anderen Grundbegriffe einer formalen Ästhetik sind.[20] Vor diesem Hintergrund darf man die Anwendung von Geometrie aber nicht allein auf eine Gestalt und Form gebende Funktion reduzieren, oder etwa glauben, deren Relevanz erstrecke sich primär oder sogar ausschließlich auf den Bereich der Architektur.[21] Dass Geometrie mehr zu leisten vermochte, dass ihr spezifisches Leistungsprofil beispielsweise auch darin bestehen konnte, eine Gesamtheit des anders nicht Erfassbaren in einem selektiv-abstrahierenden Prozess überschaubar zu machen, visuell vermittelte Erkenntnisse zu transportieren und kognitive Prozesse zu initiieren und zu

---

turen als Quelle der Kunstsoziologie«, in: Karl Clausberg u. a. (Hrsg.), *Bauwerk und Bildwerk im Hochmittelalter. Anschauliche Beiträge zur Kultur- und Sozialgeschichte*, Gießen 1981, S. 7–34; Keller, Harald, »Künstlerstolz und Künstlerdemut im Mittelalter«, in: Ders., *Blick vom Monte Cavo. Kleine Schriften*, Frankfurt am Main 1984, S. 439–464; Legner, Anton, »Illustres manus«, in: Ders. (Hrsg.), *Ornamenta Ecclesiae. Kunst und Künstler der Romanik*. Ausstellungskatalog des Schnütgen-Museums in der Josef-Haubrich-Kunsthalle, Bd. 1, Köln 1985, S. 187–230; Dietl, Albert, »In arte peritus. Zur Topik mittelalterlicher Künstlerinschriften in Italien bis zur Zeit Giovanni Pisanos«, in: *Römische Historische Mitteilungen*, 29/1987, S. 75–125; Ders., »Künstlerinschriften als Quelle für Status und Selbstverständnis von Bildhauern«, in: Herbert Beck/Kerstin Hengevoss-Dürkop (Hrsg.), *Studien zur Geschichte der europäischen Skulptur im 12./13. Jahrhundert*, Bd. 1, Frankfurt am Main 1994, S. 175–191.

19 Vgl. Franke, Herbert W., *Leonardo 2000. Kunst im Zeitalter des Computers*, Frankfurt am Main 1987; Guderian, Dietmar, *Mathematik in der Kunst der letzten dreißig Jahre. Von der magischen Zahl über das endlose Band zum Computerprogramm*. Ausstellungskatalog Wilhelm-Hack-Museum, Ludwigshafen, 1. Februar–29. März 1987, Ludwigshafen 1987.

20 So geht etwa Karl Menninger in einer Studie über das Verhältnis von Mathematik und Kunst nach einleitenden Bemerkungen zu Kunst und Gestalt allein dem »Maßgrund« in Musik, Dichtung, Baukunst, Plastik und Malerei nach. Vgl. Menninger, Karl, *Mathematik und Kunst*, Göttingen 1959; Naredi-Rainer, Paul von, *Architektur und Harmonie. Zahl, Maß und Proportion in der abendländischen Baukunst*, 4. Aufl., Köln 1989.

21 Vgl. Blauert, Elke/Rhein, Karin (Hrsg.), *Maß, Zahl und Gewicht. Meisterwerke der Sammlung Architektur der Kunstbibliothek*. Ausstellungskatalog Kunstbibliothek, Staatliche Museen zu Berlin – Stiftung Preußischer Kulturbesitz, 4. Juli–28. September 2008, Dresden 2008.

lenken, soll im Folgenden an einer Gruppe von Diagrammen,[22] genauer gesagt an einer Gruppe mittelalterlicher Kosmogramme demonstriert werden, die sich aus Kreisen und vor allem Quadraten zusammensetzen und zwischen dem 9. und 13. Jahrhundert besonders häufig in den Bildkünsten auftreten.

Das wohl bekannteste karolingische Beispiel für ein solches Kosmogramm findet sich auf fol. 134r einer zwischen 809 und 818 in Salzburg entstandenen astronomisch-komputistischen Handschrift, in der neben einer kurzen Weltchronik, chronologischen Tabellen, Kalender- und Mondlaufberechnungen eine Kurzfassung der *Phainomena* des Aratos von Soloi[23] in die karolingische Astronomie einführt.[24] Das Innere von zwei Quadraten, deren Eckmedaillons die Namen der vier Himmelsrichtungen *Auster* (N), *Occidens* (W), *Aquilo* (S) und *Oriens* (O) umschließen, stellt zugleich eine Weltkarte dar, die die damals bekannten Kontinente Afrika, Asien und Europa vorstellt.[25] Das Umfassungsquadrat zeigt in den Ecken die vier Elemente *Aqua*, *Terra*,

---

22 Vgl. Bonhoff, Ulrike Maria, *Das Diagramm. Kunsthistorische Betrachtung über seine vielfältige Anwendung von der Antike bis zur Neuzeit*, Münster 1993; Gormans, Andreas, »Imaginationen des Unsichtbaren. Zur Gattungstheorie des wissenschaftlichen Diagramms«, in: Hans Holländer (Hrsg.), *Erkenntnis, Erfindung, Konstruktion. Studien zur Bildgeschichte von Naturwissenschaften und Technik vom 16. bis zum 19. Jahrhundert*, Berlin 2000, S. 51–71; Meier, Christel, »Die Quadratur des Kreises. Die Diagrammatik des 12. Jahrhunderts als symbolische Denk- und Darstellungsform«, in: Alexander Patschovsky (Hrsg.), *Die Bildwelt der Diagramme Joachims von Fiore. Zur Medialität religiös-politischer Programme im Mittelalter*, Ostfildern 2003, S. 23–53; Bogen, Steffen/Thürlemann, Felix, »Jenseits der Opposition von Text und Bild. Überlegungen zu einer Theorie des Diagramms und des Diagrammatischen«, in: Patschovsky (Hrsg.), *Die Bildwelt der Diagramme*, S. 1–22; Bucher, Sebastian, »Das Diagramm in den Bildwissenschaften. Begriffsanalytische, gattungstheoretische und anwendungsorientierte Ansätze in der diagrammtheoretischen Forschung«, in: Ingeborg Reichle u. a. (Hrsg.), *Verwandte Bilder. Die Fragen der Bildwissenschaft*, Berlin 2007, S. 113–129; Siegel, Steffen, *Tabula. Figuren der Ordnung um 1600*, Berlin 2009, S. 49–90.

23 Aratos, *Phainomena. Sternbilder und Wetterzeichen*, Griechisch-Deutsch, Manfred Erren (Hrsg.), München 1971.

24 Wien, Österreichische Nationalbibliothek, Cod. 387, fol. 134r. Vgl. Irblich, Eva, *Karl der Grosse und die Wissenschaft.* Ausstellung Karolingischer Handschriften der Österreichischen Nationalbibliothek zum Europa-Jahr 1993, 9. Juni–26. Oktober 1993, 2., korrigierte Aufl., Wien 1994, Nr. 38, S. 110–111; Euw, Anton van, »Die künstlerische Gestaltung der astronomischen und komputistischen Handschriften des Westens«, in: Paul Leo Butzer/Dietrich Lohrmann (Hrsg.), *Science in Western and Eastern Civilization in Carolingian Times*, Basel u. a. 1993, S. 251–269.

25 Augustinus, *De civitate dei* XVI, 17. Vgl. Aurelius Augustinus, *Vom Gottesstaat.* Buch 11 bis 22. Aus dem Lateinischen übertragen von Wilhelm Thimme, eingeleitet und kommentiert von Carl Andresen, 3. Aufl., München 1991.

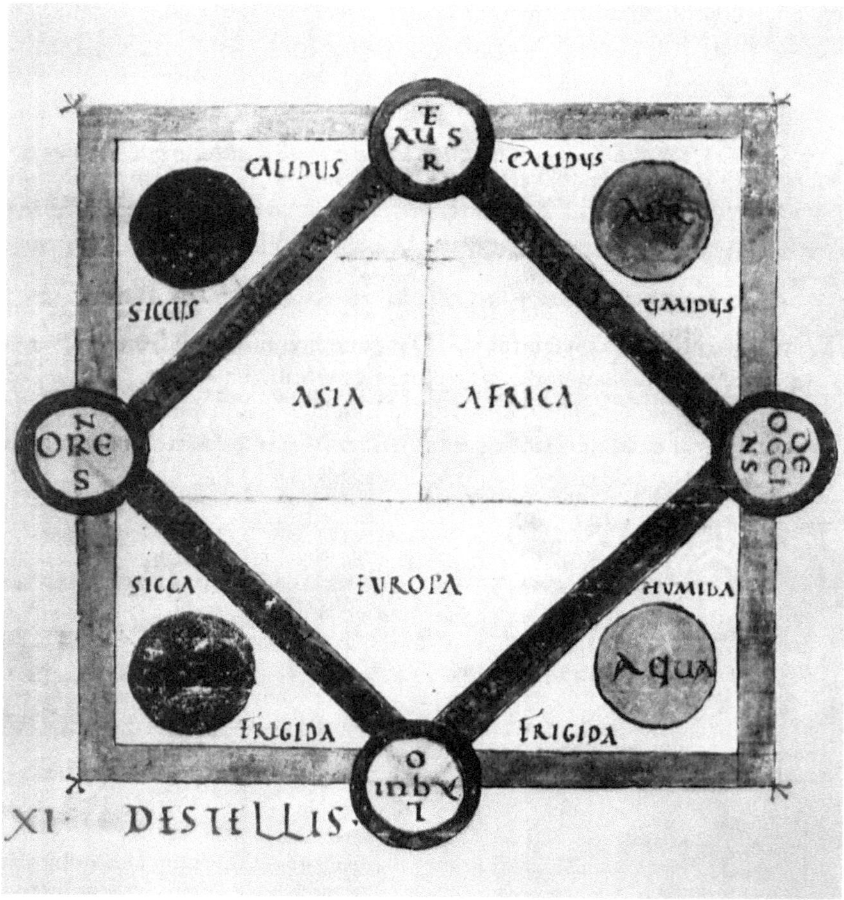

Abb. 1: Kosmogramm, zwischen 809 und 818, Wien, Österreichische Nationalbibliothek, Cod. 387, fol. 134r

Ignis und *Aer* sowie die ihnen paarweise zugeordneten Eigenschaften *frigidus*, *humidus*, *calidus* und *siccus*, die *qualitates corporis*.

Belege für die Kompatibilität dieses aus zwei Quadraten zusammengesetzten Kosmogramms sind *Maiestas-Domini*-Darstellungen nur wenig später in Tour entstandener Bibelhandschriften,[26] bei denen an die Stelle der

---

[26] Vgl. Meyer, Hans Bernhard, »Zur Symbolik frühmittelalterlicher Majestasbilder«, in: *Das Münster* 14/1961, 3–4, S. 73–88; Koehler, Wilhelm (Hrsg.), *Die Schule von Tours. Des Textes zweiter Teil: Die Bilder*, Nachdruck der Ausgabe Berlin 1933, Berlin 1963.

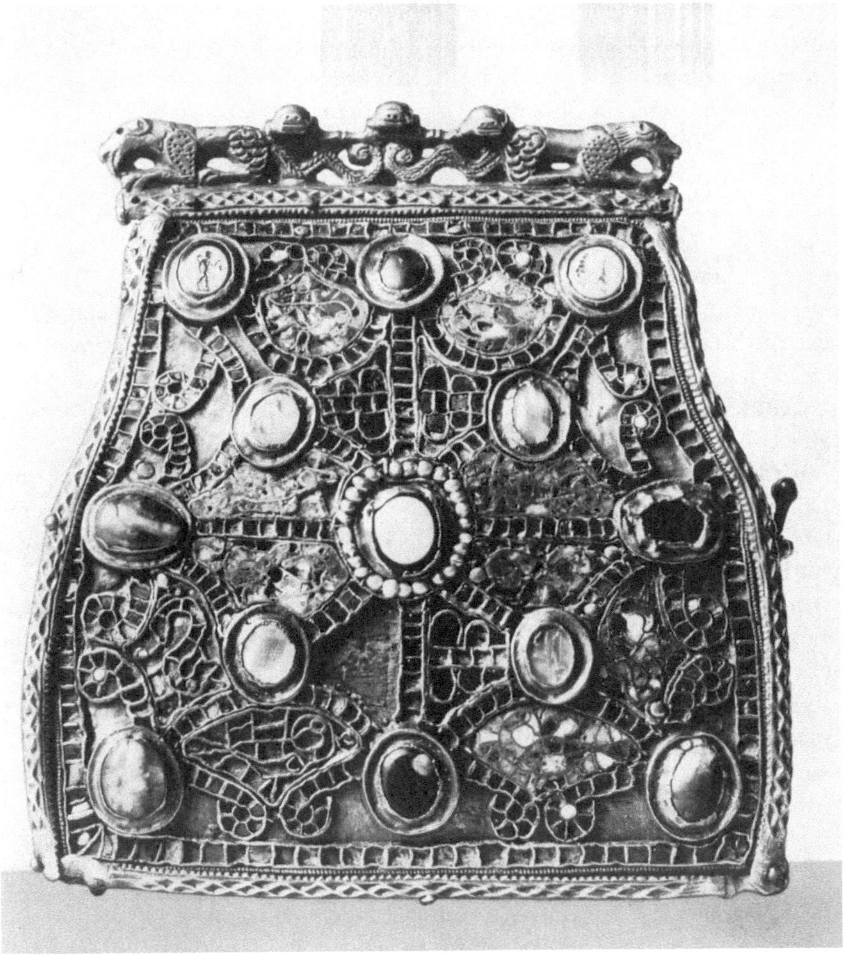

Abb. 2: Engerer Bursenreliquiar, Schauseite, 8. Jh., Berlin, Museum für Kunstgewerbe

Himmelsrichtungen Prophetenköpfe oder Evangelistensymbole treten, oder etwa das Engerer Bursenreliquiar aus der Mitte des 8. Jahrhunderts,[27] bei dem die Eckpunkte von nunmehr drei ineinander verschachtelten Quadra-

---

[27] Vgl. Elbern, Victor H., »Das Engerer Bursenreliquiar und die Zierkunst des frühen Mittelalters«, in: *Niederdeutsche Beiträge zur Kunstgeschichte* 10/1971, S. 41–102; Ders., »Das Engerer Bursenreliquiar und die Zierkunst des frühen Mittelalters, Teil 2«, in: *Niederdeutsche Beiträge zur Kunstgeschichte*, 13/1974, S. 37–96.

ten die Positionen von jeweils vier Edelsteinen markieren, die im Sinne der mittelalterlichen Edelsteinallegorese[28] mit großer Wahrscheinlichkeit christozentrische oder kosmologische Bildkreise versinnbildlichen dürften, die sich um den zentralen Christusstein gruppieren.

Auf fol. 7v des so genannten Ramsey Computus, einer um 1090 entstandenen Kopie des im Jahre 1011 von einem pädagogisch umfassend geschulten Mönch namens Byrhtferth verfassten Manuale, wird das Programm der Salzburger Miniatur um die Gruppe der vier Winde, Jahreszeiten und menschlichen Lebensalter und den Zodiakus erweitert.[29] Bedingt durch die Anpassung dieses Kosmogramms an das hochrechteckige Format des Codex werden hierbei die vier Viertelkreissegmente entlang der horizontalen Symmetrieachse gestaucht; die zweifach miteinander verschränkten Quadrate werden dadurch zu Rhomben, die aber immer noch Quadrate meinen.

Werden diese Begriffe wiederum als Personifikationen dargestellt, konnte auch ein *rota*-Diagramm wie das auf fol. 250v eines in Fulda um 980 gefertigten Sakramentars entstehen.[30] Dieses Kosmogramm zeigt die Gruppe der vier Elemente und Jahreszeiten und, zwischen diesen zu Dreiergruppen zusammengefasst, die zwölf Monatsbilder. Im Zentrum thront jetzt eine *annus*-Personifikation mit den Masken von *dies* und *nox*, die den kleinsten rhythmischen Lichtwechsel anschaulich umschreiben.

Abermals an das hochrechteckige Format eines Codex angepasst ist beispielsweise auch die Miniatur auf fol. 105r des um 1270 datierten Werkes des Dominikanermönches Thomas Cantipratanus *De natura rerum*.[31] Um eine

---

28 Vgl. Meier, Christel, *Gemma spiritalis*, München 1977; Meier-Staubach, Christel, »Edelsteindeutung«, in: *Faszination Edelstein. Aus den Schatzkammern der Welt, Mythos Kunst Wissenschaft*. Ausstellungskatalog Hessisches Landesmuseum Darmstadt, Darmstadt 1992, S. 113–117; Jülich, Theo, »Zur Verwendung von Edelsteinen im Mittelalter«, in: *Faszination Edelstein*, S. 60–69.

29 Kosmogramm, Ramsey Computus, um 1090, Oxford, St. John's College, Ms. 17, fol. 7v. Vgl. Sears, Elizabeth, *The Ages of Man. Medieval Interpretations of the Life Cycle*, Princeton University Press 1986, S. 22–23, 33–36; Baker, Peter S./Lapidge, Michael (Hrsg.), *Byrhtferth's Enchiridion*, Oxford u. a. 1995.

30 Sakramentar, Göttingen, Niedersächsische Staats- und Universitätsbibliothek, 2° Cod. Ms. theol. 231 Cim. fol. 250v. Mayr-Harting, Henry, *Ottonische Buchmalerei. Liturgische Kunst im Reich der Kaiser, Bischöfe und Äbte*, Stuttgart, Zürich 1991, S. 311–327; Winterer, Christoph, *Das Fuldaer Sakramentar in Göttingen. Benediktinische Observanz und römische Liturgie*, Petersberg 2009, S. 430–464.

31 Cantipratanus, Thomas, *De natura rerum*, München, Bayerische Staatsbibliothek, Ms. lat. 2655, fol. 105r. Vgl. Böhme, Gernot/Böhme, Hartmut, *Feuer, Wasser, Erde, Luft. Eine Kulturgeschichte der Elemente*, München 1996, S. 221–227; Gormans, *Imaginationen des Unsichtbaren*, S. 50–53.

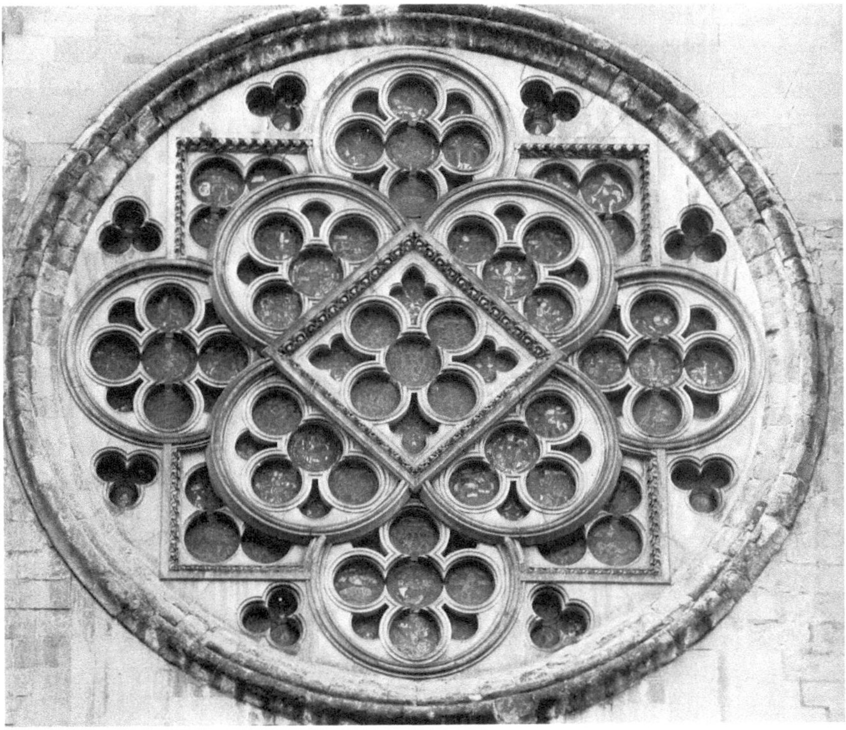

Abb. 3: Rosenfenster, um 1235, Südquerhaus, Kathedrale von Lausanne

von *sol* und *luna* umgebene Kosmosdarstellung im Zentrum gruppieren sich jenseits eines Binnenquadrats die vier Elemente, die sich die Hände reichen und ein zweites Quadrat bilden. Über ihren Händen erkennt man die vier Hauptwinde mit je zwei Nebenwinden, die von einem weiteren Quadrat umschlossen werden. Dieses dritte Quadrat wird von Christus hinterfangen, dessen Extremitäten das umspannen, was der Kosmokrator zunächst erschaffen und dann durch seine Menschwerdung erlöst hat.[32] Den Abschluss nach außen bilden die vier Kardinaltugenden *Prudentia*, *Iustitia*, *Temperantia* und *Fortitudo*, die die Harmonie der Welt verkörpern.

Innerhalb der Gruppe der in besonderem Maße mit elementargeometrischen Formen und Formensegmenten operierenden gotischen Rosenfens-

---

32 Vgl. Bronder, Barbara, »Das Bild der Schöpfung und Neuschöpfung der Welt als *orbis quadratus*«, in: *Frühmittelalterliche Studien*, 6/1972, S. 188–210.

ter[33] stellt die um 1235 entstandene Fensterrose am Südquerhaus der Kathedrale von Lausanne schließlich einen Höhepunkt dar. Ihr Bildprogramm umfasst in einer zuvor nie da gewesenen Komplexität und in deutlicher Abhängigkeit von antiken Wissenskompendien, wiederum gruppiert um eine *annus*-Personifikation im Zentrum, Sonne und Mond, Tag und Nacht, die vier Jahreszeiten mit jeweils drei Monatsdarstellungen, die vier Elemente und zwölf Tierkreiszeichen, zudem die vier antiken Wahrsagekünste und Paradiesflüsse sowie acht Gruppen monströser Wesen und schließlich ebenso viele Winddarstellungen.[34]

Was sämtliche dieser exemplarisch vorgestellten Kosmogramme aus der Buchmalerei, der Goldschmiedekunst und Architektur miteinander verbindet, ist ihr Aufbau. Wenngleich der Kreis nur einigen als konstruktiver Grundbaustein diente, so liegt doch allen eine identische Quadrat-Konfiguration zu Grunde. Diese Grundfigur, als quadratische Progression oder auch »Quadratur« bezeichnet, entsteht, wenn man die vier Punkte, welche die Seiten eines Umfassungsquadrates halbieren, miteinander verbindet. Das so entstandene Binnenquadrat ist nunmehr auf die Spitze gestellt und um 45 Grad gedreht, wobei seine Diagonalenlänge der Seitenlänge des größeren Umfassungsquadrates entspricht. Die Seitenlängen beider Quadrate stehen dabei in einem Verhältnis von 1 zu $\sqrt{2}$, und der Flächeninhalt des Umfassungsquadrats ist doppelt so groß wie der des Binnenquadrats. Abgeleitet

---

33 Vgl. Mersmann, Wiltrud, *Rosenfenster und Himmelskreise*, Mittenwald 1982; Cowen, Painton, *Die Rosenfenster der gotischen Kathedralen*, 3. Aufl., Freiburg 1990; Suckale, Robert, »Thesen zum Bedeutungswandel der gotischen Fensterrose«, in: Karl Clausberg u. a. (Hrsg.), *Bauwerk und Bildwerk im Hochmittelalter. Anschauliche Beiträge zur Kultur- und Sozialgeschichte*, Gießen 1981, S. 259–294; Beeh-Lustenberger, Suzanne, »Fensterrosen – Ornament und Ganzheitssymbol«, in: *Symmetrie in Kunst, Natur und Wissenschaft*, Bd. 1, *Texte*, Ausstellungskatalog Mathildenhöhe Darmstadt, 1. Juni–24. August 1986, Darmstadt 1986, S. 257–272.

34 Vgl. Rahn, Johann Rudolf, »Die Glasgemälde in der Rosette der Kathedrale von Lausanne«, in: *Mitteilungen der Antiquarischen Gesellschaft in Zürich*, 20/1879, 2, S. 31–58; Beer, Ellen Judith, *Die Rose der Kathedrale von Lausanne und der kosmologische Bilderkreis im Mittelalter*, Bern 1952; Dies., *Die Glasmalereien der Schweiz vom 12. bis zum Beginn des 14. Jahrhunderts*, Basel 1956, S. 23–72; Hilton, Alice Mary, »La rose de la Cathédrale de Lausanne«, in: *Zeitschrift für schweizerische Archäologie und Kunstgeschichte*, 46/1989, S. 251–270; Forel, François, »Le carré centrale de la Rose de la Cathédrale de Lausanne. A propos de l'étude d'Alice Mary Hilton«, in: *Zeitschrift für schweizerische Archäologie und Kunstgeschichte*, 47/1990, S. 235–243; Trümpler, Stefan, »Realität und Interpretation: Neue Erkenntnisse zum Rosenfenster der Kathedrale von Lausanne«, in: Thomas W. Gaehtgens (Hrsg.), *Künstlerischer Austausch. Artistic Exchange. Akten des XXVIII. Internationalen Kongresses für Kunstgeschichte Berlin, 15.–20. Juli 1992*, Bd. 3, Berlin 1993, S. 401–412.

aus dem Satz des Pythagoras, wird dieses Prinzip der Flächenverdopplung erstmals von Platon im Dialog *Menon* erwähnt.[35] Hierbei handelt es sich bezeichnenderweise um einen Dialog, in dem die platonische Anamnesislehre eingeführt wird, also ein Lehrstück der platonischen Erkenntnistheorie zur Erläuterung der Herkunft theoretischen Wissens, bei dem sich die unsterbliche Seele an ein vor ihrer Inkorporation geschautes Ideenwissen erinnert.[36] Der Architekt und Ingenieur Marcus Vitruvius Pollio wiederum erwähnt dieses proportionale Prinzip gleich zweimal in seinem nach 33 v. Chr. begonnenen und Kaiser Augustus gewidmeten Architekturtraktat *De Architectura libri decem*,[37] und durch die Rezeption dieses Hauptwerkes antiker Architekturtheorie könnte das Wissen um diese Figur an das Mittelalter weitergegeben worden sein.[38] Jedenfalls wird sie zu einem zentralen Proportionsschlüssel hochmittelalterlicher Architektur,[39] ja sogar zum möglichen Bestandteil mys-

---

35 Platon, *Menon* 82b–85e.

36 Vgl. Brumbaugh, Robert S., *Plato's Mathematical Imagination. The Mathematical Passages in the Dialogues and Their Interpretation*, Bloomington 1954, S. 19–38; Oeing-Hanhoff, Ludger, »Zur Wirkungsgeschichte der platonischen Anamnesislehre«, in: *Collegium Philosophicum. Studien Joachim Ritter zum 60. Geburtstag*, Basel 1965, S. 240–271; Mittelstraß, Jürgen, »Anamnesis«, in: Ders. (Hrsg.), *Enzyklopädie Philosophie und Wissenschaftstheorie*, Bd. 1, Mannheim 1980, S. 107; Ebert, Theodor, *Sokrates als Pythagoreer und die Anamnesis in Platons Phaidon*, Mainz 1994; Lee, Sang-In, *Anamnesis im Menon. Platons Überlegungen zur Möglichkeit und Methode eines den Ideen gemäßen Wissenserwerbs*, Frankfurt am Main 2001.

37 Vitruv 6, III, 3 (Atriumsberechnung); 9, Vorrede 4–5 (Acker- bzw. Platzberechnung). Vgl. Vitruv, *Zehn Bücher über Architektur*. Übersetzt und mit Anmerkungen versehen von Curt Fensterbusch, 5. Aufl., Darmstadt 1991.

38 Vgl. Kruft, Hanno-Walter, *Geschichte der Architekturtheorie. Von der Antike bis zur Gegenwart*, 3. durchgesehene und ergänzte Aufl., München 1991, S. 31–43; Suckale, Robert, »Die Architekturtheorie der Gotik«, in: Ders., *Stil und Funktion. Ausgewählte Schriften zur Kunst des Mittelalters*, Peter Schmidt/Gregor Wedekind (Hrsg.), München, Berlin 2003, S. 317–326.

39 Vgl. Ueberwasser, Walter, *Von Mass und Macht der Alten Kunst*, Leipzig, Strassburg, Zürich 1933; Ders., »Nach Rechtem Masz. Aussagen über den Begriff des Maszes in der Kunst des XIII.-XVI. Jahrhunderts«, in: *Jahrbuch der Preußischen Kunstsammlungen*, 56/1935, S. 250–272; Ders., »Baukunst. Beiträge zur Wiedererkenntnis gotischer Bau-Gesetzmäßigkeiten«, in: *Zeitschrift für Kunstgeschichte*, 8/1939, S. 303–309; Ders., »Maßgerechte Bauplanung der Gotik an Beispielen Villards de Honnecourt«, in: *Kunstchronik*, 2/1949, S. 200–204; Velte, Maria, *Die Anwendung der Quadratur und Triangulatur bei der Grund- und Aufrissgestaltung der gotischen Kirchen*, Basel 1951; Hecht, Konrad, »Maß und Zahl in der gotischen Baukunst«, in: *Abhandlungen der Braunschweigischen Wissenschaftlichen Gesellschaft*, 21/1969, S. 215–326; Ders., »Maß und Zahl in der gotischen Baukunst«, in: *Abhandlungen der Braunschweigischen Wissenschaftlichen Gesellschaft*, 22/1970, S. 105–263.

tifizierter Bauhüttengeheimnisse,[40] vorausgesetzt, dass man in diesem Geheimnis das Wissen um eine inkommensurable, nur durch irrationale Zahlenverhältnisse auszudrückende Größe erkennen darf, wie sie durch das Streckenverhältnis zwischen einem Quadrat mit der Kantenlänge 1 und dessen Diagonale mit der Länge $\sqrt{2}$ geometrisch veranschaulicht werden kann.

Dieses gattungsübergreifend Anwendung findende Prinzip der Quadratur hatte also offensichtlich seinen festen Platz im Gedächtnis der Bildkonzeptoren in den Skriptorien, Goldschmiedewerkstätten und Bauhütten des Mittelalters. Mehr noch – die Kosmogramme, die sich auf dieses Prinzip zurückführen lassen, sind Gedächtnisbilder im Sinne der klassischen Gedächtniskunst, der *ars memorativa*,[41] denn an diese als Teil der antiken Rhetorik an das Mittelalter tradierte,[42] mit Bildern und Bildorten operierende antike Gedächtniskunst, vor allem an die vier wesentlichen Kriterien eines Gedächtnisbildes, knüpften die elementargeometrisch konzipierten Kosmogramme unmittelbar an.[43]

I. Der Textbezug der Gedächtnisbilder

Die zentralen Belege dafür, dass das Ziel der *ars memorativa* in der Memorierung von Texten besteht, liefern die wohl bekanntesten Vertreter der antiken Rhetoriktheorie, Cicero[44] und Quintilian,[45] in ihren rhetorischen Traktaten

---

40 Vgl. Simson, Otto von, *Die Gotische Kathedrale. Beiträge zu ihrer Entstehung und Bedeutung*, 4. Aufl., Darmstadt 1982, S. 27–29.

41 Vgl. Blum, Herwig, *Die antike Mnemotechnik*, Hildesheim 1969; Yates, Frances A., *Gedächtnis und Erinnern. Mnemonik von Aristoteles bis Shakespeare*, 3. Aufl., Berlin 1994.

42 Die *ars memorativa* war einer von fünf festen Bestandteilen der antiken Rhetorik. Zu diesen zählten *inventio*, *dispositio*, *elocutio*, *memoria* und *pronuntiatio*. Zur Rezeption der *ars memorativa* im Mittelalter: Hajdu, Helga, *Das mnemotechnische Schrifttum des Mittelalters*, Budapest 1936; Carruthers, Mary J., *The Book of Memory. A Study of Memory in Medieval Culture*, Cambridge 1990; Coleman, Janet, *Ancient and Medieval Memories. Studies in the Reconstruction of the Past*, Cambridge 1992; Berns, Jörg Jochen (Hrsg.), *Gedächtnislehren und Gedächtniskünste in Antike und Frühmittelalter. 5. Jahrhundert v. Chr. bis 9. Jahrhundert n. Chr. Dokumentsammlung mit Übersetzung, Kommentar und Nachwort*, Tübingen 2003.

43 Vgl. Gormans, Andreas, *Geometria et Ars memorativa. Studien zur Bedeutung von Kreis und Quadrat als Bestandteile mittelalterlicher Mnemonik und ihrer Wirkungsgeschichte an ausgewählten Beispielen* (http://sylvester.bth.rwth-aachen.de/dissertationen/2003/081/03_081.pdf).

44 Cicero, *De Oratore* II 352–353. Vgl. Cicero, Marcus Tullius, *De oratore. Über den Redner.* Übersetzt, kommentiert und mit einer Einleitung von Harald Merklin (Hrsg.), Stuttgart 1976.

45 Quintilian, *Institutio Oratoria* XI 2, 11–13. Vgl. Quintilianus, Marcus Fabius, *Aus-*

De Oratore und *Institutio Oratoria*. Bezug nehmend auf die persönlichen Erfahrungen des legendären Erfinders jener Kunst, des Rhapsoden Simonides von Keos,[46] rieten sie einem Redner, Schauspieler oder Anwalt, im Bewusstsein, dass visuelle Eindrücke auf das menschliche Gemüt mit Abstand die nachhaltigste Wirkung ausüben,[47] Texte visuell zu kodieren, das heißt in eindringliche, nur vor dem geistigen Auge sichtbare Bilder mit Verweischarakter umzusetzen und diese innerhalb eines zuvor auswendig gelernten Systems markanter Orte in einer realen oder fiktiven Architektur zu deponieren. Der Redner, der dieses Ortssystem vor seinem inneren Auge zu einem späteren Zeitpunkt durchschritt, konnte sich – indem er erneut auf jene klug konzipierten Bilder stieß – mit Hilfe gezielt ausgelöster Assoziationen an die Texte erinnern, die er sich ins Gedächtnis rufen wollte.

Eben dieser für die *ars memorativa* konstitutive Textbezug gilt gleich in mehrfacher Hinsicht für die Gruppe der hier diskutierten Kosmogramme:[48] Verlangten dichte Erzählstränge mehrheitlich nach linearen Bilddispositionen,[49] so war die Komposition *in circulum* gerade dazu prädestiniert, eine Auswahl von verwandten Begriffen innerhalb eines enzyklopädischen Textes kosmologischen Inhalts anschaulich in Relation zueinander zu bringen.[50] Da

---

bildung des Redners, Zwölf Bücher. Übersetzt von Helmut Rahn (Hrsg.). Zweiter Teil, Buch VII–XII, 3. Aufl., Darmstadt 1995.

46 Vgl. Goldmann, Stefan, »Statt Totenklage Gedächtnis. Zur Erfindung der Mnemotechnik durch Simonides von Keos«, in: *Poetica*, 21/1989, 1–2, S. 43–66.

47 Cicero, *De Oratore* II 357; Quintilian, *Institutio Oratoria* XI 2, 34.

48 So sehen die einen in den Kosmogrammen lediglich graphische Mittel, eingeführt, um die Textlektüre zu erleichtern (Vgl. Sears, *The Ages of Man*, S. 17.), für die anderen sind sie bildhafte Texte (Vgl. Holländer, Hans, »Weltall, Weltbild«, in: Engelbert Kirschbaum (Hrsg.), *Lexikon für Christliche Ikonographie*, Freiburg im Breisgau 1994, Bd. 4, Sp. 498–509, hier Sp. 501), für wieder andere bilden Text und Bild ein gleichberechtigtes, unauflösliches Nebeneinander, in dem weder Bild noch Text eine bloß subsidiär-additive Funktion zukommt (Vgl. Maas, Jörg F., »Zur Rationalität des vermeintlich Irrationalen – Einige Überlegungen zur Funktion und Geschichte des Diagramms in der Philosophie«, in: Petra Gehring u. a. (Hrsg.), *Diagrammatik und Philosophie. Akten des 1. Interdisziplinären Kolloquiums der Forschungsgruppe Philosophische Diagrammatik an der FernUniversität/Gesamthochschule Hagen 15./16. 12. 1988*, Amsterdam, Atlanta 1992, S. 51–74, hier S. 53), oder sie werden als Bilder begriffen, die einen solchen Eigenwert besitzen, dass sie des Textes nicht mehr bedürfen, den Text, auf den sie sich beziehen, also substituieren (Vgl. Borchers, Renate, *Die ikonographischen Quellen des Codex 12600 der Österreichischen Nationalbibliothek in Wien. Studien zur mittelalterlichen Illustration profan-wissenschaftlicher Texte*, Wien 1975, S. 88).

49 Vgl. Kemp, Wolfgang, *Sermo Corporeus. Die Erzählung der mittelalterlichen Glasfenster*, München 1987, S. 56, 89.

50 Vgl. Einem, Herbert von, *Der Mainzer Kopf mit der Binde*, Köln, Opladen 1955, S. 23.

diese meist zentripetal organisierten konzentrischen *rota*-Diagramme gewissermaßen eine *divisio mundi* vornehmen, bei der Oberbegriffe wie *annus* oder *mundus* in Teilbegriffe und diese ihrerseits wiederum in weitere Unterbegriffe zergliedert werden, wird das Diagramm zu einer Demonstrationsfigur logischer Operationen. Ihre Liniennetze reflektieren den Aufbau der Textpassagen, die sie substituieren; die Kosmogramme verleihen der Denkform der Deduktion maximale Anschaulichkeit.[51] Diese Methode, die vom Allgemeinen zum Besonderen fortschreitet, verfährt dabei nach dem Prinzip einer erweiterten Dichotomie, die bereits die platonische Methode der so genannten Dihairesis bestimmte.[52] Hinzu kommen darüber hinaus Korrespondenzen zwischen den Kosmogrammen und den Büchern, in denen diese auftreten, denn oftmals operiert das, was man heute Enzyklopädie, im Mittelalter allerdings noch *orbis disciplinarum* oder *orbis doctrinarum* nannte,[53] wenn nicht mit kreisförmigen, so doch in jedem Falle mit konzentrischen Schemata. Nicht selten ordnen, separieren und systematisieren diese Bücher ebenso wie die Kosmogramme in ihnen, nicht selten besitzen beide analoge synoptische Qualitäten.

II. Die Eindringlichkeit der Gedächtnisbilder

Diese zweite zentrale Eigenschaft der Gedächtnisbilder stellt ein Axiom der allgemeinen Wahrnehmungstheorie dar, welches besagt, dass nur das, was besonders auffällig ist, in Erinnerung bleibt, auf jeden Fall deutlich bessere

---

51 Vgl. Wirth, Karl August, »Von mittelalterlichen Bildern und Lehrfiguren im Dienst der Schule und des Unterrichts«, in: Bernd Moeller u. a. (Hrsg.), *Studien zum städtischen Bildungswesen des späten Mittelalters und der frühen Neuzeit. Bericht über Kolloquien der Kommission zur Erforschung der Kultur des Spätmittelalters 1978 bis 1981*, Göttingen 1983, S. 256–370, hier S. 295.

52 Vgl. Gatzemeier, Matthias, »Dihairesis«, in: Jürgen Mittelstraß (Hrsg.), *Enzyklopädie Philosophie und Wissenschaftstheorie*, Bd. 1, Mannheim 1980, S. 482; Hager, Fritz-Peter, »Dihairesis«, in: Joachim Ritter (Hrsg.), *Historisches Wörterbuch der Philosophie*, Bd. 2, Basel 1972, Sp. 242–244; Schenk, Günter, *Zur Geschichte der logischen Form.* Bd. 1, *Einige Entwicklungstendenzen von der Antike bis zum Ausgang des Mittelalters*, Berlin 1973, S. 87–102.

53 Vgl. Bradley, Ritamary, »Backgrounds of the Title Speculum in Medieval Literature«, in: *Speculum*, 29/1954, 1, S. 100–115; Henningsen, Jürgen, »›Enzyklopädie‹. Zur Sprach- und Bedeutungsgeschichte eines pädagogischen Begriffs«, in: *Archiv für Begriffsgeschichte*, 10/1966, S. 271–357, hier S. 317–320, 352, Anm. 260; Ders., »Orbis Doctrinae: Encyclopaedia«, in: *Archiv für Begriffsgeschichte*, 11/1967, S. 241–245; Meier, Christel, »Grundzüge der mittelalterlichen Enzyklopädik. Zu Inhalten, Formen und Funktionen einer problematischen Gattung«, in: Ludger Grenzmann/Karl Stackmann (Hrsg.), *Literatur und Laienbildung im Spätmittelalter und in der Reformationszeit*, Stuttgart 1984, S. 467–500.

Chancen hat, wiedererinnert zu werden, als Ereignisse, Dinge oder auch Bilder, die der ästhetischen Konvention entsprechen.[54] So heißt es in der ursprünglich Cicero zugeschriebenen *Rhetorica ad Herennium*, dass niemand mehr den Aufgang, den Lauf und den Untergang der Sonne bewundern würde, weil dieses unspektakuläre Ereignis tagtäglich zu beobachten sei, ganz anders hingegen eine Sonnenfinsternis.[55] Da diese nämlich sogar noch seltener eintrete als eine Mondfinsternis, müsse man sie als Gedächtnisbild, als ein bewegendes Bild – in der originalen Terminologie der antiken Gedächtniskunst – als eine *imago agens* bezeichnen,[56] die, so Quintilian, nur deswegen so bewegend, lebendig und markant sei, weil sie einem Betrachter möglichst einprägsam und eindringlich entgegentreten wolle.[57] Genau diese von der rhetorischen Theorie für Gedächtnisbilder geforderte Einprägsamkeit ist auch der Gruppe der Kosmogramme zu attestieren, denn durch ihre geometrisch-diagrammatische Bauart sind sie vergleichsweise abstrakt, und durch diesen hohen Grad der Abstraktion setzen sie sich wiederum deutlich von der Gruppe der gängigen mimetischen und narrativen Bilder ab; dadurch, dass sie sich, wie Michael Evans einmal treffend bemerkte, »beyond the normal canons of art« bewegen,[58] stechen sie jedem Betrachter in ganz besonderem Maße ins Auge.[59]

III. Das Gedächtnisbild als mentales Bild

Ferner handelt es sich bei den Gedächtnisbildern im Sinne der *ars memorativa* wie zuvor skizziert um mentale Bilder, um Bilder nicht des körperlichen, sondern des inneren, geistigen Auges. Den vermutlich anschaulichsten zeitgenössischen Beleg dafür, dass auch Kosmogramme diesen Status besitzen, liefert eine Zeichnung aus dem Bauhüttenbuch des Villard de Honnecourt, die die schon erwähnte Rose am Südquerhaus der Kathedrale von Lausanne zeigt. Entscheidend in diesem Zusammenhang ist die sitzende Figur unten

---

54 Quintilian, *Institutio Oratoria* XI 2, 17.

55 *Rhetorica ad Herennium* III 35–36. Vgl. Nüßlein, Theodor (Hrsg.), *Rhetorica ad Herennium*, München, Zürich 1994.

56 *Rhetorica ad Herennium* III 37; Cicero, *De Oratore* II 359.

57 Quintilian, *Institutio Oratoria* XI 2, 22.

58 Evans, Michael, »The Geometry of the Mind«, in: *Architectural Association Quarterly*, 12/1980, S. 32–55, hier S. 32.

59 Vgl. Gombrich, Ernst H., »Symmetrie, Wahrnehmung und künstlerische Gestaltung«, in: Rudolf Wille (Hrsg.), *Symmetrie in Geistes- und Naturwissenschaft*. Hauptvorträge und Diskussionen des Symmetrie-Symposions an der Technischen Hochschule Darmstadt vom 13.–17. Juni 1986 im Rahmen des Symmetrieprojektes der Stadt Darmstadt, Heidelberg 1988, S. 94–119, hier S. 95.

links, die mit ihrer Linken nach oben weist, mit überstrecktem Kopf auf die Rose schaut und völlig zu Recht als »Personifikation der Subjektivität« interpretiert wurde.[60] Während Villard das geschaute Bild des innerbildlichen Betrachters somit unmissverständlich als ein persönliches, subjektives Bild ausweist, wird der ontologische Status des geschauten Rosenfensters vor allem an der Kopfhaltung der Figur ablesbar. Denn im Vergleich mit der Darstellung der göttlichen Schöpferkraft auf fol. 9r der um 1230 verfassten Luccheser *Liber-divinorum-operum*-Handschrift der Hildegard von Bingen wird deutlich,[61] dass Villard bei seiner Zeichnung offensichtlich und wohl kaum zufällig das bekannte Bildformular einer Visionsdarstellung bemühte, bei der die Weltanschauung als eine visionäre Offenbarung dargeboten wird, die von einem anderen Ort geschaut wird;[62] der Bildaufbau Villards ist somit ein bildexegetischer. Er legt den Schluss nahe, dass auch Kosmogramme wie beispielsweise die Rose von Lausanne als visionsartige, innere Bilder aufzufassen sind. Dass es sich bei Kosmogrammen vergleichbarer Bauart, die genau genommen erst durch die bildende Kunst zu äußeren Bildern werden, in Wirklichkeit um imaginierte innere Bilder handelt, wird darüber hinaus deutlich, wenn man sich vor Augen führt, was diese »Weltbilder« tatsächlich darstellen. Keineswegs darf nämlich übersehen werden, dass diese Kosmogramme keine illusionistischen Bilder der Welt etwa im Sinne des Gemäldes des Hl. Hieronymus in der Landschaft von Joachim Patinir von etwa 1515 darstellen, denn anders als in diesen frühneuzeitlichen Weltlandschaften wird die Welt in den konzentrischen kosmologischen Diagrammen gerade nicht durch Felsen und Pflanzen, Meere und Flüsse repräsentiert.[63] Weder wird die Welt dort in abbreviierter Form als Landschaftsausschnitt vorgeführt, noch imitiert die Krümmung einer Horizontlinie dort die Krümmung der Erdoberfläche, wodurch die Landschaft letztlich zur kosmologischen

---

60 Trümpler, *Realität und Interpretation*, S. 401.

61 Bingen, Hildegard von, *Liber divinorum operum*, Lucca, Biblioteca Statale, Ms. 1942, fol. 9r. Vgl. Suzuki, Keiko, *Bildgewordene Visionen oder Visionserzählungen. Vergleichende Studie über die Visionsdarstellungen in der Rupertsberger »Scivias«-Handschrift und im Luccheser »Liber divinorum operum«-Codex der Hildegard von Bingen*, Bern 1998, S. 207–220, 6. Taf. II.

62 Vgl. Holländer, Hans, »Bild, Vision und Rahmen«, in: Joerg O. Fichte u. a. (Hrsg.), *Zusammenhänge, Einflüsse, Wirkungen.* Kongressakten zum ersten Symposium des Mediävistenverbandes in Tübingen 1984, Berlin, New York 1986, S. 71–94, hier S. 83–84.

63 Patinir, Joachim, Landschaft mit dem hl. Hieronymus, vor 1515, Öl auf Holz, 74 × 91 cm, Madrid, Museo del Prado. Vgl. Zinke, Detlef, *Patinirs »Weltlandschaft«. Studien und Materialien zur Landschaftsmalerei im 16. Jahrhundert*, Frankfurt am Main 1977.

Metapher wird.[64] Kosmogramme wie die hier gezeigten sind vielmehr geometrisch strukturierte, selektive Gedankenbilder, die kein mimetisches Bild von der Welt liefern, sondern vielmehr zentrale Vorstellungen und Annahmen von ihrer Struktur und Beschaffenheit reflektieren.[65] Dabei beziehen sie sich zum einen auf die antike Vorstellung von einer projektierten Einheit der Welt, die weder aus der Beschreibung von Einzeltatsachen noch aus der Beobachtung wirklicher Naturvorgänge abzuleiten war, sondern vom erkennenden Subjekt an die Tatsachen und Naturvorgänge herangetragen wurde.[66] Zum anderen beziehen sich die Kosmogramme unverkennbar auf den metaphysischen *ordo*-Gedanken, also den wohl wichtigsten Leitbegriff antik-mittelalterlichen und frühneuzeitlichen Weltverständnisses. Dieser konkretisierte sich besonders nachhaltig in der Lehre der Pythagoreer von den Sein konstituierenden Zahlen,[67] der Vier-Elemente-Lehre des Empedokles[68] sowie in Platons abstrakt-geometrischem Bild vom Kosmos und dessen Aufbau der Materie.[69]

IV. Die Korrelation zwischen Gedächtnisbild und Gedächtnisgegenstand

Entscheidend für die Effizienz eines Gedächtnisbildes im Sinne der *ars memorativa* war schließlich die Eindeutigkeit und Klarheit, die zwischen einer jeden *imago agens* und dem Gegenstand, an den diese erinnern sollte, bestehen musste. Hatte Quintilian beispielsweise noch einen Anker als Gedächtnisbild für die Seefahrt oder den Teil einer Bewaffnung für das Kriegswesen vorgeschlagen,[70] so war jedenfalls eine bestimmte Korrelation zwischen Gedächt-

---

64 Vgl. Koschorke, Albrecht, *Die Geschichte des Horizonts. Grenze und Grenzüberschreitung in literarischen Landschaftsbildern*, Frankfurt am Main 1990.

65 Vgl. Evans, *The Geometry of the Mind.*

66 Vgl. Röd, Wolfgang, *Die Philosophie der Antike 1. Von Thales bis Demokrit*, 2., überarbeitete u. erweiterte Aufl., München 1988, S. 24; Graeser, Andreas, »Ein Bild von der Welt – die Kosmos-Idee in der frühen Philosophie«, in: *Universitas*, 41/1986, S. 33–43.

67 Aristoteles, *Metaphysik* 985b-987a; Iamblichos, *Pythagoras. Legende, Lehre, Lebensgestaltung.* Michael von Albrecht (Hrsg.), 2. Aufl., Darmstadt 1985. Vgl. Roche, W. J., »Measure, Number and Weight in Saint Augustine«, in: *The New Scholasticism*, 15/1941, S. 350–376; Röd, *Die Philosophie der Antike*, S. 53–80.

68 Vgl. Röd, *Die Philosophie der Antike*, S. 157–173.

69 Vgl. Graeser, Andreas, *Die Philosophie der Antike 2. Sophistik und Sokratik, Plato und Aristoteles*, München 1983, S. 124–191, hier S. 146–150; Böhme/Böhme, *Feuer, Wasser, Erde, Luft*, S. 100–111.

70 Vgl. Quintilian, *Institutio Oratoria* XI 2, 18–19.

nisbild und Erinnerungsgegenstand unabdingbar,[71] da nur diese die Bindung des Gedächtnisbildes an die Information garantierte, die memoriert werden sollte. Auch dieses Kriterium der Korrelation ist im Fall der Kosmogramme gegeben. Der kosmologische *ordo*-Gedanke, von dem zuvor die Rede war, verwirklichte sich im Mittelalter im Begriff der Zahl,[72] genauer gesagt in der Zahl Vier, und diese Vierzahl der Elemente,[73] der Jahreszeiten, der Himmels- und Windrichtungen machte jene Quaternitäten aus, mit denen der Mensch die ihn umgebende Welt zu begreifen suchte.[74] Die Zahl Vier wurde so zur numerischen Objektivierung der raumzeitlichen Struktur der Welt, die Viererordnung zur Matrix des christlichen Weltbildes.[75] Diese für den Aufbau und die Struktur der Welt konstitutive Zahl war allerdings ein Abstraktum, das als Gegenbegriff des unmittelbar Erlebten, Angeschauten und Wahrgenommenen – kurzum als Gegenbegriff des Konkreten – in ganz besonderem Maße nach Anschaulichkeit verlangte. Eben diese Anschaulichkeit leistete das Quadrat, das in seiner vereinzelt durch Tituli oder Bildinschriften ausgewiesenen Funktion als Weltsymbol[76] oder geometrisches Korrelat der

---

71 Vgl. Eco, Umberto, *Die Grenzen der Interpretation*, München, Wien 1992, S. 85–96.

72 Vgl. Haubrichs, Wolfgang, *Ordo als Form. Strukturstudien zur Zahlenkomposition bei Otfried von Weißenburg und in karolingischer Literatur*, Tübingen 1969, S. 5.

73 Vgl. Frey, Gerhard/Beer, Ellen Judith/Wirth, Karl-August, »Elemente«, in: Ernst Gall/L. H. Heydenreich (Hrsg.), *Reallexikon der Deutschen Kunstgeschichte*, Bd. 4, Stuttgart 1958, Sp. 1256–1288; Nilgen, Ursula, »Elemente, vier«, in: Engelbert Kirschbaum (Hrsg.), *Lexikon der Christlichen Ikonographie*, Freiburg im Breisgau 1994, Bd. 1, Sp. 600–606; Simek, Rudolf, *Erde und Kosmos im Mittelalter. Das Weltbild vor Kolumbus*, München 1992, S. 124–140; Böhme/Böhme, *Feuer, Wasser, Erde, Luft.*

74 Vgl. Schöner, Erich, *Das Viererschema in der antiken Humoralpathologie*, Wiesbaden 1964.

75 Vgl. Kemp, Wolfgang, »Mittelalterliche Bildsysteme«, in: *Marburger Jahrbuch für Kunstwissenschaft*, 22/1989, S. 121–134, hier S. 123.

76 So sind beispielsweise in den Diagonalachsen einer aus vier Haupt- und acht Nebenwinden bestehenden Windrosendarstellung aus einer im 9. Jahrhundert entstandenen Kopie der *Libri Etymologiarum* des Isidor von Sevilla (Laon, Bibliothèque Municipale, Ms. 422, fol. 5v) die Begriffe *MUNDUS* und *KOSMOS* zu lesen. Diese beziehen sich unmittelbar auf zwei nach dem Prinzip der Quadratur aufeinander bezogene Quadrate im Zentrum der Komposition, zwischen denen ein drittes Quadrat vermittelt, das durch die bewusst um 45 Grad geneigten Fußstellungen der Personifikationen der vier Hauptwinde gebildet wird. Vgl. Raff, Thomas, »Die Ikonographie der mittelalterlichen Windpersonifikationen«, in: *Aachener Kunstblätter*, 48/1978–79, S. 71–218, hier S. 147–148, Abb. 114; Maurmann, Barbara, *Die Himmelsrichtungen im Weltbild des Mittelalters. Hildegard von Bingen, Honorius Augustodunensis und andere Autoren*, München 1976; Obrist, Barbara, »Wind Diagrams and medieval Cosmology«, in: *Speculum*, 72/1997, 1, S. 33–84.

Vierzahl[77] zum Grundbaustein zahlloser geometrischer Bild- und Begriffsschemata kosmologischer Ausrichtung wurde. Ganz ähnlich verhält es sich mit dem Kreis. Denn auch wenn dieser zwar kein direktes numerisches Komplementär besitzt, so ist der kosmologische Verweischarakter der *figura perfectissima* im Kontext der Kosmogramme doch ebenso evident. Von alters her Symbol göttlicher Weltordnung, war die endlose, in sich geschlossene Kreislinie in besonderem Maße dazu geeignet, die zyklischen Abläufe im Jahreskreis zu veranschaulichen. Die geometrische Abstraktion war also einer der Wege der Arbeit an der Welterfahrung. Die unabdingbare Korrelation zwischen Gedächtnisbild und Gedächtnisgegenstand war im Falle der hier diskutierten Kosmogramme somit eine geometrische.

Aufgrund ihres Text substituierenden Charakters, ihres ontologischen Status, der perzeptiven Eindringlichkeit ihrer elementargeometrischen Formen und ihrer eindeutigen mnemotechnischen Korrelation wird man jene aus Kreis und Quadrat zusammengesetzten Kosmogramme mithin als Gedächtnisbilder im Sinne der *ars memorativa* betrachten müssen; kosmologische Erinnerung funktionierte als *memoria more geometrico.* Um den memorativen Implikationen dieser Diagramme allerdings in ihrer ganzen Tragweite gerecht zu werden, ist unbedingt zu berücksichtigen, dass sich diese, ungeachtet der antiken kosmologischen Vorstellungen, die sie rezipieren, nicht weniger auf Gottes *creatio mundi* beziehen; das führt beispielsweise fol. 1 einer heute in Wien aufbewahrten Bible moralisée besonders eindringlich vor Augen.[78]

In dieser bekannten Miniatur tritt Gott, dem platonischen Demiurgen ähnlich,[79] in Gestalt des *deus artifex*, des schaffenden Künstlers und Weltbaumeisters, auf.[80] Laut Text über der oberen Rahmenleiste der Seite (»Ice

---

77 Vgl. Holländer, Hans, »(55.) Zeichenkonzeptionen in der Architektur und bildenden Kunst des lateinischen Mittelalters«, in: Roland Posner u. a. (Hrsg.), *Semiotik. Ein Handbuch zu den zeichentheoretischen Grundlagen von Natur und Kultur*, 1. Teilband, Berlin, New York 1997, S. 1065–1094, hier S. 1089; Haubrichs, *Ordo als Form*, S. 34.

78 Gottvater als Architekt, Bible moralisée, Malerei auf Pergament, 34,4 × 26 cm, Champagne (Reims?), Mitte des 13. Jahrhunderts, Österreichische Nationalbibliothek, Cod. 2554, fol. 1. Vgl. Lowden, John, *The Making of the Bibles Moralisées*, Bd. 1, *The Manuscripts*, Pennsylvania 2000, S. 11–54.

79 Vgl. Gatzemeier, Matthias, »Demiurg«, in: Jürgen Mittelstraß (Hrsg.), *Enzyklopädie Philosophie und Wissenschaftstheorie*, Bd. 2, 2, neu bearbeitete und wesentlich ergänzte Aufl., Stuttgart, Weimar 2005, S. 150.

80 Vgl. Gaus, Joachim, »Weltbaumeister und Architekt. Zur Ikonographie des mittelalterlichen Baumeisterbildes und seiner Wirkungsgeschichte«, in: Günther Binding (Hrsg.), *Beiträge über Bauführung und Baufinanzierung im Mittelalter*, Köln 1974,

crie dex ciel et terre, soleil et lune et toz elemenz«) ist Gottvater im Begriff, Himmel und Erde, Sonne und Mond sowie alle Elemente zu erschaffen.[81] Die Geste seiner Linken soll dabei auf einen Vers aus dem Buch der Sprüche verweisen,[82] jedoch vermittelt sie nicht weniger den Eindruck, als ob der Schöpfer die Welt kraftvoll in Drehung versetzen wolle. Der Zirkel, das klassische Attribut des Architekten,[83] mit dem Gottvater die Begrenztheit und Geschlossenheit seiner *creatio ex nihilo* festlegt und letztlich Geometrie betreibt, lässt jedenfalls keinen Zweifel daran, dass die Kosmogramme jene Geometrie als Referenzpunkt besitzen, die Gott betrieben hatte, als er die Welt – wie es im Buch der Weisheit[84] heißt – nach Maß, Zahl und Gewicht schuf.[85] Der planvollen, göttlichen Konstruktion der Welt im Sechstagewerk der Genesis steht somit die menschliche Rekonstruktion der Welt in Form geometrischer Kosmogramme unmittelbar gegenüber. Sie sind kompensierende Selbstermächtigungsversuche des menschlichen Geistes, dem Wissen über die göttlichen Baugesetze der Welt auf die Spur zu kommen – einem Wissen, das der Mensch, der christlichen Sündenfalllehre entsprechend, mit seiner Auflehnung gegen das Gesetz Gottes im Paradies verlo-

---

S. 38–67; Kris, Ernst/Kurz, Otto, *Die Legende vom Künstler. Ein geschichtlicher Versuch.* Mit einem Vorwort von Ernst H. Gombrich, Frankfurt am Main 1980, S. 64–86; Tummers, Paul M., »Geometry and Theology in the 13th Century«, in: *Vivarium*, 18/1980, S. 112–142; Ohly, Friedrich, »Deus Geometra. Skizzen zur Geschichte einer Vorstellung von Gott«, in: Norbert Kamp/Joachim Wollasch (Hrsg.), Tradition als historische Kraft. Interdisziplinäre Forschungen zur Geschichte des frühen Mittelalters., Berlin, New York 1982, S. 1–42; Bogen, Steffen, »Gott/Künstler«, in: Ulrich Pfisterer (Hrsg.), *Metzler Lexikon Kunstwissenschaft. Ideen, Methoden, Begriffe*, Stuttgart 2003, S. 129–132.

81 Vgl. Gen 1, 1–2, 6, 8 und 16.

82 Vgl. »… quando praeparabat caelos aderam quando certa lege et gyro vallabat abyssos …« Spr 8, 27.

83 Vgl. Severin, Ingrid, *Baumeister und Architekten. Studien zur Darstellung eines Berufsstandes in Porträt und Bildnis*, Berlin 1992, S. 84–91; Göricke, Jutta, »Greifbare Vernunft: Zur Ikonographie mathematischer Instrumente«, in: Hans Holländer (Hrsg.), *Erfindung, Erkenntnis, Konstruktion. Studien zur Bildgeschichte von Naturwissenschaften und Technik vom 16. bis zum 19. Jahrhundert*, Berlin 2000, S. 255–295, hier S. 278–288.

84 »Omnia in mensura, et numero, et pondere disposuisti«. Weish 11, 20.

85 Vgl. Bober, Harry, »In Principio. Creation before Time«, in: Millard Meiss (Hrsg.), *De Artibus Opuscula XL. Essays in Honor of Erwin Panofsky*, Vol. 1. New York 1961, S. 13–28; Zahlten, Johannes, *Creatio mundi. Darstellungen der sechs Schöpfungstage und naturwissenschaftliches Weltbild im Mittelalter*, Stuttgart 1979; Reudenbach, Bruno, »Wie Gott anfängt. Der Genesis-Beginn als Formgelegenheit«, in: Steffen Bogen (Hrsg.), *Bilder, Räume, Betrachter*, Berlin 2006, S. 16–33.

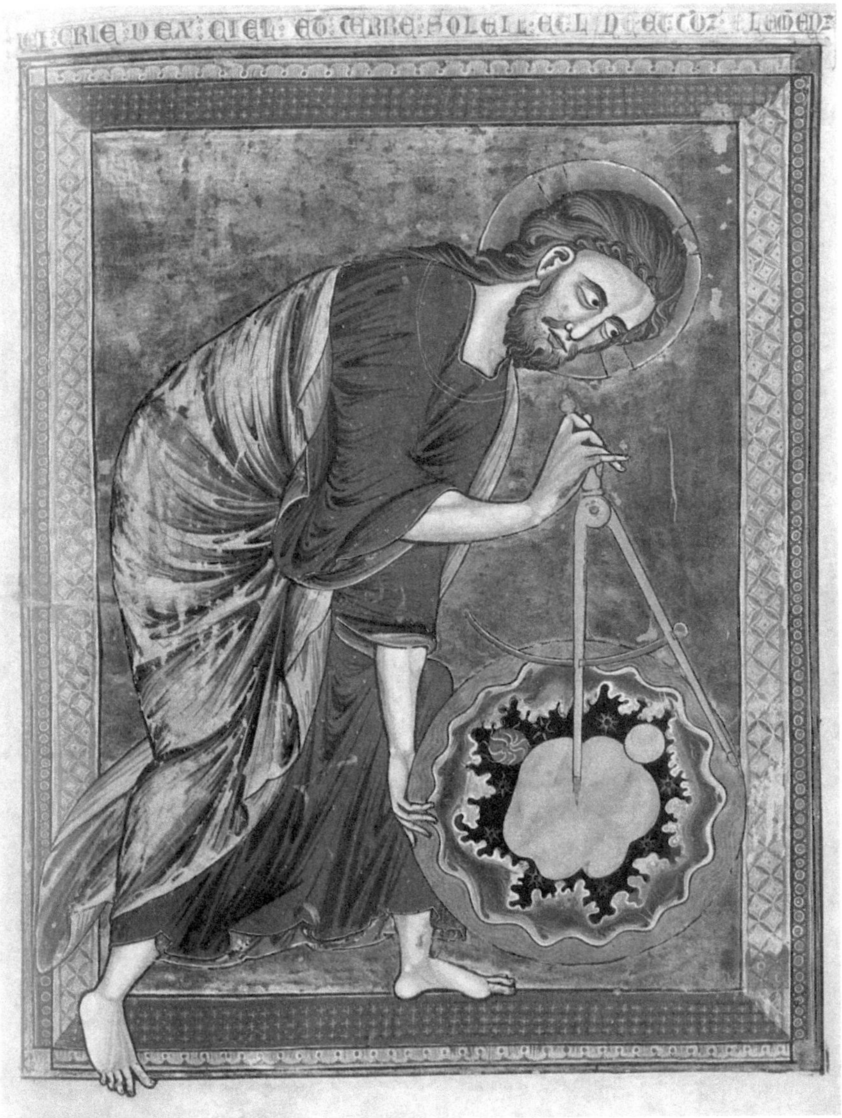

Abb. 4: Gottvater als Architekt, Bible moralisée, um 1250, Wien, Österreichische Nationalbibliothek, Cod. 2554, fol. 1

ren hatte,[86] an das er sich allerdings mit Hilfe jener Diagramme wieder erinnern konnte. Wichtigstes Mittel im Rahmen dieses sukzessiv vollzogenen Wiedererinnerungsprozesses war die geometrische Struktur, denn wie schon Augustinus in *De ordine* darlegte, besaß die Geometrie eine anagogische Funktion, die darin bestand, den menschlichen Geist aus der Erscheinungswelt zur Anschauung der göttlichen Ordnung empor zu führen.[87] Das Bestreben des Menschen, durch Wissenschaft seinen durch den Sündenfall hervorgerufenen *status corruptionis* wieder weitestgehend in den ursprünglichen paradiesischen *status innocentiae et integritatis* zu überführen, dürfte somit ein Komplementär in jener *integritas* besitzen, wie sie in der symmetrischen Vollkommenheit der elementargeometrischen Figuren Kreis und Quadrat nicht besser hätte veranschaulicht werden können;[88] im Zeichen von Kreis und Quadrat vollzog sich die Neuschöpfung jener Weltordnung, die mit dem Sündenfall verletzt worden war.

Ebenso wichtig war in diesem Zusammenhang die panoramatische kosmische Überschau aus der Distanz, die jene konzentrischen Kosmogramme gewährten und die das 12. Jahrhundert *contuitus* nannte.[89] Verglichen mit der souveränen Bewegung eines freien Vogelfluges, der den *ordo* der Dinge erkennbar werden lässt und sich von einer additiv fortschreitenden Erkenntnisform absetzt, die die unbegrenzte Zahl (*infinitus numerus*) der Weltdinge

---

86 Vgl. Schreiner, Klaus, »Si homo non pecasset ... Der Sündenfall Adams und Evas in seiner Bedeutung für die soziale, seelische und körperliche Verfasstheit des Menschen«, in: Klaus Schreiner/Norbert Schnitzler (Hrsg.), *Gepeinigt, begehrt, vergessen. Symbolik und Sozialbezug des Körpers im späten Mittelalter und in der frühen Neuzeit*, München 1992, S. 41–84; Ders., »Das verlorene Paradies – Der Sündenfall in Deutungen der Neuzeit«, in: Richard van Dülmen (Hrsg.), *Erfindung des Menschen. Schöpfungsträume und Körperbilder 1500–2000*, Wien u. a. 1998, S. 43–71. Gormans, Andreas, »Visus perfectus – oder die Kunst, den Sündenfall vergessen zu machen«, in: David Ganz/Thomas Lentes, *Sehen und Sakralität in der Vormoderne* (=*KultBild*, Bd. 4: *Visualität und Religion in der Vormoderne*), Berlin 2011, S. 240–265.

87 Augustinus, *De ordine* 239ff. Migne, *Patrologia Latina* 32, 1013ff.; Augustinus, *Retractiones* 1, 2. Migne, *Patrologia Latina* 32, 600.

88 Vgl. Leinkauf, Thomas, »Scientia universalis, memoria und status corruptionis. Überlegungen zu philosophischen und theologischen Implikationen der Universalwissenschaft sowie zum Verhältnis von Universalwissenschaft und Theorie des Gedächtnisses«, in: Jörg Jochen Berns/Wolfgang Neuber (Hrsg.), *Ars memorativa. Zur kulturgeschichtlichen Bedeutung der Gedächtniskunst 1400–1750*, Tübingen 1993, S. 1–34.

89 Vgl. Meier, Christel, »Malerei des Unsichtbaren. Über den Zusammenhang von Erkenntnistheorie und Bildstruktur im Mittelalter«, in: Wolfgang Harms (Hrsg.), *Text und Bild, Bild und Text.* DFG-Symposion 1988, Stuttgart 1990, S. 35–65, hier S. 39–45.

als *confusio* erfährt, sollte diese Ideenschau, der ein sukzessiver Aufstieg, ein *ascensus*, vorausgegangen war, zur höchsten göttlichen Erkenntnis führen. So ist es letztlich nur konsequent, wenn sich bezeichnenderweise Gott selbst am Abend des sechsten Schöpfungstages, zudem unmittelbar vor dem Sündenfall, eine solche Schau darbot. Denn was fast immer übersehen wird, ist, dass der *creator mundi* nach mehreren partiellen Blicken auf einzelne Bauabschnitte seines Werkes schließlich noch einmal auf alles das schaute, was er zuvor geschaffen hatte – »*viditque Deus cuncta quae fecit* [...]«.[90] Im Blick auf jene Kosmogramme sieht der Mensch also gewissermaßen mit dem Auge Gottes; die bildunterstützte Erinnerung an das durch den Sündenfall verlorene Wissen um die Beschaffenheit und Struktur der Welt findet in Form einer Angleichung des menschlichen Blickes an den göttlichen statt.[91]

Wird man in diesen Darstellungen den Ausgangspunkt für jenen Erkenntnisgewinn annehmen dürfen, den man sich bis heute davon verspricht, wenn man sich einen buchstäblichen Überblick von etwas verschafft, so scheinen die synoptischen Kosmogramme elementargeometrischer Bauart letztlich eine ungebrochene Wirkungsgeschichte zu besitzen.

Schaut man auf eines der zahlreichen Diagramme aus dem *Liber de generatione* des französischen Humanisten Carolus Bovillus von 1511[92] oder etwa auf eine diagrammatische Darstellung der 1532 erschienenen *Protomathesis* des Professors für Mathematik am neu gegründeten Collège de France, Oronce Finé,[93] oder auch auf die logische Demonstrationsfigur, die Gottfried Wilhem Leibniz seiner 1666 erschienenen *Dissertatio de arte combinatoria* vorangestellt

---

90 Gen 1, 31.

91 Vgl. Schulze, Wilhelm August, »Das Auge Gottes«, in: *Zeitschrift für Kirchengeschichte*, 68/1957, 4, VI, S. 149–152; Schleusener-Eichholz, Gudrun, *Das Auge im Mittelalter*, Bd. 2, München 1985, S. 1076–1110; Schmidt-Burkhardt, Astrit, *Sehende Bilder. Die Geschichte des Augenmotivs seit dem 19. Jahrhundert*, Berlin 1992, S. 13–18.

92 Bovillus, Carolus, *Liber de generatione*, Paris 1511, fol. 112. Vgl. Heninger, Simeon K., *The cosmographical Glass. Renaissance Diagrams of the Universe*, San Marino, California 1977, S. 104; Gerl, Hanna-Barbara, *Einführung in die Philosophie der Renaissance*, Darmstadt 1989, S. 170–180; Schuster, Peter-Klaus, *Melencolia I. Dürers Denkbild*, Bd. 1, *Text*, Berlin 1991, S. 307–322; Albertini, Tamara, »Die geometrische Darstellung der vollkommenen Erkenntnis in der Philosophie von Charles de Bovelles«, in: Dies. (Hrsg.), *Verum et Factum. Beiträge zur Geistesgeschichte und Philosophie der Renaissance zum 60. Geburtstag von Stephan Otto*, Frankfurt am Main u. a. 1993, S. 421–436.

93 Finé, Oronce, *Protomathesis*, Paris 1532. Vgl. Heninger, *The cosmographical Glass*, S. 107.

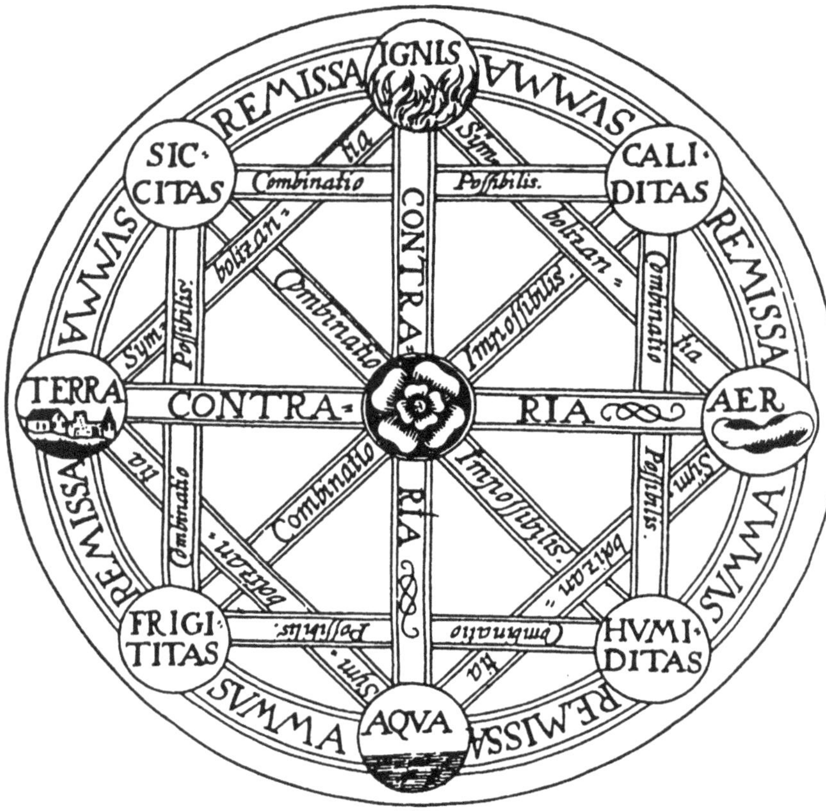

Abb. 5: Logische Demonstrationsfigur, Gottfried Wilhelm Leibniz, *Dissertatio de arte combinatoria*, Leipzig 1666

hat,[94] so könnte man dieser Ansicht zunächst zustimmen, folgen doch alle drei Darstellungen unabhängig von ihrer jeweiligen individuellen Kontextualisierung streng genommen noch immer dem bekannten Schema der eingangs zitierten karolingischen astronomisch-komputistischen Handschrift. Doch spätestens mit Beginn des 18. Jahrhunderts setzt der Verfall dieser lange Zeit bewährten, aus Kreis und Quadrat konzipierten Kosmogramme panoramatisch-synoptischer Bauart ein. Das dürfte maßgeblich damit zusammenhängen, dass sich diese Diagramme wie erwähnt niemals auf die Welt selbst, son-

---

[94] Leibniz, Gottfried Wilhelm, »De arte combinatoria«, in: Ders., *Philosophische Schriften*. Bd. 1, *1663–1672*, Preussische Akademie der Wissenschaften (Hrsg.), Darmstadt 1930, S. 163–230.

dern immer nur auf die Vorstellungen, die man von ihr hatte, bezogen haben. Folglich mussten sie auf den Wandel dieser Vorstellungen, und damit auch auf gravierende Demontagen überholter Weltbilder, reagieren, und eine der folgenreichsten war sicherlich die durch Nicolaus von Kues,[95] Giordano Bruno[96] und René Descartes[97] vorbereitete Vorstellung von der Unendlichkeit der Welt, die in Isaac Newtons Postulat vom unendlichen, homogenen und isotropen Raum kulminierte.[98] Hinzu kamen entsprechende Teildemontagen, die die konkreten Inhalte der Baugesetze der Welt betrafen, so beispielsweise auch die Vorstellung von der Vier-Elemente-Lehre. Denn angesichts der Erfahrung, dass sich die Wirklichkeit immer viel reicher erweise als die kühnste und phantasiereichste Spekulation – so resümierte Hermann von Helmholtz 1869 über das Ziel und die Fortschritte der Naturwissenschaft –, traten an die Stelle der vier altehrwürdigen metaphysischen Elemente, Feuer, Wasser, Luft und Erde die später bis auf die Zahl 65 vermehrten Elemente der neueren Chemie.[99] Spätestens mit diesem Wandel verlor die *divina quaternitas*, jene über Jahrhunderte unangreifbare Vierzahl, ihre Bedeutung;[100] mit dem Bedeutungsverlust der Vierzahl verschwanden die kompatiblen kosmologischen Quaternitäten, mit den Quaternitäten schließlich die Quadrate und die aus ihnen gebildeten geometrischen Kosmogramme. Die buchstäbliche Sprengung des geographischen Weltbildes,[101] gewandelte Raumvorstellungen, vor allem aber das exponentielle Wachstum neuer, zeitgemäßer, Kosmos systemati-

---

95 Vgl. Gosztonyi, Alexander, *Der Raum. Geschichte seiner Probleme in Philosophie und Wissenschaft*, 2 Bde., Freiburg, München 1976, Bd. 1, S. 202–204; Koyré, Alexandre, *Von der geschlossenen Welt zum unendlichen Universum*, Frankfurt am Main 1980, S. 15–35; Otto, Stephan, »Nikolaus von Kues«, in: Otfried Höffe (Hrsg.), *Klassiker der Philosophie,* Bd. 1, *Von den Vorsokratikern bis David Hume*, 2. Aufl., München 1985, S. 245–261, hier S. 252–254.

96 Gosztonyi, *Der Raum*, S. 209–211; Koyré, *Von der geschlossenen Welt*, S. 36–62; Böhme, Hartmut, »Giordano Bruno«, in: Ders. (Hrsg.), *Klassiker der Naturphilosophie. Von den Vorsokratikern bis zur Kopenhagener Schule*, München 1989, S. 117–135; Bruno, Giordano, *Über das Unendliche, das Universum und die Welten.* Christiane Schultz (Hrsg.), Stuttgart 1994.

97 Vgl. Gosztonyi, *Der Raum*, S. 237–255; Koyré, *Von der geschlossenen Welt*, S. 87–104.

98 Vgl. Gosztonyi, *Der Raum*, S. 329–354; Koyré, *Von der geschlossenen Welt*, S. 144–172, 186–245; Kutschmann, Werner, »Isaac Newton«, in: Böhme (Hrsg.), *Klassiker der Naturphilosophie*, S. 171–186.

99 Helmholtz, Hermann von, *Ueber das Ziel und die Fortschritte der Naturwissenschaft. Eröffnungsrede für die Naturforscherversammlung zu Innsbruck 1869*, Braunschweig 1964 (unpag.).

100 Vgl. Esmeijer, Anna C., *Divina Quaternitas. A Preliminary Study in the Method and Application of Visual Exegesis*, Amsterdam 1978.

101 Vgl. Simek, *Erde und Kosmos im Mittelalter*, S. 145; Holländer, *Weltall, Weltbild*, Sp. 499.

sierender und klassifizierender Begriffe und Kategorien[102] mussten somit zwangsläufig zur Ablösung eines inzwischen überholten Darstellungsverfahrens führen, das noch immer auf die raum-zeitliche Endlichkeit des Kosmos fixiert war und auf die Zählbarkeit der die Welt konstituierenden Dinge vertraute.

Wenngleich man die Wahrheit also fortan nicht mehr hinter sich, sondern vor sich suchte,[103] indem man nicht länger antikes Wissen rememorierte und rezipierte, sondern sich auf eine kritisch reflektierte Vernunft besann, hielt man an der Vorstellung von der Möglichkeit einer mathematischen Beschreibbarkeit der Welt fest; nach wie vor hatte die unangefochtene Autorität der Mathematik für die »Wahrheit« einzustehen. Wenn Galileo Galilei im Jahre 1623 in seiner Schrift *Il saggiatore* im Sinne einer Mathematisierbarkeit der Natur die These aufstellte, dass die Philosophie in dem großen, vor unseren Augen offen liegenden Buch, dem Universum, in der Sprache der Mathematik, in Dreiecken, Kreisen und anderen geometrischen Figuren geschrieben sei,[104] dann hatte das mit konkreten geometrischen Konfigurationen, wie sie zuvor diskutiert worden sind, nichts mehr zu tun, war diese Sentenz doch nur eine Metapher für das programmatische Festhalten und die Richtigkeit einer Methode, die mehr denn je die mathematische sein sollte. Diese hatte sich längst auf die mathematisch-geometrische Beschreibung (*descriptio*) der Vorgänge in der Natur und die Formulierung allgemeingültiger mathematischer Gesetzmäßigkeiten fokussiert. Für das aus Kreis und Quadrat konzipierte konzentrische Begriffsschema kosmologischen Inhalts bedeutete diese Entwicklung jedoch das Ende.

Was von den Kosmogrammen elementargeometrischer Bauart Mitte des 18. Jahrhunderts noch übrig geblieben war, war allein die Erinnerung an den panoramatisch-synoptischen Blick, den sie auf die Summe zählbarer Parameter gewährten. Mustergültig repräsentiert in einer Land-, vor allem aber Weltkarte, wurde diese Bildform zur wichtigen Metapher für die neue Thesaurierungsform der Enzyklopädie.[105] So sah etwa Jean Le Rond d'Alembert

---

[102] Vgl. Foucault, Michel, *Die Ordnung der Dinge. Eine Archäologie der Humanwissenschaften*, 13. Aufl., Frankfurt am Main 1995.

[103] Vgl. Weinrich, Harald, *Lethe. Kunst und Kritik des Vergessens*, München 1997, S. 264.

[104] Vgl. Gloy, Karen, *Das Verständnis der Natur.* Bd. 1, *Die Geschichte des wissenschaftlichen Denkens*, München 1995, S. 154–157, 308, Anm. 42.

[105] Vgl. Gormans, Andreas, »Ein eurozentrischer Blick auf die Welt, die Lust an der Malerei und die Macht der Erinnerung. Die Erdteilbilder Jan van Kessels in der Alten Pinakothek, München«, in: Frank Büttner/Gabriele Wimböck (Hrsg.), *Das Bild als Autorität. Die normierende Kraft des Bildes*, Münster 2004, S. 363–400, bes. S. 391–393.

1751 die Vorzüge einer als Weltkarte (*mappemonde*) verstandenen Enzyklopädie in der Gleichzeitigkeit der Übersicht und der Veranschaulichung der Verbindungen der Wissenschaften untereinander, wodurch einem unüberschaubaren Labyrinth (*vaste labyrinthe*) ein wohlgeordnetes System entgegengestellt werde. Der Zweck dieser Ordnung, so d'Alembert, bestehe in einer Zusammenstellung auf möglichst kleinem Raum (*le plus petit espace possible*), und der Philosoph, so heißt es weiter, solle gewissermaßen über diesem Labyrinth stehen (*au-dessus de ce vaste labyrinthe*) und von einem höher gelegenen und zugleich überlegenen Standpunkt aus gleichzeitig die wichtigsten Künste und Wissenschaften erfassen können (*dans un point de vue fort élevé d'où il puisse apercevoir à la fois les sciences et les arts principaux*). Dabei solle er, so d'Alembert, die Gegenstände mit einem einzigen schnellen Blick übersehen (*voir d'un coup d'œil*), wobei man an eine Art Weltkarte denken könne, auf der die wichtigsten Länder, ihre Lage und Abhängigkeiten voneinander verzeichnet seien (*une espèce de mappemonde qui doit montrer les principaux pays, leur position et leur dépendance mutuelle*).[106]

---

[106] Alembert, Jean Le Rond de, *Einleitung zur Enzyklopädie von 1751*, (dt., frz.), Erich Köhler (Hrsg.), Hamburg 1955, S. 84–87; Dierse, Ulrich, *Enzyklopädie. Zur Geschichte eines philosophischen und wissenschaftstheoretischen Begriffs*, Bonn 1977, S. 54–55.

Bettina Marten (Dresden)

Symmetrie, Parkettierung, Perspektive, Topologie etc.

Affinitäten zwischen Mathematik und bildender Kunst

»Den Kunsthistorikern fehlt oft Kenntnis und Interesse für das, was heute mathematisch relevant ist.«[1] Dieser Satz[2] trifft hart, aber er scheint zuzutreffen. Mathematik und bildende Kunst scheinen auf den ersten Blick zwei unvereinbare Welten zu sein, die nichts miteinander zu tun haben. Zwar sprechen die Kunsthistoriker über Perspektive, den Goldenen Schnitt und Proportionsverhältnisse, wenn wir uns um die Ekphrasis und Analyse eines Kunstwerkes bemühen. Dass diese Hilfsmittel aber auf mathematischen bzw. geometrischen Grundvoraussetzungen beruhen, wird uns allerdings zunächst nicht bewusst. Dabei reagierte die Kunst zu jeder Zeit und in der zeitgenössisch angemessenen Weise unmittelbar auf neue Entdeckungen und Weiterentwicklungen in der Mathematik. Und nicht wenige Künstler können zugleich auch als Mathematiker bezeichnet werden, die der mathematischen Disziplin neue methodische Ansätze lieferten, wie beispielsweise Filippo Brunelleschi (1377–1446), von dem gesagt wird, dass er als einer der Ersten die Lehre der Perspektive auf leider verloren gegangenen Tontäfelchen festgehalten und erläutert habe (s. u.),[3] oder Albrecht Dürer, dessen Tätigkeit als Mathematiker u. a. in die Traktate *Unterweysung der messung [...]*, publiziert in Nürnberg 1525, und *Etliche underricht zu befestigung der Stett, Schlosz und flecken*

---

[1] Scriba, Christoph/Schreiber, Peter, *5000 Jahre Geometrie*, Berlin u. a. 2005, S. 273.

[2] Beide Autoren beziehen diesen Satz auf die »unbewusste Mathematik« – und meinen damit »das in materiellen Objekten ausgedrückte intuitive, nicht in Worte gefasste Wissen um Formen, Sachverhalte und Algorithmen«. Scriba/Schreiber, *Geometrie*, S. 273. Als »unbewusste Mathematik« definieren beide Autoren das intuitive Benutzen von Begriffen, Formen und Verfahren, das sich durch Wissen und Können in Technik, Handwerk und Kunst als materielle Produkte niederschlägt (Scriba/Schreiber, *Geometrie*, S. 3). Bei der im Gegensatz dazu stehenden »bewussten« Mathematik handelt es sich um die durch die axiomatisch-deduktive Methode herbeigeführte Erkenntnissicherung, die von den Griechen begründet wurde.

[3] Kemp, Martin, *The Science of Art – Optical themes in western art from Brunelleschi to Seurat*, New Haven, London 1990, S. 9, S. 344.

von 1527 eingeflossen ist.[4] Einer der von der Kunstgeschichte immer belächelten, von den Mathematikern aber umso ernster genommenen Künstler ist M.C. Escher gewesen, dessen Werk sich in rein mathematischen Kategorien bewegt[5] (s. u.). Doch auch die Mathematik profitierte reziprok von den Künstlern, bewertet man die darstellende Geometrie als »großes Geschenk der Kunst an die Mathematik«.[6] Eines der großen Probleme, die den Zugang bzw. das Verständnis der Kunsthistoriker für Mathematik so schwierig machen, liegt in der spezialisierten Terminologie der Mathematik, die sich im Laufe der Jahrhunderte mit fortschreitenden Erkenntnissen entwickelt hat, sowie in der Einordnung der Teilgebiete in eine Klassifikation, die innerhalb der mathematischen Disziplin ständigen Revisionen unterliegt.[7]

Gleiches mag für Mathematiker gelten, die sich mit Kunstgeschichte beschäftigen, dennoch scheint mir hier der Schritt leichter vonstatten zu gehen, denn die Bildwissenschaften, und darunter wird heute auch die Kunstgeschichte in ihrem weitesten Sinne begriffen, ist sowohl Mittel als auch Anwendungsgebiet für die Visualisierungen mathematischer Ergebnisse und naturwissenschaftlicher Phänomene.[8] Dies geschieht mit den Mitteln der prak-

---

4 Dürer, Albrecht, *Unterweysung der messung mit dem zirckel und richtscheydt in linien, ebenen unnd gantzen corporen*, Nürnberg 1525. In diesem Zusammenhang sei auf eine Tagung des Germanischen Nationalmuseums Nürnberg Ende September 2008 hingewiesen, in deren Zentrum Albrecht Dürer als Mathematiker stand.

5 Coxeter, Harold Scott Macdonald (Hrsg.), *M. C. Escher: art and science*, Amsterdam 1986.

6 Schreiber, Peter, *Mathematik und Kunst*, Ausstellungskatalog, Greifswald 2000, S. 25.

7 Insofern verstehe ich auch diesen Beitrag als Skizze einer Kunsthistorikerin, die sich den mathematischen Phänomenen anzunähern versucht. Auf die Problematik der Klassifikationen bezogen auf das 19. und 20. Jahrhundert weisen Scriba/Schreiber, *Geometrie*, S. 488ff. hin: »Wenn es für das 19. Jh. problematisch war, die Fülle geometrischer Strömungen in einer begrenzten Zahl von Kapiteln zu ordnen, so ist dies für das 20. Jh. in analoger Weise kaum noch möglich […] Nimmt man dann noch zur Kenntnis, dass die analytische (nun wieder) zusammen mit der darstellenden Geometrie eine Untergruppe bildet, dass manche geometrische Arbeiten unter Didaktik, Physik, Logik und Grundlagen, Modelltheorie oder Unterhaltungsmathematik referiert werden und dass einige der so fürsorglich angelegten Fächer nahezu leer sind, während andere überquellen, so zeugt das Ganze von der Kompliziertheit der Mathematik unserer Zeit und von einer gewissen Hilflosigkeit der Urheber dieser Klassifikation gegenüber dem Strom geometrischer Forschung und Aktivität.«

8 Einen Überblick über die Geschichte der wissenschaftlichen Darstellungen bietet z. B. Robin, Harry, *Die wissenschaftliche Illustration – Von der Höhlenmalerei zur Computergraphik*, Basel u. a. 1992; siehe auch das Periodikum *Bildwelten des Wissens*, seit 2003 von Horst Bredekamp, Matthias Bruhn und Gabriele Werner herausgegeben.

tischen/angewandten und der darstellenden Geometrie, weshalb sie nachfolgend auch eher Gegenstand der Betrachtung sein wird als die Arithmetik.

Zur Mathematik gehören die Arithmetik und die Geometrie – die Arithmetik ist die Welt der Zahlen; die Geometrie ist in weitestem Sinn die Welt der Formen und Figuren. Das Wort *Arithmetik* stammt aus dem Griechischen (*arithmetike techne*) und bedeutet so viel wie *zahlenmäßige Kunst*. Es wird im weitesten Sinn als Synonym für Zahlentheorie verstanden. Das Wort *Geometrie* stammt ebenfalls aus dem Griechischen und bedeutet in der wörtlichen Übersetzung *Erdvermessung*. War zunächst die Geometrie mit ihren Operationen jahrhundertelang als Methode der Visualisierung vorherrschend, so gewann seit Beginn des 20. Jahrhunderts mit zunehmender Abstraktion der Bilderwelt die Arithmetik an Bedeutung und wurde beispielsweise zum Gegenstand der so genannten *Konkreten Kunst*.[9]

Der Ursprung der Geometrie lässt sich in der Menschheitsgeschichte weit zurückverfolgen.[10] Mit zunehmender wissenschaftlicher Erfassung ihrer Phänomene wuchs die kulturelle Bedeutung der Geometrie: Die Griechen begannen nach den Ursachen und Erklärungen bestimmter Zusammenhänge in der Geometrie zu fragen. Thales von Milet (ca. 624–548 v. Chr.) war der Erste, der beispielsweise feststellte, dass die Basiswinkel im gleichschenkligen Dreieck gleich sind, und der den Beweis dafür lieferte; er führte den Begriff des Winkels in die Geometrie ein. »Alles hat Form, weil es Zahlen in sich hat« – Pythagoras und seine Schule beschäftigten sich nicht nur mit den Zahlen und ihren Verhältnissen zueinander, sondern betrachteten die Zahlen erstmals als reine Wissenschaft jenseits aller Zweckgebundenheit. Bei Platon (427–ca. 384 v. Chr.), der von der Symmetrie von Kreis und Geraden angetan war, wurde sie Teil eines unabdingbar notwendigen Bildungskanons: Neben der Philosophie als reine Erkenntnis und wahre Wissenschaft, die in seinem Bildungskonzept an oberster Stelle stand, begriff er das tiefere Studium der Geometrie auch als Methode des Lernens, der allgemeinen Schulung des Geistes und des logischen Denkens.

---

[9] Den Begriff *Konkrete Kunst* führte 1920 Theo van Doesburg ein: »Die Bezeichnung soll hervorheben, dass die Gestaltung hier nicht von einem Abstraktionsvorgang ausgeht, sondern Linie, Farbe, Fläche, Raum ohne jede Assoziation als autonome künstlerische Mittel eingesetzt werden. [...] Wir arbeiten mit den Größen der Mathematik und der Wissenschaft, das heißt: mit den Mitteln des Denkens.« Doesburg, Theo van, »Grundbegriffe der neuen gestaltenden Kunst«, in: Hans M. Wingler (Hrsg.), *Neue Bauhausbücher*, Mainz, Berlin 1966, S. 6.

[10] Über die historische Entwicklung der Mathematik grundlegend mit weiteren Literaturhinweisen siehe Gericke, Helmuth, *Mathematik in Antike, Orient und Abendland*, 9. Aufl., Wiesbaden 2005; Scriba/Schreiber, *Geometrie*.

Euklid von Alexandrien (ca. 340–ca. 270 v. Chr.) fasste um ca. 300 v. Chr. die bis dahin bekannten Kenntnisse der Geometrie in seinem Manuskript *Die Elemente* zusammen, das das einflussreichste Mathematikbuch aller Zeiten wurde. Während wir die Rezeption dieses Werkes, die mit den Übersetzungen von Boethius (ca. 480–524 n. Chr.) und dem so genannten Pseudo-Boethius (11. Jahrhundert) begann, über weitere Gelehrte des Mittelalters wie beispielsweise Adelhard von Bath (1120 – Übersetzung aus dem Arabischen in Latein) und Campanus (im 13. Jahrhundert) bis zu Regiomontanus im 15. Jahrhundert inzwischen relativ gut verfolgen können, fehlt bislang die Rezeptionsgeschichte dieses Werkes im Nahen und Fernen Osten und deren Wirkung zurück in den Westen. Zwar wissen wir um die Bedeutung des Mathematikers Alhazen (965–1040) und seiner Lehre von der Optik für die Entwicklung der Perspektive in der Kunst des Westens (s. u.), doch andere arabische Gelehrte wie sein Zeitgenosse Al-Biruni sind bislang in ihrer Bedeutung noch nicht hinreichend erforscht.

Geometrie, d. h. das durch Euklids *Elemente* vermittelte Wissen, gehörte in den mittelalterlichen Bildungskanon der *artes liberales.* Die sieben Fächer der *artes liberales*, eine Art Propädeutikum für das Studium von Medizin, Recht und Theologie, werden seit Boethius in zwei Gruppen geteilt: die drei sprachlichen, auch Trivium (Dreiweg) genannten, sind Grammatik, Rhetorik und Dialektik.[11] Zu den mathematischen werden Geometrie und Arithmetik sowie Astronomie und Musik gezählt; sie bilden das so genannte Quadrivium (Vierweg).[12] Eine außergewöhnliche Darstellung der *artes liberales* als Bildungskonzept im öffentlichen Raum findet sich auf den Archivolten des um 1150 entstandenen rechten Westportals der Kathedrale von Chartres.[13]

---

11 Boethius, Inst. Arith. I,1,7. Boethius wirkte als römischer Gelehrter und Verwaltungsbeamter unter Theoderich dem Großen.

12 Zu dem auf Platon zurückgehenden Bildungskonzept der *artes liberales* und ihrer Einteilung siehe Radke, Gyburg, *Die Theorie der Zahl im Platonismus – ein systematisches Lehrbuch*, Tübingen, Basel 2003, S. 9ff.

13 Die Kathedrale von Chartres spiegelt in ihren Proportionen und Zahlenverhältnissen ein kosmologisches Programm wider, das auf der griechischen Zahlenlehre beruht. Dieses lässt sich bis in die Rosettenfenster hinein verfolgen. Vgl. Klug, Sonja, *Kathedrale des Kosmos*, Kreuzlingen, München 2001; Schröder, Benita von, *Das Mysterium von Chartres*, Stuttgart 1992; Cowen, Painton, *Die Rosenfenster der gotischen Kathedralen*, Freiburg u. a. 1979, S. 122–127. In diesem Zusammenhang sei auf die Untersuchungen des französischen Bauhistorikers Alain Guerreau hingewiesen, der die Größenverhältnisse der Kirchen von Lyon nicht hinsichtlich ihrer exakten, in Metern nachgemessenen Maße betrachtete, sondern vielmehr nach einem Proportionssystem forschte, das aus ganzen Zahlen besteht, die auch in der Bibel eine Rolle spielen. Er traf dabei auf immer wieder dieselben Zahlen, die für

Der Arithmetik wird hier als herausragender Vertreter der genannte Boethius zur Seite gestellt, der Geometrie der genannte Euklid. Als Attribut der Geometrie ist der Zirkel, oft gemeinsam auch mit dem Winkelmaß, zu nennen.

Als Metapher für die Geometrie (was sowohl die ebene Geometrie als auch die körperliche einbezieht) wurde der Zirkel schon sehr früh im *Hortus Deliciarum* der Herrad von Landsberg aus der Zeit um 1181 bis 1185 in der Personifikation der Geometrie angelegt und geht möglicherweise auf das erste vollständig erhaltene Lehrbuch der sieben freien Künste des karthagischen Schriftstellers Martianus Capella, der im 5. Jahrhundert lebte, zurück.[14] Er wird ferner in Bildzusammenhängen dargestellt, in denen er dem Architekten als Instrument dient und mit dem schöpferischen Moment des Bauens in Verbindung gebracht wird, wie einer Federzeichnung aus der Zeit um 1250, heute im Trinity College in Dublin (Sig. E.1.4.0), zu entnehmen ist.[15] Die christliche Ikonographie kennt den Zirkel in seiner zugleich höchsten Form als Werkzeug Gottes: In der Visualisierung von Gott als Baumeister des Kosmos, als Alter der letzten Tage, der die Welt nach Maß, Zahl und Gewicht geordnet hat – »Sed omnia in mensura et numero et pondere disposuit«, wie es in Kapitel 11, Vers 21 des Buches der Weisheit Salomons heißt –, wird er mit einem Zirkel dargestellt, mit dem er den Kosmos und die Erde vermisst. Die Vorstellung vom Gott, dem Weltenschöpfer, als Demiurg und *Deus artifex* ist in Platons *Timaios* angelegt und gelangte über Boethius in die christliche Vorstellung.[16] Mit der im 15. Jahrhundert einsetzenden verstärkten Euklid-Rezeption steht der Zirkel nicht nur als Zeichen für den Be-

---

die Proportionen der einzelnen Bauteile zueinander von Bedeutung waren. Dass sich die Kirchen in ihren tatsächlichen Größen unterscheiden, liegt daran, dass der als Maß zugrunde gelegte römische Pes unterschiedliche Längen hat. Eine Verifizierung dieses Forschungsansatzes steht bislang aus. Guerreau, Alain, »Maß und Zahl in den kirchlichen Gebäuden von Lyon, 4.–14. Jh.«, Vortrag im Rahmen des Kolloquiums *Was zählt. Präsenz und Ordnungsangebote von Zahlen im Mittelalter*, Helmholtz-Zentrum der Humboldt Universität Berlin, 16.–18. November 2006. Die Publikation des Tagungsbandes ist für 2010 angekündigt: Wedell, Moritz (Hrsg.), *Status und Poetik der Zahlen – Ordnungsangebote, Gebrauchsformen und Erfahrungsmodalitäten des numerus im Mittelalter*, Köln u. a.

14 Binding, Günter/Nussbaum, Norbert, *Der mittelalterliche Baubetrieb nördlich der Alpen in zeitgenössischen Darstellungen*, Darmstadt 1978, S. 126.

15 Binding/Nussbaum, *Der mittelalterliche Baubetrieb*, S. 92–93.

16 Bildbeispiele: Titelminiatur der Wiener Bible moralisée aus der ersten Hälfte des 13. Jahrhunderts; Lauber, Debold, Lauber Werkstatt, Bibel AT, Deutsch, Heidelberg-Unibibl. 1441–1449, Cod. Pal. germ. 22, fol. 073r; Henfflin, Ludwig, Henfflin-Werkstatt, Bibel AT, Deutsch, Heidelberg-Unibibl. 1477, Cod. Pal. germ 16, fol. 009v.

ruf des Geometers[17] und als Metapher der Geometrie, Schönheit, Harmonie und Perfektion,[18] sondern zugleich auch als Synonym für die erhaltene Unterweisung in Mathematik und deren Kenntnis, wie verschiedenste Bildbeispiele bis in das 18. Jahrhundert hinein belegen. Der Zirkel war demnach das Instrument eines Mathematikers, eines Geometers, eines Architekten, eines Bildhauers oder Malers, eines Kartographen, eines Ingenieurs im weitesten Sinn, eines Astronomen, eines Gelehrten, ein Instrument, mit dem sich auch Frauen schmückten. Er wird zum Sinnbild einer Mathematik als Schlüssel zur Weltbeherrschung.[19] Die Universalität seiner Einsetzbarkeit bezeugt darüber hinaus den Stellenwert der Mathematik als Wurzel der Kultur.[20] Denn schließlich ist »das Hauptziel der Mathematik […] nicht Anwendung, sondern Schaffung von Kultur«, wie der deutsche Mathematiker Gerhard Frey konstatierte.[21]

---

17 Siehe beispielsweise die Abbildung »Ein Geometer«, in: Ries, Adam, *Rechenbuch auff Linien und Ziphren in allerley Handthierung, Geschäfften und Kaufmannschaft*, Franckfurt 1581, fol. 77v.

18 Ripa, Cesare, *Iconologia overo Descrittione di diverse immagini*, Roma 1603, Reprogr. Nachdruck der Ausgabe Hildesheim u. a. 1970.

19 Wolff, Christian (1679–1754), *Mathematisches Lexicon*, Leipzig 1716, unter dem Stichwort »Mathematica cum Mathesis«: »Da nun alle endlichen Dinge sich ausmessen lassen in allem demjenigen, was sie endliches an sich haben, das ist was sie sind; so ist nichts in der Welt, dabey die Matematik nicht konnte angebracht werden […] so bringet uns die Mathematik zu der vollkommensten Erkenntnis aller möglichen Dinge in der Welt […] so erlangen wir durch die Mathematik die Herrschaft über die Natur«. Zitiert nach Folkerts, Menso/Knobloch, Eberhard/Reich, Karin, *Maß, Zahl und Gewicht: Mathematik als Schlüssel zu Weltverständnis und Weltbeherrschung*, Ausstellungskatalog Herzog August Bibliothek Wolffenbüttel, Weinheim 1989, S. 3. In diesem Zusammenhang ist auf zwei Gemälde von William Blake zu verweisen, die den messenden und Welt erschaffenden Gott mit einem Zirkel zeigen, dem Blake die Gesichtszüge Isaac Newtons verlieh, in Anerkennung der wissenschaftlichen Verdienste des Engländers (Blake, William, *Newton*, 1795, Tate, London; Blake, William, *The Ancient of Days*, aus: *Europe, a prophecy*, 1794, NYPL-Berg Collection.) Siehe Feingold, Mordechai, *The Newtonian Moment. Isaac Newton and the making of modern culture*, New York, Oxford 2004, S. XV, S. 52.

20 Siehe hierzu: Brüning, Jochen/Knobloch, Eberhard (Hrsg.), *Die mathematischen Wurzeln der Kultur. Mathematische Innovationen und ihre kulturellen Folgen*, München 2005. Eine interdisziplinäre Tagung zum Thema *Was zählt. Präsenz und Ordnungsangebote von Zahlen im Mittelalter* am Hermann von Helmholtz-Zentrum für Kulturtechnik an der Humboldt-Universität Berlin im November 2006 thematisierte erstmals das Zahlenwissen des Mittelalters, die Präsenz von Zahlen im Alltag und die Gestaltung des Alltags durch Zahlen in einem weiten Spektrum.

21 *Die Zeit*, 05. 12. 1997, S. 52.

Die folgenden Abschnitte sind einigen der vielen Begriffe gewidmet, die sowohl in der bildenden Kunst als auch in der Mathematik eine Rolle spielen:

I. Symmetrie

Die *Symmetrie* ist einer jener elementaren Begriffe, der in allen Kulturen und zu allen Zeiten ein Charakteristikum für die Beurteilung von Gestaltetem ist. Das Wort stammt aus dem Griechischen und meinte bis in das 19. Jahrhundert hinein Gleich- und Ebenmaß, die harmonische Anordnung mehrerer Teile zueinander, das wiederholte Auftreten derselben Verhältnisse an verschiedenen Teilen z. B. eines Gebäudes oder eines Kunstwerkes. In der heutigen Bedeutung entwickelte sich der Begriff seit dem 19. Jahrhundert zunächst im Zusammenhang mit der Mineralogie und der Kristallographie. Die Darstellung der Kristallpolyeder basierte zunächst auf der Unterscheidung zwischen gleichsinniger Kongruenz und ungleichsinniger Kongruenz, die mittels Punktspiegelungen, Achsen- und Rotationsspiegelungen und Ebenenspiegelungen erreicht wurden.[22] Erst der Leipziger Mathematiker August Ferdinand Möbius (1790–1868) definierte den Symmetriebegriff: »Es gibt aber Figuren, welche sich selbst auf mehr als eine Art gleich und ähnlich sind, und solche Figuren sollen symmetrisch genannt werden.«[23] In der Kunst kennen wir vor allem die Achsensymmetrie, die Punkt- und Drehsymmetrie und die Verschiebungssymmetrie. Symmetrisch können auch dreidimensionale Objekte sein.[24]

II. Perspektive

Die *Perspektive* wird der darstellenden Geometrie zugerechnet, die einem Betrachter eine zweidimensionale (ebene) bildliche Darstellung eines dreidimensionalen (räumlichen) Objekts vermitteln soll. Dies geschieht mit Hilfe der Zentralperspektive (Zentralprojektion) oder der Parallelperspektive (Parallelprojektion). Das Wort *perspectiva* bezeichnete zur Zeit der Erfindung perspektivischen Zeichnens alle Phänomene der Optik, die sich auf den aktiven Prozess des Sehens und der Wahrnehmung bezogen, aber ebenso die

---

22 Scriba/Schreiber, *Geometrie*, S. 447–449.

23 Ebd., S. 448.

24 Krimmel, Bernd (Hrsg.), *Symmetrie in Kunst, Natur und Wissenschaft*, Ausstellungskatalog, 3 Bde., Darmstadt 1986; Lauter, Marlene/Weigand, Hans-Georg (Hrsg.), *Ausgerechnet … Mathematik und Konkrete Kunst*, Ausstellungskatalog, Museum im Kulturspeicher Würzburg, 2007, S. 94–101.

Physiologie des Auges. Sie geht auf die bei Platon formulierte Vorstellung zurück, dass Sehstrahlen aus dem Auge heraustreten, sich mit dem Tageslicht zu einem einzigen Körper verbinden, die anvisierten Gegenstände treffen und deren Aussehen und Bewegungen dem Auge melden. Der arabische Gelehrte Alhazen (965–1040) entwickelte diese Theorie des Sehens um 1028 in dem Traktat *Buch der Sehtheorie* weiter, der unter dem Titel *De Aspectibus* oder *Perspectiva* auf der iberischen Halbinsel um 1200 ins Lateinische übersetzt wurde.[25] Die Idee der Sehstrahlen wurde im 15. Jahrhundert von dem Architekten Leone Battista Alberti (1404–1472) wieder aufgegriffen und verbal formuliert, jedoch nicht visualisiert.[26] Dieses Verdienst wurde Filippo Brunelleschi zugeschrieben; die Tontäfelchen, auf denen er die Sehstrahlen visualisiert haben soll, sind aber leider verloren gegangen, wie sein Biograph Manetti und später auch Giorgio Vasari berichten.[27] Eines der ersten Bilder mit einem perspektivisch korrekt konstruierten, mit geometrischen Mustern versehenen Fußboden ist Domenico Venezianos Altartafel *Die heilige Lucia*, die um 1444 entstand (Florenz, Uffizien). Das Fußbodenmosaik besteht aus einer Reihe gleichseitiger Dreiecke, die teilweise zu Sechsecken zusammengesetzt sind, die der Betrachter als solche jedoch nicht wahrnimmt. Die perspektivische Ansicht dieses Fußbodens geht auf

---

25 Siehe hierzu zuletzt Belting, Hans, *Florenz und Bagdad – Eine westöstliche Geschichte des Blicks*, München 2008, besonders S. 104ff. Ausgangspunkt der Theorie ist die Vorstellung, dass das Auge des Betrachters als Perspektivitätszentrum ein Objekt mit Hilfe von Sehstrahlen = Projektionsstrahlen erfasst und auf einer Bild- oder Projektionsebene abbildet.

26 Alberti führte die Methode der perspektivischen Konstruktion in seinem Traktat *Della Pittura* von 1436 aus, den er Filippo Brunelleschi gewidmet hat. Er verfasste ferner um 1450 die Werke *Descriptio urbis Romae* und *Ludi matematici*, in denen er als neues Messgerät den Theodoliten einführt und die Grundzüge der Triangulation beschreibt. Siehe zusammenfassend Gericke, *Mathematik*, S. 166–173; Kemp, *The Science*.

27 Dieses berichtet Antonio Manetti in seiner 1482/89 entstandenen *Vita di Filippo Brunelleschi preceduta da la novella del Grasso*, Domenico De Robertis/Giovanni Tanturli (Hrsg.), Mailand 1976. Giorgio Vasari bezieht sich in seiner Biographie über Brunelleschi auf die Schilderungen von Manetti, wenn er schreibt: »Attese molto alla prospettiva allora molto in male uso adoperata per molte falsità che vi si facevano. Nella quale perse molto tempo, perfino che egli trovò da sè un modo che ella potesse venir giusta e perfetta, che fu il levarla con la pianta e proffilo e per via della intersegazione, cosa veramente ingegnosissima et utile all' arte del disegno.« Vasari, Giorgio, *Le Vite dé più eccellenti architetti, pittori, et scultori italiani da Cimabue insino á tempi nostri. Nell edizione per i tipi di Lorenzo Torrentino*, Florenz 1550, Luciano Bellosi/Aldo Rossi (Hrsg.), Turin 1991, Bd. 1, S. 279. S. ebd. Anm. 12. S. hierzu u. a. auch Parronchi, Alessandro, »Le due tavole prospettiche del Brunelleschi«, in: *Paragone*, 107/1958, S. 1–32.

ein von Piero della Francesca entwickeltes Verfahren der perspektivischen Verzerrung zurück.[28]

Die Vorstellung von der Existenz eines Sehstrahles veranlasste Albrecht Dürer zur Konstruktion eines Sehstabes, um korrekte perspektivische Darstellungen zu erhalten: Dieser Sehstab wurde zur Fixierung des Augpunktes direkt vor das Auge gehalten. Die zusätzliche Verwendung eines quadratischen Rasters ermöglichte die Übertragung der Bildpunkte auf die Zeichenfläche. Die Anwendungen wurden in den verschiedenen Ausgaben der *Unterweysung* grafisch visualisiert. Die von ihm entwickelte Methode der punktweisen Konstruktion einer Kurve als ebener Schnitt eines geraden Kreiskegels scheint das heutige computergestützte Verfahren des *splining* vorwegzunehmen.[29] Wie Piero della Francesca beschäftigte sich auch Albrecht Dürer mit der perspektivischen Darstellung des menschlichen Körpers, z. B. des Kopfes. Die Verfahren erläuterte er in dem Traktat *Vier Bücher von menschlicher Proportion*, der 1528 veröffentlicht wurde.[30] Zur perspektivischen Konstruktion eines geneigten Kopfes wendete er das Zwei- und Dreitafelverfahren an, auf die später Gaspard Monge (1746–1818) in seiner an Militäringenieure gerichteten Lehre zur Raumdarstellung rekurrieren wird.[31]

Mit einer Synthese der Visualisierung von Sehstrahlen und der in perspektivischer Verkürzung dargestellten menschlichen Körper setzte sich Carlo Urbino aus dem norditalienischen Crema auf den im Codex Huygens versammelten Zeichnungen auseinander.[32] Die Zeichnungen zeigen menschliche Figuren in extremer Untersicht, die geeignet sind, als Bildpersonal die perspektivisch angelegten Scheinarchitekturen des 16. Jahrhunderts zu be-

---

28 Francesca, Piero della, *De prospectiva pingendi*, siehe hierzu Gericke, *Mathematik*, S. 171–173; Kemp, *The Science*, S. 35–37. Geometrische Fußböden eigneten sich in der Malerei fortan besonders hervorragend für perspektivisch aufgebaute Bilder. Die Verzerrungen finden ihren Höhepunkt in den Anamorphosen, z. B. Hans Holbein d. Jüngere, *Die Botschafter* von 1533. Die erste vogelperspektivisch korrekt angelegte Landschaftsdarstellung, eine Ansicht der ewigen Stadt, die die in dem um 1450 durch Leon Battista Alberti verfassten Traktat *Descriptio urbis Romae* beschriebenen Methoden der Perspektive reflektiert, findet sich in einem Manuskript der *Elemente* des Euklid von 1457 in der Bibliothek des Vatikan, Vat. Lat. 2224, fol. 98 recto.

29 Scriba/Schreiber, *Geometrie*, S. 287.

30 Dürer, Albrecht, *Vier Bücher von menschlicher Proportion*, 1528, Reprint Nördlingen 1996.

31 Scriba/Schreiber, *Geometrie*, S. 287, 360–363, 384–388.

32 Siehe Kemp, *The Science*, S. 74–76. Vgl. hierzu auch die Anwendung der Sehstrahlen bei Vignola, Jacopo Barozzi da, *Le Due regole*, dargelegt bei Kemp, *The Science*, S. 79–83.

leben, die seit Mantegnas Rotunde in der Camera degli Sposi im Palazzo Ducale in Mantua vermehrt in Mode kamen und noch den kleinsten Raum zu vergrößern schienen. Andererseits vermochte die Zentralperspektive in der Malerei des 17. Jahrhunderts den weiträumigen Herrschaftsanspruch der absolutistischen Monarchen bildtechnisch umzusetzen. Ergötzten sich im 16. Jahrhundert die Künstler mit wissenschaftlicher Akribie an der Auslotung der darstellerischen Möglichkeiten der korrekten perspektivischen Konstruktion bis hin zu den kuriosen Anamorphosen, widmeten sich manche Künstler später der Aufhebung der Perspektive, wie z. B. William Hogarth in seinem Werk *Perspectival Absurdities*, das 1754 als Frontispiz zu John Joshua Kirbys Perspektivlehre *Dr. Brook Taylor's Method of Perpective Made Easy Both in Theory and Practise*[33] erschien, oder M.C. Escher in vielfachen Variationen, z. B. in der Lithographie *Belvedere* von 1958, die zunächst an eine Pavillon-Architektur aus dem 16. Jahrhundert, z. B. von Vredeman de Vries, gemahnt, um im Zentrum der Darstellung die Gebäudeachse um 90 Grad zu drehen und damit ein unmögliches Bauwerk zu erschaffen.[34]

III. Parkettierung

Parkettierung meint in der Mathematik die lückenlose Ausfüllung einer zweidimensionalen Fläche, zunächst mit regelmäßigen Vielecken, die seit dem 16. Jahrhundert intensiv studiert werden, z. B. bei Kepler, der nicht nur die hexagonale Struktur der Schneeflocke[35] untersuchte, sondern auch Parkettierungen mit regelmäßigen Vielecken, z. B. mit regulären Fünfecken in seinem Werk *Weltharmonik*.[36] Bei René Descartes diente 1656 ein Parkett mit unregelmäßigen Rechtecken zur Visualisierung seines Planetensystems.[37] Eine lückenlose Ausfüllung mit regelmäßigen und paarweise kongruenten (deckungsgleichen) Vielecken, deren Innenwinkel die Summe von 360 Grad ergibt, ist nur mit Drei-, Vier- und Sechsecken möglich, den so genannten

---

33 Hogarth, William, »Perspectival Absurdities«, Frontispiz, in: Kirby, John Joshua, *Dr. Brook Taylor's Method of Perspective Made Easy Both in Theory and Practise*, Ipswich 1754.

34 Wiedemann, Julius (Hrsg.), *M.C. Escher*, Köln 2006, S. 179.

35 Ioannis Kepleri S.C. Maiest. Mathematici *Strena seu De Niue Sexangula*, Frankfurt am Main 1611 (Faksimileausgabe: Kepler, Johannes, *Vom sechseckigen Schnee*, Dresden 2005).

36 Kepler, Johannes, *Weltharmonik*, Übersetzung von M. Caspar, München, Berlin 1939.

37 Descartes, René, *Principia philosophiae*, Amsterdam 1656. Siehe Feingold, *The Newtonian Moment*, S. 26.

platonischen Parketten.[38] Für *archimedische* Parkette wird gefordert, dass alle Vielecke regelmäßig und die Ecken des Parketts paarweise kongruent sein müssen, aber die Vielecke müssen untereinander nicht alle gleich sein. Hier ergeben sich acht Möglichkeiten, die sich aus Drei-, Vier- und Sechsecken in unterschiedlichen Größen zusammensetzen lassen. Es lassen sich aber auch Parkette mit einer Grundfigur in unterschiedlichen Größen bilden, z. B. mit Quadraten. In der jüngeren Vergangenheit haben sich die Mathematiker zum einen auf die lückenlose Füllung eines Raumes konzentriert, z. B. Karl Reinhardt (1895–1941), der 1928 den räumlichen Pflasterstein fand, zum anderen auf diejenigen Pflasterungen, die keine Symmetrien besitzen. Dieses letzten Gebietes hat sich wie kein zweiter der Künstler M.C. Escher angenommen. Bei einer Parkettierung werden die Grundelemente, die *Kacheln* oder *tiles* genannt werden, in vielfacher Reihung aneinander gelegt – wobei auch geometrische Operationen wie Drehung, Spiegelung und Verschiebung eingesetzt werden. Das hängt von den Ausgangsfiguren ab. Das Ergebnis sind mehrheitlich flächige Ornamente. M.C.Escher konstruiert seine Werke mit Hilfe der so genannten *Knabbermethode*, d. h. an einem Grundelement wird ein Teil entfernt und an anderer Stelle so wiedereingesetzt, dass die Teile lückenlos ineinander greifen. Dies gelingt ihm mit ganz schwierigen Formen, z. B. Pferden, aber auch mit zwei Formen, z. B. Pferd und Fisch. Escher fügt diese Kacheln auch in kontinuierlich sich vergrößernden oder verkleinernden Dimensionen aneinander, die eine dreidimensionale Struktur ergeben. Dabei setzt er aber auch Symmetrie erzeugende Operationen ein wie Rotation, Spiegelung, Verschiebung. Auf mathematischem Gebiet erfolgte bereits im Jahr 1936 durch Heinz Vorderberg (1911–ca. 1942) eine Fortentwicklung, indem zwei kongruente geradlinig begrenzte *tiles* A und B ein Loch umfassen, in das zwei weitere dazu kongruente *tiles* C und D hineinpassen. Die sich ergebende Figur ist unter dem Namen *Vorderberg-Doppelspirale* bekannt geworden.[39] Heutzutage lassen sich auch Kristallstrukturen mit Hilfe von Pflastern oder Parketten visualisieren, und die einschlägige Fachliteratur dient Mathematikern und Designern gleichermaßen als Inspirationsquelle.[40] In der Kunst des 20. Jahrhunderts haben sich, abgesehen von

---

38 Bei Parketten mit Vielecken, die mehr als sechs Seiten haben, wird die Summe der Innenwinkel größer, weshalb sie nur an zwei Ecken aneinander stoßen. Dazwischen bleibt immer ein keilförmiger Raum frei. Ein flächenfüllendes Parkett auf der Basis eines Fünfecks gelingt ebenfalls nicht, weil die Innenwinkel je 108 Grad betragen, die Summe also größer als 360 Grad ist.

39 Zum Thema Spiralen in beiden Disziplinen siehe Heitzer, Johanna, »Spiralen in Kunst und Mathematik«, in: Lauter/Weigand, *Ausgerechnet …*, S. 60–67.

40 Grünbaum, Branko/Shepard, Geoffrey C., *Tilings and Patterns*, New York 1987.

M.C. Escher, u. a. Victor Vasarely, die spanische Gruppe Equipo 57, Michael Kidner oder Eva Bauer mit dem Thema der Parkettierung in verschiedenster Weise auseinander gesetzt.[41]

IV. Polyeder

Mathematiker und Kunsthistoriker sehen *Polyeder*, die in der Kunst in vielfachen Variationen immer wieder und zu allen Zeiten dargestellt wurden, von unterschiedlichen Gesichtspunkten aus: Der Kunsthistoriker verbindet mit ihnen die exakte Anwendung perspektivischer Konstruktionen und den dahinter stehenden philosophischen Kontext. Vor allem im 16. Jahrhundert lässt sich mit der Wiederentdeckung der Schriften Platons und der Einführung der Perspektivlehre eine inflationäre Produktion feststellen, die fast einer Manie gleicht, betrachtet man die unzähligen Variationen, die z. B. Wenzel Jamnitzer (1508–1585) fand.[42] Der Mathematiker definiert ein Polyeder (griech. für Vielflächner) als dreidimensional begrenzten Körper, der von endlich vielen ebenen Flächen begrenzt wird, welche miteinander gerade Kanten bilden.[43] Beliebige Polyeder können Durchbohrungen und innere Hohlräume enthalten und brauchen nicht konvex[44] oder symmetrisch zu sein. Doch sind es gerade die symmetrischen Polyeder, die eine große Faszination ausübten, vor allem die platonischen Polyeder, die dadurch definiert sind, dass

> ihre Flächen paarweise kongruente reguläre Flächen (n-Ecken) und ihre Ecken paarweise ununterscheidbar sind. Unter dieser Voraussetzung sind auch die Kanten und Flächen des Körpers paarweise ununterscheidbar. [...] Da jeder Körper wenigstens eine konvexe Ecke haben muss und die Ecken alle gleich sind, müssen alle Ecken eines platonischen Körpers konvex sein, also ist jeder platonische Körper konvex.[45]

Diese strenge Definition erfüllen nur fünf Polyeder, denen jeweils die Elemente zugeordnet wurden: Tetraeder (= Feuer), Hexaeder (= Erde), Oktaeder (= Luft), Ikosaeder (= Wasser) und Dodekaeder (= Universum). Das Dodekaeder wurde als das »schönste« der platonischen Polyeder angesehen, dem die Eigenschaften des Pentagramms innewohnen, u. a. dass zwei sich

---

41 S. Lauter/Weigand, *Ausgerechnet* ..., S. 110–115.

42 Jamnitzer, Wenzel, *Perspectiva corporum regularium* (Nürnberg 1568), Reprint Graz 1973.

43 Definition laut: Schreiber, *Mathematik und Kunst*, S. 14.

44 »Konvex« ist ein Polyeder dann, wenn er mit zwei beliebigen Punkten stets auch ihre Verbindungsstrecke enthält.

45 Definition laut: Schreiber, *Mathematik und Kunst*, S. 14.

schneidende Diagonalen sich im Verhältnis des Goldenen Schnittes teilen.[46] Der Auffassung der Renaissance zufolge besitzen die platonischen Polyeder eine Umkugel, auf der alle Ecken liegen, und eine Inkugel, die alle ihre Flächen von innen berührt. Die von den platonischen Körpern ausgehende metaphysische Faszination trieb nicht nur Kepler an, sein Weltmodell mit ihrer Hilfe zu konstruieren, sondern inspirierte auch in den nachfolgenden Jahrhunderten z. B. Salvador Dalí (z. B. *Laternen*), M.C. Escher (*Dose*, 1963 für das Unternehmen Verblifa) oder Rune Mields (Werkzyklus *Platons Körper*, 2002).

Neben den platonischen Polyedern sind seit der Antike auch die archimedischen Polyeder bekannt. Archimedes nennt 13 halbregelmäßige Polyeder, während es tatsächlich unendlich viele gibt, da jedes Prisma mit regelmäßiger *n*-eckiger Grund- und Deckfläche und quadratischen Seitenflächen ein archimedisches Polyeder ist. Mit perspektivisch exakt konstruierten Polyedern setzte sich Leonardo da Vinci in seinen Illustrationen zu Luca Paciolis *De Divina Proportione*, Venedig 1509, auseinander. Ein erstes kleines Sterndodekaeder, das nach mathematischen Kategorien nicht als konvex, aber als regulär bezeichnet werden kann, schuf bereits Paolo Uccello (1397–1475) um 1420; es wurde um 1425 als großes Sterndodekaeder im Fußbodenmosaik des Eingangsbereiches von San Marco in Venedig ausgeführt und ist von einer Kette umgeben, deren Glieder hexagonale Grundflächen haben. Eine der faszinierendsten Anwendungen archimedischer Polyeder sind die geodätischen Halbkugeln oder *Domes* von Richard Buckminster Fuller (1895–1983).[47]

V. Fibonacci-Zahlen

Bei den *Fibonacci-Zahlen* handelt es sich um eine arithmetische Zahlenfolge, die nach ihrem Entdecker, Leonardo da Pisa, genannt Fibonacci (um 1170–nach 1240), benannt wurde. Es ist eine Reihe natürlicher Zahlen, bei der die beiden ersten Glieder der Folge festgelegt sind: $a_1 = 1$, $a_2 = 1$. Die nachfolgenden Glieder ergeben sich aus der Summe der beiden jeweils vorhergehenden Glieder: 1+1=2; 1+2=3, 2+3=5, 3+5=8, 5+8=13, 8+13=21 usw. Natürlich ist jede andere Zahlenfolge denkbar, die von anderen Festlegungen der ersten beiden Glieder ausgeht. Die Fibonacci-Zahlen erweisen sich insofern als etwas Besonderes, als zwei aufeinander folgende Glieder sich mit wachsender Zahl immer mehr zueinander verhalten wie Major und Minor beim Goldenen Schnitt, d. h., der Quotient zweier aufeinander fol-

---

[46] Siehe Lauter/Weigand, *Ausgerechnet* ..., S. 45.

[47] Zum Beispiel Hays, K. Michael/Miller, Dana A. (Hrsg.): *Buckminster Fuller: Starting with the Universe*, Whitney Museum of American Art, New York 2008.

gender Fibonacci-Zahlen nähert sich dem Goldenen Schnitt. Fibonacci erklärte mit dieser Zahlenfolge die Entwicklung einer Kaninchenpopulation, doch lassen sich darüber hinaus auch strukturelle Zusammenhänge mit dem Wachstum von Pflanzen nachweisen, z. B. in der Struktur eines Tannenzapfens, einer Sonnenblume oder eines Bambus-Sprosses, die sich exponentiell entwickeln, d. h., in einer bestimmten Zeit vergrößert sich beispielsweise ein Blatt immer um denselben Faktor. Damit scheinen die Fibonacci-Zahlen am besten der pythagoräischen Weltformel »Alles hat Form, weil es Zahl in sich hat!« zu entsprechen.

Das bekannteste Beispiel ist die Nautilusschale, deren Struktur der Pseudo-Spirale der Fibonacci-Zahlen gleichgesetzt wird. Hierbei handelt es sich um eine komplexe Darstellungsart der Fibonacci-Zahlen, bei der jeder Fibonacci-Zahl *n* ein Quadrat mit der Seitenlänge *n* zugeordnet wird. Diese Quadrate werden fortlaufend aneinander gezeichnet. Die jeweils frei bleibenden Ecken werden durch Kurven miteinander verbunden und ergeben eine Spirale. Die Fibonacci-Zahlen spielten u. a. eine Rolle bei der Planung der Proportionen der Kuppel des Domes von Florenz, wie der Aufrissplan des Giovanni de Gherardo von 1426 zeigt, in dem die Fibonacci-Zahlen 55, 89 und 144 sowie deren halbierte Werte auftauchen. Auch das Grundrisskonzept des Castel del Monte in Apulien mit seinem in verschiedenen Kantenlängen mehrfach wiederkehrenden Oktogon wurde letztendlich auf Leonardo da Pisa zurückgeführt.[48] Castel del Monte wäre demzufolge die unmittelbar sichtbare Umsetzung der Fibonacci-Folge, was nicht verwunderlich ist, denn Leonardo da Pisa stand in engem Kontakt zu den Gelehrten um den staufischen Bauherrn Friedrich II. und wurde diesem 1225 persönlich vorgestellt. In der Kunst des 20. Jahrhunderts werden die Fibonacci-Zahlen zum Thema: Etwa bei Mario Merz in seinem 1984 entstandenen Werk *M10*, in dem er die ersten zehn Glieder der Fibonacci-Folge aufgreift und den Verlauf der auf der Leinwand gemalten Spiralform in einen Neonröhrenlichtstreifen überführt, der über die Maße des Untergrundes hinausführt, oder in seiner dreiteiligen Igluinstallation *8–5–3*, die die Werte 3 bis 5 der Fibonacci-Folge als Durchmesser der Iglus aufgreift, die Merz in Stein (Zahl 3), Reisig (Zahl 5) und Glas (Zahl 8) ausführt. Die Fibonacci-Zahlen sieht Merz als »mathematische Grundformel von Wachstum und biologischer Fruchtbarkeit unendlich sich fortsetzend in Zeit und Raum«.[49] Oder

---

48 Götze, Heinz, *Castel del Monte. Gestalt und Symbol der Architektur Friedrichs II.*, München 1984.

49 Rüth, Uwe (Hrsg.), *Mario Merz, Peter Wüthrich*, Skulpturenmuseum Glaskasten, Marl 1997, S. 3–4.

Rune Mields in ihren Werken *Evolution: Progression und Symmetrie I* und *Evolution: Progression und Symmetrie II* von 1987, in denen sie eine Folge von Figuren, die auf die Bildung der Fibonacci-Zahlen rekurrieren, längs einer Spiegelachse anordnet.[50]

VI. Progression/Folge

Progression ist ein Synonym für »Folge«. Eine »Folge« ist eine Auflistung oder Aneinanderreihung von Zahlen oder Objekten in einer bestimmten Reihenfolge. Eine arithmetische Folge ist eine Folge von Zahlen, bei der die Differenz d zweier aufeinander folgender Folgenglieder stets gleich ist ($a_k - a_{k-1}=d$, d konstant); eine geometrische Folge ist eine Zahlenfolge, deren feste Zahl q mit einem Folgeglied multipliziert werden muss, um das nächste Folgeglied zu erhalten ($a_{k-1}\cdot q=a_k$, q fest). Progressionen oder Folgen, zu denen auch die Fibonacci-Folge als eine spezielle Variante zu rechnen ist, werden zu einem zentralen Thema in der Konkreten Kunst und hier in vielfältigster Weise aufgegriffen, z. B. bei Richard Paul Lohse, *Fünfzehn systematische Farbreihen mit vertikaler und horizontaler Verdichtung* (1950/57). Entlang eines Achsenkreuzes sind verschiedene Farbfelder angeordnet, die in mathematisch berechneter Weise sich vom Zentrum aus bzw. zum Zentrum hin vergrößern bzw. verkleinern.[51] Ausgangspunkt sind vier gleich große Quadrate in den äußeren Ecken der quadratischen Leinwand, die mit jedem neuen Farbfeld um die Hälfte reduziert in immer engeren Spalten auf das Zentrum zulaufen bzw. vom Zentrum wegstreben. Verena Loewensberg verwandelt in ihrem Gemälde o.T. von 1958 die Zahlen 1 bis 9 bzw. 1 bis 8 in Farbflächen, die sie in zwei horizontal getrennten Bildhälften immer um zwei Zähler versetzt anordnet. Die in einer Grundfarbe und ihren Abstufungen angelegten Farbfelder ergeben ein rhythmisch-bewegtes, harmonisches Gemälde.[52]

VII. Primzahlen

Primzahlen sind natürliche Zahlen größer als 1, die sich nur durch 1 oder sich selber teilen lassen. Schon Euklid erbrachte im 9. Buch der *Elemente* den Beweis, dass es unendlich viele Primzahlen gibt. Eratosthenes von Cyrene beschrieb um 230 v. Chr. eine Methode für das Auffinden von Primzahlen, in-

---

50 Abgebildet in: Lauter/Weigand, *Ausgerechnet* …, S. 124.

51 Abgebildet in: Ebd., S. 123.

52 Über Verena Loewensberg siehe Wismer, Beat u. a., *Verena Loewensberg: 1912–1986*, Ausstellungskatalog, Aargauer Kunsthaus, Aarau 1992.

dem er die ersten Primzahlen unterstrich und ihre Multiplikatoren ermittelte und eliminierte. Zurück blieben jeweils die Primzahlen. Primzahlen lassen sich nicht mit Hilfe einer mathematischen Formel errechnen, auch wenn es immer Ansätze gegeben hat, eine Formel für ihre Berechnung zu finden. Sie entziehen sich daher jeder mathematischen Gesetzmäßigkeit und Ordnung. Ihre Ermittlung erfolgt inzwischen mit Hilfe von Computern.[53] Ein besonderer Fall sind die Zwillingsprimzahlen, d. h. zwei aufeinander folgende Primzahlen, die durch eine gerade Zahl voneinander getrennt sind: 3, 5; 5, 7; 11, 13; 17, 19; 29, 31; usw. Es mag an der Unberechenbarkeit der Primzahlen liegen, dass sie zum Gegenstand künstlerischer Arbeiten werden, wie bei Suzanne Daetwyler, *Primzahlenbild 1–9216* (1996), in dem über einer quadratischen Leinwand, die in imaginäre kleine Kästchen aufgeteilt ist, die Positionen der Primzahlen eingeschrieben sind. Es lassen sich scheinbar willkürliche Diagonalen und Anhäufungen erkennen. Einen Spannungseffekt erzielt die Künstlerin, indem sie die abgestufte monochrome Farbgebung zum Bildzentrum hin immer kräftiger werden lässt.[54] Als weiteres Beispiel sei das Werk *Sanju-Primzahlen* von Rune Mields genannt, in dem sie die Primzahlen in der chinesisch-japanischen Schreibweise darstellt, die dadurch zunächst als kalligraphische Bilder erscheinen, welche erst durch den Titel auf die Umsetzung einer Zahlenfolge in ein archaisches Ziffernsystem, bestehend aus horizontalen und vertikalen Strichen, verweisen. Visualisiert werden hier Zahlenwerte, denn die niedrigen Zahlen ergeben in der Abfolge helle Zonen, hohe Zahlen dunkle Zonen.[55]

VIII. Topologie / Möbius-Band

Die *Topologie*, ein relativ junges Teilgebiet der Geometrie, beschäftigt sich, sehr allgemein formuliert, mit den Eigenschaften von Oberflächen und allgemeinen Formen, ohne sich um das Messen von Längen oder Winkeln zu kümmern. Zwar lassen sich die Wurzeln dieser Disziplin bis zu den Griechen und Euklids *Elementen* zurückverfolgen, doch die eigentlichen Anfänge der Topologie, die sich in die allgemeine oder mengentheoretische Topologie und die kombinatorische (auch algebraische) Topologie unterteilt, gehen auf das 18. Jahrhundert zurück.[56] Einer der Väter der kombinatorischen Topo-

53 Die derzeit größte bekannte Primzahl ist $2^{32\,582\,657}-1$ mit 9 808 358 Ziffern.

54 Abgebildet in: Lauter/Weigand, *Ausgerechnet …*, S. 120.

55 Siehe Teuber, Dirk (Hrsg.), *Rune Mields*, Ausstellungskatalog Stuttgart/Bonn, Baden-Baden 1988; *Rune Mields: Ursprung und Ordnung*, Ausstellungskatalog, Von der Heydt-Museum Wuppertal, Köln 2003.

56 Siehe hierzu Scriba/Schreiber, *Geometrie*, S. 449–460.

logie, der auch erstmals das Wort verwendete, war der Gauß-Schüler Johann Benedict Listing, der 1847 seine *Vorstudien zur Topologie* herausbrachte, denen 1862 der *Census räumlicher Complexe* folgte.[57] Darin ist auf der Illustrationstafel I eines der interessantesten Studienobjekte aus dem Bereich der kombinatorischen Topologie, das Möbius-Band, zu sehen, dem der Künstler Max Bill zahlreiche Skulpturen gewidmet hat: Das Möbius-Band wurde 1858 von dem schon erwähnten August Ferdinand Möbius entdeckt. Es fasziniert, weil aus einem einmal gedrehten und zusammengefügten Band eine einflächige Oberfläche wird, die keine Mitte, keinen Anfang und kein Ende hat. Max Bill hat sich mehrfach mit dem Phänomen auseinander gesetzt, am eindrucksvollsten in der Version, die heute vor dem Gebäude der Deutschen Bank AG in Frankfurt am Main steht.[58] Auch für M.C. Escher ist die endlose Fläche des Möbius-Bandes vielfach Studienobjekt gewesen.[59]

Diese wenigen Beispiele, die sich ausweiten und vertiefen ließen und die durch den Computer noch vermehrt worden sind, verdeutlichen, dass Mathematik und Kunst mehr verbindet, als man gemeinhin glaubt. Die Frage, warum das so ist, beantworten die Mathematiker dahingehend, dass in den beiden Gebieten mit gleichen Kategorien gearbeitet wird: Mit schöpferischem Freiraum sowohl in der Kunst, die jedem Künstler unzweifelhaft als Grundvoraussetzung für seine Arbeit zugesprochen wird, als auch in der Mathematik. Den freien Denkraum in der Mathematik erfochten ursprünglich die Pythagoräer, als sie die Zahlen jenseits ihres Nutzens zu betrachten begannen und die Mathematik damit ihres Anwendungsbezugs enthoben. Zugleich gibt es wie in der Kunst eine ästhetische Komponente. Thomas Weth verwies in seinem Beitrag *Die Schönheit der Mathematik* zur Würzburger Schau *Ausgerechnet … Mathematik und Konkrete Kunst* darauf, dass wir gewohnt sind, Schönheit durch Mathematik (Proportionsverhältnisse, Goldener Schnitt usw.) zu beschreiben, aber dass wir kaum reflektieren, dass es auch eine Schönheit in der Mathematik gibt, die mathematisch nicht Eingeweih-

---

57 Listing, Johann Benedikt, *Vorstudien zur Topologie*, Göttinger Studien, erste Abt., 1847, S. 811–875; Listing, Johann Benedikt, *Census räumlicher Complexe*, Abhandlungen der Königlichen Gesellschaft der Wissenschaften zu Göttingen, 1862, X. Band, S. 97–182.

58 Zu Max Bill siehe u. a. Hüttinger, Eduard (Hrsg.), *Max Bill – Skulpturen, Gemälde, Graphik*, Schirn Kunsthalle Frankfurt 1987; Fischer, Gerd, »Der Koloss von Frankfurt. Die ›Kontinuität‹ von Max Bill«, in: *Mitteilungen der Deutschen Mathematiker-Vereinigung*, 4/1999, S. 22f.; Nickel, Gregor/Rottmann, Michael, »Mathematische Kunst: Max Bill in Stuttgart«, in: *Mitteilungen der Deutschen Mathematiker-Vereinigung*, 14/2006, 3, S. 150–159.

59 Wiedemann, *M.C. Escher*, S. 132–133.

ten jedoch kaum nachvollziehbar ist.[60] Auch die Mathematik arbeitet mit Begriffen wie Eleganz oder Ergriffenheit; nicht selten wurden Auseinandersetzungen z. B. um die Schönheit einer Formel geführt, für die paradigmatisch die Disputationen zwischen Nicolo Tartaglia und Girolamo Cardanus im 16. Jahrhundert um die Lösung einer Gleichung dritten Grades genannt seien. Es ist die Zweckfreiheit der reinen Mathematik und damit der gleiche schöpferisch-freie Akt, der sie mit der Kunst verbindet. In diesem Sinne ist die Mathematik als Geisteswissenschaft zu verorten. Das Grübeln über die Gesetze und die Probleme der Anwendung der Mathematik und der Kunst visualisierte kongenial wie kaum ein anderer Albrecht Dürer in seinem Kupferstich *Melancolia* von 1514.[61]

60 Weth, Thomas, Die Schönheit der Mathematik, in: Lauter/Weigand, *Ausgerechnet …*, S. 68–71.

61 Abgebildet in: Sonnabend, Martin (Hrsg.), *Albrecht Dürer. Die Druckgraphiken im Städel Museum*, Ausstellungskatalog Städel Museum, Frankfurt am Main, Köln 2007, S. 198–199. Hier weitere Literaturhinweise zur Deutung des Stichs. Dem Thema widmete sich auch die Ausstellung »Genau und anders. Mathematik in der Kunst von Dürer bis Sol LeWitt« im Museum Moderner Kunst Stiftung Ludwig Wien vom 29. 02. 2008 bis 18. 05. 2008. Siehe hierzu den Ausstellungskatalog *Genau und anders. Mathematik in der Kunst von Dürer bis Sol LeWitt* mit Beiträgen von Dieter Bogner, Wolfgang Drechsler, Michael Rottmann, Peter Schreiber, Rudolf Taschner und Gabriele Werner, Nürnberg 2008.

Linda Dalrymple Henderson (Austin, Texas)

Darstellung und Vorstellung der vierten Dimension in der Kunst und Kultur des 20. Jahrhunderts

Im Zuge der Veröffentlichung eines kurzen Artikels über den vierdimensionalen Hyperkubus mit dem Titel »Visualizing Hyperspace«, der im März 1939 in *Scientific American* erschien, erachteten die Herausgeber der Zeitschrift es als notwendig, im September 1939 darauf zu reagieren:

> From time to time [...] the editors have received inquiries from puzzled readers who appear to be confused about a variety of questions suggested by this article. Is not time the fourth dimension? How do mathematicians know that there are more than the three dimensions with which we are all daily familiar? [...] First, regarding time as the fourth dimension: True, time does figure in the so-called »space-time continuum,« but not as an extra dimension of *space*.
> Next, how do they know there are extra dimensions of space? They don't! They play with them, however, just as if they did exist. [...] The mathematician is a whimsical fellow who deliberately enjoys creating a make-believe and then proceeding to show what would be the case if it were true. [...]
> What probably confuses the puzzled non-mathematician is the fact that the mathematician uses for his excursions into the imaginary the same word he uses in connection with something he and all the rest of us know to exist; that is, »dimensions.« If he would call them something else the confusion would promptly end for most of us.[1]

Die entscheidende Rolle der Vorstellungskraft in der Mathematik und der Geometrie ist seit langem anerkannt und auch wesentlich seriöser diskutiert worden als in dieser Beschreibung der Mathematiker als »whimsical fellow[s]«. Im 20. Jahrhundert haben populärwissenschaftliche Bücher wie Edward Kasners und James Newmans *Mathematics and the Imagination* von 1940 und David Hilberts und Stephan Cohn-Vossens *Geometry and the Imagination* von 1952 diesen Zusammenhang auch einem Laienpublikum vermittelt. Hilbert betonte die Bedeutung der spezifisch visuellen Komponente der Vorstellungskraft und erklärte daher in seiner Einleitung: »With the aid of visual imagination, we can illuminate the manifold facts and problems of geometry, and beyond this, it is possible in many cases to depict the geometric outline

---

1 Ingalls, A. G., »Hypergeometry and Hyperperplexity«, in: *Scientific American*, 161, Sept. 1939, S. 131. Bei dem relevanten Aufsatz handelt es sich um Farley, Ralph Milne, »Visualizing Hyperspace«, in: *Scientific American*, 160, März 1939, S. 148–49.

of the methods of investigation and proof [...]«.[2] Die schönen Zeichnungen in Hilberts Buch haben zweifellos die kreative Vorstellungskraft einer ganzen Reihe von Künstlern angeregt, die das Buch rezipierten. Zu diesen gehören unter anderem der Bildhauer Mark di Suvero und Mitglieder der Park Place Gallery, die auf Hilberts Kapitel über Topologie und »Polyhedra in Three and Four Dimensions« reagierten.[3] Ähnlich diente Harold S. M. Coxeters 1963 erschienenes Buch *Regular Polytopes* dem Maler Tony Robbin als eine wichtige Inspirationsquelle, als er in den frühen 1970er Jahren die vierdimensionale Geometrie zu erforschen begann. Coxeter betonte, dass wir Figuren in vier oder mehr Dimensionen niemals vollkommen begreifen können, erklärte aber auch: »In attempting to do so, however, we seem to peep through a chink in the wall of our physical limitations, into a new world of dazzling beauty«.[4]

In der Tat war es nicht einfach die Geometrie, sondern speziell die *n*-dimensionale Geometrie des 19. Jahrhunderts und das in ihrem Zuge in den 1870er Jahren entstandene Konzept einer möglichen vierten räumlichen Dimension, die sich für die Vorstellungskraft der Künstler des 20. Jahrhunderts als entscheidend erwiesen. Die weit verbreitete Faszination für eine unsichtbare, höhere Dimension des Raums, von der unsere vertraute Welt nur ein Teil oder ein Schatten sein könnte, ist zwischen den 1880er und den 1920er Jahren ganz offensichtlich. Sie schlägt sich in einer großen Zahl von Artikeln und Büchern zum Thema nieder, zu denen auch das 1913 veröffentlichte Buch *A Primer of Higher Space (The Fourth Dimension)* zählt.[5] Zwei Bildtafeln aus Bragdons Buch bieten sich an, um zwei der grundlegenden Vorgehensweisen bei der Konzeptionalisierung einer höheren räumlichen Dimension zu illustrieren: Die Erzeugung der nächsthöheren Dimensionsform durch Bewegung im Raum (vgl. Abb. 1) und durch Sektionierung und Schichtung (vgl. Abb. 2).

---

2 David Hilbert, »Einleitung«, in: David Hilbert/Stephan Cohn-Vossen, *Geometry and the Imagination*, übersetzt von P. Nemenyi, New York 1952, S. iii.

3 Siehe ebd., Abschnitt 23 und die Abschnitte 44–51 (Kap. 6). Di Suvero bezeugte sein Interesse an dem Buch in einem Telefoninterview mit der Autorin am 22. Mai 2002. Zu den Künstlern der Park Place Gallery und ihrem Interesse an Topologie und der vierten Dimension siehe Henderson, Linda Dalrymple, »Park Place: Its Art and History«, in: *Reimagining Space: The Park Place Gallery in 1960s New York*, Austin, Texas: Blanton Museum of Art 2008, S. 8–24.

4 Coxeter, Harold S. M., *Regular Polytopes*, 3. Aufl., New York, 1973, S. vi.

5 Siehe Henderson, Linda Dalrymple, *The Fourth Dimension and Non-Euclidean Geometry in Modern Art* (zuerst Princeton 1983), Neuauflage: Cambridge 2010, Kap. 1, sowie Appendix B für eine Reihe solch populärwissenschaftlicher Artikel. Siehe auch Bragdon, Claude, *A Primer of Higher Space (The Fourth Dimension)*, Rochester, New York 1913.

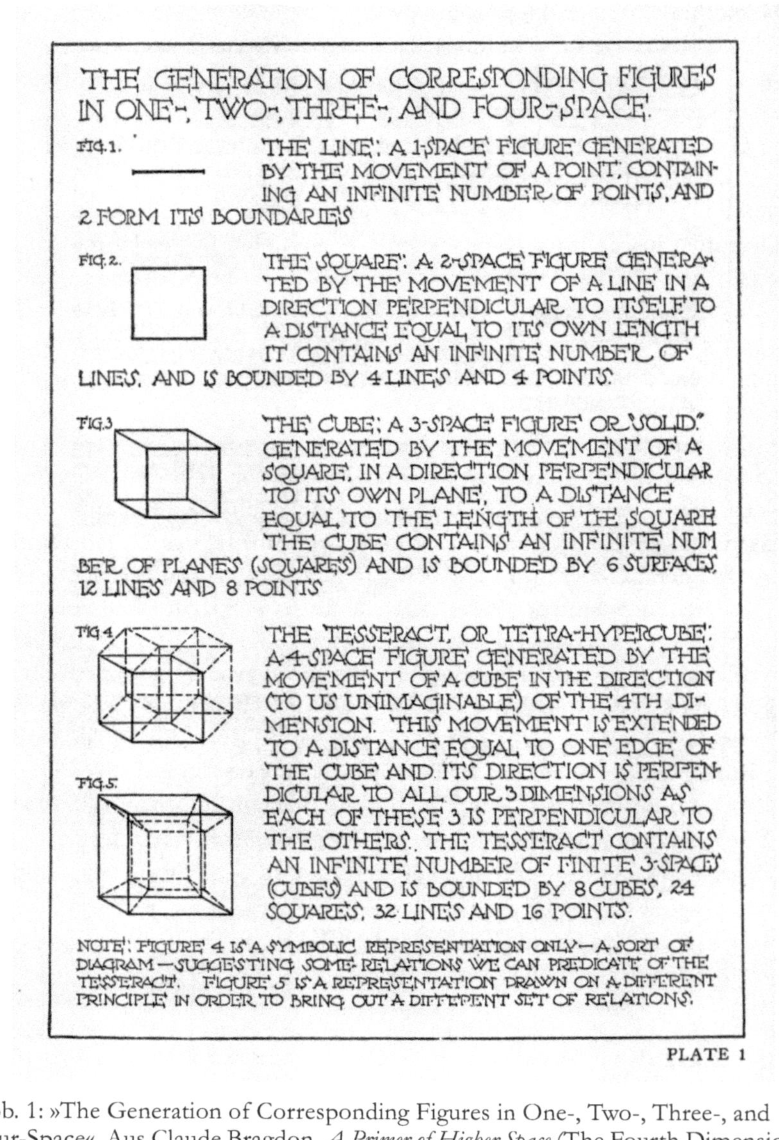

THE GENERATION OF CORRESPONDING FIGURES IN ONE-, TWO-, THREE-, AND FOUR-SPACE.

FIG. 1. THE LINE: A 1-SPACE FIGURE GENERATED BY THE MOVEMENT OF A POINT, CONTAINING AN INFINITE NUMBER OF POINTS, AND 2 FORM ITS BOUNDARIES

FIG. 2. THE SQUARE: A 2-SPACE FIGURE GENERATED BY THE MOVEMENT OF A LINE IN A DIRECTION PERPENDICULAR TO ITSELF TO A DISTANCE EQUAL TO ITS OWN LENGTH IT CONTAINS AN INFINITE NUMBER OF LINES, AND IS BOUNDED BY 4 LINES AND 4 POINTS.

FIG. 3 THE CUBE: A 3-SPACE FIGURE OR "SOLID." GENERATED BY THE MOVEMENT OF A SQUARE, IN A DIRECTION PERPENDICULAR TO ITS OWN PLANE, TO A DISTANCE EQUAL TO THE LENGTH OF THE SQUARE THE CUBE CONTAINS AN INFINITE NUMBER OF PLANES (SQUARES) AND IS BOUNDED BY 6 SURFACES, 12 LINES AND 8 POINTS

FIG. 4 THE TESSERACT, OR TETRA-HYPERCUBE: A 4-SPACE FIGURE GENERATED BY THE MOVEMENT OF A CUBE IN THE DIRECTION (TO US UNIMAGINABLE) OF THE 4TH DIMENSION. THIS MOVEMENT IS EXTENDED TO A DISTANCE EQUAL TO ONE EDGE OF THE CUBE AND ITS DIRECTION IS PERPENDICULAR TO ALL OUR 3 DIMENSIONS AS EACH OF THESE 3 IS PERPENDICULAR TO THE OTHERS. THE TESSERACT CONTAINS AN INFINITE NUMBER OF FINITE 3-SPACES (CUBES) AND IS BOUNDED BY 8 CUBES, 24 SQUARES, 32 LINES AND 16 POINTS.

FIG. 5.

NOTE: FIGURE 4 IS A SYMBOLIC REPRESENTATION ONLY—A SORT OF DIAGRAM—SUGGESTING SOME RELATIONS WE CAN PREDICATE OF THE TESSERACT. FIGURE 5 IS A REPRESENTATION DRAWN ON A DIFFERENT PRINCIPLE IN ORDER TO BRING OUT A DIFFERENT SET OF RELATIONS.

PLATE 1

Abb. 1: »The Generation of Corresponding Figures in One-, Two-, Three-, and Four-Space«. Aus Claude Bragdon, *A Primer of Higher Space* (The Fourth Dimension), Rochester, NY, 1913

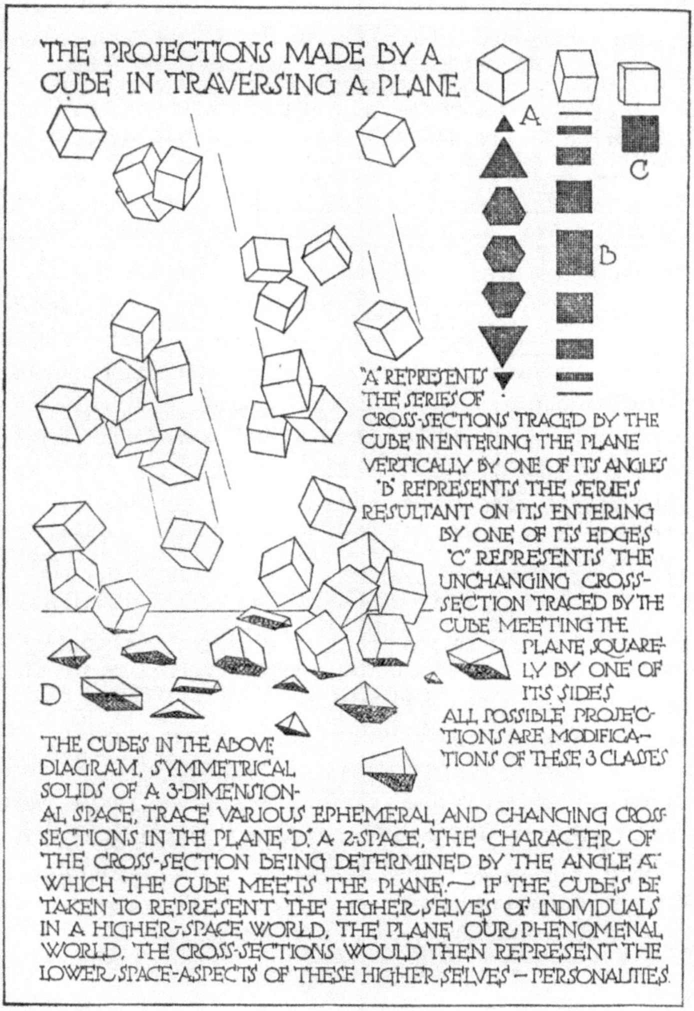

PLATE 30

Abb. 2: »The Projections Made by a Cube Traversing a Plane«. Aus Bragdon, *A Primer of Higher Space*, Tafel 30

Beiden Herangehensweisen ist gemeinsam, dass sie ihren Ausgangspunkt im Verhältnis von zwei zu drei Dimensionen haben. Dieses wird dann per Analogieschluss genutzt, um den Übergang von drei zu vier Dimensionen zu imaginieren.

So wie Bragdons wunderschöne, von Hand beschriebene Bildtafeln als Zeitkapsel für die Betrachtungsweisen der vierten Dimension im Jahre 1913 dienen können, versammelt das Buch *The Fourth Dimension Simply Explained* von 1910 die ausgezeichneten Beiträge des Essaywettbewerbs »Was ist die vierte Dimension«, der 1909 von *Scientific American* gesponsert wurde.[6] Nahezu alle Beiträger behandelten die vierte Dimension als ein räumliches Phänomen, da die weit verbreitete Popularisierung von Einsteins spezieller und allgemeiner Relativitätstheorie (1905, 1916) erst 1919 einsetzte, und zwar nach der Sonnenfinsternis, die für die Lichtablenkung, die Einsteins Theorie vorausberechnet hatte, empirische Beweise lieferte.[7] Es war also keine große Überraschung, dass 1939 die Leser von *Scientific American* verwirrt waren, da die Einbeziehung der Zeit in das vierdimensionale Raum-Zeit-Kontinuum durch Einstein und den Mathematiker Hermann Minkowski im Laufe der 1920er Jahre die kulturellen Erinnerungen an die geometrische, räumliche vierte Dimension allmählich abgelöst hatte. Tatsächlich hat die vierte Dimension des Raums zwischen den dreißiger und fünfziger Jahren im Wesentlichen ein Untergrunddasein geführt. Sie überlebte in der mathematikfernen Kultur, in erster Linie im Genre der *Science Fiction* und in der mystischen, philosophischen Literatur, die aus dieser Idee hervorging.[8]

Natürlich beschäftigten sich Mathematiker weiterhin mit der vierdimensionalen Geometrie, aber sogar Kasner und Newman sahen die Notwendigkeit, dieses Konzept in einem Kapitel von *Mathematics and Imagination* über »Assorted Geometries – Plane and Fancy« dem Publikum der vierziger Jahre zu erklären. »Physicists may consider time to be the fourth dimension, but not the mathematician«, bekräftigen sie zu Beginn ihrer Ausführungen.

---

6 Siehe Manning, Henry P. (Hrsg.), *The Fourth Dimension Simply Explained*, New York 1960.

7 Zu Einsteins Theorien und deren Rezeption siehe beispielsweise Kragh, Helge, *Quantum Generations: A History of Physics in the Twentieth Century*, Princeton 1999.

8 Siehe hierzu Henderson, Linda Dalrymple, »Reintroduction: The Fourth Dimension Through the Twentieth Century«, in: Dies., *The Fourth Dimension* (erscheint 2011). Für eine Auswahl künstlerischer Reaktionen auf Einstein aus den 1920er Jahren vgl. Henderson, Linda Dalrymple, »Theo van Doesburg, ›Die Vierte Dimension‹ und die Relativitätstheorie in den zwanziger Jahren«, in: Baudson, Michel (Hrsg.), *Zeit: Die vierte Dimension in der Kunst* (Ausstellungskatalog), Weinheim 1985, S. 195–205.

Während sich ihre Erörterungen auf die geometrischen Eigenschaften der vierdimensionalen Objekte und die Analogien, mit denen wir über sie Schlüsse ziehen können, konzentrieren, führt ihre Schlussfolgerung das Konzept weit aus dem Reich der Geometrie hinaus, um auf dessen größere Bedeutung in der Geschichte des menschlichen Denkens hinzuweisen: »No concept that has come out of our heads or pens marked a greater forward step in our thinking, no idea of religion, philosophy, or science broke more sharply with tradition and commonly accepted knowledge, than the idea of a fourth dimension«.[9]

Seit ihrer ersten Popularisierung durch den englischen Theologen E. A. Abbott in *Flatland: A Romance of Many Dimensions by a Square* (1884) ist die vierte Dimension mit der Erweiterung oder Befreiung des Denkens und der Vorstellungskraft in Verbindung gebracht worden. Abbot widmete seine belehrende Geschichte über eine zweidimensionale Welt, die sich des dreidimensionalen Raums, in dem sie existiert, nicht bewusst ist, den »Inhabitants of Space IN GENERAL«, von denen er sich erhoffte, dass sie höher und höher streben würden »To the Secrets of FOUR FIVE OR EVEN SIX Dimensions Thereby contributing To the Enlargement of THE IMAGINATION«.[10] Dieses Streben wurde zu einem Leitmotiv in der Literatur über die vierte Dimension – sowohl im engeren mathematischen Kontext als auch in Hinblick auf die weiter reichenden philosophischen Implikationen des Konzepts, die bald diskutiert wurden. So schrieb Cassius Keyser 1906 in einem Essay in *The Monist* mit dem Titel »Mathematical Emancipations«:

> The hyper-dimensional worlds that man's reason has already created, his imagination may yet be able to depict and illuminate. [...] It is by creation of hyperspaces that the rational spirit secures release from limitation. In them it lives ever joyously, sustained by an unfailing sense of infinite freedom.[11]

H. P. Manning zitierte Keyser 1914 in seinem Lehrbuch *Geometry of Four Dimensions* und argumentiert, dass die synthetisierende Auseinandersetzung mit den »Formen und Eigenschaften« der vierdimensionalen Figuren dazu führt, »that it is almost as if we could see them«, und deshalb darin resultiert, dass »our power of intuition and our imagination« größer werden.[12]

---

9 Kasner, Edward/Newman, James, *Mathematics and the Imagination*, New York 1940, S. 119, S. 131.

10 Abbott, Edwin A., *Flatland: A Romance of Many Dimensions by a Square*, Dedication (unpaginiert), Oxford 1950.

11 Keyser, Cassius J., »Mathematical Emancipations: The Passing of the Point and the Number Three: Dimensionality and Hyperspace«, in: *The Monist*, 16, Jan. 1906, S. 83.

12 Manning, Henry Parker, *Geometry of Four Dimensions*, New York 1956, S. 15–16.

Derjenige, der die »vierte Dimension« eindeutig über ihre mathematischen Wurzeln hinaus erweiterte und gleichzeitig ihre geometrische Kernbedeutung bewahrte, war der Engländer Charles Howard Hinton. In seinen Büchern *A New Era of Thought* (1888) und *The Fourth Dimension* (1904) erschloss Hinton die philosophischen Dimensionen des vierdimensionalen Raums und sicherte ihm so einen Platz in der Kultur des späten 19. und frühen 20. Jahrhunderts. Hintons »hyperspace philosophy« war eine idealistische Weltsicht, die auf seinem Glauben beruhte, dass Menschen, indem sie eine intuitive Auffassung des vierdimensionalen Raums entwickeln, Einsicht in die wahre Realität erlangen und so die Probleme der materialistischen dreidimensionalen Welt lösen. Hinton schreibt:

> When the faculty is acquired – or rather when it is brought into consciousness, for it exists in everyone in imperfect form – a new horizon opens. The mind acquires a development of power, and in this use of ampler space as a mode of thought, a path is opened by using that very truth which, when first stated by Kant, seemed to close the mind within such fast limits. [...] But space is not limited as we first think.[13]

Hintons Methode, den »Raumsinn« seiner Leser zu erziehen, bestand aus einer Anzahl von Übungen, die mit Hilfe eines Klotzes aus mehrfarbigen Würfeln ausgeführt werden sollten, wie sie auf dem Titelbild von *The Fourth Dimension* (vgl. Abb. 3) abgebildet sind.

Durch das Einprägen der Stellung der Würfel zueinander und der Abstufung der Farbtöne der Würfel innerhalb großer Klötze sollten Hintons Leser ihre geistigen Kräfte steigern und die selbstorientierte Wahrnehmung überwinden (zum Beispiel den Sinn für links und rechts, oben und unten oder die Schwerkraft).[14] Mit diesem Wissen ausgerüstet, sollten sie auch in der Lage sein, den Durchgang der aufeinander folgenden Würfelgruppen eines vierdimensionalen Hyperkubus durch den dreidimensionalen Raum zu visualisieren. Diese Übungen waren allerdings einfach nur ein praktischer Auftakt zu dem, was Hinton sich als neues Zeitalter des Denkens erhoffte, wie er in seinem Buch von 1888 erklärte: »I shall bring forward a complete system of four-dimensional thought – mechanics, science, art. The necessary condition is, that the mind acquire the power of using four-dimensional space as it now does three-dimensional«. Obwohl Hinton ein solches »System« niemals verwirklichte, dehnte er doch seine Ideen bis in den Bereich der Literatur aus,

---

[13] Hinton, Charles Howard, *A New Era of Thought*, London 1888, S. 6–7. Für einen Überblick über Hintons Ideen und das Konzept, das ich »Philosophie des Hyperraums« genannt habe, siehe Henderson, *The Fourth Dimension* (1983), S. 26–31, sowie Dies., »Reintroduction«, in: Dies., *The Fourth Dimension* (2010).

[14] Siehe Hinton, Charles Howard, *The Fourth Dimension*, London 1904.

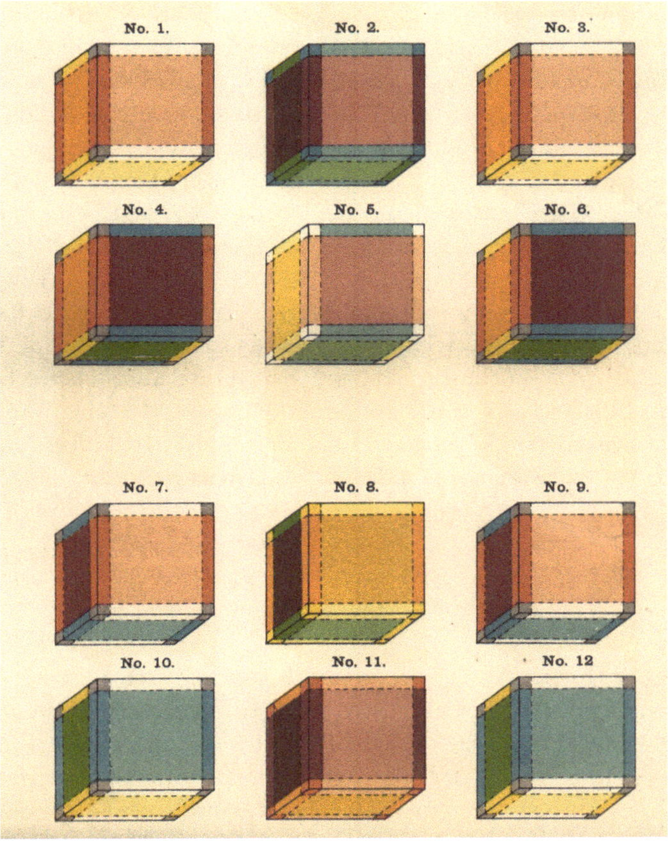

Abb. 3: Titelbild von Charles Howard Hintons *The Fourth Dimension* (London, 1904)

indem er eine Reihe »wissenschaftlicher Liebesromane« schrieb, die 1884/85 und 1896 veröffentlicht wurden.[15]

Obwohl Hinton zu Lebzeiten wenig persönlicher Erfolg oder Anerkennung beschieden war, erwiesen sich seine Schriften mit ihrer Botschaft von einer höheren Wahrheit und der Möglichkeit zur Selbstverwirklichung in den USA und auch in England als bemerkenswert einflussreich. *The Fourth*

---

15 Zum »System«-Zitat siehe Hinton, *New Era*, S. 86–87. Zu Hintons *Scientific Romances*, die bei Swan Sonnenschein in London erschienen, siehe Bruce Clarkes äußerst erhellende Diskussion von Hintons idealistischer Philosophie, Thermodynamik und Äther in *Energy Forms: Allegory and Science in the Era of Classical Thermodynamics*, Ann Arbor 2001, S. 28–30, S. 111–121 und S. 175–178.

Dimension zum Beispiel wurde in London 1906, 1912, 1921, 1934 und 1951 neu aufgelegt. Zu denjenigen, die auf seine Ideen aufbauten und/oder diese bekannt machten, gehörten Claude Bragdon in den USA, der Mathematiker und Mystiker Petr Demjanovitsch Uspenskij in Russland, der Anthroposoph Rudolf Steiner in Deutschland, sowohl Mathematiker (Esprit Jouffret und Maurice Boucher) als auch Theosophen in Frankreich, der Symbolist Maurice Maeterlinck in Belgien und der Theosoph C. W. Leadbeater in England.[16] Uspenskij entwickelte eine mystische Interpretation der vierten Dimension, indem er diese mit der Endlosigkeit und der Erlangung des »kosmischen Bewusstseins« einer wahreren, vierdimensionalen Realität in Verbindung brachte.[17] Auch wenn Uspenskij sich eine befreiende Wirkung ausmalte, die sich von Hintons eher pragmatischem Ansatz beträchtlich unterschied, findet sich das Motiv der vierten Dimension als ein Motor der Befreiung in den meisten Interpretationen. Bertrand Russell schrieb im Oktober 1904 in seiner Rezension zu *The Fourth Dimension of Mind*:

> The merit of speculations on the fourth dimension – a merit which the present work possesses in full measure – is chiefly that they stimulate the imagination, and free the intellect from the shackles of the actual. A complete intellectual liberty would only be attained by a mind which could think as easily of the non-existent as of the existent.[18]

Vor allem Schriftsteller wie Hinton und Bragdon hatten bedeutenden Einfluss darauf, wie sich die Öffentlichkeit im Laufe des 20. Jahrhunderts die vierte Dimension vorstellte und abbildete. Insbesondere Maler gingen auf diese Idee ein, und viele der stilistischen Innovationen in den ersten Jahrzehnten des Jahrhunderts entstanden im Zusammenhang mit den Versuchen, auf irgendeine Art die schwer zu fassende vierte Dimension darzustellen und anzudeuten. Russells Verweis auf die »Fesseln des Wirklichen« ist besonders aufschlussreich, da er die grundlegende Veränderung veranschaulicht, die die Möglichkeit einer räumlichen vierten Dimension in der bildenden Kunst erzeugte. Künstlern, deren visuelle Vorstellungskraft durch die traditionelle Verankerung der Malerei in der sichtbaren Welt weitgehend eingeschränkt worden war, erschien die Möglichkeit, dass der Raum eigentlich

---

16 Vgl. Henderson, Linda Dalrymple, »Reintroduction«, in: Dies., *The Fourth Dimension* (2011) zu dieser Publikationsgeschichte und für eine Diskussion der Gründe, warum der Einfluss von Hintons Schriften größer war, als mir das 1983 bewusst war.

17 Siehe Uspenskij, Petr D., *Tertium Organum: The Third Canon of Thought, a Key to the Engimas of the World*, übersetzt aus der 2. russischen Ausgabe von Claude Bragdon und Nicholas Bessaraboff, New York 1922.

18 Russell, Bertrand, »New Books. *The Fourth Dimension*. By Charles Howard Hinton«, in: *Mind*, 13, Oct. 1904, S. 573–574.

vierdimensional war, revolutionär. Die Chiaroscuro-Technik und die Zentralperspektive, auf die sich Maler seit der Renaissance verlassen hatten, um überzeugende dreidimensionale Formen und Räume zu schaffen, waren irrelevant, wenn die Welt vier Dimensionen hatte. Einer der Pioniere der vollkommen abstrakten Kunst, der russische Maler des Suprematismus Kasimir Malewitsch, wurde durch seinen Glauben an den vierdimensionalen Raum sogar dazu ermutigt, wie weiter unten diskutiert wird, alle Spuren der sichtbaren Welt restlos hinter sich zu lassen.

Im späten 19. und frühen 20. Jahrhundert gab es einen weiteren starken Anstoß, die »Fesseln des Wirklichen« zu brechen: Wilhelm Röntgens Entdeckung der später nach ihm benannten Strahlen im Jahr 1895. Die Röntgenstrahlen bewiesen eindeutig die Grenzen der menschlichen Sehkraft, die nur einen kleinen Teil des sichtbaren Lichts im elektromagnetischen Spektrum wahrnimmt, das man damals entdeckte.[19] In ihrer Bedeutung nur von der Atombombe übertroffen, trug die Entdeckung der Röntgenstrahlen zweifellos zu dem andauernden öffentlichen Interesse an der vierten Dimension bei, das anderenfalls möglicherweise auf Mathematiker, Philosophen und Mystiker beschränkt geblieben wäre.[20] Nachdem man aber mit Hilfe der Röntgenstrahlen die Grenzen des mit bloßem Auge Wahrnehmbaren bewiesen hatte, wer konnte da noch mit Gewissheit die Möglichkeit der Existenz einer vierten räumlichen Dimension leugnen, nur weil diese unsichtbar war?

Darüber hinaus trugen die Entdeckungen des Elektrons und der Radioaktivität in den 1890ern sowie das Interesse an den Hertz'schen Wellen, die die Grundlage der drahtlosen Telegrafie bilden, weiter zu einem radikal neuen Verständnis der Beschaffenheit der Materie und des Raums bei.[21] Abgesehen von ihrer möglichen Vierdimensionalität war die Materie auf Röntgenaufnahmen transparent, und in Analogie zur Radioaktivität wurde sie oft behandelt, als würde sie sich in dem sie umgebenden Raum entmaterialisieren. Zudem hat man den Raum in dieser Zeit nie als leer wahrgenommen. Stattdessen dachte man, dass er mit dem unfühlbaren Äther des Raums gefüllt sei, der von schwingenden Wellen unterschiedlicher Länge durchlaufen wird; und der Äther wurde von einigen, beispielsweise in der »Electric

---

19 Siehe hierzu sowie zu den Röntgenstrahlen Henderson, Linda Dalrymple, »Editor's Introduction: II. Cubism, Futurism, and Ether Physics in the Early Twentieth Century«, in: *Science in Context*, 17, Dez. 2004, S. 445–466.

20 Zur Beurteilung des Einflusses der Röntgenstrahlen siehe Badash, Lawrence, *Radioactivity in America: Growth and Decay of a Science*, Baltimore 1979, S. 9.

21 Siehe wiederum Henderson, Linda Dalrymple, »Editor's Introduction«, in: *Science in Context*, 17, Dec. 2004, S. 445–466 und Dies., »Modernism and Science«, in: Astradur Eysteinsson/Vivian Liska (Hrsg.), *Modernism*, Amsterdam 2007, S. 383–403.

Theory of Matter«, für die Quelle des Raums selbst gehalten.[22] Zusammen mit der Möglichkeit einer vierten Dimension des Raums legten die neuen wissenschaftlichen Entdeckungen insbesondere in ihrer popularisierten Form die Möglichkeit nahe, dass eine unsichtbare Realität gerade hinter der Grenze der menschlichen Wahrnehmung existiert. Und aus der Sicht der Künstler und Kritiker war es die Aufgabe des sensiblen, über Intuition und Vorstellungskraft verfügenden Künstlers – des Nachfolgers des visionären Sehers, der in den 1890ern von den Symbolisten postuliert wurde –, höhere Dimensionen sowie die neuerdings unbeständigen Auffassungen von Materie und Raum heraufzubeschwören.

Dieser Artikel untersucht stichprobenartig die Techniken, die in drei der wichtigsten Reaktionen der Kunst des frühen 20. Jahrhunderts auf die vierte Dimension angewendet werden, und zwar: Kubismus, abstrakter Suprematismus und die Kunst Marcel Duchamps, als desjenigen Künstlers dieser Zeit, der sich am intensivsten, wenn auch am spielerischsten, mit der vierten Dimension beschäftigte. Erst gegen Ende des 20. Jahrhunderts sollte das Aufkommen der Computergrafik es den Künstlern und Geometern ermöglichen, mit Hilfe mathematischer Mittel durch den vierdimensionalen Raum zu navigieren, aber auch hier sollten künstlerische Intuition und Vorstellungskraft eine wichtige Rolle spielen. Nach einem kurzen Überblick über das kulturelle Verständnis des Begriffs »vierte Dimension« um die Mitte des Jahrhunderts, als die Einstein'sche Raumzeit das populäre Verständnis des Konzepts bestimmte, schließt dieser Artikel mit einigen Ausführungen zu den Arbeiten des Künstlers Tony Robbin aus dem Computerzeitalter und zu seiner Zusammenarbeit mit dem Mathematiker Scott Carter bei der Erforschung visueller Eigenschaften von gezopften Flächen und Gittern in vier und fünf Dimensionen.

Kubismus: Fenster zur unsichtbaren geometrischen Komplexität

Der kubistische Maler und Theoretiker Jean Metzinger war der erste Künstler, der über die Bedeutung der neuen Geometrien für zeitgenössische Maler schrieb. Er und Juan Gris (vgl. Abb. 4) sollen mit dem Versicherungsmathematiker Maurice Princet vierdimensionale Geometrie studiert haben.[23]

---

[22] Siehe beispielsweise Lodge, Oliver, »Electric Theory of Matter«, in: *Harper's Monthly Magazine*, 109, Aug. 1904, S. 383–389.

[23] Siehe Chipp, Herschel (Hrsg.), *Theories of Modern Art: A Source Book by Artists and Critics*, Berkeley 1968, S. 223, Anm. 1. Neben Duchamp war Gris der am mathematischsten ausgerichtete der Kubisten. Siehe Camfield, William, »Juan Gris and the Golden Section«, in: *The Art Bulletin*, 47, März 1965, S. 128–134.

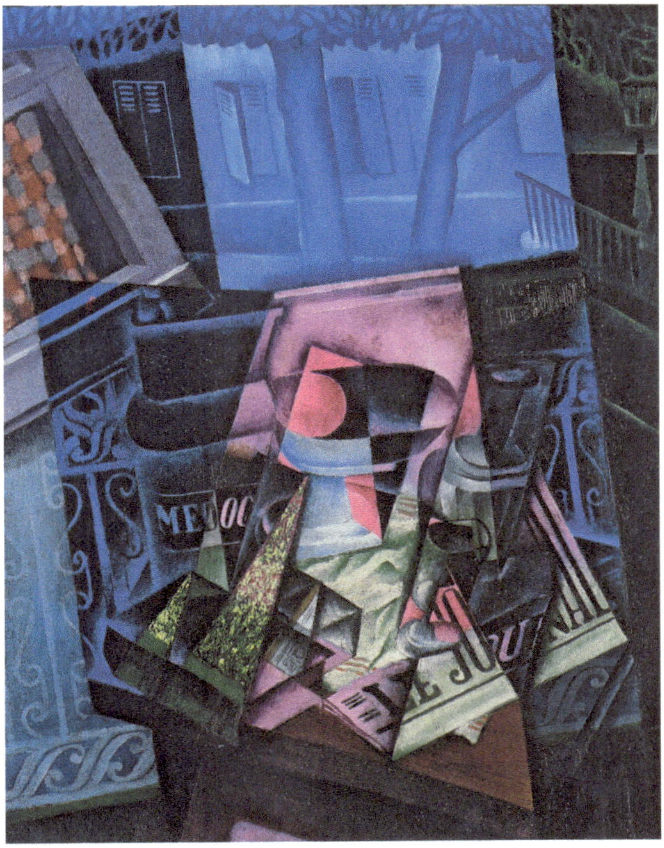

Abb. 4: Juan Gris, *Stillleben und Stadtlandschaft Place Ravignan*, 1915, Öl auf Leinwand. Philadelphia Museum of Art, The Louise and Walter Arensberg Collection

Alle drei standen Pablo Picasso nahe, der zusammen mit Georges Braque einen Stil entwickelte, der 1909 als analytischer Kubismus bekannt wurde. Obwohl Picasso und Braque entscheidende Lehren aus der Kunst von Paul Cézanne und dem konzeptionellen Charakter der afrikanischen Bildhauerei zogen, war ihr reifer Kubismus – mit seinen facettierten Formen und der Verschmelzung von Figur und Hintergrund – auch eine Antwort auf die anregenden neuen Ideen über die Realität, die popularisierter Wissenschaft und Mathematik entsprangen.[24] Während Picasso das Ziel seines Kubismus

[24] Eine hilfreiche Einführung in den Kubismus bieten Antliff, Mark/Leighten, Patricia, *Cubism and Culture*, New York 2001.

als »paint[ing] objects as I think them, not as I see them«, beschrieb, priesen der eher theoretisch orientierte Metzinger und der Dichter Guillaume Apollinaire, ein weiterer Freund von Picasso, die vierte Dimension offen an, um die Freiheit des kubistischen Malers, Gegenstände zu deformieren und Perspektive abzulehnen, zu rechtfertigen. »It is to the fourth dimension alone that we owe a new norm of the perfect«, erklärte Apollinaire 1912 und fügte hinzu, dass das Konzept einen Teil der Sprache der modernen Ateliers bilde.[25] In seinem Buch *Les Peintres Cubistes* von 1913 tut der Dichter die Perspektive in ähnlicher Manier ab als »that miserable tricky perspective, that fourth dimension in reverse«.[26]

In den frühen 1970er Jahren habe ich argumentiert, dass die Bildtafeln aus Esprit Pascal Jouffrets Buch *Traité élémentaire de géométrie à quatre dimensions* (vgl. Abb. 5) von 1903 Picassos stilistische Ausrichtung bestätigt hätten.[27] Seit dieser Zeit wurde weiter über Jouffret, Princet und Picasso diskutiert, und in seinem Buch *Shadows of Reality: The Fourth Dimension in Relativity, Cubism, and Modern Thought* argumentiert Tony Robbin überzeugend, dass bestimmte Techniken in Picassos Bildern aus dieser Periode, insbesondere in seinem *Bildnis Daniel-Henry Kahnweiler* (1910; Art Institute of Chicago), sich unmittelbar von Jouffrets innovativen Zeichentechniken ableiten.[28]

---

[25] Apollinaire, Guillaume, »La Peinture nouvelle: Notes d'art«, in: *Les Soirées de Paris*, 3, April 1912, S. 90–91. Apollinaire formulierte seine Diskussion der vierten Dimension ein wenig anders in *Les Peintres Cubistes* von 1913; vgl. die folgende Anm. für die Referenz zur »Sprache des Ateliers« sowie Henderson, *The Fourth Dimension*, S. 74–81, wo diese Texte analysiert werden. Zu Picassos Aussage siehe Serna, Ramón Gómez de la, »Completa y verídica historia de Picasso y el cubismo«, in: *Revista de Occidente*, 25, Juli 1929, S. 100.

[26] Apollinaire, Guillaume, *The Cubist Painters: Aesthetic Meditations 1913*, übersetzt von Lyonel Abel. Robert Motherwell (Hrsg.) (*The Documents of Modern Art*), New York 1944, S. 30; zu seinen Ausführungen zur vierten Dimension siehe S. 12.

[27] Henderson, Linda Dalrymple, »A New Facet of Cubism: ›The Fourth Dimension‹ and ›Non-Euclidean Geometry‹ Reinterpreted«, in: *The Art Quarterly*, 34/1971, S. 410–433. Siehe auch Jouffret, E[sprit Pascal], *Traité élémentaire de géométrie à quatre dimensions*, Paris 1903.

[28] Siehe Robbin, Tony, *Shadows of Reality: The Fourth Dimension in Relativity, Cubism, and Modern Thought*, New Haven 2006, S. 30–33. Arthur Miller positioniert Picasso korrekt mit Poincaré und gegen Einstein (*Einstein, Picasso: Space, Time and the Beauty That Causes Havoc*, New York 2001), verliert jedoch Picassos künstlerischen Kontext aus den Augen, wenn er ihn zu Princets eifrigem Geometrieschüler macht. Für eine ausgiebigere Diskussion zu Millers und anderen Büchern siehe Henderson, Linda Dalrymple, »Four-Dimensional Space or Space-Time?: The Emergence of the Cubism-Relativity Myth in New York in the 1940s«, in: Michele Emmer (Hrsg.), *The Visual Mind II*, Cambridge 2005, S. 384–386, Anm. 16. Zur frühsten, nicht spezifisch geometrischen Verwendung des Begriffs »vierte Dimen-

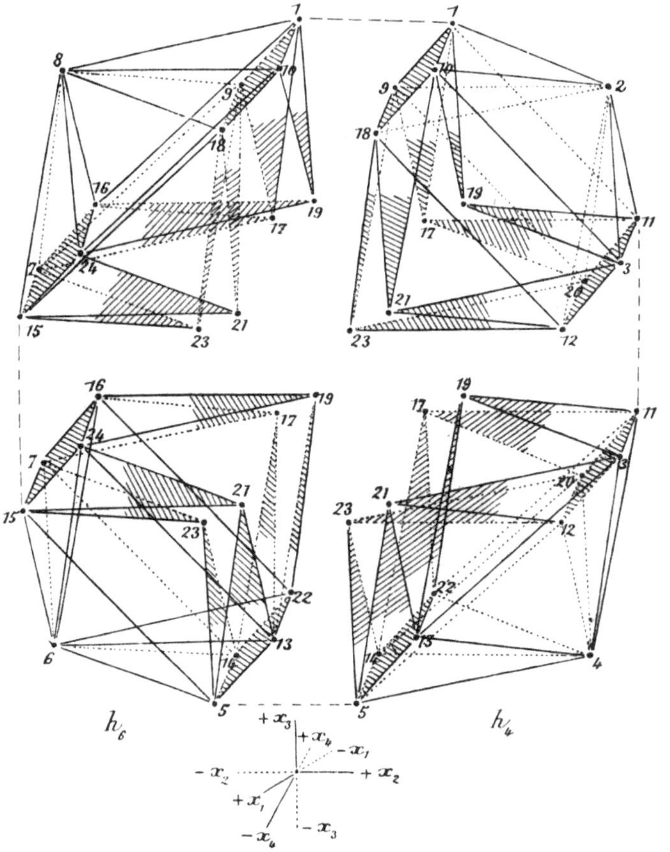

Abb. 5: »Perspective cavalière de seize octaèdres fondamentaux«. Aus E. Jouffret, *Traité élémentaire de géométrie à quatre dimensions* (Paris 1903), Abb. 41

Robbin interessiert sich vor allem für die komplexen, rechteckigen Bereiche in Kahnweilers Kopf, die er mit einigen Illustrationen von Jouffret vergleicht. »The odd way in which spaces are both inside and outside a four-dimensional figure is the subject of both Jouffret's illustration and Picasso's portrait of Kahnweiler«, folgert Robbin.[29]

Im Rahmen dieses Artikels kann Abbildung 5 als ein gutes Beispiel dienen, um die allgemeine Ähnlichkeit zwischen kubistischen Bildern, einschließlich

sion« in den Pariser Kunstzirkeln siehe Henderson, Linda Dalrymple, »Reintroduction«, in: Dies., *The Fourth Dimension* (2011).

[29] Robbin, *Shadows*, S. 33.

Gris' *Stillleben und Stadtlandschaft Place Ravignan*, und Jouffrets Techniken zur Darstellung komplexer Figuren zu veranschaulichen. In dieser Abbildung zeigt sich eine auffällige Ähnlichkeit zwischen Jouffrets Verwendung der Transparenz, der sich verschiebenden Überlagerung unterschiedlicher Perspektiven auf einen Gegenstand, und der daraus resultierenden räumlichen Ambiguität mit Gris' Ansatz. Wie andere Kubisten kombinierte Gris mehrere Perspektiven, genau wie Henri Poincaré es sich vorgestellt hatte, als er 1902 in seinem Buch *La Science et l'hypothèse* darauf hinwies, dass ein vierdimensionaler Gegenstand durch »several perspectives from several points of view« wiedergegeben werden könnte. Angesichts der körperlichen Empfindung, die den Übergang von einer Betrachtungsperspektive zur nächsten begleite, kam Poincaré zu folgendem Schluss: »In this sense we may say the fourth dimension is imaginable«.[30] Während Gris' Darstellung von Bäumen und einem Gebäude mit Fenstern recht konventionell erscheinen mag (sie ist ganz in einem ausgeprägten Blau gehalten), verweigert die komplexe Überlagerung visueller Zeichen auf dem Tisch – in Zusammenwirkung mit dem Schmiedeeisen des Balkons – vollkommen die Möglichkeit, den Raum oder die Materie als dreidimensional zu lesen.

Zusätzlich evoziert *Stillleben und Stadtlandschaft Place Ravignan* (vgl. Abb. 4) gewissermaßen die neuesten wissenschaftlichen Vorstellungen der Materie und des mit Wellen gefüllten Raums. Hier durchdringen sich das Innere und das Äußere der Objekte und des Raums selbst gegenseitig, wodurch sie die Art von hellseherischer, durchdringender Vision der dreidimensionalen Formen erzeugen, die der vierdimensionalen Sicht oder einem Röntgenstrahl zugänglich wäre. Nicht nur die räumlichen Anhaltspunkte sind mehrdeutig; Gris spielt zwei verschiedene Arten von Licht gegeneinander aus, das sichtbare und das unsichtbare. Die malvenfarbige und grüne Palette im Zentrum des Bildes steht in deutlichem Kontrast zum ultravioletten oder »schwarzen« Licht, das die blauen bzw. schwarzen Bereiche um das Zentrum zu beleuchten scheint. Obwohl das helle, natürlich scheinende Licht im Zentrum weder Schatten wirft noch den Objekten des Stilllebens Substanz zu geben scheint, bricht und verzerrt es doch die Schlagzeile des *Le Journal* drastisch. Lediglich das mit einem Vorhang versehene Fenster in der oberen linken Ecke ist konventionell mit Licht und Schatten gemalt. Gleichzeitig wird es jedoch von dem unsichtbaren Licht anderer Wellenlänge im Bild metaphorisch in den Schatten gestellt und wird so zu einem mächtigen Kommentar über den

---

30 Poincaré, Henri, *La Science et l'hypothèse*, Paris 1902, S. 89–90. Zum Einfluss Poincarés auf Metzinger und seinen Koautor, den Künstler Albert Gleizes, in dieser Hinsicht siehe Henderson, *The Fourth Dimension* (1983), S. 81–85.

neuen Status des Fensters als einer Quelle des sichtbaren Lichts – und der Wahrheit. Gris' *Stillleben und Stadtlandschaft Place Ravignan* und andere kubistische Bilder sind Zeugnisse eines neuen Wirklichkeitsverständnisses, das durch die Entdeckung der Röntgenstrahlen und das Interesse an der vierten Dimension eingeläutet wurde. Solche Bilder sind eine neue Art von »Fenstern« – in diesem Fall Fenster zu einer komplexen, unsichtbaren Realität oder einer höherdimensionalen Welt, so wie sie sich der Künstler vorstellt.

Mein 1983 erschienenes Buch *The Fourth Dimension and Non-Euclidean Geometry in Modern Art* wurde geschrieben, bevor ich mich mit der spätviktorianischen Äther-Physik befasst hatte, die im frühen 20. Jahrhundert immer noch vorherrschend war. In den 1980ern – tatsächlich bereits seit den 1940er Jahren – war Einsteins Relativitätstheorie die wissenschaftliche Theorie, mit der der Kubismus in der kunsthistorischen Literatur in Verbindung gebracht wurde. Diese Assoziation war das Ergebnis einer Art »Kurzschluss« in den 1940ern, als die Diskussionen kubistischer Anspielungen auf die vierte Dimension fälschlich mit der einzigen vierten Dimension in Verbindung gebracht wurden, die die Öffentlichkeit kannte – also der Raumzeit-Welt Einsteins.[31] Solche Debatten über die angebliche Beziehung zwischen Picasso und Einstein verdeckten allerdings die Untersuchung derjenigen Wissenschaft, auf die Picasso, Gris und andere in Paris am Vorabend des Ersten Weltkrieges auch reagierten. Die »Wiederentdeckung« dieser Wissenschaft spielte eine entscheidende Rolle für eine vollständigere Darstellung des Einflusses der vierten räumlichen Dimension, da das Konzept selten isoliert von zeitgenössischen Vorstellungen von Raum und Materie verstanden, sondern regelmäßig vor dem Hintergrund der zeitgenössischen Äther-Physik diskutiert wurde – angefangen mit Hinton, der sein Augenmerk auf die mögliche Beziehung der vierten Dimension zum Äther selbst richtete.[32]

Ein prägnantes Beispiel hierfür ist Maurice Bouchers 1903 erschienenes Buch *Essai sur l'hyperespace: Le Temps, la matière et l'énergie*, das Metzinger in seinen Memoiren erwähnt. Darin argumentiert Boucher für die vierte Dimension: »Our senses, on the whole, give us only deformed images of real phe-

---

[31] Siehe Henderson, »Four-Dimensional Space or Space-Time?«, in: Emmer (Hrsg.), *The Visual Mind II*, zum Entstehen des Mythos vom Zusammenhang von Kubismus und Relativitätstheorie. Eine Reihe von Artikeln, die dieser angeblichen Verbindung gewidmet sind, versammelt Appendix A in Henderson, *The Fourth Dimension*.

[32] Vgl. hierzu Anm. 19 und Anm. 21 sowie Henderson, »Reintroduction«, in: Dies., *The Fourth Dimension* (2010), wo es um Balfour Stewarts und Peter G. Taits *The Unseen Universe* (1875) geht, den ersten Text, der eine Verbindung zwischen dem Äther und der vierten Dimension herstellt.

nomena, some of which have long remained unknown, because none of our organs put us in direct contact with them«.[33] Wie wir sehen werden, kannte die russische Avantgarde Bouchers Buch; Gleiches gilt für Duchamp. Ein solcher Text veranschaulicht die enge Beziehung zwischen den Interpretationen der vierten Dimension und der zeitgenössischen Wissenschaft, die, während sie sich mit unsichtbaren Phänomenen wie Röntgenstrahlen und Äther beschäftigte, im höchsten Maße anregend für die visuelle Vorstellungskraft der Künstler war.

Der Suprematismus Malewitschs: Schwebende Felder im unendlichen Raum

Während Kubisten geometrisch komplexe Bilder schufen, die die unsichtbare Realität hinter der Oberflächenerscheinung andeuteten, nutzte der abstrakte Suprematismus von Malewitsch (vgl. Abb. 6) die Methode der Sektionierung, um geometrische Ebenen zu erschaffen, die sich im Raum bewegen.[34]

Die zweidimensionale Analogie, auf der *Flatland* beruhte und die in Bragdons *Primer* (Abbildung 2) dargestellt wurde, wurde zuerst ausführlich von Hinton diskutiert, und sowohl Uspenskij, Hintons russischer Schüler, als auch Boucher in seinem *Essai sur l'hyperespace* folgten Hintons Entwurf. Dass Malewitsch und der Musiker und Künstler Michail Matjuschin, mit dem Malewitsch befreundet war, Bouchers *Essai* kannten, geht aus einem 1916 entstandenen Text von Matjuschin hervor, in dem er schreibt: »How to solve the question of ›space,‹ ›where‹ and ›where to‹? Lobachevsky, Riemann, Poincaré, Boucher, Hinton and Minkovsky provided the answer«.[35] Neben Poincaré, Boucher, Hinton und Minkowski nennt Matjuschin hier die zwei wich-

[33] Boucher, Maurice, *Essai sur l'hyperespace: Le Temps, la matière et l'énergie*, Paris 1903, S. 64. Siehe auch Metzinger, Jean, *Le Cubisme était né*, Chambéry 1972, S. 43.

[34] Für eine ausführlichere Diskussion der Russischen Avantgarde und der vierten Dimension siehe Henderson, *The Fourth Dimension*, Kap. 5; für eine exzellente Analyse von Malewitschs Kunst siehe Douglas, Charlotte, *Kazimir Malevich*, New York 1994.

[35] M. Matjuschin zitiert in Zhadova, Larissa A., *Malevich: Suprematism and Revolution in Russian Art 1910–1930*, London 1982, S. 32. In der überarbeiteten Ausgabe von Uspenskijs *Tertium Organum* von 1914 konnten die Russen einen kurzen Abschnitt über Hermann Minkowskis 1908 formulierte Fusion von Raum und Zeit lesen, die er für Einsteins spezielle Relativitätstheorie entwarf. Uspenskij zitierte einen Vortrag, den der Physiker N. A. Umov 1911 zum Thema gehalten hatte, aber er kritisierte Umov auch, weil er sich dem Gedanken widersetzte, dass Zeit und Bewegung Illusionen seien, die mit dem Aufkommen eines höherdimensionalen Bewusstseins verschwinden würden. Siehe Uspenskij, *Tertium Organum*, Kap. 11.

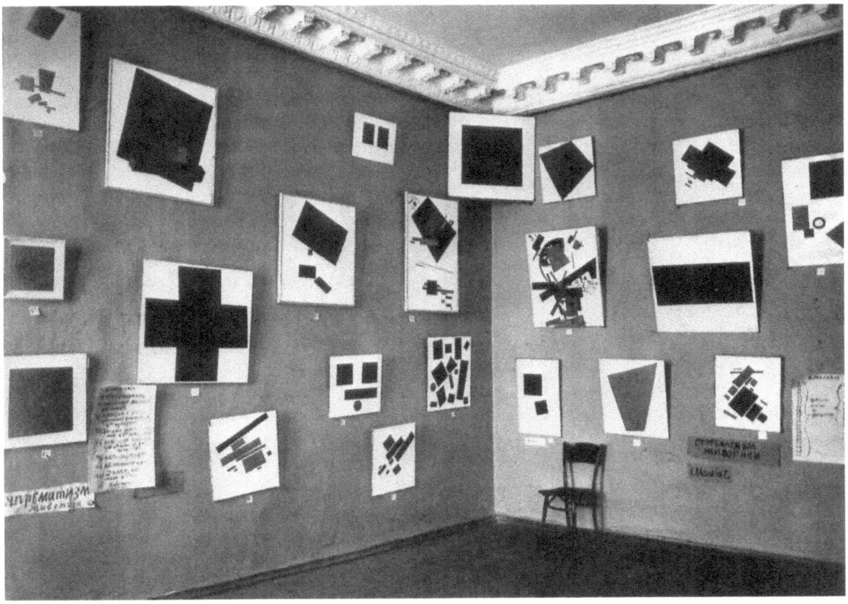

Abb. 6: »Letzte Futuristische Ausstellung 0.10«. Zeitgenössische Fotografie aus einer anonymen Quelle

tigsten Pioniere der nichteuklidischen Geometrien, Nikolai Ivanowitsch Lobatschewski und Georg Friedrich Bernhard Riemann.

Allerdings erwähnt Matjuschin nicht die Gestalt, die eine noch zentralere Rolle in Malewitschs Erfindung des Suprematismus spielte: Uspenskij, der Hauptbefürworter der vierten Dimension in Russland. Tatsächlich hatte sich um 1916 Malewitschs und Matjuschins Begeisterung für Uspenskij etwas abgekühlt, da der Letztere in der 1914 erschienenen Ausgabe seines ursprünglich 1911 veröffentlichten Buchs *Tertium Organum* die russischen Künstler der Gegenwart für eine seiner Meinung nach starrköpfige Betrachtungsweise der vierten Dimension kritisierte. Nichtsdestoweniger waren Uspenskijs Bücher *Die Vierte Dimension* von 1909 und *Tertium Organum: Der Dritte Kanon des Denkens. Ein Schlüssel zu den Rätseln der Welt*, die eine komplette Darstellung von Hintons Ideen boten, bedeutende Quellen für Malewitsch und seine Kollegen Matjuschin und den Dichter Aleksej Krutschonych.[36] Entscheidend für Malewitschs reifen Suprematismus war jedoch Uspenkijs Dis-

36 Einen Überblick über Uspenskijs Philosophie gibt Henderson, *The Fourth Dimension* (1983), S. 245–255.

kussion des Übergangs zum vierdimensionalen »kosmischen Bewusstsein« und von dessen Verhältnis zur Unendlichkeit. Tatsächlich könnten Bouchers Kapitel über Unendlichkeit und die vierte Dimension sowie seine Ablehnung der den Sinnen zugänglichen Welt als einer Illusion ein Anreiz für Uspenskij selbst und für Malewitsch gewesen sein.

Als Malewitsch seine ersten suprematistischen Gemälde in der *Letzten Futuristischen Ausstellung 0.10* im Dezember 1915 in Sankt Petersburg ausstellte, trug eines der Bilder den Titel *Movement of Painterly Masses in the Fourth Dimension*, und die anderen trugen die Untertitel *Color Masses in the Fourth Dimension* oder *Color Masses in the Second Dimension* (Abbildung 6). Malewitschs suprematistische Bilder mit Flächen in einer Farbe evozieren die zweidimensionalen Schnitte oder Spuren, die entstehen, wenn dreidimensionale Objekte eine Fläche durchschneiden, wie dies bei Hinton und Uspenskij diskutiert und in Bragdons *Primer of a Higher Space* illustriert wird (Abbildung 2). Diese »Farbmassen in der zweiten Dimension« könnten für Malewitsch als indirekte Zeichen der vierten Dimension mittels der altbekannten zweidimensionalen Analogie gedient haben.

Malewitschs *Painterly Realism of a Football Player: Color Masses in the Fourth Dimension* (Abbildung 7) trägt jedoch typischere Züge seiner suprematistischen Werke, die gewöhnlich verschiedenfarbige, sich überschneidende Flächen enthalten, die es verhindern, dass das Bild als zweidimensional gelesen wird.

Hier evoziert der Künstler höhere Dimensionen in expliziterer Weise, insofern er Bewegung durch einen unendlichen, multidimensionalen weißen Raum andeutet. Indem er dreidimensionale Formen meidet und das Motiv der Zeit und Bewegung als ein vorläufiges Mittel heranzieht, um ein höheres räumliches Verständnis zu erlangen, setzt Malewitsch zweidimensionale Flächen in hellen, warmen Farben in Bewegung. Sowohl Hinton als auch Uspenskij verstanden Zeit als ein Mittel zu einem räumlichen Zweck, sei es für die Schaffung höherdimensionaler Formen (Abbildung 1) als auch für deren Sektionierung (Abbildung 2).[37] Matjuschins Eintrag in sein Tagebuch im Mai 1915 reflektiert zweifellos die Ideen, die er mit Malewitsch teilte: »Only in motion does vastness reside. [...] When at last we shall rush rapidly past objectness we shall probably see the totality of the whole world«.[38]

---

[37] Hinton schrieb: »All attempts to visualize a fourth dimension are futile. It must be connected with a time experience in three space« (*Fourth Dimension*, S. 207). Zu Uspenskijs Ausführungen zum Thema siehe *Tertium Organum*, Kap. 4.

[38] So Matjuschins Tagebucheintrag von 29. Mai 1915; siehe Henderson, *The Fourth Dimension* (1983), S. 284, Anm. 173.

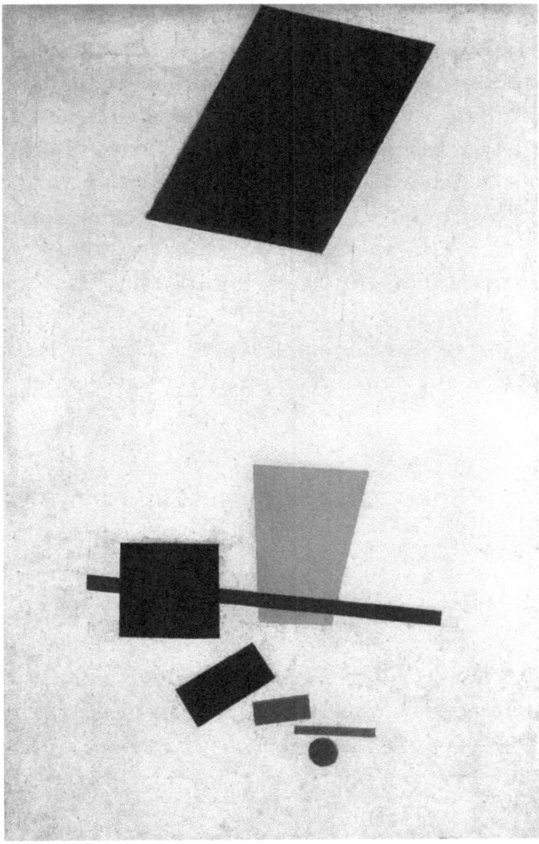

Abb. 7: Kasimir Malewitsch, *Malerischer Realismus eines Fußballspielers: Farbmassen in der vierten Dimension,* 1915, Öl auf Leinwand. Nachlass des Künstlers

Laut Uspenskij würde ein Gefühl der Unendlichkeit und Weite die ersten Augenblicke des Übergangs zu dem neuen kosmischen Bewusstsein der Vierdimensionalität charakterisieren. Malewitsch bezeichnete den Raum seiner suprematistischen Bilder ausdrücklich als »white, free chasm, infinity«.[39] Obwohl Malewitsch vom Fliegen fasziniert war, malte er seinen Raum nicht blau. Stattdessen ist es eine kosmische weiße Weite, in der verschiedenfar-

---

39 Malewitsch, Kasimir, »Non-Objective Creation and Suprematism« (1919), in: Troels Andersen (Hrsg.), *K. S. Malevich: Essays on Art 1915–1933*, 2 Bde., Copenhagen 1971, Bd. 1, S. 122. Zu Uspenskijs Ausführungen zur Unendlichkeit und zum kosmischen Bewusstsein siehe *Tertium Organum*, Kap. 20.

bige Elemente frei schweben, ohne eine bestimmte Ausrichtung nach links oder rechts, nach oben oder unten – ganz im Sinne Hintons, der argumentiert hatte, dass das Loslösen von der konventionellen Orientierung und dem Sog der Gravitation der erste Schritt sei, den »Raumsinn« so auszubilden, dass er die vierte Dimension wahrnimmt. Wie ein kubistischer Maler scheute Malewitsch jeglichen Hinweis auf die dritte Dimension. Statt auf die geometrische Komplexität des Kubismus und die Idee von einem Fenster zu einer unsichtbaren Welt zielte Malewitsch auf die Vermittlung einer physiologischen *Erfahrung* des vierdimensionalen kosmischen Bewusstseins ab. Dabei stützte er sich auf Konzepte, die lange mit der vierten Dimension in Verbindung gebracht worden waren – räumliche Weite und Unendlichkeit, Freiheit von der Schwerkraft und einer bestimmten Ausrichtung und implizierte Bewegung.

Marcel Duchamp: Spielerische Geometrie und andere Hinweise auf die vierte Dimension

Duchamp, der seine Karriere als Maler im Umfeld des Kubismus begann, widmete sich ebenfalls der Aufgabe, Aspekte des vierdimensionalen Raums in seiner Kunst zu realisieren. Sein Ansatz und seine Resultate jedoch unterscheiden sich grundlegend von denjenigen des Kubismus oder von Malewitschs Suprematismus. Duchamps über 2,70 m großes Werk *Die Braut wird von ihren Junggesellen entkleidet, sogar* (1915–1923), besser bekannt als *Großes Glas* (Abbildung 8), ist eine mathematische Allegorie des sexuellen Begehrens, für die Duchamp einen unüberwindlichen Graben zwischen dem vierdimensionalen Bereich der biomechanischen Braut oben und der dreidimensionalen Junggesellen-Maschine unten schuf.[40]

Zu seinen Quellen für die vierte Dimension gehörte Matjuschins gesamte, hier bereits zitierte Liste von Namen, wobei Jouffret an die Stelle von »Minkowski« trat. Aber Duchamp las noch viele weitere Quellen, da er 1912 das Malen tatsächlich für einige Zeit aufgab und, entschlossen »to put pain-

---

[40] Die folgenden Ausführungen zu *Großes Glas* basieren auf Henderson, Linda Dalrymple, *Duchamp in Context: Science and Technology in the Large Glass and Related Works*, Princeton 1998; für einen allgemeinen Überblick siehe Dies., »The *Large Glass* Seen Anew: Reflections of Contemporary Science and Technology in Marcel Duchamp's ›Hilarious Picture‹«, in: *Leonardo*, 32/1999, 2, S. 113–126. Duchamps Beschäftigung mit der vierten Dimension (ohne Berücksichtigung der Wissenschaft) ist das Thema eines Kapitels in Henderson, *The Fourth Dimension.* Die beste allgemeine Einführung zu Duchamp ist Ades, Dawn/Cox, Neil/Hopkins, David, *Marcel Duchamp*, London 1999.

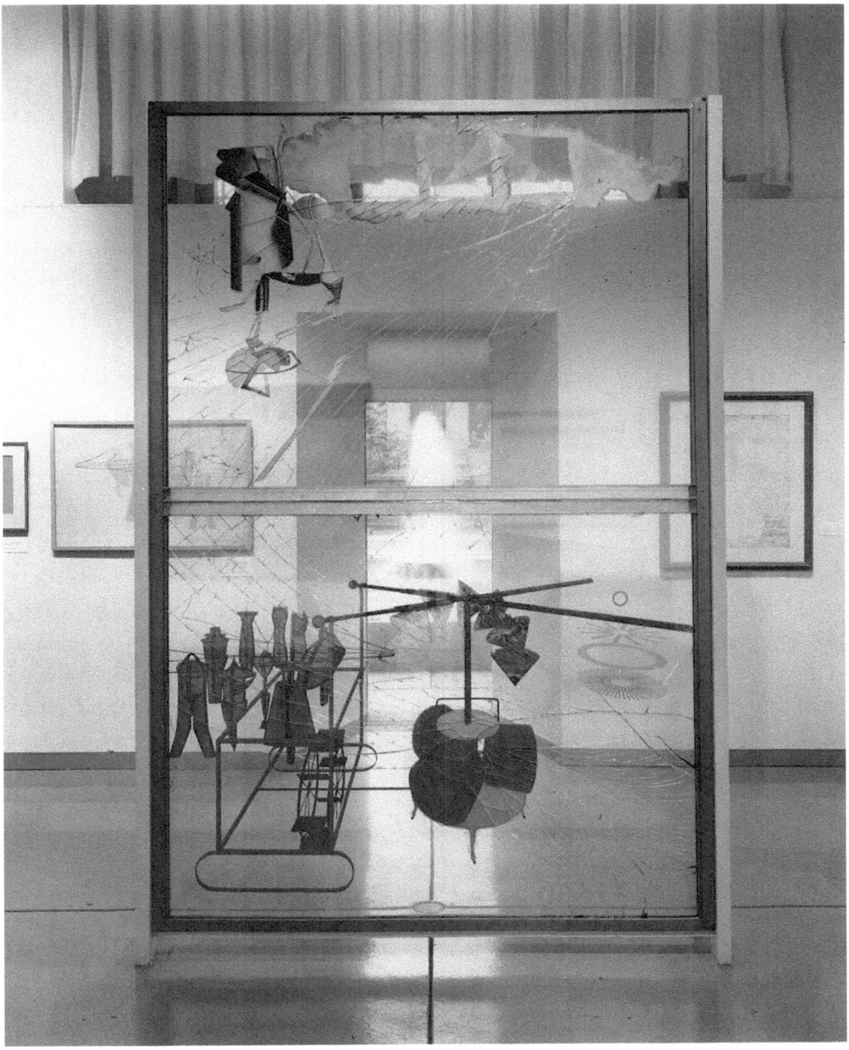

Abb. 8: Marcel Duchamp, *Die Braut wird von ihren Junggesellen entkleidet, sogar* (*Großes Glas*), 1915–1923. Philadelphia Museum of Art, Nachlass von Katherine S. Dreier. © 2009 Artists Rights Society (ARS), New York/ADAGP, Paris/Succession Estate of Marcel Duchamp

ting at the service of the mind«,[41] eine Stelle in der Bibliothek Ste. Geneviève annahm. Angeekelt von der, wie er es sah, geistlosen und rein auf das Sehen fixierten Arbeitsweise anderer Maler, fand Duchamp in der vierten Dimension ein eng mit geistiger Aktivität verbundenes Thema, zu dem Imagination, Intuition und Vernunft (letzteres ein wichtiges Thema in Bouchers Buch) gehörten, und somit ein Gebiet, auf dem er sich als ein neuer Typ von Künstler definieren konnte. Er tauschte nicht nur Leinwand und Ölfarbe gegen Glas und ungewöhnliche Materialien wie Bleidraht, Bleifolie und Staub ein, sondern er verfolgte *Großes Glas* als ein Text-Bild-Projekt, indem er hunderte von vorbereitenden Notizen anfertigte, die er für ebenso wichtig erachtete wie das Werk selbst.[42]

Ohne Duchamps Aufzeichnungen würde es uns sehr schwer fallen, die Fabel von *Die Braut wird von ihren Junggesellen entkleidet, sogar* zu entziffern oder die »spielerische Physik« und Geometrie, die dem Werk zugrunde liegt, zu würdigen. Im Grunde beginnt auf der linken Seite im Bereich der Junggesellen eine Reihe von Vorgängen, während derer »Leuchtgas« sich allmählich zu einer samenartigen »erotischen Flüssigkeit« verflüssigt, die schließlich auf die obere Hälfte von *Großes Glas* platscht, um dort die vom Zufall bestimmten »neun Spritzer« rechts im Bereich der Braut zu bilden.[43] Bouchers *Essai sur l'hyperespace* wird eine besonders wichtige Quelle für Duchamp gewesen sein, da er die vierte Dimension in ihrem Verhältnis zu zeitgenössischen Konzepten von Materie, Energie und Äther behandelt. Tatsächlich ist die wellengetragene Kommunikation eines der zentralen Themen von *Großes Glas*, insofern die Braut, die schwerelos in ihrem ätherischen, vierdimensionalen (Be-)Reich hängt, ihren Junggesellen über ihre »prächtigen Vibratio-

---

41 Duchamp zitiert im Interview mit James Johnson Sweeney für *Bulletin of the Museum of Modern Art*, 1946; Wiederabdruck in Sanouillet, Michel/Peterson, Elmer (Hrsg.), *The Writings of Marcel Duchamp* (zuerst 1973), New York 1988, S. 125.

42 Zu Duchamps Zurückweisung einer vom Sehen dominierten Kunst zu Gunsten der »grauen Zellen« siehe James Johnson Sweeneys NBC-Fernsehinterview mit Duchamp von 1956, in ebd., S. 136. Zu Duchamps zu Lebzeiten veröffentlichten Aufzeichnungen siehe Sanouillet/Peterson, *The Writings of Marcel Duchamp*; zu den nach seinem Tod veröffentlichten schriftlichen Vorüberlegungen siehe Matisse, Paul (Hrsg.), *Marcel Duchamp: Notes*, übersetzt von Paul Matisse, Boston 1983. Diese unveröffentlichten Aufzeichnungen sind in Hinblick auf die wissenschaftliche Dimension besonders aufschlussreich. Sie werden untersucht in Henderson, *Duchamp in Context*.

43 Zu *Großes Glas* und zur Allegorie siehe Henderson, Linda Dalrymple, »Etherial Bride and Mechanical Bachelors: Science and Allegory in Marcel Duchamp's ›Large Glass‹«, in: *Configurations*, 4, Winter 1996, S. 91–120; und Henderson, *Duchamp in Context*, Kap. 12.

nen« Befehle erteilt. Die einfache, säulenartige Form der Braut ist von Röntgenbildern inspiriert, und ihre auf Schwingungen beruhenden Mitteilungen basieren auf der damals neuartigen drahtlosen Telegrafie und Funksteuerung über den Äther. Im Kontrast dazu bestimmen die Gesetze der klassischen Mechanik, die Duchamp spielerisch bis an ihre Grenzen treibt, die untere Hälfte von *Großes Glas*, wo die Junggesellen von der Perspektive und dem gnadenlosen Wirken der Schwerkraft gefesselt sind.[44]

Obwohl Duchamp den umfangreichen Text, der ursprünglich *Großes Glas* begleiten sollte, niemals veröffentlichte, zeugen seine »Schachteln« mit den originalgetreuen Kopien seiner Aufzeichnungen, in erster Linie die *Grüne Schachtel* von 1934 und *A l'infinitif (Weiße Schachtel)* von 1966, von dem Umfang seiner Studien sowie von seiner Fähigkeit zur verbalen Erfindung, während er an seinem »hilarious picture«[45] arbeitete. Aufgrund des Schicksals, das die vierte räumliche Dimension in den 1920er Jahren als Folge von Einsteins Entdeckungen erfahren hatte, entschloss sich Duchamp, seine Aufzeichnungen über die vierte Dimension nicht in die *Grüne Schachtel* aufzunehmen. In den 1960ern allerdings wurde dieses Thema wieder virulent, und seine Aufzeichnungen dazu, die in der *Weißen Schachtel* zu finden sind, zeigen seine lebhafte Vorstellungskraft und seinen Witz beim Spiel mit den Gesetzen der vierdimensionalen Geometrie und seiner Erforschung anderer Mittel, mit deren Hilfe er den Bereich bzw. das Reich der Braut vierdimensional machen könnte. Duchamps Aufzeichnungen und Skizzen zeigen höchst originelle Denkansätze, die am Ende unrealisierbar waren; dennoch fungieren seine verbalen Erfindungen in den Aufzeichnungen als ein wichtiges Pendant zum Kunstwerk selbst.

Duchamp beschäftigte sich ausgiebig mit der vierdimensionalen Geometrie, indem er mit Analogien arbeitete und seine eigenen spielerischen Gesetze zu diesem Thema formulierte.[46] Obwohl er Poincarés Ideen zu den geometrischen kontinuierlichen Größen und Schnitten sowie die Verwendung von

---

44 Zu den »prächtigen Vibrationen« siehe Duchamp, Marcel, »Green Box«, in: Sanouillet/Peterson (Hrsg.), *The Writings of Marcel Duchamp*, S. 42. Zu diesen Aspekten von *Großes Glas* siehe auch Henderson, »The Large Glass Seen Anew«, in: *Leonardo*, 32/1999, 2, S. 113–126.

45 Zum »hilarious picture« siehe Duchamp, »Green Box«, in: Sanouillet/Peterson (Hrsg.), *The Writings of Marcel Duchamp*, S. 30.

46 Siehe Duchamp, Marcel, »A l'infinitif«, in: Sanouillet/Peterson (Hrsg.), *The Writings of Marcel Duchamp*, S. 84–101. Einen Überblick über diese Aufzeichnungen bietet Henderson, *The Fourth Dimension*, Kap. 3. Craig Adcock hat diese speziellen Aufzeichnungen am intensivsten untersucht. Siehe Adcock, Craig, *Marcel Duchamp's Notes from the »Large Glass«: An N-Dimensional Analysis*, Ann Arbor 1983.

Spiegeln und »virtuellen« Bildern als mögliche Hinweise auf die Vierdimensionalität der Braut berücksichtigte, kehrte er am Ende zu Jouffrets Idee des Schattens zurück: »The *shadow* cast by a 4-dim'l figure on our space is a *3-dim'l* shadow«.[47] Daher malte Duchamp die Braut so, dass sie der Fotografie einer dreidimensionalen Figur gleichen sollte, die er als Schatten der wahren, vierdimensionalen Braut betrachtete. Jedoch unternahm er noch weitere Schritte, um das vierdimensionale Anderssein der Braut zu steigern, indem er für sie ein vierdimensionales Reich erschuf, das er als jenseits der Maße definierte (im Kontrast zu den »messbaren« und »unvollkommenen« Formen der Junggesellen).[48] In ihrem unendlichen, unmessbaren Reich deutet die Braut, die als frei von der Gravitation beschrieben wird, Eigenschaften an, die mit der erweiterten räumlichen Wahrnehmung in Hintons Sinne in Verbindung gebracht werden können. Doch Duchamp war weit von Uspenskijs und Malewitschs Streben nach dem mystischen »kosmischen Bewusstsein« entfernt. Stattdessen war der selbsternannte Kartesianer in seiner Betrachtung der vierten Dimension viel näher an Boucher, dem Befürworter der Rationalität.[49]

1923 stellte Duchamp die Arbeit an *Großes Glas* ein, sodass das Bild unvollendet blieb und einige Elemente fehlen. Obwohl er nie den Jongleur der Gravitation in das eigentliche Bild einfügte, sollte diese vermittelnde Schlüsselfigur symmetrisch der Braut gegenüberstehen und eine Kommunikation zwischen der Braut und den Junggesellen ermöglichen.[50] Gezeichnet in der Form einer Spirale, sollte der Jongleur der Gravitation in der Lage sein, sowohl in drei als auch in vier Dimensionen zu funktionieren. Somit evoziert der Jongleur die dimensionsüberschreitenden Assoziationen einer Spirale, die Hinton nutzte, um die Illusion eines kreisenden Punktes zu demonstrieren, der entsteht, wenn eine Spirale eine Fläche durchquert.[51] Die Spirale

---

[47] Duchamp, »A l'infinitif«, in: Sanouillet/Peterson (Hrsg.), *The Writings of Marcel Duchamp*, S. 89. Die Aufzeichung geht so weiter: »(see Jouffret, Géom. à 4 dim., page 186, last 3 lines.)«.

[48] Duchamp, »Green Box«, in: Sanouillet/Peterson (Hrsg.), *The Writings of Marcel Duchamp*, S. 44–45.

[49] Zu Duchamps Bekenntnis zu »logic and close mathematical thinking«, die er mit dem Kartesianismus assoziierte, siehe Henderson, *Duchamp in Context*, S. 77 und 269, Anm. 59. Zu Bouchers Befürwortung der Vernunft siehe z. B. Boucher, *Essai*, S. 144, S. 170.

[50] Zum Jongleur siehe Duchamp, »Green Box«, in: Sanouillet/Peterson (Hrsg.), *The Writings of Marcel Duchamp*, S. 65; zu Jean Suquets Zeichnung, die den Jongleur in *Großes Glas* einfügt, siehe Henderson, »Etherial Bride and Mechanical Bachelors«, in: *Configurations*, 4, Winter 1996, S. 91–120 sowie Dies., *Duchamp in Context*, Abb. 111.

[51] Siehe Hinton, *Fourth Dimension*, S. 27; sowie Henderson, *The Fourth Dimension*, Abb. 32.

hatte noch eine weitere Verbindung zur vierten Dimension: Befürworter höherer Dimensionen interpretierten die Drehung der Spiralen im bzw. gegen den Uhrzeigersinn in der Natur als einen »wissenschaftlichen« Beweis für die Existenz des vierdimensionalen Raums. Solche spiegelsymmetrischen Paare, zu denen die linke und rechte Hand, links- und rechtsdrehende Kristalle sowie Spiralen gehörten, müssten eine vierte Dimension durchlaufen, um mit ihren Gegenstücken zusammenzufallen. Spiegel an sich waren in der populären Literatur über die vierte Dimension von Anfang an häufig präsent, unter anderem auch in dem 1872 erschienenen *Through the Looking Glass* des Mathematikers Lewis Carroll.[52] Duchamp verwendete das Spiegelsilber auf der Oberfläche von *Großes Glas*, um die »Augenzeugen« (die kreisförmigen Augenformen auf der rechten Seite im Bereich der Junggesellen) zu erstellen, die ein Spiegelbild des orgastischen Spritzers aufwärts »blenden« sollten, um die neun Spritzer zu erzeugen. Duchamp hatte bereits vorher mit dem Gedanken an Spiegelumkehrungen und Drehachsen gespielt, und zwar bei seiner halbkreisförmigen, auf Türangeln befestigten Glasplatte *Schlitten, eine Wassermühle aus ähnlichem Metall enthaltend* von 1913 (Philadelphia Museum of Art, The Louise and Walter Arensberg Collection), auf der der Betrachter spiegelverkehrte Bilder der vorderen und hinteren Seite sehen kann.

Im Laufe der 1920er und 1930er Jahre verband Duchamp sein Interesse an der Spirale mit dem Interesse an der Bewegung, indem er Drehscheiben in Bewegung setzte, sodass sie nach außen und nach innen zu pulsieren schienen. Diese optischen Experimente verbanden Duchamp, den engagiertesten Erforscher der vierten räumlichen Dimension im frühen 20. Jahrhundert, mit der kinetischen Kunst, die in den frühen 1920er Jahren als eine Reaktion auf die neue Bedeutung der Zeit in der Relativitätstheorie Einsteins entstand. Der ungarische Künstler László Moholy-Nagy war der Hauptvertreter der neuen kinetischen Kunst der Raumzeit, die er in Büchern wie *Von Material zu Architektur* von 1928 und *Vision in Motion* von 1947 propagierte.[53] In den späten 1940er und 1950er Jahren hat man Duchamp regelmäßig zusammen mit Moholy-Nagy und Alexander Calder der Gruppe der kinetischen Künstler zugeordnet. Er hatte jedoch die räumliche vierte Dimension, die für *Großes Glas* eine so zentrale Rolle spielte, nicht vergessen, und 1957 la-

---

52 Zu Spiralen oder Spiegeln und der vierten Dimension siehe den Index in Henderson, *The Fourth Dimension*. Zu Lewis Carroll, dem Pseudonym des Mathematikers Charles Dodgson, siehe ebd. S. 21–22.

53 Zu dieser Entwicklung und zu Moholy-Nagy siehe Henderson, Linda Dalrymple, »Einstein and 20th-Century Art: A Romance of Many Dimensions«, in: Peter L. Galison u. a. (Hrsg.), *Einstein for the 21st Century: His Legacy in Science, Art, and Modern Culture*, Princeton 2007, S. 101–129.

sen der Künstler und seine Frau Teeny das Buch *Mathematics and the Imagination* von Edward Kasner und James Newman, das 1956 in seiner vierzehnten Auflage vorlag.[54] Duchamp muss über das Lob des Autors für die räumliche vierte Dimension erfreut gewesen sein, da es für ihn, wie oben zitiert, keinen größeren Schritt nach vorn gab. Und als während der späten 1950er und der 1960er Jahre das Interesse an dieser Idee wieder erwachte und sich unter anderem in Martin Gardners Kolumnen im *Scientific American* niederschlug, spekulierte Duchamp offensichtlich darauf, dass seine spielerischen Grübeleien über vierdimensionale Geometrie wieder allgemein verständlich sein könnten, und entschloss sich, diese zu veröffentlichen.[55]

Das *Science-Fiction*-Genre war einer der Bereiche, in denen die räumliche vierte Dimension überlebt hatte. Nun zur »fünften Dimension« umgetauft (Zeit wurde mittlerweile zu sehr mit der vierten Dimension assoziiert), fand die Vorstellung neue Prominenz in der *Fantasy*-Literatur (Madeleine L'Engles *A Wrinkle in Time* von 1962) und, angefangen mit *The Twilight Zone* 1959, auch im Fernsehen. Rod Serlings unvergessliche Einleitung in der ersten Folge der Serie berührte viele Charakteristika, die zuvor mit der vierten Dimension assoziiert worden waren, inklusive der Vorstellungskraft. »There is a fifth dimension«, sagte er,

> beyond that which is known to man. It is a dimension as vast as space and as timeless as infinity. It is the middle ground between light and shadow, between science and superstition, and it lies between the pit of man's fears and the summit of his knowledge. It is the dimension of the imagination. It is an area which we call … the Twilight Zone.[56]

In seinen *Profiles of the Future* von 1962 erinnerte Arthur Clarke ebenfalls an diese Idee: »The fourth dimension has been out of fashion for quite a while: it was fashionable round the turn of the century, and perhaps it may come back into style some day«.[57] Dies sollte noch in den 1960er Jahren geschehen – im Zuge des »Space Age«, das Clarke selbst vorhergesagt hatte.

Für diejenigen Künstler, die sich in der zweiten Hälfte des 20. Jahrhunderts der räumlichen vierten Dimension zuwandten, begann die Beschäftigung mit diesem Konzept oft mit der Lektüre von Texten aus der Anfangszeit des Jahrhunderts. Das gilt für den Park-Place-Gallery-Künstler Peter

---

54 So Jacqueline Monnier [Duchamps Stieftochter] in einem Brief an die Autorin vom 20. Juli 2001.

55 Für eine Archäologie der Spuren der vierten Dimension, die in den 1960er Jahren wieder sichtbar wurden, inklusive Gardner, siehe Henderson, »Reintroduction«, in: Dies., *The Fourth Dimension* (2011).

56 Siehe Zicree, Marc Scott, *The Twilight Zone Companion*, New York 1992, S. 31.

57 Clarke, Arthur C., *Profiles of the Future*, New York 1962, S. 78.

Forakis, der 1957, als er an der California School of Fine Arts studierte, Bragdons *Frozen Fountain* von 1932 und Uspenskijs *Tertium Organum* aus dem Nachlass eines Künstlers erwarb. Im Zeitalter Einsteins erschienen diese Texte wie antikes Wissen, das dem allgemeinen Zeitgeist zuwiderlief. Während der 1960er Jahre erkundete Forakis in seinen geometrisch orientierten Skulpturen wiederholt Zugänge zur vierten Dimension, die unter anderem als eine Reaktion auf Buckminster Fullers Einbeziehung dieser Idee in seine »synergetic geometry« interpretiert werden können.[58] Für Robert Smithson dagegen, für den die räumliche vierte Dimension in der zweiten Hälfte der 1960er von großer Bedeutung war und der Spiegel und Spiralen als zentrale Zeichen dieses Konzepts betrachtete, waren sowohl Duchamps Aufzeichnungen als auch Fullers Ideen wichtig.[59]

Tony Robbin: Vierdimensionale, auf Physik und Mathematik beruhende Kunst

Der Künstler des späten 20. Jahrhunderts, der sich – in der Tradition Duchamps, allerdings ernsthaft und nicht spielerisch – am intensivsten mit der vierdimensionalen Geometrie auseinandergesetzt hat, ist Tony Robbin. Robbin kam 1969 direkt von der Yale Graduate School nach New York – zwei Jahre also, nachdem die Park Place Gallery geschlossen hatte. Aber in einer Kunstwelt, die vom Minimalismus und von dem vom Kunstkritiker Clement Greenberg formulierten Dogma, dass die Malerei flach zu sein habe, dominiert wurde, hörte Robbin nie vom Interesse der Park-Place-Künstler an der vierten Dimension.[60] Robbins Bilder aus den frühen siebziger Jahren werden meist als Teil der *Pattern-and-Decoration*-Bewegung angesehen, aber sein besonderes Interesse galt den Disjunktionen zwischen kontrastierenden Berei-

---

58 Siehe Henderson, »Einstein and 20th-Century Art«, in: Galison u. a. (Hrsg.), *Einstein for the 21st Century*, S. 101–129, hier S. 124–125; für eine ausführlichere Diskussion von Forakis siehe Henderson, Linda Dalrymple, »Park Place: Its Art and History«, in: *Reimagining Space: The Park Place Gallery in 1960s New York*, Austin, Texas 2008.

59 Zu Smithson und der vierten Dimension siehe Henderson, »Reintroduction«, in: *The Fourth Dimension* (2011); für eine prägnante Behandlung siehe Henderson, Linda Dalrymple, »Space, Time, and Space-Time: Changing Identities of the Fourth Dimension in 20th-Century Art«, in: Lucinda Barnes (Hrsg.), *Measure of Time*, Berkeley 2007, S. 95–99.

60 Zu Robbins frühen Arbeiten und Biographie siehe Robbin, Tony, *Fourfield: Computers, Art, and the Fourth Dimension*, Boston 1992. Zu den theoretischen Überzeugungen, die ein künstlerisches Interesse in den späten 1960ern erschwerten, siehe Henderson, »Park Place: Its Art and History«.

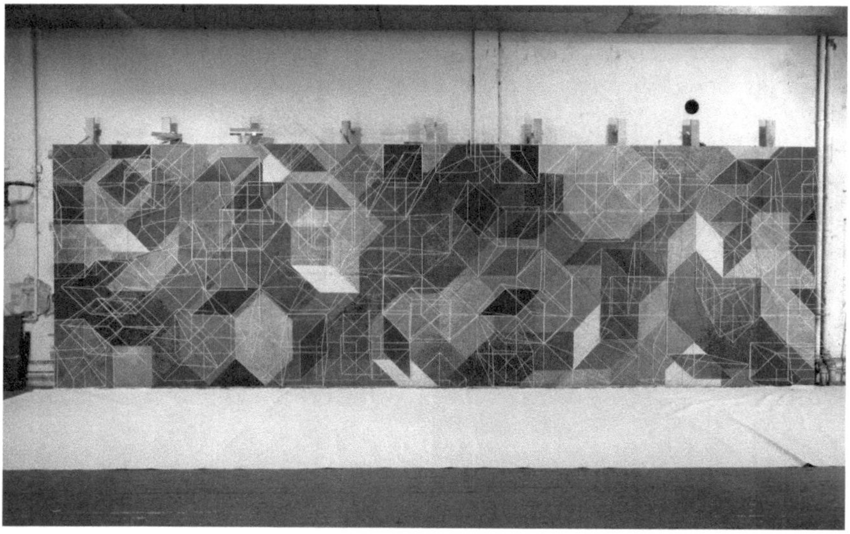

Abb. 9: Tony Robbin, *Fourfield*, 1980–1981, Acryl auf Leinwand mit aufgeschweißten Stahlstäben. Mit freundlicher Genehmigung des Künstlers

chen von subtil gefärbten Mustern. In einem Text zu Robbins Ausstellung im Whitney Museum of American Art 1974 schrieb die Kuratorin Marcia Tucker, dass Robbins Bilder durch widersprüchliche visuelle Informationen »the complexity of four-dimensional geometry« suggerierten.[61] Auf eine Art und Weise, die an Forakis' Zufallsfund erinnert, kam Robbin mit einem Mathematikprofessor am Trenton State College in Berührung, wo er auch selbst unterrichtete. So gelangte ein ganzes Archiv von Quellen zu Geometrie und Raum der vierten Dimension in seinen Besitz, darunter Bücher aus dem frühen 20. Jahrhundert von H. P. Manning und Duncan Sommerville sowie Robert Marks' *Space, Time, and the New Mathematics* und Coxeters *Regular Polytopes*. So ausgerüstet, machte sich Robbin auf den Weg, die ernsthafteste Auseinandersetzung mit der vierdimensionalen Geometrie in der Kunst des 20. Jahrhunderts zu leisten.[62]

Fortan beschäftigte sich Robbin mit Geometrie, Physik und Computerprogrammierung, was sich in Kunstwerken wie seinem fast zehn Meter großen Bild *Fourfield* (Abbildung 9) von 1980/1981 und der Publikation seines

---

[61] Tucker, Marcia, *Tony Robbin*, New York 1974. Es ist gut möglich, dass Tucker, die die Künstler des Park Place kannte, der Idee der räumlichen vierten Dimension dort begegnete.

[62] E-Mail von Tony Robbin an die Autorin vom 12. Oktober 2003.

ersten Buchs, *Fourfield: Computers, Art, and the Fourth Dimension* von 1992, niederschlagen sollte.

Für sein Bestreben, die Komplexität eines auf drei Dimensionen projizierten vierdimensionalen Raums zu vermitteln, spielte Thomas Banchoffs Behandlung der vierdimensionalen Flächenrotation des Hyperkubus in seinem Film *The Hypercube: Projections and Slicings* von 1978 eine Schlüsselrolle. Indem er seinen außerordentlichen Sinn für Farben mit komplizierten mathematischen Prinzipien verband, schuf Robbin in dreißig Jahren ein beeindruckendes Werk. In *Fourfield* malte Robbin beispielsweise einen strukturreichen, farbenreichen Hintergrund aus vier- und sechskantigen würfelartigen Kippfiguren. Zu diesem sich verwandelnden Hintergrund fügte er gemalte Linien und dreidimensionale Stäbe, die aus der Leinwandoberfläche hervorragen, hinzu; sie repräsentieren isometrische Projektionspaare der acht Grenzwürfel des Hyperkubus in leicht veränderten Positionen. Wenn der Betrachter von einem Ende des Bildes zum anderen läuft, verschieben und verändern sich die gemalten und die eigentlichen Schatten des Hyperkubus und imitieren so die Verzerrungen, die in Banchoffs Projektionen der Flächenrotation des Hyperkubus im vierdimensionalen Raum entstehen.[63]

Wie Robbins Bücher *Fourfield* und das 2006 erschienene *Shadows of Reality* belegen, hat er jahrelang eng mit einigen Mathematikern und Physikern zusammengearbeitet. Dadurch erlangte er ein Fachwissen, das weit über das anderer Künstler hinausging, und gewann Anerkennung für seine Beiträge zur Mathematik sowie für die praktischen Komponenten, die er für sein 1996 veröffentlichtes Buch *Engineering a New Architecture* entwickelte.[64] Parallel zu seinen Forschungen auf den Gebieten der Mathematik und Physik entwickelte sich Robbins Kunst weiterhin in neue Richtungen, unter anderem hin zu Reliefs in Drahtskulpturen, die von farbigem Licht beleuchtet werden, und anschließend zu Arbeiten, die auf den Prinzipien der Geometrie der

63 Banchoffs Film, den er überall auf der Welt, begleitet von Vorträgen, vorführte, war sehr einflussreich in der Verbreitung von Neuigkeiten zur vierten Dimension. Robbin diskutiert seine Arbeit mit Banchoff in *Fourfield* und behandelt »The Computer Revolution in Four-Dimensional Geometry« in einem Kapitel von *Shadows of Reality* (Kap. 10).

64 *Shadows of Reality* plädiert nachdrücklich dafür, sich das dimensionale Verhältnis in Mathematik und Physik über Projektion und nicht über Schichtung zu erschließen. So reinterpretiert Robbin beispielsweise Minkowskis Vorträge von 1907 und 1908, in denen das Raum-Zeit-Kontinuum als eine Geometrie der Projektion und nicht, wie allgemein üblich, als eine Schichtung von Weltlichkeit erscheint (Kap. 4). Sein 1. Kapitel enthält eine neuartige Geschichte der frühen Techniken der Darstellung vierdimensionaler Objekte.

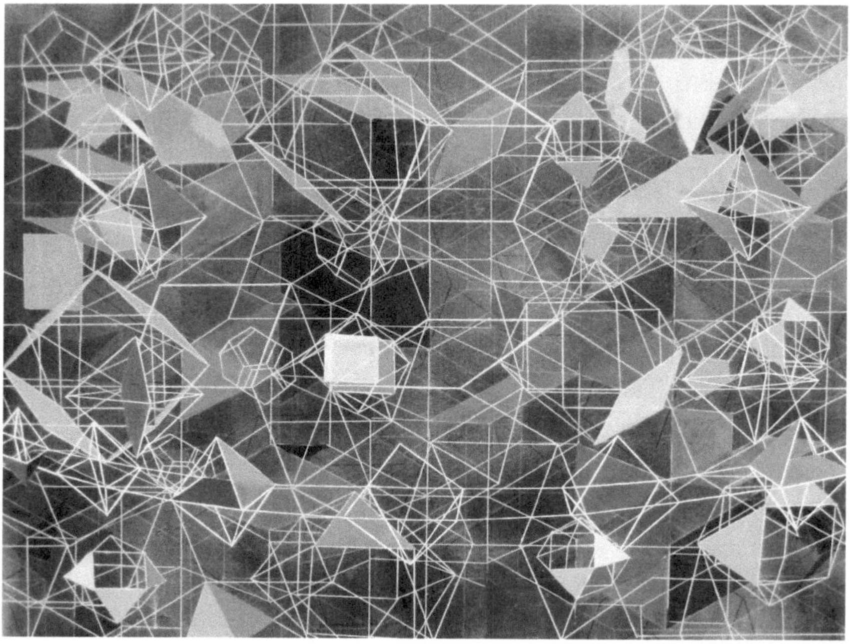

Abb. 10: Tony Robbin, *2007–5*, Acryl auf Leinwand. Mit freundlicher Genehmigung des Künstlers

Quasikristalle basieren. In letzter Zeit hat Robbin wieder begonnen, mit reichen und vielfältigen Farbpaletten zu malen, wobei er mathematische Strukturen mit künstlerischer Handhabung verbindet (Abbildung 10).[65]

Durch den regelmäßigen Austausch mit dem Topologen Scott Carter in den letzten Jahren betrachtet er diese Bilder nun als vierdimensionale Knotendiagramme – mit dreidimensionalen Gittern, die aus mit Quasikristallen in Verbindung gebrachten Polyedern bestehen, welche ineinander verflochten sind. Carter seinerseits hat erklärt, dass die Betrachtung eines von Robbins Draht- und Stabbildern in den 1980er Jahren ihm bei der Lösung eines topologischen Problems geholfen habe. Und auch die neuste Zusammenar-

---

[65] Zu den verschiedenen Phasen von Robbins Entwicklung siehe *Fourfield* and *Shadows of Reality*. In beiden Büchern berichtet er von seinen Konversationen mit Mathematikern und Physikern. Zu den Gesprächen, die in *Shadows of Reality* erwähnt werden, gehört das mit dem Quantenphysiker P. K. Aravind, für den vierdimensionale projektive geometrische Figuren im Zusammenhang mit seiner Arbeit an Partikelverschränkungen Bedeutung erlangt haben (*Shadows*, S. 85–92).

beit der beiden steht in Verbindung mit Carters weiteren topologischen Untersuchungen.[66]

2007 schrieb Robbin:

> The artist using mathematical ideas should not merely illustrate them; mathematical models are to art as medical illustrations are to the work of Rembrandt. The goal is to see the higher-dimensional space, to get the feeling of being inside them, and to revel in their liberating possibilities.[67]

Dreißig Jahre zuvor, 1977, hatte er in einem Artikel über »The New Art of 4-Dimensional Space« erklärt:

> We are not in the least surprised ... to find physicists and mathematicians working simultaneously on a metaphor for space in which paradoxical three-dimensional experiences are resolved only by a four-dimensional space. Our reading of the history of culture has shown us that in the development of new metaphors for space artists, physicists, and mathematicians are usually in step.[68]

Kurze Zeit nachdem Robin diese Zeilen geschrieben hatte, entwickelten sich das Gebiet der Computergrafik und der Heimcomputer zu mächtigen Werkzeugen für die Anregung der visuellen Vorstellungskraft von Mathematikern wie Künstlern. Doch mit oder ohne die Hilfe des Computers haben die vierdimensionale Geometrie und die populäre »vierte Dimension« mit ihren vielfältigen Bedeutungen als wichtige Quellen für Künstler im 20. und nun auch im 21. Jahrhundert gedient. Vor beinahe hundert Jahren wies Malewitschs Freund Matjuschin auf die zentrale Bedeutung des Raums für die Arbeit des Künstlers hin: »Artists have always been knights, poets, prophets of space in all eras«.[69] Die folgende Entwicklung der Kunst bewies, dass Matjuschin selbst ein Prophet gewesen war.

Dieser Artikel wurde ursprünglich für ein von Arielle Saber and Henry Turner herausgegebenes Sonderheft der Zeitschrift *Configurations* (Johns Hopkins University Press, Vol. 16, 2008) verfasst.

Aus dem Englischen von Irina Schmidt

---

66 Scott Carters E-Mail an die Autorin vom 3. August 2004. Carter schreibt: »Tony's painting spoke directly to me since I had seen glimpses of 4-space in my own research. He had escaped the plane of the canvas in order to explain escaping the plane of the 3-dimensional world«.

67 Unveröffentlichte Erklärung Robbins von 2007.

68 Robbin, Tony, »The New Art of 4-Dimensional Space: Spatial Complexity in Recent New York Work«, in: *Artscribe*, 1977, 9, S. 20.

69 Matjuschin, M. V., »Of the Book by Gleizes and Metzinger, *Du Cubisme*«, in: *Union of Youth*, 3, März 1913, S. 25; in: Henderson, *The Fourth Dimension*, Anhang C.

Gabriele Werner (Berlin)

Präzise und konkret

Annäherungen an das Ästhetische in Max Benses Theorie der Ästhetik unter der Bedingung der technischen Existenz

Ist es tautologisch, von einer ästhetischen Theorie der Ästhetik zu sprechen? Zur Beschreibung der sinnlichen Wahrnehmung als spezifische Erkenntnisleistung, als Handlung, zur Beschreibung einer Wissenschaft des Schönen oder einer Semiose bedarf es nicht notwendig einer Theorie, deren Gerüst selbst schon mit der analytischen Transformation des Auszusagenden durch das sinnlich Gegebene gebildet wird. In Max Benses Theorie der Ästhetik ist dies aber der Fall. Ontologie und Phänomenologie, Sein und Form, bedingen eine Ästhetik, die in den 1970er Jahren zu elementaren, trichotomischen Universalkategorialitäten semiotischer Prozesse und Systeme führte. Dies ist aber kein weiterer Beitrag zur Semiotik von Kunst, Design oder der Medien;[1] er befasst sich vielmehr mit der Entstehung der Benseschen Theorie der Ästhetik und ihrer Kombinatorik aus den »Konturen einer Geistesgeschichte der Mathematik«, Kunst und »technischer Existenz«. Es wird darum gehen, jene Idee von der »approximativen Korrespondenz«, die Bense für die mathematischen und philosophischen Probleme im 17. Jahrhundert sieht,[2] als Gestaltprinzip seiner eigenen Theorie der Ästhetik aufzuzeigen, um deutlich zu machen, wie Bense seine Analysen einer Geistesgeschichte der Mathematik sowie der Technik und der Kunst an sichtbaren Formen entwickelt. Technik und Kunst verbindet, dass beide an einer Vermehrung der Dinge teilhaben, da sie Geschaffenes und nicht Gewordenes hervorbringen, und besonders für die moderne Kunst – namentlich für diejenige Wassily Kandinskys und Max Bills – gilt, dass ihre Bemühungen um eine künstlerische Zeichensprache einerseits und eine for-

---

1 Vgl. hierzu Eckhardt, Michael/Engell, Lorenz (Hrsg. in Verbindung mit Elisabeth Walther), *Das Programm des Schönen. Ausgewählte Beiträge der Stuttgarter Schule zur Semiotik der Künste und der Medien*, Weimar 2002.

2 Bense, Max, »Konturen einer Geistesgeschichte der Mathematik. Die Mathematik und die Wissenschaften (1949)«, in: *Ausgewählte Schriften*, Bd. 2, *Philosophie der Mathematik, Naturwissenschaft und Technik*, Elisabeth Walther (Hrsg.), Stuttgart, Weimar 1998, S. 103–231, hier S. 159.

malisierte Ausdrucksart andererseits eine der mathematischen Sprache vergleichbare Zeichenwelt hervorgebracht haben.[3]

I. 1946

Nachdem Max Bense im ersten Kapitel der *Konturen einer Geistesgeschichte der Mathematik. Die Mathematik und die Wissenschaften* festgestellt hat, dass sich eine Geistesgeschichte in der Art und Weise zeigt, wie sich ein Problem, Theorem, Axiom, eine Lösung in einem System darstellt, das, über ein mathematisches System – Euklids *Elemente*, Felix Kleins *Erlanger Programm* – hinausgehend, eine systematische ideengeschichtliche, gesellschaftliche und kulturelle Topologie beschreibt,[4] erörtert er diese Geistesgeschichte als Stilgeschichte.

Hatte er wenige Seiten zuvor gefragt, ob der Mathematiker ein Geistiger sei, der das Sein vermehre oder bloß erkenne,[5] so ist im Verständnis der Geistesgeschichte als Stilgeschichte die Antwort gegeben: »Denn Stil ist keinesfalls ein elementares Phänomen der Kunst. Allenthalben, wo Einbildungskraft und Ausdrucksfähigkeit des Menschen zu Geschöpfen gelangen, ist auch Stil gegeben.«[6] Wo das Gedachte konkrete Gestalt erhält, da ist Form, und Stil ist Form, »und wir bezeichnen diese Form als Ästhetik, wenn sie das Sinnliche, ein Material, kategorial beherrscht.«[7]

Für Bense sind die Mathesis universalis und, trotz der Nennung René Descartes' und Blaise Pascals, vor allem Gottfried Wilhelm Leibniz stilbildend für diese ästhetische Geistesgeschichte. Hier im 17. Jahrhundert liegt die Geschichte der Idee einer Universalmathematik und einer formalisierten Zeichentheorie, verstanden als operationalisierbare Universalsprache, begründet:

> Erst im leibnizischen Kalkül bzw. in der Mathesis universalis der Pascal, Descartes und Leibniz zeigt sich der neue Stil der freien algorithmischen bzw. kalkülatorischen Mathematik. Er ist wirklich Stil, weil als objektives Korrelat bzw. als objektives Korrektiv der Mathematik die Mathesis selbst, nicht mehr aber die von außen herandrängende Philosophie genommen wird. Die Mathematik wird zur Mathesis universalis erweitert, die als generalisierte Mathematik sogar im Bereich nichtmathematischer Gegenstände eine Interpretation besitzt und vom Kalkül beherrscht werden kann, derart, daß der Mathematiker seine Theorie 1. nur in

---

3 Bense, Max, *Aesthetica. Einführung in die neue Aesthetik*, Baden-Baden 1965, S. 62f.
4 Bense, Max, »Konturen einer Geistesgeschichte der Mathematik«, in: *Ausgewählte Schriften*, Bd. 2, S. 109–117.
5 Ebd., S. 113.
6 Ebd., S. 118.
7 Ebd., S. 118.

> einer Präzisionssprache und 2. nur axiomatisch-deduktiv, d. h. aber als Folge von Sätzen aufbauen kann, die in Axiome und Theoreme zerfällt, für welche Operationsregeln, also Regeln des Schließens, so angegeben werden können, daß eben diese Folge exakt aufgebaut werden kann. Die Folge ist eine Spezifikation der generalisierten Form. Sie ist reine Form, nicht Inhalt, da sie sich gemäß der Idee des Kalküls, die erst Leibniz ganz scharf erkannt hat, im Vollzug von Operationsregeln aufbaut, bei denen nicht etwa an Größen, sondern ganz allgemein an Elemente gedacht ist, deren Bedeutung völlig gleichgültig ist und an die nicht gedacht zu werden braucht.[8]

Nahezu tautologisch funktioniert diese ästhetische Geistesgeschichte der Mathematik nach der in ihr erhobenen Regel der Ausschließung als Prinzip des Stils, eine Ausschließung zwar, die bei Bense durch die Philosophie erfolgt, weshalb es für ihn eine echte Fortschrittsgeschichte ist, dass mit der Mathesis universalis die Autonomisierung der Mathematik vollendet erscheint, die aber auch weiter gefasst werden kann, weil sie in den programmatischen Ausruf mündet: »Die Mathematik als die große, geheime Ideologie!«[9] Ideologie meint jedoch nicht Verirrung oder einen zufälligen Auswuchs der Geschichte. Mathematik als Ideologie lässt einen Intellekt bedeutend werden, der sich auf bestimmte Art und Weise zur konkreten Wirklichkeit verhält, bezeichnet eine »besondere Form geistiger Tätigkeit, die sich vom Ideal einer homogenen Welt leiten lässt, die rational durchschaubar und kritisch analysierbar ist, um so progressive Funktionen übernehmen zu können.«[10] Dieser Ideologiebegriff bei Bense findet sich 30 Jahre später in den Schriften Louis Althussers wieder, für den Ideologie gelebte gesellschaftliche Praxis und, wenngleich imaginäre, so doch konkrete Vorstellung über das Verhältnis der Menschen zu ihren Existenzbedingungen ist.[11] Der Verweis auf Althusser ist alles andere als ein bloßes Gedankenspiel. Bense verfertigt eine Geschichte, die als Geistesgeschichte der Mathematik deklariert wird, deren zentrales Moment eine Ideengeschichte ist, die unter dem Diktat einer mathematisierten Denkweise der Natur- und Geisteswissenschaften, der Künste, der Philosophie und der Theologie steht. Mathematisierung heißt

---

[8] Ebd., S. 122f.

[9] Ebd., S. 107.

[10] Emter, Elisabeth, »Einleitung. Von Hause aus Physiker und Mathematiker. Der Philosoph Max Bense«, in: Bense, *Ausgewählte Schriften*, Bd. 2, S. VII–XXIV, hier S. XXf.

[11] Althusser, Louis, *Ideologie und ideologischer Staatsapparat*, Hamburg, Westberlin 1970, S. 133, 136; vgl. auch Scharmacher, Benjamin, *Wie Menschen Subjekte werden. Einführung in Althussers Theorie der Anrufung*, Marburg 2004, S. 40. Elisabeth Emter verweist in diesem Zusammenhang auf Karl Mannheim; Emter, »Einleitung«, in: Bense, *Ausgewählte Schriften*, Bd. 2, S. XX.

generalisierte Mathematik des logischen, reduktionistischen und widerspruchsfreien Denkens und Schließens in einer Präzisionssprache nach Axiomen, Theoremen, Evidenzen:

> Wir haben endlich schon angemerkt, daß zur Berechnung der geschwungenen Linie des Barock letztlich nur die Differentialgeometrie ausreicht, die wiederum aus dem infinitesimalen Kalkül entwickelt wird. Der Beweis für eine einheitliche generalisierte Form in der Mathematik und der Kunst des Barock ist tiefer nicht zu führen. Die Folge ist die generalisierte Form, die hier den Stil bildet.[12]

In diesem Sinne ist die barocke Mathematik und Kunst arithmetisch, während im Unterschied zu ihr die romantische Mathematik und ihr geometrischer Denkstil die Gestaltung bedingen. Mit seiner reduzierten Geschichtsschreibung knüpft Bense an die Vorhaben zu Beginn des 20. Jahrhunderts an, mathematisch-technische, rationalisierte Symbolsprachen im Verein mit der Technisierung von Produktion auf der Grundlage analytischer Notationen rechnender und informationsverarbeitender Maschinen zu entwickeln.[13] Wenngleich schon zu dieser Zeit Leibniz die Referenzgröße für die gedankliche Verbindung von Universalsprache, Erkenntnistheorie, Mathematik und Rechenmaschine war,[14] so stellt sich doch die Frage, ob es sich nach dem deutschen Nationalsozialismus und dem Zweiten Weltkrieg bei Bense immer noch um den gleichen Leibniz handelt. Ist es nicht vielmehr so, dass nicht mehr das Geistige die zivilisatorische Leistung garantierte, sondern sich in der Schaffung einer Form, einer Schöpfung der Präzision und Kalkulierbarkeit zeigen sollte? Bense, so die These, vollzieht 1946 ein Denken, welches sich mit einem in Deutschland entwickelnden Kunstdiskurs der unmittelbaren Nachkriegszeit analogisieren lässt, weil in ihm das Moderne an der modernen Skulptur an die »reine Form« gebunden wurde. Die Funktion der Rede von der »reinen Form« war ein Bruch mit der NS-Vergangenheit und die Möglichkeit, einen völligen Neubeginn nach 1945 zu behaupten. Zwar wird im Kunstdiskurs die »Reinheit der Form« anhand von Künstlern und

---

12 Bense, »Konturen einer Geistesgeschichte der Mathematik«, in: *Ausgewählte Schriften*, Bd. 2, S. 125.

13 Vgl. Dotzler, Bernhard, »Zeichen in Eigenregie. Über die Welt der Maschinen als symbolische Welt«, in: Michael Franz u. a. (Hrsg.), *Electric Laokoon. Zeichen und Medien, von der Lochkarte zur Grammatologie*, Berlin 2007, S. 291–312; Schneider, Birgit, *Textiles Prozessieren. Eine Mediengeschichte der Lochkartenweberei*, Zürich, Berlin 2007.

14 Mehrtens, Herbert, *Moderne Sprache Mathematik. Eine Geschichte des Streits um die Grundlagen der Disziplin und des Subjekts formaler Systeme*, Frankfurt am Main 1990, S. 531.

Kunstwerken begründet – mit dem Zentralgestirn Wilhelm Lehmbruck –, aber in einer die Gattung umspannenden Generalisierung, die Form und Inhalt trennt.[15] Eben diese Trennung definiert bei Bense die Form:

> Unter einem System wird eine Gruppe von Sätzen verstanden, die eine metaphysische Figur invariant lassen. Um das formal näher verständlich werden zu lassen, führen wir – entsprechend den syntaktischen Sätzen der Logik, bei denen nicht der Inhalt, nur die Form als solche zur Diskussion steht – den Begriff des ›syntaktischen Systems‹ ein. Dadurch sei das System in seiner bloßen systematischen Form, nicht hinsichtlich seines Inhalts, den es birgt und betrachtet, verstanden, gewissermaßen als Leerform eines Systems, so wie die moderne Logik Leerformen von Sätzen kennt.[16]

An der leibnizischen Reduktion des Geistigen auf die Form, an dem zentralen Begriff der Isomorphie von formalisierten Zeichensystemen als Mittel der Präzision für den Systemvergleich,[17] setzt, geleitet über die Denkfigur der Form, eine ästhetische Theorie der Ästhetik an.

II. Vor-Geformtes

Wenn Theo van Doesburg, Mitbegründer der Künstlergruppe *De Stijl*, 1930 in seinem Kommentar zur »Grundlage der konkreten Malerei« in der ersten und einzigen Ausgabe der Zeitschrift *Art Concrète* schreibt: »Mit unserer Konstruktion der geistigen Form hebt die Epoche der reinen Malerei an. Sie ist die Konkretisierung des schöpferischen Geistes. Konkrete Malerei, nicht abstrakte, weil nichts konkreter, nichts wirklicher ist als eine Linie, eine Farbe, eine Fläche«, und im Weiteren betont: »Die meisten Maler arbeiten wie Zuckerbäcker oder Putzmacher. Wir dagegen arbeiten auf der Grundlage von (euklidischer und nichteuklidischer) Mathematik und Wissenschaft, d. h. mit intellektuellen Mitteln«[18] und damit den programmatischen Bezug zur Mathematik wiederholt, den er schon 1918 für das »neue Den-

---

15 Wenk, Silke, »Pygmalions moderne Wahlverwandtschaften«, in: Ines Lindner u. a. (Hrsg.), *Blick-Wechsel. Konstruktionen von Männlichkeit und Weiblichkeit in Kunst und Kunstgeschichte*, Berlin 1989, S. 67ff.

16 Bense, »Konturen einer Geistesgeschichte der Mathematik«, in: *Ausgewählte Schriften*, Bd. 2, S. 171.

17 Ebd., S. 199.

18 Doesburg, Theo van, *Kommentar zur Grundlage der konkreten Malerei*, zitiert nach: http://www.mkk-ingolstadt.de/content/html_files/sammlung/konkrete_kunst.php (Stand: 22. 07. 2009); vgl. auch Bogen, Dieter, »›… wie das Schachspiel im Café‹«, in: Wolfgang Drechsler (Hrsg.), *Genau und anders. Mathematik in der Kunst von Dürer bis Sol Lewitt*, Museum Moderner Kunst Stiftung Ludwig Wien, Wien 2008, S. 98.

ken« in Anspruch nahm,[19] so wundert es, dass Max Bense sich so auffallend wenig (denn das Wenige beschränkt sich auf die Erwähnung Wassily Kandinskys, ausführlicher Max Bills und einiger verstreuter anderer Namen) systematisch mit der konstruktiv-konkreten Kunst auseinander setzt. George Vantongerloo, Mitbegründer und Hauptwortführer der Künstlergruppe *Abstraction-Création*, die sich 1931 in Paris bildete und bis 1936 bestand, der in den 1920er Jahren seine Bilder und Skulpturen – dem Eindruck nach – nach algebraischen Regeln herstellte und seinen Arbeiten mathematische Formeln zum Titel gab, interessierte Bense ganz offenbar ebenso wenig wie die Versuche der Futuristen, vierdimensionale (raum-zeitliche) Bildräume und Plastiken zu bilden. Und auch Robert Musil, der in seinem 1913 publizierten Text »Der mathematische Mensch« ja schließlich den Mathematiker mit dem zukünftigen geistigen Menschen analogisierte, ist ihm nur vereinzelte kritische Halbsätze wert. Mag sein, dass für Bense diese Tendenzen zur Mathematisierung von Kunst zu partiell, zu wenig systematisch waren, nicht eine Geistesgeschichte betrafen, sondern vorrangig ein Gestaltungsprinzip begründeten, was erklären würde, dass Max Bill deshalb von erhöhtem Interesse schien, da dieser weniger dogmatisch die Darstellungsmittel der konkreten Kunst aus der Geometrie oder einer mathematischen Denkweise herzuleiten einforderte, sondern konkrete Malerei und Plastik als »realisation einer bestimmten, objektiv feststellbaren idee« verstand.[20] Festzuhalten bleibt, dass im 1949 publizierten zweiten Teil der »Konturen einer Geistesgeschichte der Mathematik«, der sich dezidiert mit der »Mathematik in der Kunst« befasst, diese Kunsttendenzen des ersten Drittels des 20. Jahrhunderts unberücksichtigt bleiben. Für die Frage, warum stattdessen dem Surrealismus Raum gegeben wird, kann zunächst ein anderer Text klärend sein.

III. 1949

> Wir bewohnen keine Landschaften und Gärten, keine Häuser am sanften Hang oder auf der leichten Dünung, wir bewohnen ein Netz von sichtbaren und nicht sichtbaren Funktionen und Relationen, Strukturen und Aggregaten aus Metallen und künstlichen Gesteinen, die Dörfer, Städte, Staaten und Kontinente genannt werden. Uns betrifft die Technik […],

---

19 Vgl. Riese, Hans-Peter, *Kunst: Konstruktiv/Konkret. Gesellschaftliche Utopien der Moderne*, München, Berlin 2008, S. 23.

20 Bill, Max, *vom sinn der begriffe in der neuen kunst* (überarbeitete Fassung des Textes von 1944/45), 1960, zitiert nach: Schröder, Britta, *Konkrete Kunst. Mathematisches Kalkül und programmiertes Chaos*, Berlin 2008, S. 31.

so Bense, deshalb, weil die Welt, die wir bewohnen, eine technische Welt ist. Die verblüffende Wendung, die diese Argumentation nimmt, ist, dass einerseits nur der »äußerste Rationalismus« und die »reine Theorie« gewährleisten, dass der Mensch in dieser Welt beheimatet sei, andererseits aber gerade die Technik eine surreale Welt erzeuge, weshalb diese surreale Welt nur »in der verfeinerten Sprache der Surrationalität« gesprochen werden könne und einzig eine solche Kunst in der Lage sei, diese Welt nicht etwa abzubilden, sondern zu »instrumentieren«, die wahrhaftig Teil hat an dieser technischen Welt – und dies sei doch wohl eine surrealistische Kunst.[21]

Technik hat für Bense ein Sein, das sich in existierenden Regelungs- und Steuerungssystemen der Industrie und der Gesellschaft, in sozialen und maschinellen Verwaltungstechnologien, in technizistischen (Berufs-)Identitäten – und in Elektronen zeigt. Technik tangiert den Körper und die Psyche.[22] Mit diesen so emotional wie apodiktisch vorgetragenen Setzungen vollzieht Bense eine deutliche Absetzbewegung vom Konstrukt des »Weltbildes« des sonst eher affirmativ belehnten Martin Heidegger.[23] Technik ist eben nicht das alles prägende Bild von der Welt, das der Mensch vor sich hinstellt wie ein *Albertisches Fenster*, durch das ein artistisches Welt-Artefakt erzeugt wird. Das Sein der Technik ist unausweichlich und nicht nur Repräsentation, und als solches Sein reiht sich Technik neben die Natur und neben die Kultur; ihre strukturelle Existenzweise ist die Zeitlichkeit des Prozesses. Die formal-logische Konsequenz aus der Vorstellung von der Technik als sächliches Etwas ist, dass zu ihrer Beherrschung nicht die tradierten Mittel der Weltauslegung herangezogen werden – Kunst, Wissenschaft, Ethik und Religion –, sondern die (»reine«) Theorie, da sie es ermögliche, die »Technik geistig in der Hand zu halten«, und derjenige, der in die Hand nimmt, ist der Fachmann, verstanden als die menschliche Seinsweise der technischen Existenz.[24]

Hinsichtlich des Technischen der technischen Existenz ist relevant, dass Bense ein Ethos der Technik einfordert und die Technik als Produzenten einer klassenlosen Gesellschaft und eines absterbenden Staates visioniert, d. h. das Technische an seine politische Relevanz knüpft. Hinsichtlich des Seins der Technik – und dies bindet seine Argumentation dichter an eine ästhetische Theorie der Ästhetik – sind seine historischen Ableitungen, von einer mechanischen Naturansicht über das thermodynamische Stadium der

---

[21] Bense, Max, »Technische Existenz«, in: *Ausgewählte Schriften*, Bd. 3, *Ästhetik und Texttheorie*, Elisabeth Walther (Hrsg.), Stuttgart, Weimar 1998, S. 1–158, hier S. 122.

[22] Ebd., S. 122

[23] Heidegger, Martin, »Die Zeit des Weltbildes« (1938), in: Ders., *Holzwege*, 8. unveränderte Aufl., Frankfurt am Main 2003, S. 89ff.

[24] Bense, »Technische Existenz«, in: *Ausgewählte Schriften*, Bd. 3, S. 124.

Technik bis zur Atomphysik, gekennzeichnet durch eine »fallende Reihe der Anschaulichkeit« und »eine steigende Reihe der Abstraktion«; das Elementare – die technischen Prozesse auf der molekularen, auf der atomaren Ebene – verliert seine Sichtbarkeit.[25]

IV. Begriffsgeschichten

Ohne Hinweis auf die künstlerische Bewegung (aber vermutlich schon im Geiste bei ihr) führt Bense in seinem Text »Technische Existenz« den Begriff des Surrealen ein. Die Surrealität der Technik wird von Bense nun von diesem Bestand aus auf verschiedenen Ebenen konstatiert. Weil sie von der Materialität der Natur und dem Materialismus des Handelns im Sozialen (Kulturellen) verschieden ist, ist ihre Realität eine Sur-Realität; weil ihre Materialität anders beschaffen ist als das sichtbar Gegebene, hat sie eine surreale Materialität, und weil Technik das »unmittelbare Geschöpf des Geistes« ist, ist sie der »surreale Umkörper«, der das menschliche Dasein und den Körper (der Intelligenz) umschließt. Bense schreibt sich mit diesen Mehrdeutigkeiten von Surrealität in eine Geschichte des Begriffs ein, die nicht die Technik betraf, wohl aber Realitäts- und Existenzbegründungen, und so, wie er den Begriff gebraucht, gibt es Berührungspunkte mit den in der französischen und deutschen Romantik geprägten Bedeutungen des Über- oder Supernaturalismus hinsichtlich der Auffassungen vom schöpferischen Ich zwischen Empirie und Naturbeobachtung einerseits und Intuition und Anschauung andererseits.[26]

In der Rezeptionsgeschichte des Surrealismus wird der Name der Bewegung übereinstimmend auf Guillaume Apollinaire zurückgeführt, der zur Beschreibung des Balletts *Parade* von Erik Satie im Mai 1917 zum ersten Mal das Wort »surrealistisch« benutzte und einen Monat später sein eigenes Theaterstück *Les Mamelles de Tirésias* als »surrealistisches Drama« untertitelte – auch Bense wird diese Herkunft des Wortes nacherzählen. Die Definition von »Surrealismus«, die Apollinaire in seinem Vorwort zu den *Mamelles* lieferte, blieb noch in der romantischen Tradition der erweiterten Sinnes-

---

25 Ebd., S. 137, 139.

26 Zu den Verbindungen von Romantik und Surrealismus vgl. Dischner, Gisela, »›Poesie = Gemüthererregungskunst‹. Frühromantik und Surrealismus«, in: Gisela Dischner/Richard Faber (Hrsg.), *Romantische Utopie. Utopische Romantik*, Hildesheim 1979, S. 324–358; Wetzler, Hermann H., »Das Leben poetisieren oder ›Poesie leben‹? Zur Bedeutung des metaphorischen Prozesses im Surrealismus«, in: Peter Brockmeier/Hermann H. Wetzler (Hrsg.), *Französische Literatur in Einzeldarstellungen*, Bd. 3, *Von Proust bis Robbe-Grillet*, Stuttgart 1982, S. 76ff.

tätigkeit.[27] Für die Zeitgenossen aber war die romantische Tradition weniger entscheidend als der Versuch, das Neue mit Hilfe jüngerer Ismen zu fassen. So wirbelten in den Rezensionen die Begriffe »kubistisch«, »surrealistisch«, »supernaturalistisch«, »symbolisch« oder »simultaneistisch« durcheinander.[28] Die Basis aber für die surrealistische Neuordnung der Dinge war im September 1917 im Pariser Militärhospital Vale-de-Grâce bei der Lektüre von Lautréamonts *Chants de Maldoror* (Die Gesänge des Maldoror, 1868/69) gefunden worden.[29] Der Satz: »Schön wie die unvermutete Begegnung einer Nähmaschine und eines Regenschirms auf dem Seziertisch«[30] gilt bis heute als Motto der surrealistischen Bewegung, die sich damals um André Breton formierte.

Die endgültige Loslösung des Begriffs aus seiner romantischen Tradition leistete Gaston Bachelard durch seinen Gebrauch des Begriffs »Surrationalität« 1936 in seinem gleichnamigen Artikel. Bachelard geht es um die Ausbildung des surrationalistischen Geistes, der sich, sobald er seine Grundsätze etabliert hat, mit dem Surrealismus, der dem Bereich des experimentellen Traums und der freien Poesie angehört, verbinden kann.[31] Die von Bachelard vorgenommene Trennung zwischen epistemologischer Theorie und ästhetischem Konzept wird in ihrem vernunftkritischen Sinne vollzogen: »Kurz, menschliche Vernunft muss wieder in ihre Funktion als beunruhigende Aggression eingesetzt werden.«[32] Wie Felix Klein im *Erlanger Pro-*

---

27 Vgl. Bonnet, Marguerite, »Aux Sources du Surréalisme: Place d'Apollinaire«, in: *La revue des lettres modernes*, no. 104–107, *Apollinaire et les Surréalistes*, Paris 1964, S. 50.

28 Vgl. Rubin, William, *Surrealismus*, Stuttgart 1979, S. 7.

29 Vgl. Aragon, Louis, »Lautréamont und wir«, in: Karlheinz Barck (Hrsg.), *Surrealismus in Paris 1919–1939. Ein Lesebuch*, Leipzig 1986, S. 15–45, hier S. 19.

30 »Beau comme la rencontre fortuite sur une table de dissection d'une machine à coudre et d'un parapluie.« Comte de Lautréamont (Isidore Ducasse), »Chants de Maldoror« (1869), in: *Œuvres complètes*, Paris, Gallimard (Bibliothèque de la Pléiade), 1970, S. 41–252, hier S. 224–225. Mir scheint, dass die von Ré Soupault vorgeschlagene Übersetzung von »fortuit« mit »unvermutet« deshalb plausibler ist als die meisten anderen, die das französische Wort mit »zufällig« übersetzen, da Ré Soupault, selbst Mitglied der surrealistischen Bewegung, um den theoretischen Kontext zum »objektiven Zufall« wusste.

31 Bachelard, Gaston, »Le Surrationalisme«, in: *Inquisitions.* Organe du Groupe d'Etudes pour la Phénoménologie Humaine, Nr. 1, 1936, S. 1: »Quand ce surrationalisme aura trouvé sa doctrine, il pourra être mis en rapport avec le surréalisme, car la sensibilité et la raison seront rendues, l'une et l'autre, ensemble, à leur fluidité.«

32 Bachelard, Gaston, »Le Surrationalisme«, in: *Inquisitions.* Organe du Groupe d'Etudes pour la Phénoménologie Humaine, Nr. 1, 1936, S. 1: »Bref, il faut rendre à la raison humaine sa fonction de turbulence et d'agressivité.«

gramm, so fordert auch Bachelard, die verschiedenen Geometrien zu lehren. Für Bachelard bedeutet dies, ihre Vereinzelungen aufzuheben und damit auch die Vernunft zu vervielfältigen. Sein Gewährsmann gegen wissenschaftlichen Dogmatismus und Formalismus ist Lobatschewski, auf den er in seinem Artikel namentlich Bezug nimmt.

> Die Summe der Winkel eines Dreiecks ist gleich zweier rechter Winkel. Sie antworten ihm: Das kommt darauf an. Tatsächlich kommt es ganz auf die Wahl der Axiome an. Mit einem Lächeln bringen Sie diese durchaus einfachen Urteile aus der Fassung, die sich mit Recht rühmen, in absolutem Besitz von Wesentlichem zu sein. Sie lösen diese dogmatischen Urteile im Spiel mit den Axiomen auf. – Sie lehren ihn zu verlernen, um besser zu verstehen. Welch eine Mannigfaltigkeit ist in der Desorganisation des verkalkten Rationalismus möglich! Und umgekehrt, welch ein Reichtum an Variationen surrationalistischer Themen.[33]

Eine Fortsetzung dieser Geschichte schreibt Bense 1949 im zweiten Teil seiner »Konturen einer Geistesgeschichte der Mathematik« in dem Kapitel über »Surrealität und Surrationalität«. Seine Geschichte setzt ebenfalls an einer kritischen Auseinandersetzung mit dem Realitätsbegriff an, nicht im Sinne einer metaphysischen Betrachtung, sondern bezogen auf einen Realitätsbegriff, der sich im Verlauf technischer Entwicklungen und wissenschaftlicher Erkenntnis verändert.

Im Unterschied zum Zeitalter der (ungleich robusteren) Mechanik ist für das Zeitalter der quantenphysikalischen Mikrophysik Realität nur mehr relativ gegeben, da diverse Zerfallserscheinungen zu beobachten sind: der Zerfall der Anschaulichkeit, der Zerfall von kausalen Strukturen, der Zerfall seelischer Determinationen, der Zerfall sprachlich-semantischer Kohärenzen.[34] Das heißt, wie in der Sprache (Zeichen), in Stilen (Formen) und Methoden (Aussagefolgen) Realität existiert, ist eine technische Graduation und nicht evident. Diese Realitätsauffassung findet ihre Entsprechung in der »technischen Existenz«. Eine hochentwickelte, technische Welt bringe fragile, zerbrechliche Geschöpfe hervor, ebenso zeichneten sich hochentwickelte soziologische Strukturen durch funktionale Fragilität aus, der Geschmack

---

33 Ebd., S. 3f: »… la somme des angles d'un triangle est égale à deux droits. Vous lui répondez tranquillement: ›Ça dépend.‹ En effet cela dépend du choix des axiomes. D'un sourire, vous déconcertez cette raison toute élémentaire qui s'accorde le droit de propriété absolue sur ses éléments. Vous assouplissez cette raison dogmatique en lui faisant jouer de l'axiomatique. Vous lui apprenez à désapprendre pour mieux comprendre. Que de variété dans cette désorganisation du rationalisme sclérosé! Et réciproquement, que de variations sur les thèmes surrationnels […].«

34 Bense, »Konturen einer Geistesgeschichte der Mathematik«, in: *Ausgewählte Schriften*, Bd. 2, S. 397.

werde subtiler und kultivierter – allerdings gerate dabei die Ethik in den Hintergrund, und selbst die Erfahrung zweier Weltkriege vermochte dies nicht zu verhindern.[35]

Was sich jedoch auf den ersten Blick wie ein rückwärtsgewandter Kulturpessimismus liest, wird bei näherem Hinsehen zur Analyse einer künstlerischen Bewegung. Bense zuspitzend, lässt sich über sie sagen, dass das ästhetische Programm des Surrealismus sich in eine Geistesgeschichte der technischen Existenz einschreiben lässt, da dieses systematisch die Folgen der Entdeckungen neuer Realitäten in die materiellen Formen eines Denkstils umsetzt.[36] Denn was konstatiert Bense? Jede neue Realität bedarf eines neuen Rationalismus, allerdings gibt es den Zustand des Missverhältnisses zwischen der Sprache für die alten Gewohnheiten und ihre unzureichende Nützlichkeit zur Erfassung der neuen Realität:

> Die neue Realität erscheint als mißgestaltete Realität gegenüber den alten Mitteln, und daher neigen wir dazu, sie als eine Surrealität zu bezeichnen. Und die neue Rationalität erscheint als mißgestaltet gegenüber der alten Rationalität, und daher neigen wir dazu, sie als eine Surrationalität anzusprechen. [...] Man muß sich einschärfen, daß es ohne neue Realitäten keine Surrealität gibt. Und daß die Surrealität nichts anderes bedeutet als die Darstellung einer nicht vertrauten, fremden labyrinthischen Realität mit nicht entsprechenden Mitteln, deren endlich zerfallende Unzulänglichkeit die neue Surrationalität hervorruft.[37]

Im Unterschied zu den vorangegangenen Abschnitten zur Mathematik in der Kunst z.B. der Renaissance und des Barock geht es nicht um eine Mathematik in der Kunst des Surrealismus.[38] Der Surrealismus ist ein Beispiel für die Fähigkeit der Einbildungskraft des Künstlers, die ursprüngliche Einheit von »mathematischem und künstlerischem Bewußtsein« wiederherzustellen, und er ist ein Beitrag zu einer Theorie der Ästhetik, deren Grundlage die approximativen Korrespondenzen zwischen der Einführung neuer mathematischer Methoden und Theoreme und der Entstehung eines neuen Stils (im Sinne einer rational begründeten Formensprache, die im Surrealismus eine Sprachenvielfalt meint) sind.[39]

---

35 Bense, »Technische Existenz«, in: *Ausgewählte Schriften*, Bd. 3, S. 144.

36 Bense, »Konturen einer Geistesgeschichte der Mathematik«, in: *Ausgewählte Schriften*, Bd. 2, S. 395f.

37 Ebd., S. 391, 395.

38 Wenngleich es hierfür zahlreiche Beispiele gibt. Vgl. Werner, Gabriele, *Mathematik im Surrealismus. Man Ray – Max Ernst – Dorothea Tanning*, Berlin 2002.

39 Bense, »Konturen einer Geistesgeschichte der Mathematik«, in: *Ausgewählte Schriften*, Bd. 2, S. 399, 423.

V. Wieder Vor-Geformtes – und der Versuch, eine Lücke zu erklären

Ästhetische Kennzeichen für die Wahrnehmungsveränderungen durch die Industrialisierung, durch die zunehmende Geschwindigkeit der Transport- und Kommunikationsmittel waren die Auflösung der Grenzen zwischen Innen- und Außenraum, der Eindruck von Transparenz und einer Entmaterialisierung. Nicht nur der Futurismus, sondern schon vor ihm der Kubismus und davor William Turner hatten dafür zahlreiche Beispiele in der Malerei zu bieten. Der Futurismus aber systematisierte diese Geschichte zur Form der gekrümmten Linien. Mit ihr und den ihr angehefteten Assoziationen stellten die Futuristen ihre Weise von Wissen über die Vierdimensionalität, den gekrümmten Raum und die Relativität vor. *Entwicklung einer Flasche im Raum* (1912) von Umberto Boccioni ist ein Beispiel für die Erzeugung eines Gegenstands aus konvexen und konkaven Linien, der sich stetig aus einem Sockel zur Form einer Flasche emporschraubt. Bislang nimmt die Forschung zu Boccioni unwidersprochen an, dass die größeren runden Formen um den Fuß der Flasche Suppenteller sind, viel wahrscheinlicher aber ist, dass sie Repräsentationen *Riemannscher Flächen*, das heißt Räume mit konstantem Krümmungsmaß, unbegrenzt, aber endlich, sind. Der Argumentation Benses folgend, entsteht hier ein Objekt, welches ein Theorem nachbildet, aber in einer Form, die noch den alten Mitteln der vergangenen Realität – einer euklidischen Ästhetik – verhaftet bleibt. Eine approximative Korrespondenz entsteht demzufolge nicht durch formale Gestaltungsprinzipien, sondern durch sich annähernde Denkstile, die dann zu genuin künstlerischen Formfindungen führen.

Mit George Vantongerloo vollzieht sich eine Veränderung in der formalen Arbeit dann, wenn mathematisches und künstlerisches Bewusstsein in einem neuen Stil eine Einheit bilden können, ohne dass die Form Illustration spezieller Probleme der angewandten Mathematik oder physikalischen Mathematik ist. Das zeigt sich besonders bei den Arbeiten Vantongerloos, die sich den Anschein geben, als beruhe die Form der Plastik auf den titelgebenden »mathematischen« Gleichungen oder Formeln, und gelegentlich gibt es tatsächlich Gleichungen, die sich mit einiger Mühe und Korrekturen auflösen lassen. Übertragen auf ein Koordinatenkreuz ist es dann auch möglich, mit Hilfe der Zahlenwerte Parabeln zu zeichnen und Schnittpunkte zu markieren. Die Vertikalen und Horizontalen der Plastik können – *cum grano salis* – anhand der Schnitt- und Endpunkte oder nach dem Verlauf der Parabeln rekonstruiert werden. Aber solche Rekonstruktionen gehen am Sinn dieser Arbeiten vorbei. Auf der Ebene der Form zeigte Vantongerloo, wie mit der

Geometrie eine Komposition oder eine Bildschöpfung herstellbar ist. Auf der Ebene der Buchstabenalgebra geschah zweierlei. Einerseits bestätigte Vantongerloo mit der Inkommensurabilität von Titel und Form, dass die Sprache der Mathematik nicht von der Welt spricht und nicht über sie gesprochen wird. Andererseits zeigte er zugleich die Möglichkeiten ideeller Schöpfungen, weil diese Formeln und Gleichungen zwar paradox, deshalb aber nicht unmöglich sind. Gerade weil die symbolischen Schriftzeichen der Algebra nicht mehr für einen bestimmten, sondern für einen unbestimmten Gegenstand zu stehen haben, ist eine Entsprechung zwischen Zeichen/ Form und Inhalt gar nicht notwendig. Vantongerloo veranschaulicht diese Trennung noch als Paradox oder eben in ihrem sur-realen Stadium der Unzulänglichkeit, ohne einen deutlich sichtbaren, formal begründbaren neuen Stil zu entwickeln, wie dies offenbar Max Bill ab den 1950er Jahren für Bense geleistet hat.

VI. 1965

Zwischen 1954 und 1960 verfasste Max Bense vier Schriften zur Ästhetik,[40] die hier als aufeinander aufbauende, sich sukzessiv verfeinernde Argumentationsfolgen verstanden werden, und nicht als Einzelstudien. 1965 erschien das wie eine Zusammenfassung konzipierte Buch *Aesthetica. Einführung in die neue Aesthetik*.

Für Bense besteht notwendig ein innerer Zusammenhang zwischen einer Theorie der Ästhetik und einer Theorie der technischen Welt, durch den sich Kunst und Technik sowie Ästhetik und Konstruktivität einander annähern. So wie die Technik Produkt des Geistes ist, so ist die Kunst gleichfalls nicht etwas »Gewordenes sondern Geschaffenes, Gemachtes, Hergestelltes«; die ästhetischen Gegenstände und die künstlichen Gebilde der Technik haben eine Realität, die sich zwar grundsätzlich zwischen hier dem Zufälligen und der Freiheit (Kunst) und dort dem Notwendigen und der Determiniertheit (Technik) unterscheiden lässt, nicht aber von der Notwendigkeit, diese Seinsweisen ontologisch zu fassen.[41] Um nun das Ästhetische nicht ontisch, sondern ontologisch zu bestimmen, rekurriert Bense zwar mit einer gewissen Redundanz auf Martin Heideggers ontologische Differenz zwischen Sein und Seiendem, aber vorrangig deshalb, um seine Zeichentheorie einzuführen:

---

40 *Aesthetica. Metaphysische Betrachtungen am Schönen* (1954); *Ästhetische Information* (1956); *Ästhetik und Zivilisation* (1958); *Programmierung des Schönen* (1960).

41 Bense, *Aesthetica*, S. 24–25; S. 28.

> Ästhetische Elemente, also auch ästhetische Zeichen, sind nicht Zeichen dieses oder jenes Seienden, einer Figur, eines Dinges, eines geometrischen oder arithmetischen Verhältnisses, sondern Zeichen des Seins (des Seienden), Sinneinheiten, wenn man dieses Wort verwenden will, die eigentlich nicht etwas ›sind‹, sondern etwas ›bedeuten‹.[42]

Betrachtet man ausnahmsweise und bei dieser Gelegenheit Benses Zeichentheorie nicht unter dem Aspekt ihrer Ausdifferenzierung der Semiotik von Charles Sanders Peirce, also nicht nach dem Anspruch ihrer logisch-rationalen Erhebung ästhetischen Seins, sondern im Kontext seiner technisch-mathematischen Geistesgeschichte, so stellt sich klarer dar, dass Benses Trennung zwischen Form und Inhalt nicht bedeutet, dass Formen/Zeichen nicht mehr bedeuten, nur weil sie von einem spezifischen Inhalt getrennt sind. So wie das Technische sein Sein nur in der Materialität der Erscheinungen und im Materialismus der Handlungen zeigen kann und diese solchermaßen das Technische bedeutende Zeichen sind, so baut Benses Theorie der Ästhetik auf dem Bedeutend-Werden der Form für einen – wie Bense es selbst nennt – »technologischen Typ des Erkennens«[43] auf – und das ist Ästhetik.

> Ich betone: eine Logik ist nicht nur deshalb abstrakt und deshalb formal, weil sie von jedem Inhalt absieht (natürlich enthält auch die modernste Logik Theoreme von inhaltlicher Bedeutung), sondern wir bezeichnen sie so, weil sie es gestattet, das Wahrsein von Sätzen unabhängig von ihrem Inhalt nachzuweisen. Dementsprechend wäre eine Kunst nicht nur deshalb als abstrakt oder formal zu bezeichnen, weil sie keine Inhalte, etwa keine Realitätsthematik besitzt, sondern weil sie unter gewissen Bedingungen ihre Schönheit unabhängig von ihrem Inhalt entwickelt. Die Formulierung der Wahrheit einer Theorie als ihre Widerspruchsfreiheit entspricht dem Ausdruck der Schönheit eines Kunstwerkes als reiner Komposition.[44]

Signale sind im Unterschied zu Zeichen Phänomene ohne Bedeutung.[45] Diese prinzipielle Setzung seiner ästhetischen Informationstheorie zeigt deutlich, dass Benses ästhetische Theorie der Ästhetik unter der Bedingung der technischen Existenz eine sprachliche Erfassung der Bedeutungen von Formen (und Stilen) ist. Die Semiotik des Charles Sanders Peirce und die moderne Kunst, die sich einer narrativen Repräsentation von Realität verweigerte und stattdessen Realität bedeutete, sind die beiden formalen Sys-

---

42 Ebd., S. 44.

43 Bense, »kleine abstrakte ästhetik« (1969), in: *Ausgewählte Schriften*, Bd. 3, S. 419–443, hier S. 421.

44 Bense, *Aesthetica*, S. 59, vgl. auch S. 333.

45 Bense, »kleine abstrakte ästhetik«, in: *Ausgewählte Schriften*, Bd. 3, S. 426.

teme, mit denen unter der Bedingung des unabweisbar gegebenen Technischen der Realität sich eine Ästhetik artikuliert, die in erstaunlicher Weise gegen die eigene Zustandsbeschreibung dieser Realität – den Zerfall der Anschaulichkeit – anschreibt. Es geht darum, die Zeichen der Zeit unter ihren neuen, technischen Bedingungen neu zu (be-)deuten.

III. Mathematik und Literatur

Dieter Lamping (Mainz)

Die Zahl als poetisches Kompositionsprinzip

Über das ästhetische Vergnügen an mathematischer Ordnung

I.

»Ästhetische Gesichtspunkte sind der Mathematik und der theoretischen Physik nie fremd gewesen«,[1] schreibt Hans Magnus Enzensberger in seinem Essay *Die Poesie der Wissenschaft* und weist dabei u. a. auf die Bildung mathematischer Begriffe hin, die sich metaphorischer, also poetischer Mittel bedient:

> Die Mathematik kennt Wurzeln, Fasern, Keime, Büschel, Garben, Hüllen, Knoten, Schlingen, Schleifen, Strahlen, Fahnen, Flaggen, Spuren, Kreuzhauben, Ober- und Unterkörper, Geschlechter, Skelette, Maximal-, Haupt- und Nullideale, Ringe, Einsiedler, Monster, Irrfahrten, Fluchtgeraden, endlich erzeugte freie Gruppen, Mannigfaltigkeiten, leere Mengen, Urbilder, Nabelpunkte, Böschungslinien, Brückenkanten, Schwalbenschwänze, Filter, wilde Knoten, Zopfgruppen, Tunnelzahlen, Cantor-Staub, Hodge-Diamanten, Stukas, Schmetterlinge und Enten …[2]

Enzensberger ist nicht der erste moderne Autor, der Mathematik und Dichtung aufeinander bezogen hat,[3] auch wenn er, im Unterschied zu dem meisten anderen, überraschenderweise die Gemeinsamkeiten ihrer Sprachverwendung betont.

Er selbst hat sich als Dichter anhaltend für die Mathematik interessiert. Lange bevor er mit *Der Zahlenteufel,* diesem *Kopfkissenbuch für alle, die Angst vor der Mathematik haben* (so der Untertitel), einen seiner wenigen Bestseller schrieb, war dieses Interesse in seinen Gedichten schon offenkundig. In seinem Band *Gedichte 1955–1970* veröffentlichte er, als letztes der Sammlung, eine *Hommage à Gödel*, und in *Zukunftsmusik* widmete er 1991 ein Gedicht der ganzen Zunft: *Die Mathematiker.* Es endet mit den ironischen, gleicherma-

---

1 Enzensberger, Hans Magnus, »Die Poesie der Wissenschaft«, in: Ders., *Nomaden im Regal. Essays*, Frankfurt am Main 2003, S. 76–91, hier S. 88.

2 Ebd., S. 87.

3 Vgl. dazu etwa Albrecht, Andrea, »Mathematische und ästhetische Moderne. Zu Robert Musils Essay ›Der mathematische Mensch‹«, in: *Scientia Poetica*, 12/2008, S. 218–250.

ßen auf moderne Mathematiker, wie u. a. den wenig bekannten Ernst Eduard Kummer,[4] und auf Dantes *Divina Commedia* anspielenden Versen:

> Dann, mit vierzig, sitzt ihr,
> o Theologen ohne Jehova,
> haarlos und höhenkrank
> in verwitterten Anzügen
> vor dem leeren Schreibtisch,
> ausgebrannt, o Fibonacci,
> o Kummer, o Gödel, o Mandelbrot,
> im Fegefeuer der Rekursion.[5]

Enzensberger gehört zu den Gegenwartsautoren, die, wie etwa auch Raymond Queneau oder Inger Christensen, in der Mathematik bewandert sind. Ihnen könnte man viele andere, neuere und ältere, an die Seite stellen, aus der deutschen Literatur etwa Georg Christoph Lichtenberg, Friedrich Schlegel, Novalis, Robert Musil, Hermann Broch, Friedrich Dürrenmatt und Arno Schmidt.[6] Sie alle teilten in ihrer Begeisterung keineswegs Goethes berühmten Argwohn, »dass diejenige Kultur, welche die Mathematik dem Geiste gibt, äußerst einseitig und beschränkt ist«[7] (Brief an Zelter vom 28. 2. 1811).

Tatsächlich gibt es vielfältige produktive Beziehungen zwischen Literatur und Mathematik. Manche Autoren waren studierte Mathematiker, so etwa Georg Christoph Lichtenberg und Hermann Broch, die sich auch in ihrem Werk mathematischer Methoden, Begriffe oder Symbole bedient haben. Lichtenberg etwa beginnt seine Sudelbücher mit der Aufzeichnung:

> Der große Kunstgriff kleine Abweichungen von der Wahrheit für die Wahrheit selbst zu halten, worauf die ganze Differential-Rechnung gebaut ist, ist auch zugleich der Grund unserer witzigen Gedanken, wo oft das Ganze hinfallen würde, wenn wir die Abweichungen in einer philosophischen Strenge nehmen würden.[8]

---

4 Vgl. dazu Grimm, Reinhold, »Zur Tücke von Poesie und Wissenschaft. Ein Nachtrag«, in: *Monatshefte*, 98/2006, 3, S. 426–434. Außerdem Ders., »Wissenschaft und Dichtung. Zu Hans Magnus Enzensbergers jüngsten Veröffentlichungen«, in: *Monatshefte*, 97/2005, 4, S. 654–678.

5 Enzensberger, Hans Magnus, *Zukunftsmusik. Gedichte*, Frankfurt am Main 1991, S. 27.

6 Vgl. dazu das anregende und materialreiche Buch von Radbruch, Knut, *Mathematische Spuren in der Literatur*, Darmstadt 1997.

7 Mandelkow, Karl Robert (Hrsg.), *Goethes Briefe und Briefe an Goethe*, Hamburger Ausgabe in 6 Bänden, Bd. 3, *1805–1821*, textkritisch durchgesehen und mit Anmerkungen von Bodo Morawe, 3. Aufl., München 1988, S. 149.

8 Lichtenberg, Georg Christoph, *Schriften und Briefe*, Bd. 1, *Sudelbücher I*, Wolfgang Promies (Hrsg.), München 1968, S. 9.

Diese Aufzeichnung ist ein Reflex von Lichtenbergs Überzeugung, dass mathematische Prinzipien auch in der Literatur gelten oder gelten sollten – so wie er es in seinem 1766 erschienenen Aufsatz *Von dem Nutzen, den die Mathematik einem Bel Esprit bringen kann* formuliert hat und wie es zwei Jahre später auch sein Lehrer Abraham Gotthelf Kästner ähnlich in seiner Rede *Über den Gebrauch des mathematischen Geistes außer der Mathematik* propagiert hat.

Dichter haben auch immer wieder über Mathematik und Mathematiker geschrieben, Max Frisch etwa in seinem Drama *Don Juan oder Die Liebe zur Geometrie* oder Franz Kafka, der, wie Jürgen Born nachgewiesen hat, nicht nur seinen Poseidon als Rechner dargestellt hat.[9] Andere Autoren haben ihren Lesern sogar kleine oder große Rechenaufgaben gestellt, so etwa Karl Kraus in seinem satirischen Aphorismus

Die Frauenseele =

$$\frac{x^2 + \sqrt{31.4 - 20 + 4.6 - (4 \times 2) + y^2 + 2xy} - (0.53 + 0.47)}{(x + y)^2 - 3.8 + 6 - 6.2.}$$ [10]

Das ist, nicht schwer zu erkennen, eine Rechnung, die glatt aufgeht – etwas zu glatt.

Andere Autoren schließlich haben gerade ihrer Abneigung gegen Rechenaufgaben und damit auch gegen Mathematiker deutlich Ausdruck verliehen, z. B. Anton Čechov in seiner Humoreske *Aufgaben eines wahnsinnigen Mathematikers.* Die letzte dieser parodistischen Dreisatz-Aufgaben etwa lautet: »Meine Schwiegermutter ist 75 Jahre, meine Frau 42. Wie spät ist es?«[11]

In den zahlreichen literarischen Bezugnahmen auf die Mathematik waren und sind ganz unterschiedliche Interessen im Spiel, etwa erkenntnistheoretische wie in Brochs Roman *Die unbekannte Größe*, philosophische wie in Dürrenmatts Essay *Albert Einstein*, geistes- und kulturgeschichtliche wie in Musils Essay *Der mathematische Mensch*, schließlich poetologische wie in einigen Fragmenten Friedrich Schlegels. Das Interesse der Dichter an der Mathematik ist jedenfalls intensiver und dauerhafter gewesen als das der Literaturwissenschaftler, das nicht lange Bestand hatte und kaum mehr als eine Episode in ihrer wechselvollen Geschichte ist.[12]

---

9 Vgl. dazu Born, Jürgen, »Kafkas unermüdliche Rechner«, in: Ders., *»Dass zwei in mir kämpfen …« und andere Aufsätze zu Kafka*, Wuppertal 1988, S. 51–60.

10 Kraus, Karl, »Aphorismen. Sprüche und Widersprüche. Pro domo et mundo. Nachts«, in: *Schriften*, Bd. 8, Christian Wagenknecht (Hrsg.), Frankfurt am Main 1986, S. 183.

11 Čechov, Anton, *Das Leben in Fragen und Ausrufen. Humoresken und Satiren 1880–1884*, übersetzt von Peter Urban (Hrsg.), Zürich 2001, S. 65.

12 Vgl. dazu Kreuzer, Helmut/Gunzenhäuser, Rul (Hrsg.), *Mathematik und Dichtung. Versuche zur Frage einer exakten Literaturwissenschaft*, 4. Aufl., München 1971.

Als vollkommener Laie, der fast wie Novalis von sich sagen kann, dass ihn die Mathematik »wie einen Abc-Schützen«[13] behandele, möchte ich die Aufmerksamkeit auf einen einfachen Aspekt richten, der, vielleicht deswegen, bis heute nicht viel Beachtung gefunden hat: auf die Zahl als poetisches Kompositionsprinzip. Mathematisch gibt dieses Thema nicht viel her, allenfalls mathematik- oder noch eher kulturgeschichtlich; literaturwissenschaftlich scheint es zumindest aussichtsreicher zu sein. Mag es auch nur einen Aspekt des Verhältnisses von Literatur und Mathematik darstellen, so ist es doch für eine Theorie poetischer Komposition von zentraler Bedeutung. Allerdings gehört die Komposition nicht zu den prominenten Gegenständen der theoretischen Literaturwissenschaft. Gäbe es nicht Wilhelm Scherers – allerdings nicht sehr weit getriebene – Bemerkungen dazu in seiner *Poetik*[14] und Boris A. Uspenskijs allerdings vor allem auf Fragen der Perspektive konzentrierte *Poetik der Komposition*,[15] könnte man geradezu von einem blinden Fleck der Forschung sprechen. Über Komposition lässt sich noch am ehesten etwas aus Spezialuntersuchungen wie denen Dietrich Webers über die Kunst des »klassizistischen Kompositeurs«[16] Heimito von Doderer erfahren.

Es gibt, im Großen und Ganzen, unbeschadet weiterer Unterscheidungen im Einzelnen, vor allem fünf verschiedene Arten literarischer Komposition: die thematische, die dramatische, die temporale, die musikalische und die numerische oder mathematische. Sie sind nicht notwendig, von Werk zu Werk, voneinander geschieden; je komplexer ein literarischer Text ist, umso komplexer ist vielmehr auch seine Komposition, die dann zumeist nicht mehr nur auf einen Typus zurückzuführen ist, sondern zwei oder mehrere miteinander verbindet.

Die thematische Komposition kennen wir aus Werken wie Charles Baudelaires *Les Fleurs du Mal*, dessen sechs unterschiedlich umfangreiche Teile *Spleen et Idéal*, *Tableaux parisiens*, *Le Vin*, *Fleurs du Mal*, *Révolte*, *La Mort* überschrieben sind. Die dramatische Komposition ist an einer Geschichte, an einem Vorgang oder einem Ereignis orientiert wie z. B. in der *Argonautenfahrt*

---

[13] Zitiert nach Radbruch, *Mathematische Spuren in der Literatur*, S. 77.

[14] Vgl. Scherer, Wilhelm, *Poetik. Mit einer Einleitung und Materialien zur Rezeptionsanalyse*, Gunter Reiss (Hrsg.), Tübingen 1977, S. 167–170.

[15] Uspenskij, Boris Andreevič, *Poetik der Komposition. Struktur des künstlerischen Textes und Typologie der Kompositionsform*, nach einer revidierten Fassung des Originals bearbeitet von Karl Eimermacher (Hrsg.), aus dem Russischen von Georg Mayer, Frankfurt am Main 1975.

[16] Weber, Dietrich, *Heimito von Doderer*, München 1987, S. 10. Vgl. außerdem Ders., *Heimito von Doderer. Studien zu seinem Romanwerk*, München 1963.

des Apollonios Rhodios an der Suche nach dem Goldenen Vlies oder wie in Doderers *Dämonen* am Wiener Arbeiteraufstand von 1927. Eine temporale Komposition liegt allen Werken zugrunde, die von etwas erzählen, das innerhalb einer bestimmten Zeitspanne geschieht, wie es etwa in James Joyces an einem Tag spielendem *Ulysses* oder in Uwe Johnsons *Jahrestagen* der Fall ist. Eine musikalische Komposition hat T.S. Eliot für seine nach der Art einer Suite gebauten *Four Quartets* gewählt[17] oder Heimito von Doderer für seinen *Roman No 7* und seine *Sonatine*.[18]

Der fünfte Typus literarischer Komposition, der numerische oder mathematische, mag auf den ersten Blick am wenigsten vertraut erscheinen. Er ist jedoch keineswegs marginal. Die mathematischen Prinzipien folgende Komposition ist tatsächlich eine elementare poetische Möglichkeit, die sogar als ein Beleg für die These Friedrich Schlegels: »Die *Geometrie* ist ins innere Wesen der Poesie verflochten«[19] taugt. Dass diese These im Ganzen keineswegs so eigenwillig ist wie etwa Schlegels Gebrauch mathematischer Symbole,[20] ist nicht schwer zu erkennen. Tatsächlich können wir bei der Beschreibung von Literatur ebenso wenig auf Zahlen verzichten wie die Mathematiker bei der Bildung ihrer Begriffe auf poetische Verfahren. In der Metrik etwa sind Zahlen zur Bestimmung von Versmaßen unentbehrlich – vom fünfhebigen Jambus bis zum Elfsilbler, vom Alexandriner bis zur Fünfheberstrophe, von der Oktave bis zum Pentameter. Unentbehrlich, wenngleich nicht in derselben Weise, scheinen Zahlen aber auch in der Gattungstheorie zu sein. Es ist durchaus üblich, etwa Dramen nach der Zahl ihrer Akte zu klassifizieren. Es gibt sogar Versuche, bestimmte Gattungen ganz mathematisch, über ihre Zahlenverhältnisse zu definieren, wie z. B. das Sonett als vierzehnzeiliges Gedicht, das in Strophen zu drei oder vier Zeilen, den Terzetten und Quartetten, gelegentlich auch zu zwei Zeilen, den etwa bei Shakespeare zu findenden Couplets, eingeteilt wird. Ähnlich ist es mit der Sestine, der Terzine, der Siziliane oder der Villanelle.

Die Zahl wird in der Gattungstheorie aber nicht nur bei Gedichtmaßen, also letztlich metrisch definierten Formen bemüht. Lessing hat beispielsweise in seiner epochalen Abhandlung das Epigramm als zweiteilige Form bestimmt, dabei aber nicht, wie vor dem Hintergrund des klassischen elegischen Epigramms aus Hexameter und Pentameter geradezu nahe liegend, metrisch argumentiert. Die »zwei Stücke, die ich zu dem Wesen des Sinn-

---

17 Vgl. Lamping, Dieter, *Moderne Lyrik*, Göttingen 2008, S. 101–104.
18 Vgl. Weber, *Heimito von Doderer*, etwa S. 10 und 14.
19 Vgl. Radbruch, *Mathematische Spuren in der Literatur*, S. 71.
20 Vgl. ebd., S. 74–76.

gedichtes verlange«, schreibt er, seien »Erwartung« und »Aufschluß«.[21] Sie schaffen eine bestimmte Struktur, die mit der metrischen Form zusammenfallen kann, aber nicht muss, weil sie letztlich von ihr unabhängig ist.

Ich möchte im Folgenden aber nicht solche mehr oder weniger allgemein definierten Formen untersuchen, sondern einzelne Werke, deren zahlenmäßige Komposition auf den ersten Blick individuell erscheint, ohne es unbedingt zu sein. Ich werde versuchen, sie nach drei Typen zu ordnen, die ich als Zahlenbedeutung, Zahlenanspielung und Zahlenordnung bezeichne. Sie können vielleicht einen Eindruck von den Möglichkeiten numerischer Komposition geben. Die Beispiele stammen dabei vor allem aus der italienischen Literatur des späten Mittelalters und aus der deutschen Literatur der späten Moderne. Ihre Geltung mag aber nicht auf diese beiden Epochen dieser beiden Literaturen beschränkt sein.

II.

Dantes *Divina Commedia* ist innerhalb der abendländischen Literatur das bekannteste Beispiel für ein nach Zahlen geordnetes Werk. Ihre Komposition ist zunächst dramatisch als Geschichte von der »Heimkehr der verirrten Seele zu Gott«,[22] dann in der Einteilung in die drei Jenseitsreiche auch thematisch bestimmt. Dass die *Divina Commedia* allerdings zugleich mathematisch strukturiert ist, dürfte ebenso schon auf den ersten Blick zu erkennen sein. Ihre drei Teile: *Inferno*, *Purgatorio* und *Paradiso* bestehen zusammen aus 100 Cantiche. Dabei umfassen *Purgatorio* und *Paradiso* jeweils 33 Gesänge, das *Inferno* 34, nämlich das erste einleitende und die 33 folgenden, die erst in der Hölle spielen. Diese mathematische Ordnung geht bis in die Feinstruktur der einzelnen Gesänge hinein. So ist ihr Versmaß der *endecasillabo*, der Elfsilbler, das Strophenmaß die Terzine, eine von Dante erfundene Gruppe von drei Zeilen mit dem Reimschema aba bcb cdc ded usw., das strikt eingehalten wird.

Im symmetrischen Aufbau des Werks spielen, nicht weniger deutlich, manche Zahlen eine besondere Rolle:

> Sieben wie die Planetenhimmel sind die Ringterrassen sowohl der Hölle als auch des Fegfeuerberges; neun die Kreise der Hölle, des Fegfeuers und des Paradieses wie auch die Ordnungen der Engel; drei ist die Zahl der jenseitigen Reiche, dreigeteilt das Schema der Strafen und Bußen; in Gruppen zu dreien gegliedert sind

---

[21] Wölfel, Kurt (Hrsg.), *Lessings Werke*, Bd. 2, *Schriften I. Schriften zur Poetik. Dramaturgie. Literaturkritik*, Frankfurt am Main 1967, S. 70.

[22] Dante Alighieri, *Die göttliche Komödie*, deutsch von Friedrich Freiherrn von Falkenhausen, mit einem Nachwort von Manfred Hardt, Frankfurt am Main 2002, S. 477.

> die Kreise der Verdammten, Büßer und Seligen, desgleichen, durch den Dreireim der Terzine, die Verse der drei Hauptstücke, deren jedes – den ersten als Einleitung des Ganzen umgerechnet – dreiunddreißig Gesänge zählt.[23]

Jede dieser Zahlen hat eine symbolische Bedeutung, die Dante aus der mittelalterlichen Zahlenmystik übernahm, zumal aus der Zahlentheorie des Augustinus und aus der Zahlenästhetik Bonaventuras.[24] Zwei dieser Zahlenmystiker, Bonaventura und Joachim de Fiore, erwähnt der universell gebildete Dante übrigens im 12. Gesang des *Paradiso*, auf den dritten, Augustinus, kommt er immer wieder zu sprechen. Auch die Zahlen, deren sich Dante bedient, haben eine symbolische, und zwar religiös-christliche Bedeutung. Die Drei steht für die Heilige Dreifaltigkeit, die Sieben für die Gaben Gottes, die Elf für die Sünde. Über dieses zahlenallegorische Gemeingut des Mittelalters[25] geht Dante jedoch insgesamt weit hinaus. »In der Dichtungslehre Dantes oder besser in der Dichtungskonzeption der Commedia spielt die Zahl eine derart zentrale Rolle, dass Dantes Poetik generell mit dem Begriff Zahlenpoetik gekennzeichnet werden könnte«,[26] schreibt Manfred Hardt. Er hat hinzugefügt, dass der gesamte Text der 14 233 Verse des Gedichts in exakter Weise nach Zahlenmaß durchstrukturiert ist, angefangen vom wohlüberlegten Gesamtumfang der Dichtung über den Umfang der drei Cantiche und der einzelnen Aufbaustufen bis hinab zur Verszahl der einzelnen Gesänge und weiterer kleiner und kleinster Textabschnitte.[27]

Ein Beispiel von vielen, das gleichwohl nicht wahllos ausgesucht ist, mag diese These belegen.

Die numerische Mitte der *Divina Commedia* ist Vers 7117, der 125. im 17. Gesang des *Purgatorio*. Die »auffallende chiastische Ziffernfolge« ist nach Hardt »mit hoher Wahrscheinlichkeit« »bewußt angestrebt«: »Ohne Zweifel verweist die Zahl auf die ›klassischen‹ Gehalte der Sieben, Zahl der Gnade und des Heiligen Geistes, und der Eins, Symbol des Schöpfers; zugleich aber auch auf die 17 mit dem Symbolgehalt des Gesetzes und der Gnade (›lex et gratia‹)«.[28] Doch damit nicht genug. Der 17. Canto des *Purgatorio* ist der 51.

---

23 Ebd., S. 493.

24 Vgl. dazu ausführlicher Hardt, Manfred, *Die Zahl in der Divina Commedia*, München 1973, S. 17–33.

25 Vgl. dazu vor allem Meyer, Heinz/Suntrup, Rudolf, *Lexikon der mittelalterlichen Zahlenbedeutungen*, München 1987.

26 Hardt, Manfred, *Geschichte der italienischen Literatur. Von den Anfängen bis zur Gegenwart*, Frankfurt am Main 2003, S. 124.

27 Ebd., S. 125.

28 Ebd., S. 127.

des ganzen Gedichts, »das entspricht dem Produkt aus 3 × 17«.[29] Der Zahl 7117 ist die 117 eingeschrieben, die wiederum gleich 3 × 39 ist. 3 ist die Zahl der Trinität, 39 die Beatrices, die sich aus dem gematrischen Verfahren ergibt, das Dante in der *Divina Commedia* benutzt. Der entsprechend errechnete Zahlenwert seines Namens Dante Alighieri ist übrigens 118.

Das Beispiel, das mit diesen Hinweisen noch keineswegs ausgerechnet ist, mag als Beweis für die zentrale Bedeutung der Zahl in Dantes Komposition genügen. Offensichtlich war er »mit allen Rechnungsarten der Arithmetik und der Geometrie vertraut«, die er »auf seinem ›abacus‹, der Rechenmaschine des Mittelalters, relativ leicht durchführen konnte«.[30] Bei der Komposition oder vielleicht besser: Konstruktion seines großen Gedichts hat sich Dante durchgängig der Mathematik bedient.

III.

Ihm sind über die Jahrhunderte viele gefolgt. Einer von ihnen war Giovanni Boccaccio in seinem *Decameron*. Auch dieses Gründungswerk der europäischen Novellenliteratur ist, so Kurt Flasch, »mathematisch streng gebaut wie der Campanile Giottos am Dom von Florenz, mit dem es die Entstehungszeit teilt«.[31]

Mathematisch wirkt es freilich erst auf den zweiten Blick, und doch entfaltet es ein reiches Lebensbild in genau hundert Geschichten und verteilt sie exakt auf zehn Tage. Auf diese Architektur bezieht sich der Name des Buches. *Decameron* heißt: *Das Buch der zehn Tage*.[32]

Ein Zehntagewerk ist das *Decameron* aber noch in einer dritten Hinsicht: Die zehn Geschichten an zehn Tagen werden auch von zehn Personen abwechselnd erzählt.

Das *Decameron* ist, schon vom Titel her, eine Anspielung auf das *Hexameron* des Ambrosius, das die Erschaffung der Welt in sechs Tagen schildert.[33] Den »Anklang an die Weltentstehungsbücher« bis zurück zu *Genesis 1* hat Boccaccio nach Kurt Flasch beibehalten, weil es ihm »um das poetische Projekt einer neuen ethisch-politischen Welt nach der Pestkatastrophe von 1348« gegangen sei: »Neben dem Sechstagewerk der Theologen gibt es jetzt

---

29 Ebd.

30 Ebd., S. 125.

31 Boccaccio, Giovanni, *Poesie nach der Pest. Der Anfang des Decameron*, Vorwort. Erster Tag: Einleitung. Novelle I–IV, italienisch – deutsch, neu übersetzt und erklärt von Kurt Flasch, Mainz 1992, S. 33.

32 Ebd.

33 Vgl. Hardt, *Geschichte der italienischen Literatur*, S. 164.

auch das Zehntagewerk der Poesie«.[34] Dabei haben die Zahlen Zehn und Einhundert für den spätmittelalterlichen Leser eine nicht weniger deutliche symbolische Bedeutung als die Drei in Dantes *Divina Commedia*: Sie stehen für Vollkommenheit. Ähnlich bedeutsam ist die Anzahl der weiblichen und männlichen Figuren, sieben und drei. Boccaccio hat zwar teilweise andere Zahlen als Dante bevorzugt, aber wie dieser bleibt er dem mystischen Zahlendenken des Mittelalters verbunden. Hinzu kommt allerdings in seinem Fall, dass zumindest die Zahl Einhundert auch eine literarische Anspielung darstellt: Über sie stellt Boccaccio seine Sammlung von Geschichten in die Tradition Dantes – verbunden mit dem unausgesprochenen Anspruch, für die Prosa geleistet zu haben, was Dante für das Gedicht vollbracht hat.

Einer ähnlichen mathematisch-theologischen Komposition wie die *Divina Commedia* und das *Decameron* ist auch Petrarcas *Canzoniere* verpflichtet. Er besteht aus 366 Gedichten, genauer aus 365 Laura-Gedichten und der an die Heilige Jungfrau gerichteten Kanzone »Vergine bella«. Aufschlussreich für die Zahlensymbolik des ganzen Werks ist dieses Schlussgedicht insofern, als es »das Leben des dichterischen Ich der Konvention genügend in das Jahr des Herrn« einordnet, »so dass wichtige Ereignisse wie die erste Begegnung auch mit religiösen Festtagen zusammenfallen«.[35] Die 365 Gedichte, die dem letzten vorangehen, stehen so nicht nur für den persönlichen oder privaten, durch die Liebesbegegnung bestimmten Kalender, sondern auch für das Heilige Jahr. Bezeichnenderweise hat Petrarca den einen Kalender dem anderen angepasst. Die erste Begegnung mit Madonna Laura hat er zuerst auf Karfreitag, den 10. April 1327 datiert, später dann auf den 6. April, damit der Tag »mit der christlichen Zahlensymbolik vom 6. Tag der Woche korrespondierte«.[36]

IV.

Die Zahlenkomposition Dantes, Boccaccios und Petrarcas ist zum Vorbild für spätere Autoren und Autorinnen geworden, ohne dass sie unbedingt die christliche Zahlensymbolik übernommen hätten. Insbesondere die Hundert-Zahl hat ein langes Nachleben in der neueren Literatur – über das *Decameron* und Baudelaires *Les Fleurs du Mal*, die aus genau 100 Sonetten bestehen, bis zu Queneaus *Cent milliards de poémes* und Gabriel García Márquez' Roman *Cien años de soledad*. Fast immer ist sie dabei als eine Anspielung auf

---

34 Boccaccio, *Poesie nach der Pest*, S. 34.

35 Hoffmeister, Gerhart, *Petrarca*, Stuttgart, Weimar 1997, S. 89.

36 Ebd., S. 89f.

Dante gelesen worden.[37] Auffällig ist die Säkularisierung der Zahl; weder bei García Márquez noch bei Queneau hat sie eine sakrale, christlich-spirituelle Bedeutung. An zwei anderen Beispielen, die in die moderne Dante-Rezeption gehören, wird dieser Funktionswandel der Zahl noch deutlicher.

Peter Weiss' Drama *Die Ermittlung*, sein Oratorium über Auschwitz oder genauer den Auschwitz-Prozess, ist aus einer intensiven Auseinandersetzung mit Dantes *Divina Commedia* hervorgegangen, von der vor allem das *Gespräch über Dante* zeugt. Im Drama selbst sind kaum Spuren dieser Beschäftigung zu finden. Zwar wimmelt es in ihm von Zahlen, es gibt etwa 18 Angeklagte und 9 Zeugen, die ihre Aussagen mit vielen Zahlenangaben, etwa über die Opfer, erhärten. Doch diese Zahlen sind, anders als die in der *Divina Commedia*, ohne Verweisungskraft; sie sind nur Fakten und als Fakten Beweise.

Die einzige einigermaßen deutliche Anspielung auf Dante steckt im Untertitel: »Oratorium in 11 Gesängen«. Auch wenn die Elf im System der danteschen wie der mittelalterlichen Zahlensymbolik eine Bedeutung hat, indem sie für die Sünde steht, scheint sie bei Weiss nur noch eine Zahl zu sein. Sie soll offenbar nicht mehr auf das christliche Weltbild Dantes verweisen, von dem sich Weiss im *Gespräch über Dante* entschieden distanziert hat, sondern allenfalls auf sein Werk oder ein Strukturmerkmal dieses Werks anspielen, etwa das Versmaß.

Eine deutlicher markierte Dante-Anspielung gleicher Art weist Hans Magnus Enzensbergers Versepos *Der Untergang der Titanic* auf. Es heißt nicht nur im Untertitel *Eine Komödie*, es widmet Dante auch eine *Erkennungsdienstliche Behandlung* überschriebene Reflexion, und es ist in 33 Gesänge eingeteilt, zu denen 16 weitere, nicht mehr nummerierte Gedichte hinzukommen. Zudem ahmt der 1. Gesang mit seiner Einteilung in Gruppen zu jeweils drei, allerdings ungereimten Versen das Strophenmaß der Terzine nach.

Weiss' *Oratorium* und Enzensbergers *Komödie* ist gemeinsam, dass sie sich auf Dantes *Divina Commedia* und zumal das *Inferno* als ein traditionelles Modell für die Darstellung des Bösen oder einer Katastrophe, ja des – vermeintlichen – Weltuntergangs beziehen. Sie vermeiden jedoch beide den Anschluss an das christliche Weltbild Dantes, insbesondere an seine Vorstellungen von Sünde, Strafe und Gnade. Es sind erkennbar gott- und heillose Werke, die eine Verbindung zur *Divina Commedia* nur noch über ein Struktur- oder Kompositionsmoment suchen: die Zahl. Es ist in beiden Fällen nicht

---

[37] Vgl. dazu etwa Strausfeld, Michi, »›Hundert Jahre Einsamkeit‹ von Gabriel García Márquez – ein Modell des neuen lateinamerikanischen Romans«, in: Dies. (Hrsg.), *Materialien zur lateinamerikanischen Literatur*, 2. Aufl., Frankfurt am Main 1989, S. 233–260, hier S. 235.

die Hundert, die mit zu starken sakralen Bedeutungen aufgeladen ist, sondern die Elf und die Dreiunddreißig, die für heutige Leser ohne eine christliche Semantik sind. Die Zahl hat keine theologische oder ideologische Bedeutsamkeit mehr; sie dient nur noch zur literarischen Anspielung.

V.

Im Werk Alfred Anderschs gibt es verschiedene Kompositionstypen – etwa überwiegend thematische wie in *Die Kirschen der Freiheit*, dramatische wie in *Sansibar oder der letzte Grund* oder temporale wie in *Die Rote*. Eine Erweiterung dieser kompositorischen Typen stellen ein später Text und eine späte Textgruppe dar. Die Textgruppe trägt den Titel *Achtmal zehn Sätze*; es sind acht kurze, jeweils genau zehn Sätze umfassende Prosastücke, die Andersch zusammen 1973 in der Süddeutschen Zeitung veröffentlicht hat. Thematisch ist ihnen nicht viel mehr gemeinsam als die Hauptfigur Franz Kien, die Andersch als *alter ego* für seine fiktional-autobiographischen Erzählungen verwendet hat. Die *Achtmal zehn Sätze* sind aber nicht durchweg autobiographisch-erzählend, der eine oder andere von ihnen ist eher imaginär. Weder für die Beschränkung auf zehn Sätze noch für die auf acht Texte lässt sich eine inhaltliche Begründung finden.

Ungefähr gleichzeitig mit den *Achtmal zehn Sätzen* hat Andersch seine Erzählung *Mein Verschwinden in Providence* geschrieben. Auch sie ist numerisch komponiert: Die 110 durchnummerierten Abschnitte bestehen jeweils aus genau drei, allerdings unterschiedlich langen Sätzen. *Achtmal zehn Sätze* und *Mein Verschwinden in Providence* sind u. a. kompositorische Experimente des Autors, der von seinem letzten Roman *Winterspelt*, den er wenig später anging, gesagt hat, er sei eine »Orgie von ›Komposition‹«[38] gewesen.

Tatsächlich weisen diese Texte Anderschs konzeptionell Verbindungen zur numerischen Ästhetik Max Benses,[39] den er in *Mein Verschwinden in Providence* auch erwähnt, und kompositorisch Ähnlichkeiten mit experimentellen Arbeiten dieser Jahre auf, vor allem mit denen von Helmut Heißenbüttel, Anderschs Nachfolger als Literaturredakteur des Süddeutschen Rundfunks in Stuttgart. Zumal Heißenbüttels *Textbücher* lassen »eine besondere Präferenz für die Zahl 13 als numerisches Prinzip literarischer Kompositionen«

---

[38] Andersch, Alfred, *Gesammelte Werke*, Kommentierte Ausgabe in zehn Bänden, Dieter Lamping (Hrsg.), Bd. 5, *Erzählungen 2. Autobiographische Berichte*, Zürich 2004, S. 425.

[39] Vgl. dazu auch Andersch, Alfred, »Ästhetische Denkobjekte«, in: *Gesammelte Werke*, Bd. 9, *Essayistische Schriften 2*, S. 341–346.

erkennen: Schon die Pamphlete in den *Topographien* (1956) bestehen aus 13 römisch gezählten Abschnitten, *Textbuch 5* (1964/65) versammelt, wie im Titel angezeigt, *3 × 13 mehr oder weniger Geschichten*, die sieben Texte des *Textbuchs 6* (1965/67) sind jeweils in 13 Abschnitte zu je 13 gleichlangen Zeilen gegliedert.[40]

Diese Vorliebe für die Zahl 13 kennzeichnet schließlich auch die Struktur von *Textbuch 9*, wie Franz Mon im Einzelnen erläutert hat: Erst im *Textbuch 9* von 1986 bestimmt die Maßzahl 13 die Gesamtanlage – aus 3 × 13 Texten – und den Innenaufbau der Einzeltexte mit ihren jeweils 13 Sätzen, was schon im Titel (»3 × 13 × 13«) hervorgehoben wird.[41]

Dass Mons Überlegungen über eine geheime Bedeutung der Zahl ohne greifbares Ergebnis bleiben, ist kein Zufall. Die Zahl hat bei Heißenbüttel, wie bei Andersch, vor allem die Funktion der Ordnung – und darüber hinaus mag sie auch noch das planvolle und zugleich kunstvolle Gemachtsein anzeigen: den Konstruktionscharakter des Textes.

VI.

Drei Typen der numerischen Komposition haben sich in diesem kleinen Überblick herauskristallisiert: Bei dem ersten hat die Zahl die Funktion der Verweisung, beim zweiten die der Anspielung, beim dritten die der Ordnung. Die bedeutungsvolle Zahl, die anspielungsreiche Zahl und die ordnende Zahl sind, zusammen genommen, nicht als eine historische Reihe gedacht, obwohl es verlockend sein mag, sie als Stadien einer Säkularisierung der Zahl zu lesen. Dass dies kaum möglich ist, lässt schon das Beispiel eines modernen mystischen Schriftstellers wie Thomas Merton erkennen, der in seiner Autobiographie *The Seven Storey Mountain* noch an die mittelalterliche Zahlensymbolik auch Dantes angeknüpft hat.

Die drei Typen der numerischen Komposition scheint letztlich nur eines miteinander zu verbinden: die Faszination durch die Zahl. Dass die Zahl eine besondere kompositorische Eignung hat, die auf die – geheime – Affinität von Mathematik und Dichtkunst verweist, ist gelegentlich behauptet worden. Ich möchte zum Schluss auf zwei Versuche aufmerksam machen, diesen Zusammenhang zu ergründen. Sie stammen von einem neueren und einem

---

[40] Ernst, Ulrich, »Typen des experimentellen Romans in der europäischen und amerikanischen Gegenwartsliteratur«, in: *Arcadia*, 27/1992, 3, 225–320, hier S. 247.

[41] Mon, Franz, »›Was fast gar nichts zählt, ist alles‹. Über Helmut Heißenbüttels *Textbuch 9*«, in: Christina Weiss (Hrsg.), *Schrift écriture geschrieben gelesen. Für Helmut Heißenbüttel zum siebzigsten Geburtstag*, Stuttgart 1991, S. 51–56, hier S. 51f.

alten Autor, sind beide noch immer bedenkenswert und laden durch ihre Zugespitztheit zur Diskussion ein.

Edgar Allan Poe hat in seiner *Philosophy of Composition*, die dem Aufbau seines berühmtesten Gedichts *The Raven* gewidmet ist, versucht, den Beweis dafür anzutreten, »dass das Werk Schritt um Schritt mit der Präzision und strengen Folgerichtigkeit eines mathematischen Problems seiner Vollendung entgegenging«.[42] Zumindest die folgerichtige Genauigkeit seiner Beschreibung erweckt auch genau diesen Eindruck. Ästhetische Komposition stellt Poe als eine mathematische Aufgabe dar: Ein kunstvoll-strenger Aufbau scheint für ihn ohne Zahlenordnung nicht möglich zu sein. Die Zahl, könnte man daraus folgern, ist für ihn der Inbegriff der Ordnung.

Noch kühner mag die Behauptung sein, die der Mathematik-begeisterte Augustinus in seinem Dialog über den freien Willen, *De libero arbitrio*, aufgestellt hat. Im 16. Kapitel des zweiten Buchs hat er die Bedeutung der Zahl für alle Schöpfungen, göttliche wie menschliche, zu bestimmen versucht. Nach Augustinus »hat« alles eine Zahl, und nur soweit es eine Zahl hat, ist es – ein Gedanke, den übrigens Hans Magnus Enzensberger, ohne Augustinus zu nennen, in seinem späten Gedicht *Von der Algebra der Gefühle* für die Kennzeichnung von Emotionen aufgegriffen hat. Ich möchte aber diesen ontologischen ebenso wie den ethischen und den gnoseologischen Aspekt der augustinischen Zahlentheorie[43] einmal außer Acht lassen und nur auf den ästhetischen hinweisen:

> Et omnium quidem formarum corporearum artifices homines in arte habent numeros quibus coaptant opera sua, et tamdiu manus atque instrumenta in fabricando movent, donec illud quod formatur foris ad eam quae intus est lucem numerorum realtum, quantum potest, impetret absolutionem placeatque per interpretem sensum interno iudici supernos numeros intuenti.[44]

Auch wenn in manchen dieser Formulierungen seine mystische Theologie der Zahl durchscheint, hat Augustinus doch mit dem Hinweis auf den für ihn notwendigen Zusammenhang von Schönheit und Zahl schon eine numerische Ästhetik *avant la lettre* umrissen. Folgt man ihm, dann besitzen wir »Schönheitsgesetze«, an denen wir alles messen, was uns schön erscheint:

---

42 Poe, Edgar Allan, *Der Rabe. Gedichte & Essays*, aus dem Amerikanischen von Arno Schmidt u. a., Zürich 1994, S. 198.

43 Vgl. dazu etwa Schmitt, Alois, »Mathematik und Zahlenmystik«, in: Martin Grabmann/Joseph Mausbach (Hrsg.), *Aurelius Augustinus. Die Festschrift der Görres-Gesellschaft zum 1500. Todestage des Heiligen Augustinus*, Köln 1930, S. 353–366.

44 Augustinus: *Le libero arbitrio. De vera religione. Textum Latinum recensuit Guilelmus Green. Theologische Frühschriften vom freien Willen und von der wahren Religion*, übersetzt und erläutert von Wilhelm Thimme, Zürich, Stuttgart 1962, S. 192.

»pulchritudinis leges ad quas referas quaeque pulchra sentis exterius«.[45] Schönheit messen wir demnach immer, weil ihr ein Zahlenmaß zugrunde liegt. »Alles«, schreibt Augustinus, »hat Formen, weil es Zahlen hat«: »Formas habent quia numeros habent«.[46]

Wollte man die augustinische Theorie modern-rational reformulieren, so böte sich die Explikation Ulrich Ernsts an:

> Die für das Kunstwerk konstitutive Harmonie besteht in der kalkulierten Anordnung gleicher und ungleicher Teile am angemessenen Ort. Das zahlhaft Geordnete löst durch Übereinstimmung des Gleichen und Zusammenfassung des Verschiedenen, ja auch des Gegensätzlichen, in Einheit und Ganzheit ästhetisches Wohlgefallen aus.[47]

Diese Funktionen der Zahl dürften wohl der Grund für das ästhetische Vergnügen an mathematischer Ordnung sein. Ob es für ein solches Vergnügen immer der Zahl bedarf, darf allerdings bezweifelt werden. Denn es gibt auch eine Schönheit der Form, die nicht notwendig zahlhaft, sondern etwa gestalthaft ist,[48] die jedoch die Vertreter einer numerischen Ästhetik nicht auf ihrer Rechnung haben.

---

45 Ebd.

46 Ebd., S. 193 und 192.

47 Ernst, Ulrich, »Kontinuität und Transformation der mittelalterlichen Zahlensymbolik in der Renaissance. Die *Numerorum mysteria* des Petrus Bungus«, in: *Euphorion*, 77/1983, S. 247–325, hier S. 282.

48 Vgl. dazu etwa Adornos Wort von der »Kunst als Gestalt der Erkenntnis«, in: Adorno, Theodor W.: *Noten zur Literatur II*, Frankfurt am Main 1965, S. 167.

Dieter Martin (Freiburg)

Mathematische Meditationen über das Unendliche

Kombinatorische Verfahren in der Literatur des Barock – mit einem Ausblick in die Nachkriegsavantgarde

Der Dichter und Kybernetiker Oswald Wiener notiert in seinem 1969 veröffentlichten ›Roman‹ *die verbesserung von mitteleuropa* unter dem Stichwort *»manierismus«* das folgende Apodikton: »ars magna, der stammbaum des magischen pragmatismus«.[1] Und mit dem ihm eigenen kritischen Impetus gegen die etablierte Wissenschaft fragt Wiener in der zugehörigen Anmerkung rhetorisch:

> welcher aufrechte logiker fand bemerkenswert, dass leibniz' *calculus ratiocinator* (seine *ars combinatoria*) von r. lullus stammt? noch dazu durch vermittlung kircher's? welcher wackere literaturhistoriker wird uns zeigen, worin ein gemeinsames interesse l.'s und kuhlmann's, welch letzteren man uns gestohlen hat, besteht?[2]

---

1 Wiener, Oswald, *die verbesserung von mitteleuropa. roman*, Reinbek bei Hamburg 1969, S. LIf.; im vorliegenden Zusammenhang muss und kann offen bleiben, auf welche Ausprägung eines ›magischen pragmatismus‹ sich Wiener hier beziehen mag.

2 Ebd., S. LI (berichtigt wurde der Druckfehler »Kirchner« statt »Kircher«). Nach Ausweis der Sigle »(A)« ist diese Anmerkung »später« zu dem »in der hauptsache 1962 bis 1967« geschriebenen Text »angefügt worden« (vgl. ebd., Rückseite des Titelblatts). – Auf Kuhlmann bezieht sich Wiener, dessen expansive *literaturhinweise* zwei Kuhlmann-Neuausgaben der 1960er Jahre aufführen (edb., S. CXCIII–CCV, hier S. ICC), ferner ebd., S. XLIII–XLVIII, indem er dem Barockdichter eine längere sprachkritische Passage widmet (S. XLVIII: »für quirin kuhlmann«), die scheinbar als traditionelle Dingbeschreibung beginnt, um den Versuch einer sprachlichen Referenz auf einen (unvorstellbar bleibenden) Gegenstand *ad absurdum* zu führen und in Sprachfetzen aus Dialekt und Comic-Jargon zu münden. Vage bleibt dagegen die Kuhlmann-Anspielung in einem »für gerhard rühm« verfassten, durch Gewalt- und Sexualmotive charakterisierten, von dem Leitmotiv »ein film legte sich dazwischen« durchzogenen und von harten ›Film‹-Schnitten geprägten Text im *appendix B* (ebd., S. CLXXXVII–CLXXXIX): »er begriff sich als modell seiner umwelt und projizierte seine hand in dieselbe: sie passte. ein film legte sich dazwischen, und er begann kuhlmann auszumachen, der wie ein rasender auf einen gegenstand seiner wahrnehmung einschlug. er spürte den geschmack von fut auf seiner zunge [...]« (hier S. CLXXXVII). – Raimundus Lullus und Athanasius Kircher bleiben dagegen im vorangeschalteten *personen- und sachregister (auswahl)* und in den *literaturhinweisen* ungenannt.

Indem er die *Ars magna* des Raimundus Lullus zum »stammbaum« erklärt, indem er Athanasius Kircher und Quirinus Kuhlmann als barocke Mittelsmänner des universalwissenschaftlichen und poetischen Lullismus benennt, sucht Oswald Wiener die seit der Aufklärung verschütteten Traditionen des eigenen Denkens zu bestimmen und mahnt an, die verborgenen Wurzeln der sprachkombinatorischen Moderne aufzudecken. Seit den 1970er Jahren haben – wenn auch ohne direkten Bezug auf Wieners Forderungen – einige »aufrechte logiker« und »wackere literaturhistoriker« die wesentlichen Linien dieser auf die Avantgarde vorausweisenden Denktradition der Vormoderne herausgearbeitet: Eberhard Knobloch und Wilhelm Schmidt-Biggemann, Thomas Leinkauf und Andreas Kilcher haben den systematischen und historischen Ort des lullistischen *mundus combinatus* bestimmt und gezeigt, wie das mittelalterliche Instrumentarium des Raimundus Lullus für die barocke Enzyklopädik und den frühaufklärerischen Universalismus adaptiert und reformuliert wurde.[3] Aus literaturwissenschaftlicher Sicht zeigten vor allem Rosmarie Zeller, Ulrich Ernst und Erika Greber die Fruchtbarkeit kombinatorischer Verfahren in der Poesie, um jeweils einen Bogen vom manieristischen Barock zu der die Sprache als Spielmaterial nutzenden ›konkreten‹ Gegenwartsliteratur zu schlagen.[4]

An die Stofferschließung und die Erkenntnisse dieser Arbeiten knüpfe ich an, um mein Interesse auf einen speziellen, bislang wenig diskutierten Punkt zu richten: auf die Frage der ›Unendlichkeit‹, auf die Spannung zwischen messbarer Einheit und unermesslicher Vielfalt. Dazu würdige ich

---

[3] Knobloch, Eberhard, *Die mathematischen Studien von G. W. Leibniz zur Kombinatorik. Auf Grund fast ausschließlich handschriftlicher Aufzeichnungen dargelegt und kommentiert*, 2 Bde., Wiesbaden 1973, hier bes. Bd. 1, S. 1–23; vgl. auch den von Eberhard Knobloch gemeinsam mit Menso Folkerts und Karin Reich verfassten Ausstellungskatalog: *Maß, Zahl und Gewicht. Mathematik als Schlüssel zu Weltverständnis und Weltbeherrschung*, Weinheim 1989; Schmidt-Biggemann, Wilhelm, *Topica universalis. Eine Modellgeschichte humanistischer und barocker Wissenschaft*, Hamburg 1983; Leinkauf, Thomas, *Mundus combinatus. Studien zur Struktur der barocken Universalwissenschaft am Beispiels Athanasius Kirchers SJ (1602–1680)*, Berlin 1993; Kilcher, Andreas, *mathesis und poiesis. Die Enzyklopädik der Literatur 1600 bis 2000*, München 2003.

[4] Zeller, Rosmarie, *Spiel und Konversation im Barock. Untersuchungen zu Harsdörffers »Gesprächspielen«*, Berlin, New York 1974, bes. S. 159–187; Ernst, Ulrich, »Permutation als Prinzip in der Lyrik«, in: *Poetica*, 24/1992, S. 225–269; Greber, Erika, *Textile Texte. Poetologische Metaphorik und Literaturtheorie. Studien zur Tradition des Wortflechtens und der Kombinatorik*, Köln u. a. 2002; Analytisch wenig ergiebig bleibt Dotzler, Bernhard J., »Die Swift-Maschine. Zur Poesie der Kombinatorik im 17. und 18. Jahrhundert«, in: Peter Gensolla/Thomas Kamphusmann (Hrsg.), *Die Künste des Zufalls*, Frankfurt am Main 1999, S. 244–262.

erstens exemplarisch typische poetische Adaptionen kombinatorischer Verfahren im 17. Jahrhundert. Zweitens stelle ich ein herausragendes Beispiel lullistischer Barocklyrik im Blick auf die ›Unendlichkeit‹ näher vor. Unter eben diesem Gesichtspunkt diskutiere ich drittens, in einem knappen Ausblick, die Affinitäten und Differenzen zwischen Barock und Nachkriegsavantgarde.

I.

Das zentrale lullistische Verfahren[5] besteht darin, eine überschaubare Menge von Grundelementen oder -begriffen aufzustellen und all ihre denkbaren Kombinationen zu erfassen. In seiner um 1300 geschriebenen *Ars magna* zielte Raimundus Lullus nicht allein auf eine Systematisierung der Wissenschaften, die er in baumförmigen Allegorien, modern gesagt: in Verzweigungsdiagrammen, darstellte, sondern mehr noch auf eine Art Grammatik, eine lexikalisch-begriffliche Grundwissenschaft, die eine »allgemeine Topologie alles Wißbaren« liefern sollte.[6] Ein geschlossenes System von Subjekten und Prädikaten sollte ein »vollständiges Raster für jede mögliche Prädikation« bieten.[7] Wie Lullus einerseits die Vielheit der Erscheinungen auf einen kleinen Vorrat von Begriffen, Qualitäten und Prädikaten reduzierte, so konnte er andererseits aus einer beschränkten Ausgangsmenge eine Vielzahl möglicher Kombinationen aufstellen, die seinem systematischen Anspruch gemäß zugleich alle Möglichkeiten des Denkens und der als *Ars Dei* verstandenen Natur umfassen. Lullus selbst nutzte vor allem konzentrische Scheibenmodelle (vgl. Abb. 1), um die Kombinationsmöglichkeiten aufzuzeigen.

---

5 Zum Folgenden vgl. neben dem Standardwerk von Platzeck, Erhard Wolfram, *Raimund Lull. Sein Leben – seine Werke. Die Grundlagen seines Denkens*, 2 Bde., Düsseldorf 1962 und 1964, der kurzgefassten Darstellung von Pring-Mill, Robert, *Der Mikrokosmos Ramon Lulls. Eine Einführung in das mittelalterliche Weltbild*, Stuttgart, Bad Cannstatt 2000, und den Arbeiten von Doucet-Rosenstein, Diane, *Die Kombinatorik als Methode der Wissenschaften bei Raimund Lull und G. W. Leibniz*, München 1981, sowie Traninger, Anita, *Mühelose Wissenschaft. Lullismus und Rhetorik in den deutschsprachigen Ländern der Frühen Neuzeit*, München 2001, bes. die einschlägigen Kapitel bei Schmidt-Biggemann, *Topica universalis*, S. 107–113 und 156–175, Leinkauf, *Mundus combinatus*, S. 150–160, und Kilcher, *mathesis und poiesis*, S. 361–370, jeweils mit Angabe weiterführender Literatur.

6 Schmidt-Biggemann, *Topica universalis*, S. 109 (hier in Bezug auf die Anwendung lullistischer Verfahren bei dem barocken Enzyklopädisten Johann Heinrich Alsted).

7 Ebd., S. 111.

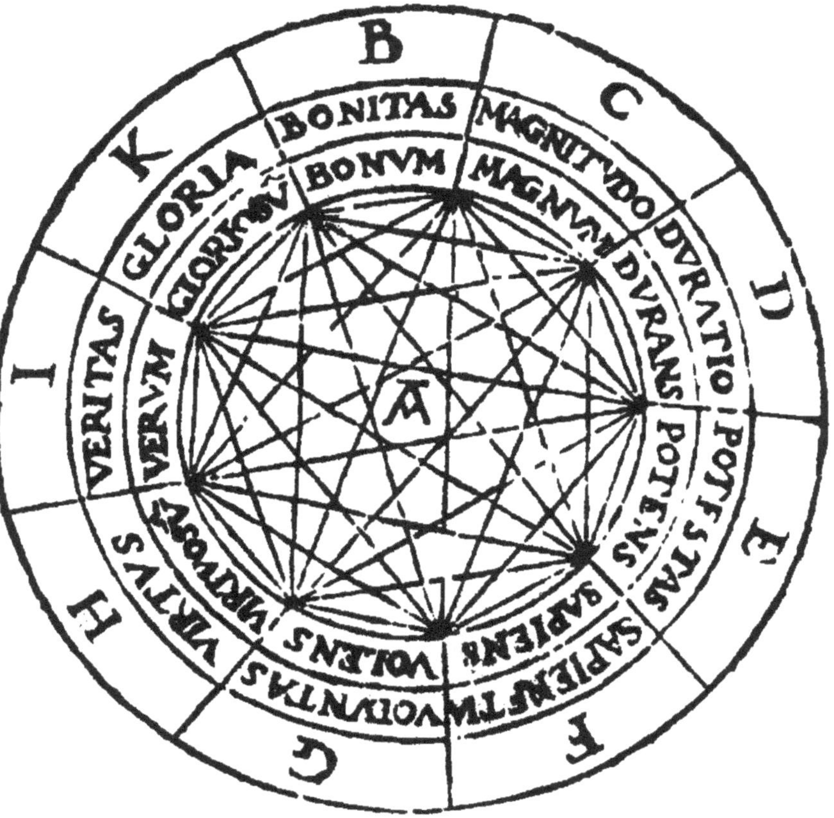

Abb. 1: Scheibenmodell aus Raimundus Lullus' *Ars magna*

Da Lullus eine Art Grammatik konzipierte und den einzelnen Begriffen Buchstaben zuordnete, lag die Übertragung seines Systems auf die Sprache nahe. Am entschiedensten ausgeführt wurden die sprachtheoretischen Implikationen des Lullismus im 17. Jahrhundert vom Nürnberger Dichter und Poetologen Georg Philipp Harsdörffer sowie vom jesuitischen Universalgelehrten Athanasius Kircher. Harsdörffer adaptierte Lullus' kombinatorisches Scheibenmodell in den *Mathematischen Erquickstunden* (1651) für seinen berühmten *Fünffachen Denckring* (vgl. Abb. 2), mit dem er die »gantze Teutsche Sprache auf einem Blätlein weisen« und einen Weg aufzeigen wollte, mit dem sich der lexikalische Reichtum der deutschen Sprache in einem »Teutsche[n] Wortbuch« komplett erschließen lassen sollte: Die fünf Ringe enthalten von innen nach außen erstens »die 48 Vorsylben«, zweitens »die 60 An-

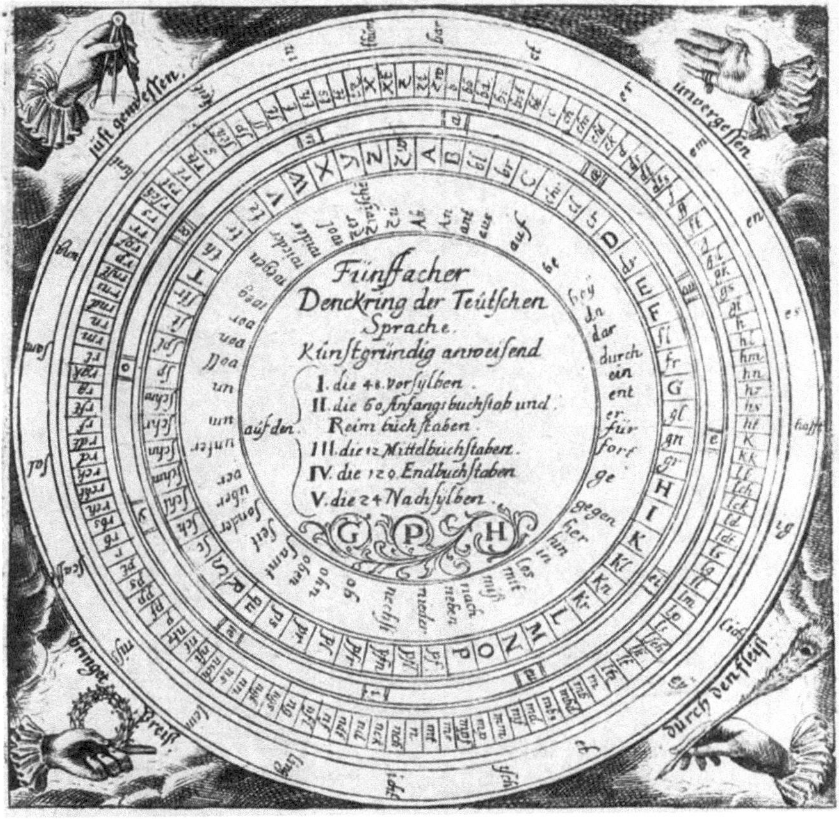

Abb. 2: Georg Philipp Harsdörffer, *Delitiae Mathematicae et Physicae*, Teil 2, Nürnberg 1651, S. 517

fangsbuchstab und Reimbuchstaben«, drittens »die 12 Mittelbuchstaben«, viertens »die 120 Endbuchstaben« und fünftens »24 Nachsylben«.[8]

Athanasius Kircher dagegen veranschaulichte in seiner *Ars magna sciendi sive combinatoria* von 1669 das von ihm extrem durchstrukturierte lullistische Modell nicht nur mit dessen konzentrischen Kreisen und sich verzweigenden Bäumen, sondern auch mit Liniengeflechten, deren komplexe, ästhetisch reizvolle Strukturen die perfekte göttliche Ordnung abbilden sollten (vgl. Abb. 3).

---

8 Harsdörffer, Georg Philipp, *Delitiae Mathematicae et Physicae. Der Mathematischen und Philosophischen Erquickstunden Zweyter Teil*, Neudruck der Ausgabe Nürnberg 1651, eingeleitet von Jörg Jochen Berns (Hrsg.), Frankfurt am Main 1990, S. 517–519.

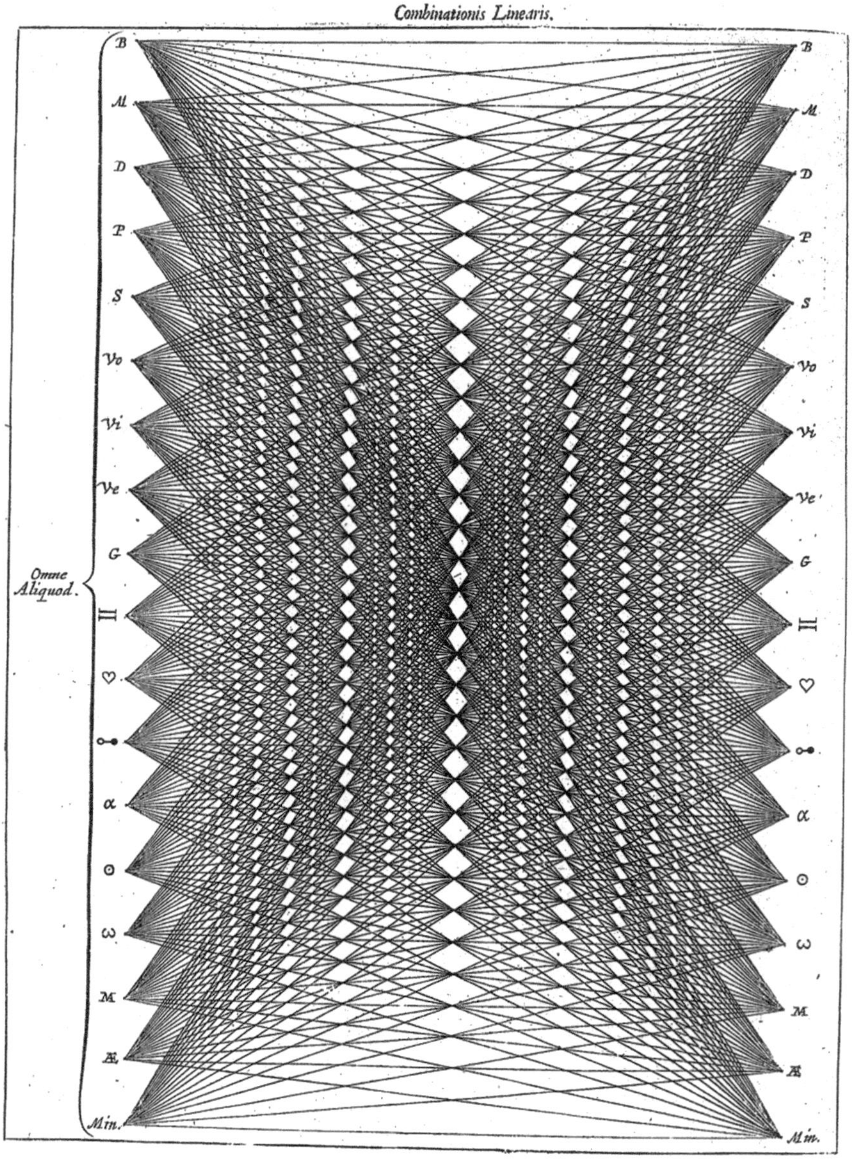

Abb. 3: Athanasius Kircher, *Ars magna sciendi sive combinatoria*, Amsterdam 1669, S. 170

Vor allem aber intensivierte Kircher die Systematisierung der Kombinatorik: Während Harsdörffer etwa die »combinationes Elementorum« für vier Ziffern in einer turmartigen Tabelle durchprobiert,[9] scheitert er offenbar noch daran, eigenständig die unterschiedlichen Abfolgen zu errechnen, in welche sich die 24 Buchstaben des Alphabets bringen lassen:

> Die XXIV. Buchstaben im Abc. können nach Laurembergii Rechnung verwechselt werden 620 448 397 827 051 993.
> Nach Puteani Rechnung: 62 044 801 733 239 439 360 000 mal.
> Nach Henrich von Etten Meinung: 620 448 593 438 860 623 360 000 mal.[10]

Für Kircher dagegen scheinen solche mathematischen Operationen kein Problem zu sein: Seine *Tabula Generalis* (vgl. Abb. 4) nennt die Fakultäten der Ziffern 1 bis 50 und überbietet damit – allerdings mit einem folgenschweren Fehler bei der Ziffer 39 – alle zeitgenössischen Tabellen. Selbst Leibniz' *Dissertatio de arte combinatoria* von 1666 begnügt sich mit der die Sprachanalogie betonenden 24. Ziffer.[11] Auch bei den Permutationen mit Wiederholung von Elementen kommt Kircher mathematisch wesentlich weiter als Harsdörffer. Seine *Tabula II* (vgl. Abb. 5) gibt für Mengen von eins bis zehn Elementen an, wie viele Permutationen bei jeweils wie viel gleichen Elementen möglich sind.

II.

In poetischen Texten des Barock wurden verschiedene kombinatorische Verfahren produktiv: Erstens – am wenigsten mathematisch, aber doch auf sprachmaterialisierende Weise meditativ – in geometrischen Textformationen, die an die antike und mittelalterliche Tradition so genannter Kreuzwortlabyrinthe anschließen.[12] David Klesels *Denck-Täffelchen* von 1675 (vgl.

---

9 Harsdörffer, *Delitiae Mathematicae*, S. 515.

10 Ebd., S. 516. Zur Tradierung des (durchgehend falschen) Zahlenwerks bis hin zu Leibniz vgl. Knobloch, *Die mathematischen Studien*, Bd. 1, S. 41–44.

11 Leibniz, Gottfried Wilhelm, »Dissertatio de arte combinatoria«, in: *Die philosophischen Schriften von Gottfried Wilhelm Leibniz*, Bd. 4, Carl Immanuel Gerhardt (Hrsg.), Berlin 1880, S. 27–104, hier S. 84; vgl. Knobloch, *Die mathematischen Studien*, Bd. 1, S. 41, und Doucet-Rosenstein, *Die Kombinatorik*, S. 140–171.

12 Vgl. dazu Ernst, Ulrich, *Carmen figuratum. Geschichte des Figurengedichts von den antiken Ursprüngen bis zum Ausgang des Mittelalters*, Köln u. a. 1991, S. 10f. (zur typologischen Bestimmung der auch als »lesepermutativer Cubus« bezeichneten Form) und S. 388–428 (zur Geschichte in Antike und Mittelalter); zu barocken Erscheinungsformen vgl. Ders., »Lesen als Rezeptionsakt. Textpräsentation und Textverständnis in der manieristischen Barocklyrik«, in: *Zeitschrift für Literaturwissenschaft und Linguistik*, 15/1985, 57/58, *Lesen – historisch*, S. 67–94, hier S. 83–85.

TABULA GENERALIS.

Ex qua omnes rerum simpliciter commutandarum conjugationes possibiles eruuntur.

1	1. A.
2	2. B.
3	6. C.
4	24. D.
5	120. E.
6	720. F.
7	5040. G.
8	40320. H.
9	362880. I.
10	3628800. K.
11	39916800. L.
12	479001600. M.
13	6227020800. N.
14	87782912000. O.
15	1307674368000. P.
16	20922789888000. Q.
17	355687428096000. R.
18	6402373705728000. S.
19	121645100408832000. T.
20	2432902008176640000. V.
21	51090942171709440000. X.
22	1124000727777607680000. Y.
23	25852016738884976640000. Z.
24	620448401733239439360000.
25	15511210043330985984000000.
26	403291461126605635584000000.
27	10888869450418352160768000000.
28	304888344611713860501504000000.
29	8841761993739701954543616000000.
30	265252859812191058636308480000000.
31	8222838654177922817725562880000000.
32	263130836933693530167218012160000000.
33	8683317618811886495518194401280000000.
34	295232799039604140847618609643520000000.
35	10333147966386144929666651337523200000000.
36	371993326789901217467999448150835200000000.
37	13763753091226345046315979581580902400000000.
38	523022617466601111760007224100074291200000000.
39	20397882081197443358740281739902897346800000000.
40	815915283247897734349611269596115893872000000000.
41	33452526613163807108334022053440751647352000000000.
42	1405006117752879898550028926244511569188784000000000.
43	60415263063373835637651243828513997475117712000000000.
44	2658271574788448768056654728454615888905179328000000000.
45	107659998778932174106294516512411943500659762784000000000.
46	4952359943830880008889547759570949401030349088064000000000000.
47	232760917360051360417808744699834621848426407139008000000000000.
48	11172524033282465300054819745592061848724467542672384000000000000.
49	547453677630840799702686167534011030587498909590946816000000000000.
50	127372683881542039985134308376700551529374945479547340800000000000000.

Abb. 4: Athanasius Kircher, *Ars magna sciendi sive combinatoria*, Amsterdam 1669, S. 157

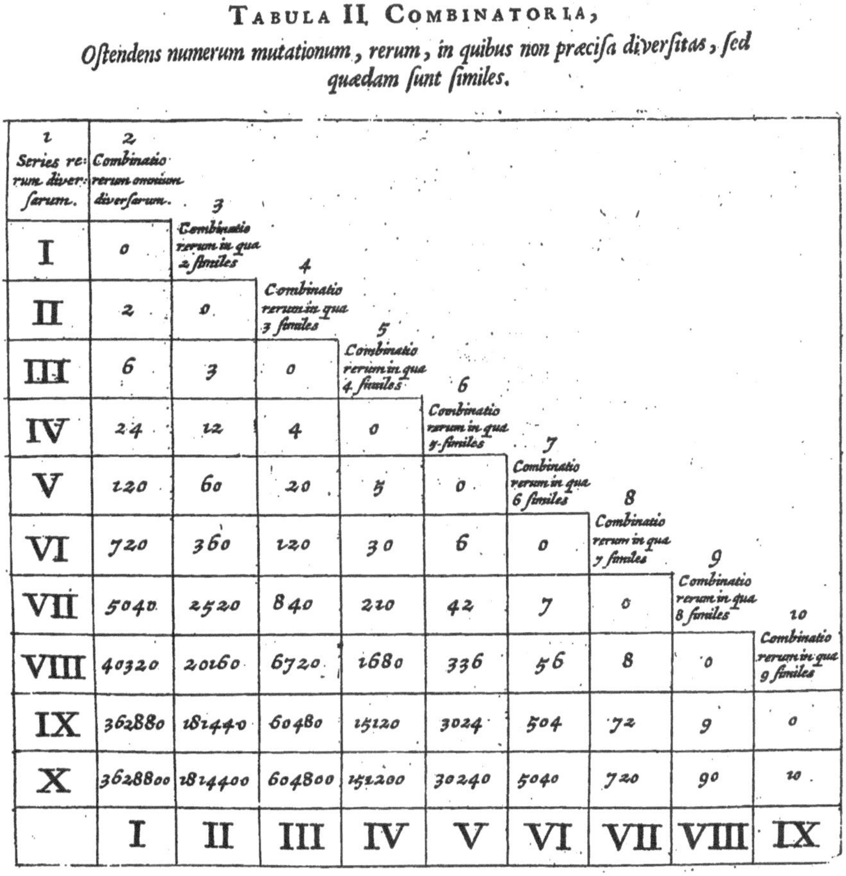

TABULA II. COMBINATORIA,

Ostendens numerum mutationum, rerum, in quibus non præcisa diversitas, sed quædam sunt similes.

1 Series rerum diversarum.	2 Combinatio rerum omnium diversarum.	3 Combinatio rerum in qua 2 similes	4 Combinatio rerum in qua 3 similes	5 Combinatio rerum in qua 4 similes	6 Combinatio rerum in qua 5 similes	7 Combinatio rerum in qua 6 similes	8 Combinatio rerum in qua 7 similes	9 Combinatio rerum in qua 8 similes	10 Combinatio rerum in qua 9 similes
I	0								
II	2	0							
III	6	3	0						
IV	24	12	4	0					
V	120	60	20	5	0				
VI	720	360	120	30	6	0			
VII	5040	2520	840	210	42	7	0		
VIII	40320	20160	6720	1680	336	56	8	0	
IX	362880	181440	60480	15120	3024	504	72	9	0
X	3628800	1814400	604800	151200	30240	5040	720	90	10
	I	II	III	IV	V	VI	VII	VIII	IX

Abb. 5: Athanasius Kircher, *Ars magna sciendi sive combinatoria*, Amsterdam 1669, S. 160

Abb. 6) etwa ordnet die aus 24 Buchstaben bestehende Zeichenfolge des Satzes »Bet in der Not so hört dich Got« so zu einem aus 24 × 24 Buchstaben gebildeten Textfeld, dass die Aussage von jedem Anfangsbuchstaben (also von jedem großen *B*) aus auf den Endbuchstaben (das kleine *t*) sowohl in der linken unteren wie in der rechten oberen Ecke hin gelesen werden kann. Da von jedem Anfangsbuchstaben aus in vier[13] und von jedem im Inneren der Texttafel befindlichen Folgebuchstaben aus in zwei Richtungen weiter-

[13] Ausnahmen bilden die beiden in den Ecken postierten Anfangsbuchstaben, von denen aus nur in zwei Richtungen zu lesen ist.

geschritten werden kann,[14] ergibt sich durch fortgesetzte Potenzierung eine sehr große Zahl unterschiedlicher, treppenförmiger Wege. Eine solche Texttafel will paradoxerweise »zu Veränderung der Andacht anweisen[ ]«,[15] indem sie auf einer einzigen Aussage insistiert und den labyrinthisch variierten, im Ziel aber stets identischen Leseweg zu Gott anzeigt. So wird die in allen Wechselfällen des Lebens anzustrebende spirituelle Stabilität sinnfällig gemacht und kontemplativ eingeübt.

Viel stärker inventorisch profiliert sind dagegen – zweitens – anagrammatische Permutationen. Sprachforscher und Dichter wie Georg Philipp Harsdörffer, Justus Georg Schottelius und Kaspar von Stieler pflegten die Anagrammatik als Findekunst, mit der man aus vorgegebenen Graphemmengen neue Aussagen zusammenfügen und Personennamen panegyrische Huldigungen abgewinnen könne, mit der die versteckte Etymologie oder der sonstwie kabbalistisch verborgene Sinn eines Wortes zu ermitteln sei.[16] Dabei wurde die im Barock vielfach erprobte Anagrammatik gleichermaßen mechanisiert wie mathematisiert: Harsdörffer empfiehlt im *Poetischen Trichter* und in den *Frauenzimmer Gesprächspielen* etwa den Gebrauch von Buchstabentäfelchen, beschriebenen Steinen oder Walzen.[17] Und Johann Hemeling, Rechenmeister und kaiserlich gekrönter Dichter, der mit seinen *Arithmetisch-geometrisch- Nach poetischer Arth entworffenen Auffgaben* (1652), seiner *Arithmetisch-Poetisch- und Historisch-ErquickStund* (1660) sowie seinem *Arithmetischen Trichter* (1677) unverkennbar in der Nachfolge Harsdörffers steht, veröffentlichte 1653 gar eine *Arithmetische Letter- oder BuchstabWechslung*, in der er der *studierenden Jugend* erklärt, *welcher massen Anagrammata* [...] *zu machen* seien.[18] Woran aber noch heutige elektronische Anagramm-Generatoren[19] kranken, das gilt auch für deren barocke Vorläufer: Mathematisch zu bestimmen ist zwar die Zahl generierbarer Buchstabenfolgen – einen zuverlässigen Filter für sinntragende oder gar ›poetisch gelungene‹ Lösungen bietet die Kombinatorik hingegen nicht.

---

14 Sobald der Rand der Tafel erreicht ist, lässt sich nur noch in einer Richtung auf das Satzende hin lesen.

15 Klesel, David, »Denck-Täffelchen«, in: Abraham Klesel, *Vergiß mein nicht / Oder Jesus-süsse Andachten Auff Sonn- und Fest-Tage [...]*, Lissa 1675, Bl.):(7v.

16 Vgl. Zeller, *Spiel und Konversation*, S. 12–15, und Ernst, Ulrich, »Permutation als Prinzip in der Lyrik«, in: *Poetica*, 24/1992, S. 225–269, hier S. 226–229.

17 Vgl. Zeller, *Spiel und Konversation*, S. 162–183.

18 Zu Hemeling vgl. Knobloch/Folkerts/Reich, *Maß, Zahl und Gewicht*, S. 219–224.

19 Vgl. beispielsweise die online verfügbaren Generatoren: http://www.sibiller.de/anagramme/, http://www.thomkins.com/anagrammgenerator/anagramm_start.php, und http://anagramme.spieleck.de/app. (12. 06. 2009)

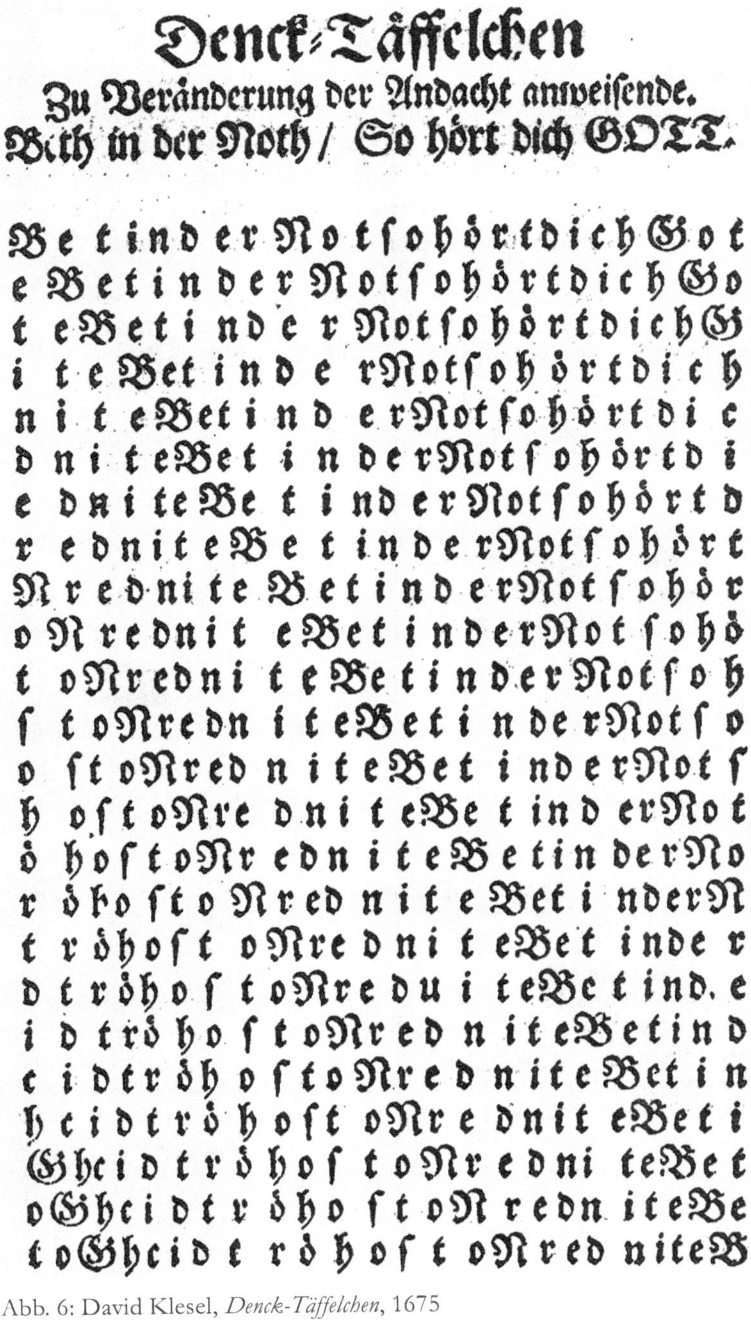

Denck-Täffelchen
Zu Veränderung der Andacht anweiſende.
Bith in der Noth / So hört dich GOTT.

BetinderNotſohörtdichGot
eBetinderNotſohörtdichGo
teBetinderNotſohörtdichG
iteBetinderNotſohörtdich
niteBetinderNotſohörtdic
dniteBetinderNotſohörtdi
edniteBetinderNotſohörtd
redniteBetinderNotſohört
NredniteBetinderNotſohör
oNredniteBetinderNotſohö
toNredniteBetinderNotſoh
ſtoNredniteBetinderNotſo
oſtoNredniteBetinderNotſ
hoſtoNredniteBetinderNot
öhoſtoNredniteBetinderNo
röhoſtoNredniteBetinderN
tröhoſtoNredniteBetinder
dtröhoſtoNreduiteBetinde
idtröhoſtoNredniteBetind
cidtröhoſtoNredniteBetin
hcidtröhoſtoNredniteBeti
GhcidtröhoſtoNredniteBet
oGhcidtröhoſtoNredniteBe
toGhcidtröhoſtoNredniteB

Abb. 6: David Klesel, *Denck-Täffelchen*, 1675

Dasjenige poetische Paradigma, das – bei geringerer Produktivität – die intensivste Mathematisierung des Dichtens erzielte, ist drittens der ›Wechselsatz‹ oder auch ›Proteusvers‹.[20] Hierbei wird ein Vers (oder eine Versgruppe) so formuliert, dass sich die Stellung der einzelnen Wörter nahezu beliebig variieren lässt, ohne dadurch Metrik oder Sinn zu zerstören. Nach dem Vorbild des Neulateinischen, dessen Reimlosigkeit, variablere Prosodie und Syntax größere Freiheiten gewährt, führte wiederum Harsdörffer dieses Muster in die deutschsprachige Dichtung ein:

> Auf Angst / Noht / Leid / Haß / Schmach / Spott / Krieg / Sturm / Furcht / Streit / Müh' / und Fleiß
> folgt Lust / Raht / Trost / Gunst / Ruhm / Lob / Sieg / Ruh / Mut / Nutz / Lohn / und Preiß.[21]

An diesem Zweizeiler aus jambischen Siebenhebern demonstriert Harsdörffer die im Deutschen praktikabelste Machart proteischer Verse. Dabei werden in einen einfachen und stabilen syntaktischen Rahmen einsilbige Substantive paarweise so eingelegt, dass – nach dem Muster der *versus rapportati*[22] – eine Sequenz schlichter, teilweise mit Binnenreim verbundener Aussagen entsteht, deren Abfolge permutiert werden kann: »Auf Angst folgt Lust; auf Noht folgt Raht; auf Krieg folgt Sieg; [...] auf Fleiß folgt Preiß«. Indem Harsdörffer zugleich die Anzahl der Permutationen vorrechnet,[23] regt er das bekannteste Beispiel der poetischen Wechselkunst an: Quirinus Kuhlmanns 1671 in seinen *Himmlischen Libes-Küssen* erstveröffentlichtes Sonett *Der Wechsel menschlicher Sachen* (vgl. Abb. 7), das gerne als kurioses Exempel eines extremen Sonett-Manierismus zitiert, aber kaum je genauer

---

[20] Vgl. Wagenknecht, Christian, »Proteus und Permutation. Spielarten einer poetischen Spielart«, in: *Text + Kritik*, 30/1971, *Konkrete Poesie II*, S. 1–10, der Beispiele aus der Frühen Neuzeit und der Moderne gibt.

[21] Harsdörffer, Georg Philipp, *Poetischer Trichter*, Darmstadt 1969, Teil 1 (Nachdruck der Ausgabe Nürnberg 1650), S. 51f. Nicht wiedergegeben ist Harsdörffers Auszeichnung des regelmäßig jambisch metrisierten Verses, zu dem er ebd. ausführt: »Diese Reimart könte man einen Wechselsatz nennen: dann wann man die ersten Wort (*auf folgt*) und die letzten zwey (*Fleiß* und *Preiß*) unverändert auf solcher Stelle behält / können die andern Wörter 39 916 800 [...] mal versetzet werden«. Als Vorbild gibt er an: »Nachahmung deß *versus vertumnalis* bey *Lansio in præfat. de Princio. Europ.*« – Vgl. (mit Quellennachweisen zu dem mehrfach tradierten Vers des Thomas Lansius und weiteren Beispielen) Ernst, Ulrich, »Permutation als Prinzip in der Lyrik«, in: *Poetica*, 24/1992, S. 225–269, hier S. 240–242.

[22] Vgl. Zeman, Herbert, »Die ›versus rapportati‹ in der deutschen Literatur des XVII. und XVIII. Jahrhunderts«, in: *Arcadia*, 9/1974, S. 134–160.

[23] Siehe das Zitat in Anmerkung 21.

Auf Nacht / Dunst / Schlacht / Frost / Wind / See / Hitz / Süd / Ost / West / Nord / Sonn / Feur und Plagen /
Folgt Tag / Glantz / Blutt / Schnee / Still / Land / Blitz / Wärmd / Hitz / Lust / Kält / Licht / Brand / und Noth:
Auf Leid / Pein / Schmach / Angst / Krig / Ach / Kreutz / Streit / Hohn / Schmertz / Qual / Tükk / Schimpff / als Spott /
Wil Freud / Zir / Ehr / Trost / Sig / Rath / Nutz / Frid / Lohn / Schertz / Ruh / Glükk / Glimpf / stets tagen.
Der Mond / Glunst / Rauch / Gems / Fisch / Gold / Perl / Baum / Flamm / Storch / Frosch / Lam̃ / Ochs / und Magen
Libt Schein / Stroh / Dampf / Berg / Flutt / Glutt / Schaum / Frucht / Asch / Dach / Teich / Feld / Wiß / und Brod:
Der Schütz / Mensch / Fleiß / Müh / Kunst / Spil / Schiff / Mund / Printz / Rach / Sorg / Geitz / Treu / und GOtt /
Suchts Zil / Schlaff / Preiß / Lob / Gunst / Zank / Port / Kuß / Thron / Mord / Sarg / Geld / Hold / Danksagen
Was Gutt / stark / schwer / recht / lang / groß / weiß / eins / ja / Lufft / Feur / hoch / weit genennt /
Pflegt Böß / schwach / leicht / krum / breit / klein / schwartz / drei / Nein / Erd / Flutt / tiff / nah / zumeiden /
Auch Mutt / lib / klug / Witz / Geist / Seel / Freund / Lust / Zir / Ruhm / Frid / Schertz / Lob muß scheiden /
Wo Furcht / Haß / Trug / Wein / Fleisch / Leib / Feind / Weh / Schmach / Angst / Streit / Schmertz / Hohn schon rennt
Alles wechselt ; alles libet ; alles scheinet was zu hassen:
Wer nur disem nach wird-denken / muß di Menschen Weißheit fassen.

Abb. 7: Quirinus Kuhlmann, *Der Wechsel menschlicher Sachen*, 1671

analysiert und in seinen mathematisch-philosophischen Implikationen gewürdigt wird.[24]

Unschwer zu erkennen ist, dass Kuhlmann die von Harsdörffer vorgegebene einfache Rahmensyntax bis in den Wortlaut hinein adaptiert. Sein erstes Verspaar übernimmt das Muster »*Auf* x | *Folgt* y«. Auch in den Versen 5/6 sowie 7/8 wird der stabile Satzrahmen allein aus den graphisch hervorgehobenen Initialvokabeln gebildet: »*Der* Mond etc. | *Libt* Schein etc.«; »*Der* Schütz etc. | *Suchts* Zil etc.« In den drei anderen permutierbaren Verspaaren gehören dagegen auch die stets fixen Reimwörter zum Satzrahmen; in Vers 3/4 nur der Schluss des vierten Verses: »*Auf* Leid etc. | *Wil* Freud etc. stets *tagen*«; und in den Versen 9/10 sowie 11/12 sind sogar jeweils beide

24 Kuhlmann, Quirinus, *Himmlische Libes-küsse. 1671*, Birgit Biehl-Werner (Hrsg.), Tübingen 1971, S. 53–60. Hierzu etwa die vergleichsweise ausführliche, im Detail aber unstimmige Analyse von Mönch, Walter, *Das Sonett. Gestalt und Geschichte*, Heidelberg 1955, S. 151–153; ferner Dietze, Walter, *Quirinus Kuhlmann. Ketzer und Poet. Versuch einer monologischen Darstellung von Leben und Werk*, Berlin 1963, S. 82–89 (mit näheren Hinweisen auf Kuhlmanns Kircher-Rezeption), Zeller, *Spiel und Konversation*, S. 175f., und Greber, *Textile Texte*, S. 580 (mit Hinweis auf eine Darstellung in Hypertextform).

Reimwörter einbezogen: »*Was* Gutt etc. *genennt* | *Pflegt* Böß etc. *zumeiden*«; »*Auch* Mutt etc. *muß scheiden* | *Wo* Furcht etc. *schon rennt*«.

Da Kuhlmann wie Harsdörffer den Satzrahmen durchgehend asyndetisch-monosyllabisch füllt und da er die Verslänge noch über sein Vorbild hinaus steigert – sein Sonett besteht aus zwölf jambischen und zwei trochäischen Achthebern –, erhält er in jedem Vers 13 positionell veränderliche Elemente. In Kuhlmanns Worten: »diser Libes-Kuß ist ein volständiger Wechselsatz / in den ersten zwölf Versen; deren idweder sich / wann du nur das erste und di letzten zwei Wörter unverendert auf seiner Stelle behälst / in den andern dreizehen / sonder eintzige Verletzung des Reimmasses und Inbegriffes auf di 6 227 020 800 [...] mahl versätzet werden« könne.[25] Rechnet man weiter, so ist zu berücksichtigen, dass man pro Verspaar parallel permutieren muss, um die teilweise durch Binnenreime verknüpften Wortpaare zusammenzuhalten. Beispielsweise sollten in Vers 9/10 »Gutt | Böß«, »stark | schwach«, »schwer | leicht« usw. auch nach den Permutationen wieder parallel untereinander stehen. Sieht man von einigen Webfehlern und Lizenzen ab – im 5. und 7. Vers sind Artikel und Substantivgenus teilweise inkongruent, und zuletzt findet Kuhlmann offenbar keine neuen kontrastiven Einsilbler mehr, denn in Vers 11/12 wiederholt er mit »Frid | Streit« sowie »Scherz | Schmerz« schon zuvor in Vers 3/4 gebrauchte Paare –, so liegt die Gesamtzahl der möglichen Anordnungen bei $13!^6$ (= $5.83017912788974 \times 10^{58}$).

Kuhlmann führt seine Rechnung indessen nicht auf diesem Wege fort. Statt das Gedichtganze in den Blick zu nehmen, überlegt er – im Grunde gegen das rapportative Gesetz des Proteusverses –, wie viele Permutationen mit den Monosyllaba des ersten Quartetts möglich wären. Augenscheinlich geht es ihm dabei nicht so sehr um mathematische Genauigkeit, sondern darum, mit einer außerordentlich großen Zahl aufzuwarten. Statt mit seinen 52 permutierbaren Einsilblern rechnet er nämlich ganz offenkundig deshalb mit fünfzig Elementen, um die höchste damals verfügbare (wenn auch fehlerhafte) »Außrechnung« des Athanasius Kircher anführen zu können. Kuhlmann tut dies nicht allein numerisch, sondern mit langen Kolumnen von Zahlworten, die er erschöpfend aus Tausender-Einheiten zusammensetzt.[26]

---

[25] Kuhlmann, *Libes-küsse*, S. 56.

[26] Kuhlmann, *Libes-küsse*, S. 56–59. Allgemein zum Verhältnis Kuhlmanns zu Kircher vgl. Gillespie, Gerald, »Primal utterance: Observations on Kuhlmann's correspondence with Kircher, in view of Leibniz' theories«, in: *Wege der Worte. Festschrift für Wolfgang Fleischhauer*, Donald C. Reichel (Hrsg.), Köln, Wien 1978, S. 27–46, und Schmidt-Biggemann, Wilhelm, »Erlösung durch Philologie. Der poetische Messianismus Quirinus Kuhlmanns (1651–1689)«, in: *Studien zur Litera-*

Mit diesem Beeindruckungsgestus stellt sich Kuhlmann ebenso in eine lullistische Tradition wie mit dem topischen Unterfangen, die Unfassbarkeit des Zahlenwerks zu veranschaulichen, indem es mit den Dimensionen und Grenzen des Menschlich-Irdischen relationiert wird. Schon zu der »dem gemeinen Pöfel unbegreiffliche[n] Verwechselung« des ersten Verses benötige »der allerfertigste Schreiber / der täglich über tausend Verwechselungszeilen abschribe / doch über ein gantzes Jahr hundert«.[27]

In seinem wenig später erschienenen *Lehrreichen Geschicht-Herold* (1673), der *Freudige und traurige Begegenheiten Hoher und nidriger Personen* [...] *Theils nach der neuvermehrten Wunderart des weltberuffenen Athanasius Kircher* vorträgt, geht Kuhlmann nochmals auf sein Sonett vom *Wechsel menschlicher Sachen* und auf die möglichen Kombination von fünfzig Elementen ein. Um die Größenordnung der von Kircher errechneten Zahl zu verdeutlichen – oder besser: um deren Unvorstellbarkeit zu illustrieren –, überträgt Kuhlmann dabei ausdrücklich eine Passage aus Kirchers *Ars magna*, welche das 67-stellige Ergebnis als »immensus« bezeichnet: Es ergebe sich eine »so unermeslich[e]« Menge von Kombinationen, »daß di gantze Welt mit denen hivon geschribenen Büchern konte ausgefüllet werden / und so das gantze Oceanusmeer / ja dises gantzen Feuchte zu Dinten gemachet würde / solte doch eher diselbe ermangeln / als man hir in dem Bücherschreiben das Ende erhilte / ob schon alle Menschen von dem Weltanfang bis zu dessen Ende / tausend tausendmahltausend Jahre überschriben«.[28] Weder der einzelne Mensch noch

tur des 17. Jahrhunderts. Gedenkschrift für Gerhard Spellerberg (1937–1996), Hans Feger (Hrsg.), Amsterdam 1997, S. 243–284.

27 Kuhlmann, *Libes-küsse*, S. 56. Bis in die Formulierung hinein lehnt sich Kuhlmann hierbei an Harsdörffer, *Poetischer Trichter*, S. 52, an: »zu welcher Veränderung der allerfertigste Schreiber / der täglich 1200 Zeile abschriebe / gantze 91. Jahre / und 49 Tage würde haben müssen«. – Kuhlmann, Quirinus, *Lehrreicher Geschicht-Herold / Oder Freudige und traurige Begegenheiten Hoher und Nidriger Personen: Welche Theils nach der neuvermehrten Wunderart des weltberuffenen Athanasius Kircher vorgetragen* [...], Jena 1673, Vorgespräche, § 19, weitet die Überlegungen dann aufs Gedichtganze aus und kommt (da er einfach 13! × 12 anzusetzen scheint) zu der wohl erheblich zu niedrigen Hochrechnung: »wann man an disem eintzelem Sonnete alle Tage tausend Reime schribe / würde man doch über den zwölf Versen zwölff gantze Jahrhunderte haben zuzubringen«.

28 Kuhlmann, *Geschicht-Herold*, Vorgespräche, § 20, nach Kircher, *Ars magna*, S. 165: »Qui numerus tam immensus est, ut totus Mundus libris de iis conscribensis impleri possit; & si totus Oceanus, imò totius Universi humidum in atramentum converteretur, prius id deficeret, quàm librorum de iis conscribendorum finis attingeretur, etiamsi millena millia annorum in iis scribendis omnes homines ab origine Mundi usque ad finem ejus impenderent; quorum demonstratio ex supra dictis clarè patet.« Originalsprachlich zitiert Kuhlmann diese Passage in dem als »Grund-

die ganze Menschheit in ihrer gesamten Geschichte wäre in der Lage, die Permutationen einer überschaubaren Zahl von Ausgangselementen auch nur annähernd zu realisieren. Solche ›Wechselkunst‹ übersteigt menschliches Maß. Sie ist in diesem Sinne »immens« und »unermeßlich« – wenigstens für den »Rechenlose[n]«, in die Kombinatorik nicht eingeführten »wechselungs-unerfahrenen« Menschen, dem solche »Wechselungshoheit« zu hoch ist.[29]

Die Erkenntnis der Kleinheit und Schwäche des Menschen, sein Ausgeliefertsein an einen immerwährenden *Wechsel menschlicher Sachen*, ist aber nur die eine Seite der Medaille. Denn die Kombinatorik übersteigt zwar menschliche Kapazitäten, bleibt aber exakt berechenbar. Auf dieses Paradoxon einer Berechenbarkeit des Unfasslichen, auf die Messbarkeit des Unermesslichen, des nur scheinbar Unendlichen, im strikten Sinne genau Quantifizierbaren kommt es den barocken Lullisten entscheidend an. Einerseits will Kuhlmann zeigen, dass permutative Prozesse rasch ins Unfassliche führen, andererseits den *Wechsel menschlicher Sachen* aber doch rationalisieren und auf einfachste Operationen (hier: den kinderleichten Anfang kombinatorischer Tabellen) reduzieren: »Im ersten Anblikke scheinet es unmöglich / was gesätzet; und so gewiß zweimahl drei sechs machet / so gewiß ist auch dises.«[30] Wie Kirchers *Ars magna* im Kleinen das Große erfassen möchte, so empfiehlt auch Kuhlmann sein Modell, das er durch ein mechanisches »Wechselrad« noch handhabbarer und anschaulicher machen will,[31] um universale Prinzipien

spruchsregister« bezeichneten, unpaginierten Quellenanhang seines *Geschicht-Herolds*. – Ähnliche Überlegungen finden sich in den wohl 1622 zuerst veröffentlichten *Problema arithmeticum de rerum combinationibus* des Jesuiten Paul Guldin, der den Platz errechnet, den die mit allen aus den Buchstaben des Alphabets theoretisch zusammensetzbaren Wörtern gefüllten Bücher einnehmen würden. Die benötigte Stellfläche übertreffe die Erdoberfläche um ein Vielfaches; vgl. Knobloch/Folkerts/Reich, *Maß, Zahl und Gewicht*, S. 378f.

29 Kuhlmann, *Libes-küsse*, S. 56; Kuhlmann, *Geschicht-Herold*, Vorgespräche, § 19 und 21.

30 Kuhlmann, *Libes-küsse*, S. 59.

31 Kuhlmann, *Geschicht-Herold*, Vorgespräche, § 19–22. Um die »Grösse« der von seinem Sonett repräsentierten kombinatorischen Möglichkeiten »in der Nähe darzustellen«, habe er, um nicht im »Schatten« der Erkenntnislosigkeit zu bleiben, ein »Wechselrad« erfunden, »durch das mein Reim / der in einem Jahrhunderte ni ausgewechselt / inner etlichen Tagen völlig ausgewechselt« werden könne. Sei »di Wechselung von dreizehen Wörtern« zuvor »einem Menschen unversuchbar« gewesen, so übertreffe Kuhlmanns Wechselrad, das man sich wohl als barocke Gedichtmaschine vorzustellen hat, selbst die »tausendflüchtigsten Schreiberfedern«. In »diser Zusammenfügung des Wechselsatzes« sei »der Anfang / Mittel und Ende aller Menschenweißheit verborgen«. Statt, wie unter den Ignoranten üblich, den Lullismus abzulehnen, diene sein als Analogon der Schöpfung zu betrachtendes

und Prozesse der Existenz und des menschlichen Lebens, der Natur und der Geschichte in paradoxer Weise unbegreiflich und zugleich begreifbar zu machen.

Auch wenn das Couplet seines Sonetts – »Alles wechselt; alles libet; alles scheinet was zu hassen: | Wer nur disem nach wird-denken / muß di Menschen Weißheit fassen« – die kombinatorisch-kontemplativ gewährte Einsicht auf den Bereich des Menschlichen zu beschränken scheint, darf Kuhlmanns Ambition keinesfalls unterschätzt werden: Auf neuplatonischem Fundament, auf das die Sympathie- und Antipathievokabeln »lieben« und »hassen« des vorletzten Verses verweisen und auf das sich Kuhlmann mit einem Kircher geschuldeten Zitat explizit beruft, erhebt der barocke Lullismus die *Ars combinatoria* zum Königsweg universaler Erkenntnis: »*Verstehst du di Zahlen* / [...] *so verstehest du alles.*«[32]

»Wechselrad« dazu, die »wahre Weltweißheit [zu] besichtigen« und dem Menschen Einblick in höchste Erkenntnisse zu verschaffen: »Di Welt spilet nur ein eintziges Wechselspil / und werden di Personen / Oerter / Zeiten alleine verwechselt«. »Gleichwie in meinem Wechselrade« mache »der grosse Weltbaumeister« aus den »Wechselwörtern« seiner Schöpfung »so vil Wechselverse / als ihm gefället«.

32 Kuhlmann, *Libes-küsse*, S. 59; im Kontext lautet das Zitat: »Betrachtet nur di Worte / ihr Weltweisen / des Platons / wann er in dem Timäus heraus bricht: *Verstehst du di Zahlen* / (nemlich ihr innerliches Wesen) *so verstehest du alles*«. Kuhlmann ist hier offenbar wiederum abhängig von Kircher, *Ars magna*, S. 154: »[...] hinc veteribus eas maximè imagines in entium supernorum contemplatione adhibere visum fuit, quæ uti simpliciores abstractioresque, ita sublimium quoque rationes aptius exprimerent. Hinc rectè Plato in Timæo. Intelligis numeros, intelligis omnes; latent enim in toto scientiarum ambitu quædam veluti divinitatis latentis semina, quorum fæcundo incremento ad unitatem illam rectà pervenis, in qua sunt omnia.« Allerdings handelt es sich bei Kirchers einprägsamer Formel »Intelligis numeros, intelligis omnes« nicht, wie Kuhlmann anzunehmen scheint, um ein Zitat resp. eine Übersetzung aus Platons Dialog, sondern wohl um eine, soweit ich sehe, sonst nicht belegte eigenständige Zuschärfung Kirchers. – Zur herausragenden Rezeption von Platons Dialog allgemein vgl. Leinkauf, Thomas/Steel, Carlos (Hrsg.), *Platons Timaios als Grundtext der Kosmologie in Spätantike, Mittelalter und Renaissance*, Leuven 2005; speziell zur vorliegenden Passage bei Kircher und zu seinen sprachtheoretischen Schlussfolgerungen siehe Pape, Walter, »Heiliges Wort und weltlicher Rechenpfennig. Zur Entwicklung der Sprachauffassung im 17. Jahrhundert (Jacob Böhme, Athanasius Kircher, Leibniz)«, in: Dieter Breuer u. a. (Hrsg.), *Religion und Religiosität im Zeitalter des Barock*, Wiesbaden 1995, Bd. 2, S. 817–843, hier S. 831f. – Anzuschließen ist die Platon-Referenz bei Beccau, Joachim, »Die Rechen-Kunst der Liebe. Bey der S. und W. Verbindung in H. An. 1715«, in: Ders., *Bey Verschiedenen Gelegenheiten Entworffene Ehren-Gedichte / Zur vergönnten Gemüths-Ergetzlichkeit Denen Liebhabern der Poësie mitgetheilet*, Hamburg 1720, S. 81–84, hier S. 82: »Weswegen steht der Mensch vor Thieren oben an? | Platonis Antwort heist: dieweil er zehlen kan«.

Die Kombinatorik erfasst alles menschlich Wissbare und verspricht Einblicke in die analog strukturierte und funktionierende Kunst des Weltenschöpfers. Denn Gott wird als ›Viel-Einheit‹ verstanden, als Einheit, die sich selbst kombinatorisch in eine Vielheit multipliziere und dabei doch eine Einheit bleibe.[33] Um dieses göttliche Modell einer Einheit, die eine gleichsam ›unendliche‹ und doch genau berechenbare Vielheit in sich trägt, kontemplativ zur Anschauung zu bringen, setzt der Lullismus von jeher auf geschlossene Modelle großer interner Variabilität. Wie Harsdörffers *Denckring*, wie Kirchers Liniengeflechte und Tabellen behaupten, ihr universales System »auf einem Blätlein«[34] darstellen zu können, so wählt auch Kuhlmann nicht zufällig die stark reglementierte Form des Sonetts, um dem nachsinnenden Leser ein geschlossenes Werk vor Augen zu stellen, das menschlicher Kunstfertigkeit entspringt und doch der *Ars Dei* entspricht.

III.

Den kombinatorischen Dichtern des Barock ist die Mathematik ein »Schlüssel zum Weltverständnis«.[35] Ähnliches gilt, auf diesen sehr allgemeinen Nenner gebracht, zweifellos auch für einige Avantgardisten der Nachkriegsmoderne. So ist gut zu verstehen, weshalb besonders Vertreter der Konkreten Poesie für ihre Sprachoperationen auf den Stammvater Lullus und gelegentlich auch auf dessen barocke Adepten rekurrieren – wie eingangs bei Oswald Wiener gesehen.[36]

Am Paradigma der ›Unendlichkeit‹ lässt sich diese barock-moderne Affinität, aber auch die Differenz im jeweiligen Gebrauch mathematisch-formalisierender Verfahren thesenhaft skizzieren. Während die barocken Kombinatoriker nämlich eine geschlossene, intensive, ›mikroskopische‹ Unendlichkeit im Blick haben,[37] deren messbar-unermessliche Vielheit die Ein-

---

33 Leinkauf, *Mundus combinatus*, S. 195–210.

34 Harsdörffer, *Delitiae Mathematicae et Physicae*, S. 517–519.

35 So der Untertitel des in Anm. 3 verzeichneten Wolfenbütteler Kataloges *Maß, Zahl und Gewicht*.

36 Hinzuweisen wäre etwa auch auf das Anagrammsonett *quirinus kuhlmann* von Oskar Pastior, das Greber, *Textile Texte*, S. 677, zitiert.

37 Vgl. Leinkauf, *Mundus combinatus*, S. 184f.: »Kirchers kombinatorische Unendlichkeitsvorstellung ist intensiv, nicht extensiv, mikroskopisch, nicht makroskopisch (aufs Weltall hin) orientiert. Ihr ›fehlt‹ gleichsam das eine der beiden Standbeine der Unendlichkeitsvorstellungen, die sich ab dem späten 16. Jhdt. entwickelten. Allerdings befindet Kircher sich [...] in bester Gesellschaft z. B. mit Cusanus (den er philosophisch besonders schätzt), Kopernikus, Brahe (den er kosmologisch besonders schätzt) und Galilei.«

heit des Ganzen bewahrt, zielen ihre modernen Nachfahren auf eine offene, extensive, ›makroskopische‹ Unendlichkeit. Das zeigen signifikant die explizit in kombinatorischer Tradition stehenden Gedicht-Manufakturen und -Maschinen etwa von Raymond Queneau und Hans Magnus Enzensberger. Queneaus *Cent Mille Milliards de Poèmes*, deren Anzahl sich aus der versweisen Kombination von zehn in jeweils vierzehn Streifen geschnittenen Sonetten ergibt,[38] und Enzensbergers Anfang der 1970er Jahre konzipierter, erst vor kurzem realisierter *Poesie-Automat*, der mit einem Repertoire von zehn mal sechs Versen zu jeweils sechs Einzelgliedern auf 10^{36} Variationen kommt,[39] sind weit davon entfernt, ein Abbild göttlichen Schaffens bieten zu wollen. Ganz im Gegenteil hinterfragen sie traditionelle Vorstellungen der Autorschaft. Da niemand in der Lage ist, 10^{14} Sonette zu schreiben, müsse man – gemäß Queneaus Kalkül einer ›potentiellen Literatur‹ – an der Instanz des Autors grundsätzlich zweifeln.[40] »Autorschaft im herkömmlichen Sinn«

---

38 Zuerst Paris 1961; wieder in: Queneau, Raymond, *Œuvres complètes*, Bd. 1, Claude Debon (Hrsg.), Paris 1989, S. 331–347; deutsch: Queneau, Raymond, *Hunderttausend Milliarden Gedichte*, mit einem Nachwort von François Le Lionnais aus dem Französischen übertragen von Ludwig Harig, Frankfurt am Main 1984.

39 Enzensberger, Hans Magnus, *Einladung zu einem Poesie-Automaten*, Frankfurt am Main 2000, bes. S. 22–25 (Mathematische Grundlagen), wo er abschließend den üblichen Beeindruckungsgestus zugleich bedient und parodiert: »An diesem Punkt pflegen die Liebhaber der Statistik ihren wehrlosen Zuhörern zu erklären, was eine Zahl mit 36 Nullen bedeutet. Dabei muß meist der Eiffelturm oder der Äquator herhalten; notfalls wird auch die Entfernung der Erde vom Mond zu Hilfe genommen, um das Unermeßliche meßbar zu machen. Solche Erläuterungen sind trivial. Es versteht sich von selbst, daß das Universum 10^{36} Gedichte nicht beherbergen kann. Zahlen dieser Größenordnung sind nicht nur unvorstellbar, sie sind abscheulich.« Unter dem Stichwort ›Historische Gesichtspunkte‹ verweist Enzensberger auf Lullus und seine Nachfahren, vermerkt aber, dass er seine ›Vorgänger‹ nur »aus zweiter Hand« kenne, nämlich aus Gustav René Hockes (seinerseits eher schütter informiertem) Büchlein *Manierismus in der Literatur. Sprach-Alchemie und esoterischeKombinationskunst* von 1959.

40 Queneau, *Œuvres complètes*, Bd. 1, S. 334: »Comme l'a bien dit Lautréamont, la poésie doit être faite par tous, non par un.« Zuvor errechnet Queneau die Unmöglichkeit, dass ein einzelner Leser alle Sonette rezipieren könne: »En comptant 45 secondes pour lire un sonnet et 15 secondes pour changer les volets, à 8 heures par jour, 200 jours par an, on a pour plus d'un million de siècles de lecture, et en lisant toute la journée 365 jours par an, pour: 190 258 751 années plus quelques plombes et broquilles (sans tenir compte des années bissextiles et autres détails).« Mit dem von Alan Mathison Turing stammenden Motto – »Seule une machine peut apprécier un sonnet écrit par une autre machine« (ebd., S. 331) – entzieht Queneau sein Werk zudem auch dem menschlichen Verstehen. Dementsprechend entwarf Jean-Michel Bregard im Jahre 1994 *La première machine à lire les cent mille milliards de poèmes*; vgl. Greber, *Textile Texte*, S. 580, und Kilcher, *mathesis und poie-*

werde, bemerkt Enzensberger entsprechend, durch seinen Poesie-Automaten so weit »relativiert«, dass dieser ein »anonymes, und das heißt, namenloses Vergnügen« bereite.[41]

In der ›Wiener Gruppe‹ (Friedrich Achleitner, H. C. Artmann, Konrad Bayer, Oswald Wiener und Gerhard Rühm) paarte sich diese sprachspielerische Radikalität[42] bereits in den späten 1950er Jahren nicht nur mit antibürgerlicher Aggressivität, sondern auch mit einer Suche nach weltliterarischen Verwandten und nationalliterarischen Vorvätern der eigenen Poetik. Die »anregung artmanns«, sich »(in der nationalbibliothek) mit barockliteratur« zu befassen, um so »die deutsche literatur neu« zu entdecken und »eine von der schule unterschlagene oder diskriminierte ›zweite‹, unsere eigentliche tradition nun zurück durch die gesamte literaturgeschichte« zu verfolgen, hatte nicht nur »bei artmann auch unmittelbare auswirkungen auf seine eigene produktion«.[43] Wie H. C. Artmann und Gerhard Rühm sich »gerne mit den schäfernamen laërtes und philander« anredeten, um ihre Verbundenheit in der Liebhaberei der sprachspielerischen Barockpoesie auszudrücken,[44] so

---

sis, S. 478f., sowie auch (zu anderen Beispielen) Schmitz-Emans, Monika, »Maschinen-Poesien. Über dichtende Automaten als Anlässe poetologischer Reflexion«, in: Norbert Oellers (Hrsg.), *Das Selbstverständnis der Germanistik. Aktuelle Diskussionen*, Tübingen 1988, S. 375–393.

41 Enzensberger, *Einladung*, S. 58.

42 Vgl. Backes, Michael, *Experimentelle Semiotik in Literaturavantgarden. Über die Wiener Gruppe mit Bezug auf die Konkrete Poesie*, München 2001. – Zur Frage der Gruppenbildung vgl. Becker, Melitta, »Gerhard Rühm und der Mythos *Wiener Gruppe*«, in: Kurt Bartsch/Stefan Schwar, *Gerhard Rühm*, Wien 1999, S. 125–153.

43 Rühm, Gerhard, »vorwort« (1967), in: Ders. (Hrsg.), *Die Wiener Gruppe. Achleitner. Artmann. Bayer. Rühm. Wiener. Texte. Gemeinschaftsarbeiten. Aktionen*, erweiterte Neuausgabe, Reinbek bei Hamburg 1985, S. 5–36, hier S. 16. – Aus der Frühphase, der Zeit der eigentlichen Zusammenarbeit der ›Wiener Gruppe‹, ist zunächst an H. C. Artmanns 1957 entstandene, erst 1969 gedruckte *neun epigrammata in teutschen alexandrinern* (darunter ein Epigramm *auff den dichter qvirin kuhlmann*) sowie den Gedichtzyklus *vergänglichkeit & auferstehung der schäfferei. 25 epigrammata in teutschen alexandrinern gesetzet* (zuerst in Artmann, H. C., *Von denen Husaren und anderen Seil-Tänzern* von 1959) zu denken (wieder in: Artmann, H. C., *Das poetische Werk*, Bd. 6, Berlin u. a. 1994, S. 27–43). Vgl. hierzu Caemmerer, Christiane, »Von den Epigrammata. H. C. Artmann und die Barockliteratur«, in: Christiane Caemmerer/Walter Delabar, *»Ach, Neigung zur Fülle …«. Zur Rezeption ›barocker‹ Literatur im Nachkriegsdeutschland*, Würzburg 2001, S. 129–147 (mit weiterer Literatur), sowie auch Delabar, Walter, »Barockrezeption als Selbstinszenierung. Einige Überlegungen zur Rezeption frühneuzeitlicher Literatur nach 1945«, in: Caemmerer/Delabar, *»Ach, Neigung zur Fülle …«*, S. 233–259.

44 Bereits auf die Jahre 1955/56 datiert Rühm die Entstehung des 1968 veröffentlichten Zyklus *thusnelda-romanzen* (wieder in: Rühm, Gerhard, *Geschlechterdings.*

gab Rühm selbst 1964 Gedichte der Pegnitzschäfer heraus, die Beispiele der für die moderne visuelle und akustische Poesie anregenden Figurengedichte und onomatopoetischen Spielformen des Barock enthalten,[45] und verfasste noch 1987/89 eine von Johannes Schefflers (Angelus Silesius') *Cherubinischem Wandersmann* inspirierte *biografische litanei* mit dem Titel *ANGELUS*.[46]

Wie sehr die Wiener Gruppe bei ihrer avantgardistischen Adaption historisch erprobter Verfahren[47] aber die Auflösung und manipulative Ent-Grenzung vertrauter Textmuster im Sinn hatte, zeigen exemplarisch ihre variierenden sowie collagierenden Texte – wie etwa Friedrich Achleitners Studie *veränderungen* über einen Zeitungsbericht von 1960, H. C. Artmanns und Konrad Bayers *montagen nach dem vollständigen lehrbuche der böhmischen sprache des heinrich terebelsky 1853* und Gerhard Rühms dekonstruktive *verbesserung eines sonetts von anton wildgans durch neumontage des wortmaterials*[48] – und in besonderer Weise Rühms *abhandlung über das weltall* von 1964/66.[49] Dieser Sprechtext,

---

Chansons. Romanzen. Gedichte, Reinbek bei Hamburg 1990, S. 121–146), der Artmann, »einem ebenso grossen liebhaber der barockliteratur, wie ich es bin, gewidmet ist und zwar unter seinem schäfernamen ›laërtes‹ (wir sprachen uns gerne mit den schäfernamen laërtes und philander an)« (ebd., S. 299f.). »h c laërtes artmann dem lieben freund und mitschäfer« widmete Rühm noch 1966 ein collagiertes *akrostichon* (ebd., S. 204–206 und S. 301). – Vgl. Rühm, Gerhard, »Persönliches zur deutschen Barockdichtung«, in: Martin Lüdke/Delf Schmidt, *Verkehrte Welten. Barock, Moral und schlechte Sitten*, Reinbek bei Hamburg 1992, S. 92–99, hier bes. S. 95: »in einer zeit radikalen experimentierens mit der sprache entdeckten wir gerade bei den extremsten vertretern barocker ästhetik verwandtes: die exzessive aktivierung der sinnlich materialen aspekte der sprache wie lautung und rhythmik, die oft schon surreale bildhaftigkeit des ausdrucks, die vorliebe für aussergewöhnliche thematik, die funktionalisierung des schriftbildes bis hin zu figurengedichten – ganz allgemein das bewusst artifizielle.«

45 Rühm, Gerhard (Hrsg.), *Die Pegnitz Schäfer. Georg Philipp Harsdörffer. Johann Klaj. Sigmund von Birken. Gedichte*, Berlin 1964 (auf dem Umschlag ein walzenförmiges Buchstabenschloss aus den *Frauenzimmer Gesprächspielen*).

46 Rühm, Gerhard, *Albertus Magnus Angelus*, Salzburg u. a. 1989, unpag.

47 Allgemeiner zur Traditionsbindung der Konkreten Poesie vgl. Kessler, Dieter, *Untersuchungen zur Konkreten Dichtung. Vorformen – Theorien – Texte*, Mainz 1974.

48 Rühm (Hrsg.), *Die Wiener Gruppe*, S. 66–76, 201–205 und 158f.

49 Rühm (Hrsg.), *Die Wiener Gruppe*, S. 189–197 (Zitate hiernach im Folgenden ohne Einzelnachweise; Kursivierungen dienen Rühm zur Auszeichnung von Diphthongen, die für unsere Zwecke weniger relevante Akzentuierung und dynamische Auszeichnung des Textes bleibt unberücksichtigt); wieder in: Rühm, Gerhard, *botschaft an die zukunft. gesammelte sprechtexte*, Reinbek bei Hamburg 1988, S. 57–79 (hier teilt Rühm, »um der wiedergabe des immer unverständlicher werdenden textes eine sprechhilfe zu leisten«, zusätzlich auch den »ursprüngliche[n] text (in alphabetischer lautschreibung)« vollständig mit). Vgl. Drews, Jörg, »Abhandlung über das Lautall. Hörspielmacher Gerhard Rühm«, in: Klaus Schöning

der zuerst 1967 vom Saarländischen Rundfunk gesendet wurde, arbeitet zwar nicht mit im engeren Sinne lullistisch-permutativen, sondern mit seriell-substituierenden Techniken. Mit Kuhlmanns *Wechsel*-Sonett ist Rühms *abhandlung* jedoch insofern zu vergleichen, als auch sie Sprache rigoros formalisiert, um im Sprachmaterial selbst das Phänomen des Unendlichen zu reflektieren. Rühm nimmt dazu – inhaltlich passend – einen populärwissenschaftlichen Vortrag über die Ausdehnung des Universums, setzt ihn nach den modifizierten Regeln der »technischen lautschrift der deutschen sprache« um und manipuliert ihn wie folgt:

> nach einer aufstellung der statistischen häufigkeit der verschiedenen phoneme, die der grundtext enthält, saugen die häufigeren sukzessive die selteneren auf, bis in dem übrigbleibenden ›e‹ (dem häufigsten phonem der deutschen sprache) die maximale entropie erreicht ist – die sprache ist, adäquat der entwicklung des weltalls, gleichsam den wärmetod gestorben. […]
> die zweite manipulationsebene betrifft die raum-zeit-beziehung. wieder adäquat dem weltall, dehnt sich der text aus, zerstäubt. in dem masse, in dem die voneinander getrennten abschnitte kleiner werden (zuerst satzgruppen, dann sätze, dann satzteile, worte, silben und schliesslich einzellaute), werden die distanzen zwischen ihnen grösser, die elemente einsamer.

Auf diese Weise wird der Text, wenigstens in seiner gedruckten Gestalt, schon zu Beginn erheblich verfremdet, bleibt aber in seinem Zusammenhang noch völlig erhalten und ohne weiteres verstehbar: »h*oü*te wisen wir, das das sonensüstem mit s*ai*nem anhaq *ai*ne kl*ai*ne koloni für six bildet, deren *au*sdenuq ferglixen mit irdicen dimensionen tswar ser gros, aber con im fergl*ai*x tsu der entfernuq des nexsten fikscternes *au*serordentlix kl*ai*n ist.« In der Mitte der *abhandlung*, als schon einige der selteneren Laute (*qu*, *j*, *äu*, *ö*, *y*, *ü*, *w*, *h*) substituiert sind und erste Sprechpausen einsetzen, ist der Prätext immerhin noch zu rekonstruieren: »die Gesamtmasse, die das System in sich vereinigt, dürfte etwa zweihundertfünfzigmilliarden Sonnenmassen betragen« wird zu »di gesamtmase, di das sbstem in six fer*ai*nixt, dbrfte etla tslaigundertfcnftsixmiliarden sonenmasen betragen«. Im weiteren Verlauf werden die Sprechpausen immer häufiger und steigern sich zugleich in ihrer Länge von zunächst drei auf schließlich 55 Sekunden.[50] Da ineins damit im-

(Hrsg.), *Hörspielmacher. Autorenporträts und Essays*, Königstein 1983, S. 144–162, hier S. 149–151, sowie Gerhard Rühms Erläuterungen zu seinem Text in Ders., »abhandlung über das weltall«, in: Bernhard Fetz/Klaus Kastberger (Hrsg.), *Der literarische Einfall. Über das Entstehen von Texten*, Wien 1998, S. 147–153.

[50] Die Sprechpausen werden, zugleich mit ihrem immer häufigeren Auftreten, das den Text in immer kleinere Segmente zerteilt, systematisch verlängert. Auf 14 zunächst noch relativ weit auseinander liegende Drei-Sekunden-Pausen folgen 13 Fünf-Sekunden-Pausen, 12 Acht-Sekunden-Pausen usw. bis hin zu drei 45-Se-

mer mehr Phoneme des Grundtextes ersetzt werden und der Sprechtext dadurch aus einer immer kleiner werdenden Zahl verschiedener Laute besteht, nimmt die konventionelle Verständlichkeit der *abhandlung* rapide ab, deren Inhalt – die Unermesslichkeit des Weltalls – aber gleichwohl am Sprachmaterial auf ›konkrete‹ Weise erfahrbar gemacht wird. Am Ende, als nacheinander *s*, *r*, *t* und *n* absorbiert werden und nur noch das in zunehmenden Abständen zu sprechende *e* verbleibt, erreicht Rühms radikales Experiment eine ins Nichts mündende Selbstauslöschung eines Textes, die – obschon für den mündlichen Vortrag intendiert – auch in gedruckter Form erkennen lässt, wie sehr sich die sprachformalisierenden Meditationen über das Unendliche in Barock und Moderne zwar methodisch ähneln, aber gedanklich doch fundamental unterscheiden:

ste ntn [8]. . . . . srne ne ntrrnetnere nerentsen srt senretrnt [8]. . . . .
rntreentenrenrtntertnrtent retrnren, [8]. . . . . rne rnrtntenrtet tetetnen neretn [8]. . . . . .
. . n [8]. . . . . ter [8]. . . . . rnten [8]. . . . . erere [8]. . . . . entret. [8]. . . . . te [8]. . . . .
ntent [8]. . . . . ter [8]. . . . . tennteten [11]. . . . . neten [11]. . . . . nent [11]. . . . .
. . . net [11]. . . . . ntnenener [11]. . . . . tntnee [11]. . . . . tenent [11]. . . . .
en [11]. . . . . tet [11]. . . . . ten, [11]. . . . . ne [11]. . . . . t [14]. . . . .
nt [14]. . . . . tet [14]. . . . . ten [14]. . . . . ne [14]. . . . . tn [14]. . .
. . . . ne [14]. . . . . en [14]. . . . . en [14]. . . . . en [14]. . . . .
. . . . nen [18]. . . . . e [18]. . . . . ne [18]. . . . . en [18]. . . . .
. . . . en [18]. . . . . ne [18]. . . . . ne [18]. . . . .
e [18]. . . . . nen [18]. . . . . en [22]. . . . . nen [22]. . . .
. . . . ne [22]. . . . . nen [22]. . . . . n [22]. . . . .
. . . . ne [22]. . . . . n [22]. . . . . e [22]. . . . .
. . . . n [26]. . . . . e [26]. . . . . e [26]. . . . . .
. . . . e [26]. . . . . e [26]. . . . . e
[26]. . . . . e[26]. . . . . e [30]. . . . .
. . . . e [30]. . . . . e [30]. . . . . e [30]. . .
. . . . e [30]. . . . . e [30]. . . . .
. . . . e [35]. . . . . e [35]. . . . .
. . . . e [35]. . . . . e [35]. . . . .
. . . . . . e [35]. . . . . e [40]. . . . .
. . . . e [40]. . . . . e [40]. . . . .
. . . . e [40]. . . . . e [45]. . . . .
. . . . e [45]. . . . . e [45]. . . . .
. . . . e [50]. . . . .
. . . . e [50]. . . . . e [55]. . . . .
. . . . e.

---

kunden-Pausen, zwei 50-Sekunden-Pausen und einer 55-Sekunden-Pause. Die Pausendauern werden zweimal um zwei Sekunden, dreimal um drei Sekunden, viermal um vier Sekunden und fünfmal um fünf Sekunden gesteigert, sodass sich eine Reihe von (1), 3, 5, 8, 11, 14, 18, 22, 26, 30, 35, 40, 45, 40, 55 Sekunden ergibt.

Erika Greber (Erlangen)

Triskaidekaphobia?

Sonettzahlen und Zahlensonette

I. Einleitung

Das Sonett ist mit seiner achthundertjährigen Erfolgsgeschichte wie kein anderes Genre durch Zahlenverhältnisse bestimmt. Gerade die in feste Regeln eingebundene gewisse Variabilität – die es gestattet, innerhalb der 14 Sonettverse verschiedene Versgruppen- und Reimordnungsmuster zu formieren, und die unter bestimmten Bedingungen sogar eine Über- oder Unterschreitung der 14-Zeiligkeit erlaubt – bewirkt eine produktive Vielfalt, die den anderen zahlenbasierten Gattungen (auch den eine Zahl im Namen führenden Terzinen und Sestinen) abgeht und mit den speziellen kombinatorischen und numerischen Qualitäten des Sonetts zusammenhängt. Somit gibt es Sonett-typische Zahlen im Plural, und nicht nur die 14 ist eine Sonettzahl.

Die Variabilität zeigt sich durchaus in den kanonisierten Reimmustern, wobei die vielreimige Form in der Romania bereits als »Lizenz« galt, während andere Literaturen die siebenreimige Form mit pointierendem Couplet kultivierten:

ABBA ABBA CDC DCD bzw. Terzette auch CDE CDE (ital., z. B. Petrarca)
ABBA ABBA CCD EDE bzw. Terzette auch CCD EED (frz., z. B. Ronsard)
ABBA CDDC … *sonnet licencieux*
ABABCDCDEFEFGG (engl., bes. Shakespeare)
ABABCCDDEFFEGG (Puškins sog. Oneginstrophe)

Das sind nur die gängigsten Tableaus, Rahmen für unzählige Variationen. Das Sonett ist eine genuin kombinatorische Form (mit Verbindungen zur *ars combinatoria*, die hier nicht weiter verfolgt werden können[1]); es gründet auf dem Spiel mit Reimpermutation und Zahlenproportionalität.

---

[1] Vgl. dazu Greber, Erika, *Textile Texte. Poetologische Metaphorik und Literaturtheorie: Studien zur Tradition des Wortflechtens und der Kombinatorik*, Köln, Weimar, Wien 2002, darin bes. das Sonett-Kapitel S. 554–701; Dies., »La texture combinatoire du sonnet: Pour une redéfinition du genre«, in: Alain Chevrier/Dominique Moncond'huy (Hrsg.), *Le sonnet contemporain. Retours au sonnet* (=*Formules. Revue des créations formelles* N° 12), Paris 2008, S. 281–298.

Die Bedeutsamkeit der Zahlenkonstruktion für die Sonettdichtung spiegelt sich im Phänomen der ›Zahlensonette‹, worunter hier verschiedene Formen eines gattungspoetologisch relevanten Zahlbezugs zusammengefasst und vorgestellt werden sollen. Es gibt viel noch unerforschtes Material, das erst einmal erschlossen werden muss. Ein typologisch orientierter Aufriss, mehr in die Breite als in die Tiefe gehend, soll erste Annäherungen und Thesen bieten.

Es sei vorausgeschickt, dass bei der Verbindung von Sonett und Zahl keine höhere Mathematik zu erwarten ist. Denn ein ›weiches‹, oft oberflächliches Mathematikverständnis herrscht sowohl in der Sonettdichtung als auch in der Sonettforschung (mit den gelegentlichen Ausnahmen der Mathematiker-Literaten, vor allem bei Oulipo und manchen Oulipo-Forschern[2]). Die legere Einstellung korreliert mit dem Befund, dass die numerische Ordnung des Sonetts hauptsächlich als Projektionsfläche für allerlei semantisch-metaphorische Besetzungen und formästhetische Spiele genutzt worden ist.

II. Zahlentheoreme im Metadiskurs zur Sonettgattung und -historie

Vorab ein kurzer Blick auf die Gattungstheorie, soweit sie sich eigens mit der Zahl befasst. Eine epochemachende Sonett-Numerologie hat August Wilhelm Schlegel im Sonett-Teil seiner Petrarca-Vorlesung (1803/04) entwickelt. Den Grundfaktor seiner Deutung bildete das antagonistische Prinzip von Verbindung und Trennung, projiziert auf die Reimordnung des Sonetts. Aus diesem Antagonismus leitete Schlegel die numerischen Verhältnisse ab. Neben der Zweiteilung betonte er das Zahlenverhältnis von 4:3 Versen in Quartetten und Terzetten, indem er es auf die geometrischen Figuren Quadrat und Dreieck bezog. Hier manifestiert sich auch jene enge Verbindung zwischen numerischem und visuell-räumlichem Denken, die immer wieder den Gattungsdiskurs bestimmt. Letztlich ging Schlegel weniger deskriptiv als normativ vor und privilegierte eine bestimmte Sonettgestalt. Diese praktizierte er auch selbst, wie sein berühmtes autoreflexives Sonett (1798/1800)[3] schön zeigt; es sei hier als ein erstes Primärbeispiel angeführt:

---

2 Den Meinungsaustausch über die Strenge des literarischen Mathematikverständnisses kann man gut anhand einer Rezension einer Oulipo-Studie nachvollziehen, vgl. Scherer, Ludger, Rez. zu Uwe Schleypen, *Schreiben aus dem Nichts. Gegenwartsliteratur und Mathematik – das Ouvroir de littérature potentielle*, in: *PhiN*, 42/2007, S. 56–61.

3 Schlegel, August Wilhelm, *Gedichte*, Tübingen 1806, S. 183.

Zwey Reime heiss' ich viermal kehren wieder,
Und stelle sie, getheilt, in gleiche Reihen,
Dass hier und dort zwey eingefasst von zweyen
Im Doppelchore schweben auf und nieder.

Dann schlingt des Gleichlauts Kette durch zwey Glieder
Sich freyer wechselnd, jegliches von dreyen.
In solcher Ordnung, solcher Zahl gedeihen
Die zartesten und stolzesten der Lieder.

Den werd' ich nie mit meinen Zeilen kränzen,
Dem eitle Spielerey mein Wesen dünket,
Und Eigensinn die künstlichen Gesetze.

Doch, wem in mir geheimer Zauber winket,
Dem leih' ich Hoheit, Füll' in engen Gränzen.
Und reines Ebenmass der Gegensätze.

Dieses Metasonett erklärt also »Ordnung« und »Zahl« zu konstitutiven Gattungsprinzipien – und exerziert sie in klassischer, ja geradezu klassizistisch »ebenmäßiger« Weise.

Das zahlenkompositorische Theorem, das Sonett unterliege dem ›Goldenen Schnitt‹, vertrat Walter Bähr 1919 ohne große Fortune.[4] Eine andere prononcierte Hypothese über die Numerologie des Sonetts hat Wilhelm Pötters seit 1983 ausgearbeitet.[5] Er operiert mit der Zahl π und deutet das Sonett als die metrische Umsetzung der Quadratur des Kreises. Seine ausgedehnten numerologischen Analysen basieren allerdings stark auf der graphischen Präsentation der frühen Sonette in bestimmten Handschriften. Natürlich findet man numerologische Ideen, die in Spätmittelalter und Früher Neuzeit bekanntlich eine große Rolle spielten, in der Allegorik und Struktur der Sonettdichtung Dantes und Petrarcas bestätigt.

Auch die jüngste Forschung, namentlich Thomas Borgstedts *Topik des Sonetts*,[6] beschäftigt sich mit der Numerologie des Sonetts im Kontext der Gattungsursprünge. Nach diesen neuesten Erkenntnissen sind die rekonstruierten Prämissen in der Tat auf die Zahlen 2 und 3 zurückführbar – was die

---

4 Bähr, Walter, »Der Goldene Schnitt am Sonett«, in: *Das literarische Echo*, 22/1919, S. 281–283.

5 Pötters, Wilhelm, »La natura e l'origine del sonetto: una nuova teoria«, in: Leo Olschki (Hrsg.), *Dal Medioevo al Petrarca. Miscellanea di Studi in Onore di Vittore Branca*, Florenz 1983, S. 71–78; Ders., *Nascita del sonetto. Metrica e matematica al tempo di Federico II*, Ravenna 1998; Ders. »Circolarità e armonia. Principi geometrici nella poesia medievale – Dai Siciliani a Dante e Petrarca«, in: Claudio Bartocci/Piergiorgio Odifreddi (Hrsg.), *La Matematica*, Bd. 3, Torino 2011.

6 Borgstedt, Thomas, *Topik des Sonetts: Gattungstheorie und Gattungsgeschichte*, Tübingen 2009.

Schlegel'sche Theorie jetzt auf post-idealistischen Grundlagen erhärtet. Interessiert an der inneren Aufteilung des Sonetts, arbeitet Borgstedt die »isomorphen« Bauprinzipien heraus (»Reimmodule«, d. h. die oben aufgelisteten Sequenzen ABAB oder CDC usw.) und unterstreicht die Relevanz der Isomorphie bereits bei der Entstehung des Genres. Aus der Besetzung der Module ergeben sich jeweils Gliederungen, die eben nicht starr sind, keine ›feste Form‹, obligatorisch ist nur die Ausrichtung auf ein 14-teiliges Tableau. Einen frappanten Fund stellt Borgstedts Parallelisierung von Literatur und Baukunst (am Modell des Castel del Monte) dar: die Sonettform als Ausdruck imperialer Ästhetik am Stauferhof im 13. Jahrhundert.

In der diachronen Perspektive wird deutlich, wie stark ›mathematische‹ Aspekte an der Sonettform historisch beteiligt waren und wie nachhaltig sie das System geprägt haben. Im Entstehungskontext wirken mehrere Disziplinen eng zusammen, und besonders gut konkretisierbar ist der zahlenkompositorische ›Bau‹ des Sonetts qua Geometrie und Architektur. Auch nach dem Schwinden des älteren numerologischen Denkens bleiben Sonett und Zahl liiert. So gilt es in Anknüpfung an Schlegel, Pötters und Borgstedt, die jeweils stark auf die ältere romanische Tradition bezogen waren, nunmehr an internationalem, auch modernem Material und eher a-/transhistorisch die Zahlenpoetik zu untersuchen.

III. Sonett und Zahl

Die Poetologie der Zahl, die Bedeutung numerischer Elemente und Strukturen fürs Sonett kann man von mehreren Seiten her angehen. Wesentlich ist jene spezifische, motivierte Bindung zwischen Dichtungsform und Zahl, die überhaupt erst die Begriffe ›Sonettzahlen‹ und ›Zahlensonette‹ rechtfertigt.

Daher wäre zunächst das bloß thematische Vorkommen auszugrenzen, also Mathematik/Geometrie als Thema der Sonettdichtung – gewiss nicht uninteressant, aber sofern die Texte nichts Gattungsspezifisches damit verknüpfen, bleibt es unerheblich und reiht sich ein in die Menge sonstiger Themen. Das lässt sich etwa exemplifizieren an einem zahlenphilosophischen Sonett von Riccardo Pitteri (1853–1915),[7] das seine Thematik nicht weiter

[7] »Schwarz, winzig, fadendünn und seltsam kalt, / Ein Tintenklecks vom Federkiel befreit, / Ein Zeichen trächtig riesiger Gewalt, / Des Denkens Wesen, Sinnbild für die Zeit, // Vieler Gestalten einzige Gestalt, / Umgrenzt vom Nichts und der Unendlichkeit, / Im Äußern elend, häßlich, im Gehalt / Mutter von Wahrheit und Erhabenheit – // Die Zahl. Ewig gefügt und auch zerlegt / Nährt sie sich selbst und lebt von sich allein, / Geschöpf und Schöpfer, Samenkorn und Frucht; // Und dem, den ewige Vernunft bewegt, / Kommt aus der Null ein Teilchen, winzig

sonetthaft auflädt – es könnte quasi auch in anderer Gedichtform abgefasst sein. Sogar das von dem spanischen Mathematiker-Linguisten-Schriftsteller Josep M. Albaigès stammende *Soneto al tesaracto* (2005),[8] das mit dem Tesserakt – dem vierdimensionalen Hyperwürfel – ein eminent geometrisch-mathematisches Thema behandelt und per Zeichnung illustriert, schöpft aus der Sonetthaftigkeit keine Pointe und bleibt (dem Buchtitel der Anthologie entsprechend) lediglich ein »mathematisch angehauchtes Gedicht«.

Relevant ist demgegenüber die genuine Rückbindung der Zahl an die Sonettform, die konstruktive und semiologische Funktion der Zahl und Zahlenverhältnisse. Dies fächert sich tendenziell in zwei Bereiche auf: zum einen die Semantik/Zahlensymbolik und zum anderen die Konstruktion/Komposition. Meistens handelt es sich um Metareflexion im ›Sonett übers Sonett‹ (Metasonett, Sonettsonett).

IV. Sonettzahlen

Welche Ziffern fungieren als ›Sonettzahlen‹? Das bereits zitierte Schlegel'sche Programmsonett nennt, idealistisch gefüllt, die 2, 3 und 4; ein reimgleiches Antwortsonett (*sonetto di risposta*) von Ulf Reips nennt weitere und konzipiert sie medienästhetisch. Digitale Animationen zeichnen dieses Websonett (1996) aus – so wird Schlegel gleichsam reanimiert. Das farbige bewegte Opus[9] ist kein hundertprozentiger Hypertext, insofern es nicht multikursal ist, sondern einen einzigen Kursus hat; die infinite Version entsteht durch einen Loop und wird jeweils im Moment des ›Volltexts‹ kurz fixiert:

---

klein, / Erobert wachsend sich das All mit Wucht.« (Pitteri, Riccardo, »Die Zahl«, in: Karl Theodor Busch (Hrsg.), *Sonette der Völker. 700 Sonette aus 7 Jahrhunderten*, Heidelberg 1954, S. 38). Auf das italienische Original wird aus Platzgründen verzichtet.

8 »So stark und fein gewirkt, Phantom der Welt, / erfinderisch ersonnen, Tesserakt, / du gründest unbegreiflich einen Pakt, / wo Wahn sich zu Vernunft hinzugesellt. // Wer hat denn je dich bildlich vorgestellt, / wie wird aus deiner Möglichkeit ein Fakt? / Was ist zu tun, dass deine Welt exakt / und dichtgefügt in das Reale fällt? // Gibt's einen, der dein Dasein recht versteht, / du Traum von delirierendem Verstand, / wo fühllos jeder Rest Gefühls vergeht? // Dem Geist des Menschen bist du unverwandt / und doch: dein herrenloses Wesen steht / für seine Kraft und ist ihr Unterpfand.« (Albaigès, Josep M., »Sonett an das Tesserakt«, in: Alfred Schreiber (Hrsg.), *Lob des Fünfecks. Mathematisch angehauchte Gedichte*, Dresden 2008, S. 76). Auf das spanische Original wird aus Platzgründen verzichtet.

9 http://www.uni-tuebingen.de/uni/sii/Ulf/Recent/websonettLOOP.html (Stand: 30. 04. 2010).

Das Websonett (nach A. W. Schlegel)

Mit Reimen spiel ich wie schon meine Brüder,
Doch bind ich sie, »gelinkt«, in Klangbereichen,
Daß hier und dort die jetzt bewegten Zeichen
Im großen Chore tanzen auf und nieder.

In Zahlen: fünf, zwei, vier und drei zwar wieder,
Doch freier noch und weniger vom Gleichen
Mag diese Ordnung medial gereichen
Zu rhythmischsten und farbigsten der Lieder.

Den werd ich nie mit meinen Bilder-Tänzen
entzücken, der vom Medienspiel nichts hält
(Und nichts von metrischen Gesetzen).

Doch wem durch mich die Dichtkunst mehr gefällt
Den web ich ein, vernetz in neuen Grenzen
Mich selbst mit noch mehr Gegensätzen.

Die hyper- und intertextuellen Raffinessen müssen hier beiseite bleiben; worauf es ankommt, ist eben die Poetologie der Zahl. In der Reihung 5–2–4–3 erstaunt im Abgleich mit dem Prätext die Fünf; sie rührt nicht etwa nur vom fünften Vers her, sondern bezieht sich auf das imitierte fünfreimige Sonettreimschema (ABBA ABBA CDE DCE). Außerdem womöglich auf den jambischen Pentameter, das nicht nur die deutsche Sonett-Tradition dominierende Metrum.

Über die Metrik ist hier wenig zu sagen, obschon sie ja eine offenkundig zahlenbasierte Kategorie ist, denn sie betrifft nicht nur die Sonettistik, sondern jegliche Poesie, und es gibt keine wirklich sonettspezifischen Maße. Was sich allerdings metrisch auswirkt, ist der silbische Wert der thematisierten Zahlwörter (die in Gedichten ja nicht nur Zahl, sondern auch Wort sind). Experimentierfreudige Sonettdichter haben alle möglichen ausgefallenen Versmuster probiert, wovon z. B. ein Sonettarium zeugt, das 1-silbige bis 14-silbige Gebilde versammelt (»O soneto silabado«, 2004).[10] Interessant und unkanonisch sind vor allem sehr lange und sehr kurze Verse.

Die Zahl 1 und die Monosyllaba spielen für die Kombinatorik eine besondere Rolle (s. u.). Einsilbige, ja einwörtrige und einbuchstabige Texte fallen in Sonettform besonders raffiniert aus, denn das Mono-Verfahren wird zweckmäßig durch die 14 begrenzt und durch die Sonettmodule strukturiert.[11] Es

---

[10] http://planeta.terra.com.br/arte/PopBox/sonetario/silabado.htm (Stand: 30. 04. 2010).

[11] Monoverbale und monolettrische Sonette s. Greber, *Textile Texte*, Fig. 87–98, und bes. Alain Chevriers *Sonnets monolettriques* in: *Formules*, 6/2002, S. 148–151.

ist aber formal nicht aufs Sonett angewiesen; die 1 ist daher keine eigentliche Sonettzahl.

Auch die oben genannten gattungstheoretisch belangvollen Zahlen 2–3–4–5 sind zugleich so elementar und ubiquitär, dass sie nicht *per se* aufs Sonett verweisen. Nur im Rahmen expliziter Thematisierung wird ihr Sonettbezug gesichert. In dieser Funktion kursieren sie also, wie schon die beiden angeführten Exempel zeigen, im Metasonett und stiften sogar einen besonderen Subtyp (s. Abschn. VI).

Die Frage der Semantisierung der Zahl, der symbolischen Aufladung der Sonettzahlen, ist für die Gattungstradition höchst relevant. Selbst die beliebte Sonettzahl 7 wirkt für sich genommen nicht gänzlich sonettspezifisch, herrschen doch bei dieser magischen bzw. heiligen Zahl andere kulturelle Konnotationen vor. Gern kombinieren die Sonettdichter die zahlensymbolischen Potenzen der Sieben. So spielt das »Sonett an die Sieben« des sibirischen Lyrikers Vjačeslav Kuprijanov (1967) tradierte Symboliken durch – Schöpfungstage, Regenbogenfarben, sieben Hügel etc. –, um schließlich autoreflexiv bei der doppelten Sieben des Sonetts zu enden.[12] Die Siebenzahl in Mallarmés kompliziertem *Sonnet en -yx* (1868/1887)[13] ist astronomisch motiviert durch das Zahlenverhältnis 3:4 im Sternbild des Bären, und zugleich meint das selbstbezügliche Schlusswort »le septuor« die sieben Reimpaare. Eine Spaßnummer bietet das im Cercle zutique 1871 verfasste crossmediale *Sonnet des sept nombres* von Émile Cabaner (vgl. Abb. 1): Ziffern, Farben, Vokalklänge und Noten vereinend, bildet das Opus eine ironisch-spielerische Replik auf das synästhetische Vokalsonett von Rimbaud (der auch zu dem Kreis gehörte und hier als Rimbald apostrophiert wird) und erinnert daran, dass auch die Musik zu den mathematischen Künsten gehört.

---

12 »Im Spruch ›Ich bin‹ liegt der Keim der Sieben. / Die Sieben brachte den Turm von Babel zu Fall. / Und sieben Hügel sind der Schoß der Hauptstadt der Welt. / Siebenfarbig erschien das Licht vor den Menschen. // Die Sieben ist Grundlage des Möndgesetzes. / Irdische Geheimnisse hinter sieben Türen. / Nimm die sieben Tage der Schöpfung als Vermächtnis, / Wie Samen in unaufhaltsamer Bewegung. // Beende nach siebenmaligem Maßnehmen deine Arbeit. / Und sieben Winde werden deinen siebten Schweiß abstreifen. / In den siebten Himmel vertiefe deinen scharfsichtigen Blick. // Dem Redefieber widerstehend, / möge uns die Siebenzahl der Arbeit und der Weisheit, / sich verdoppelnd, das Sonett schenken!« (Interlinearübersetzung von der Verfasserin; publiziert ist nur das russische Original: Kuprijanov, Vjačeslav, »Sonet k semi«, in: Boris Romanov (Hrsg.), *Russkij sonet. Sonety russkich poėtov načala XX veka i sovetskich poėtov*, Moskau 1987, S. 538).

13 Zweisprachig in: Mallarmé, Stéphane, *Gedichte Französisch und Deutsch*. Aus dem Französischen von Gerhard Goebel, Gerlingen 1994, S. 124–127.

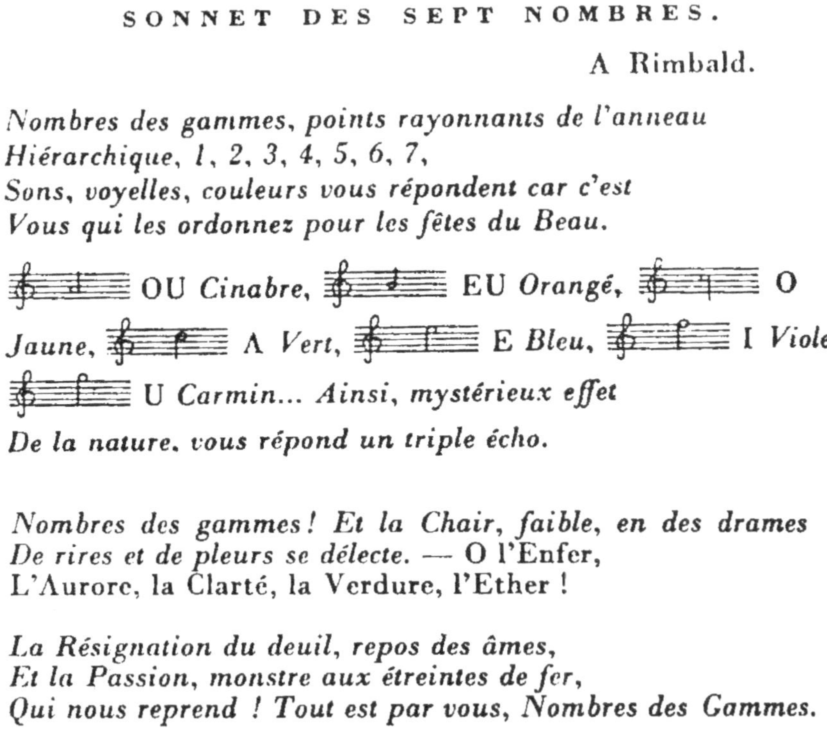

SONNET DES SEPT NOMBRES.

A Rimbald.

Nombres des gammes, points rayonnants de l'anneau
Hiérarchique, 1, 2, 3, 4, 5, 6, 7,
Sons, voyelles, couleurs vous répondent car c'est
Vous qui les ordonnez pour les fêtes du Beau.

OU *Cinabre,* EU *Orangé,* O
Jaune, A *Vert,* E *Bleu,* I *Violet,*
U *Carmin... Ainsi, mystérieux effet*
De la nature, vous répond un triple écho.

Nombres des gammes! Et la Chair, faible, en des drames
De rires et de pleurs se délecte. — O l'Enfer,
L'Aurore, la Clarté, la Verdure, l'Ether !

La Résignation du deuil, repos des âmes,
Et la Passion, monstre aux étreintes de fer,
Qui nous reprend ! Tout est par vous, Nombres des Gammes.

Abb. 1: Aus dem *Album zutique*, Pascal Pia (Hrsg.), Paris 1961, Nachdr. Genève-Paris 1981, S. 206

Allein die Zahl 14 codiert unverwechselbar das Sonett. Da ihr tradierte Konnotationen kaum anhaften (was ein Blick in die Kompendien der Zahlensymbolik bestätigt), wird sie in der Sonettdichtung vielfach neu besetzt. Exemplarisch sei zunächst die Moderne angeführt, die an der Symbolik und Symbolisierbarkeit aller möglichen Phänomene interessiert war und sich dafür natürlich auch des Sonetts bediente. Im besten Falle münden die Zahlmotive in die Sonettzahl, wie in einem der späten Sonette des russischen Symbolisten Konstantin Bal'mont (aus dem Band *Sonety solnca, meda i luny / Sonette der Sonne, des Honigs und des Mondes*, 1917), das alle Diskurse von Naturbeschreibung, Zahlenmystik, Geometrie bis zur Poetologie vereint, beginnend mit der 13 eines Baumblatts bis zur titelgebenden »Vierzehn« der Sonettverse.[14]

---

14 »Dreizehn Windungen des Eichenblattes, / Zwölf Wechselsonnen im Kreis des Mondenworts, / Eins und zwei und drei, aller Zahlen Urgrund, / Die jubelnde

Das Beispiel eines englischen ›minor poet‹, Eugene Lee-Hamiltons *What the Sonnet Is* (1895), ist symptomatisch für die trivialisierende Breitenwirkung des Zahlendenkens, in jugendstilig-kitschiger Manier: 14 golden auf Kirkes Mantelsaum gestickte Beeren, 14 Tränenperlen der Kalypso, 14 Vorzeichen in Medeas Wahrsagung, 14 Lebenselixiertropfen Fausts.[15] In dieser Metaphernfülle summiert sich der im Sonett kultivierte zahlensymbolische Diskurs und kippt ins Beliebige. Demgegenüber hatte die 14-saitige Harfe – »the fourteen-stringed harp of the sonnet« – in der Tuschfederzeichnung zu Dante Gabriel Rossettis berühmtem Introductory Sonnet *A Sonnet Is a Moment's Monument* (1880/81)[16] quasi als Lyra noch einen Sachbezug zur Lyrik. Ansonsten kommen im Sonettdiskurs alle möglichen, für die Vergleichsbeziehung wenig einsichtigen und fast arbiträren Vierzehnzahlen vor: 14 Grad Kälte, ein erst 14-jährig junges Herz, die 14-jährig gedachte Scheherazade (russische Sonette von ca. 1920), oder ein 14-monatiges Kleinkind (US-amerikanisches Sonett von 2007)[17] – letztlich ohne starken Grund, warum es nicht auch 8

Sieben, die von oben herabschaut, – // Vierflügelig, von der Blüte herunterfliegend, / Um den duftenden Honig von der Wachslegierung / Gründlich zu scheiden, wieder zu vereinen, / Dort, im Sechsfachen des stummen Winkels, – // Zehnkantiger Kristall im Winde, – / Hundertförmig, die Menschen berauschend, – / Wohin, mein Vers, führt dich mein Pfad? // In die Vierzehn, wo du, aufgeblitzt, vergehst wie eine Schlange, / Während, alle farbprächtigen Zahlen emporgeschwungen, / Ein Feuer fliegt, sich teilend, und ein Regenbogen schwebt.« (Interlinearübersetzung von der Verfasserin; publiziert ist nur das russische Original »Četyrnadcat'«, in: Bal'mont, Konstantin, *Izbrannye stichotvorenija i poėmy*, Vladimir Markov (Hrsg.), München 1975, S. 526).

15 »Fourteen small broidered berries on the hem / Of Circe's mantle, each of magic gold; / Fourteen of lone Calypso's tears that rolled / Into the sea, for pearls to come of them; / Fourteen clear signs of omen in the gem / With which Medea human fate foretold; / Fourteen small drops, which Faustus, growing old, / Craved of the Fiend, to water Life's dry stem. / It is the pure white diamond Dante brought / To Beatrice; the sapphire Laura wore / When Petrarch cut it sparkling out of thought; / The ruby Shakespeare hewed from his heart's core; / The dark, deep emerald that Rossetti wrought / For his own soul, to wear for evermore.« (Lee-Hamilton, Eugene, »What the Sonnet Is«, in: Robert Nye (Hrsg.), *The Faber Book of Sonnets*, London 1976, S. 181). Auch online: http://www.sonnets.org/hamilton.htm#100 (Stand: 30. 04. 2010).

16 Faksimile-Zeichnung und Sonett (1880, publ. 1881) sind mitsamt dem brieflichen Kommentar im digitalen Rossetti-Archiv zu finden: http://www.rossettiarchive.org/zoom/s258.img.html (Stand: 31. 05. 2010).

17 Quellenangaben für die unübersetzten Originale (in obiger Reihenfolge): Roždestvenskij, Gennadij, »N. Gumilevu«, in: Oleg I. Fedotov (Hrsg.), *Sonet serebrjanogo veka. Russkij sonet konca XIX – načala XX veka*, Moskau 1990, S. 654; Servinskij, Sergej, »Feodosijskie Sonety 2«, in: Ebd., S. 575; Roždestvenskij, Gennadij, »Volna sticha

oder 9, 17 oder 20 sein sollten, aber recht phantasievoll mit der gewählten Sonettform korrespondierend. Besser motiviert ist die 14 dann, wenn sie wirklich vorgängig ist, z. B. wenn das historische Datum 14. Dezember (Dekabristenaufstand 1825 gegen Zar Nikolaj II.) im Sonett memoriert wird oder wenn die 14 Kreuzwegstationen einen Sonettenkranz gliedern.[18]

Der Topos der Ähnlichkeit zwischen Sonett und Schach (intensiv etwa bei Morgenstern oder Nabokov)[19] beruht nicht so sehr auf spezifischen Zahlen, worin ja beide Systeme differieren und erst eigens aufeinander zugeschnitten werden müssen, sondern allgemein auf der Zahlhaftigkeit: Aus dem numerisch-metrischen Vers- und Reimkalkül resultiert das besondere schachkombinatorische Format der durchstrukturierten und pointierungsfähigen Sonettform.

Mit grotesk-phantastischer Besetzung der Sonettzahlen arbeiten die Sonettparodisten, z. B. im so genannten Sonettkrieg der deutschen Romantik das *Bleystift-Sonett* im *Karfunkel oder Klingklingelalmanach* (1809) als »Wunderthier« aus Hahn, Wachtel und Spatz mit 14 Tatzen, acht Krallen und sechs Beinen ...[20] Auf dem Frontispiz trug der Almanach ein schematisches nonverbales Sonett[21] aus Platzhaltern und algebraischen Variablen x y z – eine Karikatur des hohen Genres.

---

bežit strofe vosled ...«, in: Ebd., S. 653f.; Biele, Joelle, »To Katharine: At Fourteen Months«, in: *West Branch*, 61/2007, http://www.thefreelibrary.com/To+Katharine%3a+At+Fourteen+Months.-a0172636542 (Stand: 30. 04. 2010).

18 Quellenangaben für die unübersetzten Originale (in obiger Reihenfolge): Sidorov, Aleksej, »Fedor Tolstoj« (1922), in: Boris Romanov (Hrsg.), *Russkij sonet. Sonety russkich poėtov načala XX veka i sovetskich poėtov*, Moskau 1987, S. 228); Perelešin, Valerij, »Krestnyj put'« (1970), in: Jurij Linnik (Hrsg.), *Venok sonetov*, Petrozavodsk 1993, S. 153ff.

19 »Dem edlen Schach vergleich ich das Sonett. / Eröffnung, Aufbau, Mittel-, Endspiel – traun, / das alles ist so hier wie dort zu schaun, / und auch selbst hier sitzt oft ein – Paar am Brett. / Vier Züge schon vorbei! Gefährlich Baun! / Verwirrung trübt mich ... Opfer und – Verlust! ... / Doch dieser Zug jetzt macht den Fehler wett. [...]« (Morgenstern, Christian, aus dem Zyklus *Ich und Du*, in: *Werke und Briefe in neun Bänden*, Martin Kießig (Hrsg.), Bd. II, Stuttgart 1992, S. 166). Mehr zum Schachsonett vgl. Greber, Erika, »Auf dem Brett ein Sonett – Nabokovs Schachtrilogie«, in: Rainer Grübel/Wolf Schmid (Hrsg.), *Wortkunst – Erzählkunst – Bildkunst*, München 2008, S. 263–280.

20 »Kennt ihr das Wunderthier mit vierzehn Tatzen, / Vier-Hahn von oben, unten Drilling-Wachtel? / Acht Krallen streckt es aus; mit jedem Achtel / Will es der Sprache das Gesicht zerkratzen. / Auf so viel Beinen hüpft es, als drey Spatzen [...].« (*Der Karfunkel oder Klingklingelalmanach. Ein Taschenbuch für vollendete Romantiker und angehende Mystiker*, Jens Immanuel Baggesen (Hrsg.), Tübingen o. J. [1809], S. 75; Faksimile in: Greber, *Textile Texte*, Fig. 27.

21 Faksimile in Greber, *Textile Texte*, Fig. 134.

Ex negativo wird die Lust an der Sonettzahlensymbolik auch unterstrichen durch die absurdistische Entleerung und Banalisierung der Sonettzahlen – am extremsten im Prosasonett des Geschichtenzyklus *Slučai/Fälle* von Daniil Charms (1935), das die Ziffern 1 bis 6 und 7 bis 8 nicht als Sonettzahlen thematisiert, sondern in einer ganz ungereimten Er*zähl*weise mit Zählen und Geldrechnen verbindet.[22]

Einen anderen Grenzfall bildet die permutative *Sonet 66 – Kartoteka* des Moskauer Konzeptualisten Lev Rubinštejn.[23] Der Titel rekurriert auf das proteische 66. Sonett von Shakespeare, das jedoch nur versteckt anzitiert wird (angelehnt an die Nachdichtung von Boris Pasternak), umgeben von dadaistischen Allusionen und banalen Dialogfetzen (meist Prosa-, selten Versbausteine) auf insgesamt keineswegs 14 oder 66, sondern 113 Karteikarten. Zahlenpoetisch stützt sich das Kartensonett auf Konzepte wie Katalog, Spiel mit geraden/ungeraden Zahlen (Dialogstruktur) und Spezialzahlen (Schnapszahl 66, Primzahl 113), die den Sonettdiskurs *ad absurdum* führen.

Den grundlegenden Status der Vierzehnzahl bezeugt ein neueres Internet-Sonettforum namens »Die Magie der Vierzehn Zeilen – Eine Hommage an das Sonett«, in dem das natürlich unbegrenzte Themenspektrum bedient, bedichtet und diskutiert wird; darunter sind auch viele Sonettsonette und eben manche Reflexion über die Zahl. Ein origineller Text einer Userin namens rhea *Jetzt schlägt es vierzehn* (2008) adressiert das Sonett selber, welches streng mit einem »so net« antwortet (Reminiszenz an Gerhard Rühms *wiener sonett*).[24] Das Motiv der Regelstrenge verbindet sich hier mit einem neuen Sonettbild: »vierzehn Zäune wortreich überspringen«, das zunächst vermutlich

---

[22] »Sonett«, in: Charms, Daniil, *Fallen*, hrsg. u. übers. von Peter Urban, Zürich 1985, S. 198. Zu den mathematischen Aspekten vgl. Niederbudde, Anke, »Zählen, Erzählen, Unendlichkeit. Mathematische Grund(lagen)fragen im Werk von D. Charms«, in: *Welt der Slaven*, 49/2004, S. 313–334; darin Abschnitt »Der ErzählText *Sonet*«, S. 322–326.

[23] Zweisprachig in: Wiedling, Thomas (Hrsg.), *Gruppa. Texte aus Moskau*, Stuttgart 1985, S. 56–76; s. a. Greber, *Textile Texte*, Fig. 46.

[24] »Du bist mir Domina und wachst gestrenge, / dass ich nach deinen Regeln schreib und denke, / die Silben hebe und gleich wieder senke, / weißt du, manchmal bedrückt mich deine Enge. // Dann möcht ich schwärmerisch mich frei entfalten, / die vierzehn Zäune wortreich überspringen, / ließ mich von Anti nicht noch These zwingen, / in ihrem Sinn zu schalten und zu walten. // Nun bist du zornig, nennst mich undankbar, / verdammst das regellose, wilde Treiben. / Für dich muss alles bleiben, wie es war. // ›Jetzt komm zum Schluss, wir sind schon im Terzett, / willst du nur schwafeln, musst du Prosa schreiben. / Begehrst du mich, dann sag ich dir: So net!‹« (rhea, am 23. 03. 2008 im Sonettforum »Die Magie der Vierzehn Zeilen – Eine Hommage an das Sonett«, http://www.keinverlag.de/texte.php?text=197446 – Stand: 30. 04. 2010).

beliebig wirkt, sich aber zurückführen lässt auf die alte Rede vom »Prokrustesbett« des Sonetts. Die Metaphorik des Zwangs in eine positive Bewegungs-/Rhythmusvorstellung überführend, ist die Zahl nett remotiviert. Der Gedichttitel suggeriert unterschwellig eine andere Zahl: Jetzt schlägt's dreizehn.

V. Τρισκαιδεκαφόβια

Die 13 ist an sich keineswegs eine Sonettzahl – und trotzdem kann sie als eine solche fungieren, nämlich als eine bedeutsame liminale Zahl an der Grenze zur 14 des Sonetts. Der Dreizehnzeiler unterschreitet das Sonett, das Sonett überspielt die ominöse Dreizehn.

Besonders einschlägig ist John Hollanders Gedichtsammlung *Powers of Thirteen* (1983), deren Dreizehnzeiler das Sonett gewissermaßen antäuschen und umspielen (natürlich korreliert mit der modernen amerikanischen Tendenz zum freien, nur assonierenden oder ungereimten Sonett). Das programmatische *Triskaidekaphobia*-Gedicht[25] kann als eine Art Pseudosonett aufgefasst werden, als eines, das die Grenze zugleich respektiert und aufhebt, indem es sie selbst thematisiert: Aus Angst vor der 13 erhöht man auf 14. Verhandelt wird dies am Thema des gastlichen Tischs mit der Zahl der Gäste und deren Konfiguration; impliziert sind die sonettischen Zahlenrelationen. Wie man zu Tisch die Zahl der Gäste erhöht, muss man, damit es nicht 13 Verse bleiben, immer noch einen hinzufügen – das wäre eine amüsante neue Begründung fürs Sonettformat … Wenngleich der Sonettbegriff nicht genannt ist, drängt er sich auf: »The doubled sevens, the mysteries of ten and four« (vielleicht sogar in Vers 4 »the sexes paired off«: natürlich die Paarbildung zu Tische, aber sind nicht auch zwei Sextette plus Paarreim/Couplet ein Sonett?) Obwohl also ein 13-Zeiler, hält er die 14 Zeilen des Sonetts unterschwellig präsent – als ein altes und vollständiges Maß des Dichtens, gegen das nun die neue Form gesetzt wird, wie die Schlussverse poeto-

---

[25] »Triskaidekaphobia across the centuries / Kept us seating one more at the table, even when / The extra one was silly or redundant or gross. / Moreover, the new arrangements – the sexes paired off, / The doubled sevens, the mysteries of ten and four – / Masqueraded as reasons, hiding always our fear / Of dangerous and pungent oddments behind the bright / And interesting arrangements that terror had us make. / Like grownups now, allowing the black cats to amble / Across our shadows in the forenoon without alarm, / We can at least, in a poor time for discourse, invite / Exactly whom we please, whom we need: it will be right / In a new shape, finished beyond the old completions.« (Hollander, John, *Powers of Thirteen*, New York 1983, No. 156).

logisch andeuten: »it will be right / In a new shape, finished beyond the old completions.« Und so präsentiert Hollander sowohl die spielerische Triskaidekaphobie eines Sonettdichters als auch die Triskaidekaphilie eines Autors, dessen Name ein 13-buchstabiges Akrostichon hergibt.[26] Ein anderes Gedicht annotiert er ausdrücklich mit dem Hinweis »A sonnet is buried here.«[27]

So kann die Sonettzahl ernst-unernst remotiviert werden, und die 13 manifestiert sich plötzlich als etwas, was durchaus mit der 14 zu tun hat. Es bildet sich ein kleiner Anti-Kanon des 13-Zeilers, etwa Alfred Dorns so genannte »Golden 13-ers« in der amerikanischen Sonett-Zeitschrift *Sparrow*.[28] Oder auch 13-zeilige Sonettphobie? »It has to run to thirteen lines to kit / the Devil out and yet avoid the sonnet«, beginnt Peter Porters *Apotheosis of the Short Poem*.[29] Andererseits gibt es 13-zeilige Sonettnostalgie, so bei dem russischen Exildichter Valerij Perelešin, wenn er unter dem Titel *Remeslo/Handwerk* (1971) ein Akrostichon auf einen 13-buchstabigen Widmungsnamen dichtet und es mit dem concettistischen Autokommentar enden lässt: »Und schade, dass mir zum neuen Sonett nicht die letzte Verszeile gegeben ist«.[30] So entsteht quasi ein klassisch gereimtes 13-versiges Sonett, autoreflexiv konstituiert durch eine Aposiopesis, einen Minusvers! Noch stärker zum Sonettludismus tendiert die Absenz in *L'unique sonnet de treize vers et pourquoi* (1973) von François Le Lionnais, dem Mitbegründer von Oulipo – verdeutscht als *Das einzige Sonett in dreizehn Versen und warum*,[31] treffender wäre wohl *Das einzigartige Sonett*. Unikal ist wirklich die Idee, Text und Paratext zu reimen: Auf den verwaisten Versschluss *sonnet* reimt sich der Autorname Lionnais.

Gemessen an der Reibung der 14 mit der abergläubisch besetzten Zahl 13 übernimmt die andere Nachbarzahl, die 15, keine besonderen Funktionen und bildet keine eigentliche Grenzzahl, ist doch 15 nichtssagend und spielt denn auch für die Sonettpoetologie keine Rolle, selbst nicht im Sonettenkranz (der nicht als 15-teilig verstanden wird, sondern als 14 plus Meta). Im kanonisierten längeren Typ, dem so genannten Schweifsonett, wird eine variable

---

26 Vgl. ebd. das Gedicht No. 163 im selben Zyklus *Thirteen*.

27 Ebd., Kommentar zum Gedicht No. 51.

28 Vgl. *Sparrow*, 63/1996, S. 118.

29 »Apotheosis of the Short Poem«, in: Peter Porter, *The Chair of Babel*, Oxford 1992, S. 30.

30 Interlinearübersetzung von der Verfasserin; publiziert ist nur das russische Original »Remeslo«, in: Rannit, Aleksis, »O poėzii i poėtike Valerija Perelešina«, in: *Russian Language Journal*, 30/1976, No. 106, S. 79–10, hier S. 92.

31 In der Übersetzung von Uwe Schleypen in: Köhler, Hartmut (Hrsg.), *Französische Gedichte des 19. und 20. Jahrhunderts*, Stuttgart 2001, S. 363. Vgl. auch Schleypen, Uwe, *Schreiben aus dem Nichts. Gegenwartsliteratur und Mathematik – das Ouvroir de littérature potentielle*, München 2004, S. 243–245.

Verszahl, meistens ein oder zwei Terzette, hinzugefügt (also 14 plus x). Das heißt, nach oben ist die Skala eher offen. Sicherlich hängt die produktive Liminalität der 13 im Sonettdiskurs mit dem gattungstypischen Phänomen der *closure* zusammen, der Möglichkeit zu einem Schluss vor dem Schluss.

VI. Zahlenkomposition: das performative Sonettsonett

Noch bemerkenswerter als die beschriebene Semantisierung ist die formästhetische Motivierung der Sonettzahlen. Dabei wird das numerische Kompositionsprinzip, das der Tektonik jeglichen Sonetts zugrunde liegt, thematisiert und bloßgelegt. Diese Sonette sind also autoreflexiv bzw. autothematisch; es sind Sonettsonette, die ihre eigene Zahlstruktur reflektieren und performativen Charakter haben.

Bereits das älteste Sonettsonett, *Pedis, reyna, un soneto* von Diego Hurtado de Mendoza (publ. 1605), hat diese performative Form und begründet eine amüsante Tradition in der galanten Dichtung. Vielfach auch in anderen Sprachen frei nachgeahmt, kann es hier in einer kongenialen Nachdichtung von Karl Theodor Busch[32] erscheinen:

Du forderst ein Sonett – ich komme schon.
Der erste Vers, der zweite sind gemacht,
Und wenn jetzt gleich der dritte ist vollbracht,
Winkt mit dem vierten ein Quartett als Lohn.

Zum fünften auf! Sankt Jakob, Schutzpatron!
Nun in den sechsten! Ja, das wär gelacht!
Gelingt der siebte, steige ich, gib acht,
Lebendig aus dem Leidenskelch der Fron.

Schon halten wir am Zipfel die Quartette.
Was meinst du, Herrin? Bin ich nicht behende?
Jedoch, weiß Gott, ich fürchte die Terzette.

Steht mein Sonett erst fertig im Gelände,
Mach ich im Leben niemals mehr Sonette.
Von diesem, Gott sei Lob, sah ich das Ende.

Dieser illustre Sonett-Typus ist gänzlich von der Selbstspiegelungsstruktur geprägt. Er beschreibt die Sonettregeln und performiert zugleich die allmähliche Verfertigung des nämlichen Sonetts. Die Zahlen 1 bis 7 sind passgenau in den Versen platziert, fast ebenso gut das Sonettvokabular. Die deutsche Fassung übertrumpft das Original durch den hinterlistigen Reim »gib acht« (eben nicht im achten Vers, sondern nach Ende der Zahlenserie im siebten).

---

32 In: Busch (Hrsg.), *Sonette der Völker*, S. 97.

Einen programmatischen autoreflexiven Titel trägt das zweite Beispiel: *Sonnet. Avec la manière de s'en servir* von Tristan Corbière (1873). In der Idee der ›Bedienungsanleitung‹ ist das heutige Konzept der Performativität vorweggenommen. Zufällig kommt in der Nachdichtung[33] ebenfalls der Reim auf ›achtgeben‹ vor, hier als Verdeutschung von frz. »Attention«, ganz am Schluss, also ohne Kontaktstelle zum achten Vers und somit ganz ohne Zahlenkonnotation.

Sonett. Mit Anweisung zum Bedienen

Das Papier linieren und die Buchstaben ordentlich setzen:

Die Verse handgewirkt, der Versfuß uniform,
Zu viert in Reih und Glied, genau auf Vordermann;
Von vier schläft einer ein, wenn die Zäsur nach Norm,
Weil wie ein Zinnsoldat man stehend schlafen kann.

Am Musenberg die Bahn hat als Geleis die Form;
Der Telegraphendraht – vier Stück zählt man daran,
Und jeder Mast ein Reim, zum Beispiel: Chloroform.
Je Vers ein Draht, je Reim ein Absteckmeßpfahl dann.

O heilig Telegramm mit zwanzig Wörtern, seht es:
Zu Hilfe – ein Sonett! – Muse des Archimedes!
Wenn man addiert, ist schnell die Probe drauf gemacht:

Ja, vier plus vier gibt acht. Und weiter denn, so geht es,
Mit drei plus drei! Gib Ruh, mein Pegasus! Nun steht es:
Leier! Geleier, oh! – Sonett – ha, ha, gebt acht!

Für das Subgenre des performativen Sonettsonetts sind Komik und Selbstironie bis heute charakteristisch. Angeführt sei nur das bekannte Spielsonett von Gerhard Rühm (1970), das mechanisiert die Sonettform bloßlegt (vgl. Abb. 2).

Im performativen Sonettsonett können alle relevanten Sonettzahlen – darunter auch zahlenbasiertes Sonettvokabular wie ›Quartett‹ und ›Terzett‹ – vorkommen. Bei der zahlenkompositorischen Realisation kommt es, wie die Auswahl zeigt, sehr auf die versifikatorische Platzierung an. Performative Vollendung bietet Mendozas Modell: Hier ist das Sonett *in statu nascendi* auf sich selber abgebildet, so dass die jeweiligen Zahlbegriffe dort auftauchen, wo sie der Sonettstruktur entsprechen. Die passgenaue Komposition der Sonettzahlen und -verse verleiht ikonische Qualität.

[33] In: Busch (Hrsg.), *Sonette der Völker*, S. 199.

sonett

erste strophe erste zeile
erste strophe zweite zeile
erste strophe dritte zeile
erste strophe vierte zeile

zweite strophe erste zeile
zweite strophe zweite zeile
zweite strophe dritte zeile
zweite strophe vierte zeile

dritte strophe erste zeile
dritte strophe zweite zeile
dritte strophe dritte zeile

vierte strophe erste zeile
vierte strophe zweite zeile
vierte strophe dritte zeile

Gerhard Rühm (1977)

Abb. 2: Gerhard Rühm, *gesammelte gedichte und visuelle texte*, Reinbek 1970, S. 174

VII. Zahlenkonstruktion: Permutationssonette

Die Zahlhaftigkeit des Sonetts fundiert natürlich den kombinatorischen Charakter der Gattung, welcher am intensivsten in der Form des Permutationssonetts zutage tritt. Hierbei finden die Zahlen weniger thematisch-motivische Verwendung (d. h., auch autoreflexive Sonette sind hier seltener), vielmehr übernehmen sie strukturelle, vor allem textogene Funktion. Die Sonette sind vielgestaltig rekombinierbar im Sinne einer lullistischen Permutationskombinatorik.[34] Solche Zahlenkonstruktion überschießt das Einzel-

[34] Vgl. dazu Greber, *Textile Texte*; weitere Literatur zur literarischen Kombinatorik: Ernst, Ulrich, »Sprachkombinatorik. Permutation als Prinzip in der Lyrik«, in: Ders., *Manier als Experiment in der europäischen Literatur. Aleatorik und Sprachmagie, Tektonismus und Ikonizität. Zugriffe auf innovative Potentiale in Lyrik und Roman*, Heidelberg 2009, S. 29–75; Cramer, Florian, *Exe.cut[up]able statements. Poetische Kalküle und*

sonett, es entstehen vielfache und bewegliche Sonette – vom kompletten Sonettenkranz bis zur virtuellen Sonettserie, und zwar meist auf aktive, neuerdings interaktive Rezeption gerichtet. Die kombinatorisch produzierbaren exorbitanten Größenordnungen gehören zum künstlerischen Konzept. Gern werden sie expliziert durch die errechnete Riesenzahl der Jahre/ Jahrmillionen, die alleine fürs Permutieren und Lesen gebraucht würden. Dies kann ganz unterschiedliche epistemologisch-poetische Begründungen haben – etwa im Barock weltanschaulich als Versuch über das Unfassbare und Unendliche (Quirinus Kuhlmanns Proteussonett), in der Postmoderne rezeptionsästhetisch als Reflexion über Autorschaft (Raymond Queneaus Lamellensonette) oder medienästhetisch als Einladung zum Hypertextspiel (Timmo Strohms digitalisierter Sonettkranz). Wobei der Medienaspekt stets und für alle Epochen relevant ist, denn das poetische Zahlenkalkül braucht mediale Träger der Permutation – seien es nun Hyperlinks, Textstreifen, Bibliothekskarteikarten, Kreuzwortkästchen, Monosyllaba oder Akrosticha.

Das älteste dieser Paradebeispiele, Kuhlmanns monosyllabisch geprägtes Sonett *Der Wechsel menschlicher Sachen* (1671), ist im Tagungsrahmen unter dem Gesichtspunkt »Mathematische Meditationen über das Unendliche« eingehend von Dieter Martin behandelt worden, der auch auf die Parallelen zur Neoavantgarde hinweist.[35]

In jüngeren Beispielen steht die Zahl stolz im Titel. So bei Queneaus Buch *Cent mille milliards de poèmes* (1961), dessen permutierbare Lamellenstreifen (vgl. Abb. 3) aus zehn Sonetten hypothetisch 100 000 000 000 000 Sonette zu genereren erlauben – eine gewaltige Zahl mit *notabene* 14 Nullen. Wahrlich eine *littérature potentielle*,[36] die sich gut für Digitalisierung eignen

Phantasmen des selbstausführenden Texts, Diss. Berlin 2006, im Druck beim Fink-Verlag; Schulze, Holger, »Improvisation und Kombinatorik«, in: Ders., *Das aleatorische Spiel: Erkundung und Anwendung der nichtintentionalen Werkgenese im 20. Jahrhundert*, München 2000, S. 32ff.; Simanowski, Roberto, »Kombinatorik und Spiele des Zufalls«, in: Ders., *Hypertext. Merkmale, Forschung, Poetik*, in: *dichtung-digital*, 7/2002, Abschn. 7: http://www.brown.edu/Research/dichtung-digital/2002/07/31Simanowski/ Simanowski-Hypertext.htm#7 (Stand: 30. 04. 2010).

35 Vgl. im vorliegenden Band Martin, Dieter, »Mathematische Meditationen über das Unendliche. Kombinatorische Verfahren in der Literatur des Barock – mit einem Ausblick in die Nachkriegsavantgarde«, Abb. 7.

36 Vgl. Schulze, Holger, »Der Sonettbaukasten ›Cent mille millards de poemes‹«, in: Ders., *Das aleatorische Spiel*, S. 209ff., S. 225ff. Allgemeiner zur Sonett-Produktion der Oulipiens vgl. Poier-Bernhard, Astrid, »Oulipotische Rekurse auf das Sonett«, in: Gisela Febel/Hans Grote (Hrsg.), *L'état actuel de la poésie. Perspektiven der frankophonen Gegenwartslyrik*, Frankfurt am Main 2003, S. 151–165.

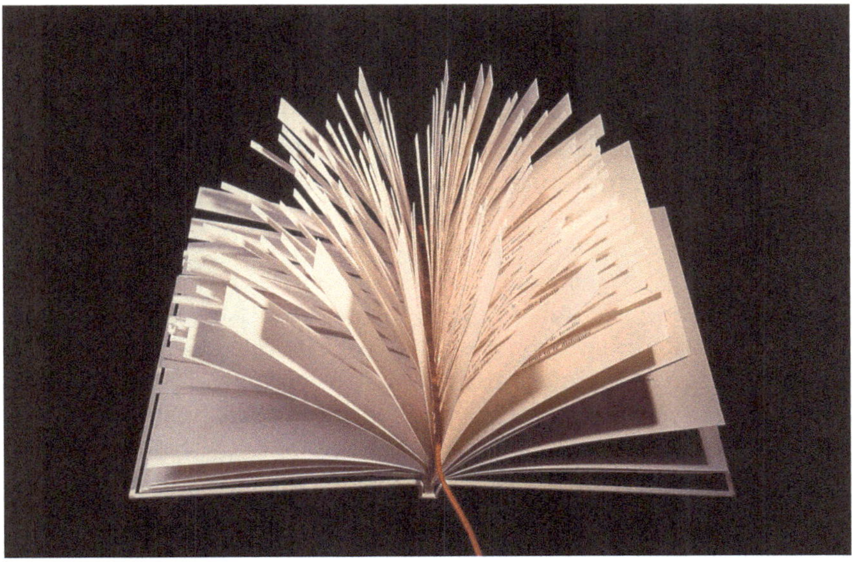

Abb. 3: Raymond Queneau, *Cent mille milliards de poèmes*, Paris 1961; deutsche Ausgabe: *Hunderttausend Milliarden Gedichte*, übers. Ludwig Harig, Frankfurt am Main 1984 (Foto von der Verfasserin)

würde.[37] Jedoch reicht weiterhin trotz beschleunigter Permutation eine Lebenszeit nicht aus.

Gleichwohl wird diese Unzahl noch überboten, sinnigerweise mit der Vierzehnerpotenz, und digitalisiert: *1414* heißt das von William Gillespie und William Shakespeare 1999 verfasste »combinatoric poem«, das das Queneau-Prinzip in ein »spineless book« überträgt, in »11,112,006,825,558,016 Sonnets«.[38] Das stimmt nur bei gelockertem Sonettbegriff, denn die sich beim Anklicken von »compose another« einstellenden Gedichte sind nicht durchgereimt. Ähnlich funktioniert der digitale Sonettgenerator von Stefan

---

[37] Die ersten pfiffigen Digitalisierungen sind leider aus juristischen Gründen aus dem Netz entfernt worden, aber wenige Webseiten bieten die Permutation noch an: http://www.tan-gram.de/sonett.pl?zz=13&status=x92082000963456 (Stand: 30.04.2010) oder http://www.bevrowe.info/Poems/QueneauRandom.htm (Stand: 20.06.2010).

[38] »A combinatoric poem by William Gillespie and William Shakespeare«. Auf der Startseite (http://www.wordwork.org/index.html) den 14. Buchstaben anklicken; hinter dem Quadrat mit der Zahl »14 hoch 14« kommen die Sonette: http://spinelessbooks.intenex.net/cgi-bin/sonnets/sonnet.cgi (Stand: 30.04.2010).

Schukowski und Eike Kronshage: So kann der Barde *post mortem* noch *Shakespeare's Sonnet 155* schreiben (2009).[39]

Das *Hexenschaltpult mit 14×14 Klickbarkeiten* von Timmo Strohm (1987 im Mathematikunterricht entstanden und später in eine Hypererzählung eingefügt)[40] bietet einen regelrechten Sonettenkranz, d. h., 14 Sonette sind durch die Anfangs- und Endverse miteinander verflochten, die das Magistralsonett (hier »Zentralsonett« genannt) formen. Auf dem Schaltpult erscheint das magistrale Akrostichon (»Ende oder Anfang«), ein weiteres Akrostichon verbirgt sich hinter den übrigen Buchstaben, die zu entsprechenden Versanfängen führen und in der Versfolge dann einen längeren Text bilden. Im narrativen Rahmen bekommen die User 666 Sekunden Lesezeit – ein Gegenprogramm gegen die vorerwähnte Unendlichkeit. Das die Gattung Sonettenkranz konstituierende Permutationsmuster ist hypertextuell als Verlinkung der Verse darstellbar, d. h., die Digitaltechnologie erlaubt eine kongeniale medienästhetische Realisation der Kranzform. Noch komplexer wird sie hier durch das Kalkül mit Zahlenpositionen und Letternvariablen.

Ein ähnliches Kalkül liegt dem *Kreuzwortsonett/Sonetna križanka* (1987) des slowenischen Autors Jurij Kovič zugrunde: Er nutzt die bezifferten Kästchen des Kreuzworträtsels wie eine kombinatorische Tafel (in Größe einer Zeitungsdoppelseite).[41] Wie das Rätselverfahren auf der Doppelbelegung der beiden kreuzenden Textrichtungen beruht, so werden nun per Überbelegung ein Akrostichon und ein weiteres Sonett kreiert, was lesepermutativ zwischen der geradzahligen Vertikale und der krummzahligen Horizontale zu vollziehen ist.

Charakteristische Sonettzahlen in dieser Sparte sind die Vierzehn und deren Vielfache, je nach Multiplikator – mit Tendenz zu Unzahl und Unsummen. Die Zahlenkonstruktion der Permutationssonette – ob lesepermutativ angelegt oder materialiter permutativ gestaltet oder digital animiert – ist in der Regel im Paratext niedergelegt: als Kommentar, als Gebrauchsanweisung (Mode d'emploi), als kombinatorische Tafel und natürlich als Werktitel. Ohne zum inhaltlichen Thema zu werden, fungiert die Zahl als Konstruktionsprinzip.

---

[39] http://www.komparatistik.phil.uni-erlangen.de/img/uploaded/1253017505_shake1.php (Stand 12.05.2010). Die Sonettproduktion kommt durch »Aktualisieren« des Browsers oder Anklicken von F5 in Gang.

[40] Direkteinstieg: http://www.seekultur.de/edf/ilosvx/m/m.htm bzw. Einstieg über die Rahmenerzählung: http://www.seekultur.de/edf/ilosvx/m/index.htm (Stand: 31.05.2010).

[41] Abgebildet in Greber, *Textile Texte*, Fig. 45. Einlässlich zur Kreuzwortpoesie: Ernst, Ulrich, »Textwürfel – Würfeltexte. Zu Kreuzwortlabyrinthen in der lateinischen und deutschen Gelegenheitsdichtung des Barock«, in: *Comparatio*, 1/2009, S. 243–275.

VIII. Zahlensonette, Ziffernsonette

Nach der Behandlung der Zahlwörter kommen nun die Ziffern: Zahlensonette im eigentlichen Sinn, und zwar nonverbale sowie auch gemischte Varianten, mit recht unterschiedlicher Poetik. Die (abgesehen vom Werktitel) rein aus Zahlen bestehenden ›Sonette‹ seien Ziffernsonette genannt. Das Zahlenarrangement lässt sich manchmal textimmanent über bestimmte Algorithmen erschließen, es kann evtl. aber auch kontextuelle ›Bedeutungen‹ codieren. Im Nonsense-Charakter erinnert es an die Sprachkritik der Moderne und der Konkreten Poesie. Nicht vorzukommen scheint die Verwendung der Ziffern als Platzhalter für Buchstaben (etwa gemäß Alphabetfolge oder komplexeren Codes), also in kryptographischer Funktion. Vielmehr zielen die Zahlen- und Ziffernsonette auf wirkliche mathematische Operationen oder auf autonomes, selbstreferentielles Spiel der Zeichen. In jedem Falle sollte man aus literarsemiotischer Sicht von Zahlzeichen sprechen. Durch Reduktion auf die pure Zahl reflektiert sich das Genre selbst.

Eine gemischte, aus der numerisch-verbalen Sprache der Logik entwickelte Form verwendet Jens Olaf Koch in seiner kleinen Serie *Logische Sonette* (1993)[42]. Folgende Kostprobe zeigt sowohl das Spielerische als auch die witzige Einpassung in die Binnengliederung von Vierer- und Dreier-Einheiten.

oder-sonett (OR, nicht XOR)

1
0
1
0

1
0
1
0

wahr
und
falsch

wahr
und
falsch

Neben *oder-sonett* gibt es auch *und-sonett*, dem Logikkalkül gemäß in mehreren permutierten Variationen.

---

42 In: *C: LITERATUR. Anthologie zum Wettbewerb*, hrsg. v. Bundesverband junger Autoren und Autorinnen e.V., Bonn 1995, S. 47–51.

88 111 94

33 333 33
122 4 122
288? 8282
5 365 5 3

14 14 642
333 33 53
7 77 95 0
60600 246

"unikate"
222 3 222
5 7 91 17

444 5 444
"takineu"
55 444 55

(1983)

Abb. 4: Oskar Pastior, *sonetburger. Mit 3x14 Zeichnungen des Autors*, Berlin 1983, S. 13

Oskar Pastiors Sammlung *sonetburger* (1983) enthält einen Text, in dem hauptsächlich Zahlen vorkommen (vgl. Abb. 4). Dies ist konkrete Schreibmaschinenpoesie, wo Zeichen und Leerzeichen gleichermaßen valorisiert sind, mit fester, hier neunstelliger Anzahl von Anschlägen; so ergeben sich zweierlei Arten von Null: visuelle und algebraische. Ein ziemlich undurchschaubarer Text: Verbalisiert ist ein rätselhaftes Anagramm (unikate takineu), im Schlussterzett findet Zahlenpermutation (444 5 444 und 55 444 55) statt – Muster ohne erkennbare Sinnbildung. Es soll ja ein Burger sein …

Franz-Josef Czernins experimenteller Mega-Sonettenkranz (Sonettenkranz des Sonettenkranzes) namens *die kunst des sonetts* (1985) besteht aus der korrekten Anzahl von 196 Sonetten, die aber alle ›falsch‹ sind, denn es gibt keine kranztypische Versverflechtung. Gemessen am regelrechten Mega-Sonettenkranz ist hier die Form ludistisch-parodistisch unterwandert. Bei den diversen Ziffernsonetten weicht immer eine Zeile, ein Vers oder die Überschrift vom Prinzip ab. Und die Zahlen gehen stark durcheinander, wie z. B. das siebte Sonett mit dem Titel *die zehnte zeile der hundertfünften seite,* (der *notabene* die erste Zeile der siebten Seite bildet) zeigt: Auf den Vers »die zweite zeile des zweiunddreissigsten sonetts« folgt »die dritte zeile der hundertdreiundachzigsten seite« u. ä. – eine Aleatorik, die die strenge Kombinatorik ablöst und dekonstruiert. Auch in Czernins Buch kommt die Zahl nie ohne Verbalkomponente vor, mindestens im Titel. Im abgebildeten Beispiel (vgl. Abb. 5) assoziiert der Titel *pflaum?* das Biomotiv mit der wilden Zahlenfolge des Sonetts und illustriert damit auch das künstlerische Prinzip des ganzen Buchs.

Die Bloßlegung der Strukturverfahren per Zahl kann auch völlig im Paratext erfolgen. Dem alten Usus des Cento, die Zitatstellen (Bibel, Kirchenväterschriften, Klassiker) am Rande nachzuweisen, kommt ein portugiesisches Centon-Sonett von Sancho Manuel, Conde de Villa Flor (1673) nach, das völlig aus Camões kombiniert ist und daher praktisch nonverbal auf die Fundstellen der Verse verweisen kann (vgl. Abb. 6). Die außergewöhnliche Optik trägt wesentlich zum Reiz dieses Sonetts bei.

Ein Ziffernsonett aus dem heutigen Portugal, das *Summensonett 14x/Soneto soma 14x* von Ernesto Manuel de Melo e Castro (1963), hat sorgsam kalkulierte Konstruktionsprinzipien.

1 4 3 4 2
2 3 3 0 6
4 1 6 1 2
3 2 2 1 6

5 0 0 1 8
2 1 2 5 4
1 4 0 1 8
3 2 4 1 4

3 1 2 3 5
5 4 1 2 2
3 0 4 2 5

4 3 3 1 3
5 1 2 1 5
8 9 3 5 3

18

pflaum?

64 **82 90 106 117 128 168 172 190 11 23 38 43 60 144**
99 126 137 142 163 174 186 10 36 55 61 73 91 16
145 164 181 183 7 26 32 56 64 95 104 114 129 78
89 115 130 148 155 175 196 9 27 40 47 62 72 108

160 125 135 147 173 188 8 18 29 53 59 80 96 112
105 192 4 17 35 50 67 71 97 121 140 146 166 170
41 48 74 93 110 122 134 143 156 169 193 14 19 70
3 15 33 51 68 81 94 102 133 154 167 176 184 124

191 63 79 85 101 123 136 153 159 182 12 20 30 46
58 76 92 103 119 127 152 165 172 185 13 28 37 45
1 25 34 54 57 77 88 100 120 131 150 157 177 195

179 194 5 22 44 66 84 87 111 113 132 149 161 39
178 141 162 187 6 24 42 49 65 83 86 109 116 138
139 2 21 31 52 69 75 98 107 118 151 158 180 190

Abb. 5: Franz Josef Czernin, *die kunst des sonetts*, Graz, Wien 1985, S. 18

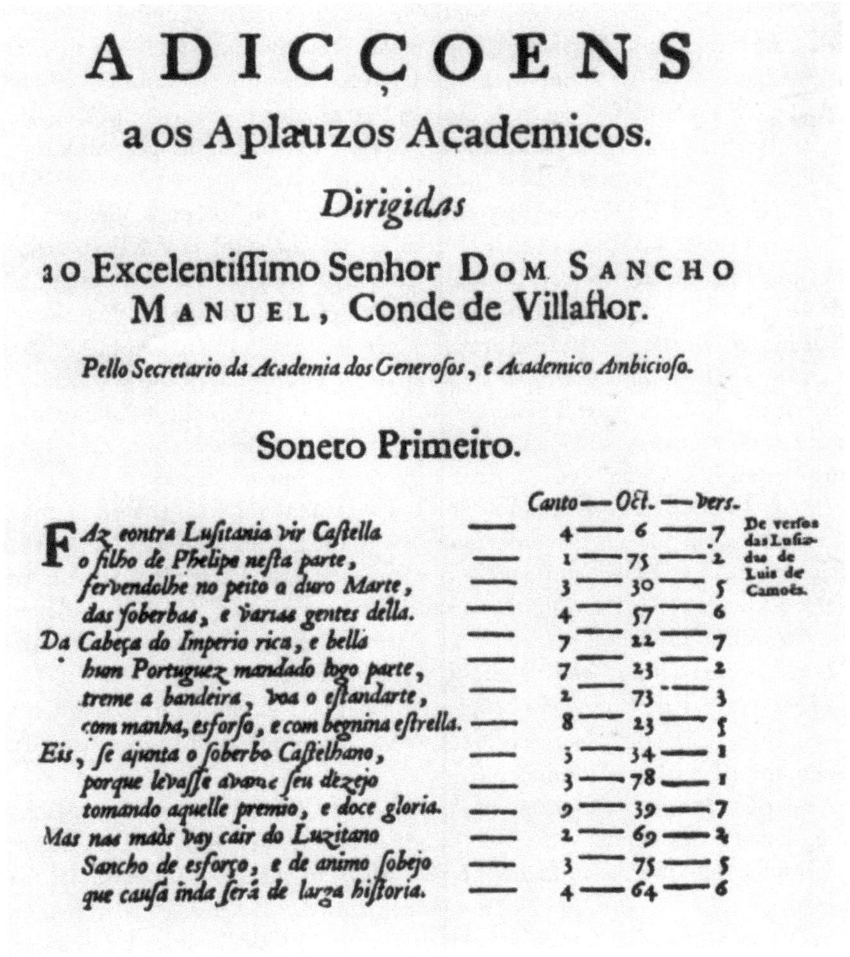

ADICÇOENS

a os Aplauzos Açademicos.

Dirigidas

a o Excelentiſſimo Senhor DOM SANCHO MANUEL, Conde de Villaflor.

Pello Secretario da Academia dos Generoſos, e Academico Anbicioſo.

Soneto Primeiro.

	Canto	Oct.	Vers.	
FAz contra Luſitania vir Caſtella	4	6	7	De verſos das Luſiadas de Luis de Camoẽs.
o filho de Phelipe neſta parte,	1	75	2	
fervendolhe no peito a duro Marte,	3	30	5	
das ſoberbas, e varias gentes della.	4	57	6	
Da Cabeça do Imperio rica, e bella	7	22	7	
hum Portuguez mandado logo parte,	7	23	2	
treme a bandeira, voa o eſtandarte,	2	73	3	
com manha, esforſo, e com begnina eſtrella.	8	23	5	
Eis, ſe ajunta o ſoberbo Caſtelhano,	3	34	1	
porque levaſſe avante ſeu dezejo	3	78	1	
tomando aquelle premio, e doce gloria.	9	39	7	
Mas nas maõs vay cair do Luzitano	2	69	2	
Sancho de esforço, e de animo ſobejo	3	75	5	
que cauſa inda ſerá de larga hiſtoria.	4	64	6	

Abb. 6: Aus: Hatherly, Ana, *A experiência do prodígio; Bases teóreticas e antologia de textos-visuais portugueses dos seculos XVII e XVIII*, Lissabon 1983, Abb. 97

Verwendet sind nur, in wechselnder Folge, die Ziffern 0 bis 6 und 8 bis 9, während die 7 fehlt. Die ›Verszeilen‹ ergeben als Quersumme jeweils 14, die allerletzte 2x14 – eine Art Schlusspointe.[43] Die vertikalen Spaltensummen (49, 35, 35, 28, 63) sind Vielfache von 7. Das heißt, die 7 des Sonetts ist doch da, nur implizit ausgedrückt – Arithmetik als Apophatik. Die Quartette enden gerade, die Terzette ungerade. Das ›Reimschema‹ ist sogar fast regelrecht: ABAB CDCD EAE FEF. Doch ungewöhnlich fürs Sonett sind 0 und 9. Vielleicht ist hier ein ›textiler Text‹ codiert? Der Verfasser hat als Professor für Textildesign eventuell an die per Ziffern programmierten Muster für Webmaschinen gedacht: Das Programm dieses Ziffernsonetts ergäbe ein buntes Webmuster.

Ein oulipotisches Ziffernsonett von Jacques Roubaud (vgl. Abb. 7)[44] lässt sich über seinen Titel *La vie* an den barocken Diskurs über die Wechselhaftigkeit des Lebens anschließen. Das Leben zerfällt sichtlich; reflektiert mittels der komputistischen Zahlen 0 und 1, wird die digitale Existenz des postmodernen Menschen hier zunächst aufgebaut und dann zersetzt.

Viele der Sonettexperimente von Oulipo zählen auf spezielle mathematische *contraintes* (Zwänge, Konstruktionsvorgaben). Beispielsweise leitet sich das von Jacques Bens erfundene *sonnet irrationnel*[45] aus den fünf Anfangsziffern der Zahl π ab: eine Binnenstrukturierung der 14 in 3–1–4–1–5 Zeilen, mit bestimmtem Reimschema und Lauf männlicher/weiblicher Reime; das Demo-Sonett hat nur Zahlen und Reimvariablen.

Die folgenden Sonette sind explizit mit Fachvokabular betitelt: mathematisch, infinitesimal, pythagoreisch … – wie exakt oder wie metaphorisch das auch immer gemeint sein mag.

Bei dem *Pythagorean Sonnet* von Jeremy Adler (1974)[46] haben auch Mathematiker Schwierigkeiten zu sehen, was daran pythagoreisch sein soll – und worum es sich überhaupt handelt (vgl. Abb. 8). Bezeichnenderweise hat Adler sonst keine Sonette gemacht, sondern *Concrete Poetry* in freien Formen. Die Verwendung des Sonettbegriffs verdankt sich hier wohl allgemein der

---

43 Eine Schlusszeile wie 1 2 3 5 3 hätte die Komposition regelmäßiger gemacht, ohne die oben genannten Eigenschaften zu zerstören; dafür kommt in der jetzigen Form die 1 genau 14-mal vor.

44 Eine Lesung Roubauds von 2009 ist auf YouTube zu hören (»un, zero …«): www.youtube.com/watch?v=HtIEe8FU8vY (Stand: 31.05.2010).

45 Bens, Jacques, *41 sonnets irrationnels*. Paris 1965. Vgl. dazu Tassou, Bertrand, »Les Sonnets irrationnels de Jacques Bens: quand la forme fixe redevient contrainte«, in: Alain Chevrier/Dominique Moncond'huy (Hrsg.), *Le sonnet contemporain. Retours au sonnet* (=*Formules. Revue des créations formelles* N° 12), Paris 2008, S. 67–80.

46 Sackner, Ruth und Marvin, *Concrete Poetry. Archive of Concrete and Visual Poetry*, Miami Beach, FL 1986, S. 43.

La vie, sonnet

pour Pierre Lusson

000000 0000 01
011010 111 001
101011 101 001
110011 0011 01

000101 0001 01
010101 011 001
010111 001 001
010101 0001 01

01 01 01 0010 11
01 01 01 01 01 11
001 001 010 101

000 1 0 1 001 00 0
0 0 0 0 0 11 0 0 0 0 101
0 0 0 0 01 0 0 0 0 0 0

Abb. 7: Jacques Roubaud, »Eine nationale Dichtung?«, in: Robert Kelly/Jacques Roubaud/Schuldt (Hrsg.), *Abziehbilder, heimgeholt*, Graz, Wien 1995, S. 13–31, hier S. 31

engen Verbindung von Sonettizität und Visualität, die für die Konkrete Poesie attraktiv war.[47]

Das *Sonnet infinitésimal* (1958/87) von Isidore Isou, dem wichtigsten Vertreter des französischen *Lettrisme*, enthält nicht Lettern, sondern supralinguale und supranumerische Zeichen (vgl. Abb. 9). Dazu eine Legende, die neue Rätsel stellt und insofern als Coda zum Sonettkorpus gezählt werden

---

[47] Zum Sonett als Sehtext und Frühform der Visuellen Poesie vgl. Greber, Erika, »Wortwebstühle oder: Die kombinatorische Textur des Sonetts. Thesen zu einer neuen Gattungskonzeption«, in: Susi Kotzinger/Gabriele Rippl (Hrsg.), *Zeichen zwischen Klartext und Arabeske*, Amsterdam 1994, S. 57–80, bes. S. 68f.; sowie Greber, *Textile Texte*, Kap. VII, These 13, S. 586ff. Zur Zahlenpoetik der Konkretisten vgl. Ernst, Ulrich, »Zahl und Wort: Konkretismus und Numerologie«, in: Franziska Bomski/Stefan Suhr (Hrsg.), *Fiktum versus Faktum. Nicht-mathematische Dialoge mit der Mathematik*, erscheint Berlin 2011.

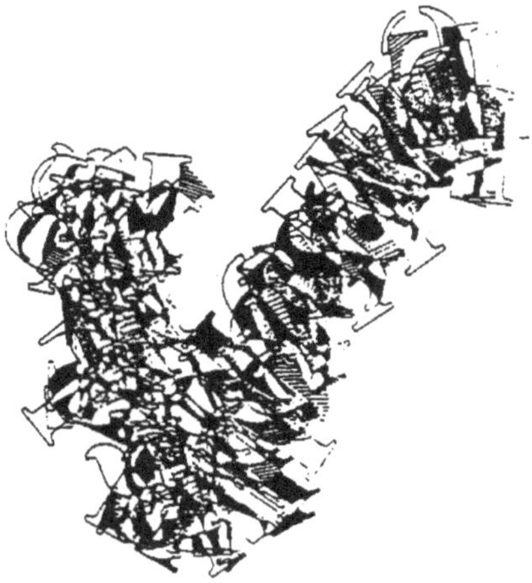

Abb. 8: Jeremy Adler, in: Ruth und Marvin Sackner, *Concrete Poetry. Archive of Concrete and Visual Poetry*, Miami Beach, FL 1986, S. 43

darf – es ist also ein Schweifsonett, *sonetto caudato.* Aber »infinitesimal« ist es nur auf metaphorische Weise.

Vom Sonett-Furor angesteckt, hat die aus Kolumbien stammende Studentin Maria Castilla neben einigen visuellen Sonetten auch ein *Mathematisches Sonett* arrangiert,[48] ein ganz minimalistisches Opus, dessen Prinzip schnell errechnet ist: Das arithmetische Resultat jeder Zeile ergibt genau jene Platzzahl, die die betreffende Zeile im Sonett einnimmt. Das simulierte ›Reimschema‹ ist fünfreimig ABAB ABAB CDE EDC.

1 × 1
1 × 2
3 × 1
2 × 2

5 × 1
3 × 2
7 × 1
4 × 2

3 × 3
2 × 5
44 : 4

3 × 4
65 : 5
42 : 3

[48] In einem komparatistischen Hauptseminar zum Sonett an der Universität München.

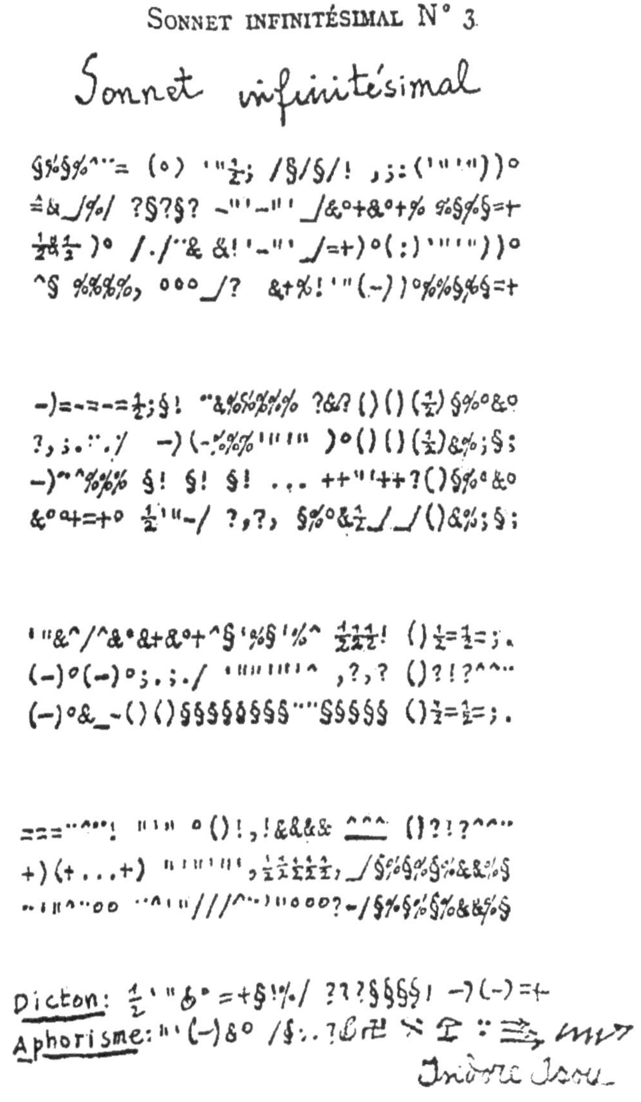

Abb. 9: Isidore Isou, in: *Poésure et Peintrie. »d'un art, l'autre«*, Marseille 1993, S. 261

Im Resümee bekräftigen diese Spielsonette, dass neben dem Reimcharakter die numerisch fixierte (bzw. immer wieder nach den Modulen unterschiedlich fixierbare) Strukturierung ein grundlegendes Gattungsmerkmal darstellt. Ohne Bezugnahme auf eine solche Strukturierung und Zahlenrelation ist ein Sonett kaum denkbar, kaum als ein solches wahrnehmbar. Allenfalls über den Titel (ein eigenes Thema). Wie bei allen nonverbalen Kunstwerken, etwa Gemälden oder Skulpturen, soll die Betitelung Assoziationen auslösen; der Titel kann den Einbezug purer Zahlzeichen in den Sonettdiskurs garantieren. Unübersehbar schlägt sich die sonettförmige Strukturierung im Layout nieder (s. dazu Abschn. IX).

Die gattungskonstitutive Zahlenproportionalität liefert in Verbindung mit der figürlich-räumlichen Anordnung letztlich die Grundlage dafür, dass sich das Sonett ablösen kann vom Wort, dass es von einer sprachlichen Dichtung zu einer nonverbalen werden kann – die ihrerseits natürlich auf Sonettistik/Sprachkunst referiert. Die semiotische Funktion der Ziffern ist phantasievoll neu besetzbar, öfters wirken sie ludistisch und rein autoreferentiell. Zahlen-/Ziffernsonette bilden Meta-Sonette, die auf die Sonetthaftigkeit der zugrunde liegenden Dichtung, die stets intertextuell im Sonettschema repräsentiert ist, verweisen.

IX. Zahlfigurensonette

Für die Transmedialität des Sonetts – wenn es die Verbalsprache verlässt und mit anderen Zeichen und Figuren operiert – erweist sich eine ganz bestimmte Zahlenkomposition und Anordnung als erstaunlich produktiv. Maßgeblich für visuelle Sonette[49] ist interessanterweise nicht so sehr die 14, denn dieses Maß ist wenig gestalthaft (selbst geübte Sonett-LeserInnen können nur schwer 14 vs. 13 Zeilen auf den ersten Blick unterscheiden und müssen oft erst durchzählen). Doch gleich auf den ersten Blick erkennbar ist die Folge 4–4–3–3, also das Petrarca-Schema, und sie strukturiert die Mehrzahl der visuellen Sonette. Demgegenüber ist das Shakespeare-Schema 10–2 zahlenpoetisch und optisch eher unspektakulär; seine Stärken liegen woanders.[50] Die Folge 4–4–3–3 lässt sich indessen sehr gut künstlerisch visualisieren.

---

[49] Vgl. Greber, Erika, »Zur Typologie des visuellen Sonetts«, in: Erika Greber/Evi Zemanek (Hrsg.), *Sonett-Künste: Mediale Transformationen eines klassischen Genres* (Erlanger Symposiumsband, im Druck).

[50] Vgl. Greber, Erika, »Global Visions of the Shakespearean Sonnet«, in: Manfred Pfister/Jürgen Gutsch (Hrsg.), *William Shakespeare's Sonnets for the First Time Globally Reprinted. A Quatercentenary Anthology 1609–2009, with a DVD*, Dozwil 2009, S. 705–719 u. Sektion 10 der DVD mit 39 visuellen und kinetischen Sonetten

Auch in ganz artfremden visuellen Arrangements erkennt man daher das Sonett. Spektakulär sind die ›Bildsonette‹ bzw. ›Dingsonette‹ von Karl Riha (1988) – gerade jene, die die Zahl[51] ausstellen: etwa die Dominosteine im *sonett für kinder* und Spielkarten im *sonett ouvert* (vgl. Abb. 10, 11). Der letztere Titel narrt einen natürlich, denn »ouvert« ist ein Skat-Begriff, aber gezeigt ist Elferraus.

Riha zerspielt das Ganze also sozusagen und geht auf medienarchaische *low-tech*-Stufen zurück. Das Interessante an diesen Zahlfigurensonetten ist, dass sie *ready-mades* sind, basierend auf einem *objet trouvé*, d. h., Riha sucht existente Objekte, die die gewünschten Proportionen liefern können, und zeichnet sie oder arrangiert sie fotografisch. Zwei weitere Fälle (ohne Abb.): Trio und Quartett im *sonett für streicher und bläser*; eine auf die bewussten Zahlen eingestellte Registrierkasse mit dem Titel *Dieses Sonett kostet nur* ... Selbst wenn man statt damals 44,33 DM inzwischen 44,33 Euro liest, ist das immer noch viel zu billig für ein ingeniöses Bildsonett! Eine bedenkliche Zahl, nicht ungeheuer groß, sondern ungeheuer klein.

Eine eigene Kategorie bilden die spatialen Sonette von Alberto Pimenta in der Art von Architektenzeichnungen, Gebäudegrundrisse mit Nummern meist von 1 bis 14 oder auch 15 (vgl. Abb. 12). Je nach Grundriss und Titel (*englisches flügelsonett, schnellsonett, sonett mit coda, wollust-chronik-sonett*)[52] ergeben sich lebensweltliche Assoziationen für die Zahlen- und Raumdarstellung, seltener ist das Raum-Arrangement auf die Sonettform selber beziehbar.

Das nächste Beispiel (vgl. Abb. 13) ist mehrfarbig – ein Dingsonett »made in Brazil«, in den brasilianischen Farben Gelb-Grün-Blau gehalten und wohl deshalb auf der Startseite des *Sonetário Brasileiro* im Internet platziert: *soneto (fita métrica)* von Paulo Miranda (1976).[53] An dem *Maßbandsonett* wird deutlich, dass Farbe ein weiterer semiotischer Parameter ist, der hier noch etwas bestärkt, was auch schon durch Sprachelemente repräsentiert ist. Das Opus bleibt also auch in Schwarzweiß lesbar. Sonettisch verweisen die 140 Einheiten auf den Zehnsilbler. Alltagsweltlich wären 140 cm Kindergröße, womit sich zwei Ideen verbinden lassen: das Messen der heranwachsenden Körper-

---

(s. auch http://www.stefan-schukowski.de/Visual_Sonnets_files/List%20of%20the%20visual%20sonnets.pdf).

51 Rihas Interesse an der Poetik der Zahl zeigt sich in seinem Beitrag »Zahlentexte«, in: Karin von Maur (Hrsg.): *Magie der Zahl in der Kunst des 20. Jahrhunderts.* Ausstellungskatalog Staatsgalerie Stuttgart 1997, S. 311–320.

52 In: Gomringer, Eugen (Hrsg.), *visuelle poesie. anthologie*, Stuttgart 1996, S. 99ff.

53 http://www.elsonfroes.com.br/sonetario/nsonetario.htm (Stand: 30. 04. 2010).

sonett für kinder

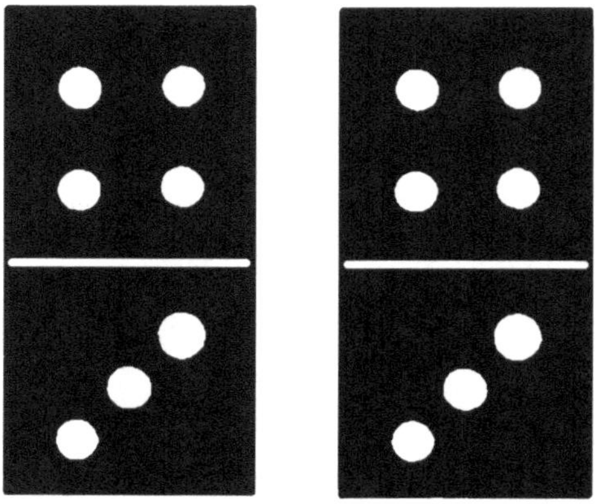

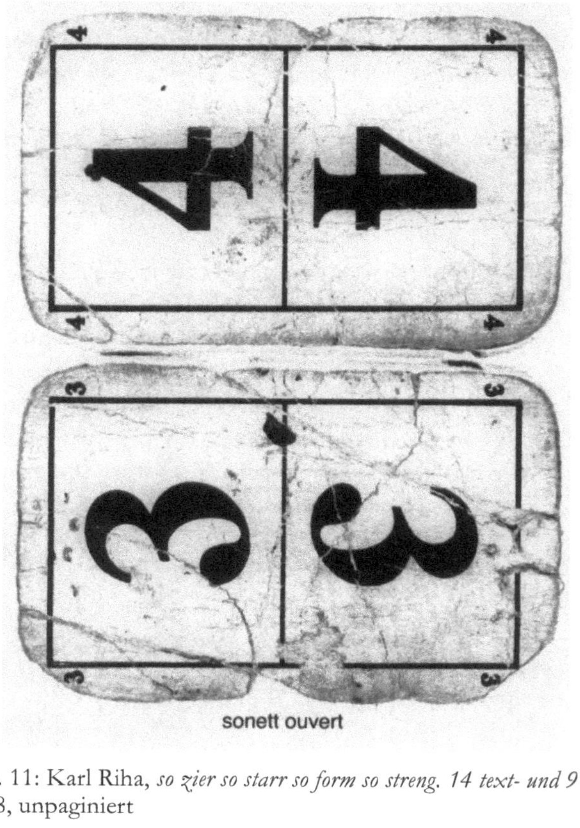

sonett ouvert

Abb. 10, Abb. 11: Karl Riha, *so zier so starr so form so streng. 14 text- und 9 bildsonette,* Bielefeld 1988, unpaginiert

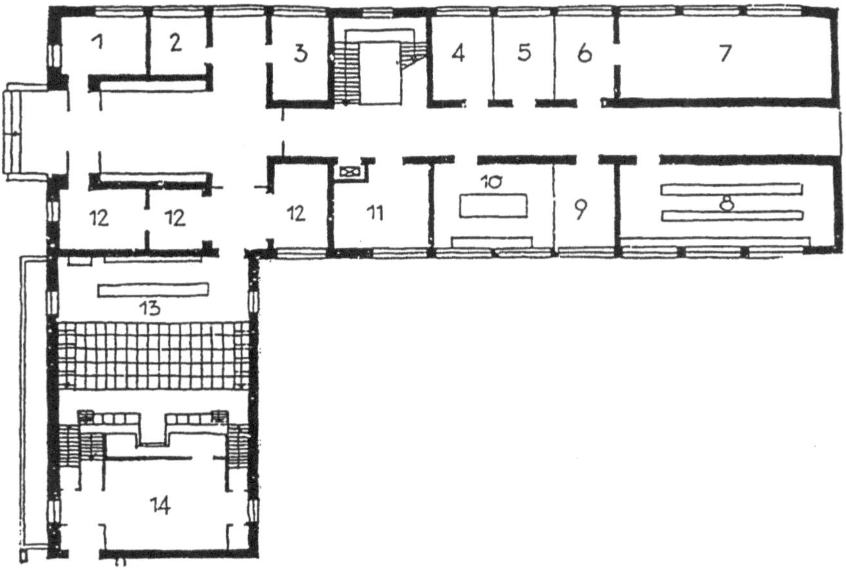

Abb. 12: Alberto Pimenta, *englisches flügelsonett*, in: *visuelle poesie. anthologie*, hrsg. von Eugen Gomringer, Stuttgart 1996, S. 99

größe als Sehnsucht nach dem Großwerden; die Kindergröße könnte auch Symbol für Kinderarbeit sein, was dem Sonett eine gesellschaftskritische Note verliehe; hier also Kinderarbeit im Schneiderhandwerk. Das Motiv des Schneiderns verweist andererseits auf den poetologischen Komplex der ›textilen Texte‹.

Das klassisch kombinatorische Schema der lullistischen Kreise findet sich in einem portugiesischen *Labyrintho* von 1720 (vgl. Abb. 14). In diesem Figurensonett steht wiederum kein einziges Wort, nur Zahlen, die ihrerseits auf etwas anderes, was kombiniert werden muss, verweisen und daher in der Tat ein enigmatisches Labyrinth bilden.

Das Sonett bietet eine Möglichkeit, das Infinite auf kleinem Raum erlebbar zu machen. Denn normalerweise gibt es keinen zwingenden Grund, an einer bestimmten Stelle aufzuhören (warum sollten nicht weitere Verse/ Strophen kommen?), aber im Sonett gibt es einen: das Erreichen der 14. Das heißt, das Sonett ist das einzige lyrische Genre,[54] das eine planmäßige Grenze dergestalt hat, dass man mit der Grenze kreativ arbeiten kann. So

[54] Für andere, explizit zahlbasierte Formen wie Terzine oder Distichon, ebenso die Sestine, gelten andere Strukturbedingungen.

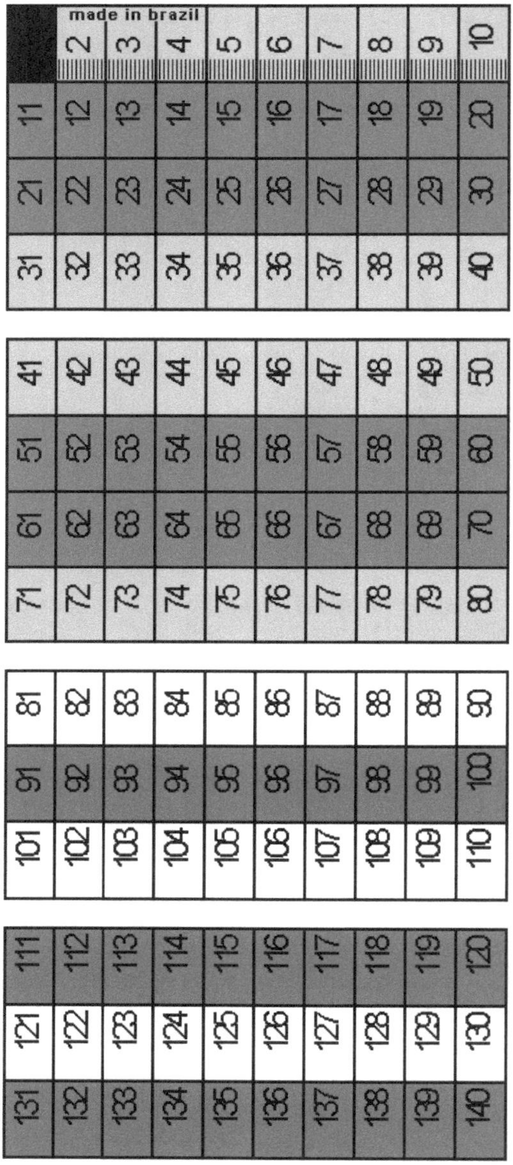

Abb. 13: Paulo Miranda, in: *Sonetário Brasileiro*, <http://www.elsonfroes.com.br/sonetario/nsonetario.htm>

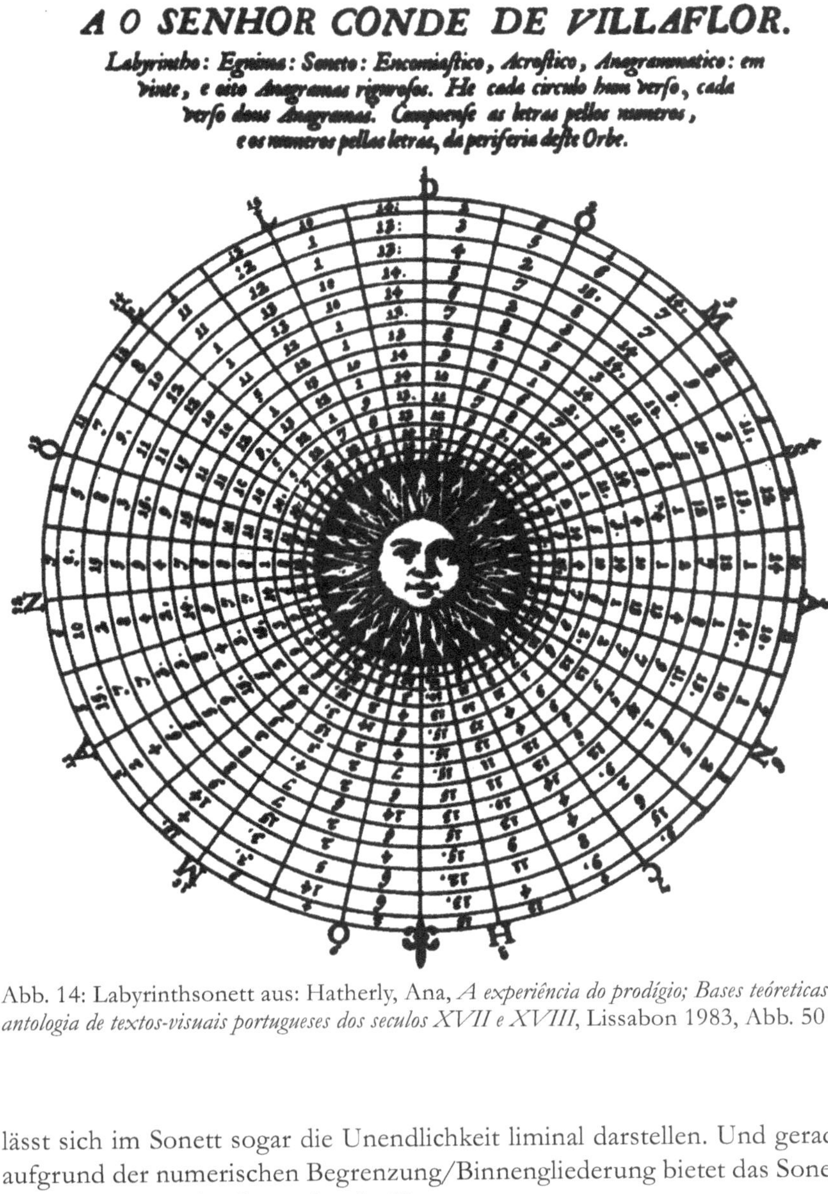

Abb. 14: Labyrinthsonett aus: Hatherly, Ana, *A experiência do prodígio; Bases teóreticas e antologia de textos-visuais portugueses dos seculos XVII e XVIII*, Lissabon 1983, Abb. 50

lässt sich im Sonett sogar die Unendlichkeit liminal darstellen. Und gerade aufgrund der numerischen Begrenzung/Binnengliederung bietet das Sonett optisch unverwechselbare visuelle Figuren.

Zahlen, Zeichen und Figuren – sein vielfältiges künstlerisches Potential gründet auf der zahlenpoetischen Verfasstheit des Sonettgenres.

Philippe Séguin (Nancy)

Von der Philosophie zur *ars combinatoria*

Novalis' Erwartungen an die Mathematik und die Folgen

Im Jahre 1994 fand ein Symposium über Novalis und die Wissenschaften statt, bei dem die Mathematik seltsamerweise nicht bedacht wurde. Fast beiläufig, anlässlich einer Aufzählung einiger wichtiger Autoren der leibnizschen Tradition, wird neben Wolff, Lambert und Maimon der Name Hindenburg erwähnt.[1] Und doch hat Novalis vor allem über diesen Mathematiker eine Hauptidee des leibnizschen Gedankengutes rezipiert und in sein eigenes werdendes System einverleibt: die *ars combinatoria.*

Dass man von einem novalisschen System spricht, mag manchen Leser verwundern: Novalis ist als Dichter berühmt geworden und nicht als Philosoph. Trotzdem schreibt er am 27.02.1796 an seinen Bruder Erasmus: »Mein System der Filosofie hoff ich zu dem Deinigen zu machen. [...] Freylich bedarf es noch sehr der Feile.«[2]

Zu dieser Zeit kämpft sich Novalis seit Herbst 1795 durch Fichtes *Wissenschaftslehre.* Er selbst hat kein System der Philosophie und wird auch nie über eines verfügen. Aber er wird Philosophen, Dichtern, Wissenschaftlern und Mathematikern begegnen, bei denen er in die Lehre gehen und, wenn nicht sein eigenes System, so doch seinen eigenen Weg finden wird. In einer ersten Phase führt dieser Weg hauptsächlich über Fichte und einen heute etwas vergessenen Denker, Frans Hemsterhuis (1721–1790). In einer zweiten Phase steht Novalis im Bann des berühmten Mineralogen Abraham Werner (1749–1817): Sie entspricht seiner Zeit als Student in der Freiberger Bergakademie. Doch hier taucht eine andere, vielleicht etwas unterschätzte Quelle seiner Inspiration auf: der Mathematiker Carl Friedrich Hindenburg (1741–1808), der Begründer der heute vergessenen kombinatorischen Analysis. Damit beginnt die dritte Phase, in der Novalis ernsthaft an einem En-

---

[1] Uerlings, Herbert (Hrsg.), *Novalis und die Wissenschaften*, Tübingen 1997, S. 168.

[2] Novalis, »Brief an den Bruder Erasmus vom 27.02.1796«, in: *Schriften. Die Werke Friedrich von Hardenbergs.* 2., nach den Handschriften erg., erw. und verb. Aufl. in 4 Bänden und einem Begleitband, Paul Kluckhohn/Richard Samuel (Hrsg.), Darmstadt bzw. Stuttgart u. a. 1960ff., Bd. 4, *Tagebücher, Briefwechsel, Zeitgenössische Zeugnisse*, Darmstadt bzw. Stuttgart u. a. 1975, S. 171–173, hier S. 172.

zyklopädieprojekt arbeitet, dem *Allgemeinen Brouillon*, das auch als »Materialien zur Enzyklopädistik« bekannt ist. In diesem Projekt steht die Mathematik im Vordergrund, nicht zuletzt die Theorie Hindenburgs, der immer wieder auf Leibniz und dessen *Ars combinatoria* anspielt und sich als Leibniz' Nachfolger ansah. Doch die Literatur ist Novalis' eigentlicher Auftrag, er gibt seine philosophisch-wissenschaftlichen Bemühungen auf und wendet sich der Dichtung zu. Seine Beschäftigung mit der Mathematik blieb trotzdem nicht ohne Wirkung. Sie prägte seine Prosa und hinterließ Spuren bei manchen Mathematikern.

I. Fichte und Hemsterhuis: vom Absoluten zu den »Kombinationen« der »Totalwissenschaft«

Novalis schrieb sich im Oktober 1791 nicht nur für Jura und Philosophie, sondern auch für Mathematik an der Universität Leipzig ein. Hindenburg hatte zu dieser Zeit einen Lehrstuhl in Leipzig, allerdings für Physik, aber er las auch Mathematik, und zwar seine eigene Theorie. Ob Novalis dessen Vorlesung wirklich besuchte und dort in die Kunst der Kombinatorik eingeweiht wurde, ist nicht entscheidend, denn dass er von Hindenburgs Ideen nichts gewusst haben sollte, ist aufgrund von Hindenburgs Betriebsamkeit in Leipzigs wissenschaftlichem Leben fast auszuschließen. Aber der junge Novalis scheint zunächst vor allem lyrisch tätig gewesen zu sein und sich nach einer Begegnung mit Fichte im Sommer 1795 ernsthaft für Philosophie interessiert zu haben. Dann allerdings, von Herbst 1795 bis Herbst 1796, trieb er seine Studien mit besonderem Eifer.

Auf der Suche nach den »Prämissen«, die Schelling in einem Brief an Hegel Anfang 1795 in Kants Philosophie vermisste,[3] war auch Novalis, als er sich in die Lektüre Fichtes vertiefte. Der folgende, am Anfang der *Fichte-Studien* stehende Satz ist eine der konzentriertesten Stellen, welche die »Urform«, das »Absolute«, die »Urhandlung« thematisieren: »Die Urform der absoluten Urhandlung bestimmt oder begründet, wie wir jetzt entdeckt haben[,] die reine Form der Reflexion.«[4] Novalis' Gedanken kreisen außerdem um die Begriffe »Einheit« (»Die Urhandlung ist die *Einheit* des Gefühls und

---

[3] Balmes, Hans Jürgen, »Kommentar zu den ›Fichte-Studien‹«, in: *Werke, Tagebücher und Briefe Friedrich von Hardenbergs*, Hans-Joachim Mähl/Richard Samuel (Hrsg.), Bd. 3, *Kommentar*, München, Wien 1987, S. 283–300, hier S. 288.

[4] Novalis, »Philosophische Studien der Jahre 1795/96 (Fichte-Studien)«, in: *Schriften*, Bd. 2, *Das philosophische Werk I*, Stuttgart u. a. 1965, S. 29–296, hier S. 125.

der Reflexion in der Reflexion«),[5] und »Synthese« (»das Absolut synthetische Ich«),[6] um wiederum Beispiele aus dem Anfang der *Fichte-Studien* zu zitieren.

Von Anfang an ist Novalis einem »Überbietungswunsch«[7] unterworfen und drängt in seinem jugendlichen, das Absolute anstrebenden Eifer zu einer raschen Lösung: Er versucht nicht nur, wie in folgendem Passus, zum besseren Verständnis der philosophischen Entwicklung die neuere Zeit synthetisch zu überblicken (»Kant hat die Möglichkeit, Reinhold die Wircklichkeit, Fichte die Nothwendigkeit der Filosofie begründet«),[8] sondern er möchte aufgrund seiner eigenen philosophischen Tätigkeit über Fichte hinausgehen und kündigt sein Ankommen in seinem philosophischen System an, das allerdings, wie gesagt, nie zustande kam: »Spinotza stieg zur Natur – Fichte bis zum Ich, oder der Person. Ich bis zur These Gott.«[9]

Auch erste Ansätze von Novalis' Interesse für Mathematik und mathematische Formeln sind in den *Fichte-Studien* nicht zu übersehen, auch wenn sie stets im Zusammenhang mit philosophischen Fragen stehen. Da ist z.B. Fragment 235, in dem Synthesisprobleme mit Reihen in der Form a–b+a–c+b–a ausgedrückt werden, wobei die Plus- und Minuszeichen nicht die bekannte algebraische Bedeutung haben, sondern in unserem Fall etwa für »von a zu b, dann von a zu c, dann von b zu a« stehen.[10] Andere interessante Beispiele sind Fragment 600 (»Grundsätze der Algebra angewandt auf Metafysik«)[11] oder auch Fragment 612 (»Die metafysischen Worte sind gleichsam nur Buchstaben – wie die Formeln in der Algeber«).[12] Es sind lediglich Andeutungen; die Ideen werden nicht weiterverfolgt, aber das Interesse am Experimentieren mit Formeln ist bereits unübersehbar. Die Abstraktheit des algebraischen Denkens scheint ihm aber vorerst in seiner Auseinandersetzung mit Fichte nicht weiterzuhelfen.

Im Herbst 1796 schreibt nämlich Novalis die letzten Fragmente zu den *Fichte-Studien*. Fichtes Denken wird ihn sein Leben lang begleiten, wie überhaupt die »alte Neigung zum Absoluten«.[13] Vorerst kämpft er aber mit ganz

---

5 Novalis, »Fichte-Studien«, in: *Schriften*, Bd. 2, Stuttgart u.a.1965, S. 29–296, hier S. 119.

6 Ebd., S. 139.

7 Uerlings, Herbert, *Novalis*, Stuttgart 1998, S. 25.

8 Novalis, »Fichte-Studien«, in: *Schriften*, Bd. 2, Stuttgart u.a.1965, S. 29–296, hier S. 143.

9 Ebd., S. 157.

10 Ebd., S. 182f.

11 Ebd., S. 279.

12 Ebd., S. 280.

13 Novalis, »Brief an A. W. Schlegel vom 24. 02. 98«, in: *Schriften*, Bd. 4, *Tagebücher, Briefwechsel, zeitgenössische Zeugnisse*, Stuttgart u. a. 1975, S. 251–253, hier S. 251.

anderen Problemen, denn im Sommer 1796 ist seine Verlobte Sophie von Kühn schwer erkrankt; sie wird nach mehreren schmerzvollen Operationen im März 1797 sterben. Es ist sehr charakteristisch für Novalis, dass er philosophisch weitergrübelt. Im Mai 1797, zwei Monate nach Sophies Tod, behauptet er auf dem Weg nach Grüningen, wo seine Verlobte begraben liegt, er habe »die Freude den eigentlichen Begriff vom Fichtischen Ich zu finden« gehabt.[14]

Eine neue Lektüre, Fichtes *Naturrecht*, scheint unterdessen sein Interesse für Moral geweckt zu haben, aber Chemie und Mathematik gehören laut seinem Tagebuch ebenfalls zu seinen Beschäftigungen.[15] Novalis entwickelt eine rastlose Tätigkeit, und so ist es nicht verwunderlich, wenn er Ende 1797, nachdem er sich zum Studium in Freiberg entschlossen hat, aber noch vor seinem Eintritt in die Akademie, die Antwort auf die Hauptfrage nach der Einheit der Philosophie im System eines neuen Denkers zu finden glaubt: Frans Hemsterhuis, der eine Einheit von Moral, Ich und Innerlichkeit, Genuss und Lust, überhaupt allen Wissenschaften, Mathematik inbegriffen, konstatiert. Von besonderem Interesse ist in unserem Zusammenhang, dass bei Hemsterhuis der Begriff »combinaison« in einer so wichtigen Stelle wie der folgenden zu lesen ist: »Si l'homme avoit les idées de tous les rapports, & de toutes les combinaisons de ces objets, il ressembleroit à Dieu, pour ce qui regarde la science, & pour ce qui regarde l'état de l'univers, autant que nous le connoissons, & sa science seroit parfaite.«[16]

Novalis hat die *Lettre* exzerpiert, zitiert aber diese Passage nicht. Trotzdem notiert er: »Die größesten Wahrheiten unsrer Tage verdanken wir solchen Combinationen der Lange getrennten Glieder der Totalwissenschaft.«[17]

Dies ist meines Wissens das erste Vorkommen des Begriffs »Kombination« bei Novalis, kurz bevor er nach Freiberg zieht. Wie bereits in der Einleitung erwähnt, prägte dort eine überragende Persönlichkeit den Bildungsweg von Novalis, Abraham Werner. Er war, wie wir sehen werden, entscheidend für Novalis' Werdegang, nicht zuletzt in Bezug auf Hindenburg selbst. Auch andere Lehrer der Bergakademie, wie z. B. der in die neue Theorie von Lavoisier einführende Chemiker Lampadius, waren für Novalis von Bedeutung.

---

14 Novalis, »Eintragung vom 29./30. 05. 1797«, in: *Schriften*, Bd. 4, Stuttgart u. a. 1975, S. 41 f., hier S. 42.

15 Novalis, »Eintragung vom 26. 05. 1797«, in: *Schriften*, Bd. 4, Stuttgart u. a. 1975, S. 41 f., hier S. 41.

16 Hemsterhuis, François, (1. Aufl. 1772), *Lettre sur l'homme et ses rapports*, Georges May (Hrsg.), New Haven 1964, S. 211–212.

17 Novalis, »Philosophische Studien des Jahres 1797 (Hemsterhuis-Studien)«, in: *Schriften*, Bd. 2, S. 360–378, hier S. 368.

II. Abraham Werner: empirische Wissenschaft und System

Einige Zitate aus dem Roman *Die Lehrlinge zu Saïs* mögen zur Charakterisierung von Abraham G. Werner beitragen, da dieser dem fiktiven Lehrer als Vorbild dient:

> Er sammelte sich Steine, Blumen, Käfer aller Art, und legte sie auf mannigfache Weise sich in Reihen. [...] Nun fand er überall Bekanntes wieder, nur wunderlich gemischt, gepaart, und also ordneten sich selbst in ihm oft seltsame Dinge. Er merkte bald auf die Verbindungen in allem, auf Begegnungen, Zusammentreffungen.[18]

Hier klingt an, was Novalis später Werners »großen systematischen Geist« und dessen »Blick aufs Ganze« nennen wird.[19] Werner ist ein Empiriker (er »sammelt«), aber mit System (»in Reihen«), er klassifiziert. Der Terminus »Reihe« wird uns, allerdings in einem ganz anderen Sinn, später noch beschäftigen. Werner wird auf die »Verbindungen« aufmerksam, und Novalis wusste von Lampadius, dass die deutsche Übersetzung der »combinaisons« von Lavoisier auf Deutsch »Verbindungen« hieß. Dieses literarische Portrait zeigt einen Forscher, dessen innerste Natur, um die leibnizsche Formel zu benutzen, nach »Einheit der Mannigfaltigkeit« der äußeren Natur strebte: »er hörte, sah, tastete und dachte zugleich. Er freute sich, Fremdlinge zusammen zu bringen.«[20] Gerade diese Einheit in der Vielfalt im wernerschen Denken faszinierte Novalis. Er bewunderte Werner bis zum Ende seines Lebens, und trotzdem musste er genau das, was ihn am meisten beeindruckt hatte, die systematische Methode, immer wieder kritisieren. So lesen wir in den *Werner-Studien*, Werner sei »*dogmatisch*« und sein Dogmatismus rühre von Ordnungslosigkeit her.[21] Damit meint er wohl, Werners Klassifikationsmethode, d. h. seine »Reihen«, hänge zu sehr vom Gegebenen ab. Dagegen sei der Idealist, »der durch (die *bloße Methode*) die bloße Formveränderung die Mischungsveränderung bestimmen zu können glaubt – der *magische Wisser* – der *Prophet.*«[22]

Durch die bloße Methode, rein formal, idealistisch vorzugehen, das ist das Ziel des großen Projekts aus der Freiberger Zeit. Im *Allgemeinen Brouillon* wird Novalis nicht klassifizieren und sich auch nicht an in der Natur beste-

---

18 Novalis, »Die Lehrlinge zu Saïs«, in: *Schriften*, Bd. 1, *Das dichterische Werk*, Stuttgart 1960, S. 79–109, hier S. 80.

19 Novalis, »Brief an den Geh. Finanzrat von Oppel in Dresden (Entwurf) vom Dezember 1799«, in: *Schriften*, Bd. 4, Stuttgart u. a. 1975, S. 297–302, hier S. 298.

20 Novalis, »Die Lehrlinge zu Saïs«, in: *Schriften*, Bd. 1, Stuttgart 1960, S. 79–109, hier S. 80.

21 Novalis, »Werner-Studien«, in: *Schriften*, Bd. 3, *Das philosophische Werk II*, Darmstadt bzw. Stuttgart u. a. 1968, S. 135–161, hier S. 139.

22 Ebd., S. 139.

henden Verbindungen orientieren. Aber bevor wir uns diesem gewaltigen, Torso gebliebenen Werk zuwenden, müssen wir einiges zur mathematischen Herkunft von Novalis' kombinatorischem Denken erläutern.

III. Carl Friedrich Hindenburg, die kombinatorische Analysis und der leibnizsche Traum

Um der Bedeutung der hindenburgschen Problematik näherzukommen, müssen wir unsere Darstellung mit einer kurzen Vorbemerkung einleiten. Das newtonsche Binom, $(a+b)^n$, ist bekanntlich sehr einfach zu berechnen, sofern der Exponent *n* eine natürliche, d.h. eine ganze positive Zahl ist. So ist $(a+b)^2=a^2+2ab+b^2$, und $(a+b)^3=a^3+3a^2b+3ab^2+b^3$. Auf beiden Seiten des Pluszeichens stehen endliche Ausdrücke. Sobald aber das *n* keine natürliche Zahl mehr ist, sondern etwa –1 oder 1/2, kann man die linke endliche Formel nicht mehr mit einer anderen endlichen Formel ausdrücken. Man fand aber einen Weg, um ein Binom mit einem nicht-natürlichen Exponenten in eine unendliche Reihe von einfachen Termen umzuwandeln. Dieses Verfahren nennt man eine Entwicklung in eine Potenzreihe, wobei diese Potenzreihe, wie erwähnt, unendlich ist und die Potenzen ganze positive, also natürliche Zahlen sind. Ein einfaches Beispiel ist das Binom $(1+x)^{-1}$, das Nicolaus Mercator im 17. Jahrhundert in die Reihe $1-x+x^2-x^3+x^4-\ldots$ transformierte. Diese Potenzreihen spielten eine entscheidende Rolle bei der Entstehung der Infinitesimalrechnung, die auch *analysis infinitorum* genannt wurde, kurz »Analysis«.

Die Arbeiten von Hindenburg und seiner Schule führten die Tradition der Begründer der Analysis, Leibniz', Newtons und vor allem Eulers, weiter, die in der unendlichen binomischen Reihe die Hauptformel der Analysis sahen. Euler bezeichnete den binomischen Satz, also die Umwandlung von $(a+bx)^n$ in eine unendliche Potenzreihe $A+Bx+Cx^2+Dx^3+\ldots$, als »theorema universale« und »Grundlage der ganzen höheren Analysis«.[23] Newton hatte die Formel der binomischen Reihe Leibniz zwar mitgeteilt, jedoch ohne Beweis, so dass seine Nachfolger, allen voran Euler, die Geltung der Formel zu beweisen suchten, allerdings ohne Erfolg. Dreimal veröffentlichte Euler einen Beweis, in dem er dann selbst einen Fehler entdeckte. Die Infinitesimalrechnung erlebte zwar im 18. Jahrhundert dank der unendlichen Reihen eine große Blüte, aber sie beruhte auf einem unsicheren Grund. Sich von Anfang

---

23 Séguin, Philippe, »La recherche d'un fondement absolu des mathématiques par l'Ecole combinatoire C. F. Hindenburg (1741–1808)«, in: *Philosophia Scientiae*, 2005, 5, S. 67.

an auf Leibniz' Schrift *De arte combinatoria* beziehend,[24] setzte sich also Hindenburg zum Ziel, die Analysis kombinatorisch zu begründen, das heißt die Koeffizienten (A, B, C, ...) der unendlichen Reihenentwicklungen ausschließlich mit kombinatorischen Mitteln wie Kombinationen, Permutationen usw. auszudrücken. Dabei ist zu bedenken, dass die Mathematiker dieser Zeit mit unendlichen Reihen genauso umgingen wie mit endlichen Polynomen. Sie wussten zwar, dass es divergierende Reihen gibt, also Reihen, denen man keine arithmetische Summe zuordnen kann, aber ihre formale Methode war so fruchtbar gewesen, dass Fragen der Konvergenz für sie zweitrangig waren: Der Grenzbegriff gehörte nicht zur Arbeit mit unendlichen Reihen, oder, um mit Pensivy zu sprechen, »Im 18. Jh. war das Entwickeln in eine Potenzreihe eine reine algebraische Operation«.[25] Nachdem viele Mathematiker am Ende des 18. Jahrhunderts der Meinung waren, dass diese Methode nichts mehr ergab, sollte sich diese Sichtweise im 19. Jahrhundert mit August Louis Cauchy, Niels Henrik Abel und anderen ändern: Die Analysis wurde arithmetisiert, d. h. auf dem Grenzwert aufgebaut. Vorerst aber bildete sich Mitte der neunziger Jahre um Hindenburg eine Schule, die »sogenannte kombinatorische Schule«,[26] weil Schüler und Kollegen, darunter der künftige Doktorvater von Carl Friedrich Gauß, Johann Friedrich Pfaff, einen wichtigen Satz zur Reihenumkehr von Joseph Louis Lagrange nicht nur rein kombinatorisch nach Hindenburgs Methode bewiesen, sondern ihn auch noch verallgemeinerten:[27] Damit gewannen sie die Überzeugung, dass »alle wichtigen Operationen mit Potenzreihen auf den Polynomialsatz zurückgeführt waren.«[28]

Hindenburg unterschied sich nämlich dadurch von den meisten anderen Mathematikern, dass er nicht das Binom zur Grundlage der Analysis erklärte, wie zum Beispiel Euler oder sein Lehrer Abraham Kästner, sondern ein unendliches Polynom, ein so genanntes Infinitinom: $(a+bx+cx^2+dx^3+\ldots)^n$. Nach dem oben genannten Beweis veröffentlichte er 1796 eine Auswahl verschiedener Arbeiten unter dem ehrgeizigen Titel *Der polynomische Lehrsatz, das wichtigste Theorem der ganzen Analysis*, in welcher der Beweis des besagten Satzes für alle nicht-natürlichen Exponenten *n* als

---

24 Jahnke, Hans Niels, *Mathematik und Bildung in der Humboldtschen Reform*, Göttingen 1990, S. 178.

25 Pensivy, Michel, »Jalons historiques pour une épistémologie de la série infinie du binôme«, in: *Sciences et techniques en perspective*, Bd. 14, Nantes 1987–88, S. 106. Übersetzung P. S.

26 Séguin, »La recherche«, in: *Philosophia Scientiae*, 2005, 5, S. 62.

27 Jahnke, *Mathematik und Bildung*, S. 199–208.

28 Jahnke, *Mathematik und Bildung*, S. 201.

lückenlos dargestellt wurde.[29] Für Hindenburg war mit diesem Beweis der Weg vorgezeichnet: Es galt, erst die Analysis, dann möglicherweise die ganze Mathematik nach seiner kombinatorischen Methode auf der Grundlage des Infinitinoms zu formulieren. Aber dieses Programm wurde von den anderen Mathematikern, und ganz besonders von denen, die um diese Zeit das mathematische Denken bestimmten und vorantrieben, für höchst seltsam, wenn nicht gar für unproduktiv, gehalten. Das Zentrum der Mathematik am Ende des 18. Jahrhunderts hieß Paris, die Ecole Polytechnique war eine Ingenieurschule, und die Mathematik, die dort entstand und gelehrt wurde, lebte von der gegenseitigen Beeinflussung von Theorie und Praxis. Hindenburgs rein kombinatorische Methode wurde als leerer Formalismus betrachtet. In der Folgezeit wurde denn auch der Vorwurf des Formalismus immer wieder gegen die kombinatorische Schule ins Feld geführt. Aber nicht nur deswegen stieß Hindenburgs Programm, gerade bei nicht-deutschen Mathematikern, auf Ablehnung.

Tatsächlich ist das hindenburgsche Unternehmen durch seine kombinatorische Methode nicht auf die Begründung der Analysis (der Infinitesimalrechnung) beschränkt: Indem Hindenburg sich immer wieder auf Leibniz und dessen *Ars combinatoria* berief, erhob er Ansprüche, die den Rahmen der Mathematik weit übertrafen. Er sah sich nicht nur als Leibniz' Erben, sondern als den Vollender seines Traums: Für ihn war die kombinatorische Analysis mit ihrer neuen Zeichensprache jene allgemeine Charakteristik, nach der Leibniz gesucht hatte, sie konnte auf alle Wissenschaften angewendet werden. In seinem Optimismus ließ sich Hindenburg am Ende des *Polynomischen Lehrsatzes* zu lyrischen Höhenflügen hinreißen, die an romantischem Elan nichts zu wünschen übrig lassen:

> Die **combinatorische Analysis** hat endlich den Schleyer aufgedeckt, und es bleibt hinfort nicht mehr dem blinden Ungefähr überlassen, **ob** und **wenn** es die Legem naturae herbeyführen will. Die Spur, auf welcher die Göttinn wandelt, ist hier überall deutlich vorgezeichnet, und kann man sie nunmehr festen und sichern Fußes verfolgen.[30]

Der Professor für Mathematik an der Bergakademie, Johann Friedrich Lempe, war ein Schüler Hindenburgs, von dem Novalis wenig hielt. Dennoch interessierte sich Novalis für Mathematik und hatte das Glück, wie noch zu erörtern sein wird, in die Schwierigkeiten der zeitgenössischen Mathematik, der Infinitesimalrechnung, eingeweiht zu werden. Aber bemer-

---

29 Hindenburg, Carl Friedrich, *Der polynomische Lehrsatz, das wichtigste Theorem der ganzen Analysis*, Leipzig 1796, S. 83.
30 Hindenburg, *Der polynomische Lehrsatz*, S. 304.

kenswerterweise kommt der Name »Bossut«, nach dessen Lehrbuch er lernte, in seinem Enzyklopädieprojekt nicht vor, dagegen wird Hindenburg sehr wohl erwähnt.

IV. Novalis, das Enzyklopädieprojekt und die kombinatorische Versuchung

IV.1. Novalis' eigentümliches Interesse für die Mathematik

Novalis lernte die Grundbegriffe der höheren Mathematik bei einem älteren französischen Kommilitonen, der bei den französischen Mathematikern in die Lehre gegangen war. Einer von ihnen war der Abbé Charles Bossut. Er war Prüfer an der Ecole Polytechnique, und sein Handbuch zur Infinitesimalrechnung genoss hohes Ansehen. Novalis hat es exzerpiert, aber er kommt seltsamerweise kaum über das Vorwort hinaus. Man schöpft unwillkürlich den Verdacht, dass er nicht richtig in die Materie eindringt, zumal eine Bemerkung wie »Δx^2 ist sehr verschieden von $\Delta^2 x$« ahnen lässt, dass er wirklich ein Anfänger war.[31] Charakteristisch für die Art, in der Novalis sich für Mathematik interessierte, ist bereits der Anfang der *Bossut-Studien*. Sie beginnen nämlich mit einem Zitat (»La Methode de mener les Tangentes aux lignes courbes a donné naissançe a l'analyse infinitesimale.«), aber Novalis' Kommentar dazu (»Starr – Flüssig. Elastisch.«) ist von der Mathematik weit entfernt und schlägt eine Brücke zu ganz anderen Gedanken, die Novalis gerade beschäftigten.[32] Dies wird besonders offensichtlich, wenn er nach zwei Seiten voller Bemerkungen zur Differenzierung, Potenzierung usw. erst »(Das Ganze aus d[en] Theilen – die Theile aus dem Ganzen)« notiert,[33] dann zum »Staatsproblem« übergeht und schließlich aus der Tatsache, dass sich »Jede Größe [...] ohne Aufhören vermehren und vermindern« lässt, die »Indication der unermeßlichen Progressionsfähigkeit des Menschen« folgert.[34] Dasselbe gilt für die *Murhard-Studien*.

Sie beginnen mit einem Vergleich zwischen Mathematik und Philosophie: »(vom größern Gebrauch der 0 in der Mathem[atik], wie in der Phil[osophie])«,[35] gehen dann zu Begründungsfragen über (»Die höhere Analysis ist auch die höhere Synthesis zugleich – und so liegt sie eigentlich der ganzen

[31] Novalis, »Mathematische Studien zu Bossut und Murhard«, in: *Schriften*, Bd. 3, Darmstadt bzw. Stuttgart u. a. 1968, S. 115–124, hier S. 117.
[32] Ebd., S. 115.
[33] Ebd., S. 117.
[34] Ebd., S. 118.
[35] Ebd., S. 119.

Mathem[atik] zum Grunde.«),[36] um schließlich, nach einem längeren, etwas schwer verständlichen Abschnitt zur Arbeit des Mathematikers und des Philosophen, ins Utopische hinüberzuweisen: »Das wird die goldne Zeit seyn, wenn alle Worte – *Figurenworte* – Mythen – und alle Figuren – Sprachfiguren – Hieroglyfen seyn werden [...].«[37]

Für Novalis diente die Mathematik, wie bereits in den *Fichte-Studien*, vorrangig einer höheren, meist philosophischen Reflexion. Dies gilt auch für die mathematischen Fragmente aus der selben Zeit. Allerdings enden sie, nach vielen Überlegungen zum Wesen der Infinitesimalrechnung, mit einer interessanten Erwähnung der kombinatorischen Analysis. Nach einer ausgeschriebenen Formel, die eine einfache Potenzreihe darstellt, kommentiert er:

> In der reinen Algeber kommen keine Zahlen vor.
> So wie sich andre Größen finden lassen – so müssen sich auch *Formeln* berechnen lassen – Formelnerfindungskunst *(InstrumentenErfindungskunst.)* Vielleicht will dis die *combinatorische Analysis* thun? Dann wäre sie sehr hoch.
> Die combinat[orische] Analysis der Physik wäre die indirecte Erfindungskunst, die Baco gesucht hat.[38]

Zwei Seiten lang hat Novalis den Begriff der »Größe« in der Mathematik erörtert. Nun aber kommt die Erweiterung, die ihm wirklich am Herzen liegt: um das Formale geht es ihm, d. h. um die abstrakte Verallgemeinerung, und so hat er, trotz seiner wahrscheinlich mangelnden mathematischen Ausbildung, Hindenburgs Absicht sehr wohl verstanden. Allerdings zeugen Fragezeichen und Konjunktiv von Novalis' Unschlüssigkeit, während der letzte, abschließende Satz an Hindenburgs Anspruch der allgemeinsten Anwendung der kombinatorischen Analysis erinnert.

Somit kommen wir zum *Allgemeinen Brouillon*, das keine klassifikatorische Enzyklopädie im Sinne Werners, sondern der Versuch ist, eine kombinatorische Enzyklopädie zu entwerfen, und darüber hinaus der kombinatorischen Analysis als Theorie einen besonderen Platz zuweist.

---

36 Ebd., S. 120.

37 Ebd., S. 123.

38 Novalis, »Mathematische Fragmente«, in: *Schriften*, Bd. 3, Darmstadt bzw. Stuttgart u. a. 1968, S. 125–128, hier S. 128.

IV.2. Das Allgemeine Brouillon

IV.2.1. Die kombinatorische Tendenz des *Allgemeinen Brouillon*

> 229. <Jetzt will ich alle W[issenschaften] speciell durchgehn – und Materialien zur Encyclopaedistik sammeln.
> Erst die Mathematischen – dann die Übrigen – die Philosophie, Moral etc. zulezt.>[39]

Das *Allgemeine Brouillon* besteht aus 1151 Fragmenten und ist selbst Fragment geblieben. Es ist sozusagen ein Fragment von Fragmenten, ein Fragment in der zweiten Potenz, genauso wie die Bezeichnung »Encyclopaedistik« auf eine Enzyklopädie in der zweiten Potenz hindeutet. Nach Neubauer sollte es »keine Tatsachensammlung, sondern eine kombinatorisch-synthetische Verbindung von Begriffen sein«.[40] Aber es ist eigentlich mehr ein freies Gedankenspiel, eine Assoziation von verschiedenen Wissenschaftsbereichen in dem Sinne, in dem Novalis in Fragment 953 schreibt, dass »Poësie« auf »thätiger Idéenassociation – auf selbstthätiger, absichtlicher, idealischer *Zufallsproduktion*« beruht.[41] Dass Novalis so etwas wie ein einheitliches, sich wie die schlegelsche »progressive Universalpoesie« unendlich weiterentwickelndes System vorgeschwebt hat, ist zu vermuten – Hans-Joachim Mähl spricht in diesem Zusammenhang von einer »Universalwissenschaft« –,[42] aber ganz sicher gleicht das *Allgemeine Brouillon* einer Ideenfabrik, und das ist seiner Form zuzuschreiben. Diese Form tritt z. B. in Fragment 547 sehr deutlich zutage:

> 547. MUS[IKALISCHE] MATHEM[ATHIK]. Hat die Musik nicht etwas von der Combinatorischen Analysis und umgekehrt. Zahlen Harmonien. Zahlen acustik – gehört zur Comb[inatorischen] A[nalysis]. [...]
> Die Comb[inatorische] Analys[is] führt auf das ZahlenFantasiren – und lehrt die *Zahlen compositionskunst* – den mathemat[ischen] Generalbaß. (Pythagoras. Leibnitz.) Die Sprache ist ein musicalisches Ideen Instrument.[43]

Dieses Fragment steht mit seiner Thematik isoliert da und scheint damit einen in Fragment 231 verzeichneten Aspekt von Novalis' Vorgehen zu bestätigen: »Was mir nebenher einfällt, wird in das *allg[emeine] Brouillon* mit

---

[39] Novalis, »Das Allgemeine Brouillon (Materialien zur Enzyklopädistik 1798/99)«, in: *Schriften*, Bd. 3, Darmstadt bzw. Stuttgart u. a. 1968, S. 242–478, hier S. 279.

[40] Neubauer, John, *Symbolismus und symbolische Logik*, München 1978, S. 81.

[41] Novalis, »Das Allgemeine Brouillon«, in: *Schriften*, Bd. 3, Darmstadt bzw. Stuttgart u. a. 1968, S. 242–478, hier S. 451.

[42] Mähl, Hans-Joachim, *Die Idee des goldenen Zeitalters im Werk des Novalis*, Heidelberg 1965, S. 349.

[43] Novalis, »Das Allgemeine Brouillon«, in: *Schriften*, Bd. 3, Darmstadt bzw. Stuttgart u. a. 1968, S. 242–478, hier S. 360.

hineingeschrieben.«[44] Novalis geht von einer Frage ohne Fragezeichen aus und versucht dann Wortkombinationen aus »Zahlen Harmonien« und »Zahlen acustik«. Wahrscheinlich stellt die Harmonie den Zusammenhang zwischen kombinatorischer Analysis und Musik her, aber dieser scheint doch sehr willkürlich zu sein, denn eigentlich hat kombinatorische Analysis nicht vorrangig mit Zahlen oder Verhältnissen zwischen Zahlen zu tun, sondern mit Buchstaben, die das Wesen der Algebra ausmachen. Dann folgt eine Träumerei, die von einem Lieblingsbegriff (»kombinatorische Analysis«) zu einem anderen (»Generalbaß«) führt. In der Mitte steht eine Wortkombination, wie Novalis sie öfter notiert (»*Zahlen compositionskunst*«), aber die Aussage, d. h. ob die kombinatorische Analysis wirklich den Generalbaß »lehrt«, wird nicht begründet. Stattdessen wird auf Autoren hingewiesen, und eine Art Sinnspruch, ein Fragment im Fragment, das wiederum irgendwo allein im *Allgemeinen Brouillon* stehen könnte, schließt diese etwas lose Gedankenassoziation mit einer pointierten, für Novalis typischen Formulierung ab: »Die Sprache ist ein musicalisches Ideen Instrument.« Diese Struktur finden wir oft im *Allgemeinen Brouillon*, und deshalb ist es weit mehr als eine reine Materialiensammlung, selbst wenn die wahrscheinlich angestrebte alles einende Kombination aller Bereiche miteinander, die Harmonie, nicht zustande kam: Die Schrift schließt abrupt ab.

Bis Fragment 643 (»MATH[EMATIK] UND GRAMM[ATIK]«) haben die meisten Fragmente eine Überschrift. Es ist aber sehr wohl noch die Rede von Mathematik in den folgenden Fragmenten, etwa im langen und sehr wichtigen Fragment 648. Aber dann rückt die Philosophie wieder in den Vordergrund, vor allem Fichte und im letzten Teil Plotin, so dass der Eindruck entsteht, als würde Novalis praktisch über einen großen Umweg dort wieder ankommen, wo er Jahre zuvor begonnen hatte, nämlich bei Fichte. Fragment 1116 (»Nach Fichte ist Ich gleichsam das *Resultat* des Universums.«) könnte ebensogut in den *Fichte-Studien* stehen wie am Ende des *Allgemeinen Brouillon*.[45]

Zwar behauptet Novalis, etwa im oben genannten Fragment 229, den mathematischen Wissenschaften gelte sein vorrangiges Interesse, was insoweit stimmt, als Mathematik, mathematische Begriffe und Ideen im *Allgemeinen Brouillon* immer wieder vorkommen. Aber es ist trotzdem erstaunlich, dass das letzte Fragment 643 erst das dreizehnte ist, das »Mathematik« zur Überschrift hat. Dafür gibt es 66 Fragmente mit der wichtigsten Überschrift, nämlich »Encyclopaedistik«, während »Kombination« als Titel nicht vor-

---

44 Ebd., S. 280.
45 Ebd., S. 471.

kommt. Der Grund dafür ist besonders interessant: Da, wo es um kombinatorische Analysis geht, heißt die Überschrift »Encyclopaedistik«. Dies ist z. B. der Fall im Fragment 198, das zusammen mit den Fragmenten 196, aber vor allem 197 und 199 eine Einheit bildet und zu einem Höhepunkt in der Betrachtung der kombinatorischen Analysis führt. Zunächst müssen wir aber den Faden zu diesem Höhepunkt verfolgen.

IV.2.2. Der moralisch-kombinatorische Traum

IV.2.2.1. Von der Algebra zur Totalität

Mathematik spielt tatsächlich von Anfang an eine Schlüsselrolle im *Allgemeinen Brouillon*, wie die Fragmente 10 (»Romantisiren ähnlich dem Algebraisiren«) und 11 (»Algebraisirung d[er] *mathematischen Gesetze*«) dokumentieren.[46] Auf den Begriff des Algebraisierens ist genau zu achten: Da z. B. Käte Hamburger von der »Bemühung um die Infinitesimalrechnung« bei Novalis ausgeht,[47] muss betont werden, dass es nicht etwa »Romantisieren ähnlich dem Differenzieren und Integrieren« heißt. Wir haben außerdem bereits darauf hingewiesen, dass der Name Bossut im *Allgemeinen Brouillon* nicht auftaucht. Algebraisieren ist aber nichts anderes als eine Entwicklung in eine unendliche Potenzreihe, wie im Falle des binomischen oder des polynomischen Satzes. So ist es nicht überraschend, wenn wir im »Mathematik« betitelten Fragment 111 nach der Bemerkung »Vorzüglich interressant ist diese philosophische Betrachtung der bisher blos mathematischen Begriffe und Operationen«,[48] Folgendes lesen können:

> Der *Binomialsatz* dürfte noch eine weit höhere Bedeutung – eine viel interressantere Anwendung in der Physik – in Betr[eff] der Polaritaeten etc.
> *3fache Polaritaeten – Infinitinomische Polaritaeten.* Nicht blos Binomism – sondern auch Infinitomism.[49]

Zweierlei muss man hier festhalten: Erstens möchte Novalis der Mathematik, d. h. dem binomischen Satz, der Infinitesimalrechnung und der Algebra, eine »höhere Bedeutung« in ihrer Anwendung auf die Physik verleihen, und da diese Anwendung bei Newton und den französischen Mathematikern ja

---

[46] Ebd., S. 242.

[47] Hamburger, Käte, »Novalis« (1. Aufl. 1929), in: *Philosophie der Dichter. Novalis – Schiller – Rilke*, Stuttgart 1966, S. 11–82, hier S. 21.

[48] Novalis, »Das Allgemeine Brouillon«, in: *Schriften*, Bd. 3, Darmstadt bzw. Stuttgart u. a. 1968, S. 242–478, hier S. 260.

[49] Ebd., S. 260f.

gegeben ist, so könnte es sich um die Begründung einer neuen, wahrscheinlich im Sinne Schellings formulierten Physik handeln. Aber in seiner ständigen Suche nach dem Unbedingten, dem Unendlichen (siehe Fragmente 64 und 87), erweitert Novalis diese Begründung ins Unendliche (»Nicht blos Binomism – sondern auch Infinitomism.«). Ist damit Hindenburgs Theorie gemeint? Ja, denn Fragment 112 vermerkt lapidar: »<Hindenburg über das Infinitinomium.>«.[50] Im »Cosmologie« betitelten Fragment 113 präzisiert Novalis, was er damit meint: »Unsere Welt ist das was sie ist, als Glied des Universalsystems. [...] Ein unendlich caracterisirtes Individuum ist Glied eines Infinitinomiu[m]s – so unsere Welt«.[51]

Nach Novalis sollte also unsere Welt ein Glied des Universalsystems sein, so wie z. B. Bx ein Glied der Potenzreihe des Infinitinoms $(a+bx+cx^2+\ldots)^n=A+Bx+Cx^2+\ldots$ ist. Dem physischen Universum liegt also ein mathematisches »Infinitinomium« zugrunde, aber es geht Novalis hier nicht vorrangig um das Mathematische, sondern um das Universum im Sinne von »Weltall« und »Universalem«. Der Charakter der Universalität kommt vor den Fragmenten 197 bis 199 immer wieder vor, so im von Hemsterhuis inspirierten Fragment 50 (»Die Liebe ist der Endzweck der *Weltgeschichte* – das Unum des Universums.«),[52] im wichtigen Fragment 87 (»Absolutisirung – Universalisirung [...] ist das eigentliche Wesen des *Romantisirens*«),[53] aber auch in Bezug auf die Mathematik (Fragment 148), die Poesie und die Wissenschaften im Allgemeinen (Fragmente 155 und 161), und im »Enc[yclopaedistik]« betitelten Fragment 176 im Zusammenhang mit dem Begriff »Totalität«:

> *Universale Poëtik* und vollst[ändiges] System der Poësie. Eine Wissenschaft ist vollendet, *1.* wenn sie auf alles angewandt ist – *2.* wenn alles auf sie angewandt ist – *3.* Wenn sie, als abs[olute] Totalität, als Universum betrachtet *sich selbst* [...] untergeordnet wird.[54]

Novalis stellt Anforderungen an die Wissenschaft, die schwerlich eingelöst werden können. Es entsteht der Eindruck, als könne die vollendete Wissenschaft sich selbst tragen, sich selbst begründen. Solche Wunschvorstellungen kehren bei Novalis immer wieder, wie an seinen Anmerkungen zum Perpetuum mobile (Fragmente 314, 650 usw.) ersichtlich ist, aber vorderhand stützt er sich auf seine Lieblingsautoren. »Totalität« ist nämlich ein fichte-

---

[50] Ebd., S. 261.
[51] Ebd.
[52] Ebd., S. 248.
[53] Ebd., S. 256.
[54] Ebd., S. 272.

scher Begriff, den Novalis wiederholt in den *Fichte-Studien*, aber auch in seinem Kommentar zu Hemsterhuis benutzt, wo »Totalitaet der Kenntnisse« mit »Wissenschaft im Großen« gleichgesetzt wird.[55] Alle diese Fragmente münden in die drei Enzyklopädistik-Fragmente 197 bis 199, wo auf einmal Hemsterhuis und Hindenburg in direktem Zusammenhang stehen.

IV.2.2.2. »Moralisierung des Weltalls« und »Reihenbinom«

In diesen drei unter der Rubrik »Encyclopaedistik« stehenden Fragmenten exzerpiert Novalis Werke von Hemsterhuis: »nach Hemsterhuis« wird in den ersten beiden angegeben, während das dritte die fast wörtliche Wiederaufnahme des oben zitierten Fragments aus den *Hemsterhuis-Studien* ist (»Die Größesten Wahrheiten …«). Nach dem Text steht allerdings der Name des angeführten Autors. Das erste Fragment ist der »Moralisierung des Weltalls« gewidmet, das zweite betrifft die »Wissenschaft im Großen«, und das dritte beschäftigt sich mit dem »Contact [weiter oben heißt es ›Combination‹] der lange getrennten Glieder der Totalwissenschaft«.[56] Eigentlich sind es bekannte Tatsachen, aber wirklich neu und richtungsweisend ist das Ende von Fragment 198: »Die W[issenschaft] im Großen ist also überhaupt die *TotalFunction der Daten* und *Facten* – die n Potenz des *Reihenbinoms der Daten und Facten*. Hier wird die *combinator[ische] Analysis* Bedürfniß.«[57]

Mit anderen Worten: Die von Hemsterhuis ausgedachte Totalwissenschaft soll von Hindenburgs kombinatorischer Analysis geleistet werden. Ein weiterer Lieblingsautor von Novalis ist, wie so oft, unterschwellig präsent: Das »Bedürfnis« bezieht sich nämlich auf eine Stelle aus der Vorrede zu Fichtes *Wissenschaftslehre*, wo der Autor erklärt, die *Wissenschaftslehre* solle »sich überhaupt nicht aufdringen, sondern sie soll Bedürfnis sein, wie sie es ihrem Verfasser war.«[58] Aber anders als bei Fichte wurde bei Novalis aus dem Bedürfnis kein Werk. Zwar ist im Laufe des *Allgemeinen Brouillon* noch verschiedentlich von kombinatorischer Analysis, Infinitinom, auch von Hindenburg selbst die Rede, aber die »Wissenschaft im Großen«, die moralisierte, kombinatorische »Totalwissenschaft«, d. h. ein »System der Philosophie«, ist aus dem *Allgemeinen Brouillon* nicht hervorgegangen. War der Kulminationspunkt, den diese drei Fragmente darstellen, eine Sackgasse? Es

---

55 Novalis, »Hemsterhuis-Studien«, in: *Schriften*, Bd. 2, S. 360–378, hier S. 367.

56 Novalis, »Das Allgemeine Brouillon«, in: *Schriften*, Bd. 3, Darmstadt bzw. Stuttgart u. a. 1968, S. 242–478, hier S. 275.

57 Ebd.

58 Fichte, Johann Gottlieb, *Die Grundlage der gesammten Wissenschaftslehre*, Hamburg 1979 (1. Aufl. 1794), S. 9.

wäre sehr ungerecht, Novalis nur an Fichte zu messen: Schließlich war Fichte Philosoph, kein Dichter, und Novalis hatte, wie die meisten Schriftsteller seiner Generation, ein hohes philosophisches Interesse, aber zum Philosophen war er nicht geboren. So müssen wir, wenn wir Spuren von Novalis' Beschäftigung mit der kombinatorischen Analysis finden wollen, über die Fragmente zu seinem dichterischen Werk gelangen.

V. Von der Welt abstrahieren

> 648. Algeber und combin[atorische] Analysis sind durchaus *kritisch*. Die unbekannten fehlenden Glieder findet man durch *Syllogistik* – Combinatorische Operationen der gegebenen Glieder. [...]
> Eine sichtbare *Architektonik* – und Experimentalphysik des Geistes – eine Erfindungskunst der wichtigsten Wort und Zeichen *Instrumente* läßt sich hier vermuthen.[59]

Dieses lange Fragment zur Algebra und kombinatorischen Analysis mit seinem einprägsamen Ausdruck »*Zeichenflächenform(figuren)bedeutungskunst*« ist so bedeutend, dass Jürgen Daiber seine Studie »*Experimentalphysik des Geistes*« nannte. Im Abschnitt »Mathematik und unendliche Reihen« sieht er,[60] dem oben genannten Fragment aus den *Freiberger Studien* gemäß, die kombinatorische Analysis in erster Linie als *ars inveniendi*, »Formelnerfindungskunst«.[61] Der Kalkül, schreibt er, soll »inventorisch« wirken.[62] Ich möchte den Akzent auf einen ganz anderen Aspekt setzen. In Fragment 648 ist ein Gleichgewicht zwischen Physik und Mathematik, Außen- und Innenwelt gegeben: »(Instrumente sind gleichsam *reale Formeln*)«,[63] ebenso in Fragment 642 (»Über d[ie] Anwendung von *Mathem[atik]* auf Physik und *umgek[ehrt]*«)[64] und in Fragment 647 (»Ein gutes physicalisches Experiment kann zum Muster eines innern Experiments dienen und ist *selbst ein* gutes *innres* subj[ectives] Experiment mit.«).[65] Aber Fragment 650 schlägt einen ganz anderen Ton an. Die Suche nach dem Unbedingten treibt nämlich Novalis weiter voran, und so schreibt er: »Kants Frage: sind synthetische Urth[eile] a priori möglich?

---

59 Novalis, »Das Allgemeine Brouillon«, in: *Schriften*, Bd. 3, Darmstadt bzw. Stuttgart u. a. 1968, S. 242–478, hier S. 387.

60 Daiber, Jürgen, *Experimentalphysik des Geistes*, Göttingen 2001, S. 132–139.

61 Ebd., S. 133.

62 Ebd., S. 138.

63 Novalis, »Das Allgemeine Brouillon«, in: *Schriften*, Bd. 3, Darmstadt bzw. Stuttgart u. a. 1968, S. 242–478, hier S. 387.

64 Ebd., S. 386.

65 Ebd.

Läßt sich auf mannichfaltige Weise specifisch ausdrücken.«[66] Dann folgen verschiedene Interpretationen, unter anderem diese: »Giebt es eine Erfindungskunst ohne Data, eine abs[olute] Erfindungskunst«.[67] Es ist sehr erstaunlich, dass ein Kant-Leser wie Novalis die kantsche Frage derart missdeutet. Es heißt nämlich bei Kant nicht »Sind …« sondern »Wie sind …«: Das »wie« ist bei Kant unerlässlich, denn für ihn gibt es die Welt der Erfahrung; mit ihr fängt unsere Erkenntnis an. Die Welt ist nicht wie etwa bei Descartes durch ein Gedankenexperiment wegzudenken, und es gibt synthetische Urteile *a priori*, in Form des von der Infinitesimalrechnung gesicherten newtonschen Gravitationssystems. Aber Novalis' Umdeutung und persönliche Interpretation zielen auf das hin, was ihn schon immer bewegt hat: auf das Ankommen im Absoluten, auf das Abstrahieren von den Daten, von der Welt. Und da, um mit Novalis zu sprechen, ist Algebra Bedürfnis.

> Die Welt muß romantisirt werden. So findet man den urspr[ünglichen] Sinn wieder. Romantisiren ist nichts, als eine qualitat[ive] Potenzirung. Das niedre Selbst wird mit einem bessern Selbst in dieser Operation identificirt. So wie wir selbst eine solche qualitat[ive] Potenzenreihe sind. Diese Operation ist noch ganz unbekannt.[68]

So fängt Novalis' berühmtestes Fragment an. Mit Recht wurde in der Forschung die Bedeutung der Mathematik in diesem Fragment hervorgehoben.[69] Derjenige, der die Materie am ausführlichsten aufgearbeitet hat, ist vielleicht immer noch John Neubauer. Ausgehend von der gängigen Interpretation des Begriffs der »Potenzierung« als Reflexion,[70] weist er im Kapitel über den *Heinrich von Ofterdingen* auf die fortschreitende »›Potenzierung‹ von Heinrichs Bewußtsein« hin[71] und unterstreicht die Tatsache, dass »die Handlung den abstrakten Variationen und Potenzierungen untergeordnet«[72] wird. Sein Kommentar zu Novalis' Satz »So wie wir selbst eine qualit[ative] Potenzenreihe sind« lautet folgendermaßen: »Wie der letzte Satz andeutet, sieht Novalis die wiederholte Reflexion als eine Potenzenreihe der Art $x, x^2, x^3, \ldots x^n$, die ihm von seinen Mathematikstudien bekannt war.«[73] Aber meines Er-

---

66 Ebd, S. 388.
67 Ebd.
68 Novalis, »Logologische Fragmente [II]«, in: *Schriften*, Bd. 2, S. 531–563, hier S. 545.
69 Bei dieser Gelegenheit muss Martin Dycks Studie über Novalis unbedingt erwähnt werden: Dyck, Martin, *Novalis and Mathematics*, Chapel Hill 1960, S. 83–89, hier S. 85.
70 Neubauer, *Symbolismus*, S. 136.
71 Ebd., S. 152.
72 Ebd., S. 155.
73 Ebd., S. 136.

achtens werden Novalis' Aussagen zur Mathematik allzu wörtlich aufgefasst und zu direkt auf die Literatur übertragen. Ich behaupte, dass die Mathematik, und die kombinatorische Analysis im Besonderen, tiefere und versteckte Spuren in Novalis' Werk hinterlassen haben und dass der mathematische Begriff »Potenzreihe« bei Novalis absolut metaphorisch zu verstehen ist, wie Jahnke richtig erkannt hat.[74]

Tatsächlich ist $x, x^2, x^3, \ldots x^n$ keine Potenzreihe. Eine Potenzreihe ist erstens, wie oben bereits ausgeführt, eine Addition, zweitens ist sie unendlich, wie z. B. $x+x^2+x^3+ \ldots +x^n+\ldots$ Was Novalis als »qualitative Potenzenreihe« bezeichnet, ist also durchaus metaphorisch zu verstehen, umso mehr, als »qualitativ« eigentlich »quantitativ« entgegengesetzt wird, eine Potenzreihe aber ist nicht quantitativ, sie besteht hauptsächlich aus Buchstaben, sie gehört zur Algebra. Wenn wir uns jetzt an Fragment 10 des *Allgemeinen Brouillon* erinnern, »Romantisiren ähnlich dem Algebraisiren«, so ist naheliegend, dass das Romantisieren nicht nur aus dem Erhöhen und Erniedrigen besteht (»Wechselerhöhung und Erniedrigung«),[75] sondern dass die Welt ebenfalls algebraisiert werden muss. Der Roman *Heinrich von Ofterdingen* ist ein Anti-*Meister*,[76] in ihm bietet die Welt keinen Widerstand, weil es »die Welt« eigentlich gar nicht gibt, weil der Gang der Geschichte mechanisch abläuft (»wie von selbst« heißt es in *Die Christenheit oder Europa*),[77] wie die Entwicklung in eine Potenzreihe in der kombinatorischen Analysis. Hindenburg war ganz besonders stolz auf das Mechanische seiner Methode und unterstrich diesen Aspekt immer wieder.[78] Doch im *Heinrich von Ofterdingen* gibt es selbstverständlich keine mathematischen Potenzreihen. Das, was Novalis wirklich von der kombinatorischen Analysis übernommen und in seinem Roman umgesetzt hat, ist nicht das algebraische Verfahren an sich, sondern die algebraische Wirklichkeitsferne: *Heinrich von Ofterdingen* ist die literarische Umsetzung der extrem formalen Vorgehensweise von Hindenburgs Methode, die von den französischen Mathematikern als leerer Formalismus abgetan wurde.

---

74 Jahnke, *Mathematik und Bildung*, S. 103ff.

75 Novalis, »Logologische Fragmente [II]«, in: *Schriften*, Bd. 2, S. 531–563, hier S. 545.

76 Siehe z. B. das Kapitel »Gegen den prosaischen Goethe« bei Kurzke, Hermann, *Novalis*, München 1988, S. 89–100.

77 Novalis, »Die Christenheit oder Europa«, in: *Schriften*, Bd. 3, S. 507–524, hier S. 517. Siehe auch Kurzke, *Novalis*, S. 89 und 92.

78 Siehe z. B. Hindenburg, *Der polynomische Lehrsatz*, S. 257 und 302.

VI. Coda

Novalis starb 1801. Er bildete keine Schule, hatte keine direkten Erben. Das 19. Jahrhundert kannte ihn als den Dichter der blauen Blume, der *Hymnen an die Nacht*, als den Todessüchtigen. Zwar waren seine späten mathematischen Fragmente bekannt, die Dilthey »Hymnen auf die Mathematik« nannte, aber letztendlich als »unfruchtbar« bezeichnete.[79] Hindenburg starb 1808. Seit 1800 kam nichts Neues mehr seitens der kombinatorischen Schule, und vor allem: 1801 erschienen die *Disquisitiones Arithmeticae* des jungen Carl Friedrich Gauß und begründeten erst eine international anerkannte Mathematik in Deutschland. Das rein formale Vorgehen, dem sowohl Novalis als auch Hindenburg anhingen, führte nicht weiter. Aber ein Nachfolger von Gauß, der Mathematiker Carl Gustav Jacobi, vertrat folgende These für seine Promotion: »Der Begriff der Mathematik ist der Begriff der Wissenschaft überhaupt. Alle Wissenschaften sollen daher streben, Mathematik zu werden.«[80] Dieser Satz stammt aber nicht von Jacobi, es ist ein Zitat aus den so genannten »Hymnen auf die Mathematik« von Novalis.[81] Auch andere deutsche Mathematiker zitieren Novalis, z. B. Alfred Pringsheim, 1904, also ein Jahr vor Diltheys abfälliger Bemerkung. Pringsheim zitiert ihn in seinem Artikel *Über Wert und angeblichen Unwert der Mathematik* gleich zweimal, am Anfang: »Das Leben der Götter ist Mathematik.« und am Ende: »Der ächte Mathematiker ist Enthusiast per se. Ohne Enthusiasmus keine Mathematik.«[82] Für ihn ist Mathematik »die vollendste und reinste Form logischer Geistestätigkeit, die Verkörperung höchster Verstandesästhetik.«[83] Diese Zitate, dieses Selbstverständnis eines deutschen Mathematikers um 1900 möchte ich abschließend mit einer oft angeführten Stelle aus einem Brief von Jacobi an den französischen Mathematiker Adrien-Marie Legendre in Beziehung bringen:

> M. Fourier avait l'opinion que le but principal des mathématiques était l'utilité publique et l'explication des phénomènes naturels; mais un philosophe comme lui aurait dû savoir que le but unique de la science, c'est l'honneur de l'esprit humain,

---

[79] Dilthey, Wilhelm, »Novalis« (1. Aufl. 1905), in: *Das Erlebnis und die Dichtung: Lessing Goethe Novalis Hölderlin*, Leipzig 1991, S. 251.

[80] Jacobi, Carl Gustav Jacob, »Thesen«, in: *C.G.J. Jacobi's Gesammelte Werke*, Carl Wilhelm Borchardt/Karl Weierstrass (Hrsg.), 7 Bde., Berlin 1881–91, Bd. 3, Berlin 1884, S. 44.

[81] Novalis, »Mathematische Fragmente«, in: *Schriften*, Bd. 3, S. 593f., hier S. 593: »Der Begriff der Mathematik ist der Begrif der Wissenschaft überhaupt. Alle Wissenschaften sollen daher Mathematick werden.«

[82] Pringsheim, Alfred, *Über Wert und angeblichen Unwert der Mathematik*, München 1904, S. 4 und 37. Novalis, *Mathematische Fragmente*, S. 594 und 593.

[83] Pringsheim, *Über Wert*, S. 36.

> et que sous ce titre, une question de nombres vaut autant qu'une question de système du monde.[84]

Das einzige Ziel der Wissenschaft besteht in der Ehre des menschlichen Geistes: Das ist die Tradition des deutschen Idealismus, der die Wissenschaft als Ganzes, als etwas Höheres, als Aufgabe des menschlichen (nicht des deutschen!) Geistes verstand. Das ist aber auch eine Tradition der Mathematik in Deutschland, von Jacobi bis Hilbert. Vielleicht hat sie etwas zu tun mit den »modernen« Mathematikern, die Herbert Mehrtens in seinem Buch *Moderne, Sprache, Mathematik* mit den »antimodernen« konfrontiert.[85] Jedenfalls sind in der Tradition dieser Geisteshaltung Spuren von Novalis zu finden; ganz »unfruchtbar« sind dessen Fragmente nicht geblieben.

---

84 Jacobi, Carl Gustav Jacob, Brief an Legendre vom 02. 07. 1830, in: *Jacobi's Gesammelte Werke*, Bd. 1, Berlin 1881, S. 453–455, hier S. 454.

85 Mehrtens, Herbert, *Moderne Sprache Mathematik – Eine Geschichte des Streits um die Grundlagen der Disziplin und des Subjekts formaler Systeme*, Frankfurt am Main 1990.

Robert Matthias Erdbeer (Münster)

Arithmetik des Lebens

Das Verfahren der numerischen Verklärung und die Mathesis der Esoterischen Moderne. Zum Denkstil bei Butte und Humboldt

> Aber, wendet man vielleicht ein, mag auch die Erde unvorstellbar sein, so ist sie doch ein äußeres Ding, das einen bestimmten Ort hat; aber wo ist die Zahl 4? Sie ist weder außer uns noch in uns.
> (Gottlob Frege, *Grundlagen der Arithmetik*)

> Die mathematische Monas ist ewig.
> (Lorenz Oken, *Lehrbuch der Naturphilosophie*)

> Wer dieses einzusehen nicht vermöchte, hüte sich gleichwol ein so nüchternes Raisonnement als Spiel der Phantasie zu verunglimpfen.
> (Wilhelm Butte, *Die Biotomie des Menschen*)[1]

»Ich behaupte aber, dass in jeder besonderen Naturlehre nur so viel eigentliche Wissenschaft angetroffen werden könne, als darin Mathematik anzutreffen ist.«[2] Die Mathematisierung der Naturforschung, von Kant im Jahre 1786 postuliert, ist noch im frühen 19. Jahrhundert ein Projekt der Avantgarde. Vor allem im Bereich des unzugänglichen, opaken Makrokosmos, der als Projektionsfläche verschiedenster Naturspekulationen eine lange Tradition besitzt, wird dieser Ruf nach mathematischer Exaktheit dringlicher – auch und gerade im Zusammenhang der Popularisierungsdiskussion. So klagt noch Joseph Johann Littrow in der Erstauflage seiner Populärastronomie von 1837:

---

[1] Rico Gutschmidt und Lukas Mairhofer danke ich für anregende Hinweise zum Beitragsmanuskript. – Anmerkung zur Zitierweise: Orthographie, Interpunktion und Sperrungen sind unverändert aus den Quellen übernommen, Kursivierungen stammen von mir, R. M. E.

[2] Kant, Immanuel, »Metaphysische Anfangsgründe der Naturwissenschaft« (1786), in: *Werke*, Bd. 5, 5. Aufl., Darmstadt 1983, S. 7–135, hier S. 14.

> Die Meisten, die auf vielseitiges Wissen und sogar auf eigentliche Gelehrsamkeit gerechten Anspruch machen, stehen doch gar nicht an, sobald die Rede auf die mathematischen Wissenschaften kommt, ihre völlige Unwissenheit als eine ganz erlaubte Sache [...] zu bekennen, die man für Scherz halten müsste, wenn sie nicht gewöhnlich gleich darauf von Fragen und Aeusserungen begleitet würde, die eine Art von Entsetzen erregen und die Wahrheit jenes Geständnisses nur zu sehr bestätigen.[3]

Aus dem Bereich der mathematisierten Forschung sei dagegen »jenes heillose, vage Geschwätz«, das »unselige Mittelding zwischen Wissen und Glauben, das in allen andern so genannten Wissenschaften gleich einem Unkraut wuchert und keine gute Pflanze aufkommen lässt, völlig verbannt«. Wenn es dem Menschen also »überhaupt [...] gegönnt ist, von Wahrheit zu sprechen, so ist es hier«, im mathematischen Diskurs, »und hier allein, wo er sie finden kann«.[4]

Im Kontext der modernen Wissenspopularisierung, die am Umschlagspunkt von der romantischen Naturphilosophie zur szientifischen Moderne Wahrheiten vermitteln soll, wird diese mathematische Option zum Repräsentationsproblem. Da nämlich, wie von Littrow konstatiert, beim Laienpublikum mit höherer Analysis nichts zu gewinnen ist, bleibt ›Arithmetik‹ übrig, eine Zahlenlehre, die im populären Genre als ›numerische Poetik‹ in Erscheinung tritt. Die Zahl, die man den Lesern nicht ersparen kann und will, wird zum ästhetischen Objekt. Als solches transformiert sie das erkenntnistheoretische und -praktische *Kalkül der Reinigung* zum Textverfahren einer *Deskriptionspoetik*, die aus Schönheit Präzision und Klarheit,[5] aus Romantik Realismus macht.

I. Ästhetische Läuterung

Am Ursprung dieses Reinigungsbegehrens steht das Medium formaler Abstraktion schlechthin: die Zahl. Als Rückhalt der exakten Wissenschaften, deren Strenge sich am Grad der Mathematisierung resp. der Entwicklung eigener formaler Sprachen misst, erfährt die Zahlentheorie im Lauf des 19. Jahrhunderts ein erstaunliches Comeback und prägt die Vorstellung von einer *mathesis universalis* neuen Stils. Sie überwindet, so die Hoffnung, nicht

---

3 Littrow, Joseph Johann von, *Die Wunder des Himmels oder gemeinfaßliche Darstellung des Weltsystems*, 3 Bde. in einem Bd., 2., verb. Aufl., Stuttgart 1837 (1. Aufl. 1834), S. 8.

4 Ebd.

5 Sie schließt damit an den Primat der Aufklärungsästhetik wieder an, der im *analogon rationis* als ästhetischem Pendant der *ratio* das produktionsästhetische Kontrollorgan für *veritas* und *claritas* der Poesie gegeben sah.

allein die ›Zahlenmystik‹ der tradierten analogischen Verfahren, sondern auch den Intuitionismus, dessen psychophysische Kombination aus Sinnlichkeit, Assoziation und Emotion die strenge Logik usurpieren wolle. »Nein«, bekräftigt Gottlob Frege daher 1884: »mit Gefühlen hat die Arithmetik gar nichts zu schaffen. Ebensowenig mit innern Bildern, die aus Spuren früherer Sinneseindrücke zusammengeflossen sind.«[6] Das Urteil lautet dementsprechend: Eine »Arithmetik, die auf Muskelgefühle gegründet wäre, würde gewiß recht gefühlvoll, aber [...] auch verschwommen ausfallen«.[7] Abgewiesen werden überdies Erwägungen zur kulturellen und historischen Relativierung, die bereits vom popularisierten Darwinismus vorbereitet und vom neukantianischen Diskurs verstärkt worden sind. Mit solchen Ansätzen, so Freges Warnung, käme man am Ende

> noch dahin [...], daß ein Astronom sich scheut, seine Schlüsse auf weitvergangene Zeiten zu erstrecken, damit man ihm nicht einwende: »Du rechnest da 2 · 2 = 4; aber die Zahlvorstellung hat ja eine Entwickelung, eine Geschichte! [...] Woher weiß man, daß in jener Vergangenheit dieser Satz schon bestand? Könnten die damals lebenden Wesen nicht den Satz 2 · 2 = 5 gehabt haben, aus dem sich erst durch natürliche Züchtung im Kampf ums Dasein der Satz 2 · 2 = 4 entwickelt hat, der seinerseits vielleicht dazu bestimmt ist, auf demselben Wege sich zu 2 · 2 = 3 fortzubilden?«[8]

Diese aus der Überlagerung der logischen und biologischen Diskurse evozierte Aura des Absurden, wie sie Freges ›logischer Positivismus‹ hier verbreitet, zielt auf nichts Geringeres als eine Neukonstitution der Arithmetik zur Erneuerung der klassischen Analysis. Die Theorie der Zahlen nämlich habe, so der ethnienskeptische Befund des Logikers, bereits »infolge des indischen Ursprungs vieler ihrer Verfahrungsweisen und Begriffe eine laxere Denkweise hergebracht«.[9] Dieselbe sei durch die »Erfindung der höhern

---

[6] Frege, Gottlob, *Die Grundlagen der Arithmetik. Eine logisch mathematische Untersuchung über den Begriff der Zahl* (1884), mit einem Nachwort von Joachim Schulte (Hrsg.), Stuttgart 1987, S. 19.

[7] Ebd.

[8] Ebd., S. 20. Frege unterscheidet dabei den Begriff der Empirie vom logischen Wahrheitsbegriff und rückt ihn in die Nähe der Fiktion: »Wenn man einen Satz empirisch nennt, weil wir Beobachtungen gemacht haben müssen, um uns seines Inhalts bewußt zu werden, so gebraucht man das Wort ›empirisch‹ nicht in dem Sinne, daß es dem ›a priori‹ entgegengesetzt ist. Man spricht dann eine psychologische Behauptung aus, die nur den Inhalt des Satzes betrifft; ob dieser wahr sei, kommt dabei nicht in Betracht. In dem Sinne sind auch alle Geschichten Münchhausens empirisch; denn gewiß muß man mancherlei beobachtet haben, um sie erfinden zu können.« Frege, *Grundlagen der Arithmetik*, S. 35.

[9] Ebd., S. 25.

Analysis« nicht etwa überwunden, sondern noch »gefördert« worden – mit der Folge einer »Abkehr« beider Disziplinen »von der Euklidischen Strenge«.[10] Freges Reinigung der höheren Analysis von ihrer »bloß moralische[n]«, pragmatischen und psychologischen Voraussetzung zugunsten einer »schärferen Bestimmung« ihrer Grundprinzipien setzt infolgedessen bei der Rückführung der Arithmetik auf ein Minimum zentraler »Urwahrheiten« an.[11] So wird die arithmetische Fundierung der Analysis zum Propagator einer ›Strenge‹, die als Proprium des logischen Positivismus und der mathematisierten Wissenschaftsbereiche eine bis in die moderne Forschung aktuelle ›Esoterik des Exakten‹ etabliert.

Allein: Die Frege'sche Zurückführung der Arithmetik auf ein Minimum zentraler Urwahrheiten findet sich als Denkfigur bereits im ›zahlenmystischen‹ Diskurs der Gegner, der sich freilich selbst als Basis einer genuin *empirischen* Naturphilosophie versteht. Auch dieser Ansatz zielt auf eine ›Reinigung‹. Wo nämlich Frege die »Erkennbarkeit der Welt« als Folge einer strikten logischen Begründung ganzer Zahlen modelliert,[12] dort postuliert der Schelling-Schüler Lorenz Oken eine Meta-Quantität: die »Allheit« eines idealen »Zero«, das im ›Urakt‹ seiner Selbsterscheinung und -entfaltung zum Prozessor einer *mathesis universalis* aus realen Zahlen und Objekten wird. »Der Sinn«, so Oken optimistisch,

> wie die Zahlen aus dem Zero kommen, ist mithin sehr klar: sie sind nicht aus ihm hervorgegangen, als hätten sie individualiter in ihm gelegen. Es ist aus sich herausgetreten; es selbst ist erschienen, und dann war es ein endliches Zero, eine Zahl. [...] Alles Realwerden ist daher kein Entstehen eines Etwas, was vorher nicht gewesen; es ist nur ein Erscheinen, ein Extensivwerden der Idee. Das Reale entsteht also nicht aus dem Idealen, sondern ist das Ideale selbst [...].[13]

Das Idealreale wiederum, die Ausdehnung, Vervielfachung und Manifestation des Zero durch den Urakt, lässt sich als Versuch verstehen, die Dynamik der natürlichen Prozesse (der *natura naturans* nach Schelling) mit der Stasis

---

[10] Ebd.

[11] Ebd., S. 25f.

[12] Ebd., S. 20.

[13] Oken, Lorenz, *Lehrbuch der Naturphilosophie*, 3., neubearb. Aufl., Zürich 1843, S. 6, § 27. Zum mathematischen Diskurs im Kontext der romantischen Naturphilosophie vgl. das Kapitel »Die Mathematik« in Köchy, Kristian, *Ganzheit und Wissenschaft. Das historische Fallbeispiel der romantischen Naturforschung*, Würzburg 1997, S. 292–317. Zur allgemeinen Mathematisierungsdiskussion im 19. Jahrhundert vgl. Schneider, Ivo H., »Die Mathematisierung der Naturwissenschaften vor dem Hintergrund der Bildungsvorstellungen des 19. Jahrhunderts«, in: *Berichte zur Wissenschaftsgeschichte*, 11/1988, S. 207–217.

eines individuell entfalteten Naturprodukts (der Hemmungsleistung der *natura naturata*) mathematisch zu begründen: als ›numerische Identität‹ des Lebens. »Mathematisierung« nämlich ist in Okens Organosophie – dies ist der Unterschied zum Denkstil Freges – »nur dann akzeptabel, wenn sie gleichsam selbst phänomenalen Charakter bekommt«.[14] In solchen Fällen treffen sich synthetische und analytische Rhetorik, etwa wenn die ›Urpflanze‹ (die Eins) auch in der Konkretion empirischer Objekte kenntlich werden soll: »Das Pflanzenreich ist [...] der Ausdruck der Pflanzenidee oder der vollkommenen Pflanze in der Vielheit der Individuen dargestellt; es ist die auseinander gelegte, durch die Natur selbst anatomierte Pflanze.«[15] Diese Selbstauslegung der Natur setzt die Natur zugleich – qua Selbstzergliederung – an die Systemstelle des Forschers, dessen Leistung nicht zuletzt im *Nachvollzug* der autoanalytischen Natur besteht. Numerisch ausgeglichen werden kann die Differenz von Eins und Vielem daher nur, wenn die Natur als epistemische Agentin ihrer eigenen Produkte (und auf diese Weise ihrer selbst) fungiert bzw. wenn sie – okensch ausgedrückt – *sich selber zählt.* Im Zuge dieser intendierten Kontamination von ontologischer, empirisch-physikalischer und analytischer Funktion der Zahl wird auch die Aufgabe des Zahlen-Forschers evident: Der Mathematiker der Organosophie ist Medium und Instrument der Mathesis, die er beschreibt. Die Zahlen und Figuren, die im Zeitalter Linnéscher Klassifikation an Lebenskraft verloren hatten,[16] bilden daher in der Schelling-Oken'schen Naturphilosophie mit Gott und ihren Deutern einen höheren Vitalzusammenhang. Den Status einer Pseudowissenschaft erhalten solche Überlegungen dann weniger durch ihre analogisch-ganzheitliche Teleologie als durch die denkstilfeindliche Diktion, mit der die neue Dynamis dem emergenten szientifischen Expertensprachspiel eingeschrieben werden soll: »Die Organismen wechseln«, äußert Oken noch im Jahre 1843, »weil sie Zahlen, Gedanken Gottes sind«.[17]

Im Gegensatz zur materialistischen Naturforschung, die seit den 1830er Jahren die Diskurshoheit gewinnt, betreiben die Vertreter der empirischen Naturphilosophie die Reauratisierung der Natur und ihrer Medien. Ihre ›Reinigung‹ des Menschen und der Zahl ist einer metaphysischen Erkenntnisstrategie geschuldet, die als *Läuterung* der fakteninduzierten Wirrnis und ›Verunreinigung‹ gelten kann: als esoterische Läuterung. In ihr begegnen sich

---

14 Köchy, *Ganzheit und Wissenschaft*, S. 312.

15 Oken, *Lehrbuch der Naturphilosophie*, S. 226, § 1505.

16 Wie im Übrigen auch ihre schriftlichen Pendants, die ›toten Lettern Verse‹, wie sie etwa Herder aus der Sicht des Sturm und Drang beklagt.

17 Oken, *Lehrbuch der Naturphilosophie*, S. 153, § 917.

die denk- und denkstilfremden Konzeptionen, die am Anfang und am Ende der Epoche stehen: die holistisch-göttliche Potenz des Zero und die entkontextualisierte reine Zahl. Dazwischen etabliert sich die moderne, gegenstandsbezogene Statistik, deren Akkumulations- und Differenzverfahren die holistische Synthese ebenso wie die exakte Arithmetik zu ›verunreinigen‹ droht. An diesem Wendepunkt von der romantischen Naturphilosophie zur szientifischen Naturverzeichnung steht der *Kosmos* Humboldts, der das Phänomen der Zahl im Rahmen eines wirkästhetischen ›Naturgemäldes‹, als *numerische Poetik* diskutiert. Im Gegensatz zu Oken, der beim Ansturm auf die neue Episteme die tradierte analogische Beschreibung hyperbolisch macht – »die Pflanze ist ein durch die Finsterniß verspätetes Thier« –,[18] verfolgt der ganzheitliche *Kosmos* in den 1840er Jahren eine Strategie der Sachlichkeit.

Die ebenso detailreiche wie literarisch hochambitionierte Darstellung von All und Erde modelliert den Denkstilwechsel mittels einer ›physischen Beschreibung‹, die den szientifischen Diskurs zugleich repräsentieren und ästhetisch integrieren will.[19] Das Physische bezeichnet dabei nicht nur einen Gegenstand – die zu beschreibenden Naturobjekte –, es verpflichtet vielmehr die Beschreibung selbst, die Poiesis, auf die empirischen, genauer: die numerischen Verfahren, die an der Erschließung ihrer Mathesis beteiligt sind. Das Telos dieser strengen Deskriptionspoetik ist jedoch nicht szientifisch, sondern – wie bei Oken – ideell gemäß der Frage, »wie, ohne dem gründlichen Studium specieller Disciplinen zu schaden, den naturwissenschaftlichen Bestrebungen ein höherer Standpunkt angewiesen werden« könne.[20] Die Beschreibungspoesie wird dabei unvermittelt zur Beschrei-

---

18 Oken, *Lehrbuch der Naturphilosophie*, S. 269, § 1779.

19 Vgl. Humboldt, Alexander von, *Kosmos. Entwurf einer physischen Weltbeschreibung*, 5 Bde., Stuttgart, Tübingen 1845–1862. Vgl. dazu Hey'l, Bettina, *Das Ganze der Natur und die Differenzierung des Wissens. Alexander von Humboldt als Schriftsteller*, Berlin, New York 2007, und Ette, Ottmar, *Weltbewußtsein. Alexander von Humboldt und das unvollendete Projekt einer anderen Moderne*, Weilerswist 2002.

20 Humboldt, *Kosmos*, Bd. 1, S. 39. Zur Eigenart der Humboldt'schen Diktion vgl. Böhme, Hartmut, »Ästhetische Wissenschaft. Aporien der Forschung im Werk Alexander von Humboldts«, in: Ottmar Ette (Hrsg.), *Alexander von Humboldt – Aufbruch in die Moderne*, Berlin 2001, S. 17–32; Albes, Claudia, »Getreues Abbild oder dichterische Komposition? Zur Darstellung der Natur bei Alexander von Humboldt«, in: Dies./Christiane Frey (Hrsg.), *Darstellbarkeit. Zu einem ästhetisch-philosophischen Problem um 1800*, Würzburg 2003, S. 209–233, sowie meinen Beitrag: »Deskriptionspoetik. Humboldts ›Kosmos‹, die verfahrensanalytische Methode und der wissenschaftsgeschichtliche Diskurs«, in: Bernhard J. Dotzler/Sigrid Weigel (Hrsg.), *»fülle der combination«. Literaturforschung und Wissenschaftsgeschichte*, München 2005, S. 239–266.

bungsethik, wenn der Kosmograph mit Blick auf das erstrebte Höhere versucht, zwei Varianten der Naturphilosophie zu konturieren: eine, die erlaubt, und eine, die verderblich ist:

> Ich glaube nicht, daß man [...] das Wort Naturphilosophie verpönen darf, man muß nur dem Worte durch bessere Anwendung der Vernunft zu Ehren helfen. Das Anordnen des Empirischen nach Ideen ist eine erlaubte Naturphilosophie, das Schaffen aus bloßen Ideen, ohne empirisches Substrat, ist eine verderbliche.[21]

Die Rettung der Naturphilosophie vor ihren Hauptvertretern, die der *Kosmos* leisten will, ruft also ihrerseits Ideen, nämlich den empirischen Objekten äußerliche Koordinationskriterien auf den Plan. Bei diesen handelt es sich um ästhetische und metaepistemische, die einerseits dem klassizistischen Poetikideal verpflichtet, andererseits auf populäre Wirkung ausgerichtet sind: »Dem Oratorischen«, so Humboldt, »muß das einfach und wissenschaftlich Beschreibende immerfort gemischt sein. So ist die Natur selbst. Die funkelnden Sterne erfreuen und begeistern, und doch kreist am Himmelsgewölbe alles in mathematischen Figuren.«[22] Die *textura mixta*, Humboldts ›mathematisches Naturgemälde‹, integriert auf diese Weise die extremen Pole des Naturgeschehens – das Naturschöne und die abstrakte Ordnung der Naturgesetze – zum poetisch-epistemischen Gesamtkunstwerk.

Ein antielitärer Impetus tritt hierbei in Erscheinung, der, indem er das gesamte Wissen seiner Zeit für alle zugänglich zu machen wünscht, das Ideal der wissenschaftlichen Exaktheit und der populären Klarheit gegen die Verblasenheit naturphilosophischer Spekulation profiliert. Im Zuge dieses Egalismus werden aber auch die ideellen, metaepistemischen bis transzendenten Implikate populär auf eine Weise, die den *Kosmos* ungewollt zum Monument der Esoterischen Moderne macht. Die Popularisierung der arkanen Ganzheit im Zusammenhang mit ihren mathematisch prozessierten Daten macht die Humboldt'sche Beschreibungsarithmetik für ein Denken anschlussfähig, das sich selbst als Komplement und Korrektiv, bisweilen auch als Konkur-

---

21 Humboldt, Alexander von, »Brief an Christian Gottfried Ehrenberg vom 28. 7. 1836«, in: Ders., *Aus meinem Leben. Autobiographische Bekenntnisse*, zusammengest. und erl. von Kurt-R. Biermann, Leipzig 1987, S. 208. Zum Verhältnis Humboldts zur romantischen Naturphilosophie vgl. Köchy, Kristian, »Das Ganze der Natur. Alexander von Humboldt und das romantische Forschungsprogramm«, in: *Alexander von Humboldt im Netz*, III,5 (2002), http://www.uni-potsdam.de/u/romanistik/humboldt/hin/hin5/koechy.htm, sowie Annette Graczyk, *Das literarische Tableau zwischen Kunst und Wissenschaft*, München 2004, S. 372–387.

22 Humboldt, Alexander von, »Brief an Varnhagen von Ense vom 28. 4. 1841«, in: Ludmilla Assing (Hrsg.), *Briefe von Alexander von Humboldt an [Karl August] Varnhagen von Ense aus den Jahren 1827 bis 1858*, Leipzig 1860, S. 92.

renz exakter Wissenschaft versteht. Der *Kosmos* nämlich suggeriert, indem er indigene, vormoderne oder deviante Wissensformen als Bestandteil einer allgemeinen Wissen(schaft)sgeschichte konturiert, die Möglichkeit zum Ausgleich des arkanen Wissens mit der strengen Forschung. Der poetische Positivismus dieses Ausgleichswissens ist – so Humboldts Neuauflage des *prodesse-delectare*-Topos – lehrreich, wahr und schön. Entsprechend ventiliert der Kosmiker den »tollen Einfall«, »die ganze materielle Welt, alles was wir heute [...] von den Nebelsternen bis zur Geographie der Moose auf den Granitfelsen, wissen, alles in Einem Werke darzustellen, und in einem Werke, das zugleich in lebendiger Sprache anregt und das Gemüth ergötzt.«[23]

Was aber ist an diesem Anspruch esoterisch? Lässt sich die holistische Emphase nicht vielmehr als Ausdruck der empirischen Begeisterung am Faktischen verstehen? Handelt es sich hier nicht um die lobenswerte *Exoterisierung*, Aufklärung und Popularisierung der Naturphilosophie? Um die Erfindung des modernen Sachbuchs?

II. Der arithmetische Text

In der Tat steht am Beginn der Unternehmung ein kompaktes Trennprogramm, das die numerischen und literarischen Verfahren funktional differenziert. Es ist ein duales System:

> Ich suche das Buch von der Natur [den *Kosmos*] auszustatten mit zwei heterogenen Dingen, mit den sichersten Zahlenwerten (die der Ausdruck kosmischer und physischer Gesetze sind) und mit dem was Form und Sprache, nach meinen geringen Kräften, von Anmut und Leben geben können.[24]

Welches literarische Profil ist hier gemeint?

a) Der Mittelwert

Dass Humboldts oft geübte Stilkritik sich nicht in topischer Bescheidenheit verflüchtigt, sondern wohlbegründet ist, wird in der folgenden ›poetischen‹ Passage explizit. Die komprimierte, ja »fast tabellarische (aphoristische) Ausführung«, die hier zur Überwindung der »formelle[n] Schwierigkeiten« angetreten ist, begründet ›Aphorismen‹ neuen Stils. Gemeinverständlichkeit ist ihre Sache nicht:

---

23 Humboldt, Alexander von, »Brief an Karl August Varnhagen von Ense vom 27.10.1834«, in: Assing, *Briefe von Alexander von Humboldt an Varnhagen von Ense*, S. 20–23, hier S. 20.

24 Humboldt, Alexander von, »Brief an Friedrich Wilhelm Bessel vom 14.7.1833«, in: Humboldt, *Aus meinem Leben*, S. 202f., hier S. 202.

> Unter den mannigfach gekrümmten, gruppenweise bisweilen fast parallelen, selten ganz in sich selbst recurrirenden und dann eiförmig geschlossene Systeme bildenden, isogonischen Curven verdienen in physikalischer Hinsicht die größte Aufmerksamkeit diejenigen, auf welchen die Abweichung null wird, und zu deren beiden Seiten Abweichungen entgegengesetzter Benennung, mit der Entfernung ungleich zunehmend, gefunden werden.[25]

Attribut- und Partizipienhäufung überzeugen als poetisches Komplementärprogramm zur strengen Zählung nicht. Umso entschiedener verficht der *Kosmos* als Beschreibungsethos »die methodische Zusammenstellung numerischer Resultate. Sie sind das wichtige Erbtheil, welches, immerdar wachsend, ein Jahrhundert dem anderen überträgt«. Sie sind es, die in jener »Epoche, in der diese Blätter erscheinen, für die genauesten, d. h. für die Resultate der neuesten und sichersten Forschungen, gehalten werden.«[26] Dementsprechend gibt die Datenlage weniger zur Sorge Anlass als zur Euphorie:

> Man mißt eine Abnahme von $1/_{40\,000}$ der magnetischen Intensität, man beobachtet zu gewissen Epochen 24 Stunden lang alle 2½ Minuten. Ein großer englischer Astronom und Physiker hat berechnet, daß die Masse der Beobachtungen, welche zu discutiren sind, in drei Jahren auf 1 958 000 anwachsen wird. Nie ist eine so großartige, so erfreuliche Anstrengung gezeigt worden, um das Quantitative der Gesetze in einer Naturerscheinung zu ergründen.[27]

Humboldts Lob der Qualifizierung per Quantifizierung, dessen Logik aus den »allerzahlreichsten« »die allersichersten Resultate« macht,[28] erweist sich dabei auch als antihermeneutischer Reflex. Da die Natur durch objektive Zahlen spricht, wird jede weiter ausgreifende Deutung obsolet. Es ist der »Geist« der Quantität, den Humboldt schließlich zur »Methode« seiner Poetologie erklärt:

> So ist der Geist der Methode, der es, wie ich mir schmeichle, einst möglich werden wird unermeßliche Reihen scheinbar isolirt stehender Thatsachen mit einander durch empirische, numerisch ausgedrückte Gesetze zu verbinden und die Nothwendigkeit ihrer gegenseitigen Abhängigkeit zu erweisen.[29]

Der Zusammenhang der Dinge wird nicht länger analogisch, sondern metrisch und numerisch konstruiert:

> Das Gestaltete und Bewegte wird hier als ein Geschaffenes, Daseiendes, Gemessenes geschildert. Die Gründe, auf welchen die erlangten numerischen Resultate beruhen; die cosmogonischen Vermuthungen, welche seit Jahrtausen-

---

[25] Humboldt, *Kosmos*, Bd. 4, S. 134.
[26] Ebd., Bd. 3, S. 375, S. 421.
[27] Ebd., Bd. 1, S. 197.
[28] Ebd., Bd. 4, S. 97.
[29] Ebd., Bd. 1, S. 345.

> den nach den wechselnden Zuständen des mechanischen und physikalischen Wissens über das Werden entstanden sind: gehören im strengeren Sinne des Worts nicht in den Bereich dieser empirischen Untersuchungen.
> In dieser Beschränkung des vorgesetzten Planes habe ich [...] desto mehr Fleiß auf die einzelnen Thatsachen und auf ihre Anordnung gewandt.[30]

Aus der Beschreibungskonkurrenz von Deskription und Narration, von Datensicherung und wissenschaftshistorischer Poetisierung tritt ein neues Schönheitsideal hervor: der »Glanz der höheren Analysis«,[31] die ihrerseits – als Synthesis der differenten Datenfolgen – die tradierte Form naturhistorischen Erzählens, aber auch der klassifikatorischen Beschreibung zur *numerischen Poetik* transformiert.[32] Sie arretiert, fixiert und arrangiert die differenten Zeichenfolgen (die historisch variablen Konventionen, Daten und Verfahren) zum Tableau und marginalisiert dabei die Einsicht, dass »so viel in der Natur Geschehenes und Gestaltetes, wegen Unbekanntschaft mit den begleitenden Bedingungen incalculabel ist«.[33] Im Zentrum der numerischen Poetik nämlich steht das Reduktions- und Approximationsverfahren der ›poetischen Numerik‹; diese, so die Hoffnung, macht das kosmische Erzählverfahren gegenüber seinen schwankenden Erhebungsdaten robust und stabil. Die ›höhere Analysis‹ ist dementsprechend das Ergebnis einer Arithmetik, deren *metamathematisches Verfahren* auf der Basis der numerischen Poetik als Synthese wirken soll. Indem er die Methodik der exakten Wissenschaften solcherart auf den Systemgedanken der romantischen Naturphilosophie zurückbezieht, versucht sich Humboldt deren Paradigma wieder anzuschließen: durch die Aufwertung des szientifischen Verfahrens zum Verfahren einer »mathematischen Naturphilosophie«.[34] Entsprechend propagiert der Weltbeschreiber das poietisch defiziente Reduktionsverfahren der »Tabelle«, stellt dieselbe doch »in einem überkleinen Raume den Stand der geistigen Errungenschaft des Zeitalters dar«.[35] Sie konzentriert synthetisch, was ansonsten auseinanderfiele; ihr poietischer Verfahrenspragmatismus garantiert den kosmischen Zusammenhalt und macht ihn – im Verständnis der numerischen Ästhetik – schön (vgl. Abb. 1).

---

30 Ebd., Bd. 3, S. 488, S. 627.

31 Ebd., Bd. 4, S. 7.

32 Im Gegensatz zur »albernen, sprachwidrigen Nomenclatur«, die nicht zu billigen sei. Ebd., Bd. 4, S. 607, Anm. 43.

33 Ebd., Bd. 3, S. 479, Anm. 27. Die Repräsentation des ›Calculablen‹ wiederum erfolgt im Kosmos nachgerade lehrbuchhaft, als Katalog all dessen, was sich positiv beschreiben (und nach seinen Anteilen berechnen) lässt.

34 Ebd., S. 40.

35 Ebd., S. 375.

So rechnet die numerische Poetik mit der reduktiven Kraft der Zahl (als Einheit), der Tabelle (als Tableau) und der Analysis (als ›Differential- und Integrationsverfahren‹ kosmischer Diktion). ›Errechnet‹ wird hier der semantisch variable Grenzwert, ›integriert‹ der Inhalt einer Fläche, die in diesem Fall nichts weniger als der gesamte Kosmos (und der *Kosmos*) ist. In dieser Form der arithmetischen Beschreibung treten dann »die einzigen in unsrer Schrift übrig gebliebenen und weit verbreiteten hieroglyphischen Zeichen, die Zahlen, als Mächte des Kosmos auf«.[36]

So ist die Abwertung des Oratorischen zugunsten des Numerischen, die Humboldts *Kosmos* leistet, zwar zum einen seinem unbeschreiblichen Objekt geschuldet, sie ist aber auch die Folge eines esoterischen Begehrens, das die *litterae* des Textes überwinden will. Die ›Umwertung‹ der Sprache in die Mathesis des neuen *Kosmos* fordert folglich die ›Entwertung‹ seiner Zeichen: »Je mehr man den Werth der [sprachlichen] Zeichen bei Seite setzt [...], um desto besser wird man das Gedrängte einer gewissermaßen algebraischen Sprache verstehen«.[37] Das Gedrängte dieser Sprache weist zum einen schon auf die von Frege postulierte Dichte der formalen Sprachen, lässt sich aber auch verstehen als Erfüllung des romantischen Beschreibungspostulats im Genre der exakten Konvention: »Das Zahlensystem ist *Muster* eines ächten Sprachzeichensystems – Unsre Buchstaben sollen Zahlen, unsre Sprache Arythmetik werden.«[38] Diese Sprache wiederum ist mehr und etwas anderes als eine szientifische, exakte oder auch poetische Diktion. Sie ist der Schlüssel zur verborgenen Semantik, zur geheimen Idealität der Urnatur, die aus den Zahlenwerten aller Phänomene zu ermitteln ist. Entsprechend kann die kosmische Textur zugleich als Folge einer *Mittelwertbestimmung* gelten, die – als kosmische Statistik – ihre Daten aus den Resultaten vieler Messungen ›zusammenschreibt‹, sprich: homogenisiert: »Bei allem Beweglichen und Veränderlichen im Raume sind mittlere Zahlenwerthe der letzte Zweck, ja der Ausdruck physischer Gesetze; sie zeigen uns das Stetige in

---

[36] Ebd., Bd. 1, S. 82.

[37] Humboldt, Alexander von, *Geognostischer Versuch über die Lagerung der Gebirgsarten in beiden Erdhälften*, Straßburg 1823, S. 368.

[38] Novalis, »Das allgemeine Brouillon« (1798/99), in: *Werke, Tagebücher und Briefe Friedrich von Hardenbergs*, Hans-Joachim Mähl/Richard Samuel (Hrsg.), 3 Bde., Darmstadt 1999, Bd. 2, S. 473–720, hier S. 443; vgl. ebd., S. 682: »Alles aus Nichts erschaffene Reale, wie z. B. die Zahlen und die abstracten Ausdrücke – hat eine wunderbare Verwandtschaft mit Dingen einer andern Welt – mit unendlichen Reihen sonderbarer Combinationen und Verhältnisse – gleichsam [...] mit einer poëtischen mathem[atischen] und abstracten Welt.«

Elemente der 14 Kleinen Planeten, für die Zeiten ihrer Oppositionen in der Nähe des Jahres 1851

	Flora	Victoria	Vesta	Iris	Metis	Hebe	Parthenope	Asträa	Egeria	Irene	Juno	Ceres	Pallas	Hygiea
E	1852 März 24	1850 Oct. 0	1851 Juni 9	1851 Oct. 1	1851 Febr. 8	1851 Juli 12	1851 Oct. 22,0	1851 Apr. 29,5	1852 Mz 15,0	1851 Juli 1,0	1851 Juni 11,5	1851 Dec. 30,0	1851 Nov. 5,0	1851 Sep. 28,5
L	174° 45'	342° 18'	256° 38'	18° 36'	126° 28'	311° 39'	17° 51'	197° 37'	162° 29'	284° 15'	276° 0'	105° 33'	72° 35'	356° 45'
π	32 51	301 57	250 32	41 22	71 7	15 17	317 5	135 43	118 17	179 10	54 20	147 59	121 23	228 2
☊	110 21	235 28	103 22	259 44	68 29	138 31	124 59	141 28	43 18	86 51	170 55	80 49	172 45	287 38
i	5 53	8 23	7 8	5 28	5 36	14 47	4 37	5 19	16 33	9 6	13 3	10 37	34 37	3 47
μ	1086'',04	994'',51	977'',90	963'',03	962'',58	939'',65	926'',22	857'',50	854'',96	853'',77	813'',88	770'',75	768'',43	634'',24
a	2,2018	2,3349	2,3612	2,3855	2,3862	2,4249	2,4483	2,5774	2,5825	2,5849	2,6687	2,7673	2,7729	3,1514
e	0,15679	0,21792	0,08892	0,23238	0,12229	0,20186	0,09789	0,18875	0,08627	0,16786	0,25586	0,07647	0,23956	0,10092
U	1193T	1303T	1325T	1346T	1346T	1379T	1399T	1511T	1516T	1518T	1592T	1681T	1687T	2043T

Es bedeutet: E Die Epoche der mittleren Länge in mittlerer Berliner Zeit, L die mittlere Länge in der Bahn, π die Länge des Perihels, ☊ die Länge des aufsteigenden Knotens, i die Neigung gegen die Ekliptik, μ die mittlere tägliche siderische Bewegung, a die halbe große Axe, e die Excentricität, U die siderische Umlaufszeit in Tagen. — Die Längen beziehen sich auf das Aequinoctium der Epoche.

Abb. 1: Tabellarpoetik – Geistiges im »überkleinen Raum«. Elemente der 14 Kleinen Planeten, in: Alexander von Humboldt, *Kosmos. Entwurf einer physischen Weltbeschreibung*, Bd. 3, Stuttgart, Augsburg 1850, S. 516

dem Wechsel und in der Flucht der Erscheinungen [...].«[39] Die Mittelwerte weisen somit eine doppelte Kodierung auf: als Abstraktion aus flüchtigen, doch exemplarischen Erhebungsdaten sind sie exoterisch und reell, als transnumerische Symbole sind sie ideell und esoterisch – Träger einer immanenten Teleologie der Empirie.

Bei Oken eignet diesen Zahlen, gleichsam als *universalia in rebus*, schon die metaphysische Potenz, als Möglichkeitsbedingung aller Wesen und zugleich als Teil derselben aufzutreten; in der *Kosmos*-Deutung werden sie zu positiven Daten, deren Summe freilich – als numerisches Archiv und Matrix des arkanen Wissens – auf die metaphysische Struktur der Welt verweist. Die höhere Analysis des *Kosmos* bringt auf diese Weise ihre höhere, weil auf den Daten aller Länder, Zeiten und Kulturen fußende Synthese hervor. Numerische Exaktheit wird als strukturelles Abbild der natürlichen Gegebenheiten (›Kosmos‹ in der Grundbedeutung ›Ordnung‹) zum Garanten einer universalistischen Ästhetik (›Kosmos‹ in der Grundbedeutung ›Schmuck‹). Als Arithmetik des geordneten und durch die Ordnung sinnerfüllten Lebens offenbart sie das Arkanum der Natur schlechthin: die epistemische Potenz des

[39] Humboldt, *Kosmos*, Bd. 1, S. 82.

Schönen; sie begründet die tradierte Kongruenz von *pulchritudo*, *veritas* und *summum bonum* mit der Unverbrüchlichkeit der Zahl.

b) Die Unermesslichkeit

Die projektierte Schönheit dieser arithmetischen Beschreibungsdichtung steht gleichwohl im Gegensatz zur Deutung Kants, der das harmonische Zusammenwirken von Ästhetik, Teleologie und Arithmetik ebenfalls bedenkt, ›numerische Ästhetik‹ aber wegen der erforderlichen Zweckfreiheit des Schönen ausdrücklich verwirft:

> Man ist gewohnt [...] auch [...] Zahlen, wegen einer gewissen, aus der Einfachheit ihrer Konstruktion nicht erwarteten, Zweckmäßigkeit derselben a priori zu allerlei Erkenntnisgebrauch, Schönheit zu nennen [...]. Allein es ist keine ästhetische Beurteilung, durch die wir sie zweckmäßig finden [...]; sondern eine intellektuelle nach Begriffen, welche eine objektive Zweckmäßigkeit [...] deutlich zu erkennen gibt. [...] Die Benennung einer intellektuellen Schönheit kann auch überhaupt nicht füglich erlaubt werden; weil sonst das Wort Schönheit alle bestimmte Bedeutung [...] verlieren müßte.[40]

Humboldts *Praxis* allerdings erfüllt weit eher den bei Kant skizzierten Tatbestand des Mathematisch-Erhabenen. Der Lustgewinn des *Kosmos* wird beim Leser mit Unlust erkauft:

> [I]n einer ästhetischen Größenschätzung muß der Zahlbegriff wegfallen [...]. – Wenn nun [...] die Einbildungskraft doch durch Zahlgrößen [...] zur ästhetischen Zusammenfassung in eine größere Einheit aufgefordert wird, so fühlen wir uns im Gemüt als ästhetisch in Grenzen eingeschlossen; aber die Unlust wird doch, in Hinsicht auf die notwendige Erweiterung der Einbildungskraft zur Angemessenheit mit [...] der Idee des absoluten Ganzen, [...] als zweckmäßig vorgestellt [...]; und der Gegenstand wird als erhaben mit einer Lust aufgenommen, die nur vermittelst einer Unlust möglich ist.[41]

An dieser mangelt es im *Kosmos* nicht. Die schwer genießbare Diktion wird freilich kaum entspannter, wenn anstelle der prekären ›Oratorik‹ die konkrete Zahl erscheint: so etwa beim Vergleich der Neigungswinkel hoher Berge, die der Kosmiker – den Unmut seiner Rezipienten ahnend – im subtilen Gestus des Verschweigens zelebriert. Die Schelling'sche *natura naturans* verstetigt sich in wenig anschaulichen *numeri numerantes*:

> Ich möchte aus meinen Beobachtungen *nicht* auch das Gotthard-Hospiz (6650 F.): Incl. 66°12'; verglichen mit Airolo (3502 F.): Incl. 66°54', und Altdorf: Incl. 66°55'

---

40 Kant, Immanuel, »Kritik der Urteilskraft« (1790, hier 2. Aufl. [B] 1793), in: *Werke in sechs Bänden*, Wilhelm Weischedel (Hrsg.), Bd. 5, 5. Aufl., Darmstadt 1983 (1. Aufl. 1957), S. 233–620, hier S. 476, § 62.

41 Ebd., S. 347f., § 27.

anführen; *nicht* die scheinbar widersprechenden: Lans le Bourg Incl. 66°9', das Hospiz des Mont Cenis (6358 F.) Incl. 66°22' und Turin (707 F.) Incl. 66°3'; *oder* Neapel, Portici und den Kraterrand des Vesuvs; *oder* in Böhmen den Gipfel des Großen Milischauer (Phonolith!) Incl. 67°53'5", Tepliz Incl. 67°19',5 und Prag Incl. 66°47',6: wegen der Größe der relativen Entfernungen und des Einflusses der nahen Gebirgsarten.[42]

Auch hilft es wenig, wenn der Weltbeschreiber den beklagten Mangel an Exaktheit unter einer Flut von Zahlen zu begraben sucht, die überdies – da unterschiedlichen Bezeichnungskonventionen entnommen – mühsam miteinander abgeglichen werden müssen. Es entsteht ein Netz der Uneindeutigkeit:

Nach dem *schwächsten* Resultate des Wheatstonischen optischen Dreh-Apparats legt das electrische Licht in der Secunde *288 000 englische Meilen* zurück *oder* (*1 Statut-Meile*, deren 69,12 auf den Grad gehen, zu *4954 Par[iser]. Fuß* gerechnet) mehr als *62 500 geographische Meilen*. [...] Diese Angabe *widerspricht* scheinbar der [...] von William Herschel aufgestellten *Ansicht* [...]. Ich sage scheinbar; denn es ist *wohl nicht* die Möglichkeit zu *bestreiten*, daß es in den leuchtenden Weltkörpern *mehrere, sehr verschiedenartige* magneto-electrische Prozesse geben *könne* [...]. Zu dieser *Vermuthung* gesellt sich die Unsicherheit des numerischen Resultats in den Wheatstonischen Versuchen. Ihr Urheber selbst hält dasselbe für »*nicht hinlänglich begründet* und *neuer Bestätigung bedürftig*« [...].[43]

Textpassagen, die wie obige mit großen Zahlen operieren, werden daher – eher paradox als selbstkritisch – in Reflexionen wie der folgenden konterkariert: »Aus der Unendlichkeit des Kosmos [...] folgt seine Unermeßlichkeit. Nur einzelne Theile sind meßbar geworden; und die, alle unsere Fassungskraft überschreitenden Resultate der Messung werden gern von denen zusammengestellt, welche an großen Zahlen eine kindliche Freude haben.«[44] In Humboldts Mondbeschreibung trifft man schließlich auf ein verbenfreies Protokoll:

Mittlere Entfernung des Mondes von der Erde 51 800 geogr. Meilen; siderische Umlaufszeit 27 Tage 7St 43'11",5; Excentricität der Mondbahn 0,0548442; Durchmesser des Mondes 454 geogr. Meilen, nahe ¼ des Erd-Durchmessers; körperlicher Inhalt 1/54 des körperlichen Inhalts der Erde; Masse des Mondes nach Lindenau 1/87,73 (nach Peters und Schidloffsky 1/81) der Masse der Erde; Dichtigkeit 0,691 (also fast 3/5) der Dichtigkeit der Erde.[45]

Über das auf diese Weise vollständig quantifizierte Requisit romantischer Beleuchtung hat der Weltbeschreiber wenig Stimmungsvolles zu berichten:

---

42 Humboldt, *Kosmos*, Bd. 4, S. 111, meine Hervorhebung.
43 Ebd., S. 94, meine Hervorhebung.
44 Ebd., Bd. 3, S. 40.
45 Ebd., S. 495.

> Fehlt nun dem Erdmonde jede gasförmige Umhüllung, so steigen dort bei Mangel alles diffusen Lichtes die Gestirne an einem fast schwarzen Taghimmel empor; keine Luftwelle kann dort tragen den Schall, den Gesang und die Rede. Es ist der Mond für unsere Phantasie, die so gern anmaßend in das nicht zu Ergründende überschweift, eine lautlose Einöde.[46]

Ein denkwürdiger Satz: Die Phantasie erliegt der Macht des Faktischen, der nüchternen Realien, die sie doch im Sinn der physischen Beschreibung verlebendigen, verschönern und mit kosmischer Bedeutung füllen soll.

In seinem 1844 publizierten *Condor*, der Beschreibung einer Luftschifffahrt, hat schon der kosmische Realiendichter Stifter diese Schockwirkung der neuen Empirie am Beispiel seiner Heldin vorgeführt: »Zu diesem Himmel floh nun ihr Blick – aber siehe, er war gar nicht mehr da: das ganze Himmelsgewölbe, die schöne blaue Glocke unserer Erde, war ein ganz schwarzer Abgrund geworden.«[47] Stifters Resümee: »Das Weib erträgt den Himmel nicht«,[48] trifft analog die kosmische Textur: Das Oratorische erträgt die Fakten nicht. Aus diesem Grund verliert sich Stifters Text in wissenschaftlichen Erklärungen für »Nichtphysiker«,[49] Humboldts Deskription im nicht mehr weiter kommentierten, tabellarischen Detail:

> Wenn man aus der in dem Werke über die Cap-Beobachtungen mitgetheilten Übersicht aller Nebelflecke und Sternhaufen des nördlichen Catalogs (von Slough), nach einzelnen Stunden der Rectascension vertheilt, 6 Gruppen von je 4 Stunden zusammenzieht, so erhält man:

RA.	0^h	–	4^h	....	311
	4	–	8	....	179
	8	–	12	....	606
	12	–	16	....	850
	16	–	20	....	121
	20	–	0	....	239.[50]

Dies ist der Nullpunkt des Vermittlungsplots. Die »Macht der Zahlen«, welche »unsere Fassungskraft bedräng[t]«,[51] verdrängt die Deskription und wird in uneindeutigen Tabellen, Katalogen und Berechnungen dem irritierten Leser vorgeführt. Derselbe wiederum erinnert sich mit einiger Verwunderung

---

46 Ebd., S. 501.

47 Stifter, Adalbert, »Der Condor« (Buchfassung, 1844), in: *Werke und Briefe*, Bd. 1,4, Helmut Bergner/Ulrich Dittmann (Hrsg.), Stuttgart 1980, S. 15–41, hier S. 27.

48 Ebd., S. 28.

49 Ebd., S. 41.

50 Humboldt, *Kosmos*, Bd. 3, S. 327.

51 Ebd., S. 41.

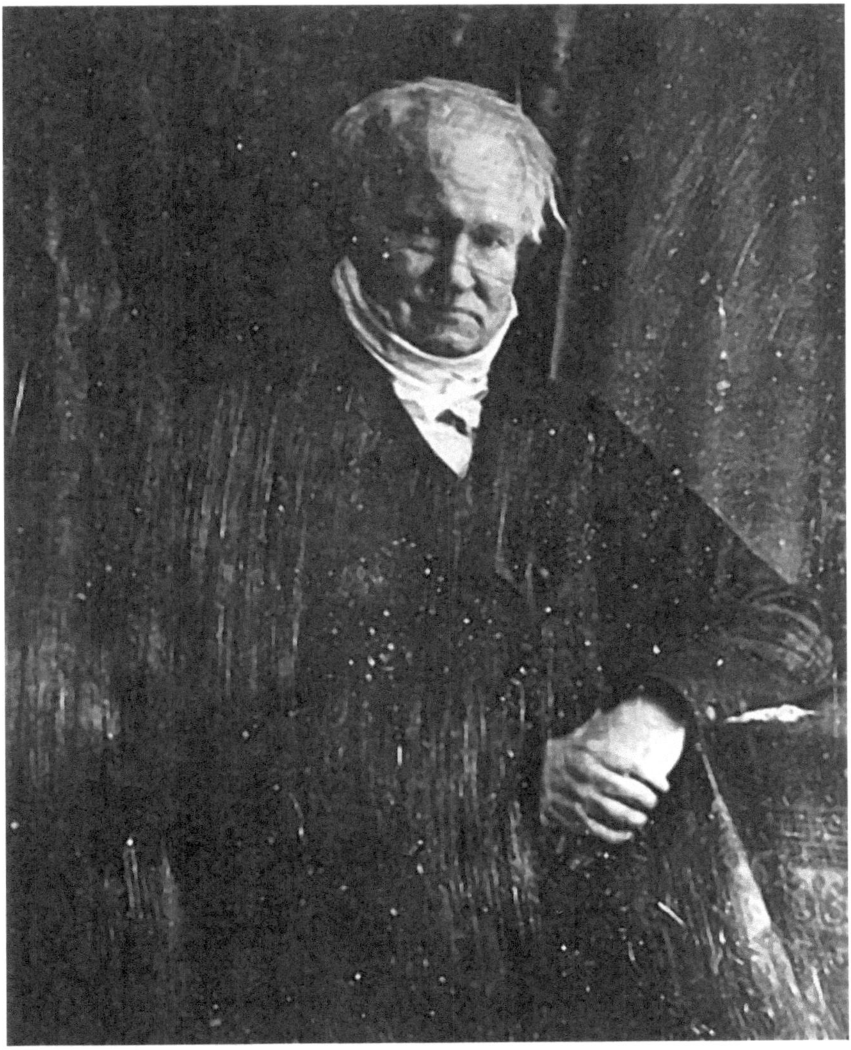

Abb. 2: Ernüchterte Esoterik: Alexander von Humboldt (1769–1859). Daguerreotypie von Hermann Biow, 1847, in: Halina Nelken, *Alexander von Humboldt. Bildnisse und Künstler. Eine dokumentierte Ikonographie*, Berlin 1980, S. 55

an Humboldts Prolegomena des ersten *Kosmos*-Bandes, deren programmatische Entschiedenheit auch als persönliches, ja fast intimes Anliegen des Weltbeschreibers ausgegeben worden war:

> [Die] Einheit der Anschauung setzt eine Verkettung der Erscheinungen nach ihrem inneren Zusammenhange voraus. Eine bloße tabellarische Aneinanderreihung derselben erfüllt nicht den Zweck, den ich mir vorgesetzt; sie befriedigt nicht das Bedürfniß einer kosmischen Darstellung, welches [...] der lebendige Eindruck eines Naturganzen unter den verschiedensten Erdstrichen in mir erregt haben.[52]

Erkennbar wird die Schattenseite jenes Realismus, der das programmatische Konzept der physischen Beschreibung über weite Strecken dominiert. Vergessen ist das allgemeine Band der anschaulichen Sprache, das derselbe Humboldt, dessen akkumulativ-relativistisches Verfahren die Prägnanz der Gegenstände permanent in Frage stellt, noch in der Einleitung zum dritten *Kosmos*-Band apologetisch feiert (vgl. Abb. 2). Diese nämlich dementiert nicht nur die Datenproliferation des *Kosmos*, sie entschuldigt sich geradezu dafür, dieselbe *nicht* zu praktizieren – eine paradoxe und rhetorisch offensive Täuschung, die man nur als Ausdruck der poetologischen Verzweiflung deuten kann:

> Um das Dasein eines gemeinsamen Bandes, welches die ganze Körperwelt umschlingt, um das Walten ewiger Gesetze und den ursachlichen Zusammenhang ganzer Gruppen von Erscheinungen [...] anschaulicher hervortreten zu lassen, *mußte die Anhäufung vereinzelter Thatsachen vermieden werden.* [...] Die Deutung der Natur ist [...] wesentlich geschwächt, wenn man durch zu große Anhäufung einzelner Thatsachen der Naturschilderung ihre belebende Wärme entzieht.[53]

Die Diskrepanz von Anspruch und Verwirklichung, die diese Dissimulationsrhetorik motiviert, ist allerdings zu offensichtlich, um im Rahmen einer klassizistischen Poetik produktiv zu sein. Es ist der Widerstreit von intellektuellem Anspruch (›Schönheit‹ als Exaktheit in der Wissenschaft) und freiem Spiel des Imaginationsvermögens (Schönheit als ästhetische Beurteilung), den die numerische Poetik ohne Unlust lösen will. Aus diesem Grund verliert der Weltbeschreiber im Verlauf der *Kosmos*-Produktion auch seine kindliche Begeisterung und seinen Glauben an die Ordnungsfähigkeit der Zahlen, wenn er einräumt, dass spezifische Probleme »gar nicht im allgemeinen numerisch zu lösen« seien.[54] Das, was nur natürlich *scheint*, kann nicht – so

52 Ebd., Bd. 1, S. 170f.

53 Ebd., Bd. 3, S. 4, S. 6; meine Hervorhebung.

54 Ebd., S. 69. Bisweilen scheint die Humboldt'sche Didaxe daher auf ein Fachkollegium zu zielen, das der Weltvermesser – um den Forscherehrgeiz anzuregen – willentlich mit falschen Zahlen bedient: »Ich gebe scheinbar in sehr genauen Zahlen,

Humboldts Offenbarungseid bei der Erörterung der Wärmequalität – durch Zahlen abgesichert werden: »Die, im Sprachgebrauch so natürlich scheinende, weit verbreitete Eintheilung der Quellen in kalte und warme hat, wenn man sie auf numerische Temperatur-Angaben reduciren will, nur sehr unbestimmte Fundamente.«[55] Da die Relativität der Zuschreibungen also durch die Objektivität der Zahlen nicht beseitigt werden kann, erschüttern beide Konventionen (Sprachgebrauch und ›Zahlgebrauch‹) die Fundamente ihres positiven Baus. So findet sich die Signifikationsgewalt, die Überführung der fixierten Differenzen in Bedeutung, schließlich »im individuelle[n] Gefühle« als dem eigentlichen Gradmesser der Wärmequalität. Am Endpunkt aller Rationalisierungs- und Normierungsstrategien steht, was Frege nicht gefallen hätte: der ›*sensitive turn*‹.

III. Der Leib der Zahl

Zu diesem Zweck erprobt die *Kosmos*-Programmatik eine Kooperation der beiden ›Urteilskräfte‹, der Ästhetik und der Teleologie. Im antikantischen Konzept der ›schönen Teleologie‹ zielt diese Form empirischer Naturphilosophie – als Organismus (Wesen) *und* Numerik (Ordnung) – auf die ›Weltursache‹ einer sinnlichen Vernunft.

a) Statistische Belebung

Die neue Kohäsion beruht auf einer Neubestimmung der ›Natur der Zahl‹. Für diese Form der Naturalisierung könnte sich der Ex-Orator einerseits auf ein Bonmot berufen, das der letzte Praktiker der vorpositivistischen Naturanschauung diesem Gegenstand gewidmet hat. Die Tatsache, so Oken, dass »das ganze Universum [...] aus Zahlen entstanden sey«, ist »nicht bloß im quantitativen Sinne zu nehmen [...]; sondern im wesentlichen, so daß alle Dinge die Zahlen selbst sind, nehmlich die Acte des Ewigen«.[56] Im Skopus dieser inkarnierten Arithmetik schlägt das Quantitätsprinzip des *Kosmos* um in Qualität, genauer: wird als Qualitätsprinzip zum Telos eines neuen Klassizismus, der als dezidiert numerische *Poetik* einen metarationalen, ganzheitlichen und vitalen ›*Geist* der Quantität‹ erstehen lässt. Die *Kosmos*-Arithmetik wird zum esoterischen Projekt.

---

unverändert, Resultate von Messungen an, welche ihrer Natur nach leider! aus trigonometrischen und barometrischen Bestimmungen zusammengesetzt sind: weil auf diese Weise am meisten zur Wiederholung der Messungen und Correction der Resultate angeregt wird.« Ebd., Bd. 4, S. 322.

55 Ebd., S. 233.

56 Oken, *Lehrbuch der Naturphilosophie*, S. 11, § 57.

Berufen könnte sich die ›lebensphilosophische‹ Numerik aber auch, zum anderen, auf den Pionier der rechts- und wirtschaftswissenschaftlichen Statistik Wilhelm Butte,[57] der im Jahre 1811 die Einführung numerischer Exaktheit gegen die »opake Leiblichkeit« des zahlenfreien Forschens triumphieren sieht (vgl. Abb. 3):

> Endlich, im Laufe der Jahrtausende, reift die Wissenschaft [...] dem Eintritt in das Stadion ihrer höheren Vollendung [entgegen]. – Es ist die Wissenschaft in Zahlen, der dieses Glük unter den ersten zu Theil werden muß, schon darum, weil nur die mathematische Klarheit und Konsequenz siegen kann über die ungeheuere, opake Leiblichkeit modernen, für Wissenschaft geachteten Wissens.[58]

Das, was wie ein Ausruf Freges klingt, entpuppt sich freilich bald als idealtypisches Beispiel eines Sprechens an der Paradigmengrenze von romantischer Naturphilosophie und strenger Wissenschaft. In Buttes arithmetischer Naturphilosophie soll nämlich die im szientifischen Diskurs betriebene »Entkörperung der Zahlen« *rückgängig* gemacht, genauer: lebensphilosophisch überwunden werden. Dabei wird die Leistungsfähigkeit der Abstraktion und ihres Reinigungskalküls durchaus erkannt und anerkannt:

> Der Umstand nemlich, daß in unserer gewöhnlichen Art zu zählen das Materielle der zählbaren Dinge ganz in den Hinter-Grund tritt, macht es möglich, unsere Fassungs-Kraft auf solche Verhältnisse zu konzentriren, die ohne diese künstliche Trennung (d. h. in der lebendigen Verkettung des Lebens!) unserer Zerstreutheit entschlüpfen würden. Je mehr sich die reine Mathematik vollendete, desto weiter mußte jene Abstraktion, jene Entkörperung der Zahlen getrieben werden, oder umgekehrt: die größere Vollendung dieser Abstraktion war die Bedingung des weiteren Fortschreitens der reinen Mathematik.[59]

---

[57] Wilhelm Butte (1772–1833) war nach einer Laufbahn als Professor für Statistik und Staatswissenschaft in Landshut als Regierungsrat in Köln, danach als Inhaber des Lehrstuhls für Staatswirtschaftslehre in Bonn tätig. Einschlägig ist seine Abhandlung *Die Statistik als Wissenschaft*, Landshut 1808. Vgl. Wolfgang Piereth, s. v. Wilhelm Butte, in: Laetitia Boehm u. a. (Hrsg.), *Biographisches Lexikon der Ludwig-Maximilians-Universität München.* Teil I: *Ingolstadt–Landshut 1472–1826*, Berlin 1998, S. 58.

[58] Butte, Wilhelm, *Grundlinien der Arithmetik des menschlichen Lebens, nebst Winken für deren Anwendung auf Geographie, Staats- und Natur-Wissenschaft*, Landshut 1811 (frz. unter dem Titel *Prolégomènes de l'arithmétique de la vie humaine*, Paris, London 1812), S. VIII (Orthographie original). Vgl. auch Mädler, Johann Heinrich, *Populäre Astronomie. Nebst 51 Figuren und einem Atlas, 11 Tafeln enthaltend*, Berlin 1841, S. 280: »[J]a man darf die Hoffnung aussprechen, dass die Analysis einst diesen höchsten ihrer Triumphe feiern und durch ihr geistiges Auge Entdeckungen in Regionen machen werde, in die das körperliche bislang einzudringen nicht vermochte.«

[59] Butte, *Grundlinien der Arithmetik*, S. 13.

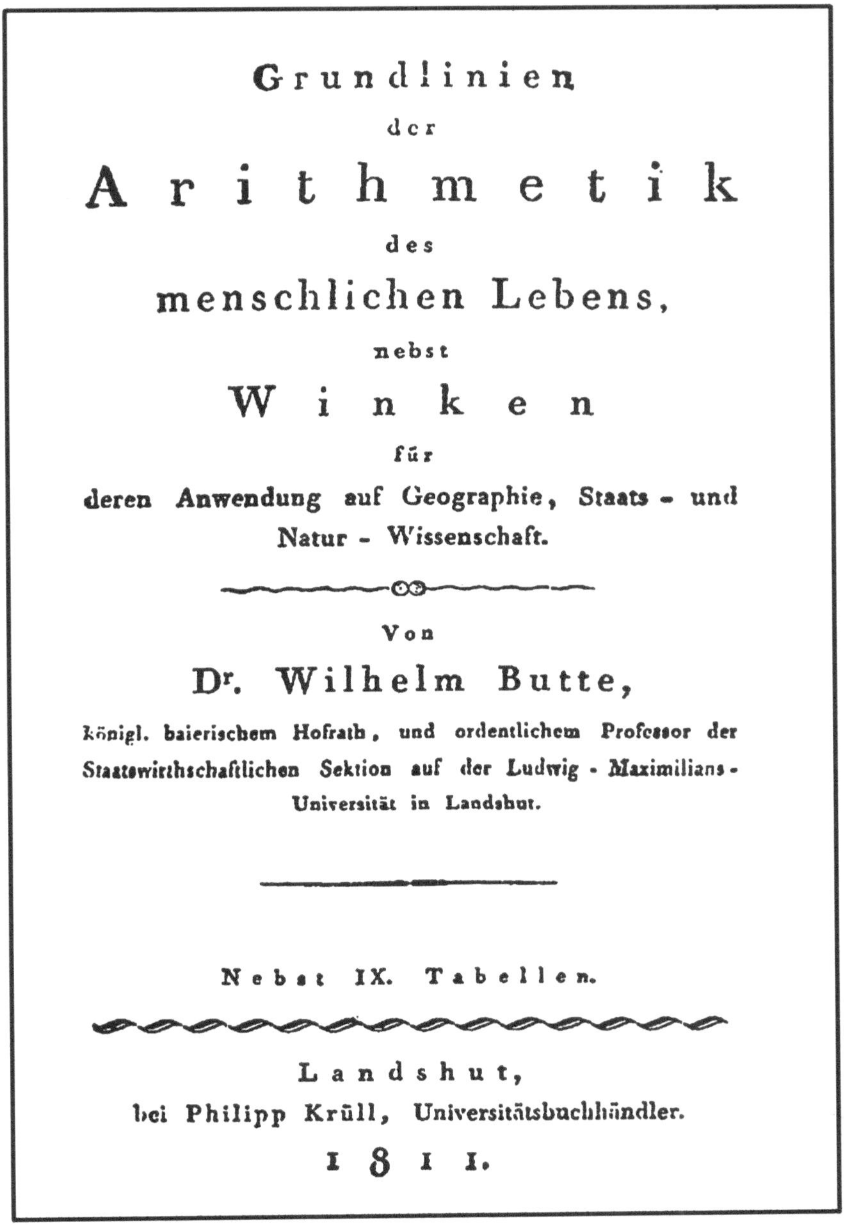

Grundlinien
der
Arithmetik
des
menschlichen Lebens,
nebst
Winken
für
deren Anwendung auf Geographie, Staats- und
Natur-Wissenschaft.

Von
Dr. Wilhelm Butte,
königl. baierischem Hofrath, und ordentlichem Professor der
Staatswirthschaftlichen Sektion auf der Ludwig-Maximilians-
Universität in Landshut.

Nebst IX. Tabellen.

Landshut,
bei Philipp Krüll, Universitätsbuchhändler.
1811.

Abb. 3: »Opake Leiblichkeit« – Die Arithmetik des Lebens. Aus: Wilhelm Butte, *Grundlinien der Arithmetik des menschlichen Lebens, nebst Winken für deren Anwendung auf Geographie, Staats- und Natur-Wissenschaft*, Landshut 1811, Titelseite

Ignoranz ist Butte hier kaum vorzuwerfen – die ›lebendige Verkettung allen Lebens‹ findet auf der Höhe des Diskurses statt; sein Gegenangebot, die ›zweite Arithmetik‹,[60] ist auch szientifisch informiert. Sie ist die »Wissenschaft der in Zahlen ausgedrückten Verhältnisse, nach welchen die Darstellung des Menschen in der Zeit, d. h. die Entwickelung und Dauer der menschlichen Vitalität gesetzlich projectiert wurde«.[61]

Am Ausgangspunkt der neuen »Lebens-Wissenschaft« steht die Kritik der Technik, die den mathematischen Diskurs erneuert hat – die Kontamination der Zeichenklassen im alphanumerischen Code:

> Es ist wahr, jezt drükken wenige Federzüge Verhältnisse aus, vor deren Größe und Tiefe dem Haupte des Beschauers schwindeln würde, fände ein Schwindeln statt [...] Hiermit geht aber die lezte Erinnerung an die Individualität verlohren: a oder b sind jede Zahl, die sie dem kühnen Rechner seyn sollen, der sich mittelst ihrer leicht von einem Sternen-Bilde zum andern schwingt, und der dann freilich leicht vergißt, was hinsichtlich der Zahlen an seinem eigenen Leibe, z. B. schon in seiner Hand, geschrieben steht.[62]

Indem die Variable, die zum variablen Buchstaben degenerierte Zahl, auf diese Weise als vitaler, gleichsam inkarnierter Teil der ›kühnen Rechner‹ selbst erscheint, wird die opake Leiblichkeit der Zahlen transparent. Wie

---

60 Formuliert in Buttes Wiederaufnahme der Sokratischen Frage: »Ob es nicht eine zweifache Arithmetik gebe, Eine zwar für den aus der Menge und eine für den *Philosophen*?« Ebd., S. 420, Kursivierung im Original. Wissenspopularisierung, wie sie etwa Johann Christoph Greiling um dieselbe Zeit entwirft, wird hier noch durch den Unterschied von exoterischer und esoterischer Erkenntnis, säkularer Menge und erleuchteter Minorität markiert.

61 Selbstanzeige Buttes im Erlanger *Allgemeinen Kameral-Correspondenten*, 16 (1811), zit. nach Anon., Rez. zu Butte, *Grundlinien der Arithmetik*, in: *Allgemeine Literatur Zeitung*, 1/90 (1814), Sp. 713–719 (715). Von der »Einen All-Kraft der Vitalität« als einer »Ur-Kraft« spricht Butte auch in seiner *Biotomie*: Butte, Wilhelm, *Die Biotomie des Menschen oder die Wissenschaft der Natur-Eintheilungen des Lebens als Mensch, als Mann und als Weib*, Bonn 1829, S. 179. Vgl. dazu Hepp, Robert, »Der Holzweg der Biotomie. Randbemerkungen zum Problem der Altersstufengrenzen«, in: Justin Stagl (Hrsg.), *Aspekte der Kultursoziologie. Aufsätze zur Soziologie, Philosophie, Anthropologie und Geschichte der Kultur.* Fs. Mohammed Rassem, Berlin 1982, S. 353–384, zu Butte S. 370ff. Entgegen ihrer Titelgebung unternimmt die Studie eine wissenssoziologische Kontextualisierung Buttes, die dem epistemischen Gehalt der biotomischen Verfahren durchaus Rechnung trägt.

62 Butte, *Grundlinien der Arithmetik*, S. 14. In seiner *Biotomie* führt Butte weiter aus: »Alles in der Natur [...] ist auf seiner quantitativen Seite in Lebens-Ma[a]ssen bemessen, auf seiner qualitativen aber in Lebens-Zahlen gezählt und berechnet, welche tief eingreifen in die Eigenthümlichkeit der Dinge, namentlich in die Weise, auf welche sie in der Einheit Vielheit, und in der Vielheit Einheit darstellen.« Butte, *Biotomie des Menschen*, S. 158.

anders nämlich »möchte eine Arithmetik des lebendigsten, d. h. des menschlichen, Lebens zu Stande kommen, wenn in unserer Untersuchung jene künstlich getödteten Zahlen, statt der allein brauchbaren lebendigen, gemeint wären?«[63] Butte projektiert somit nichts weniger als die Geburt der physikalischen Statistik aus der Esoterik eines lebensphilosophischen Beschreibungsethos mit dem Ziel, das Ganze der Natur als höheres zu präsentieren, sprich: zu zeigen, »daß auf solche Weise Pythagoras und Zeratuscht mit unserer Zeit zusammen hängen«.[64] Dabei muss die Mathematik, »eine Tochter des Himmels, [...] manches von dem einst Geträumten« der antiken Zahlenlehre »wieder hervorrufen«, »gewisse Zahlen« nämlich, die als »Umrisse« der »ewigen und einfachen Gesezze« galten. Wenn man solche Zahlen »auch zunächst in Mysterien bewahrte; so theilte sich dennoch selbst dem Volke eine gewisse Scheu vor ihnen mit: man sah ihrer einige allgemeiner an für die Monstranz des Heiligen«.[65] Gleichwohl, so Butte, darf die solcherart erhöhte Arithmetik doch »nicht abermals ein Traumbild geben – für welches die Zeitgenossen zu alt und zu wach geworden sind – sondern sie muß trachten die darin verhüllte Wahrheit im Lichtgewande der deutlichen, also möglichst philosophisch-mathematischen, Erkenntniß auftreten zu lassen«.[66] Positiv beurteilt Goethe – einer Tagebuchnotiz zufolge – »Butte's Zahlenlehre«. Butte nämlich

> war in Wiesbaden am letzten Tag bei ihm gewesen, und hatte ihm sein Weltsystem erklärt. Er [Goethe] sagte: wenn man einmal solch Spiel zugäbe, und zugeben müsse man es doch, so sei das äußerst scharfsinnig und hübsch [...]. Die Durchführung ins Einzelne gefiel ihm sehr [...].[67]

Der Habitus des ›Weltsystems‹ ist eine *aufgeklärte* Esoterik, die das alte Wissen durch die neue Forschung nicht erledigt, sondern allererst verständlich macht.[68]

---

63 Ebd., S. IX, 17. Zum Körperparadigma im ästhetischen Diskurs der Zeit vgl. Koschorke, Albrecht, *Körperströme und Schriftverkehr. Mediologie des 18. Jahrhunderts*, München 1999, und Braungart, Georg, *Leibhafter Sinn. Der andere Diskurs der Moderne*, Tübingen 1995.

64 Butte, *Grundlinien der Arithmetik*, S. IX. Gemeint sind hier Pythagoras und Zarathustra als Vertreter einer esoterischen *philosophia perennis*.

65 Ebd., S. VI.

66 Ebd., S. VIII.

67 Johann Wolfgang Goethe, Gespräch mit Sulpiz Boisserée vom 11. 8. 1815, in: *Goethes Gespräche*, hrsg. von Woldemar Freiherr von Biedermann, 10 Bde., Leipzig 1889–1896, Bd. 3, S. 209–213, hier S. 210.

68 In diesem Sinne ist die *Arithmetik* ein ›streng wissenschaftliches‹ Projekt. Dies legt bereits die Arbeitsteilung innerhalb des Textes nahe, hatte Butte seine Schrift doch ausdrücklich der »strengeren Wissenschaft geweih[t]« und einen explizit mit

So werden »alle geistigen Söhne Platons und Euklides [...] deutlich schauen dasjenige, dessen sich die junge Welt einstens in ihren Propheten und Weisen, in indischen und egyptischen Mysterien, und in manchen ihrer Orakel entweder noch dunkel erinnerte, oder was sie dort vorbedeutend träumte«.[69]

Humboldt wiederum gewinnt aus dieser Aufwertung der vormodernen Wissenschaft ein zeiten- und kulturenübergreifendes Erkenntnisargument:

> Die ahndende Phantasie: die allbelebende Thätigkeit des Geistes, welche in Plato, in Columbus, in Kepler gewirkt hat, darf nicht angeklagt werden, als habe sie in dem Gebiet der Wissenschaft nichts geschaffen, als müsse sie nothwendig ihrem Wesen nach von der Ergründung des Wirklichen abziehen.[70]

Vielmehr lägen in »den frühesten Ahndungen der Menschheit« – auch der »sogenannten wilden Völker« – schon »in einem engen Ideenkreise [...] die Keime von dem, was wir jetzt unter der Form anderer Symbole erklären zu können glauben«.[71] Die Symbole dieser anderen Erklärung sind die Zahlen

»Phantasien« überschriebenen gedankenexperimentellen Anhang vom ›exakten‹ Teil der Abhandlung getrennt. Butte, *Grundlinien der Arithmetik*, S. 414.

69 Ebd., S. 16. Wie reizvoll und prekär zugleich die tief in der romantischen Naturphilosophie verwurzelte Diktion der Butte-Schriften in den außerphilosophischen Diskursen seiner Zeit erscheint, ist auch den *Arithmetik*-Rezensionen zu entnehmen. Buttes Ansatz sei »in Hinsicht auf die Hauptidee« zwar »nicht gelungen«, die »Inhalte« der »jedenfalls genialischen Schrift« indessen seien »zu empfehlen«. Anon., Rez. v. Buttes *Arithmetik*, Allgemeine Literatur Zeitung 1/90 (1814), Sp. 713. Denkstil-, Sprach- und Terminologiekritik bestimmen auch die wohlwollenden Reaktionen: »Mit noch größerem Vergnügen würden wir diese Blätter gelesen haben, wenn uns auch hier nicht die Sprache der Modephilosophie zuweilen einen sehr unangenehmen Eindruck gemacht hätte.« Anon., Rez. zu Wilhelm Butte, *General-Tabelle der Staatswissenschaften und der Landeswissenschaft* (1800), in: *Jenaer Allgemeine Zeitung*, 6/4 (1809), Sp. 575f., hier Sp. 575. Nach dem Wechsel der Erkenntnisstile fällt das Urteil noch markanter aus. Der Autor Butte, liest man in der Allgemeinen Deutschen Biographie von 1876, sei zwar ein »gedanken- und kenntnißreicher Schriftsteller, der aber durch seine unfruchtbare Speculation und metaphysische Auffassung der staatlichen Verhältnisse fast ungenießbar ist.« Inama-Sternegg, Karl Theodor von, s.v. Wilhelm Butte, in: *ADB*, 3/1876, S. 654. Faszination und Vorbehalt zeigt auch die Charakterisierung, die vom »interessanten und vielseitigen, aber höchst verworrenen Statistike[r] und Schellingianischen Philosophen Wilhelm Butte« spricht. Sternberg, Th., s.v. Julius von Kirchmann, in: *ADB*, 51/1906, S. 167–177, hier S. 167. Butte selbst beklagt im Rückblick die »auffallend ungünstige Aufnahme« der *Arithmetik*, dieser »Hauptaufgabe meines Lebens«, der die »Reputation [...] eines Beitrags zu den Verirrungen des menschlichen Verstandes« zuteil geworden sei. Butte, Wilhelm, *Allgemeine Wissenschafts-Ansichten mit besonderer Beziehung auf Staats- und Kameralwissenschaft in ihrem neusten Zustande*, Bonn 1827, S. 21f.

70 Humboldt, *Kosmos*, Bd. 2, S. 138.

71 Ebd., Bd. 4, S. 537, Anm. 62.

der *exakten* Esoterik, einer Wissenschaft, die – so der kritische Verweis *pro domo* – auch nur zu erklären *glaubt*. Im Gegensatz zu ihr gelingt der wahren, auch numerisch abgeklärten Welterzählung eine kosmisch-philosophische Erfüllung und Erweiterung der Zahl. Der Geist der Quantität ist folglich kein exakter, sondern ein geheimer, der die ›Genealogie der Ahndungen‹ im Sinne einer epistemischen Diskursgeschichte aktiviert und revitalisiert. *Belebung* – Humboldts Lieblingswort an solchen Stellen – ist sodann kein Ausdruck toter Metaphorik, sondern Einfallstor für esoterische (und szientismuskritische) Prägnanz:[72] Die Arithmetik der poetischen Belebung offenbart die Poiesis des strengen Wissens als Ergebnis einer Mythopoiesis der Tradition. Wer sie durchschaut, wird zum Adepten einer anderen, kulturhistorischen Erkenntnis, auf die Humboldt in der Einleitung zum fünften *Kosmos*-Band verweist. Es gelte, seine Leser noch einmal »an die Beziehungen zu mahnen, in welchen das von mir Versuchte zu den Wagnissen einer metaphysischen Naturwissenschaft, zu dem steht, was tiefe Denker Naturphilosophie im Gegensatz der Philosophie des Geistes nennen«.[73] In der post-schellingschen Wissenschaftskultur ist dieser Ansatz in der Tat ein ›Wagnis‹, dessen populärdidaktisches wie esoterisches Profil als Parawissenschaft erscheinen muß. Man kann den metaphysischen Impuls des *Kosmos* aber auch als frühen Beitrag einer Kehre lesen, die sich auf der Basis des exakten Wissens einer metaszientifischen Erkenntnisstrategie verschreibt. Zu diesem Zweck verbinden sich in Humboldts *Kosmos* erstmals jene Komponenten, die als Proprium der Esoterischen Moderne (im Vergleich zur vormodernen Esoterik) gelten können: *Popularität (des ›öffentlich Geheimen‹), Szientismus (des Exakten) und gezielte Wissenschaftskritik (des metaepistemischen Kalküls)*. Der Rückgriff auf bzw. die Erschaffung einer *Tradition der metaepistemischen Erkenntnis* ventiliert dabei die Topoi, die aus der exakten Objektivitätsdebatte ausgeschlossen worden sind: den Körper, die Geschichte und die Kunst. Hier trifft sich Humboldts Vitalismus einmal mehr mit Butte:

---

72 In seinen frühen *Aphorismen aus der chemischen Physiologie der Pflanzen* hatte Humboldt das umstrittene Konzept der Lebenskraft ins Zentrum seiner szientifischen Definition gesetzt; der Biologe Treviranus kritisiert entsprechend: »Noch unbrauchbarer ist von Humboldts ältere Erklärung, nach welcher belebte Körper diejenigen sind, die des ununterbrochenen Bestrebens ihre Gestalt zu ändern ohngeachtet, durch eine gewissere innere Kraft gehindert werden, ihre erste ihnen eigenthümliche Form zu verlassen.« Treviranus, Gottfried Reinhold, *Biologie, oder Philosophie der lebenden Natur für Naturforscher und Aerzte*, 6 Bde., Bd. 1, Göttingen 1802, S. 19.

73 Humboldt, *Kosmos*, Bd. 5, S. 6. Humboldt reklamiert hier einmal mehr den *Kosmos* als Verwirklichung des Schelling-Postulats, die kantische Transzendentalphilosophie durch eine dezidiert empirische Naturphilosophie strategisch auszugleichen.

Beide setzen auf die Kooperation von analogischem Verfahren und belebter Zahl:

> Auf Analogien gegründete Schlüsse können einen Theil der weiten Kluft ausfüllen, welche die sicheren Resultate einer mathematischen Naturphilosophie von den Ahndungen trennt, die auf die äußersten, und darum sehr nebeligen und öden Grenzen aller wissenschaftlichen Gedankenentwickelung gerichtet sind.[74]

Die Arbeit an den Grenzen wissenschaftlicher Erkenntnis führt faktisch zur Grenzwissenschaft. In diesem Sinn ist auch der Auftrag zu verstehen, den sich Buttes analogisches Verfahren gibt: die physiognomisch-charakterologische Bestimmung der gesamten Erde. Diese Neubestimmung zielt auf nichts Geringeres als die »totale Umbildung der bestehenden Geographie, in ihren ächt wissenschaftlichen Elementen«.[75] Analog zu Humboldts Konzeption der Mittelwertbestimmung präferiert auch Butte die Normierung und Normalisierung des Vitalen durch statistische Erfassung – die Erfassung von Natur und Kultur:

> Es gibt und muß geben ein Normale, d. h. ein solches Verhältniß, welches genau in der Mitte aller Variationen liegt, und von welchem aus diese Variationen begriffen werden können [...]. a) Das Normal-Klima in seiner ganzen Ausdehnung [...]. b) Den Normal-Kultur-Zustand.[76]

Vorausgesetzt wird hierbei die harmonische Verhältnismäßigkeit der Welt als ganzer, die auch in den biologischen Prozessen wirksam sei: »Die Perioden und Epochen des Lebens müssen ein unter sich genau abgemessenes Verhältniß haben: denn diesem Leben muß ein Rhythmus seines Verlaufs bestehen; in ihm muß Harmonie seyn.«[77] Zur Ermittlung dieses abgemessenen Naturverhaltens stiftet Butte die Wissenschaft der Biotomie. Sie ruht auf der Erkenntnis:

> Daß dem zeitlichen Verlauf des reziproken Lebens ein allgemeiner, urbildlich fest bestimmter, und zeitlich artikulirter Plan zum Grunde liege, den die gegebenen Verläufe solches Lebens

---

[74] Humboldt, *Kosmos*, Bd. 3, S. 40; vgl. ebd., Bd. 4, S. 33, meine Hervorhebung: »Es ist im Kosmos keine Betrachtung zu übergehen, auf welche wirkliche Beobachtungen oder *nicht entfernte* Analogien zu leiten scheinen.«

[75] Butte, *Grundlinien der Arithmetik*, S. XVIII.

[76] Ebd., S. 35.

[77] Ebd., S. 19. Zahlenhaftigkeit ist somit eine Eigenschaft natürlicher Prozesse, da »in allen Zeit-Maßen Takt, folglich Zahl, vorherrscht [...]. Beachtet aber die Natur numerische Verhältnisse bis herab in die lezten Tiefen des Un-Lebens, wie möchte sie dergleichen nicht beachten in dem Gebiete des höher aufgeschlossenen Lebens?« Butte, *Biotomie des Menschen*, S. 160f.

als dem ihnen gemeinsamen Normal-Verlaufe nachzustreben angewiesen seyen.[78]

Aufgabe des biotomischen Verfahrens ist es, »die numerischen Natur-Verhältnisse im Verlaufe der Lebens-Zeiten zu ermitteln und den Rhythmus des darin gesezten Taktes offenkundig zu machen«.[79] Faktisch geht es dabei um die Frage, wie sich aus der Festlegung des sexuellen Reifezeitpunkts der Geschlechter auf die Spanne des Geschlechts- und Gattungslebens (und auf das Verhältnis der Geschlechter) schließen lasse. Arithmetik ist mithin die »eigentliche Lebens-Wissenschaft« – schon deshalb, weil sie neben dem Prinzip der biologischen Entwicklung auch den Niedergang (»Devolution«) im Erd- und Menschenleben reflektiert.[80]

b) Die Biotomie der Erde

Für diese Form der ›physischen Beschreibung‹ findet Butte eine Unterscheidung, die der Humboldt'schen Textur entgangen war. Im geographischen *engendering* erhalten – eine ingeniöse Vorahnung der Thesen Otto Weiningers und C. G. Jungs – die Kontinente Geschlecht und Charakter, und zwar dem Gesetz der Bipolarität entsprechend in diversen Mischungen, die je nach ihrer Lage auf der männlich oder weiblich konnotierten Hemisphäre zu berechnen sind. Die Ausarbeitung dieser Thesen zum Normal-Programm der Lebensstufen leitet Butte 1829 ein, indem er mittels ›biotomischer‹ und ›geotomischer‹ Beobachtungen den »Normal-Verlauf des Menschen-Lebens« – hier v. a. den »Geschlechts-Verlauf« – mit der dynamisch-autonomen »Wirthbarkeit unseres Globs« kombiniert.[81] Zum Ziel der neuen »physikali-

---

78 Butte, *Biotomie des Menschen*, S. 368. Biotomie als Partner der Anatomie ist die *»Lehre der zeitlich organischen Form«*; sie strebt danach, »die urbildlichen Formen des Verlaufs von Lebens-Gestaltungen« – »Natur-Eintheilungen« – empirisch zu ›entdecken‹. Deren Grundverhältnisse sind nicht wie die der anatomischen Gestaltung geometrisch, sondern »arithmetischer Natur«. Ebd., S. 370–371, 386.

79 Ebd., S. 161.

80 Ebd., S. 92, 100. Butte projektiert hier (auf der Quellenbasis französischer Sterberegister) ein Verfahren, das man ›Translationsstatistik‹ nennen könnte: Frühverstorbene ›vererben‹ dabei eine Summe Leben, die den Überlebenden als ›Kapital‹ verfügbar wird; die Lebensmenge (Jahre) weist dann relativ zur Anzahl der in einer Altersklasse Überlebenden die typologisch deduzierten Zahlverhältnisse auf.

81 Ebd., S. IIIf. Die kategoriale Zuordnung Raum/Erde und Zeit/Mensch in Buttes Hauptsatz »Die Erde und der Mensch verhalten sich wie Raum und Zeit« eröffnet dann die Möglichkeit zu einer ›Biotomie der Erde‹, dem Gegenstand der Geotomie: »In der Geotomie figuriren die Alter als Zonen«, »Zeit-Räume« werden zu »Raum-Zeiten« transformiert. Butte, *Biotomie des Menschen*, S. 153,

schen Geographie« wird eine ethisch motivierte Klimatheorie, die man mit Blick auf ihre These vom Geschlechtsleben der quasi-androgynen Erde auch als *Sexualgeographie* bezeichnen kann.[82] In dieser dürfe es, so Buttes Argument mit Blick auf Mensch und Erde, nicht verwirren, »daß in jedem Männlichen etwas des Weiblichen, und in jedem Weiblichen etwas des Männlichen beschlossen befunden wird«.[83]

Voraussetzung ist einmal mehr die Analogisierung Mikro-/Makrokosmos (Mensch und Erde) und die Unterscheidung zwischen ›Gattungs-Leben‹ und ›Geschechts-Leben‹ als typischen Entwicklungsformen: »Die doch schon so hohe Vollendung unseres Planeten [...] läßt erwarten, daß er selbst die Einheit der Gattungs-Existenz unter den Grundformen der Zweiheit im Geschlechte an sich tragen, oder daß er die Einheit einmal als männlich und noch einmal als weiblich darstellen werde.«[84] Diese Überlegung wiederum beruht auf einer Zahlentheorie der insgesamt neun Lebensalter und der Dreiteilung des menschlichen Körperbaus. Ihr Ausgangspunkt, so Butte, liege weder in den Traditionsbeständen der Hermetik oder Mystik noch im freien Spekulieren, sondern gehe auf die gründliche Beobachtung natürlicher Verläufe, Proportionen und Ereignisse zurück. Entsprechend der Entwicklungshöhe ihrer Gegenstände rechne die Natur teils additiv, teil mutiplikativ, beim Menschen schließlich in Potenzen: »Ist der Mensch dem Thiere in eigenthümlicher Lebensform superstruirt, so kann nicht die 3 [des Köper-

S. 420, S. 426. In einem 1828 publizierten Beitrag hatte Butte das Begriffspaar »anthropologische Biotomie« und »klimatologische Geotomie« bereits lanciert, die projektierte Abhandlung der letzteren jedoch nicht umgesetzt. Vgl. ebd., S. X.

82 Butte, *Grundlinien der Arthmetik*, S. 117. Sie findet sich in denkwürdigen Sätzen wie dem folgenden Verweis: »Wo der Verlauf des Sexual-Optimums indizirt ist, da ist das eigentliche Tropen-Land der Humanität indizirt!« Butte, *Biotomie des Menschen*, S. 514. Hintergrund ist eine These, wie sie später auch Carl Ritter seiner Konzeption der *Allgemeinen Erdkunde* zugrunde legt, die These nämlich, »daß der Mensch und seine Erde in der Natur viel inniger zusammenhängen müßten, als sie bis jezt [sic] in unseren Wissenschaften, namentlich in unserer Geographie, zusammenhängen.« Ebd., S. 117. Vgl. Ritter, Carl, *Allgemeine Erdkunde. Vorlesungen an der Universität zu Berlin gehalten*, H. A. Daniel (Hrsg.), Berlin 1862, S. 14: »Jeder [ist] im Räumlichen und Leiblichen der Spiegel seiner Erdlocalität.« Butte wiederum bemüht zur Legitimation der Unternehmung ein Humboldt-Zitat: »›Der Einfluß der physischen Welt auf die moralische, dieß geheimnißvolle Ineinander-Wirken des Sinnlichen und Aussersinnlichen, giebt dem Naturstudium, wenn man es zu höheren Gesichtpunkten erhebt, einen eignen noch zu wenig bekannten Reiz.‹« Butte, *Grundlinien der Arthmetik*, S. 157.

83 Butte, *Grundlinien der Arithmetik*, S. 123.

84 Ebd., S. 120. Längengrade deuten dabei auf die Gattungsexistenz der Erde, Breitengrade indizieren ›Geschlechts-Existenz‹.

baus] selbst, sondern es muß wenigsten $3^2 = 9$ die Wurzel des Menschlichen seyn, die sich sodann in 3^4, besser als 9^2 aufgefaßt, also in 81 vollendet.« Wer das »auf den ersten Blik scheinbar phantastische, Zahlen-Spiel der Natur mit Spielerei verwechselt«, dem entgeht ihre »Gesezlichkeit«.[85]

Die Übertragung des *proportio*-Gedankens auf vitale Organisationsprozesse wird noch eindrücklicher, wenn der Arithmetiker an die Spezifik der Geschlechter rührt. Der Ausgangswert der sexuellen Zeitlichkeit (Geschlechtsleben) des Mannes ist die 9 der Gattungszahl, sein Exponent, der diese Zeitspanne ermitteln soll, ist unbekannt. Als Gattungszahl der Frau fungiert (aus Gründen der Geschlechterdifferenz) die Primzahl 7. Hier ist auch der Exponent bestimmbar, das Symbol natürlicher Vollkommenheit, die 2. Als Folge der Naturentfremdung, die ihm das Quadrat als Exponenten vorenthält, ist der begrenzte Mann – so Buttes Pointe – auf die *Gattungs*zahl der Frau verwiesen: Sein Geschlechtsleben ist (zahlentheoretisch) androgyn, sein Lebenszeit-Raum 9×7, also 63. Dementsprechend lautet die Entschlüsselung der männlichen Normalkodierung aus der weiblichen: »Der Schlüssel zu dem Geheimniß des Typus der Weiblichkeit ist: 7; [...] endlich 7^2. Hierin ist zugleich dasjenige offenbart, was bisher in dem Typus der Männlichkeit noch dunkel war. Jenes nemlich, mit welchem die 9 multipliziert werden sollte, hat sich als 7 erklärt. M[an] vergl. Fig. III und Fig. V.« (vgl. Abb. 4).[86]

So konstruiert die arithmetische Entschlüsselungstextur aus Zahlen, Typen und Analogien eine Esoterik, die sich als Synthese lebensphilosophi-

---

85 Butte, *Biotomie des Menschen*, S. 204f.

86 Butte, *Grundlinien der Arithmetik*, S. 33f. Ausdrücklich betont der Arithmetiker, dass diese Zahlverhältnisse das Resultat empirischer Erhebung der »Statisten« seien, also weder arbiträr noch – ein Analogon zu Frege – kulturell kodiert: Die Wahl der 7 sei »nicht durch ein blindes Zugreifen in den Glükstopf der endlosen Zahlen-Menge hervorgerufen [...]. Auch war es nicht der Geruch ihrer Heiligkeit, der mich zu ihr führte.« Buttes analogisch-vorpositivistisches Konzept von Empirie bezieht sich vielmehr auf Erhebungsdaten wie die »Siebenteiligkeit (Heptachotomie)« des Körpers oder auch die 7-Monats-Untergrenze für die menschliche Geburt. Butte, *Grundlinien der Arithmetik*, S. 30, S. 32, S. 190. Gerade im Vergleich zu Humboldt wird hier exemplarisch deutlich, wie sich seit den 1810er Jahren der Begriff der Empirie (mit seinen Komponenten Datum/Faktum, Messung und Verzeichnung) im Vollzug des Denkstilwechsels von der mathematischen Naturphilosophie zur szientifischen Naturforschung verschiebt. Im Rückblick kritisiert auch Butte selbst die unzureichende Exaktheit seines Frühwerks: »Selbst der Name ›Arithmetik des Lebens‹ war unpassend, in gewisser Hinsicht mehr abschreckend als einladend, und der ganzen Ansicht fehlte ihre tiefere, streng wissenschaftliche Begründung.« Butte, *Biotomie des Menschen*, S. XII.

scher, empirisch-soziologischer und logischer Exaktheit inszeniert.[87] Die ›Ur-Bilder‹ vertreten hier die Stelle der verborgenen Naturgesetze, die allein der Eingeweihte schauen kann; der Logos wird ›ätherisch‹:

> Die Biotomie hat es [...] mit Ermittelung und Prüfung von Ur-Bildern zu thun, die in allem Einzel-Leben *verstekt, aus dessen Hintergrund wirkend*, Leben als Zeit-Figur, und Zeit als Lebens-Figur gestaltet hervorrufen. Auf solche Weise ist das ganze Wesen der Biotomie höherer ätherischer Natur, welches durchaus nichts direkt in die äusseren Sinne Fallendes darbietet, und woran man ohne eine gewisse Auszeichnung in dem Vermögen der Abstraktion und der höheren Kombination, schlechthin nichts auszurichten vermag.[88]

Auf dieser Grundlage entwirft die geotomische Biotomie mit Hilfe ihrer Lebenszahlen einen makrokosmischen Bewertungsrahmen, der als origineller *gender*-Mix aus Längengrad und Breitengrad zur Erdbeschreibung dienen soll. Die schon bei der Ermittlung der Geschlechtszahlen erkennbare Hybridisierung wird im geotomischen Modell erst recht brisant: »Es giebt also männliche Länge und weibliche Länge, und in dem Gebiete einer jeden kommt männliche (nördliche) und weibliche (südliche) Breite vor.«[89]

›Beschreibung‹ meint hier freilich eine »Bonitirung der Erd-Räume aus dem Gesichts-Punkt ihrer Lage«,[90] eine *gender*-Evaluation, die etwa für das weibliche Australien zu erstaunlichen Befunden gelangt:

> Unter allen Ländern der Erde muß Australien das charakterloseste seyn. Ich erwarte, daß hier alles, was die Erde trägt, fortkomme, daß hier aber nirgends das Große gedeihe. Die Wahl dieses Landes zur Kolonie der Diebe scheint mir die glüklichste zu seyn, die je getroffen wurde. [...] – Ganz anders sehe ich jene Wiederholungen der einzelnen Erd-Theile an. Diese [Inseln] sind mir Miniatur-Gemälde, in welchen alle Züge besonders konzentrirt hervortreten, während Australien eine bloße Kopie ist.[91]

Auch Amerika erscheint in dieser Deutung als inverse Abart der vertrauten Räumlichkeiten, denn »Amerika (der Kern von Hemi-Sphäre II.) ist in seinem Charakter die umgekehrte Hemi-Sphäre I, besonders das umgekehrte Asien.«[92] Komik freilich hat in Buttes geotomischem

---

87 Ergebnis ist eine ›vergleichende Anatomie der Zahlverhältnisse‹, die das Verhältnis der Geschlechter zueinander (Reifezeit und Lebensalter) als numerisches bestimmt. Nach Butte sind die Alterstufen der Geschlechter asymmetrisch (dies bezeichnen in der Abbildung die schiefen Ebenen der Pyramide), was stets übersehen werde, aber höchst bedeutsam sei.

88 Butte, *Biotomie des Menschen*, S. 392, meine Kursivierung.

89 Butte, *Grundlinien der Arithmetik*, S. 120.

90 Ebd., S. 157.

91 Ebd., S. 142f.

92 Ebd., S. 149.

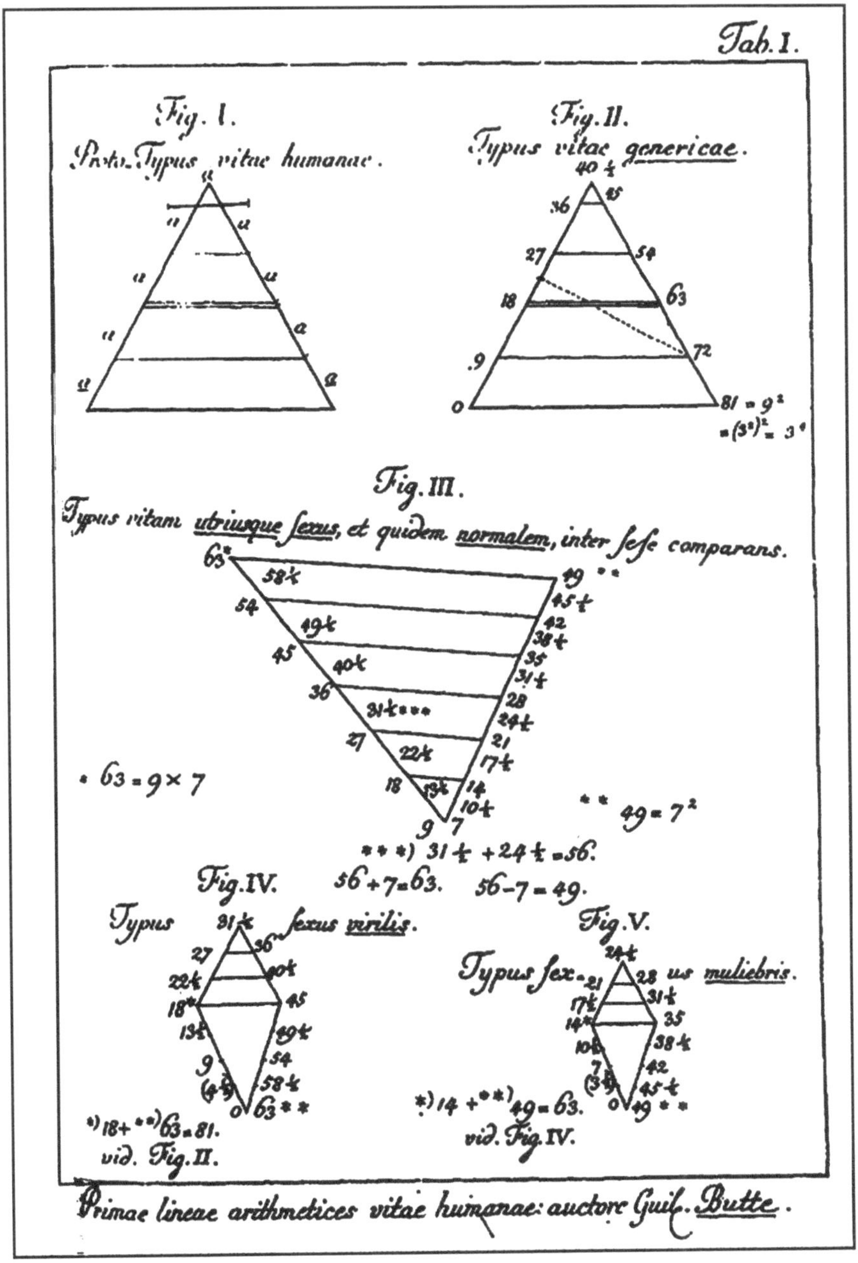

Abb. 4: Verrechnete Typen – Buttes Zahlenkunst. Aus: Wilhelm Butte, *Grundlinien der Arithmetik*, Landshut 1811, Tab. I (Anhang)

Phantasma keinen Ort. Die Übertragung der geschlechtlichen auf geographische Verhältnisse verändert vielmehr *nolens volens* die Bewertung der Geschlechtertypen (um so mehr, als das natürliche Geschlecht wie das soziale hier bereits als Zahlverhältnisse entworfen sind):

> Die Physiologie des Menschen [...] spricht [...] von dem Weibe als von dem umgekehrten Manne. Sie hat darin gewiß recht, wenn sie anders nicht vergißt, daß der Mann ebenso das umgewandte Weib ist, d. h. daß das Wesen des Weibes zu dem Manne in Sachen des Geschlechts nicht ein bloß leidendes Verhältnis habe.[93]

Faktisch unterläuft die Rechnung der Natur auf diese Weise ihre Hierarchien – Formen überlagern sich und Differenzen werden durch numerische Verklärung integriert. Denn wie Natur

> stets Einheit in der Vielheit und Vielheit in der Einheit zu sezzen weiß, so läßt sie auch in den wesentlich geschiedenen höheren Lebens-Formen, stets die niedrigeren in verklärter Gestalt mit figuriren, und stellt die je höheren in den niedrigeren so weit dar, als es nur immer mit der Haltung der einzelnen Dinge in ihrem Haupt-Karakter möglich ist. Jede Pflanze- und jede Thier-Klasse hat an ihrer Spizze eine Art von Mensch [...].[94]

Im geotomischen Naturgemälde dominieren die Hybriden schon infolge des numerischen Systemzwangs – »Das Zusammentreffen von 18 [weiblich] dann 31½ und 40½ [männlich] schafft Ostindien« –;[95] negative Bonitierungen wie im bedauerlichen Fall Australiens trifft man kaum. Im Gegenteil: Wo *gender*-Charaktere »männlich-weiblich« oder »weiblich-männlich« ausgestaltet sind, dort werden »Milde und Zartheit« zu Eigenschaften des ›reißenden Tiers‹, die Wilden zeigen unerwartet »Ueberfeinerung« und »noch mehr Sitte und Grazie als bei uns!« (vgl. Abb. 5).[96] Die Transgression, die hier noch auf der Basis klassischer Geschlechtsidentitäten tätig wird, verändert im Ergebnis ihr Bezugsmodell.

So überrascht sich Butte selbst dabei, wie seine Übertragung biotomischer auf geographische Verhältnisse die überkommenen Verfahren der *analogia entis* und der *ars combinatoria* in eine neue Transgressionsemphase überführt. Sie macht auch vor der Religion nicht halt: »Das Sich-Durch-

---

[93] Butte, *Grundlinien der Arithmetik*, S. 148f.

[94] Butte, *Biotomie des Menschen*, S. 207. Die »Brüderschaft des Menschen mit dem Affen und Konsorten« lehnt der Lebensarithmetiker noch ab; die Selbstsorge als Teil der esoterischen Disposition des Textes fordert hier die »definitive Feststellung des absoluten Primats des Menschen«, also eine universalistische Humanisierung, die – wie auch bei Humboldt – Telos der Verklärung ist: numerischer Humanismus. Ebd., S. 243, S. 257.

[95] Butte, *Grundlinien der Arithmetik*, S. 178.

[96] Ebd., Anhang, Tab. VI.

	II. Weibliche Hemi - Sphäre.		
	a. Lage.	b. Länder - Bestand.	c. Charakter.
81° der Breite + 81 der Breite = 81° der Länge.	Länge: Die ganze weibliche Länge = 81° Und zwar: 1) Weiblich - weibliche: 0 — $40\frac{1}{2}$. 2) Weiblich - männliche: $40\frac{1}{2}$ — 81. Breite: 1) Eine volle männliche Breite. Und zwar: a) Männlich - weibliche: 0 — $31\frac{1}{2}$. b) Männlich - männliche: $31\frac{1}{2}$ — 63. c) Region des Todes: 63 — 81. 2) Eine volle weibliche Breite. Und zwar: a) Weiblich - weibliche: 0 — $24\frac{1}{2}$. b) Weiblich - männliche: $24\frac{1}{2}$ — 49. c) Region des Todes: 49 — 81. Die ganze weibliche Länge bedeutet auf der Skala der Breite 81 — 49 = 32°. Auch hier über 81° kein Lebens - Boden!	Auffallend geringer als H. S. I. und wahrscheinlich 49 : 81. 1. Ganz *Amerika:* a) Nord - Amerika samt Inseln. b) Süd - Amerika samt Inseln. 2) Von dem Kontinent der alten Welt die nord - östliche Spizze Asiens (als Stüzpunkt des ersten Meridians der untergeordneten Hemi - Sphäre); sodann die meisten der Aleyutischen Inseln; endlich der gröſste Theil von Island (als Stüzpunkt ihres lezten Meridians). 3) Die Inseln der Süd - See zunächst bekannt (oder noch zu entdekken) unter dem Namen Polynesien. * Diese ohnehin vage Benennung wird hier auf einer Seite etwas weiter, auf einer etwas enger als gewöhnlich genommen. So fallen z. B. die Karolinen und Marianen weg; so kommt Neu-Seeland hinzu. Es sind die Inseln, welche im deutschen und alt - französischen Styl hier jenseits 180° L.; im neu - französischen jenseits 160; im englischen jenseits 158° L. liegen.	Ausdruk der Weiblichkeit und Repräsentation des Geschlechts. Jene ist äuſserlich ausgedrükt dadurch, daſs sie an Land die entschieden kleinere ist; diese dadurch, daſs sie an Land eine weit gröſsere Breite (beide Breiten zusammen genommen) als Länge hat. Höhere und allgemeinere Begünstigung der Vegetabilität und der Reproduktivität. Milde und Zartheit selbst bis zu den reiſsenden Thieren; das Farben - Spiel der Pflanzen - Welt im Thier - Reiche. Unter der Vorherrschaft des physischen Prinzips jene so kühne, so gewaltige, oft so phantastische Natur! Selbst in der Roheit des Menschen noch Gutmüthigkeit; selbst in der (dort künftigen) Ueberfeinerung, noch mehr Sitte und Grazie als bei uns! Dann überhaupt Gefühl und Takt, die nicht selten glüklich die Stelle der Einsicht vertreten.

Abb. 5: »Weibliche Breite« oder die »totale Umbildung der Geographie«. Aus: Wilhelm Butte, *Grundlinien der Arithmetik*, Tab. VI (Anhang): »Generelle Uebersicht der Eintheilung der Erde nach denen aus der Arithmetik des menschl. Lebens gewonnenen physikalischen Graden«

kreuzen der kirchlichen Grenzen gehört gleichfalls wesentlich zur Harmonie des Ganzen der Menschheit.«[97] Wo auf solche Weise »Mutter-Land« und »Vater-Land« sich mischen,[98] Kirchen sich durchkreuzen und die *gender*-Grenze permeabel wird, dort wird der wertkonservative Habitus, den Butte pflegt, wenn nicht erschüttert, so doch ›aufgeregt‹. Die Macht der Empirie, die Butte durch die Aufdeckung versteckter Urgesetze esoterisch bannen will, erfasst im Umkehrschluss das Telos der Naturphilosophie. Für Butte wie für Humboldt gilt, dass dort, wo ihre Darstellungsverfahren zur Verselbständigung neigen, der gefährdete Diskurs der Ganzheit nicht nur nachdrücklich beschworen werden muss; er wandelt sich als solcher. Denn Hybriden und statistische Tabellen funktionieren nicht als *pars pro toto* göttlicher Totalität; als Differenzmaschinen und -objekte sind sie metonymisch, flächig, autonom. Gerade bei der Reflexion des neuen epistemischen Profils, das hier entsteht, gelingen Butte Einsichten von ungewöhnlicher Modernität. »Die Erd-Räume«, so Buttes Überlegung, ließen sich

> dem Schach-Brette vergleichen, auf welchem sich das Spiel des Lebens entwikkeln soll. Wenn aber in jenem künstlichen Spiel die Felder selbst fast in jeder Hinsicht unter sich gleich sind, dergestalt, daß die größte Mannigfaltigkeit der Entwikkelung fast ausschließlich in der Verschiedenheit der spielenden Figuren gesucht werden muß; so reichte die Natur für ihre erfoderliche Mannigfaltigkeit damit nicht aus. *Vielmehr spielen in diesem Spiele die Felder selbst mit*, der Mannigfaltigkeit der Figuren unbeschadet.[99]

Damit freilich lösen sich tradierte klima- und kulturspezifische Fixierungen in ein dynamisches Geflecht mobiler Netzaktanten – der hybriden Räume und der ebenso hybriden Völker und Geschlechter, die sie kreuzen – auf. Denn »jedes Volk«, so Butte kühn, besitze »alle Charaktere; es hat seine Spanier, Italiener, Engländer, Franzosen, Deutsche, Russen, u.s.w., und es eröffnet sich ein Blik in eine scheinbar unabsehbare Tiefe der mannigfaltigsten Schattirungen [...].«[100] In diesem Sinne weist die lebensarithmetische

---

97 Ebd., S. 183f.
98 Ebd., Anhang, Tab. VIII.
99 Ebd., S. 192f., meine Kursivierung.
100 Ebd., S. 196. So nachdrücklich wird Typentransgression erst wieder in der Avantgarde gedacht. Man denke etwa an die Psychoanthropologie des Typenfotografen Ludwig Ferdinand Clauß und Robert Müllers Konzeption der Typenmischung. Vgl. dazu meinen Beitrag »Spaßige Rassen. Ethno-Flanerie und Gender-Transgression in Robert Müllers *Manhattan*, in: Kristin Kopp/Klaus Müller-Richter (Hrsg.), *Die ›Großstadt‹ und das ›Primitive‹. Text – Politik – Repräsentation,* Stuttgart, Weimar 2004, S. 221–257.

Spieltheorie weit über die holistische Erklärungsintention des Butte'schen Projekts hinaus.

Verstärkt wird dieser Eindruck durch die Weise, wie die *Arithmetik*-Kontamination von esoterischer Gewissheit und exaktem Anspruch den Vergleich mit Humboldts Weltanschauung sucht. Der Arithmetiker des Lebens, der auf die harmonische Hybridität der Erde in der Hoffnung zielt, dass darin »alles Physische auf Funktion tendire und daraus Maß nehme für teleologische Bedeutung«,[101] ahnt die Nähe der Konzepte und den Unterschied: »Unser v. Humbold« wird in Buttes Stellungnahme eingeführt als kongenialer Partner einer ›vitalistischen Geographie‹, die im Gefolge Herders den rein »quantitativen Verhältnissen der Erd-Räume ihre qualitative Bedeutung abzugewinnen« versucht.[102] In ihm erkennt der Arithmetiker das empirismuskritische »Bedürfniß nach einer solchen Geographie, welcher die Philosophie die Fakkel vortrüge, und welche forthin ihr ganzes Daseyn nicht mehr der bloßen Wahrnehmung verdanke«.[103] Den Verdacht, in seiner Lebensarithmetik werde Pseudowissenschaftliches verhandelt oder trüber Unsinn als Erkenntnis offeriert, wehrt Butte ab durch die »Versicherung, daß hier kein Mystizismus vorkomme«. Im Gegenteil. Man würde

> in der Tat sehr irren, wenn man aus den Figuren und Ziffern, die [...] in dieser ganzen Schrift [...] vorkommen, hoffen oder fürchten wollte, daß der Verfasser einer gewissen Klasse von Schriftstellern angehöre, die man mit dem Namen der Mystiker bezeichnet [...]: nicht Jacob Böhme [...] – sondern Galilei war mein Ideal![104]

Da Buttes transdisziplinärer »Wissenschafts-Organismus« also wie der *Kosmos* auf der Höhe der exakten Forschung mit der Absicht streitet, »zur Enthüllung der Einseitigkeit eines jeden Materialismus« beizutragen und auf diese Weise eine Ausgleichsdeskription – die ›höhere Analysis‹ im Sinne Humboldts – zu erzielen, hofft er (indirekt) auf eine Humboldt-Rezension: »Gelehrte, die gleich einem Alex. v. Humbold, auf allen diesen Punkten eindringend belehren könnten, sind viel zu selten, als daß man auf sie rech-

---

101 Butte, *Biotomie des Menschen*, S. 331. Hier nähert sich die Konzeption der esoterischen Spielart der Fechner'schen Psychophysik.

102 Butte, *Grundlinien der Arithmetik*, S. 145, S. 123. Humboldt als Naturforscher, »dem keiner seiner Zeit den Rang der Universalität streitig macht«, wird in der *Biotomie* mit den Worten zitiert: »›Alles steht in altem geheimnißvollem Verkehr mit dem Leben des Menschen!‹« Butte, *Biotomie des Menschen*, S. 243.

103 Butte, *Grundlinien der Arithmetik*, S. 121.

104 Ebd., S. 18, S. IXf. Entsprechend profiliert der Biotom auch eine strenge Terminologie: »Erforderliche Kunst-Ausdrücke: Generische Unität, Variabilität, Akklimabilität, Exklimabilität«. Butte, *Biotomie des Menschen*, S. 510.

nen dürfte, besonders da diese Seltenen heute kaum je eine Rezensenten-Stimme abgeben mögen.«[105] Irritiert wird Butte nämlich durch die Differenz zur Humboldt'schen Numerik, deren Datenproliferation dem ganzheitlichen Ethos dort zuwiderläuft, wo Butte auf die Schlichtheit weniger zentraler Zahlen setzt. Der Abgleich beider Geistverwandten führt dabei zur epistemischen Beunruhigung, die sich der Einsicht in die Wirkung ihres Denkzwangs und der eigenen Anomalien reflexiv erwehren muss. »Wird überhaupt«, fragt Butte skeptisch, »eine ächt razionale [= deduktive] Geographie auf der Basis der Arithmetik des menschlichen Lebens möglich seyn?«[106] Denn: »Jeder fragt: Wie stimmt diese Ansicht insbesondere mit den neusten Beobachtungen des wahrhaft großen Humbold's?« Buttes Antwort auf die »mir im Stillen selbst so oft gemachte Frage« passt die empiristische Tendenz des Kosmikers dem eigenen Erkennen an. Ergebnis ist zum einen das ›Bekenntnis‹, »daß ich zu meiner großen Freude fast überall, wo ich bisher in diesen Werken [Humboldts] hinblikte, Bestätigung zu finden glaube«, andererseits der Vorbehalt, dass diese »Übereinstimmung immer blos in den Resultaten, nie in der Methode ihrer Erklärung gesucht werden kann«.[107] Der Denkstilwechsel, den die beiden Arithmetiker mit unterschiedlichenVerfahren kompensieren, kritisieren und zugleich befördern, wird hier als Methodenkonkurrenz markiert. Zu Übereinstimmungen beider Strategien kommt es, wo die kosmischen Objekte selbst als Teile eines übergreifenden Zusammenhangs erkennbar werden: in der esoterischen Transposition der Zahl; zu Differenzen kommt es im Prozess der Esoterisierung, der bei Butte deduktiv und systematisch, bei Humboldt induktiv und *en passant* erfolgt.[108] So sucht der Geist der Butte'schen Methode Qua-

---

105 Butte, *Grundlinien der Arithmetik*, S. 107, XII. Erwähnung findet Humboldt auch als Wegbereiter des Geotomie, vgl. Butte, *Biotomie des Menschen*, S. 515.

106 Butte, *Grundlinien der Arithmetik*, S. 175.

107 Ebd., S. 172. Butte, der nach eigenem Bekunden Humboldts Werke rezipiert, sobald sie die Verlagsbuchhandlung liefert, nennt hier explizit die 1808 erschienenen *Ansichten der Natur*.

108 Entsprechend präsentiert die *Arithmetik* schon im umfangreichen Theoriekapitel den numerischen ›Typus des menschlichen Lebens‹, können doch die Grundprinzipien biotomischer Prozesse niemals »innerhalb des Bereichs gemeiner Wahrnehmung, überhaupt nicht an der Oberfläche der Erscheinungen gefunden werden«. Butte, *Biotomie des Menschen*, S. 91. Butte spricht mit Blick auf seinen Ansatz auch vom »razionale[n], gleichsam a priorische[n] Wege«: »Die reine Wahrnehmung – welcher unphilosophische Köpfe das Ganze der Geographie vindiziren möchten – sie selbst lehrt [...], daß die Natur im Großen fortdauernd [...] die Rechte der kosmischen Lage behaupte.« Butte, *Grundlinien der Arithmetik*, S. 189f. Humboldts *Kosmos* diskutiert am unscharfen Begriff ›Naturge-

litäten dort, wo Humboldt Quantitäten liefert, aber ebenso auf Qualitäten zielt: im Repräsentationstableau der Zeichen, ihrer Materialität und Leiblichkeit. Gerade hier bekennt sich Butte zum dynamischen Verfahren jener Männer, die wie Herder »gegen die engherzige und einseitige System-Sucht reden. Man fürchte nicht, daß ich solche vergeblich vernommen hätte!«[109] Buttes Ringen um die Klärung dessen, was ›empirisch-sinnlich‹ heißen kann, die Unvermitteltheit von systematisch-deduktivem und dynamisch-transgressivem Ansatz lässt erkennen, wie prekär auch Humboldts philosophisches Kalkül im zeitgenössischen Diskurs tatsächlich ist. Die physische Beschreibung seines *Kosmos* wird vor diesem Hintergrund als dissimulative Praxis kenntlich, die ihr metaszientifisches Arkanum vor dem Angriff des Exakten dadurch schützt, dass sie poetische Vertextung *fordert*, Fakten *liefert* und das Medium exakter Wissenschaft, die Zahl, *verklärt*.

IV. Numerische Verklärung

Die *Kosmos*-Strategie der Sinngebung des Sinnlosen durch Reduktion auf lebensvolle *numeri (numeri numerati)* mündet letztlich in ein ›antinarratives Narrationskonzept‹, das unter Preisgabe der klassizistischen Ästhetik (des Poetischen als ›schöner‹ Repräsentation und des *prodesse*-Ideals der homogenisierenden Geschichtserzählung) die tatsächlich praktizierte Flucht ins Detaillierte ebenso wie den *haut goût* des Pseudowissenschaftlichen verdecken soll. Die zur *narratio* geläuterte *descriptio* zerfällt zur detaillierteren *enumeratio*, ›Erzählung‹ wird durch »Herzählung« ersetzt.[110] ›Empirisch‹ heißt hier folglich nicht die szientifische Verzeichnung der Objektgenese (der Prozess des *writing science*), sondern die numerische Verklärung des ›Erwiesenen‹: »Die hier geschilderte naturbeschreibende Methode ist der, welche Resultate *begründet*, entgegengesetzt. Die eine zählt auf, was auf dem anderen Wege erwiesen worden ist.«[111] So offenbart sich Humboldts ›allgemeines Band‹, das kosmische Zentralsymbol des großen Ganzen, letztlich als numerisches Verfahren einer »Zahlverbindung«,[112] die gleichwohl als Textverfahren funktionieren soll.

---

mälde‹ eine ganzheitliche Textästhetik, die dem Akkumulations*verfahren* der numerischen Poetik explizit zuwiderläuft. Vgl. Erdbeer, Robert Matthias, *Die Signatur des Kosmos. Epistemische Poetik und die Genealogie der Esoterischen Moderne,* Berlin/New York 2010. Kap. II.

109 Butte, *Grundlinien der Arithmetik*, S. 191.

110 Humboldt, *Kosmos*, Bd. 2, S. 252.

111 Ebd., Bd. 1, S. 85, meine Hervorhebung.

112 Kant, Immanuel, »Allgemeine Naturgeschichte und Theorie des Himmels, oder

Tatsächlich arbeitet der *Kosmos*-Kompilator an nichts anderem als an der ›Bonitierung‹ des Gezählten – der Verklärung seiner Zahlen – mit dem Gestus ideeller Sachlichkeit. Aus diesem Grund entfernt sich die Poetik einer möglichst vollständigen Herzählung auch nicht, so paradox dies scheinen mag, vom literarischen Diskurs im engern Sinne; das Verfahren der *numerischen Verklärung* offenbart vielmehr den untergründigen Diskurszusammenhang der parawissenschaftlichen Poetik mit der Dichtungsreflexion des zeitgenössischen Romans. Der große Theoretiker des Realismus, Friedrich Spielhagen, hat dies in Anlehnung an Gutzkows ›Roman des Nebeneinander‹ ins mathematische Gleichnis gebracht. Nach Spielhagen

> gleicht die Novelle einem Multiplikationsexempel, in welchem mit wenigen Faktoren rasch ein sicheres Produkt herausgerechnet wird; der Roman einer Addition, deren Summe zu gewinnen, wegen der langen Reihe und der verschiedenen Größe der Summanden, umständlich und im ganzen etwas unsicher ist.[113]

Da der moderne realistische Roman es »weniger auf eine möglichst interessante Handlung abgesehen« habe als auf »eine möglichst vollkommene Uebersicht der Breite und Weite des Menschenlebens«, müsse er »den Leser auf großen, weiten (allerdings möglichst blumenreichen) Umwegen zu seinem Ziele [...] führen«,[114] eine Leistung, die »den tiefsten Einblick in die Gesetze« ermöglicht, »welche das Menschentreiben zu einem Kosmos machen«.[115] Nicht zuletzt die Parenthese zeigt den problematischen Aspekt, den dieser archivarische Gesetzes-Kosmos mit Humboldts ›Roman über das Weltall‹ teilt: die Neufassung des Blumenreichen im Progress der Addition. Im zeitgenössischen historischen Roman führt diese Form der arithme-

---

Versuch von der Verfassung und dem mechanischen Ursprunge des ganzen Weltgebäudes nach newtonischen Grundsätzen abgehandelt« (1755), in: *Werke*, Bd. 1, 5. Aufl., Darmstadt 1983, S. 219–396. Kant vertritt die Hoffnung, »daß alle diese unermeßliche Sternordnungen wiederum die Einheit einer Zahl machen, deren Ende wir nicht wissen, und die vielleicht ebenso wie jene unbegreiflich groß, und doch wiederum noch die Einheit einer neuen Zahlverbindung ist«. Ebd., S. 267.

113 Spielhagen, Friedrich, »Novelle oder Roman?« (1876), in: Ders., *Beiträge zur Theorie und Technik des Romans (1883)*, mit einem Nachwort von Hellmuth Himmel, Göttingen 1967, S. 243–257, hier S. 246.

114 Ebd.

115 Spielhagen, Friedrich, »Der Held im Roman« (1874), in: Ders., *Beiträge zur Theorie und Technik des Romans*, S. 65–100, hier S. 67. Analog zu Humboldt nennt der Dichtungstheoretiker als Gegenstand des Romanciers die »Untersuchung und wo es sein kann, Feststellung des Verhältnisses und der Lage des Menschen als tellurischen und kosmischen Wesens, d. h. die Naturwissenschaft«. Spielhagen, Friedrich, »Das Gebiet des Romans« (1873), in: Ders., *Beiträge zur Theorie und Technik des Romans*, S. 35–63, hier S. 40.

tischen ›Belebung‹ zu bemerkenswerten Digressionen, etwa dort, wo Georg Ebers in der 103. Anmerkung zu seiner *Ägyptischen Königstochter* den fiktiven Ramses-Schatz numerisch ebenso wie wissenschaftshistorisch sichert und in katalogartigen Serien wuchern lässt. Den Anlass für die diegetisch unsinnige, aber sachhaltige Zahlenproliferation gibt im Roman die harmlose Bemerkung, Ramses habe einen großen Schatz besessen:[116]

> Appian gibt die kaum glaubliche Angabe, daß der Schatz des Ptolemäus Philadelphus 740,000 ägyptische Talente enthalten habe. Dies wären, wenn man auch das ägyptische Talent zu einem halben äginetischen rechnen wollte, 1,665,000,000 Mark. Vielleicht ist Böckhs (Staatshaushalt d. Ath. I. S. 14) Konjektur richtig, daß hier die Gesamteinnahme seiner 38jährigen Regierung gemeint ist. Uebrigens soll eine Inschrift am Schatzhause Ramses des Großen (Osymandyas) besagt haben, daß die Gold- und Silbergruben der Aegypter jährlich 32 Mill. Minen, das sind 2688 Mill. Mark, eingebracht hätten. Diod. I. 49. Nach demselben, I. 62, enthielt der Schatz des Rhampsinit 4 Mill. Talente, das sind, wenn man nur kleine ägyptische Talente rechnet, 9000 Mill. Mark. [...] Hier tritt uns in der That ein kolossaler Reichtum an Gold, Silber, Electrum, Lapis Lazuli, Malachit, (mafek), ja sogar an arabischen Spezereien entgegen. In Säcken, Vasen und Haufen lagert das edle Metall, das unedle in ziegelartigen Barren.[117]

Faktenwissen wird auf diese Weise zur Heuristik der Fiktion, Fiktion zum Anlass (wenn nicht gar zum Vorwand) archivarischer Exzesse. Humboldts Postulat erobert somit auch den Kernbereich des Narrativen. Die Verklärung des fiktiven Zahlenlebens zum Effekt und Pathos des Realen validiert die historistische Textur. Erzählung wird durch »Herzählung« ersetzt auf eine Weise, die der Herzählung auratische Funktion verleiht. Bereits in Humboldts ›Zahlverbindung‹ meint ›Belebung‹ mehr als nur ein rezeptionsästhetisches, stilistisches Surplus des Textes; die numerische Poetik offenbart vielmehr den transnumerischen Vitalzusammenhang der kosmischen Natur als ganzer. Wie für Buttes Deduktion aus der Geschlechtlichkeit der Zahlen gilt für Humboldts Mittelwert-Belebung, dass der Schreiber, der die Zahlen kennt, die Welt erkennt. Im *Kosmos*-Text wird die harmonische Hybridität der Erde, die bei Butte aus der Bipolarität geschlechtlich definierter Zahlen abgeleitet worden war, von der Dynamik forschender Geschlechter eingelöst. Die Arithmetik ihres Lebens, das die Zahlen füllt, verdankt sich einem stets dynamischen, mobilen und befreundeten Gelehrtenkollektiv. Dies ist die neue, denkstiladäquate Fas-

---

116 In der Tat ist diese Stelle, die als Auslöser der Anmerkung fungiert, nicht mehr als ein Vergleich: »Seit Ramses III. waren die Kammern des Schatzhauses nicht so gefüllt wie heute!« Ebers, Georg, *Eine Aegyptische Königstochter*. Historischer Roman (1864), 2 Bde., Bd. 2, Stuttgart 1893, S. 219.

117 Ebers, *Eine Aegyptische Königstochter*, S. 386.

sung der von Oken ausgegebenen Maxime: »Ein Naturding ist nichts anderes als eine sich bewegende Zahl [...].«[118] Die Fortschrittsnarrative dieser szientifischen Agenten liefern nämlich die exakten Werte, welche Humboldts Mittelwertvertextung zu ästhetischen und ethischen erhebt. Im Zuge dieser arithmetischen Belebung wandelt sich die Exoterik trostloser Statistiken zur esoterischen Erkenntnis, die den Gläubigen die *harmonia mundi* offenbart: den Wert der Welt. In diesem Sinne bleibt das Telos der vitalen Arithmetiken von Oken über Butte bis zu Humboldt ein Arkanum, das noch in den unanschaulichsten Verdichtungen und Digressionen seiner enzyklopädistischen Verformelung auf die *vitale* Mathesis verweist.

Was aus der Perspektive des Exakten oft absurd bis unfreiwillig komisch wirkt, verstellt durch seinen zeit- und denkstilfremden Habitus nicht selten die Potenz, die sich im *epistemischen* Design verbirgt. Dasselbe nämlich ist bisweilen radikaler als die Deutungsangebote, die im Welterklärungsnarrativ des *esoterischen* Designs vertextet sind. Für diese Form kultur- und wissenskritischer Modellbildung, die dann *ex post* als Parawissenschaft erscheint, kann wissenschaftshistorisch gelten, was für Oken gilt: Man lacht zu früh.

Bei Humboldt wie bei Butte wird der programmatische Versuch zur Naturalisierung, zur Belebung und Verkörperung der Zahlen folglich mit der Marginalisierung im naturwissenschaftlichen Genre erkauft: Der *Kosmos*-Autor wird zum Meta-Archivar desselben, Butte, der Verfechter »sanfter Übergänge«, kehrt zur Staatswissenschaft zurück.[119] Allein: Durch ihre Insistenz auf Wissenschaftlichkeit im strengen Sinne, ihre szientifische Tendenz, betreiben beide Arithmetiker die Neuausrichtung, wenn nicht gar Begründung einer Esoterik, die man ungeachtet ihrer Programmatik kaum noch der romantischen Naturphilosophie und überhaupt nicht mehr der *philosophia perennis* zurechnen kann. Sie wird zum Komplement und Korrektiv exakter Wissenschaft. So etabliert sich im Verfahren der numerischen Verklärung, deren epistemologisches Profil auch als verdeckte Wissenschaftskritik fungiert, die Mathesis der Esoterischen Moderne.

Frege freilich, der Exakte, der den leeren Formalismus und die empiriekontaminierte Zahlenlehre gleichermaßen fürchtet und auf arithmetisch gereinigte »Wahrheiten« hofft, kann eine solche Kooperation von Empirie, Holismus und ästhetischer Verklärung nur verwerflich finden. In der Rein-

[118] Oken, *Lehrbuch der Naturphilosophie*, S. 25.

[119] Butte, *Grundlinien der Arithmetik*, S. 194. Im politischen Zusammenhang plädiert der Arithmetiker entsprechend für »das Kleinod des goldenen Friedens«. Ebd., S. 200.

form des Exakten nämlich wird das Läuterungskonzept der esoterischen Analysis und ihrer Arithmetik selbst der Unreinheit verdächtig, schlimmer noch: der Konfabulation. Nach Frege nämlich bilde sie sich ein, »sie brauche nur Forderungen zu stellen; deren Erfüllung verstehe sich dann von selbst. Sie gebärdet sich wie ein Gott, der durch sein bloßes Wort schaffen kann, wessen er bedarf.«[120] Dies ist freilich in der Tat das Telos einer Arithmetik, die der szientifischen Moderne nach dem Ende der Naturgeschichte ihre metaphysische Begründung geben und zugleich, als Wissenschaftskritik, die Korporalität und Kulturalität exakter Konstruktionen kenntlich machen will. Ihr Logos ist die Zahl. Als kosmische Erzählung wiederholt sie dabei die vitale Zählung, die im Schöpfungswort verborgen war und als geheimes Wissen das exakte Wissen überformt, organisiert und strukturiert. Mit Buttes Worten: »Hier hat Gott gezählt!«[121]

---

[120] Frege, *Die Grundlagen der Arithmetik*, S. 138f.

[121] Butte, *Grundlinien der Arithmetik*, S. 16.

Friedrich Vollhardt (München)

Essayismus und Mathematik um 1900

Die Schriften von Paul Mongré (d. i. Felix Hausdorff) im Kontext

Das Werk von Felix Hausdorff ist während der Freiburger Tagung mehrfach gewürdigt worden. Ein Grund für dieses Interesse ist unschwer auszumachen: In keinem anderen Werk der literarischen Moderne findet sich eine so enge Beziehung zum mathematisch-naturwissenschaftlichen Denken der Zeit um 1900. In den von Hausdorff unter einem Pseudonym veröffentlichten Schriften lässt sich ein Austausch zwischen den ›Zwei Kulturen‹ beobachten, über deren Trennung und die daraus erwachsenen Folgen (auch die nicht intendierten) immer wieder diskutiert oder spekuliert worden ist, besonders lebhaft in den vergangenen Jahren.

Der Mathematiker Hausdorff und der Schriftsteller Paul Mongré – unter diesem Namen[1] sind seine essayistischen und poetischen Texte erschienen – gehen für einige Jahre eine Verbindung ein, die aus unterschiedlichen Perspektiven beschrieben werden kann; doch nur in einer Zusammenschau der mathematischen, wissenschafts- und philosophiegeschichtlichen sowie literaturwissenschaftlichen Erkenntnisse lässt sich die Doppelexistenz des Autors[2] adäquat verstehen. Dabei werden hohe Anforderungen an die transdisziplinäre Kooperation gestellt, wie der Kommentar zu den inzwischen

---

1 Zur Wahl des Pseudonyms vgl. Vollhardt, Friedrich, »Von der Sozialgeschichte zur Kulturwissenschaft? Die literarisch-essayistischen Schriften des Mathematikers Felix Hausdorff (1868–1942): Vorläufige Bemerkungen in systematischer Absicht«, in: Martin Huber/Gerhard Lauer (Hrsg.), *Nach der Sozialgeschichte. Konzepte für eine Literaturwissenschaft zwischen Historischer Anthropologie, Kulturgeschichte und Medientheorie*, Tübingen 2000, S. 551–573, bes. S. 560f.

2 Über die Hausdorff selbst nachgedacht hat; in der unter dem Titel *Sant' Ilario. Gedanken aus der Landschaft Zarathustras* (Leipzig 1897) veröffentlichten Sammlung von Aphorismen findet sich der folgende Eintrag: »Warum soll der Dichter nicht nebenbei noch irgend etwas Anderes sein, Archivar oder Minister oder Naturforscher? Wohl ihm, wenn er sich Menschlichkeiten, über- und untergeordnete, offen gelassen hat, in die er zu unproductiver Zeit schlüpfen kann; schlimm, wenn er nur Berufsdichter und ausserdem höchstens Berufempfinder, Impressionist, Erlebnisjäger ist.« (Nr. 295, S. 196).

edierten Schriften zeigt. Für das Gespräch über die Fachgrenzen hinweg hat die Wissenschaftsforschung nur erste, weit ausgreifende Ansätze[3] geliefert, weshalb einleitend wenige – ganz vorläufige – Bemerkungen zu den konkreten Problemen und Grenzen des Dialogs zwischen den ›Kulturen‹ folgen, die keinen theoretischen Anspruch erheben und weiter zu vertiefen sind. Im Falle Hausdorffs müssen solche Überlegungen von der Biographie des Autors ausgehen, da sich dessen literarische Tätigkeit auf wenige Jahre beschränkt, eine Phase der intellektuellen Orientierung, die der bahnbrechenden mathematischen Arbeit vorausgeht.

I.

Felix Hausdorff wird am 8. November 1868 in Breslau geboren, zwei Jahre später siedelt die Familie nach Leipzig über. Für seine bald erkennbar werdende Doppelbegabung dürfte der Besuch des humanistischen Nicolai-Gymnasiums eine wichtige Voraussetzung gebildet haben. Hausdorff will zunächst Musik studieren, nimmt jedoch auf Wunsch des Vaters, eines begüterten Kaufmanns, das Studium der Mathematik und Astronomie auf, das er 1891 mit der Promotion in Leipzig abschließt, die Habilitation erfolgt vier Jahre später. Seine jüdische Herkunft verhindert eine rasche Karriere, erst 1910 erhält er eine Stelle in Bonn und 1913 den Ruf auf ein Ordinariat in Greifswald. 1921 folgt die Rückkehr nach Bonn, wo er bis zu seiner Emeritierung im Jahr 1935 lehrt. Die schriftstellerische Tätigkeit fällt in die Zeit der Privatdozentur (seit 1893 unterhält er Beziehungen zum Nietzsche-Archiv), sie endet mit der Übernahme der ersten Professur und dem Beginn der produktiven Arbeit an den Grundlegungsfragen der modernen Mathematik, wie sie sich aus der Cantor'schen Theorie der transfiniten Ordinal- und Kardinalzahlen sowie der Punktmengenlehre ergaben.

In seinen Leipziger Jahren – der Latenzzeit vor der dann endgültigen Wendung zur Mathematik – pflegt Hausdorff intensive Kontakte mit verschiedenen Autoren und Künstlern, hier entstehen seine literarischen und essayistischen Schriften. Am Beginn der pseudonym veröffentlichten Arbeiten stehen philosophische Reflexionen und zeitkritische Impressionen (*Sant' Ilario. Gedanken aus der Landschaft Zarathustras*. Leipzig: C. G. Naumann 1897) sowie eine systematische Abhandlung (*Das Chaos in kosmischer Auslese. Ein erkenntnistheoretischer Versuch*. Leipzig: C. G. Naumann 1898), gefolgt von zahlreichen Es-

[3] Aus der Sicht der »Sociologie des sciences« vgl. etwa Shinn, Terry, »Formes de division du travail scientifique et convergence intellectuelle. La recherche technico-instrumentale«, in: *Revue française sociologique*, 41/2000, 3, S. 447–473.

says, die zwischen 1898 und 1910 vornehmlich in der *Neuen* [*Deutschen*] *Rundschau* erscheinen. In das Jahr 1900 fällt die Veröffentlichung des Mongré'schen Gedichtbandes *Ekstasen* (Leipzig: H. Seemann), für den der französische und belgische Symbolismus und das Werk Nietzsches – darunter die *Dionysos-Dithyramben* (1888/89) – einen Bezugspunkt bilden. Die Sammlung enthält auch metrisch streng regulierte Gedichtformen (Rondel, Sonett) und die in der Zeit unvermeidlichen ›Laudes Italiae‹, die weniger avanciert erscheinen, aber in gleicher Weise als Reaktionen auf Literaturprogramme und Stilhaltungen des späten 19. Jahrhunderts zu deuten sind. Hausdorff orientiert sich an dem von Friedrich Nietzsche repräsentierten Typus des Intellektuellen, widerspricht diesem aber in der Form und dem Gehalt einer Metaphysikkritik, die ›mathematisch‹ argumentiert. Die irrationalistischen Strömungen der Jahrhundertwende sind das erklärte Ziel seiner polemischen und satirischen Angriffe (siehe die zweite der unten genannten Prämissen). Das gilt in anderer Weise auch für sein erfolgreiches, etwa dreihundert Mal aufgeführtes Theaterstück (*Der Arzt seiner Ehre*, Groteske. 1904; im Verlag von S. Fischer 1912 noch einmal gedruckt), in dem das Duellwesen der Zeit persifliert wird.

II.

Die biographische Skizze zeigt, dass hier kein durchschnittlicher Lebenslauf in seinen Stationen zu beschreiben ist, sondern eine intellektuelle Entwicklung, die Wandlungen kennt (auch in der Mathematik) und Brüche (wie den mit dem *alter ego* Mongré), aber auch Konstanten, etwa das Interesse Hausdorffs an der Raum-Zeit-Problematik. Es sind die in der Abhandlung über *Das Chaos in kosmischer Auslese* aufgeworfenen philosophischen Fragen, die ihn 1897/98 zum Studium der Cantor'schen Mengenlehre und damit zu mathematischen Untersuchungen und Lösungsvorschlägen führen, mit denen dann – unter Mitführung der erkenntnistheoretischen Problemlast – die Grenze zwischen den Wissenschaftskulturen überschritten wird. Nähert man sich Hausdorff/Mongré in der Absicht, die Bedeutung der literarisch-essayistischen Phase für die Entwicklung der komplexen Persönlichkeit zu erhellen, wird die Ausgangsfrage lauten: »Is the case of Mongré the writer and Hausdorff the mathematician a case of a double identity, a multitalented author whose intellectual horizon was just too broad to fit under one roof, or are there intellectual connections between the two?«[4]

---

[4] Epple, Moritz, »Felix Hausdorff's Considered Empiricism«, in: José Ferreirós/ Jeremy J. Gray (Hrsg.), *The Architecture of Modern Mathematics. Essays in History and Philosophy*, Oxford 2006, S. 263–289, hier S. 265.

Mit der Annahme einer Ähnlichkeitsbeziehung zwischen künstlerischen Verfahren und wissenschaftlichen Denkformen wird ein traditionsreicher, bereits in der Antike verbreiteter Topos aufgerufen. Eine vielzitierte Stelle findet sich in Ciceros Rede *Pro Archia poeta*: »etenim omnes artes, quae ad humanitatem pertinent, habent quoddam commune vinclum et quasi cognatione quadam inter se continentur.«[5] Spektakulär ist jedoch, dass diese Frage in der Moderne überhaupt noch einmal gestellt werden kann und bei Hausdorff/Mongré sogar gestellt werden muss. Denn in den Jahren, in denen Hausdorff seine Karriere als Mathematiker beginnt, scheint die Entfremdung zwischen den Disziplinen einen Höhepunkt erreicht zu haben – will man einer Anekdote Glauben schenken, die C. P. Snow in seinem berühmten Vortrag über *The Two Cultures and the Scientific Revolution* (1959) anführt. Berichtet wird hier von einem Oxforder Gelehrten, einem Vertreter der *humanities*, der in einem College in Cambridge zu Gast ist (»The date is perhaps the 1890's«), wo er sich bei einem festlichen Essen mit »some cheerful Oxonian chit-chat« an seine beiden Tischnachbarn wendet und eine unerwartete Reaktion erhält:

> Then, rather to his surprise, one looked at the other and said, ›Do you know what he's talking about?‹ ›I haven't the least idea.‹ [...] But the President, acting as a social emollient, put him [den Gast aus Oxford] at his ease by saying, ›Oh, those are mathematicians! We never talk to *them*.‹[6]

Ob sich mit dieser »pleasant story« das Verhältnis zwischen den Kulturen angemessen charakterisieren lässt, muss hier nicht untersucht werden. Von Bedeutung ist allein die historische Zuordnung und die damit ins Spiel gebrachte Eigenperspektive der Epoche, die sich von der heutigen unterscheidet. Denn für uns ist die Produktion von Wissen stets eingebunden in einen vielschichtigen Kulturzusammenhang, die rein objektive Datenerhebung und -beschreibung gehört dagegen zu den Mythen, die der wissenschaftliche Prozess selbst ausgebildet hat; »seen in this way, ›science‹ is merely one set of cultural activities among others«, schreibt Stefan Collini im Vorwort zu der zitierten Neuausgabe von Snows *lecture*.[7] Sein Referat der Ansätze und Entwicklungen der Wissenschaftsforschung in den letzten dreißig Jahren widerlegt einerseits die These von den ›Zwei Kulturen‹ und zeigt andererseits, wie stimulierend der Vortrag Snows gewirkt hat: »One of the most significant changes here, given the terms of Snow's initial contrast, has been the development [...] of a whole subfield or ›interdiscipline‹ of ›science

5 Zitiert nach der Ausgabe der *Bibliotheca Teubneriana*, Helmut Kasten (Hrsg.), Stuttgart, Leipzig 1993, S. 36.
6 Snow, Charles Percy, *The Two Cultures*, Stefan Collini (Hrsg.), Cambridge 1993, S. 3.
7 Collini, Stefan, »Introduction«, in: Snow, *The Two Cultures*, S. vii-lxxiii, hier S. xlix.

and literature‹, with its own professional association and specialised publications.« Der strenge Dualismus bildet heute nicht mehr den Ausgangspunkt für wissenschaftssystematische Analysen und historische Rekonstruktionen, dennoch enthält der Essay von Snow einen noch immer bedenkenswerten Gesichtspunkt, den Collini eigens hervorhebt: »the cultural impact of the increasing specialisation of knowledge«.[8]

Dieses Problem hat bereits Hausdorff erkannt und in seinen literarischen und essayistischen Schriften zu lösen versucht, mit Blick sowohl auf ein Publikum, das der modernen Mathematik mit Unverständnis begegnet, als auch auf die neuen mathematischen Objekte und Erkenntnisse, deren Bedeutung sich nicht ohne weiteres in die Begriffe der philosophischen Tradition und die Symbolsprache der Poesie übertragen ließ. Auf beiden Seiten begegnete er dabei Schwierigkeiten, die sich aus dem zunehmend geringer gewordenen Austausch zwischen den kulturellen Sphären ergaben.

III.

Im europäischen Humanismus und im Zeitalter der ›New Science‹ war die Verbindung zwischen den »exakten« Wissenschaften und den Künsten noch eng und ein Wechsel zwischen den Fakultäten denkbar, wie die Namen der Universalgelehrten des 17. und 18., auch noch des frühen 19. Jahrhunderts zeigen. Die stetige Auseinanderentwicklung der Wissenssphären bildet in der Frühen Neuzeit noch nicht das Grundmuster der Modernisierung, obwohl dieses bereits in der Aufklärung erkennbar wird: In seinem über lange Zeit geführten Dialog mit Jean-Jacques Rousseau verteidigt Denis Diderot einen erkenntnistheoretischen Ansatz, der zeigen soll, wie man literarische Techniken dazu anwendet, eine schon entdeckte Wahrheit wiederzufinden, um sie in ›übersetzter‹ Form zu kommunizieren (»comment retrouver une vérité déjà découverte«[9]). Ein frühes Plädoyer für den Lotsendienst auf dem Meer des Wissens, den entsprechend geschulte Vertreter der *third culture* übernehmen können. Genau umgekehrt argumentiert Rousseau, der aus der Binnenperspektive des wissenschaftlichen Laien das defizitäre Wissen dieser Führer und ihre fehlende Urteilskraft mit Skepis betrachtet (»sans autre guide qu'un pilot inexpérimenté qui méconait sa route et qui ne sait ni d'où

---

[8] Ebd., S. liii–lv.

[9] In seinem Artikel »Art« in der *Encyclopédie*; zitiert nach Enskat, Rainer, »Was ist Aufklärung? – Wie Rousseau und Diderot im Dialog einige Bedingungen der Aufklärung klären«, in: Henning Krauss u. a. (Hrsg.), *Psyche und Epochennormen*, Heidelberg 2005, S. 17–54, hier S. 39, Anm. 47.

il vient, ni où il va«[10]) – nach einem Jahr intensiven Studiums der Chemie. Trotz der bestehenden Unterschiede zwischen wissenschaftlicher und literarischer Weltdeutung kommt es immer wieder zu einem Austausch zwischen den Denksystemen, der – betrachtet man die narrativen Strukturen, die Metaphorik oder die soziale Praxis der Wissenschaftssprache – nicht nur in einer Richtung erfolgt. Doch diese Wechselwirkung nimmt in der Phase der Ausdifferenzierung der Wissenschaften ab, die Einheitsvorstellung zerbricht. Bis zur Kritik der idealistischen Naturphilosophie – für die eine Schrift des Biologen Matthias Jakob Schleiden aus dem Jahr 1844 exemplarische Bedeutung gewonnen hat[11] – erscheint die Frage nach Problemgeschichten, die sich zwischen verschiedenen Disziplinen entwickeln, außerordentlich sinnvoll.[12] Nach der Mitte des 19. Jahrhunderts wird die Zahl derartiger Gegenstände zunehmend geringer, wenn nicht singulär.

Grenzüberschreitungen geraten nun nicht selten zum Skandal, wie im Fall des Leipziger Astrophysikers Karl Friedrich Zöllner, der seine wissenschaftliche Professionalität dafür ein- und seine Autorität aufs Spiel setzte, um das Vorhandensein spiritistischer Phänomene zu behaupten. Die deutsche (Fach-)Öffentlichkeit der 1870er und 1880er Jahre reagierte auf solche Alleingänge weniger tolerant als etwa die englische, Zöllner wurde aufgrund seiner schwärmerischen Ausbrüche aus der *scientific community* ausgeschlossen; polemische »Rückzugsgefechte« führten den Leipziger Wissenschaftler »ins Abseits eines weltanschaulichen Sektierertums«.[13] Die Reaktion der

---

10 Rousseau: *Émile*; zit. ebd., S. 41, Anm. 54. – Vgl. auch Enskat, Rainer, *Bedingungen der Aufklärung. Philosophische Untersuchungen zu einer Aufgabe der Urteilskraft*, Weilerswist 2008, S. 253ff.

11 Schleiden, Matthias Jakob, *Schelling's und Hegel's Verhältnis zur Naturwissenschaft. Zum Verhältnis der physikalistischen Naturwissenschaft zur spekulativen Naturphilosophie*, Weinheim 1988.

12 Der Begriff wird hier im Sinne von Otto Gerhard Oexle verwendet: »Auf dem Wege zu einer historischen Kulturwissenschaft«, in: Wolfgang Harms/Jan-Dirk Müller (Hrsg.), *Mediävistische Komparatistik. Festschrift für Franz Josef Worstbrock zum 60. Geburtstag*, Stuttgart, Leipzig 1997, S. 241–262, bes. S. 259: Die Suche nach Problemgeschichten hilft, »jene tieferen Schichten der Genese wissenschaftlicher Erkenntnis zu erfassen […], in denen in der Auswahl bestimmter Ansätze und Sichtweisen die Einzelforschung konstituiert wird«. Eine Forschungsdiskussion zum Problembegriff mit Beiträgen von D. Werle, M. Löwe, C. Spoerhase und M. Lepper findet sich in: *Scientia Poetica*, 13/2009, S. 255–338.

13 Meinel, Christoph, *Karl Friedrich Zöllner und die Wissenschaftskultur der Gründerzeit. Eine Fallstudie zur Genese konservativer Zivilisationskritik*, Berlin 1991, S. 42. Unter welchen Umständen Zöllner als »einzige[r] Naturwissenschaftler von Rang« seine ›Experimente‹ mit einem Medium aufnahm, erläutert Adolf Kurzweg: *Die Ge-*

Fachkollegen sagt nicht nur etwas über die Grundorientierungen der experimentell verfahrenden, dabei streng reduktionistisch denkenden Wissenschaftskultur aus, sondern auch über den funktionalen Zusammenhang, in dem sie – der Konfliktfall führt es vor Augen – mit einer die eng gezogenen Grenzen ignorierenden ›Gegenkultur‹ steht. Bekanntlich ist die Zahl der holistischen Modelle, die sich mit dem Reduktionismus der offiziellen Wissenschaftskultur nicht abfinden wollen, in den Jahrzehnten um 1900 sprunghaft angestiegen. Ein Grund mehr, noch einmal nach den Verbindungen zu fragen, die zwischen den kulturellen Sphären bestehen und die, wie im Falle Hausdorffs darzustellen ist, *auch* wechselseitig von Bedeutung gewesen sind. Das Themenspektrum seiner Essays lässt erkennen, dass der junge Hausdorff an dem »Fall Zöllner«, der in seinem eigenen Institut verhandelt wurde, höchstes Interesse im Blick auf eine Gegenwarts- und Krisendiagnose gehabt haben dürfte, noch dazu in dem von einem besonderen Szientismus geprägten Leipziger Gelehrtenmilieu.[14]

Festzuhalten ist, dass die Kulturbedeutung des mathematisch-naturwissenschaftlichen Wissens mit dem Erkenntnisfortschritt im 19. Jahrhundert abnimmt, was zweifellos mit der technischen Darstellungsform zu tun hat – die Originalarbeiten werden für den mathematischen Laien unlesbar. Das gilt auch für die in den naturwissenschaftlichen Kernfächern formulierten Ergebnisse, die unanschaulich und damit für die (literarische) Öffentlichkeit zunehmend inhaltsleer werden. Zwar bemühen sich angesehene Universitätsgelehrte wie Hermann Helmholtz, Rudolf von Virchow, Ernst Haeckel und Ernst Mach um eine Sinndeutung der modernen Naturforschung, doch ohne in eine ernsthafte Konkurrenz um die verlorene Orientierungs- und Legitimationsfunktion der Wissenschaft einzutreten; die Festrede verhält sich gegenüber der Arbeit im Laboratorium in programmatischer Weise neutral.[15]

---

schichte der Berliner »Gesellschaft für Experimental-Psychologie« mit besonderer Berücksichtigung ihrer Ausgangssituation und des Wirkens von Max Dessoir, Berlin 1976, S. 29ff.

14 Die biographische Detailstudie von Hans Joachim Ilgauds und Gisela Münzel erwähnt leider nur den Namen Zöllners: »Heinrich Bruns, Felix Hausdorff und die Astronomie in Leipzig«, in: Eugen Eichhorn/Ernst-Jochen Thiele (Hrsg.), *Vorlesungen zum Gedenken an Felix Hausdorff*, Berlin 1994, S. 89–106. Zum Leipziger »Positivisten-Kränzchen« der 1880er Jahre vgl. Chickering, Roger, »Der ›Leipziger Positivismus‹«, in: Eckhardt Fuchs/Steffen Sammler (Hrsg.), *Geschichtswissenschaft neben dem Historismus*, Leipzig 1995, S. 20–31. – Weitere Einblicke in die zeitgenössische Debatte vermittelt Stromberg, Wayne H., »Helmholtz and Zoellner: Nineteenth-century Empiricism, Spiritism, and the theory of Space perception«, in: *Journal of the History of the Behavioral Sciences*, 25/1989, S. 371–383.

15 Wie das prominente Beispiel der *Reden* Emil Du Bois-Reymonds zeigt, in denen durchgehend vor einer spekulativen Sinnsuche gewarnt wird: »Für die deutsche

Für die Literatur hat dies Folgen. Es gibt eine unmittelbare, wenn auch negative Wechselwirkung mit der genannten Entwicklung: Das moderne mathematisch-naturwissenschaftliche Wissen lässt sich weder adäquat thematisieren noch darstellen, allein die zum kulturellen Wissen gehörenden Formen der Popularisierung können – ihrerseits indirekt-metaphorische Bezugnahmen – in fiktionale Textwelten eingehen. Das betrifft auch »eine Konzeption von Literatur, die sich als ›Anwendung‹ von Wissenschaft [...] oder gar als – methodisch den Wissenschaften strukturgleiches – ›Experiment‹ verstand, wie dies zum Teil in rührender Naivität der Naturalismus versuchte [...].«[16] Was bleibt, sind einige über Zwischeninstanzen vermittelte Relationen, die einer Verarbeitung von Folgeproblemen im kulturellen Sinnhaushalt dienen; dazu gehört etwa die Remythisierung einzelner Lebensbereiche oder die pro und contra diskutierte Macht der instrumentellen Vernunft. Natürlich kann Literatur noch auf weitere Motive und Elemente zugreifen, um indirekt das epistemische Wissen der Fachdisziplinen oder unmittelbar(er) die soziale Praxis, also die öffentliche Anerkennung und staatliche Förderung[17] der Wissenschaft zu thematisieren, womit oft auch die Funktion der Kunst in der naturwissenschaftlich-technisch geprägten Welt der Moderne mitreflektiert wird. Doch diese Bezugnahme ist durchaus einseitig, in der umgekehrten Richtung gibt es offenbar keinerlei Wissenstransfer, der eine Untersuchung lohnt.

Naturwissenschaft war bekanntlich die Zeit zu Ende des vorigen Jahrhunderts bis ziemlich tief in dieses hinein [...] solch eine dunkle Phase. Aehnlich einem hochbegabten, aber unreifer Schwärmerei hingegebenen Jüngling, noch taumelnd vom aesthetischen Trunk aus dem Zauberborn seiner grossen Litteratur-Periode, liess der deutsche Geist durch poetisch-philosophisches Blendwerk sich irren, und verlor er den in der Naturforschung einzig sicheren Pfad.« (*Reden. Zweite Folge*, Leipzig 1887, S. 355.) Vgl. auch Zwick, Jochen, »Akademische Erinnerungskultur, Wissenschaftsgeschichte und Rhetorik im 19. Jahrhundert. Über Emil Du Bois-Reymond als Festredner«, in: *Scientia Poetica*, 1/1997, S. 120–139.

16 Titzmann, Michael, »1890–1930. Revolutionärer Wandel in Literatur und Wissenschaften«, in: Karl Richter u. a. (Hrsg.), *Die Literatur und die Wissenschaften 1770–1930*, Stuttgart 1997, S. 297–322, hier S. 303f.

17 Bei welcher in dem hier erörterten Zeitraum die Naturwissenschaften erstmals in den Mittelpunkt treten, wie die Ausrichtung und die Strukturpläne der Kaiser-Wilhelm-Gesellschaft zeigen; vgl. Schiera, Pierangelo, *Laboratorium der bürgerlichen Welt. Deutsche Wissenschaft im 19. Jahrhundert*, Frankfurt am Main 1992, S. 291.

IV.

Erst vor dem Hintergrund dieser kulturellen Entwicklungen in der Moderne wird die Ausnahmestellung erkennbar, die das literarische und essayistische Werk Hausdorffs einnimmt. Will man seine Bedeutung erschließen, ist zunächst zwischen den Gattungen zu unterscheiden: Die in der Lyrik angesprochenen wissenschaftlichen Problemgehalte werden von einem Mathematikhistoriker zweifellos anders wahrgenommen und dekodiert als von einem Literaturwissenschaftler, wobei über die formale Gestaltung der einzelnen Gedichte noch gar nichts gesagt ist. Bei den Essays besteht dagegen eine größere Nähe zu den erkenntnistheoretischen und aphoristischen Schriften, ihre diskursive Anlage erleichtert die Bezugnahme auch auf das mathematische Werk.

Um die folgenden Ausführungen von methodischen Reflexionen zu entlasten und den genannten Gattungsunterschieden Rechnung zu tragen, seien die beiden Prämissen genannt, von denen die Untersuchung ausgeht: Es handelt sich (1) um eine *texttheoretische* und (2) um eine *wissenssoziologische* Prämisse.

(1) *Texttheorie.* – Unter dem Titel *Ekstasen*, der auf die nach-naturalistische Stimmung des Fin de siècle und die hier gepflegte Metaphorik der Entgrenzung und Reizbarkeit anspielt, hat Hausdorff/Mongré seine Gedichtsammlung im Jahr 1900 erscheinen lassen. Versucht man die Erwartungen der Leser zu rekonstruieren, die auf diesen Titel aufmerksam gemacht werden sollten, dann ist auf jene avantgardistischen Bewegungen zu achten, die eine Durchbrechung der Konventionen, eine Nivellierung von Kunst und Leben und damit eine amimetische Ästhetik propagierten. Sehr stark wirkte hier eine an den französischen Symbolisten – und ihren Konkurrenten – oder an Nietzsche orientierte Metaphorik. Hier darf jedoch nicht vorschnell die Frage nach einem Bewusstsein der Modernität gestellt werden, das in einer Analogie zwischen dem konstruierend-experimentellen Verfahren des Künstlers und denkgeschichtlichen Umbrüchen gesehen wird. Vielmehr müsste eine

> deskriptive historiographische Kategorie für *Literatur der Moderne* [...] Raum für die unterschiedlichen Reaktionen auf die Erfahrungen von Modernisierungsvorgängen geben und nicht ausschließlich an Literatur orientiert sein, die auf solche Erfahrungen durch poetologische Innovationen und entschiedene Veränderungen der »symbolischen Welt« der Literatur reagiert.[18]

---

[18] Schönert, Jörg, »Gesellschaftliche Modernisierung und Literatur der Moderne«, in: Christian Wagenknecht (Hrsg.), *Zur Terminologie der Literaturwissenschaft*, Stuttgart 1989, S. 393–413, hier S. 409, Anm. 42.

Vielleicht gab es bei Hausdorff/Mongré den Versuch, jene aktuellen, auf spektakuläre Entdeckungen in den Naturwissenschaften hindeutenden Erkenntnisse in literarisch konventionellen Formen zu kommunizieren, da sich die Schockstrategien einer nicht mehr ›nachahmend‹ auf Realität bezogenen Kunst hierfür als ungeeignet erwiesen oder rasch verbraucht erschienen.[19]

Wie auch immer – die entscheidende Frage lautet, ob das transkribierte Sachwissen des Mathematikers in den Bildbereichen der lyrischen und essayistischen Texte nachzuweisen ist und wie solche Grabungen unter der Ornamentik vorzunehmen sind (kehrt man die Blickrichtung um, bleibt es dagegen problematisch, von Hausdorffs Beschäftigung mit der Form des Sonetts unmittelbar auf Tendenzen in seinen mathematischen Arbeiten zu schließen). Egbert Brieskorn, der beste Kenner des gesamten Œuvres, hat aus der Sicht des Mathematikers solche Beispielanalysen vorgenommen und die häufig wiederkehrenden mathematischen Gedanken, Ergebnisse der Physik, erkenntnistheoretischen Überlegungen und die sowohl für den Mathematiker als auch den Literaten Mongré charakteristischen Formen des Denkens in Themengruppen katalogisiert.[20] Die entschlüsselten Anspielungen sind in den Stellenkommentar der neuen Edition seiner literarisch-essayistischen Schriften eingegangen.[21] Erstaunlich ist, an wie vielen Stellen mathematische Terminologie offen eingesetzt wird. So dient etwa, um nur ein Beispiel herauszugreifen, in dem Essay *Tod und Wiederkunft* die Untersuchung eines ›Augenblicks‹ dazu, die Differenz zwischen einer Strecke erfüllter Zeit und einem Punkt erfüllter Zeit bewusst zu machen und damit in semantischer Umkleidung die mengentheoretische Beschreibung von Raum und Zeit als Punktmengen einzuführen. Dabei ist ganz selbstverständlich von Mengen und Reihen die Rede und von unserem linear, nicht punktuell arbeitenden Bewusstsein, für das es eigentlich gar keinen Augenblick gibt, sondern nur zusammenhängende Momentfolgen:

---

19 Dazu ausführlicher Vollhardt, Friedrich, »*Pierrot Lunaire.* Form und Flüchtigkeit des Schönen in der europäischen Literatur, Kunst und Wissenschaft um 1900 (Giraud, Hartleben, Hausdorff)«, in: Werner Frick/Ulrich Mölk (Hrsg.), *Europäische Jahrhundertwende – Literatur, Künste, Wissenschaften um 1900 in grenzüberschreitender Wahrnehmung. Erstes Kolloquium*, Göttingen 2003, S. 89–113 bzw. [31]-[55].

20 Die Stichworte reichen – hier nur in Auswahl zitiert – von »Axiomatische Methode« über »Fiktion«, »Logik«, »Mengen«, »Raum und Zeit«, »Topologie« bis »Zahl«. Ich danke Egbert Brieskorn für die Möglichkeit, Einsicht in das unveröffentlichte Typoskript zu nehmen (und für eine Vielzahl weiterer Hinweise).

21 Hausdorff, Felix, *Gesammelte Werke*, Band VIII: *Literarisches Werk*, Friedrich Vollhardt (Hrsg.), Berlin, Heidelberg 2010.

> unendliche, ›transfinite‹ Mengen eines feinen Punktstaubes, nur Continua von erfüllten Augenblicken geben einen Bewusstseinsvorgang. Ach, wie armselig, wie einfach und unzerlegbar kann so ein Bewusstseinsvorgang sich ausnehmen und steht doch seiner Structur nach nicht niedriger als das ganze Cinquecento mit seinen Künsten und Gelehrsamkeiten.[22]

Der Nicht-Mathematiker wird den auffälligen Begriff »Punktstaub« nicht im Kontext der Cantor'schen Mengenlehre zu verstehen suchen, sondern vielleicht als eine reizvolle Variation jener Vanitas-Metaphorik nehmen, die eine lange Tradition[23] hat und den gebildeten Leser an den Eingangsmonolog der *Catharina*-Tragödie von Andreas Gryphius erinnern könnte: »Schmuck, bild, metall und ein gelehrt papier / Ist nichts als spreu und leichter staub vor mir.«[24] Auch der Vergleich mit dem Cinquecento dürfte als exquisit aufgefasst werden, den Gedankengang jedoch kaum erhellen. Die verwendeten Bilder erscheinen bemerkenswert, bleiben aber vieldeutig oder gar nichts sagend.

An der Grenze, die den mathematisch informierten Leser vom Laien trennt, wird zugleich ein hermeneutischer Grundsachverhalt deutlich: Man kann in den von Hausdorff/Mongré verwendeten sprachlichen Sinnbildern eine mathematische Botschaft erkennen und diese entsprechend kontextualisieren und damit interpretieren. Oder man kann sich von den Symbolwelten in der Lyrik dazu anregen lassen, über das Verhältnis der poetischen Realität zur nichtkünstlerischen Wirklichkeit nachzudenken, die deren Kontingenz und zugleich die Bedingtheit unserer Anschauungsformen erkennbar werden lässt und damit den oft konventionellen Formeln romantischer Poesie eine neue Bedeutung verleiht, auch ohne dass die Verschiedenartigkeit der Bewusstseinswelten mathematisch gedeutet würde. In beiden Fällen können die Bedeutungszuschreibungen Anspruch auf Erklärung und Wissen erheben, ein Unterschied besteht jedoch »im Verständnis dessen, was man tut, um zu den Urteilen zu gelangen: ob man Sinn hebt oder an etwas zu

---

22 Erstdruck in: *Neue Deutsche Rundschau*, X/1899, 12 (Dezember), S. 1277–1289, hier S. 1280. – Die *Rundschau* gehörte zu den wichtigsten Periodika der Zeit um 1900; zu dem gesamten Spektrum der Zeitschriften vgl. Albrecht, Andrea, »›Ueberall wird in Naturwissenschaft gemacht‹. Die Diskussion um Kultur, Bildung und Mathematik in den Kulturzeitschriften der Jahrhundertwende«, in: Ulrich Mölk (Hrsg.), *Europäische Kulturzeitschriften um 1900 als Medien transnationaler und transdisziplinärer Wahrnehmung*, Göttingen 2006, S. 197–213.

23 Vgl. Windfuhr, Manfred, *Die barocke Bildlichkeit und ihre Kritiker. Stilhaltungen in der deutschen Literatur des 17. und 18. Jahrhunderts*, Stuttgart 1966, bes. S. 188f.

24 Gryphius, Andreas, »Catharina von Georgien. Oder Bewehrete Beständigkeit«, in: *Werke in drei Bänden mit Ergänzungsband*, Bd. 2: *Trauerspiele*, Hermann Palm (Hrsg.), Darmstadt 1961, S. 143–255, hier S. 151.

Erkenntnissen gelangt«.[25] Die zweite Form der Urteilsbildung, die literaturwissenschaftliche, wird durch traditionsgeschichtliche Hinweise im Kommentar vorbereitet, wobei zwanglos auch die anachronistischen Züge der *Ekstasen*-Lyrik dadurch erklärt werden, dass sich moderne Literatur in ihren Aussageweisen zwar nicht mehr als wahrheitsfähig versteht, gerade deshalb aber auch auf ältere, ja archaische Vorformen zurückgreifen kann:

> Nur wenn Poesie auf den Anspruch verzichtet, ihren ästhetischen Rahmen zu überschreiten und mit dem wissenschaftlichen Weltbild zu konkurrieren, bleibt sie unbehelligt von Analysen, mit denen das wissenschaftliche Denken die Wunschwelten des Mythos, der Religion und des Traums in ihre geschichtlichen, sozialen und psychologischen Bedingtheiten aufgelöst hat.[26]

(2) *Wissenssoziologie.* – Fortgeschrittene moderne Gesellschaften zeichnen sich durch die freie Verfügbarkeit konkurrierender Sinnangebote aus, die wechselseitig zu tolerieren sind. Dieses Gebot mutet in Verbindung mit der immer noch geltenden Verpflichtung zur selbstverantworteten Lebensführung dem Einzelnen zu, seine »Weltorientierung auf der Ebene der persönlichen Handlungsregulierung als gültig und zugleich auf der Ebene der sozialen Interaktion als kontingent« zu betrachten; als These formuliert: »Die Bewältigung dieser Paradoxie macht Pluralität akzeptabel, während die Gesellschaft in der zweiten Hälfte des 19. Jahrhunderts dadurch gekennzeichnet scheint, dass in ihr Pluralität unvermeidlich und zugleich unerträglich ist.«[27] Das ist, in äußerster Verkürzung, auch der Problemaufriss für zahlreiche Essays des Mathematikers Felix Hausdorff. In seinen Stellungnahmen zu den Suchbewegungen in der wilhelminischen Gesellschaft, die sich nicht

---

25 Bittner, Rüdiger, »Bilder sprechen oft nicht«, in: Christoph Jäger/Georg Meggle (Hrsg.), *Kunst und Erkenntnis*, Paderborn 2005, S. 62–72, hier S. 72. – Für Resignation besteht also kein Anlass. Das Problem der ›Übersetzung‹ erscheint erst dann als unlösbar, wenn, wie bei Armand Borel, die Mathematik selbst als Kunst betrachtet wird: »Daß dies dann den Nichtmathematikern kaum mitteilbar ist, ist nicht überraschend: Unsere Gedichte sind in einer recht speziellen Sprache geschrieben […]; obwohl diese in vielen der üblichen Sprachen ausgedrückt wird, ist sie doch einzigartig und in keine andere übersetzbar; und leider sind diese Gedichte nur in der originalen Sprache zu verstehen.« (Borel, Armand, *Mathematik: Kunst und Wissenschaft*. 2. Aufl., München 1984, S. 33).

26 Schlaffer, Heinz, *Poesie und Wissen. Die Entstehung des ästhetischen Bewußtseins und der philologischen Erkenntnis*, Frankfurt am Main 1990, S. 101.

27 Thomé, Horst, »Weltanschauungsliteratur. Vorüberlegungen zu Funktion und Texttyp«, in: Lutz Danneberg/Friedrich Vollhardt (Hrsg.), *Wissen in Literatur im 19. Jahrhundert*, Tübingen 2002, S. 338–380, hier S. 345. Vgl. auch Ders.: [Art.] »Weltanschauung«, in: *Historisches Wörterbuch der Philosophie*, Bd. 12, Darmstadt 2004, Sp. 453–460.

mehr als harmlose Modernisierungsschäden abtun ließen – besonders dort, wo sie sich mit einem zeitgemäß geltenden Inhalt drapierten und zunehmend aggressiv auftraten –, findet er ein Thema und einen Ton, bei dem er auf Wiedererkennung rechnen durfte, da er die Autorität und die illusionslose Abgeklärtheit des Naturwissenschaftlers durchscheinen lässt, der das Angebot an Ersatzreligionen und deren Komplement, die materialistischen und monistischen Weltanschauungen, einer scharfen Kritik unterzieht. Wie in dieser Auseinandersetzung eine undogmatische und zugleich entschiedene Position zu beziehen ist, hat Hausdorff in *Sant' Ilario,* der Sammlung seiner Aphorismen, wie folgt zu umschreiben versucht: »Es giebt Argumente, mit denen man keine Zustimmung erzwingen, sondern dem Gegner verrathen will, welche Voraussetzungen man bei jeder Argumentation unangetastet lässt« (Nr. 352, S. 254).

V.

In dem bereits erwähnten Essay *Tod und Wiederkunft* verwendet er dabei ein stilistisches Muster, das, keineswegs zufällig, Bernard de Fontenelle in seinen *Entretiens sur la pluralité des mondes* (1686) eingesetzt und zum Vorbild für viele Nachahmungen im 18. und noch im 19. Jahrhundert gemacht hat: Der Wissenschaftler unterrichtet eine wissbegierige Freundin über die letzten Fragen der Menschheit. Hausdorff/Mongré verweist in diesem Aufklärungsdialog auf sein Buch über das *Chaos in kosmischer Auslese*, das er mit einer ironischen Anspielung deutlich von dem ›Monismus‹ Ernst Haeckels absetzt:

> Dort sind Sie [sc. die Freundin] in einem sphärocyklischen Zaubercabinet und können Kreis, Ring und Kugelspiel, in das wir Bewußtseinsnarren mitten hineingestellt sind, mit Seelenruhe von außen betrachten. Zeit, Raum, Ordnung, Naturgesetz – durch alle diese Illusionen greife ich hindurch wie durch schöne, regelmäßige, aber wenig haltbare Quallenleiber.[28]

Um das Gespräch aufzulockern, wird ein erotischer Studentenulk eingeflochten (Goethe: *Faust* II, V. 6261), doch danach geht es von den Pythagoreern mit einem Sprung über den nur »bildlichen« Nietzsche hinweg zur Hypothese von der Wiederkunft, die jedoch nicht der Befriedigung metaphysischer Bedürfnisse dient, da sie »ohne Einfluß auf die Bewußtseinswelt« bleibt, »sie gilt also unabhängig vom empirischen Zeitinhalt und hat von der Erfahrungsseite weder Bestätigung noch Widerlegung zu erwarten [...]«; es

---

[28] Hausdorff, Felix, »Tod und Wiederkunft«, in: *Neue Deutsche Rundschau*, X/1899, 12 (Dezember), S. 1277–1289, hier S. 1282.

folgen noch einige Stufen der Erläuterung, die auf das Fassungsvermögen des Publikums abgestimmt sind, bis das Gespräch unterbrochen wird: »hier, verehrte Freundin, muß ich selbst Ihnen für heute unverständlich bleiben.«[29] Der Autor zeigt zwar, dass er die epagogische Topik beherrscht, gleichwohl gehört die zitierte Unterbrechung nicht zu den Kunstgriffen des Lehrgesprächs, da der Gegenstand gar nicht erschöpfend behandelt werden soll. Der Essay überschreitet nicht die Grenzen zur Popularphilosophie und ihrer ungehemmten Metaphorik, aus dem Wissen um die Probleme darf eben keine ›Weltanschauung‹ modelliert werden – das macht die Anspielung auf Haeckel deutlich.

Der Erkenntnistheoretiker Hausdorff ist zugleich an der Sprache, ihren Möglichkeiten und Grenzen interessiert, wie seine Auseinandersetzung mit Fritz Mauthner – eine der ersten umfangreichen Stellungnahmen – und die nachfolgende Debatte mit Gustav Landauer zeigen.[30] Was sich in der Sprache des Alltags, der Philosophie oder der Poesie über die wissenschaftliche Erkenntnis der Welt überhaupt sagen lässt und aus welchen Motiven es gesagt werden soll, hat er in seinen literarisch-essayistischen Schriften immerhin angedeutet. Für den kruden Biologismus, die Art der Wissensvermittlung und die Atmosphäre des vom Darwinismus oder von der Rassenlehre geprägten Denkens hat er dabei nur Spott übrig. Für die an dem Weltanschauungsdiskurs um 1900 interessierte Forschung bleiben die Essays noch zu entdecken, wie an einem Beispiel kurz zu zeigen ist, das eine Beziehung zu unserer Gegenwart hat.

VI.

Im Jahr 2005 ist in der von Hans Magnus Enzensberger herausgegebenen Buchreihe *Die Andere Bibliothek* eine neue Übersetzung des *Blauen Buchs* von August Strindberg erschienen. Von der buchtechnisch-ästhetischen Ausstattung her übertrifft diese Edition mit ihrem blauen Samteinband und den blau getönten Seiten die ohnehin hohen Standards der Reihe. Doch warum, knapp einhundert Jahre nach der deutschen Erstübersetzung aus dem Jahr 1908, diese Neuausgabe? Der Kommentar gibt keinen Hinweis, nur der Klappentext macht Andeutungen zu Strindbergs kontrainduktiver Methode, die »vor den Augen des Lesers die Grenze zwischen schlichter Wahrneh-

---

29 Ebd., S. 1284.

30 Vgl. hierzu Brieskorn, Egbert, »Gustav Landauer und der Mathematiker Felix Hausdorff«, in: Hanna Delf/Gert Mattenklott (Hrsg.), *Gustav Landauer im Gespräch*, Tübingen 1997, S. 105–128.

mung und mystischer Erfahrung, zwischen Realität und Esoterik«[31] verschwimmen lässt. Man ahnt: Dieses wissenschaftskritische Werk, das Emanuel Swedenborg gewidmet ist – dem träumenden »Geisterseher« Kants –, passt in das intellektuelle Klima unserer Zeit.

Hausdorff/Mongré hat Strindbergs *En extra blå bok* einen Essay gewidmet, der im Juni 1909 in der *Neuen Rundschau* erschienen ist.[32] Der Rezensent stellt sich als ein Verehrer des Dramatikers vor, dessen Stücke »[v]or zwanzig Jahren« wie der »Widerschein einer Götterdämmerung am nördlichen Himmel« erschienen seien, vergleichbar nur einem »vulkanische[n] Ausbruch«[33]. Doch jeder Versuch einer Rettung des nun vorgelegten Buches, das eine ›Synthese‹ seines Lebens bieten will, muss scheitern. Hausdorff hat sich, wie andere Essays und Anspielungen zeigen – besonders deutlich im Falle Fontenelles –, am Formenkanon des 18. Jahrhunderts geschult, sein Text zitiert das aus drei Komponenten bestehende Muster der *vindicatio*, die hier in ihr Gegenteil verkehrt wird: Den Anlass gibt eine aktuelle Publikation zu einem brisanten Thema, die sich als korrekturbedürftig erweist; fachwissenschaftliche Kompetenz ermöglicht die Richtigstellung falscher Behauptungen und erweitert unser Wissen; der gelungenen Auslegung und Kritik folgt eine normative Wertung, kurz: die Applikation.

Strindbergs Thema ist die Kritik der modernen Wissenschaft, unter Einschluss der Mathematik. Und im Namen dieser Wissenschaft widerspricht Mongré, ohne die gegenüber einem Literaten zu erwartende Geste der Großzügigkeit, die es bekanntlich nicht so genau darauf ankommen lässt:

> Das ist vielleicht nicht literarisch, aber zum Teufel! muß man denn alles literarisch nehmen? noch dazu ein Buch, das von Assyriologie und Trimethylamin, von $C_6H_8O_3$ und Fixsternparallaxen redet? und dies alles in einem formlosen Durcheinander, das den Begriff Kunstwerk, wenn nicht ausschließt, zum mindesten nicht mit Notwendigkeit suggeriert.[34]

Die heikle Frage lautet, ob dem genialen Dichter nicht doch besondere Freiheiten zuzugestehen sind, anders gesagt: ob die Zahlenmystik nicht einen poetischen Zug gewinnt? Dass sich solche Fragen in einer ermüdenden Weise wiederholen, gibt die prägnante Antwort Mongrés zu verstehen: »Gut, aber darum handelt es sich nicht. Es handelt sich darum, – mit den Worten

---

[31] Strindberg, August, *Das Blaue Buch. Übergeben an die Zuständigen und zugleich ein Kommentar zu ›Schwarze Fahnen‹*, ausgewählt, aus dem Schwedischen übersetzt und ediert von Angelika Gundlach, Frankfurt am Main 2005.

[32] Erstdruck: Paul Mongré, »Strindbergs Blaubuch«, in: *Die Neue Rundschau (Freie Bühne)*, XX/1909, 6 (Juni), S. 891–896.

[33] Ebd., S. 892.

[34] Ebd., S. 893.

des Kopernikus zu reden, – ›daß Lactantius, übrigens ein berühmter Schriftsteller, aber ein schwacher Mathematiker, sehr kindisch über die Form der Erde spricht‹.«[35] Um dem noch immer möglichen Einwand der philiströsen Detailkritik zu entgehen, teilt der Rezensent den Lesern nun die Bedingungen mit, die erfüllt sein müssen, soll das Gespräch zwischen Mathematik und Literatur gelingen:

> Einigen wir uns zunächst, worüber wir nicht einig werden können. Hoffnungslos wäre es natürlich, dem sechzigjährigen Bußprediger die intellektuelle Leidenschaft des Vierzigjährigen zu einem nachdenklich stimmenden Vergleiche vorzuhalten: Renegaten und »Erweckte« haben immer im gegenwärtigen Augenblick Recht. Ebenso hoffnungslos erscheint es, eine mit dem Verfasser des Blaubuchs gemeinsame Norm für den *Wert* der Wissenschaft zu suchen. Wem die Wissenschaft eine unbefugte Neugier nach verborgenen Dingen ist, die wir nicht wissen können, nicht wissen *dürfen*, [...] der kann sich mit Menschen andern Geschmacks nicht verständigen. Auch den hübschen Spielzeugen wie Eisenbahn, Telephon, Luftschiff, die bisweilen als Zeugnisse für eine gewisse – sagen wir – Brauchbarkeit der Naturwissenschaften aufgeführt werden, wird er in dieser Hinsicht keine Beweiskraft zuerkennen, da ihm freisteht, die Spielzeuge selbst unnütz zu finden. Gut. Aber nun kommt eine Grenze, über die hinaus die Toleranz gegen die Intoleranten aufhört. Niemand ist verpflichtet, Geigenspiel gern zu haben. Aber niemand ist berechtigt, zu erklären: ich mag Geige nicht, *und alle Geiger spielen falsch.* Zumal wenn dieser Kritiker vom Geigenspiel so viel versteht wie Strindberg von der Wissenschaft.

Um zu verhindern, dass seine Leser die nun folgenden Ausführungen zur Mathematik überschlagen, nimmt Hausdorff einen Rollenwechsel vor, wobei er – erinnert sei an den Fall des Leipziger Astrophysikers Karl Friedrich Zöllner – die Szene einer spiritistischen Sitzung heraufbeschwört, in der er den alten Mathematiklehrer Strindbergs als Geist erscheinen lässt, der sich polternd über seinen ehemaligen, noch immer unbelehrten Schüler auslässt:

> Es ist zum Verzweifeln! Sprechen Sie mir die *facultas docendi* ab, ich verdiene es! [...] Die Lunge habe ich mir aus dem Brustkasten geredet, und er hat's immer noch nicht verstanden, dieser ewige Quartaner! [...] Noch heute kapiert er nicht, daß man mit Zirkel und Lineal den Kreis nicht quadrieren und einen beliebigen Winkel nicht dreiteilen kann; er zitiert das Handbuch für Ingenieure und mißt die Winkel mit dem Transporteur, dieser kundige Thebaner [vgl. Shakespeare, *King Lear*, III/4]! Und so was will die Wissenschaft umstürzen, deren ABC er nicht verstanden hat! Wochenlang [...] habe ich sein Gehirn damit massiert, daß Oben und Unten nur eine Relation zum Erdmittelpunkte sei; noch heute fragt dieser Botokude, worauf bei Kopernikus die Sonne steht [...]. Nie war ihm beizubringen, was Brennweite ist, warum die Bilder von Sonne und Mond in nahezu derselben Entfernung von der Linse erscheinen; nun faselt er tiefsinnig, Sonne und Mond hät-

[35] Ebd.

> ten das nicht, was man »Entfernung« nennt, und die Sterne scheint er für Löcher in einer Wand zu halten, durch die das Kerzenlicht eines himmlischen Weihnachtsbaumes in unser dunkles Zimmer hineinblinzelt. Sonnenparallaxe, Fixsternparallaxe, Bewegung der Sonne unter den Fixsternen, das liegt alles wie Kraut und Rüben durcheinander [...].[36]

Was noch fehlt, ist die Norm des satirischen Angriffs. Dass die Wissenschaft, auch die Mathematik, zur kulturellen Entwicklung und zur Orientierung des Individuums beiträgt, hat Hausdorff/Mongré in vielen seiner Essays immer dann betont, wenn es um den Weltanschauungsdiskurs der Zeit ging. Sein Jahrhundert erschien ihm als *unreinlich* – so der Titel eines 1898 in der *Neuen Deutschen Rundschau* erschienenen Beitrags –, da es in der alles beherrschenden Frage nach der Erklärung der Welt den »Dualismus«, die Trennung der ›Zwei Kulturen‹ beibehalten hat, mit der Folge, dass der Einzelne nicht weiß, wohin er gehört:

> Und ach! er weiß es wirklich nicht, dieser moderne Mensch! Es ist überflüssig, ihn irre zu machen; er ist schon verirrt und verwirrt genug. Hülflos schwankt er auf dem Seile zwischen zwei Weltanschauungen, und springt irgend ein Possenreißer über ihn hinweg, so verliert er sicher den Kopf und das Seil, wie es Zarathustra mit eigenen Augen gesehen hat. [...] Wir haben eine gewaltige Forschung, ein tiefes und scharfes Erkennen des Naturzusammenhanges – und daneben den Spiritismus: den dumpfen Aberglauben unserer Ammen und Urgroßmütter zur frechen Scheinwissenschaft drapirt. Wir haben neben dem übertriebenen Specialbetrieb der Wissenschaft die principiellste Unklarheit über Grenzen und Competenzen des Wissens, neben der lichtvollen Exactheit den nebelhaftesten Spuk von Occultisten, Obscuranten und Mystikern; man denke an den großen Magus Schopenhauer und seinen Erfolg, den er selbst einem durch die Kirche nicht befriedigten »metaphysischen Bedürfniß« der gegenwärtigen Menschheit zuschreibt. Dieses metaphysische Bedürfniß – seien wir doch ehrlich! – ist im Grunde dieselbe Neugier, die im Märchen den Hans forttreibt, das Gruseln zu lernen [...].[37]

Was in dem Essay über *Das unreinliche Jahrhundert* resignativ klingt, hat Hausdorff am Ende seiner Strindberg-Besprechung optimistischer gefasst, schließlich soll aus der Lektüre schlechter Bücher auch etwas zu lernen sein. Mit dem Stilbewusstsein eines aufklärerischen Intellektuellen des vorangegangenen, des 18. Jahrhunderts spricht er hier über den Weg in eine humane, die Kulturen vereinigende Zukunft:

---

36 Ebd., S. 895.

37 Paul Mongré, »Das unreinliche Jahrhundert«, in: *Neue Deutsche Rundschau (Freie Bühne)*, IX/1898, H. 1, S. 443–452, hier S. 451.

> Eine Stunde unter Troglodyten! und mit einer neuen Begierde, einer neuen Dankbarkeit werdet ihr ins alluviale Europa zurückkehren, zu den feinverzweigten Geweben eurer Wissenschaft, zu dem verstehenden Lächeln eurer Dichtung, zu den guten Manieren eures unbekehrten Heidentums.[38]

Der Widerruf dieser Voraussage und damit auch das Eingeständnis, die gesuchte Verständigung mit dem Publikum nicht erreicht zu haben, folgte Jahrzehnte später. In einem Brief aus dem Jahr 1938 schreibt der Mathematiker Hausdorff über seine Zeit als Philosoph und Essayist: »Erinnerungen können schön sein, aber kein Ersatz für Hoffnungen; ich bin auf Dantes ›nessun maggior dolor[e]‹ gestimmt. [...] Finden Sie nicht auch, dass Zarathustras Meinung, Europa würde an einer Hysterie des Mitleids zugrunde gehen, eine etwas verfehlte Prognose war?«[39]

Als letzten Ausweg vor der Deportation in ein Konzentrationslager wählt Felix Hausdorff 1942 den Freitod.

---

38 Mongré, »Strindbergs Blaubuch«, S. 896.

39 Brief an Franz Meyer vom 6. Dezember 1938; abgedruckt bei Dathe, Uwe, »›Philosophie als eigene Antwort auf die Frage Welt‹. Briefe Felix Hausdorffs an Franz Meyer«, in: *N.T.M.*, 15/2007, S. 137–147, hier Brief 10, S. 143. – Die zitierten Dante-Verse stammen aus der *Divina commedia* (Inferno, Fünfter Gesang, V. 121–123): »E quella a mea: Nessun maggior dolore / che ricordarsi del tempo felice / ne la miseria; e ciò sa I tuo dottore.«

Stefan Rieger (Bochum)

Die Form der Kurve

Zu einer neuen Physiognomik

I.

Die Rede von der alten und der neuen Physiognomik ist dem Semiotiker und Philosophen Max Bense geschuldet. Seine Forderung nach einer adäquaten Seinsweise der Moderne gipfelt in dem Bestreben, zwischen einer Physiognomik der Oberfläche und einer der Tiefe zu unterscheiden.[1] Während die letztere der Moderne Kontur verleiht, beschränkt sich die erstere auf die Charakterisierung einer Epoche der Vor-Moderne in ihrer diffusen Unzulänglichkeit – so jedenfalls nach der Argumentation im programmatischen Text *Technische Existenz* aus dem Jahr 1949. Gegenläufig zur Tradition der Physiognomik als mythologischer Lesart von Natur bringt Bense dort als Ausbund von Modernität eine materielle Variante in Stellung. Als deren personifizierten Ermöglichungsgrund feiert er den »*Rationalisten der feineren Kontur*« und beschwört damit eine andere Physiognomik, eine, die der Moderne sachdienlich und ihrem Reflexionsniveau angemessen ist.

> Aber technische Intelligenz ist auch der, dessen Geist dieses, sein höchst eigenes Zeitalter deutet und darstellt durch die Kraft seiner Prosa oder die Klarheit seiner Theorie. Und die Verliese der technischen Welt verraten nur so lange ihren Ausgang, wie uns in Deutung und Klarheit, in Prosa und Theorie die Physiognomik ihrer tiefen Strukturen übersehbar bleibt. Zum ersten Male setzt sich der geistige Mensch tiefer und nachhaltiger mit der Materie auseinander, die ihm vordem in der Gestalt der Natur überliefert war. *Es gehört mehr rationale Tiefe und rationale Klarheit dazu, in der materiellen Physiognomik der Technik als in der mythologischen Physiognomik der Natur aus und ein zu wissen. Das technische Zeitalter setzt den Rationalisten der feineren Kontur voraus.*[2]

---

[1] Benses Verwendung der Begriffe Oberfläche, Tiefe und Physiognomik ist idiosynkratisch und hat mit der üblichen Semantik nur wenig gemeinsam.

[2] Bense, Max, »Technische Existenz«, in: Ders., *Ausgewählte Schriften*, Bd. 3, *Ästhetik und Texttheorie*, Stuttgart, Weimar 1998, S. 122–146, hier S. 126. Zu diesem Phantasma der Tiefe, des Unter-die-Oberfläche-, des Unter-die-Haut-Gehens vgl. auch Ders., »Kybernetik oder die Metatechnik einer Maschine«, in: *Ausgewählte Schriften*, Bd. 2, *Philosophie der Mathematik, Naturwissenschaft und Technik*, Stuttgart, Weimar 1998, S. 429–446.

Was aber sind die möglichen Objekte einer solchen neuen Physiognomik? Bense ist an dieser Stelle lakonisch und bleibt Beispiele schuldig. Als ein solches soll im Folgenden die Kurve vorgeschlagen und an ihr das Potential einer neuen Physiognomik herausgearbeitet werden. Um auch an der Kurve ein verändertes Umgehen im Sinne von Bense und seiner Modernebestimmung sichtbar machen zu können, bedarf es vorab einer kurzen Rekonstruktion ihrer Herkunft.

II.

Die Karriere der Kurve setzt ein mit der Entdeckung des Lebens und der Komplexität des Organismus in der Physiologie des 19. Jahrhunderts.[3] Die unterschiedlichen Bewegungsfunktionen des lebenden Körpers werden Gegenstand einer alles umfassenden Aufmerksamkeit, die sich vom Kymographion ausgehend in zahlreiche Folgeapparaturen diversifiziert. Die einschlägige Geschichtsschreibung durch den Experimentalphonetiker Giulio Panconcelli-Calzia (1878–1966) datiert die Verwendung dieses Bewegungsschreibers auf die 40er Jahre des 19. Jahrhunderts.[4] Die Apparate im Umfeld des Kymographions begründen ein hypertrophes Datenreich, das im Zeichen unterschiedlicher Kurventypen und damit auch in dem einer ganz eigenen Phantasmatik steht. Der semantische Raum der Kurve birgt dabei ein zentrales Versprechen, soll dort doch nicht weniger als die Natur selbst zur Anschrift gelangen – ohne dass irgendwelche korrumpierenden Schreiberhände ihre Finger im Spiel hätten.[5] Zur Einschätzung einer regelrechten Konjunktur von Kurvenerhebungen aller Art gelangt ein Tagungsbericht aus dem Jahr 1907, der einer bestimmten Diskussion in den Stimmwissenschaften gilt. Anlässlich des *II. Kongresses für experimentelle Psychologie* über die *Beziehungen der experimentellen Phonetik zur Psychologie* konstatiert der Ganzheitspsychologe Felix Krueger eine weitgehend konzeptlose Kurvensammelwut.[6] Das Überborden

3 Vgl. zum Folgenden ausführlich: Rieger, Stefan, *Schall und Rauch. Eine Mediengeschichte der Kurve*, Frankfurt am Main 2009.

4 Panconcelli-Calzia, Giulio, »Zur Geschichte des Kymographions«, in: *Folia otolaryngologica.* Teil 1, *Originale: Zeitschrift für Laryngologie, Rhinologie, Otologie und ihre Grenzgebiete*, Bd. 26, 1936, S. 196–207.

5 Vgl. Rieger, Stefan, »Die Semiotik des Lebens. Physiologie als Mediengeschichte«, in: Ulrich Bröckling u. a. (Hrsg.), *Disziplinen des Lebens. Zwischen Anthropologie, Literatur und Politik*, Tübingen 2004, S. 189–202.

6 Zu Felix Krueger und seiner Schule vgl. auch den Kommentar in: Weizsäcker, Viktor von, »Der Gestaltkreis. Theorie der Einheit von Wahrnehmen und Bewegen«, in: Ders., *Gesammelte Schriften*, Bd. 4, Frankfurt am Main 1997, S. 575.

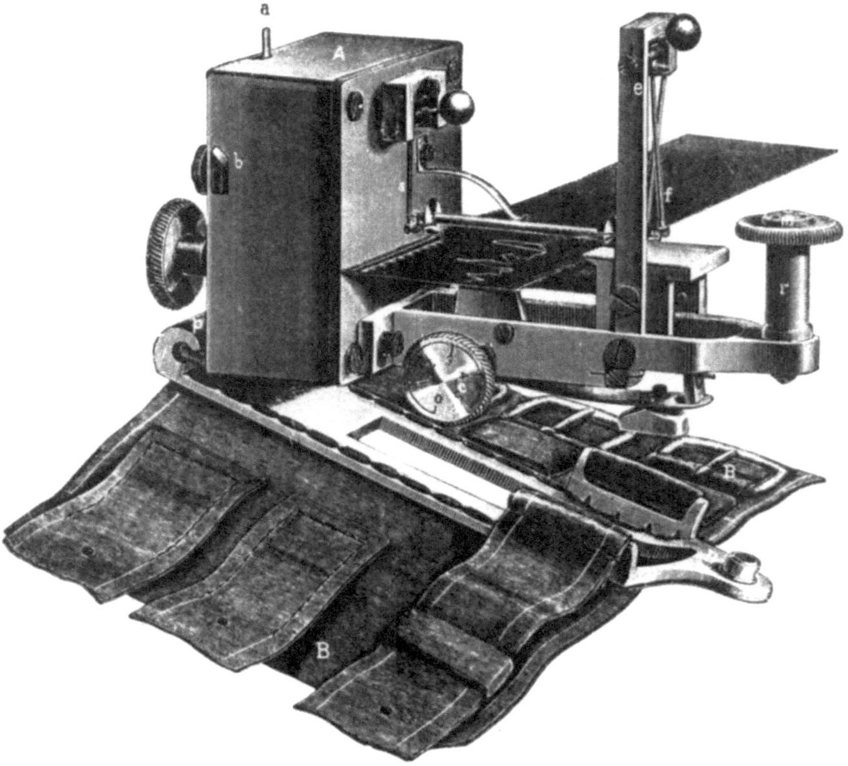

Abb. 1: Sphygmochronograph nach Robert Sommer, *Experimental-psychologische Apparate und Methoden. Die Ausstellung bei dem 1. Kongreß für experimentelle Psychologie* 1904, Passau 1984, S. 44

der Technik führt seiner Einschätzung nach zu einer Verselbständigung, die der Phonetik keineswegs immer nur zum Vorteil gereicht.[7]

> Die unverkennbar hohe technische Vervollkommnung der Registriermethoden ist der Klarheit und Vertiefung der phonetischen Fragestellungen nicht durchaus förderlich gewesen. Die mühevollen und gewiß nicht unfruchtbaren Untersuchungen etwa der Rousselotschen, teilweise selbst der Scriptureschen Schule erwecken

7 Zur Positionierung der Phonetik als Disziplin vgl. Bühler, Karl, »Phonetik und Phonologie«, in: *Traveaux du Cercle Linguistique de Prague*, Bd. 4, 1931, S. 22–46, sowie zum Phonographen als technischem Unterscheidungsgenerator von Phonetik und Phonologie Kittler, Friedrich, »Die Welt des Symbolischen – eine Welt der Maschine«, in: Ders., *Draculas Vermächtnis. Technische Schriften*, Leipzig 1993, S. 58–80, v. a. S. 72.

> doch oft den Eindruck, als wäre das scharfsinnige Bestreben zu ausschließlich auf die Gewinnung möglichst reichhaltiger und physikalisch einwandfreier Kurven gerichtet gewesen, und die Frage dahinter zurückgetreten, welchen theoretischen Einzelproblemen denn das angesammelte Kurvenmaterial dienen solle.[8]

Diese Konzeptionslosigkeit im Umgang mit Kurven ist symptomatisch. Der schillernde Begriff der Kurve, der in Physiologie, Phonetik, Mathematik oder Ästhetik oft wenig spezifiziert Verwendung findet, dient als Attraktor für ein Bündel an Aussagen, die in letzter Konsequenz allesamt Fragen der Form betreffen – ihrer Vielfalt und Einfalt, ihrer Erschöpfbarkeit und Unabschließbarkeit. Vor diesem Hintergrund erreicht ihre diffuse Semantik die Moderne. Weil dort angeblich alles so unanschaulich geworden sein soll, betreffen entsprechende Sorgfalten auch ihren Status. Eine entsprechende Variante der Physiognomik älteren Typs – einer mythologischen Physiognomik im Sinne Max Benses – unterbreitet Rudolf Kassner 1919 in seiner Abhandlung *Zahl und Gesicht. Nebst einer Einleitung: Der Umriß einer universalen Physiognomik*. Für den Kulturphilosophen stellt seine universal angelegte Physiognomik ein Antidot gegen die Moderne und ihre Unanschaulichkeit dar.

> Sieht man es dem Fluge der Fledermaus nicht an, daß sie keine Eier legt? Ich möchte sagen, in ihrem etwas zitternden, schwankenden, gespenstischen Fluge fehlt die reine Linie und die Balance des Eies, welche Sie im Vogelfluge nur ungeheuer vergrößert und über den Himmelsraum verteilt wiederfinden müssen. Das ist Morphologie.[9]

Mit dieser eigenmächtigen Lesart der Fledermausflugformen versteigt sich Kassners Augurentum zu einem naturalistischen Fehlschluss. Mustergültig wird anlässlich seiner Universalphysiognomik das Phantasma greifbar, vom Bewegungstyp Aussagen über das diese Bewegung verursachende Wesen ableiten und gleich noch Rückschlüsse auf die Identität eines organischen Körpers ziehen zu können.[10] Wer sich an Linien klammert, ob aus Gründen allgemeiner Menschenkenntnis, wie bei Johann Caspar Lavater, oder aus

---

8 Krueger, Felix, »Beziehungen der experimentellen Phonetik zur Psychologie«, in: *Bericht über den II. Kongress für experimentelle Psychologie in Würzburg vom 18. bis 21. April 1906*, Leipzig 1907, S. 58–122, hier S. 88. Dieser Befund wird auch für Fourier, genauer noch: für die schnelle Fourier-Transfomation erhoben. Vgl. Hubbard, Barbara Burke, *Wavelets. Die Mathematik der kleinsten Wellen*, Basel u. a. 1997, S. 39.

9 Kassner, Rudolf, Zahl und Gesicht. Nebst einer Einleitung, Der Umriß einer universalen Physiognomik, Frankfurt am Main 1979, S. 31f.

10 Kassners physiognomische Lektüre setzt ein Konzept von Körpergedächtnis in Szene. Vgl. Bühler, Benjamin, *Lebende Körper. Organologische Modelle in der Biologie, Philosophischen Anthropologie und Literatur im ersten Drittel des 20. Jahrhunderts*, Konstanz 2003.

Gründen morphologischer Bestimmungsbemühungen, wie bei Kassner, ist immer schon einem Moment des Ridikülen ausgesetzt, das dieser Form der Bedeutungszuweisung anhaftet. Wer Linien so eigenwillig wie Kassner liest, wird selbst schnell zur Karikatur.[11] Einer Physiognomie von Gesichtern wie bei Lavater folgt die von Schwänzen wie bei seinem vielleicht berühmtesten Kritiker, dem Satiriker Georg Christoph Lichtenberg, auf dem Fuße.[12] Aber nicht nur der große Physiognomiker zieht Spott auf sich. Wie aus einem launigen Vierzeiler des Mathematikers Abraham Gotthelf Kästner ersichtlich, nimmt der die Silhouettenpraxis eines gewissen Leibmedicus namens Zimmermann aufs Korn – mit dem Ergebnis, dass Fledermäuse nicht an Vögel, sondern an Engel geraten.

> Durchs Scheibenloch ins alte Haus
> Flog um ihn eine Fledermaus.
> Gesichterkenner Zimmermann
> Sah die für einen Engel an.[13]

Was aber wäre vor dem Hintergrund einer solchen Lesepraxis, wie sie Kassner am Beispiel der Fledermaus in der Moderne vornimmt, eine alternative Lesart, eine Lesart, wie sie Bense unter dem Stichwort einer technischen Intelligenz für die Moderne angeraten sein ließe? Wo wäre, was Bense als »*Rationalisten der feineren Kontur*« von den Oberflächen abweichen und in die Tiefe vordringen lässt? Wie macht sich dabei geltend, was gegenläufig zur »*mythologischen Physiognomik der Natur*« die »*materielle Physiognomik der Technik*« heißen könnte?[14] Und wie wird dabei schlussendlich eingelöst, was Bense als Kennzeichen einer Metatechnik beschrieben hat, den Befund, dass diese sich von der Oberfläche löse und in einer eigenwilligen Variante des medientheo-

---

11 Vgl. Campe, Rüdiger/Schneider, Manfred (Hrsg.), *Geschichten der Physiognomik. Text, Bild, Wissen*, Freiburg im Breisgau 1996.

12 Die Physiognomie bleibt nicht auf den Bereich der Sichtbarkeit von Gesichtern oder anderen Körperteilen beschränkt, sie erfasst vielmehr auch die Stimme und löst damit eine Tradition ein, die schon Lichtenberg behauptete. Vgl. stellvertretend Adorno, Theodor W., »Physiognomik der Stimme«, in: Ders., *Gesammelte Schriften*, Darmstadt 1998, Bd. 20.2, S. 510–514; Moses, Paul, *Die Stimme der Neurose*, Stuttgart 1956; Scripture, Edward Wheeler, »Records of Speech in General Paralysis«, in: *Quarterly Journal of Medicine*, 10/1916/1917, S. 20–28, sowie Ders., »Die epileptische Sprachmelodie«, in: *Archiv für Psychiatrie und Nervenkrankheiten*, 72/1925, S. 323–325.

13 Kästner, Gotthelf Abraham, nach Pieske, Christa, »Leibmedicus Zimmermann und seine Silhouettensammlung«, in: *Die Waage*, 7/1964, Bd. 3, S. 282–284, hier S. 283.

14 Bense, Max, »Technische Existenz«, in: Ders., *Ausgewählte Schriften*, Bd. 3, *Ästhetik und Texttheorie*, Stuttgart, Weimar 1998, S. 122–146, hier S. 126.

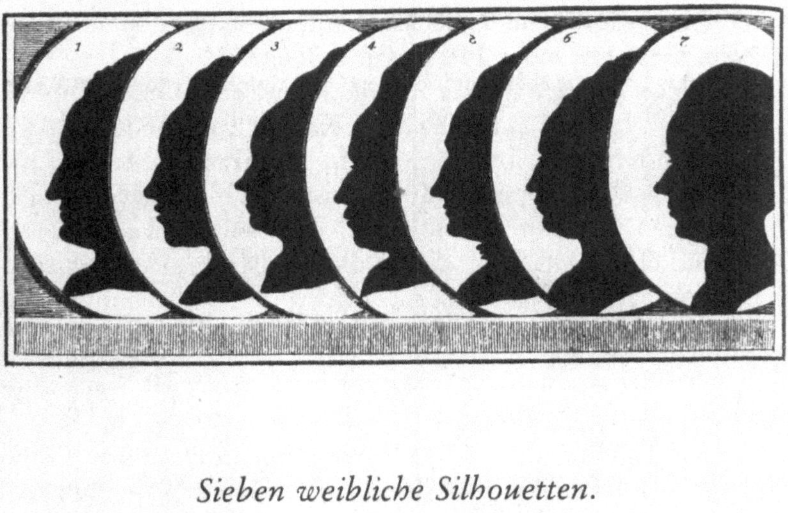

Abb. 2: Frauenspersonen nach Johann Caspar Lavater, *Physiognomische Fragmente zur Beförderung der Menschenkenntnis und Menschenliebe*, Christoph Siegrist (Hrsg.), Stuttgart 1984, S. 272

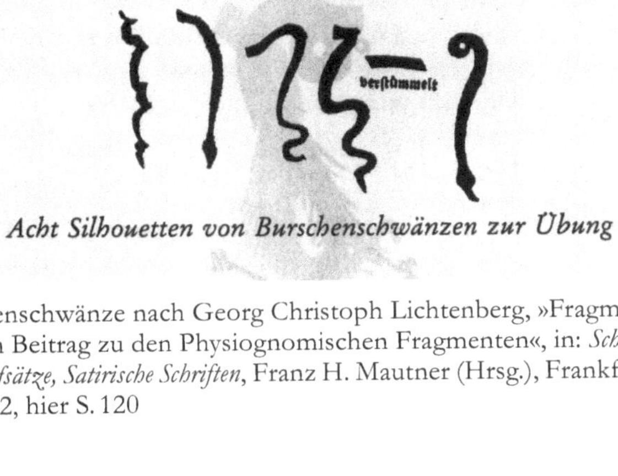

Abb. 3: Burschenschwänze nach Georg Christoph Lichtenberg, »Fragment von Schwänzen. Ein Beitrag zu den Physiognomischen Fragmenten«, in: *Schriften und Briefe*, Bd. 2, *Aufsätze, Satirische Schriften*, Franz H. Mautner (Hrsg.), Frankfurt am Main 1983, S. 117–122, hier S. 120

retischen Extensionstopos nicht dessen Körperfunktionen ausdehne, sondern unter die Haut gehe: »Die kybernetische Erweiterung der neuzeitlichen Technik bedeutet also ihre *Erweiterung unter die Haut* der Welt; Technik kann in keiner Weise mehr isoliert (objektiviert) betrachtet werden vom Weltprozeß und seinen soziologischen, ideologischen und vitalen Phasen«?[15]

III.

Im Folgenden sollen solche Materialisierungen vorgestellt werden – am Beispiel eines Verfahrens, das dem Programm des Sich-Lösens von der Oberfläche und des Vordringens in die Tiefe nicht nur metaphorisch Gestalt verleiht. Dazu wird nicht nach personalisierten Versionen eines real existierenden Rationalisten der feineren Kontur gefahndet, sondern nach technischen Implementierungen solcher Rationalisierungen und ihrer Verkörperung in Apparaten. Weil für die mathematische Kurvenanalyse die harmonische Analyse des französischen Mathematikers Jean-Baptiste Joseph Fourier (1768–1830) zuständig ist, soll diese mitsamt den Frühformen ihrer Umsetzung den Bezug bilden. Diesen Frühformen der Analyse eignet eine Anschaulichkeit, die Benses Forderung nach einer materiellen Physiognomik der Technik denkbar nahe kommt.

Im Zuge der harmonischen Analyse wird die Kurve zu einem komplexen Datenträger. Von der Oberfläche fliegender Fledermäuse verlagert sich das Interesse zunehmend auf ihre Struktur und somit auf die Frage, ob die jeweilige Form auf bestimmte Grundbestandteile zurückzuführen ist und welche Schlüsse daraus gegebenenfalls zu ziehen sind. Dieser analytische Zugriff zielt auf eine technische Rückführung der Gesamtkurve in Teilkurven, die erst in ihrer Zusammensetzung die Komplexität der Form erzeugen. Dabei organisiert die Kurve einen Raum des Wissens, in dem die Sichtbarmachung der Formen, ihre Erforschung und eine entsprechende Theoriebildung in nur schwer überschaubarer Fülle stattfinden konnten. Die Vorrichtungen zur Analyse werden zu Trägern einer Anschaulichkeit, die durch ihre immer weiter vorgenommene Perfektionierung, durch die Steigerung der Geschwindigkeit ebenso wie durch die immer weiter vorangetriebene Miniaturisierung entsprechender Bauelemente, nun ihrerseits zunehmend ins Hintertreffen geraten – um an dieser Stelle von der Digitalisierung gar nicht erst zu reden. Was aber Physiognomik zu sehen geben soll, ohne sich dabei

---

[15] Bense, Max, »Kybernetik oder die Metatechnik einer Maschine«, in: *Ausgewählte Schriften*, Bd. 2, *Philosophie der Mathematik, Naturwissenschaft und Technik*, Stuttgart, Weimar 1998, S. 429–446, hier S. 436.

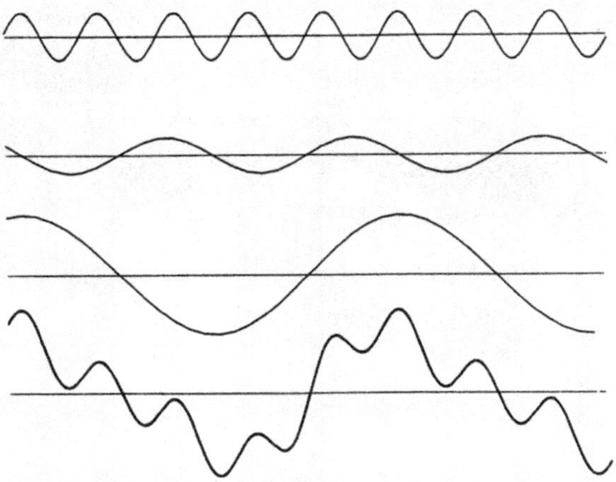

Abb. 4: Schwingungsüberlagerung nach Barbara Burke Hubbard, *Wavelets. Die Mathematik der kleinsten Wellen*, Basel u. a. 1997, S. 26

an den oder in die Oberflächen der Natur zu verlieren, macht eine Gerätschaft aus den 1880er Jahren deutlich, die das Prinzip der harmonischen Analyse auf eigentümliche Weise beim Wort nimmt: die so genannte Wellensirene des deutschen Physikers Rudolph Koenig (1832–1901).

In der Wellensirene werden Formen nicht nur gedacht, sondern die Kurve nimmt im Aufbau selbst materielle Gestalt an – als Streifen, der entsprechend einer bestimmten Vorlage aus Blech geschnitten wird.[16] Dieser ist auf einer drehbaren Vorrichtung derart angebracht, dass er an Öffnungen vorbeiläuft, durch die Luft zugeführt wird. Dabei wird das, was in den Blech- oder Metallstreifen sichtbare Gestalt annimmt, an den Gehörsinn adressiert. Kurzerhand kann die Wellensirene so zu einer Anordnung erklärt werden, die dargestellte Schwingungen *bestimmter Form* in ihre akustische Entsprechung zu überführen erlaubt. Als Generator vermag sie der Variabilität sämtlicher Töne und Klänge Rechnung zu tragen. Dabei sind es zwei Verfahren, denen eine solche Generalgenerierung geschuldet ist.

16 Vgl. Koenig, Rudolph, »Ueber den Ursprung der Stösse und Stosstöne bei harmonischen Intervallen«, in: *Annalen der Physik und Chemie. Neue Folge*, Bd. 12, 1881, S. 335–349.

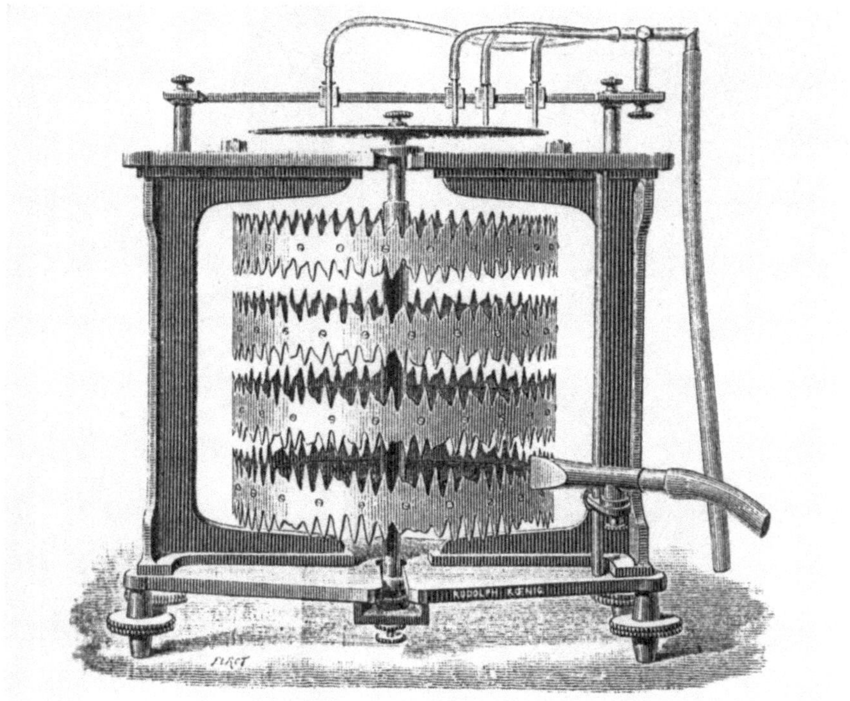

Abb. 5: Wellensirene nach Rudolph Koenig, »Bemerkungen über die Klangfarbe«, in: *Annalen der Physik und Chemie. Neue Folge*, Bd. 14, 1881, S. 369–393, hier S. 386

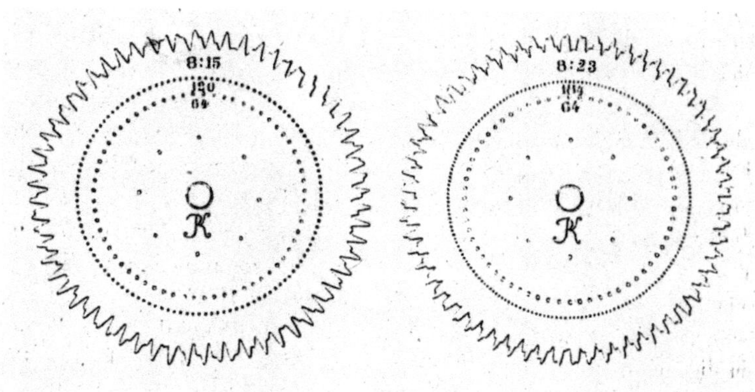

Abb. 6: Details der Scheiben nach Rudolph Koenig, »Die Wellensirene«, in: *Annalen der Physik und Chemie. Neue Folge*, Bd. 57, 1896, S. 339–388, hier S. 366

> Ein aus bestimmten Tönen bestehender harmonischer Klang kann also vermittels dieser Methode entweder dadurch erzeugt werden, dass man die Zusammensetzung der diesen harmonischen Tönen zukommenden Sinuscurven ausführt und gegen die auf solche Weise entstandene Wellencurve durch die Windspalte bläst, oder indem man gleichzeitig jeden der harmonischen Töne gesondert für sich durch das Anblasen der ihm zukommenden Sinuscurve hervorruft.[17]

Zwischen diesen beiden Möglichkeiten der Klangerzeugung, die auf einen ersten Blick nur einen technischen Seitenaspekt zu betreffen scheinen, klafft ein Abgrund an physiognomischer Komplexität. Stellt das eine Verfahren eine bestimmte Zahl einfacher Sinusschwingungen mit jeweils geringem Informationsgehalt vor Augen, die dann durch die Wellensirene zum Klang synthetisiert werden, so wird im anderen Fall ein Kurventyp zum Klingen gebracht, der diese Komplexität selbst schon verkörpert.

Scheinbar an aller Mathematik vorbei bringt sich im Bau der unterschiedlichen Sirenentypen das mathematische Prinzip der Fourier-Analyse zur Anschauung. Benses Rede von der materiellen Physiognomik findet hier eine nachgerade mustergültige Umsetzung. Während der Aufwand an Metallverarbeitung für die Sirenen hoch ist, bestechen andere Anordnungen in der langen Geschichte der harmonischen Analyse durch ihre ausgestellte Schlichtheit. Das wird etwa in Walther Lohmanns *Leicht verständlicher Gebrauchsanweisung für die harmonische Analyse nach dem Hermann'schen Verfahren* der Fall sein, der gänzlich ohne den Sachverstand metallverarbeitender Berufe zu brauchbaren Ergebnissen gelangt und dessen sämtliche Materialien den Bestand eines auch nur halbwegs gut sortierten Schreibwarengeschäfts nicht übersteigen.[18] In der Kargheit seiner apparativen Umsetzung lässt Lohmann Evidenzen manifest werden, die in der Welt moderner Datenverarbeitungseffizienz längst verloren sind. Das Publikationsorgan könnte mit der Zeitschrift *Vox*, dem *Internationalen Zentralblatt für experimentelle Phonetik* (und damit in großer Nähe zu Panconcelli-Calzia), stimmiger nicht sein, hat sie sich doch weitläufig den Kurven und allem, was damit zusammenhängt, verschrieben – von ihrer Aufzeichnung bis hin zu ihrer Analyse. Doch nicht nur die Phonetik setzt auf den Sachstand Fouriers.

> Die harmonische Analyse ist eine Rechenvorschrift, welche es ermöglicht, eine komplizierte periodisch wiederkehrende Kurve in eine Reihe von einfacheren Kurven aufzulösen. Der Arzt, welcher die Herztöne aufschreibt, der Maschinen-

---

17 Ebd., S. 339.

18 Vgl. Lohmann, Walther, *Harmonische Analyse zum Selbstunterricht für Studierende, Techniker, sowie für Nichtmathematiker: Leicht verständliche Gebrauchsanweisung nach dem Hermann'schen Verfahren*, Berlin 1921. Diese Arbeit ist, unter leicht veränderten Titel, ein Sonderdruck aus *Vox. Internationales Zentralblatt für experimentelle Phonetik*.

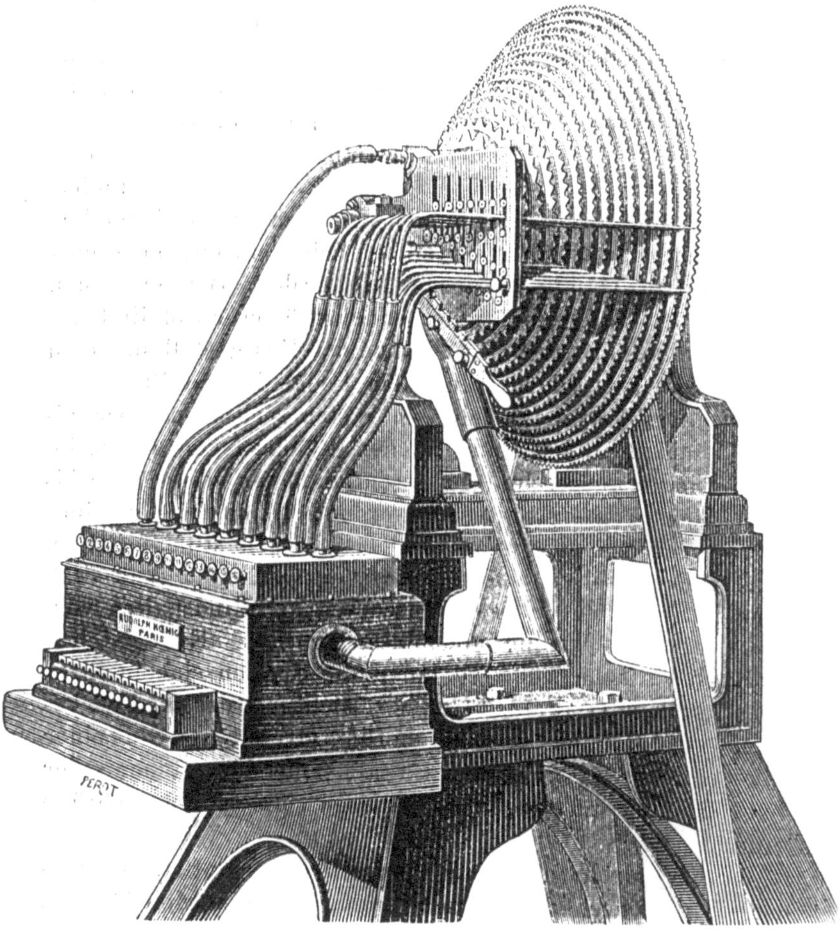

Abb. 7: Wellensirene nach Rudolph Koenig, »Die Wellensirene«, in: *Annalen der Physik und Chemie. Neue Folge*, Bd. 57, 1896, S. 339–388, hier S. 361

bautechniker, welcher Tangentialdruckdiagramme untersucht oder die Torsionsschwingungen der Schiffswelle erforscht, und vor allem der Phonetiker braucht die harmonische Analyse. Nun kann man vom Arzt, vom Techniker und vom Philologen nicht verlangen, daß er neben seiner angestrengten beruflichen Tätigkeit auch noch Integralrechnung treibt. Das ist Sache des Mathematikers.[19]

19 Lohmann, Walther, »Leicht verständliche Gebrauchsanweisung für die harmonische Analyse nach dem Hermann'schen Verfahren«, in: *Vox. Internationales Zentralblatt für experimentelle Phonetik*, 31/1921, 4, S. 91–122, hier S. 91.

IV.

Lohmann tritt mit dem mehrfach betonten Vorsatz an, durch sein Verfahren die Einzelwissenschaften und -disziplinen von der lästigen Integralrechnung zu befreien. Dazu unternimmt er eine Veranschaulichung der Schwingungsverhältnisse im Rückgriff auf den Physiologen Ludimar Hermann, dessen *Phonophotographische Untersuchungen* mitsamt der dort vorgestellten Verwendung von Schablonen er als Bezugspunkt auch eigens benennt.[20] Aus dem publizistischen Grab der experimentellen Phonetik soll dieses Rechenschema geborgen und großräumig einer industriellen Produktion überstellt werden, die dem Geheiß der Arbeitsteilung untersteht.[21]

> Der Text ist aus der Praxis heraus in den VULCAN-Werken Hamburg entstanden und für die Praxis bestimmt. Das Verfahren dagegen ist 30 Jahre alt, aber merkwürdigerweise (außerhalb der experimentalphonetischen Kreise) sehr wenig bekannt. Es wird seit langer Zeit im Phonetischen Laboratorium des Seminars für afrikanische und Südsee-Sprachen an der Universität Hamburg mit großem Erfolge angewandt. Dort wurde es mir auch, als ich vor kurzem auf der Suche nach einer für die Praxis brauchbaren harmonischen Analyse war, bereitwilligst vorgeführt; denn von selber hätte ich dieses so praktische, von L. HERMANN erdachte Rechenschema, welches im 47. Band von PFLÜGER'S Archiv für die gesamte Physiologie 1890 auf Seite 45ff vergraben liegt, niemals gefunden. Die experimentelle Phonetik hat hierdurch der Praxis einen immerhin beachtenswerten Dienst erwiesen.[22]

Die angestrebte Komplexitätsreduktion will Lohmann politisch wenig korrekt dadurch umsetzen, dass er eine Vulcan-Werksangestellte ausgerechnet darum bittet, »die Geheimnisse dieses Verfahrens ganz im Stil eines Kochbuches zu beschreiben, gerade so, wie sie es einer Kollegin mitteilen würde«.[23] Die werksangestellte Dame folgt der Aufforderung zur Rezeptangabe bereitwillig,

---

20 Zur Visualisierung etwa von Elektrizität vgl. Hermann, Ludimar, »Ueber Rheo-Tachygraphie. Ein Verfahren zur graphischen Registrierung schneller electrischer Vorgänge«, in: *Archiv für die gesammte Physiologie des Menschen und der Thiere*, 49/1891, S. 539–548.

21 Über Lohmanns Berufstätigkeit gibt der Lebenslauf am Ende seiner Dissertation Auskunft. Vgl. dazu Lohmann, Walther, *Eigenschwingungen von Dampfturbinenschaufeln unter allgemeinen Bedingungen*, Jena 1932. »7. 4. 20 bis 30. 4. 21 im Direktionsbüro der Vulcan-Werke Hamburg (Prüffeld und Probefahrten). 1. 5. 21 bis 30. 9. 21 in der Hamb. Schiffbau-Versuchsanstalt«, ebd., S. 67.

22 Lohmann, »Leicht verständliche Gebrauchsanweisung«, S. 91. Vgl. dazu ausführlich Hermann, Ludimar, »Phonophotographische Untersuchungen II«, in: *Archiv für die gesammte Physiologie des Menschen und der Thiere*, 47/1890, S. 44–53. Diesen Text macht Hermann als Fortsetzung eines gleichnamigen Beitrags geltend, der ein Jahr vorher im 45. Band desselben Organs erschien.

23 Lohmann, »Leicht verständliche Gebrauchsanweisung«, S. 92.

und so entsteht ein Text, der die Theorie fast unvermittelt neben die Praxis ihrer handwerklichen Anwendung stellt. Zur Umsetzung führt Lohmann einen kleinen Apparat ein, der aus zwei Komponenten besteht: erstens einem Zeiger und zweitens einer Vorrichtung, die in Abhängigkeit vom Zeiger dessen Bewegung als Kurve verzeichnet. Die Phasenbilder 1 bis 20 zeigen einen solchen Umlauf und als Effekt die entsprechende Kurve. Im Anschluss an die technischen Vorgaben der Kinematographie bezeichnet Lohmann die Abfolge von Phasenbildern auch als mathematischen Film.[24] Dieser Kurve liegt die Übersetzung einer zeitlichen Größe, der Umdrehungsgeschwindigkeit des Zeigers, in eine räumliche Größe zugrunde. »Da die Bilder zeitlich aufeinander folgen, und da sich α_1 nach einem bestimmten Zeitgesetz vergrößert, so sagt man in der Sprache der Mathematik auch, α_1 sei eine Funktion der Zeit.«[25]

Aber in dieser Form hat die Maschine noch einen erheblichen Nachteil, denn sie funktioniert nur für eine bestimmte Zeigerlänge. Eine entsprechende Umformulierung soll daher auch variablen Zeigerlängen Rechnung tragen. Um von einer Kurve zu einer weiteren zu gelangen, bedarf es eben auch einer weiteren Maschine. Zwar ist diese mit der ersten baugleich, da aber Zeigerlänge und Anfangswinkel gegenüber der ersten verschieden sind, gewinnt eine andere Kurvenform Kontur. Das Interesse gilt jedoch nicht solchen mathematisch einfachen Formen, die in dieser Reinheit kaum vorkommen, sondern nur aus Gründen der Tonsynthese künstlich erzeugt werden, etwa mit der Sirene; vielmehr gilt es ihren Zusammensetzungen und Überlagerungen. Deswegen betreibt Lohmann die Addition zweier Schwingungen, die dann ihrerseits wieder in ihre Einzelschwingungen auseinandergefaltet werden.

Wie er weiter ausführt, steht so einer Behandlung beliebig vieler Schwingungen und deren Anschrift als Summe nichts mehr im Wege. Die Formenvielfalt der Kurven erschließt sich unmittelbar aus den Gegebenheiten der Zeigerapparatur. Die Auflösung von periodischen Kurven in Sinuslinien ist dabei ebenso probat wie plausibel.

> Man findet es daher wirklich glaubhaft, wenn umgekehrt ein Mathematiker beweist, daß die praktisch vorkommenden Kurven sich durch einen solchen Zeigerapparat anschreiben lassen. Man braucht nur noch ein Rechenschema, welches zu einer gegebenen periodischen Kurve die Zeigerlängen und Anfangswinkel, die zu den einzelnen Periodenzahlen gehören, richtig und schnell liefert. Dieses Rechenverfahren heißt harmonische Analyse.[26]

---

24 Zu den praktischen Handgreiflichkeiten, zu Schablone und mathematischem Film vgl. Panconcelli-Calzia, Giulio, *Das Hamburger experimentalphonetische Praktikum*, Hamburg 1922.

25 Lohmann, »Leicht verständliche Gebrauchsanweisung«, S. 92.

26 Ebd., S. 104.

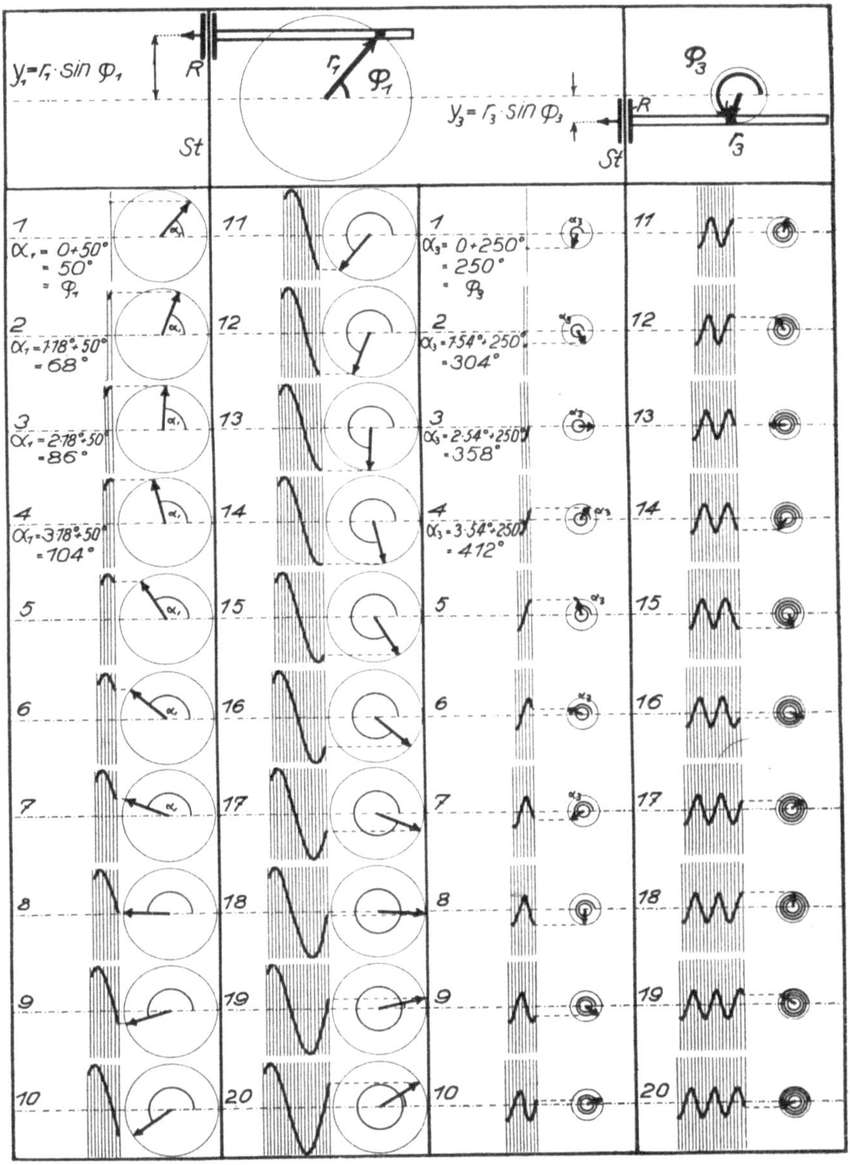

Abb. 8: Verfahren nach Walther Lohmann, »Leicht verständliche Gebrauchsanweisung für die harmonische Analyse nach dem Hermann'schen Verfahren«, in: *Vox. Internationales Zentralblatt für experimentelle Phonetik* 31/1921, 4, S. 91–122, hier S. 93

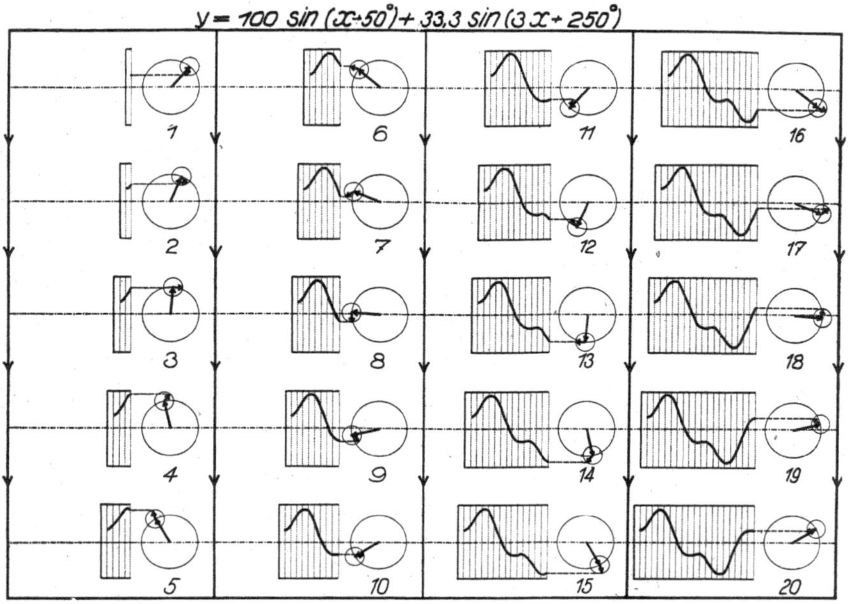

Abb. 9: Verfahren nach Walther Lohmann, »Leicht verständliche Gebrauchsanweisung für die harmonische Analyse nach dem Hermann'schen Verfahren«, in: *Vox. Internationales Zentralblatt für experimentelle Phonetik* 31/1921, 4, S. 91–122, hier S. 100

Der Rest seiner *Leicht verständlichen Gebrauchsanweisung für die harmonische Analyse nach dem Hermann'schen Verfahren* ist dem planmäßigen Vollzug gewidmet. Ausgesprochen hausbacken werden etwa Ratschläge zum Ankauf und zur Verwendung handelsüblichen Butterbrotpapiers gegeben, dessen Transparenz zur Verfertigung der Schablonen für die Kurvenanalyse taugt.[27] Auch der Auswahl der Schreibmaterialen und der Breite der zu verwendenden Federn gilt Lohmanns penible Sorgfalt. Wieder tritt dabei jener Effekt zu Tage, der bereits beim Wellensirenenbau zu beobachten war: War es dort die Synthese, die zum Ausgang einer ganz besonderen Anschaulichkeit hat werden können, so ist es jetzt umgekehrt der Vorgang der Analyse, der bei allen Unterschieden im Verfahren und seiner technischen Umsetzung nicht weniger Anschaulichkeit zur Verfügung stellt. Ob ausgeschnittene Metallstreifen oder durchschei-

[27] Ebd., S. 114. Technisch avancierter verfährt Karl Weitkus, der für seine Kurvenschablonen auf Zelluloid zurückgreift. Vgl. Ders., *Experimentelle Untersuchung der Laut- und Silbendauer im deutschen Satz*, Bonn 1931, v. a. S. 10ff.

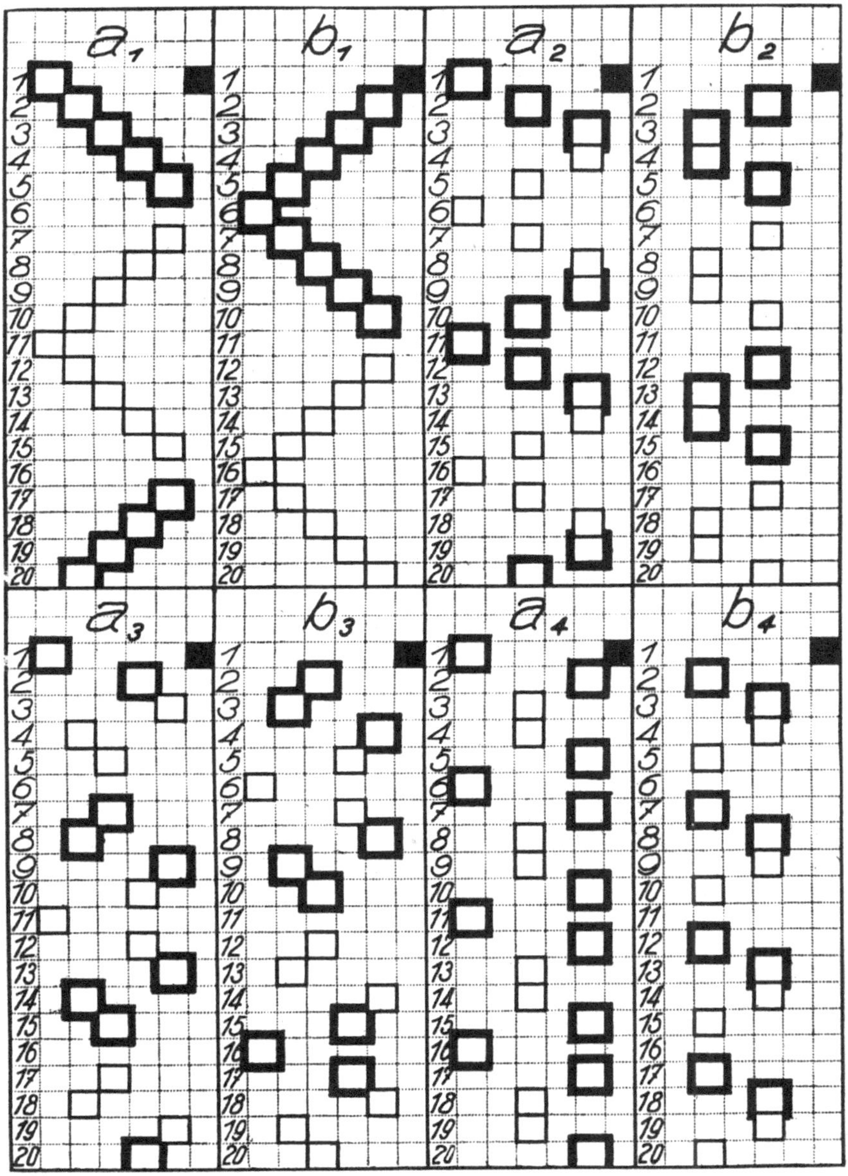

Abb. 10: Schablonen nach Walther Lohmann, »Leicht verständliche Gebrauchsanweisung für die harmonische Analyse nach dem Hermann'schen Verfahren«, in: *Vox. Internationales Zentralblatt für experimentelle Phonetik* 31/1921, 4, S. 91–122, hier S. 108

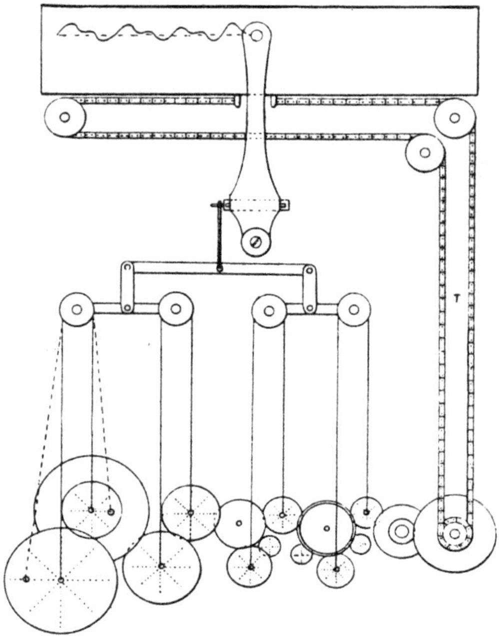

Abb. 11, Synthetische Kurvenmaschine von Preece und Stroh nach Panconcelli, William Henry Preece/Augustus Stroh: »On the Synthetic Examination of Vowel Sounds«, in: *Proceedings of the Royal Society of London*, Vol. XXXVIII, 1878/79, S. 358–366, Pl. 7

nendes Butterbrotpapier, ob Konturen angeblasen werden oder ob Kurven nachträglich durch die Transparenz eines einfachen Haushaltsmittels hindurch ihre Zusammensetzung vor Augen stellen – all das sind Veranstaltungen, die Benses Unterscheidung einer alten und einer neuen Physiognomie beim Wort nehmen, die sich von der Oberfläche lösen, um in die Tiefe zu gelangen. In seinen *Geschichtszahlen der Phonetik* bindet Panconcelli-Calzia die verwendeten Schablonen an die Phonetik zurück und zeichnet ihre Verwendung nicht zur Analyse von Schiffswellen oder Tangentialdruckdiagrammen, von Herztönen oder Gehirnwellen, sondern zur Lautkurvenanalyse nach.[28]

[28] Eine Kurvenanalyse von Gehirnwellen behandelt Hans Berger, der Begründer der Enzephalographie. Vgl. dazu Ders., »Über das Elektroenkephalogramm des Menschen. XI. Mitteilung«, in: *Archiv für Psychiatrie*, 104/1936, S. 678–689. Zu dieser Diskussion vgl. auch Dietsch, G., »Fourier-Analyse von Elektrencephalogrammen des Menschen«, in: *Pflüger's Archiv für die gesamte Physiologie des Menschen und der Tiere*, Bd. 230, 1932, S. 106–112, und Koopmann, L. J., »Soll man die mathemati-

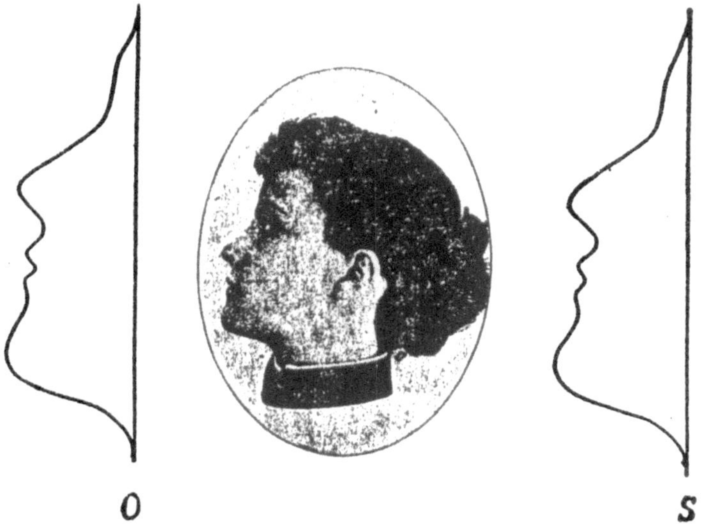

Abb. 12: Harmonische Analyse und Synthese eines Frauenprofils nach Dayton Clarence Miller, *The Science of Musical Sounds*, New York 1922, S. 119

V.

Was als Bastelanordnung die Geschichte der Fourier-Analyse begleitete, was bei Rudolph Koenig und Walther Lohmann auf je ihre Weise Gegenstand eines Nachstellens der Form, ihrer idealen Einfalt und ihrer unabschließbaren Vielfalt war, darf nach alldem noch einmal etwas sichtbar machen: die Koordination von Organismen, wie sie der legendäre Verhaltensphysiologe Erich von Holst (1908–1962) zum Gegenstand seiner Untersuchungen erhebt. Von Holst gelangt mit seiner Analyse der tierischen und menschlichen Bewegung tatsächlich dorthin, wo Max Bense die Metatechnik als kybernetische Erweiterung der neuzeitlichen Technik verortet. Er gelangt *unter die Haut* der Welt, weil in das Innere eines lebenden Organismus – in seinem Fall in das Innere von Fischen. Dabei ist der Ausgangspunkt denkbar oberflächlich, gilt er doch der Frage, nach welcher Maßgabe die unterschiedlichen

sche Analyse auf elektro-physiologische Kurven anwenden?«, in: *Pflüger's Archiv für die gesamte Physiologie des Menschen und der Tiere*, Bd. 240, 1938, S. 727–732. Zum Einsatz der Schablonen bei der Vokalproduktion von Tieren vgl. Sokolowsky, R., »Zur Kenntnis der Sprachlaute bei Tieren«, in: *Archiv für experimentelle und klinische Phonetik*, 1/1914, S. 9–10.

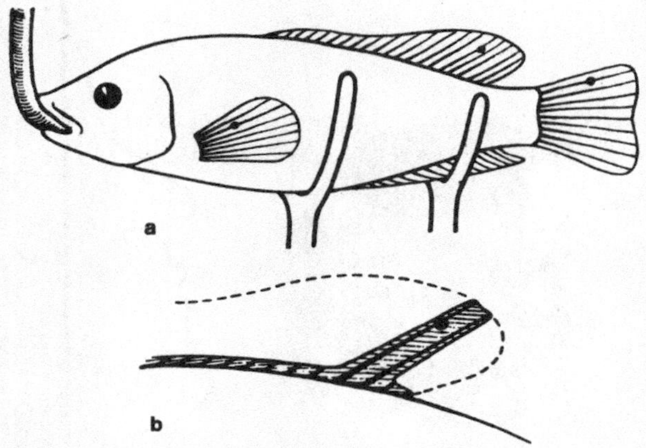

Abb. 2 a Labrus; Schema der Versuchsanordnung. Die mit • bezeichneten Stellen der Flossen werden mit den Hebeln verbunden. b Rückenflosse von Labrus; nur 2 Flossenstrahlen, deren Bewegung registriert wird, sind erhalten, die übrigen weggeschnitten (Einzelheiten s. Text).

Abb. 13: Anordnung zur Registrierung von Flossenschwingungen nach Erich von Holst: »Vom Wesen der Ordnung im Zentralnervensystem«, in: Ders., *Zur Verhaltensphysiologie bei Tieren und Menschen. Gesammelte Abhandlungen*, Bd. 1, München 1969, S. 3–31, hier S. 10

Flossen des beobachteten Fisches sich bewegen, oder kürzer gesagt, wer sie koordiniert.[29] Um zu klären, ob ein zentraler Steuerungsmechanismus für die Bewegungen von Rücken- und Brustflossen zuständig ist oder ob mehrere Steuerungszentren zu veranschlagen sind, werden Kurvenbewegungen verzeichnet. Sie bilden den Ausgangspunkt für von Holsts Analyse der zentralnervösen Koordination.

Nicht eine abgeleitete Kurve als vorliegender Datentypus wird dabei fourieranalysiert, sondern lebende Organismen, in diesem Fall Fische der Gattungen *Labrus*, *Serranus* und *Sargus*, bringen sich selbst in den Überlagerungen der Teilkurven zur Anschrift – nachdem ihnen die entsprechende Theorie als formgebendes Prinzip für ihre Bewegungen attestiert wurde, nachdem das, was unterhalb ihrer Oberfläche liegt, nach außen gelangte. Das geschieht mittels manifester Kurven, die nach entsprechender Analyse wieder

[29] Vgl. dazu Rieger, Stefan, »Barsch-Verfassungen. Zur Politik koordinierter Führung«, in: Joseph Vogl/Anne von der Heiden (Hrsg.), *Politische Zoologie*, Zürich, Berlin 2007, S. 259–273.

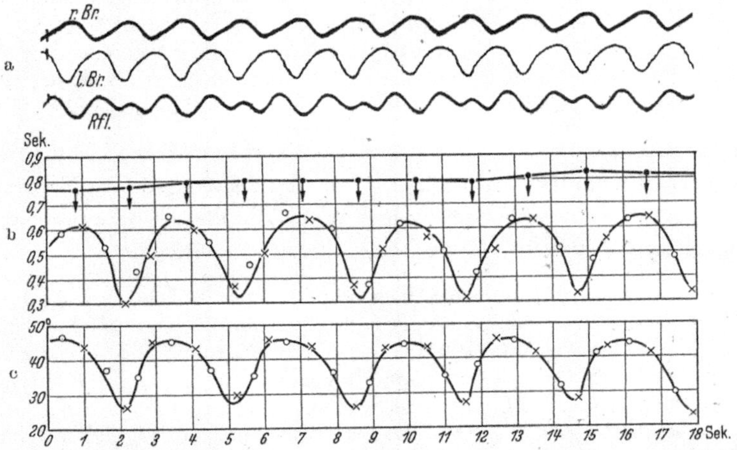

Abb. 3a–c. Labrus, a Schwingung der rechten und linken Brustflosse und der Rückenflosse. 3b und c Ausmessung der Aktionszeiten und der Steilheit der Winkelgrade für Kurve 3a unten; Beschreibung des Verfahrens im Text (S. 10). Die Zeitangabe in 4c unten gilt für a, b und c zugleich. Typisches Beispiel einer zentralen Superposition eines langsameren auf einen schnelleren automatischen Rhythmus (vgl. Abb. 4).

Abb. 14: Flossenschwingungen nach Erich von Holst, »Neue Versuche zur Deutung der relativen Koordination bei Fischen«, in: *Pflüger's Archiv für die gesamte Physiologie des Menschen und der Tiere*, Bd. 240, 1938, S. 1–43, hier S. 10

unter die Oberfläche zurückverlagert werden – als Theorie darüber, nach welcher Maßgabe die Bewegung des Fisches erfolgt. Für diesen Gang in die Tiefe, für diese Loslösung von der Oberfläche greift von Holst auf Leibniz und das Bild von der fensterlosen Monade zurück. Mit seinem Rekurs auf die Philosophie nimmt er vorweg, was Bense in die Formulierung von den »*Verliesen der technischen Welt*« kleidet. Bense sieht den Ausweg aus diesen Verliesen in den Möglichkeiten einer technischen Physiognomik begründet, denn diese sei in der Lage, Tiefenstrukturen zu erschließen. Damit wäre eine nicht mehr mythologische Lesart umgesetzt, die den Anforderungen der Moderne entspräche.

Trotz aller Objektivierung, trotz aller Formalisierung bleibt das Fenster zum Leben verhängt und der Blick spekulativ. Einblicke in das Innere der Monade erfolgen nur in der Durchsicht und in der Vermittlung diaphaner Medien – jenes Papiers etwa, dem sich mathematische Filme und harmonische Analysen verdanken. Lediglich die Transparenz solcher Verfahren bringt Licht in das Dunkel der Motorik, der Bewegungssteuerung und damit schlussendlich des bewegten Lebens überhaupt:

> So wird der Organismus zu einem Präzisionsapparat, der zugleich mit hoher Empfindlichkeit auf äußere Körperreize und innere Arbeitsbedingungen (wie Sauerstoffzufuhr, Temperatur, Narkosemittel usw.) reagiert, während seine Bewegungen über viele Stunden weitergehen. ›Urbilder der Mathematik‹ hat ein bekannter theoretischer Physiker solche Bewegungskurven [...] genannt.[30]

Mit der Verwendung von transparentem Butterbrotpapier bei Lohmann korrespondiert die explizite Empfehlung von durchsichtigem Papier bei von Holst. Durch dessen Verwendung und unter Zuhilfenahme einer banalen Schere will er das Fenster ins Innere des Organismus öffnen.

> Es gibt aber noch eine einfachere Darstellung, die diese Schwierigkeit umgeht. Wenn man alle Werte von 3b und c auf durchsichtiges Papier einträgt und nun in den Zeitabständen, die durch den Takt des oberen Rhythmus (Brustrhythmus) gegeben + sind, also, von den schwarzen Punkten in 3b ausgehend, in Richtung der kleinen Pfeile senkrechte Linien herabzieht (das gleiche ist auch für Abb. 4 durchführbar, s. die Pfeile in 4b) und darauf das ganze Stück entlang diesen Linien in 11 Streifen aufschneidet (der kleine linke Rand mag wegfallen), dann formieren sich die auf sämtlichen 11 übereinandergelegten Streifen eingetragenen Werte wiederum zu regelmäßigen Kurven.[31]

Im Zeichen solcher Sichtbarkeiten jenseits der Physiognomie der Oberflächen gewinnen aber nicht nur theoretische Optionen Evidenz. Wie von Holst schließlich ausführt, bringt der Gang in die Tiefe des lebenden Körpers eine sehr grundsätzliche Sichtbarkeit hervor, nämlich die der Mathematik selbst: »Hier sei von einer Methode und einem Aspekt die Rede, die weder zum Reflex- noch zum Entladungsbilde passen, und die uns in eine *neue* unbekannte Schicht dieses rätselhaften Organs einführen: dorthin, wo ›*Mathematik*‹ sichtbar wird.«[32] Eine präzisere Beschreibung dessen, was Bense mit seiner neuen Lesart der alten Physiognomik propagiert hat, ist wohl kaum möglich.

---

30 Von Holst, Erich, »Von der Mathematik der nervösen Ordnungsleistung«, in: *Experientia*, Vol. IV, Fasc. 10, 1948, S. 374–381, hier S. 377f.

31 Von Holst, Erich, »Neue Versuche zur Deutung der relativen Koordination bei Fischen«, S. 37.

32 Von Holst, »Von der Mathematik der nervösen Ordnungsleistung«, S. 374.

Françoise Willmann (Nancy)

Mathematik im Märchen

Kurd Lasswitz' wissenschaftliche Dichtung

Kurd Lasswitz, 1848 in Breslau geboren, 1910 in Gotha gestorben, veröffentlichte dreiundzwanzigjährig seine erste größere Erzählung, *Bis zum Nullpunkt des Seins. Kulturbildliche Skizze aus dem 23. Jahrhundert.*[1] Zwei Jahre später promovierte er über *Tropfen, welche an festen Körpern hängen und der Schwerkraft unterworfen sind,*[2] und führte somit sein Physikstudium zum Abschluss. Studiert hatte er u. a. bei einigen mathematischen Größen der Zeit, bei Ernst Eduard Kummer (1810–1893), Karl Weierstraß (1815–1897) und Leopold Kronecker (1823–1891).[3] Vier Jahre später entstand eine neue Erzählung, eigentlich eine Fortsetzung der ersten: *Gegen das Weltgesetz. Erzählung aus dem 39. Jahrhundert.*[4] Gleichzeitig fing er an, sich der Forschung zur Geschichte der Atomistik zu widmen, und publizierte ein Jahrzehnt lang regelmäßig in der neu gegründeten neukantianischen *Vierteljahrsschrift für wissenschaftliche Philosophie.* Damit begann die Laufbahn eines Gelehrten, der neben seiner Berufstätigkeit als Gymnasiallehrer am Ernestinum in Gotha auch als Wissenschaftler und Philosoph eine *Geschichte der Atomistik vom Mittelalter bis Newton* verfasste[5] und überdies ohne Unterlass schriftstellerisch produktiv war. Auch wissenschaftlich und philosophisch popularisierend machte er sich einen Namen. Er veröffentlichte in zahlreichen Zeitungen und Zeitschriften zu wissenschaftlich-technischen Fragen der Zeit und stellte dann die jahrelange Arbeit in zwei Werken, *Wirklichkeiten*[6] und *Seelen und Ziele,*[7] zu-

1 Laßwitz, Kurd, *Bis zum Nullpunkt des Seins und andere Erzählungen*, München 2001.
2 Lasswitz, Kurd, *Über Tropfen, welche an festen Körpern hängen und der Schwerkraft unterworfen sind*, Breslau 1873.
3 Herbert Meschkowski berichtet darüber, dass Berlin in den vierziger Jahren des 19. Jahrhunderts »ein wichtiges Zentrum der mathematischen Forschung geworden war. Einen neuen Höhepunkt gab es in den sechziger Jahren durch das Dreigestirn Kummer–Weierstraß–Kronecker.« Meschkowski, Herbert, *Problemgeschichte der neueren Mathematik (1800–1950)*, Mannheim u. a. 1978.
4 Laßwitz, *Bis zum Nullpunkt des Seins und andere Erzählungen*, München 2001.
5 Lasswitz, Kurd, *Geschichte der Atomistik vom Mittelalter bis Newton*, Hildesheim u. a. 1984.
6 Laßwitz, Kurd, *Wirklichkeiten. Beiträge zum Weltverständnis*, Berlin 1900.

sammen, die 1900 und 1908 erschienen. Diese im heutigen Sinne durchaus transdisziplinäre Tätigkeit bewältigte er theoretisch, indem er den Anspruch erhob, sich an die kantische Methode der strengen kritischen Trennung der geistigen Gebiete zu halten, und es sich zum Ziel setzte, nie zu vergessen, wo er phantasierte und wo er forschte.[8] Nichtsdestoweniger ist das gesamte Werk von der Auseinandersetzung mit den im Siegeszug begriffenen Naturwissenschaften geprägt. Lasswitz' eigentliches Anliegen ist durchgehend die Prüfung der Frage, ob die Naturwissenschaft dem Fortschritt der Menschheit zuträglich sei, eine Frage, die er durchaus bejaht wissen wollte, ohne jedoch mögliche Bedenken zu ignorieren. Wenn heute von Lasswitz die Rede ist, erinnert man sich seiner meistens als Autor des Marsromans *Auf zwei Planeten*,[9] der fast gleichzeitig mit Wells' *Krieg der Welten*[10] erschien und – ganz anders als Wells' Roman – von einem entschiedenen Optimismus getragen ist. Die Science-Fiction vorwegnehmenden Elemente setzt der Autor zur Verteidigung einer humanistisch-aufklärerischen Zukunftsvorstellung ein. Doch Lasswitz hat nicht nur diesen einen, in der zweiten Hälfte des 20. Jahrhunderts wiederentdeckten, knapp 1000 Seiten langen Roman geschrieben, sondern auch etliche, von ihm als »wissenschaftlich« und als »modern« bezeichnete Märchen[11] sowie einige weitere, weniger bekannte Romane, etwa *Aspira. Roman einer Wolke*,[12] *Sternentau. Die Pflanze vom Neptunsmond*[13] oder *Homchen. Ein Tiermärchen aus der oberen Kreide.*[14]

Um die Jahrhundertwende veröffentlichte Lasswitz seine meistens zunächst in Zeitschriften und Zeitungen erschienenen Märchen in zwei Bänden, *Seifenblasen* und *Traumkristalle*, beide mit entsprechenden Untertiteln versehen, nämlich jeweils *Moderne Märchen* und *Neue Märchen.*[15] Er verstand sie als ästhetische Gestaltung wissenschaftlich-philosophischer Probleme, im Sinne einer Beantwortung der Frage, »ob der naturwissenschaftlich-technische Fortschritt auch Mittel für die ästhetische Förderung durch die Poesie

---

7 Lasswitz, Kurd, *Seelen und Ziele: Beiträge zum Weltverständnis*, Leipzig 1908.

8 Zitiert nach Lindau, Hans (Hrsg.), *Empfundenes und Erkanntes. Aus dem Nachlasse von Kurd Laßwitz*, Leipzig 1919, S. 55.

9 Lasswitz, Kurd, *Auf zwei Planeten*, München 1998 (erstmals 1897).

10 Wells, H. G., *The War of the Worlds*, zwischen April und November 1897 in *Pearson's Magazine* in Fortsetzungen erschienen, in Buchform Leipzig 1898.

11 Zur Bedeutung der Gattung siehe Innerhofer, Roland, *Deutsche Science-Fiction 1870–1914. Rekonstruktion und Analyse einer Gattung*, Wien 1996.

12 Laßwitz, Kurd, *Aspira. Roman einer Wolke*, Leipzig 1905.

13 Laßwitz, Kurd, *Sternentau. Die Pflanze vom Neptunsmond*, Leipzig 1909.

14 Laßwitz, Kurd, *Nie und Immer. Neue Märchen*, Leipzig 1902.

15 Lasswitz, Kurd, *Seifenblasen. Moderne Märchen*, Hamburg, 1890; Ders., *Traumkristalle. Neue Märchen*, Leipzig 1907.

bietet«.[16] Doch geht es Lasswitz in seinen Märchen nicht nur darum, »Zukunftsträume« zu erproben, wie der Titel des Aufsatzes vermuten ließe, sondern darum, alle wissenschaftlichen und philosophischen Fragen aufzuwerfen, die ihn bewegen. Auch die bereits in den Thesen zur Doktorarbeit postulierte poetische Dimension der Naturwissenschaft soll darin bestätigt werden, der Hypothese entsprechend: »Die durch die Naturwissenschaft gegebene Weltanschauung enthält in reichem Maße poetische Elemente«.[17] Manche Leser waren irritiert: Im *Literarischen Echo 11* betitelte Walther Harlan eine Rezension bezeichnenderweise »Märchen, keine Märchen« und äußerte sich, nachdem er die Gattungsfrage aufgeworfen hatte, folgendermaßen zur Neuerscheinung der *Traumkristalle* von Kurd Lasswitz:

> Wenn aber der wohlbelesene und gedankenreiche Kurd Lasswitz ein mathematisches Variationsproblem auf dem Herzen hat (wieviel Bände zu wieviel Buchstaben würde eine Universalbibliothek umfassen, die durch bloßes Umstellen der Lettern alle denkbaren Bücher darbieten wollte?) und hierüber zwei ältere Gelehrte ein Stündchen verplaudern läßt, so nenne ich das kein Märchen. Drei Stichproben habe ich noch in diesen »Neuen Märchen« gemacht (»Der gefangene Blitz«, »Das Lächeln des Glücks« und »Wie der Teufel den Professor holte«), aber ich habe kein Märchen gefunden, ja beinahe möchte ich sagen: diese geistvollen Plaudereien enthalten überhaupt keine Schicksale oder sonstige eigentlich dichterische Lustwerte. Indessen, es gibt ja auch Freunde von geistvollen Plaudereien, gebildete Menschen, die etwas lernen wollen, wenn sie lesen, die aber eigentliche wissenschaftliche Bücher nicht mögen, solche Leute werden an diesen »Traumkristallen« ihr volles Vergnügen finden.[18]

Ist nun Lasswitz' Dichtung ein Ersatz für wissenschaftliche Lehrbücher, (mehr oder weniger) unterhaltsame Wissenschaftspopularisierung oder ästhetische, gar poetische Be- und Verarbeitung wissenschaftlicher Natur- bzw. Welterkenntnis?

Lasswitz veröffentlichte knapp dreißig solcher Märchen, in denen wir die Abenteuer eines Wassertropfens oder eines Staubkörnchens miterleben, am Schicksal der Bewohner einer Seifenblase teilhaben, einer Prinzessin begegnen, die sich ihrer eigenen Identität erst über die Erfahrung der Liebe gewiss

---

16 So Lasswitz in seinem zweiteiligen Aufsatz »Über Zukunftsträume«, erschienen in *Die Nation*, 16/1899, 33, S. 466–469 und 34, S. 480–483, von Adolf Sckerl in seine Ausgabe »utopischer Erzählungen« von Lasswitz aufgenommen: Laßwitz, Kurd, »Über Zukunftsträume. Aus dem gleichnamigen Essay, 1899«, in: Ders., *Bis zum Nullpunkt des Seins. Utopische Erzählungen*, Adolf Sckerl (Hrsg.), Berlin 1979, S. 319–324.

17 Lasswitz, Kurd, *Über Tropfen*, Breslau 1873, S. 78.

18 Harlan, Walter, »Märchen, keine Märchen«, in: *Literarisches Echo*, 11/1908/1909, S. 1424–1426.

wird, uns mit dem Geist in Aladins Wunderlampe über sein Verhältnis zur modernen Wissenschaft unterhalten, einen Philosophen, dem ein Handlungsreisender für kantische Kategorien die Negation entwendet hat, auf seinen Irrwegen begleiten, Vor- und Nachteile der Fernschule erproben, den Traum der Traumfabrikation austräumen, die Tücken des Gehirnspiegels ermessen können und dergleichen mehr. Trotz der Vielfalt der Themen und Situationen ist offensichtlich allen Erzählungen die wissenschaftlich-erkenntnistheoretische Grundlage gemeinsam, ebenso der vorherrschende witzig-spielerische Ton.

In zwei der drei von Harlan monierten »Märchen« steht die Mathematik im Mittelpunkt, in der von ihm mit besonderer Skepsis erwähnten *Universalbibliothek* und auch in *Wie der Teufel den Professor holte*, und gerade sie eröffnen eine Perspektive, die es ermöglicht, die im Anschluss an Harlans Kritik gestellten Fragen näher zu beleuchten.[19] Tatsächlich mag es auf den ersten Blick den Anschein haben, als handle es sich in den beiden Erzählungen um völlig unterschiedliche Anliegen. In der *Universalbibliothek* geht es um die Frage, ob die Zahl der geschriebenen und zu schreibenden Bücher eine endliche sei und ob sie sich errechnen lasse; *Wie der Teufel den Professor holte* hat die physikalische und metaphysische Unzulänglichkeit der nichteuklidischen Geometrie zum Inhalt. Beide Geschichten aber unternehmen den Versuch, aus Wissenschaft und Mathematik Kunst zu machen, im Märchen also Phantasie und Wissenschaft zeitgemäß miteinander zu verbinden. Als dichterisches Spiel bringt Lasswitz wissenschaftliche Fragen ins soziale Bewusstsein und arbeitet damit den Einseitigkeiten, die sich in einer mehr und mehr wissenschaftlich beherrschten Kultur durchzusetzen drohten, entgegen.

I. *Die Universalbibliothek*

Dieses in die *Traumkristalle* aufgenommene Märchen, zunächst am 18. 12. 1904 in der *Ostdeutschen Allgemeinen Zeitung* (Breslau) veröffentlicht, hat bekanntlich Jorge Luis Borges inspiriert,[20] der seine eigene Version dieses Gedankenspiels verfasste. Bei Kurd Lasswitz ist die Situation folgende: Der Redakteur einer Zeitschrift besucht einen alten Freund, allem Anschein nach

---

[19] Im Folgenden wird aus der von Hans Joachim Alpers herausgegebenen und mit einem Nachwort versehenen Ausgabe zitiert: Laßwitz, Kurd, *Traumkristalle*, München, 1981. Darin: Ders., »Wie der Teufel den Professor holte«, ebd. S. 142–161; Ders., »Die Universalbibliothek«, ebd. S. 162–170.

[20] Borges, Jorge Luis, *Die Bibliothek von Babel. Eine Sammlung phantastischer Literatur in 30 Bänden*, Frankfurt am Main 1941.

ein auch philosophisch interessierter Professor der Mathematik. Ein geselliger Abend mit der Gattin und der Nichte des Professors bahnt sich an. Da der Redakteur seinen Freund mit dem Wunsch nach einem Beitrag für seine Zeitschrift quält, führt ein neckender Einwurf der Hausfrau das Gespräch zu seinem eigentlichen Thema: »Ich wundere mich, daß Sie überhaupt immer noch etwas Neues zu drucken haben. Ich dächte, es müßte nun so ziemlich alles durchprobiert sein, was Sie mit Ihren paar Lettern zusammenstellen können.«[21] Somit kommt die Erzählung in Gang: Der Professor behauptet, die Zahl aller möglichen Bücher lasse sich ausrechnen, auch wie viel Platz sie einnehmen würden, könne man genau bestimmen, wobei sich herausstellt, dass aus den »paar Lettern« sehr viel zu machen ist, weit mehr, als das menschliche Vorstellungsvermögen erfassen kann.

In der reduzierten Figurenkonstellation sind die Rollen klar und konventionell verteilt: der Gast, dem es gelingt, zu guter Letzt der Unterhaltung einen Beitrag für seine Zeitschrift abzugewinnen, die Hausfrau, die sich in Zurückhaltung übt und doch mit spitzen Bemerkungen im passenden Moment einzugreifen weiß, die Nichte, gerade eben aus der Pension entlassen, deren mit liebevoller Nachsicht aufgenommene Naivität die Unterhaltung auflockert, und schließlich die eigentliche Hauptfigur, der Professor für Mathematik, in dieser Funktion bewundert und gefürchtet.

Tatsächlich hat es den Anschein, als hätten wir es vorwiegend mit einem didaktischen Gedankenexperiment zu tun, bei dessen Gelegenheit dem Leser »ein mathematisches Problem« vorgetragen wird. Keine Schicksale, nein, nur ein schlichtes Beisammensein[22] mit einem einzigen Gesprächsthema, welches die Damen von vornherein in klischeehafter Abwehr zu befürchten vorgeben: Bloß keine Rechnerei, erbittet sich namentlich die Hausfrau, während die Nichte sich wenigstens die Zeit mit Handarbeit verkürzen will (die Hausfrau schlägt ihr vor, Nüsse zu knacken). Beide geben sich betont naiv und klischeehaft weiblich-unintellektuell, was wiederum ein auffälliger Trick des Autors ist, die Geschichte immer wieder mit ironisch-kritischen, auch witzigen Ausfällen zu versehen. So behauptet beispielsweise der Redakteur belehrend, der menschliche Geist sei unerschöpflich; die Dame des Hauses wendet geistesgegenwärtig ein: »In Wiederholungen – meinen Sie«.[23] Die abschließende Pointe wird der Nichte überlassen, die endlich etwas »vernünf-

---

21 Laßwitz, »Die Universalbibliothek«, in: Ders., *Traumkristalle*, S. 162–170, hier S. 162.

22 Übrigens zählt »Die Universalbibliothek« ganze neun Seiten.

23 Laßwitz, »Die Universalbibliothek«, in: Ders., *Traumkristalle*, S. 162–170, hier S. 162.

tiges schaffen« will und sich anschickt, »die Form mit Stoff zu erfüllen«, sprich der Runde neuen Wein einzuschenken.[24]

Die Unterhaltung bietet einen Rahmen, der die Erläuterungen des Mathematikers in die Fragen und Einwände, in die Ergänzungen und Anregungen der anderen Protagonisten einzubetten erlaubt. Alles, was die Menschen denken, erkennen, dichten, lasse sich, »bemerkte« der Professor, in der Sprache ausdrücken. »Die Zahl der möglichen Kombinationen gegebener Buchstaben ist aber begrenzt. Also muß alle überhaupt mögliche Literatur sich in einer endlichen Anzahl von Bänden niederlegen lassen.«[25] Diese endliche Zahl, behauptet der Professor, lasse sich genau errechnen. Auch lasse sich errechnen, wie groß die Bibliothek sein muss, welche die Bände beherbergen soll. *Quantitativ* lässt sich die Sache also leicht in den Griff bekommen. Doch noch bevor die Rechnung tatsächlich vollzogen ist, wird ihre Unbrauchbarkeit deutlich, das heißt ihre *qualitative* Unzulänglichkeit: Die Universalbibliothek enthält nämlich alle Arten von Schriften, der Vergangenheit und der Zukunft, alles Richtige und alles Falsche, alles Interessante und alles Uninteressante, und zwar so, dass es höchst schwierig sein dürfte, sich darin zurechtzufinden. Und damit nicht genug: Die Zahl der Bände ebenso wie die Länge der Regale sind zwar endliche Zahlen, doch übersteigen sie hoffnungslos jedes Vorstellungsvermögen, so dass es zur Frage ihrer tatsächlichen Realisierung gar nicht erst zu kommen braucht. Und somit endet die Darstellung der Universalbibliothek mit der alle Protagonisten einigenden Feststellung: »Wir können unendlich mehr richtig denken, als wir in der Erfahrung wirklich zu erkennen vermögen«.[26]

Die Hauptrolle kommt dem Mathematiker zu, der ein mathematisches Glanzstück zum Besten gibt. Die drei weiteren Protagonisten bringen ihm das gebührende Misstrauen entgegen: Man fürchtet komplizierte technische Ausführungen, erwähnt die »Masse der Symbole«,[27] schrickt vor der Aussicht zurück, es könnte gar eine Logarithmentafel nötig werden, und verbittet sich endlose gelehrte Vorträge. Dementsprechend besänftigt der Professor seine Zuhörer immer wieder und leitet seine Erklärungen mit beruhigenden Formeln ein: »ist nicht nötig«,[28] »das werden wir gleich haben«,[29] »bin schon fertig«,[30] »das ist ganz einfach, das kann ich im Kopfe ma-

---

24 Ebd., S. 170.
25 Ebd., S. 163.
26 Ebd., S. 170.
27 Ebd., S. 164.
28 Ebd., S. 163.
29 Ebd., S. 169.
30 Ebd., S. 168.

chen«[31] und dergleichen mehr. Dabei kommt der Kontrast zwischen diesen Beteuerungen und den tatsächlich verwirrenden Ausführungen umso deutlicher zur Geltung. Drei Zitate mögen dies veranschaulichen, in denen sich die eigentlich mathematischen Aussagen des Professors beinahe erschöpfen.

Nachdem die Voraussetzungen geklärt wurden – man einigt sich auf 100 nötige Zeichen – kann der Professor das Problem kurz zusammenfassen:

> Wenn man also 100 Zeichen, beliebig oft wiederholt, in irgend einer Ordnung so oft zusammenstellt, daß sie einen Band von einer Million Buchstaben füllen, so wird man irgend ein Schriftwerk bekommen. Und wenn man alle möglichen Zusammenstellungen sich denkt, die überhaupt in dieser Weise rein mechanisch gemacht werden können, so hat man genau sämtliche Werke, die jemals in der Literatur geschrieben worden sind oder in Zukunft geschrieben werden können.[32]

Wie viele Bände derart zustande kommen, führt er in folgender Rechnung vor:

> Das ist ganz einfach, das kann ich im Kopfe machen. Wir überlegen uns nur, wie wir unsere Bibliothek herstellen. Wir setzen zunächst jedes unserer hundert Zeichen einmal hin. Dann fügen wir zu jedem wieder jedes der hundert Zeichen, so daß hundertmal hundert Gruppen zu je zwei Zeichen entstehen. Indem wir zum drittenmal jedes Zeichen hinzusetzen, bekommen wir 100x100x100 Gruppen von je drei Zeichen, und so fort. Und da wir eine Million Stellen im Bande zur Verfügung haben, so entstehen so viel Bände, als eine Zahl angibt, die man erhält, wenn man 100 ein Millionenmal als Faktor setzt. Da 100 gleich zehnmal zehn ist, so bekommt man dasselbe, wenn man die Zehn zweimillionenmal als Faktor schreibt. Das ist also einfach eine Eins mit zwei Millionen Nullen. Hier steht sie: Zehn hoch zwei Millionen: $10^{2\,000\,000}$.[33]

Es stellt sich nun eine letzte Frage, und zwar, wie viel Platz diese Bände einnehmen werden. Auch dies lässt sich eindeutig bestimmen:

> Ihr wißt, daß das Licht in einer Sekunde 300 000 Kilometer durchläuft, also in einem Jahre ungefähr zehn Billionen Kilometer, was gleich einer Trillion Zentimeter ist. Wenn also der Bibliothekar mit der Geschwindigkeit des Lichtes an unserer Bändereihe entlang saust, so würde er doch zwei Jahre brauchen, um an einer einzigen Trillion Bände vorüber zu kommen. Und um an der ganzen Bibliothek entlang zu fahren, wären demnach doppelt soviel Jahre nötig, als eine Trillion in der Bändezahl enthalten ist, das gibt, wie vorhin gesagt, eine Eins mit 1 999 982 Nullen. Was ich damit nur verdeutlichen wollte: Man kann sich die Zahl der Jahre, die das Licht braucht, an der Bibliothek entlang zu laufen, ebensowenig vorstellen, wie die Zahl der Bände selbst. Und das zeigt wohl am klarsten, daß es vergebliche Mühe ist, sich von dieser Zahl eine Anschauung zu bilden, obwohl sie *endlich* ist.[34]

---

[31] Ebd., S. 167.
[32] Ebd., S. 164.
[33] Ebd., S. 167–168.
[34] Ebd., S. 169.

Es erweist sich somit, dass das mathematische Problem, das Kurd Lasswitz anscheinend auf dem Herzen hatte, in ein erkenntnistheoretisches oder gar ein philosophisches Problem mündet.

Bereits in jungen Jahren hatte Lasswitz einen *Beitrag zum kosmologischen Problem und zur Feststellung des Unendlichkeitsbegriffes*[35] verfasst und war bei dieser Gelegenheit mit dem Mathematiker Siegmund Günther in Konflikt geraten, der ihm den Vorwurf machte, als Physiker reduziere er die Mathematik auf ihre Bedeutung für die Naturerkenntnis. In der *Universalbibliothek* könnte sich der Verdacht aufdrängen, dass Lasswitz auch hier die Mathematik in ihre Schranken verweisen wolle und ihren Anspruch auf grenzenlose Freiheit gegen ihre Effizienz für die Erfahrung ausspiele. Die Abwehrhaltung der drei Nicht-Mathematiker und -Mathematikerinnen scheint gerechtfertigt, denn tatsächlich schleicht sich über die mathematische Belehrung das Unverständliche und obendrein Unnütze doch ein. Daher muss der Professor seine Zuhörer und Zuhörerinnen wieder an das ursprünglich bescheiden angekündigte, eigentliche Ziel erinnern: »Ich habe ja nicht behauptet, daß du dir das Brauchbare heraussuchen könntest, sondern nur, daß man genau die Zahl der Bände angeben kann, die unsere Universalbibliothek enthält und worin neben allem Sinnlosen auch alle sinnvolle Literatur stehen muß, die überhaupt möglich ist.«[36]

Auf den Enthusiasmus, den das Versprechen wachruft, die Universalbibliothek lasse sich genau bestimmen, folgt die Enttäuschung, als sich herausstellt, dass man einem Missverständnis aufgesessen ist: Tatsächlich hatte man die Einschränkungen, die der Mathematiker keineswegs verschwieg, übersehen. Man hatte von seiner Wissenschaft erwartet, was man sich von ihr erwünschte, allerdings zu Unrecht, denn die Grenzen hatte der Professor von Anfang an klar benannt. So drohen die ungebührlich hohen Erwartungen der Nicht-Mathematiker in Enttäuschung umzuschlagen und die anfängliche Furcht vor langweiligen und allzu komplizierten Rechnungen sich in ernüchtertes Desinteresse umzuwandeln.

Hier spricht natürlich auch (in selbstironischer Distanz) der Mathematiklehrer Lasswitz. Doch ergibt sich aus der Verdeutlichung des kritischen Untertons die Gefahr seiner Überbewertung. Es kommt nämlich, trotz des betont nüchternen Auftretens des Mathematikers, dessen Lieblingsbuch, wie

---

35 Lasswitz, Kurd, »Ein Beitrag zum kosmologischen Problem und zur Feststellung des Unendlichkeitsbegriffes«, in: *Vierteljahrsschrift für wissenschaftliche Philosophie*, 1/1877, S. 329.

36 Laßwitz, »Die Universalbibliothek«, in: Ders., *Traumkristalle*, S. 162–170, hier S. 167.

wir erfahren, das Reichskursbuch ist (!), die auch ansteckende Begeisterung des Mathematikers genauso zur Geltung wie die Bedenken seiner Zuhörer und Zuhörerinnen, und die drei oben angeführten Zitate sollten etwas von der Faszination vermitteln, die von den Zahlen und von der Beherrschung des Unendlichen ausgeht, und sei sie nur eine gedankliche. Und darauf beschränkt sich der Enthusiasmus nicht, so gelassen sachlich der Professor sich auch geben mag, indem er beispielsweise die durchaus paradox wirkenden Eigenschaften seiner Zahlenspiele als schlicht »überraschend« bezeichnet. Auch die Ahnung des mathematischen Gesetzes – ein beliebtes Thema des Wissenschaftspopularisators Lasswitz[37] – und nicht zuletzt die Geisteskraft des Mathematikers, die sich in der Erarbeitung und Anwendung des Gesetzes äußert, werden den drei Zuhörern bzw. Zuhörerinnen – und dem Leser bzw. der Leserin – vermittelt, deren kritisch-witzige Einwände die unterschwellige Bezauberung nicht ganz verbergen können.

Damit stoßen wir auf das eigentlich Märchenhafte, auf das, was aus dieser Erzählung tatsächlich ein »neues Märchen« macht, nämlich nicht nur neu in dem Sinne, dass es sich um die zweite Märchensammlung des Autors handelt, sondern neu in dem Sinne, dass wir es mit einer zeitgemäßen Erneuerung der Gattung zu tun haben. Zumindest gibt Lasswitz zu erkennen, dass er eine solche Erneuerung anstrebt. Zum neuen Jahrhundert benötigt der Mensch ein neues »Wunderbares«. Nicht mehr fabelhafte Wesen oder willkürliche Eingriffe in die Natur sollen den Leser ergötzen, sondern die Wunder des menschlichen Geistes, die sich dem modernen Menschen in der modernen Wissenschaft, in der Mathematik zumal, eröffnen. Die modernen Märchen beweisen es: Die menschliche Denkkraft kann es durchaus mit den Staunen erregenden, fantastischen Zauberkräften früherer Zeiten aufnehmen.

Es ist ein beliebtes Mittel der Wissenschaftspopularisierung, den Leser mit beeindruckenden Zahlen zu überhäufen. Hier führen diese Zahlen in die besonders faszinierende Problematik des Unendlichen, die sich in der *Universalbibliothek* nicht wie üblich im beliebten, auch von Lasswitz selbst immer wieder bemühten Thema des Kosmos darbietet. Denn es geht hier nicht nur um das unsere Phantasie leicht anregende Universum, sondern um Bücher, nicht also um die Schöpfung, deren verschwindend geringe Staubkörnchen wir sind[38] und die im »kosmologischen Problem« den Ausdruck unserer me-

[37] Das erste Kapitel des Weltanschauungsbandes *Wirklichkeiten* (Laßwitz, Kurd, *Wirklichkeiten. Beiträge zum Weltverständnis*, Berlin 1900, S. 1f.) beginnt mit einer persönlichen Erinnerung an die »Entdeckung des Gesetzes«; es handelt sich dabei um das »mathematische Gesetz«.

[38] Ein Leitmotiv, das auch Lasswitz nicht müde wird zu bemühen.

taphysischen Neugier und Bedürfnisse findet, sondern um die Schaffenskraft des menschlichen Verstands. Die Bücher, auf die sich die Rechnung der *Universalbibliothek* bezieht, sind des Menschen eigenes Werk, dem kein Einzelner gewachsen ist.

So bezieht die Vorstellung der Universalbibliothek ihren Reiz sowohl aus der impliziten Verdoppelung der Sternenwelt durch die Bücherwelt als auch aus der paradox klingenden Möglichkeit, ein anscheinend Unendliches könne in einem Endlichen, das Unerschöpfliche in der endlichen Zahl, das Universum im mathematischen Gedankengang, erfasst werden. In genau diesem Paradoxon steckt eine weitere Dimension des Märchenhaft-Wunderbaren. Und damit veranschaulicht der Gedanke der *Universalbibliothek* die Wunderkraft der Mathematik, ihr Potenzial im Dienste der Naturwissenschaft und ihre Beherrschung der Natur. Das neue Selbstbewusstsein der Wissenschaftler mochte die Träume der Romantiker ablösen. Doch zugleich werden die Grenzen gezogen. In der Idee der *Universalbibliothek* soll eben nicht die *reine* Mathematik gepriesen werden. Weil die vorgeführte Rechen- und Kombinationsleistung sich auf das Reich der Gedanken beschränkt, deckt die Erprobung ihrer Tauglichkeit für die Wirklichkeit ihre Unzulänglichkeit auf. Wenn das, was der menschliche Geist zu erzeugen imstande ist, sich seiner Anschauung entzieht, mag er »richtig denken«, vermag jedoch nicht zu *erkennen* und vergeudet so möglicherweise seine Geisteskraft. Denn eine sehr große endliche Zahl, dies eröffnet sich dem Nicht-Mathematiker durch die Erzählung, hat einer unendlichen gegenüber kaum Vorteile; sie ist aufgrund ihrer Endlichkeit weder unbedingt greifbarer noch verständlicher. Das Märchen entpuppt sich auch als belehrende Fabel. Wir haben es tatsächlich mit der Veranschaulichung eines erkenntnistheoretischen Standpunkts zu tun, der zum Schluss zusammenfassend ausgesprochen wird: »Die Gesetze geben uns das Vertrauen auf die Wahrheit. Aber nützen können wir sie erst, wenn wir ihre Form mit lebendigem Erfahrungsstoff gefüllt, d. h. wenn wir den Band gefunden haben, den wir brauchen.«[39]

Doch die Faszination, die von der mathematischen Beweisführung ausgeht, wird durch die Unbrauchbarkeit der Universalbibliothek nicht einfach vernichtet. Die Denkkraft des Mathematikers droht unfruchtbar zu bleiben, wenn sie sich von Anschauung und Erfahrung löst. Dies verdeutlicht hier der Verlust der *sinnlichen* Anschauung. Dass es aber Lasswitz nicht gelingen wollte, sich mit den nichteuklidischen Geometrien anzufreunden, liegt an ihrer Unvereinbarkeit mit der *reinen* Anschauung des Raums, der Bedingung

---

[39] Laßwitz, »Die Universalbibliothek«, in: Ders., *Traumkristalle*, S. 162–170, hier S. 170.

der Möglichkeit jeder Erfahrung im kantschen Sinne.[40] Daher gibt es zur Frage nach einem gekrümmten Raum etliche populärwissenschaftliche Stellungnahmen von Lasswitz und auch immer wieder ironische Ausfälle in seinen Märchen, wobei das bekannteste, *Wie der Teufel den Professor holte*, suggeriert, dass die nichteuklidische Geometrie eigentlich Teufelswerk im wahrsten Sinne des Wortes sei, das heißt destruktive Negation.

II. *Wie der Teufel den Professor holte*

Auch diese Erzählung wollte Harlan nicht als Märchen gelten lassen, was daran liegen mag, dass die nichteuklidische Geometrie und die Polemik gegen sie das eigentliche Thema sind. Formal ist das »Märchen« dem eben besprochenen teilweise ähnlich, dabei jedoch um einiges komplexer und subtiler. Wiederum hat ein Professor, ein Mathematiker und Philosoph, die Hauptrolle inne. Er steht im Mittelpunkt eines geselligen Kreises und berichtet einer aus vier weiteren Figuren bestehenden Gesellschaft (»der starke Herr«, »die kleine Frau Brösen«, »die blaue Dame«, »der sanfte Jüngling«) über ein Abenteuer, das er eine Woche zuvor erst erlebt haben will. Seinem Bericht zufolge geschah, was ihm so mancher Gegner der nichteuklidischen Geometrie gewünscht haben mag: Der Teufel holte ihn, und zwar zu einer Reise im Weltraum-Automobil. Der Professor aber ließ sich keineswegs einschüchtern: »Wäre Faust ein richtiger Mathematiker gewesen, so hätte er sich nicht sein ganzes Leben mit dem Teufel herumzuschlagen brauchen«,[41] behauptet er selbstsicher und erzählt, wie es ihm dank seiner mathematischen Überlegenheit, das heißt dank seines Wissens um die Gültigkeit der nichteuklidischen Geometrie, gelang, zur Erde zurückzufinden.

Das Märchen stellt sich als ein Gespräch im Gespräch dar. Der Leser hat sowohl am Dialog, den der Professor mit seinen Bekannten führt, als auch an der Unterhaltung mit dem Teufel teil. Auf ihrer Reise durch den Kosmos versuchten beide, der Teufel und der Professor, den anderen zu überlisten, wobei die Rettung des Professors nicht genügt, um die Frage, wer das Spiel gewann, eindeutig zu beantworten.[42] Der Bericht ist kein trockener Vortrag, sondern die Wiedergabe einer hitzigen Diskussion, die vor dem Hintergrund

---

[40] Eine kurze und einleuchtende Übersicht der »Diskussion der Raumtheorie« bietet beispielsweise Irrlitz, Gerd, *Kant-Handbuch, Leben und Werk*, Stuttgart, Weimar 2002, S. 197.

[41] Laßwitz, »Wie der Teufel den Professor holte«, in: Ders., *Traumkristalle*, S. 142–161, hier S. 144f.

[42] Der starke Herr behauptet sogar, den Bericht des Professors abschließend: »»Da sind Sie aber schön 'reingefallen!«, ebd., S. 160.

einer Weltraumentdeckung stattfindet. Aus der Situation ergibt sich auch die Gelegenheit, typische Lasswitz'sche Science-Fiction-Einfälle in die Erzählung einzuflechten. So fährt der Teufel ein Weltraum-Automobil aus Stellit, einem vom Professor erdachten Stoff, »wodurch alles von ihm Umschlossene frei von der Schwerewirkung wird. Wir konnten demnach durch die Anziehung der Sterne nicht abgelenkt werden.«[43] Auch kommt dem Leser die physikalische Aufklärungsarbeit zugute, die der Professor auf Nachfragen seiner Zuhörer hin leistet. Eine ähnliche Funktion fällt dem Konkurrenzverhältnis zwischen Professor und Teufel zu, das daraus entsteht, dass jeder vom anderen erfahren möchte, wie sehr er über den Lauf der Dinge unterrichtet ist, um aus dem Wissen bzw. dem Unwissen des anderen seinen Nutzen zu ziehen. Die Faszination der Zahlen kommt auch hier zur Geltung, wenn etwa die anfängliche Reisegeschwindigkeit mit der zehnfachen Lichtgeschwindigkeit (später steigt sie auf das 20-Millionen-Fache!) angegeben wird, die Entfernung von der Sonne zur Erde somit in 50 Sekunden zurückgelegt wird! Die einmalige Gelegenheit, vom Teufel persönlich einiges zu seinen Fähigkeiten und zu seinem Verhältnis zum »anderen« oder gar einiges über den »anderen«[44] selbst zu erfahren, wird natürlich auch wahrgenommen. Doch vorwiegend geht es dem Professor darum, sich aus der heiklen Situation zu retten – denn der Teufel droht damit, ihn ins All fallen zu lassen und ihn somit in eine Sternschnuppe zu verwandeln, was zugleich die Theorie des Professors über den gekrümmten Raum, die er bereits in einem allerdings noch unveröffentlichten Buch niedergelegt hat, bestätigt.

Der Physiker und Popularisator Kurd Lasswitz hatte im Jahre 1900 einen Essay *Vom krummen Raum* veröffentlicht, den er in sein acht Jahre später erschienenes Buch *Seelen und Ziele* »hineingearbeitet« hatte.[45] Auf das erste Kapitel, dem »Rätsel der Zeit« gewidmet, folgte das zweite, »Neue Räume« betitelt, das sich die Verteidigung des dreidimensionalen Raums der euklidischen Geometrie gegen die mathematischen »Gedankenoperationen«[46] der nichteuklidischen Geometrien zum Ziel setzte. »Für die Erfahrung gibt es nur den dreidimensionalen Raum«,[47] heißt es da apodiktisch. Seine Stellung zu dem Problem klärt der Autor folgendermaßen:

---

43 Ebd., S. 157. Übrigens greift Lasswitz damit eine Erfindung wieder auf, die er in seinem zehn Jahre früher erschienenen Roman *Auf zwei Planeten* bereits eingeführt hatte.

44 Der Teufel weigert sich selbstverständlich, den Namen Gottes auszusprechen.

45 Lasswitz, *Seelen und Ziele*, Leipzig 1906, S. 317. Der Aufsatz »Vom krummen Raum« war in *Die Zeit* vom 1. 12. 1900, Nr. 322, S. 134–135 zu lesen.

46 Lasswitz, *Seelen und Ziele*, S. 32.

47 Ebd., S. 29.

> Alle die unendlich vielen Geometrien, die widerspruchslos möglich sind, müssen natürlich als berechtigte Gebilde des mathematischen Denkens anerkannt werden; auch muß zugegeben werden, daß die mit ihnen ausgeführten Operationen in Zusammenhang mit Denkoperationen im Anschauungsraum gebracht werden können, die unter Umständen Anwendungen auf Gegenstände der Erfahrung gestatten. Aber immer haftet ihr Dasein, soweit es über das Gedachtsein hinausgehen soll, auf der *reinen Anschauung*, die zu den Axiomen der Euklidischen Geometrie führt und erst von hier aus zur Vorstellbarkeit (nicht blos Denkbarkeit) anderer Geometrien.[48]

Der Gedankengang des Kapitels lässt es deutlich erkennen: Lasswitz schafft es weder, die nichteuklidischen Geometrien zu akzeptieren, noch sie zu verwerfen. So besteht er darauf, die Illegitimität ihres Anspruchs »der *Existenz* als verwirklichter Raumgestaltung«[49] zu behaupten oder doch zumindest die Priorität des euklidischen Raumes zu retten, indem er schließlich zu bedenken gibt, dass die nichteuklidischen Raumvorstellungen erst vom euklidischen Raum abgeleitet werden konnten. Dem wissenschaftlich fundierten Argumentationseifer in den popularisierenden Aufsätzen lässt sich das Gedankenspiel des Märchens entgegenhalten, das den zuweilen verbissenen Widerstand der philosophischen Stellungnahmen durch humorvolle Selbstdistanz ersetzt und beim Leser sogar eine gewisse Ratlosigkeit erzeugt.[50]

Wie der Teufel den Professor holte demonstriert, dass die Behauptung, der Raum weise einen bestimmten Krümmungsradius auf, so verschwindend gering er auch sein mag, zur Folge habe, dass er als endlich zu denken sei. Das Weltraum-Mobil saust mit unvorstellbar rasender Geschwindigkeit dahin, umfährt sozusagen das ganze Weltall und gelangt (nach etwa fünf Stunden) zur Erde zurück.

So veranschaulicht das Geschehen, was Lasswitz eigentlich bestreiten möchte. Doch es muss schon »mit dem Teufel zugehen«,[51] wenn die Endlichkeit des Universums als mögliche Erfahrung nachgewiesen werden soll. Der Teufel selbst weiß von keiner Endlichkeit, im Gegenteil: Er schöpft aus dem Unendlichen, das die unversiegbare Quelle seines Störungsvermögens

---

48 Ebd., S. 35.

49 Ebd., S. 36.

50 Heike Szukaj, die eine sehr inhaltsreiche Promotion zu den wissenschaftlichen Kontexten der Lasswitz'schen schriftstellerischen Tätigkeit verfasste, konnte diesem Humor nichts abgewinnen: Sie beklagte die Tatsache, dass sich dem Leser der Verdacht aufdrängt, Lasswitz nehme die eigene Materie nicht ernst. Siehe Szukaj, Heike, *»Empfundenes und Erkanntes«. Kurd Laßwitz als Wissenschaftspopularisator, 1848–1910*, Münster 1996.

51 Laßwitz, »Wie der Teufel den Professor holte«, in: Ders., *Traumkristalle*, S. 142–161, hier S. 145.

ist. Im oben erwähnten *Beitrag zum kosmologischen Problem* hatte Lasswitz die These vertreten, dass sich die Welt am zufriedenstellendsten als eine unendliche Verschachtelung von endlichen Systemen denken lasse. Hier bestreitet der Teufel die These eines elliptischen Raums, indem er sich über die Vorstellung lustig macht, der Raum könnte eine »ringförmige Schachtel [...], in der man zwar ewig in der Runde herumlaufen, aus der man aber auch einfach etwas hinaustun könnte!«[52] sein. Dann nämlich, erklärt er, könnte er Existierendes aus dem Raum hinausstoßen, das heißt tatsächlich »*Existenz vernichten*« und somit der Weltvernunft zuwiderhandeln. Mit der Betonung einer solchen Möglichkeit des Zu*nichte*machens ist natürlich auch implizit das eigentliche Wesen der *nicht*euklidischen Geometrie gemeint. Die Unendlichkeit des Raumes dagegen macht die Vernichtung unmöglich, allenfalls die Verwandlung des Existierenden in etwas anderes. Als der Teufel dies zum Schluss begreift, verzichtet er jedoch darauf, diese Möglichkeit sofort zu realisieren; indem er den Professor, den Verfechter der nichteuklidischen Geometrie, vorerst wieder frei lässt, wird er sein Ziel genauso gut erreichen:

> »Was?« rief er dann. »Der Raum ist wahrhaftig krumm? Das heißt, er ist nicht unendlich? Und das habe ich nie gemerkt? [...] Dann aber – wenn das so ist – ha! Dann weiß es auch der andere nicht! Dann ist ja die ganze Weltvernunft auf dem Holzwege! Dann ist die Form der körperlichen Existenz nicht ebenso unendlich wie die Form des Gedankens und der Idee? Ei, dann habe ich *gewonnen*! Dann kann ich ja nach und nach die ganze Natur, all ihren gesetzlichen Inhalt, aus ihrer Existenzform heraus werfen, ins Nichts verrinnen lassen – ich kann *vernichten*! Was kein Gott und kein Teufel zu begreifen vermochte – so ein Professor kriegt es heraus! [...] Dich laß ich laufen. Um dich wär' es schade. So ein Genie muss der Menschheit erhalten bleiben. Gleich bring' ich dich auf die Erde zurück.«[53]

Der Konflikt mit dem Teufel ist kein ethisch-theologischer, sondern ein erkenntnistheoretischer. Daher werden die ethischen Konsequenzen einer solchen Gefahr nicht weiter erörtert. Auch ist in dieser Erzählung das moralisierende Pathos, das der *Universalbibliothek* nicht fremd ist, fast gänzlich abwesend. Allenfalls scheint die andernorts erörterte Weltauffassung auf; sie erfordert die Unendlichkeit des Universums als Gegenstück zur Endlichkeit des Menschen, oder in anderen Worten: Die Würde des Menschen als eines endlichen Wesens ist Lasswitz durch die Unendlichkeit des Universums, der Weltvernunft, verbürgt. Doch was wissenschaftlich, metaphysisch oder gar ethisch auf eindeutige Argumente gebracht werden kann und muss, um Wissenschaft und Philosophie gerecht zu werden, die ja *beweisen* wollen, wird in der dichterischen Version mit Humor, Distanz und Anspie-

---

52 Ebd., S. 153.
53 Ebd., S. 160.

lungen gestaltet. Die Polemik verlagert sich dabei von der Theorie auf den Theoretiker und lädt die abstrakte Problematik emotional auf: der Wissenschaftler selbst wird zur Zielscheibe der Angriffe. Der Professor ist sich seiner Rolle im Dienste einer vernunftzerstörerischen Macht keineswegs bewusst und ist darüber hinaus auch noch ein verschämter Anhänger der nichteuklidischen Geometrie (seine Beweise hat er vorsichtshalber der Öffentlichkeit noch nicht preisgegeben). Allerdings ist die Satire, die dem Professor und seinen Eigenarten als Mathematiker und Philosoph gilt, weder besonders konsequent noch besonders beißend. Auch der Vertreter der nichteuklidischen Geometrie ähnelt dem im Grunde liebenswürdigen Professor Wallhausen der *Universalbibliothek*. Die Feigheit des Gelehrten, dem kein geistiges Abenteuer zu gewagt ist und der doch am liebsten seinen Schreibtisch nicht verlässt, der sich das Stellit ausdenkt und vor jeder Reise zurückschrickt, der die eigene Vortragskunst mit Eitelkeit genießt, trägt Unarten zur Schau, die nicht nur den Anhänger der nichteuklidischen Geometrie bloßstellen sollen, sondern zu den üblichen Requisiten der Lasswitz'schen Kritik am Habitus der eigenen Zunft und Rolle gehören. So haben wir es bei dem Professor offensichtlich mit einem Typus zu tun. Die Bezeichnungen der übrigen Figuren (der starke Herr, der sanfte Jüngling usw.) verdeutlichen es zusätzlich: Es sollen keine Individuen, keine lebendigen oder gar psychologisch komplexen Persönlichkeiten dargestellt werden. Die stereotypen Charaktere und Handlungssituationen – die Abendgesellschaft, die kurze Unterhaltung über Sinn und Wert des Alkoholverzichts, das Misstrauen der blauen Dame ihrem Dienstmädchen gegenüber u. a. – verweisen auf die bürgerliche Gesellschaft der Gegenwart, die sich mit wissenschaftlich-erkenntnistheoretischen Fragen auseinandersetzt, weil diese zu alltäglichen Gesprächsthemen avanciert sind.

Die mathematisch-wissenschaftlichen Fragestellungen kommen aber nicht nur über erläuternde Diskussionen der Rahmenhandlung zur Sprache. Der folgende Auszug aus dem Dialog zwischen dem Teufel und dem Professor gewährt einen Einblick in die Art und Weise, wie die Grundproblematik auch über das Spielerische der humorvollen Andeutungen in der ans Fantastische grenzenden Situation gestaltet wird.

Da der Teufel vom Professor fordert, dass er sein Wissen unter Beweis stelle, (»daß wir überhaupt mit zehnfacher Lichtgeschwindigkeit fahren, [...] das ist doch ein rein technisches Problem, das müssen Sie lösen«), besinnt sich Letzterer darauf, dass er als Philosoph »die Sache ganz abstrakt fassen«, und zwar »den Teufel selbst erklären« müsse. »Wissen Sie, sagte ich, es gibt zwei Erklärungen. Eine psychologische und eine metaphysische. Nach der psychologischen sind Sie weiter nichts als mein Traumgebilde, eine Phantasie überhaupt, eine Menschheitsphantasie.« Auf eine Drohgebärde des Teufels hin setzt er ängstlich hinzu:

> »Das nutzt Ihnen gar nichts«, sagte ich schnell, »damit können Sie gar nichts beweisen. Denn wenn Sie nur eine Phantasie sind, so würde auch mein Fall nur Phantasie sein, und ich würde doch an meinem Schreibtisch, oder wo ich sonst eingeschlafen bin, wieder ganz munter erwachen.«
> »Sie wachen«, brüllte er wieder.
> »Ich glaube es auch«, sagte ich. »Denn wenn sich diese Geschichte nur als Traum entpuppte und nicht jetzt wirklich von mir erlebt würde, so wäre sie ziemlich abgedroschen. Dieses Traummotiv habe ich schon zu oft verwertet.«
> »Nun also!«
> »Also die metaphysische Erklärung. Da gibt es wieder zwei Erklärungen. Die eine ist naturphilosophisch-kosmologisch, die andere mehr ethisch-noologisch.«
> »Herr, Sie können einen rasend machen. Ich will nicht immer zwei Erklärungen, ich will die richtige.«
> »In Ihrer Frage, wie Sie das machen, so schnell zu fahren, liegen aber zwei Probleme. Ich kann fragen: woher kommt es, daß Sie über diese Energiemenge verfügen, die Sie zu der Geschwindigkeit brauchen; und ich kann fragen: Woher kommen Sie selbst?«[54]

Lasswitz nutzt die philosophische und wissenschaftliche Fachsprache und Deutungskonkurrenz, um Komik zu erzeugen, und streut allerhand Anspielungen ein. Die in diesem Zusammenhang wirkungsvollste von ihnen ist der Rückzug auf die Alternative, die den Teufel zur Weißglut treibt und in seinem gequälten Schrei nach der richtigen Erklärung gipfelt, da ja gerade ein Stein des Anstoßes die Tatsache ist, dass die nichteuklidische Geometrie den endgültigen Verzicht auf *die eine wahre* Geometrie zur Folge hat. Dass ausgerechnet der Teufel diese Doppeldeutigkeit nicht aushält, spricht natürlich zusätzlich gegen diese widerspruchsträchtige Theorie.

Ein wesentliches Merkmal des Teufels ist aber die Tatsache, dass er als Doppelgänger des Professors auftritt. Dadurch ergeben sich unterschiedliche Interpretationsangebote und Assoziationsmöglichkeiten: der Gewissenskampf des Mathematikers, die Spaltung zwischen Mathematiker und Philosoph, das biblische Motiv der Versuchung. Auch bestärkt diese eigentümliche Beziehung zwischen Teufel und Professor die Vermutung, dass die nichteuklidische Geometrie sich selbst zerstören müsse. Wie man das Geschehen auch entschlüsseln mag, der Weg in die Erfahrung verstrickt den Verfechter der nichteuklidischen Geometrie in einen Teufelskreis, aus dem die Rückkehr in die gewohnte Umgebung nur auf den ersten Blick herausführt, wie die rätselhafte Aussage des starken Herrn: »»Da sind Sie aber

---

[54] Ebd., S. 149–150.

schön 'reingefallen!«[55] betont. Dass die Erzählung ausdrücklich ein Märchen sein will, besiegelt die Unwirklichkeit des Gedankenexperiments. Das imaginäre Geschehen erwägt die Möglichkeit von der Endlichkeit des Universums als Erfahrung und gibt gleichzeitig zu erkennen, dass eine solche nur über eine extrem vereinfachende Pseudo-Veranschaulichung suggeriert werden kann, ob der Professor nun seine Geschichte erfunden, geträumt oder erlebt haben mag.

Gewiss kann sich der Leser der Unschlüssigkeit der Gesprächsrunde dadurch entziehen, dass er sich für eine realistische Auflösung des Rätsels entscheidet und den Bericht des Mathematikers einen Beitrag zu einem geselligen Abend sein lässt. Zu der gestifteten Verwirrung gehört nämlich auch der ausdrückliche Hinweis auf eine Deutungsmöglichkeit, die zur »Modernität« der Märchen gehört, nämlich zur eigenartigen Mischung aus Rationalität und Phantasie, die auch anderen Erzählungen des Autors eigen ist. Auch *Die Universalbibliothek* ist ein Märchen in einem trivialen Sinne, wie der Redakteur zu erkennen gibt, indem er eine Phase des Gesprächs, die sich mit den skurrilsten Beschreibungen der ausgefallensten Bände der Bibliothek beschäftigt, damit abschließt, dass er den Freund zu entlarven vorgibt: »Ich wusste ja gleich, daß du uns etwas aufbinden würdest«.[56] Dadurch wird *Die Universalbibliothek* als Spiel gekennzeichnet, ein Spiel, in dem die mathematische Thematik gewiss mehr als bloßes Requisit oder gar Kulisse ist, die es aber nicht in allen Einzelheiten ohne weiteres ernst zu nehmen gilt. Es hätte denn auch kaum Sinn, alle mathematischen Voraussetzungen auf die Goldwaage legen zu wollen oder allen Ernstes beispielsweise nachzuprüfen, ob die Suche nach dem Katalog der Universalbibliothek etwa Cantors Mengenlehre auf die Probe stellen will. Auch in *Wie der Teufel den Professor holte* sieht es so aus, als würde der Leser davor gewarnt, es mit dem hermeneutischen Eifer zu übertreiben. Der Teufel erwidert nämlich eine angestrengte Schlussfolgerung des Professors leichtfertig mit den Worten »Ach was, das ist nicht so wörtlich zu nehmen.«[57] Läuft nun damit die Wissenschaft Gefahr, selbst zum Spiel zu werden? Dem widerspricht in der *Universalbibliothek* die ausdrückliche Lehre, die aus der Parabel gezogen wird. *Wie der Teufel den Professor holte* wiederum spiegelt offensichtlich den Kampf des gegen die nichteuklidische Geometrie widerstrebenden Autors mit sich selbst wider, und doch mag sich bei all der

---

55 Laßwitz, »Wie der Teufel den Professor holte«, in: Ders., *Traumkristalle*, S. 142–161, hier S. 160.

56 Laßwitz, »Die Universalbibliothek«, in: Ders., *Traumkristalle*, S. 162–170, hier S. 167.

57 Laßwitz, »Wie der Teufel den Professor holte«, in: Ders., *Traumkristalle*, S. 142–161, hier S. 152.

absichtlich gestifteten Verwirrung die Frage aufdrängen, ob die Aversion gegenüber der ungeliebten Theorie, wenn nicht gar die Bedeutung der Kontroverse selbst, letztlich durch die Erzählkunst und den Witz relativiert wird.

Es liegt gewiss nicht in Lasswitz' Sinn, die Wissenschaft allgemein, die Mathematik insbesondere, in irgendeinem Sinne zu relativieren. Doch nur »zwischen Ernst und Spiel [...] kann Freiheit erscheinen«, heißt es im Kapitel »Schiller als Befreier« der Aufsatzsammlung *Seelen und Ziele*.[58] Lasswitz war bestrebt, das deutsche klassische Erbe zu bewahren und auch weiterzuführen; nicht nur der Kantianer verteidigt hier sein Weltbild, sondern auch der Bewunderer Schillers, welcher der Phantasie im Kunstwerk die grundlegende Eigenschaft zuspricht, dass der Mensch mit ihrer Hilfe »durch eine freie Tat der Unterwerfung unter das Gesetz sich selbst das Gesetz«[59] gebe:

> Wie der Rahmen das Bild, wie Heben und Senken des Vorhangs das Schauspiel begrenzt und so ein in sich fertig geformtes Stück aus der Unendlichkeit des Lebens herausschält, so erleben wir im Kunstwerk überhaupt ein frei geschaffenes, für sich gestaltetes, auf sich allein gestelltes Ganzes einer Welt, darin wir unserer Freiheit bewußt werden.[60]

Das offensichtlich Spielerische ist weit mehr als bloße Unterhaltung und wertet den eigentlichen Gegenstand der Erzählungen nicht ab. Das Spiel ist Ernst in seiner Grundintention, über die mathematisch-wissenschaftlichen Leistungen und Versprechungen den ganzen Menschen nicht zu verdrängen. *Die Universalbibliothek* macht deutlich, dass sich der Mensch nicht vorbehaltlos von der Mathematik faszinieren lassen sollte, *Wie der Teufel den Professor holte* gönnt sich das Vergnügen, sich über die nichteuklidische Geometrie unzeitgemäß lustig zu machen. Diese Spiele markieren die Grenzen der Mathematik, allerdings nicht in dem Sinne, dass ihr als solche Schranken gesetzt werden sollen. Die philosophische Abneigung des Autors gegen die nichteuklidische Geometrie kann sich aber ebenso äußern wie das unterschwellige Wissen um die Antiquiertheit seines Widerstrebens. Die Universalbibliothek wird zwar kritisch begutachtet, der Gedanke aber wird nicht ohne Vergnügen ausgedacht. Die Wissenschaft kann nämlich nicht den Anspruch erheben, das allumfassende Deutungssystem zu sein, sondern kann nur als ein Teilsystem der Weltdeutung legitim sein. So sehr der Physiker Lasswitz auch für den naturwissenschaftlichen Fortschritt eintreten mochte, Deutung der Welt und Sinngebung wollte er nicht auf ein einziges menschliches Vermögen reduziert wissen.

---

[58] Lasswitz, *Seelen und Ziele*, S. 310.
[59] Ebd., S. 309.
[60] Ebd., S. 310.

Der Glaube an die poetische Kraft der Wissenschaft, der sich in der Wahl der Gattung kundtut, ist diesem Wunsch, in der Dichtung die Einheit des Weltbilds wiederherzustellen, verpflichtet. Andere Autoren des ausgehenden 19. Jahrhunderts haben sich um Wiederverzauberung der Welt bemüht.[61] Lasswitz ging es dabei nicht (nur) darum, die Zeitgenossen mit der auch bedrohlichen Naturwissenschaft zu versöhnen. In dem festen Glauben, dass Kultur »Entwicklung zur Freiheit«[62] sei, baute er auf die Wirkung der Poesie. In der *Universalbibliothek* ahnt der Leser etwas von der poetischen Kraft, die auch der Wissenschaft innewohne, bei der Erwähnung des an den Regalen vorbeisausenden Bibliothekars. Doch Lasswitz bleibt beim Gedanken stehen; Borges dagegen führt ihn poetisch aus. In *Wie der Teufel den Professor holte* ist Lasswitz einen Schritt weiter gegangen, dabei allerdings wiederum auf halbem Wege stehen geblieben, denn tatsächlich bleibt auch diese Erzählung trotz der Einführung in die Sternenwelt eher ein geistreiches Gedankenspiel als eine fantastische Reise durch den Kosmos. Letztlich siegte der Erkenntnistheoretiker wohl doch über den Dichter.

---

61 Siehe Daum, Andreas, *Wissenschaftspopularisierung im 19. Jahrhundert. Bürgerliche Kultur, naturwissenschaftliche Bildung und die deutsche Öffentlichkeit, 1948–1914*, München 1998.

62 Lasswitz, Kurd, *Was ist Kultur. Ein Vortrag*, Leipzig 1910, S. 30.

Laurence Dahan-Gaida (Besançon)

Les mathématiques dans la méthode de Paul Valéry

Modèles et diagrammes

I. Le rêve de l'arithmetica universalis

> Je pense depuis 40 ans comme s'il existait une mathématique cachée des ›*propriétés de l'esprit*‹, dont tout ce qui est pensé, trouvé etc. ne serait que conséquences déguisées (n + s 1892), et dont on finirait par trouver l'écriture propre …[1]

Très tôt, les mathématiques sont devenues pour Valéry la meilleure façon de rendre les principes qui gouvernent l'activité cognitive, une manière de penser la pensée. Connaître ce qui connaît : tel est le grand projet qui anime le jeune Valéry et qui va motiver sa tentative de mettre en système les mécanismes de la pensée. Or ce projet implique de construire la connaissance par transposition d'un langage déjà constitué. Valéry est en effet convaincu que seuls les langages construits, artificiels, sont capables de construire de véritables outils de connaissance : »La suite des temps et l'édification des sciences montre assez qu'il a fallu non explorer et exploiter le langage donné mais créer des langages appropriés à définitions réelles« (*C* 1, p. 463). Dès lors, il s'agira »de concevoir une langue artificielle fondée sur le réel de la pensée« :

> langue pure, système de signes – explicitant tous les modes de représentation – qui soit à la langue naturelle ce que la géo[métrie] carté[sienne] est à la g[éométrie] des Grecs, *excluant la croyance aux significations des termes* en soi, stipulant la composition des termes complexes, définissant et énumérant tous les modes de composition. (*C* 1, p. 425)

Refusant le vague des notions verbales, Valéry rêve d'un langage dépourvu de toute affectivité : un langage précis, descriptif, analytique qui lui permette d'établir une »commensurabilité« des facultés de l'esprit. Il va donc se tourner vers les mathématiques, seul langage susceptible de représenter avec

---

[1] Valéry, Paul, *Cahiers XX*, p. 894 (1938). Les citations extraites des Cahiers renvoient, sauf exception, à l'édition en fac-similé : Valéry, Paul, *Cahiers*, 29 tomes, Paris 1957–1961. Par la suite, les références aux Cahiers seront notées par l'abréviation C, précédée de l'année et suivie du numéro du tome en chiffres romains et du numéro de la page. Lorsque les citations sont extraites de l'édition de la Pléiade en deux tomes (édition établie, présentée et annotée par Judith Robinson, Paris 1980–1983), le numéro du tome est indiqué en chiffres arabes.

rigueur la »machine mentale« de l'homme.[2] Ce qui le fascine, c'est moins la discipline par elle-même que sa capacité à modéliser l'activité cognitive, grâce à ses »définitions réelles« et ses »propriétés formelles d'expression« : »La mathématique est la description des opérations mentales en tant qu'on peut les noter exactement« (*C* 2, p. 783).

Cette quête d'une langue pour formaliser la connaissance ranime à sa manière le grand rêve leibnizien d'une *Mathesis universalis*. Le projet initial, que Valéry confie à Gide et Fourment, est d'ailleurs celui d'une *mathematica universalis*, destinée à »substituer aux méthodes couramment employées en psychologie la méthode de construction *a priori* des mathématiques«.[3] Il s'agit de systématiser les fonctions et produits de l'activité mentale en les inscrivant dans un tableau de variations, afin d'en effectuer le groupement, le classement et le dénombrement. De ce point de vue, l'intérêt des mathématiques est qu'elles permettent d'éliminer les contenus de la connaissance pour ne considérer que les »possibilités de transformation« du système ; »devant une relation donnée«, elles autorisent à opérer »*sans égard* à son sens *extérieur* à sa *forme*, en toute liberté à cet égard – mais en exploitant seulement ses propriétés formelles d'expression« (1942, *C* XXV, p. 628).

En privilégiant les termes abstraits et les rapports logiques, Valéry s'accorde bien à l'esprit de son temps, qui a renouvelé le champ de l'épistémologie grâce à un effort d'élucidation des concepts théoriques – devenus relatifs à leurs domaines de validité – et de formalisation du langage.[4] Cet effort de clarification est particulièrement sensible dans le domaine des mathématiques, où l'étude des équations et du calcul infinitésimal a permis à l'algèbre et à l'analyse de faire des progrès décisifs, grâce à la théorie des groupes (une des premières théories structurales abstraites de la mathématique) et à la théorie des fonctions (Riemann, Weierstrass). Parallèlement, l'objet substan-

---

2 Gifford, Paul/Stimpson, Brian, »Avant-propos«, in : Gifford, Paul/Stimpson, Brian (dirs.), *Paul Valéry. Musique, Mystique, Mathématique*, Lille 1993, p. 11–14, p. 12.

3 Selon la formule de Fourment en 1897 (Valéry, Paul / Fourment, Gustave, *Correspondance 1887–1933*, introduction, notes et documents par Octave Nadal, 8e édition, Paris 1957, p. 143 [lettre à Valéry du 29 décembre 1897]).

4 Sur les rapports de Valéry avec l'épistémologie de son époque, voir Sebestik, Jan, »Confluences valéryennes«, in : Nicole Celeyrette-Pietri/Antonia Soulez (dirs.), *Valéry, la logique, le langage*, Paris 1988, p. 17–30. Voir aussi Bouveresse, Jacques, »La philosophie d'un anti-philosophe. Paul Valéry«, in : Jacques Bouveresse, *Essais IV. Pourquoi pas des philosophes?*, Paris 2004, p. 243–278. Voir enfin Köhler, Hartmut, »La physique du corps. Le dépassement dépassé?«, in : Nicole Celeyrette-Pietri/Brian Stimpson (dirs.), *Paul Valéry 8. Un nouveau regard sur Valéry*. Rencontres de Cerisy du 26 août au 5 septembre 1992, Paris 1995, p. 257–271.

tiel de la connaissance philosophique est remplacé par l'objet relationnel des sciences, ou plus exactement par un système de dépendances fonctionnelles exprimées par des équations. Suivant de très près ces avancées, Valéry lira au fil des années les *Œuvres mathématiques* de Riemann, Gauss, Lobatchevski. Intéressé par la philosophie des mathématiques et par le positivisme logique, il se passionnera aussi pour Couturat et Russell. Mais c'est Poincaré surtout qui le fascine parce qu'il »ne fait guère plus que des articles de psychologie en mathématicien«.[5] Poincaré s'intéresse aux notions mathématiques en gestation dans l'esprit, dans la mesure où elles révèlent l'esprit humain à lui-même. De même, Valéry voit dans les opérations mathématiques une image de l'esprit qui construit des relations entre les images des phénomènes. Parce qu'elles sont à la fois puissance de transformation et de mise en relation, les mathématiques incarnent l'activité mentale la plus pure, la capacité d'accroître »la conscience par accroissement de ses capacités de connexions«.[6]

Ce n'est donc pas un hasard si le journal de bord qui deviendra les *Cahiers* commence en 1894 par les mathématiques : »Les êtres géométriques si connus, cercles, triangles, sont les premières images élaborées. Ce sont les 1res expériences sur des formations psychiques« (*C*2, p. 777). Ainsi, d'emblée, tout est dit : ce qui fait la force des mathématiques, c'est qu'elles sont un langage purement formel, capable de figurer par convention et indépendamment de tout contenu les opérations de l'esprit : groupements, substitutions, combinaisons, transformations. Elles constituent un système de relations complètement intégrées et coordonnées,[7] qui se prête à la généralisation (l'énoncé de lois) et à la manipulation (ses éléments peuvent être redistribués dans d'autres configurations).[8] À ce titre, elles représentent un outil terminologique puissant, un idéal de raison pure et appliquée, capable de démultiplier l'efficace de l'esprit à la conquête de lui-même.

II. Modélisation

L'usage que fait Valéry des mathématiques est représentatif d'une démarche qui cherche à construire la connaissance par emprunts à des langages déjà constitués, par modélisation : »la conscience de soi doit être complétée par la

---

[5] Gide, André/Valéry, Paul, *Correspondance 1890–1942*, préface et notes par Robert Mallet, Paris 1955, p. 256 (lettre à Gide du 11 janvier 1896).

[6] Oster, Daniel, *Monsieur Valéry*, Paris 1981, p. 60.

[7] Robinson, Judith, »L'ordre interne des Cahiers de Valéry«, in : Emilie Noulet-Carner (dir.), *Entretiens sur Paul Valéry*, Paris 1968, p. 255–269, p. 256.

[8] Voir Michelucci, Pascal, *La métaphore dans l'œuvre de Paul Valéry*, Bern 2003, p. 130.

possession de *modèles* – emprunts extérieurs« (1938, *C* XXI, p. 743). Les *Cahiers* des premières années (1894–1914) sont parsemés de tentatives de modéliser les faits mentaux à partir du langage physico-mathématique. Valéry est en effet convaincu que »les ›faits internes‹« ne peuvent être considérés »que par analogies« (1922, *C* IX, p. 99), il multiplie donc les réseaux d'images en vue d'explorer les »n façons différentes – toutes possibles« de structurer l'inconnu.

Tout en étant partie prenante de la création littéraire, la méthode analogique est virtualité de connaissance. À ce titre, elle relève de la question de l'»*imaginabilité*«, laquelle constitue »l'un des premiers chapitres de la théorie vraie [...] des Connaissances« (1942, *C* XXVI, p. 251). Les opérations mentales qui sous-tendent l'analogie permettent de mieux comprendre l'une des activités valéryennes par excellence : la modélisation. Entendu au sens de schéma théorique non matérialisé, le modèle n'est pas censé reproduire un phénomène mais l'idéaliser suffisamment pour pouvoir l'analyser, l'étudier ou en prédire les propriétés. C'est un outil de formalisation transitoire qui permet d'aborder les domaines scientifiques sous-conceptualisés – comme par exemple la psychologie – et ainsi d'aller plus loin sur la voie d'un élargissement du discours.[9] Discours possible sur un objet, le modèle sert avant tout à »dégager, voir et dire du nouveau. Et comme l'analogie tout à la fois énonce, organise et interprète les données, le rôle heuristique du modèle est aussi un rôle herméneutique«.[10]

Dans les *Cahiers* des premières années, les modèles physico-mathématiques sont mobilisés dans leur variété et utilisés la plupart du temps »à titre de questionnaire, de moyen de former des problèmes« (1941, *C* XXIV, p. 724). Si certains modèles semblent convoqués pour leur pouvoir d'excitation intellectuelle plus que pour leur légitimité positive, l'ambition reste toujours la même : relier la représentation du psychisme humain aux modèles physico-mathématiques. C'est ainsi par exemple que la notion riemannienne de variété à *n* dimensions est convoquée à titre de modèle intuitif de l'espace mental plutôt que de conception purement mathématique. De même, les règles et lois de construction géométrique sont envisagées comme modèle des processus de construction de la pensée :

> L'important et le beau de la géométrie, c'est (par sa pureté) qu'elle est un instrument de pensée – un mode de traitement – une manière de *voir* et de prolonger et non un objet étranger – Tout ce qui permet de bien discerner et de fixer des opérations de l'esprit est de nature géométrique – Et toutes les définitions géométri-

---

[9] Michelucci, *La métaphore dans l'œuvre de Paul Valéry*.

[10] Schlanger, Judith, *L'invention intellectuelle*, Paris 1983, p. 186.

> ques vraies sont des constructions ou opérations – Nous ne pouvons rien de plus. / Le résultat important de cette création d'instruments ou éléments purs, c'est l'indépendance des règles de développement d'avec le thème – d'où étendues immenses – conséquences hors de la vue – souplesse, liberté. (*C* 2, p. 783)

Valéry est convaincu que »toute grande nouveauté dans un ordre est obtenue par l'intrusion de moyens et de notions qui n'y étaient pas prévus«, par »la formation d'images, puis de langages«.[11] Si la modélisation permet de créer une nouvelle cohérence, cela implique cependant une perte par rapport à l'ordre antérieur : en effet, le modèle mathématique est toujours partiel et incomplet, ne codant que »les seuls points et relations d'intérêt d'un champ de phénomènes plus ou moins étendu«, afin de faciliter le contrôle et la prédictibilité des phénomènes envisages.[12] Valéry multiplie les emprunts à différents langages comme autant d'expressions *quasi* synonymes, destinées à se préciser mutuellement, avec pour horizon la »réduction« du monde en »éléments intelligibles«.[13] La réduction inhérente à la modélisation lui donne une disponibilité sans cesse rouverte à la combinaison, au déplacement, à la circulation d'un domaine à l'autre. Ce qui en fait un outil indispensable aux mains du poète qui veut »circuler sans discontinuité à travers les domaines apparemment si distincts de l'artiste et du savant«.[14] Interrogé dans sa diversité, ce langage des modèles semble vouloir épuiser les formes possibles de la connaissance :

> Epuiser, ou presque, comme une machine parfaite, comme disposant d'un zéro absolu ; – par une interprétation totale, par des opérations suivies jusqu'au bout, par une discussion implacable, par une généralisation aveugle, par une rigueur constante, à travers les traductions, les transformations et les analogies les plus éloignées ; comme si ce n'était rien, tenant le fil, de changer de domaine, astres, atomes, vivants – épuiser une donnée, un objet de pensée – c'est la joie formelle mathématique ... L'esprit jusqu'à l'extrême, suivi, se suivant. (1913, *C* V, p. 168)

Comme Poincaré, le jeune Valéry pense que la connaissance ne peut être que celle des relations entre les choses et non des choses en elles-mêmes : »Elle est dans l'accroissement d'organisation, de conscience et de connexions« (1905, *C* III, p. 636). Car il n'y a d'intelligence que »reliée ; ou plutôt, son

---

11 Valéry, Paul, »Introduction à la méthode de Léonard de Vinci« (1894), in : *Œuvres.* Édition établie et annotée par Jean Hytier. Tome 1, Paris 2002 (1ère éd. 1957) (Bibliothèque de la Pléiade), p. 1153–1199, p. 1180.

12 Lichnerowicz, André, »Variations sur des thèmes valéryens«, in Judith Robinson-Valéry (dir.), *Fonctions de l'esprit. 13 Savants redécouvrent Paul Valéry*, Paris 1983, p. 207–220, p. 214.

13 Valéry, Paul, »Introduction à la méthode de Léonard de Vinci«, p. 1174.

14 Valéry, Paul, »Introduction à la méthode de Léonard de Vinci«, p. 1192.

amplitude n'est que le haut degré de sa connexion«.[15] C'est pourquoi Valéry multiplie les relations, non seulement entre les objets et les domaines dont ils relèvent, mais aussi entre les langages qui servent à les décrire, avec pour horizon fantasmé, le Système (ou système de systèmes) qui englobera tous les langages et réalisera leur unité. Dans une note de 1922, alors que le Système appartient définitivement au passé, Valéry le définit comme »la recherche d'un langage ou d'une notation qui permettrait de traiter *de omni re*, comme la géo[métrie] analyt[ique] de Descartes a permis de traiter toutes figures« (1922–1923, *C* IX, p. 82). Ce langage idéal possède toutes les caractéristiques du langage mathématique, étant comme lui un système de dépendances fonctionnelles qui porte en lui la possibilité constante d'autres découvertes, »une sorte de préfigure, de promesse et de modèle de l'état bienheureux de tous les possibles de l'esprit« (1927–1928, *C* XII, p. 405).

III. De la figure au diagramme

D'un côté, Valéry valorise les mathématiques pour »leur rigueur, leur tension, leur difficulté pure, leurs bonnes manières de définir, leurs recherche des opérations« qui les rend capables de représenter les fonctions de la pensée (1902, *C* II, p. 552). De l'autre, il insiste sur leur caractère iconique qui fait d'elles une forme de l'imagination :

> S'amuser à tenter de traduire tout en math[ématiques]
> 1° p[our] avantage d'image
> 2° p[our] avantage de logique et sentir les variations et ordres de quantités.
> (1896–1897, *C* I, p. 101)

A la fois »[s]cience de l'expression rationnelle« (1906, *C* IV, p. 162) et art de l'imaginaire ouvert sur l'infini des possibles, les mathématiques sont au cœur de la »méthode imaginative« que Valéry cherche à cerner entre rigueur formelle et invention poétique : »La rigueur imaginative est ma loi. Imaginer ce qu'on imagine lorsque je dis : Modèle« (*C* I, p. 69). Dans les »Notes préliminaires« de l'*Introduction à la méthode de Léonard de Vinci*, il évoque dans le même sens une »logique spéciale des images« qui repose sur »la dépendance des figures« entre elles et dont le propre est de pouvoir se concilier avec la logique conceptuelle sans toutefois se confondre avec elle. Caractérisée par son double caractère relationnel et iconique, cette logique permet de rendre visibles des structures qui sont hors de portée de notre perception : »La plus belle imagination est celle qui rend visible (par analogie ou par passage du point à

---

15 Valéry, Paul, »Discours en l'honneur de Goethe«, in : *Œuvres*, t. I, p. 531–553, p. 544.

la ligne – à la surface – c. à. par construction et conservation) des relations dont l'objet est virtuel ou situé hors des possibilités visuelles ou sensibles«.[16] Après l'avoir trouvée chez Léonard, Valéry discerne cette faculté chez Faraday, l'inventeur de l'électromagnétisme, qui a imaginé :

> système de lignes unissant tous les corps, traversant, remplissant tout l'espace pour *expliquer* les phénomènes électriques et même la gravitation [...]! »Faraday voyait par les yeux de son esprit des lignes de force traversant tout l'espace où les mathématiciens voyaient des centres de force s'attirant à distance ; Faraday voyait un milieu où ils ne voyaient que la distance.[17]

Faraday aurait ainsi retrouvé, dans la physique, la méthode de Léonard qui lui aussi voyait »d'infinies lignes droites et rayonnantes, entre-croisées et tissues«, représentant »pour chaque objet la vraie FORME de leur raison (de leur explication)«.[18] Valéry insiste sur le rôle de »l'imagerie mentale« qui permet au savant comme au peintre de relier les domaines apparemment les plus distincts, témoignant ainsi de »la continuité des opérations intellectuelles«.[19] Mais le travail de l'imagination serait incomplet sans le calcul qui permit à Maxwell de donner une conceptualisation mathématique aux intuitions de Faraday. C'est avec enthousiasme que Valéry, dans une lettre à Gide, évoque :

> le passionnant *Electromagnétisme* du dernier grand théoricien (mort) Maxwell. Je dis *passionnant*. Un livre tout fait d'une métaphore originelle, initiale puis uniquement les formules et les diagrammes – un ornement extraordinaire.[20]

La métaphore dont il est ici question est sans doute celle des lignes de forces, à laquelle Maxwell a donné une forme mathématique, traduisant les intuitions de Faraday en »formules« et en »diagrammes«. En subsumant ces deux derniers termes sous la catégorie d'»ornement«, Valéry souligne une fois encore le caractère iconique, voire esthétique, du langage mathématique. Or l'ornement est »aux arts particuliers ce que la mathématique est aux autres sciences«,[21] à savoir un langage abstrait qui permet de passer d'une réalité concrète à une reconstruction de sa structure, ce passage à une unité plus fondamentale constituant un gain cognitif. Saisis par les mathématiques ou redéployés par l'ornement, »les objets [...] sont comme détachés de la plu-

---

16 *Feuilles volantes dactylographiées*, Rubrique Imagination, BNF ms, II, f°12.
17 Valéry, Paul, »Introduction à la méthode de Léonard de Vinci«, p. 1194–1195.
18 Valéry, Paul, »Introduction à la méthode de Léonard de Vinci«, p. 1192.
19 Valéry, Paul, »Introduction à la méthode de Léonard de Vinci«, p. 1196.
20 Gide / Valéry, *Correspondance 1890–1942*, p. 191 (lettre à Gide du 27 novembre 1893).
21 Valéry, Paul, »Introduction à la méthode de Léonard de Vinci«, p. 1185.

part de leurs propriétés«, »la signification et l'usage ordinaire sont négligés pour que n[e] subsistent que l'ordre et les réactions mutuelles«.[22] Cette définition, qui recouvre sous un même terme le formel, le logique et l'esthétique, permet d'affirmer le primat de la construction sur le matériau tout en dépassant l'opposition entre les figures qui relèvent du visible (figures géométriques, diagrammes, graphiques) et les figures abstraites de la rhétorique ou des mathématiques. Avec pour l'horizon ce que Jeannine Jallat a appelé une »théorie de la figure généralisée«[23] qui, conformément au programme constructiviste de Valéry, met l'accent sur sa puissance d'organisation :

> On substitue un ordre à un autre qui est initial, quels que soient les objets qu'on ordonne. Ce sont des pierres, des couleurs, des mots, des concepts, des hommes, etc., leur nature particulière ne change pas les conditions générales de cette sorte de musique [...].[24]

Valéry retrouve ici le sens le plus général du mot »figure«, qui renvoie d'abord aux idées de »disposition, arrangement, ordination de termes«.[25] La figure réduit l'informe en le remplaçant par une forme qui, parfois, donne accès à un formel. Opérant par substitution et mise en ordre, la figure n'est pas seulement un opérateur esthétique, elle est aussi un outil de connaissance. En effet, »figurer«, ce n'est pas seulement »re-présenter« un objet au sens de la *mimesis*, mais c'est en *abstraire* les relations constitutives et ainsi lui faire gagner en visibilité et en intelligibilité :

> La grande invention de rendre les lois sensibles à l'œil et comme lisibles à vue s'est incorporée à la connaissance, et *double* en quelque sorte le monde de l'expérience d'un monde visible de courbes, de surfaces, de diagrammes qui transposent les propriétés en figures dont, en suivant de l'œil les inflexions, nous éprouvons, par la conscience de ce mouvement, le sentiment des vicissitudes d'une grandeur. Le *graphique* est capable du continu dont la parole est incapable. Il l'emporte sur elle en évidence et en précision [...] On voit se constituer peu à peu une sorte d'idéographie des relations figurées entre qualités et quantités, langage qui a pour grammaire un ensemble de conventions préliminaires (échelles, axes, réseaux, etc.) ; pour logique, la dépendance des figures ou des portions de figures, leurs propriétés de situation, etc.[26]

---

22 Valéry, Paul, »Introduction à la méthode de Léonard de Vinci«, p. 1185.

23 Selon l'expression de Jeannine Jallat dans son excellente étude, »Léonard, la figure et le texte«, in Monique Parent/Jean Levaillant (dirs.), *Paul Valéry contemporain*. Actes et colloques n°12, Paris 2001, p. 125–135.

24 Valéry, Paul, »Introduction à la méthode de Léonard de Vinci«, p. 1182.

25 Jallat, Jeannine, »Léonard, la figure et le texte«, in Parent/Levaillant (dirs.), *Paul Valéry contemporain*, p. 125.

26 Valéry, Paul, »Léonard et les philosophes« (1929), in : *Œuvres*, t. I, p. 1234–1269, p. 1266–1267.

Le champ lexical de la vision (voir, image, visible, etc.) trahit une fois encore l'importance, pour le jeune Valéry, de l'imagination visuelle dans la connaissance. C'est d'ailleurs par là qu'il justifie la supériorité des figures géométriques sur les figures rhétoriques : elles mettent sous les yeux les relations constitutives du réel et lui donnent ainsi une meilleure lisibilité. Or cette propriété n'est pas l'apanage de la seule géométrie, elle est aussi constitutive des mathématiques : »Faire des mathématiques – c'est-à-dire rendre sensible et tangible tout le travail propre de l'esprit sur une question donnée – introduire éléments et opérations en pleine lumière – cela est tout à fait enivrant« (1900–1901, *C* II, p. 74). Selon Peirce, l'algèbre possède des propriétés iconiques »dans la mesure où elle rend perceptibles par le moyen des signes algébriques (lesquels ne sont pas eux-mêmes des icônes), les relations existant entre les quantités visées«. Les équations algébriques peuvent être considérées comme des icônes relationnelles en raison des »règles de commutation, d'association et de distribution des symboles«. D'où Peirce conclut que »l'algèbre n'est pas autre chose qu'une sorte de diagramme« et que »le langage n'est pas autre chose qu'une sorte d'algèbre«.[27]

Pour exprimer le double caractère iconique et relationnel du langage mathématique, Peirce utilise la notion de »diagramme« qui est récurrente dans le *Léonard*. Cette notion va nous permettre de pénétrer un peu plus avant cette »logique des images« que Valéry cherche à cerner au confluent du figural et du figuratif. Etymologiquement, le »diagramme« renvoie aux notions de ligne et d'inscription. C'est un tracé géométrique dont la fonction est de »représenter, de clarifier, d'expliciter quelque chose qui tient aux relations entre la partie et le tout et entre les parties entre elles (qu'il s'agisse d'un ensemble naturel ou d'un ensemble mathématique, algébrique ou géométrique)«.[28] Le diagramme peut aussi exprimer un parcours dynamique, une évolution, la suite des variations d'un même phénomène. Ce qui le distingue du simple graphique, c'est que sa fonction n'est pas seulement représentative ou illustrative mais qu'il est orienté vers le non-su, le non-encore-pensé.

Bien que Valéry n'établisse pas de distinction rigoureuse entre les deux termes, le pouvoir qu'il attribue à la figuration graphique est celui que les mathématiciens reconnaissent au diagramme : ouvert sur le virtuel, il »anticipe,

---

[27] Peirce, Charles Sanders, »Sur une nouvelle liste des categories«, in : *Actes de l'Académie américaine des Arts et des Sciences*, 1867. Cité par Roman Jakobson, »A la recherche de l'essence du langage«, in : *Problèmes du langage*, Paris 1966, p. 28.

[28] Batt, Noëlle, »L'expérience diagrammatique : un nouveau régime de pensée«, in : *TLE (Théorie, Littérature, Enseignement)*, 22/2004, *Penser par le diagramme. De Gilles Deleuze à Gilles Châtelet*, p. 5–26, p. 7.

il fait advenir«.[29] Dans son livre, *Les enjeux du mobile*, le mathématicien Gilles Châtelet définit le diagramme comme un effort pour »visualiser« le calcul et ainsi parvenir plus vite au résultat. Loin d'illustrer de façon statique, le diagramme tire son dynamisme d'une »co-pénétration de l'image et du calcul«.[30] Ce qui le place du côté de l'invention plus que de l'imitation, du »figural« plutôt que du »figuratif« : il ne se contente pas de re-présenter (au sens de représentation mimétique) mais ouvre l'espace d'une re-figuration.

Dans son livre *Francis Bacon. Logique de la sensation,* Gilles Deleuze définit l'art figural comme un moyen de dépasser l'opposition du figuratif et du non-figuratif : l'art figural n'est ni reproduction ni invention de formes, mais captation de forces non sensibles que la figure doit précisément rendre sensibles (visibles ou audibles). C'est ainsi que Bacon défait le figuratif en introduisant des diagrammes sur la toile, à savoir des zones de brouillage qui permettent de redistribuer les composantes et les rapports d'une situation picturale donnée pour en inventer une autre. Du diagramme sort alors une figure qui n'est ni ressemblante ni représentative, mais dont la fonction est précisément de »rendre visibles des forces qui ne le sont pas«.[31] Cette fonction est très proche de celle que Valéry attribue aux diagrammes de Faraday, comme en témoigne cette note de 1942 :

> Dear Faraday! / Le triomphe de l'image mentale – transposition de l'image physique dans le champ mental. / et *ici*, cette image qui visuellement est une figure inerte, prend des ›forces‹ – *L'œil ne voit pas de forces.* C'est l'excitation de nos puissances motrices qui entre en jeu – dans le champ de temps mental. / L'image est mieux qu'une réplique, les yeux fermés, d'un objet visible. Elle prend valeur d'excitant d'un développement et devient par là un élément de quelque construction qui la dépasse … / Elle s'est développée ainsi dans un *implexe* – comme un germe cristallin – mais il y faut une solution – et sursaturée. Ou comme une graine. (1941, *C* XXV, p. 434)[32]

En associant l'image mentale à une puissance d'excitation motrice, Valéry souligne l'importance du corps. Or il est remarquable que Deleuze aussi bien que Châtelet insistent sur le *geste* qui trace le diagramme : comme l'écrit ce dernier, »[l]e virtuel exige le geste« qui permet de rendre visibles »les condi-

---

29 Batt, Noëlle, »L'expérience diagrammatique : un nouveau régime de pensée«, p. 22.

30 Châtelet, Gilles, »Les mondes possibles«, ENS Séminaire 1997. Cité par Saint-Ours, Alexis de, »Les sourires de l'être«, in : *TLE*, 22/2004, p. 29–53, p. 32.

31 Deleuze, Gilles, *Francis Bacon. Logique de la sensation*, Paris 1981, p. 39–40. Dans ce passage, Deleuze cite Paul Klee : »Non pas rendre visible, mais rendre le visible«.

32 »*Implexe*« est un terme introduit dans *L'idée fixe* pour représenter notre capacité à sentir, réagir, faire ou comprendre.

tions de conception d'un parcours de pensée«.[33] Le diagramme est un »condensé de gestes« qui est indissolublement lié à du virtuel et à du visible : par son caractère concret, sensible et intuitif, il ouvre la voie à un voir-plus et à un penser-plus. Ce qui en fait »le complice naturel des expériences de pensée«, ces épreuves par lesquelles »le physicien-philosophe prend sur lui de se désorienter, de connaître la perplexité inhérente à toute situation«, d'orchestrer »une subversion des habitudes associées à des clichés sensibles« pour »se transporter par la pensée dans les enceintes hors causalités, à l'abri des forces, pour se laisser flotter entre mathématiques et physique«.[34] On notera que Deleuze qualifie aussi de »clichés« les images figuratives qui constituent le matériau de base du peintre, ces images qui demandent à être retravaillées, déformées, »défigurées«, pour qu'émerge quelque chose de nouveau. C'est dans le même esprit que Valéry redistribue des rapports existants, fait sortir une figure d'une autre, sans qu'il y ait entre elles d'analogie figurative, de ressemblance. C'est ainsi par exemple qu'il rapproche les lignes imaginées par Vinci des diagrammes de Faraday, avant de les re-figurer comme lignes de force de la construction du moi. On a ici une parfaite illustration de »la richesse allusive« des diagrammes dont le propre, selon Gilles Châtelet, est de pouvoir se réactiver indéfiniment eux-mêmes, constituant ainsi de »véritables multiplicateurs de virtualités«.[35] Dans un autre passage de son livre, consacré à la vis de Maxwell, il établit un rapport intéressant entre métaphores créatrices et diagrammes :

> Les diagrammes sont un peu les complices de la métaphore poétique. Mais il sont un peu moins impertinents – il est toujours possible de trouver refuge dans le tracé ordinaire de leurs traits gras – et plus persévérants : ils peuvent se prolonger en une opération qui les sauve de l'usure. Comme la métaphore, ils bondissent pour créer des places et réduire les écarts : ils bourgeonnent de pointillés pour déborder les images déjà figurées en traits gras. Mais le diagramme ne s'épuise pas en esquissant un geste qui en découpera un autre. Le pointillé ne renvoie ni au point et à sa désignation discrète, ni à la ligne et à son tracé continu, mais à la pression de la virtualité qui inquiète l'image déjà disponible pour faire place à une dimension nouvelle : ce mode d'existence du diagramme est tel que sa genèse fait partie de son être. On pourrait parler à son propos de technique d'allusions.[36]

Si diagrammes et métaphores sont complices, c'est qu'ils entretiennent un lien essentiel avec l'émergence du nouveau, la création de significations à ve-

---

33 Batt, Noëlle, »L'expérience diagrammatique : un nouveau régime de pensée«, p. 24.

34 Châtelet, Gilles, *Les enjeux du mobile*, Paris 1993, p. 35.

35 Saint-Ours, Alexis de, »Les sourires de l'être«, p. 43.

36 Châtelet, Gilles, *Les enjeux du mobile*, p. 33.

nir. Tout comme la métaphore, le diagramme permet de brouiller les clichés pour créer les conditions d'émergence d'une figure à venir, celle qui fait encore partie du non su, du non-encore-pensé.[37] Articulant le passage d'un passé à un futur, le diagramme laisse libre cours à une logique autre que la logique quotidienne, rejoignant ainsi le dessin et la poésie en tant que pratiques capables de renouveler notre connaissance du monde.

A cet égard il n'est pas inutile de rappeler que l'un des points de départ de l'*Introduction* est la révélation des manuscrits de Léonard, découverts par hasard à la bibliothèque de l'Institut de France alors que Valéry avait 20 ans. Il a été fasciné par des feuilles réunissant dessin et écriture, texte et image. C'est avant tout la puissance du dessin, inséparable de la puissance de l'esprit qui l'excite, l'amenant à interroger la méthode de Léonard qui garantit l'unité de ses œuvres apparemment disparates et hétérogènes. Léonard, qui a la peinture pour philosophie, est un philosophe précisément en raison de son activité graphique : elle lui permet d'aborder les questions en dehors des contraintes et des automatismes du langage verbal, et donc de déployer librement un *logos* étranger aux habitudes codifiées.[38] La superposition du dessin et de l'écriture dans les *Carnets* va susciter chez Valéry le désir de refaire un chemin analogue, en développant deux pratiques complémentaires qu'il poursuivra en recourant alternativement à la figuration graphique (diagrammes, croquis, schémas, gribouillis, etc.) et verbale dans les *Cahiers*.[39]

Ce qui m'amène à mon hypothèse : ne pourrait-on parler à propos de Valéry d'une écriture diagrammatique? A condition toutefois de ne pas limiter cette notion à son usage instrumental mais de l'envisager comme un régime de pensée.[40] Cet art de pensée peut être discerné dans l'alternance entre représentations graphiques et verbales, la multiplication des modèles et des langages, le refus de tout résultat figé au profit d'une logique du virtuel et, finalement, dans le processus de formation-déformation qui permet à Valéry de passer d'une image à une autre, d'un champ à un autre. Comme l'a souligné Jeannine Jallat, Valéry veut constituer en *figures* textuelles (rhétoriques)

---

37 Batt, Noëlle, »L'expérience diagrammatique : un nouveau régime de pensée«, p. 16.

38 Cattani, Paola, »Traces du dialogue de Valéry avec la critique vincienne dans le dossier génétique«, in : Christina Vogel (dir.), *Valéry et Léonard : le drame d'une rencontre. Genèse de l'Introduction à la méthode de Léonard de Vinci*, Frankfurt am Main 2007, p. 203–216. Voir en particulier p. 213.

39 Cattani, Paola, »Traces du dialogue de Valéry avec la critique vincienne dans le dossier génétique«, in : Vogel (dir.), *Valéry et Léonard : le drame d'une rencontre*, p. 203–216, p. 213.

40 Batt, Noëlle, »L'expérience diagrammatique : un nouveau régime de pensée«, p. 5.

ce qui est déjà *figure* dans d'autres langages (peinture, algèbre, géométrie).[41] C'est là que réside l'ambiguïté de »la figure valéryenne« : construite sur deux ordres – verbal et iconique –, elle confond en un système commun le formel (logique, mathématique) et le poétique (métaphore, analogie), le figural et le figuratif.[42] En témoignent les expressions que l'on retrouve sous sa plume, qui assimilent la poésie à une »algèbre des images« ou la rhétorique à une »géométrie du langage«. Soulignant le double caractère cognitif et iconique du langage poétique, ces expressions suggèrent la possibilité pour l'imagination d'être soumise à des enchaînements nécessaires et celle, pour la logique, d'être une faculté d'invention. On est ici au cœur de la méthode valéryenne qui recourt au »double langage« de la figure (iconique et verbal) pour favoriser les glissements et chevauchements formels entre plusieurs champs et ainsi établir une continuité entre les diverses activités de l'esprit.

IV. La méthode

> Une méthode n'est pas une doctrine : elle est un système d'opérations qui fasse mieux que l'esprit livré à lui-même le travail de l'esprit. [...] Une doctrine peut prétendre nous enseigner quelque chose dont nous ne savions absolument rien ; cependant qu'une méthode ne se flatte que d'opérer des transformations, sur ce dont nous savons déjà quelque partie pour en extraire ou en composer tout ce que nous pouvons en savoir.[43]

Ecrite à propos de Descartes, cette définition assimile la méthode à un »mécanisme« permettant de réaliser »une prodigieuse économie de pensée«.[44] Or la méthode est souvent transférée, importée d'un domaine étranger pour être utilisée à des fins imprévues.[45] Tout en prétendant à l'universalité, elle est singulière en ce qu'elle met en jeu un sujet capable de faire le lien entre les différents plans où la méthode justement s'applique.[46] Dans l'*Introduction*, c'est Léonard, le peintre-savant, qui incarne cette possibilité. Figure mythique, artiste universel, Léonard est un modèle de la continuité des opérations intellectuelles, union du savoir et du faire, de la connaissance et de l'art, »cerveau monstrueux [...] qui a tissé des milliers de purs liens«[47] entre les sciences et

---

41 Jallat, Jeannine, »Léonard, la figure et le texte«, in : Parent/Levaillant (dirs.), *Paul Valéry contemporain*, p. 125–135.
42 Jallat, Jeannine, »Léonard, la figure et le texte«, p. 133.
43 Valéry, Paul, »Une vue de Descartes«, in : *Œuvres*, t. I, p. 810–842, p. 821.
44 Valéry, Paul, »Descartes«, in : *Œuvres*, t. I, p. 792–810, p. 800–801.
45 Clément, Bruno, *Le récit de la méthode*, Paris 1995, p. 10.
46 Clément, Bruno, *Le récit de la méthode*, p. 11.
47 Valéry, Paul, »Introduction à la méthode de Léonard de Vinci«, p. 1154.

les arts. La méthode de Léonard repose sur sa capacité à voir des analogies entre domaines disjoints, d'apercevoir les structures communes aux objets les plus étrangers, ce qui lui permet avec un égal bonheur de peindre, de faire les plans d'une machine volante, de théoriser la médecine, de dessiner des architectures imaginaires et même … de philosopher : »Je sentais que ce maître de ses moyens, ce possesseur du dessin, des images, du calcul, avait trouvé l'attitude centrale à partir de laquelle les entreprises de la connaissance et les opérations de l'art sont également possibles«.[48] La principale leçon de l'essai sur Léonard est qu'il n'y a pas de distance entre les disciplines : les sciences et les arts »ne diffèrent qu'après les variations d'un fond commun, par ce qu'ils en conservent et ce qu'ils en négligent, en formant leurs langages et leurs symboles. […] C'est mouvantes, irrésolues, encore à la merci d'un moment, que les opérations de l'esprit vont pouvoir nous servir, avant qu'on les ait appelées divertissement ou loi, théorème ou chose d'art, et qu'elles se soient éloignées, en s'achevant, de leur ressemblance«.[49]

Nul doute qu'à travers Léonard, c'est sa propre méthode que Valéry expose, laquelle n'est rien d'autre que recherche de »l'unité profonde des sciences, la concaténation de tous les savoirs«,[50] quête de ce qui fait lien ou qui relie. Une méthode qui relève très largement d'un travail de »figuration« visant à ressaisir le rapport des éléments entre eux, même les plus dissemblables, afin de frayer à la pensée des possibles inédits. C'est dans cette logique que s'inscrit le détour par la science :

> La science permet de porter la pensée par force sur des chemins et par des points très éloignés du pensement *ordinaire.* Elle contraint de penser à des choses ou combinaisons ou confrontations qui sont enfin destituées de signification sensible, de possibilité d'existence représentée ou réflexe. Elle intéresse pour conduire là où l'on ne veut pas aller, où l'on ne savait pas aller. C'est un mode de voyager en des pays inconnus qui sont faits des choses les plus ordinaires prises d'une autre façon. / *Objectif* – c'est modifier sa vue, pour ne percevoir de signification mais des choses. (1914, *C* V, p. 367)

Méthode, chemin, cheminement, *methodos*, en suivant la route … Au sens inaugural que donnaient les Grecs à ce mot, la méthode s'entendait comme cheminement singulier permettant d'avancer plus loin, de frayer une voie vers un but qui n'est pas donné d'avance mais qui se découvre »chemin faisant«. Prise en ce sens, la méthode est, non pas la voie, mais ce qui met sur la voie.[51] La méthode frayée par le *Léonard* n'est pas celle de la logique déductive

---

48 Valéry, Paul, »Note et digression« (1919), in : *Œuvres*, t. I, p. 1199–1233, p. 1201.
49 Valéry, Paul, »Introduction à la méthode de Léonard de Vinci«, p. 1158.
50 Clément, Bruno, *Le récit de la méthode*, p. 164.
51 Clément, Bruno, *Le récit de la méthode*, p. 31.

mais l'exercice d'une »découverte dans le construire«,[52] qui cherche à anticiper un savoir à venir en brouillant les codes existants, les croyances établies. Toujours en marche, cette pensée tisse sans relâche des relations »entre des choses dont nous échappe la loi de continuité«, c'est-à-dire des »choses que nous ne savons pas transposer ou traduire dans un système de l'ensemble de nos actes«.[53] Car si »le chemin se fait en marchant«, la pensée se fait en circulant »au travers des séparations, des cloisonnements«,[54] en se déplaçant »dans une quantité de structures«,[55] avec pour seul but »l'extension de la continuité à l'aide de métaphores, d'abstractions et de langages«.[56]

La méthode de Valéry vise, le plus interdisciplinairement du monde, à relier les »deux cultures«. C'est pourquoi elle emprunte tout du long la voie de l'analogie, qui reste la voie royale de la figuration approximative de l'inconnu. La »voie« (en quoi consiste la méthode) est donc bien celle d'un »transport«. Ce qui autorise Bruno Clément à considérer méthode et métaphore comme »deux modes du même, recto et verso d'un seul objet«, »indissociables l'une de l'autre, comme elles sont indissociables de tout mouvement de pensée cherchant à se saisir lui-même«.[57]

---

52 Lestocart, Louis-José, »Culture, Science, Technique. Paul Valéry, l'acte littéraire comme pensée de la complexité«, in *Alliage* 59/2007. Consulté sur internet : http://www.tribunes.com/tribune/alliage/59/page8/page8.html.

53 Valéry, Paul, »Introduction à la méthode de Léonard de Vinci«, p. 1160. Les italiques sont dans le texte. La 2ème partie de la citation correspond à un ajout dans la marge de 1919.

54 Valéry, Paul, »Introduction à la méthode de Léonard de Vinci«, p. 1180.

55 Valéry, Paul, »Introduction à la méthode de Léonard de Vinci«, p. 1191.

56 Valéry, Paul, »Introduction à la méthode de Léonard de Vinci«, p. 1174.

57 Clément, Bruno, *Le récit de la méthode*, p. 166.

Olav Krämer (Freiburg)

Der Begriff der Konvention bei Paul Valéry und in der Mathematik und Wissenschaftstheorie seiner Zeit

I. Einleitung

In Paul Valérys Äußerungen zu Literatur, Poetik und Kunst begegnet häufig das Wort »convention«. Valéry unterscheidet, grob gesagt, zwischen zwei Arten von Konventionen und zwischen zwei Arten des Umgangs mit Konventionen, die er sehr unterschiedlich bewertet. Scharfe Kritik übt er an literarischen Werken, deren Verfasser in dem Sinne Konventionen befolgt haben, dass sie eingespielte Muster imitierten und sich geläufiger Verfahren bedienten, dies aber offensichtlich nicht ausdrücklich und bewusst, sondern nur aus Gewohnheit oder Bequemlichkeit. Diesen Vorwurf richtet Valéry insbesondere gegen die Mehrheit der Romane.[1] Respektvoll und lobend äußert er sich dagegen über die bewusste Orientierung an expliziten und klar formulierten Konventionen, wie sie etwa der klassischen Tragödie, dem Sonett oder allgemeiner der metrisch streng geregelten Lyrik zugrunde liegen.[2] Gérard Genette hat diese Haltung Valérys mit dankenswerter Prägnanz auf den Punkt gebracht: »Car si rien ne l'offusque autant qu'une convention inconsciente, rien non plus ne le satisfait davantage qu'un décret explicite.«[3]

---

[1] So weist Valéry in seinen Notizheften mehrfach darauf hin, dass die realistischen Romane, die das Leben abzubilden vorgeben, tatsächlich eine willkürliche Auswahl treffen und viele Phänomene und Realitätsausschnitte prinzipiell ignorieren. Vgl.: C Pl. II, S. 183/C XXII, S. 616 (1939); C Pl. II, S. 1204/C XII, S. 80 (1926–1927); C Pl. II, S. 1238/C XXV, S. 259 (1941). In einem anderen Eintrag bemerkt Valéry, der Makel der Gattung des Romans bestehe in »l'incertitude, le flottement sur les *Conventions fondamentales*« (C Pl. II, S. 1192/C IX, S. 541 [1923]). – Die verwendeten Siglen stehen für verschiedene Ausgaben der *Cahiers*:

C Pl. I, II = Valéry, Paul, *Cahiers*, édition établie, présentée et annotée par Judith Robinson, 2 Bde., Paris 1973–1974.

C I, II, III, … = Valéry, Paul, *Cahiers*, 29 Bde., Paris 1957–1961.

[2] Vgl. etwa: C Pl. II, S. 1099/C VIII, S. 478 (1921–1922); C Pl. II, S. 1187/C VII, S. 647 (1920); C Pl. II, S. 1189f./C VIII, S. 853 (1922).

[3] Genette, Gérard, »La littérature comme telle«, in: Ders., *Figures. Essais*, Paris 1966, S. 253–265, hier S. 256.

Valérys Ansichten über poetische Konventionen sind, wie das Genette-Zitat bereits andeutet, in der Forschung schon vor längerer Zeit bemerkt und beschrieben worden.[4] Es ist ebenfalls seit langem bekannt, dass Valéry seit seiner Jugend ein großer Bewunderer von Henri Poincaré und mit dessen Schriften gut vertraut war;[5] Poincaré nun entwickelte bekanntlich in seinen Arbeiten über die Grundlagen der Geometrie eine Position, die als Konventionalismus in die Geschichte einging. In der Forschung ist denn auch gelegentlich vage darauf hingewiesen worden, dass Valérys Haltung zu Konventionen in der Literatur Affinitäten zu zeitgenössischen Ansichten über die Rolle von Konventionen in der Wissenschaft aufweise.[6] Aber bisher ist noch nicht eingehender untersucht worden, in welchem Verhältnis Valérys Gebrauch des Konventionsbegriffs zu dem wissenschaftstheoretischen Konventionalismus bei Poincaré und anderen Philosophen und Wissenschaftlern seiner Zeit steht.[7] Dieser Frage möchte ich im Folgenden nachgehen. Dazu werde ich zunächst knapp und vereinfachend die Grundzüge von Poincarés Konventionalismus nachzeichnen und dann in einem zweiten Abschnitt die radikalisierte Spielart des Konventionalismus behandeln, die der Mathematiker und Philosoph Édouard Le Roy um 1900 unter Rekurs auf Poincaré entwickelte; dieser Teil soll auch dazu dienen, ansatzweise das kulturelle und diskursive Umfeld zu beleuchten, in dem Poincarés Konventionalismus aufgenommen und diskutiert wurde. Der dritte Abschnitt wird sich dann Valéry zuwenden und zunächst seine Auffassungen über Konventionen im Allgemeinen untersuchen, um vor diesem Hintergrund seine Ansichten über poetische Konventionen in den Blick zu nehmen. Im Schlussteil möchte ich versuchen, die Episode um Poincaré, Valéry und den Konventionalismus im Lichte der allgemeineren Frage nach Beziehungen zwischen Mathematik, Kultur und Literatur zu betrachten.

---

[4] Vgl. vor allem: Hytier, Jean, *La Poétique de Valéry*, Paris 1953, S. 154–166. Ferner: Berne-Joffroy, André, *Valéry*, Paris 1960, S. 73–75; Yeschua, Silvio, *Valéry, le roman et l'œuvre à faire*, Paris 1976, S. 78f., 147–151.

[5] Vgl.: Robinson, Judith, *L'analyse de l'esprit dans les Cahiers de Valéry*, Paris 1963, S. 35, Anm. 8.

[6] Vgl. Berne-Joffroy, *Valéry*, S. 73f.

[7] Zu Valérys Rezeption einiger anderer Ideen und Theorien Poincarés vgl. Pietra, Régine, »Valéry et la réflexion épistémologique dans les dix dernières années du XIXe siècle. Valéry et Poincaré«, in: Nicole Celeyrette-Pietri/Antonia Soulez (Hrsg.), *Valéry, la logique, le langage*, Arles 1988, S. 47–68.

II. Henri Poincarés geometrischer Konventionalismus

In den letzten Jahren des 19. Jahrhunderts verfasste Henri Poincaré eine Reihe von Artikeln zu grundlegenden Problemen der Geometrie.[8] Diese Artikel erschienen zum überwiegenden Teil nicht in spezialisierten mathematischen Fachzeitschriften, sondern in der disziplinenübergreifend angelegten *Revue générale des sciences pures et appliquées* sowie in philosophischen Zeitschriften wie der *Revue de Métaphysique et de Morale* und *The Monist.* Mehrere dieser Aufsätze nahm Poincaré auch – teilweise in überarbeiteter Form – in sein 1902 veröffentlichtes Buch *La Science et l'Hypothèse* auf, mit dem er sich an ein breiteres Publikum wandte und das ein großer Verkaufserfolg wurde.[9]

Zu den Problemen, mit denen sich Poincaré in jenen Aufsätzen auseinandersetzte, gehörte auch die Frage, um was für Sätze es sich bei den geometrischen Axiomen überhaupt handelte und welchen Status sie beanspruchen konnten. Diese Frage war besonders drängend geworden, seitdem mehrere Mathematiker konsistente nicht-euklidische Geometrien konstruiert hatten,[10] und auch Poincaré legte sich dieses Problem im Kontext von Arbeiten über das Verhältnis zwischen euklidischen und nicht-euklidischen Geometrien vor. Er zog dabei zwei traditionelle Antworten auf die Frage nach dem Wesen der geometrischen Axiome in Betracht, um sie beide zu verwerfen. Die erste Antwort besagte, die geometrischen Axiome seien synthetische

---

8 Vgl. Poincaré, H[enri], »Sur les hypothèses fondamentales de la géométrie«, in: *Bulletin de la Société Mathématique de France*, 15/1887, S. 203–216; Ders., »Les Géométries non euclidiennes«, in: *Revue générale des sciences pures et appliquées*, 2/1891, S. 769–774; Ders., »L'espace et la géométrie«, in: *Revue de Métaphysique et de Morale*, 3/1895, S. 631–646; Ders., »On the Foundations of Geometry«, in: *The Monist*, 9/1899, S. 1–43. – Relevant ist in diesem Zusammenhang auch die Kontroverse, die Poincaré um 1900 mit Bertrand Russell über die Grundlagen der Geometrie austrug; vgl. vor allem: Ders., »Des fondements de la géométrie. À propos d'un livre de M. Russell«, in: *Revue de Métaphysique et de Morale*, 7/1899, S. 251–279; Russell, B[ertrand], »Sur les axiomes de la géométrie«, in: ebd., S. 684–707; Poincaré, H[enri]: »Sur les principes de la géométrie. Réponse à M. Russell«, in: *Revue de Métaphysique et de Morale*, 8/1900, S. 73–86. – Für eine knappe Darstellung der Kontroverse zwischen Poincaré und Russell vgl.: Rollet, Laurent, *Henri Poincaré. Des Mathématiques à la Philosophie. Étude du parcours intellectuel, social et politique d'un mathématicien au début du siècle*, Villeneuve d'Ascq 2001, S. 53–56.

9 Vgl. die Kapitel III, IV und V in: Poincaré, Henri, *La Science et l'Hypothèse*, Paris 1989 (zuerst 1902). – Zu dem Erfolg des Buchs vgl.: Rollet, Laurent, »Henri Poincaré – Vulgarisation scientifique et philosophie des sciences«, in: *Philosophia Scientiae*, 1/1996, S. 125–153, hier S. 139, 152 (Anm. 10).

10 Zur Entwicklung der nicht-euklidischen Geometrien vgl.: Torretti, Roberto, *Philosophy of Geometry from Riemann to Poincaré*, Dordrecht u. a. 1984 (zuerst 1978), S. 40–152.

Urteile *a priori*; diese meist als Apriorismus bezeichnete Position konnte auf Kant zurückgeführt werden, für den die Axiome der Geometrie synthetische Grundsätze *a priori* waren, die mit apodiktischer Gewissheit erkannt werden, da sie aus der Vorstellung des Raums abgeleitet werden, die dem Menschen als reine Anschauung gegeben ist.[11] Die zweite Antwort war die des Empirismus; dieser deutete die geometrischen Axiome als Verallgemeinerungen von Erfahrungssätzen, die aus der Beobachtung von Körpern und räumlichen Verhältnissen hervorgegangen waren.[12] Der Apriorismus war für Poincaré schon deswegen inakzeptabel, weil dieser Theorie zufolge der Mensch nicht in der Lage sein dürfte, eines der euklidischen Axiome zu verneinen und auf dieser Basis ein theoretisches Gebäude zu errichten; somit wäre der Apriorismus schon durch die Konstruktion nicht-euklidischer Geometrien hinfällig geworden.[13] Außerdem bestritt Poincaré, dass der Mensch über eine reine Anschauung des geometrischen Raums verfüge.[14] Aber auch die empiristische Auffassung konnte für Poincaré nicht richtig sein, denn als Erfahrungswissenschaft könnte die Geometrie keine exakte Disziplin sein und wäre der Gefahr einer Modifikation durch neue Erfahrungen ausgesetzt.[15]

---

[11] Vgl. Kant, Immanuel, *Kritik der reinen Vernunft*. Nach der ersten und zweiten Originalausgabe, Jens Timmermann (Hrsg.), Hamburg 1998, S. 98–101, 120, 779–781 (B 38–42, 64–66, 760f.).

[12] Zu verschiedenen Versionen des geometrischen Empirismus, die im 19. Jahrhundert kursierten, vgl. Torretti, *Philosophy of Geometry from Riemann to Poincaré*, S. 256–285. Poincaré nennt in den ersten Texten, in denen er die Auffassung von den Axiomen der Geometrie als Erfahrungswahrheiten kritisiert, keinen Vertreter dieser These mit Namen; für Vermutungen darüber, welche Theorien Poincaré hier im Auge gehabt haben dürfte, siehe: Giedymin, Jerzy, »Radical Conventionalism, Its Background and Evolution: Poincaré, LeRoy, Ajdukiewicz«, in: Kazimierz Ajdukiewicz, *The Scientific World-Perspective and Other Essays 1931–1963*, edited and with an Introduction by Jerzy Giedymin, Dordrecht, Boston 1978, S. XIX-LIII, hierzu S. XXIII; Ders., »On the Origin and Significance of Poincaré's Conventionalism«, in: *Studies in History and Philosophy of Science*, 8/1977, S. 271–301, hierzu S. 285f., 290. In dem zuletzt genannten Aufsatz vertritt Giedymin die These, dass zumindest der junge Poincaré auch Riemann als geometrischen Empiristen betrachtet habe.

[13] Vgl. Poincaré, »Les Géométries non euclidiennes«, in: *Revue générale des sciences pures et appliquées*, 2/1891, S. 769–774, hier S. 772; Ders., *La Science et l'Hypothèse*, S. 74. – Vgl. auch: Ders., »Sur les hypothèses fondamentales de la géométrie«, in: *Bulletin de la Société Mathématique de France*, 15/1887, S. 203–216, hier S. 215.

[14] Vgl. Poincaré, *La Science et l'Hypothèse*, S. 82f.

[15] Vgl. Poincaré, »Les Géométries non euclidiennes«, in: *Revue générale des sciences pures et appliquées*, 2/1891, S. 769–774, hier S. 772f.; vgl. auch Ders., »Sur les hypothèses fondamentales de la géométrie«, in: *Bulletin de la Société Mathématique de France*, 15/1887, S. 203–216, hier S. 215. – Für eine Zusammenfassung von Poincarés Ar-

Außerdem vertrat Poincaré die These, dass der Mensch das Konzept des geometrischen Raums nicht aus der Erfahrung gewinnen könne, da der Wahrnehmungs- und Vorstellungsraum (»l'espace représentatif«) sich grundlegend vom geometrischen Raum unterscheide.[16]

Aber wenn die geometrischen Axiome weder synthetische Grundsätze *a priori* sind noch Erfahrungstatsachen ausdrücken, was sind sie dann? Poincarés Antwort lautet: Sie sind Konventionen oder, in anderen Worten, verkleidete Definitionen.[17] Die verschiedenen Geometrien seien vergleichbar mit

---

gumenten gegen die kantische Auffassung vom Wesen der geometrischen Axiome vgl.: Giedymin, »Radical Conventionalism«, in: Ajdukiewicz, *The Scientific World-Perspective and Other Essays 1931–1963*, S. XXII–XXIII.

16 Vgl. Poincaré, »On the Foundations of Geometry«, in: *The Monist*, 9/1899, S. 1–43, vor allem S. 1–6; Ders., *La Science et l'Hypothèse*, S. 77–82. – Seine Kritik am geometrischen Empirismus hat Poincaré ausführlicher formuliert und mit mehr Argumenten ausgestattet als die an der kantischen, aprioristischen Position; zu seinen weiteren Argumenten gegen den Empirismus vgl. ebd., S. 82–108. Für Zusammenfassungen von Poincarés Argumenten gegen den geometrischen Empirismus vgl. Giedymin, »Radical Conventionalism«, in: Ajdukiewicz, *The Scientific World-Perspective and Other Essays 1931–1963*, S. XXIII–XXIV; Torretti, *Philosophy of Geometry from Riemann to Poincaré*, S. 330–335.

17 »*Les axiomes géométriques ne sont donc ni des jugements synthétiques* à priori *ni des faits expérimentaux*. [/] Ce sont des *conventions*; notre choix, parmi toutes les conventions possibles, est *guidé* par des faits expérimentaux; mais il reste *libre* et n'est limité que par la nécessité d'éviter toute contradiction. [...] En d'autres termes, *les axiomes de la géométrie* (je ne parle pas de ceux de l'arithmétique) *ne sont que des définitions déguisées*.« (Poincaré, »Les Géométries non euclidiennes«, in: *Revue générale des sciences pures et appliquées*, 2/1891, S. 769–774, hier S. 773; alle Hervorhebungen im Text. Vgl. auch: Ders., *La Science et l'Hypothèse*, S. 75f.) – Was die geometrischen Axiome Poincaré zufolge definieren, sind grundlegende Begriffe wie »Punkt« oder »Distanz« (vgl. Giedymin, »Radical Conventionalism«, in: Ajdukiewicz, *The Scientific World-Perspective and Other Essays 1931–1963*, S. XXIV). Diese These Poincarés war einer der zentralen Streitpunkte in seiner Auseinandersetzung mit Russell; vgl. seine Ausführungen zur Definition des Distanzbegriffs in: Poincaré, »Sur les principes de la géométrie. Réponse à M. Russell«, in: *Revue de Métaphysique et de Morale*, 8/1900, S. 73–86, hier S. 74–78. Zu den fundamentalen Differenzen zwischen Poincarés und Russells bedeutungstheoretischen Prämissen, deretwegen Russell die These Poincarés nicht akzeptieren konnte (und eventuell nicht einmal richtig verstanden hat), vgl. die erhellenden Ausführungen bei: Coffa, Alberto, »From Geometry to Tolerance: Sources of Conventionalism in Nineteenth-Century Geometry«, in: Robert G. Colodny (Hrsg.), *From Quarks to Quasars. Philosophical Problems of Modern Physics*, Pittsburgh/PA 1986, S. 3–70, hierzu S. 17–29. – Zu der Tradition, in der Poincaré mit seiner Konzeption von Definitionen stand, vgl. die Vermutungen bei: Giedymin, »On the Origin and Significance of Poincaré's Conventionalism«, in: *Studies in History and Philosophy of Science*, 8/1977, S. 271–301, hier S. 288–290.

verschiedenen Sprachen, und die Theoreme zumindest einiger nicht-euklidischer Geometrien ließen sich in solche der euklidischen Geometrie übersetzen; zur Beschreibung der physikalischen Realität könnten die Forscher prinzipiell immer sowohl die euklidische als auch eine nicht-euklidische Geometrie verwenden.[18] Die Frage, welche Geometrie wahr sei, war für Poincaré ebenso unsinnig wie die Frage, ob die cartesischen Koordinaten oder die Polarkoordinaten wahr seien.[19] Die euklidische Geometrie zeichnete sich ihm zufolge allerdings zum einen dadurch aus, dass sie einfacher zu handhaben war als die nicht-euklidischen, zum anderen dadurch, dass ihre Struktur den Eigenschaften starrer Körper und ihrer Bewegungen nahe kam und sich dadurch für die Bedürfnisse des Menschen besonders eig-

---

[18] In einem Text präsentiert Poincaré ein kleines »Wörterbuch«, mithilfe dessen sich Theoreme der Geometrie Lobatschewskys in solche der euklidischen Geometrie übersetzen lassen sollen; vgl. Poincaré, *La Science et l'Hypothèse*, S. 68f. An anderer Stelle vergleicht er die Wahl zwischen dem Gebrauch der euklidischen und der Lobatschewsky'schen Geometrie in der Physik mit der zwischen der englischen und französischen Sprache; vgl. Ders., »Sur les principes de la géométrie. Réponse à M. Russell«, in: *Revue de Métaphysique et de Morale*, 8/1900, S. 73–86, hier S. 79. Für die These, dass dieselben physikalischen Phänomene stets sowohl mit einer euklidischen wie mit einer nicht-euklidischen Geometrie beschrieben werden können, vgl. auch: Ders., *La Science et l'Hypothèse*, S. 94. – Für Paraphrasen von Poincarés diesbezüglichen Aussagen vgl. etwa: Giedymin, »Radical Conventionalism«, in: Ajdukiewicz, *The Scientific World-Perspective and Other Essays 1931–1963*, S. XXIV; Ders., »On the Origin and Significance of Poincaré's Conventionalism«, in: *Studies in History and Philosophy of Science*, 8/1977, S. 271–301, hier S. 290; Schäfer, Lothar, »Der Konventionalismus des beginnenden 20. Jahrhunderts: Entstehungsbedingungen, Einsichten, Probleme«, in: Herbert Stachowiak (Hrsg.) unter Mitarbeit von Claus Baldus, *Pragmatik. Handbuch pragmatischen Denkens. Bd. II: Der Aufstieg pragmatischen Denkens im 19. und 20. Jahrhundert*, Hamburg 1987, S. 59–82, hier S. 65–67. – In der Forschung besteht Einigkeit darüber, dass Poincarés Übersetzbarkeits-These und vor allem die damit verbundene These der freien Wählbarkeit der Geometrie in der Physik durch spätere Entwicklungen als unhaltbar erwiesen wurden; umstritten ist allerdings, wie seine Übersetzbarkeits-These im Einzelnen zu verstehen ist und wie er sie zu begründen suchte. Vgl. hierzu neben den gerade zitierten Aufsätzen vor allem: Stump, David, »Poincaré's Thesis of the Translatability of Euclidean and Non-Euclidean Geometries«, in: *Noûs*, 25/1991, S. 639–657. Vgl. auch: Bagce, Samet, »Poincaré's Philosophy of Geometry and its Relevance to his Philosophy of Science«, in: Jean-Louis Greffe u. a. (Hrsg.), *Henri Poincaré. Science et philosophie. Congrès International. Nancy, France, 1994*, Berlin, Paris 1996, S. 299–314, hier S. 307.

[19] Vgl. Poincaré, *La Science et l'Hypothèse*, S. 76; Ders., »Sur les hypothèses fondamentales de la géométrie«, in: *Bulletin de la Société Mathématique de France*, 15/1887, S. 203–216, hier S. 215.

nete;[20] die euklidische Geometrie war also nicht *wahrer* als die nicht-euklidischen, aber *bequemer* (»*plus commode*«[21]). Dies war auch der Grund, weshalb der menschliche Geist zuerst die euklidische Geometrie ausgebildet hatte, und aus demselben Grund würden die Physiker sie auch stets beibehalten.[22] – Nachdem Poincaré den Konventionsbegriff in der Erörterung der Grundlagen der Geometrie verwendet hatte, griff er auch in seinen physikalischen Studien auf ihn zurück; einige der zentralen Prinzipien der Mechanik etwa, wie das Trägheitsprinzip oder das Gesetz der Beschleunigung, waren ihm zufolge aus Verallgemeinerungen von empirischen Beobachtungen hervorgegangen, die man dann in Konventionen bzw. Definitionen verwandelt hatte.[23]

Bei dieser vereinfachenden Darstellung von Poincarés Konventionalismus möchte ich es belassen, um den Blick nun auf einige seiner allgemeinen Auffassungen über das Wesen der Wissenschaft zu richten und anzudeuten, wie sich sein Konventionalismus in diesen Rahmen einfügt. Ein Thema, das in Poincarés Schriften immer wieder erörtert wird und das nach Ansicht mancher Forscher als *das* Kernthema seiner Wissenschaftstheorie gelten kann, besteht in der Frage, ob es trotz des Wandels der Theorien einen kontinuierlichen Fortschritt in der Wissenschaft gebe und woran sich gegebenenfalls dieser Fortschritt festmachen lasse.[24] Diese Frage war für Poincaré wie für andere Wissenschaftler und Philosophen seiner Zeit besonders drängend geworden, weil die Theorien einander immer schneller abzulösen schienen und zudem einige grundlegende Prinzipien der Physik zweifelhaft geworden waren.[25] Poincarés Antwort auf die Frage lautete, dass ein konti-

---

20 Vgl. Poincaré, *La Science et l'Hypothèse*, S. 76, 152; Ders., »On the foundations of geometry«, in: *The Monist*, 9/1899, S. 1–43, hier S. 42f. Vgl. auch: Ders., *La Valeur de la Science*, Paris 1970 (zuerst 1905), S. 55–57.

21 Poincaré, *La Science et l'Hypothèse*, S. 76; vgl. auch ebd., S. 94.

22 Vgl. Poincaré, *La Science et l'Hypothèse*, S. 76, 94, 107f.

23 Vgl. Poincaré, *La Science et l'Hypothèse*, S. 112–154, vor allem S. 124, 127f., 130, 151–154. – Vgl. zu diesem »verallgemeinerten Konventionalismus« Poincarés: Giedymin, »On the Origin and Significance of Poincaré's Conventionalism«, in: *Studies in History and Philosophy of Science*, 8/1977, S. 271–301, hier S. 272f., 293–295; Rollet, *Henri Poincaré. Des Mathématiques à la Philosophie*, S. 57–59.

24 Vgl. Giedymin, »On the Origin and Significance of Poincaré's Conventionalism«, in: *Studies in History and Philosophy of Science*, 8/1977, S. 271–301, hier S. 274f., 295f.; Bagce, »Poincaré's Philosophy of Geometry and its Relevance to his Philosophy of Science«, in: Jean-Louis Greffe u. a. (Hrsg.), *Henri Poincaré. Science et philosophie. Congrès International. Nancy, France, 1994*, Berlin, Paris 1996, S. 299–314, hier S. 308, 310.

25 Zur Kurzlebigkeit der Theorien vgl.: Poincaré, *La Valeur de la Science*, S. 182. Über die Zweifel, denen in jüngerer Zeit einige Grundprinzipien der Physik – etwa das Prinzip von Carnot, das Relativitätsprinzip, das Gesetz der Energieerhaltung –

nuierlicher Fortschritt möglich und in den meisten Fällen – trotz des möglicherweise entgegengesetzten Anscheins – auch vorhanden sei. Es galt zu bedenken, dass die Wissenschaften grundsätzlich nur über einen bestimmten Teil der Realität objektive Aussagen machen konnten: nicht über das Wesen der Dinge oder Phänomene (etwa des Lichts oder der Wärme), sondern nur über die Beziehungen zwischen Dingen und zwischen Fakten (etwa zwischen elektrischen Schwingungen und den Schwingungen eines Pendels).[26] Diese Beziehungen konnten objektiv beschrieben und in Gleichungen ausgedrückt werden; die weiterreichenden Theorien hingegen, mit denen die Forscher die beobachteten Beziehungen zu erklären versuchten, hatten hypothetischen Charakter und in etwa den Status von Bildern, in die man die beobachteten Regelmäßigkeiten zum Zweck der Überschaubarkeit kleidete.[27] Um neue Beziehungen zwischen Sachverhalten zu entdecken und Verallgemeinerungen zu erreichen, war die Wissenschaft – anders, als ältere Anhänger des Empirismus gemeint haben mochten – auf Hypothesen und Theorien angewiesen,[28] und diese waren stets der Gefahr der Widerlegung oder Verdrängung ausgesetzt; aber wenn man reale Beziehungen zwischen Dingen oder Fakten ausgemacht hatte, so ließ die Widerlegung der Theorien in der Regel die Aussagen über diese Beziehungen unberührt, und so war trotz des Kommens und Gehens der Theorien ein kontinuierlicher Fortschritt möglich.[29]

III. Der radikalisierte Konventionalismus von Édouard Le Roy

Nachdem Poincaré den Begriff der Konvention in die Diskussionen um die Grundlagen der Geometrie und der Physik eingeführt hatte, verwendeten ihn um 1900 auch andere Philosophen und Wissenschaftler, die teilweise ausdrücklich auf Poincaré Bezug nahmen.[30] Eine besonders extreme und

---

ausgesetzt seien, informiert er in Kapitel VIII desselben Buchs (vgl. ebd., S. 129–140); das darauf folgende Kapitel beginnt mit der Frage: »Au milieu de tant de ruines, que reste-t-il debout?« (ebd., S. 141).

[26] Vgl. Poincaré, *La Science et l'Hypothèse*, S. 25, 173–176 (dort auch das Beispiel der elektrischen Schwingungen und der Pendelbewegungen); Ders., *La Valeur de la Science*, S. 22–24, 181–184.

[27] Vgl. Poincaré, *La Science et l'Hypothèse*, S. 175f., 215f.

[28] Vgl. hierzu die Einleitung in: Poincaré, *La Science et l'Hypothèse*, S. 23–27; ferner ebd., S. 165–167.

[29] Vgl. Poincaré, *La Valeur de la Science*, S. 182–184.

[30] Vgl. Milhaud, G[aston], »La science rationnelle«, in: *Revue de Métaphysique et de Morale*, 4/1896, S. 280–302; für Verwendungen des Ausdrucks »convention« vgl. ebd., S. 284, 296, 301, für einen Verweis auf einen Aufsatz Poincarés zur Geome-

kontrovers diskutierte Spielart des »Konventionalismus«[31] entwickelte in jenen Jahren der Mathematiker und Philosoph Édouard Le Roy. Er stellte in einigen viel beachteten Artikeln und Vorträgen einen philosophischen Ansatz vor, den er meist schlicht als »die neue Philosophie« (»la philosophie nouvelle«) bezeichnete[32] und in dem er zwei Strömungen der jüngeren Philosophie zusammenzuführen suchte, die ihm zufolge in eine gemeinsame Richtung wiesen, ohne dass dies ihren Vertretern unbedingt bewusst geworden sei; dabei handelte es sich einerseits um eine Tendenz der jüngeren Wissenschaftstheorie, die für Le Roy vor allem durch Poincaré, Gaston Milhaud und Pierre Duhem repräsentiert wurde, andererseits um eine Tendenz der metaphysischen und psychologischen Philosophie, die in Henri Bergson ih-

---

trie vgl. ebd., S. 301, Anm. 1. – Pierre Duhem verwendete den Begriff der Konvention bereits in einem Aufsatz, der nur wenige Wochen nach dem Artikel von Poincaré erschien, in dem dieser den Begriff erstmals gebrauchte; Duhem legte dar, dass unter den Hypothesen, auf die sich eine mechanische Theorie stütze, immer auch einige seien, die auf willkürlich aufgestellten Konventionen beruhten. Vgl. hierzu: Brenner, Anastasios, *Les origines françaises de la philosophie des sciences*, Paris 2003, S. 51. – Zu Poincaré, Milhaud, Duhem und Édouard Le Roy als Vertretern verschiedener Varianten des Konventionalismus vgl.: ebd., S. 37–98; Schäfer, »Der Konventionalismus des beginnenden 20. Jahrhunderts«, in: Stachowiak (Hrsg.), *Pragmatik. Handbuch pragmatischen Denkens. Bd. II: Der Aufstieg pragmatischen Denkens im 19. und 20. Jahrhundert*, Hamburg 1987, S. 59–82, hier S. 64–78.

31 Ich verwende diesen Ausdruck hier nur der Bequemlichkeit halber als Bezeichnung für philosophische Positionen, die die Rolle von Festsetzungen und Wahlakten in der Wissenschaft betonen. Diese Bezeichnung wurde weder von Poincaré noch von den im Folgenden diskutierten Autoren gebraucht (vgl. auch: Brenner, *Les origines françaises*, S. 11f.), findet sich aber immerhin bereits in: Rougier, Louis, *La philosophie géométrique de Henri Poincaré*, Paris 1920, etwa S. 9, 120.

32 Vgl. Le Roy, Édouard, »Science et Philosophie I«, in: *Revue de Métaphysique et de Morale*, 7/1899, S. 375–425; Ders., »Science et Philosophie II«, in: ebd., S. 503–562; Ders., »Science et Philosophie III«, in: ebd., S. 708–731; Ders., »Science et Philosophie III [Forts.]«, in: *Revue de Métaphysique et de Morale*, 8/1900, S. 37–72; Ders., »La science positive et les philosophies de la liberté«, in: *Bibliothèque du congrès international de philosophie. I: Philosophie générale et Métaphysique*, Paris 1900, S. 313–341; Ders., »Un positivisme nouveau«, in: *Revue de Métaphysique et de Morale*, 9/1901, S. 138–153; Ders., »Sur quelques objections adressées à la nouvelle philosophie«, in: *Revue de Métaphysique et de Morale*, 9/1901, S. 292–327, 407–432. – Zum Konventionalismus von Le Roy vgl.: Brenner, *Les origines françaises*, S. 62–65, 72f.; Giedymin, »Radical Conventionalism«, in: Ajdukiewicz, *The Scientific World-Perspective and Other Essays 1931–1963*, S. XXVIII–XXXII; Ders., »On the Origin and Significance of Poincaré's Conventionalism«, in: *Studies in History and Philosophy of Science*, 8/1977, S. 271–301, hier S. 273f.

ren bedeutendsten und originellsten Vertreter gefunden habe.[33] Bergson habe dargelegt, wie der menschliche Alltagsverstand (»le sens commun«), geleitet von den Bedürfnissen des Handelns und des sozialen Lebens, die ursprüngliche Wahrnehmung der Realität deformiere, indem er ihre Grundzüge der Kontinuität und Bewegung unterdrücke, aus dem unaufhörlichen Fluss der Bilder klar abgegrenzte Körper isoliere, dem wahrgenommenen Raum einen geometrischen überstülpe und die Zeit mithilfe räumlicher Begriffe konzeptualisiere.[34] Die jüngere Wissenschaftstheorie nun sei im Hinblick auf die Vorgehensweise der Wissenschaften zu ganz ähnlichen Ergebnissen gekommen wie Bergson im Hinblick auf den »sens commun«, insofern sie nämlich die Kontingenz und Relativität der wissenschaftlichen Konstruktionen aufgedeckt habe.[35] Le Roy zufolge haben diese Studien gezeigt, dass die Grundlagen der Wissenschaften aus frei gewählten Konventionen bestehen,[36] aus etwas Kontingentem und Arbiträrem mithin.[37] Die wissenschaftlichen Gesetze seien dadurch zustande gekommen, dass man einzelne Beobachtungen generalisiert und diese Verallgemeinerungen dann in Definitionen verwandelt und auf diese Weise gegen empirische Widerlegungen immunisiert habe.[38] Und nicht nur die Theorien und Gesetze werden

---

[33] Vgl. Le Roy, »Sur quelques objections adressées à la nouvelle philosophie«, in: *Revue de Métaphysique et de Morale*, 9/1901, S. 292–327, 407–432, hier S. 293; vgl. auch Ders., »Un positivisme nouveau«, in: *Revue de Métaphysique et de Morale*, 9/1901, S. 138–153, hier S. 140f., Anm. 1. – Für Bezugnahmen auf Poincaré vgl. ferner: Ders., »Science et Philosophie I«, in: *Revue de Métaphysique et de Morale*, 7/1899, S. 375–425, hier S. 395, 403, 405f., 409; Ders., »Science et Philosophie II«, in: ebd., S. 503–562, hier S. 559.

[34] Vgl. hierzu: Le Roy, »Science et Philosophie I«, in: *Revue de Métaphysique et de Morale*, 7/1899, S. 375–425.

[35] Vgl. Le Roy, »Science et Philosophie III«, in: *Revue de Métaphysique et de Morale*, 7/1899, S. 708–731, hier S. 708. – Bergson wiederum verwies in seinem einige Jahre später erschienenen Buch *L'évolution créatrice* zustimmend auf Le Roys Darlegungen zu den konventionellen und künstlichen Anteilen wissenschaftlicher Gesetze; vgl.: Bergson, Henri, »L'évolution créatrice« (1907), in: Bergson, *Œuvres*. Textes annotés par André Robinet, introduction par Henri Gouthier, 3e édition, Paris 1970, S. 487–809, hier S. 680, Anm. 1.

[36] Vgl. Le Roy, »Science et Philosophie II«, in: *Revue de Métaphysique et de Morale*, 7/1899, S. 503–562, hier S. 559.

[37] Vgl. Le Roy, »La science positive et les philosophies de la liberté«, in: *Bibliothèque du congrès international de philosophie. I: Philosophie générale et Métaphysique*, Paris 1900, S. 313–341, hier etwa S. 314; Ders., »Un positivisme nouveau«, in: *Revue de Métaphysique et de Morale*, 9/1901, S. 138–153, hier S. 138.

[38] Vgl. Le Roy, »Un positivisme nouveau«, in: *Revue de Métaphysique et de Morale*, 9/1901, S. 138–153, hier S. 143–145; Ders., »La science positive et les philosophies de la liberté«, in: *Bibliothèque du congrès international de philosophie. I: Philosophie générale*

nach Le Roy mithilfe willkürlicher Festlegungen konstruiert, sondern auch die Fakten, denn die Verwandlung der in einem Experiment beobachteten »rohen« Gegebenheiten in einen wissenschaftlichen Fakt beruhe auf Konventionen und theoriegeleiteten Interpretationen.[39] Diese neuen Einsichten in die Verfahrensweisen der Wissenschaft besaßen für Le Roy eine über das Gebiet der Wissenschaftstheorie hinausreichende Bedeutung, da sie Schlussfolgerungen im Hinblick auf die Frage der Freiheit des Menschen erlaubten: Man musste nicht länger die bedrückende Lehre des Determinismus akzeptieren und sich damit abfinden, dass die Natur durch Gesetze von eiserner Notwendigkeit regiert wurde und es somit keine Freiheit des menschlichen Geistes geben konnte.[40] Die Behauptungen über die ausnahmslos geltenden Naturgesetze waren artifiziell hergestellt worden und konnten keine objektive Gültigkeit beanspruchen; mehr noch: Da sie mithilfe von willentlichen Entscheidungen und Wahlakten, unter anderem mithilfe der Festlegung von Konventionen, hervorgebracht worden waren, legten sie selbst von der Freiheit des menschlichen Geistes Zeugnis ab und setzten diese Freiheit voraus.[41]

Le Roy betonte immer wieder, dass die Lehren der »philosophie nouvelle« trotz des gegenteiligen Anscheins nicht auf einen Skeptizismus hinausliefen.[42] Die Wissenschaften sollten ihrer wesentlichen Aufgabe nach gar nicht eine reine, interessenfreie Erkenntnis der konkreten Realität liefern, sondern als Organe des Lebens und Handelns dienen; diesen Zweck aber konnten sie erfüllen und erfüllten sie auch tatsächlich, obwohl sie auf Postulaten und

---

et Métaphysique, Paris 1900, S. 313–341, hier S. 316–320. – Für Le Roy stützte sich die Wissenschaft außerdem typischerweise auf Zirkelschlüsse: »Tout l'édifice de la science repose sur des véritables cercles vicieux.« (Ebd., S. 331).

39 Vgl. Le Roy, »Un positivisme nouveau«, in: *Revue de Métaphysique et de Morale*, 9/1901, S. 138–153, hier S. 145f.; Ders., »La science positive et les philosophies de la liberté«, in: *Bibliothèque du congrès international de philosophie. I: Philosophie générale et Métaphysique*, Paris 1900, S. 313–341, hier S. 333–335.

40 Vgl. Le Roy, »La science positive et les philosophies de la liberté«, in: *Bibliothèque du congrès international de philosophie. I: Philosophie générale et Métaphysique*, Paris 1900, S. 313–341, hier S. 314, 340f.

41 Vgl. ebd., S. 340; Ders., »Un positivisme nouveau«, in: *Revue de Métaphysique et de Morale*, 9/1901, S. 138–153, hier S. 148f. – Ganz ähnlich argumentiert: Milhaud, »La science rationnelle«, in: *Revue de Métaphysique et de Morale*, 4/1896, S. 280–302, hier vor allem S. 284, 292, 301.

42 Le Roy, »Science et Philosophie II«, in: *Revue de Métaphysique et de Morale*, 7/1899, S. 503–562, hier S. 559; Ders., »Un positivisme nouveau«, in: *Revue de Métaphysique et de Morale*, 9/1901, S. 138–153, hier S. 139f.; Ders., »La science positive et les philosophies de la liberté«, in: *Bibliothèque du congrès international de philosophie. I: Philosophie générale et Métaphysique*, Paris 1900, S. 313–341, hier S. 340.

konventionellen Definitionen basierten.[43] Daneben war es Le Roy zufolge dem Menschen aber auch möglich, eine unverfälschte und absolute Erkenntnis der Realität zu erwerben; dies zu tun, also die ursprüngliche Intuition der konkreten Dinge unter ihren Deformationen freizulegen, war in seinen Augen die Aufgabe der Philosophie.[44]

Das Verhältnis von Le Roys »Konventionalismus« zu demjenigen Poincarés ist somit *erstens* durch eine Radikalisierung und Verallgemeinerung gekennzeichnet; Le Roy zufolge hingen die Wissenschaften in weit höherem Maße von konventionellen Festlegungen ab, als Poincaré dies behauptet hatte. *Zweitens* verband Le Roy seine Thesen über die Rolle von Konventionen in der Wissenschaft mit einer wesentlich Bergson verpflichteten Metaphysik und einer Theorie des Geistes und der Erkenntnis, die Poincarés Philosophie gänzlich fremd waren. Diese Auffassungen über das Wesen der Realität und des menschlichen Geistes ermöglichten es Le Roy, die kontingenten und arbiträren Anteile der Wissenschaft sehr hoch zu veranschlagen, ohne daraus skeptizistische Konsequenzen ziehen zu müssen. Im Hinblick auf Le Roys metaphysische Grundannahmen ist ferner erwähnenswert, dass er überzeugter Katholik war und wenige Jahre nach der Publikation der hier interessierenden Arbeiten die Prinzipien der »neuen Philosophie« auch auf theologische und religionsphilosophische Fragen anwendete, etwa auf die Frage nach dem Wesen des Dogmas; 1907 wurde er zusammen mit anderen Autoren in einem päpstlichen Dekret als Vertreter des »Modernismus« verurteilt, und einige seiner Schriften wurden indiziert.[45] *Drittens* schließlich lei-

---

[43] Vgl. Le Roy, »Science et Philosophie II«, in: *Revue de Métaphysique et de Morale*, 7/1899, S. 503–562, hier S. 559–561; Ders., »La science positive et les philosophies de la liberté«, in: *Bibliothèque du congrès international de philosophie. I: Philosophie générale et Métaphysique*, Paris 1900, S. 313–341, hier vor allem S. 322–327, 339–341.

[44] Vgl. Le Roy, »Science et Philosophie III«, in: *Revue de Métaphysique et de Morale*, 7/1899, S. 708–731, hier vor allem S. 711f., 723–727; Ders., »Science et Philosophie III [Forts.]«, in: *Revue de Métaphysique et de Morale*, 8/1900, S. 37–72, hier vor allem S. 70–72.

[45] Zu Le Roy und seiner Bedeutung für die katholische Reformbewegung des Modernismus vgl. Vidler, Alec R., *A Variety of Catholic Modernists*, Cambridge 1970, S. 90–93. Zu der überwiegend positiven Haltung der Vertreter des Modernismus gegenüber Bergson vgl. Grogin, R. C., *The Bergsonian Controversy in France 1900–1914*, Calgary 1988, S. 151–158. – In Le Roys Artikeln über die »neue Philosophie« spielen ausdrückliche religiöse oder theologische Überlegungen freilich so gut wie keine Rolle. Nur in der Artikelreihe »Science et philosophie«, in der er seine Theorie erstmals und besonders ausführlich präsentierte, kommt er am Ende knapp auf das »religiöse Problem« zu sprechen, das sich noch jenseits der Aufgaben der Philosophie auftue, und beschließt den Text mit einem Zitat aus

tete Le Roy aus den Feststellungen über den Gebrauch von Konventionen in Geometrie und Physik Argumente für die Realität der menschlichen Freiheit und gegen den Determinismus ab; damit setzte er die konventionalistischen Thesen in Beziehung zu einem Thema, das in der zeitgenössischen französischen Philosophie wie der intellektuellen Öffentlichkeit intensiv diskutiert wurde, in den Schriften von Poincaré aber nicht zur Debatte gestanden hatte.[46]

Poincaré scheint irritiert gewesen zu sein, als er sah, mit was für Theorien seine eigenen Thesen in den Arbeiten von Le Roy assoziiert wurden. In einem langen Artikel mit dem Titel »Sur la valeur objective de la science«, den er später in sein Buch *La Valeur de la Science* übernahm, unterzog er einige der Hauptthesen von Le Roy einer gründlichen Kritik.[47] Er stimme zwar in

---

dem Neuen Testament (»»*Et cognoscetis veritatem, et veritas liberabit vos*««; vgl. Joh 8, 32); vgl. Le Roy, »Science et Philosophie III [Forts.]«, in: *Revue de Métaphysique et de Morale*, 8/1900, S. 37–72, hier S. 72.

46 Diese Argumentationsweise Le Roys stellte aber keineswegs eine Idiosynkrasie dar, sondern besaß Vorbilder in der jüngeren französischen Philosophie, auf die er auch selbst hinwies. Von besonderer Bedeutung war in dieser Hinsicht das Werk von Émile Boutroux, der in seinem Buch über die Kontingenz der Naturgesetze philosophische Überlegungen über den Status wissenschaftlicher Theorien und Gesetze mit dem Problem von Freiheit, Notwendigkeit und Determinismus verknüpft hatte. Vgl.: Boutroux, Émile, *De la contingence des Lois de la nature*, 2e édition, Paris 1991 (zuerst 1874). Boutroux' Philosophie besaß eine religiöse Komponente; die Kontingenz der Naturgesetze erklärte sich für ihn letztlich durch die Freiheit Gottes (vgl. ebd., S. 149–170, vor allem S. 157, 159). Zu Boutroux' Theorie des »Kontingentismus« und zu dem Diskussionszusammenhang, in dem sie steht, vgl.: Engel, Pascal, »Plenitude and Contingency: Modal Concepts in Nineteenth Century French Philosophy«, in: Simo Knuuttila (Hrsg.), *Modern Modalities. Studies of the History of Modal Theories from Medieval Nomnalism to Logical Positivism*, Dordrecht u. a. 1988, S. 179–237. – Die Frage, wie die Prinzipien der Naturwissenschaft mit der Annahme der menschlichen Freiheit vereinbart werden können, wurde außerdem intensiv in der 1877 gegründeten katholischen »Société scientifique de Bruxelles« diskutiert; zu den Mitgliedern dieser Gesellschaft gehörte auch Pierre Duhem, und seine ersten bahnbrechenden Aufsätze über Theorien und Experimente in der Physik erschienen in ihrem Publikationsorgan, der *Revue des questions scientifiques*. Vgl. dazu: Nye, Mary Jo, »The Moral Freedom of Man and the Determinism of Nature: The Catholic Synthesis of Science and History in the ›Revue des questions scientifiques‹«, in: *The British Journal for the History of Science*, 9,3/1976, S. 274–292; vgl. auch: Paul, Harry W., »The Debate over the Bankruptcy of Science in 1895«, in: *French Historical Studies*, 5/1968, S. 299–327, hierzu S. 322. – In literarischen Kreisen entfachte die Publikation von Paul Bourgets Roman *Le Disciple* (1889) Diskussionen über den Determinismus; vgl. dazu ebd., S. 301–303.

47 Vgl. Poincaré, H[enri], »Sur la valeur objective de la science«, in: *Revue de Métaphysique et de Morale*, 10/1902, S. 263–293; Ders., *La Valeur de la Science*, S. 151–187.

vielen Punkten mit diesem überein und sei auch keineswegs gewillt, diejenigen seiner eigenen Positionen, auf die Le Roy sich bezogen hatte, zu widerrufen; aber Le Roy habe die Beobachtungen über die Rolle von Konventionen in der Wissenschaft weit über das zulässige Maß hinaus verallgemeinert und abenteuerliche Schlussfolgerungen aus ihnen abgeleitet.[48] So widersprach Poincaré der Auffassung, dass die Fakten von den Wissenschaftlern konstruiert würden: Wenn der Forscher sich auf bestimmte Definitionen und andere Konventionen festgelegt habe und dann eine empirische Aussage formuliere, so hänge es nicht mehr von ihm ab, ob die Aussage sich als richtig erweist, sondern von der Erfahrung.[49] Daran ändere sich auch nichts, wenn man es nicht mehr mit »rohen«, sondern mit wissenschaftlichen Fakten zu tun habe, denn wissenschaftliche Fakten seien lediglich »rohe« Fakten, die in eine andere Sprache übersetzt worden seien.[50] Was die Gesetze betraf, die in den Wissenschaften formuliert wurden, so ließen sie sich Poincaré zufolge nicht auf Konventionen reduzieren, sondern enthielten immer auch einen objektiven Anteil, der bei der Übertragung der Gesetze in eine andere Sprache oder beim Wechsel der Rahmentheorien bestehen bleiben würde; dieser objektive Anteil bestand in den Beziehungen zwischen den rohen Fakten, die durch das Gesetz dargestellt wurden.[51]

Dass Poincaré der Position von Le Roy eine so ausführliche Kritik widmete und sich zudem in der Einleitung seines Buchs *La Science et l'Hypothèse* von ihr distanzierte,[52] kann man als Ausdruck der Sorge deuten, die Beobachtungen über die Konventionen in der Wissenschaft könnten als Argumente für Formen des Skeptizismus und der Wissenschaftskritik missbraucht werden, die in literarischen und intellektuellen Kreisen um 1900 zahlreiche Anhänger hatten und die er, Poincaré, entschieden ablehnte. Ferdinand Brunetière hatte 1895 in einem aufsehenerregenden Artikel den Wissenschaften vorgeworfen, sie hätten ihre großen Versprechen nicht gehalten, sondern sich als unfähig erwiesen, die wirklich bedeutenden Fragen – die nach Ursprung, Wesen und Bestimmung des Menschen – zu beantworten, eine Moral zu begründen und somit an die Stelle der Religion zu tre-

---

[48] Vgl. Poincaré, »Sur la valeur objective de la science«, in: *Revue de Métaphysique et de Morale*, 10/1902, S. 263–293, hier S. 263, 293.

[49] Vgl. ebd., S. 269; Ders., *La Valeur de la Science*, S. 158.

[50] Vgl. Poincaré, »Sur la valeur objective de la science«, in: *Revue de Métaphysique et de Morale*, 10/1902, S. 263–293, hier S. 272f.; Ders., *La Valeur de la Science*, S. 159–161.

[51] Vgl. Poincaré, »Sur la valeur objective de la science«, in: *Revue de Métaphysique et de Morale*, 10/1902, S. 263–293, hier S. 276–280; Ders., *La Valeur de la Science*, S. 163–170.

[52] Vgl. Poincaré, *La Science et l'Hypothèse*, S. 24f.

ten.[53] Brunetières Artikel löste eine hitzige Debatte aus, und seine Formulierung vom »Bankrott der Wissenschaften« wurde zu einer stehenden Wendung.[54] Le Roy wies zwar ausdrücklich die Auffassung zurück, seine »neue Philosophie« habe ebenfalls die Wissenschaft für bankrott erklärt,[55] aber Poincaré hielt es für unvermeidlich, dass die Ausführungen von Le Roy im Sinne eines Skeptizismus verstanden würden, auch wenn dies nicht den Intentionen des Autors entsprechen mochte.[56]

IV. Der Begriff der Konvention bei Paul Valéry

Valéry hat den Ausdruck »conventions« in unterschiedlichen Kontexten verwendet und sich zu verschiedenen Arten und Aspekten von Konventionen geäußert. In vielen dieser Äußerungen nahm er mehr oder weniger ausdrücklich auf die Diskussionen um Konventionen in den Naturwissenschaften Bezug. Im Folgenden sollen einige Aspekte seiner Auffassungen über Konventionen im Allgemeinen und über wissenschaftliche und literarische Konventionen im Besonderen beleuchtet werden, die im Hinblick auf seine Rezeption des geometrischen und wissenschaftstheoretischen Konventionalismus als besonders relevant erscheinen.

IV.1. Konventionen als notwendige Voraussetzung aller produktiven Tätigkeiten des Menschen

Valérys Sicht auf Konventionen hat sich im Laufe seines Lebens grundlegend gewandelt. Darauf wies er selbst in dem Vorwort zu seiner Erzählung *La Soirée avec Monsieur Teste* hin, das er 1925 anlässlich einer Neuauflage ver-

---

53 Vgl. Brunetière, Ferdinand, »Après une visite au Vatican«, in: *Revue des deux mondes*, 127/1895, S. 97–118, vor allem S. 97–105.

54 Brunetière erklärte allerdings die Wissenschaften nicht geradewegs für bankrott, sondern schrieb: »Si ce ne sont pas là des ›banqueroutes‹ totales, ce sont du moins des ›faillites‹ partielles, [...].« (Brunetière, »Après une visite au Vatican«, in: *Revue des deux mondes*, 127/1895, S. 97–118, hier S. 103) – Zu der von Brunetière ausgelösten Debatte vgl. Paul, »The Debate over the Bankruptcy of Science in 1895«, in: *French Historical Studies*, 5/1968, S. 299–327. – Auch Poincaré griff die Formel von der »*faillite de la science*« auf, um den darin ausgedrückten Skeptizismus der »gens du monde« als oberflächlich zu verurteilen; vgl. Poincaré, *La Science et l'Hypothèse*, S. 173.

55 Vgl. Le Roy, »Un positivisme nouveau«, in: *Revue de Métaphysique et de Morale*, 9/1901, S. 138–153, hier S. 139f.

56 Vgl. Poincaré, »Sur la valeur objective de la science«, in: *Revue de Métaphysique et de Morale*, 10/1902, S. 263–293, hier S. 263; Ders., *La Valeur de la Science*, S. 152.

fasste;[57] die betreffende Passage stellt eine seiner pointiertesten und aufschlussreichsten Äußerungen über Konventionen dar. Als Valéry dieses Vorwort schrieb, war er etwas über fünfzig Jahre alt und hatte erst wenige Jahre zuvor die literarische Produktion wieder aufgenommen, nachdem er als junger Mann im Zuge einer schweren persönlichen Krise das Dichten aufgegeben hatte.[58] Die Erzählung *La Soirée avec Monsieur Teste* entstand kurz nach dieser Absage an die Poesie und wurde erstmals 1896 veröffentlicht. In seinem Vorwort von 1925 nun beschreibt Valéry die geistige Verfassung, in der er sich zur Zeit der Niederschrift der Erzählung befand und aus der heraus seine Kreation des Monsieur Teste sich erklären lasse. Indirekt legt er damit zugleich einige der Überzeugungen und Ambitionen offen, die ihn damals dazu bewogen hatten, das Dichten aufzugeben. Da es ihm allein um Erkenntnis und Selbsterkenntnis gegangen sei, habe er es verachtet, seine Energie auf das Beeindrucken von Mitmenschen zu verwenden oder sich Tätigkeiten zu widmen, die nicht mit den höchsten Anforderungen an intellektuelle Strenge und Präzision vereinbar waren.[59] Zu den Dingen, die er als vage und unrein verworfen hatte, gehörten auch fast die gesamte Literatur und Philosophie. Was dieser Haltung zugrunde gelegen habe, so Valéry im Rückblick, sei unter anderem ein mangelhaftes Verständnis von Wesen und Bedeutung von Konventionen gewesen. Damit komme ich zu dem angekündigten Zitat:

> La jeunesse est un temps pendant lequel les conventions sont, et doivent être, mal comprises: ou aveuglement combattues, ou aveuglement obéies. On ne peut pas concevoir, dans les commencements de la vie réfléchie, que seules les décisions arbitraires permettent à l'homme de fonder quoi que ce soit: langage, sociétés, connaissances, œuvres de l'art. Quant à moi, je le concevais si mal que je m'étais fait une règle de tenir secrètement pour nulles ou méprisables toutes les opinions et coutumes d'esprit qui naissent de la vie en commun et de nos relations extérieures avec les autres hommes, et qui s'évanouissent dans la solitude volontaire. Et même je ne pouvais songer qu'avec dégoût à toutes les idées et à tous les sentiments qui ne sont engendrés ou remués dans l'homme que par ses maux et par ses craintes, ses espoirs et ses terreurs; et non librement par ses pures observations sur les choses et en soi-même.[60]

---

[57] Vgl. Valéry, Paul, »Préface [à *La Soirée avec Monsieur Teste*]«, in: Paul Valéry, *Œuvres*, édition établie et annotée par Jean Hytier, Bd. II, Paris 2000 (zuerst 1960), S. 11–14.

[58] Zur Biographie Valérys vgl.: Bertholet, Denis, *Paul Valéry 1871–1945*, Paris 1995; zur berühmten »Krise von 1892« vgl. ebd., S. 73–102. Vgl. ferner: Bastet, Ned, »Towards a biography of the mind«, in: Paul Gifford/Brian Stimpson (Hrsg.), *Reading Paul Valéry. Universe in Mind*, Cambridge 1998, S. 17–35.

[59] Vgl. Valéry, »Préface [à *La Soirée avec Monsieur Teste*]«, in: Valéry, *Œuvres*, Bd. II, S. 11–14, hier S. 11f.

[60] Ebd., S. 12.

Valéry fasst hier Konventionen als »willkürliche Entscheidungen« (»décisions arbitraires«) auf und behauptet, dass nur solche Entscheidungen es erlauben, die Fundamente von irgendetwas zu legen – von Sprache, Erkenntnis, Gesellschaft oder Kunstwerken. Dass er hier auch Erkenntnisse (»connaissances«) erwähnt, kann man als Indiz dafür werten, dass seine Überzeugung von der Unverzichtbarkeit von Konventionen unter anderem durch Poincaré oder allgemeiner durch die Diskussionen über die Rolle von Konventionen in der Wissenschaft inspiriert war.[61] Auch die Bezeichnung von Konventionen als arbiträr sowie die Ausdrücke »décision« und »choix« begegneten in diesen Diskussionen häufig; Poincaré lehnte es zwar ausdrücklich ab, die Konventionen der Geometrie oder Mechanik als arbiträr einzustufen, da sie durch die Erfahrung nahegelegt würden,[62] aber Le Roy hatte in dieser Hinsicht weniger Skrupel und sprach immer wieder von den arbiträren Zügen der Fundamente der Wissenschaften.[63]

Von Interesse ist an dem angeführten Zitat zunächst, was es über die Gründe aussagt, die den jungen Valéry zu seiner rigorosen Ablehnung von Konventionen überhaupt oder zumindest einer bestimmten Art von Konventionen veranlassten. Als Konventionen fasste der junge Valéry offensichtlich vor allem jene Meinungen, Geisteshaltungen oder Denkweisen auf, die dem Leben in der Gesellschaft entstammen und sich in der »solitude volontaire« nicht zu behaupten vermögen; diese Meinungen und Denkgewohnheiten wurden von ihm auf dieselbe niedrige Stufe gestellt wie jene Gedanken und Gefühle, die im Menschen durch Sorgen, Ängste und Hoffnungen hervorgerufen werden. Den Kontrast zu beiden Arten von Gedanken

---

61 Valérys Notizbücher lassen kaum einen Zweifel daran, dass er Poincarés geometrischen Konventionalismus schon früh, etwa in den Jahren kurz nach 1900, zur Kenntnis genommen hat. Vgl. etwa: C Pl. II, S. 780/C II, S. 422 (1901–1902); C Pl. II, S. 785/C III, S. 792f. (1905–1906). – Eine Anspielung auf den wissenschaftstheoretischen Konventionalismus, der die »*lois*« auf den Rang von »des *conventions* plus ou moins *commodes*« herabgestuft habe, findet sich in: Valéry, Paul, »Léonard et les philosophes« (1928/1929), in: Paul Valéry, *Œuvres*, édition établie et annotée par Jean Hytier, Bd. I, Paris 2002 (zuerst 1957), S. 1234–1269, hier S. 1254.

62 Vgl. Poincaré, *La Science et l'Hypothèse*, S. 24, 128, 151.

63 Vgl. Le Roy, »Science et Philosophie II«, in: *Revue de Métaphysique et de Morale*, 7/1899, S. 503–562, hier S. 559; Ders., »La science positive et les philosophies de la liberté«, in: *Bibliothèque du congrès international de philosophie. I: Philosophie générale et Métaphysique*, Paris 1900, S. 313–341, hier S. 314; Ders., »Un positivisme nouveau«, in: *Revue de Métaphysique et de Morale*, 9/1901, S. 138–153, hier S. 138. – Der Ausdruck »décision« findet sich etwa bei: Milhaud, »La science rationnelle«, in: *Revue de Métaphysique et de Morale*, 4/1896, S. 280–302, hier S. 282.

bildeten für ihn jene Ideen, die aus der reinen, einsam und frei durchgeführten Reflexion und Beobachtung hervorgehen (»librement par ses pures observations sur les choses et en soi-même«). Wenn nun der Valéry von 1925 Konventionen für unverzichtbar erklärt, so ist darin die Feststellung impliziert, dass die konsequente Verweigerung gegenüber Konventionen, die er als junger Mann zu seiner Devise gemacht hat, nicht zum gewünschten Erfolg geführt hat und nicht führen konnte. Er erläutert an dieser Stelle nicht näher, auf welche Weise dieses Vorhaben gescheitert ist, wie er auch sonst keine Gründe für seine These von der Unverzichtbarkeit von Konventionen anführt. Seine Bemerkungen legen allerdings einen bestimmten Schluss nahe: Offenbar ist er zu der Auffassung gelangt, dass es keine »reinen« Reflexionen und Beobachtungen der Dinge gibt oder dass die aus ihnen hervorgehenden Gedanken nicht das leisten, was er als junger Mann von ihnen erwartet hatte. Diese Auffassung Valérys dürfte sich vor allem auf Annahmen über die Struktur des menschlichen Geistes und des Bewusstseins stützen, die er besonders ausführlich in dem Essay *Note et digression* (1919) entfaltet hat.[64] Aus der Feststellung, dass die »pures observations sur les choses et en soi-même« nicht existieren oder die in sie gesetzten Erwartungen nicht erfüllen, scheint er jedenfalls gefolgert zu haben, dass an ihre Stelle »willkürliche Entscheidungen« treten müssen.

Valérys Charakterisierung seiner früheren Überzeugungen sowie seine Kritik daran sind zu knapp und insgesamt zu ungenau formuliert, als dass man sie präzise bestimmten philosophischen Positionen zuordnen könnte. Aber man kann dennoch zumindest Affinitäten zwischen den älteren und den neueren Auffassungen Valérys und gewissen philosophischen Standpunkten konstatieren. Die Haltung des jungen Valéry, die mit einer rigorosen Ablehnung von Konventionen verbunden war, erscheint als verwandt mit

---

64 Ein Kerngedanke dieses Essays lautet, dass das Wesen des menschlichen Bewusstseins in einer unaufhörlichen und ausnahmslosen Distanzierung und Verweigerung gegenüber allem besteht, was in diesem Bewusstsein erscheint. Der Mensch, der sich von zufälligen und bedingten Gedanken frei halten wolle, werde sich schließlich von *allen* geistigen Inhalten gleichermaßen distanzieren und sich auf ein »reines Bewusstsein« oder ein »reines Ich« zurückziehen, das nur noch negativ definiert ist, über keine Substanz, keine Überzeugungen oder Antriebe mehr verfügt und zugleich von erhabener Unabhängigkeit und gänzlich ohnmächtig ist. Vgl. Valéry, Paul, »Note et digression«, in: Valéry, *Œuvres*, Bd. I, S. 1199–1233, vor allem 1223–1230. Für eine ausführliche Analyse dieses Essays vgl. Krämer, Olav, *Denken erzählen. Repräsentationen des Intellekts bei Robert Musil und Paul Valéry*, Berlin, New York 2009, S. 338–359.

so genannten fundamentalistischen Erkenntnistheorien:[65] Wie in diesen Erkenntnistheorien angenommen wird, dass es eine ausgezeichnete Klasse von Gedanken oder Meinungen geben müsse, die evident sind oder aus anderen Gründen eine besondere Autorität besitzen und die daher dem menschlichen Wissensgebäude als Grundlage dienen können, so setzt auch der junge Valéry die Existenz von Ideen voraus, die durch ihre »Reinheit« und Kritikresistenz privilegiert sind, und erachtet lediglich solche Gedanken als akzeptabel. In Anbetracht von Valérys intensiver Auseinandersetzung mit Descartes mag man zudem in der Rede von einer »solitude volontaire« und von den »pures observations« eine Anspielung auf Descartes' *Meditationes* und somit auf eines der Gründungsdokumente des modernen erkenntnistheoretischen Fundamentalismus sehen.[66] Wenn dagegen der Valéry von 1925 seine frühere Ablehnung von Konventionen als einen Irrtum kritisiert und die Unverzichtbarkeit von »willkürlichen Entscheidungen« bei der Grundlegung von was auch immer herausstreicht, so deutet er damit eine Haltung an, die zumindest vage Affinitäten zur (in sich vielfältigen) Bewegung des Pragmatismus aufweist: Die Entscheidung für bestimmte Regeln oder Grundsätze ist willkürlich, aber sofern sich mit ihrer Hilfe ein praktischer Erfolg erzielen lässt, ist sie damit gerechtfertigt.

Valérys pointierte Aussage über »décisions arbitraires« als notwendige Voraussetzungen aller menschlichen Erzeugnisse und Aktivitäten wirft offenkundig viele Fragen auf: Wenn auch zur Begründung von Gesellschaften

---

65 Der Ausdruck »fundamentalistisch« ist wohlgemerkt im Sinne des erkenntnistheoretischen Fachbegriffs »foundationalism« zu verstehen, nicht in Anlehnung an irgendeinen anderen Gebrauch des Worts »Fundamentalismus«. Zu fundamentalistischen Erkenntnistheorien vgl.: Bieri, Peter, »Zweiter Teil: Die Struktur von Erkenntnis. Einleitung«, in: Ders. (Hrsg.), *Analytische Philosophie der Erkenntnis*, 2., durchges. Aufl., mit einem bibliographischen Nachtrag, Frankfurt am Main 1992, S. 177–188; Elgin, Catherine Z., *Considered Judgment*, Princeton/N.J. 1996, S. 21–59.

66 Valéry hat in den Neuauflagen von *La Soirée avec Monsieur Teste* selbst eine Beziehung zu Descartes hergestellt, indem er dieser Erzählung den Satz »Vita Cartesii est simplicissima ...« als Motto vorangestellt hat. Vgl.: Valéry, Paul, »La Soirée avec Monsieur Teste«, in: Valéry, *Œuvres*, Bd. II, S. 15–25, hier S. 15; ferner die Anmerkungen der Herausgeber zur Druckgeschichte: ebd., S. 1377–1379. – Zu den Beziehungen zwischen der Erzählung von Monsieur Teste und Valérys Descartes-Bild vgl.: Erdmann, Eva, »... mit Descartes beginnen ... Paul Valéry 1894«, in: Christoph Jamme (Hrsg.), *Grundlinien der Vernunftkritik*, Frankfurt am Main 1997, S. 340–354, hier S. 349–353; Wilson, Catherine/Schildknecht, Christiane, »The Cogito meant ›No more philosophy‹: Valéry's Descartes«, in: *History of European Ideas*, 9/1988, S. 47–62, hier S. 53–56.

arbiträre Entscheidungen erforderlich sind, heißt das, dass für Valéry auch moralische Normen und Werte sich solchen Entscheidungen verdanken? Impliziert die Rede von *arbiträren* Entscheidungen, dass alle möglichen Entscheidungen gewissermaßen gleichwertig wären, oder nimmt Valéry ähnlich wie Poincaré an, dass die gewählten Konventionen unterschiedlich sinnvoll oder »bequem« ausfallen können? Und was hieße jeweils »bequem« in den Bereichen von Sprache, Gesellschaft und Kunst? – Dass Valéry mit seiner ebenso weitreichend wie knapp formulierten Bemerkung solche Fragen provoziert, ohne dann auf sie einzugehen, mag unbefriedigend wirken; aber in dem Kontext des Vorworts soll diese Aussage nicht eine umfassende Theorie der Konventionen in verschiedenen Bereichen menschlicher Tätigkeiten einleiten, sondern nur eine begrenzte Funktion erfüllen: Sie soll ein bestimmtes Ideal von »absolut« gültigen oder notwendigen Gedanken als eine Chimäre erweisen und die Vorstellung entkräften, Konventionen seien *qua* Konventionen prinzipiell etwas Minderwertiges.

IV.2. Konventionen in den Wissenschaften

In der oben zitierten Passage aus der »Préface« zu *La Soirée avec Monsieur Teste* formuliert Valéry eine Behauptung über die Rolle von Konventionen in allen Bereichen produktiver menschlicher Tätigkeit, die von konventionalistischen Positionen in der Wissenschaftstheorie inspiriert gewesen sein könnte. An anderen Stellen hat sich Valéry aber auch ausdrücklich über Konventionen in der Wissenschaft geäußert; einige dieser Bemerkungen lassen deutlich erkennen, dass er mit den einschlägigen französischen Diskussionen vertraut war. Der Grundtenor dieser Äußerungen ähnelt dem der Passage aus dem Vorwort zur Erzählung von Monsieur Teste: Was die Reflexionen über die Verfahren der Naturwissenschaften nach Valéry gezeigt haben, ist, dass diese Wissenschaften sich zahlreicher Konventionen bedienen und auf sie auch nicht verzichten können; daraus folgt für Valéry aber keine Entwertung oder auch nur Abwertung der wissenschaftlichen Aussagen und Theorien. Mit Skepsis betrachtet er nicht die Wissenschaften, die sich offenkundig auf Konventionen stützen, sondern jene, bei denen er solche ausdrücklichen Festsetzungen und Definitionen vermisst; zu ihnen gehört für ihn insbesondere die Geschichtswissenschaft:

> [...] [N]ous savons que dans toutes les branches de la connaissance, un progrès décisif se déclare au moment que des notions spéciales, tirées de la considération précise des objets même du savoir, et faites exactement pour relier directement l'observation à l'opération de la pensée et celle-ci à nos pouvoirs d'action, se substituent au langage ordinaire, moyen de première approximation que nous four-

> nissent l'éducation et l'usage. Ce moment capital des définitions et des conventions nettes et spéciales qui viennent remplacer les significations d'origine confuse et statistique n'est pas arrivé pour l'histoire.[67]

Konventionen als klare, explizite und für einen besonderen Zweck vorgenommene Festlegungen werden hier mit den vagen und ungenauen Ausdrücken der Alltagssprache, des »langage ordinaire«, kontrastiert, deren Bedeutungen sich gleichsam statistischen Durchschnittsbildungen verdanken und entsprechend unscharf sind; in dem Satz, der dem Zitat vorangeht, spricht Valéry auch vom »caractère accidentel ou arbitraire« der traditionellen Denk- und Sprachgewohnheiten. Die Skepsis gegenüber der Alltagssprache, die sich in diesen Bemerkungen manifestiert,[68] kann an die Verachtung erinnern, die der junge Valéry – der »Préface« zu *La Soirée avec Monsieur Teste* zufolge – all jenen Überzeugungen und Denkgewohnheiten entgegenbrachte, die dem Leben in der Gesellschaft entstammen. Aber was der spätere Valéry den Vagheiten und Zufälligkeiten der alltäglichen Sprech- und Denkweisen entgegensetzt, sind nicht Ideen, die in der »observation pure sur les choses et en soi-même« gewonnen werden, sondern explizit formulierte und für einen speziellen Zweck geschaffene Definitionen und Konventionen.

Aufgrund dieses Kontrasts zu den Unvollkommenheiten der gewöhnlichen Sprache erscheinen die wissenschaftlichen Konventionen bei Valéry in einem so positiven Licht, wie es ihnen weder in den Schriften Poincarés noch in jenen Le Roys zuteil wird. Für Poincaré stellen Konventionen unverzichtbare Bestandteile von Wissenschaften wie Geometrie und Physik dar, und dieses Angewiesensein auf Konventionen gilt ihm nicht als ein bedauerlicher Makel; aber der Gedanke, dass die Konventionen etwas seien, wodurch sich die Wissenschaften geradezu positiv auszeichnen und von der gewöhnlichen Sprache abheben, spielt bei ihm keine prominente Rolle. Zu emphatischen und pathetischen Formulierungen greift Poincaré in Textpassagen, in denen er über die letzten Ziele der wissenschaftlichen Forschung spricht, über die

---

67 Paul Valéry, »Avant-propos [à *Regards sur le monde actuel et autres essais*]«, in: Valéry, *Œuvres*, Bd. II, S. 913–928, hier S. 915. Für eine ähnliche Äußerung vgl. Ders., »Discours de l'Histoire«, in: Valéry, *Œuvres*, Bd. I, S. 1128–1137, hier S. 1131f. – An anderer Stelle bezeichnet Valéry literaturgeschichtliche Begriffe wie »Classicisme« und »Romantisme« als »conventions qui ne sont rien moins que ›commodes‹« (Ders., »Questions de poésie«, in: ebd., S. 1280–1294, hier S. 1287.) – Zu Valérys Kritik an der Geschichtsschreibung vgl.: Löwith, Karl, *Paul Valéry. Grundzüge seines philosophischen Denkens*, Göttingen 1971, S. 89–113, vor allem S. 90–95.

68 Vgl. zu Valérys Skepsis gegenüber der Alltagssprache: Bouveresse, Jacques, »Valéry, le langage et la logique«, in: Judith Robinson-Valéry (Hrsg.), *Fonctions de l'esprit. Treize savants redécouvrent Paul Valéry*, Paris 1983, S. 233–253, vor allem S. 233–239.

sukzessive Freilegung jener »harmonie universelle du monde«, die durch die Relationen zwischen Dingen und Fakten gebildet werde[69] – nicht etwa in seinen Ausführungen über Konventionen, die nur ein Mittel zu diesem Zweck sind. Außerdem sind in seiner Sicht Konventionen keineswegs in allen wissenschaftlichen Disziplinen gleichermaßen wichtig; einige Axiome der Arithmetik etwa sind für ihn keine Konventionen, sondern synthetische Urteile *a priori*.[70] Bei Le Roy erscheint die Abhängigkeit der Wissenschaften von Konventionen dagegen tatsächlich tendenziell als ein Makel; das liegt nicht nur daran, dass die Konventionen in seiner Sicht einen so großen Teil der wissenschaftlichen Aussagen bestreiten, sondern vor allem daran, dass es ihm zufolge auch eine andere Art der Erkenntnis gibt, die sich nicht auf Konventionen, sondern auf die Intuition stütze und die eine unvermittelte Erfassung der Realität erlaube. Valéry glaubte nicht an die Existenz einer solchen Intuition und lehnte im Übrigen auch Kants Konzeption der synthetischen Urteile *a priori* ab,[71] so dass ihm Erkenntnisse, die sich konventioneller Festlegungen bedienten, nicht als ein defizienter Modus des Wissens erscheinen mussten. Vor allem aber erhielten die Konventionen der Wissenschaft in seinen Augen eine besondere Dignität durch den Kontrast zu den ungenauen und mehrdeutigen Ausdrucksweisen der Normalsprache, die zwar als Mittel der alltäglichen Kommunikation, nicht aber als Instrument der Erkenntnis geeignet sei.

Beachtung verdient auch, dass die wissenschaftlichen Konventionen dem oben angeführten Valéry-Zitat zufolge nicht einfach aus »willkürlichen Entscheidungen« hervorgehen, sondern bestimmte Anforderungen erfüllen müssen: Sie sollen zwischen der Beobachtung, den Operationen des Denkens und dem Handlungsvermögen der Menschen vermitteln. Dass die Wissenschaften sich auf Konventionen stützen, bedeutet demnach für Valéry nicht, dass ihre Aussagen gleichsam von der Erfahrung oder Beobachtung abgekoppelt wären. Wenn er es außerdem als die Funktion von wissenschaft-

---

69 Vgl. Poincaré, *La Valeur de la Science*, S. 22–24, Zitat S. 24. Die Rede von der »harmonie universelle«, »harmonie interne« oder »harmonie intime« auch ebd., S. 22, 110, 184. Für emphatische Bekenntnisse zur Wissenschaft als einem Streben nach Wahrheit, das seinen Sinn in sich selbst trage, vgl. ebd., S. 19f., 186f.

70 Vgl. Poincaré, *La Science et l'Hypothèse*, S. 41, 74f. – Vgl. hierzu auch: Giedymin, »Radical Conventionalism«, in: Ajdukiewicz, *The Scientific World-Perspective and Other Essays 1931–1963*, S. XXII; Ders., »On the Origin and Significance of Poincaré's Conventionalism«, in: *Studies in History and Philosophy of Science*, 8/1977, S. 271–301, hier S. 289.

71 Vgl.: C Pl. I, S. 490/C III, S. 30 (1903); C Pl. I, S. 535f./C V, S. 696 (1915); C Pl. I, S. 536/C V, S. 730 (1915).

lichen Konventionen bezeichnet, die beobachteten Eigenschaften der Natur oder der untersuchten Gegenstände zu den »pouvoirs d'action« des Menschen in Beziehung zu setzen, so stimmt das zusammen mit seiner häufig artikulierten Ansicht, der zufolge die modernen Naturwissenschaften in erster Linie nach einer Erweiterung des Könnens streben und Wissen zunehmend mit Können identifizieren – eine Ansicht, die er wiederholt in der Feststellung zusammenfasste, die Wissenschaften seien eine Sammlung von Rezepten, die immer gelingen.[72]

IV.3. Konventionen und Freiheit

Für Édouard Le Roy bestand, wie oben erwähnt wurde, ein enger Zusammenhang zwischen Konventionen und Freiheit: Da die Wissenschaften nur mithilfe konventioneller Setzungen zu ihren Formulierungen der Naturge-

---

[72] Vgl. etwa: Valéry, Paul, »Léonard et les philosophes«, (1928/1929), in: *Œuvres*, édition établie et annotée par Jean Hytier, Bd. I, Paris 2002 (zuerst 1957), S. 1234–1269, hier S. 1253; Ders., »Vues personnelles sur la Science«, in: Ders., *Vues*, Paris 1948, S. 45–58, hier S. 56; C Pl. II, S. 852/C VIII, S. 725 (1922); C Pl. II, S. 857/C X, S. 679 (1925). – Auch Édouard Le Roy vertrat die Ansicht, dass die Naturwissenschaften vor allem von praktischen Interessen geleitet wurden, dass sie »des recettes qui réussissent à coup sûr« zu formulieren suchten und hierin auch tatsächlich erfolgreich waren (vgl. Le Roy, »La science positive et les philosophies de la liberté«, in: *Bibliothèque du congrès international de philosophie. I: Philosophie générale et Métaphysique*, Paris 1900, S. 315–341, hier S. 323–327, 339; Zitat S. 339). Für Poincaré verstrickte sich Le Roy damit in einen unauflösbaren Widerspruch: Wenn die wissenschaftlichen Theorien und Gesetze tatsächlich in so hohem Maße, wie Le Roy es behauptete, von arbiträren Konventionen abhingen, dann sei es rätselhaft, wie diese Theorien sich trotzdem in praktischen Anwendungen bewähren konnten (vgl. Poincaré, »Sur la valeur objective de la science«, in: *Revue de Métaphysique et de Morale*, 10/1902, S. 263–293, hier S. 264–266; Ders., *La Valeur de la Science*, S. 153–155). Diesem Einwand suchte Le Roy offenbar durch die These zuvorzukommen, dass die Natur zwar nicht durch einen durchgehenden Determinismus regiert werde, wie ihn die wissenschaftlichen Gesetze postulierten, dass sie aber doch Regelmäßigkeiten aufweise, denen diese Gesetze nahe kämen (vgl. Le Roy, »La science positive et les philosophies de la liberté«, in: *Bibliothèque du congrès international de philosophie. I: Philosophie générale et Métaphysique*, Paris 1900, S. 315–341, hier S. 336, 339–341). Valéry hingegen wäre dem Einwand Poincarés kaum ausgesetzt gewesen, da er in seinen Aussagen über die Bedeutung der Konventionen für die Wissenschaft nie so weit ging wie Le Roy: Wie das oben angeführte Zitat erkennen lässt, wurden die Konventionen seiner Ansicht nach unter Berücksichtigung von Erfahrungsdaten aufgestellt. Außerdem behauptete oder suggerierte er nie, dass die wissenschaftlichen Theorien und Gesetze sich *voll und ganz* auf willkürliche Festlegungen reduzieren ließen oder dass sie mithilfe von Definitionen und Zirkelschlüssen gegen experimentelle Widerlegungen abgesichert würden.

setze gelangten, gebe es keinen Grund zu der Annahme, dass die Natur tatsächlich streng deterministisch durch diese Gesetze beherrscht werde; die Konventionen seien vielmehr selbst freie Schöpfungen des menschlichen Geistes und insofern Zeugnisse der Freiheit. Auch für Valéry gab es einen Zusammenhang zwischen Konventionen und Freiheit, aber dieser Zusammenhang stellte sich für ihn ganz anders dar. Er lehnte zwar ebenfalls die Auffassung eines universellen Determinismus in der Natur ab,[73] aber aus der Abwesenheit einer solchen deterministischen Ordnung folgte für ihn noch keineswegs, dass der Mensch in einem ernstzunehmenden Sinne frei sei. Das hängt damit zusammen, dass für ihn, anders als für Le Roy, der menschliche Geist in seinem ursprünglichen Zustand vor allem durch Instabilität und Unordnung gekennzeichnet ist, nicht zuletzt aufgrund der ständigen Einwirkungen von Körper und Umwelt.[74] Der Mensch ist in diesem Ausgangszustand daher weniger frei als vielmehr hilflos einem chaotischen Spiel von Wünschen, Launen und Ideen ausgeliefert; seine scheinbare Freiheit ist vergleichbar mit der eines Korkens, der auf den Wellen des Meeres umhergetrieben wird.[75] Um eine Freiheit im vollen Sinne zu erwerben, eine mit Handlungsfähigkeit verbundene Freiheit, muss der Mensch sich selbst Einschränkungen auferlegen; diese »contraintes« können in fixierten Zielen oder Idealen bestehen oder eben in Konventionen.[76] Ein Musterbeispiel für solche freiwillig akzeptierten Zwänge waren in Valérys Augen literarische und ästhetische Konventionen wie etwa regelmäßige Metren und Reim; die

73 Vgl. etwa: Valéry, Paul, »Fluctuations sur la Liberté«, in: *Œuvres*, Bd. II, S. 951–969, hier S. 952; C Pl. I, S. 531/C V, S. 563 (1915); C Pl. II, S. 910/C XXV, S. 611 (1942). – Dass Valéry die Lehre des Determinismus verworfen hat, bedeutet allerdings nicht, dass er sich den Verfechtern der These des freien Willens angeschlossen hätte. Ihm zufolge war das traditionelle philosophische Problem der Willensfreiheit – wie so viele philosophische Probleme – ein Pseudo-Problem oder ein falsch gestelltes Problem; er bestritt gelegentlich, dass der Ausdruck »liberté« überhaupt einen klaren Sinn habe, und kritisierte gängige Definitionen der Freiheit und des freien Willens. Vgl.: Valéry, »Fluctuations sur la Liberté«, in: *Œuvres*, Bd. II, S. 951–969, hier S. 951–953; Ders., »Analecta«, in: Valéry, *Œuvres*, Bd. II, S. 700–749, hier S. 746f.; C Pl. I, S. 732/C XXIV, S. 815 (1941). – Zu Valérys Kritik an vielen klassischen Problemen der Philosophie vgl.: Pietra, Régine, *Valéry. Directions spatiales et parcours verbal*, Paris 1981, S. 180–212.

74 Zu Valérys Auffassung von Unordnung und Instabilität als Grundzügen der mentalen Vorgänge sowie zu seiner Sicht auf die Beziehungen zwischen Körper und Geist vgl.: C Pl. I, S. 907/C III, S. 859 (1905–1906); C Pl. I, S. 1016/C XIII, S. 653 (1929). – Vgl. hierzu auch: Krämer, *Denken erzählen*, S. 303–310.

75 Vgl. Valéry, »Note et digression«, in: Valéry, *Œuvres*, Bd. I, S. 1199–1233, hier S. 1209.

76 Vgl. hierzu: Hytier, *La Poétique de Valéry*, S. 157–162.

Dichtung, so erklärt er einmal, sei für ihn nichts anderes gewesen als eine »recherche de liberté par la contrainte«.[77]

Für einen Bergson-Anhänger wie Le Roy kann sich das Problem, das in Valérys Augen freiwillige Einschränkungen notwendig macht, gar nicht stellen. Bergson zufolge nämlich ist der Mensch, wenn er alle äußeren Zwänge und Routinen abstreift, keineswegs einem chaotischen Treiben zahlloser Einzelimpulse ausgeliefert, sondern taucht in die authentische Tiefenschicht seines Ich ein, so dass sein Handeln von seiner gesamten Persönlichkeit und vergangenen Erfahrung getragen wird.[78] Für Le Roy war, ähnlich wie für Bergson, die Freiheit des menschlichen Geistes etwas Primäres oder ursprünglich Gegebenes,[79] und der Zusammenhang zwischen Konventionen und Freiheit bestand für ihn darin, dass Konventionen als Schöpfungen des menschlichen Geistes *Manifestationen* von Freiheit waren; Valéry dagegen betrachtete Freiheit als etwas, das dem ursprünglichen Zustand des menschlichen Geistes abgerungen werden muss, und selbstauferlegte Einschränkungen etwa in Form von Konventionen galten ihm als *Voraussetzungen* für den Erwerb von Freiheit.

IV.4. Konventionen und Dichtung

Valérys Befürwortung konventioneller Formen in der Literatur war eingebettet in seine Ansichten über Sinn und Leistungen von Konventionen überhaupt. Eine Eigenschaft poetischer Konventionen, die sie in seinen Augen wertvoll machte, wurde gerade schon erwähnt: Feste Regeln wie die des Reimschemas oder eines regelmäßigen Metrums gehörten für Valéry zu jenen selbstauferlegten Zwängen, mit deren Hilfe der Mensch das Chaos seiner mentalen Vorgänge in einem gewissen Maß durch Ordnung ersetzen und sich zur Aktivierung seiner verborgenen Fähigkeiten und Anlagen, insbesondere seiner Fähigkeiten zum zielgerichteten Handeln, nötigen kann. Aber Valéry hat den Gebrauch konventioneller Formen auch noch mit anderen Überlegungen begründet, die nicht primär ihren Wert für die Selbsterziehung des Dichters betreffen.

---

77 Paul Valéry, »Réponse«, in: *Commerce* 29 (hiver 1932), S. 7–14; zitiert nach: *Œuvres*, Bd. II, S. 1604–1606, hier S. 1606.

78 Vgl.: Bergson, Henri, *Essai sur les données immédiates de la conscience* (1889), in: *Œuvres*, S. 1–156, vor allem S. 109–114. Ähnlich, aber emphatischer und poetischer formuliert, in: Ders., *L'évolution créatrice*, in: Ebd., S. 487–809, hier S. 495–500.

79 Vgl. Le Roy, »La science positive et les philosophies de la liberté«, in: *Bibliothèque du congrès international de philosophie. I: Philosophie générale et Métaphysique*, Paris 1900, S. 313–341, hier S. 314f., 340f.; Ders., »Un positivisme nouveau«, in: *Revue de Métaphysique et de Morale*, 9/1901, S. 138–153, hier S. 146, 148.

Die ursprüngliche Unordnung der mentalen Vorgänge ist für Valéry in gewissem Sinne ein Reflex oder ein Teilaspekt der Unordnung der Wirklichkeit überhaupt: »*Le réel est un désordre*«,[80] heißt es einmal in den *Cahiers*. Diese Unordnung des Realen geht einher mit seiner Arbitrarität oder Beliebigkeit, einer Arbitrarität, die sich auch auf die typischen Romane überträgt, in denen man einen Satz wie »La comtesse prit le train de 8 heures« ohne weiteres durch »La marquise prit le train de 9 heures« ersetzen könnte.[81] Gelungene Kunstwerke dagegen heben sich für Valéry von den arbiträren und chaotischen Zügen des Realen dadurch ab, dass ihre Struktur als eine notwendige erscheint, deren Teile nicht ohne weiteres verschoben oder durch andere ersetzt werden können.[82] Diesen Eindruck von Notwendigkeit kann der Künstler nur dadurch erreichen, dass er seine Produktion bestimmten Regeln unterwirft und sie streng beachtet: Die Konventionen dienen also dazu, wie Valéry einmal sagt, das Kunstwerk zu »ent-arbitrarisieren« (»dés-arbitrariser«).[83] Die Konventionen selbst aber sind frei gewählt worden und insofern arbiträr; insofern bedient sich die Kunst einer gewollten und begrenzten

---

80 Vgl. C XIV, S. 572 (1930).

81 C Pl. II, S. 1162/C V, S. 101 (1913). Der Eintrag beginnt mit den Worten: »Romans. L'arbitraire«; am Rand hat Valéry hinzugefügt: »Aussi arbitraire que le réel«.

82 »La Principale difficulté en Art est d'éviter la sensation de l'arbitraire ou sens[ation] de la possibilité de changer q[uel]q[ue] [chose]. ›La nécessité‹ est sensation opposée [...]. [...] d'où une justif[ication] des règles et conventions [...].« (C Pl. II, S. 1041/C XIX, S. 902 [1937]) – Vgl. auch: Valéry, Paul, »Rhumbs«, in: *Œuvres*, Bd. II, S. 597–650, hier S. 626. – In diesem Zusammenhang sind auch Valérys Reflexionen über die Rolle des Zufalls in der Kunst relevant, die aber zu umfangreich und vielfältig sind, als dass sie hier angemessen erörtert werden könnten; vgl. dazu: Krauß, Christel, *Der Begriff des Hasard bei Paul Valéry. Theorie und dichterische Praxis*, Heidelberg 1969. Krauß weist unter anderem darauf hin, dass Valéry verschiedene Künste (Architektur, Musik, Tanz, Dichtung) danach unterschieden und in eine Rangfolge gebracht habe, in welchem Maße sie eine Ausschaltung des »hasard« erlauben; vgl. ebd., S. 214–222. Vgl. zum Thema des Zufalls bei Valéry auch: Köhler, Erich, *Der literarische Zufall, das Mögliche und die Notwendigkeit*, München 1973, S. 68–71. – Außerdem sind die hier behandelten Auffassungen Valérys über Notwendigkeit und Arbitrarität im Kunstwerk auch verknüpft mit seinen Überlegungen zur Rolle des Traums und des Unbewussten im künstlerischen Schaffensprozess; vgl. hierzu: Holzkamp, Hans, *Reine Nacht. Dichtung und Traum bei Paul Valéry*, Heidelberg 1997, vor allem S. 166–168.

83 C Pl. II, S. 1072/C V, S. 668 (1915). – Valéry hat daher auch immer wieder Regeln und Prinzipien für die literarische Prosa zu bestimmen versucht, die es erlauben sollten, die Abfolge der Teile eines Prosatextes zu »ent-arbitrarisieren«; vgl. etwa: C VI, S. 552f. (1917). – Zu Valérys Reflexionen über den »Art de la prose« vgl.: Jallat, Jeannine, *Introduction aux figures valéryennes (Imaginaire et théorie)*, Pisa 1982, S. 311–370.

Arbitrarität, um die natürliche, ungeordnete und unbegrenzte Arbitrarität aus dem Werk zu verdrängen[84] und ihr eine Instanz lokaler und relativer Notwendigkeit als Kontrast entgegenzusetzen.[85]

Wie in den wissenschaftstheoretischen Erörterungen von Le Roy, so begegnen mithin auch in Valérys ästhetischen und poetologischen Überlegungen im Umfeld des Konventionsbegriffs häufig die Begriffe der Notwendigkeit und des Arbiträren. Aber insbesondere der Begriff der Notwendigkeit wird von den zwei Autoren unterschiedlich aufgefasst und mit gegensätzlichen Wertungen versehen. Le Roy gebraucht den Ausdruck in erster Linie mit Bezug auf die Naturgesetze: Wenn sie notwendig wären beziehungsweise eine notwendige Ordnung der Natur abbildeten, dann gäbe es keinen Raum für die menschliche Freiheit; deshalb ist es ein zentrales Anliegen Le Roys, diese Notwendigkeit der Naturgesetze zu bestreiten und die arbiträren Momente in der Formulierung dieser Gesetze aufzuzeigen. Valéry glaubt ebenfalls nicht an eine streng deterministische Naturordnung, aber dafür sieht er die Natur weitgehend durch Unordnung und Beliebigkeit bestimmt (eine Sichtweise, der Le Roy kaum zugestimmt haben dürfte), und angesichts dieser chaotischen Züge der Natur oder des Realen erhebt er die Notwendigkeit, die ein Kunstwerk aus der Berücksichtigung strenger formaler Vorgaben bezieht, zu einem zentralen ästhetischen Wert.

Dass sie es ermöglichen, Instanzen einer notwendigen Ordnung zu schaffen, dürfte für Valéry die wichtigste Leistung von Konventionen auf dem Gebiet von Kunst und insbesondere Dichtung gewesen sein. Aber darüber hinaus haben poetische Konventionen noch andere Vorzüge; einige von ih-

---

84 »[…] l'essentiel est de s'opposer à la pensée, de lui créer des résistances, et de se fixer des conditions pour se dégager de l'arbitraire désordonné par l'arbitraire explicite et bien limité.« (Valéry, Paul, »Fragments des mémoires d'un poème«, in: *Œuvres*, Bd. I, S. 1464–1491, hier S. 1491.) Vgl. auch: Ders., »Calepin d'un poète«, in: Ebd., S. 1447–1463, hier S. 1454. – Vgl. auch: C Pl. I, S. 270/C XV, S. 51 (1931).

85 Zu diesem Streben nach einer Abgrenzung von der »Kontingenz der Außenwelt« als einem Impetus von Valérys Ästhetik vgl. auch: Krings, Marcel, *Selbstentwürfe. Zur Poetik des Ich bei Valéry, Rilke, Celan und Beckett*, Tübingen 2005, S. 43f., Zitat S. 43. Ich kann mich allerdings Krings' Deutung der Valéry'schen Poetik in einigen Punkten nicht ganz anschließen, insbesondere seiner Ansicht, Valéry zufolge solle die Dichtung einen »reine[n] Weltentwurf« hervorbringen, der von der »Selbstermächtigung und Herrschaft« eines »sich selbst durchsichtig geworden[en]« Geistes Zeugnis ablege (ebd., S. 44). Die Vorstellung eines poetischen »Weltentwurfs« scheint mir in Valérys dichtungstheoretischen Äußerungen keine nennenswerte Rolle zu spielen; daran, dass der Geist eines Menschen sich selbst durchsichtig werden könne, hegte der spätere Valéry (ab etwa 1919) zumindest erhebliche Zweifel, ohne deswegen aber die Poesie für unmöglich oder sinnlos zu erklären.

nen, vor allem der Reim, gelten Valéry als schätzenswert, weil sie ihre Arbitrarität geradezu provozierend zur Schau stellen und gleichsam eine polemische Funktion erfüllen:

> La rime a ce grand succès de mettre en fureur les gens simples qui croient naïvement qu'il y a quelque chose sous le ciel de plus important qu'une convention. Ils ont la croyance naïve que quelque pensée *peut* être plus profonde, plus durable … qu'une convention quelconque …[86]

Dieser Bemerkung dürfte jene Annahme zugrunde liegen, die sich auch aus der oben zitierten Passage der »Préface« zu *La Soirée avec Monsieur Teste* erschließen ließ: Es gibt keine Gedanken – und insbesondere wohl: keine Gedanken mit normativem Gehalt, also etwa Regeln –, die aus sich selbst heraus evident sind oder sich auf die Natur der Dinge selbst stützen können und daher eine größere Tiefe oder stärkere Begründetheit besitzen als Konventionen, wie sie etwa der Reim verkörpert.[87] Mit Blick auf die spöttische Aussage über die »gens simples« könnte man denn auch anmerken, dass Valéry offenbar selbst einmal zu diesen naiven Leuten gehört hat: Wie er in jener »Préface« erklärt, war er als junger Mann überzeugt, dass es Gedanken geben müsse, die tiefer und solider als Konventionen waren, und dass er diese tieferen Gedanken in der einsamen Reflexion freilegen könne.

Valérys Äußerungen zum Wert poetischer Konventionen enthalten aber noch eine weitere Facette. Poincaré insistierte in seinen Schriften zu Geometrie und Physik darauf, dass die grundlegenden Konventionen in diesen Disziplinen zwar frei gewählt worden, aber deswegen nicht arbiträr seien, da für die Zwecke der jeweiligen Wissenschaft nicht alle Festlegungen gleichermaßen vorteilhaft wären: »[L]a liberté n'est pas l'arbitraire«, wie er einmal schreibt.[88] Sowohl in der Geometrie als auch in der Mechanik hätten sich Konventionen durchgesetzt, die besonders bequem – »commode« – seien.[89] Oben wurde nun darauf hingewiesen, dass Valéry, wo er im Vorwort zu *La*

---

86 Valéry, Paul, »Littérature«, in: *Œuvres*, Bd. II, S. 546–570, hier S. 551. Mit leichten Abwandlungen (unter anderem »organique« statt »durable«) auch in: Ders., »Calepin d'un poète«, in: *Œuvres*, Bd. I, S. 1447–1463, hier S. 1452.

87 In seinem Aufsatz über Stendhal kommt Valéry auf eine solche Unterscheidung zu sprechen, die mehr zu sein scheine als eine Konvention, in Valérys Augen aber nicht mehr ist. Stendhals »Egotismus«, sein Glaube an ein »*Moi-naturel*«, habe auf einer Abgrenzung von Natur und Kultur beruht, die den Status einer Konvention gehabt habe: »Pour distinguer ce qui est naturel de ce qui est conventionnel, une convention est indispensable.« (Valéry, Paul, »Stendhal«, in: *Œuvres*, Bd. I, S. 553–582, hier S. 564).

88 Poincaré, *La Science et l'Hypothèse*, S. 24.

89 Vgl. ebd., S. 76, 93f., 128, 161f.

Soirée avec Monsieur Teste Konventionen für unverzichtbare Grundlagen von Gesellschaften wie von Wissenschaft und Kunst erklärt, Konventionen mit »arbiträren Entscheidungen« gleichsetzt und nichts dazu sagt, ob sie sich in seinen Augen hinsichtlich ihrer Geeignetheit unterscheiden können und was in den verschiedenen Bereichen jeweils der Maßstab der Geeignetheit wäre. An anderer Stelle verurteilt er die Konventionen der Geschichtswissenschaften als wenig »bequem«, vor allem aufgrund ihrer mangelnden Explizitheit und der damit einhergehenden Vagheit. Aber es sind in erster Linie seine Äußerungen zu den Konventionen der Dichtung, in denen die Auffassung zum Ausdruck kommt, dass die Arbitrarität der Konventionen nicht die Gleichwertigkeit aller denkbaren Festsetzungen impliziert. Die Konventionen von Reim und Metrum sind in Valérys Augen zwar arbiträr, besitzen aber auch Eigenschaften, die sie für die Zwecke der Dichtung besonders geeignet machen. Die primäre Aufgabe eines Gedichts sah Valéry darin, beim Hörer einen Zustand hervorzurufen, den er als »état poétique« oder »état de poésie« bezeichnete und für den ein harmonisches Zusammenspiel von sinnlicher Wahrnehmung und Verstand konstitutiv war.[90] Zu diesem Zweck musste das Gedicht unter anderem auf die Sinne und den Körper des Rezipienten einwirken, auf seine Physiologie gewissermaßen; Valéry scheint angenommen zu haben, dass der Gebrauch von Reim und regelmäßigen Versformen eines der besonders effektiven Mittel sei, eine solche Wirkung zu erzielen.[91]

V. Schluss

Abschließend möchte ich die Episode um Poincaré, Valéry und den Konventionsbegriff unter einem allgemeineren Gesichtspunkt betrachten und versuchen, die Frage zu beantworten, mit welcher Art von Beziehung zwischen Mathematik, Literatur und Kultur man es hier zu tun hat. Zu diesem Zweck gilt es näher zu bestimmen, um was für einen Begriff es sich bei dem Konventionsbegriff handelt. Poincaré zieht den Ausdruck »convention« im Kontext der Frage nach der Begründung oder Begründetheit der geometrischen Axiome heran. In seiner Erörterung dieser Frage kommt er zu dem Schluss, dass diese Axiome weder empirische Aussagen noch synthetische Urteile *a priori* ausdrücken, sondern aus einer freien, aber nicht willkürlichen Wahl

---

90 Vgl. etwa: Valéry, Paul, »Poésie et pensée abstraite«, in: *Œuvres*, Bd. I, S. 1314–1339, hierzu S. 1320f., 1332. – Vgl. hierzu: Harth, Helene, »Valérys Poetik«, in: Helene Harth/Leo Pollmann, *Paul Valéry*, Frankfurt am Main 1972, S. 52–107, vor allem S. 71–73, auch S. 57–70. Ausführlich zu Valérys Überlegungen zu den Wirkungen der Dichtung: Hytier, *La Poétique de Valéry*, S. 232–299.

91 Vgl. etwa: Valéry, Paul, »Littérature«, in: *Œuvres*, Bd. II, S. 546–570, hier S. 567.

hervorgegangen seien; er stellt außerdem fest, dass sie als Definitionen fungieren und weder wahr noch falsch, sondern nur vorteilhaft oder unvorteilhaft sein können. Diese Charakterisierung der Begründetheit der geometrischen Axiome sowie ihrer Funktion fasst er in der Aussage zusammen, dass sie Konventionen beziehungsweise verkleidete Definitionen seien. Solche Thesen über die Begründetheit bestimmter wissenschaftlicher Aussagen nun können offensichtlich in Diskussionen über Begründungsfragen in anderen, außermathematischen und außerwissenschaftlichen Kontexten aufgegriffen werden; im Falle von Poincarés Thesen über den Status der geometrischen Axiome und der Prinzipien der Mechanik fällt das insofern besonders leicht, als er mit »convention« einen in der Alltagssprache geläufigen Ausdruck, nicht einen philosophischen oder wissenschaftlichen *terminus technicus* verwendet. In solchen Verallgemeinerungen können, wie der Vergleich zwischen Le Roy und Valéry zeigt, aus den konventionalistischen Positionen in der Wissenschaftstheorie unterschiedliche Konsequenzen gezogen werden. Dass grundlegende Axiome und Prinzipien der Wissenschaft sich als »bloße« Konventionen entpuppt haben, kann zum Anlass für eine Relativierung der Wissenschaften und ihrer Geltungsansprüche genommen werden; zu einer solchen Schlussfolgerung werden vor allem Personen neigen, die – wie Le Roy – annehmen, dass es außerhalb der Wissenschaften andere Formen der Erkenntnis gibt, die über eine »bessere« Begründung verfügen, also nicht von Konventionen abhängen. Für Valéry hingegen folgt aus dem wissenschaftstheoretischen Konventionalismus weniger eine Abwertung der Wissenschaften als eine Aufwertung von Konventionen: Wenn die geometrischen Axiome und einige Grundgesetze der Physik »nur« Konventionen sind, so legt das in dieser Perspektive den Schluss nahe, dass andere Konventionen ähnlich wertvolle Dienste leisten können wie jene Axiome und Gesetze, die immerhin wissenschaftlichen Disziplinen als Grundlage dienen, deren Erfolge kaum bestreitbar sind. Valéry ist außerdem im Gegensatz zu Le Roy davon überzeugt, dass es keine Erkenntnisse gebe, die sich nicht auf Konventionen stützen, und keine Regeln, Normen oder Prinzipien, die eine »bessere« Begründung besitzen als Konventionen. Da aber in seinen Augen keineswegs alle geläufigen Regeln, Ausdrucks- und Denkweisen gleichermaßen sinnvoll und hilfreich sind, stellt sich für ihn vor allem die Frage, wie »gute« von »schlechten«, wertvolle von hinderlichen Konventionen abgegrenzt werden können.

Der Konventionsbegriff hat aber noch weitere Facetten, die im Hinblick auf die Rezeption des geometrischen und wissenschaftstheoretischen Konventionalismus in außerwissenschaftlichen Kontexten relevant sind. Dass die Axiome der Geometrie oder die Prinzipien der Mechanik Konventionen sind, hieß für Autoren wie Poincaré und Le Roy, dass sie sich Wahl- oder Entscheidungsakten verdanken. Neben diesen Begriffen der Wahl oder der Entscheidung wurden in den wissenschaftstheoretischen Diskussionen daher auch die Begriffe der Freiheit, des Arbiträren und der Kontingenz häufig im Zusammenhang mit dem Konventionsbegriff gebraucht. Es war nicht zuletzt diese semantische Vernetzung des Konventionsbegriffs, die es Le Roy erlaubte, die Diskussion um den Status wissenschaftlicher Axiome und Grundgesetze mit der Debatte um Freiheit und Determinismus zu verknüpfen. Durch diese Verbindung erhielt der Begriff der Konvention zusätzliche Bedeutungsnuancen und wurde vor allem mit einer spezifischen Wertung versehen: Die Abhängigkeit von Konventionen ließ für Le Roy die wissenschaftlichen Theorien und Gesetze, was ihren Anspruch auf objektive Realitätserfassung anging, als suspekt erscheinen; als Produkte menschlicher Willkür zeugten die Konventionen aber andererseits in willkommener Weise von der Freiheit des Geistes.

Auch Valéry griff die Kopplung des Konventionsbegriffs mit dem Thema der Freiheit auf und nutzte ebenfalls diesen Begriff wie auch die Ausdrücke des Arbiträren und der Notwendigkeit in wertender Weise. Aber die Verbindung von Konventionen und Freiheit sowie die Wertungen, die er mit den Ausdrücken »arbiträr« und »notwendig« verknüpfte, unterschieden sich grundlegend von Le Roys Verständnis dieser Zusammenhänge und Werte. Diese Differenzen lassen sich zurückführen auf die Unterschiede zwischen ihren Realitätsmodellen und ihren anthropologischen Grundannahmen. Bei Valéry tritt »nécessité« als ein ästhetischer Wertbegriff auf, der eine Qualität gelungener Kunstwerke bezeichnet; der Eindruck von Notwendigkeit, von einer nicht-arbiträren Zusammenstellung sprachlicher oder anderer Elemente, wird von Valéry als ein erstrebenswertes Ideal betrachtet, weil sich das Kunstwerk dadurch von der weitgehend ordnungslosen, zufälligen oder arbiträren Beschaffenheit der Realität abhebt. Eine solche Instanz einer notwendigen Ordnung aber kann der Künstler nur schaffen, indem er sein Werk bewusst Vorgaben, Gesetzen oder Konventionen unterwirft, die ihrerseits frei gewählt und somit arbiträr sind.

Je nachdem, welchen Aspekt von Valérys Gebrauch des Konventionsbegriffs man hervorhebt, kann man diesen in verschiedene größere ideengeschichtliche Prozesse oder Zusammenhänge einordnen. Einer dieser Kontexte wurde oben bereits am Rande erwähnt, wo auf die Nähe der Einstellungen des frühen und des späteren Valéry zu »fundamentalistischen« respektive pragmatischen Erkenntnistheorien hingewiesen wurde. In der Entwicklung der diversen Spielarten des Pragmatismus und verwandter philosophischer Richtungen im 20. Jahrhundert dürfte es häufig zu beobachten sein, dass Begriffe und Argumentationen, die zunächst im Hinblick auf Begründungsfragen in speziellen Bereichen und für besondere Wissensarten entwickelt wurden, später verallgemeinert oder auf andere Bereiche übertragen wurden.[92] Valérys Äußerungen über die Unverzichtbarkeit von Konventionen in allen Gebieten produktiver menschlicher Tätigkeiten können als Beispiel für eine solche – in diesem Fall relativ skizzenhaft oder schematisch durchgeführte – Verallgemeinerung betrachtet werden. Seine Ansichten über die Leistung von Konventionen in der Literatur hingegen können auch in eine andere »Reihe« eingeordnet werden, nämlich in einen Strang der ästhetischen und dichtungstheoretischen Reflexion, die um die Rolle von Notwendigkeit, Willkür und Zufall in der Dichtung kreist.[93] Die mit dem Konventionsbegriff verknüpften Begriffe des Notwendigen und des Arbiträren vermitteln dabei – bei Valéry wie auch bei anderen Autoren – ästhetische Ideale mit einer Konzeption des Subjekts und der Freiheit einerseits und mit Auffassungen über Notwendigkeit und Kontingenz, Ordnung und Unordnung in der Welt andererseits.

---

92 Als ein Beispiel hierfür können etwa Ansätze des Holismus dienen. Pierre Duhem hat um 1900 eine holistische Deutung von physikalischen Theorien entworfen; W. V. O. Quines in der zweiten Hälfte des 20. Jahrhunderts entwickelte Variante des Holismus, die oft als Fortführung von Duhems Ideen gesehen wird, bezieht sich dagegen nicht nur auf wissenschaftliche Theorien, sondern auch auf alltägliche Aussagen über die Außenwelt. Zu Duhems Holismus vgl. knapp: Schäfer, »Der Konventionalismus des beginnenden 20. Jahrhunderts«, in: Stachowiak (Hrsg.), *Pragmatik. Handbuch pragmatischen Denkens. Bd. II: Der Aufstieg pragmatischen Denkens im 19. und 20. Jahrhundert*, Hamburg 1987, S. 59–82, hier S. 71–75. Zu Quines Holismus und den Unterschieden gegenüber Duhems Position: Hacker, P. M. S., *Wittgenstein's place in twentieth-century analytic philosophy*, Oxford 1996, S. 195, 319 (Anm. 21). – Die Geschichte der Rezeption von Wittgensteins Sprachspielbegriff, der bei ihm zunächst im Kontext sprachphilosophischer Fragen verwendet wurde, bietet weitere Beispiele für solche Vorgänge der Verallgemeinerung und Übertragung.

93 Vgl. hierzu generell: Köhler, *Der literarische Zufall, das Mögliche und die Notwendigkeit.* Im Hinblick auf das literaturgeschichtliche Umfeld von Valéry besonders relevant sind die Abschnitte zu Mallarmé, zu Proust und zu den Surrealisten, vgl. ebd., S. 61–67, 72–85. Zu den Unterschieden zwischen Valérys und André Bretons Auffassungen über die Bedeutung des Zufalls für die Dichtung vgl.: Bürger, Peter, *Prosa der Moderne*, unter Mitarbeit von Christa Bürger, Frankfurt am Main 1988, S. 229–231.

Franziska Bomski (Freiburg)

Der Zufall in Robert Musils *Mann ohne Eigenschaften*

Zur literarischen Bedeutung eines mathematischen Konzepts

Einleitung

Dass das Konzept des Zufalls und seine mathematische Modellierung in Statistik und Wahrscheinlichkeitsrechnung eine zentrale Rolle in Robert Musils Roman *Der Mann ohne Eigenschaften* spielen, ist in der Forschung längst etabliert. Seit Gerolf Jäßl[1] und Jürgen Kaizik[2] mit diesem Thema in den 1960er bzw. 1980er Jahren Neuland betreten haben, ist die textimmanente Analyse durch eine breite Aufarbeitung des naturwissenschaftlich-mathematischen Kontextes in alle denkbaren Richtungen ergänzt worden. So positiv dieser Brückenschlag zwischen den ›zwei Kulturen‹ zu werten ist, fällt doch auf, dass die Erläuterung dieses Kontextes vor allem in den jüngeren Studien einen immer breiteren Raum einnimmt, wohingegen die konkrete Analyse und Interpretation des Romans ins Hintertreffen zu geraten drohen.[3] Parallel dazu lässt sich die Tendenz beobachten, immer avanciertere wissenschaftliche Modelle, die zum Teil erst nach Musils Tod entwickelt wurden, heranzuziehen, um die inhaltliche und formale Konzeption des Romans restlos mit diesen engzuführen.[4]

---

1 Jäßl, Gerolf, *Mathematik und Mystik in Robert Musils Roman »Der Mann ohne Eigenschaften«. Eine Untersuchung über das Weltbild Ulrichs*, München 1963.

2 Kaizik, Jürgen, *Die Mathematik im Werk Robert Musils. Zur Rolle des Rationalismus in der Kunst*, Wien 1980.

3 Exemplarisch sind hier die Arbeiten von Kassung und Hoheisel zu nennen. Kassung, Christian, *Entropiegeschichten. Robert Musils Roman »Der Mann ohne Eigenschaften« im Diskurs der modernen Physik*, München 2001, geht es explizit »nicht primär um Interpretation, sondern um Kommentar« (S. 9). Ähnlich beschränkt sich auch Hoheisel, Claus, *Physik und verwandte Wissenschaften in Robert Musils Roman »Der Mann ohne Eigenschaften« (dmoe). Ein Kommentar*, Berlin u. a. 2005, darauf, den wissenschaftlichen Hintergrund für einzelne Kapitel zu erläutern und entsprechende Forschung zu diskutieren. Als Nachschlagewerk und Forschungsüberblick ist Hoheisels Arbeit mit einigen Einschränkungen (vgl. Abschnitt I) empfehlenswert; neue interpretatorische Ergebnisse kann und will sie nicht liefern.

4 Vgl. Vogt, Guntram, »Robert Musils ›dichterische Erkenntnis‹. Vom mechanistischen zum kybernetischen Denken«, in: Hanno Möbius/Jörg Jochen Bens

Ich möchte im Folgenden keine umfassende Interpretation des Romans oder seines poetologischen Programms vorlegen. Stattdessen möchte ich exemplarisch eine Lesart vorstellen, welche die mathematisch-physikalischen Bezüge im zeitgenössischen Wissenschaftskontext verortet, den Roman aber vor allem als literarischen Text wieder ernst nimmt.[5] In Anlehnung an die Terminologie von Christine Maillard und Michael Titzmann wird damit das Verhältnis des Romans zum Wissen über den Zufall als eine von Musil *intendierte*, *direkte* Relation aufgefasst, die *textintern interpretatorisch relevant* ist. Die Bezugnahme auf den mathematisch-physikalischen Kontext findet im Roman sowohl *explizit* als auch *implizit* statt, wobei sich diese beiden Formen narratologisch jeweils unterschiedlichen epistemischen Ebenen zuordnen lassen:[6]

(Hrsg.), *Die Mechanik in den Künsten. Studien zur ästhetischen Bedeutung von Naturwissenschaft und Technologie*, Marburg 1990, S. 267–280, der den Roman als »hochkompliziertcn und hochdifferenzierten kybernetischen Systemkomplex« (S. 274) deutet; Kümmel, Albert, »Möglichkeitsdenken. Navigation im fraktalen Raum«, in: *Weimarer Beiträge. Zeitschrift für Literaturwissenschaft, Ästhetik und Kulturwissenschaften*, 41/1995, 4, S. 526–546, der in der Romanstruktur einen »seltsamen Attraktor« (S. 539) und in Ulrich ein »fraktales Subjekt« (S. 542) erkennen will. Kümmel stellt sich explizit gegen Meisel, Gerhard, »Verkehr und Entropie in Robert Musils ›Kakanien‹«, in: Theo Elm/Hans H. Hiebel (Hrsg.), *Medien und Maschinen im technischen Zeitalter*, Freiburg 1991, S. 304–332, der in seiner sorgfältigen Studie den plausiblen Vorschlag macht, die Konstruktion der Handlungsstränge in Analogie mit dem Prozess des entropischen Verfalls in der kinetischen Gastheorie zu sehen. Einen mehr als fragwürdigen ›Rundumschlag‹, der auf diversen mathematisch-physikalischen Missverständnissen beruht, legt Kochs, Angela Maria, *Chaos und Individuum. Robert Musils philosophischer Roman als Vision der Moderne*, Freiburg, München 1996 vor, die im Roman das Modell eines chaotischen Bewusstseins sehen will, das sich durch eine »nicht widersprüchliche[] Vereinbarkeit von Chaostheorie und Quantentheorie, ausgehend vom Selbstähnlichkeiten enthaltenden Modell der multiplen Universen« (S. 136) auszeichne.

5 Diesen Ansatz teile ich mit Kittler, Wolf, »Der Zustand des Romans im Zeitalter der Zustandsgleichung. Über die kinetische Gastheorie in Robert Musils ›Der Mann ohne Eigenschaften‹«, in: Bernhard J. Dotzler/Sigrid Weigel (Hrsg.), *»fülle der combination«. Literaturforschung und Wissenschaftsgeschichte*, München 2005, S. 189–215, der ausgehend vom für Musil zeitgenössischen, physikalisch-mathematischen »Stand der Dinge« nachweist, »daß das Wort Zustand, bekanntlich einer der Schlüsselbegriffe des Romans, nicht nur auf die mystische Tradition [...] anspielt, sondern [...] vor allem die kinetische Gastheorie zitiert« (S. 200).

6 Vgl. Maillard, Christine/Titzmann, Michael, »Vorstellung eines Forschungsprojekts: ›Literatur und Wissen(schaften) in der Frühen Moderne‹«, in: Dies. (Hrsg.), *Literatur und Wissen(schaften) 1890–1935*, Stuttgart, Weimar 2002, S. 7–37, hier S. 21–28. Maillard und Titzmann stellen darüber hinaus unterschiedliche »Formen der Bezugnahme von Literatur auf Wissensbestände« (S. 28–31) vor, die jedoch

Aus der analytisch-retrospektiven *Erzählerperspektive* lässt sich eine implizite Bezugnahme in der *Erzählung von Ereignissen* feststellen,[7] die den *Plot* bzw. einzelne Episoden *kausal motiviert.*[8] Um diese erste Ebene klar und ohne weitere, für die vorliegende Fragestellung unnötige, narratologische Differenzierungen abzugrenzen, soll sie auch die Beschreibung von Wahrnehmungen und Gefühlen der Figuren durch die Erzählinstanz umfassen.[9] Eine explizite Bezugnahme hingegen findet in den im Folgenden analysierten Roman-Auszügen aus *Agentenperspektive*[10] durch *partielle Darstellung* des mathematischen Wissens vom Zufall in den *Redeakten der Figuren* statt.[11] In den im Folgenden besprochenen Textstellen handelt es sich dabei im Wesentlichen um *direkte* oder *transponierte Figurenrede*,[12] im Sinne der klaren Unterscheidung beider Ebenen also um sprachliche Äußerungen der Figuren in propositionaler Form. Beide Ebenen werden im *Mann ohne Eigenschaften* in literarisch verdichteter Weise miteinander in Beziehung gesetzt, wie im Folgenden in drei Schritten aufgezeigt werden soll.

Der *erste* Abschnitt konzentriert sich überwiegend auf den Zusammenhang von Zufall und Handlungskonstruktion. Ich möchte hier dafür plädieren, den Roman nicht als Vorahnung mathematisch-physikalischer Neuerungen zu lesen, welche, so eine Tendenz der Musil-Forschung, das deterministische Weltbild zugunsten einer vom absoluten Zufall beherrschten physikalischen Wirklichkeit ablösten.[13] Denn schon in Bezug auf die für Mu-

---

für die vorliegende Studie durch das feiner differenzierte narratologische Instrumentarium von Martinez, Matias/Scheffel, Michael, *Einführung in die Erzähltheorie*, 7. Aufl., München 2007 ergänzt werden.

7 Martinez/Scheffel, *Erzähltheorie*, S. 122; S. 49–51. Mit der Beschreibung von Ereignissen konzentriert sich diese Studie somit auf die mimetischen Sätze der Erzählerinstanz, die theoretischen (ebd., S. 99f.), also Erzählerexkurse, wie sie in Musils Roman häufig vorkommen, spielen in den vorliegenden Ausführungen keine Rolle.

8 Ebd., S. 108–111.

9 Narratologisch ließen sich die Modi des Erzählens von Ereignissen und Worten nach Distanz und Fokalisierung weiter ausdifferenzieren.

10 Ebd., S. 122.

11 Maillard, Christine/Titzmann, Michael, »Vorstellung eines Forschungsprojekts«, S. 28f.

12 Martinez/Scheffel, *Erzähltheorie*, S. 51–53.

13 So etwa Kochs, *Chaos und Individuum*, S. 12, Hoheisel, *Physik und verwandte Wissenschaften*, S. 503f., oder, in wesentlich moderaterer und daher auch plausiblerer Weise, Hüppauf, Bernd, »Robert Musils ›Mann ohne Eigenschaften‹ und das Weltbild der modernen Physik«, in: Richard Faber/Barbara Naumann (Hrsg.), *Literarische Philosophie – philosophische Literatur*, Würzburg 1999, S. 227–251, hier S. 247.

sil noch zeitgenössische Quantentheorie, so Elisabeth Emter, »ist im Nachhinein nicht mehr überprüfbar, inwieweit Musil in [ihr] den Weg zu einem ›Überrationalismus‹ [...] vorgezeichnet fand«.[14] Erst recht gilt dies wohl für die sich in den 1940er Jahren entwickelnde Kybernetik und die so genannte Chaostheorie, die sich erst ab den 1960ern als eigenes Forschungsgebiet zu etablieren beginnt.

Stattdessen lohnt der Blick auf den Begriff des Zufalls, der in zeitgenössischen mathematisch-physikalischen Lehrbüchern dominiert: der Zufall als Missverhältnis zwischen Ursache und Wirkung in einem deterministischen Universum, wie ihn beispielsweise Henri Poincaré versteht. Dieser Begriff des Zufalls kann, so lässt sich anhand der Funktion General Stumms für den Handlungsstrang der »Parallelaktion« (1/87 u. ö.)[15] zeigen, eine kausale Motivation des Plots erhellen.

Daran anknüpfend soll im *zweiten* Abschnitt Kapitel 103 des ersten Buches, »Die Versuchung«, analysiert werden, in dem Ulrich ein Modell für den menschlichen Fortschritt mit handlungspraktischen Konsequenzen erläutert, das er aus einer Analogie zur kinetischen Gastheorie entwickelt und auf das daher im Folgenden kurz als ›kinetische Geschichts- oder Moraltheorie‹ referiert wird. Ich möchte hier eine Lesart vorschlagen, die nicht den mathematisch-physikalischen Gehalt der Ausführungen in den Vordergrund stellt, sondern vor allem nach ihrer Funktion im Gespräch zwischen Ulrich und Gerda fragt und so eine spezifisch literarische Umsetzung der statistischen Modellierung des Zufalls aufzeigt. Deutlich wird dabei eine ironische Dimension, die sich aus dem kontrastierenden Ineinandergreifen von Erzähler- und Agentenebene ergibt: Ulrichs große Theorie der historischen Geschichte wird gleichsam von der kleinen und banalen Gesprächssituation kommentiert und ins Komische gezogen.

Der *dritte* Abschnitt schließlich stellt Kapitel 103 das Nachlasskapitel 47, »Wandel unter Menschen«, fortführend und vergleichend gegenüber. Ich möchte hier vor allem auf die Bedeutung der Sozialstatistiken im Roman hinweisen, die der jungen Soziologie zuzuordnen sind und von der Musil-Forschung zugunsten der physikalischen Anwendungen der Statistik häufig

---

[14] Emter, Elisabeth, *Literatur und Quantentheorie. Die Rezeption der modernen Physik in Schriften zur Literatur und Philosophie deutschsprachiger Autoren (1925–1970)*, Berlin, New York 1995, insbes. Kapitel 3.2.1, »Robert Musil«, S. 101–116. Hier findet sich auch eine sehr genaue Rekonstruktion der Auseinandersetzung Musils mit der Quantentheorie.

[15] Musil, Robert, »Der Mann ohne Eigenschaften«, in: *Gesammelte Werke in neun Bänden*, Adolf Frisé (Hrsg.), Reinbek bei Hamburg 1978, Bd. 1–5, wird im Folgenden direkt im Fließtext unter Angabe von Band/Seitenzahl nachgewiesen.

übersehen werden. Damit soll die Mathematik, der im *Mann ohne Eigenschaften* ohne Frage eine Sonderrolle zukommt, allerdings nicht einfach durch eine andere »Schlüsselwissenschaft« ersetzt werden. Ebenso wenig wie der Roman in einem physikalisch-mathematischen Modell aufgeht, lässt sich sein Anliegen als soziologische Fragestellung charakterisieren. Denn sowohl Soziologie als auch Mathematik und Physik, ob nun die Newtons, Einsteins oder Heisenbergs, sind Wissenschaften und zielen auf das »Systematisierbare, in Gesetze und Regeln zusammenfaßbare«.[16] Die »Erkenntnis des Dichters« aber, so schreibt Musil im gleichnamigen Essay, zielt auf das komplementäre »nicht-ratioïde[]« Gebiet, »das Gebiet der Reaktivität des Individuums gegen die Welt und die anderen Individuuen [...], das der ethischen und ästhetischen Beziehungen, das Gebiet der Idee«.[17] Dass und wie der Roman, neben der ironisch-komischen Funktionalisierung, Statistik und Wahrscheinlichkeitsrechnung für den Bereich des »Nicht-Ratioïden« punktuell fruchtbar macht, indem er die Redeakte der Figuren und die Erzählung der Ereignisse einander wechselweise spiegeln lässt, bildet den letzten Punkt meiner Ausführungen, an die sich ein kurzes Fazit anschließt.

I. Der Zufall als Missverhältnis zwischen Ursache und Wirkung

»Timerding: Nicht Fehlen einer Ursache nennen wir Zufall, sondern Mißverhältnis zw[ischen] Ursache u[nd] Wirkung«,[18] notiert Robert Musil in Heft 10 seiner Tagebücher, in dem er sich intensiv mit dem Begriff des Zufalls und seiner mathematischen Modellierung in Wahrscheinlichkeitstheorie und Statistik auseinandersetzt. Wie das Einganszitat bereits vermuten lässt, spielt dabei Heinrich Emil Timerdings Einführung in die *Analyse des Zufalls* (1915) eine zentrale Rolle:[19] Musil exzerpiert dieses zeitgenössische Lehrbuch umfassend und übernimmt diese Exzerpte zum Teil wörtlich in den *Mann ohne Eigenschaften*[20] – ein philologischer Befund, der spätestens seit Arntzens Kommentar[21]

---

[16] Musil, Robert, »Skizze der Erkenntnis des Dichters«, in: *Gesammelte Werke, Bd. 8, Essays und Reden*, S. 1025–1030, hier S. 1027.

[17] Ebd., S. 1028.

[18] Musil, Robert, *Tagebücher*, 2 Bde., Bd. 1, Adolf Frisé (Hrsg.), Reinbek bei Hamburg 1983, S. 464.

[19] Timerding, Heinrich Emil, *Die Analyse des Zufalls*, Braunschweig 1915.

[20] Vgl. Musil, *Tagebücher 1*, S. 462–468. Eingang finden diese Notizen z.B. in Kapitel 103 des ersten Buches, »Die Versuchung« (siehe Abschnitt II). Auf diesen Bezug verweisen schon Adolf Frisé in seinen Anmerkungen zu Musil, *Tagebücher 2*, S. 296f., und Arntzen, Helmut, *Musil-Kommentar zu dem Roman ›Der Mann ohne Eigenschaften‹*, München 1982, S. 263.

[21] Arntzen, *Musil-Kommentar.*

in der Forschung etabliert sein sollte, aber mitunter noch immer nicht adäquat einbezogen wird. So verweist Claus Hoheisel zwar auf Timerding als Quelle für Musils Tagebuch-Notizen.[22] Jedoch versäumt er es, seine – sicherlich sinnvolle – »knappe Einführung in die Wahrscheinlichkeitstheorie und Statistik aus heutiger Sicht«[23] durch für Musil zeitgenössisches mathematisches Vokabular, wie es sich bei Timerding findet, zu ergänzen. Durch dieses Versäumnis bleiben (mathematische) Verständnislücken, die sich mit Hilfe der Quelle leicht schließen lassen: Der im Roman erwähnten »stationäre[n] Reihe« (2/487) zum Beispiel, von der Hoheisel behauptet, »[e]s ist nicht klar, was gemeint ist«,[24] widmet nämlich Timerding ein ganzes Kapitel.[25]

Ein Blick in die *Analyse des Zufalls* ist aber auch in anderer Hinsicht lohnend: Im Gegensatz zu heutigen Einführungen in Wahrscheinlichkeitsrechnung und Statistik, die meist unmittelbar mit formalen Definitionen beginnen, setzt Timerdings Darstellung mit einem Überblick über die philosophische Tradition des Zufallsbegriffes ein, an die er eine eigene Definition anschließt: Wie nahezu alle zeitgenössischen Lehrbücher, die sich mit der mathematischen Beschreibung des Zufalls bzw. der statistischen Erfassung kollektiver Phänomene beschäftigen, hält auch Timerding letztlich an einem deterministischen Weltbild fest. Er entwickelt einen allgemeinen Begriff des Zufalls, der sich durch zwei wesentliche Punkte auszeichnet: Erstens handelt es sich um einen empirischen Begriff, der von erkenntnistheoretischen Hypothesen wie etwa »einer durchgängigen Kausalität alles Geschehens«[26] entkoppelt ist: Ein Ereignis *ist* nicht zufällig, sondern es *erscheint* so. Damit kann ein zufälliges Ereignis auch in einer deterministischen Welt stattfinden, denn das Kriterium ist zweitens »nicht das Fehlen einer Ursache, sondern das Missverhältnis zwischen der Ursache und der Wirkung, wenn wir sie nach ihrer Bedeutung für uns selbst beurteilen«.[27] Dieses von Musil fast wörtlich in sein Tagebuch notierte Ergebnis findet sich in ähnlicher Formulierung auch bei Gustav Theodor Fechner, Johannes von Kries und Henri Poincaré,[28] um nur einige zu nennen.

---

22 Hoheisel, *Physik und verwandte Wissenschaften*, S. 267.

23 Ebd., S. 269.

24 Ebd., S. 268, Anm. 316.

25 Timerding, *Analyse des Zufalls*, S. 21–34: Kap. 3, »Stationäre Zahlenreihen«.

26 Ebd., S. 12.

27 Ebd., S. 5.

28 So heißt es bei Fechner, Gustav Theodor, *Kollektivmasslehre*, Leipzig 1897, S. 6: »Damit wird nicht geleugnet, dass es aus allgemeinstem Gesichtspunkte keinen Zufall giebt [...]. Aber wir sprechen so lange von Zufall, als wir zu einer Ableitung der Einzelbestimmungen aus solchen allgemeinen Gesetzlichkeiten weder aufzu-

In der Musil-Forschung wird der zeitgenössische Kontext für dieses Konzept des Zufalls oft übersehen. Stattdessen wird es anachronistisch immer wieder mit dem von dem Meteorologen Edward Lorenz in den 1960er Jahren geprägten Begriff des »Schmetterlingseffekts«[29] und, daran anschließend, mit der seit den 1970er Jahren unter anderem von Mitchell Feigenbaum und Benoît Mandelbrot entwickelten »Chaostheorie«[30] oder, weniger populärwissenschaftlich: der Theorie dynamischer oder komplexer Systeme, in Verbindung gebracht.[31]

Will man Musil nicht zum Visionär avancierter mathematisch-physikalischer Theorien stilisieren, so erscheinen zeitgenössische Vertreter dieser Konzepte als eine viel plausiblere Referenz: Zum einen ist die Wettervorhersage nicht erst eine wichtige Anwendung der Chaostheorie, sondern schon um 1900 eines der zentralen Beispiele, um den oben erläuterten Begriff des Zufalls zu illustrieren.[32] Zum anderen hat der bereits erwähnte Henri Poincaré »von allen Klassikern der Physik und Mathematik, die je über dynamische Systeme nachdachten, [...] die Möglichkeit von Chaos wohl am ehesten begriffen«.[33] Poincarés Ausgangspunkt waren seine Einsichten zum Drei-

---

steigen, noch aus den vorliegenden Thatsachen darauf zu schließen imstande sind«. Kries, Johannes von, *Die Principien der Wahrscheinlichkeitsrechnung. Eine logische Untersuchung*, Tübingen 1927, S. XIXf., konstatiert, »dass schon sehr kleine Veränderungen der bedingenden Umstände eine Veränderung des Erfolges bewirken«, ebenso Poincaré, Henri, *Wissenschaft und Methode*, autorisierte dt. Ausgabe mit erläuternden Anmerkungen von Ferdinand und Lisbeth Lindemann, Leipzig, Berlin 1914: »wir sind absolute Deterministen geworden« (S. 53). Der Eindruck des Zufälligen entstehe dadurch, »daß kleine Unterschiede in den Anfangsbedingungen große Unterschiede in den späteren Erscheinungen bedingen« (S. 57).

29 Vgl. Gleick, James, *Chaos – die Ordnung des Universums. Vorstoß in Grenzbereiche der modernen Physik*, übersetzt von Peter Prange, München 1990, S. 20–53. Populärwissenschaftlich ist der Schmetterlingseffekt bekannt geworden durch den Titel eine Vortrags von Edward Lorenz: *Predictability: Does the Flap of a Butterfly's Wings in Brazil Set Off a Tornado in Texas?* (vgl. ebd., S. 52, Anm. 15). Der mathematische Fachterminus lautet »Abhängigkeit von den Anfangsbedingungen« und meint, dass eine minimale Änderung der Anfangswerte, die zur Lösung eines dynamischen Gleichungssystems benötigt werden, unverhältnismäßig große Auswirkungen auf das Grenzwertverhalten des Systems haben kann.

30 Ich verwende den vieldeutigen Begriff ›Chaos‹ im Folgenden ausschließlich, um auf das deterministische Chaos in der Theorie dynamischer Systeme zu verweisen.

31 Vgl. z. B. Kümmel, »Möglichkeitsdenken«, in: *Weimarer Beiträge*, 41/1995,4, S. 526–546, hier S. 535; Hoheisel, *Physik und verwandte Wissenschaften*, S. 189.

32 Vgl. z. B. Poincaré, *Wissenschaft und Methode*, S. 57, Fechner, *Kollektivmasslehre*, S. 3f.

33 Gleick, *Chaos*, S. 52, Anm. 8. vgl. auch ebd., S. 72, sowie Briggs, John/Peat, David F., *Die Entdeckung des Chaos. Eine Reise durch die Chaos-Theorie*, übersetzt von Carl Carius, 9. Aufl., München 2006, S. 34–38.

Körper-Problem. Dabei geht es um die Frage, wie sich die Bahnen dreier Körper mathematisch beschreiben lassen, die Gravitationskräfte aufeinander ausüben. Für zwei Körper lässt sich das entsprechende Gleichungssystem exakt lösen, und die Körper bewegen sich auf stabilen Bahnen. Im Einklang mit der damaligen Forschung ging Poincaré davon aus, dass sich das Ergebnis nicht wesentlich verändern werde, wenn ein dritter Körper hinzukommt. Jedoch erwies sich das als falsch: In einigen Fällen wandelt bereits die »geringfügigste Anziehung durch die Schwerkraft eines dritten Körpers« die stabilen Bahnen in einen unerwarteten Zickzackkurs:[34] So genannte Rückkoppelungen bewirken ein unverhältnismäßiges Anwachsen winzigster Effekte, eine zufällige Entwicklung also im oben beschriebenen Sinne.

Dieser Begriff des Zufalls findet – und dies ist die These der folgenden Ausführungen – Eingang in den Roman und wird dort auf der Ebene des Handlungsverlaufs als Motor des um die »Parallelaktion« kreisenden Handlungsstranges inszeniert.[35] Explizit thematisiert wird dieses Konstruktionsprinzip der Romanhandlung in einer Überlegung Ulrichs:

> Größtenteils entsteht Geschichte aber ohne Autoren. Sie entsteht nicht von einem Zentrum her, sondern von der Peripherie. Aus kleinen Ursachen. Wahrscheinlich gehört gar nicht soviel dazu, wie man glaubt, um aus dem gotischen Menschen oder dem antiken Griechen den modernen Zivilisationsmenschen zu machen. Denn das menschliche Wesen ist ebenso leicht der Menschenfresserei fähig wie der Kritik der reinen Vernunft; es kann mit den gleichen Überzeugungen und Eigenschaften beides schaffen, wenn die Umstände danach sind, und sehr großen äußeren Umständen entsprechen dabei sehr kleine innere. (2/360f.)

Negiert wird hier die Idee einer heroisch-teleologischen Geschichte, die aktiv von großen Persönlichkeiten bestimmt wird. Stattdessen, so Ulrich, entsteht die große Geschichte »ohne Autoren« (2/360) durch ein nicht intendiertes und oftmals nicht beachtetes Zusammenspiel »kleine[r] Ursachen« (2/361):[36] Die Entwicklung der modernen Zivilisation ist somit nach Ul-

---

[34] Briggs/Peat, *Chaos*, S. 36., vgl. auch Gleick, *Chaos*, S. 212f.

[35] Positiv zu erwähnen ist hier Requardt, Manfred, »Robert Musil und das Dichten ›More geometrico‹, in: *Text und Kritik. Zeitschrift für Literatur*, 1983, 21/22, Robert Musil, S. 29–43, der bereits auf den Einfluss Poincarés hinweist (S. 37) und herausstellt, dass die von der Quantentheorie implizierte Subjekt-Objekt-Relation in Ernst Mach einen erkenntnistheoretischen Vorläufer hat, mit dem Musil sich nachweisbar ausführlich auseinandergesetzt hat (ebd., S. 36–43). Zuzustimmen ist auch Requardts Charakterisierung der Handlungskonstruktion als »komplexe[s] System von Wechselwirkungen« (S. 35).

[36] Ich bin damit anderer Meinung als Kaizik, *Die Mathematik im Werk Robert Musils*, der hier »zweifellos« einen Anschluss an das »Modell der modernen Quantenphysik« (S. 43) erkennen will.

rich nicht als von vornherein bestimmtes Ziel der abendländischen Geschichte zu deuten, sondern als Zufall im Sinne eines Missverhältnisses zwischen kleinen Umständen und einer daraus nicht kalkulierbaren großen Wirkung.

Dieses Zufallsprinzip wird im Roman nicht nur thematisiert, sondern vor allem im Plot der »Parallelaktion« auch vorgeführt, wie sich am Beispiel General Stumms von Bordwehr zeigen lässt, der die sorgfältig geplante »patriotische[] Aktion« (1/87) gründlich durcheinander bringt. Seine Funktion für den Verlauf dieses Handlungsstranges lässt sich in Analogie setzen mit den eventuell gravierenden Auswirkungen eines Störkörpers, der zunächst das Gesamtsystem nur geringfügig zu verändern scheint:[37]

Der »rundliche[] kleine[] Mann« (1/268) sollte als Vertreter des Militärs eigentlich nach Meinung aller Beteiligten von der »Parallelaktion« ausgeschlossen bleiben, erhält aber dennoch eine Einladung, die sich die zentralen Personen nicht erklären können. Diese Einladung kommt »nicht von einem Zentrum her, sondern von der Peripherie« (2/361), nämlich von den Bediensteten Rachel und Soliman, die über keinerlei politische Macht verfügen (2/496).[38] Diese kleine, scheinbar bedeutungslose Handlung gewinnt aber im Verlauf der »Parallelaktion« entscheidende Bedeutung: Diotima will zunächst dem Preußen Arnheim die Führungsposition übertragen. Diese auf eine Person zentrierte Wendung wird aber durch die Intervention von Graf Leinsdorf und Sektionschef Tuzzi verhindert, wobei sowohl Diotimas Motivation als auch die ihrer Gegenspieler keineswegs eine rein sachliche ist, sondern vielmehr aus der diffusen Interaktion persönlicher Gründe resultiert: die Leidenschaft Diotimas für Arnheim, die Eifersucht ihres Gatten auf den Nebenbuhler, die Aversion Leinsdorfs gegen Preußen. Anstelle des von Anfang an exponierten Arnheim kommt damit dem anfänglich nur eine Nebenrolle spielenden General Stumm von Bordwehr im Verlauf der Handlung eine immer größere Bedeutung zu. Stumms zunehmender Einfluss

---

[37] Seine Beschreibung als »kleiner rundlicher General« (vgl. auch 1/345, wo er explizit als »Kugel« beschrieben wird), assoziiert Stumm mit einer Billardkugel, die im Roman zunächst mit der – vom Plot als trügerisch entlarvten – Laplace'schen Verbindung von Determinismus und Prognostizierbarkeit in Beziehung gesetzt wird, vgl. dazu Kittler, Wolf, »Der Zustand des Romans im Zeitalter der Zustandsgleichung«, S. 201f.

[38] Vgl. als eine der wenigen Studien, die auf diesen Einfluss Rachels eingehen: Johann, Andreas, »›Mathematiker denken anders als andere Menschen‹. Zur Rolle des Naturwissenschaftlichen in Robert Musils Roman ›Der Mann ohne Eigenschaften‹«, in: *Scientia Poetica*, 11/2007, S. 160–183, der die »Parallelaktion« als »Dampfmaschine der Ideen« deutet, die erst mit Rachel die sie in Gang setzende geistige »Temperaturdifferenz« (S. 174) erfährt.

trifft schließlich mit dem Projekt des Weltfriedenskongresses zusammen, das sich ebenso von der Peripherie ins Zentrum bewegt hat: Ein »historischer Zufall« (4/1119), so sagt General Stumm selbst, lässt das Gerücht eines Weltfriedenskongresses aufkommen, in dem schließlich die große Idee gefunden zu sein scheint, die alle sorgfältig geplanten Sitzungen nicht geliefert haben. Entsprechend resümiert der General, »daß die Weltgeschichte früher geschrieben wird, als sie geschieht; sie ist zuerst immer so eine Art Tratsch« (3/977), der auf unerklärliche Weise entsteht und dann verwirklicht wird.

Doch dieses unkalkulierbare Funktionieren zeitigt gewaltsame Folgen, die keineswegs im Einklang mit den Wünschen und Bemühungen der Beteiligten stehen: Der Weltfriedenskongress wandelt sich unter dem Einfluss Stumms zunächst in eine militärische Kundgebung. Diese wiederum – so die Skizzen für die Fertigstellung des Romans (5/1851, 1859, 1902 u. ö.) – schlägt schließlich um in den Beginn des Ersten Weltkriegs, in dem dann Preußen, dem ja mit der »Parallelaktion« ursprünglich Konkurrenz gemacht werden sollte, an der Seite Österreichs kämpft.

Die Figur Stumms zeigt, so lässt sich zusammenfassen, dass Musil den Plot für den Handlungsstrang der »Parallelaktion« nach den Prinzipien des Zufalls, zeitgenössisch verstanden als kleine Ursache mit unverhältnismäßig großer Wirkung, konstruiert. Wie Ulrichs Überlegungen zeigen, impliziert der Roman, dass dieser Einfluss des Zufalls ebenfalls charakteristisch für die Geschichte (im Sinne von Historie) ist: Auch sie lässt sich nicht durch exponierte Personen kontrollieren und lenken. Einer systematischen Steuerung auf ein wie auch immer geartetes sinnvolles Ziel hin steht vor allem eine Schwierigkeit im Wege: Die unkalkulierbare Wirkung zahlreicher individueller Einflüsse, gleichgültig wie unbedeutend diese zunächst für das Ganze erscheinen mögen.[39]

Diese kausale Motivation der fiktiven bzw. historischen Narration durch den Zufall wird aus der Agentenperspektive aber nicht nur konstatiert, sondern auch auf ihre Konsequenzen für die Bedeutung des Einzelnen hin befragt. So unternimmt Ulrich in Kapitel 103 des ersten Buches einen solchen Interpretationsversuch.

---

[39] Zum Zusammenhang von fiktiver und historischer Narration vgl. Cometti, Jean-Pierre, »Es gibt Geschichte und Geschichten … Mit der Zeit aber geschieht immer das gleiche«, in: Joseph Strutz, *Robert Musils Kakanien – Subjekt und Geschichte. Festschrift für Karl Dinklage zum 80. Geburtstag*, München 1987, S. 164–181.

II. Die kinetische Geschichtstheorie oder das »ganz gewöhnliche Gegockel«

Die Ausführungen Ulrichs in Kapitel 103 des ersten Buches, »Die Versuchung«, sind in der Forschung vielfältig bearbeitet worden. Die meisten Studien konzentrieren sich jedoch auf den diskursiven Gehalt der Figurenrede und vernachlässigen die Erzählerinstanz, die nämlich Ulrich in einer bestimmten Situation und zu einer bestimmten Person, Gerda, sprechen lässt. Der Titel des Kapitels assoziiert den biblischen Sündenfall und weist bereits darauf hin, dass hier die Verquickung von erotischer und intellektueller Ebene zentral ist, die in der Metapher des gegenseitigen »Erkennens« von Adam und Eva nach der Versuchung durch die Schlange zum Ausdruck kommt.[40] Und so beinhalten zwar Ulrichs intellektuelle Ausführungen zur Statistik und zur kinetischen Gastheorie einerseits eines der wichtigsten gedanklichen Konzepte des Romans, andererseits jedoch dienen sie einem so gar nicht intellektuellen Zweck, nämlich der erotischen Verführung Gerdas, was diese auch von Anfang an klar erkennt: »Ihre Gedanken sind noch unflätiger geworden«, wirft sie Ulrich zu Beginn vor und wehrt seine körperlichen Annäherungsversuche mit den Worten »Wir wollen eben nicht bloß so« (2/486) ab. Daher muss Ulrich seine Taktik ändern und schwenkt vom direkten körperlichen ›Angriff‹ darauf um, »Gerda mit Wissenschaft zu hypnotisieren« (2/487).[41] Dabei, so möchte ich im Folgenden zeigen, verliert er sein Ziel nicht aus den Augen, sondern richtet seine Ausführungen zum moralisch-geistigen Fortschritt sehr geschickt darauf aus, so dass diese nicht allein einen essayistischen Exkurs über ein an Physik und Mathematik orien-

---

40 Eine »Versuchung« findet hier, neben der in diesem Abschnitt auszuführenden, noch in anderer Hinsicht statt: Ulrich führt Gerda mit dem (fingierten) Vorschlag ihres Vaters in Versuchung, ihre Beziehung zu Hans Sepp in bürgerliche Bahnen zu leiten, er selbst fühlt sich versucht, Gerda sein Innerstes zu offenbaren.

41 Im Sinne Nietzsches ersetzt damit Ulrich die physische Überwältigung durch das dem Menschen angemessenere Werkzeug des Intellekts (Nietzsche, Friedrich, »Ueber Wahrheit und Lüge im aussermoralischen Sinne«, in: *Sämtliche Werke.* Kritische Studienausgabe in 15 Bänden, Bd. 1, *Die Geburt der Tragödie, Unzeitgemäße Betrachtungen I–IV, Nachgelassene Schriften 1870–1873*, Giorgio Colli/Mazzino Montinari (Hrsg.), Neuausgabe München 1999, S. 873–890). Dabei scheint der zugrunde liegende körperlich-gewaltsame Bereich, in dem Ulrich der deutlich Überlegene ist, in Metaphorik und Beschreibungen immer wieder auf: So wechselt Ulrich »wie ein Tier, das dicke Luft wittert, instinktiv die Fährte« (2/487), Gerda fletscht die Zähne gewissermaßen »wie ein kleines Tier in Todesangst« (2/492) oder spürt »den Druck der Nähe des mächtigen Manneskörpers« (2/490), woraufhin Ulrich in einer Bemächtigungsgeste »seine Hand auf Gerdas schwache Schulter« (2/491) legt.

tiertes Geschichtsmodell, sondern ebenfalls und etwas banaler eine Art »Balzrede« Ulrichs darstellen.[42]

Ulrichs Ausführungen lassen sich in drei Teile gliedern: Er setzt mit einem vollkommen sachlichen Resümee der statistischen Beschreibung zufälliger Ereignisse ein, einem Kondensat des mathematischen Gehalts von Timerdings *Analyse des Zufalls*. Ulrich referiert hier also, so Kassung, »den zeitgenössischen Stand des wahrscheinlichkeitstheoretischen Lehrbuchwissens«.[43] Die Quintessenz dieses ersten Abschnittes ist die Feststellung: »Die Regelmäßigkeit statistischer Zahlenfolgen ist bisweilen ebenso groß wie die von Gesetzen« (2/488). Diese Regelmäßigkeit lässt sich, so zeigen die von Ulrich angeführten Belege – »[e]twa die Statistik der Ehescheidungen in Amerika. Oder das Verhältnis der Knaben- und Mädchengeburten« (2/488) – insbesondere im Bereich der soziologischen Phänomene beobachten. Unter dem Deckmantel erläuternder Illustration macht Ulrich hier bereits einen ersten Schritt auf sein eigentliches Ziel hin: Seine Beispiele verweisen deutlich auf den Sinnbezirk Ehe und Familie.

Gerda beginnt hier schon zu ahnen, dass es bei Ulrichs Ausführungen eigentlich nicht oder zumindest nicht nur um Mathematik geht: »Wollen Sie mir etwa den menschlichen Fortschritt erklären?!«, fragt sie und erkennt damit Ulrichs Ausführungen als Fortsetzung der vorangegangenen heftigen Diskussion Ulrichs mit ihren deutschnationalen Freunden, die sich als radikale geistige Erneuerer und Schöpfer einer »germanische[n] Christbürgergemeinschaft« mit »neue[n] Glaubenswerte[n]« (2/479) verstehen – also ähnlich wie die Beteiligten der »Parallelaktion« ein mehr oder weniger bestimmtes Ziel geistigen Fortschritts verfolgen. Ulrich will Gerda nun die Unsinnigkeit solcher extremer Tendenzen erklären und erläutert ihr dazu das wahrscheinlichkeitstheoretische Gesetz der großen Zahlen. Auffällig ist, dass er im zweiten Teil seiner Ausführungen die Struktur seiner Erklärung modifiziert. Während die Beispiele im ersten Teil von Ulrichs Rede den abstrakten mathematischen Gehalt lediglich illustrieren, ersetzen sie nun die mathematischen Fachbegriffe und übernehmen selbst eine erklärende Funktion:

---

42 Hier zeigt sich eine Verwandtschaft zu Thomas Manns *Zauberberg*, als dessen Konkurrenzprojekt der *Mann ohne Eigenschaften* (unter anderem) konzipiert ist (vgl. Corino, Karl, *Robert Musil. Eine Biographie*, Reinbek bei Hamburg 2003, S. 922f.): Auch Hans Castorp nutzt Wissenschaft zur Verführung, als er Madame Chauchat in der »Walpurgisnacht« seine Faszination von ihr durch die medizinische Beschreibung des weiblichen Körpers offenbart (Mann, Thomas, »Der Zauberberg«, in: *Große kommentierte Frankfurter Ausgabe. Werke – Briefe – Tagebücher*, Bd. 5.1, Michael Neumann (Hrsg.), Frankfurt am Main 2002, S. 519f.

43 Kassung, *Entropiegeschichten*, S. 352.

> Man nennt das etwas schleierhaft das Gesetz der großen Zahlen. Meint ungefähr, der eine bringt sich aus diesem, der andere aus jenem Grunde um, aber bei einer sehr großen Anzahl hebt sich das Zufällige und Persönliche dieser Gründe auf, und es bleibt [...] das übrig, was jeder von uns als Laie ganz glatt den Durchschnitt nennt. (2/488)

Aus der analytisch-retrospektiven Erzählerperspektive, die den Fortgang der Geschichte überblickt, ist die Wahl dieses Beispiels keineswegs willkürlich, sondern dem eigentlichen Sinn des Gesprächs vollkommen angemessen. Es schließt an die »ziemlich gleichbleibende Zahl von Stellungspflichtigen«, die sich »durch Selbstverstümmelung dem Militärdienst zu entziehen sucht« (2/488), an und verweist auf den Konkurrenten Hans Sepp, um dessen Wunsch nach dem Äußersten und Besonderen es Ulrich hier geht: Hans wird sich nach seiner Einberufung zum Militär das Leben nehmen (5/1611–1615) und damit seine eigenen Bestrebungen *ad absurdum* führen: Seine Handlung mag aus seiner Perspektive extrem sein, betrachtet man sie im Lichte von Ulrichs Ausführungen, so trägt er, kollektiv betrachtet, lediglich zum jährlichen Durchschnitt der Selbstmordstatistiken bei – hier provoziert der literarische Text vor allem einen äußerst zynischen Blick auf das Schicksal des Einzelnen.

Doch zurück zu Ulrichs Ausführungen: Der modifizierten Form entspricht auch eine Verschiebung des inhaltlichen Fokus. Ulrich geht es nun nicht mehr um die statistische Erfassung des Zufalls, sondern um ihre Interpretation. Die verschiedenen philosophischen Ansätze, die er auflistet, sind dabei wiederum an Timerdings Darstellung angelehnt.[44] Wichtiger als die philosophische Tradition ist Ulrich aber die Frage, »ob dahinter unverstandene Gesetze der Allgemeinheit stecken oder ob einfach durch Ironie der Natur das Besondere daraus entsteht, daß nichts besonderes geschieht«. Die erste Möglichkeit verweist auf die zentrale Frage der frühen Soziologie oder, wie Ulrich sie nennt, der »Gesellschaftslehre« (2/488); darauf wird im dritten Abschnitt zurückzukommen sein.

Ulrich entscheidet sich hier zunächst dafür, versuchsweise die zweite Möglichkeit in Betracht zu ziehen, »daß es auf die Dauer ermüdend und lächerlich ist, immer das Äußerste zu tun und wollen, nur damit etwas Mittleres herauskommt« (2/489). Er wendet diese Erkenntnis direkt auf die »Parallelaktion« an. Dies ist nicht nur ein selbstreflexiv-poetologischer Aspekt des Romans, sondern auch dadurch motiviert, dass Ulrich Gerdas »brennend[es]« (2/486) Interesse an diesen ›Insider-Informationen‹ »instinktiv« »wittert« (2/487) und sie als Köder auswirft. Entsprechend beendet Ulrich

---

[44] Timerding, *Analyse des Zufalls*, S. 35–49, das kondensierte Exzerpt in Musil, *Tagebücher 1*, S. 465–467.

seinen Bericht mit der Aufforderung: »seien Sie nachsichtig mit einem alten Mann, den seine Einsamkeit manchmal zu Ausschreitungen veranlaßt!« (2/490). Betrachtet man die Metaphorik – die Ausschweifungen eines einsamen alten Mannes – so kehrt Ulrich hier deutlich erkennbar zu seiner eigentlichen Intention, der sexuellen Annäherung an Gerda, zurück.

Der nun folgende dritte Teil seiner Ausführungen, die Übertragung der kinetischen Gastheorie auf den Bereich des Moralischen, ist der spekulativste Teil von Ulrichs Rede:

> Nehmen wir an, daß es im Moralischen genau so zugehe wie in der kinetischen Gastheorie: alles fliegt regellos durcheinander, jedes macht, was es will, aber wenn man berechnet, was sozusagen keinen Grund hat, daraus zu entstehen, so ist es gerade das, was wirklich entsteht! [...] das Wichtigste aber ist, daß es dabei auf unsere persönliche, einzelne Bewegung gar nicht ankommt, wir können rechts oder links, hoch oder tief denken und handeln, neu oder alt, unberechenbar oder überlegt: es ist für den Mittelwert ganz gleichgültig, und Gott und Welt kommt es nur auf ihn an, nicht auf uns! (2/491)

Ulrich bezieht sich auf die von Ludwig Boltzmann entwickelte Theorie, welche die klassische statistische Mechanik vorbereitet.[45] Der wesentliche Punkt der kinetischen Gastheorie besteht darin, dass die Bahn eines einzelnen Gasteilchens ganz ohne Bedeutung für das statistisch bestimmte makroskopische Verhalten der Gesamtheit ist: Und genau darauf hebt auch Ulrichs Analogie ab, indem er die Bahn eines Gasteilchen mit den individuellen Intentionen gleichsetzt, die Wirklichkeit aber, das, was auf der Grundlage dieser Intentionen realisiert wird, mit dem makroskopischen Zustand als Durchschnitt, in dem die einzelnen Individuen lediglich Zufallsgrößen darstellen.

Damit ist Ulrich am Ende seiner Ausführungen über den geistigen Fortschritt angekommen. Die Analogie zur kinetischen Gastheorie zeigt, dass dieser sich nicht durch »persönliche, einzelne Bewegung« (2/491) erreichen lässt, sondern vielmehr eine Art Mittelwert aus den Bestrebungen und Ideen aller Individuen darstellt, der alle Besonderheiten in sich aufhebt. In der Konsequenz können sich neue, vom Normalen abweichende Gedanken nicht durchsetzen, und stattdessen bleibt alles beim Alten: »Seinesgleichen geschieht« (1/81). Diese Einsicht wird im Romanverlauf weiter illustriert: Die vielseitigen, teilweise recht abstrusen Vorschläge für die große Idee der »Parallelaktion« bewirken nichts außer einer Stagnation, die Beschlüsse, auf die sich die streitenden Parteien einigen können, sind letztlich Kompromisse, die keiner der ursprünglichen Ideen gerecht werden.

---

[45] Vgl. Hoheisel, *Physik und verwandte Wissenschaften*, S. 221–223.

Neben all diesen ohne Frage wichtigen Bezügen der ›kinetischen Geschichts- oder Moraltheorie‹ zum Plot greift die Analogie zum einen bereits auf der Ebene des einzelnen Kapitels, das sehr genau nachzeichnet, wie sich einzelne Motivationen gegenseitig durchkreuzen und auf ein Ziel zulaufen, das keine der handelnden Personen uneingeschränkt befürwortet. So ist Ulrichs Wunsch einer körperlichen Begegnung mit Gerda kein ganz persönlicher: Zwar gibt es am Ende des Gesprächs einen kurzen Moment, in dem er Gerda tatsächlich begehrt, insgesamt jedoch handelt er im Auftrag ihres Vaters Leo Fischel. Ulrich selbst steht innerlich seinem eigenen Verhalten zwiespältig (»[e]ine sonderbare Vermengung von Abneigung und Gefaßtheit«, 2/489) bis ablehnend gegenüber (»[E]r war sich dabei im höchsten Grade widerwärtig. Er wollte wirklich alles das nicht […] und verachtete sich«, 2/495). Aber auch mit Leo Fischels Wünschen steht die Entwicklung nur oberflächlich im Einklang, denn diese zielen auf eine eheliche Verbindung, nicht aber auf eine bloße Liaison, wie sie Ulrich anstrebt.

Zum anderen erscheint die ›kinetische Geschichts- und Moraltheorie‹ in einem ironisch-komischen Licht,[46] wenn man sich nicht ausschließlich auf Ulrich und den diskursiven Gehalt seiner Worte konzentriert, sondern auch darauf, dass diese Worte an Gerda gerichtet sind und eine sexuelle Intention verfolgen, die Ulrich mit seinen Gesten mehr als deutlich zum Ausdruck bringt: Gerahmt wird nämlich seine Rede von erneuter körperlicher Annäherung an Gerda; er »legte seine Hand auf Gerdas schwache Schulter« und »machte unter diesen Worten Miene, sie in seine Arme zu schließen« (2/491). Damit lässt sich aber die Analogie Ulrichs nicht nur als Beispiel für den Versuch einer Übertragung exakter Methoden auf Ethik und Geschichtsschreibung lesen, sondern vor allem als gezielte Funktionalisierung der Wissenschaft. Ulrich nutzt die Gründung auf Mathematik und Physik dazu, einer bestimmten Botschaft Nachdruck und den Anschein einer unumstößlichen Wahrheit zu verleihen. Diese Botschaft lautet: »daß es dabei auf unsere persönliche, einzelne Bewegung gar nicht ankommt« (2/491), mit anderen Worten, dass zwar – anders, als dies eventuell mit Hans Sepp der Fall ist – von einer besonderen Beziehung zwischen Ulrich und Gerda keine Rede sein könne, dass aber Fortschritt gerade aus unzureichenden Gründen entstehe und daher auch nichts gegen eine sexuelle Begegnung spreche.

---

[46] Dies gegen Kassung, *Entropiegeschichten*, der in Ulrichs Ausführungen ein »präzise und mit aller Ausführlichkeit referiertes Wissen« (S. 352) sieht, den konkreten Beispielen jeden »heuristischen Wert« abspricht (S. 358) und einen »ironisch[] gebrochene[n] Aussagenkontext« (S. 352) verneint.

Gerdas Antwort zeigt, dass sie nicht nur den theoretischen Gehalt von Ulrichs Worten verstanden hat, sondern auch die implizite Botschaft: »Zuerst fangen Sie immer nachdenklich an [...] und dann kommt das ganz gewöhnliche Gegockel eines Hahns heraus!« (2/491), wirft sie Ulrich vor, wendet damit seine eigene Theorie auf ihn an und entlarvt seinen nur scheinbar rein theoretischen Vortrag als »Balzrede«, deren hochkomplizierter Inhalt in komischem Kontrast zur eindeutigen Funktion steht. Diese Funktion lässt sich im Übrigen auch aus dem Bildspender für Ulrichs Analogie herauslesen: Die kinetische Gastheorie beschäftigt sich mit der Kollision von Körpern – eine physikalische Formulierung, die sich nur allzu gut als Metapher für den Bereich des Sexuellen eignet. Dieser kommt am Ende des Kapitels deutlich zum Ausdruck, wenn Ulrich »[d]ie Leere der männlichen Rücksichtslosigkeit [...] durch die Augen« (2/495) strömt und zeigt, dass es bei der an Gerda ausgesprochenen Einladung in sein »Liebesschlößchen« (1/12) keineswegs um das ungestörte Gespräch mit ihr geht. Entsprechend läuft Gerdas Besuch in Kapitel 119 des ersten Buches, »Kontermine und Verführung«, auch zielstrebig auf die (missglückende) körperliche Begegnung zu.

Zur Ehrenrettung Ulrichs sei ergänzt, dass es zwar Gerda ist, die ihn explizit mit seinen eigenen Waffen schlägt, indem sie ihm vor Augen führt, dass auch seine elaborierte Theorie, ironischerweise damit im Einklang mit sich selbst, letztlich nur auf das immergleiche männliche »Gegockel« hinausläuft. Aber diese Einsicht wird Ulrich auch selbst zuteil, wenn er die Unterhaltung mit Gerda als »das gleiche Gespräch wie das mit Diotima« (2/489) sieht.[47]

III. Der wahrscheinliche Mensch oder »ein unternehmungslustiger Versuch«

Ein inhaltlicher Aspekt von Kapitel 103 ist bisher ausgeklammert worden: die alternative Erwägung Ulrichs, ob dem scheinbar sinnlosen »Seinesgleichen« durch »unverstandene Gesetze der Allgemeinheit« nicht doch ein Sinn abzugewinnen sei. Diese Alternative zur fatalistisch-nihilistischen Perspektive auf die Wirklichkeit wird im Entwurf zum Nachlass-Kapitel 47, »Wandel unter Menschen«,[48] wieder aufgenommen. Hier heißt es:

---

[47] Tatsächlich scheinen hier deutliche Parallelen der Figurenkonstellationen auf, denn auch mit seiner Cousine führt Ulrich zahlreiche Gespräche. Diese drehen sich nicht zuletzt um Diotimas Verhältnis zu Arnheim, den Ulrich explizit als Konkurrenten empfindet und den er schließlich wohl, wie Hans Sepp, in sexueller Hinsicht ausstechen wird (5/1894, 2096).

[48] Ich beziehe mich auf die Variante zu den Druckfahnen-Kapiteln, 4/1204–1211.

> So verknüpft ein schier unlöslicher und vielleicht tief notwendiger Zusammenhang alle hochgemuten menschlichen Bemühungen mit dem Zustandekommen ihres Gegenteils und läßt das Leben [...] für geistvolle [...] Menschen ziemlich schwer erträglich sein, treibt sie aber auch an, eine Erklärung dafür zu suchen. (4/1205)

Mit der Formulierung des »*notwendige[n]* Zusammenhang[s]« [Hervorhebung F. B.] ruft der Erzähler den seit Aristoteles gängigen Gegenbegriff zum Zufall auf. Während der (ontologische) Zufall das menschliche Bedürfnis nach einer sinnvollen Ordnung der Wirklichkeit irritiert, verbürgt das Notwendige eine gesetzmäßige und teleologische Struktur. Seit der »probabilistischen Revolution«[49] um 1700 offenbaren Statistik und Wahrscheinlichkeitsrechnung Gesetzmäßigkeiten im Bereich der zufälligen Phänomene. Dass der damit einsetzende Traum einer vollkommen deterministischen physikalischen Wirklichkeit im 20. Jahrhundert zumindest gedämpft wird, ist in der Forschung oft genug ausgeführt worden und soll hier nicht erneut thematisiert werden.[50]

Der Blick soll hier stattdessen darauf gelenkt werden, dass die statistische Erfassung auch quantitative Regelmäßigkeiten von gesellschaftlichen Erscheinungen erkennen ließ, die vor und neben den Geschwistern Ulrich und Agathe schon andere »geistvolle [...] Menschen« antreibt, »eine Erklärung dafür zu suchen« (4/1205): Die Regelmäßigkeiten des kollektiven Miteinanders einer Gesellschaft sind kein spezifisch Musil'sches Interesse, sondern bilden vielmehr den Gegenstand der sich zu Beginn des 20. Jahrhunderts als eigenständige Wissenschaft etablierenden Soziologie. Max Weber definiert diese als »eine Wissenschaft, welche soziales Handeln deutend verstehen und dadurch in seinem Ablauf und seinen Wirkungen ursächlich erklären will«.[51]

---

49 Vgl. dazu einschlägig Hacking, Ian, *The Emergence of Probability. A Philosophical Study of Early Ideas About Probability, Induction and Statistical Interference*, Cambridge 1975. Einen Überblick über den Diskurs des Zufalls in Philosophie, Mathematik, Naturwissenschaft und früher Soziologie, insofern er speziell für Musil von Interesse ist, liefert die herausragende Studie von Bouveresse, Jaques, »Nichts geschieht mit Grund: das ›Prinzip des unzureichenden Grundes‹«, in: Bernhard Böschenstein/Marie-Louise Roth (Hrsg.), *Hommage à Musil. Genfer Kolloquium zum 50. Todestag von Robert Musil*, Bern u.a. 1995, und kürzer: Sebastian, Thomas, *The Intersection of Science and Literature in Musil's »The Man Without Qualities«*, New York 2005, S. 60–69.

50 Vgl. z.B. Hüppauf, Bernd, »Robert Musils ›Mann ohne Eigenschaften‹ und das Weltbild der modernen Physik«, in: Richard Faber/Barbara Naumann (Hrsg.), *Literarische Philosophie – philosophische Literatur*, Würzburg 1999, S. 227–251.

51 Weber, Max, *Wirtschaft und Gesellschaft. Grundriß der verstehenden Soziologie*, Johannes Winckelmann (Hrsg.), 5. rev. Aufl., Tübingen 1985, S. 1. Musil übernimmt allgemein sehr viele Gedanken von Max Weber, insbesondere dessen Schrift »Wissen-

Dabei rücken eben jene, im *Mann ohne Eigenschaften* als die »unpersönlichen« (1/117) bezeichneten Zusammenhänge und Zwänge ins Zentrum des Interesses, die ein Kollektiv von Individuen hervorbringt. So zeichnen sich nach Emile Durkheim soziologische Tatbestände dadurch aus, dass »ihr Substrat nicht im Individuum gelegen ist«, diese aber den Einzelnen dennoch entscheidend beeinflussen: »Es läßt sich heutzutage nicht mehr bestreiten, daß die Mehrzahl unserer Gedanken und Bestrebungen nicht unser eigenes Werk sind, sondern uns von außen zuströmen«.[52] Die »grundlegendste Regel« der Soziologie besteht nach Durkheim »darin, die soziologischen Tatbestände wie Dinge zu betrachten«,[53] und das heißt: sie den gleichen Erkenntnismethoden zu unterwerfen wie die naturwissenschaftlichen Tatsachen, wozu insbesondere auch die Erforschung der spezifischen Reziprozität von Ursache und Wirkung gehört, die man in der Physik heute als ›Rückkoppelungseffekt‹ bezeichnet.[54] Wie für Ulrich in seiner kinetischen Geschichtstheorie stellen sich auch für Durkheim die individuellen, zweckorientierten Handlungen als irrelevant für die allgemeine Funktionsweise der Gesellschaft dar:

> Wo das teleologische Prinzip herrscht, herrscht auch mehr oder weniger ausgedehnt der Zufall; denn es gibt keine Zwecke und noch weniger Mittel, die sich allen Menschen notwendig aufzwingen [...]. Die Allgemeinheit der gesellschaftlichen Formen wäre nun unerklärlich, wenn die Zweckursachen in der Soziologie das Übergewicht besäßen, das man ihnen zuschreibt.[55]

Auch die Konsequenz einer Neubewertung des Unpersönlichen als wesentliche Konstituente des scheinbar Individuellen, die im Roman immer wieder

---

schaft als Beruf« (1919), in: Ders., *Gesammelte Aufsätze zur Wissenschaftslehre*, Johannes Winckelmann (Hrsg.), 3. Aufl., Tübingen 1968, S. 582–613, beinhaltet viele Ideen, die auch in Musils Roman von großer Bedeutung sind.

52 Durkheim, Emile, *Die Regeln der soziologischen Methode*, Heinz Maus/Friedrich Fürstenberg (Hrsg.), 2. Aufl., Neuwied, Berlin 1965, S. 107. Durkheim warnt allerdings vor einer zu naiven »Berechnung« von Kollektivphänomen als bloßem Durchschnitt: »Wir haben gesehen, daß die Kollektivgefühle, selbst wenn die Gesellschaft nur eine unorganisierte Masse ist, dem Durchschnitt der individuellen Gefühle nicht nur nicht gleichen, sondern diesem sogar entgegengesetzt sein können.« (S. 190).

53 Ebd., S. 115.

54 Ebd., S. 125: »Die Erscheinungen wie Dinge zu behandeln, bedeutet also, sie in ihrer Eigenschaft als data zu behandeln, die den Ausgangspunkt der Wissenschaft darstellen. [...] Es ist möglich, daß das soziale Leben nur in der Entwicklung gewisser Ideen besteht. Aber vorausgesetzt, daß dem so sei, sind doch diese Ideen nicht unmittelbar gegeben. Man kann sie also nicht direkt erreichen, sondern nur durch die phänomenale Wirklichkeit, die sie ausdrückt«.

55 Ebd., S. 180.

zur Sprache kommt, wird parallel in der Soziologie formuliert: »Die Meisten sehen als das Wertvolle an sich ihr Individuelles an, während vielleicht gerade nur das Typische die Wertsubstanz ihrer Persönlichkeit ist«, schreibt Georg Simmel, wie sich Musil in seinem Tagebuch notiert.[56]

Dennoch aber geht der Roman weder in einem soziologischen noch in einem physikalisch-mathematischen Modell auf. Er beschreibt vielmehr Bereiche, die aus dem Blick der Wissenschaft herausfallen, und stellt der allgemeinen wissenschaftlichen Erkenntnis die individuellen, keinesfalls eindeutigen Konsequenzen in einer konkreten Situation gegenüber: Der fatalistischen Funktionalisierung des Gesetzes der großen Zahlen wird in Kapitel 47 ein produktiver Umgang mit der »statistische[n] Entzauberung« (1/159) des Individuums entgegengesetzt.

Ein Vergleich der beiden Kapitel liegt nahe, da sich beide in Figurenkonstellation und, wie schon deutlich geworden ist, Thematik ähneln: Beide Titel sind biblisch konnotiert, jeweils mit Bezug zum Alten (»Die Versuchung«) bzw. Neuen Testament (»Wandel unter Menschen«).[57] Entsprechend stellt die Gesprächssituation zwischen Ulrich und Agathe eine Weiterentwicklung der im vorangegangenen Abschnitt analysierten Gesprächssituation zwischen Ulrich und Gerda dar. Denn schon in Letzterer wird Ulrich neben seiner erotischen Intention durchaus auch »von dem Wunsch angezogen, sich ihr [Gerda, F. B.] anzuvertrauen« (2/493). Scheint jedoch bei Gerda und Ulrich die Möglichkeit einer echten zwischenmenschlichen Beziehung nur momentan auf, ist diese zwischen Ulrich und Agathe realisiert.

In beiden Gesprächen spielt die sexuelle Begegnung eine zentrale Rolle. Bei Gerda jedoch bildet diese den Zielpunkt der Unterhaltung, den Ulrich dominant anstrebt. Mit Agathe prägt der auf Einverständnis beruhende, wenigstens vorläufige Verzicht die Stimmung: »Die Lust ohne Ausweg sank wieder in den Körper zurück und erfüllte ihn mit einer Zärtlichkeit, die so unbestimmt war wie ein später Herbsttag oder ein früher Frühlingstag«

---

56 Musil, *Tagebücher 1*, S. 183, Exzerpt aus: Simmel, Georg, »Die Gesellschaft zu zweien«, in: *Der Tag*, Berlin 5. März 1908, Nr. 118.

57 Vgl. »Vnd es geschach/da sie so redeten vnd befragten sich miteinander/nahet Jhesus zu jnen/vnd wandelte mit jnen.«, Luther, Martin D., *Die gantze Heilige Schrifft Deudsch*, Hanz Volz (Hrsg.), Darmstadt 1972, Luk. 24,15 – freilich nicht, wie Musils katholischer Konfession eigentlich angemessen, nach der Allioli-Übersetzung, was durch die kaum vorhandene religiöse Sozialisation des Dichters (vgl. Corino, *Robert Musil*, S. 239) und den hohen Bekanntheitsgrad der Luther-Übersetzung gerechtfertigt werden kann. Der biblische Diskurs ist insgesamt sehr präsent in den Gesprächen zwischen Ulrich und Agathe, z. B. wenn es um die Bedeutung des Gebotes »Liebe Deine Nächsten wie dich selbst« (4/1211) geht.

(4/1204f.). Die unbestimmte Zärtlichkeit steht in deutlichem Kontrast zur vorherigen Ausrichtung auf die körperliche Vereinigung. Entsprechend weisen das Verhalten und das Gespräch der Geschwister gerade keine teleologische Struktur auf: Ulrich und Agathe verzichten explizit und konsequent auf herkömmliche Strategien der Selbstverwirklichung, wie die aktive und individuelle Gestaltung ihres Alltags und die Interaktion mit anderen. Sie ziehen sich von der »Parallelaktion« zurück, werden zu Flaneuren und geben sich voll und ganz dem unpersönlichen und anonymen Großstadtleben hin: »im allgemeinen folgten sie einfach, sobald sie das Haus verließen, den Großstadtströmungen [...]. Sie überließen sich dem ohne bestimmte Absicht. [...] Es vergnügte sie, zu tun, was viele taten [...]«. (4/1204)

Diese Verzichthaltung hat nichts mit Resignation zu tun. Wenn Ulrich im Gespräch mit Gerda gefolgert hatte, »daß es auf Dauer ermüdend und lächerlich ist, immer das Äußerste zu tun, nur damit etwas Mittleres hervorkommt«, so verkehren er und Agathe diese Erkenntnis probehalber in ihr positives Gegenstück: Das Flaneurleben lässt sich als Versuch lesen, das fatalistische Gesetz der großen Geschichte auf individueller Ebene umzukehren, das heißt also: das Mittlere zu tun, damit das Äußerste hervorkommt, sich Zufall und Durchschnitt hinzugeben, um neue Erlebnisse und neue Erkenntnisse auf dem Gebiet des »Nicht-Ratioïden« zu gewinnen.

Vorüberlegungen zu diesem Konzept finden sich in Tagebuchnotizen, in denen Musil unter anderem in Auseinandersetzung mit Sigmund Exner und Emil Du Bois-Reymond über das Verhältnis von Kausalität und Teleologie nachdenkt: Musil fragt hier, wie der Begriff der Zweckmäßigkeit einer organischen Bildung zustande komme. Seiner Auffassung nach handelt es sich hier nicht um einen präempirischen Begriff, vielmehr entstehe er »durch eine verallgemeinernde Induktion aus vielen beobachteten Analogien«, das heißt: erst im Nachhinein, indem schlicht das, was sich im Mittel durchsetzt, als zweckmäßig suggeriert wird. Somit ist die zielgerichtete Entwicklung der Evolution ein bloßes Konstrukt: Dass »der Zufall corrigiert wird« durch einen übergeordneten Sinn, ist ein Irrtum, vielmehr wird dieser aus den tatsächlich realisierten »Bildungen« erst im Nachhinein abgeleitet.[58]

Die analoge Konsequenz zieht auch Ulrich bei seinem erneuten Versuch, »Begriffe der Wahrscheinlichkeit auf geschichtliche und geistige Ereignisse zu übertragen« (4/1209): Ulrich nimmt hier seine im Gespräch mit Gerda

---

[58] Musil, *Tagebücher 1*, S. 76f. Musil steht damit – anders als viele der zeitgenössischen darwinistischen Theorien – hinsichtlich der evolutionären Bedeutung des Zufalls mit Darwin im Einklang. Zum Zusammenhang des Zufalls in der Evolutionsbiologie und der Physik vgl. Briggs/Peat, *Chaos*, S. 27.

formulierten Überlegungen wieder auf, dass die Geschichte »in der Hauptsache [...] die des Durchschnittsmenschen« (4/1206) sei, die »nicht viel anders ausfiele, [...], wenn alles gleich nur dem Zufall überlassen bliebe« (4/1207). Ulrich denkt nun die Analogie noch ein Stück weiter, indem er zunächst den Begriff des Durchschnitts und den der Wahrscheinlichkeit miteinander in Beziehung setzt, »denn das Durchschnittliche ist immer auch etwas Wahrscheinliches« (4/1208). Diese Identifikation liegt in der exakten mathematischen Formulierung des Gesetzes der großen Zahlen begründet, die sich in etwa folgendermaßen in natürlicher Sprache wiedergeben lässt: Betrachtet man eine hinreichend große Anzahl gleichartiger, voneinander unabhängiger, zufälliger Ereignisse und berechnet den Durchschnitt der empirischen Ergebnisse, so liegt dieser mit nahezu 100%iger Wahrscheinlichkeit sehr nahe am theoretischen Durchschnittswert, den die mathematische Berechnung ergibt.[59]

Versuchsweise nimmt Ulrich diesen Befund, wie es die soziologische Methode vorschlägt, nicht als Endpunkt einer teleologischen Entwicklung, sondern als quasi empirischen Ausgangspunkt für ein modernes Welt- und Menschenbild, das den Tatsachen entspricht: Er folgert, »daß nach und nach der ›wahrscheinliche Mensch‹ und das ›wahrscheinliche Leben‹ anstelle des ›wahren‹ Menschen und Lebens emporzukommen begännen« (4/1209). Hatte Leibniz die kontingenten Erscheinungen durch eine ihnen vorgängige »prästabilierte Harmonie« in einen sinnvollen Zusammenhang gebracht, so schlägt Ulrich nun im Gegenteil die Annahme einer »›prästabilierten Disharmonie‹ der Schöpfung« (4/1207) vor.[60] In dieser Perspektive wird Sinnstiftung nicht retrospektiv an einen gegebenenfalls göttlichen Ursprung delegiert, sondern liegt beim Individuum, welches die Erfahrung der Kontingenz als Grundlage für neue ethisch-ästhetische Konzepte nutzen soll.

Dass dieser Versuch, dem Durchschnittlich-Wahrscheinlichen auf dem »nicht-ratioïden« Gebiet eine sinnstiftende Funktion abzugewinnen, in der literarischen Fiktion Erfolg hat, sei an zwei Beispielen demonstriert: Erstens eröffnet sich den Geschwistern auf ihren bewusst ziellosen Spaziergängen

---

59 Das Gesetz der großen Zahlen stellt also einen Zusammenhang zwischen empirischer Wirklichkeit und mathematischer Theorie her. Verdeutlicht an einem Beispiel: Würfelt man tausendmal und berechnet den Durchschnitt der tatsächlich gewürfelten Augenzahlen, so wird dieser sehr wahrscheinlich sehr dicht bei 3,5 liegen, dem mathematisch berechneten Durchschnitt der Zahlen 1 bis 6.

60 Solche, wenn man so will, »inversen« Leibniz-Bezüge spielen im Roman insgesamt eine wichtige Rolle, vgl. dazu sehr sorgfältig Bouveresse, »Nichts geschieht mit Grund«, und Kümmel, »Möglichkeitsdenken«, der jedoch neben Musil schon Leibniz als »Vorläufer[] der fraktalen Geometrie« ansieht (S. 539).

ein neues ästhetisches Erleben, denn »noch nie war ihnen die Stadt, worin sie lebten, so schön und fremd zugleich vorgekommen« (4/1204). Diese neu entdeckte Schönheit resultiert aus einem speziellen Blick der Geschwister, der einzelne Eindrücke zugunsten eines Gesamtbildes vernachlässigt: »Die Häuser boten in ihrer Gesamtheit ein großes Bild dar, auch wenn sie im einzelnen, oder einzeln, nicht schön waren« (4/1204). In die Beschreibung dieser besonderen Wahrnehmung, in der ästhetische Qualität erst in der Zusammenschau entsteht, fließen ohne Frage implizit gestaltpsychologische Erkenntnisse mit hinein. Darüber hinaus aber orientiert sich Musil hier, ebenso implizit, auch an der kinetischen Gastheorie, in der zum Beispiel die Temperatur eines Gases als makroskopische Größe berechnet wird, die sich nicht durch die mikroskopischen Eigenschaften der Teilchen im Einzelnen konstituiert, sondern als deren Durchschnitt. Analog spielt auch in der Technik des Sehens von Ulrich und Agathe, wie sie von der Erzählinstanz geschildert wird, nur die »Gesamtheit«, nicht aber die Hässlichkeit der einzelnen Häuser, eine Rolle für das »große[ ] Bild«.

Zweitens spiegelt das ziellos-zufällige Flanieren die Struktur der Gespräche, welche die Geschwister auf ihren Spaziergängen führen, und bedingt neue Erkenntnisse und Annäherungen an das Ich – ganz anders als Ulrichs zielgerichtete Heimwege im ersten Buch des Romans:[61]

> Keines von diesen Gesprächen handelte seinen Gegenstand handgreiflich und vollständig ab, jedes wandelte sich unter der Zeit nach den verschiedensten Zusammenhängen; dabei wurde der gedankliche Zustand im ganzen immer breiter, die Gliederung nach lebendigen Anlässen, die auf einander folgten, versagte einmal ums andere vor der übertretenden Flut angeregter Betrachtungen; und verlierend wie gewinnend, ging das lange weiter, ehe das Ergebnis unverkennbar zu sehen war. (4/1206)

---

[61] Vgl. Kapitel 83 des ersten Buches, in dem Ulrich, motiviert durch seine Empörung über das passive »Der Geschichte zum Stoff Dienen« (2/360), die Straßenbahn verlässt und zu Fuß weitergeht. Doch während er seine Gedanken akribisch durch Nummerierung strukturiert, gleicht sein tatsächlicher Weg der zufälligen Bahn eines Teilchens: Er verläuft sich nämlich und gelangt zwar schließlich an seinem Wohnort an, nicht aber dorthin, wohin er eigentlich wollte: zu sich selbst. Stattdessen findet er bei seiner Heimkehr den »üblichen Haufen von Schriftstücken« (2/363) vor oder, in anderen Fällen, fremde Personen wie Clarisse oder den General, die einzelne Facetten Ulrichs spiegeln. Liest man die Heimwege als Ausdruck einer Identitätssuche, so zeigt sich, dass diese der »kinetischen Geschichtstheorie« gemäß scheitert: Statt eigener Ideen finden sich im Ich die üblichen, durchschnittlichen Gedanken, statt eines genuinen Subjektkerns lediglich bestimmte Eigenschaften, in deren Durchschnitt die Individualität aber verloren geht (vgl. dazu Renner, Rolf Günter, *Die postmoderne Konstellation. Theorie, Text und Kunst im Ausgang der Moderne*, Freiburg 1988, S. 124–144).

In dieser Charakterisierung der Gesprächsstruktur klingt das Gesetz der großen Zahlen an, dessen mathematische Aussage Musil hier in eine literarische Beschreibung für die Entstehung einer »nicht-ratioïden« Erkenntnis transformiert: Die »lebendigen Anlässe« entziehen sich zunächst einer strengen Gliederung und streuen sich wie Zufallsereignisse, ehe sich schließlich analog zur Annäherung an den Durchschnitt das »Ergebnis« der »übertretenden Flut angeregter Betrachtungen« abzeichnet. Wichtig ist es hier, sich den genauen mathematischen Gehalt des Gesetzes noch einmal in Erinnerung zu rufen: Die Konvergenz ist eine stochastische, das heißt, der Durchschnitt wird lediglich mit einer sehr großen Wahrscheinlichkeit angenähert, nicht aber sicher und exakt vorhergesagt.

Im Gespräch der Geschwister überträgt Musil diese Aussage über die Approximation von mathematischer Theorie und empirischer Wirklichkeit versuchsweise auf das Verhältnis von Sprache und dem »Bereich des Rechten und Schönen« (4/1205): Musil lässt das Gespräch nicht in einer »klareren« Wahrheit münden. Der Erzähler betont stattdessen, dass es bei einem unscharfen, »gefühlhaften Begriff« davon, »welches Wesens das Wahrscheinliche ist« (4/1209), stehen bleibt. Die vielen »Beispiele des gegenwärtigen Lebens und Denkens« (4/1209) lassen sich in dieser speziellen Lesart in Analogie zu den empirischen Ergebnissen im Gesetz der großen Zahlen setzen, die den theoretischen Durchschnitt stets nur annähern: Sie können nicht in einer eindeutigen Aussage gebündelt werden, sondern »leuchten« »in weitem Umfang«, der keine feste und vorgegebene Kontur hat. Somit besitzt auch der Begriff des »Nicht-Ratioïden«, der mit diesem »Umfang« beschrieben wird, wahrscheinliche und vorläufige Gültigkeit und ist ein »unternehmungslustiger Versuch« (4/1208), der seine Fruchtbarkeit nicht in einer allgemeinen Theorie, sondern nur punktuell während des gemeinsamen Spaziergangs von Ulrich und Agathe unter Beweis stellen kann.[62]

Fazit: »immer neue [...] Zusammenhänge«

Der Begriff des Zufalls spielt zu Beginn des 20. Jahrhunderts in den verschiedensten Bereichen eine Rolle. Seine Definition und die Frage nach seinen Auswirkungen sind dabei keine ausschließliche Domäne der Philosophie mehr, sondern werden stark von Mathematik und Naturwissenschaft geprägt. Robert Musils Roman *Der Mann ohne Eigenschaften* nimmt diesen ma-

---

62 Einmal mehr bin ich damit anderer Meinung als Kassung, *Entropiegeschichten*, S. 376, der die »Allerweltsfrage nach der Krise des modernen Subjekts« dem »konkrete[n] Wissenskonnex« nachordnet.

thematisch-naturwissenschaftlichen Begriff des Zufalls auf mehren Ebenen auf und nutzt ihn als Inspiration für ein spezifisch *literarisches* Modell der Wirklichkeit. Zum einen wird der Plot für den Verlauf der »Parallelaktion« durch einen impliziten Bezug auf das Prinzip der kleinen Ursachen mit großer Wirkung kausal motiviert. Zum anderen reflektiert Ulrich explizit zwei gegensätzliche mögliche lebenspraktische Konsequenzen aus der mathematischen Modellierung des Zufalls sowie deren Anwendungen in Physik und Sozialstatistiken. Die beiden epistemischen Ebenen werden in unterschiedlichen narrativen Strategien aufeinander bezogen: In den Redeakten der Figuren wird die kausale Motivation, die einzelnen Episoden implizit zugrunde liegt, explizit gemacht und vom Plot der fiktiven Welt auf die historische Narration übertragen. Umgekehrt kommentiert aber auch die Erzählung einer Situation den jeweiligen diskursiven Gehalt der Figurenrede und erweitert ihn auf unterschiedliche Weise: durch Ironie und Zynismus, wenn, wie in Kapitel 103, Plot und Beschreibung der Situation sowie Reflexionen und Intentionen der Figuren einander durchkreuzen, oder aber durch ästhetische Verdichtung, wenn, wie in Kapitel 47, die Komposition der Ereignisse durch die Erzählinstanz und die in der Figurenrede verhandelten Ideen miteinander im Einklang stehen.

Diese spezielle Art der Darstellung, das soll abschließend noch einmal betont werden, ist ein Charakteristikum der *Literatur*, sie ist nicht an den Bezug auf die Mathematik gebunden. Es gibt diverse andere Wissensbereiche, von Religion und Mystik über Philosophie hin zu Jura, Medizin und Psychologie, die ebenfalls in den Roman einfließen. Die mathematisch-naturwissenschaftliche Modellierung des Zufalls liefert nur einen Kontext unter vielen, der bei weitem nicht für jede Passage oder jeden Handlungsstrang des Romans erhellend ist – wohl aber, so habe ich zu zeigen versucht, für einzelne Momente der Handlungskonstitution und ausgewählte Kapitel des Romans. Nirgends aber geht der literarische Text eindeutig und endgültig in den Bezügen zu einer Wissenschaft auf. Denn auf dem »Heimatgebiet des Dichters«, so Musil, besteht die Aufgabe darin, »immer neue Lösungen, Zusammenhänge, Konstellationen, Variable zu entdecken, Prototypen von Geschehensabläufen hinzustellen, lockende Vorbilder, wie man Mensch sein kann, den inneren Menschen *erfinden*.«[63]

---

[63] Musil, »Skizze der Erkenntnis des Dichters«, in: *Gesammelte Werke,* Bd. 8, *Essays und Reden*, S. 1029.

Anke Niederbudde (München)

Mathematisches Erzählen im antiutopischen Text

Evgenij Zamjatins Roman Wir (*My*)

> Ich merke bekümmert, daß ich statt eines ausgewogenen, streng mathematischen Poems zum Preise des Einzigen Staates einen phantastischen Abenteuerroman schreibe. Ach, ich wünschte, es wäre nur ein Roman und nicht mein jetziges Leben, in dem es von unbekannten Größen, von $\sqrt{-1}$ und von schmählichen Entgleisungen wimmelt.[1]

Es gehört zu den wesentlichen Charakteristika utopischer Texte, dass die in ihnen neu geschaffene Weltordnung besser und gerechter ist als die Ordnung der realen Welt. Dass der Utopiker gerne auf mathematische Motive und Bilder zurückgreift, ist wenig überraschend, denn die utopische Welt besitzt als ideale Welt eine gewisse Affinität zur Mathematik. Dies lässt sich beispielhaft an der Schilderung des ideal-utopischen Staates in Evgenij Zamjatins Roman *Wir* (*My*) (1920) nachvollziehen: Die Raumgebilde (Straßen, Plätze, Häuser) des Einheitsstaates[2] sind nach klaren geometrischen Figuren konstruiert (Linie, Kreis, Quadrat, Kubus), die Einwohner tragen statt eines individuellen Namens eine Buchstaben-Nummern-Kombination (D-503, O-90, I-330), der Tagesablauf der Nummern-Menschen wird durch Zeit-Zahlentafeln exakt zahlenmäßig organisiert.

Zamjatins Roman legt in besonderer Weise das utopische Potential der Mathematik offen, das für die Literatur der Avantgarde in Russland in den 1910er und 1920er Jahren von großer Bedeutung war.[3] Dies zeigt sich nicht

---

[1] D-503 in Zamjatins Roman *Wir* (*My*); Samjatin, Jewgenij, *Wir*, übers. aus dem Russischen von Gisela Drohla, 8. Aufl., München 2003, S. 98. »Я с прискорбием вижу, что вместо стройной и строго математической поэмы в честь Единого Государства – у меня выходит какой-то фантастический авантюрный роман. Ах, если бы и в самом деле это был только роман, а не теперешняя моя, исполненная иксов, $\sqrt{-1}$ и падений, жизнь.« (Zamjatin, Evgenij, »My«, in: Nikonenko, St. S./Tjurina, A. N. (Hrsg.), *Sobranie sočinenij v 5 t.*, t. 2, Moskva 2003, S. 279).

[2] Der utopische Staat in Zamjatins Text heißt russisch *Edinoe gosudarstvo* (= »Einziger Staat« oder auch »Einheitsstaat«).

[3] Das Utopische ist der Avantgarde immanent, da diese an die Neuschaffung der Welt (als Projekt) ebenso glaubt wie an die Möglichkeit der wissenschaftlichen und künstlerischen Umgestaltung der Welt. Im Werk von Velimir Chlebnikov lässt sich

nur bei der mathematischen Organisation des Lebens der Nummern-Menschen im idealen Einheitsstaat, sondern auch hinsichtlich des dort mit Hilfe mathematischer Erkenntnis verwirklichten technischen Fortschritts (u. a. Bau eines Raumschiffs). Mathematik ist für den Utopisten eine angewandte Wissenschaft, die es ihm ermöglicht, Projekte des wissenschaftlichen Fortschritts zur Verbesserung des Lebens in die Tat umzusetzen.

Zamjatins *Wir* (*My*) ist aber nicht nur ein utopischer, sondern auch ein utopiekritischer (anti-utopischer) Text. Der utopische Idealzustand wird im Laufe des Romans durch Ereignisse der erzählten Welt (Abkehr der Einheitsstaatnummern von ihrem Staat), vor allem aber durch das Erzählen selbst, das die Bewusstseinsänderung des Erzählers nachzeichnet, in Frage gestellt.

Mich interessiert im Folgenden gerade die Bedeutung mathematischer Begrifflichkeit und Metaphorik für die antiutopische Ordnung im Text.[4] Dabei rücken vor allem zwei Ebenen des antiutopischen Erzählens in den Mittelpunkt: Auf der einen Seite die Erzählebene (die Stimme des Erzählers) selbst, denn der Erzähler des Romans (D-503) ist das wesentliche Bindeglied zwischen der utopischen Welt des Einheitsstaates und der utopiekritischen Ebene. Als Mathematiker-Ingenieur[5] übersetzt er seine zunehmenden Zweifel an der idealen Welt der Utopie in die ihm vertraute Sprache der Mathematik. Auf der anderen Seite zeigt sich die antiutopische Komponente in

---

eine Zusammenführung utopischen und mathematischen Denkens beispielhaft an der Integration von Rechengleichungen in Wortkunsttexte nachvollziehen. Die solchermaßen demonstrierte Erfassbarkeit und Beherrschbarkeit der Welt im Zeichentext ist Ausdruck utopischen Denkens. Zu Velimir Chlebnikov und der Mathematik vgl. Niederbudde, Anke, *Mathematische Konzeptionen in der russischen Moderne. Florenskij – Chlebnikov – Charms*, München 2006. Im Übrigen ist das utopische Denken für die russische Kultur in den 1910er und 1920er Jahren aufgrund der Revolution und der danach folgenden Aufgabe des Aufbaus eines neuen Staates (mit utopischem Anspruch) besonders charakteristisch.

4 In den bisherigen Forschungsarbeiten zu Zamjatins *Wir* (*My*) wurde das mathematische Thema in der Regel auf der Ebene der erzählten Welt untersucht. Daneben gibt es vor allem Spezialuntersuchungen – etwa zur imaginären Zahl bei Zamjatin (vgl. dazu unten). Die zweifellos detaillierteste Arbeit liefern Andrews, Lahusen und Maksimova, die insbesondere den bis dahin wenig beachteten zentralen Motivkomplex Integral-Differential-Taylorformel-Funktion auf verschiedenen Ebenen im Text entschlüsseln – vgl. Andrews, Edna/Lahusen, Thomas/ Maksimova, Elena, *O sintetizme, matematike i pročem … Roman »My« E. I. Zamjatina*, St. Petersburg 1994.

5 Der Erzähler D-503 (im Russischen Text wird das D kyrillisch geschrieben: Д-503) ist offensichtlich Ingenieur, nennt sich aber selbst Mathematiker (Samjatin, *Wir*, S. 6).

Zamjatins Text im leicht zu erkennenden, aber schwer zu entschlüsselnden anagrammatisch-zahlenmäßigen Subtext des Romans. Es ist also nicht die Handlungsebene der erzählten Welt, auf der sich das antiutopische Potential der Mathematik entfaltet, sondern die Ebene der Verfahren (Erzählverfahren und sujetloser Subtext):[6] Antiutopische Mathematik strukturiert bei Zamjatin sowohl das Bewusstsein des Erzählers als auch das Unterbewusstsein des Textes selbst.

I. Mathematisch-antiutopische Erzählreflexionen: implizite Funktion und imaginäre Zahl als Chiffre für anti-utopisches Erzählen

In der ersten Tagebuchaufzeichnung äußert sich der Erzähler D-503 zu seinem Selbstverständnis als Erzähler: Er will das Leben und Denken im Einheitsstaat unmittelbar – gleichsam unter Ausschaltung des Ichs als störender Erzählinstanz – wiedergeben. Dass dies möglich sein könnte, entnimmt er dem utopisch-mathematischen Selbstverständnis des Einheitsstaates: »Aber sind sie [die Aufzeichnungen] nicht eine von unserem Leben, von dem mathematisch vollkommenen Leben des Einzigen Staates abgeleitete Größe, und wenn das stimmt, müssen sie nicht ganz von selbst zum Poem werden? Ja, sie müssen es, ich glaube, ich weiß es.«[7] Der Text schreibt sich selbst und präsentiert sich als (mathematische) Ableitung des Lebens. Der Erzähler als subjektive Erzählinstanz steht im Widerspruch zum eigentlich angestrebten »mathematischen Poem«, das eine unmittelbare Ableitung des idealen Lebens im Einheitsstaat darstellt.

Die gewählte Form des Tagebuchs unterminiert das eigentliche Vorhaben gleich zu Beginn. D-503 ist – mit Ausnahme von einigen zitierten Zeitungsausschnitten – von Anfang an als vermittelnde Erzählinstanz im Text präsent. Im Laufe des Romans tritt der Erzähler immer mehr ins Zentrum der Darstellung: Statt das Leben im Idealstaat abzubilden, reflektiert er über seinen eigenen Bewusstseinszustand und seine Seele. Bei der versuchten

---

6 Der Roman verbindet Sujethaftigkeit (eine Abenteuer-Handlung, der Erzähler spricht selbst von einem phantastischen Abenteuerroman) mit wesentlichen Charakteristika der sujetlosen bzw. ornamentalen Prosa. Zur Diskussion beider Prosaformen in den 1920er Jahren in Russland vgl. Hansen-Löve, Aage, *Der russische Formalismus*, Wien 1978, S. 515–530.

7 Samjatin, *Wir*, S. 6: »Но ведь это будет производная от нашей жизни, от математически совершенной жизни Единого Государства, а если так, то разве это не будет само по себе, помимо моей воли, поэмой? Будет – верю и знаю.« (Zamjatin, »My«, in: Nikonenko/Tjurina (Hrsg.), *Sobranie*, S. 212).

Selbstdiagnose dienen ihm die Aufzeichnungen als Hilfe zum eigenen Selbstverständnis. Außerdem greift er oft auf die ihm als Ingenieur vertraute mathematische Gedankenwelt zurück: Mathematische Begrifflichkeit dient auf dieser Textebene also als Hilfsmittel zur Entschlüsselung des eigenen Bewusstseinszustandes und zur Selbstbeschreibung des Erzählens.

I.1. Die implizite Funktion

Zu Beginn des Romans wendet sich D-503 häufig an den fiktiven Leser, um sich und sein Erzählen zu rechtfertigen. Denn das Vorhaben, einen Text zu schreiben, der als Ableitung des vollkommenen Lebens im Einheitsstaat zu lesen ist, erweist sich schnell als nicht durchführbar. Entgegen allen Bemühungen, nur das Leben im idealen Einheitsstaat wiedergeben zu wollen, zieht der Erzähler auch das noch unperfekte, weil freie Leben der Vorfahren als Vergleichsbasis heran. In der dritten Tagebucheintragung thematisiert er die fehlende Kontrolle des Sexuallebens bei den Vorfahren und beteuert die Richtigkeit dieses Exkurses mit folgenden Worten: »Sie werden denken, daß ich mich über Sie lustig mache und mit todernster Miene den größten Unsinn von mir gebe. Aber [...] ich [bin] gar nicht fähig, einen Witz zu machen – jeder Witz ist eine unklare [implizite] Funktion, also eine Lüge«.[8]

Hier wird auf der Ebene des Erzählens eine mathematische Begrifflichkeit eingeführt, die nicht so einfach zu entschlüsseln ist: Die implizite Funktion, die als Bild für unaufrichtiges Erzählen (Lüge) verwendet wird, ist eine Funktion, die nicht in der einfachen Zuordnungsvorschrift $y= f(x)$ gegeben ist (Beispiel für die implizite Funktion ist etwa $f(x_1, x_n) = 0$).[9] Wesentlich für das Verständnis des Textes ist, dass der Begriff der impliziten Funktion in Abgrenzung zur »normalen« (expliziten) Funktion verwendet wird und damit die (mathematische) Funktion als Orientierungsmuster des Erzählens propagiert wird: Erzählen funktioniert als eindeutige Zuordnung von Elemen-

---

[8] Samjatin, *Wir*, S. 17. Gisela Drohla gibt die mathematische Terminologie nicht korrekt wieder, wenn sie die russische Wortfolge »nejavnaja funkcija« mit »unklare Funktion« übersetzt. »[...] а вдруг вы, неведомые читатели, сочтете меня за злого шутника. Вдруг подумаете, что я просто хочу поиздеваться над вами и с серьезным видом рассказываю совершеннейшую чушь. Но первое: я не способен на шутки – во всякую шутку неявной функцией входит ложь.« (Zamjatin, »My«, in: Nikonenko/Tjurina (Hrsg.), *Sobranie*, S. 220). Zur Textstelle vgl. Andrews/Lahusen/Maksimova, *O sintetizme*, S. 38.

[9] Zur impliziten Funktion vgl. Bartsch, Hans-Jochen, *Taschenbuch mathematischer Formeln*, 18. Aufl., München, Wien 1998, S. 307. Bei der impliziten Darstellungsart ist die Funktion – im Unterschied zur expliziten – nicht aufgelöst.

ten einer Menge (der realen Welt) zu den Elementen einer anderen Menge (der Text-Zeichen-Welt). Bei Witzen, Lügen – aber auch bei Träumen (vgl. unten) – fehlt diese eindeutige Zuordnung. Es ist hier kein klares Abbildungsverhältnis gegeben zwischen der Erfahrungswelt (Leben) und der Textwelt.

Die implizite Funktion wird zunächst als negative Erzähl-Metapher eingeführt: Da sie keine unmittelbare Zuordnungsvorschrift enthält, entspricht sie einem Erzählen, dem keine Realität in der Außenwelt zuzuordnen ist. Die Wiedergabe von Träumen, Phantasien und Gefühlen ist ein Erzählen nach dem Modell der impliziten Funktion.

Mit zunehmender Entfremdung des D-503 von der utopischen Welt des Einheitsstaates kann die Illusion des ursprünglich angestrebten Erzählens nicht mehr aufrechterhalten werden. Solange sich der Erzähler – in der frühen Übergangsphase – noch gegen ein Eindringen in die anti-utopische Gegenwelt (Gefühle, Phantasie, Seele ...) wehrt, wird die implizite Funktion als Bild verwendet, um sich vor dem Leser für das eigene unglaubwürdig scheinende Erzählen zu entschuldigen – so heißt es etwa in Aufzeichnung Nr. 7, in der ein Traum voll fantastischer Pflanzen und sexueller Anspielungen geschildert wird: »Da war wieder dieser unsinnige Traum oder irgendeine unklare [implizite] Funktion, die von diesem Traum herrührte«.[10] Mit zunehmendem Eindringen des Ichs in die antiutopische Gegenwelt nehmen die Versuche, das eigene Erzählen gegenüber einem fiktiven Leser zu rechtfertigen, ab. Stattdessen wird der Text zum autokommunikativen Bewusstseinsdialog des Erzählers selbst. Die dominante mathematische Begrifflichkeit in diesem (späteren) Erzählstadium ist die imaginäre Zahl.

I.2. Die imaginäre Zahl $\sqrt{-1}$

Die imaginäre Zahl $\sqrt{-1}$ taucht in Zamjatins Roman zum ersten Mal in der Tagebucheintragung Nr. 8 auf, an einer Stelle, an der der Erzähler nicht mehr auf die Vergangenheit der Menschheit (des Staates), sondern auf seine eigene Vergangenheit reflektiert. Aus dem »Wir« ist ein »Ich« geworden. Das Ich des Erzählers konstituiert sich als Individuum, indem es auf seine Vergangenheit und sein Un(ter)bewusstes referiert. Dieses wird zunächst dominiert vom Unbehagen an der imaginären (irrationalen)[11] Zahl $\sqrt{-1}$. Die Kenntnis

[10] Samjatin, *Wir*, S. 35. »И тут вдруг почему-то опять этот нелепый сон – или какая-то неявная функция от этого сна.« (Zamjatin, »My«, in: Nikonenko/Tjurina (Hrsg.), *Sobranie*, S. 233).

[11] Irreführend ist, dass Zamjatin die imaginäre Zahl häufig »irrational« nennt, was sie in die Nähe der »irrationalen Zahlen« ($\sqrt{2}$ ...) rückt. Da Zamjatin, der selbst Ingenieur war, den Unterschied zwischen irrationalen und imaginären Zahlen mit

des Mathematikers von der Bedeutung und Existenz dieser Zahlen leitet den Erzähler jedoch weiter zur philosophisch-existentiellen Frage nach der Existenz der Seele.

Die imaginäre Zahl gehört zu den zentralen mathematischen Motiven der russischen Avantgardekunst.[12] Insbesondere in den archaistisch-utopischen Wortkunsttexten von Velimir Chlebnikov, aber auch im konstruktivistischen Werk von Ėl Lisickij, erfüllt sie die Funktion einer Chiffre der Moderne.[13] Die Besonderheit der $\sqrt{-1}$ liegt darin, dass sie (aus künstlerischer Sicht) ein abstraktes und ein mythologisches Potential besitzt, und beide Aspekte werden in der Kunst des frühen 20. Jahrhunderts aktiviert. Die $\sqrt{-1}$ ist abstrakt-mathematisches Zeichen und Wurzel-Mythologem in einem. Dies zeigt sich auch bei Zamjatin, denn $\sqrt{-1}$ assoziiert in *Wir* (*My*) sowohl die »alte« Welt (der Vorfahren, Kindheit) und damit eine quasi mythologische Wurzel, sie ist ein »Minus-Stachel«, der sich schon seit der Kindheit in das Innere von D-305 bohrte und in der Folge wie eine Pflanze im Inneren des Helden wächst.[14] Daneben spielen aber auch mathematikphilosophische Überlegungen zur Ungegenständlichkeit der imaginären Zahl sowie zur praktischen Bedeutung von $\sqrt{-1}$ in der Mathematik in Zamjatins Text mit hinein.

Sicherheit kannte, ist davon auszugehen, dass er bewusst die irreführende Bezeichnung wählte. Es geht ihm offensichtlich um eine Oppositionsbildung von rational (im Sinne der Ordnungswelt der Utopie, die auf rationalen Zahlen basiert) und irrational, als Charakteristikum der antiutopischen Welt (umfasst dementsprechend irrationale und imaginäre Zahlen). Die Irrationalität der gegenutopischen Welt besitzt freilich eine Rationalität anderer Dimension.
Die Bezeichnung von $\sqrt{-1}$ als »imaginär« stammt von Descartes: Zahlen vom Typ $\sqrt{-1}$ sind nicht »real«, denn sie repräsentieren keine Größe, sie sind aber denk- und vorstellbar (franz. *imaginer*) – vgl. Pieper, Herbert, *Die komplexen Zahlen. Theorie – Praxis – Geschichte*, Frankfurt am Main 1988, S. 197.

12 Die Bedeutung der imaginären Zahl in der Literatur des frühen 20. Jahrhunderts wurde schon mehrfach in der Forschungsliteratur – auch in Bezug auf Zamjatin – thematisiert. Vgl. Szilard, Lena, »Mathematics as Utopia by Florenskij, Belyj and Zamjatin«, in: *Hungaro-Slavica*, Budapest 1997, S. 304–310 und White, John J., »Mathematical Imagery in Musil's Young Torless and Zamyatin's We«, in: Gary Kern (Hrsg.), *Zamyatin's We: A Collection of Critical Essays*, Ann Arbor 1988, S. 228–235.

13 Zur imaginären Zahl bei Chlebnikov vgl. Niederbudde, *Mathematische Konzeptionen*, S. 50–61.

14 »Diese irrationale Wurzel wuchs in mir, sie war ein Fremdkörper, ein furchtbares Gewächs, das an mir zehrte, mich verschlang. Man konnte diese Wurzel nicht definieren, sie auch nicht unschädlich machen, weil sie außerhalb der Ratio war« (Samjatin, *Wir*, S. 40) »Этот иррациональный корень врос в меня, как что-то чужое, инородное, страшное, он пожирал меня – его нельзя было осмыслить, обезвредить, потому что он был вне ratio.« (Zamjatin, »My«, in: Nikonenko/Tjurina (Hrsg.), *Sobranie*, S. 237.)

Mathematikhistorisch ist die $\sqrt{-1}$ eine Schöpfung der italienischen Algebraiker des 16. Jahrhunderts. Die in der algebraischen Rechnung angelegte Tendenz zur Formalisierung führte zu Operationsformen, die arithmetisch sinnlos waren, aber trotzdem ein »richtiges« Resultat erbrachten. Im Unterschied zu den linearen Gleichungen ($ax + b = 0$), die stets eine Lösung im Bereich des reellen Zahlenbereichs besitzen, gibt es bei den quadratischen Gleichungen ($ax^2 + bx + c = 0$) auch solche, die im Reellen nicht lösbar sind. Die imaginären Zahlen garantieren die Lösbarkeit solcher Gleichungen. Es waren somit rein ›pragmatische‹ Erwägungen, die im 16. Jahrhundert zur Einführung der imaginären Zahlen in die Algebra führten. Es ging darum, Lösungsmöglichkeiten für Gleichungen zu finden, die im reellen Zahlenbereich keine Lösung besitzen. Diese praktische Bedeutung der imaginären Zahlen ist für Zamjatins Roman sehr wichtig. Denn den Erzähler D-503 beunruhigen sowohl die imaginären Zahlen als auch das Auftauchen von unbekannten X in der Gleichung seines Lebenstextes. Beide hängen miteinander zusammen: Die imaginäre Zahl ist nötig, um die Gleichung zu lösen.

In Zamjatins Roman ist die imaginäre Zahl wesentlich mit dem Erzähler selbst verbunden. An einer Stelle heißt es explizit, $\sqrt{-1}$ sei seine Seele:

> Ich tappte im Kreis und fand keinen Ausweg aus diesem unheimlichen Dickicht der Logik. Das waren die gleichen unbekannten, schrecklichen Abgründe wie jene hinter der Grünen Mauer, und in ihnen lebten gleichfalls sonderbare, unbegreifliche Wesen. […] die Wurzel aus minus eins … Aber vielleicht war dies nichts anderes als meine *Seele* […] Ach, ich wünschte, es wäre nur ein Roman und nicht mein jetziges Leben, in dem es von unbekannten Größen, von $\sqrt{-1}$ und schmählichen Entgleisungen wimmelt.[15]

D-503 verbindet hier die Frage, ob die Seele existiert, mit dem Problem der Existenz der imaginären Zahl $\sqrt{-1}$. Da in der Zeichenwelt der Mathematik die imaginären Zahlen als zwar schwer zu erklärende, aber nützliche Zeichen existieren, könnte auch die Seele existieren, denn »die Mathematik und der Tod haben noch nie geirrt. Wenn wir aber diese Körper in unserer Welt, in der Welt der Fläche, nicht sehen können, dann müssen sie in einer eigenen, gewaltigen Welt leben, die dahinter liegt …«.[16]

---

15 Samjatin, *Wir*, S. 97f. »Я искал и не нахожил выхода из дикой логической чащи. […] $\sqrt{-1}$: А может быть, это – не что иное, как моя ’душа›. […] Ах, если бы и в самом деле это был только роман, а не теперешняя моя, исполненная иксов, $\sqrt{-1}$ и падений, жизнь.« (Zamjatin, »My«, in: Nikonenko/Tjurina (Hrsg.), *Sobranie*, S. 279).

16 Samjatin, *Wir*, S. 96. »Всякому уравнению, всякой формуле в поверхностном мире соответствует кривая или тело. Для формул иррациональных, для моего 1, мы не знаем соответствующих тел, мы никогда не видели их … Но в

Es ist die hier angesprochene Unanschaulichkeit der imaginären Zahl, die diese als konzeptuellen Bezugspunkt avantgardistischer Kunst interessant macht. Mit $\sqrt{-1}$ hat die Mathematik »ein ›neues Ding‹ geschaffen«, das »keiner Anschaulichkeit fähig ist, das aus der rein logischen Konstruktion folgt« – so die Beschreibung der imaginären Zahl durch Lazar Lisickij 1925 in seiner kunsttheoretischen Schrift »K. und Pangeometrie«.[17]

Das antiutopische Potential der imaginären Zahl (sie stellt die nur auf dem Sichtbaren basierende Erfahrungswelt des utopischen Einheitsstaates in Frage) entfaltet sich bei Zamjatin bezeichnenderweise während der Autokommunikation des Erzählers mit seinem Tagebuch. Die utopiekritische Bewusstseinsentwicklung des Erzählers setzt nämlich damit ein, dass er den selbst geschriebenen Text immer wieder durchliest und beim Lesen sein eigenes Ich zu entziffern lernt. Die Welt der mathematischen Zeichen (die keinen Referenzbezug in der Welt außerhalb braucht – gerade dafür steht die imaginäre Zahl) und die Welt des Tagebuches liegen so auf einer Ebene – der des Zeichentextes. Hier treffen sich in *Wir* das utopiekritische Potential des Erzählens und der Mathematik: »Und nun meldete sie sich plötzlich wieder, diese Wurzel. Ich las meine Aufzeichnungen durch und erkannte, daß ich mich selbst zum Narren gehalten, mich selbst belogen hatte, nur um $\sqrt{-1}$ nicht zu sehen. Es ist alles dummes Zeug, daß ich krank bin […]«.[18]

Die imaginäre Zahl ist eine Zahl der Doppelung. Ihr Doppelungscharakter zeigt sich darin, dass die Lösung der Gleichung $y^2 = -1$ (wie jede Quadratgleichung) zwei Lösungen hat, nämlich $x = i$ und $x = -i$ (i ist die übliche Abkürzung für $\sqrt{-1}$). Die Höherdimensionalität der imaginären Zahlen

---

том-то и ужас, что эти тела – невидимые – есть, они непременно, неминуемо должны быть: потому что в математике, как на экране, проходят перед нами их причудливые, колючие тени – иррациональные формулы; и математика, и смерть – никогда не ошибаются. И если этих тел мы не видим в нашем мире, на поверхности, для них есть – неизбежно должен быть – целый огромный мир там, за поверхностью …« (Zamjatin, »My«, in: Nikonenko/Tjurina (Hrsg.), *Sobranie*, S. 278).

17 »Die Mathematik hat ein ›neues Ding‹ geschaffen: die imaginären Zahlen. Darunter wird verstanden so eine, aus der mit sich selbst multipliziert eine negative Größe resultiert. Die Quadratwurzel aus der negativen Eins ist das imaginäre Ding i ($\sqrt{-1} = i$). Wir kommen in ein Gebiet, das nicht vorstellbar ist, das keiner Anschaulichkeit fähig ist, das aus der rein logischen Konstruktion folgt, das eine elementare Kristallisation des menschlichen Gedankens ist.« (Lissitzky, El, *Maler – Architekt – Typograf – Fotograf. Erinnerungen, Briefe, Schriften*, Dresden 1992, S. 356).

18 Samjatin, *Wir*, S. 40. »И вот теперь снова $\sqrt{-1}$. Я пересмотрел свои записи – и мне ясно: я хитрил сам с собой, я лгал себе – только чтобы не увидеть $\sqrt{-1}$. Это все пустяки – что болен […]« (Zamjatin, »My«, in: Nikonenko/Tjurina (Hrsg.), *Sobranie*, S. 237).

drückt sich hier in einer Doppelung des Ergebnisses und in der Einführung eines neuen Zeichens (»i«) aus. Die Opposition »Ich« (engl. I) und »Wir«, auf der der Roman aufbaut, ist also auch im mathematischen Zeichen versteckt. D-503 entwickelt sein Ich-Bewusstsein mit Hilfe der imaginären Zahl (i bzw. $\sqrt{-1}$). Der Buchstabe I ist aber auch im Namen der revolutionären Anführerin I-330 enthalten.[19] Die imaginäre Zahl, die der Gedanken- und Seelenwelt des Erzählers angehört, erhält so eine personifizierte Doppelgängerin in Gestalt der utopiekritischen Hauptfigur der erzählten Welt. Die Gleichsetzung von i und $\sqrt{-1}$ übersetzt das Verhältnis der beiden Haupthelden des Textes in eine mathematische Sprache: I-330 (–i) und D-503 (i) sind beide Lösung von $y^2 = -1$.

II. Mathematisch-antiutopischer Buchstaben-Subtext

Die in Zamjatins *Wir* (*My*) enthaltene Utopiekritik ist keine Mathematik-Kritik, da sie selbst mathematisch fundiert ist. Das Bindeglied zwischen der utopischen Welt des Einheitsstaates und der utopiekritischen Ebene des Erzählens ist der Erzähler des Romans D-503, der als Mathematiker-Ingenieur die zunehmenden Zweifel an der idealen Welt der Utopie in die ihm vertraute mathematische Sprache übersetzt. Unterstützt wird diese im Erzählen entfaltete anti-utopische mathematische Komponente durch einen mathematischen Zahlen- und Buchstaben-Subtext, der zwar in der utopischen Welt des Einheitsstaates verwurzelt ist, diese aber als zweite Bedeutungsschicht unterläuft.

Die Personen der erzählten Welt haben in dem Roman keinen individuellen Namen, sondern nur eine Buchstaben-Nummern-Kombination: Der Erzähler-Mathematiker heißt D-503 (bzw. Д-503), die dem Erzähler vom Einheitsstaat zugewiesene weibliche Sexualpartnerin O-90, der Dichter und Freund des Erzählers R-13, der den Erzähler überwachende Beamte des Staatssicherheitsdienstes trägt den Namen S-4711 und die Anführerin der rebellischen Gegenwelt I-330. Die Ersetzung des individuellen Namens durch eine Buchstaben-Nummer entspricht der im Einheitsstaat propagierten Ordnung der Kollektivität.

Der den utopischen Charakter (Abschaffung des Individuums) scheinbar unterstreichende Nummern-Name enthält bei genauerer Betrachtung eine antiutopische (antitotalitäre) Komponente. Denn über die Zahlen und Buchstaben ergibt sich für den Leser keine Einschränkung, sondern ein

---

19 Vgl. Andrews/Lahusen/Maksimova, *O sintetizme*, S. 43.

Überschuss an Bedeutung. Insbesondere die Zahlen-Komponenten in dem Text laden zum Dechiffrieren ein, die Nummern entgleiten aber immer wieder einer eindeutigen Bedeutungszuschreibung.[20] Die auf Eindeutigkeit aufbauende Ideologie des Einheitsstaates wird so in Frage gestellt. Die Buchstaben als erste Komponente des Nummern-Namens sind dagegen in ihrer Bedeutung einfacher zu entschlüsseln, doch ergeben gerade sie einen Subtext, der den Sieg des Einheitsstaates – und damit den für den Einheitsstaat vermeintlich positiven Ausgang der Erzählung – in Frage stellt.

II.1. Integral: Motiv und mathematische Formel $\int_0^1 f(x)dx$

In der ersten Eintragung des Romans präsentiert der Erzähler D-503 dem (fiktiven) Leser stolz einen Ausschnitt aus der offiziellen Staatszeitung, in dem die Fertigstellung des ersten Raketenflugzeugs namens »Integral« in 120 Tagen angekündigt wird. Der Erzähler gibt sich selbst als Konstrukteur des Raumschiffs zu erkennen und motiviert sein Schreiben mit dessen baldiger Fertigstellung: Das »Integral« – so die Vorstellung – soll das Wissen um die Existenz und Lebensweise des »Einzigen Staates« zu anderen Planeten bringen, zu unbekannten Wesen, die vielleicht noch im »unzivilisierten Zustand der Freiheit« leben.[21] Der Mathematiker wird zum Schriftsteller, um das Leben im perfekten Einheitsstaat festzuhalten, er will mit seinen Aufzeichnungen den potentiellen Leser von der glücklichen Lebensweise im Einheitsstaat überzeugen. Der Name des Raumschiffs ist natürlich Pro-

---

[20] Der Versuch einer Entschlüsselung der Nummern findet sich in: Andrews/Lahusen/Maksimova, *O sintetizme*, S. 19. Sie gehen vom Primzahlencharakter der beiden männlichen Hauptfiguren R-13 und D-503 aus: 503 (die Nummer des Erzählers) ist die 96. Primzahl, 13 (die Nummer seines Freundes, des Arztes R-13) ist die 6. Die beiden Figuren bilden einen rechten Winkel (96–6=90 Grad) und mit O-90 zusammen ein Dreieck (180 Grad). Daneben gibt es viele Möglichkeiten, die Zahlen zu zerlegen und darüber die Figuren zueinander in Beziehung zu setzen: z. B. $330 = 2 \times 3 \times 5 \times 11$ und $90 = 2 \times 3 \times 5 \times 3$. Ob auch eine zahlenmystische Komponente den Text bestimmt, ist fraglich. Andrews, Lahusen und Maksimova versuchen andere Zahlenwerte in *Wir* (*My*) faktographisch zu entschlüsseln: Zum Beispiel bringen sie die Zahl 59 (das alte Haus als Verbindungsstelle zwischen der geordneten Welt und der aufrührerischen anti-utopischen Welt wird über den 59. Prospekt erreicht) mit dem 59. Breitengrad (geographische Lage von St. Petersburg) in Verbindung (Andrews/Lahusen/Maksimova, *O sintetizme*, S. 73). Insgesamt bieten sich hier – da die Manuskripte Zamjatins nicht erhalten sind – viele Spekulationsmöglichkeiten.

[21] Samjatin, *Wir*, S. 5. Zamjatin, »My«, in: Nikonenko/Tjurina (Hrsg.), *Sobranie*, S. 211.

gramm: Denn es ist Ziel des Staates, das »ganze Weltall« in einer umfassenden Gleichung zu integrieren.[22]

Das Integral ist ein wichtiges, immer wiederkehrendes Motiv im Text. Es ist dem technischen Fortschrittsglauben des Einheitsstaates geschuldet und gleichzeitig ein Symbol der totalitaristischen, alles vereinheitlichenden Ideologie dieses Staates. Die Zielsetzung des utopischen Staates entspricht dem Begriff des Integrals als Summe unendlich kleiner Teile. Die Analogsetzung von Gegenstand (Raumschiff), mathematischer Operation (integrieren) und machtpolitischem Anspruch des Einheitsstaates bildet jedoch nur die offiziell-offiziöse Seite des Integrals im Text. Daneben existiert ein Integral-Subtext, der in den Personen-Namen verborgen ist. Die Buchstaben als Bestandteil der Namen sind nämlich keine Zufallsprodukte, sondern in doppelter Weise motiviert: Zum einen bildet die visuelle Gestalt der Grapheme (Д, O, I, R, S) piktogrammatisch die äußere Gestalt der Personen nach (O ist rund, S ist gekrümmt etc.),[23] zum anderen sind die Buchstaben Abkürzungszeichen eines mathematischen Subtextes,[24] der, wie Andrews, Lahusen und Maksimova gezeigt haben, dem Umfeld der mathematischen Integralrechnung zuzuordnen ist.[25] Ausgangspunkt für diese Interpretation ist S-4711: Der Beamte des Staatssicherheitsdienstes, einer der offiziellen Vertreter des Einheitsstaates, trägt das Symbol des Integrals selbst (Σ bzw. ∫) in seinem

---

22 »Ja, wir werden diese herrliche, das ganze Weltall umfassende Gleichung integrieren! Wir werden die wilde, krumme Linie geradebiegen, sie zur Tangente, zur Asymptote machen. Denn die Linie des Einzigen Staates ist die Gerade. Die große, göttliche, weise Gerade, die weiseste aller Linien« (Samjatin, *Wir*, S. 5f.). »Да: проинтегрировать грандиозное вселенское уравнение. Да: разогнуть дикую кривую, выпрямить ее по касательной – асимптоте – по прямой. Потому что линия Единого Государства – это прямая. Великая, божественная, точная, мудрая прямая – мудрейшая из линий …« (Zamjatin, »My«, in: Nikonenko/Tjurina (Hrsg.), *Sobranie*, S. 212).

23 Explizit angesprochen wird die Körperähnlichkeit zwischen Buchstaben und Buchstabenträgern bei O und S, vgl. Samjatin, *Wir*, S. 8, 11. R-13 wird in Aufzeichnung 11 als Spiegelbild des Erzählers bezeichnet, und tatsächlich ist das lateinische R ein Spiegelbild des kyrillischen Buchstabens **Я** (»Ja« = russ. ›Ich‹).

24 Fast alle Nummern-Namen enthalten einen lateinischen (also keinen kyrillischen) Buchstaben und werden damit als Bestandteil einer mathematischen Gleichung ausgewiesen: Denn in mathematischen Gleichungen verwenden die Russen die aus dem Westen importierten lateinischen Buchstaben (also z. B. das lateinische i zur Bezeichnung der imaginären Zahl 1). Neben lateinischen Buchstaben sind auch griechische üblich. Das kyrillische D (Д ist die Buchstabenkomponente von Д-503) ist ein abgewandeltes griechisches Δ, das in der russischen (wie westlichen) Wissenschaftssprache als Abkürzung für Differential verwendet wird.

25 Andrews/Lahusen/Maksimova, *O sintetizme*, S. 61–68.

Namen. In der 7. Eintragung verbindet der Erzähler (D-503) in seiner Wahrnehmung das Integral als mathematisches Motiv und S als Person:

> Ich öffnete die Augen, und zuerst war mir, als jagte etwas durch den Raum (eine Assoziation vom Integral): ein Kopf – er flog, weil er abstehende, rosige Ohren hatte, die wie Flügel aussahen. Dann die Kurve des gebeugten Nackens, der krumme Rücken, zweifach gebogen, wie ein S …[26]

Das Integral als Aufgabe und Zielsetzung des Einheitsstaates tritt also in Gestalt des Beamten der Staatssicherheit in personifizierter Form auf. In der Formel des Integrals finden aber auch D, I und O einen Platz – und zwar D als Differential und I-O als Angabe des zu integrierenden Intervalls:

Das bestimmte Integral[27] lautet nämlich: $\int_0^1 f(x)\,\Delta x$.

Aus der Formel ist die Bedeutung von D-305 für den Text zu entnehmen: Der Konstrukteur des Integral-Raumschiffs ist zugleich als Differential wichtiger Bestandteil der Integralrechnung. Die Lösung des mathematischen Integrals hängt von Δx ab. Das im Text immer wieder auftauchende X (der Erzähler spricht von neuen Unbekannten und Variablen) bedeutet, in die Sprache des mathematischen Subtextes übersetzt: Das Differential (also D-503) verändert sich, wenn eine neue unbekannte Variable in die Gleichung kommt.

Entscheidend für die Lösung der Integralgleichung ist auch die Festlegung des zu integrierenden Intervalls: Im Roman *Wir* sind die Angaben zum Intervall in den Namen der beiden Frauengestalten O-90 und I-330 versteckt. Jedenfalls schließen Andrews, Lahusen und Maksimova aus den Frauennamen auf das Intervall 0 (als Abwandlung von O) bis 1 (als Abwandlung von I).[28] Auch dem R (d. h. der Person R-13) kann im Kontext der Integralrechnung eine Bedeutung zugewiesen werden. Wenn sich nämlich eine Funktion nicht vollständig mit Hilfe eines bestimmten Integrals integrieren lässt, zerlegt man sie in eine Taylor-Reihe und integriert sie stückweise. In diesem Fall bleibt ein Restglied, das man als R(x) bezeichnet (sog. Restglied im Taylor-Polynom). Der Dichter R-13 wird im Roman mit dem Mathematiker Brook Taylor, dem Entwickler der Taylor-Formel, in Verbindung ge-

---

26 Samjatin, *Wir*, S. 35. »Я приоткрыл глаза – и сперва (ассоциация от Интеграла) что-то стремительно несущееся в пространство: голова – и она несется, потому что по бокам – оттопыренные розовые крылья-уши. И затем кривая нависшего затылка – сутулая спина – двояко-изогнутое – буква S …« (Zamjatin, »My«, in: Nikonenko/Tjurina (Hrsg.), *Sobranie*, S. 233).

27 Zum Integral vgl. Bartsch, *Taschenbuch*, S. 422f.

28 Andrews/Lahusen/Maksimova, *O sintetizme*, S. 61.

bracht (vgl. unten), so dass eine Entschlüsselung von R als Taylor'sches Restglied nahe liegt.[29]

Neben dem Integral, das, als Raumschiff-Gegenstand, im Laufe des Romans fertiggestellt werden soll und dessen geplante Entführung durch die revolutionäre, dem Einheitsstaat feindlich gesinnte Gegenwelt ein wesentlicher Bestandteil der Handlung des Romans ist, spielt sich auf der Buchstabenebene eine zweite Integral-Geschichte ab: S bzw. ∫ (der Staatssicherheitsmitarbeiter) versucht die Buchstaben seiner Gleichung unter Kontrolle zu halten,[30] was ihm durch die Vernichtung und Flucht einiger Buchstaben jedoch unmöglich gemacht wird. Nur D, das Differential, bleibt zum Schluss noch übrig, während die Intervall-Angaben 1 und 0 verschwinden (I wird hingerichtet, O flieht über die Grenze), und auch das Restglied der Taylor-Formel, R, kommt ums Leben. Das Integrieren des gesamten Weltalls – die eigentliche Zielsetzung des Einzigen Staates – ist mit der Auslöschung der Buchstaben unmöglich geworden. Der Subtext des Buchstaben-Integrals deutet also auf ein Scheitern des utopischen Staates.

II.2. Taylorismus und Taylor-Reihe: Proletkul't-Dichter und R-13

Der Buchstabe R wird von Andrews, Lahusen und Maksimova nicht zufällig mit dem Restglied der Taylor-Formel in Verbindung gebracht. Der Name »Taylor« fällt im Roman auffallend häufig. So sehen etwa die Zeit-Gesetzestafeln, die vom Erzähler in der 3. Eintragung vorgestellt werden, gemeinsame Taylor-Exerzitien im Einheitsstaat vor.[31] Was während dieser Exerzitien gemacht wird, verrät der Text jedoch nicht. Es wird damit offen gehalten, ob sich die Übung auf das Werk des amerikanischen Ingenieurs Frederick W. Taylor (1856–1915) oder des englischen Mathematikers Brook Taylor (1685–1721) bezieht. Beide spielen für die Bedeutungsstruktur des Romans eine wichtige Rolle, wobei Frederick Taylor der offiziösen Welt des Einheitsstaates zuzuordnen ist, während sich die Bedeutung von Brook Taylor (Bezug zur Taylor-Formel) im häretischen Subtext entfaltet.[32]

---

29 Ebd., S. 61.

30 S-4711 ist eine zwielichtige Schatten-Gestalt. Sie taucht gelegentlich auch in der antiutopischen Gegenwelt auf, zu welchen Zwecken, bleibt unklar. Letztlich arbeitet sie für den Einheitsstaat und gehört zu den Nummern, die am Ende des Romans noch (bzw. wieder) loyal zur utopischen Welt stehen.

31 Samjatin, *Wir*, S. 15. Zamjatin, »My«, in: Nikonenko/Tjurina (Hrsg.), *Sobranie*, S. 217.

32 Zum doppelten Taylor vgl. auch Heller, Leonid, »Zamjatin: Prophète ou témoin? Nous autres et les réalités de son époque«, in: *Cahiers du Monde russe et soviétique*,

In Eintragung Nr. 8 nennt der Erzähler das Leben im Einheitsstaat ein rhythmisch taylorisiertes Glück. Außerdem werden die Bewegungen der Arbeiter am Integral (Raumschiff) als »rhythmisch« und »taylorisiert« bezeichnet (Eintragung 15). Damit bezieht sich Zamjatin eindeutig auf Frederick Taylor, dessen Vorstellungen von wissenschaftlicher Betriebsführung und Arbeitsteilung (in den USA an den Fließbändern der Fordwerke seit den 1910er Jahren umgesetzt) zu Beginn des 20. Jahrhunderts in Russland viele Anhänger hatten – und zwar auch unter Künstlern. Insbesondere in der in den 1920er Jahren sehr einflussreichen literarischen Strömung des Proletkul't gab es Anhänger des Taylorismus, die die Maschine als Vorbild des Menschen propagierten. Am Moskauer Zentralen Institut der Arbeit versuchte man, Taylors Ideen weiterzuentwickeln. Jede überflüssige Bewegung sollte im Arbeitsgang ausgeschaltet und die Arbeitswelt nach rationalen Kriterien neu organisiert werden.[33] Die maximale Normierung des Tagesablaufes, die die Menschen/Arbeiter in Zamjatins Einheitsstaat gleichsam zu Automaten werden lässt, kann als satirische Überzeichnung von Ideen des russischen Taylorismus verstanden werden.[34]

Zum russischen Proletkul't gehörten Schriftsteller, die – vergleichbar R-13, dem Dichter des Einheitsstaates – Dichtung im Dienste des technischen Fortschritts betrieben. Der Dichter R-13 ist als Staatsdichter also indirekt (über die russische Proletkul't-Bewegung) mit Frederick Taylor verbunden, gleichzeitig wird gerade er in die Nähe von Brook Taylors sog. Taylor-Formel gerückt. Denn die Aussage des Erzählers, R-13 sei in Taylor-Kunde immer »am Schwanz« gegangen (d. h. der Letzte gewesen) ist als Anspielung auf das R als Restglied der Taylor-Formel zu lesen.[35] Die Darstel-

22/1981, S. 144. Wichtig ist es mir, zu betonen, dass die beiden Taylors zwar gemeinsam zum mathematischen Inventar des Romans gehören, jedoch auf ganz konträre Weise: Der Ingenieur Frederick Taylor gehört dem utopischen Raum des Romans an. Das Restglied der Taylor-Formel (von Brook Taylor) ist dagegen Bestandteil des antiutopischen Subtextes.

[33] Ein wichtiges Schlagwort war die »Taylorisierung« auch in der Theatertheorie der Zeit (»taylorisierte Geste«), die im engen Dialog mit der Arbeitstheorie stand – vgl. z. B. zu Mejerchol'ds Biomechanik: Hielscher, Klara, »Was Meyerhold machte. Über Taylorismus, Kultur der Arbeit und Biomechanik in der Sowjetunion 1922«, *Theater heute*, 10/1977, S. 17, und Bailes, Kendall E., »Alexei Gastev and the Soviet Controversy over Taylorism, 1918–24«, in: *Soviet Studies*, 29/1977, S. 373–394.

[34] Vgl. Scheffler, Leonore, *Evgenij Zamjatin. Sein Weltbild und seine literarische Thematik*, Köln, Wien 1984, S. 187–193.

[35] Die deutsche Übersetzung gibt diese Stelle nur ungenügend wieder. Dort heißt es: »In Taylor-Kunde und Mathematik war er stets der Letzte in der Klasse.« (Samjatin, *Wir*, S. 43).

lungen des Restglieds im Satz von Taylor sind wichtige Hilfsmittel für die Herleitung von Kriterien für die Darstellbarkeit einer Funktion (durch die Taylor-Reihe).[36] R-13 ist als Restglied also äußerst wichtig für das Erreichen des vom Einheitsstaat angestrebten Ziels einer vollständigen Integration des gesamten Weltalls. Die durch die Buchstabenkomponente im Namen angelegte Gleichsetzung von R-13 mit dem Restglied legt das im Text enthaltene Abhängigkeitsverhältnis zwischen R-13 und D-503 als ein mathematisches offen: In der Restgliedformel ist R vom Wert des D (Differentials) abhängig:

$$R_n = \int_a^x \frac{(x-t)^n}{n!} f^{(n+1)}(t)dt.$$

Die Zusammenführung beider Taylors erfolgt im Roman über das doppelte Integral: Am Raumschiff-Gegenstand »Integral« arbeitet man im Einheitsstaat nach den Vorgaben des Ingenieurs und Betriebswissenschaftlers Taylor, am mathematischen Integral arbeitet man dagegen mit Hilfe der Taylor-Reihe (und von R, dem Restglied der Taylor-Formel).

Der aufmerksame Leser kann den Namen Taylor an den meisten Stellen des Romans entweder dem Mathematiker oder dem Betriebswissenschaftler (Ingenieur) zuweisen.[37] An einer Stelle werden allerdings die beiden Taylor-Bezüge zusammengeführt: In der 7. Eintragung geht es um die Organisation der Zeiteinteilung im Einheitsstaat. Diese ist im Wesentlichen rational unter Weiterentwicklung der Vorgaben Frederick Taylors geregelt. Nur zwei Stunden stehen als »persönliche Stunden« den Nummern des Staates privat zur Verfügung. Der Erzähler beklagt die Schwierigkeit, alle 24 Stunden des Tages zu integrieren.[38] Hiermit ist ein Problem der Anwendung der Taylor-Reihe angesprochen: Wenn man eine Funktion erfolgreich in eine Taylor-Reihe zerlegt hat, kann man Teile integrieren, aber nur, wenn die Funktion an der Stelle stetig ist.[39] Die zu integrierende Funktion des Einheitsstaates ist je-

---

36 Zu Taylorscher Reihe, Taylor-Polynom und Restglied vgl. Bartsch, *Taschenbuch*, S. 531f. und Walz, Guido (Hrsg.), *Lexikon der Mathematik in sechs Bänden*, Bd. 5, Heidelberg, Berlin 2001–2003, S. 181–184.

37 Ein expliziter Verweis auf Brook Taylor findet sich in der 4. Eintragung: Gemeinsam mit dem schottischen Mathematiker Colin MacLaurin (1698–1746) wird er als Inspirator der Musik des Einheitsstaates genannt (Samjatin, *Wir*, S. 21). Die MacLaurin'sche Reihe ist in der Mathematik eine Entwicklung der Taylor-Reihe, vgl. Bartsch, *Taschenbuch*, S. 532.

38 Samjatin, *Wir*, S. 34. Zamjatin, »My«, in: Nikonenko/Tjurina (Hrsg.), *Sobranie*, S. 233.

39 Andrews/Lahusen/Maksimova, *O sintetizme*, S. 70. Das Problem der Integration unstetiger Funktionen war zu Beginn des 20. Jahrhunderts ein wichtiges Forschungsgebiet russischer Mathematik (vgl. Niederbudde, *Mathematische Konzeptionen*, S. 21f.).

doch unstetig (weil unterbrochen) im Intervall der persönlichen Zeit (von 16 bis 17 und von 21 bis 22 Uhr). Diese Stunden sind frei von der allgemeinen Formel, man kann sie nicht vollständig in den Raum integrieren, der vom Staat kontrolliert wird – auch nicht mit Hilfe der Taylor-Formel. Durch das Auslöschen von R (als Person und Zeichen) am Ende des Romans wird die Berechnung der Taylor-Reihe als Vorbedingung für die Berechnung des Integrals zusätzlich in Frage gestellt.

III. Schlussbemerkung

Am Ende von Zamjatins Roman scheint es, als hätte der utopisch-totalitäre Einheitsstaat den Sieg über die Individualität des Erzählers davongetragen. Der zwischenzeitlich von Phantasie, Freiheits- und Revolutionsgedanken infizierte Erzähler D-503 wurde mit Hilfe eines medizinischen Eingriffs wieder in die Ordnungswelt des »Einen Staates« zurückgeführt, die Anführerin der Revolution (I-330) wurde hingerichtet, die geschlossene Welt des utopischen Staates konnte mit Hilfe einer Hochspannungsbarriere wiederhergestellt werden. D-503 beendet seine letzte Aufzeichnung mit den Worten: »Und ich hoffe, wir werden siegen. Mehr: ich bin überzeugt – wir werden siegen. Weil der Verstand siegen muss.«[40]

Vor dem Hintergrund des vorausgegangenen Geschehens unterstreichen diese letzten Worte nicht nur die Rückgewinnung von D-503 in die Welt des kollektiven »Wir«, sie weisen auch an den Ausgangspunkt der Erzählung zurück, als der Tagebuchschreiber D-503 noch in jeder Hinsicht an das vom utopischen Einheitsstaat propagierte, auf Verstand und Wissenschaft aufbauende Weltbild glaubte. Die Schlussworte des Romans können jedoch nicht die dazwischen liegenden Ereignisse – die in Form von Tagebuchaufzeichnungen festgehalten wurden – rückgängig und unerzählt machen. Und in diesen finden sich – wie gezeigt wurde – sowohl im Erzählertext als auch im Subtext des Romans antiutopische mathematische Zeichenwelten, die den Alleinvertretungsanspruch des Einheitsstaates auf Wissenschaft und Verstand unterminieren. Der Verstand, der zum Schluss siegen muss, ist daher nicht eindeutig dem Einheitsstaat zuzuordnen, sondern trägt in sich Züge der antiutopischen Gegenwelt, die mit der Operation des Erzählers vermeintlich besiegt wurde.

---

[40] Samjatin, *Wir*, S. 212. »И я надеюсь – мы победим. Больше: я уверен – мы победим. Потому что разум должен победить.« (Zamjatin, »My«, in: Nikonenko/Tjurina (Hrsg.), *Sobranie*, S. 340).

Monika Schmitz-Emans (Bochum)

Gleis neundreiviertel, das siebeneinhalbte Stockwerk, die 2,333te Dimension und ein Ausflug nach Tlön

Gebrochene Ordnungszahlen als Schwellen ins Imaginäre

I. Einleitung. Zählen als Ordnungsversuch: Agilulfo und Wittgensteins Neffe

Italo Calvinos Roman *Il cavaliere inesistente* (dt.: *Der Ritter, den es nicht gab*) spielt in einem imaginären Mittelalter: zu einer Zeit der Verwirrung, wie es heißt – einer Zeit, da die Dinge noch nicht zu ihren Namen und die Namen noch nicht zu den passenden Dingen gefunden haben, da die Menschen noch unscharfe Identitäten besitzen und die Dinge sich chaotisch und verschwommen darstellen.[1] Agilulfo, die zentrale Figur, ist ein Ritter, den es nicht gibt. Er ist ein bloßer Wille, ein bloßes Selbstbewusstsein ohne körperliches Substrat. Man sieht nichts, wenn man seine Rüstung aufklappt, und am Romanende verflüchtigt er sich, weil sein adliger Name und sein Selbstbewusstsein, die allein ihn als Person zusammengehalten haben, in eine tiefe Krise geraten sind. Im unordentlichen Heerlager Karls des Großen befasst er sich zuvor unablässig damit, Ordnung zu schaffen, Differenzierungen zu treffen, zu gliedern, zu hierarchisieren. Als reiner Intellekt liebt er die Zahlen nicht nur; das Zählen von Dingen ist ihm angesichts der entropischen Welt ein Grundbedürfnis. Dinge zu zählen heißt, zu unterscheiden und aus Unterschiedenem eine geordnete Struktur zu schaffen, an die man sich als von Diffusion bedrohtes Wesen halten kann. In der Dämmerung, wenn diese Bedrohung am stärksten ist, setzt sich Agilulfo in den Wald, legt Tannenzapfen und andere Dinge zu regelmäßigen Mustern, unterwirft sie den Gesetzen der Mathematik.[2] Was bei Agilulfo als eine Praxis der Selbstverteidigung gegen

---

[1] Vgl. Calvino, Italo, *Der Ritter, den es nicht gab*, übers. von Oswalt von Nostitz, München 1987, 3. Aufl. 1990, S. 33.

[2] »Zur Stunde des aufdämmernden Morgens verspürte Agilulf stets die Notwendigkeit, sich Präzisionsübungen zu widmen, Gegenstände zu zählen, sie zu geometrischen Formen anzuordnen, arithmetische Probleme zu lösen. [...] Es ist die Stunde, in der man sich der Existenz der Welt am wenigsten sicher ist. Agilulf je-

machtvolle Diffundierungstendenzen erscheint, stellt sich bei einer von ähnlichen Neigungen getriebenen Figur in Thomas Bernhards Roman *Wittgensteins Neffe* als wahnhafte Obsession dar: der sich im ständigen Zählen von Dingen artikulierende Ordnungszwang. Berichtet wird von der »Zählkrankheit«, die den Ich-Erzähler und eine andere Figur befallen hat – von dem wahnhaften Bedürfnis, alles Mögliche zu zählen, und der damit verbundenen fixen Idee, sich nach einem exakten numerischen System durch den Raum (also etwa über die Steinplatten eines Gehwegs) bewegen zu müssen.[3] Auch hier geht es mit dem Zählen also nicht allein darum, Ordnungsmuster auf die gegenständliche Welt zu projizieren, sondern zugleich um Selbstschutz gegen das Ungeordnete: Der Erzähler verortet sich und seinen ebenfalls ›zählkranken‹ Freund Paul auf der Seite des Zufälligen und ›Nachlässigen‹, auf der der entropischen Kräfte, und es liegt nahe, die Zählwut beider als Ausdruck ihrer krampfhaften Bemühungen um eine Stabilisierung des Subjekt-Objekt-Bezugs zu deuten. Pathologisch erscheint diese Zählwut deshalb, weil

---

doch hatte das Bedürfnis, sich den Dingen wie einer massiven Mauer gegenüber zu fühlen, der er die Spannung seines Willens entgegensetzen konnte. Nur so gelang es ihm, ein verläßliches Bewußtsein seiner selbst aufrechtzuerhalten. Wenn sich die Umwelt hingegen ins Unbestimmte, Zwielichtige auflöste, fühlte auch er sich in jenen weichen Halbschatten versinken; er vermochte dann nicht mehr, der Leere einen klaren Gedanken, eine schnelle Entscheidung, eine fixe Idee abzugewinnen. [...] das waren Augenblicke, in denen er sich dahinschwinden fühlte. Mitunter brachte er es nur mit äußerster Anstrengung fertig, seiner völligen Auflösung Einhalt zu gebieten. Dann begann er zu zählen: Blätter, Steine, Lanzen, Tannenzapfen, alles, was er gerade zur Hand hatte; oder er ordnete sie in Reihen, stellte sie in Quadraten oder Pyramiden zusammen. Wenn er sich dergestalt in solch exakte Tätigkeiten versenkte, gelang es ihm, sein Unbehagen zu überwinden, Unzufriedenheit, Unrast und Kräfteschwund ließen nach, die gewohnte geistige Klarheit und Gesetztheit kehrten zurück.« (Calvino, *Der Ritter*, S. 21 f.).

3 »Wochenlang, monatelang [...] bin ich, wenn ich mit der Straßenbahn in die Stadt fahre, gezwungen, aus dem Fenster schauend, die Zwischenräume der Fenster zu zählen oder die Fenster selbst oder die Türen oder die Zwischenräume der Türen und je schneller die Straßenbahn fährt, desto schneller habe ich zu zählen und ich kann mit dem Zählen nicht aufhören bis an die Grenze der Verrücktheit, wie ich denke. [...] Auch mein Freund Paul hatte die Zählkrankheit [...]. Und er hatte dieselbe auch mich sehr oft bis an die Grenze der Verrücktheit zerrende Gewohnheit, die Pflastersteine, über die zu gehen ist, nicht einfach wahllos, wie andere, sondern nach einem ganz genau vorgeschriebenen System zu betreten, also beispielsweise genau nach zwei ganzen, erst auf die dritte Steinplatte aufzutreten [...]. Nichts durfte solchen Menschen wie uns beiden, sozusagen dem Zufall oder der Nachlässigkeit überlassen sein, alles mußte sein ganz und gar ausgeklügeltes Geometrisches, Symmetrisches, Mathematisches haben.« (Bernhard, Thomas, *Wittgensteins Neffe. Eine Freundschaft*, Frankfurt am Main 1982).

sie das befallene Ich auf sein Zählen und seine an Zahlen ausgerichteten Bewegungen reduziert: Es wird zur bloßen Zählmaschine – wie Agilulfo.

Beide Texte signalisieren, dass das Zählen von Dingen – eine der fundamentalsten Kulturpraktiken – zugleich mehr als ein banales Alltagsgeschäft sein kann: Es ist Inbegriff einer Orientierung im Raum der Dinge, die auf dem Vermögen zur Differenzierung beruht (der/das Erste unterscheidet sich vom Zweiten, dieses sich vom Dritten etc.), und es ist zugleich Voraussetzung einer Erfassung von Mustern im Raum, die ihrerseits die Basis dafür bilden, dass der Zählende sich in diesem Raum selbst verorten kann. Eine Identität sichert er sich damit noch nicht, aber er hebt sich immerhin von den gezählten Dingen ab. Eines nach dem anderen in den Blick zu fassen, abzuhandeln, darzustellen – das ist zugleich die grundlegende Operation im Prozess des Erzählens, das mit dem Zählen nicht nur etymologisch verwandt ist. Dinge ›auf die Reihe zu bringen‹, wirkt orientierend und beruhigend; darauf hat u. a. Musil im *Mann ohne Eigenschaften* hingewiesen, um den tröstlichen Effekt des linearen Erzählens zu verdeutlichen.[4] Allerdings weiß Musils Protagonist Ulrich auch bereits, dass solch linear-reihendes Erzählen der Komplexität der Welt nicht (mehr) gewachsen ist und die einfache Reihung insofern einer Komplexitätsreduktion, einer Verfälschung gleichkommt. Aber gerade dies lässt die Agilulfo'sche und Bernhard'sche ›Zählkrankheit‹ als eine Art Notwehr erscheinen – sei es, dass diese als rational, sei es, dass sie als pathologisch erscheint, sei es auch, dass Rationalität selbst als eine Art Wahn dargestellt wird.

II. Zum Primat der Ordnungszahlen vor den Kardinalzahlen (Mengenangaben)

Ordnungszahlen bringen die fundamentalste Vorstellung von Ordnung zum Ausdruck, ja, sie sind konstitutiv für diese Vorstellung – nämlich für die, dass es überhaupt etwas zu ordnen gibt (und zwar einzelne Elemente einer Menge, einzelne differente Objekte oder Gegebenheiten), und dass man dieses zu Ordnende – in Gedanken oder physisch-konkret – Stück für Stück, der Reihe nach, zum Gegenstand der Betrachtung machen kann. Ordnungszahlen dienen ferner dazu, verschiedene hierarchische Ebenen festzulegen, auf denen Elemente einer Menge (etwa der natürlichen Wesen) geordnet werden können. Sie organisieren Gegenstände des Wissens unter dem abstrahierenden Aspekt ihrer Zuordnung zu Klassen, Unterklassen etc. In Ord-

---

4 Vgl. Musil, Robert, »Der Mann ohne Eigenschaften«, in: *Gesammelte Werke*, Bd. 1 und 2, Adolf Frisé (Hrsg.), Hamburg 1978, S. 650.

nungszahlen manifestiert sich in jedem Fall die Idee einer Reihung: Auf ein Erstes folgt ein Zweites, dann ein Drittes etc. Diese Reihung *kann* ein zeitliches oder räumliches Nacheinander darstellen, sie *kann* Subsumptionsverhältnisse zum Ausdruck bringen; sie kann vor allem aber auch dazu dienen, Mengen festzustellen: Wenn man alles der Reihe nach durchgezählt hat, dann weiß man, wie viel man hat. In der Mathematik nennt man diesen Mengen angebenden Aspekt Kardinalzahl.

Georges Ifrah hat in seinem Buch über die Zahlensysteme und ihre Geschichte[5] die plausible These vertreten, die Ordnungszahlen seien für das Rechnen die fundamentalsten Zahlen – und damit denjenigen Zahlenwerten vorgeordnet, welche Mengen angeben. Zuerst muss man die Menge ja zählen, dann erst kann man sie angeben. Der Ausdruck für das letzte Zeichen dieser Reihe gab dann die Größe der gezählten Menge an: War man nach dem »Eins – zwei – drei – vier – fünf« mit allen Elementen fertig, dann hatte man fünf Dinge vor sich.[6] In welcher Reihenfolge die Elemente durchnummeriert werden, ist dabei gleichgültig.[7] (Eigentümlicherweise kann die Idee des Zählens sowohl mit der Vorstellung verknüpft sein, eine Einheit zur anderen hinzuzufügen, als auch mit der, eine nach der anderen wegzunehmen.[8]) Durch das Zählen wird aus einem Unbestimmten etwas Bestimmtes.[9] Auch zunächst diffus erscheinende Größen lassen sich durch Zählung ordnen.[10] Bei allem, was gezählt wurde, handelte es sich zunächst um ganzzahlige Quantitäten; gerechnet wurde entsprechend in einer frühen Phase der Mathematik insgesamt mit den sogenannten natürlichen Zahlen.[11] Dass das Zählen ein Akt der Ordnungsstiftung ist, erläutert Ifrah unter Berufung auf Raymond Balmes (*Leçons de philosophie*, Bd. 2, Paris 1965), demzufolge Zählen bedeutet, Elemente in Beziehungen zueinander zu setzen – ein Zweites ist immer nur bezogen auf ein Erstes ein Zweites – und insofern eine fundamentale Abstraktionsleistung voraussetzt.[12] Ordinal- und Kardinalzah-

---

5 Ifrah, Georges, *Universalgeschichte der Zahlen*, Frankfurt am Main, New York 1989.

6 Ifrah, *Universalgeschichte*, S. 44.

7 Ifrah, *Universalgeschichte*, S. 44.

8 Vgl. Ifrah, *Universalgeschichte*, S. 175f. und seinen Hinweis auf Gerschel, Lucien, »Comment comptaient les anciens Romains?«, in: *Hommage à Léon Herrmann*, Brüssel 1960, S. 386–397, hier S. 390f.; nach Ifrah, *Universalgeschichte*, S. 176.

9 Ifrah, *Universalgeschichte*, S. 45.

10 Ifrah, *Universalgeschichte*, S. 44f.

11 Vgl. Ifrah, *Universalgeschichte*, S. 44.

12 Laut Balmes, so Ifrah, »kann der menschliche Verstand Gegenstände einer Menge […] nur dann ›zählen‹, wenn er gleichzeitig über drei Fähigkeiten verfügt (Balmes, Raymond, *Leçons de philosophie*, Bd. 2, Paris 1965): 1. Er muß in der Lage sein, je-

len entsprechen verschiedenen Aspekten des Zahl-Begriffs: Kardinalzahlen sind Zahlen, die den gezählten *Dingen* zugeordnet sind, Ordinalzahlen implizieren ebenfalls eine solche paarweise erfolgende Zuordnung, zugleich aber auch die Idee einer *Reihung*.[13] Die Ordinalzahlen sind Basis der Arithmetik, so Ifrahs unter Berufung auf andere Mathematiker vertretene These. Denn die Zuordnung von Zahlen zu Dingen allein begründet mathematische Operationen noch nicht; die Vorstellung einer geordneten Folge muss hinzukommen.[14]

III. Die Ordnung der Dinge, die Ordnung des Raumes und die Ordnung der Zahlen

Die Menge der Ordnungszahlen ist die der natürlichen Zahlen: Der Erste trägt die Nummer 1, der Zweite die Nummer 2 etc. – und natürlich folgt das erste auf das zweite Element. Was aber geschieht, wenn nicht auf ein ›Erstes‹ ein ›Zweites‹, auf dieses ein ›Drittes‹ folgt etc.? In Gedankenexperimenten sind zwei Alternativen dazu ins Spiel gebracht worden: (a) eine Verkehrung der geläufigen Sequenz der Ordnungszahlen, (b) eine Ergänzung der an sich *per definitionem* ganzzahligen Ordnungszahlen um nicht ganzzahlige Zahlen (›gebrochene‹, Bruchzahlen). Mit einem solchem Verstoß gegen das fundamentale Zählverfahren verbindet sich eine Verwirrung oder sogar

---

dem Gegenstand einen ›Rang‹ zuteilen zu können. 2. Er muß die jeweilige Einheit auf die vorangegangenen zurückbeziehen können. 3. Er muß vom schrittweisen Vorgehen des Zählens auf die gleichzeitige Existenz des Gezählten schließen können.« (Ifrah, *Universalgeschichte*, S. 45f.).

13 Vgl. Ifrah, *Universalgeschichte*, S. 46.

14 Ifrah zitiert Dantzig, Tobias, *Le nombre, langage de la science*, Paris 1931, S. 16f.: »Wir gehen so leicht von Kardinal- zu Ordinalzahlen über, daß wir diese beiden Aspekte der ganzen Zahl nicht mehr auseinanderhalten. Wenn wir die Anzahl der Gegenstände einer Menge, also ihre Kardinalzahl, bestimmen wollen, suchen wir nicht mehr nach einer Hilfsmenge, mit der wir sie vergleichen können, wir ›zählen‹ sie ganz einfach. Dieser Fähigkeit, die beiden Aspekte der Zahl gleichzusetzen, verdanken wir unsere Fortschritte in der Mathematik. Während uns in der Praxis nur die Kardinalzahl interessiert, kann diese Zahl doch nicht die Grundlage der Arithmetik bilden, da die Rechenarten auf der stillschweigenden Voraussetzung beruhen, daß wir stets von jeder Zahl auf die ihr nachfolgende übergehen können – die Zahl also als Ordinalzahl begriffen wird. Die paarweise Zuordnung allein reicht nicht aus, um zu rechnen; ohne unsere Fähigkeit, die Gegenstände durch die natürliche Zahlenfolge zu gliedern, wäre nur ein sehr geringer Fortschritt möglich geworden. Unser Zahlensystem beruht auf den beiden Prinzipien der Zuordnung und der Rangfolge, die das Gewebe der Mathematik und aller Bereiche der exakten Wissenschaften bilden.« (zit. bei Ifrah, *Universalgeschichte*, S. 47).

eine Subversion der Idee des Geordneten selbst. Zwischen den mit ganzen Zahlen nummerierten Orten liegt das Außerordentliche, und die gebrochene Ordnungszahl selbst markiert eine Schwelle dorthin. Das wissen schon Schüler.

Wenn Harry Potter im ersten Band seiner Geschichte (zuerst engl. 1997) von einem Bahnhof aus zur Zauberschule Hogwarts aufbricht, so beginnt die Reise auf Gleis 9 ¾. Der unsympathische Onkel Vernon bringt ihn zum Bahnhof und kommentiert süffisant, da seien zwar Gleis neun und Gleis zehn, aber das Gleis, das Harry suche, habe man »wohl noch nicht gebaut«.[15] Einen Wachmann nach Gleis neundreiviertel zu fragen, wagt Harry nicht, er ahnt allerdings, dass man etwas Besonderes tun muss, um dorthin zu gelangen. Durch andere Hogwarts-Reisende erfährt er aber noch rechtzeitig vor Abfahrt des Zuges, was zu tun ist: Man muss auf die Absperrung vor dem Bahnsteig für die Gleise neun und zehn zulaufen und ohne Scheu vor einem möglichen Zusammenstoß konsequent weiterlaufen. Harry passiert die Schwelle mit geschlossenen Augen (was es der Autorin erspart, den Übergang genauer zu schildern).[16]

In Spike Jonzes Film *Being John Malkovich* (1999) wird davon erzählt, wie sich Personen, die eine rätselhafte Agentur aufsuchen, beim Passieren eines Schwellenraumes für eine Zeit in den Schauspieler John Malkovich verwandeln; sie schlüpfen in dessen Körper, erleben schließlich die Welt als John Malkovich. Das Serviceunternehmen »J. M. Incorporated«, das diese eigenartige Erfahrung vermittelt, liegt in Stockwerk 7½ eines Bürohauses in Manhattan; die Schwelle, die man passieren muss, um aus dem eigenen Ich in das des John Malkovich hinüberzugleiten, ist eine kleine Tür hinter einem Aktenschrank.

Nun sind sowohl Gleise als auch Stockwerke normalerweise ganzzahlig nummeriert. Die Idee eines Gleises zwischen den Gleisen, eines Stockwerks zwischen den Stockwerken ist mit konventionellen topographischen Ordnungsverfahren nicht recht kompatibel. Natürlich kann man an einem Gleis die Zahl 9,75, an einem Stockwerk die Zahl 7,5 anbringen – aber das fragliche Gleis 9,75 wäre gleichwohl das zehnte (wenn denn die übrigen korrekt nummeriert sind) und das Stockwerk 7,5 das achte. Aber in der Welt Harry Potters und der Agentur »J. M. Inc.« geht es natürlich nicht um ›falsch‹ nummerierte ›richtige‹ Orte: Suggeriert wird vielmehr die Existenz eines Zwischen-Raums, einer Schwelle zu einem außer-ordentlichen Raum –

---

15 Rowling, Joanne K., *Harry Potter und der Stein der Weisen*, aus dem Engl. von Klaus Fritz, Hamburg 1998, S. 101.

16 Rowling, *Harry Potter und der Stein der Weisen*, S. 104.

in dem dann entsprechend Außer-Ordentliches geschieht. Lücken, Zwischenräume und Schwellen öffnen sich dort, wo der Verstand an seine Grenzen stößt.[17]

Im Folgenden sollen literarische und künstlerische Gedankenexperimente vorgestellt werden, die mit der Systematik der Ordnungszahlen und deren Funktionen spielen. Idealtypisch repräsentiert finden sich diese Experimente jeweils durch Texte von Jorge Luis Borges. Borges hat geläufige Ordnungen des Wissens als Erzähler wie als Essayist immer wieder dadurch außer Kraft gesetzt, dass er in Gedanken die Konsequenzen solchen Außerkraftsetzens durchspielte. Eine Leitfrage ist dabei, ob ungeordnetes Wissen überhaupt als Wissen gelten kann. Auf Franz Kuhn bezieht sich Borges mit der Erwähnung der berühmt gewordenen ›chinesischen Enzyklopädie‹, betitelt: »Himmlischer Warenschatz wohltätiger Erkenntnisse«, die nach einem völlig abstrusen System alphanumerisch geordnet ist.[18] Ein unmittelbar anschließend erwähntes ebenso abstruses Ordnungssystem wie das der chinesischen Enzyklopädie beruht auf einer Zuordnung von Weltinhalten zu Zahlen:

> Das Bibliographische Institut in Brüssel befleißigt sich ebenfalls des Chaotischen: es hat das Weltall in tausend Unterteilungen zerstückelt. Nummer 262 entspricht dem Papst. 282 der römisch-katholischen Kirche, 263 dem Tag des Herrn, 268 den Sonntagsschulen, 289 dem Mormonismus und 294 dem Brahmanismus, Buddhismus, Schintoismus und Taoismus. Es schreckt vor den heterogensten Unterteilungen nicht zurück. So zum Beispiel Nummer 179: Grausamkeit gegen

---

[17] Wenn Erich Kästner einen seiner Romane am 35. Mai spielen lässt, so ist ein ähnlicher Effekt angestrebt; der 35. Mai ist eben nicht der 4. Juni – ein Beispiel dafür, dass auch nicht-gebrochene Ordnungszahlen subversiv wirken können, wenn denn festgelegt ist, dass sie einen bestimmten Wert nicht überschreiten dürfen, und sie es dennoch tun. Die Tage jenseits des 31. Mai liegen in einem temporalen ›Zwischen-Raum‹ zwischen Mai und Juni. Topographische und zeitliche Zwischen-›Räume‹ können einander wechselseitig bespiegeln. Das Abenteuer, John Malkovich zu sein, nimmt nicht nur von Stockwerk 7 ½ seinen Ausgang, es spielt auch in einem Zeitintervall, mit dem die normale Lebenszeit dessen, der nun temporär John Malkovich ist, unterbrochen wird.

[18] Borges, Jorge Luis, »Die analytische Sprache von John Wilkins«, in: *Inquisitionen, Gesammelte Werke. Der Essays dritter Teil*, Gisbert Haefs und Fritz Arnold (Hrsg.), München, Wien 2003, S. 109–113, hier S. 111f. Vgl. auch S. 112: »Auf ihren weit zurückliegenden Blättern steht geschrieben, dass die Tiere sich wie folgt gruppieren: a) Tiere, die dem Kaiser gehören, b) einbalsamierte Tiere, c) gezähmte, d) Milchschweine, e) Sirenen, f) Fabeltiere, g) herrenlose Hunde, h) in diese Gruppierung gehörige, i) die sich wie Tolle gebärden), k) die mit einem ganz feinen Pinsel aus Kamelhaar gezeichnet sind, l) und so weiter, m) die den Wasserkrug zerbrochen haben, n) die von weitem wie Fliegen aussehen.«

> Tiere. Tierschutz. Das Duell und der Selbstmord, moralisch betrachtet. Verschiedene Laster und Gebrechen. Verschiedene Tugenden und Qualitäten.[19]

Hier sind zwar keine Bruchzahlen zwischen die ganzen Zahlen geschoben worden, um deren konventionelle Ordnung zu stören. Aber die Beliebigkeit der vorgenommenen Nummerierung weckt den Verdacht, die durch die Aufzählung suggerierte Ordnung der Inhalte sei nichts als eine hochgradig konstruierte Fiktion. Borges betont, worum es ihm mit diesen Kuriosa von Klassifikationssystemen eigentlich geht – um die Kontingenz aller Ordnungsmuster:

> Ich habe Wilkins, den unbekannten (oder apokryphen) chinesischen Enzyklopädisten und das Bibliographische Institut in Brüssel mit einer Aufstellung von Beliebigkeiten vorgeführt. *Bekanntlich existiert keine Klassifikation des Universums, die nicht willkürlich und mutmaßlich ist* [Hervorh. M. S. E.]. Aus einem sehr einfachen Grund: wir wissen nicht, was das Universum ist. ›Die Welt‹, schreibt David Hume, ›ist vielleicht die rudimentäre Skizze irgendeines kindischen Gottes, der sie mittendrin liegen ließ, weil er sich ihrer mangelhaften Ausführung schämte; sie ist das Werk eines Gottes niederer Ordnung, […] das konfuse Machwerk einer altersschwachen und abgedankten Gottheit, die schon gestorben ist‹ (*Dialogues Concerning Natural Religion* V, 1779). Man darf noch weiter gehen; *man darf vermuten, dass es kein Universum in dem organischen, auf Einheit bedachten Sinne gibt, auf den dieses anspruchsvolle Wort schließen läßt* [Hervorh. M. S. E.]. Wenn es eines gibt, so bleibt seine Absicht uns verborgen, bleiben die Wörter, die Definitionen, die Etymologien, die Synonyme des geheimen Wörterbuches Gottes unseren Mutmaßungen gegenüber verschlossen.[20]

Die Gedankenexperimente, die Borges an die These von der Kontingenz aller Ordnungen knüpft, sind zu erheblichen Teilen Experimente mit und um Zahlen. Bevor einige dieser Gedankenexperimente vorgestellt werden, zunächst noch eine Bemerkung zum *Aussehen* der Zahlen, zu ihrer (in der Regel) visuellen Gestalt und ihren Generierungsverfahren.

IV. Experimente mit Gestalt und Systematik der Zahlzeichen

Der Umgang mit Zahlen beginnt in prähistorischer Zeit mit dem Zählen von Gegenständen (von erlegten Tieren, Herdenbeständen etc.).[21] Neben Kerben dienten Kieselsteine als Hilfsmittel bei der Mengenangabe (das Wort *calculus* bezeichnet ursprünglich diese Rechensteine und ist etymologisch der

---

19 Borges, »Die analytische Sprache von John Wilkins«, in: *Inquisitionen, Gesammelte Werke. Der Essays dritter Teil*, Gisbert Haefs und Fritz Arnold (Hrsg.), München, Wien 2003, S. 109–113, hier S. 112.

20 Ebd., S. 112f.

21 Vgl. Ifrah, *Universalgeschichte*, S. 15.

Ausgangspunkt für den Begriff »Kalkül«). Zählen bedeutete praktisch, jedem Element einer zu zählenden Menge ein Zeichen als Repräsentanten zuzuordnen. Um den von *Kardinalzahlen* repräsentierten Aspekt der Zahl zu gewährleisten, reicht es, wenn jedes gezählte Element einer Menge (bzw. jede Einheit) dasselbe Zeichen bekommt: Die Zahl der Zeichen (Kerben, Kieselsteine) entspricht dann der der gezählten Dinge (sie gibt eine Menge mit gleich vielen Elementen an) und steht stellvertretend für diese. Um mit Zahlen *rechnen* zu können, muss jedoch – wie bereits erwähnt – der mit *Ordinalzahlen* verbundene Aspekt hinzukommen: Eine Sequenz von Zahlen muss gegeben sein respektive gedacht werden. Dies nun ist nur möglich, wenn jeder Zahlenwert ein *eigenes Zeichen* bekommt. Die ›1‹ sieht anders aus als die ›2‹, diese anders als die ›3‹ etc.; durch ihre unterschiedliche Form kann man sie auseinanderhalten, sie hintereinander setzen und mit ihnen (stellvertretend für abwesende Objekte) rechnen.[22]

Die Erfindung von Zeichen für Zahlen bewegt sich also insgesamt (das primitive Zählen mittels Kerben oder Kieseln eingeschlossen) in einem Spektrum zwischen zwei Extremen. Am einen Ende steht die Option, immer dasselbe Zeichen zu wiederholen. Das macht im praktischen Leben nur Sinn, solange man sich im Bereich der niederen Zahlenwerte aufhält; jenseits dieser dient das System der gleichförmigen Striche oder Punkte der Orientierung nicht mehr gut genug. (So könnte man zwar eine tausendköpfige Herde Schafe durch 1000 Kiesel oder 1000 Striche wiedergeben, was aber sehr unübersichtlich ist.) Das andere Extrem wäre, jedem Zahlenwert ein eigenes, von den anderen ganz unabhängiges Zeichen beizulegen. Dies wiederum setzt voraus, dass man eine prinzipiell unbegrenzte Menge von Zahlzeichen erfindet und lernt – was schon wegen des immensen Gedächtnisballastes aber ebenfalls impraktikabel ist. Notwendig ist – auch und gerade für arithmetische Operationen – ein Code, der die Zuordnung von Zahlzeichen zu Zahlenwerten systematisch regelt. Auf solchen Codes beruhen die verschiedenen Zahlencodes, darunter als die uns geläufigsten der lateinische, der arabische und der digitale. Nur innerhalb solcher Systeme funktionieren die Zahlen so, wie sie sollen; die ordnungsstiftenden Funktio-

---

22 Vgl. Ifrah, *Universalgeschichte*, S. 53, Kap. »Zahlensysteme«: »Es existieren zwei grundlegende Möglichkeiten, Zahlen darzustellen. Die erste besteht darin, der Einheit ein Symbol zuzuordnen und dieses so oft zu wiederholen, wie die darzustellende Zahl Einheiten enthält – man könnte diese Möglichkeit deshalb als ›kardinale‹ bezeichnen. Der zweite Weg geht vom Prinzip der Ordinalzahlen aus; dabei wird jeder Zahl – beginnend mit der Einheit – ein eigenes, von den anderen Zahlen unabhängiges Symbol zugeordnet.«

nen von Zahlen hängen maßgeblich von der Systematik der äußeren, zeichenhaften Darstellung der Zahlen ab.

Borges hat nun aus Interesse an dem, was ›Ordnungen‹ sind (bzw. aus Interesse an deren Grenzen), explizit über die Implikationen eines Zahlensystems nachgedacht, das auf der Zuordnung immer neuer und anderer Zeichen zu den Zahlenwerten beruht (also über einen der genannten Grenzfälle von Zahlsystemen). In der Abhandlung *Die analytische Sprache von John Wilkins* merkt er an:

> Theoretisch gibt es zahllose Zählungssysteme. Das komplizierteste (dessen Gebrauch den Gottheiten und den Engeln vorbehalten ist) würde eine unendliche Zahl von Symbolen verzeichnen, nämlich ein besonderes Symbol für jede Zahl. Das einfachste kommt mit nur zwei Zeichen aus. Null schreibt sich 0, eine 1, zwei 10 [...].[23]

Ein von Borges in die Form einer Erzählung gekleidetes Gedankenexperiment nimmt seinen Ausgang von der Tatsache, dass Zahlzeichen prinzipiell beliebig aussehen bzw. klingen können. Was geschieht, wenn die Gestalt eines Zahlzeichens (gleichsam der »Name« des Zahlenwertes) beliebig festgelegt wird? Welche Folgen hat dies für das zu Zählende?

Funes el memorioso, der Protagonist der gleichnamigen Borges-Erzählung (deutsch: *Das unerbittliche Gedächtnis*), hat ein unendlich leistungsfähiges Gedächtnis. Nichts, was er einmal gehört, gesehen oder gedacht hat, kann er wieder vergessen. Darum kann Funes es sich leisten, sich ein eigenes Zahlensystem auszudenken, das dem erwähnten Komplexitätsextrem entspricht, denn er kann sich sein System ja merken, wenn auch nur er allein dazu imstande ist. Jeder Zahlenwert hat bei Funes einen eigenen Namen, und es gibt kein System, das die Folge dieser Namen regelt; die Zuordnung von Zahlenwerten und Zahlzeichen beruht allein auf Funes' Gedächtnisleistung.

> Er erzählte mir, dass er sich um 1886 ein eigenes Zahlensystem ausgedacht und in ganz wenigen Tagen 24 000 überschritten hatte. Er hatte es nicht niedergeschrieben, denn was er nur einmal gedacht hatte, konnte er nicht mehr vergessen. Den ersten Anstoß gab ihm, glaube ich, der Ärger über die Unbequemlichkeit, dass die berühmten ›Drei und dreißig Uruguayer‹ 2 Ziffern oder 3 Worte brauchen, anstatt eines einzigen Wortes und einer einzigen Ziffer. Dieses verrückte Prinzip wandte er dann auf die anderen Zahlen an. Anstatt siebentausend und dreizehn sagte er (zum Beispiel) ›Máximo Pérez‹; anstatt siebentausend und vierzehn ›Die Eisenbahn‹. Andere Zahlen waren ›Luis Melian Lafinur‹, ›Olimar‹, ›Schwefel‹, ›die Zügel‹, ›der Walfisch‹, ›das Gas‹, ›der Dampfkessel‹, ›Napoleon‹, ›Agustin de Vedia‹. Anstatt fünfhundert sagte er neun. Jedes Wort hatte ein eigenes Sinnbild, eine Art

[23] Borges, »Die analytische Sprache von John Wilkins«, in: *Inquisitionen, Gesammelte Werke*, S. 110.

> Merkzeichen; die letzten waren sehr kompliziert … Ich versuchte, ihm auseinanderzusetzen, daß eine Rhapsodie aus unzusammenhängenden Begriffen genau das Gegenteil eines Zahlensystems sei. Ich sagte ihm, wenn man dreihundertfünfundsechzig sagt, man 3 Hunderter, 6 Zehner, 5 Einer nennt; eine Analyse, die in ›Zahlen‹ oder ›der Neger Timotheus‹ oder ›Fleischdecke‹ nicht enthalten ist. Funes begriff mich nicht oder wollte mich nicht begreifen.[24]

Die Abweichung von konventionellen Systemen des Zählens verdeutlicht *via negationis* deren Leistungen. Zum einen hat Funes' privater Zahlen-Code den Nachteil aller Privatsprachen: Er bietet keine Basis für eine Kommunikation über das Gezählte. Zudem erscheint die Durchführung auch einfacher Rechenoperationen auf der Basis dieses Zahlencodes unmöglich. Denn letztlich ist alles Gezählte für Funes ja ein Einzelnes; Relationen zwischen den einzelnen Zahlenwerten sind auf der Basis unsystematischer Benennungen nicht darstellbar. Dass die erwähnten Zeichen, die Funes den Zahlen mittels seiner Gedächtnisleistung anheftet, von ganz unterschiedlichen Objekten stammen, also weder auf der phänomenalen Ebene (als visuelle oder akustische Zeichen) noch auf semantischer Ebene irgendeiner Systematik unterliegen, unterstreicht, wiederum *via negationis*, die Analogie zwischen ungeordneter Zahlzeichenfolge und ungeordneter Welt: Wenn man einer Folge von Zahlzeichen keine Systematik ansieht, dann ist es so gut, als wären sie nicht geordnet; entsprechend lässt sich mit ihrer Hilfe auch nichts anderes ordnen.

V. Experimente mit der Sequenz der Zahlzeichen

Im Alltagsleben wird dauernd gezählt: die Stockwerke, die Minuten, die Zigaretten, die produzierten Gegenstände. Manche Dinge erscheinen nur darum kohärent, weil ihre Elemente nummeriert sind; dazu gehört das Buch. Die konventionelle Gestalt des Buches (gemeint ist der Codex) beruht in erheblichem Maße auf der Zahlenreihe. Numerische Strukturen finden sich im Buch nicht nur bezogen auf Kapitelzählungen, Paginierungen und ähnliche Bezeichnungen linearer Sequenzen; Zahlen regeln auch die buchinternen Zuordnungen zwischen Text und Fußnoten, Verweise zwischen voneinander entfernt liegenden Seiten sowie Text-Bild-Zuordnungen. Selbst Bücher, die nicht linear von vorn bis hinten gelesen werden müssen, werden durch Nummerierungen so strukturiert, dass man ihre Inhalte überblicken kann.

---

24 Borges, Jorge Luis, »Das unerbittliche Gedächtnis«, in: *Kunststücke* (1944), *Gesammelte Werke. Der Erzählungen erster Teil*, Gisbert Haefs und Fritz Arnold (Hrsg.), München, Wien 2000, S. 179–188, hier S. 185f.

Nur sehr seitenarme Bücher können auf Paginierungen verzichten, ohne dass dies beim Leser Desorientierung erzeugt. Wir brauchen Seitenzahlen, wenn es etwa darum geht, zu zitieren oder sich in anderer Hinsicht auf eine bestimmte Stelle zu beziehen. Ein falsch gebundenes Buch lässt sich immer noch ›richtig‹ lesen, wenn die Seitenzahlen stimmen.

Verstöße gegen die konventionelle Seitenzählung verdeutlichen *via negationis* die Signifikanz der Zahlenreihe für den Raum des Buchs und darüber hinaus. Störungen (Auslassungen oder Wiederholungen) in der Sequenz der Kapitelzählung beispielsweise suggerieren ›fehlende‹ oder ›überflüssige‹ Kapitel; chaotische Fußnoten suggerieren ein Durcheinander der Inhalte. Beide Strategien des Spiels mit konventionellen Ordnungsmustern sind in literarischen Texten eingesetzt worden. Das durch ›unsystematische‹ Nummerierungen charakterisierte Buch kann als Sonderform des Labyrinth-Textes gelten, der den Leser auf einen nicht-linearen Weg durchs Buch schickt, wie es etwa in Lawrence Sternes *Tristram Shandy* geschieht.[25] Jean Paul lässt gelegentlich Kapitel aus. Oder er versieht seinen Text mit einem Ensemble von Fußnoten, die in nicht-linearer Folge und außerdem unvollständig erscheinen, weil nicht alle Zahlenwerte an jeweils eine Fußnote vergeben sind – ganz abgesehen davon, dass die so ›unordentlich‹ nummerierten Fußnoten in keinem erkennbaren Bezug zum Haupttext stehen.[26] In Italo Calvinos Roman *Se una notte d'inverno un viaggiatore* findet der lesende Protagonist, der lange vergeblich nach der Fortsetzung seines Buches sucht, einmal ein Mängelexemplar, bei dem sich die Seiten und ihre Zahlen wiederholen, ein anderes Mal ist der Text nur unvollständig abgedruckt – und jede Störung spiegelt sich in der Paginierung.[27]

Desorientierung erzeugen auch solche Bücher, die à la Funes nummeriert sind, deren Seitenzahlen also keinem erkennbaren Zählsystem entsprechen. Wo solche oder keine Zahlen stehen, ist schon das Wiederfinden von Seiten schwer. Borges, Erfinder einer ganzen Reihe phantastischer, imaginärer Bücher, hat einem solchen Buch ein erzählerisches Gedankenexperiment ge-

---

[25] Lawrence Sterne hat in seinem *Tristram Shandy* bekanntlich mit der linearen Ordnung des Buchs insofern gespielt, als er eine imaginierte Leserin aus einem späteren in ein früheres Kapitel zurückschickt. Julio Cortázar hat einen Roman verfasst, dessen Lesern er einleitend vorschlägt, die Kapitel nicht in linear-numerischer Folge, sondern wie beim Hüpfkästchenspiel Himmel und Hölle in größeren Sprüngen zu lesen.

[26] Vgl. Jean Paul, »Des Feldpredigers Schmelzle Reise nach Flätz mit fortgehenden Noten; nebst der Beichte des Teufels bey einem Staatsmanne«, in: *Sämtliche Werke*, Abt. 1, Bd. 6, Norbert Miller (Hrsg.), München, Wien 1987, S. 7–76.

[27] Calvino, Italo, *Se una notte d'inverno un viaggiatore*, Turin 1979.

widmet – ein weiteres Experiment um Zahlen, das auf eine komplexere Thematik verweist – auf die des Unendlichen:

Der Ich-Erzähler in der Borges-Erzählung *Das Sandbuch*[28] erhält von einem unbekannten Mann, der eigentlich mit Bibeln handelt, ein merkwürdiges Buch angeboten – das so genannte Sandbuch, bei dem die Seiten in mehr als einer Hinsicht nicht auf konventionelle Weise paginiert sind. Zwar werden die geläufigen arabischen Ziffern verwendet, aber nicht in der Ordnung, die sie normalerweise besitzen:

> Die Schrift war mir fremd. Die Seiten, die mir abgenutzt und typographisch armselig vorkamen, waren in Bibelmanier zweispaltig bedruckt. Der Text war eng und in bibelartige Verse unterteilt. In der oberen Ecke der Seiten standen arabische Ziffern. Er [der Verkäufer] machte mich darauf aufmerksam, dass die gerade Seite die Nummer (sagen wir) 40514 trug und die folgende ungerade die Nummer 999. Ich blätterte sie um: die Rückseite war mit acht Ziffern paginiert. Auf ihr befand sich eine kleine Abbildung, wie sie in Lexika üblich sind: ein Anker, wie von der unbeholfenen Hand eines Kindes mit der Feder gezeichnet. / In diesem Augenblick sagte der Unbekannte: / ›Sehen Sie ihn sich gut an. Sie werden ihn nie wiedersehen.‹[29]

Die weitere Untersuchung des Sandbuchs bestätigt, was der Verkäufer angekündigt hatte: Nie wieder kehrt der Blätternde zu einer zuvor einmal gesehenen Seite zurück. Bei einem späteren Blättern im Sandbuch entdeckt der Erzähler in der Ecke einer Seite, die den Stich einer Maske zeigt, »eine Zahl, ich weiß nicht mehr welche, die in die neunte Potenz erhoben war«.[30] Dass sich die Anzahl der Stellen der Zahlzeichen nach einem nicht erkennbaren Prinzip richtet, dabei jedenfalls auch nicht einfach kontinuierlich wächst, lässt Zweifel aufkommen, ob es sich bei den Seitenzahlen überhaupt um Ordnungszahlen handelt. Allerdings sind Seitenzahlen, die keine Ordnungszahlen sind, streng genommen keine Seitenzahlen. Der Verkäufer kommentiert die Paginierung des Sandbuchs: Er wisse nicht, warum das Buch so willkürlich paginiert sei. »Vielleicht um zu verstehen zu geben, daß jeder Term einer unendlichen Serie eine beliebige Zahl tragen kann.«[31] Dies entspricht dem Anti-System von Funes.

Aber das Sandbuch bricht noch in einer anderen Hinsicht mit dem Prinzip konventionellen Zählens. Keine Seite, so der Verkäufer, sei die erste,

---

28 Borges, Jorge Luis, »Das Sandbuch«, in: *Das Sandbuch* (1975), *Gesammelte Werke. Der Erzählungen zweiter Teil*, Gisbert Haefs und Fritz Arnold (Hrsg.), München, Wien 2001, S. 178–183.

29 Ebd., S. 179.

30 Ebd., S. 182.

31 Ebd., S. 180.

keine die letzte. Dementsprechend gibt es keine Seite ›1‹, und keine seiner Seiten ließe sich überhaupt mit einer bestimmten Ordnungszahl belegen. Nach Auskunft des Verkäufers ist in der Tat die Zahl seiner Seiten unendlich. Die Einzelblätter sind ›unendlich‹ dünn und jedes erweist sich beim Umblättern als neuerlich teilbar; der ›Raum‹ jeder Seite öffnet sich also gleichsam nach innen ins Unabsehbare. Der Verkäufer sinniert angesichts dieses monströsen Objekts über die Unermesslichkeit von Zeit und Raum, die Unmöglichkeit, sich temporal und lokal zu verorten: »Wenn der Raum unendlich ist, befinden wir uns an einem beliebigen Punkt des Raumes. Wenn die Zeit unendlich ist, befinden wir uns an einem beliebigen Punkt der Zeit.« Unendlichkeit und Anfangslosigkeit sind bei Borges Synonyme.[32] In seiner Anfangs- und Endlosigkeit ist das Sandbuch Gleichnis der Zeit, von der man sich, wie Borges betont, weder Anfang noch Ende vorstellen kann und in der die Rückkehr zu einem früheren Punkt unmöglich erscheint, Sinnbild aber auch des unendlichen Raums. Die Erzählung illustriert beispielhaft, in welchem Maße die borgesianischen Gedankenexperimente um das Unendliche ihren Ausgang von den Zahlen nehmen und welche Rolle dabei insbesondere imaginierte Verstöße gegen die Semiotik und die funktionale Verwendung von Ordnungszahlen spielen. Um das Weltbuch unlesbar zu machen, reicht es, seinen einzelnen Blättern die Ordnung zu verweigern. In vergrößertem Maßstab repräsentiert auch die *Bibliothek von Babel* diese Idee, auf die später zurückzukommen sein wird.

VI. Experimente mit der Verwendung von Zahlzeichen: Beschriebene und praktizierte Alternativmathematik in *Tlön*

Ein drittes borgesianisches Gedankenexperiment mit und um Zahlen findet anlässlich der Schilderung eines alternativen Universums statt: In der Erzählung *Tlön, Uqbar, Orbis Tertius* berichtet der Ich-Erzähler von der Konstruktion einer solchen, in der andere Naturgesetze herrschen und entsprechend andere Wissenschaften die Welt beschreiben. Zu dieser Alternativ-Welt – die dem abschließenden Bericht des Erzählers zufolge allmählich in die ver-

---

[32] Vgl. Borges, Jorge Luis, »Die Schöpfung und P. H. Gosse«, in: *Inquisitionen*, *Gesammelte Werke. Der Essays dritter Teil*, Gisbert Haefs und Fritz Arnold (Hrsg.), München, Wien 2003, S. 29–32, hier S. 32. Hier zitiert Borges einen alten Spruch aus den Anfangsseiten der talmudischen Anthologie von Rafael Cansinos Assens: »Es war erst die erste Nacht, aber eine Reihe von Jahrhunderten war ihr vorausgegangen.« – Thema ist »die Unbegreiflichkeit eines Zeitaugenblicks, ohne einen anderen, der ihm vorangeht, und ohne einen anderen, der ihm folgt und so ins Unendliche«.

traute Welt eindringt, weil diese sich ihre Zeichensysteme und Wissenscodes angeeignet hat – gehört entsprechend auch eine andere Mathematik. In der Tlön'schen Mathematik sind Zahlen keine definierten Größen (was unter anderem zur Folge hat, dass sie auch nicht dazu dienen können, etwas Gezähltes, durch Zahlwerte Bezeichnetes zu definieren):

> Die Geometrie von Tlön umfaßt zwei recht verschiedene Disziplinen: die Seh- und die Tastgeometrie. Die letztere entspricht der uns geläufigen, wird aber der ersten untergeordnet. Die Grundlage der Sehgeometrie ist die Oberfläche, nicht der Punkt. Diese Geometrie kennt nicht die Parallelen und behauptet, daß der Mensch, der sich fortbewegt, die Formen seiner Umgebung verändere. Grundlage der Arithmetik ist die Idee der unbestimmten Zahlen. Der Nachdruck liegt auf den Begriffen ›größer‹ und ›kleiner‹, die unsere Mathematiker mit > und mit < bezeichnen. Es wird behauptet, daß der Vorgang des Zählens die Mengen verändere und sie aus unbestimmten in bestimmte verwandele. Die Tatsache, daß mehrere Individuen, die eine gleich große Menge zählen, zum gleichen Ergebnis kommen, gilt den Psychologen als Beispiel für Gedankenassoziation oder Gedächtnisschulung. Wir wissen ja, daß auf Tlön das Subjekt der Erkenntnis eines und ewig ist.[33]

Zu den alternativen Naturgesetzen von Tlön gehört es, dass Dinge durch Wunsch, Begehren oder einfache imaginierende Antizipation erzeugt werden können; sie entstehen dadurch, dass man an sie denkt. Dies korrespondiert dem Umstand, dass alle Bewohner von Tlön einem philosophischen Idealismus huldigen, demzufolge das Sein der Dinge allein darin besteht, Gegenstand eines wahrnehmenden Subjekts zu sein. (Berkeley gehört mit zu den Erfindern von Tlön, und sein Gedanke des *esse est percipi* ist hier auf paradoxale Weise Realität geworden.) Wenn ein Ding verlorengegangen ist, kann es durch die Imagination des auf dieses Ding konzentrierten Suchenden erzeugt werden. Und wenn zwei Personen dasselbe Ding suchen, entstehen zwei Objekte etc. Man nennt die durch den Geist erzeugten Objekte »hrönir« (im Singular: »hrön«); als »Sekundärgegenstände«, die sich in prinzipiell beliebiger Zahl erzeugen lassen, passen sich die *hrönir* dem Bedürfnis der Imaginierenden an.[34]

Nach eher zufälligen Anfängen ist man in Tlön zur »methodischen Züchtung« von *hrönir* übergegangen. Dies geschieht nicht selbstzweckhaft, sondern unter anderem zur Bekräftigung der Tlön'schen Überzeugung von der

---

33 Borges, Jorge Luis, »Tlön, Uqbar, Orbis Tertius«, in: *Der Garten der Pfade, die sich verzweigen* (1941), *Gesammelte Werke. Der Erzählungen erster Teil*, Gisbert Haefs und Fritz Arnold (Hrsg.), München, Wien 2000, S. 99–118, hier S. 110f.

34 Verliert jemand einen Bleistift, so kann das Bedürfnis nach diesem Bleistift dazu führen, dass erst eine Person und dann eine andere Person einen Bleistift finden – wobei der Grad der Anpassung an das Ersehnte unterschiedlich sein kann.

Idealität der Zeit. Durch imaginativ erzeugte historische Dokumente kann man, wie es heißt, die Vergangenheit befragen und sogar verändern. Die Geschichte im Sinne der Tlönianer ist multipel und besteht aus einem unabsehbaren Geflecht von Alternativoptionen; die Vergangenheit sei so »bildsam und gefügig« wie die Zukunft, bestätigt der Erzähler aus Tlön'scher Perspektive. Dass mit einer Veränderung der linearen Ordnung der Zeit zugleich auch konventionelle Nummerierungspraktiken zu verabschieden wären (etwa die nach Jahreszahlen), sei nur am Rande angemerkt.

Dem Bericht über die Erzeugung imaginärer Objekte zufolge gibt es nun nicht allein *hrönir*, sondern auch *hrönir* von *hrönir* (also *hrönir* zweiten Grades), die entstehen, indem die Vorstellung eines *hrön* in dessen Abwesenheit zur Entstehung eines weiteren *hrön* führt. Ferner gibt es *hrönir* dritten, vierten, fünften Grades und so fort. Hier kommen die Ordnungszahlen ins Spiel: Differente Grade der Ableitung sind (wie in der Mathematik etwa auch die Potenz- und Wurzelzahlen) als erster, zweiter, dritter Grad etc. zu bezeichnen.

Der Erzähler nun beschreibt – in einem zugleich übersteigernden und parodistischen Platonismus – die Eigenarten der *hrönir* steigender Grade auf eine in mehr als einer Hinsicht merkwürdige Weise. Denn erstens nennt er nicht alle Grade möglicher *hrönir* explizit, obwohl er die, die er nennt, in ihrer Typik kurz und prägnant charakterisiert. Und zweitens enthalten die Angaben zu den verschiedenen Graden der *hrönir* Widersprüche.

> Ein seltsamer Umstand: die *hrönir* zweiten und dritten Grades – das heißt die *hrönir*, die von einem anderen *hrön*, sowie die *hrönir*, die vom *hrön* eines *hrön* abgeleitet sind – zeigen die Abweichungen von dem ursprünglichen in übertriebener Form; die *hrönir* fünften Grades sind nahezu einförmig; die des neunten vermischen sich mit denen zweiten Grades, bei denen vom elften Grad kommt es zu einer Reinheit der Linien, wie sie die Originale nicht besitzen. Der Vorgang ist periodisch: Beim *hrön* zwölften Grades setzt bereits der Verfall ein.[35]

In Anbetracht der großen Verschiedenheit der *hrönir* der verschiedenen Grade gibt es offenbar kein Prinzip stetiger Modifikation. Vielmehr stellt sich angesichts jener Verschiedenheit die Frage, ob die *hrönir* der verschiedenen Grade überhaupt noch etwas miteinander zu tun haben – ob es also Sinn macht, die mit den höheren Ordnungsnummern überhaupt noch auf die mit den niedrigeren Ordnungsnummern, geschweige denn auf die Ausgangsobjekte zu beziehen. Ähnlich wäre zu fragen, ob es überhaupt noch Sinn macht, von *hrönir* zu sprechen, wenn (z. B.) die des fünften Grades alle

---

[35] Borges, »Tlön, Uqbar, Orbis Tertius«, in: *Der Garten der Pfade, die sich verzweigen*, S. 112f.

»einförmig« sind, unabhängig davon, wie das jeweilige Ausgangsobjekt aussah. Wenn es aber keinen Sinn mehr macht, bei den höhergradigen Objekten noch von *hrönir* zu sprechen, macht es auch keinen Sinn mehr, sich der Ordnungszahlen zu bedienen, um *hrön*-Grade zu unterscheiden. Diese sind keine Ordnungszahlen mehr, wenn sie nichts Differentes mehr bezeichnen. Und offenbar tendieren die *hrönir* zur Entdifferenzierung, dies allerdings nicht einmal konsequent. Der subversive Effekt der hier vorliegenden Charakteristik einiger *hrönir*-Gradierungen wird dadurch noch verstärkt, dass manche Stufen – die vierte, sechste, siebente und achte sowie die auf die zwölfte folgenden – gar nicht erwähnt werden. Ohne Unterstellung der jeweils niedrigeren Stufen macht die Rede von höheren Stufen keinen Sinn.[36] Von unterschiedlichen Graden zu sprechen setzt außerdem voraus, dass die entsprechenden Dingklassen voneinander unterscheidbar sind, die einzelnen Gradierungsstufen einander also nicht wechselseitig verdoppeln. Was aber besagt es, dass die *hrönir* neunten Grades sich mit denen des zweiten Grades »vermischen« – einmal davon abgesehen, dass das Verb »vermischen« (*se confunden* heißt es im Originaltext) mehrdeutig ist? Lässt sich eine Reihe, bei der Stufe Nr. 2 und Stufe Nr. 9 ununterscheidbar sind, durch Ordnungszahlen charakterisieren? Auch die anderen Angaben zu den verschiedenen Graden der *hrönir* sind in sich widersprüchlich. Die *hrönir* zweiten und dritten Grades (über die nichts Differenzierendes gesagt wird), zeigen angeblich »die Abweichungen von den ursprünglichen in übertriebener Form« – aber wie kann man »übertrieben« abweichen? Und was gewährleistet angesichts großer Abweichungen überhaupt noch die Identifizierbarkeit als *hrön*? Wenn die *hrönir* fünften Grades »nahezu einförmig« sind, macht es noch weniger Sinn, sie als *hrönir* eines bestimmten Objekts zu charakterisieren, denn dies würde die Unterscheidbarkeit der *hrönir* eines Ausgangsobjekts von denen eines anderen voraussetzen. Paradoxal ist die Behauptung, bei den *hrönir* elften Grades liege eine Reinheit der Linien vor, wie sie die Originale nicht besäßen; wie sollte ein Derivat das überbieten, wovon es abgeleitet ist? Und wenn ein Objekt elften Grades ›reiner‹ sein soll als ein Objekt ersten Grades, dann ist der elfte Grad eben ›erst‹-gradig. In sich widersprüchlich ist schließlich die doppelte Aussage, der Vorgang der Genese von *hrönir* aus *hrönir* sei periodisch, und mit den *hrönir* zwölften Grades setze der Verfall ein. *Entweder* verschwimmen ab dem zwölften Grad die *hrönir* im Unbestimmten, Differenzlosen (wobei zu fragen wäre, wer wohl angesichts der

36 Ist es so, dass zwischen dem 5. und 11. Grad die angedeuteten Unterschiede bestehen – welchen Sinn sollte es da machen, irgendwelche Objekte, wie auch immer sie beschaffen seien, als Zwischenstufen 6., 7. oder 8. Grades zu bezeichnen?

Unterschiede zwischen den *hrönir*-Typen den Zusammenhang zwischen den einzelnen Stufen noch bis zur zwölften verfolgen kann) – *oder* der Vorgang ist periodisch (wie es ja heißt), dann müssten die *hrönir* der 13. Stufe denen der ersten oder zweiten Stufe entsprechen. (Neben platonischen Vorstellungen finden sich hier auch konfligierende Geschichtsmodelle parodistisch in den Erzählerdiskurs verwoben: Die 12 ist die Symbolzahl des geschlossenen Kreises und Sinnbild zyklischer Geschichtsverläufe; die Rede vom »Verfall« hingegen korrespondiert dem Modell einer linearen, aufs Ende zulaufenden Geschichte.)

Insofern hier insgesamt auf so widersprüchliche Weise von *hrönir* die Rede ist, wird die Idee einer durch Zahlen ausdrückbaren Sequenz von Graden des Seins als solche subvertiert. Interessant ist dieser Erzählerbericht vor allem darum, weil hier ein Bruch mit der konventionellen Sequenz einander folgender Ordnungszahlen nicht einfach nur beschrieben, sondern vollzogen wird: Der Diskurs des Erzählers selbst vermag – dem ersten Anschein entgegen – keine Vorstellung von einer tatsächlichen Gradierung mehr zu geben und unterläuft das Gradierungsprinzip als solches.

VII. Das Problem des Unendlichen und die transfiniten Zahlen

Bei Borges sind der Diskurs über das Unendliche und die mathematische Spekulation eng miteinander verknüpft, und seine Gedankenexperimente um und mit mathematischen Ordnungssystemen sind stets auch Versuche, auf paradoxale Weise das Unendliche zu denken. Mehrfach bezieht er sich in Essays auf mathematische Theorien über unendliche Zahlenreihen, die ihrerseits aber nicht als eine einzige Reihe zu denken sind, sondern als ins Unendliche multiplizierbar. Im Aufsatz *Die Zeit*[37] fasst Borges Bertrand Russels Erläuterung von Georg Cantors Theorie der transfiniten Zahlen zusammen:

> [...] es gibt finite Zahlen (die natürliche Zahlenreihe 1, 2, 3, 4, 5, 6, 7, 8, 9, 10 und so unendlich weiter). Lassen Sie uns aber eine andere Reihe betrachten, und diese andere Reihe wäre genau halb so lang wie die erste. Sie besteht aus den geraden Zahlen. [...] Nehmen wir eine weitere Reihe [...] [Borges wählt als Beispiel die Potenzen von 365, Anm. M. S. E.]. Wie haben hier verschiedene Reihen von Zahlen, die alle unendlich sind. Das heißt, bei den transfiniten Zahlen sind die Teile nicht weniger zahlreich als das Ganze. Ich glaube, für Mathematiker ist das akzeptabel. Ich weiß aber nicht, wieweit unsere Vorstellungskraft das akzeptieren kann.[38]

---

[37] Borges, Jorge Luis, »Die Zeit«, in: *Borges, mündlich, Gesammelte Werke. Der Essays vierter Teil*, Gisbert Haefs und Fritz Arnold (Hrsg.), München, Wien 2004, S. 58–69.
[38] Ebd., S. 63.

Um transfinite Zahlen geht es auch im Essay *Die Lehre von den Zyklen.*[39] Borges setzt sich hier mit der »heroischen Mengenlehre von Georg Cantor« (Borges, *Die Lehre von den Zyklen*, S. 60) auseinander, die ins Feld geführt wird, um der geschichtsphilosophischen Lehre von der ewigen Wiederkehr des Gleichen entgegenzutreten. Diese Lehre beruhe, so Borges, auf der Hypothese, die Menge der Elemente, aus denen die Welt bestehe, sei endlich. Folglich sei die Zahl der möglichen Kombinationen zwar unermesslich, aber finit. Nach Durchlaufen aller möglichen Zustände kehre ein früherer Zustand zurück. Gegen die solcherart paraphrasierten Vorstellungen Nietzsches von der ewigen Wiederkehr setzt Borges die Lehre Cantors, der die »Grundlage der These Nietzsches« mittels des Theorems der Unendlichkeit alles scheinbar Endlichen zerstöre. »Er spricht sich dafür aus, dass die Anzahl der Punkte im Universum praktisch unendlich ist, und zwar nicht nur im Universum, sondern in einem Meter Universum, einem Bruchteil dieses Meters.«[40] Cantor legt, wie Borges weiter ausführt, anhand von unendlichen Zahlenmengen dar, dass diese sich wieder in unendliche Zahlenmengen aufspalten lassen, dass – so Borges – »eine unendliche Zahlenmenge – so die natürliche Reihe der ganzen Zahlen – eine Menge ist, deren Glieder sich ihrerseits in unendliche Reihen aufspalten lassen.«[41] Als Beispiele nennt Borges die unendliche Menge der natürlichen Zahlen, die z. B. (a) aus zwei unendlichen Mengen, der der geraden sowie der der ungeraden Zahlen besteht – oder auch (b) aus der Menge der Zahlen sowie der dieser Zahlen, wenn man sie mit 3018 multipliziert, oder auch (c) aus der der Zahlen und der Zahlen, die sich durch ihre Verwendung als Potenz von 3018 ergeben, etc.[42] Die Punkte oder Elemente des Universums lassen sich in keiner Zahlensequenz abbilden, da sich zwischen allen scheinbar diskreten Elementen einer Menge andere Mengen auftun. Borges' Faszination durch diesen Gedanken erklärt sein Interesse daran, subversiv mit dem Konzept einer geordnet durchnummerierten Sequenz von Gegenständen respektive mit dem Prinzip der geordneten Durchnummerierung als solchem zu spielen.

> In diesen Sonderbereichen des Zählens erweist sich der Teil als nicht minder ergiebig denn das Ganze: Die Menge der im Weltall vorhandenen Punkte ist genau dieselbe wie in einem Meter oder einem Dezimeter oder in der raumfernsten

---

[39] Borges, Jorge Luis, »Die Lehre von den Zyklen«, in: *Geschichte der Ewigkeit*, *Gesammelte Werke. Der Essays zweiter Teil*, Gisbert Haefs und Fritz Arnold (Hrsg.), München, Wien 2005, S. 59–70.

[40] Ebd., S. 61.

[41] Ebd., S. 62.

[42] Ebd., S. 61.

> Sternbahn. Die Reihe der natürlichen Zahlen ist wohlgeordnet; und zwar sind die Größen, aus denen sie sich zusammensetzt, aufeinanderfolgend; die 28 geht der 29 voraus und folgt auf die 27. Die Reihe der Punkte im Raum (oder der Augenblicke in der Zeit) läßt sich auf diese Weise nicht ordnen; keine Zahl hat einen unmittelbaren Nachfolger oder unmittelbaren Vorgänger. Das ist wie bei der Reihe der Brüche nach ihrer Größe. Welcher Bruch kommt in der Zählung nach ½? Nicht $^{51}/100$, weil $^{101}/200$ näher bei ½ liegt; nicht $^{101}/200$, weil $^{201}/400$ näher liegt; nicht $^{201}/400$, weil noch näher … Ebenso verhält es sich nach Georg Cantor mit den Punkten. Wir können immer noch mehr Punkte einschalten, in unendlicher Zahl. Trotzdem müssen wir uns davor hüten, an abnehmende Größen zu denken. Jeder Punkt ist ›bereits‹ das Endergebnis einer unendlichen Unterteilung.[43]

Zahlenwerte, die einem Punkt oder Element scheinbar seinen Ort in einem System zuweisen, sind so gesehen notwendigerweise irreführend, da sie prinzipiell nicht alle möglichen Orte ausschöpfen können.[44] Borges betont demgegenüber mit Cantor, dass zwischen zwei gedachten Elementen einer Menge stets unendlich viele andere zu denken sind. Die für Borges entscheidende Schlussfolgerung lautet mit Cantor gegen Nietzsche, dass sich in der Weltgeschichte keine Sequenz von Momenten wiederholt: »Wenn das Universum aus einer unendlichen Zahl möglicher Größen besteht, so folgt daraus unabdingbar, dass es auch eine unendliche Zahl von Kombinationen in sich fassen kann – und die Notwendigkeit einer Wiederkunft bleibt auf der Strecke.«[45]

VIII. Zwischenräume und Unbestimmtheiten

Resultiert – wie dargestellt – für Borges die Unendlichkeit jedes Abschnittes im Raum oder in der Geschichte daraus, dass zwischen zwei jeweils bestimmbaren Punkten jeweils unendlich viele Punkte zu denken sind, so lassen sich seine Spekulationen über die Unendlichkeit als Reflexionen über Zwischenräume charakterisieren – über »Räume«, die durch eine geordnete Sequenz von Zahlen nicht wiedergegeben werden können. Verkehrte und verfremdete Zahlenreihen hingegen verweisen indirekt auf sie. Das Faszinosum einer mathematisch unbestimmten Unendlichkeit illustriert auch der

---

43 Ebd., S. 62.

44 Borges verknüpft hier zwei mathematische Beobachtungen: Während die Bruchzahlen (rationalen Zahlen) abzählbar unendlich sind, also sich noch wie die natürlichen Zahlen durchzählen lassen, sind die reellen Zahlen, die das Raumkontinuum beschreiben, sogar überabzählbar unendlich, also wahrhaft unausschöpfbar.

45 Borges, »Die Lehre von den Zyklen«, in: *Geschichte der Ewigkeit*, *Gesammelte Werke*, S. 62.

imaginäre Kosmos der *Bibliothek von Babel*,[46] und zwar in mehr als einer Hinsicht. Die berühmte Universalbibliothek steht intern unter der Herrschaft der Zahl. Konstitutiv für ihre Struktur sind sechseckige Galerien; festgelegt ist die Zahl der Bücherregale in den Galerien, der Bücher in den Regalen, der Seiten in den Büchern, der Zeichen auf den Seiten, der Buchstaben auf den Seiten und der verwendeten Buchstabenzeichen. Doch über die Bibliothek als Ganzes werden nur Aussagen getroffen, die jede Zählbarkeit *ad absurdum* führen. Diese Aussagen werden noch dazu in einer merkwürdig unbestimmten Weise gemacht. Das Unbestimmte, in Zahlen nicht zu Erfassende erwartet den Leser schon am Ausgangspunkt der Erzählung: Die Bibliothek bestehe, so heißt es hier, »aus einer undefinierten, womöglich unendlichen Zahl sechseckiger Galerien«: »un número indefinido, y tal vez infinito«. Der Sprachgebrauch des Erzählers erscheint vage und verschwommen – in Kontrastierung zu den folgenden präzisen Zahlenangaben.

Und wieder wird mit dem Prinzip der gleichmäßig geordneten Folge von Elementen gespielt. So ist u. a. von einem (freilich nicht zielführenden) Verfahren zur Auffindung des »geheimen Sechsecks« die Rede, das den »Mann des Buches« beherbergen soll – und damit das Geheimnis der Bibliothek: Man müsse, so der Vorschlag, um Buch A zu lokalisieren, erst Buch B konsultieren, das Auskunft über den Standort von A gibt, dazu aber erst Buch C lesen, mit dem man Buch B findet etc. Umschrieben wird hier die Umkehrung einer Sequenz von Büchern, die übereinander Auskunft geben. Normalerweise gäbe das erste den Standort des zweiten an etc.; hier soll umgekehrt beim letzten begonnen werden. Die Zwischenräume des Nichtzählbaren werden in der so geometrisch strukturierten Bibliothek durch die Schächte zwischen den Galerien repräsentiert, die sich ins Unermessliche erstrecken und in denen sich die Bibliothekare sterbend verlieren. Aber die Zwischenräume sind nicht nur Orte des Todes. »Gott lauert in den Intervallen«, so Borges in *Die Schöpfung und P. H. Gosse*.[47]

Die von Borges angestellten Gedankenexperimente zum Thema Unendlichkeit nähern sich diesem immer wieder unter dem Aspekt seiner Unzählbarkeit. So im *Argumentum ornithologicum*:[48] Im Stil eines (parodistisch imitier-

---

46 Borges, Jorge Luis, »Die Bibliothek von Babel«, in: *Fiktionen*, *Gesammelte Werke. Der Erzählungen erster Teil*, Gisbert Haefs und Fritz Arnold (Hrsg.), München, Wien, S. 151–160.

47 Borges, »Die Schöpfung und P. H. Gosse«, in: *Inquisitionen*, *Gesammelte Werke*, S. 29–32, hier S. 30.

48 Borges, Jorge Luis, »Argumentum ornithologicum«, in: *Borges und ich*, *Gesammelte Werke. Der Gedichte erster Teil*, Gisbert Haefs und Fritz Arnold (Hrsg.), München, Wien 2006, S. 175.

ten) mittelalterlichen Gottesbeweises ›beweist‹ Borges hier die Existenz Gottes *via negationis* (über den Ausschluss von Alternativen).[49] Zugleich spielt der Text auf Berkeleys Version des Idealismus an, der zufolge Sein gleich Wahrgenommenwerden ist. Dass die Welt und ihr Zusammenhang fortbestehen, auch wenn die Menschen sie nicht wahrnehmen, liegt für Berkeley darin begründet, dass Gott die Welt jederzeit und umfassend wahrnimmt – wodurch ihre Existenz gewährleistet ist. Borges überträgt diesen Gedanken auf die Wahrnehmung eines einzigen Vogelschwarms. Wenn es Gott gibt, haben dessen Einzelelemente (die Vögel) eine bestimmte Zahl; diese bestimmte Zahl existiert, weil Gott sie wahrgenommen hat. Das Ich hingegen hat keine bestimmte Anzahl von Vögeln wahrgenommen. Wäre es (so eine in ihrer Tragfähigkeit zu überprüfende Hypothese) der einzige Wahrnehmende (d. h., gäbe es keinen Gott), so hätten die Vögel eine unbestimmte Anzahl. Das ist eine *contradictio in adiecto* – eine Anzahl ist immer eine bestimmte Anzahl; ›unbestimmt‹ ist gar keine ›Zahl‹ – und so ist diese Hypothese nicht tragfähig. Damit gilt dem *Argumentum ornithologicum* zufolge die Gegenthese als bewiesen: Gott existiert. Die Argumentation ist im Geist des Begriffsrealismus verfasst; unterstellt wird, dass einem Ausdruck jeweils eine bestimmte Substanz oder Qualität entspricht. Was sich nicht denken lässt, ist demnach nicht existent (so der Umkehrschluss), und da sich »eine unbestimmte Zahl Vögel« nicht denken lässt, müssen Vögel im Schwarm immer eine bestimmte Zahl haben. Und da das wahrnehmende menschliche Ich die Bestimmtheit dieser Zahl nicht gewährleisten kann (es hat sie nicht einmal erfasst), muss es Gott sein (so könnte man das *Argumentum* auch wiedergeben). Das *Argumentum* setzt voraus – und insofern wäre es widerlegbar, wenn man wollte – dass der Ausdruck »eine unbestimmte Zahl« (von Vögeln) kategorial dasselbe ist wie die Angabe »vier Vögel« – was aber nicht zutrifft, denn erstere Formulierung bezieht sich eben nicht auf eine bestimmte Anzahl, sondern auf deren Nicht-Erfasstwerden einer Anzahl durch das perzipierende Subjekt.[50] Betont

---

[49] In Logik und Mathematik heißt diese klassische Beweisform *reductio ad absurdum*, Widerspruchsbeweis.

[50] Strukturell ähnelt das *Argumentum* jenem Paradox von den Kupfermünzen, das in der *Tlön*-Erzählung ein »Häresiarch« entwickelt und das der Erzähler aus Tlön'scher Perspektive als undenkbar charakterisiert. Dieses Paradox von den Kupfermünzen nimmt ebenfalls Bezug auf Berkeleys These, Sein sei Wahrgenommenwerden (*esse est percipi*), modifiziert Berkeleys Ansatz aber insofern, als er keinen den Fortbestand der Welt absichernden Gott voraussetzt. Unter Berkeley'schen Prämissen wäre es die einzige Alternative dazu, den Fortbestand der Welt von der Perzeption des Menschen abhängig zu machen (weil *esse* ja nur im *percipi* gründen kann), was aber wegen der Endlichkeit des menschlichen Perzeptionsvermögens nicht möglich ist. Entsprechend gehen die (keine Gottesvorstellung ken-

sei nochmals, dass Borges den Duktus mittelalterlicher Gottesbeweise parodiert. Er weiß, dass der Ausdruck »vier Vögel« kategorial etwas anderes ist als der Ausdruck »unbestimmt viele Vögel«. Auf paradoxe Weise ist sein Gottesbeweis ein Anti-Beweis. Entscheidend für unser Thema ist, dass es bei Borges mit dem Zählen um nichts Geringeres als das Universum, die Gottesvorstellung der Menschen und die Situation des Menschen in der Welt geht. Auf diese Bedeutung des Zählens ist in der künstlerischen Borges-Rezeption reagiert worden. Dies sollen die folgenden Beispiele zeigen.

IX. Künstlerische Hommagen an Borges und die Zahlen I: Die *Zweite Enzyklopädie von Tlön*

In Erinnerung an die Erzählung über *Tlön, Uqbar, Orbis Tertius* haben die Buchkünstler Ines von Ketelhodt und Peter Malutzki in den Jahren 1997 bis 2006 die *Zweite Enzyklopädie von Tlön* geschaffen. Sie besteht aus 50 Bänden, in denen eine Vielfalt von Texten, Bildern, graphischen und buchgestalterischen Mitteln zum Einsatz kommt. Die Einzelbände stehen unter jeweils einem Stichwort, das entweder konkret an den Borges-Text erinnert, an Grundelemente der Welt (wie die vier klassischen Elemente oder die Grundfarben) oder an Prozesse der Erfahrung und Darstellung dieser Welt. Ein Band ist dem Thema »Zählen« gewidmet – ein Hinweis darauf, wie zentral

---

nenden) Idealisten in Tlön ja dann auch davon aus, dass Dinge, die nicht wahrgenommen werden, auch nicht fortbestehen. Der Häresiarch schlägt mit seinem angeblichen »Paradox« nun vor, sich die Dinge als für die Dauer ihres Nichtwahrgenommenwerdens gleichfalls existent zu denken – er möchte ihre Existenz in ihrem materialen An-und-für-sich-Gegebensein begründen statt im *percipi*. Wenn die Dinge eine absolute materielle Existenz durch sich selbst hätten, dann würde es angehen, ein früher wahrgenommenes Ding und ein später wahrgenommenes Ding auch nach einer Wahrnehmungspause als identisch zu deuten. Die Tlönianer können dergleichen gar nicht fassen. – Von analogen (Berkeley'schen) Ausgangsthesen ausgehend und diese ebenfalls modifizierend, umspielt auch das *Argumentum ornithologicum* den Grundgedanken, dass die Welt ein Komplex von Vorstellungen ist. Die Bestimmtheit von Dingen in der Welt, so die zentrale Prämisse, resultiert aus der Bestimmtheit der Vorstellungen, die man von den Dingen hat. Und wo man sich keine bestimmten Vorstellungen macht, da bleiben die Dinge selbst unbestimmt. Inbegriff des Bestimmt-Seins ist im *Argumentum ornithologicum* das Zählbar-Sein, das Eine-bestimmte-Anzahl-Haben. – Die Nicht-Zahl »unbestimmt« und das mit ihr assoziierte Wort ›Schwarm‹ sind im Bunde mit jenen Unbestimmtheiten, welche aus borgesianischer Perspektive die Wirklichkeit als solche in Frage stellen, weil sie einem unklaren Vorstellen entsprechen. Unklare Vorstellungen bringen eben nur unklare, verschwommene Wirklichkeiten hervor.

die Thematik des Zählens aus Sicht der Künstler bei Borges ist.[51] Ihre Hommage an Borges ist zugleich eine Hommage an die Zahlen – und an Texte über Zahlen und das Zählen. Die Literatur wird dadurch implizit als Medium der Gedankenexperimente um und mit Zahlen reflektiert.

Das Buch besteht aus Seiten mit fortlaufenden Zahlen, aus Illustrationen und Texten. Letztere sind Zitate: das Märchen *Die 12 Brüder* aus den Kinder- und Hausmärchen der Brüder Grimm, *Auguste Bolte* von Kurt Schwitters, ein Auszug aus Lewis Carrolls *Through the Looking-Glass* bzw. *Alice hinter den Spiegeln*, aus Thomas Bernhards *Wittgensteins Neffe*, aus *Tlön, Uqbar, Orbis Tertius* von Borges, aus Douglas Hofstadters *Metamagical Themas* (*Metamagicum*), aus Oliver Sacks *Die Zwillinge* (aus: *Der Mann, der seine Frau mit einem Hut verwechselte*), aus *Funes el memorioso* von Borges, aus Arno Schmidts *Julianische Tage* – sowie ein Dialog aus der deutsch synchronisierten Fassung des Films *Local Hero* von Bill Forsyth. Die Buchseiten selbst sind fortlaufend römisch paginiert. Die (arabische) Zahlenreihe von 1 bis 3237 ist jeweils abschnittsweise auf Rechenkästchenpapier gedruckt, wobei die Primzahlen fett gedruckt sind. Die Bildtafeln zeigen jeweils eine Menge gleicher oder gleichartiger Objekte, ebenfalls auf Rechenkästchenpapier; sie wirken, als seien sie als dreidimensionale Objekte auf dieses Papier gelegt worden: sechs Seeigel (S. VI), acht Knochen (S. XI), neun Dominosteine (S. XX), zehn Erdnüsse, zwölf getrocknete Nelkenblüten (S. XXXVI), 15 Kiesel (S. VL), die 26 Lettern des Alphabets, spiegelverkehrt als Lettern eines Setzkastens (S. LII), 27 Gänseblümchenblüten (S. LVI), 28 Muschelschalen (S. LXVIII), 30 Bohnen (S. LXXVII), 36 Gummibärchen (S. LXXXIV), 40 Ein-Pfennig-Münzen (S. XCIII), 54 Schneckenhäuser (S. C), 64 Sonnenblumenkerne (S. CIX), 77 Knöpfe, über hundert Streichhölzer (S. CXXV; nicht nur die große Zahl macht die Überschau schwierig, sondern auch der Umstand, dass einige der Streichhölzer von anderen verdeckt werden und nicht ganz klar entschieden werden kann, wie viele verdeckt sind). Auf S. CXXXIV ist eine Menge kleiner kugelförmiger Objekte (Steinchen? Erbsen?) ausgebreitet, die man mit Mühe noch zählen könnte; es handelt sich um mehrere hundert. Das Buch schließt mit S. CXXXIX, auf der grobe Sandkörner zu sehen sind, die sich nicht mehr zählen lassen (eine Reminiszenz an das *Sandbuch*).

Die Texte handeln vom Zählen, das einerseits als eine alltägliche und nüchterne Praxis erscheint (man zählt die Objekte in den diversen Mengen

---

[51] Ketelhodt, Ines von/Malutzki, Peter, *Zweite Enzyklopädie von Tlön*, Band: *ZÄHLEN ERZÄHLEN*. Mit 18 Farbtafeln und den Zahlen Eins bis Dreitausendzweihundertsiebenunddreißig darunter vierhundertsechsundfünfzig Primzahlen, Lahnstein 2001.

fast automatisch, meist unterstützt durch deren Anordnung zu Reihen).[52] Dabei rufen sie zum einen die magischen Valenzen bestimmter Zahlen in Erinnerung (wie das Märchen von den 12 Brüdern), verweisen zum anderen aber auch auf die Kontingenzen der Zählpraxis. Die Sequenz der Texte steht ebenso im Zeichen zunehmender Komplexität wie die Bildtafeln. Schwitters' *Auguste Bolte* handelt vom einfachen Zählen, und im Text selbst wird gezählt.[53] Der Text lässt Demonstrationen, Truppenparaden, Massenaufmärsche und ähnliche politische Ereignisse assoziieren; er handelt (ergänzend zu den Bildseiten) von der Reduzierbarkeit des Menschen auf Zahlen, also davon, dass jeder eine ›Nummer‹ ist, wenn man seine Individualität von ihm subtrahiert. Der Auszug aus Carrolls Spiegelland-Buch gilt den Grundrechenarten – allerdings anlässlich von abstrusen Rechenaufgaben, die Alice gestellt bekommt. Dass Alice sie nicht lösen kann, hängt jeweils damit zusammen, wie sie gestellt werden; die sprachliche Darstellung der Aufgaben als solche ist tückisch. So vermag Alice schlichtweg nicht zu folgen, als sie »one and one and one [...]«, insgesamt 10 mal »one« addieren soll, worauf es heißt, sie könne nicht addieren. Die Aufforderung, neun von acht abzuziehen, kann sie ebenfalls nicht umsetzen (weshalb es heißt, sie könne nicht subtrahieren). Beim »Dividieren« soll sie einen Brotlaib durch ein Messer teilen; die erwartete Antwort (»Bread-and-butter«) bezieht sich nicht auf die Welt der Zahlen. Und die Subtraktion eines Knochens von einem Hund führt zu erheblichen Komplikationen.[54] Von Ketelhodt und Malutzki sensi-

---

52 Die Passage aus *Wittgensteins Neffe* – oben zitiert – handelt von der »Zählkrankheit«. Die Tlön-Passage – ebenfalls oben zitiert – handelt von der Arithmetik in Tlön. Douglas Hofstadters Text handelt von der bei verschiedenen Menschen sehr unterschiedlich ausgebildeten Fähigkeit, Mengen oder Größenverhältnisse zu schätzen. Als Pendant dazu berichtet Oliver Sacks' Text von Personen, die »Zahlen sehen« konnten, auch wenn es sich um große Mengen handelte. Auch aus *Funes el memorioso* von Borges wird zitiert.

53 »Auguste Bolte sah etwa 10 Menschen auf der Straße, die in einer und derselben Richtung geradeaus vorwärts gingen. Das kam Auguste Bolte verdächtig, ja sogar sehr verdächtig vor. 10 Menschen gingen in einer und derselben Richtung. 1, 2, 3, 4, 5, 6, 7, 8, 9, 10. Da mußte etwas los sein. [...] Wenn nämlich nichts los ist, so gehen 1, 2, 3, 4, 5, 6, 7, 8, 9, 10 Menschen nicht in der ausgerechnet selben Richtung, sondern dann gehen 1, 2, 3, 4, 5, 6, 7, 8, 9, 10 Menschen in 1, 2, 3, 4, 5, 6, 7, 8, 9, 10 verschiedene Richtungen. [...] Wenn etwas los ist, können sogar 100, 200, 300, 400, 500, 600, 700, 800, 900, 1000 in einer und derselben Richtung gehen. [...] Auguste zählte.« (Schwitters, *Auguste Bolte*, zitiert nach von Ketelhodt/Malutzki, *Zählen/Erzählen*, S. XXVIII).

54 »›And you do Addition?‹ the White Queen asked. ›What's one and one and one and one and one and one and one and one and one and one?‹ / ›I don't know,‹ said Alice. ›I lost count.‹ / ›She can't do Addition,‹ the Red Queen interrupted. ›Can

bilisieren im »Zählen«-Band ihrer Tlön'schen Enzyklopädie den Leser dafür, dass Literatur die Abgründigkeit des Zählens und der Mathematik unter verschiedenen Aspekten zu ihrem Thema macht. Die von den beiden Buchkünstlern getroffene Auswahl literarischer Texte betont vor allem den Zusammenhang zwischen dem Zählen und dem Ordnen, wobei Ordnungsvorgänge vorwiegend unter dem negativen Aspekt einer Verallgemeinerung und Reduktion des Einzelnen in den Blick geraten; das (Be-)Rechnen(-Lassen) erscheint dementsprechend vor allem als eine Form der Ausübung von Macht. Wenn im Durchgang durch das Buch die abgebildeten Objekte sich allmählich der Unzählbarkeit nähern, dann bestätigt sich, was die Textauswahl andeutet: Kunst und Literatur werden (wie die Konstrukte der modernen Mathematik) auf der Seite dessen verortet, was sich nicht erschöpfend zählen, ordnen und kalkulieren lässt.

X. Künstlerische Hommagen an Borges und die Zahlen II: Der *Codex Serafinianus*

Um die Abgründigkeit des Zählens geht es auch im zweiten Beispiel, das wiederum als Hommage an Borges, vor allem an die Tlön-Erzählung angelegt ist. Deren Bericht über die Erfindung einer neuen Welt wird hier gleichsam konkretisiert. Der 1981 erstmals publizierte *Codex Serafinianus* ist eine phantastische Enzyklopädie. Das auch äußerlich an lexikographische Kom-

---

you do Subtraction? Take nine from eight.‹ / ›Nine from eight I can't, you know,‹ Alice replied very readily: ›but –‹ / ›She can't do Subtraction,‹ said the White Queen. ›Can you do Division? Divide a loaf by a knife – what's the answer to that?‹ / ›I suppose –‹ Alice was beginning, but the Red Queen answered for her. ›Bread-and-butter, of course. Try another Subtraction sum. Take a bone from a dog: what remains?‹ / Alice considered. ›The bone wouldn't remain, of course, if I took it – and the dog wouldn't remain; it would come to bite me – and I'm sure I shouldn't remain!‹ / ›Then you think nothing would remain?‹ said the Red Queen. / ›I think that's the answer.‹ / ›Wrong, as usual,‹ said the Red Queen: ›the dog's temper would remain.‹ / ›But I don't see how – ‹ / ›Why, look here!‹ the Red Queen cried. ›The dog would lose its temper, wouldn't it?‹ / ›Perhaps it would,‹ Alice replied cautiously. / ›Then if the dog went away, its temper would remain!‹ the Queen exclaimed triumphantly. / Alice said, as gravely as she could, ›They might go different ways.‹ But she couldn't help thinking to herself, ›What dreadful nonsense we ARE talking!‹ / ›She can't do sums a BIT!‹ the Queens said together, with great emphasis. / ›Can YOU do sums?‹ Alice said, turning suddenly on the White Queen, for she didn't like being found fault with so much. The Queen gasped and shut her eyes. ›I can do Addition,‹ ›if you give me time – but I can do Subtraction, under ANY circumstances!‹« (Carroll, Lewis, *Alice's adventures in Wonderland. Through the looking glass and other writings*, London (u. a.) 1964, S. 248f.).

pendien erinnernde Buch stellt ein imaginäres Universum vor: Es zeigt dessen Bewohner, anthropomorphe Wesen, Tiere, Pflanzen, Artefakte, Geräte, Maschinen, Bauwerke, Kleidungsstücke, Rituale, Spiele, Architekturen etc. Es ist gegliedert nach Wissenschaften: Physik, Chemie, Biologie, Kulturwissenschaften, Ethnologie, Hygiene und Heilkunde etc. All dies wird vor dem Leser ausgebreitet, als handle es sich bei diesem »Codex« um eine Tlön'sche Enzyklopädie. Begleitet werden diese Bilder von einem durchgehend unlesbaren, weil in einer eigens für den Codex erfundenen Geheimschrift verfassten Text. Die Strukturierung des Codex in Text- und Bildanteile entspricht dabei konventionellen Lehrwerken. Oft findet sich auf einer Doppelseite eine Illustration, von (unlesbarem, aber wie eine ›Beschreibung‹ wirkendem) Text umgeben; oft auch sind graphische Darstellungen katalogartig strukturiert und mit (unlesbaren) Erläuterungen umgeben. Den Großkapiteln zu den verschiedenen natur- und kulturwissenschaftlichen Sachgebieten vorangestellt sind Seiten, die wie Einleitungen wirken, dabei aber ebenfalls unlesbar bleiben. Wir sehen graphische Elemente, die an Tabellen erinnern, doch nicht einmal das Prinzip, nach dem hier tabellarisch verfahren wurde, wird transparent. Es gibt ›Inhaltsübersichten‹, für die Analoges gilt: Gerade die Zitation von Ordnungsverfahren erzeugt Desorientierung, wenn die darstellungsmedialen Voraussetzungen nicht stimmen. Zu den einleitenden Partien gehören auch Übersichtsdarstellungen über die folgenden Inhalte – unlesbar, aber in geläufiger tabellarischer Form. Auch Seitenangaben gehören dazu – oder scheinen vielmehr dazu zu gehören, denn die folgenden Seiten sind dann doch teilweise mit anderen Ziffern als mit den im ›Inhaltsverzeichnis‹ angegebenen markiert.

Insbesondere handelt es sich um neu erfundene Ziffern. Diese erinnern teils an arabische, teils an lateinische, gehören aber weder zum einen noch zum anderen System. Welcher Zahlencode liegt dem *Codex* zugrunde? Liegt ihm überhaupt einer zugrunde? Teilweise scheinen die ›Ziffern‹ einer ähnlichen Systematik zu entsprechen wie uns vertraute Zahlensysteme, denn sie sind vielfach aus Strichen und anderen Zeichen zusammengesetzt. Was aber dagegen spricht, eine Analogie zu den uns vertrauten Zahlensystemen anzunehmen, ist der Umstand, dass weniger komplexe Gebilde auf späteren Seiten des *Codex* auftauchen, während zuvor manchmal komplexere eingesetzt werden. Offenbar also werden die Zahlzeichen nicht etwa mit höherem Zahlenwert allmählich komplexer. Es ist allerdings, vorsichtig gesagt, schwer vorstellbar, dass ein Zahlencode umgekehrt so angelegt sein kann, dass die Komplexitätsgrade seiner Zahlzeichen sich mit steigendem Zahlenwert rückläufig entwickeln. Denn wo sollte man dann mit ›einfachen‹ Zeichen beginnen? Gegen eine solche Systematik (die ja immerhin noch eine Systematik wäre) spricht aber auch, dass die Komplexität der Zahlzeichen keiner erkennbaren Entwicklung unterliegt. Auch die Zeichenfolge als solche widerspricht der Idee der gleichmäßigen Abfolge – denn sie enthält Repetitionen. Einerseits wiederholen sich bestimmte ›Zahlen‹, so dass man annehmen könnte, jeder Teil des Buchs bilde eine geschlossene, separat nummerierte Einheit. Andererseits wiederholen sich die Zahlen innerhalb der Teile nicht in derselben Reihenfolge. Auch ganze Sequenzen von ›Seitenzahlen‹ wiederholen sich, allerdings nicht nach einem nachvollziehbaren Prinzip. Dass sie sich überhaupt wiederholen, widerspricht dem Prinzip der Paginierung als solchem. Und so bestätigt der Umgang des *Codex*-Verfassers mit dem Thema Zahlen und Zählen, dass man in der hier dargestellten imaginären Welt (wie in Tlön) auch die uns geläufigen Ordnungen des Wissens und seiner Darstellung nicht kennt. In einer Hinsicht ähnelt der *Codex Serafinianus* dem *Sandbuch*: Eine bestimmte Seite zu notieren und auf der Basis dieser Notiz wiederzufinden ist unmöglich, da die Paginierung keinen Leitfaden bietet.

XI. Künstlerische Hommagen an Borges und die Zahlen III: *Julius Corentin Acquefacques, prisonnier des rêves*

Marc-Antoine Mathieus Comic-Bücher über die Abenteuer des Monsieur Acquefacques sind zum einen in hohem Maße autoreferenziell; sie verweisen immer wieder auf die Medialität der *bandes dessinées*, auf Darstellungsprinzipien, auf Modalitäten des Sehens, der Bildproduktion und des Erzählens mit Bildern.[55] Zum anderen zieht der Zeichner aber auch viele Inspirationen aus

[55] Mathieu, Marc-Antoine, *Julius Corentin Acquefacques, prisonnier des rêves*, Tome 1–4, Textes et dessins Marc-Antoine Mathieu, Tournai 1990–1995. – Tome 1: *L'Origine* (1990/1991), (Dt.: *Der Ursprung*, aus dem Frz. von Harald Sachse, Hamburg 1992.) – Tome 2: *La Qu* … (1991) – Tome 3: *Le Processus* (1993) – Tome 4: *Le Début de la fin/La Fin du début* (1995) – Tome 5: *La 2,333e Dimension* (1993). – In Band 1 (*L'Origine*) geht es vor allem um das Zeichnen oder vielmehr um das Gezeichnetwerden von Figuren. Band 2, *La Qu* …, inszeniert das vorübergehende Eindringen von Farbe (Quadrochromie) in die Schwarz-Weiß-Welt des Helden. (Die Acquefacques-Comics sind mit Ausnahme besonderer Episoden schwarz-weiß gezeichnet.) Die in Band 3 (*Le Processus*) erzählte Geschichte dreht sich um die Differenz zwischen Zwei- und Dreidimensionalität, und das heißt bezogen auf den Comic: um die Differenz zwischen dem, was der Comic ist (ein flächiges Gebilde), und dem, was er darstellt (räumliche Gegebenheiten). Band 4 (*Le début de la fin/La fin du début*) rückt die konkrete Materialität des Buches, in dem die Geschichte spielt, ins Zentrum der Aufmerksamkeit: Das Ende des Buchs bzw. der Geschichte kann als Anfang gelesen werden; von den beiden Buchdeckeln her bewegen sich zwei Geschichten aufeinander zu und begegnen sich in der Buchmitte. Da sich damit eine Verkehrung von Oben und Unten verbindet, muss der Leser

der Welt literarischer Texte. Die Geschichten seines Helden Acquefacques (dessen Name, in Lautschrift transkribiert, ein Palindrom von ›Kafka‹ ist) enthalten Anspielungen auf verschiedene literarische Autoren – darunter vor allem auf Borges. Einmal schickt Mathieu seinen Helden durch eine spiralförmige Bibliothek, deren Buchrücken in nur leicht verschlüsselter Form unter anderem die Namen Kafka und Borges nennen.[56]

Diese Welten und Figuren der fünf Bände wirken geometrisch konstruiert; das Papier, aus dem sie gemacht sind, ist gleichsam Rechenkästchenpapier – gelegentlich sogar ganz konkret. Einige Szenen spielen in rechenkästchenpapiernen Räumen, und Acquefacques' karierter Anzug, ja der ganze gelegentlich zum Papierflieger gefaltete Held ist aus demselben Material.[57] Neben ihren Beziehungen zur Geometrie unterhalten die Geschichten auch solche zu anderen mathematischen Teildisziplinen. So wird mit der ersten

---

das Buch in der Mitte oder kurz danach umwenden. Im 5. Band (*La 2,333e Dimension*) geht es wiederum um die Differenz zwischen Zwei- und Dreidimensionalität, also um die Ebenen von Darstellung und Dargestelltem; die Figuren bewegen sich auf der Ebene der Diegese zwischen einer fast zweidimensionalen und einer dreidimensionalen Welt. (Andere bewegen sich zwischen dem Nicht-nicht- bzw. dem Nicht-Fertig-Gezeichnet-Sein und dem Status als fertige, gezeichnete Figuren.) In diesem Band spielen Bilder aus dem Reich der Geometrie eine besonders prägnante Rolle.

56 Monsieur Acquefacques erfährt ja im Lauf seiner Abenteuer wiederholt, dass er eine gezeichnete Figur ist. In *L'Origine* wird er mit seiner eigenen gezeichneten Geschichte konfrontiert, die als *mise-en-abyme* in die Handlung eingeflochten ist und sich mit dieser aufs eigene Ende zu bewegt. Die *mise-en-abyme* ist im Bereich der visuellen Darstellung eine Unendlichkeitsfigur: Entspricht es doch der Konsequenz der Binnenspiegelung, dass diese sich unendlich wiederholt. An die Unterscheidung zwischen Originalobjekten und *hrönir* bei Borges erinnert es, wenn in *Le Processus* die Figur des Helden streckenweise aus der Zweidimensionalität in eine – allerdings gezeichnete – Dreidimensionalität aufzusteigen scheint. Die Idee einer Überwindung der zweiten Dimension bleibt auch im Folgenden leitend: Im fünften Band der Acquefacques-Reihe, *La 2,333e Dimension*, ist die letzte Phase der Geschichte unter Verwendung der Farben Rot und Grün so gedruckt, dass sich die Bilder bei Benutzung einer (dem Buch beigelegten) 3-D-Brille als dreidimensional darstellen. Dass der Band eine gebrochene Zahl als Ordnungszahl verwendet, deutet auf den phantasmagorischen und ›borgesianischen‹ Charakter des gezeichneten Abenteuers hin.

57 Wenn er in *La 2,333e Dimension* zum Papierflieger gefaltet in den Weltenraum geschossen wird, dann ist besonders evident, aus welchem Papier er besteht. Auch wenn er in *Le Début de la fin* an einem Reißverschluss geöffnet und wie ein Kleidungsstück umgestülpt wird, erscheint er als Rechenkästchen-Figur: Aus einer mit schwarzem Gitternetz auf weißem Grund wird eine mit weißem Gitternetz auf schwarzem Grund. (Die Comics entstehen bei Mathieu übrigens auch an einem Rechner.)

Geschichte, die vom Gezeichnetwerden der Geschichte Acquefacques' handelt und an deren Ende der Zeichner selbst ins Bild kommt, wie er die Geschichte Acquefacques' zeichnet, dann unterbricht und vielleicht zerstört, eine Fraktale-Welt entworfen: Es kommt zur Binnenspiegelung (*mise en abyme*) einer Comicseite in sich selbst und so fort *ad infinitum*. Das Infinite kommt auch in *Le Processus* ins Spiel – über die Figur einer Spirale mit unbestimmbarem Anfang und Ende. Handlungstragend wird Mathematisches vor allem in *Le Début de la fin* als einer Geschichte, die auf axial- und auf punktsymmetrischen Relationen zwischen Räumen und Figuren beruht, sowie in *La 2,333e Dimension*. Titel und Geschichte suggerieren die Existenz einer Dimension zwischen der zweiten und der dritten – eine Idee, die mit geometrisch-zeichnerischen Mitteln zwar visualisierbar ist (wir sehen auf der Ebene der Diegese abgeflachte Figuren, die einen Teil ihrer Plastizität eingebüßt haben), aber nur auf perspektivisch-illusionistische Weise. Was wäre eine 2,333. Dimension? Ein Gebilde ist entweder zwei- oder dreidimensional – das sagt uns unser euklidisch konditionierter Alltagsverstand,[58] und auch abgeflachte plastische Objekte sind eben plastische, also dreidimensionale Objekte. Zwei- oder Dreidimensionalität – *tertium non datur*? Aber gilt diese Alternative wirklich? Eigentlich gibt es rein zweidimensionale Dinge ja nur als mathematische Ideen. Ein Blatt Papier und die auf ihm angebrachten Farbpartikel sind immer räumlich, auch wenn wir dies nicht sehen. Indirekt thematisieren die Geschichten über Zwei- und Dreidimensionalität auch die (meist unhinterfragt bleibenden) Regeln unseres Vorstellungsvermögens – und seine Grenzen. Mit der Erfindung einer 2,333. Dimension kommt nicht nur etwas konkret nicht Vorstellbares ins Spiel; auch die Ordnungszahlen werden auf widersinnige Weise gebraucht. Zwischen einem ›Zweiten‹ und einem ›Dritten‹ gibt es grundsätzlich kein ›Zweikommadrittes‹ – und insofern widerspricht der Einfall einer solchen Dimension auch der sprachlichen Logik.

Mit Ordnungszahlen spielt Mathieu auch an anderer Stelle, indem er gegen ihre konventionelle Sequenz verstößt – und zwar stets in Korrespondenz zum Inhalt der erzählten Geschichte. In *La Qu …* befindet sich zwischen Kapitel 2 und Kapitel 3 ein Kapitel 2½; hier gleitet der Protagonist von einem in den nächsten Traum hinüber. In *Le Processus* gerät Acquefacques in eine Zeitschleife und begegnet seinem Doppelgänger, der sich infolge einer Störung in der Mechanik der Zeit aus der Vergangenheit in die

[58] Die fraktale Geometrie (Chaostheorie) allerdings rechnet mit gebrochenen Dimensionszahlen, eine dem Alltagsverstand nur schwer zugängliche, mathematisch aber konstruierbare Idee.

Gegenwart verlaufen hat, wie denn auch Acquefacques selbst schließlich als Eindringling in die Gegenwart seines Doubles aus der Zukunft eindringt. Dass Zeit hier nicht linear verläuft, sondern gleichsam einen Bogen schlägt, wird u. a. dadurch ausgedrückt, dass es im Buch das fünfte und letzte Kapitel zweimal gibt. (Die Kapitelzählung als solche beginnt bei der Null.) Zwischen dem einen und dem anderen Kapitel 5 erfolgt eine Transgression des Helden in eine andere Raum- und Zeitordnung.

In *Le Début de la fin* wird mit Ordnungszahlen ein besonders raffiniertes Spiel getrieben: Es betrifft die Paginierung und damit die Struktur des Buches. Wir verfolgen, jeweils von der vorderen und von der hinteren Umschlagseite ausgehend, die beiden Geschichten eines ›positiven‹ Acquefacques und seiner Gegenfigur. Beide Geschichten treffen sich an einem Punkt (was unter anderem an Borges' Erzählung vom Garten der sich verzweigenden Pfade erinnert) – in der Buchmitte. Und wenn man beim Lesen des Bandes hier angekommen ist, wo die Helden der beiden Komplementärgeschichten sich vorübergehend zusammen auf denselben Seiten einfinden, dann treffen sich zugleich auch zwei Nummerierungssysteme. Geschichte 1 ist mit positiven, Geschichte 2 mit negativen Seitenzahlen paginiert; in der Buchmitte kommt es zu Doppelpaginierungen. Geschichte 1 (von vorne zu lesen) spielt sich auf den Seiten 1 bis 26 ab; Geschichte 2 auf den Seiten –1 bis –23 bzw. –23 bis –1, je nachdem, wie man blättert. Seite –23 ist identisch mit 26. Auch auf der Ebene der Kapitel gibt es zwei einander gegenläufige Zahlensequenzen: Die Kapitelnummern verlaufen von 1 bis 5 und von –5 bis –1 (bzw. von –1 bis –5).

Negative Ordnungszahlen, wie sie in Mathieus Spiegelgeschichte für Seiten und Kapitel eingesetzt werden, sind als solche merkwürdig: Eine Seite kann nicht die »minus-erste«, »minus-zweite« sein. Dass dies in Acquefacques' Welt gleichwohl möglich ist, lädt zu Gedankenspielen ein: Wenn die positiven Ganzen, die so genannten natürlichen Zahlen dazu dienen, wirkliche Dinge wie konkrete Buchseiten zu nummerieren – was wird dann durch negative Zahlen ›nummeriert‹, wenn sie entsprechend eingesetzt werden? Befinden wir uns jenseits der Buchmitte in einem Anti-Buch, einem Nicht-Buch, einer immateriellen Gegenwelt?

XII. Bilanz und Finale

Welche Funktionen haben Ordnungszahlen? Sie dienen – daran erinnern unsere Beispiele *via negationis* – der Ordnung des Denkens selbst, etwa der Kategorisierung bzw. Klassifizierung von Darstellungsebenen und Ableitungsgraden (*Tlön*). Sie dienen (auch dadurch mittelbar im Dienst der Ordnung des Denkens) der Strukturierung von Darstellungen – im Fall des Buchs konkret der Paginierung von Seiten (Serafini). Und sie dienen der Konstruktion von Welten (Mathieu). Borges' Interesse gilt der Konstitution von »Ordnungen« vor dem Hintergrund des Ungeordneten. Als Serafinis Interesse erschließbar ist das an der Konstitution von »Welten« – von Welten, wo unter anderem anders gezählt wird als bei uns. Mathieu erfindet ebenfalls ›andere‹ Welten. In diesen herrscht eine andere Geometrie. Warum diese Spiele mit Ordnungszahlen, die in falscher Sequenz verwendet (Borges), ins Negative verkehrt (Mathieu), um gebrochene Zahlen ergänzt (Mathieu), ins Unlesbare transferiert (Serafini) werden?

Erinnern wir uns daran, dass diejenigen Zahlen, die als Ordnungszahlen konventionellerweise eingesetzt werden, als die »natürlichen Zahlen« bezeichnet werden. Dieser Begriff impliziert, es existiere so etwas wie eine »Natur« im Sinne einer der mathematischen wie der wirklichen Welt immanenten fundamentalen Ratio. Falsch geordnete, gebrochene, negative und prinzipiell unlesbare Ordnungszahlen markieren als solche einen Raum des Transrationalen. Kunstwerke (literarische und graphische), die einen solchen Raum thematisieren, thematisieren zugleich mit den Grenzen des Rationalen die Grenzen des Vorstellbaren – und die Vorstöße der Kunst hinter solche Grenzen. Für die vorgestellten Beispiele ist es zudem charakteristisch, dass sie einen ›anderen‹, einen transrationalen Raum nicht nur beschreiben (wie es in Abbotts *Flatland* geschieht), sondern durch sich selbst zumindest im Ansatz konstituieren.

Dazu wird bei Serafini und Mathieu die Form des Buchs verwendet, dessen Raum hier den »anderen« Raum darstellt – in dem Sinn, wie man von einer Plastik sagt, dass sie ›etwas darstellt‹: Im konkreten plastischen Objekt ist das Dargestellte gegenwärtig. Borges hat den Weg dafür bereitet. Für ihn ist das Transrationale insbesondere das Infinite, der sich ins Unendliche öffnende Raum, die unendliche Zeit. Bei Borges schon ist die Auseinandersetzung mit transrationalen Welten autoreflexiv; bei ihm schon exponiert sich die Kunst – hier die des Erzählers – als eine Verfahrensweise zur Hervorbringung alternativer Welten, die mit den Mitteln der Rationalität nicht ermessen werden können. Und bei Borges steht schon der Gedanke im Mittelpunkt, dass der Ort, an dem sich transrationale Welten öffnen, das Buch ist – das Buch als Objekt und zugleich als Schwelle, nicht nur in seiner Eigenschaft als Trägermedium von Texten, die Geschichten oder Beschreibungen enthalten, sondern das Buch als konkretes Ding mit Buchstaben, Seiten, Seitenzahlen.

Serafini und Mathieu schließen – jeweils auf eigene Weise – an Borges an. Für beide ist der Verstoß gegen die Ordnung der so genannten natürlichen

Zahlen ein wichtiger Ansatzpunkt, um den Raum der von ihnen gestalteten Bücher zu einem transrationalen Raum werden zu lassen. Beide Projekte – das Serafinis und das Mathieus – sind durch ihre Autoreflexivität geprägt; beide sind Selbstdarstellungen von Kunst.

Aura Heydenreich (Erlangen)

Die Grenzen der Axiomatik und die Kritik der enzyklopädischen Wissensordnung

David Hilberts »Grundlagen der Mathematik« in Günter Eichs *Maulwurf* »Hilpert«

Im Gedenken an Prof. Dr. Peter Horst Neumann

»Jeder Code« – so schreibt Hans Blumenberg in seiner *Lesbarkeit der Welt* –

> ist prinzipiell zu entschlüsseln, weil es kein irreversibles Verfahren der Verschlüsselung geben kann. [...] Doch steht die Sicherheit eines Codes im Bezug zum Zeitbedarf, den seine Entschlüsselung erfordert; überschreitet dieser den Horizont des möglichen Nutzens, ist der Code praktisch bruchsicher. Die ideale Sicherheit fiele mit der realen »Zufallszeichenfolge« zusammen, die als Information nicht mehr zu erkennen wäre. Die raffinierteste Verschlüsselungstechnik simuliert den Zufall, imitiert den Unsinn, ohne ihn jemals erreichen zu dürfen![1]

Was Blumenberg hier formuliert, lässt sich – so möchte dieser Beitrag zeigen – schlüssig anwenden auf ein bestimmtes Werk literarischer Prosa, dessen Texte genau dadurch hermetisch codiert sind, dass sie Unsinnigkeit simulieren. Ich meine das Spätwerk Günter Eichs, speziell seine so genannten *Maulwürfe* (1968–1970). Mit ihnen hat sich Eich den Vorwurf ratloser Unsinnspoesie eingehandelt: Ein Urteil zeitgenössischer Literaturkritiker, das sich im Wesentlichen bis in die jüngste Vergangenheit tradiert hat.[2] Dies liegt meiner Ansicht nach vor allem daran, dass Eichs *Maulwürfe* auf den ersten Blick hin – ganz so, wie es Blumenberg beschreibt – zu spielerisch, willkürlich, aleatorisch erscheinen, als dass sich mögliche Interpretationshorizonte erkennen ließen, auf die hin ausgerichtet eine Entschlüsselungsarbeit ihren Zeitaufwand rechtfertigen könnte.

Doch solche Interpretationshorizonte gibt es, sie sind aber schlicht gänzlich andere, als die Literaturwissenschaft des ausgehenden 20. Jahrhunderts für Eich in Betracht zu ziehen pflegte. Nämlich Wissensordnungen außer-

---

[1] Blumenberg, Hans, *Die Lesbarkeit der Welt*, Frankfurt am Main 1981, S. 402.

[2] Vgl. Zeller, Christoph, »›Die Welt als Sekundärliteratur‹: Atheismus und Collage bei Eich, Büchner, Jean Paul«, in: Dieter Sevin (Hrsg.), *Georg Büchner: Neue Perspektiven zur internationalen Rezeption*, Berlin 2007, S. 83–102, hier S. 88.

halb der Literatur-Sphäre, Ordnungen der Naturwissenschaft und der Metaphysik: Gottfried Wilhelm Leibniz' *mathesis universalis*,[3] Norbert Wieners Kybernetik,[4] David Hilberts Axiomatik, Albert Einsteins Einheitliche Feldtheorie.[5] Die Naturwissenschaften haben in Eichs Spätwerk eine bislang ungeahnt große poetologische Bedeutung.[6] Die *Maulwürfe* sind zwischen poetischer und naturwissenschaftlicher Reflexion zu situieren. Die Wurzeln der Literatur sieht Eich in der klassischen menschlichen Erinnerungskunst, der antiken *ars memoria*. Seine so verstandene Poetik richtet sich mit subtiler Polemik gegen Diskurse, denen vorgeworfen wird, »Weltformeln« von universaler Gültigkeit hervorbringen zu wollen und ideologisch geschlossene – potenziell also totalitäre – Sinnhorizonte zu errichten. Die Poetik der *Maulwürfe* greift in subversiver Absicht wissenschaftliche Diskurse auf, um sie zu unterhöhlen, sie sich wechselseitig unterhöhlen zu lassen und über ihren unvermeidlichen Einsturz zu spotten. Wie das funktioniert, soll hier am Beispiel eines frühen *Maulwurfs* gezeigt werden, der den Titel »Hilpert« trägt und zuerst 1966 in der *Neuen Rundschau* erschienen ist.[7] Die Sinnkonzeptionen, die dieser Text subversiv aufs Korn nimmt, entstammen der Mathematik. Das gilt bei weitem nicht nur für diesen *Maulwurf*, doch gilt es für ihn besonders anschaulich – so anschaulich, dass es im Nachhinein erstaunen muss, wie heftig sich die Sekundärliteratur jahrzehntelang weigern konnte, seinen Codifikationssignalen nachzugehen.

> Hilperts Glaube an das Alphabet verhalf ihm zu der Entdeckung, dass auf die Erbsünde die Erbswurst folgt. Auf diesem Punkt wollen wir verharren und uns die Konsequenzen nicht nehmen lassen. Die Konsequenz ist das Erbteil. Bei Hilpert eine leicht geneigte Wiese mit Obstbäumen, eine Einödvilla im Oberpfälzer Wald und das sechzigteilige Zinkbesteck aus einem adligen Zweig. Aber wir? Ich und meine Kinder erben nichts, wir waren schon bei der Erbswurst benachteiligt. [...] Wir haben uns alle, Hilpert, meine Familie und ich, für das Alphabet entschie-

---

[3] Vgl. den *Maulwurf* »Versuch mit Leibniz«, in: Eich, Günter, *Gesammelte Werke in vier Bänden*, revidierte Ausg., Axel Vieregg (Hrsg.), Frankfurt am Main 1991, S. 333, im Folgenden zitiert als Eich, gefolgt von Band und Seitenzahl.

[4] Vgl. den *Maulwurf* »Bei Lichte besehen«, in: Eich, I, S. 414, sowie Eichs Rede zur Verleihung des Georg-Büchner-Preises, in: Eich, IV, S. 615f.

[5] Vgl. das Hörspiel *Zeit und Kartoffel*, in: Eich, III, S. 735–752 sowie Anm. 22 in diesem Aufsatz.

[6] In meiner Dissertation glaube ich hierfür den Nachweis erbracht zu haben. Vgl. Heydenreich, Aura Maria, *Wachstafel und Weltformel. Erinnerungspoetik und Wissenschaftskritik in Günter Eichs Spätwerk*, Göttingen 2007. Dieser Aufsatz ist eine überarbeitete Fassung eines einschlägigen Kapitels. Ich danke den Herausgebern, auf deren Einladung er in diesem Band erscheinen kann.

[7] Eich, Günter, »Hilpert«, in: *Neue Rundschau*, 77/1966, S. 579–582.

den. Da sind die Zusammenhänge eindeutig und nachweisbar, ohne alles Irrationale. [...][8]

Der *Maulwurf* »Hilpert« offenbart ein doppeltes Glaubensbekenntnis: Das erste, textuell belegt, ist Hilperts Glaube an das Alphabet und hat wichtige Konsequenzen für die Weltanschauung des Ich-Erzählers. Der Alphabet-Glaube ist jedoch nicht nur für die Figuren von Bedeutung, sondern gibt auch die narrative Ordnung des *discours* vor: Denn die Aleatorik der drei Stichworte »Erbsünde«, »Erbswurst«, »Erbteil« wird durch einen ordnungsstiftenden Prätext legitimiert, der diesem Text zugrunde liegt: das *Meyersche Konversationslexikon* von 1906, in dem diese Stichworte unmittelbar aufeinander folgen. Schon jetzt wird klar: Nicht nur logisch-semantische Zusammenhänge liegen dem Textnarrativ zugrunde, sondern auch andere Wissensordnungen, zum Beispiel die alphabetische. Der Prätext »Konversationslexikon« subvertiert die logisch-semantische Kohärenz des Textes und gibt seine narrative Ordnung vor – Erbsünde, Erbswurst, Erbteil. Gleichwohl wäre bis hierhin, sobald der Interpret dies durchschaut hat, auf der höheren Ebene der Textanalyse eine Kohärenz des Textes wiederhergestellt. So einfach aber ist es in Eichs *Maulwürfen* nie. Es kommt noch hinzu, dass die verarbeiteten Prätexte Kontexte evozieren, die sich wiederum wechselseitig untergraben und somit jede semantische Konsistenz des Textes subvertieren.

Das zweite Glaubensbekenntnis ist das poetologische Bekenntnis des Autors zur neuen Prosagattung, die in diesen Texten im Entstehen ist: zu den *Maulwürfen*. Es gibt nur wenige *Maulwürfe*, in denen Maulwürfe als Protagonisten auftauchen.[9] In diesem tun sie es: Maulwürfe umgeben Hilpert, hören ihm zu, begleiten ihn auf seinen Spaziergängen und sichern ihm literarische Unsterblichkeit. Ihre Zuneigung bleibt nicht unerwidert: »Hilpert selbst hat später Gefallen an den Maulwürfen gefunden und ihrer Vermehrung gelassen zugesehen.«[10] Es gibt Hinweise darauf, dass der im Text so genannte »große Hilpert«[11] seine Größe nicht nur textimmanent gewinnt, sondern sie auch aus externen Kontexten bezieht. Etwa die Textaussage, dass Robinson, der Sohn des Rollensprechers, an einer »Studie« über »Hilpert und die Maulwürfe«[12] arbeite. Der *Maulwurf* suggeriert hiermit sowohl den Interpre-

---

8 Eich, I, S. 310.

9 Vgl. die Texte »Präambel« (Eich, I, 318), »Winterstudentin mit Tochtersohn« (Eich, I, 318f.), »Zwischenakt« (Eich, I, 319), »Kehrreim« (Eich, I, 320).

10 Eich, I, S. 312.

11 Ebd., S. 313.

12 Eich, I, S. 311.

tationsbedarf der »Textgattung«, der er angehört, als auch eine hierfür notwendige Kontextualisierung – und gibt sogar Literaturhinweise, literaturwissenschaftliche Redlichkeit fingierend. Robinson, so heißt es, sei »im Zuge seiner Forschungen erstens auf Hilmend gestoßen, einen Fluß in Afghanistan, und auf Hilpoltstein in Mittelfranken«.[13] Die beiden Toponyme sind einerseits präzise, andererseits dissimulativ. Zwar folgen sie als Stichworte in *Meyers Lexikon* unmittelbar aufeinander,[14] und auch ihre Definition stimmt mit den Angaben im Lexikon wörtlich überein. Irreführend aber ist, dass sie zum Rest des Textes in keinem Zusammenhang stehen – es sei denn in ihrer Funktion der willkürlichen Negation semantischer Zusammenhänge zugunsten alphabetischer Wissensordnungen, und es sei denn dadurch, dass sie eine Leerstelle markieren. Genau zwischen diesen beiden Stichworten müsste im Lexikon ja der postulierten Ordnung zufolge das Stichwort »Hilpert« zu finden sein, und damit auch die Erklärung für die enigmatische Gestalt dieses »Religionsstifters«.[15]

Zu dieser Lesart lädt der *Maulwurf* zunächst ein, denn nach der Evozierung von Robinsons Forschungen zwischen »Hilmend und Hilpoltstein« heißt es: »Das hört sich unverdächtig an, ist aber von großer Bedeutung.«[16] Tatsächlich haben auch viele *Maulwurf*-Exegeten an der entsprechenden *Meyer*-Stelle seinen Namen gesucht: Zitiert wird hier stellvertretend Michael Kohlenbach: »Hilpert selbst, diese Idolfigur des Textsubjekts, ist wohl eine fiktive Gestalt; in Meyers Lexikon jedenfalls ist er zwischen ›Hilmend‹ und ›Hilpoltstein‹ nicht aufgeführt.«[17] Selbst die vergebliche Suche der Exegeten ist im *Maulwurf* schon vorweggenommen durch den Satz: »Nirgends ergibt sich eine Beziehung zu Hilpert oder den Maulwürfen, nicht einmal zu beiden.«[18] Die Lesefallen des *Maulwurfs* funktionieren ausgezeichnet. Denn der Name jener realen Person, die durch Hilpert postfiguriert wird, befindet sich sehr wohl im Lexikon, jedoch an anderer Stelle. Was mehrere Jahrzehnte lang für Konfusion gesorgt hat, ist ein Konsonantentausch: die Substitution des »b« durch ein »p«.

Den Beleg dafür und eine nächste Leseanleitung mit dissimulativer Intention liefert wiederum der *Maulwurf* selbst: »Nun aber weiß man aus Hilperts

---

[13] Ebd.

[14] *Meyers Großes Konversations-Lexikon*, Bd. 9, 6. Aufl., Leipzig 1908. S. 339.

[15] Neumann, Peter Horst, *Die Rettung der Poesie im Unsinn. Der Anarchist Günter Eich*, Stuttgart 1981, S. 96.

[16] Ebd.

[17] Kohlenbach, Michael, *Günter Eichs späte Prosa. Einige Merkmale der Maulwürfe*, Bonn 1987, S. 197.

[18] Eich, I, S. 311.

Biographie […]«.[19] Zu dieser Biographie liefert der Text parodistisch eine Reihe teils fiktiver Literaturhinweise, unter ihnen aber auch: »Hilpert und die Grundlagen seiner Mathematik«.[20] Und das ist (*mutatis mutandis*) ein authentischer Literaturhinweis: Das Buch »Die Grundlagen der Mathematik«[21] stammt aus der Feder David Hilberts (1862–1943), des vielleicht bedeutendsten deutschen Mathematikers des 20. Jahrhunderts. Eichs »Hilpert« trägt seine Züge.

Der in Königsberg geborene Hilbert hatte zwischen 1895 und 1930 ein Ordinariat in Göttingen inne, im damaligen geistigen Zentrum der mathematischen Forschung Deutschlands.[22] Sein Werk ist von überragender Bedeutung für die Mathematik und die mathematische Physik des 20. Jahrhunderts. Viele seiner Arbeiten begründeten eigene Forschungsgebiete. In den »Grundlagen der Geometrie«[23] stellte Hilbert erstmals ein vollständiges Axiomensystem der euklidischen Geometrie vor. In seiner berühmten Rede auf dem Weltmathematikerkongress im Jahre 1900[24] stellte er eine Liste von 23 Problemen vor, »die Hilbert'schen Probleme«, an denen sich später die mathematische Forschung des gesamten 20. Jahrhunderts abgearbeitet hat. Auch davon weiß der *Maulwurf* zu berichten: »[…] abends brannte lange seine trauliche Lampe, während doch sein Geist hundert wenn nicht hundertzehn Jahre voraus war.«[25] Am 20. November 1915 reichte Hilbert eine Arbeit zur allgemeinen Relativitätstheorie ein,[26] die der einsteinschen Theo-

---

19 Ebd.

20 Eich, I, S. 311.

21 Hilbert, David, *Grundlagen der Mathematik*, Berlin 1934–1939 (mit Paul Bernays).

22 Mittelstraß, Jürgen/Blasche, Siegfried (Hrsg.), *Enzyklopädie Philosophie und Wissenschaftstheorie*, Bd. II, Mannheim 1984, S. 102.

23 Hilbert, David, »Grundlagen der Geometrie«, in: *Festschrift zur Feier der Enthüllung des Gauß-Weber-Denkmals in Göttingen*, Leipzig 1899, S. 1–92.

24 Hilbert, David, »Mathematische Probleme«, in: *Nachrichten von der Königlichen Gesellschaft der Wissenschaften zu Göttingen*, Math-Phys. Klasse, S. 253–297.

25 Eich, I, S. 311.

26 Vgl. dazu Sommer, Klaus P., »Wer entdeckte die Allgemeine Relativitätstheorie? Prioritätsstreit zwischen Hilbert und Einstein«, in: *Physik in unserer Zeit*, 36/2005, S. 230–235, und Fölsing, Albert, *Albert Einstein. Eine Biographie*, Frankfurt am Main 1993, S. 420–424. Dass sich auch Eich für die Relativitätstheorie interessierte, beweist die Thematik des Hörspiels *Zeit und Kartoffeln*, in dem sowohl die Spezielle Relativitätstheorie als auch Einsteins vergebliche Suche nach einer einheitlichen Theorie für Elektromagnetismus und Gravitation zitiert werden (vgl. hierzu Heydenreich, *Wachstafel und Weltformel*, S. 330–354). Interessant sind in diesem Zusammenhang auch die von der Verfasserin jüngst entdeckten Notizen Eichs zur Chronologie der Relativitätstheorie im Nachlasskonvolut der *Maulwürfe* im Literaturarchiv Marbach, Manuskriptblatt Nr. 83.647: »1881 Versuch von Michelson /

rie mathematisch äquivalent war, allerdings die Feldgleichungen nicht enthielt.[27] Hilbert zitierte darin Einstein und beanspruchte nie selbst die Urheberschaft der Theorie.[28]

Dass auf die Beziehung zwischen Hilb/pert und den Maulwürfen explizit, aber dissimulierend verwiesen wird, belegt die insistent-wiederholte Berufung auf einen Referenztext – »Nun aber weiß man aus Hilperts Biographie [...] aus Hilperts Biographie also [...]«[29] –, in dem das stehe, was der Leser zur Kenntnis nehmen sollte. Tatsächlich ist zu belegen, dass es intertextuelle Übereinstimmungen zwischen dem *Maulwurf* »Hilpert« und den Biographien zur Person David Hilberts gibt. Wir werden dies nur an einem Beispiel deutlich machen, das sowohl der *Maulwurf* als auch mehrere biographische Berichte übereinstimmend nennen. Eine von Hilperts Lieblingsbeschäftigungen wird sowohl im *Maulwurf*-Text als auch in zahlreichen Hilbert-Biographien überliefert:

> Hilpert [...], Einsiedler und schon lange tot, hatte die geneigte Wiese zum Gespräch wie andere den geneigten Leser. Die *Bäume waren Apfel* [Hervorhebung durch A. H.] und Tomate und sie standen nach ihrer Neigung aufwärts und abwärts. Dort ging Hilpert mit seinen zahmen Maulwürfen auf und ab, immer in Gedanken zwischen A und Z. Es war ein schöner fruchtbarer Anblick, die Maulwürfe nahmen teil. So hat ihn jeder in Erinnerung, der noch die Petroleum- und Spirituszeit erlebt hat.[30]

Der Apfelbaum ist die Syllepse zwischen Text und Realitätsmaterial. Constance Reid bemerkt in ihrer Hilbert-Biographie: »Hilbert [...] and Minkowski soon established a close relationship with Hurwitz. Every afternoon, precisely at five, the three met for a *walk ›to the apple tree‹* [Hervorhebung durch A. H.]. It was at this time that Hilbert found a way of learning infinitely preferable to poring over dusty books in some dark classroom or library.«[31] Legendär waren Hilberts mathematische Kolloquien, die in Anwesenheit

---

1905 Rel.theorie Einstein / Grenzgeschwindigkeit« sowie auch die bibliographische Notiz, die Eich auf einem an ihn adressierten Brief vom 16. 04. 1970 notierte: »Landau / Rumer: Was ist die Relativitätstheorie. Kleine naturwissenschaftliche Bibliothek, Reihe Physik, Band 1, Leipzig, Akademische Verlagsgesellschaft, Geest & Portig.« Der Brief befindet sich in dem vom Marbacher Literaturarchiv 2008 angeschafften Notizbücher-Konvolut.

27 Vgl. Fölsing, *Albert Einstein*, S. 422f.

28 Ebd.

29 Eich, I, S. 311.

30 Eich, I, S. 310f. (Hervorhebung A. H.).

31 »After Minkowski's death Hilbert revived the custom of taking a group of the young people for a long walk following the weekly meetings of the Mathematics Club.« Reid, Constance, *Hilbert. With an appreciation of Hilbert's mathematical work by Hermann Weyl*, Berlin 1970, S. 122.

von Studenten und Kollegen mit Vorliebe im Freien abgehalten wurden, einschließlich – wie auch der *Maulwurf* zu berichten weiß – regelmäßiger Spaziergänge zum Apfelbaum.[32]

Eine wichtige wissenschaftliche Theorie Hilberts wird im *Maulwurf* zitiert und ist – wie wir sehen werden – für die *Maulwurf*-Poetik relevant: Es handelt sich um seine Theorie zur Axiomatisierung der gesamten Mathematik, die zu einer kritischen Analyse des mathematischen Denkens und zur Begründung des Formalismus in der mathematischen Forschung führen sollte.[33] Die Interpretation unseres *Maulwurfs* wird einen kurzen Exkurs zur Philosophie der Mathematik beinhalten, denn der wissenschaftskritische Ausgangspunkt dieses literarischen Textes ist am ehesten dann nachzuvollziehen, wenn die Grundthesen der hilbertschen Axiomatik in die Interpretation einbezogen werden. Wir beziehen uns hierbei auf das im *Maulwurf* selbst genannte Referenzwerk Hilberts, die *Grundlagen der Mathematik* (1934).[34] Wir folgen somit der Leseanleitung des Textes, Hilberts Glauben und Überzeugung mit Blick auf ihre Konsequenzen für die *Maulwürfe* zu bedenken.

Die Grundlagen des mathematischen Wissens wurden in den Jahrzehnten um die vorletzte Jahrhundertwende neu überdacht. Es bildeten sich drei wichtige Richtungen heraus, die unter den Namen Logizismus, Intuitionismus und Formalismus bekannt sind.[35] Ihre Begründer – Gottlob Frege, Luitzen Brouwer und David Hilbert – traten mit dem Anspruch an, ein neues Fundament für die Mathematik zu schaffen.[36] Die metamathemati-

---

[32] Für weitere Übereinstimmungen zwischen dem *Maulwurf* und dem biographischen Abriss von Otto Blumenthal: Ders., »Lebensgeschichte«, in: David Hilbert, *Gesammelte Abhandlungen. Band III. Analysis. Grundlagen der Mathematik. Physik. Lebensgeschichte.* Berlin 1970, S. 388–429, vgl. Heydenreich, *Wachstafel und Weltformel*, S. 263.

[33] Vgl. Thiel, Christian, »Grundlagenstreit«, in: *Historisches Wörterbuch der Philosophie*, Joachim Ritter (Hrsg.), Bd. 3, Darmstadt 1974, S. 915f. Vgl.: Hilbert, David/Bernays, Paul, *Grundlagen der Mathematik*, Bd. 1, Berlin 1934; vgl. Hilbert, David, »Axiomatisches Denken«, in: *Mathematische Annalen*, 78/1918, S. 405–415, wiederabgedruckt in: Ders., *Gesammelte Abhandlungen*, Bd. 3, S. 146–156. Detlefsen, Michael, *Hilbert's Program*, Dordrecht 1986; Ewald, William B., *From Kant to Hilbert. A Source Book in the Foundations of Mathematics*, Vol. II., Oxford 1996; Peckhaus, Volker, *Hilbertprogramm und Kritische Philosophie. Das Göttinger Modell interdisziplinärer Zusammenarbeit zwischen Mathematik und Philosophie*, Göttingen 1990.

[34] Eich, I, S. 311; Hilbert, *Grundlagen der Mathematik*, Bd. I, Berlin 1934, Bd. II, Berlin 1939.

[35] Vgl. Guillaume, Marcel, »Axiomatik und Logik«, in: Jean Dieudonné, *Geschichte der Mathematik. Ein Abriß*, Braunschweig, Wiesbaden 1985. S. 748–865. Vgl. ebenfalls Thiel, *Grundlagenstreit*, S. 910–918.

[36] Guillaume, »Axiomatik und Logik«, in: Dieudonné, *Geschichte der Mathematik*.

sche Theorie, die Hilbert entwickelt hat, ist unter dem Namen »Hilberts Programm« bekannt.[37] Hilberts Ziel war die Neubegründung der Mathematik durch den Nachweis ihrer Widerspruchsfreiheit:[38] »Das Ziel, die Mathematik sicher zu begründen, ist auch das meinige; ich möchte der Mathematik den alten Ruf der unanfechtbaren Wahrheit [...] wiederherstellen. [...] Die Methode, die ich dazu einschlage, ist keine andere als die axiomatische.«[39] Hilbert führte eine axiomatisch-deduktive Beweis- und Darstellungsmethode ein, die so umfassend sein sollte, dass daraus alle Sätze der klassischen Mathematik ableitbar sein konnten: »Um ein Teilgebiet einer Wissenschaft zu erforschen, basiert man es auf eine möglichst geringe Anzahl von möglichst einfachen, anschaulichen und faßlichen Prinzipien, die man als Axiome aufstellt und sammelt.«[40] Für jeden mathematischen Satz sollte es somit möglich werden, zu bestimmen, ob er wahr oder falsch sei.[41] Der Vortrag, in dem Hilbert seine axiomatische Theorie vorstellte, *Die Neubegründung der Mathematik*, wurde 1922 in Kopenhagen gehalten.[42] Große Resonanz in der mathematischen Forschungsliteratur fand der Kernsatz dieser Rede:

---

37 Vgl. Eintrag: »Hilbertprogramm«, in: Mittelstraß/Blasche (Hrsg.), *Enzyklopädie Philosophie und Wissenschaftstheorie*, Bd. 2, Mannheim 1984, S. 102f.

38 Vgl. ebd.

39 Hilbert, David, »Neubegründung der Mathematik. Erste Mitteilung«, in: Ders., *Gesammelte Abhandlungen*, Bd. III., S. 157–178. Zuerst erschienen in: Ders., *Abhandlungen aus dem Mathematischen Seminar d. Hamb. Univ.*, Bd. 1 1922, S. 157–177. Die Axiomatik geht bis auf Euklid zurück, dessen Theoreme stets als wichtiges Vorbild für die strenge Beweisführung galten. Euklids Theorie sieht vor, dass es eine Reihe von Postulaten oder Axiomen geben muss, die als richtig gelten, ohne dass ein Beweis dafür vorliegt. Aus diesen Axiomen werden alle übrigen Theoreme abgeleitet. Die Wahl der Axiome ist weitgehend willkürlich, sie müssen einfach und nicht allzu zahlreich sein. Zudem müssen sie vollständig sein, so dass jeder andere Satz aus ihnen abgeleitet werden kann, und sie müssen voneinander unabhängig sein, in dem Sinne, dass keines der Axiome eine logische Folge der vorausgehenden sein darf. Vor allem müssen sie widerspruchsfrei sein, das heißt, dass sich zwei aus einem Axiom abgeleitete Sätze niemals widersprechen dürfen.

40 Ebd., S. 160.

41 Dieudonné, Jean, *Geschichte der Mathematik. Ein Abriß*, Braunschweig 1985, S. 838–841. Hilberts Programm stieß auf beträchtliche Resonanz in der wissenschaftlichen Welt seiner Zeit. Bekannte Logiker und Mathematiker wie Paul Bernays, Wilhelm Ackermann, John von Neumann beteiligten sich daran. Vgl. Bernays, Paul, »Die Philosophie der Mathematik und die Hilbertsche Beweistheorie«, in: Ders., *Abhandlungen zur Philosophie der Mathematik*, Darmstadt 1976, S. 17–62.

42 Hilbert, »Neubegründung der Mathematik. Erste Mitteilung«, in: Ders., *Gesammelte Abhandlungen*, Bd. III, S. 157–178, hier S. 157.

> Die axiomatische Methode ist tatsächlich und bleibt das unserem Geiste angemessene unentbehrliche Hilfsmittel einer jeden exakten Forschung, auf welchem Gebiete es auch sei: sie ist logisch unanfechtbar und zugleich fruchtbar; sie gewährleistet dabei der Forschung die vollste Bewegungsfreiheit.[43]

Hilbert erläutert, welche Vorzüge seine Methode für das Denken mit sich bringe und wie sie das Verhältnis zwischen dogmatischem Glauben und wissenschaftlicher Beweistheorie verändern werde:

> Axiomatisch verfahren heißt in diesem Sinne nichts anderes als mit Bewußtsein denken: während es früher ohne die axiomatische Methode naiv geschah, dass man an gewisse Zusammenhänge wie an Dogmen glaubte, so hebt diese Axiomenlehre diese Naivität auf, läßt uns jedoch die Vorteile des Glaubens.[44]

Der *Maulwurf* übernimmt spielerisch-selektiv manche Schlagwörter dieses Vortrags und gibt sie als Intertexte im eigenen Zusammenhang wieder. Vor allem den »Vorteil des Glaubens« hebt der *Maulwurf* hervor, indem er Hilperts Glauben an das Alphabet obsessiv zitiert und den in der wissenschaftlichen *community* später etablierten Hilbert-Mythos ironisiert.[45] Der *Maulwurf* kehrt den Sinn der hilbertschen Behauptung genüsslich um und demonstriert, dass die Axiomatik selbst ein Dogma und dass der dogmatische Glaube als solcher eine Absurdität, jedenfalls nicht weniger willkürlich als die alphabetische Ordnung ist: »Hilperts Glaube an das Alphabet verhalf ihm zu der Entdeckung, dass auf die Erbsünde die Erbswurst folgt.«[46] Der *Maulwurf* selbst besteht darauf, die Konsequenzen dieses dogmatischen Glaubens, der nun durch die Axiomatik gerechtfertigt werden soll, zu bedenken: »Auf diesem Punkt wollen wir verharren und uns die Konsequenzen nicht nehmen lassen. Die Konsequenz ist das Erbteil.«[47] Eine der Konsequenzen, die das Rollen-Ich des *Maulwurfs* zieht, ist, eine neue Ordnung der Dinge zu postulieren, die ausschließlich alphabetisch organisiert ist: »Wir haben uns alle, Hilpert, meine Familie und ich, für das Alphabet entschieden. Da sind die Zusammenhänge eindeutig und nachweisbar, ohne alles Irrationale.«[48] An der Weise, wie der *Maulwurf* seinen Glauben an den Alphabetismus definiert, werden wir die diskursiven Strategien der Unterminierung der hilbertschen Axiomatik erkennen. Das *Maulwurf*-Ich definiert seinen Alphabetismus nämlich enzyklopädisch. In seiner Familie ist der Glaube an das

---

43 Ebd., S. 161.
44 Ebd.
45 Für diese Anmerkung bin ich Andrea Albrecht dankbar.
46 Eich, I, S. 310.
47 Ebd.
48 Ebd.

Alphabet in Zuständigkeitsbereiche eingeteilt, die auf *Meyers Konversationslexikon* zurückgehen und mit mathematischer Präzision differenziert sind. Jedes Familienmitglied ist für eine klar definierte Anzahl von Lexikonbänden zuständig, die Anfangs- und Endstichworte der Lexikonbände grenzen die Zuständigkeitsbereiche ab:[49] »von A bis Differenz«[50] sind in der sechsten Auflage des *Meyer* von 1903 die Stichworttitel der Bände 1 bis 4, »Differenzgeschäfte bis Hautflügler«[51] die der Bände 5 bis 8, »Hautfunktionsöl bis Mitterwurzer« die der Bände 9 bis 13, »Mittewald bis Rinteln«[52] die der Bände 14 bis 16. »Für den Rest« (die besagte Ausgabe ist 24-bändig) »fehlen uns mindestens zwei. Wir hoffen auf Enkel«.[53]

Der *Maulwurf* »Hilpert« formuliert eine subversive Wissenspoetik, durch die eine herbe Kritik an den Methoden der Totalisierung des Wissens artikuliert wird, die durch arbiträre Ordnungssysteme wie Alphabet oder Axiomatik angestrebt werden. Der Text reflektiert den »Einbruch des Wissens in die Literatur«,[54] indem er den Konflikt zweier Wissensordnungen im Medium der Poesie inszeniert: einerseits die Ordnung der Enzyklopädie, das Medium der Konstruktion des Wissens durch eine Gesamtsynthese der Inhalte, andererseits die Ordnung der Axiomatik, die eine logische Methode der formalen Deduktion des Wissens unter Ausblendung aller Inhalte ist. Beides sind totalisierende Systeme – einerseits der Wissenskonstruktion, andererseits der Wissensdeduktion durch Reduktion. Das *tertium comparationis* ist das Alphabet. Im *Maulwurf* werden die beiden Ordnungen reflektiert, enggeführt und gegeneinander ausgespielt. Die »emphatischen Totalisierungsversuche« der Enzyklopädik und der Axiomatik werden durch Verfahren der Subversion relativiert, ausgehöhlt, entlarvt. Das Ergebnis dieses literarischen Jonglierspiels mit Wissensordnungen ist, dass die Poesie als Medium der Ordnungsdestruktion *par excellence* etabliert wird.

Der enzyklopädischen *mathesis* stellt Eich die literarische *poiesis* gegenüber.[55] Der *Maulwurf* reflektiert das zunehmende Auseinanderdriften des Wissens und der Dinge, die es repräsentiert. Zwei wichtige Paradigmenwechsel in der Ordnung des Wissens, die im *Maulwurf* virulent werden, sind hier zu nennen: Erstens der Übergang von der Ordnung der Dinge zur Ord-

---

[49] Vgl. dazu auch Kohlenbach, *Günter Eichs späte Prosa*, S. 196.
[50] Eich, I, S. 310.
[51] Ebd.
[52] Ebd.
[53] Ebd.
[54] Kilcher, Andreas B., *›mathesis‹ und ›poiesis‹. Die Enzyklopädik der Literatur 1600 bis 2000*, München 2003.
[55] Ebd.

nung des Alphabets durch das enzyklopädische Wörterbuch, zweitens die Loslösung des Alphabets von der Ordnung der Inhalte durch die Axiomatik David Hilberts.[56] Wir werden beide im Folgenden darstellen.

Wir haben gezeigt, dass Eichs Text die hilbertsche Axiomatik namentlich unter dem Gesichtspunkt ihrer »Alphabetgläubigkeit« funktionalisiert. Indem er dies tut, ruft er aber auch noch eine zweite, ältere Wissensordnung auf: die aufklärerische Enzyklopädik. Um klarzumachen, welche subversive Sprengkraft in dem Kunstgriff liegt, ausgerechnet diese beiden Systeme in einer Engführung gegeneinander auszuspielen, sei hier noch einmal kurz darauf zurückgeblickt, wofür die Enzyklopädik steht.

Bis ins 17. Jahrhundert waren Enzyklopädien nicht alphabetisch konzipiert, sondern nach rationalen, kosmologischen, ontologischen, theologischen Ordnungsmodellen. Entscheidend für die »universalen Topiken und Weltkataloge«[57] waren die Trennung von *artes* und *scientiae*[58] sowie die Differenzierung der Wissensdisziplinen untereinander. Die Systematik der Enzyklopädie ergab sich sekundär aus der ihr vorgängigen Ordnung der Dinge, aus der rationalen Ordnung des Wissens.[59]

Um 1700 setzte sich, als genuines Produkt der Aufklärung, das »enzyklopädische Wörterbuch« durch, das einem neuen Ordnungssystem gehorchte: dem Alphabet.[60] Somit errang die Schriftsprache als Trägerin des Wissens die Hauptrolle; das verschriftlichte Wissen war nun ganz ihrer Logik unterworfen. Galt die Sprache bis 1700 als Spiegel der logischen Ordnung der Dinge, so wird ab diesem Zeitpunkt umgekehrt die »Ordnung der Dinge« der »Logik der Sprache«, des Alphabets, unterworfen. Mit der »Alphabetisierung« der Wissensordnungen trat also eine Umkehrung von *res* und *verba* ein, die »Diskonnexion der Worte von den Dingen«.[61] Anstelle der logischen oder analogischen Spiegelverhältnisse tritt – das hat Foucault gezeigt – die arbiträre Repräsentation.[62] An dieser Stelle greift der *Maulwurf* ein und nötigt uns zur Reflexion.

[56] Ebd., S. 178.

[57] Kilcher, *mathesis*, S. 20.

[58] Vgl. Kilcher, *mathesis*, S. 17, sowie Eybl, Franz u. a. (Hrsg.), *Enzyklopädien der frühen Neuzeit. Beiträge zu ihrer Erforschung*, Tübingen 1995. Schmidt-Biggemann, Wilhelm, *Topica Universalis*, Hamburg 1993.

[59] Kilcher, *mathesis*, S. 17.

[60] Als erste große alphabetische Enzyklopädie in Europa wurde 1674 das »Grand dictionaire historique« von Louis Moréri publiziert. Diderot und d'Alembert formulieren dann schließlich das Programm der alphabetischen Enzyklopädie. Vgl. Kilcher, *mathesis*, S. 21.

[61] Ebd., S. 178.

[62] Foucault, Michel, *Die Ordnung des Diskurses*, Frankfurt am Main 2001, S. 78ff.

> An einem Tag Ende August trugen wir Hilpert zu Grabe, einem strahlenden Tag, der das ganze Alphabet enthielt, lateinisch, armenisch, kyrillisch, in der Fernsicht dämmerte sogar das mongolische herauf. Es war kein Tag, sondern eine Enzyklopädie, die Bäume waren geschrieben, die Tomaten gedruckt, ein würdiges Begräbnis.[63]

In dem Moment, in dem die Wissenssystematik versprachlicht wird, wird implizit die Ordnung der Dinge willkürlich fragmentarisiert und durch die Arbitrarität der Sprache dereguliert.[64] Die Konsequenz, die im *Maulwurf* gezogen wird, ist, dass damit sowohl die Ordnung des Wissens als auch die Ordnung der Schrift gleichermaßen fraglich, und demzufolge interpretierbar, dekonstruierbar werden. Dieser entscheidende Umbruch, die Neuformulierung der Enzyklopädie durch ihre Alphabetisierung, wird im *Maulwurf* reflektiert, indem das Alphabet zum Denksystem erklärt wird: »Wir haben uns alle, Hilpert, meine Familie und ich, für das Alphabet entschieden. Da sind die Zusammenhänge eindeutig und nachweisbar, ohne alles Irrationale.«[65] Am Alphabet wird die paradoxale Verbindung von Ordnung und Unordnung inszeniert: obwohl bedeutungslos und arbiträr, generiert es gleichermaßen die Struktur der Enzyklopädie,[66] die Ordnung des Wissens und die Ordnung der hilpertschen Welt. Dadurch wird die erzähllogische Linearität des *Maulwurf*-Textes subvertiert. Der Text selbst imitiert das enzyklopädische Prinzip in satirischer Manier, indem er willkürlich Reminiszenzen einer alphabetischen Ordnung sinnfrei montiert. Die Arbitrarität der Ordnungssysteme, die er parodiert, wird zum Konstitutionsprinzip des Textes. Zudem sind dem fiktionalen Text auch authentische Versatzstücke der (meyerschen) Enzyklopädie eingeschrieben, etwa wörtlich zitierte Definitionen, die die Sinnstruktur des literarischen Textes fragmentieren.[67] Die rigide durchgehende Ordnung des Alphabets, die im Text postuliert wird, wird durch die zentrifugale, offene intertextuelle Struktur des Textes selbst desavouiert. Der Verlust der logischen Kohärenz des Textes wird durch das ›Palliativ‹ der Wissenssynthese von A bis Z ironisch kompensiert: »Bis zu seinem vorletzten Tag hielt Hilpert seinen Rhythmus ein. Ich bin zuerst bei der Zichorie, pflegte er zu sagen, Zypern ist noch weit und außerdem nicht das letzte. Vielleicht hätte er übrigens in Zypern behauptet, es schriebe sich mit

---

[63] Eich, I, S. 313.
[64] Vgl. Kilcher, *mathesis*, S. 178.
[65] Eich, I, S. 310.
[66] Vgl. Kilcher, *mathesis*, S. 199.
[67] Vgl. z. B. die Übereinstimmung der Stichworte »Hilmend« und »Hilpoltstein« zwischen dem *Maulwurf*-Text und der Enzyklopädie, S. 336.

C.«[68] Die Geordnetheit, Geschlossenheit, die inhaltlich durch die Fiktion der alphabetischen Ordnung simuliert wird, wird durch die Fragmentierung des Sinns und die Entlarvung seiner Arbitrarität destruiert. Die arbiträre Logik des Alphabets wird zudem noch dadurch akzentuiert, dass im *Maulwurf* mehrere Alphabete gleichzeitig spielerisch evoziert werden, mit denen der Text in einer ernsten Angelegenheit, dem Begräbnis Hilperts, subtil jongliert: »An einem Tag Ende August trugen wir Hilpert zu Grabe, einem strahlenden Tag, der das ganze Alphabet enthielt, lateinisch, armenisch, kyrillisch, in der Fernsicht dämmerte sogar das mongolische herauf. Es war kein Tag, sondern eine Enzyklopädie.«[69] Die Schreibweise der Enzyklopädie wird im *Maulwurf* zur enzyklopädischen Schreibform der Literatur umfunktioniert.[70]

Im *Maulwurf* wird die Beliebigkeit der Wissensordnungen dadurch zugespitzt, dass zudem noch die Ordnung der hilbertschen Axiomatik evoziert wird. Die Arbitrarität der Logik des Wissens wird durch die Axiomatisierung noch potenziert. Die Sprache wird insgesamt von allen ihren Inhalten abstrahiert, während die Ordnung der Dinge auf ein paar zentrale Axiome reduziert, schematisiert wird. Nun steht weder die Ordnung der Dinge noch die Ordnung der Worte im Vordergrund, sondern nur noch die Logik der Deduktion als Ordnung der Abstraktion. Beide Projekte werden im Medium der Literatur durch Eich kritisch reflektiert und parodiert.

Auch in der hilbertschen Theorie spielt das Alphabet eine zentrale Rolle: Anhand seiner sollte eine neue, rein formale Sprache definiert werden, die von jeglichem Inhalt abstrahiert werden sollte. Das hilbertsche Alphabet lehnte jegliche semantische, geschweige denn lexikographische Referenz ab. Es sollte die herkömmlichen Inhalte tilgen und ersetzen. Die Erstellung des hilbertschen Axiomensystems[71] umfasste mehrere Etappen. Die erste davon ist die oben erwähnte: Es wurde eine formale Alphabet-Sprache definiert, indem die verwendeten Zeichen und ihre Verteilung auf verschiedene Kategorien wie Variablen und Konstanten definiert wurden. Als nächstes erfolgte die Formulierung von Regeln für die Bildung von »Termen«, Formeln und Axiomen, schließlich folgte die Formulierung der syntaktischen[72] Ablei-

---

[68] Eich, I, S. 312.

[69] Eich, I, S. 313.

[70] Vgl. Kilcher, *mathesis*, S. 177.

[71] Hilbert, »Neubegründung der Mathematik. Erste Mitteilung«, in: Ders., *Gesammelte Abhandlungen*, Bd. III, S. 157–178, hier S. 165.

[72] Der Gebrauch des Wortes »Syntax« zur Bezeichnung des Teils der Mathematik, der formale Systeme untersucht, ohne auf die Bedeutung der betreffenden Begriffe zurückzugreifen, geht auf Carnaps Werk *Logische Syntax der Sprache zurück*. Carnap, Rudolf, *Logische Syntax der Sprache*, Wien 1934.

tungsregeln, die bestimmen, welche Formeln man aus welchen bereits vorliegenden Formeln ableiten kann. Hilberts Ziel: »Alles, was bisher die eigentliche Mathematik ausmacht, wird nunmehr streng formalisiert, so dass die eigentliche Mathematik oder die Mathematik im engeren Sinne zu einem Bestande an beweisbaren Formeln wird.«[73] In einem Brief an Brouwer erklärt Hilbert: »Dieses Formelspiel vollzieht sich nämlich nach gewissen bestimmten Regeln, in denen die Technik unseres Denkens zum Ausdruck kommt. [...] Die Grundidee meiner Beweistheorie ist nichts anderes, als die Tätigkeit unseres Verstandes zu beschreiben, ein Protokoll über die Regeln aufzunehmen, nach denen unser Denken tatsächlich verfährt.«[74] Programmatisch stellte Hilbert den »Grundlagen der Geometrie« den Satz Kants voran: »So fängt denn alle menschliche Erkenntnis mit Anschauungen an, geht von da zu Begriffen, und endigt mit Ideen.«[75] Hilbert rekurriert auf das Stadium vor der Begriffsbildung:[76] »Hierin liegt die feste philosophische Einstellung, die ich zur Begründung der reinen Mathematik – wie überhaupt zu allem wissenschaftlichen Denken, Verstehen und Mitteilen – für erforderlich halte: am Anfang – so heißt es hier – ist das Zeichen.«[77] Diese Zeichen ließen sich jedoch nur unter einer Bedingung zur Grundlage der Mathematik erklären: dass sie »keinerlei Bedeutung«[78] haben sollen. Schüler bemerkt dazu:

> Seltsamerweise soll das Zeichen und nicht das durch es Bezeichnete am Anfang stehen [...] In seiner Denkweise tritt das Subjekt als die beziehungsstiftende In-

---

[73] Hilbert, David, »Neubegründung der Mathematik. Erste Mitteilung«, in: Ders., *Gesammelte Abhandlungen*, Bd. III., S. 157–178, hier S. 174.

[74] Vgl. Hilbert, David, *Die Grundlagen der Mathematik. Abhandlungen aus dem Mathematischen Seminar der Hamburgischen Universität*, E. Artin u. a. (Hrsg.), Band VI, Leipzig 1928, S. 79. Hilbert stellte sein vollständig ausgearbeitetes Programm in Kopenhagen vor, doch zahlreiche Kernideen sind schon in seinen grundlegenden Arbeiten ab 1899 anzutreffen. Verfolgt man sie, so merkt man, welche Überlegungen zu diesem System geführt haben, das das naturwissenschaftliche Denken bis heute nachhaltig beeinflusst.

[75] Kant, Immanuel, *Kritik der reinen Vernunft*, R. Schmidt (Hrsg.), Hamburg 1956, S. 649.

[76] »Indem ich diesen Standpunkt einnehme, sind mir – im genauen Gegensatz zu Frege und Dedekind – die Gegenstände der Zahlentheorie die Zeichen selbst, deren Gestalt unabhängig von Ort und Zeit und von den besonderen Bedingungen der Herstellung des Zeichens sowie von geringfügigen Unterschieden in der Ausführung sich von uns allgemein und sicher wiedererkennen läßt.« Hilbert, »Neubegründung der Mathematik. Erste Mitteilung«, in: Ders., *Gesammelte Abhandlungen*, Bd. III, S. 157–178., hier S. 163.

[77] Ebd.

[78] Ebd., S. 163.

> stanz völlig zurück; stattdessen erscheinen die Beziehungen als etwas, was den Gegenständen sozusagen unmittelbar anhaftet.[79]

Wir halten fest: Nicht der logische Begriff, nicht seine Referenz, sondern die Relation ist wichtig. Die Zeichen gehen keine Signifikationsrelation ein, stehen für kein Signifikat.

Welche Beziehungen diese Zeichen in mathematischen Sätzen miteinander eingehen können, beschreibt Hilbert im ersten Kapitel seiner »Grundlagen der Geometrie« (1899), die ihm zum Weltruhm verhalfen.[80] Für den *Maulwurf* »Hilpert« ist diese Schrift wichtig, weil in ihr der Vorschlag eines axiomatischen Aufbaus der euklidischen Geometrie gemacht wird und implizit ein »Glaube an das Alphabet« kundgetan wird. Den Ausgangspunkt seiner Ausführungen stellt Hilbert folgendermaßen dar:

> Wir denken drei verschiedene Systeme von Dingen: die Dinge des *ersten* Systems nennen wir *Punkte* und bezeichnen sie mit A, B, C, [...]; die Dinge des *zweiten* Systems nennen wir *Geraden* und bezeichnen sie mit a, b, c, [...]; die Dinge des *dritten* Systems nennen wir *Ebenen* und bezeichnen sie mit α, β, γ, [...]; [...] Wir denken die Punkte, Geraden und Ebenen in gewissen gegenseitigen Beziehungen und bezeichnen diese Beziehungen durch Worte wie [...] ›zwischen‹, ›kongruent‹; die genaue und für mathematische Zwecke vollständige Beschreibung dieser Beziehungen erfolgt durch die Axiome der Geometrie.[81]

In Hilberts Axiomensystem gehen gewisse nicht definierte Begriffe wie »Punkt«, »Gerade«, »Ebenen« ein. Da ihre semantische »Bedeutung« oder ihre Beziehung zu Referenten in der Wirklichkeit unwesentlich ist, können sie durch beliebige Buchstaben ersetzt werden. Diese können als rein abstrakte Symbole betrachtet werden, deren Eigenschaften in einem deduktiven System ausschließlich durch die Relationen angegeben sind.[82] Hilbert behauptet, dass jede Art von semantischer Referenz zur Verwirrung des Systems führen würde und dass sie deshalb durch die »syntaktische Wahrheit« der Kombination ersetzt werden sollte. Schon um 1899 war Hilbert davon überzeugt, dass das semantische Substrat der geometrischen Begriffe

---

79 Schüler, Wolfgang, *Grundlegungen der Mathematik in transzendentaler Kritik. Frege und Hilbert*, Hamburg 1983, S. 49.

80 Otto Blumenthal, sein Biograph: Das Werk hat »seinem bis dahin nur in Fachkreisen gewürdigten Verfasser den Weltruf eingetragen«. Blumenthal, Otto, »Lebensgeschichte«, in: David Hilbert, *Gesammelte Abhandlungen. Band III. Analysis. Grundlagen der Mathematik. Physik. Lebensgeschichte*, Berlin 1970, S. 388–429.

81 Hilbert, David, *Grundlagen der Geometrie*, 10. Aufl., Stuttgart 1968, S. 2.

82 Courant, Richard/Robbins, Herbert, *Was ist Mathematik?*, Berlin 1967, S. 166.

belanglos sei und nur ihre Verknüpfung durch die Axiome[83] in Betracht komme.[84]

Was Hilberts Programm auszeichnet, ist der Versuch, jede Art von semantischer Referenz von seinen Propositionen fernzuhalten. Diesbezüglich schreibt er an Frege:

> Wenn ich unter meinen Punkten irgendwelche Systeme von Dingen, z. B. das System: Liebe, Gesetz, Schornsteinfeger [...], denke und dann nur meine sämtlichen Axiome als Beziehungen zwischen diesen Dingen annehme, so gelten meine Sätze, z. B. der Pythagoras auch von diesen Dingen. Mit andern Worten: eine jede Theorie kann stets auf unendlich viele Systeme von Grundelementen angewandt werden.[85]

Eine mündliche Anmerkung Hilberts, die ebenfalls in diese Richtung zielt, wird oft im Zusammenhang mit seinem axiomatischen Programm überliefert: »Man muß jederzeit an Stelle von ›Punkte, Geraden, Ebenen‹ ›Tische, Stühle, Bierseidel‹ sagen können.[86]

---

83 Die Axiome, die Hilbert für die Definition der mathematischen Relationen vorschlägt, sind die Axiome der Verknüpfung, der Anordnung, der Kongruenz, der Parallelen (euklidisches Axiom) und der Stetigkeit (Axiom des Messens oder archimedisches Axiom). Vgl. Guillaume, Marcel, »Axiomatik und Logik«, in: Dieudonné, *Geschichte der Mathematik*, S. 774. Sein Programm zielt auf einen »absoluten« Widerspruchsfreiheitsbeweis, der nur auf rein syntaktischen Regeln basiert, auf den strukturellen Eigenschaften der Axiome und den aus ihnen ableitbaren Transformationseigenschaften. Mittelstraß/Blasche (Hrsg.), *Enzyklopädie Philosophie und Wissenschaftstheorie*, Bd. II, Mannheim 1984, S. 104.

84 Blumenthal, Otto, »Lebensgeschichte«, in: David Hilbert, *Gesammelte Abhandlungen. Band III. Analysis. Grundlagen der Mathematik. Physik. Lebensgeschichte*, Berlin 1970, S. 388–429, hier S. 403.

85 Brief von Hilbert an Frege (ohne Datum), in: Frege, Gottlob, *Kleine Schriften*, Ignacio Angelelli (Hrsg.), Hildesheim 1967, S. 412. Zit. nach: Schüler, *Grundlegungen der Mathematik*, S. 62.

86 Blumenthal, Otto, »Lebensgeschichte«, in: David Hilbert, *Gesammelte Abhandlungen. Band III. Analysis. Grundlagen der Mathematik. Physik. Lebensgeschichte*, Berlin 1970, S. 388–429, hier S. 402f. Hilbert geht noch einen Schritt darüber hinaus, mit der Ausblendung des Sinns und der logischen Relationen innerhalb der syntaktischen Strukturen, denn auch die in den Axiomen ausgedrückten Beziehungen, auf die es bei den syntaktischen Verbindungen ankommt, will er im Grunde bedeutungslos wissen: »Wenn somit in der axiomatischen Geometrie die der anschaulichen Geometrie entsprechenden Beziehungsnamen wie ›liegen auf‹, ›zwischen‹ für die Grundbeziehungen gebraucht werden, so geschieht das nur als eine Konzession an das Gewohnte und um die Anknüpfung der Theorie an die anschaulichen Tatsachen zu erleichtern. In Wahrheit aber haben für die formale Axiomatik die Grundbeziehungen die Rolle von variablen Prädikaten.« Hilbert/Bernays, *Grundlagen der Mathematik* I, S. 7.

Hier gilt es auf die revolutionäre Neuheit hinzuweisen, die Hilberts Axiome gegenüber der Tradition von Aristoteles bis Frege repräsentieren. Für letztere sind die Axiome, so wie die aus ihnen abgeleiteten Theoreme, wahre Aussagen. Hilberts Axiome hingegen sind keine Aussagen, sondern »sprachliche Gebilde [...], aus denen erst nach Ersetzung der in ihnen vorkommenden Variablen durch Namen und Objekte Aussagen entstehen. Diese Axiome sind weder wahr noch falsch, weil sie als Aussageformen einer solchen Qualifizierung gar nicht fähig sind.«[87] Aus der Sicht des Mathematikers sollte es möglich sein, komplexe mathematische Gefüge zu konstruieren, die aus deutender Sicht alle Interpretationen möglich machen, die dann von Fall zu Fall aktualisiert werden können. Das hat unter anderem diejenige Konsequenz, die Paul Bernays – Hilberts Assistent in Göttingen – in seinem Aufsatz *Die Philosophie der Mathematik und die Hilbertsche Beweistheorie*[88] 1930 feststellt: für die Ableitung der mathematischen Theoreme ist es gleichgültig, ob die ursprünglichen Axiome wahr sind oder nicht.

> Die neue methodische Wendung in der Axiomatik bestand in der Hervorkehrung der Tatsache, dass für die Entwicklung der axiomatischen Theorie der Erkenntnischarakter ihrer Axiome gleichgültig ist [...]. Gemäß dieser Forderung wird durch die Entwicklung einer axiomatischen Theorie die logische Abhängigkeit der Lehrsätze von den Axiomen dargetan. Für diese logische Abhängigkeit ist es aber gleichgültig, ob die vorangestellten Axiome wahre Sätze sind oder nicht; sie stellt einen rein hypothetischen Zusammenhang dar: wenn es sich so verhält, wie die Axiome aussagen, dann gelten die Lehrsätze. Eine solche Loslösung der Deduktion von der Behauptung der Wahrheit der Ausgangssätze ist keineswegs eine müßige Spitzfindigkeit.[89]

---

[87] Hilbert grenzt sich auch von seinem wichtigsten Konkurrenten ab, Gottlob Frege, der die mathematische Logik als selbständige Disziplin gegründet hatte und noch am Abbildungsbegriff festhielt: »Frege hat die Begründung der Zahlenlehre auf reine Logik [...] versucht«, aber »sein Ziel nicht erreicht. Frege hatte die gewohnten Begriffsbildungen der Logik in ihrer Anwendung auf Mathematik nicht vorsichtig genug gehandhabt: so hielt er den Umfang eines Begriffes für etwas ohne weiteres Gegebenes, derart, dass er dann diese Umfänge uneingeschränkt wieder als Dinge selbst nehmen zu dürfen glaubte. Er verfiel gewissermaßen einem extremen Begriffsrealismus.« Schüler, *Grundlegungen der Mathematik*, S. 63.

[88] Bernays, Paul, »Die Philosophie der Mathematik und die Hilbertsche Beweistheorie«, in: Ders., *Abhandlungen zur Philosophie der Mathematik*, Darmstadt 1976, S. 17–62.

[89] »Vielmehr kann eine axiomatische Entwicklung von Theorien, die ohne Rücksicht auf die Wahrheit der zum Ausgang genommenen Grundsätze erfolgt, für unsere wissenschaftliche Erkenntnis von hohem Wert sein, indem auf diese Weise einerseits Annahmen, deren Zutreffen zweifelhaft ist, durch die systematische Verfolgung ihrer logischen Konsequenzen einer Prüfung anhand der Tatsachen zugäng-

Für die axiomatische Methode lassen sich nun zwei wichtige Thesen herauskristallisieren, die nach Schüler gleichsam die Grundlagen der hilbertschen Axiomatik bilden: die »Gleichgültigkeit gegenüber der Wahrheit der Axiome« und die »Gleichgültigkeit gegenüber ihren Inhalten«.[90] Das bestätigt Bernays in seiner Abhandlung: »Indem man nun bei einem Axiomensystem von der Wahrheit der Axiome ganz absieht, wird auch die inhaltliche Auffassung der Grundbegriffe irrelevant, und man kommt so dazu, überhaupt von allem anschaulichen Inhalt der Theorie zu abstrahieren.«[91] Es geht in dieser philosophischen Richtung der Mathematik also nicht um die »Erfüllung der Prämissen«, sondern um die aus ihnen zu »gewinnenden Konklusionen«.[92] Seine axiomatische Methode nun hielt Hilbert für geeignet, weit über die Mathematik hinaus auf vielen Erkenntnisfeldern angewandt zu werden, um deren allgemeine Theorien und Gesetze abzuleiten. Die Mathematik also, reinstalliert als Hort »der vollen Klarheit und Erkenntnis«, sollte als Leitwissenschaft ins Zentrum aller Erkenntnis rücken. Hilbert ging sogar so weit, dass er sich in Biologie und Genetik einarbeitete und die Erbgesetze der *drosophila melanogaster* untersuchte, im Glauben, man könne mit Hilfe der axiomatischen Methode Genforschung betreiben.[93] In

---

lich gemacht werden und ferner die Möglichkeiten der Theoriebildung a priori, nach Gesichtspunkten der systematischen Einfachheit, gleichsam auf Vorrat durch die Mathematik erforscht werden können.« Bernays, *Die Philosophie der Mathematik und die Hilbertsche Beweistheorie*, S. 20.

90 Schüler, *Grundlegungen der Mathematik*, S. 70. Auf Freges Vorwurf der Nicht-Differenzierung zwischen Begriffen und Beziehungen antwortet Hilbert mit seiner Überzeugung, dass die Begriffe nur durch die zwischen ihnen geltenden Beziehungen gewonnen werden können. »Meine Meinung ist aber, dass ein Begriff nur durch seine Beziehungen zu anderen Begriffen [...] festgelegt werden kann.« In diesem Zusammenhang ist es sehr wichtig, zu verstehen, was hier mit »Begriff« gemeint ist: »Ein Begriff besteht aus einem Ausdruck der vorgegebenen Sprache und einem Regelsystem, das seinen Gebrauch bestimmt.« Brief von Hilbert an Frege vom 22. 9. 1900, abgedruckt in: Frege, *Wissenschaftlicher Briefwechsel*, S. 79.

91 Bernays, *Die Philosophie der Mathematik*, S. 20.

92 Schüler, *Grundlegungen*, S. 70. Bei Hilbert wird der Schwerpunkt auf die Konklusionen gelegt, weil ihm in dem Zusammenspiel von Begriffen und Beziehungen, die ein axiomatisches System charakterisieren, die Beziehungen viel wichtiger sind. Die Begriffe werden erst durch die Beziehungen definiert. In dem Briefwechsel zwischen Hilbert und Frege, der um 1899 anlässlich der Erscheinung von Hilberts Werk »Grundlagen der Geometrie« zustande kam, bringt Frege diese Bemerkung an. Seiner Ansicht nach dürfte ein Axiom keine Worte enthalten, deren Bedeutung nicht zuvor festgelegt worden sei.

93 Reid berichtet: »During this period Hilbert ... regularly attended the lectures of a zoologist. Hilbert had developed a great interest in genetics ... He delighted in the

seinem Vortrag *Naturerkennen und Logik* erläutert Hilbert diesen kühnen Gedanken:

> Was für eine Bewandtnis hat es nun mit dieser vielgenannten Axiomatik? Nun, die Grundidee beruht auf der Tatsache, dass meist auch in umfassenden Wissensgebieten wenige Sätze – Axiome genannt – ausreichen, um dann rein logisch das ganze Gebäude der Theorie aufzubauen [...] Beispiele können uns am ehesten die axiomatische Methode erläutern. Drosophila ist eine kleine Fliege, aber groß ist unser Interesse für sie [...]. Diese Fliege ist gewöhnlich grau, rotäugig, fleckenlos, rundflügelig, langflügelig. Es kommen aber auch Fliegen mit abweichenden Sondermerkmalen vor: statt grau sind sie gelb, statt rotäugig sind sie weißäugig usw. Gewöhnlich sind diese fünf Sondermerkmale gekoppelt, d. h. wenn eine Fliege gelb ist, dann ist sie auch weißäugig und fleckig, spaltflügelig und klumpflügelig. Und wenn sie klumpflügelig ist, dann ist sie auch gelb und weißäugig usw. Von dieser gewöhnlich statthabenden Koppelung kommen nun aber bei geeigneten Kreuzungen unter den Nachkommen an Zahl geringere Abweichungen vor, und zwar prozentuell in bestimmter konstanter Weise. Auf die Zahlen, die man dadurch experimentell findet, stimmen die linearen euklidischen Axiome der Kongruenz und die Axiome über *den geometrischen Begriff »zwischen«,* und so kommen als Anwendung der *linearen Kongruenzaxiome*, [Hervorhebungen durch A. H.] [...], die Gesetze der *Vererbung* heraus; so einfach und genau und zugleich so wunderbar, wie wohl keine noch so kühne Phantasie sie sich ersonnen hätte.[94]

Die Begriffe »zwischen« und »Vererbung« sind hier die Syllepsen. Eichs *Maulwurf* würdigt die hilbertsche Idee zur Bestimmung der Erbgesetze folgendermaßen: »Hilperts geniale Eingebung war es, dass es zwischen *Erb*sünde und *Erb*teil noch etwas geben müsse. Damit hatte er auf jeden Fall recht, machte er doch später noch eine weitere Entdeckung in diesem *Zwischen*raum, der so grundlegend für uns alle ist«.[95] Hilberts Beispiel zeigt, wie die axiomatische Methode für die Bestimmung der genetischen Erbphilosophie der *drosophila* einsetzbar ist. Das Zitat wurde zur Illustration dessen angeführt, was Detlefsen als den Kern dieser wissenschaftlichen Position bezeichnet hat und was im *Maulwurf* als »Hilbert-Mythos« ironisiert wird: Es ist der Glaube, dass es eine »Theorieform« oder eine Familie von theoretischen Formeln gebe, die auf alle Bereiche des menschlichen Denkens anwendbar ist. Diese Formeln sollten Hilbert zufolge dank ihrer maximalen Abstraktion auf alle Sphären des menschlichen Wissens mit Hilfe der Substitution übertragen werden. Mehr als alle anderen erkenntnistheoretischen Programme lebte das hilbertsche von dem Glauben an diese fundamentale

---

laws determining the heredity of Drosophila, which could be obtained by the application of certain of the geometric axioms.« Reid, *Hilbert*, S. 193.

[94] Hilbert, David, »Naturerkennen und Logik«, in: Ders., *Gesammelte Abhandlungen*, Band III, Berlin 1970, S. 378–387, hier S. 379f.

[95] Eich, I, S. 311 (Hervorhebungen durch A. H.).

Matrixstruktur. Hilberts Lebenswunsch war es, eine allgemein mathematische Theorie zu finden, die für das gesamte menschliche Denken anwendbar war.[96]

Im *Maulwurf* erbringen diese »Substitutions-« oder »Transferleistung« zunächst Hilperts Erben, die sich über Hilperts Theorien selbstverständlich strikt nach der axiomatischen Methode Gedanken machen und sich für ihr Erbe »alphabetische Gründe«[97] ausdenken. Zu Hilperts Gedenken planen sie schon, in guter axiomatischer Tradition, ein »alphabetisches Kurheim.«[98] Der Text »funktionalisiert« den Alphabetismus in satirischem Sinne, er imitiert, zitiert und parodiert seine Totalisierungsverfahren: So »fischt« Hilpert, gemäß seinem dogmatischen Glauben an das Alphabet, seine Erben unbekannterweise aus einem »Adreßbuch des Regierungsbezirks Aurich«, in dem sie durch die Initialen ihrer Vornamen (»Abel, Achim und Ada«) benachbart sind.[99]

Durch die Konfrontation der beiden Ordnungssysteme, Axiomatik und Enzyklopädik, werden beide *ad absurdum* geführt: Die Axiomatik dereguliert die alphabetische Ordnung, indem sie Inhalte, die sie zu indizieren hat, abstrahiert. Der Mythos der Axiomatik wird seinerseits dadurch dekonstruiert, dass die Willkür ihres reduktionistischen Verfahrens entlarvt wird. Die Reduktion des gesamten Wissens auf ein elementares Axiom, aus dem dann durch Deduktion alles abgeleitet wird, wird im *Maulwurf* durch die theologische Reduktion auf die Erbsünde ironisiert. Das deduktive Verfahren, das auf dem Alphabet basiert, führt ironischerweise einerseits zur Konsequenz, dass auf die Erbsünde die Erbswurst folgt: »Wenn alles nach Hilperts Erkenntnissen über die Erbsünde geht, sind wir in Furcht und Bangen gefeit: [...] selbst die Konstruktion der Erbswurst ist, alphabetisch deutlich, als Fortsetzung der Erbsünde zu sehen.«[100] Andererseits wird die axiomatische Methode zu einer komplexen Erbphilosophie umfunktioniert, die den Anspruch ironisiert, die deduktive Axiomatik sei als Erkenntnismethode sowohl der Genetik als auch der Mathematik, Physik, Chemie, Biologie etc. zugrunde zu legen. »Ja, wir alle hatten erwartet, Hilperts Erben zu sein, hatten alphabetische Gründe dafür gefunden und uns schon mit der Lage der Katasterämter vertraut gemacht. Der Villenumbau war vorbereitet, die Maul-

---

[96] Detlefsen, Michael, *Hilbert's Program. An Essay on Mathematical Instrumentalism*, Dordrecht 1986.
[97] Eich, I, S. 312.
[98] Ebd.
[99] Eich, I, S. 313.
[100] Ebd.

würfe liefen uns zu und pfiffen in unserer Spur.«[101] Doch schließlich wird – spielerisch – die alphabetische zur existentiellen Erkenntnis, die axiomatische Methode der Genetik wird zu einer »Erbphilosophie« entwickelt, die Deduktion wird zur Dialektik, die Heilserwartung zur Apokalyptik:

> Zögernd zuerst, dann vehement haben wir aus unserer Lage heraus eine Erbphilosophie entwickelt. Aber wie es mit existentiellen Erkenntnissen ist: sie haben sich selbständig gemacht. Wir können uns ihrer Dialektik nicht entziehen. Die Hoffnung auf das Erbe schließt die Hoffnung, dass es nie dazu kommt. Es ist ein jüdischer Zug darin. Die Welt lebt von der Erwartung des Messias, sein Kommen kann erst akzeptiert werden, wenn damit die Welt zu Ende ist.[102]

Der *Maulwurf* »Hilpert« ist im Zeichen der Ordnung geschrieben, die das axiomatische Wissenssystem vorsieht. Das führt uns zu einem paradoxalen Konzept der Unordnung, das in Eichs Werk von diesen starren Ordnungen der Axiomatik und Enzyklopädik ausgelöst wird: Es handelt sich um die Indifferenz der Ordnung in Bezug auf die von ihr geordneten Elemente. Diesen Typus der Unordnung hat Ruth Lorand »diskursive Unordnung«[103] genannt.

Eine exzellente Demonstration der Funktionsweise dieser Ordnung wird in unserem *Maulwurf* geliefert, der erstens den Prototyp aller diskursiven Ordnungen – das Alphabet – thematisiert, zweitens die axiomatische Methode Hilberts aufs Korn nimmt, dessen Bonmot über »Tische, Stühle, Bierseidel« die vielleicht berühmteste Formulierung der Indifferenz der axiomatischen Ordnung gegenüber ihren Elementen ist. Am Beispiel des *Maulwurfs* »Hilpert« und des darin ordnenden Prinzips des Alphabets wird deutlich, dass sich diese starre Ordnung in erster Linie durch Indifferenz, ein hohes Maß an Voraussehbarkeit und Determinierbarkeit auszeichnet sowie durch den aus ihr resultierenden hohen Grad an Redundanz.[104]

Das Alphabet ist eine abstrakte Ordnung, die gleichermaßen Bücher, Menschen, Amphibien, Städte und Dinosaurier gliedern und klassifizieren kann. Das Niveau der Ordnungsabstraktion ist direkt proportional zum Ni-

---

[101] Eich, I, S. 312.

[102] Ebd., S. 313.

[103] Ruth Lorand nennt als Beispiele dafür die Natur- und Staatsgesetze, moralische Prinzipien, logische und mathematische Prinzipien. Natürlich gibt es enorme Unterschiede zwischen den Kontexten, Funktionen und der Signifikanz all dieser Ordnungen, jedoch haben sie eine gemeinsame Charakteristik, und zwar die, dass einer bestimmten Gruppe von Elementen externe Regeln auferlegt werden, die einen apriorischen Charakter haben und unanhängig und autonom von ihren partikularen Elementen fungieren. Lorand, Ruth, *Aesthetic Order. A Philosophy of Order, Beauty and Art*, London, New York 2000, S. 51.

[104] Lorand, *Aesthetic Order*, S. 52.

veau der Indifferenz der Ordnungsprinzipien gegenüber den geordneten Elementen. Die Elemente in ihrer Heterogenität müssen gar keine Veranlagung zu einem gewissen Ordnungsprinzip aufweisen. Das heißt, dass ihnen jede beliebige Ordnung oder auch mehrere widersprüchliche Ordnungen gleichzeitig auferlegt werden können. Das impliziert auch, dass eine absolute Indifferenz unter den geordneten Elementen herrscht. Die Elemente, die aufeinander folgen, gehen keine logische, kausale, semantische Verbindung miteinander ein. Die Existenz oder Inexistenz eines Elementes in einer alphabetischen Serie ist für die vorhergehenden oder nachfolgenden sowohl logisch als auch semantisch irrelevant: »Erdmuthe ist zuständig von A bis Differenz, ich für Differenzgeschäfte bis Hautflügler [...]«.[105] Elemente, die in einer solchen Anordnung aufeinander folgen, mögen logisch unvereinbar, semantisch widersprüchlich oder in der gegebenen Konstellation unsinnig sein, für die herrschende Ordnung macht das keinen Unterschied, sie existiert unabhängig von den klassifizierten Elementen. Der *Maulwurf* illustriert die Konsequenzen dieser willkürlichen Ordnung in der Literatur. Peter Horst Neumann merkte hierzu an:

> Der Stifter [Hilpert] hat für seine Gefolgschaft den Primat der Zeichen vor den Dingen verkündet und durchgesetzt. Nur die Zeichen konnten in die Ordnung des Alphabetes gestellt werden. Auf dieser Ebene, nicht auf der Ebene der Wirklichkeiten wird dieser ›wunderbare Glaube‹ gelebt.[106]

Dieser *Maulwurf* ist programmatisch für die Poetologie der Prosatexte, die ihm folgen werden. Manche Grundsätze dieser Theorie werden in den *Maulwürfen* spielerisch durchexerziert, jedoch nicht ohne einen ironisch-subversiven Unterton. Es macht den Reiz dieses Textes aus, zu verfolgen, wie die Theorie und ihre Konsequenzen gleichzeitig ernst genommen und *ad absurdum* geführt werden. Der Text ist aus der Perspektive derer geschrieben, die mit den Konsequenzen der Axiomatisierung leben müssen. Auf den ersten Blick wird die Theorie desavouiert. Doch beobachten wir die strukturelle Ebene dieses und anderer eichscher Texte genauer, so fällt uns auf, dass manche der hilbertschen Grundsätze gültig bleiben, wenn sich auch Mathematik und Literatur zu einem Vergleich kaum eignen. Und doch gibt es durchaus Parallelen zwischen dem hilbertschen System und dem hilpertschen Glauben, die in diesem *Maulwurf* zum Ausdruck kommen.

---

105 Eich, I, S. 310.

106 Neumann, Peter Horst, »›Wir wissen ja nicht, was gilt‹. Zur Frage der Wertorientierung in neuerer Literatur und zum Problem des Zitierens«, in: Ders., *Erlesene Wirklichkeit. Essays und Lobreden von Rilke, Brecht und George bis Celan, Jandl und Ilse Aichinger*, Aachen 2005, S. 94–110, hier S. 109.

Da ist erstens die Befreiung der Sprache von allen logischen Einschränkungen. (Das war die Grundvoraussetzung für die Entstehung der hilbertschen Axiomatik.) Dazu bedarf es auch der Befreiung des Begriffs von seiner herkömmlichen Referenz. Nicht herkömmliche, in ihrer Bedeutung durch Regeln fest definierte Begriffe stehen im Zentrum des hilbertschen und hilpertschen Glaubens, sondern Worte, die eine beliebig variierende Bedeutung aufweisen. Ihr Sinn oder Unsinn entscheidet sich von Fall zu Fall, je nach Kontext und bedingt durch die Relationen, die die Wörter miteinander eingehen. Daraus folgt implizit die Überwindung der Semantik durch die Syntax und die Gewinnung von unbegrenzten Freiheiten des Ausdrucks, die Geltung der uneingeschränkten Variabilität von Verknüpfungen und die unbegrenzte Austauschbarkeit der Wörter und Wendungen. Wir haben erwähnt, dass Bernays für das hilbertsche System die Gleichgültigkeit gegenüber der Wahrheit der Axiome und die Gleichgültigkeit gegenüber ihrem Inhalt festgestellt hat. Das Gleiche wurde auch für die eichsche Prosa festgestellt,[107] in der eine originelle Auslegung des Satzes von der Widerspruchsfreiheit gesehen werden kann. Die Abfolge der Sätze ist hier nicht widerspruchsfrei in dem Sinne, dass die Sätze logisch auseinander ableitbar wären und keine Widersprüche enthielten. Vielmehr ist in den Sätzen die Freiheit gegeben, alle Widersprüche miteinander beliebig zu kombinieren, weil angesichts der Bedeutungslosigkeit der Begriffe der Widerspruch als logische Kategorie nicht nachweisbar ist. Dadurch ergibt sich die Gleich-Gültigeit der Aussagen und die daraus resultierende willkürliche Anreihung der Sätze, die nur noch sequentielle Geltung beanspruchen können.

Interessant ist, dass Eich die hilbertsche Methode der Axiomatik, die in der Wissenschaftstheorie durchaus ihre Berechtigung hat, mit der hilpertschen Enzyklopädik verknüpft und demonstriert, dass es zu einer Umkehrung der hilbertschen Prämissen und Konklusionen kommen kann. Er lässt die Grundsätze der semantischen Beliebigkeit und syntaktischen Verknüpfbarkeit gelten und entwickelt sie zu einem poetologischen Prinzip. Doch führt dies eben gerade nicht zur absoluten Wahrheit, so wie Hilbert das gefordert hatte, sondern zur Infragestellung dieses Postulats. Für Eich stellt sich die Frage, wie der Glaube an diese absolute Wahrheit denn überhaupt formuliert werden kann. Damit werden Hilberts Lehrsätze nicht abgelehnt und widerlegt, sie bleiben bestehen und bestimmen die Struktur der *Maulwurf*-Prosa, doch sie dienen nicht der Demonstration der absoluten Wahrheit, sondern führen zum Nachweis ihrer Unmöglichkeit. In Abgrenzung von den logischen Totalisierungsversuchen der Axiomatik und der Enzyklo-

---

107 Neumann, *Die Rettung der Poesie im Unsinn*, S. 187.

pädik formuliert der *Maulwurf* ein a-logisches poetisches Programm, das die absurden Konsequenzen der beiden Versuche parodiert: Er demonstriert, wie Text und Alphabet, Wissen und Axiomatik willkürlich vernetzt und der Aleatorik der heterogenen Assoziationen preisgegeben werden können. Dadurch wird das Ordnungssystem des Alphabets entpragmatisiert und das Deduktionssystem der Axiomatik deterritorialisiert. Das Medium der Literatur, die sich mit der Enzyklopädik und Axiomatik auseinandersetzt, entlarvt ihre Disfunktionalität. Die Dichtung wird zur kombinatorischen *inventio*, sie ist keine imaginative Leistung, sondern das Produkt der virtuosen Kombinatorik, die sich aus den Versatzstücken der Enzyklopädie bedient und ihr Ordnungssystem dabei *ad absurdum* führt. Eich verwandelt das Alphabet als Ordnungsform der Enzyklopädie in eine subversive enzyklopädische Schreibform der Poesie.

Die Beschwörung des enzyklopädischen Systems stellt das gesamte abendländische Wissen zur Disposition: Alles kann in den *Maulwürfen* synoptisch eingesetzt werden und simultane Verwendung finden. Das Wissens- und Wortschatzreservoir kennt keine Grenzen und keine Tabus. Die Engführung der beiden Wissensordnungsmethoden gibt der *Maulwurf* im folgenden Satz zu erkennen:

> Nein, unsere Literatur ist voll der Erkenntnis: die alphabetische Folge ist nicht die Aufhebung der Vorhergehenden. Und könnte nicht die Folge rückwärts gehen? Ein fataler Gedanke, denn wer bei z beginnt, dem könnte man höchstens historische Gründe entgegenhalten, und die sind fadenscheinig. A ist wichtiger als z.[108]

Diese Passage evoziert *in nuce*, was im ganzen *Maulwurf* durchgespielt wird: die Reflexion über den Sinn der Ordnung und den Tabubruch, der ihre Aufhebung als Umkehrung bedeuten würde. Schelmisch weiß er den Tabubruch (»Und könnte nicht die Folge rückwärts gehen? […]«) schon durch den Ausspruch vollzogen, nimmt ihn aber im nächsten Satz wieder zurück (»Ein fataler Gedanke […]«). In den nächsten Sätzen scheint die herkömmliche alphabetisch-enzyklopädische Ordnung versöhnlich wiederhergestellt zu werden: »A ist wichtiger als z«. Doch diese Annahme erweist sich dann als trügerisch, wenn man den axiomatischen Diskurs heranzieht und den eichschen Satz als Intertext zu Hilberts Grundschrift *Neubegründung der Mathematik* betrachtet. Dort, in der Definition der formalen Sprache des Alphabets, zu der man sich ja in der Hilpert-Welt bekennt, ist »Z« das »logische Funktionszeichen«,[109] das für die Vervollständigung des axiomatischen Systems unverzichtbar ist, während »A« der Grundausdruck für »variable For-

---

108 Eich, I, S. 313f.
109 Hilbert, *Neubegründung der Mathematik*, S. 168.

meln«[110] ist, d.h. im hilbertschen Sinne der *Platzhalter*, der mit *beliebigen, austauschbaren Inhalten* besetzt werden kann. Heißt es nun im Maulwurf, »A« ist wichtiger als »z«, so darf das als Umkehrung der logischen Ordnung gedeutet werden: Nach dem hilbertschen Prinzip, das für den hilpertschen Glauben grundlegend ist, ist die scheinbare Konzession an die herkömmliche Ordnung auf einer tieferen, intertextuellen Ebene nichts anderes als die Erklärung der Austauschbarkeit zum Strukturprinzip für die *Maulwürfe*. Die hilbertsche Axiomentheorie ist der verborgene Hintergrund für die Umkehrung der konventionellen Ordnung, die im *Maulwurf* als gegeben betrachtet wird. Dass nicht nur die alphabetische Ordnung, sondern auch die Beliebigkeit nun zum Stilprinzip werden sollen, davon zeugt die Eingangspassage des letzten Absatzes: »Aber ob rückwärts oder vorwärts: Schon wenige Gramm Erdnußöl wären eine Gefahr für uns, wenn nicht eine Katastrophe.«[111] Die ausgewählte Richtung oder Ordnung spielen keine Rolle mehr, nur ihre Aufhebbarkeit gilt. Zuletzt heißt es im *Maulwurf*: »Der unbeschriftete Grabstein von Hilpert wäre das Ende unseres wunderbaren Glaubens.«[112] Hilberts Grabstein trägt die Inschrift: »Wir müssen wissen, wir werden wissen.« In Eichs Poesie bleibt die Frage offen, wie viel von unserem Wissen noch gilt.[113]

---

[110] Ebd., S. 166.

[111] Eich, I, S. 314.

[112] Ebd.

[113] Vgl. Neumann, »›Wir wissen ja nicht, was gilt‹«, in: Ders., *Erlesene Wirklichkeit*, S. 110.

Joachim Grage (Freiburg)

Die Abwehr des Zufalls

Inger Christensen und die sprachbildende Kraft der Mathematik

Als Inger Christensen Anfang des Jahres 2009 im Alter von 73 Jahren verstarb, zeugten Nachrufe in vielen europäischen und US-amerikanischen Zeitungen von der hohen Wertschätzung der dänischen Dichterin bei Kritikern, Kollegen und beim Publikum. In einer ihr gewidmeten Ausgabe der Zeitschrift *Schreibheft* haben ihr jüngst deutschsprachige und skandinavische Autoren, unter ihnen Herta Müller, Oskar Pastior, Durs Grünbein und nicht zuletzt ihr langjähriger Übersetzer Hans Grössel, literarisch ihre Reverenz erwiesen.[1] Wenn es um die Einordnung ihres Werkes geht, wird sie in einem Atemzug mit »Dante, Novalis, Blake«[2] genannt; einhellig wird bedauert, dass die Schwedische Akademie es versäumt habe, ihr den Nobelpreis für Literatur zu verleihen,[3] als dessen Anwärterin sie seit Jahren galt und für den sie noch im Herbst 2008 in einer Umfrage der ZEIT unter namhaften internationalen Schriftstellern empfohlen wurde: Inger Christensen war mit vier kollegialen Voten die am häufigsten genannte Preiswürdige. Ulla Hahn brachte die Begründung für ihren Vorschlag auf die treffende Formel: »Poesie als Erkenntnisform, gleichberechtigt zwischen Mystik und Mathematik«.[4]

In der Tat hatte diese Dichterin eine eigenartige Affinität zur Mathematik. Dass aus ihr überhaupt einmal die *grande dame* der dänischen Poesie werden konnte, verdankt sich nicht zuletzt dem Umstand, dass die Mathematik in der Mitte des Jahrhunderts eine männliche Wissenschaft war. In einem In-

---

1 Vgl. *Die leere Seite – Ein Inger-Christensen-Alphabet*, Norbert Wehr (Hrsg.), *Schreibheft*, 74/2010.

2 Mayer, Susanne, »Die Vollendete. Zum Tod von Inger Christensen, der großen Lyrikerin«, in: *Die Zeit*, Nr. 3, 8. 1. 2009, S. 50.

3 Vgl. etwa Matt, Beatrice von, »Große Sprachmusik – seriell und organisch«, in: *Neue Zürcher Zeitung*, Nr. 3, 6. 1. 2009, S. 38: »In Stockholm hat man hier, in übergrosser Ferne zum Nahe-Liegenden, eine grosse Chance verpasst.«

4 zeit online: *Wer wird Nobelpreisträger?*, 9. 10. 2008, http://www.zeit.de/online/2008/41/bg-nobel?1 (Stand: 12. 6. 2009). Befragt wurden 25 internationale Autoren. Inger Christensen wurde von Durs Grünbein, Ulla Hahn, Friederike Mayröcker und Silke Scheuermann genannt.

terview mit dem norwegischen Romancier Jan Kjærstad sprach Christensen von einem »eigentlichen Hang zur Mathematik« (»denne egentlige trangen til matematikk«), den sie schon als Schülerin verspürt habe, aber nicht verwirklichen konnte, »weil Mädchen nicht gern Mathematiker wurden« (»fordi piker ikke gjerne ble matematikere«).[5] Auch ihre soziale Randstellung als das einzige Unterschichtkind ihres Jahrgangs auf einem Provinzgymnasium in den Nachkriegsjahren machte es ihr schwer, ihrem eigentlichen Drang zu folgen. Sie wurde daher Lehrerin und begann zu schreiben. Als Dichterin aber war sie auch Mathematikerin.

Immer wieder wurde die Nähe ihrer dichterischen Sprache zur Mathematik konstatiert. »Oberflächlich betrachtet«, so der dänische Literaturkritiker Erik Skyum-Nielsen, »können Inger Christensens Bücher der reinen Mathematik gleichen« (»Overfladisk betragtet kan Inger Christensens bøger ligne den rene matematik«).[6] In der Tat hatte diese Autorin nicht nur ein Faible für Systeme und Ordnungsmuster jenseits von Versfuß und Reim, sondern auch für Zahlen und mathematische Beziehungen. Nur scheinbar beginnt ihr berühmtes Großgedicht *det* (»das«) von 1969 beispielsweise als schlichter Prosatext. Schaut man genauer hin, so stellt sich heraus, dass der erste Abschnitt dieses »Prologos« 66 Zeilen umfasst, der zweite und dritte 33, der vierte bis sechste dann 22 und so fort, bis die Zahl 66 in alle ganzzahligen Teiler zerlegt wurde und am Ende 66 Einzeiler stehen, alle so lang, wie es der Satzspiegel erlaubt. Und auch in echten Prosatexten spielt Christensen mit Zahlen: Die Kapitel ihres ersten Romans *Evighedsmaskinen (Die Ewigkeitsmaschine)* etwa sind mit der Potenzreihe von 1 über 1^1 und 1^2 bis 1^{10} durchnummeriert, das letzte dann mit $\sqrt{1}$, was einerseits ein Fortschreiten, andererseits aber ein Nicht-vom-Fleck-Kommen signalisiert, denn der Wert dieser Terme beträgt ja jeweils 1. Zahlenmystik ist dafür wohl der falsche Ausdruck, eher handelt es sich um Zahlenrätsel, die ein Geheimnis umweht.

»Ich verwende Modelle«, so erklärt Inger Christensen selbst ihren Rückgriff auf Mathematik, »um nicht ganz dem Spiel des Zufalls überlassen zu sein« (»Jeg bruker modeller for ikke å være helt overlatt til tilfedighetenes

---

5 Kjærstad, Jan, »En kombinasjon av verden og meg selv. Intervju med Inger Christensen«, in: *Vinduet*, 40/1986, 1, S. 2–9, hier S. 3. Die Übersetzungen aus den skandinavischen Sprachen stammen, sofern nicht anders vermerkt, vom Verfasser. Eine vollständige Übersetzung des Interviews findet sich nunmehr in *Schreibheft*, 74/2010, S. 130–138.

6 Skyum-Nielsen, Erik, »›Man får lyst til at holde det hele i bevægelse –‹. Inger Christensen«, in: Ders., *Modsprogets proces. Poesi – fiktion – psyke – samfund. Essays og interviews om moderne dansk litteratur*, København 1982, S. 89–105, hier S. 89.

spill«).[7] Das gilt wohl auch für komplizierte sprachliche Formen, denen sie sich unterwirft, wie dem Sonettenkranz, den sie mit *Sommerfugledalen (Das Schmetterlingstal)* vorgelegt hat. Doch so wie man hier trotz der strengen Form und des ernsten Themas Tod beim Lesen oder Hören dieser Gedichte geradezu den Flügelschlag der Schmetterlinge spürt, gewinnt auch in den anderen Texten niemals das mathematische Kalkül die Oberhand. Ganz im Gegenteil, so Erik Skyum-Nielsen: »Die Poesie entsteht *durch* die Systeme, ihre Klarheit und Konzentration entwickelt sich gerade im Zusammen- und Gegenspiel mit einer im Voraus festgelegten, oft fast zufälligen Ordnung« (»Poesien bliver til igennem systemerne, dens klarhed og koncentration opstår netop i samspillet og modspillet med en på forhånd fastlagt, ofte nærmest tilfældig orden«).[8] Ich stimme Skyum-Nielsen im Wesentlichen zu, nur »zufällig« ist diese Ordnung keineswegs. Dies soll im Folgenden am Beispiel des großen Gedichtes *alfabet* aus dem Jahr 1981 gezeigt werden, mit dem Inger Christensen im deutschen Sprachraum ihren Durchbruch erlebte, nachdem das Werk, wie viele ihrer Texte, von Hanns Grössel übertragen worden war.

Zunächst soll der mathematischen Struktur von *alfabet* nachgegangen werden, die dem Text zugrunde liegt (I), um dann zu diskutieren, wie diese Struktur den Text nicht nur auf formaler, sondern auch auf inhaltlicher Ebene dem »Spiel des Zufalls« entreißt (II). Es soll gezeigt werden, dass das mathematische Modell, das Christensen für ihr Gedicht wählte, poetologische und erkenntnistheoretische Implikationen hat (III), deren Konsequenz sich insbesondere am Ende des Textes zeigt, der ein interpretatorisches Problem darstellt (IV). In einer ›unmathematischen Nachschrift‹ (V) schließlich nehme ich Inger Christensens Tod zum Anlass, um zu zeigen, wie der Text den Zusammenhang von Tod und Dichtung und die Möglichkeit einer Existenz nach dem Ende des Lebens reflektiert.

I.

Dass die Bauform von Inger Christensens *alfabet* mathematischen Prinzipien folgt, kann und soll den Lesern nicht verborgen bleiben, denn am Ende des Textes schreibt die Autorin selbst in einer »Anmerkung« (»note«):

> De enkelte afsnits længde er bestemt efter Fibonaccis række: mat. række med udseendet 1, 2, 3, 5, 8, 13, 21 … hvor hvert led i rækken er summen af de to foregående led

---

[7] Kjærstad, »En kombinasjon av verden og meg selv. Intervju med Inger Christensen«, in: *Vinduet*, 40/1986, 1, S. 2–9, hier S. 6.

[8] Skyum-Nielsen, »»Man får lyst til at holde det hele i bevægelse –«, in: Ders., *Modsprogets process,* S. 89.

(Die länge der einzelnen abschnitte wird durch die Fibonacci-Folge bestimmt, eine mathematische reihe mit der zahlenfolge 1, 2, 3, 5, 8, 13, 21 …, in der jedes glied die summe der beiden vorangegangenen glieder darstellt.)[9]

In der Tat wird dies auf den ersten Blick sichtbar: Die genannte Zahlenfolge, benannt nach dem italienischen Mathematiker Leonardo von Pisa (ca. 1180–1250), der den Beinamen Fibonacci trug, regelt die Verszahl in den einzelnen Abschnitten der Gedichte. Allerdings muss angemerkt werden, dass Inger Christensen die ersten beiden Glieder der Reihe unterschlägt, denn die Folge ist definiert:

$$fn = f_{n-1} + f_{n-2} \text{ für } n \geq 2 \text{ mit den Anfangswerten } f_0 = 0 \text{ und } f_1 = 1$$

Die Folge lautet also tatsächlich: 0, 1, 1, 2, 3, 5, 8 usw. Wenn man wie Inger Christensen die beiden ersten Glieder ausblendet, dann steigen die Zahlen fortlaufend an, wobei die Differenz zwischen den beiden letzten Zahlen immer größer wird. Dass die Autorin das erste Glied der Folge unterschlägt, ist plausibel, da ein Gedicht mit 0 Versen nicht definiert ist und insofern gar nicht als Gedicht zu erkennen wäre. Der Verzicht auf das zweite Glied führt dazu, dass die Zahlenwerte der einzelnen Glieder am Anfang der Folge nicht stagnieren, sondern durchweg ansteigen.

Doch dies ist nicht die einzige Folge, die in dem Gedicht eine Rolle spielt. Denn die einzelnen Abschnitte werden zudem durchnummeriert, d. h., sie werden nacheinander mit je einem Glied der Reihe der natürlichen Zahlen versehen. Und schließlich spielt auch noch die konventionelle Anordnung der Buchstaben eine Rolle, wie bereits aus dem Inhaltsverzeichnis ersichtlich wird, denn jeder Abschnitt beginnt in alphabetischer Reihenfolge mit einem anderen Buchstaben:

1.	abrikostræerne	1.	die aprikosenbäume
2.	bregnerne	2.	die farne
3.	cikaderne	3.	die zikaden
4.	duerne	4.	die tauben[10]
[…]			

[9] Der Originaltext und die deutsche Übersetzung werden zitiert nach der zweisprachigen Ausgabe Christensen, Inger, *alfabet/alphabet.* digte/gedichte, aus dem dänischen und mit einer nachbemerkung von Hanns Grössel, Münster 1988, hier S. 146f. Die konsequente Kleinschreibung in Grössels Übersetzung wird beibehalten.

[10] Christensen, *alfabet*, S. [4f.] Der Übersetzer Hanns Grössel hat sich aus gutem Grund dazu entschieden, der Bedeutung der dänischen Wörter den Vorzug zu geben und sie nicht durch deutsche Wörter mit dem gleichen Anfangsbuchstaben wie im Dänischen zu ersetzen.

Es sind also drei Folgen, die parallelgeführt und deren Glieder jeweils einander zugeordnet werden: die beiden mathematischen Folgen der natürlichen und der Fibonacci-Zahlen und die nicht mathematische, sondern arbiträre Zeichenfolge des Alphabets. Da der Zeichenvorrat der Buchstabenschrift im Gegensatz zum Zahlenvorrat der Mathematik begrenzt ist, ist auch das Gedicht prinzipiell endlich. Spätestens beim Buchstaben z wäre Schluss (wenn man nicht noch die dänischen Buchstaben æ, ø und å hinzunähme, die üblicherweise dem lateinischen Alphabet angehängt werden), dies entspräche der Ordnungszahl 26 und der Fibonacci-Zahl 196418. Überträgt man diese Zahl auf die Länge des entsprechenden Abschnitts, wie es dem Prinzip entspräche, das Christensens Gedicht zugrunde liegt, so ist es aus rein pragmatischen Gründen durchaus einsichtig, dass die Autorin schon vorher einen Schlusspunkt setzt. Das Gedicht hat nur 14 Abschnitte, endet also kurz nach der Mitte des Alphabets beim Buchstaben n. Der letzte Abschnitt des Textes müsste nach den selbstgesetzten Regeln 610 Verse umfassen – doch tatsächlich hat er nur 322 Zeilen und ist damit sogar kürzer als der vorhergehende. Der Text bricht also ab, er ist ein Fragment, wenngleich, wie sich zeigen wird, ein bewusst geformtes.

Nicht nur die Gesamtlängen der Abschnitte regelt die Fibonacci-Folge, sondern auch deren Binnengliederung (vgl. Tab. 1).[11] Ab dem 7. Abschnitt sind die Gedichte nämlich in Versgruppen gegliedert, in deren Länge die vorherigen Fibonacci-Zahlen wiederkehren: 1 × 1, 2 × 2, 2 × 3 und 2 × 5 ergeben 23 Verse für den Buchstaben g, 1 × 2, 2 × 3, 2 × 5 und 2 × 8 ergeben 34 für den Buchstaben h und so fort. Diese Untergliederung sorgt zudem dafür, dass ab dem 7. Abschnitt in der Länge der jeweils ersten Versgruppe erneut eine Fibonacci-Folge beginnt, die sich bis zum 12. Abschnitt mit 13 Zeilen im ersten (und dann auch einzigen) Block fortsetzt, woraufhin mit dem Buchstaben m im 13. Abschnitt eine neue Folge einsetzt.

Ab der Ordnungszahl 10 (wir sind bei inzwischen 89 Zeilen) werden die Abschnitte in mehrere Gedichte unterteilt – das Inhaltsverzeichnis macht dies deutlich:

10.	juninatten atombomben	10.	die juninacht die atombombe

---

[11] Vgl. außerdem Inger Christensens eigenes tabellarisches Schema über die Länge der einzelnen Abschnitte: Christensen, Inger, »Berechnungen zur Fibonacci-Folge von ›alfabet‹«, in: *Schreibheft*, 74/2010, S. 8.

11.	kærligheden et sted fragment brintbomben	11.	die liebe irgendwo fragment die wasserstoffbombe[12]

Damit setzt zugleich eine zweite Alphabetfolge ein, denn das erste Wort des zweiten Gedichtes lautet »atombomben«, das letzte Gedicht des 11. Abschnittes beginnt mit »brintbomben« (»die wasserstoffbombe«), wiederum das letzte des 12. Abschnittes mit »cobaltbomben« (»die kobaltbombe«) und im 13. Abschnitt setzt dann das vorletzte Gedicht mit dem Wort »defolianterne« (»die defolianten«) ein. Diese Gedichte nun tragen wiederum die Fibonacci-Folge in sich – sie verdoppeln nämlich in ihrer Verszahl jeweils die Gedichte des 7. bis 10. Abschnittes, haben also 2 × 21, 2 × 34, 2 × 55 und 2 × 47 Zeilen[13] mit jeweils doppelt so vielen einzelnen Versgruppen wie in den Abschnitten 7 bis 10. Und eine weitere Alphabetfolge setzt in Abschnitt 13 ein, wenn das letzte Gedicht autoreflexiv mit »alfabeterne« (»die alphabete«) beginnt. Es ist genau viermal so lang wie der 7. Abschnitt oder doppelt so lang wie das »atombomben«-Gedicht des 10. Abschnitts, wiederum bei vierfacher bzw. doppelter Anzahl der einzelnen Versgruppen.

Zwischen diese Gedichte, die durch die Anfangsbuchstaben der ersten Wörter Alphabetfolgen zugehören, sind ab dem 11. Abschnitt Gedichte eingesetzt, die vergleichsweise einfach aufgebaut sind, aber auch Fibonacci-Zahlen in sich tragen: Sie sind 21, 34, 55 und 89 Zeilen lang und jeweils paarweise aufeinander bezogen.

II.

Die Verknüpfung von Fibonacci-Folge, natürlichen Zahlen und alphabetischer Reihe reguliert auch in höchstem Maße den Inhalt des Textes. Wie in einem Alphabetbuch für Kinder werden in den einzelnen Abschnitten nämlich Dinge aufgezählt, die mit dem entsprechenden Buchstaben des Alphabets beginnen.

---

12 Christensen, *alfabet*, S. [4f.]

13 Da der 10. Abschnitt in zwei Gedichte untergliedert ist, liegt hier die Verszahl des ersten Gedichts zugrunde – das zweite Gedicht begründet ja bereits die »atombomben«-Reihe. Die Verszahl 47 taucht somit zweimal im Text auf: in Abschnitt 10 und in Verdoppelung hier in Abschnitt 13. Sie wirkt wie ein Fremdkörper im Text, denn sie entsteht zwar durch Addition aus Fibonacci-Zahlen, ist selbst aber keine und auch kein Vielfaches einer solchen. Eine gewöhnliche Zahl ist sie aber dennoch nicht: 47 ist eine Primzahl.

1
aprikostræerne findes, aprikostræerne findes

2
bregnerne findes; og brombær, brombær
og brom findes; og brinten, brinten

3
cikaderne findes; cikorie, chrom
og citrontræer findes; cikaderne findes;
cikaderne, ceder, cypres, cerebellum

(1
die aprikosenbäume gibt es, die aprikosenbäume gibt es

2
die farne gibt es; und brombeeren, brombeeren
und brom gibt es; und den wasserstoff, den wasserstoff

3
die zikaden gibt es; wegwarte, chrom
und zitronenbäume gibt es; die zikaden gibt es;
die zikaden, zeder, zypresse, cerebellum)[14]

Das Gedicht beginnt wie eine Inventarliste, in der die Objekte nicht nur aufgezählt, sondern stets als in der Welt vorhanden ausgewiesen werden. Anders als im biblischen Schöpfungsbericht, wo die Welt erst nach und nach entsteht und mit natürlichen Dingen angereichert wird, ist hier bereits alles vorhanden, und wo Gott in der Genesis »es werde« ausspricht, reicht hier eine lakonische Bestätigung der Existenz, um die Dinge in die Welt des Textes zu holen: Das Wort »findes« (»es gibt«) ist neben der Konjunktion »og« (»und«) das häufigste in diesem ontologischen Hymnus. Die vielen Wiederholungen erwecken zudem den Eindruck, als würden die Dinge durch das mehrfache Benennen aus der Erinnerung in die Aktualität gerufen. Zunächst wird Botanisches genannt, dann auch chemische Elemente, wobei ähnlicher Klang oder lautidentische Silben die Assoziationsketten zu bestimmen scheinen. Zu den Entitäten erster Ordnung gesellen sich nach und nach solche zweiter und dritter Ordnung, und mit immer mehr hinzukommenden Substantiven lassen sich semantische Gruppen bilden. Es ist nicht die heile Welt, die hier beschworen wird, denn schon im vierten Abschnitt kommen die Töter (»dræberne«) und der Tod (»døden«) hinzu,[15] und mit dem Wort »fissionsprodukte« (»spaltprodukte«)[16] im sechsten Abschnitt ist das Thema

---

[14] Christensen, *alfabet*, S. 8–13.
[15] Ebd., S. 14.
[16] Ebd., S. 18f.

Kernspaltung präsent, das im Nachhinein auch dem im zweiten Abschnitt genannten Wasserstoff (»brinten«) seine chemisch-elementare Unschuld raubt. Auch die amerikanischen Atombombenangriffe auf japanische Städte und die atomare Bedrohung in der Gegenwart des Textes sind Themen, die immer wieder aufgerufen werden und, wie bereits oben gezeigt, eine zweite Alphabetreihe begründen.

Mit der Zunahme dessen, was in der Welt ist, wird auch die Sprache komplexer: Die Konjunktionen kommen im zweiten, eine Genetivkonstruktion im fünften, Adjektive, Präpositionen und Pronomen dann im sechsten Abschnitt in den Text. Am Ende dieses Abschnitts befreit sich der Text auch von der einfachen Satzstruktur, die von der »findes«-Formel vorgegebenen wird, wenn in einem Relativsatz erstmals zaghaft ein anderes Prädikat verwendet wird: Bezeichnenderweise ist es das Verb »frembringe«[17] – »hervorbringen, erschaffen«. Zugleich wird über die semantische Assoziation Obstbäume (»frugttræerne«) – Aprikosenbäume (»aprikostræerne«) der Bezug zum Anfang des Textes hergestellt und die erste Zeile des Gedichtes innerhalb des sechsten Abschnittes wörtlich zitiert.

III.

Die dem Text zugrunde liegende Fibonacci-Folge hat eine poetologische Funktion, und zwar auf zwei Ebenen. Die eine wurde bereits dargestellt: Die Fibonacci-Folge reguliert die literarische Sprache in quantitativer Hinsicht. Das wird besonders deutlich, wenn man konkurrierende alphabetische Anordnungsmuster von Texten betrachtet, beispielsweise diejenigen von ABC-Büchern oder Wörterbüchern. Im Gegensatz zu diesen beiden lexikographischen Gattungen, die eine gleichmäßige bzw. möglichst umfassende Auswahl aus dem Wortbestand einer Sprache erfassen, wohnt der Kombination aus Alphabet und Fibonacci-Folge eine Dynamik inne, die der Sprache zunehmend Raum verschafft, wodurch auch der Unmöglichkeit begegnet wird, die von der Struktur vorgegebenen Zeilen ausschließlich mit gleich anlautenden Substantiven zu füllen. Ohnehin wird die reine Orientierung am Alphabet ja aufgebrochen durch den Einschub der zweiten Alphabetreihe ab dem Buchstaben j und der Aufnahme von Gedichten, die gar nicht mehr dem Alphabet verpflichtet sind, ab dem Buchstaben k.

Für den ersten Vers bedeutet das im Rückblick, dass hier die höchste sprachliche Dichte, die absolute Konzentration herrscht. Umso eindring-

---

[17] Ebd., S. 18.

licher ist die zweifache Vergewisserung der Existenz von Aprikosenbäumen, hätten hier doch mehr Dinge untergebracht werden können, die in die Sprachwelt zu setzen sich lohnt. Schon im ersten Vers wird deutlich, dass die quantitative Regulierung auch eine qualitative mit sich führt. Welch eine Verantwortung, aus dem lexikalischen Bestand der dänischen Sprache nur ein Wort auszuwählen und dieses an den Anfang des Textes zu stellen! Und warum werden gerade die Aprikosenbäume gewählt? Der Text gibt darüber ansatzweise Aufschlüsse. Die Aprikosenbäume erhalten im Verlauf des Textes immer mehr Bedeutung, ihnen wird eine Geschichte zugeschrieben: Sie tragen Früchte, diese haben Fruchtfleisch, in ihrem Kontext fällt das erste neue Verb »frembringe«, später dann ist von der Erinnerung an die Großmutter die Rede, die Aprikosengrütze kocht – noch immer sei der Duft so stark, dass der Körper, der ihn wahrnimmt, selbst zur Frucht werde,[18] kurz darauf erscheint ein Aprikosenbaum dem Ich im Traum, jetzt bedroht vom Vergessen.[19] Die Welt wird also nicht nur als Inventarliste erfasst, sondern auch in Hinblick darauf, wie sie wahrgenommen wird.[20] Diese epistemologische Dimension des Textes wird noch deutlicher, wenn man die poetologische Funktion der Fibonacci-Folge auf einer zweiten, bildlichen Ebene in den Blick nimmt.

In einem Essay über die Entstehung ihres ersten Großgedichtes *det* (»das«) von 1968 bezieht sich Inger Christensen explizit auf einen Aufsatz von Lars Gustafsson über das Problem des langen Gedichts, der »sehr herausfordernd auffordernd« (»meget udfordrende opfordrende«)[21] auf sie gewirkt habe. Gustafsson schreibt darin, das Problem des langen Gedichts gehe »aus dem Kampf gegen seine eigene Länge«[22] hervor; ihm sei dadurch zu begegnen, dass dem Text ein innerer Prozess eingeschrieben werde. Man könne, so Gustafsson, bei langen lyrischen Gedichten von einem »fiktiven oder abstrakten Handlungsablauf« sprechen, welcher aber nicht in »eine Art

---

18 Vgl. Christensen, *alfabet*, S. 46.

19 Vgl. ebd., S. 56.

20 Die erkenntnistheoretische Dimension von *alfabet* behandelt ausführlich Depenbrock, Heike, »›Alle Verdinglichung ist ein Vergessen‹. Inger Christensens *alfabet*«, in: *skandinavistik*, 21/1991, S. 1–29.

21 Christensen, Inger, »I begyndelsen var kødet« [1970], in: Dies., *Del af labyrinten. Essays*, København 1982, S. 27–31, hier S. 27. Vgl. auch die deutsche Übersetzung: Christensen, Inger, »Im Anfang war das Fleisch«, in: Dies., *Teil des Labyrinths. Essays*. Aus dem Dänischen von Hanns Grössel, Münster 1993, S. 29–34.

22 Gustafsson, Lars, »Beobachtungen an Gedichten« [1965], in: Ders., *Utopien. Essays*, übersetzt von Hanns Grössel und Hans Magnus Enzensberger, Frankfurt am Main 1985, S. 42–52, hier S. 44.

automatisches System« ausarten dürfte.[23] Schließlich fragt sich Gustafsson – und Inger Christensen zitiert dies in ihrem Essay wörtlich:[24]

> Gibt es in der Summe unserer Erfahrungen, so wie sie in unseren Begriffen auftaucht, in dem wissenschaftlichen Weltbild, das wir besitzen, in unserer Anschauung über die Gesellschaft und die Traditionen hinreichend Gemeinsamkeit und gemeinsame Übereinkommen, um eine Grundlage für ein funktionierendes allegorisches Gedicht bilden zu können, das in seiner Vieldeutigkeit sowohl Faktizität und Selbstbespiegelung absorbieren kann?[25]

Bezogen auf ihr eigenes Gedichtprojekt *det* kommentiert Inger Christensen dies mit den Worten: »Jeg tænkte, at mindre end dette kunne ikke gøre det.«[26] – Übersetzt etwa: »Ich dachte, weniger als das dürfte es nicht werden.« Diese Äußerung gewinnt dadurch ihre Brisanz, dass Gustafsson als leuchtendes Vorbild für solch ein »funktionierendes allegorisches Gedicht« Dantes *Divina Commedia* im Sinn hat, jenes »große Beispiel für ein langes Gedicht, das mit vollendeter Autorität die Belastung überwindet, die seine eigene Länge darstellt«.[27] Zwar wird Christensens Gustafsson-Bezug auch immer wieder im Zusammenhang mit *alfabet* genannt, doch ein wesentlicher Punkt scheint mir bisher noch nicht beachtet worden zu sein – die Tatsache nämlich, dass hier von einer Allegorie die Rede ist und von deren Grundbedingung: einer ubiquitären kulturellen Übereinkunft über die Art und Weise, wie wir die Welt wahrnehmen.

Diese grundlegende Weltanschauung ist *alfabet* mit seiner Bauform eingeschrieben, denn was diese darstellt, wird im Gedicht selbst ersichtlich: Wachstum. Inger Christensen bestätigt, dass sie an mathematischen Zahlenfolgen besonders das Prozesshafte gefesselt habe. Sie erläutert dies in einem Essay, in dem sie sich grundsätzlich zum Verhältnis zwischen Zahl und Rede äußert,[28] am Beispiel einer Kaninchenpopulation – dies ist der anekdotische Kontext, in dem die Fibonacci-Folge dem Mathematiker Leonardo de Pisa zugeschrieben wird. Das Bewusstsein, Zeuge eines ungebremsten, nicht linearen Wachstums zu sein, eines Wachstums, das sich selbst beschleunigt, ist sicher eine der prägendsten kollektiven Erfahrungen in der zweiten Hälfte

---

23 Ebd., S. 48f.

24 Vgl. Christensen, »I begyndelsen var kødet«, in: Dies., *Del af labyrinten*, S. 27f.

25 Gustafsson, »Beobachtungen an Gedichten«, in: Ders., *Utopien*, S. 52. Übersetzung leicht überarbeitet.

26 Christensen, »I begyndelsen var kødet«, in: Dies., *Del af labyrinten*, S. 28.

27 Gustafsson, »Beobachtungen an Gedichten«, in: Ders., *Utopien*, S. 51.

28 Vgl. Christensen, Inger, »Wie das Auge, das seine eigene Netzhaut nicht sehen kann«, in: Dies., *Der Geheimniszustand und Gedicht vom Tod. Essays*, aus dem Dänischen von Hanns Grössel, München 1999, S. 126–133.

des 20. Jahrhunderts. Es ist im Text einerseits im zunehmenden Umfang der einzelnen Abschnitte ablesbar, andererseits aber auch in der sich entwickelnden Sprache, denn deren Expansion ist nicht nur Merkmal, sondern auch Thema des Textes. *alfabet* ist also nichts weniger als eine moderne Allegorie auf die Wahrnehmung und Beschreibung der Welt als Prozess – ›ikke mindre end dette‹. Zu diesen Beschreibungsmustern zählt ja auch die Fibonacci-Folge selbst, die vielfach in der organischen Welt vorgefunden wird: In der besagten Kaninchenpopulation ebenso wie in der spiralförmigen Anordnung der Samenkörner einer Sonnenblume, der Anordnung der Schuppen von Tannenzapfen und in den Proportionen von Schneckenhäusern.[29]

Doch wirklich unendlich ist dieses Wachstum im Gegensatz zu den ins Unendliche fortlaufenden Zahlenfolgen nicht. Inger Christensen weist darauf in einem Essay von 1979 hin: Keineswegs könne man etwa die Anzahl der Bäume auf der Erde unbegrenzt steigern, denn selbst wenn der ganze Erdball mit Bäumen bedeckt wäre, so handelte es sich doch um eine endliche Zahl, und sie zieht daraus den Schluss:

> Vi lever i en labyrinth af i praksis endelige talrækker, ustandseligt i bevægelse, og det eneste sted den uendelige talrække burde have betydning er i anelsen om en overordnet sammenhæng mellem alle disse endeligheder. Det eneste der egentlig kan tælles i uendelighed er vores uvidenhed og dens forhold til det ukendte.[30]
>
> (Wir leben in einem Labyrinth von in der Praxis endlichen Zahlenreihen, unaufhaltsam in Bewegung, und die einzige Stelle, wo die unendliche Zahlenreihe Bedeutung haben müßte, ist in der Ahnung eines übergeordneten Zusammenhangs zwischen all diesen Endlichkeiten. Das einzige, was eigentlich in Unendlichkeit gezählt werden kann, ist unsere Unwissenheit und ihr Verhältnis zum Unbekannten.)[31]

Nur scheinbar ist also das Wachstum endlich, so dass die Zahlenfolgen allein die Entwicklung der Welt nicht abbilden können. In der Wirklichkeit setzt die Endlichkeit des irdischen Raumes dem Wachstum ein Ende, im Text wird diese Beschränkung durch die Koppelung der Zahlenfolgen an das Alphabet allegorisch abgebildet.

Die Erscheinungsformen des Wachstums selbst sind ambivalent: Dem organischen Wachsen, das die vielen Naturbilder des Textes wachrufen, wird durchweg auch der natürliche Verfall zur Seite gestellt, der das Wachstum kontrolliert, nicht aber grundsätzlich in Frage stellt. Dieser natürliche, dem

---

29 Inger Christensen selbst gibt Beispiele für die Präsenz von Fibonacci-Zahlen in der Natur in ihrem Essay »Der naive Leser«, in: Dies., *Der Geheimniszustand und Gedicht vom Tod*, S. 19–25, hier S. 24f.

30 Christensen, Inger, »Arbejde«, in: Dies., *Del af labyrinten*, S. 135.

31 Christensen, Inger, »Arbeit«, in: Dies., *Teil des Labyrinths*, S. 165f.

Zyklus der Jahreszeiten unterworfene Prozess wird im Gedicht immer wieder auch mit der Sprache und dem Schreiben in Verbindung gebracht, die als etwas Naturhaftes imaginiert werden. In dem Gedicht, das sich der Existenz der Alphabete vergewissert und die dritte Alphabetreihe des Textes begründet, ist vom rieselnden »regen der alphabete« (»alfabeternes regn«)[32] die Rede, in direkter Nachbarschaft mit der Gnade und dem Licht, und der eigene Schreibprozess wird mit den jahreszeitlichen Prozessen in der Natur und dem klopfenden Herzen im eigenen Körper gleichgesetzt.[33]

Konsequenterweise folgt auch das Gedicht selbst diesem Naturgesetz von Wachstum und Verfall, denn in die von der Fibonacci-Folge regulierte Expansion des Textes sind rückläufige Bewegungen eingebaut. Dies ist auch als eine Strategie zu verstehen, mit der ins Unendliche strebenden, nur durch den begrenzten Buchstabenvorrat der Schrift limitierten Zahlenfolge umzugehen. Denn die Aufteilung der einzelnen Abschnitte in kleinere Gedichte geht damit einher, dass neue Formreihen entstehen, die nicht ins Unendliche wachsen, sondern in einer organisch anmutenden Weise stückweise zurückgeführt werden (vgl. Tab. 1). So nimmt die Verszahl der Gedichte in der ersten Alphabet-Reihe nach dem Buchstaben i wieder ab, im gleichen Moment, in dem die zweite Alphabetreihe einsetzt, und zwar nach einer Regularität, die den ersten Gedichten eingeschrieben ist: Weil die letzte Strophe offensichtlich nicht mehr als 13 Verse umfassen kann, die ersten Strophen aber von Stufe zu Stufe wegfallen, degeneriert diese Reihe bis auf die Länge von 13 Versen beim Buchstaben l. Eine vergleichbare Degeneration deutet sich in der alphabetischen Bombenreihe an. Diese würde, wenn das Gedicht nicht vorher abbräche, in Abschnitt 15 enden und nur noch zwei Strophen à 13 Verse umfassen. Ein anderer rückläufiger Prozess ist im drittletzten Gedicht zu beobachten, wo die Strophenlänge kontinuierlich, aber nur nach jeder zweiten Strophe, um 1 reduziert wird, was den Eindruck eines langsamen Countdown hinterlässt.

---

32 Christensen, *alfabet*, S. 106f.

33 »jeg skriver som vinden / der skriver med skyernes / rolige skrift // [...] jeg skriver som strandkanten / skriver en bræmme / af skaldyr og tang // [...] jeg skriver som det tidlige / forår [...] // jeg skriver som den barnlige / sommer [...] // jeg skriver som et dødsmærket / efterår skriver / [...] // jeg skriver som vinteren / skriver som sneen / [...] jeg skriver som hjertet / der banker skriver / [...]« (»ich schreibe wie der wind / der mit der ruhigen schrift / der wolken schreibt // [...] ich schreibe wie der strand / einen saum schreibt / aus schaltieren und tang / [...] ich schreibe wie das frühe / frühjahr [...] // ich schreibe wie der kindliche / sommer [...] // ich schreibe wie ein vom tode gezeichneter / herbst schreibt / [...] // ich schreibe wie der winter / schreibe wie der schnee / [...] // ich schreibe wie das herz / das klopft schreibt / [...]«); Christensen, *alfabet*, S. 108–111.

IV.

Wie aber passt die atomare Bedrohung, von der im Text ja immer wieder die Rede ist, in dieses organische Werden und Vergehen? Es gehört zum physikalischen Schulwissen, dass die durch die Kernspaltung hervorgerufene Kettenreaktion in ihrer Dynamik mit der Fibonacci-Folge vergleichbar ist. Im Text selbst sind die Substantive, die dem Wortfeld »Krieg« oder »Atomkrieg« zugeordnet werden können, in die erste Alphabetreihe integriert. Zudem ist den Massenvernichtungswaffen eine eigene Alphabetreihe gewidmet, die wiederum den Regeln der Fibonacci-Folge gehorcht. In deren erstem Gedicht »atombomben findes« tauchen auffälligerweise die ersten Zahlen in diesem Zahlengedicht auf, als Zahlen von Toten:

140 000 døde og sårede i Hiroshima	140 000 tote und verletzte in Hiroshima
ca. 60 000 døde og sårede i Nagasaki tal der står stille et sted i en fjern almindelig sommer	ca. 60 000 tote und verletzte in Nagasaki zahlen die stillstehn irgendwo in einem fernen gewöhnlichen sommer[34]

In einem Gedicht, das sich für das Detail und für die Vielfalt des Vorhandenen interessiert, sind schon diese Zahlen selbst obszön, weil sie gerundet sind und suggerieren, dass es auf hundert Tote mehr oder weniger nicht ankommt. Während der Text vorführt, wie sich Zahlen auseinander entwickeln und beharrlich voranschreiten, wird hier zum ersten Mal angedeutet, dass diese Prozesse zum Stillstand kommen können, und darin scheint mir die größte Bedrohung für dieses Gedicht zu bestehen. Denn es ist nicht nur eine reale Bedrohung für das Leben, sondern auch eine ästhetische Bedrohung für den Text, der ja selbst einmal ein Ende nehmen muss.

»Gerade dadurch, daß es lang ist, muß das lange Gedicht auf eine besonders kraftvolle Art den Eindruck suggerieren, daß es einen Schluß hat«, schreibt Lars Gustafsson in dem Essay, auf den sich Inger Christensen bezieht.[35] Doch wie kann dieser Schluss aussehen, wenn die mathematische Regel besagt, dass es weitergehen muss? Zumal es naheliegt, dass die Autorin nicht bis zum Abschnitt für den Buchstaben z weitermacht, der Hunderttausende von Versen umfasst hätte und allein fast 14-mal so lang wie Dantes *Divina Commedia* geworden wäre, und das bei einem Buchstaben, der ebenso wie seine Vorgänger x und y ausgesprochen selten in der dänischen Sprache vorkommt, zumal am Wortanfang.

---

34 Christensen, *alfabet*, S. 36f.

35 Gustafsson, »Beobachtungen an Gedichten«, in: Ders., *Utopien*, S. 47.

Der Text bricht ab beim Buchstaben n,[36] und das ist völlig zu Recht als eine Annäherung an die mathematische Formel der Fibonacci-Folge gewertet worden,[37] wo der Buchstabe n wie in jeder anderen mathematischen Folge als Stellvertreter für eine Zahl fungiert (und zwar die Ordnungszahl der jeweiligen Gliedes). An diesem Punkt, so Thomas Fechner-Smarsly, »verschmelzen mathematische und Buchstabenfolge«,[38] der numerische und der alphabetische Code. Ob das aber auch bedeutet, dass das Gedicht die Unzulänglichkeit der Sprache darstelle und dass stattdessen »ein apokrypher, ein lange Zeit vom Buchstabenlogos verdrängter Diskurs abendländischen Denkens [...] ins Bewußtsein zurück[drängt]: daß die Welt nicht im Wort, sondern erst in der Zahl vollkommen darstellbar sei«[39] – ja dass sich die Digitalisierung als Auflösung der Buchstabenschrift im binären Code an der Oberfläche des Textes abbilde, wie Fechner-Smarsly schreibt, daran habe ich meine Zweifel. Denn angesichts der komplexen Zahlenordnung, die Inger Christensen ihrem Text unterlegt, wirkt die unüberschaubare Abfolge von 0 und 1 im binären Code doch recht vulgär. Als plausibler erscheint es mir, eine Konvergenz von mathematischer Formel und sprachlichem Text anzunehmen, an einem Punkt, wo die Hälfte des Alphabets überschritten ist.

Eine Interpretation muss auch berücksichtigen und rekonstruieren, was dem vorzeitigen Abbruch zum Opfer gefallen ist. Denkt man die Struktur weiter, die Inger Christensen ihrem Text unterlegt, so wäre mit einem Bombengedicht der Struktur 8–8–13–13–13–13, beginnend mit dem Buchstaben e, zu rechnen gewesen. Außerdem hätte noch ein b-Gedicht folgen müssen, das Motive des »alfabeterne findes«-Gedichtes aufgreift und möglicherweise ein anderes adäquates Beschreibungsmodell als existent imaginiert hätte. Ein solches aber gibt es offensichtlich nicht. Im Text finden sich keinerlei Anhaltspunkte dafür, dass die reine Mathematik die Sprache ablösen soll. Denn die Mathematik kann die Sprache strukturieren und ihre Kontingenz verringern, doch die Funktion eines Jenseits der Sprache kann sie nicht übernehmen.

---

[36] In ihren »Berechnungen zur Fibonacci-Folge von ›alphabet‹« hat Inger Christensen gleichwohl die Struktur bis zum Buchstaben o weitergedacht; vgl. *Schreibheft*, 74/2010, S. 8.

[37] Vgl. Depenbrock, »›Alle Verdinglichung ist ein Vergessen‹«, in: *skandinavistik*, 21/1991, S. 20; Fechner-Smarsly, Thomas, »Das Spiel Regeln. Poetik als Verfahrenstechnik bei Inger Christensen und Jan Kjærstad«, in: Heiko Uecker (Hrsg.), *Fragmente einer skandinavischen Poetikgeschichte*, Frankfurt am Main 1997, S. 277–291, hier S. 282.

[38] Ebd., S. 282.

[39] Ebd., S. 283.

Christensen selbst berichtet, ihr Gedicht *alfabet* sei aus einer persönlichen Krise heraus entstanden, verursacht durch die atomare Bedrohung und eine gesellschaftliche Weltuntergangsstimmung zu Beginn der 1980er Jahre. Auch der Sinn der eigenen dichterischen Arbeit habe damals zur Disposition gestanden, doch die Antwort auf diese Krise habe ihr nur die Poesie geben können.[40] Poesie wiederum ist für sie nicht sprachspezifisch, sondern zeigt sich auch in der Welt der Zahlen, und zwar gerade in den Ordnungsmustern, die sie ihrem Gedicht zugrunde legt.[41] Daher liegt es auch nicht nahe, das Verstummen des Textes beim Buchstaben n als Ausdruck einer fundamentalen Sprachkrise zu deuten, so als tauge Sprache nicht zur Beschreibung einer durch entfesseltes Wachstum und nukleare Zerstörung bedrohten Welt. Denn es gelingt dem Text ja gerade, durch den Rückgriff auf die Zahlen dies zur Sprache zu bringen, selbst im letzten Gedicht von *alfabet,* das mit der apokalyptischen Vision der Welt nach einem Atomkrieg schließt: Während das Ich »alleine mit / fünfzehn kilo weißen papiers« (als Anspielung wohl auf den bevorstehenden 15. Abschnitt des Textes) in seiner Wohnung sitzt, »während der elfte august langsam // verschwindet« (zwei Tage nach dem Jahrestag des Abwurfs der Nagasaki-Bombe also), wird das Bild einer alten Frau evoziert, die in einem verkohlten Brunnen herumstochert und dann stirbt, und es wird von Kindern erzählt, die in eine Höhle flüchten und die ihre Kindheit hinter sich gelassen haben, denn »der er ingen der bærer dem mere« – »niemand trägt sie mehr«,[42] so der letzte Vers des Textes. Was hier inszeniert wird, ist nicht das Ende der Sprache, sondern das Ende der Welt. Der Text verstummt, weil die Sprecher verstummen, und wie es dazu kam, wird aus der Struktur des Textes ersichtlich. Bis dahin gab es die Alphabete und die Mathematik, doch ihre Existenz ist gebunden an die des Menschen und der Natur.

Dass man den plötzlichen Abbruch des Textes und den Rückgriff auf mathematische Ordnungsmuster nicht als Unvermögen der Sprache deuten sollte, zeigt auch die performative Ebene des Textes. Die formale Struktur des Textes erschließt sich sicherlich besonders durch das Lesen, aber unzählige Male hat Inger Christensen diesen Text auch auf Lesungen im In- und Ausland vorgetragen, in einem ihr eigenen leisen Singsang, mitunter monoton, so als hätte jedes Ding in ihrem Kosmos den gleichen Wert. Auch wer

---

40 Vgl. Christensen, »Wie das Auge, das seine eigene Netzhaut nicht sehen kann«, in: Dies., *Der Geheimniszustand und Gedicht vom Tod,* S. 130.

41 Vgl. Christensen, »Der naive Leser«, in: Dies., *Der Geheimniszustand und Gedicht vom Tod,* S. 24f.

42 Christensen, *alfabet,* S. 144f.

das Dänische nicht verstand, hat doch die unpathetische Feierlichkeit erlebt, mit der Christensen ihre lyrische Sprache zelebrierte. Damit hat sie eindringlich gezeigt, dass der Text neben Form und Inhalt auch eine Klanggestalt hat – und die Tatsache, dass die Lesung des dänischen Textes auch in Deutschland als Hörbuch erschienen ist, unterstreicht dies mit Nachdruck.[43] Weil der Tonträger die Stimme vom Körper des Sprechers löst, wird man Inger Christensen noch lange hören können, selbst wenn die Autorin inzwischen tot ist.

V.

Den Tod erkennt das Gedicht bereits im vierten Abschnitt als existent an, entsprechend dem Anfangsbuchstaben von »døden«. Doch schon mit dem nächsten Substantiv vergewissert sich das Gedicht seines eigenen Daseins:

> duerne findes; drømmerne, dukkerne
> dræberne findes; duerne, duerne;
> dis, dioxin og dagene; dagene
> findes; dagene døden; og digtene
> findes; digtene, dagene, døden
>
> (die tauben gibt es; die träumer, die puppen
> die töter gibt es; die tauben, die tauben;
> dunst, dioxin und die tage; die tage
> gibt es; die tage den tod; und die gedichte
> gibt es; die gedichte, die tage, den tod)[44]

Es scheint auf den ersten Blick so zu sein, als behalte der Tod das letzte Wort und als seien auch die Gedichte seinem Diktat unterworfen. Angesichts der atomaren Katastrophe und der damit verbundenen Auslöschung menschlichen Lebens, die der Text an die Wand malt, ist das kulturelle Konzept vom Weiterleben im Kunstwerk denn auch hinfällig, da dieses voraussetzt, dass das Publikum zumindest überlebt. Doch beim Buchstaben i, im 9. Abschnitt, wird eine andere Möglichkeit der Transzendenz formuliert, und zwar durchaus im Kontext von Todesbildern: Passend zum ›kalten‹ Klang dieses Vokals ist hier von »eis« (dän. »is«) und seinen Komposita »eiszeiten«, »eismeer« und »eisvogel« (»istiderne«, »ishavet«, »isfuglen«) die Rede, auch vom assonanten

---

[43] Es gibt zwei Hörbuchfassungen des Textes auf dem deutschen Markt: In der Aufnahme des Verlags Kleinheinrich liest Christensen den Text in Hanns Grössels deutscher Übersetzung; in einer Anthologie verschiedener Texte der Autorin, die im Hörbuchverlag erschienen ist *(Das Schmetterlingstal)*, liest sie ihn im dänischen Original.

[44] Christensen, *alfabet*, S. 14f.

»Styx«. All das »gibt es« wie immer. Aber plötzlich wechselt der Text erstmalig ins Futur:

> [...] den chromgule sol, ilten
> især; vist vil den findes, vist
> vil vi findes, ilten vi indånder findes
> ildøje ildkrone findes, og indsøens
> himmelske indre; en indhegnet vig
> med lidt siv vil findes, en ibisfugl findes,
> og sindets bevægelser indblæst i skyerne
> findes, som ilthvirvler inderst i Styx
>
> ([...] die chromgelbe sonne, den sauerstoff
> zumal; bestimmt wird es ihn geben, bestimmt
> wird es uns geben, den sauerstoff den wir einatmen gibt es,
> feuerauge, feuerkrone gibt es, und das himmlische innre
> des binnensees; eine eingezäunte bucht mit
> etwas schilf wird es geben, einen ibis gibt es,
> und die bewegungen des gemüts in die wolken hineingeblasen
> gibt es, wie sauerstoffwirbel zuinnerst im Styx)[45]

Aus der als sicher geglaubten Existenz des lebensspendenden Sauerstoffs erwächst die hoffende Vermutung, dass es auch »uns« geben wird – in einer nicht näher bestimmten Zukunft, die aber deutlich als die Zeit nach dem Tod markiert ist, da sie mit »sauerstoffwirbel[n] [...] im Styx« verglichen wird. Die lichte Jenseitsvision steht nicht plakativ am Ende des Textes, sondern versteckt sich in der Mitte, und es wird hier nicht von einer gloriosen Wiederauferstehung der Toten gesprochen, sondern eher von einem Vorhandensein in polymorpher Gestalt, in der Dichtung und in der Natur: »som rim vil vi findes, som vind vil vi findes / [...] måske som lidt hvidkløver, vikke, lidt skivekamille / forvist til det gentabte paradis; [...]« (»als reime wird es uns geben, als wind wird es uns geben / [...] vielleicht als etwas weißklee, wicke, etwas strahllose kamille / ins wiederverlorene paradies verwiesen«).[46] Ein Paradies, das nicht wiedergefunden, sondern »wiederverloren« ist und dennoch als Aufenthaltsort gedacht wird, ist ein paradoxes Bild für die Hoffnung auf ein Jenseits in einer postreligiösen Welt. Es ist dunkel in diesem Paradies, »doch das dunkel / ist weiß, sagen die kinder, das paradiesesdunkel ist weiß« (»men mørket / er hvidt, siger børnene, paradismørket er hvidt«).[47] Dass es Inger Christensen in diesem paradoxen Paradies geben wird, ist gewiss, denn erstens gibt es ja ihre Reime, in denen sie dies formuliert, und

---

45 Christensen, *alfabet*, S. 28f.

46 Ebd., S. 30f.

47 Ebd.

zweitens ist dieses i-Gedicht ja auch ihr Ort in der poetischen Kosmologie. Ihr Vorname beginnt mit i, im Nachnamen ist das i der betonte Vokal. So passt sie sich in die sonnenwarme Eislandschaft, in das weiße Dunkel dieses Gedichtes als ganz eigener Reim ein.

Tab. 1: Struktur von Inger Christensens *alfabet*

Ordnungszahl	Alphabet	Abschnittslänge	neue Alphabetreihe	Verteilung auf Versgruppen
1	A	1		1
2	B	2		2
3	C	3		3
4	D	5		5
5	E	8		8
6	F	13		13
7	G	21		1 2 2 3 3 5 5
8	H	34		2 3 3 5 5 8 8
9	I	55		3 5 5 8 8 13 13
10	J	89	atombomben	5 8 8 13 13 [Σ: 47] 1 1 2 2 2 2 3 3 3 3 5 5 5 5 [Σ: 42 (2x21)]
11	K	144	brintbomben	8 13 13 [Σ: 34] 3 3 3 3 3 3 3 [Σ: 21] 7 7 7 [Σ: 21] 2 2 3 3 3 3 5 5 5 5 8 8 8 8 [Σ: 68 (2x34)]
12	L	233	cobaltbomben	13 4 4 4 4 5 [Σ: 21] 4 4 4 4 4 1 [Σ: 21] 3 3 3 3 3 3 3 3 3 3 3 1 [Σ: 34] 4 4 4 4 4 4 4 4 2 [Σ: 34] 3 3 5 5 5 5 8 8 8 8 13 13 13 13 [Σ: 110 (2x55)]
13	M	377	defolianterne alfabeterne	1 2 2 3 3 5 5 [Σ: 21] 3 3 3 3 3 3 3 3 3 3 3 1 [Σ: 34] 5 5 5 5 5 5 4 [Σ: 34] 4 4 4 4 4 4 4 4 4 4 4 4 4 3 [Σ: 55] 55 5 5 8 8 8 8 13 13 13 13 [Σ: 94 (2x47)] 1 1 1 1 2 2 2 2 2 2 2 2 3 3 3 3 3 3 3 3 5 5 5 5 5 5 5 5 [Σ: 84 (4x21)]
14	N	322		2 3 3 5 5 8 8 [Σ: 34] 55 7 7 6 6 5 5 4 4 3 3 2 2 1 [Σ: 55] 4 4 4 4 4 4 4 4 4 4 4 4 4 4 4 4 4 4 4 4 4 4 1 [Σ: 89] 2 2 2 2 2 2 2 2 2 2 2 2 2 2 2 2 2 2 2 2 2 2 2 2 2 2 2 2 2 2 2 2 2 2 2 2 2 2 2 2 2 2 2 2 1 [Σ: 89

Mairéad Hanrahan (London)

Proper Numbers

In a book concerned with mathematical inspirations in literature and art, that is, with the imaginative or creative use of mathematics, it seems appropriate to begin by drawing attention to my title, 'Proper Numbers'. For it is an improper title: we are familiar with cardinal numbers and with ordinal numbers, with odd and with even numbers, with prime numbers, recurring numbers, positive and negative numbers, with rational and irrational and indeed, yes, with imaginary numbers, but 'proper numbers'? I should say rather that I *believe* the title sounds improper: my limited command of your language, together with the keen awareness of the shifts that necessarily arise in translation, means I must trust this title sounds as strange to a German ear as it does in English. While I have been able to verify that 'Eigenzahl' does not exist any more than 'proper number' does, the existence of mathematical terms such as 'Eigenwert', 'Eigenvektor' and 'Eigenraum' deriving from David Hilbert's work on matrix theory may mean that the expression does not seem as outlandish as in English or in French. However, even were this the case, it would at least have the advantage of drawing attention from the outset to the fact that the way numbers are deployed within the literary text is inseparable from issues of translation and translatability. What is proper in one domain may be improper in another; indeed, improperly borrowing what is proper elsewhere may be one of literature's great capabilities.

How numbers translate into literature is a question which is increasingly attracting interest. Elsewhere I have argued that the foregrounding of mathematical elements in literature often has the effect of highlighting that all aspects of the literary text – words and numbers alike – require deciphering.[1] Texts which 'speak' mathematics tend paradoxically to exploit more rather than less the ways in which literature differs from mathematics: for example, by privileging ambiguity over logic, particularity over generality, specificity over abstraction. In this piece, I would like to develop in further detail the idea that literary numbers are cryptic, that is, ciphered according to a code that both can and cannot be cracked or broken, a code that both invites and

---

[1] Hanrahan, Mairéad, 'Literature and Mathematics: The Difference', in: Mairéad Hanrahan (ed.), *Literature and the Mathematical*, Special Issue of the *Journal of Romance Studies*, 7/2007, 3, 7–25.

resists decipherment. I want to suggest that numbers function not only as words' others but *like* words. In particular, they function like proper names – which, unlike 'proper numbers', is a common expression and indeed one common to many languages, easily translatable between languages rather than being proper to any one. I would like to suggest furthermore that the way numbers function in certain literary texts can help us in turn to understand how proper names function, especially the kind of 'proper name' a title specifically represents, and its relationship with the author's proper name. To do this, I will focus on the writing of Jacques Roubaud, one of the most eminent members of the Oulipo (Ouvroir de Littérature Potentielle or Workshop of Potential Literature) who is both a poet and a mathematician and who has written very specifically himself about the similarity between numbers and proper names. This immediately raises the question of the extent to which the following analysis can be generalized beyond Roubaud's individual body of work; at issue is the border between the critical and the theoretical. As deconstruction has shown, this tension between the specific and the general also characterizes both the proper name and the literary work itself. The border between numbers and names thus intersects with a number of lines of inquiry central to thinking about properly literary issues.

I. Deconstructing Proper Names

Questioning how the proper name works has been a constant, ongoing concern within Derrida's critique of metaphysics, beginning as far back as *Of Grammatology* with the section called 'La Guerre des noms propres'.[2] To summarize briefly: Derrida demonstrated that the traditional conception of the proper name as a unique sign referring (adequately) to its unique object or referent in effect made of it something *extralinguistic*: unlike a common noun, a proper name was supposed to be absolutely untranslatable. However, Derrida criticized this notion in text after text, demonstrating that if it were indeed the case that the name was a pure reference, it could not refer at all. A name can only designate its object by virtue of being recognizable *as a proper name*, as a particular instance of the category 'proper name'. Rather than referring directly or immediately to what it names, it signifies through the play of differences between it and other names; in other words, it functions in the same way other words do. Like a common noun, it is readable, and readable only to the extent that it forms part of a system of differences.

---

2 Derrida, Jacques, "La Guerre des noms propres", in: Jacques Derrida, *De la grammatologie*, Paris 1967, 157–173.

The proper name, then, stands for a singularity that can only be approached as such insofar as it opens onto a generality. To signify this relation to generality, this decipherability within a code, Derrida coined the term 'iterability'.[3] This term is particularly relevant for us in the context of this conference because what it indicates is that a proper name is readable to the extent that it is repeatable: originally divided within itself, it is a singularity which is irremediably plural. The 'proper name' is a notion that of necessity contains within it a relation to number.

However, the proper name is not the only instance where Derrida investigates a structural interdependence between a singularity and a generality.[4] Another is the signature: although meant to operate as the guarantee of a unique identity, a signature necessarily renders that very identity problematical in that it carries within itself the possibility of being duplicated. A signature that could not be reproduced, countersigned, counterfeited, could not function as a signature.[5] Significantly, signatures are names that go hand in hand with numbers, in the form of dates. *Schibboleth*, Derrida's first book on Paul Celan, explores how the date which specifies or recalls a particular moment in time always also serves to efface that particular moment by inscribing the possibility of its anniversary return:

> La première inscription d'une date signifie cette possibilité: ce qui ne peut pas revenir reviendra comme tel, non pas seulement dans la mémoire, comme tout souvenir, mais aussi à la même date, à une date en tout cas analogue, par exemple chaque 13 février ... Et chaque fois, à la même date sera commémorée la date *de* ce qui ne saurait revenir. Celle-ci aura signé ou scellé l'unique, le non-répétable; mais pour le faire, elle aura dû se donner à lire dans une forme suffisamment codée, lisible, déchiffrable pour que dans l'analogie de l'anneau anniversaire (le 13 février 1962 est *analogue* au 13 février 1936) l'indéchiffrable *apparaisse*, fût-ce *comme* indéchiffrable.[6]

Furthermore, not only does a specific date inscribe a link between it and a whole plurality of dates; for Derrida, it is also tantamount to signing. It thus always inscribes a relation to a proper name:

---

[3] See for example Derrida, Jacques, "Signature Événement Contexte", in: Jacques Derrida, *Marges, De la Philosophie*, Paris 1972, 365–393, 375.

[4] For an excellent summary of this "structural interdependence", see Derrida, Jacques, "Introduction", in: Jacques Derrida, *Acts of Literature*, Derek Attridge (ed.), New York, London 1992, 14–21.

[5] See Derrida, Jacques, "Countersignature" in: *Genet*, Special Issue of *Paragraph: A Journal of Modern Critical Theory* 27/2004, 2, 7–42.

[6] Derrida, Jacques, *Schibboleth*, Paris 1996, 37–38.

> [D]ater revient à signer. Inscrire une date, la consigner, ce n'est pas seulement signer depuis une année, un mois, un jour, une heure [...] mais aussi depuis un lieu. [...] Au début ou à la fin d'une lettre, la date consigne un "maintenant" du calendrier ou de l'horloge [...], autant que l'ici d'un pays, de la contrée, de la maison en leur nom propre. [...] Ce qui se remarque alors, c'est son *départ*, ce à quoi il appartient sans doute mais dont il se départit pour s'adresser à l'autre: un certain partage.[7]

"Dater revient à signer": Derrida here exploits a linguistic singularity, the idiomatic and therefore untranslatable use of the verb *revenir* in French. This is the same verb as used in the previous quotation to mean "come back" or "return", but here it means "to be equal or tantamount to" (*gleichkommen* rather than *wiederkommen*). Paradoxically, then, this singularity is deployed with the effect of signalling that the particular structure of the date – one where the unique becomes decipherable *as* the indecipherable – is in fact an instance of a broader, more general structure. Dates come back as other dates, numbers come back as other numbers, but dates also come back as words, numbers also come back as names.

The final instance of this inseparability of the singular and the general which is of relevance here is the literary text itself. To be experienced as literary (Derrida refutes the notion of an essence of literature), a text needs to be both singular, marked by a unique time and space, *and* to some extent interpretable, for example in the light of a set of generalized conventions such as those pertaining to genre. Thus in *Devant la loi*, Derrida's analysis of the short story by Kafka with what is typically called the "same" title (even though the words, because in German, are utterly different: *Vor dem Gesetz*), he demonstrates that the way a text is framed, for example by its title, is one of the ways a text marks itself as literary. Moreover, as Gertrude Stein was the first to proclaim, a title is in some sense the proper name of a book. If numbers are like proper names, then, and titles have the structure of a proper name, the use of numbers in a literary text may help to illuminate how its title functions, and vice versa.

II. Roubaud's Numbers

The relationship between name and number is explored very productively in *Le Grand incendie de Londres*, the first volume of an immense quasi-autobiographical 'Projet' or project written over nearly twenty years.[8] For Jacques

---

7 Derrida, *Schibboleth*, 29–30.

8 It consists of seven books: Roubaud, Jacques, *Le Grand incendie de Londres*, Paris 1989; *La Boucle*, Paris 1993; *Mathématique: récit*, Paris 1997; *Poésie: récit*, Paris 2000;

Roubaud, poetry is inextricably linked to mathematics and, more specifically, to number. As he asserts in *Le Grand incendie de Londres*, the first 'branch' which shares the name of the whole, 'la mathématique, pour moi, est d'abord nombre, ne m'est vitale que comme nombre; et il en est de même de la poésie'.[9] In the autoportrait sketched in chapter four, he outlines four solitary passions he recognizes in himself of which the third is counting.[10] He counts everything, he counts all the time, he incessantly *practises* number to the extent of saying: 'l'accumulation des nombres est ma vie'.[11] He adopts as his own the much-quoted declaration that for the Indian mathematician Ramanujan every positive integer was a personal friend, although he mistakenly attributes it to Ramanujan himself rather than John Littlewood and specifies that unlike Ramanujan: 'je n'aime pas tous les nombres, il y en a même que je déteste franchement'.[12]

The numbers Roubaud loves most manifest a conspicuous presence at every level of his writings. Véronique Montémont has described how number plays a structural role in many texts:[13] for example, *Trente et un au cube* is composed of thirty-one poems of thirty-one lines of thirty-one syllables; or the nine sections of *Quelque chose noir* each contain nine poems of nine lines. His first book of poetry, titled only by the mathematical sign for belonging $\in$, is modelled on the draughtboard of the Japanese game *go*, which has nineteen rows in each direction. Japan is the source of another numerical inspiration via its poetic forms in that the *tanka* has thirty-one syllables, the *haiku* has seventeen syllables (divided into lines of five, seven and five). Five, seven, seventeen, nineteen and thirty-one are all prime numbers, a subset of numbers which clearly hold a special charm over the writer. But six (a perfect number), twelve (an abundant number) and fourteen (which is half of twen-

---

La Bibliothèque de Warburg, Paris 2002; *Impératif catégorique*, Paris 2008; *La Dissolution*, Paris 2008. However, these seven volumes comprise only six 'branches', the term Roubaud uses from the beginning to designate the various parts of the whole, because *Impératif catégorique* is presented as the second part of branch three. The text calls for being counted in different ways; even at this macrostructural level, numbers offer only a provisional purchase on the whole.

9 Roubaud, *Le Grand incendie*, 301.

10 It thus invites reading as an equivalent for tears, the third in Proust's famous list of 'occupations qui réclamaient une inviolable solitude: la lecture, la rêverie, les larmes et la volupté' (Marcel Proust, *A la recherche du temps perdu I*, Paris 1987, 12).

11 Roubaud, *Le Grand incendie*, 141.

12 Ibid., 140. See also Roubaud, *Poésie:*, 191.

13 See Montémont, Véronique, *Jacques Roubaud: L'amour du nombre*, Villeneuve d'Ascq 2004, especially 323–335; and Montémont, Véronique, 'Roubaud's Number on Numbers', in: Hanrahan, *Literature and the Mathematical*, 111–121.

ty-eight, the second perfect number) are examples of even numbers whose appeal for the writer is no less powerful.

Nevertheless, Roubaud himself insists explicitly that a number's mathematical properties do not alone account for the charm they exercise over him:

> les 'raisons' mathématiques seraient présentes, mais pas exclusivement; et, surtout, elles seraient très largement soumises à une autre 'logique', à une stratégie de choix plus décisivement esthétique [...]. Il est clair, par exemple, que le 12 a un sens dans mon grand registre de nombres, qui lui vient de l'alexandrin; que le 6 a sa place parce que c'est le nombre de la sextine.[14]

Numbers are thus distinguished 'æsthetically' by their association with the poetic forms they structure. And, finally, certain numbers have a 'sentimental' attachment for the poet. For example, 17 is a figure for which he feels a particular affinity because it is a prime number, because of the *haiku* but also because 'sa propre biographie (dans ma mémoire) contient des événements qui n'appartiennent qu'à lui [...] et colorent ma réaction émotionnelle à son égard'.[15]

Perhaps the most extraordinary example of Roubaud's deployment of a number with personal significance is the use made of the figure 1178 in his quasi-autobiographical 'Projet'. There is nothing to signal that there is anything special about the number the first time it is mentioned, when the narrator explains that the four passions he had outlined are linked by being solitary occupations: 'seul je me hâte pour la ceuillette de 1178 mûres rouges de mûrier'.[16] We only learn towards the end of the volume that 1178 was the number of days he had known Alix, his young wife whose tragic death of an embolism some years previously had left him utterly bereft and was the primary catalyst for writing *Le Grand incendie de Londres.* Significantly, we learn this in a passage or 'prose-moment' dated 21 April 1986, soon after he had moved out of the apartment they had shared:

> *1178 jours.* J'ai connu Alix 1178 jours, et le moment de ce recommencement [...] est le premier qui passe, 1178 jours après le jour de sa mort. A tout jour de l'amour, la raison obsessionnelle numérisante en moi associe un jour de deuil.[17]

But we must wait until the fourth 'branch', entitled *Poésie:*, to learn that, far from a chance occurrence, this number is in some sense at the root of the project as a whole. Those familiar with Roubaud's love for the sonnet could

---

[14] Roubaud, *Le Grand incendie*, 302.
[15] Ibid., 302.
[16] Ibid., 145.
[17] Ibid., 366.

have discerned one motivation for the early volumes each comprising 196 numbered passages or 'prose-moments' in the fact that 196 is the square of fourteen. But in *Poésie:* Roubaud explains that the overall work would comprise six volumes, each in principle consisting of 196 prose-moments, plus two 'zero' moments at the beginning and end: 6 × 196 = 1176 + 2 = 1178. He specifies this furthermore in paragraph 92 of the fourth volume which, because the third volume published under the title *Mathématique:* in fact only contained the first 105 prose-moments of the third branch, is number 589 or 1178/2 in the overall scheme, that is, exactly half-way through the work in its proposed entirety.

As the overall project develops, then, numbers which initially appeared a matter of chance are progressively revealed to be overdetermined, to invite deciphering in relation to different criteria. Roubaud regularly alerts his reader to the fact that the numbers are determined by constraints: 'Les nombres des instants sont également soumis à contraintes; mais de ces contraintes je ne dirai rien présentement'.[18] Statements such as these suggest that the code is decipherable, that the justification or motivation for different numbers can ultimately be revealed. Yet *Le Grand incendie de Londres* suggests equally that numbers defy the attempt to decipher them. Indeed, Roubaud himself warns us although the project needed a 'chiffre' or code, one moreover based on number, in fact 'tout le mystérieux du livre aurait été chiffré dans les fêlures du chiffre'.[19] Moreover, the constraints shift as the writing progresses: in the second half of *Le Grand incendie de Londres*, the numerological structure in effect dissolves (to borrow from the title of the last volume, *La Dissolution*). Not only does *Mathématique:* contain only 105 moments, but its supplement, *Impératif catégorique*, contains only 88 moments, making a total of 193 for branch three instead of the 196 of each of branches one, two and four. The fifth branch, *La Bibliothèque de Warburg*, contains 52 numbered moments and 34 others, variously designated by typographical symbols such as asterisks and other signs, making a total of only 86. The final branch, *La Dissolution*, contains only 108 moments, making a grand total not of 1178 but of 975. A further complication is that the moments of this last text are numbered consecutively both from 1–108 and from 981–1088, inviting us to read the first moment of this branch as the 981st of the whole, which it would be if the first five branches had each had 196 moments. Yet the sum of the published first five branches is only 867, leaving an unexplained gap of 114. One obvious explanation is that the unpublished 'long'

---

18 Roubaud, *Poésie:*, 237.
19 Roubaud, *Le Grand incendie*, 203.

versions of the previous branches contain 114 entire moments which do not feature in the published ones. Future genetic studies may well cast light upon these discrepancies; the point I wish to stress is that the numbering both obeys and disobeys the constraint.

The difficulty of reading numbers is particularly evident in the association Roubaud creates between them and proper names. The poet clearly marks his distance from Cantor's conception of number which 'fait des entiers les *noms* de collections d'objets, considérées du seul point de vue de leur grégarité, de leur masse: des noms de troupeaux d'objets'. For him, a number does not have a homogenizing effect; it does not efface the difference between the objects it qualifies by subsuming them under a broader category in the way that 'si *neuf* désigne neuf moutons, il désigne aussi neuf pommes, ou neuf anges'. On the contrary, he sees numbers as 'des personnages debout sur une ligne noire et indéfiniment étendue à partir de son origine, le Humpty Dumpty des nombres, 0', each with

> un corps, une architecture, des capacités étendues de transformation, un visage et des membres, leurs propriétés [...]. Quand je *vois* un nombre, et quand je le sollicite pour un de mes innombrables dénombrements [...], il m'apparaît avec toutes ses idiosyncrasies.[20]

Number is thus a concrete rather than an abstract entity, which particularizes rather than generalizes. As such it functions not as a 'nom', a common noun, but as a proper name:

> Je pourrais presque dire: tout est là, dans le nombre même, *1178*. La passion numérologique fait du nombre un nom propre, le nom d'un être invisible derrière toutes les choses, personnes, événements qui ont en commun ce nombre, qui le partagent: une divinité arithmétique.[21]

Number *links*, installing an invisible connection between the diverse entities which share it. It marks the place of something which could not appear were it not for this number – just like a proper name. For Roubaud, naming functions referentially in a very specific way: 'je percevais que peut-être je n'arriverais jamais à les dire, mais seulement à les nommer, comme on nomme des étoiles dont on ne sait rien, que leur nom, et leur place, sur une carte du ciel'.[22] A number resembles a name in effect not because it clarifies something but rather because it highlights an obscurity, signals the existence of something opaque, still unknown.

---

20 Roubaud, *Le Grand incendie*, 303.
21 Ibid., 367.
22 Ibid., 164.

III. In the Beginning Was the Title

Titles are the proper names on whose functioning Roubaud lingers longest, developing how they point to something yet to be elucidated. In a high proportion of the instances where he talks of proper names, it is to quote Gertrude Stein's line that a title is the proper name of a book.[23] Moreover, in the comparison between a number and a proper name, 1178 is italicized, suggesting that as a proper name it may represent an alternative title to the book. Throughout *Le Grand incendie de Londres*, beginning with its unnumbered initial 'zero-moment', a title's plurality of number is linked to an uncertain referentiality. The title *Le Grand incendie de Londres* itself names, with various typographical differences, both the multi-volume work and its first 'branch'. It originally came to him in a dream as the title of a novel which, along with a *Projet* that was to have accompanied it, remained unwritten.[24] The writing of *Le Grand incendie de Londres* in effect signed the death-certificate of the original *Le grand incendie de Londres*: '*Cela* qui, sous le titre "le grand incendie de Londres", va remplacer le *double* rêvé, impossible, abandonné, d'un autre *Grand Incendie de Londres*, qui aurait été un vrai roman, et du *Projet*'.[25] The title comes first, but it names something that only takes shape as a replacement; it calls into being something which precedes it.

This primordiality of the overall title is reflected endlessly within the text. Titles proliferate along with numbers; each 'prose-moment' is distinguished from the others by a title and a blank space as well as by a number. Roubaud comments specifically on the way they function:

> Comme vous n'avez sans doute pas pu éviter de le remarquer je reprends, pour ce titre, assez long et souligné [...], tout ou partie de la première phrase du paragraphe qu'il désigne [...], et le début de la lecture du fragment est donc une répétition à peu près exacte des mots qui viennent d'être lus dans le récit.[26]

Derrida's analysis of titles is useful in teasing out the implications of this structure. In *Devant la loi*, Derrida argued that it is impossible to say of either Kafka's title or the incipit beginning with the same three words that 'l'un *précède* l'autre selon quelque ordre que ce soit. Ils sont tous deux premiers dans leur ordre et aucun des deux homonymes, voire des deux synonymes, ne cite

---

23 See for example Roubaud, *Le Grand incendie*, 174, 281; *Mathématique:*, 18; *Poésie:*, 75.

24 For example, Roubaud talks of the link 'qui existe entre "**Le grand incendie de Londres**" (titre général de ce que j'écris) et **Le Grand Incendie de Londres**, le roman que je n'ai pas écrit, né et mort avec le **Projet**' (Roubaud, *Mathématique:*, 52).

25 Roubaud, *Le Grand incendie*, 29.

26 Ibid., 281.

l'autre'.[27] *Devant la loi* built on the analysis of the title Derrida had earlier proposed in 'Titre à préciser', a text delivered in the Studium Generale of the University of Freiburg im Breisgau in 1979. He had contended that 'un titre a toujours la structure d'un nom, il induit des effets de nom propre'.[28] What is more, its liminal position *is the message* more than the direct meaning of its words:

> Lisible, ai-je précisé, le titre devait l'être *quelque part*: j'entends par là qu'aucune théorie du titre ne peut se dispenser d'une topologie. Pas de titre sans espacement, bien sûr, mais aussi sans la détermination rigoureuse d'un code topologique arrêtant des lignes de *bordures*. Un titre n'a lieu que sur le bord de l'œuvre: s'il se laissait incorporer au corpus qu'il intitule, s'il en faisait simplement partie, comme un de ses éléments internes, une de ses pièces, il cesserait de jouer le rôle et d'avoir la valeur d'un titre.[29]

For Derrida, the title plays a constitutive role: it determines the text it entitles by marking its boundaries. Thus: '*le sens du titre est une certaine manière de n'en avoir pas, et son événement de n'avoir pas lieu.* Pas de sens et pas de lieu, donc'.[30]

For Roubaud, too, the title is a proper name with little or no semantic function. But the significance he attaches to its topology is slightly different from Derrida's analysis. Whereas for the philosopher the doubling of the title and the incipit makes it impossible to order them narratively, for Roubaud the repetition is what generates the following text. The title *launches* the moment:

> Le *moment* est donc presque entièrement dirigé vers sa suite; la répétition initiale *marque* un début, une attaque, l'existence d'un silence antérieur [...].
>
> Si le titre d'un *moment de prose* est la reprise de son commencement, le moment lui-même, dans cette interprétation, n'est pas soumis à une vision unifiante qui le dépasse et le coiffe, qui peut être nommée extérieurement à lui; il est seulement le prolongement d'un germe, sa phrase initiale.[31]

In other words, the title names something which will be an extension of the title, its prolongation, its development, its future.

This active role of the title in producing the object it begins becomes explicit with regard to the title of the third branch, *Mathématique:*, where the colon highlights the subsequent blank and emphasizes that the title calls for

---

[27] Derrida, Jacques, 'Préjugés: Devant la loi', in: Jean-François Lyotard (ed.), *La Faculté de juger*, Paris 1985, 87–139, 119. 'Before the Law', in: *Acts of Literature*, 181–220, 201.

[28] Derrida, Jacques, 'Titre à préciser', in: Derrida, *Parages*, Paris 1986, 219–247; 225.

[29] Ibid., 225–226.

[30] Ibid., 234.

[31] Roubaud, *Le Grand incendie*, 281.

a continuation, a supplementation. Roubaud develops the relation between title and book, between proper name and its referent, via the curious idea that a book is the autobiography of its title:

> Et le livre alors n'est pas autre chose que ce qui répond (tente de répondre) à la question: pourquoi ce titre-là? cas particulier à son tour, sous l'éclairage de l'axiome ci-dessus, de la question (de l'énigme si l'on veut) du nom propre: qu'est-ce qui unit un nom propre au "singulier", au singulier absolu, irréductible et rigide dont il est le nom? Je le dis encore autrement: un livre est l'autobiographie de son titre et, comme tel, la narration d'une singularité. Les deux points qui suivent le mot "mathématique" dans le titre que j'ai choisi pour cette branche de mon ouvrage [...] sont placés là dans cette intention.[32]

The book is the future development of the title, the concretization and thus as much the *creation* as the narration of a singularity, the 'absolute, irreducible, rigid singular' to which the title gives a name before it has taken shape. Similarly, the title of the fourth branch, *Poésie:*, ends in a colon: 'Tel est le sens du signe des deux points dans le titre de cette branche: que cette branche tente de commencer à élucider le rôle de la poésie dans ce qui fut mon **Projet**'.[33] The title points to a blank space the following text will both elucidate and shape.

IV. A Plural Singularity

The quotation from *Mathématique:* in effect explains one enigma (the question of the proper name) by another. What does it mean to assert that a book is the autobiography of its title? Especially when it is very obviously also an autobiography of the writing subject or, to use the term employed in the chapter of *Le Grand incendie de Londres* entitled 'Portrait de l'artiste absent', an 'autoportrait':

> mon autoportrait [...] n'est qu'un autoportrait au sens strict, n'est pas le portrait déguisé de "tout le monde", ou allégorique d'un type, d'un sous-genre, d'une sous-espèce. [...] Aucune leçon d'ordre général ne peut en être extraite, aucune leçon d'aucun ordre ne peut en être extraite; [...] et le passé que j'évoque, que je "crée" [...] est sans leçons pour le futur.[34]

The portrait of himself Roubaud presents cannot be generalized; the past he evokes holds no lessons for the future. But as the verb 'creates' reminds us yet again, the very act of writing is the shaping of a future, the concretization

---

32 Roubaud, *Mathématique:*, 19.
33 Roubaud, *Poésie:*, 77.
34 Roubaud, *Le Grand incendie*, 311.

of a particular future which, once realized, defies any further translation, closes off the possibility of any other reformulation. As such, it is aligned with poetry rather than mathematics. While poetry and mathematics double each other constantly throughout Roubaud's work, he insists that they are not identical: 'La poésie, j'en étais sûr, n'est pas de la mathématique'.[35] The difference he develops most explicitly is that, unlike mathematics, poetry defies any attempt to paraphrase it:

> Au contraire je vois la poésie comme principalement non paraphrasable, et sa partie non paraphrasable, alors, comme étant la poésie même. [...] La poésie est, toujours, future. On ne l'aborde qu'au futur, mais il n'y a cependant aucune poésie à faire, aucun "programme de Hilbert" de poésie; il n'y a aucune conjecture de poésie. Il n'y a de poésie que déjà-là; et c'est cette poésie, la seule, qui est devant nous, au futur de notre lecture.[36]

Poetry's non-generalizability, which also constitutes its non-mathematicity, is related to its temporality: poetry is the advent, in the here-and-now, of a particular future. Poetry is its own explanation; it is itself a response – an obscure, future response – to the question of poetry which, as he says in *Le Grand incendie de Londres*, is not the metaphysical 'what is poetry?' but rather '*why* poetry?'[37]

Writing, then, is a response to a question; it specifies a future for a given name. As the writer emphasizes, the name of the book whose story or 'autobiography' is being elaborated throughout this text also presented as an 'autoportrait' is not his own name: "le grand incendie de londres' est son nom (le nom de ma vie est mon nom, Jacques Roubaud)'.[38] The title therefore invites reading as an alternative name for Roubaud or perhaps more precisely as his *future* name, as the name he invents to wrench a future for himself out of the grief the tragic loss in his life has caused him. And this future name is made possible by numbers. The writer declares a correspondence between the durations into which his life is divided and the divisions of his book:

> J'établis une correspondance terme à terme entre ces deux triplets de durées nommées: entre jours et moments, chapitres (et assimilés) et mois, branches et années.
>
> Grâce à cette correspondance je passe, si je le veux, d'une famille de temps à une autre; de la vie à la prose. En nombres; rien qu'en nombres.[39]

Numbers enable a life to be translated into prose, to have a (textual) future.

---

35 Roubaud, *Poésie:*, 484.
36 Roubaud, *Mathématique:*, 195.
37 Roubaud, *Le Grand incendie*, 330.
38 Roubaud, *Poésie:*, 246.
39 Ibid., 239.

As the equivalence between moments/chapters/branches and days/months/years indicates, these numbers function expressly as dates. If the title looks forward, anticipating in the sense of realizing as well as preceding the prose-moment it names, the accompanying number anchors it in time. Throughout this text, which is itself peppered liberally with dates, the calculations the numbers make possible are especially temporal relations: the length of time since something happened, or between two events. The privileged position numbers occupy in Roubaud's work thus appears to be related to the similarity between a number line which extends, as we saw, from the 'Humpty Dumpty' of numbers, zero, to infinity, and a time line which similarly extends with no limit into the future. And, just as numbers have certain idiosyncrasies which enable non-linear groupings of various sorts outlined earlier in addition to their linear position, so too the time line is a three-dimensional spiral or coil, each calendar year looping back to its beginning (the second branch of *Le Grand incendie de Londres* is entitled *La Boucle*) as it gives way to the next.[40] Roubaud thus echoes Derrida's analysis of the annular structure of the date. While for Derrida dating was equivalent to signing, for Roubaud a date itself constitutes a proper name:

> Ma spirale imaginaire repasse sans cesse au-dessus des mêmes points, qui ont leur nom (un nom propre; d'où l'excellente habitude de noter les noms de mois avec des majuscules, qui devrait être établie ou rétablie), à trois composantes, trois coordonnées d'un vecteur du temps, à savoir
> – a) les nombres des dates
> – b) les noms des mois[41]

A date is the name of a particular point in time. But a date is a name which is *both* number and name. Furthermore, the announcement of the name's tripartite structure is immediately followed by a listing of only two categories. While the 'numbers of the dates' presumably include both the day and the year, one would expect a singular rather than plural number for the names of the months. The enumeration does not clarify; rather, it draws attention to a fundamental resistance to being clarified on the part of both names and numbers.

In French, untranslatably, 'les noms des mois' can mean both 'the names of the months' and 'the names of the selves'. The succession of points in time that date the different 'prose-moments' also marks a succession in the narrator's identity, or what Roubaud elsewhere calls 'moi et moi et moi, mes

---

40 See for example Roubaud, *Poésie:*, 67.

41 Ibid., 68.

plusieurs moi successifs'.[42] The 'singularity' that is narrated in this very particular 'autobiography' is one that differs over time, a plurality that finds its 'signature formelle' or formal signature in the separateness of its parts as rendered manifest by the titles and numbers of each moment.[43]

In conclusion, if for Derrida dating is equivalent to signing, Roubaud's work suggests that numbering too is equivalent in two different ways to signing. Firstly, this is the case insofar as his writing repeatedly inscribes numbers which bear a personal resonance as detailed earlier. These personal associations may or may not be decipherable within the code described, or indeed another. Thus, for example, one of the rare inscriptions of the writer's own proper name in the text invites a reading at odds with the one he proposes. He explains that in the British Library, he chooses seat 'R14 (R pour mon nom, Roubaud, et 14 en honneur de la forme sonnet, qui comporte généralement (généralement seulement) quatorze vers)'.[44] Yet it is difficult to read this conjunction of a letter and number without noting that the name Jacques Roubaud itself has fourteen letters, and that the privilege the sonnet enjoys in his imagination may derive from the number just as much as the reverse. Secondly, and more significantly, Roubaud's use of numbers reminds us incessantly that the self he explores is a succession of selves that no single name could ever adequately designate. If *Le Grand incendie de Londres* is the autobiography of its title, it is also because the singularity it narrates is an irreducibly plural one. Throughout the text, the conjunction of number and name highlights how insufficient either would be alone as the signature of someone who at every moment is faced with a new beginning – a future – to be invented. For Roubaud, to name properly what they name, proper names need to be doubled by numbers.

42 Ibid., 135.

43 Roubaud, *Le Grand incendie*, 280.

44 Ibid., 233.

Andrea Albrecht (Freiburg)

»Spuren menschlicher Herkunft«

Mathematik und Mathematikgeschichte in der deutschen Gegenwartsliteratur (Daniel Kehlmann, Michael Köhlmeier, Dietmar Dath)

Mathematisches Wissen sei frei von »Spuren menschlicher Herkunft«, konstatierte der Wissenssoziologe Karl Mannheim 1929 in *Ideologie und Utopie.*[1] Im Unterschied zum Denken des Historikers, des Philosophen oder des Künstlers ziele das Denken des Mathematikers auf eine »Entpersönlichung und Entgemeinschaftung der Erkenntnis«[2] und auf die Etablierung einer »übermenschlich-überzeitlichen Geltungssphäre«,[3] die von den kontingenten Einflüssen des »Anthropologisch-Historischen«[4] gereinigt und »vom historischen Subjekt völlig abgelöst«[5] sei. Eine ähnliche Beobachtung findet sich bei Edmund Husserl, der in seiner Mitte der 1930er Jahre entstandenen *Krisis*-Schrift herausstellt, dass es im Zuge der Mathematisierung der Wissenschaften zu einer Suspendierung des lebensweltlichen Fundaments wissenschaftlicher Erkenntnisse gekommen sei. Durch die Orientierung an der normativen Rationalität des mathematischen Denkens sei der Philosophie der Erzeuger und Träger des Wissens, der Wissenschaftler, mehr und mehr aus dem Blickfeld geraten und habe einer abstrakt-universalen Konzeption wissenschaftlicher Erkenntnis Platz gemacht:

> Indem die anschauliche Umwelt, dieses bloß Subjektive, in der wissenschaftlichen Thematik vergessen wurde, ist auch das arbeitende Subjekt selbst vergessen, und der Wissenschaftler wird nicht zum Thema.[6]

---

1 Mannheim, Karl, *Ideologie und Utopie*, 8. Aufl., Frankfurt am Main 1995, S. 256.

2 Mannheim, Karl, »Eine soziologische Theorie der Kultur und ihrer Erkennbarkeit«, in: *Strukturen des Denkens*, David Kettler u. a. (Hrsg.), Frankfurt am Main 1980, S. 155–322, hier S. 170.

3 Mannheim, *Ideologie und Utopie*, S. 256.

4 Ebd., S. 257.

5 Ebd., S. 251.

6 Husserl, Edmund, »Die Krisis des europäischen Menschentums und die Philosophie«, in: *Husserliana. Gesammelte Werke*, Bd. 6, *Die Krisis der europäischen Wissenschaften und die transzendentale Phänomenologie*, Walter Biemel (Hrsg.), 2. Aufl., Den Haag 1969, S. 314–348, hier S. 343.

Weder Mannheims noch Husserls Überlegungen richten sich gegen die Mathematik und ihre fachwissenschaftlichen Errungenschaften. Vielmehr bemühen sich beide um eine wissenssoziologische bzw. phänomenologische Reintegration, die das mathematische Denken einerseits in seiner epistemischen Spezifik anerkennt, es andererseits aber auch als Teil des kulturellen Ganzen, und das heißt als historisch variante Kulturtechnik verstehbar macht: Mannheim, indem er das Mathematische in einer sozialen und historischen Konstellation[7] verortet, in welcher der mathematische Denkstil nur ein Aspekt eines umfassenden Weltanschauungsantagonismus ist, und Husserl, indem er das Mathematische als Produkt einer idealisierenden Praxis erfasst, welche die sinnliche, konkrete und anschauliche Fülle der Lebenswelt mit einem »*Ideenkleid*« umhüllt und verdeckt.[8] In beiden Fällen ist es der merkwürdig abstrakte, formale, unpersönliche und ahistorische Charakter des mathematischen Wissens bzw. der mathematischen Wissensrepräsentation, der die kulturwissenschaftliche Reflexion herausgefordert hat.[9] Mannheim und Husserl versuchen, so könnte man pointieren, die Mathematik als Produkt einer spezifischen kulturellen Praxis menschlicher Interaktionen auszuweisen und sie auf diese Weise zu reanthropomorphisieren, das heißt: die eigentümliche Sozialität und Historizität des Mathematischen sichtbar zu machen.

Das gesichtslose und abstrakte Erscheinungsbild der Mathematik bestimmt auch die *literarische* Auseinandersetzung mit dem Mathematischen. In prominenter Weise ist dies bereits, zeitgleich zu Mannheims und Husserls Arbeiten, in der Literatur der Klassischen Moderne der Fall, die wiederholt die, wie es bei Robert Musil heißt, »harte[ ], mutige[ ], bewegliche[ ], messerkühle[ ] und -scharfe[ ] Denklehre der Mathematik«[10] poetisch in Szene gesetzt und die Spezifik mathematischer Erkenntnis- und Wirklichkeitskonstitution literarisch reflektiert hat. Bei Autoren wie Welimir Chlebnikow, Robert Musil, Paul Valéry, Hermann Broch und Raymond Queneau wird die

---

[7] Vgl. Mannheim, Karl, »Das Problem einer Soziologie des Wissens« (1925), in: Ders., *Wissenssoziologie. Auswahl aus dem Werk*, Kurt H. Wolff (Hrsg.), Berlin, Neuwied 1964, S. 308–387.

[8] Husserl, Edmund, »Die Ursprungserklärung des neuzeitlichen Gegensatzes zwischen physikalischem Objektivismus und transzendentalem Subjektivismus«, in: *Husserliana* 6: *Die Krisis der europäischen Wissenschaften*, S. 18–104, hier S. 51.

[9] Vgl. zur aktuellen soziologischen Reflexion der Mathematik: Heintz, Bettina, *Die Innenwelt der Mathematik. Zur Kultur und Praxis einer beweisenden Disziplin*, Wien, New York 2000.

[10] Robert Musil, *Der Mann ohne Eigenschaften 1: Erstes und zweites Buch*, Adolf Frisé (Hrsg.), 12. Aufl., Reinbek bei Hamburg 2002 (1. Aufl. 1978), S. 39.

literarische Bezugnahme auf Figuren, Motive, Ideen und Verfahren aus dem Bereich der Mathematik, auf Aspekte der Wahrscheinlichkeitstheorie,[11] der mathematischen Logik und der nicht-euklidischen Geometrie,[12] auf aleatorische und kombinatorische Schreibverfahren[13] zum Ausweis eines avantgardistischen Anspruchs und einer besonderen ästhetischen Ambition. Die Mathematik, insbesondere in ihrer modernen, von empirischen Fragestellungen und Nützlichkeitserwägungen entkoppelten Form, scheint diesen Autoren ein spekulatives, für die literarische Imagination attraktives Potenzial zu bergen.[14] Zeitgleich manifestiert sich bei anderen Autoren eine anti-mathematische Haltung, die oftmals mit anti-modernen, zivilisationskritischen Aversionen gepaart auftritt: Autoren wie Emil Strauß, Friedrich Torberg und Thomas Mann identifizieren die Mathematik als natur-, lebens- und kunstfeindliche Macht und grenzen sie nicht nur aus dem Bereich der Poesie, sondern auch aus dem Bereich der Kultur aus. In Emil Strauß' Schülerroman *Freund Hein* (1902) beispielsweise wird der Mathematikprofessor als »Formelritter« charakterisiert, dessen »vertrocknete«[15] Disziplin in krassem Gegensatz sowohl zur Darwin'schen Biologie als auch zu Musik und Natur steht. Und in Thomas Manns Roman *Königliche Hoheit* (1909) drohen die »Formelmassen« und »[k]abbalistischen Male« der Algebra die Mathematikstudentin Imma Spoelmann vom Leben, das heißt hier: von einem Ausritt und weiteren erotischen Abenteuern mit dem Prinzen Klaus Heinrich, abzuhalten.[16] Die Mathematik vermag das literarische Feld zu diesem Zeitpunkt offenkundig so zu polarisieren, dass Ulrich, der *Mann ohne Eigenschaften*, süffisant feststellen kann, dass er die Mathematik vor allem »wegen der Menschen« liebte, »die sie nicht ausstehen mochten«.[17]

Inzwischen hat sich die Situation geändert: Zwar sah Hans Magnus Enzensberger im Jahr 1998 die Mathematik noch ins »Jenseits der Kultur« verdrängt und durch die Sachwalter des Geistes als Anathema stigmatisiert – ein Befund, den er zum Anlass nahm, die »Ignoranz«[18] der Geisteswissen-

---

11 Vgl. den Beitrag von Franziska Bomski in diesem Band.

12 Vgl. den Beitrag von Linda Henderson in diesem Band.

13 Vgl. die Beiträge von Anke Niederbudde und Mairéad Hanrahan in diesem Band.

14 Vgl. Albrecht, Andrea, »Mathematische und ästhetische Moderne. Zu Robert Musils Essay ›Der mathematische Mensch‹«, in: *Scientia Poetica*, 12/2008, S. 218–250.

15 Strauß, Emil, *Freund Hein. Eine Lebensgeschichte*, Stuttgart 1982, S. 162f.

16 Thomas Mann, *Königliche Hoheit*, Große kommentierte Frankfurter Ausgabe, Bd. 4.1, Heinrich Detering (Hrsg.), Frankfurt am Main 2004, S. 266.

17 Musil, *Der Mann ohne Eigenschaften*, S. 40.

18 Enzensberger, Hans Magnus, »Zugbrücke außer Betrieb oder Die Mathematik im Jenseits der Kultur« (erstmals *Frankfurter Allgemeine Zeitung*, 29. 08. 1998), in: Ders.,

schaftler und der Dichter gegenüber den exakten Wissenschaften als »intellektuelle[ ] Kastration« zu brandmarken.[19] Wenn überhaupt, porträtiere die Literatur den Mathematiker als einen

> profanen Hohepriester [...]. Ausschließlich mit seinen unverständlichen Problemen beschäftigt, fällt ihm die Kommunikation mit der Außenwelt schwer. Er lebt zurückgezogen, faßt die Freuden und Leiden der menschlichen Gesellschaft als lästige Störungen auf und frönt überhaupt einer Eigenbrödelei, die an Misanthropie grenzt. Mit seiner logischen Pedanterie geht er seinerseits der Mitwelt auf die Nerven. Vor allem aber neigt er zu einer schwer erträglichen Form von Hochmut.[20]

Doch schon vier Jahre später konnte Enzensberger seiner Hoffnung Ausdruck verleihen, dass die Schriftsteller inzwischen auf dem Wege seien, »sich aus ihrer selbstverschuldeten wissenschaftlichen Unmündigkeit zu befreien«[21] und zu einer »*intelligiblen* Dichtung«[22] zurückzufinden.

Tatsächlich ist der Bestand an mathematikaffinen Themen und Verfahren in der deutschsprachigen Gegenwartsliteratur inzwischen geradezu reichhaltig:[23] In den letzten Jahren haben so unterschiedliche Autorinnen und Autoren wie Durs Grünbein,[24] Raoul Schrott,[25] Thomas Vogel[26] und Juli Zeh[27] mathematische Themen in ihre Texte integriert, während Autoren wie Ulrich Woelk,[28]

Die Elixiere der Wissenschaft. Seitenblicke in Poesie und Prosa, Frankfurt am Main 2002, S. 11–25, hier S. 15.

19 Ebd., S. 11.

20 Ebd., S. 13.

21 Ebd., S. 266.

22 Enzensberger, Hans Magnus, »Die Poesie der Wissenschaft: Ein Postskriptum«, in: Ders., *Die Elixiere der Wissenschaft*, S. 261–276, hier S. 270.

23 Möglicherweise hat man es, wie ein Blick auf das Genre der »mathematical fiction« in den USA zeigt, mit einem globalen Trend zu tun, vgl. dazu Wallace, David Foster, »Rhetoric and the Math Melodrama«, in: *Science*, 290.5500/2000, S. 2263–2267. Zu den Trendsettern des Genres gehören Doxiadis, Apostolos, *Onkel Petros und die Goldbach'sche Vermutung*, übersetzt von Maren Radbruch, Bergisch-Gladbach 2001, und Singh, Simon, *Fermat's Last Theorem: The Story of a Riddle that Confounded the World's Greatest Minds for 358 Years*, London 1997.

24 Grünbein, Durs, *Galilei vermißt Dantes Hölle und bleibt an den Maßen hängen. Aufsätze 1989–1995*, Frankfurt am Main 1996; Ders., *Vom Schnee*, Frankfurt am Main 2003; Ders., *Der cartesische Taucher. Drei Meditationen*, Frankfurt am Main 2008.

25 Schrott, Raoul, *Die Erde ist blau wie eine Orange. Polemisches, Poetisches, Privates*, München 1999 (Erste Ausg.: *Fragmente einer Sprache der Dichtung. Grazer Poetikvorlesung*, Graz u. a. 1997).

26 Vogel, Thomas, *Die letzte Geschichte des Miguel Torres da Silva*, Tübingen 2001.

27 Zeh, Juli, *Spieltrieb*, Frankfurt am Main 2004; Dies., *Schilf*, Frankfurt am Main 2007.

28 Woelk, Ulrich, *Die Einsamkeit des Astronomen*, Hamburg 2005; Ders., *Schrödingers Schlafzimmer*, München 2006; Ders., *Joana Mandelbrot und ich*, München 2008.

Dietmar Dath,[29] F. C. Delius,[30] Daniel Kehlmann[31] und Michael Köhlmeier[32] Mathematikerinnen und Mathematiker sogar zu den Heldinnen und Helden ihrer Romane kürten. Im Unterschied zur Klassischen Moderne vermag die Bezugnahme auf Mathematisches das Feld der Literatur nicht mehr in modern-avantgardistische und konservativ-traditionelle Schreibambitionen zu unterteilen. Die derzeitige Faszination für Mathematik entspringt aber auch keinem modischen Faible für das schlechthin Unverständliche und »Ehrfurcht einflößende[ ] Mysterium«, wie Ulrich Woelk in seinem Übersichtsartikel »Mathematik und Literatur berühren sich im Unendlichen« annimmt.[33] Die Mathematik scheint vielmehr im *mainstream* der deutschen Literatur angekommen zu sein, denn die Schriftstellerinnen und Schriftsteller, die sich derzeit des Mathematischen annehmen, sind einer durchaus konventionellen Erzähltradition verpflichtet und richten ihre Texte erfolgreich an einem breiten, an Unterhaltung und Bildung gleichermaßen interessierten Lesepublikum aus. Es lässt sich daher vermuten, dass dieser literarische Trend nicht zuletzt auf die seit den 1990er Jahren politisch und gesellschaftlich betriebenen Imagekampagnen der Naturwissenschaften und der Mathematik antwortet.

Drei dieser neueren mathematikaffinen Texte werden im Folgenden eingehender befragt, um am konkreten Beispiel zu eruieren, wie die Schriftsteller die anthropologisch-historische Dimension des abstrakten Themas einzuholen und Mathematisches in poetische Narration umzusetzen versuchen: erstens – und die Aufzählung spiegelt die Gliederung des Beitrags – Daniel Kehlmanns Roman *Die Vermessung der Welt* (2005), zweitens Michael Köhlmeiers Roman *Abendland* (2007)[34] und drittens eines von Dietmar Daths literarischen Mathematikerporträts aus der Sammlung *Höhenrausch. Die Mathematik des 20. Jahrhunderts in zwanzig Gehirnen* (2003). Es wird dabei vor allem um die Frage gehen, mit welchen literarischen Erzählverfahren sich die Schriftsteller des Mathematischen zu bemächtigen suchen. Welche narrativen Strategien – und diese Frage rückt im abschließenden vierten Anschnitt des Beitrags ins Zentrum – hat die

---

29 Dath, Dietmar, *Dirac*, Frankfurt am Main 2006; Ders., *Höhenrausch. Die Mathematik des 20. Jahrhunderts in zwanzig Gehirnen* (erstmals 2003), Reinbek bei Hamburg 2005.

30 Delius, Friedrich Christian, *Die Frau, für die ich den Computer erfand*, Berlin 2009.

31 Kehlmann, Daniel, *Mahlers Zeit*, Frankfurt am Main 1999; Ders., *Beerholms Vorstellung*, Wien 1997; Ders., *Die Vermessung der Welt*, Reinbek bei Hamburg 2005.

32 Köhlmeier, Michael, *Abendland*, München 2007.

33 Woelk, Ulrich, »Mathematik und Literatur berühren sich im Unendlichen«, in: *Die Welt*, 05. 10. 2008.

34 Vgl. zu Michael Köhlmeier auch: Albrecht, Andrea, »Mathematisches Wissen und historisches Erzählen: Michael Köhlmeiers Roman *Abendland*«, in: *Gegenwartsliteratur. Ein germanistisches Jahrbuch*, 8/2009, S. 192–217.

deutschsprachige Gegenwartsliteratur im Umgang mit der Mathematik und der Mathematikgeschichte ausgebildet, und in welchem Verhältnis stehen diese literarischen Repräsentationsformen zu den abstrakten Repräsentationsformen, den Zahlen, Formeln und Strukturen der Mathematik?

I. Vermessungen: Daniel Kehlmann und Carl Friedrich Gauß

Daniel Kehlmanns 2005 erschienener Bestseller *Die Vermessung der Welt*[35] kreist um Alexander von Humboldt und Carl Friedrich Gauß. »[W]as Gauß angeht«, erinnert sich Kehlmann in einem Interview,

> so gibt es vor allem die Briefe, aus denen einem sofort ein komplexer, vielgestaltiger, nachvollziehbarer Mensch entgegentritt. [...] Im Fall von Gauß war mir nur eines fern, und das war seine Mathematik. Dafür mußte ich wirklich manches nachlernen. Der Teil der Arbeit war schrecklich, und auf den bin ich wirklich stolz.[36]

In der *Vermessung der Welt* steht Gauß' »schreckliche« Mathematik allerdings nicht im Mittelpunkt der poetischen Auseinandersetzung, der Erzähler identifiziert Mathematik vielmehr relativ großzügig mit Messkunst und lässt Gauß vornehmlich als Landvermesser in Aktion treten. Doch auch als Landvermesser wird er im Roman nicht als der »komplexe« Charakter präsentiert, der Kehlmann in den Briefen begegnet ist. Vielmehr vermeidet der Erzähler jede Form empathischer Annäherung an seinen Protagonisten und wählt stattdessen ein konsequent *anekdotisches* Erzählverfahren, das die Distanz zwischen Erzähler und Figur immer nur punktuell durchbricht. In einer Kette pointierter Kurzerzählungen setzt Kehlmann ein Charaktergemälde von Gauß zusammen, das mit all den karikaturistisch überzeichneten Eigenschaften ausgestattet ist, welche die Wissenschaftleranekdotik seit der Antike[37] perpetuiert. »Professor Gauß« (V 7) ist ein humorloser und selbstverliebter Rationalist (V 9, 11, 13, 60 u. ö.), der sich seiner Disziplin kompromisslos verschrieben hat (V 82, 282) und allen anderen Bereichen des Lebens inklusive seiner Mitmenschen mit einem kaum zu überbietenden Unverständnis (V 86) und einer menschenfeindlichen Schroffheit begegnet. So entgeht Gauß beispielweise – und man mag sich dabei an eine Archimedes-Anekdote erinnert fühlen[38] – der Ausbruch des Krieges (V 151); und er ver-

---

[35] Kehlmann, *Die Vermessung der Welt.* Im Folgenden mit der Sigle V im Text zitiert.

[36] Kehlmann, Daniel, *Diese sehr ernsten Scherze. Poetikvorlesungen*, Göttingen 2007, S. 30.

[37] Eine einschlägige Zusammenstellung findet sich bei Ahrens, Wilhelm, *Scherz und Ernst in der Mathematik* (1904), Nachdruck, Jochen Brüning (Hrsg.), Hildesheim 2002.

[38] Nach römischer Überlieferung wurde Archimedes bei der Erstürmung der Stadt Syrakus (212 v. Chr.) von einem römischen Soldaten überrascht, während er in

gisst, voller Ärger über die Dummheit seiner Studenten, die anstehende Niederkunft seiner Ehefrau.

> Von allen Menschen, die er je getroffen hatte, waren seine Studenten die dümmsten. Er sprach so langsam, daß er den Beginn des Satzes vergessen hatte, bevor er am Schluß war. Es nutzte nichts. Er sparte alles Schwierige aus und beließ es bei den Anfangsgründen. Sie verstanden nicht. Am liebsten hätte er geweint. Er fragte sich, ob die Beschränkten ein spezielles Idiom hatten, das man lernen konnte wie eine Fremdsprache. [...] Als Gauß den Tränen nahe nach Hause kam, fand er dort nur ungebetene Fremde: einen Arzt, eine Hebamme und seine Schwiegereltern.
> Alles habe er versäumt, sagte die Schwiegermutter. Wohl wieder den Kopf in den Sternen gehabt!
> Er habe ja nicht einmal ein anständiges Fernrohr, sagte er bedrückt. Was denn passiert sei?
> Es sei ein Junge.
> Was für ein Junge denn? Erst als er ihrem Blick begegnete, verstand er. Und er wußte sofort, daß sie ihm das nie verzeihen würde. (V 154)

Kunstvoll arrangierte Anekdoten[39] wie diese mögen ein satirisches Lachen über den kauzigen Gelehrten und seine vergeblichen Mühen im Umgang mit der ihn umgebenden Welt einfordern; andere anekdotische Episoden hin-

---

seine geometrischen Sandzeichnungen vertieft war. Mehr um diese als um sein Leben besorgt, soll er sich mit den Worten »Störe meine Kreise nicht!« gegen den Soldaten gewendet haben. Der Soldat brachte ihn daraufhin um. Vgl. Mlodinow, Leonard, *Euclid's Window. The Story of Geometry from Parallel Lines to Hyperspace*, New York 2002, S. 43 – eine anekdotische Wissenschaftsgeschichte, die Kehlmann nach eigenem Bekunden zum Vorbild gedient hat; vgl. Kehlmann, Daniel, »Ich wollte schreiben wie ein verrückt gewordener Historiker« (Gespräch mit Felicitas von Lovenberg, erstmals *Frankfurter Allgemeine Zeitung*, 09. 02. 2006), in: Gunther Nickel (Hrsg.), *Daniel Kehlmanns »Die Vermessung der Welt«*, S. 26–35, hier S. 26. Kehlmann täuscht sich hier übrigens: Es gibt eine deutsche Übersetzung von Mlodinows Buch (*Das Fenster zum Universum. Eine kleine Geschichte der Geometrie*, übersetzt von Carl Freytag, Frankfurt am Main u. a. 2002).

39 Vgl. auch die biographische Anekdote über Gauß' unwürdigen Empfang durch Peter Hinrich von der Ohe zur Ohe, die Kehlmann mit der Eingangsepisode aus Kafkas *Das Schloß* kompiliert und auf diese Weise zu einem witzigen Narrativ, zentriert um Gauß' Audienz beim Grafen von der Ohe zur Ohe (V 181–184), umschreibt. Dazu Nickel, Gunther, »Von ›Beerholms Vorstellung‹ zur ›Vermessung der Welt‹«, in: Ders. (Hrsg.), *Daniel Kehlmanns »Die Vermessung der Welt«*, S. 151–168, hier S. 160ff. Ähnlich kreativ ist Kehlmanns Umgang mit der Kant-Anekdotik: Kants Vorliebe für Göttinger Würstchen (vgl. z. B. Klaus Wettig, *Spurensuche und Fundstücke. Göttinger Geschichten,* Göttingen 2007, S. 90) wird mit seiner die *Kritik der praktischen Vernunft* beschließenden Sentenz: »Der bestirnte Himmel über mir, und das moralische Gesetz in mir« im Roman zu dem senilen Wunsch »Wurst und Sterne« zusammengezogen (V 97).

gegen evozieren Respekt und Bewunderung für das mathematische Genie – und in diesen Passagen löst sich Kehlmann von dem von Enzensberger kritisierten Klischee. Gauß erscheint als ein »komischer Gigant«,[40] als ein Mann mit einem überragenden intellektuellen Vermögen, der vor allem deshalb zur »komischen Figur« wird, weil er sich »einer ihm intellektuell stets unterlegenen Umgebung anzupassen«[41] versucht. Das Genie Gauß scheitert in Kehlmanns Roman nicht an der Welt, sondern die insuffiziente Welt scheitert am Genie Gauß. Pointiert deutlich wird dies etwa in Kehlmanns Umschrift einer Thales-Anekdote:[42] Im Unterschied zu dem auf seine Wissenschaft konzentrierten Thales fällt Gauß nicht in einen Brunnen, sondern kann, während er in seine Kalkulationen vertieft ist, fallende Ziegelsteine antizipieren und ihnen sogar rechtzeitig ausweichen.

> Wenn er [Gauß, A. A.] halblaut redend durch die Straßen ging, fühlte er sich wacher denn je. Ohne hinzusehen, wich er den Leuten aus, nie stolperte er, einmal sprang er grundlos zur Seite und war nicht einmal überrascht, als in derselben Sekunde neben ihm ein Dachziegel zerschellte. Die Zahlen entführten einen nicht aus der Wirklichkeit, sie brachten sie näher heran, machten sie klarer und deutlich wie nie. (V 86)

Gauß ist, das wird in Episoden wie diesen deutlich, der Wirklichkeit und ihrer empirisch-sinnlichen Präsenz gegenüber nicht ignorant. Doch im Unterschied zum Naturwissenschaftler Alexander von Humboldt, der, provoziert durch das empirische Außen, »nach und nach ein Zahlennetz über die widerstrebende Natur« (V 116) zu zwingen sucht und zu diesem Zweck jeden Berg besteigen und jedes Erdloch inspizieren muss, begnügt sich Gauß mit der Erfassung des »Innere[n] der Welt« (V 272), der Konstruktion eines idealen Systems mathematischer Wahrheiten, vor der das »Unzureichende« der Wirklichkeit – »Insekten. Dreck. Schmerz.« (V 99) – nicht bestehen kann. Wenn man die »Zahlen«, die Fundamente der physikalischen Gesetze, nur »scharf ins Auge faßte, erkannte man Verwandtschaften zwischen ihnen, Abstoßungen oder Anziehung« (V 88), stellt der Mathematiker fest und sucht durch eine gesteigerte Konzentration nach »Methoden […], auf dem

---

40 Kehlmann, Daniel, »Mein Thema ist das Chaos« (Gespräch mit Matthias Matussek, Mathias Schreiber und Olaf Stampf, erstmals *Der Spiegel*, 05. 12. 2005), in: Nickel (Hrsg.), *Kehlmanns »Vermessung der Welt«*, S. 36–46, hier S. 44.

41 Catani, Stephanie, »Formen und Funktionen des Witzes, der Ironie und der Satire in ›Die Vermessung der Welt‹«, in: Nickel (Hrsg.), *Kehlmanns »Die Vermessung der Welt«*, S. 198–215, hier S. 201.

42 Thales von Milet fällt, in die Beobachtung des Sternenhimmels vertieft, in einen Brunnen und wird daraufhin von einer thrakischen Magd für seine Unaufmerksamkeit in irdischen Belangen ausgelacht, vgl. Platon, *Theaitetos* 173c, 174a.

Weg reiner Mathematik die Ungenauigkeiten der Messung auszugleichen« (V 191), die empirische Welt also mit Hilfe seines mathematischen Intellekts durch eine ideale, selbst erzeugte Welt durchschaubar zu machen oder sogar zu überbieten. Humboldt geht es um »Tatsachen [...]; Fakten und Zahlen« (V 293), Gauß um das logische »Gedankenspiel« (V 96), und so ist es auch nur folgerichtig, dass Humboldt sich auf den Reisen um die Welt maßlos verausgabt, während dem an seinem Schreibtisch sitzenden Gauß die Welt mehr und mehr zur »grob gestrickt[en] Illusion« (V 59) wird und er schließlich sogar die eigene Person – in implizit selbstreferenzieller Anspielung auf die poetische Erfindung seiner Figur durch den Autor – als Konstrukt wahrnimmt. Er muss sich fragen,

> warum er sich immer wieder wie eine nicht ganz gelungene Erfindung vorkam, wie die Kopie eines ungleich wirklicheren Menschen, von einem schwachen Erfinder in ein seltsam zweitklassiges Universum gestellt. (V 282)

Wiederum wird, dem anekdotischen Erzählgestus entsprechend, auf einen Gehalt, hier das epistemologische Potenzial mathematischen Denkens, angespielt, die Anspielung aber nicht vertieft, sondern in verknappter Form ins Personalanekdotische umgebogen.

In anekdotischer Form wird im Roman nicht nur der Mathematiker und sein konstruktivistisch-idealistischer Weltzugang, sondern auch sein Gegenstand: die Mathematik zum Thema. Um beispielsweise Gauß' Ideen zur nicht-euklidischen Geometrie narrativ zu veranschaulichen,[43] lässt der Erzähler den achtjährigen Gauß eine Ballonfahrt über Hannover unternehmen, die ihm zu einer wichtigen Erkenntnis verhilft: »Er [Gauß] wisse [...] jetzt«, gibt er dem Piloten nach der unsanften Landung zu verstehen, »[d]aß alle parallelen Linien einander berührten« (V 67). Sieht man einmal von der aus mathematischer Sicht problematischen Formulierung ab,[44] so hat der

---

43 Vgl. zu dieser Episodenkette schon Anderson, Mark M., »Der vermessende Erzähler. Mathematische Geheimnisse bei Daniel Kehlmann«, in: *Text und Kritik: Daniel Kehlmann*, 177/2008, S. 58–67, hier S. 62.

44 Kehlmann hätte gut daran getan, statt vom Berühren paralleler Linien vom Schneiden zu sprechen. Schappacher allerdings gesteht ihm diese metaphorische Freiheit nicht zu und erkennt einen Gauß in den Mund gelegten »unsinnigen Satz über Parallelen«. Schappacher, Nobert, »Buchbesprechungen«, in: *Mathematische Semesterberichte*, 53/2006, S. 129–134, hier S. 132. Ob Kehlmann den mathematischen Gehalt nicht-euklidischer Geometrie wirklich verstanden hat, ist angesichts seiner Äußerungen in »Wo ist Carlos Montúfar?« mehr als fraglich, was aber seiner Fiktion keinen Abbruch tut. Gauß habe festgestellt, heißt es da, »daß Euklids Geometrie nicht die wahre sein konnte, daß Parallelen einander im Unendlichen berührten«. Mathematisch gesehen ist diese Aussage in der Tat unsinnig, denn die

Blick aus großer Höhe auf die Erde Gauß zu einem anschaulichen Eindruck von der Transformation einer euklidisch erscheinenden Geometrie in eine sphärische verholfen: Zwei Geraden auf der Erdoberfläche, die aus der Nahsicht vermeintlich parallel verlaufen, schneiden sich demnach, sobald man die Erdoberfläche aus der Fernsicht als nicht-euklidische Kugel wahrnehmen kann.

Diese Einsicht des Wunderkinds Gauß wird in einer sich anschließenden Anekdote durch eine nicht-euklidische Alltagserfahrung bestätigt. Aus finanziellen Gründen zeitweilig als Landvermesser tätig, trifft der inzwischen heiratsfähige Gauß im Gelände auf zwei junge Mädchen, denen er auf Nachfrage seine Vermessungsmethode der Triangulation erläutert.

> Aber eine Landschaft, erwiderte die größere der beiden, sei doch keine Fläche? [...] Ein Dreieck, sagte sie, habe nur auf einer Fläche hundertachtzig Grad Winkelsumme, auf einer Kugel aber nicht. Damit stehe und falle doch alles. Er [Gauß, A. A.] musterte sie, als sähe er sie erst jetzt. [...] Ja, sagte er. So. [...] Allerdings in dieser Form ... Er setzte sich auf den Boden und holte seinen Block hervor. In dieser Form, murmelte er, während er zu notieren begann, habe das noch keiner durchgeführt. Als er aufsah, war er allein. (V 89f.)

Hatte Gauß zuvor schon gegenüber seinem Mathematiklehrer programmatisch verkündet, »daß man ein Problem nur ohne Vorurteil und Gewohnheit betrachten müsse«, damit es »von selbst seine Lösung« (V 57) zeige, so verkörpert das Mädchen eben diesen vorurteilsfreien Blick auf die raumgeometrischen Zusammenhänge. Die nicht-euklidische Geometrie der Sphäre wird somit in Kehlmanns Roman nicht als eine die ›normale‹ Geometrie des Alltags intellektuell überbietende, artifizielle Konstruktion, nicht als »astrale Geometrie« (V 290) eingeführt, als die sie im 19. Jahrhundert vielfach angesehen wurde. Vielmehr erscheint sie als eine anschauliche, dem nicht durch die Lektüre von Euklids *Elementen* und Kants *Kritik der reinen Vernunft* verbildeten Blick unmittelbar zugängliche Erfahrungstatsache. Dem als ›angewandter‹ Mathematiker tätigen Gauß ist sie ebenso zugänglich wie einem ungebildeten Mädchen.

Der vereinfachenden Strategie anekdotischen Erzählens folgend, reduziert Kehlmann in seinen Episodenfolgen zu Gauß sowohl die Komplexität des historischen als auch die Abstraktheit des mathematischen Materials auf einige wenige prägnante Momente,[45] die, in witziger Darstellung, den Wis-

---

nicht-euklidische Geometrie macht die euklidische nicht unwahr. Kehlmann, Daniel, »Wo ist Carlos Montúfar?«, in: Nickel (Hrsg.), *Daniel Kehlmanns »Die Vermessung der Welt«*, S. 11–25, hier S. 23.

45 Weber, Volker, *Anekdote. Die andere Geschichte. Erscheinungsformen der Anekdote in der deutschen Literatur, Geschichtsschreibung und Philosophie*, Tübingen 1993, S. 215.

senschaftler und seine Wissenschaft charakterisieren sollen.[46] Unweigerlich gerät *Die Vermessung der Welt* damit in Konkurrenz zum wissenschaftshistorischen Erzählen, und dies obgleich die ebenfalls einen komischen, distanzierenden Akzent tragende konjunktivische, indirekte Rede, in der fast der gesamte Text formuliert ist, gerade keine historische Adäquatheit, sondern einen freien Umgang mit dem historischen Material anzeigt. »Das Buch gibt sich als ernsthaftes Geschichtswerk und ist das Gegenteil davon«, konstatiert Kehlmann in einem Interview.[47] Anstatt sich um eine Rekonstruktion der mathematischen und mathematikhistorischen Zusammenhänge zu bemühen, zeigt der Roman seinen Lesern eine weder um die großen Zusammenhänge noch um die Details besorgte *Abkürzung* zu den akademisch verwalteten Wissensbeständen auf. »Übersteigerung, Verknappung, Zuspitzung«, beschreibt Kehlmann selbst seinen Umgang mit dem historischen und dem wissenschaftlichen Stoff.[48] Eingefangen in ein unterhaltsames, die Gravität des wissenschaftlichen Diskurses konterkarierendes Anekdotennetz transformieren sich das komplexe mathematische Wissen und das noch komplexere historische Individuum des Wissenschaftlers in eine erzählbare, für Autor und Leserin bzw. Leser gleichermaßen handhabbare Größe. Kehlmanns *Vermessung der Welt* kommt somit wie eine *Reader's-Digest*-Version von Thomas Pynchons monumentalem Wissenschaftler-Epos *Mason & Dixon* (1997) daher, in dem ebenfalls zwei ungleiche Wissenschaftler, der Astronom Mason und der Geometer Dixon, durch das 18. Jahrhundert ziehen.[49] Kehlmanns Roman erscheint, wie Heinz-Peter Preußer bemerkt, als »Zivilisationskritik light«,[50] d.h. als eine ins Heitere, Humoristische und Leichte verschobene Andeutung ehedem ernsthaft und tendenziell verbissen vorgetragener literarischer und didaktischer Anliegen. Die Form des Romans erinnert damit, wie Norbert Schappacher zu Recht beobachtet hat, ans *zapping*, gemeint ist hier: an die tentative, parzellierte und episodische Wissensaufnahme, die in gewisser Weise typisch für unsere Gesellschaft gewor-

---

46 Vgl. Hilzinger, Sonja, *Anekdotisches Erzählen im Zeitalter der Aufklärung*, Stuttgart 1997, S. 222.

47 Kehlmann, *Diese sehr ernsten Scherze*, S. 22.

48 Kehlmann, »Wo ist Carlos Montúfar?«, in: Nickel (Hrsg.), *Daniel Kehlmanns »Die Vermessung der Welt«*, S. 15.

49 Kehlmann beruft sich explizit auf das Vorbild Pynchon (Kehlmann, »Wo ist Carlos Montúfar?«, in: Nickel (Hrsg.), *Daniel Kehlmanns »Die Vermessung der Welt«*, S. 13–15) und spielt auch im Roman darauf an (vgl. V 143).

50 Preußer, Heinz-Peter, »Zur Typologie der Zivilisationskritik. Was aus Daniel Kehlmanns Roman *Die Vermessung der Welt* einen Bestseller werden ließ«, in: *Text und Kritik: Daniel Kehlmann*, S. 73–85, hier S. 76.

den ist und selbstverständlich auch vor der Mathematikgeschichte nicht halt macht:

> Man kann Kehlmanns Text irgendwo aufschlagen und genau dort in den Strudel springen. [...] So ist es überall: verständlich, witzig, ein bißchen respektlos, aber es bleibt in der Bahn, nicht zu grüblerisch; man kann mit Vergnügen weiterspringen.[51]

II. Abendländisches: Michael Köhlmeier und Emmy Noether

Im Unterschied zu Kehlmanns anekdotischem *zapping* ist Michael Köhlmeiers »üppiger Großroman ›Abendland‹«[52] konventionell angelegt. Im Zentrum seines Textes steht der 95-jährige Mathematiker Carl Jacob Candoris – eine fiktive Figur, die mit ihrer fast ein ganzes Jahrhundert umfassenden Lebensgeschichte teils an den Innsbrucker Mathematiker Leopold Vietoris (1891–2002), teils an Ernst Jünger (1895–1998) und teils an die Mathematiker Hans Petersson (1902–1984) und André Weil (1906–1998) angelehnt ist.[53] In Erwartung seines Todes erinnert und erzählt Candoris – so die Rahmenhandlung des Romans – die wechselvolle Geschichte seines Lebens und zugleich die abendländische Geschichte des 20. Jahrhunderts. Zu einem der zentralen *lieux des mémoires* wird dabei die Universitätsstadt Göttingen,[54] die in den Jahren vor und nach dem Ersten Weltkrieg zu einem dominierenden intellektuellen Zentrum mathematischer Forschung aufgestiegen war und sich, wie Köhlmeier schreibt, als »Welthauptstadt der Mathematik«[55] be-

---

51 Schappacher, »Buchbesprechungen«, in: *Mathematische Semesterberichte*, 53/2006, S. 131.

52 Bartmann, Christoph, »Fabulieren bis zum Anschlag«, in: *Süddeutsche Zeitung*, 29. 09. 2007.

53 Vgl. Hage, Volker, »Das Kreuz des Abendlands«, in: *Der Spiegel*, 08. 10. 2007. Die Verbindung zu Hans Petersson ergibt sich über den Candoris zugeschriebenen Dissertationstitel (*Über die Darstellung natürlicher Zahlen durch definite und indefinite quadratische Formen von 2r Variablen*). Die Episode um den von Candoris temporär geförderten japanischen Mathematiker Makoto Kurabashi (Köhlmeier, *Abendland*, S. 638ff.) schlägt die Brücke zu André Weil (1906–1998), der mit dem japanischen Mathematiker Yutaka Taniyama (1927–1958) in engem Kontakt stand.

54 Göttingen steht als Erinnerungsort neben vielen anderen, ebenso zentralen Erinnerungsorten wie Berlin, Moskau, San Francisco bzw. Los Alamos und Tokio bzw. Hiroshima und Nagasaki, die allerdings keine mathematikhistorischen Konnotationen haben und daher im Folgenden auch nicht berücksichtigt werden.

55 Köhlmeier, *Abendland*, S. 182. Im Folgenden mit der Sigle A im Text zitiert. Vgl. auch Köhlmeier, Michael, »Die Geschichte hat ihren eigenen Kopf« (Gespräch von Michael Maar mit Michael Köhlmeier über seinen neuen Roman *Abendland*), in: *Frankfurter Allgemeine Zeitung*, 05. 10. 2007.

haupten konnte, bis die Nationalsozialisten dem 1933 ein Ende setzten: 78 Wissenschaftler, darunter allein 17 Physiker und 21 Mathematiker, wurden aus Göttingen vertrieben.

Daran interessiert, Individual- und Kollektivgeschichte, Fiktion und Dokumentation zu verschränken, lässt Köhlmeier in seinem Roman den Göttinger Erinnerungsstrang mit einer Vorwegnahme dieses katastrophischen Ausgangs beginnen: Sein Held Candoris besucht 1935 ein letztes Mal seine ehemalige Göttinger »Doktorvaterin« (A 258) Emmy Noether, die kurz nach diesem Besuch im Alter von 53 Jahren im amerikanischen Exil stirbt. Auch wenn Köhlmeier es mit den historischen Details seines Romans ansonsten nicht sonderlich genau nimmt, hat er sich doch offenkundig über die historische Emmy Noether (1882–1935) – eine jüdisch-deutsche Mathematikerin, die, bevor die Nationalsozialisten sie 1933 ins Exil zwangen, in Göttingen die moderne Algebra begründete – anhand von Biographien, wissenschaftshistorischen Darstellungen und Erinnerungsberichten ausführlich informiert. Im Roman verschmilzt er Fakten und Fiktionen:

> Das Zusammentreffen mit seiner ehemaligen Professorin verwirrte ihn [Candoris, A. A.]. Sie [Noether, A. A.] war eine gebrochene Frau, aber sie hielt noch ihre Scherben zusammen. […] Frau Dr. Noether, Jüdin und linke Sozialdemokratin, hatte bereits 1933 Deutschland verlassen, sie lehrte als Gastprofessorin am Bryn Mawr College in Pennsylvania und forschte zusammen mit einigen ihrer jüdischen Kollegen aus Göttingen und anderen deutschen Universitäten in Princeton am Institute for Advanced Study. (A 176)[56]

Gegen die »Brüche« und »Scherben« der 1930er Jahre hebt sich die Schilderung des »goldenen Göttinger Zeitalters« (A 625) der 1910er und 1920er Jahre,[57] dem Köhlmeier das sechste Kapitel seines Romans widmet, nun umso leuchtender ab. Im Ton an die authentischen Erinnerungsberichte und Memoiren anknüpfend, inszeniert er es als eine intensive und atmosphärisch

---

[56] Vgl. zur Biographie Emmy Noethers vor allem: Tollmien, Cordula, »›Sind wir doch der Meinung, daß ein weiblicher Kopf nur ganz ausnahmsweise in der Mathematik schöpferisch tätig sein kann …‹ – eine Biographie der Mathematikerin Emmy Noether (1882–1935) und zugleich ein Beitrag zur Geschichte der Habilitation von Frauen an der Universität Göttingen«, in: *Göttinger Jahrbuch*, 38/1990, S. 153–219; Dies., »Weibliches Genie. Frau und Mathematikerin: Emmy Noether«, in: *Georgia Augusta. Wissenschaftsmagazin der Georg-August-Universität Göttingen*, 6/2008, S. 39–44.

[57] Vgl. Dahms, Hans Joachim, »Universität Göttingen 1918 bis 1989: Vom ›Goldenen Zeitalter‹ der Zwanziger Jahre bis zur ›Verwaltung des Mangels‹ in der Gegenwart«, in: Rudolf von Thadden u. a. (Hrsg.), *Göttingen. Geschichte einer Universitätsstadt*, Bd. 3, *Von der preußischen Mittelstadt zur südniedersächsischen Großstadt 1866–1989*, Göttingen 1999, S. 395–456.

dichte Phase wissenschaftlichen Miteinanders, in der über nationale, religiöse, kulturelle, politische und disziplinäre Grenzen hinweg einem Ideal reiner Erkenntnis gehuldigt wurde. Es ist insbesondere Emmy Noether, die diese noch reine, unschuldige Form mathematischer Forschung verkörpert. Zwar erfahren die Leserin und der Leser von ihren mathematischen Arbeiten kaum etwas, denn Köhlmeier belässt es im Unterschied zu Kehlmann nahezu durchgehend bei der Aufzählung mathematischer Schlagwörter: »Sie schrieb Arbeiten zur Eliminationstheorie, zur klassischen Idealtheorie, zur Darstellungstheorie, zur Modultheorie, zur Klassenkörpertheorie« (A 296). Doch je weniger Köhlmeier sich auf die Mathematik einlässt, desto stärker bemüht er sich um eine empathische Charakterisierung Emmy Noethers. Den Schlüssel dazu liefern ihm jedoch nicht ihr überragender mathematischer Intellekt, nicht ihr historisch verbürgtes Bemühen um das Fortkommen ihrer Schüler, nicht ihre Sorge um die von den Nazis verfolgten Freunde und auch nicht ihre offene und engagierte Herzlichkeit, an die sich ihre Schüler und Freunde in großer Einmütigkeit erinnern.[58] Als Schlüssel für die einfühlende, Mitleid einfordernde Annäherung an den Menschen Noether dient Köhlmeier vielmehr ihr äußeres Erscheinungsbild: »Zweifellos war sie keine schöne Frau«, heißt es in *Abendland*,

> klein, kurzarmig, halslos, mit einem weichen, jeder Bewegung des Körpers hinterherwalkenden Bauch, der über den Nabel kippte, wenn sie saß. Außerdem trug sie unvorteilhaftes Gewand, worin sie aussah, als lasse sie sich gehen [...]. Sie hatte einen Watschelgang, der sie gewollt tolpatschig erscheinen ließ [...], und sie trug eine Brille, deren Gläser so stark waren wie die Linsen auf Taschenlampen. Sie rasierte sich zweimal in der Woche und hielt ihre Lehrveranstaltungen ungeniert mit Stoppelbart ab. Die Studenten nannten sie »den Noether«. (A 255f.)

Die vermeintliche Hässlichkeit Emmy Noethers ist eine in der Noether-Literatur zum Topos geronnene Attribuierung, die Köhlmeier für seinen Roman nicht erfunden, sondern nur um weitere hässliche Details bereichert hat. Man könnte mutmaßen, dass dies in der bewussten Absicht erfolgte, den

---

[58] »Deinen Schülern hast Du nicht nur im Geiste gegeben, ohne Rückhalt und aus der Fülle, sondern sie scharten sich um Dich wie Küchlein unter den Flügeln einer großen Klucke; Du liebtest sie, sorgtest um sie und lebtest mit ihnen in enger Gemeinschaft.« Hermann Weyl, zitiert nach Roquette, Peter, »Zu Emmy Noethers Geburtstag. Einige neue Noetheriana«, in: *DMV-Mitteilungen*, 15.1/2007, S. 15–21, hier S. 19. »She loved people, science, life with all the warmth, all the joy, all the selflessness, and all the tenderness of which a deeply feeling heart – and a woman's heart – was capable.« Alexandrov, Paul S., »In Memory of Emmy Noether (1935)«, in: Auguste Dick (Hrsg.), *Emmy Noether 1882–1935*, übersetzt von Heidi I. Blocher, Boston u. a. 1981, S. 153–179, hier S. 179.

chauvinistischen Diskurs des frühen 20. Jahrhunderts als solchen vorzuführen. Schließlich standen wissenschaftlich ambitionierte Frauen wie Emmy Noether tatsächlich im Verdacht einer zwitterhaften Geschlechtlichkeit: »Hat ein Weib mathematisches Talent, so ist es ebenso, als ob sie einen Bart hätte«, stellte beispielsweise Paul J. Möbius in seiner kurz nach 1900 erschienen Schrift *Ueber die Anlage zur Mathematik* fest.[59]

Allerdings fehlen im Roman Signale, die Zweifel an der Relevanz der angelegten Beschreibungskriterien erkennen ließen. Zudem geht Köhlmeier noch einen entscheidenden Schritt über die zeitgenössischen Stellungnahmen hinaus, indem er Emmy Noether die chauvinistische Perspektive bestätigen lässt. Die literarischen Möglichkeiten zur Introspektion nutzend, imaginiert der Erzähler zu diesem Zweck Emmy Noethers Gedanken und Gefühle und lässt sie in einer schwachen Minute ihrem Doktoranden Candoris gegenüber gestehen, dass sie sich ihrer Hässlichkeit selbst »drückend bewußt« (A 270) sei und schwer unter diesem seit Mädchenjahren empfundenen »Weh« (A 271) leide. Hinter der unansehnlichen und unweiblichen Lebensfassade ›des Noether‹ entdeckt uns der Erzähler – und dies ist die Ratio der Episode – die empfindsame Seele einer zart fühlenden und leicht verletzbaren Frau, die – wie könnte es anders sein – eines männlichen Schutzes bedarf: Jacob Candoris wird sich im Roman mehrfach für Emmy Noether schlagen und sogar (fast) einen Mord begehen.

Im Unterschied zu Kehlmann setzt Köhlmeier also auf eine Empathie und Nähe evozierende Ausgestaltung seiner Figur, einerseits, um die Abstraktheit des Mathematischen zu personalisieren, und andererseits, um die karikaturhafte Verkürzung des Mathematikerstereotyps durch ein individualisiertes, komplexeres, wenn auch nicht weniger fragwürdiges Bild zu ersetzen. Seine Darstellung der von Noether überlieferten Skurrilitäten wertet diese zu eigenwilligen, aber nachvollziehbaren Charakterzügen um, und die einfühlende Ausgestaltung der Innen- und Gefühlswelt der Mathematikerin sollen der Leserin und dem Leser die Möglichkeit eröffnen, sich verstehend und mitleidend in die Figur, ihre Gefühle und Motivationen hineinzuimaginieren. Anthropologische Prämissen über die Frau und über den Mathematiker verschränkend, verweist Köhlmeiers Bild auf Eigenschaften Emmy Noethers, die auch die mathematisch unbegabte Leserin mit dem mathematischen Genie teilen kann: Den gemeinsamen Nenner bildet das vermeintlich ›typisch weibliche‹ Leiden am eigenen Aussehen. Einmal abgesehen davon, dass auf diese Weise das Mathematikerklischee durch ein Weiblichkeitsklischee ersetzt wird, liefert *Abendland* ein Porträt der Mathematikerin

---

59 Möbius, Paul J., *Ueber die Anlage zur Mathematik*, 2. Aufl., Leipzig 1907, S. 24f.

Noether, das durch Nähe und Intimität und nicht, wie Kehlmanns Gauß-Porträt, durch Komik, Distanz und Respekt geprägt ist. In gewisser Weise verfährt Köhlmeier mit Emmy Noether nicht anders als mit seinen Sagenhelden des klassischen und germanischen Altertums, für deren einfühlende Darstellung er berühmt geworden ist:[60] Er psychologisiert und fiktionalisiert seine Figur, um der Leserin und dem Leser ein Identifikationsangebot zu unterbreiten und auf diese Weise den Abstand zwischen dem mythologischen bzw. historischen Kontext und der Gegenwart zu überbrücken. Dem »komplizierte[n] Mensch[en]« (A 291) Emmy Noether wird diese Annäherung ebenso wenig gerecht wie Kehlmanns Anekdotik dem Individuum Gauß, sie gewährt dafür aber einen signifikanten Einblick in das strategische Arsenal eines mit der Mathematik und der Mathematikgeschichte ringenden Autors.

Das umgekehrte Problem hat – das sei nur am Rande erwähnt – der ansonsten nicht der Rede werte Autor und Physiker Ransom Stephens, der in seinem Trivialroman *The God Patent* (2009) mit der Wissenschaft, aber nicht mit der Wissenschaftlerin umzugehen weiß. Emmy Noether erscheint hier als Emmy Nutter, eine hochgradig verführerische, erfolgreiche Physikerin der Jetztzeit, die den Kampf gegen die Verschwörung der evangelikalen Christen der Vereinigten Staaten aufnimmt. Diese aus der Negation lebende Rolle hat Noether nun auch wieder nicht verdient.

III. Höhenrauschen: Dietmar Dath und Emmy Noether

»Anekdoten werden in Umlauf gebracht, damit es menschelt«, konstatierte Dietmar Dath 2004 in einem Interview.

> Das bedeutende Abstrakte, geleistet von bewundernswerten Leuten, soll in den Dreck des zufälligen Empirischen gedrückt werden. Erzählen geht umgekehrt: Das scheinbar gleichgültige Detail wird zu etwas, das Bedeutung tragen darf. Das wollte ich leisten, zum Teil hat's geklappt.[61]

Daths Eigenlob bezieht sich auf seine 2003 unter dem Titel *Höhenrausch. Die Mathematik des 20. Jahrhunderts in zwanzig Gehirnen* publizierte Sammlung von Porträts, in der, neben 18 anderen historischen Mathematikern und einer fiktiven Mathematikerin, auch Emmy Noether einen Platz gefunden hat. Jedes

---

[60] Vgl. etwa Köhlmeier, Michael, *Sagen des klassischen Altertums von Eos bis Aeneas*, München, Zürich 1997; Ders., *Die Nibelungen: neu erzählt*, München, Zürich 1999.

[61] Woznicki, Krystian, *Mathematik goes Literatur. Interview mit Dietmar Dath über sein Buch ›Höhenrausch‹*, 2004, http://www.heise.de/tp/r4/artikel/16/16499/1.html (Stand: 17.01.2004).

abgenutzte Klischee und jede anekdotische Anspielung vermeidend, präsentiert der Erzähler hier unter der Überschrift: »Amalie Emmy Noether: Das Märchen vom völlig symmetrischen Schmetterling«[62] zweierlei. Erstens einen narrativen, mit phantastischen Elementen angereicherten Text über Emmy Noethers Leben und zweitens ein Stück Noether'sche Mathematik: In einem graphisch abgesetzten Schaukasten gibt der Erzähler in unkommentierter, formalisierter Darstellung die Definition algebraischer Ringe und Ideale samt einer Folgerung und einem einfachen mathematischen Beispiel – mathematisches Wissen, das sich in etwas modernisierter Form heute in jedem Algebra-Lehrbuch finden lässt, weil es für die neue, maßgeblich von Emmy Noether auf den Weg gebrachte Algebra von grundlegender Bedeutung ist.

Der narrative Teil des Textes folgt, dem Titel entsprechend, einem Märchenschema und beginnt mit einer klassischen Märchenformel:

> Es war einmal ein Mädchen, das alles wissen wollte, was man durch Fragen und Nachdenken überhaupt rauskriegen kann. Das Kind hatte schlechte Augen, aber einen wachen Kopf. Während die anderen Mädchen sich aufs Häkeln und Stopfen warfen, wollte Emmy, von der wir erzählen, bald wissen, [...] was die Zahlen für Sachen sind. (H 85)

In den sich anschließenden Partien behält der Erzähler den kinderbuchartigen Ton bei, obgleich das Erzählte bald seinen märchenhaften Charakter verliert. Koloriert durch Drachen, Könige, Zauberer und Hexen resümiert die Erzählung wesentliche Elemente aus Emmy Noethers Leben, angefangen von der frühen Förderung durch ihren Vater über ihr Studium in Erlangen und ihre schwierige, wenngleich vom »Prospero« Hilbert unterstützte Karriere auf der »Insel« (H 92) Göttingen, bis hin zu ihrer Zwangsexilierung und dem plötzlichen Tod in den Vereinigten Staaten. Unterbrochen werden diese biographischen Sequenzen durch das dreimalige Zusammentreffen mit einem sprechenden, magisch anmutenden Schmetterling. Dath stilisiert ihn zu einem Boten aus einer anderen, den ›normalen‹ Menschen verschlossenen Welt höherer Symmetriestrukturen, in die einzig Emmy Noether schon als Kind Einblick gewährt wird:

> Sehr unerwartet fing das Tierchen an zu reden: »Mein Muster gefällt dir, stimmt's? [...] Nimm es als Prophezeiung – es gleicht dem Muster, das du entdecken wirst und das dir noch viel besser gefallen wird.« [...] »Das heißt«, sagte Emmy und ging in die Hocke [...], »daß ich Naturforscherin werde und Insekten sammle?« Der Schmetterling lachte. [...] »Nein, nichts so Kleinliches. [...] Ich rede von Eigenschaften der Dinge, die gleich bleiben, wenn man die Dinge verändert. Ich rede

---

62 Dath, *Höhenrausch*, S. 85–99. Im Folgenden mit der Sigle H im Text zitiert.

davon, daß du herausfinden wirst, woran das Gleichbleiben liegt: an den Symmetrien.« (H 86f.)

Die Beschäftigung mit der Mathematik erschließt Emmy Noether eine eigene Welt des »Wunderbare[n]« (H 88f.). Den Ankündigungen des Schmetterlings entsprechend, leistet sie in der Folge einen maßgeblichen Beitrag zur Entdeckung mathematischer Symmetriestrukturen und arbeitet ausgiebig mit an der Ausgestaltung des »ästhetisch ansprechend[en] wie denkökonomisch wertvoll[en]« (H 94) Kosmos des Mathematischen. Obgleich Dath ähnlich wie Köhlmeier Schlagwort an Schlagwort reiht, ohne die damit bezeichneten mathematischen Theorien näher zu erläutern, verweist seine Darstellung in indirekter Form doch auf den konstruktiven, Denkräume konstituierenden Charakter mathematischen Wissens. »Schweigen wir lieber von dem, was dein Vater über das denken würde, was in nicht mal hundert Jahren draus werden wird«, bemerkt der visionäre Schmetterling.

»Symmetrien überall, bis hin zur Supersymmetrie zwischen Bosonen und Fermionen, zur Eichtheorie, zum Traum von der Vereinigung der vier grundlegenden Naturkräfte in einer einzigen Beschreibung: Schwerkraft Elektromagnetismus, schwache und starke Kernkraft ...« (H 89)

Die Mathematik erscheint so als eine faszinierende, neben der Alltagswelt bestehende, aber nur wenigen Eingeweihten zugängliche Parallelwelt, als ein intellektuelles »Hochgebirge[ ]« (H 86), in das einzudringen kein abkürzender Weg, kein populärwissenschaftlicher, simplifizierender Zugang hilft, sondern für dessen Erschließung es eines besonderen und daher umso wertvolleren mathematischen Talents bedarf. Emmy Noether, die über dieses Talent im Übermaß verfügt, ist dann auch beim zweiten Zusammentreffen mit dem Schmetterling bereits eine erfolgreiche Mathematikerin, die zwar, wie der Schmetterling sich mokiert, von ihren Kollegen immer noch nicht angemessen anerkannt und wegen ihres Geschlechts verspottet wird (H 95), die aber zugleich mehr über algebraische Symmetrien und physikalische Erhaltungssätze weiß als der Schmetterling selbst. »Das hätte so weiter gehen können«, bemerkt der Erzähler lakonisch.

Statt dessen kamen die Nationalsozialisten an die Macht und begannen, die Juden aus dem akademischen Leben Deutschlands zu verjagen. [...] Um sich zu retten, mußte sie [Emmy Noether, A. A.] das Land verlassen, zu dessen klügsten Bewohnern sie gehört hatte. Sie floh nach Amerika. [...] Hoffnungen, noch einmal in Muße arbeiten zu können, zerschlugen sich. [...] Vergeblich versuchten die Ärzte sie zu retten. (H 97f.)

Den angekündigten dritten und letzten Besuch des Schmetterlings erlebt Emmy Noether daher nicht mehr. Das Selbstgespräch des nunmehr allein gebliebenen Schmetterlings überführt den Text in ein schlichtes *memento mori*:

> Er [der Schmetterling, A. A.] redete mit sich selbst: »Immer gleich, nie verändert, ich komme, wie ich eben komme. Aber diesmal bin ich zu spät. Was passiert mit allem, was man wissen kann – sie hat genug gewußt, um es sich vorstellen zu können. [...] Wohin wandert die Erinnerung, wenn sich niemand erinnert? Den Erhaltungssatz dazu müßte man kennen. Sie hätte mir sagen können, wie er aussieht. Sie hätte gewußt, welcher Symmetrie er entspricht.« (H 98f.)

Und nach einem kurzen Absatz endet der Text mit der Stimme des Erzählers, und zwar mit einer trotzigen, den Märchenton in entstellter Form wieder aufnehmenden Schlussvolte: »Und wenn sie auch gestorben ist: Auf der Seite der Unschuldigen lebt Emmy Noether« (H 99).

Durch das Nebeneinanderstellen von mathematischem und poetischem Text steht Daths Erzählung für eine Art ›dritten Weg‹, der sowohl Köhlmeiers Ausblendung der Noether'schen Mathematik als auch Kehlmanns Simplifizierung der Gauß'schen Geometrie vermeidet. Die Mathematik ist in der ihr eigenen Gestalt: der formalen Explikation, im poetischen Text anwesend und repräsentiert sich selbst, wodurch der Erzähler von der undankbaren Aufgabe dilettantischer Popularisierung befreit wird. Während dies in anderen Porträts der Sammlung Dath dennoch nicht vom Popularisieren abhält, konzentriert sich der Erzähler im Emmy-Noether-Märchen auf genuin literarische Mittel: Ein scheinbar unbedeutendes Detail, das symmetrische Muster des Schmetterlings, wird zu einer bedeutungstragenden, die poetische Einbildungskraft stimulierenden Größe, über die sich die Geschichte bis hin zu ihrem *unhappy ending* entfalten und ausphantasieren lässt. Im Verweben von biographischen Fakten und märchenhaften Fiktionen kann Dath so die literarische Arbeit in eine besondere Form der Trauerarbeit verwandeln – eine Arbeit, welche die verspielten Potenziale des Vergangenen ausmacht, erinnert und als Teil einer verlorenen Zukunft im poetischen Text bewahrt.

IV. Narrative Strategien im Umgang mit Mathematik

Wenn man im Anschluss an Leo Corry das Verhältnis von Mathematik, Mathematikgeschichte und fiktionaler Literatur über Mathematik als eine trianguläre Konstellation beschreibt,[63] in der Historiker und Dichter beide mit der nicht-mathematischen, diskursiven Repräsentation und Reflexion der Mathematik befasst sind und daher um das gleiche Lesepublikum konkurrieren, so verfolgen Kehlmann, Köhlmeier und Dath unterschiedliche Strate-

---

[63] Vgl. den Beitrag von Leo Corry in diesem Band.

gien, um der Literatur einen jeweils *eigenen* Platz neben der Mathematikgeschichte zu sichern. Kehlmanns anekdotisches Erzählprogramm setzt auf Satire, Komik und eine unterhaltsam-unbekümmerte Bezugnahme auf den historischen und mathematischen Stoff. Köhlmeier hingegen entwirft einmal mehr eine *große Erzählung*: In der Tradition des historischen Romans verschränkt er fiktionale und historische Narrative und versucht so, die Geschichte des Abendlandes anhand von Individualschicksalen, darunter auch das Schicksal einer Mathematikerin, empathisch nachvollziehbar zu machen. Dath schließlich wählt die ›kleine Form‹ des literarischen Porträts, in dem sich Mathematisches, Biographisches und Phantastisches mosaikartig zu einer poetischen Form des Eingedenkens verbinden.

In welchem Verhältnis aber stehen die literarischen Präsentationen zum dritten Faktor der Konstellation: zur Mathematik? Mathematische Texte – wie Gauß' *Disquisitiones*, Noethers *Abstrakter Aufbau der Idealtheorie* und die Candoris zugeschriebene, eigentlich von Hans Petersson stammende Dissertation *Über die Darstellung natürlicher Zahlen durch definite und indefinite quadratische Formen von 2r Variablen* – sind wissenschaftlich normierte Texte, in denen das »ideale Subjekt«[64] bzw. der »Agent«[65] des mathematischen Diskurses an die Stelle des ›realen‹ Mathematikers tritt, um im idealisierten, von empirischen Einflüssen bereinigten mathematischen Kosmos die gewünschten Gedankenoperationen auszuführen. Die Leserin und der Leser eines mathematischen Texts werden daher höchstens in den Paratexten der wissenschaftlichen Studie, den Angaben zur Person, den Danksagungen, Vorworten und Motti, über den *working mathematician* informiert.

Die hier vorgestellten literarischen Texte wählen den umgekehrten Weg: Von einem mathematik*externen* Standort aus richten sie den Fokus auf eben die ›unreinen‹ Kontexte, welche die disziplinäre Normierung aus den mathematischen Texten programmatisch ausschließt, um auf diese Weise die von Mannheim und Husserl beschriebene »übermenschlich-überzeitliche Geltungssphäre« des mathematischen Denkstils zu konstruieren. Kehlmann, Köhlmeier und Dath *personalisieren* das abstrakte mathematische Wissen, insofern sie weniger über Mathematik als vielmehr über die *Figur* des Mathematikers bzw. der Mathematikerin reden und diese Figur *zeigen* und *ausstellen*, d. h. als denkenden, fühlenden und handelnden Akteur ins Zentrum einer

---

64 Mehrtens, Herbert, *Moderne Sprache Mathematik. Eine Geschichte des Streits um die Grundlagen der Disziplin und des Subjekts formaler Systeme*, Frankfurt am Main 1990, S. 445.

65 Rotman, Brian, »Toward a Semiotics of Mathematics«, in: *Mathematics as Sign. Writing, Imagining, Counting*, Stanford University Press 2000, S. 1–43, hier S. 13.

narrativ konstruierten Handlung stellen. Im literarhistorischen Vergleich, etwa zu Musil, Broch und erst recht zu zeitgenössischen Autoren wie Thomas Pynchon, der in seinen Romanen nicht nur Mathematiker auftreten lässt, sondern zugleich mathematische Modelle zu umfassenden Weltmodellen aufwertet, mögen die drei Erzählungen nicht so gut abschneiden. Aber zumindest haben Kehlmanns Gauß sowie Köhlmeiers und Daths Emmy Noether erfreulich wenig mit dem von Enzensberger kritisierten Klischee des Mathematikers als satirisch verlachtem Hohepriester zu tun. Man kann sie vielmehr, Michael Titzmann folgend, nach den ihnen eingeschriebenen ›textinternen Anthropologien‹[66] befragen und die Erzählungen so als Beiträge zu einer literaturspezifischen Re-Anthropomorphisierung des Mathematischen lesen. Im Unterschied zu Wissenssoziologie und Phänomenologie rekurrieren die Schriftsteller dabei weder auf Abstrakta wie ›das Soziale‹ oder ›das Lebensweltliche‹ noch auf die Vorstellung einer Erlebnisgemeinschaft[67] oder eines idealisierten »arbeitende[n] Subjekts«. Aber sie nutzen – und dies zu zeigen war der Zweck der Ausführungen – die ihrem Medium *eigenen* Möglichkeiten, um dem Mathematischen einen Teil der getilgten »Spuren menschlicher Herkunft« zurückzuerstatten.

Siglenverzeichnis

A: Michael Köhlmeier, *Abendland*, München 2007.
H: Dietmar Dath, *Höhenrausch. Die Mathematik des 20. Jahrhunderts in zwanzig Gehirnen* (erstmals 2003), Reinbek bei Hamburg 2005.
V: Daniel Kehlmann, *Die Vermessung der Welt*, Reinbek bei Hamburg 2005.

---

66 Titzmann, Michael, »Psychoanalytisches Wissen und literarische Darstellungsformen des Unbewußten in der Frühen Moderne«, in: Thomas Anz (Hrsg.), *Psychoanalyse in der modernen Literatur. Kooperation und Kontext*, Würzburg 1999, S. 183–217, hier S. 184.

67 Mannheim, »Eine soziologische Theorie«, S. 211.

Leo Corry (Tel Aviv)

Berechnungen zur Grenze der poetischen Freiheit

Fiktionales Erzählen und die Geschichte der Mathematik*

I. Einführung

> [E]s [ist] nicht Aufgabe des Dichters mitzuteilen, was wirklich geschehen ist, sondern vielmehr, was geschehen könnte, d. h. das nach den Regeln der Wahrscheinlichkeit oder Notwendigkeit Mögliche. Denn der Geschichtsschreiber und der Dichter unterscheiden sich nicht dadurch voneinander, daß sich der eine in Versen und der andere in Prosa mitteilt – man könnte ja auch das Werk Herodots in Verse kleiden, und es wäre in Versen um nichts weniger ein Geschichtswerk als ohne Verse –; sie unterscheiden sich vielmehr dadurch, dass der eine das **wirklich Geschehene** mitteilt, der andere, **was geschehen könnte**. Daher ist Dichtung etwas Philosophischeres und Ernsthafteres als Geschichtsschreibung; denn die Dichtung teilt mehr das Allgemeine, die Geschichtsschreibung hingegen das Besondere mit. Das Allgemeine besteht darin, dass ein Mensch von bestimmter Beschaffenheit nach der Wahrscheinlichkeit oder Notwendigkeit bestimmte Dinge sagt oder tut – eben hierauf zielt die Dichtung, obwohl sie den Personen Eigennamen gibt. Das Besondere besteht in Fragen wie: was hat Alkibiades getan oder was ist ihm zugestoßen.[1]

Mit diesen berühmten Zeilen beginnt das neunte Buch von Aristoteles' *Poetik*. Als Aristoteles sie schrieb, hatte er andere, in der Tat viel umfassendere Fragen als diejenigen im Sinn, die ich im Folgenden behandeln werde – Fra-

---

* Dieser Artikel basiert auf einem Beitrag, den ich zuerst auf der Tagung »Mathematics and Narrative« in Mykonos, Griechenland (12.–15. Juli 2005), dann auf der FRIAS-Tagung »Zahlen, Zeichen und Figuren. Mathematische Inspirationen in Kunst und Literatur« in Freiburg (14.–17. Oktober 2008) gehalten habe. Er ist im Original unter dem Titel »Calculating the Limits of Poetic Licence: Fictional Narrative and the History of Mathematics« in der Zeitschrift *Configurations*, Vol. 14, No. 3, 2007, S. 195–226 erschienen. Ich danke den Teilnehmerinnen und Teilnehmern der Tagungen für ihre Vorträge und Diskussionen. Ich danke ebenfalls zwei anonymen Gutachtern für *Configurations*, deren detaillierte Kommentare mir halfen, die endgültige Version meines Artikels zu verbessern. Zudem geht mein Dank an meinen deutschen Übersetzer und an die Initiatoren der Freiburger Tagung.

[1] Aristoteles, *Poetik. Griechisch/Deutsch*, übersetzt von Manfred Fuhrmann (Hrsg.), bibliographisch ergänzte Ausgabe, Stuttgart 1994, S. 29–31. (Hervorhebungen L. C.).

gen, die sich mit erzählenden Fiktionen über mathematische Themen befassen; oder kurz: mit *mathematics in fiction*.[2] Dennoch, und das ist vielleicht nicht überraschend, können Aristoteles' Einsichten dabei helfen, dieses enger umgrenzte Thema näher zu beleuchten. Dazu habe ich zwei Formeln in der zitierten Passage hervorgehoben, die eine Art roten Faden für meine Argumentation abgeben werden: das *wirklich Geschehene* und *was geschehen könnte.*

In diesem Artikel möchte ich die Rolle klären, die die dichterische Freiheit oder – moderner gesprochen – die poetische Lizenz in der Dreieckskonstellation zwischen Mathematik, der Geschichte der Mathematik und *mathematics in fiction* spielt. Diese dreigliedrige Konstellation kann zunächst aus der Perspektive der oben zitierten Unterscheidung bei Aristoteles analysiert werden. Man kann sie aber ebenso vom Standpunkt der jeweils in diesen Bereichen verwendeten Sprache oder aber auch vom Standpunkt des jeweiligen Zielpublikums aus untersuchen. Es wird sich jedoch zeigen, dass die lohnendste Perspektive für diese Analyse jene ist, die sich auf die jeweilige Haltung des Lesers in jedem dieser Fälle bezieht. Dabei ist es gleichgültig, ob diese Haltung eine kritische ist oder ob sie auf einem »Aussetzen des Nichtglaubens« (*suspension of disbelief*) beruht, wie es bei der Rezeption literarischer Texte üblich ist. Zu den narratologischen Erwägungen, die man für jede Textsorte vornehmen kann, fügt die Betrachtung mathematischer Texte noch ganz neue, eigene Wendungen hinzu.

Meine Untersuchung beginnt mit einer Inspektion der vielfältigen Versuche, das Verhältnis zwischen der Mathematik und ihrer Geschichte zu bestimmen, einschließlich der Vorstellungen, wie letztere zu schreiben wäre. Im Anschluss daran widme ich mich der Idee der *suspension of disbelief* als Erzählstrategie und untersuche ihre Beziehung zum historischen Schreiben im Allgemeinen. Dies geschieht durch einen Blick auf solche Texte, die sich nur am Rande mit Mathematik beschäftigen, insbesondere die Kurzgeschichten von Jorge Luis Borges. Vor diesem Hintergrund betrachte ich einige Beispiele für *mathematics in fiction* und untersuche, wie sich die beschriebene Dreieckskonstellation dort gestaltet. Zwei Texte stehen dabei im Mittelpunkt, nämlich der Kurzroman *Onkel Petros und die Goldbach'sche Vermutung* von Apostolos Doxiadis und Ira Hauptmans Theaterstück *Partition.* Schließlich kehre ich die Analyseperspektive um und untersuche, wie narrative Strategien von fiktionalen Texten in historiographische übertragen werden (ein Phänomen, das insbesondere, aber nicht ausschließlich, in populärwissen-

---

2 Ich entlehne diesen Begriff von Carl Djerassi, »Science in Fiction«; siehe dazu http://www.djerassi.com/ (Stand: 16.06.2009).

schaftlichen Darstellungen auftritt) und damit einer Überdramatisierung der Geschichte der Mathematik (und der Wissenschaftsgeschichte allgemein) Vorschub leisten. Dies werde ich anhand von Pierre de Fermats letztem Satz darstellen. Am Ende wird sich zeigen, dass wir es mit zwei unterscheidbaren Strategien zu tun haben, die Grenze zwischen Fakt und Fiktion zu verwischen. Diese beiden Strategien sind unterschiedlich motiviert, obwohl sie in vielerlei Hinsicht eine ähnliche Wirkung beim Leser auslösen.

Wenn man will, kann man diesen Artikel als Teil eines viel umfassenderen Themas betrachten – nämlich der Wechselwirkung zwischen der Literatur und den Wissenschaften. Neuere Studien auf diesem Gebiet haben gezeigt, dass diese Beziehung sich im Lauf der Geschichte kompliziert und variabel gestaltet: weder ist die Grenze zwischen beiden Bereichen immer klar definiert gewesen, noch sind die Einflüsse dabei nur in eine Richtung verlaufen.[3] Allerdings ist meine eigene Herangehensweise eher struktureller als historischer Natur. Ein Aspekt der Beziehung zwischen der Literatur und den Wissenschaften, der besondere Aufmerksamkeit gefunden hat, ist die Rolle der Sprache. Dies gilt sowohl für die Ebene der Produktion literarischer und wissenschaftlicher Texte als auch für die Ebene ihrer Lektüre in einem spezifischen sozialen, kulturellen und politischen Kontext. Solche Studien sind natürlich eng mit konstruktivistischen Methoden der Wissenschaftsgeschichte verbunden.[4] Ich selbst wende weder hier noch andernorts solche Methoden an, und es lässt sich generell feststellen, dass konstruktivistische Methoden sehr viel seltener im Hinblick auf die Mathematik als auf andere wissenschaftliche Disziplinen zur Anwendung kommen.[5] Dennoch wird, wie be-

---

3 Für einen Überblick über die Sekundärliteratur zu diesem Thema siehe Beer, Gillian, »Science and Literature«, in: Robert C. Olby u. a. (Hrsg.), *Companion to the History of Modern Science*, London 1990, S. 783–797, und Gossin, Pamela, »Literature and the Modern Physical Sciences«, in: Mary Jo Nye (Hrsg.), *The Cambridge History of Science*, Bd. 5, *The Modern Physical and Mathematical Sciences*, Cambridge 1999, S. 91–109. Eine ausführlichere historische Darstellung findet sich bei Asúa, Miguel de, *Ciencia y Literatura. Un Relato Histórico*, Buenos Aires 2004. Eine neuere Ausgabe von *Science in Context* (Vol. 18:4 [Dezember 2005]) ist historischen Analysen der Beziehungen zwischen der Literatur und den Wissenschaften seit dem 18. Jahrhundert gewidmet.

4 Für einen Überblick zu diesem Thema siehe z. B. Golinski, Jan, »Language, Discourse and Science«, in: Olby u. a. (Hrsg.), *Companion*, S. 110–123. Eine neuere Untersuchung desselben Autors findet sich in Golinski, Jan, *Making Natural Knowledge. Constructivism and the History of Science*, 2. Aufl., Chicago 2005, insbes. S. 103–133.

5 Siehe Corry, Leo, »The History of Modern Mathematics – Writing and Re-Writing«, in: *Science in Context* 17/2004, S. 1–21.

reits angedeutet, der jeweils unterschiedliche Gebrauch der Sprache in den drei Bereichen einen wichtigen Teil meiner Analyse ausmachen.

II. Mathematik, Geschichte und Literatur – drei Textsorten

Es gibt eine erhellende Verbindung zwischen der Mathematik und der oben zitierten Passage von Aristoteles, auf die zuerst Sabetai Unguru in einem Werk zur Geschichte der griechischen Mathematik hinwies. Indem er sich auf Aristoteles' Unterscheidung zwischen Dichtung und Geschichtsschreibung bezog, wollte Unguru eine parallele Unterscheidung hervorheben, die aus seiner Sicht ebenso fundamental und strikt zu beachten sei, wenn es darum geht, die Geschichte der Mathematik zu schreiben. Das »wirklich Geschehene«, das *Singuläre*, Idiosynkratische ist der Gegenstand der historischen Forschung. Dies ist es, was der Historiker zu verstehen und zu vermitteln anstreben sollte. »Was geschehen könnte« hingegen, obwohl es »etwas Philosophischeres und Ernsthafteres« (und daher wohl interessanter) ist, geht den Historiker von Berufs wegen nichts an. Aber was Aristoteles hier als *generelle* Unterscheidung in den Raum stellt, nimmt eine besondere Wendung, wenn es sich um die Mathematik handelt. Denn diese beschäftigt sich, wie die Dichtung bei Aristoteles, mit *universellen Aussagen* – Aussagen darüber, »wie sich eine solche Art von [Gegenstand] wahrscheinlich oder notwendigerweise« verhalten wird.[6]

Wenn Aristoteles es für notwendig hielt, die Grenze zwischen der dichterischen und der historiographischen Herangehensweise bei der Beschreibung der Vergangenheit zu definieren, war er offenbar der Ansicht, dass der Grenzverlauf zwischen beiden bis zu einem gewissen Grad seine Deutlichkeit verlieren konnte. Die Affinität zwischen Mathematik und Dichtung im oben beschriebenen Sinn verwischt diese Grenze noch stärker, wie Unguru in seiner Analyse gezeigt hat. Tatsächlich suchen Mathematiker, wenn sie die Mathematik der Vergangenheit untersuchen, häufig nach den zugrunde liegenden mathematischen Konzepten, Regelmäßigkeiten oder Affinitäten, um Schlüsse über historische Verbindungen ziehen zu können. Mathematische Affinität folgt notwendigerweise aus den universellen Eigenschaften der betroffenen Größen, und dies ist häufig so verstanden worden, dass sie uns ein historisches Szenario nahelegt, das »geschehen könnte«. Aber, so warnt uns Unguru, solche mathematischen Argumente sollten uns nicht dazu verleiten, eine historische Wahrheit (d. h. das *wirklich* Geschehene) mit Szenarien zu

---

[6] Siehe dazu z. B. Unguru, Sabetai, »History of Ancient Mathematics. Some Reflections on the State of the Art«, in: *Isis*, 70/1979, S. 555–565.

verwechseln, die lediglich mathematisch möglich sind (d. h. was geschehen *könnte*). Ersteres kann nur durch direkte historische Belege gefunden werden.

Treffenderweise bezieht sich das klassische Beispiel für diese Debatte auf eine von Aristoteles' Aussagen zur Geschichte: dass nämlich die Pythagoräer die Inkommensurabilität der Diagonalen und der Seiten eines Quadrates entdeckt haben sollen. Aristoteles schreibt in der betreffenden Passage, dass sie diesen Beweis mit Hilfe einer *reductio ad absurdum* erbrachten, derzufolge »[u]ngerade« Zahlen den »geraden gleich« werden.[7] Betrachten wir nun den modernen Standardbeweis für die Irrationalität von $\sqrt{2}$, bemerken wir, dass er ausgezeichnet zu Aristoteles' Beschreibung passt, da er tatsächlich auf der Demonstration beruht, dass eine Zahl, die als ungerade angenommen wird, notwendigerweise gerade sein muss. Diese zugrunde liegende mathematische Affinität fügt man nun zu Aristoteles' Bericht hinzu – um daraus den Schluss der Gültigkeit einer rein *historischen* Behauptung zu ziehen. Es wird gefolgert, die Pythagoräer hätten die Inkommensurabilität der Diagonale eines Quadrats mit seiner Seite auf exakt demselben Wege bewiesen, wie wir es heute mit der Irrationalität von $\sqrt{2}$ tun.[8] Im Gegensatz dazu vertritt Unguru die Ansicht, dass dieser Schluss ungültig ist und dass er darüber hinaus einen historiographischen Standpunkt verkörpert, der grundlegend falsch ist.

Indem er sich auf die Unterscheidung bei Aristoteles bezog, lenkte Unguru 1975 die Aufmerksamkeit auf »the need to rewrite the history of Greek mathematics.«[9] Seine Arbeit rief empörte Reaktionen hervor, vor allem die von drei prominenten Mathematikern, die sich ebenfalls für die Geschichte der Mathematik interessierten: André Weil, Bartel van der Waerden und Hans Freudenthal.[10] Ein Hauptargument, das implizit ihren Antworten zu-

---

7 Aristoteles, *Erste Analytik*, 1. Buch, § 23, hier zitiert nach: Aristoteles, *Organon*, Bd. 3 und 4, *Erste Analytik, Zweite Analytik. Griechisch-deutsch*, übersetzt von Hans Günter Zekl (Hrsg.), Hamburg 1998, Bd. 3, S. 111.

8 Ein klassisches Beispiel für diese Darstellungsweise findet sich in Boyer, Carl B., *A History of Mathematics*, New York 1968, S. 80.

9 Unguru, Sabetai, »On the Need to Rewrite the History of Greek Mathematics«, in: *Archive for History of Exact Sciences*, 15/1975, S. 67–114. Eine verwandte, selten zitierte Publikation ist Unguru, Sabetai/Rowe, David, »Does the Quadratic Equation Have Greek Roots?«, in: *Libertas Mathematica (ARA)*, 1/1981, S. 1–49 und *Libertas Mathematica (ARA)*, 2/1982, S. 1–62. Eine neuere und stärker zusammenfassende Darstellung findet sich in: Fried, Michael N./Unguru, Sabetai, *Apollonius of Perga's Conica. Text, Context, Subtext*, Leiden 2001.

10 Siehe Waerden, Bartel L. van der, »Defense of a ›Shocking‹ Point of View«, in: *Archive for History of Exact Sciences*, 15/1976, S. 199–210; Freudenthal, Hans, »What Is Algebra and What Has It Been in History?«, in: *Archive for History of Exact*

grunde lag, betraf die Frage von Ungurus Kompetenz in Hinsicht auf sein mathematisches Wissen. Die Autorität schien hier durch einen Außenseiter verletzt, der es wagte, eine Behauptung in Frage zu stellen, die noch nie zuvor von jemandem in Zweifel gezogen wurde – jedenfalls nicht von jemandem, der ihrer Ansicht nach über das notwendige Maß an disziplinärer Autorität verfügte. Geschichte oder nicht, im Grunde ging es um Mathematik, und es war an den Mathematikern, darüber zu entscheiden – dies war offensichtlich die Position, auf die Ungurus Kritiker hinauswollten. Weil hatte sogar eine willkommene Gelegenheit, diese Kritik an einer institutionell exponierten Stelle vorzutragen, denn er hielt 1978 einen Plenarvortrag beim Internationalen Mathematikerkongress (ICM) in Helsinki mit dem Titel »History of Mathematics: Why and How?«[11]

Es ist bezeichnend, dass Weil in diesem Vortrag konsequent den Begriff »mathematische Geschichte« *(mathematical history)* verwendet, statt etwa von der »Geschichte der Mathematik« *(history of mathematics)* zu sprechen. In der Hauptsache ging es ihm ganz klar nicht darum, vom »Wie« und »Warum« der mathematischen Geschichtsschreibung zu reden, wie sein Titel nahelegt, sondern vielmehr um das »Wer«. Er fragt dort: »How much mathematical knowledge should one possess in order to deal with mathematical history?« Und in seiner Antwort spielt, wie zu erwarten, die Autorität eine zentrale Rolle:

> There is no doubt at all [...] that a scientist can possess or acquire all the qualities needed to do excellent work on the history of his science; the greater his talent as a scientist, the better his historical work is likely to be.[12]

Als Gründungsmitglied der Bourbaki-Gruppe[13] vertrat Weil nicht nur viele der Grundauffassungen der bourbakischen Mathematik, sondern auch die

---

Sciences, 16/1977, S. 189–200; Weil, André, »Who Betrayed Euclid?«, in: *Archive for History of Exact Sciences*, 19/1978, S. 91–93.

11 Weil, André, »History of Mathematics: Why and How«, in: *Proceedings of the ICM, Helsinki 1978*, Helsinki 1980, Bd. 1, S. 227–236 (ebenfalls abgedruckt in Weil, *Collected Papers*, Bd. 3, New York 1979, S. 434–442).

12 Weil, »History of Mathematics«, S. 231.

13 Nicolas Bourbaki ist ein 1935 angenommenes Kollektivpseudonym einer Gruppe junger französischer Mathematiker. Ihr mehrbändiges Lehrbuch, in dem sie systematisch die Hauptströmungen der reinen Mathematik vorstellten, wurde enorm einflussreich für die reine Mathematik und die mathematische Disziplinenentwicklung auf der ganzen Welt. Der deutlich erkennbare Stil der Bourbakisten basiert auf einem extrem strengen, rigorosen Ansatz, der maßgeblich zur Etablierung und Verbreitung bis heute aktueller Standardwerkzeuge und Terminologien beitrug. Vgl. Corry, Leo, »Writing the Ultimate Mathematical Textbook. Nicolas Bourbaki's Éléments de mathématique«, in: Eleanor Robson u. a. (Hrsg.), *Handbook of the History of Mathematics*, Oxford 2009, S. 565–588.

einer bourbakischen Geschichtsschreibung. Letztere ist ein besonders hervorstechendes Beispiel für etwas, was Ivor Grattan-Guinness als »the royal road to me«-Geschichtsschreibung beschrieben hat.[14] Nach dieser Ansicht basiert eine qualitativ gute Geschichte der Mathematik in der Hauptsache auf rein mathematischen Faktoren und sollte daher ausschließlich von Mathematikern verfasst werden, vorzugsweise von prominenten Emeriti.

Aus heutiger Perspektive ist die Art von Geschichtsschreibung, wie sie Unguru befürwortet, zum Mainstream geworden und benötigt keine weitere Rechtfertigung. Dies gilt besonders für seine Ansichten zur Algebra und zur Geometrie in der griechischen Mathematik.[15] Aber kommen wir auf das anfängliche Aristoteles-Zitat zurück: Was für uns im gegenwärtigen Kontext von großer Wichtigkeit ist, ist die Parallele, die Unguru zwischen Aristoteles' Unterscheidung und der Beziehung zwischen der Mathematik und ihrer Geschichte zieht. Diese Parallele kann wie folgt zusammengefasst werden:

Tab. 1: Mathematik im Vergleich zur Geschichte der Mathematik in den Kategorien von Aristoteles' Unterscheidung von Dichtung und Geschichtsschreibung

	Mathematik	**Geschichte der Mathematik**
Nach Aristoteles' Unterscheidung parallel zu ...	Dichtung	Geschichte
Beschäftigt sich mit ...	Universalien	dem Besonderen (particulars)
Versucht zu beschreiben ...	... was mit Wahrscheinlichkeit oder Notwendigkeit möglich ist	... was wirklich geschehen ist

---

14 Grattan-Guinness, Ivor, »Does the History of Science Treat of the History of Science? The Case of Mathematics«, in: *History of Science*, 28/1990, S. 149–173. Siehe insbes. S. 157: »[T]hey confound the question, ›How did we get here?‹ with the different question, ›What happened in the past?‹« Weiteres zu Bourbaki, der bourbakischen Mathematik sowie zur bourbakischen Historiographie findet sich in: Corry, Leo, *Modern Algebra and the Rise of Mathematical Structures*, 2., überarbeitete Aufl., Boston 2004, S. 329–338.

15 Für einen Überblick über die gegenwärtigen Ansichten zu diesem Thema siehe die gesammelten Aufsätze in einer neueren Ausgabe der Zeitschrift *Science in Context* (Vol. 16:3 [September 2003]) und insbesondere die Einführung des Gastherausgebers Netz, Reviel, »The History of Early Mathematics – Ways of Rewriting«, S. 275–286.

Wie die Dichtung beschäftigt sich die Mathematik mit Universalien; wie die Dichtung versucht sie gleichfalls das Verhalten einer so oder so beschaffenen universellen Größe zu erklären, einfach kraft dessen, was sie als Mathematik ist. Sowohl die Dichtung als auch die Mathematik versuchen zu beschreiben, was solche universellen Größen verkörpern oder – wenn man sich aus Gründen der Symmetrie an den Wortlaut bei Aristoteles hält – was »nach den Regeln der Wahrscheinlichkeit oder Notwendigkeit« möglich ist.[16] Im Gegensatz dazu hat die Geschichtsschreibung die sehr viel weniger glamouröse Aufgabe, zu zeigen, was wirklich geschehen ist – nicht, was hätte geschehen können. Nur die farblosen Details dessen, was tatsächlich geschehen ist, sind in der Geschichtsschreibung von Belang. Darüber hinaus können universelle Ideen, wie Unguru betont, zwar mögliche Suchrichtungen vorgeben, aber niemals als Ersatz für historische Belege dienen.

In meiner Analyse möchte ich über die Beziehung zwischen diesen beiden Gebieten hinausgehen – und eine weitere Ebene hinzufügen, nämlich die Behandlung der Mathematik in fiktionalen Texten. Nimmt man Aristoteles' Unterscheidung zwischen Dichtung und Geschichtsschreibung zum Ausgangspunkt, scheint es nur natürlich, zunächst zu fragen, bis zu welchem Grade sie überhaupt hilfreich ist, um die dreigliedrige Konstellation zu beschreiben, die uns hier interessiert. Auf den ersten Blick könnten wir einfach annehmen, dass jede Art fiktionaler Erzählung einfach unter die Kategorie der Dichtung fällt, so dass die Unterscheidung uns direkt bei der Analyse ih-

---

16 Selbstverständlich ist die Frage des notwendigen gegenüber dem wahrscheinlichen Wissen in der Mathematik eine sehr komplexe. Sie hier zu erwähnen, eröffnet den Weg für diverse Arten berechtigter Kritik. Dass ich hier den genauen Wortlaut des Aristoteles verwende, ist jedoch einfach als hilfreicher »Missbrauch« von Sprache intendiert, nicht als umfassende Antwort auf die Frage. Für eine detailliertere, historisch orientierte Auseinandersetzung siehe Corry, Leo, »The Origins of Eternal Truth in Modern Mathematics. Hilbert to Bourbaki and Beyond«, in: *Science in Context*, 12/1998, S. 137–183. Außerdem ist die Rolle der Wahrscheinlichkeit und Notwendigkeit in literarischen Texten und insbesondere Aristoteles' Behandlung dieser Frage in der Poetik alles andere als geklärt. Siehe dazu etwa Frede, Dorothea, »Necessity, Chance and ›What Happens for the Most Part‹ in Aristotle's *Poetics*«, in: Amélie Oksenberg Rorty (Hrsg.), *Essays on Aristotle's »Poetics«*, Princeton/NJ 1992, S. 197–220; O'Sullivan, Neil, »Aristotle on Dramatic Probability«, in: *Classical Journal*, 91/1995–96, S. 47–63. Wie Frede herausarbeitet, übernahm Aristoteles die Idee der Notwendigkeit in seiner Behandlung der Tragödie aus seiner Theorie der Naturwissenschaften – daher ist sie klar unterschieden vom Begriff der Notwendigkeit in der Mathematik. Siehe dazu auch Ste. Croix, Geoffrey Ernest Maurice de, »Aristotle on History and Poetry«, in: Amélie Oksenberg Rorty, *Essays on Aristotle's »Poetics«*, S. 25–32.

rer Beziehung zu den beiden anderen Kategorien hilft. Tatsächlich geht *mathematics in fiction*, wenn man sie vom Standpunkt der Frage nach Universalien bzw. Besonderheiten aus betrachtet, der Mathematik parallel – im Gegensatz zur Geschichte der Mathematik. Dies ist in der folgenden Tabelle dargestellt:

Tab. 2: Mathematik und *mathematics in fiction* im Vergleich zur Geschichte der Mathematik in den Kategorien von Aristoteles' Unterscheidung von Dichtung und Geschichtsschreibung

	Mathematik, *Mathematics in Fiction*	**Geschichte der Mathematik**
Nach Aristoteles' Unterscheidung parallel zu ...	Dichtung	Geschichte
Beschäftigt sich mit ...	Universalien	dem Besonderen (particulars)
Versucht zu beschreiben ...	... was mit Wahrscheinlichkeit oder Notwendigkeit möglich ist	... was wirklich geschehen ist

Wie alle erzählenden Fiktionen kann *mathematics in fiction* reale Figuren und Situationen als Teil der Handlung enthalten, aber idealerweise treten diese als Archetypen auf, welche eine universale Figur oder Situation repräsentieren. Autoren von erzählenden Fiktionen und besonders von *mathematics in fiction* können versuchen, sich so nah wie möglich an dem zu orientieren, was sie als historische Wahrheit erachten, aber dass dies der Fall sein müsste, ist kein inhärenter Bestandteil des Genres. Noch wichtiger ist aber, dass nichts den Leser dazu zwingen kann, den Text als etwas anderes als pure Fiktion zu lesen – ein zentraler Punkt, den ich später noch einmal betonen werde.

Gleichzeitig konfrontiert uns die aristotelische Unterscheidung mit einer scheinbar seltsamen Situation; tatsächlich würde es ganz intuitiv natürlicher erscheinen, die zwei erzählenden Tätigkeiten (Dichtung und Geschichtsschreibung) miteinander zu verbinden, als sie einander gegenüberzustellen, wie dies in Tabelle 2 geschieht. Noch merkwürdiger erscheint diese Praxis, wenn wir berücksichtigen, dass Aristoteles, als er seine Unterscheidung vornahm, implizit von einer im klassischen Altertum üblichen Konzeption ausging, welche die Geschichtsschreibung als ein literarisches und noch dazu als ein minderwertiges Genre ansah. Dieses Konzept von Geschichtsschreibung als Erzählung blieb für viele Jahrhunderte gültig, noch bis in die Historiographie des 19. Jahrhunderts. Positivistische Historiker wie Leopold von Ranke (1795–1886), die an der Spitze der Bemühungen standen, die Geschichte in eine Wissenschaft, d. h. eine Disziplin umzuwandeln, die auf Objektivität und empirischen Belegen beruht, betonten weiterhin den erzählenden *(story-like)* Charakter ihrer Unternehmungen.[17] Obwohl die aristotelische Unterscheidung selbst weiterhin wichtig für die fundamentale Unterscheidung zwischen Literatur und Geschichtsschreibung bleibt, muss sie aus der Perspektive neuerer Entwicklungen in der Literaturtheorie neu überdacht werden.[18]

Eine weitere mögliche Perspektive, von der aus sich die dreigliedrige Konstellation angehen lässt, betrifft die typische Art des Sprachgebrauchs in repräsentativen Texten der drei Gattungen. Aus dieser Perspektive sind es tatsächlich *mathematics in fiction* und die Geschichte der Mathematik, die sich zusammenfinden – und im Kontrast zur Mathematik stehen. Dies zeigt das folgende Diagramm:

Tab. 3: Mathematik im Vergleich zu *mathematics in fiction* und zur Geschichte der Mathematik hinsichtlich ihres Sprachgebrauchs

	Mathematik	**Geschichte der Mathematik, *Mathematics in Fiction***
Typischer Sprachgebrauch	Formal, Formalisiert	Diskursiv, Natürlich

Es versteht sich von selbst, dass mathematische Texte in ihrer üblichen Form niemals als vollständig formalisierte Texte auftreten. Sie können Formeln und selbst ganze Argumentationsketten in rein symbolischen Formen

[17] Eine umfassende und erhellende Diskussion dieser Themen findet sich in Cohen, Raya/Mali, Joseph (Hrsg.), *Literature and History*, Jerusalem 1999. Zum Leidwesen der meisten Leser des vorliegenden Artikels ist diese Aufsatzsammlung bisher leider nur auf Hebräisch publiziert worden. Auf S. 13 liefern die Herausgeber wertvolle Hinweise auf klassische Arbeiten zur literarischen Konzeption der Geschichte, unter anderem auf: Collingwood, Robin George, *The Idea of History*, Oxford 1946, S. 1–45; Finley, Moses I., »Myth, Memory and History«, in: Ders., *The Use and Abuse of History*, London 1986, S. 11–33; und Momigliano, Arnaldo, *Studies in Historiography*, London 1966.

[18] Für eine Analyse der Unterschiede zwischen Aristoteles' Tragödientheorie und modernen narratolgischen Methoden siehe z. B. Belfiore, Elizabeth, »Narratological Plots and Aristotle's Mythos«, in: *Arethusa*, 33/2000, S. 37–70. Vgl. zudem White, Hayden, *Metahistory. The Historical Imagination in Nineteenth-Century Europe*, Baltimore u. a. 1973.

enthalten. Doch außer in sehr extremen Fällen[19] werden signifikante Teile mathematischer Argumentationsketten immer in natürlicher Sprache vorgetragen oder zumindest mit ihr vermischt. Andererseits sind diese Texte niemals vollständig diskursiv und werden stets in ihrem Kern eine formale, semi-formale oder zumindest formalisierbare Argumentation aufweisen. Texte zur Geschichte der Mathematik können typischerweise ebenfalls formale, semi-formale oder formalisierbare Abschnitte aufweisen, aber sie werden im Gegensatz dazu stets einen diskursiven Kern enthalten. In einem weiten Spektrum vom rein Formalen zum rein Diskursiven werden mathematische Texte stets dem formalen Pol näher sein, während sich historische und fiktionale Texte zur Mathematik näher am diskursiven Pol bewegen.

Eine weitere, dritte Perspektive, aus der wir die dreigliedrige Konstellation betrachten können, ergibt sich, wenn wir das Publikum einbeziehen, an das sich diese Textsorten jeweils richten. Hier kann die Geschichte der Mathematik sich zugleich mit der Mathematik und *mathematics in fiction* verbinden, wie die folgende Tabelle zusammenfasst:

Tab. 4: Mathematik und Geschichte der Mathematik im Vergleich mit *mathematics in fiction* und der Geschichte der Mathematik hinsichtlich ihres Zielpublikums

	Mathematik, Geschichte der Mathematik	**Geschichte der Mathematik, *Mathematics in Fiction***
Zielpublikum	Spezialisiert	Allgemein

Der mathematische Diskurs richtet sich typischerweise an ein stärker spezialisiertes Publikum, während *mathematics in fiction* sich üblicherweise an eine weniger spezialisierte Leserschaft wendet. In der Geschichte der Mathematik existieren beide Situationen nebeneinander.

Die drei oben beschriebenen Perspektiven liefern uns wertvolle Hinweise hinsichtlich der dreigliedrigen Konstellation, die wir hier untersuchen. Die wichtigste und erhellendste Perspektive ist meiner Meinung nach jedoch die Frage nach den verschiedenen Grundhaltungen, die vom Leser jeweils bei der Rezeption der einzelnen Textsorten erwartet werden. Diese Dimension wird im folgenden Diagramm zusammengefasst:

---

19 Das paradigmatische Beispiel, das in solchen Fällen stets genannt wird, sind die *Principia Mathematica* (1910–1913) von Bertrand Russell und Alfred N. Whitehead.

Tab. 5: Mathematik und Geschichte der Mathematik im Vergleich mit *mathematics in fiction* hinsichtlich der erwarteten Grundhaltung des Lesers

	Mathematik, Geschichte der Mathematik	***Mathematics in Fiction***
Erwartete Haltung des Lesers	Kritisch	*Suspension of disbelief*

Diesem Punkt werde ich im nächsten Abschnitt detaillierter nachgehen.

III. *Suspension of disbelief*

Suspension of disbelief, zu deutsch: das Aussetzen des Nichtglaubens, ist die fundamentale Grundhaltung, welche den Akt der Dichtung (und des Erzählens) überhaupt erst ermöglicht. Ohne diese grundsätzliche Bereitschaft auf Seiten des Lesers, die vom Autor gesetzten Spielregeln und Grenzen *a priori* zu akzeptieren, kann ein poetischer Austausch gar nicht erst stattfinden. Der Leser muss gewillt sein, jeder vom Autor vorgegebenen Logik stattzugeben, auf Forderungen nach einem strikten und kohärenten Realismus zu verzichten und dem Autor in jedem Fall zu folgen, gleichgültig wohin er Handlung und Figuren lenkt. Das gilt natürlich gleichermaßen für Lyrik, fiktionale Erzählungen, Theater, Film und Fernsehen. Dieser großzügige Freiraum wird dem Autor von Seiten des Publikums generell nur als Ausgangspunkt gewährt und sollte nicht einfach als ein für allemal feststehend angenommen werden; es ist die Pflicht des Autors, die Handlung so weiterzuentwickeln, dass der Leser weiterhin bereit ist, bei seiner *suspension of disbelief* zu bleiben.

Der Begriff der *suspension of disbelief* und die Vorstellung, dass diese Haltung die Grundlage für den Glauben an die Dichtung *(poetic faith)* liefert, wurden zuerst 1817 von Samuel Taylor Coleridge formuliert:

> In this idea originated the plan of the »Lyrical Ballads«; in which it was agreed, that my endeavours should be directed to persons and characters supernatural, or at least romantic, yet so as to transfer from our inward nature a human interest and a semblance of truth sufficient to procure for these shadows of imagination that willing suspension of disbelief for the moment, which constitutes poetic faith.[20]

Interessanterweise spielte die Naturwissenschaft eine wichtige Rolle bei der Ausbildung von Coleridges geistigem Horizont. Dieser Autor verkörpert ein

---

[20] Coleridge, Samuel Taylor, *Biographia Literaria; or Biographical Sketches of my Literary Life and Opinions*, London 1817 (Nachdruck Oxford 1907, ed. with his Aesthetical Essays by J. Shawcross, Bd. 2, S. 5f.).

interessantes Beispiel für die Wechselwirkung zwischen der Romantik und den Naturwissenschaften des frühen 19. Jahrhunderts.[21] In einem Gedicht von 1791 mit dem Titel *A Mathematical Problem* beschäftigte sich Coleridge mit einer Frage, die unser Thema der Beziehung zwischen Mathematik und Literatur – oder, in diesem Fall, Mathematik und Dichtung – direkt betrifft. Die Einführung zu diesem Gedicht findet sich in einem Brief an seinen Bruder, den Reverend George Coleridge, aus dem ich hier wörtlich zitiere:

> I have often been surprized, that Mathematics, the quintessence of Truth, should have found admirers so few and so languid. – Frequent consideration and minute scrutiny have at length unravelled the cause – viz. – that though Reason is feasted, Imagination is starved; whilst Reason is luxuriating in it's proper Paradise, Imagination is wearily travelling on a dreary desart. To assist Reason by the stimulus of Imagination is the design of the following production. In the execution of it much may be objectionable. The verse (particularly in the introduction of the Ode) may be accused of unwarrantable liberties; but they are liberties equally homogeneal with the exactness of Mathematical disquisition, and the boldness of Pindaric daring. I have three strong champions to defend me against the attacks of Criticism: the Novelty, the Difficulty, and the Utility of the Work. I may justly plume myself, that I first have drawn the Nymph Mathesis from the visionary caves of Abstracted Idea, and caused her to unite with Harmony. The first-born of this Union I now present to you: with interested motives indeed – as I expect to receive in return the more valuable offspring of your Muse.[22]

Coleridge glaubte, dass die Mathematik mit Unterstützung der Musen und mit Hilfe der Einbildungskraft vor Isolation und Schlaffheit bewahrt werden konnte. Man muss ihm nicht notwendig in allen Punkten Recht geben, um zu bemerken, dass die Dreieckskonstellation, die wir hier untersuchen, mit Hilfe dieses Konzeptes genauer beleuchtet werden kann. Schauen wir noch einmal Tabelle 5 an, die einzige, in der *mathematics in fiction* in Gegensatz zu den beiden anderen Größen gesetzt wird. Es besteht ein fundamentaler Unterschied in der Art und Weise, in der wir uns einem wissenschaftlichen oder historiographischen Text auf der einen und einem fiktionalen oder poetischen Text auf der anderen Seite nähern. Die Übereinkunft zwischen Autor und Leser im ersten Fall lautet: »Glaube kein Wort von dem, was ich sage. Überprüfe meine Aussagen und sei so skeptisch wie möglich. Das ist die

---

[21] Siehe Levere, Trevor H., *Poetry Realized in Nature. Samuel Taylor Coleridge and Early Nineteenth-Century Science*, 2. Aufl., Cambridge 2002.

[22] Coleridge, Samuel Taylor, »A Mathematical Problem (A humorous student-days poem on geometry), in a letter to his brother George Coleridge, 1791«, in: *The Samuel Taylor Coleridge Text Archive, University of Virginia Electronics Text Center.* http://etext.virginia.edu/stc/Coleridge/poems/poems_links.html (Stand: 05. 05. 2009).

Prüfung, der ich mich stellen muss.« In einem wissenschaftlichen Text ist ein technischer oder inhaltlicher Fehler schlicht inakzeptabel. In historischen Texten verhält es sich mit inhaltlichen Fehlern ebenso, und jede von einem Historiker vorgebrachte Interpretation ist zumindest zugänglich für Kritik.

Wenn wir einen fiktionalen Text oder ein Gedicht lesen, verfehlen solche Haltungen den Kern der Sache. Hier lautet die Übereinkunft völlig anders, nämlich so: »Gewähre mir eine Zeitlang das, was man *suspension of disbelief* nennt. Ich werde dich sicher durch den Text führen und du wirst es genießen.« Abweichungen von den historischen Tatsachen oder wissenschaftlichen Fakten können in einer fiktionalen Erzählung nicht nur akzeptabel sein, sie machen in manchen Fällen sogar deren Reiz aus. Solche Abweichungen mögen unterschiedliche Folgen haben, je nachdem, ob sie auf offensichtlichen Fehlern des Autors beruhen oder von ihm mit voller Absicht erzeugt worden sind. In jedem Fall sind solche Abweichungen hier in einer Art und Weise akzeptabel, in der sie es in wissenschaftlichen und historiographischen Texten nicht sind.[23] Ich werde später auf diese Frage zurückkommen.

Man kann natürlich argumentieren, dass man auch einen wissenschaftlichen Text um des ästhetischen Vergnügens willen lesen kann und dass wir wahrscheinlich bei der ersten Lektüre eines mathematischen Textes bereit sind, unser Nichtglauben auszusetzen (*to suspend disbelief*) und den Argumenten des Autors bis zum Ende zu folgen, um zu sehen, wohin sie führen und auf welche Weise dies geschieht. Dies ist zwar nicht zu leugnen, aber es handelt sich lediglich um eine Option. Es besteht eine Pflicht zur kritischen Lektüre: Wir haben einen wissenschaftlichen oder historiographischen Text nicht korrekt gelesen, wenn wir dies nicht mit einer kritischen Haltung tun.

Bei einem fiktionalen Text ist das Gegenteil der Fall. Wir können ihn kritisch lesen (obwohl wir das bei der ersten Lektüre kaum tun werden); wir können in unsere Lektüre das Werkzeug des Literaturwissenschaftlers, des Semiotikers oder des Historikers einbringen, aber dies sind wiederum nur Optionen. Die literarische oder poetische Erfahrung, die mit dem Lesen eines fiktionalen Textes verbunden ist, ist diejenige, die die *suspension of disbelief* voraussetzt.

Mit dieser Perspektive im Sinn möchte ich ein wichtiges Beispiel untersuchen, das ein zusätzliches Licht auf die bisher behandelten Aspekte wirft. Dieses Beispiel stammt aus der fiktionalen Prosa von Jorge Luis Borges. Borges pflegte sehr gern Coleridge zu zitieren, und seine literarischen Texte

[23] Für eine erhellende Diskussion dieser Frage siehe Eco, Umberto, *Im Wald der Fiktionen. Sechs Streifzüge durch die Literatur*, übersetzt von Burkhart Kroeber, München, Wien 1994, S. 103–127.

sind eine meisterhafte Umsetzung des Prinzips der *suspension of disbelief*. Borges' kurze Erzählungen treiben die Idee hinter diesem Prinzip bis ins Extrem; ihr Erfolg beruht auf der Bereitschaft der Leser, ihm dorthin zu folgen, und dies trotz der offensichtlich kontrafaktischen, paradoxen, unrealistischen und sogar unlogischen Natur der Texte. Grundlegend für die meisten Erzählung ist ihre Art der Einbettung in die Realität: Figuren und Plot sind so weit vom täglichen Leben entfernt, dass der Leser noch nicht einmal auf die Idee kommt, sie bzw. die Abläufe ihrer Handlungen in Zweifel zu ziehen. *Suspension of disbelief* wird dem Leser praktisch von der ersten Zeile seiner Erzählungen aufgezwungen; während sie sich entfalten, fügt Borges weitere ausgeklügelte erzählerische Mechanismen hinzu, die die Leser davon abhalten, ihre ursprüngliche Haltung zu hinterfragen oder gar aufzugeben.

Ein gutes Beispiel dafür ist Borges' berühmte Erzählung *Tlön, Uqbar, Orbis Tertius*. Sie handelt von einem mysteriösen Land namens Uqbar und der imaginären Welt Tlön, die den Hauptgegenstand der Texte der Schriftsteller von Uqbar bildet. Tlön repräsentiert eine Verkörperung der Prinzipien von Berkeleys Philosophie, und die Erzählung entwickelt und untersucht, wie eine solche Welt funktionieren würde. Damit liefert sie eine »epistemologische Metapher« (um mit einem Begriff von Umberto Eco zu sprechen) für jene Philosophie. Der Erzähler wird sich der Existenz von Tlön durch eine Enzyklopädie bewusst, wie zu Beginn der Erzählung beschrieben:

> Ich verdanke der Konjunktion eines Spiegels und einer Enzyklopädie die Entdeckung Uqbars. Der Spiegel beunruhigte das Ende eines Ganges in einem Landhaus der Calle Gaona in Ramos Mejía; die Enzyklopädie nennt sich fälschlich *The Anglo-American Cyclopaedia* (New York, 1917) und ist ein wortgetreuer, wenn auch saumseliger Nachdruck der *Encyclopaedia Britannica* von 1902. [...] [Mein Freund] Bioy Casares [erinnerte sich], daß einer der Häresiarchen von Uqbar erklärt hatte, die Spiegel und die Paarung seien abscheulich, weil sie die Zahl der Menschen vervielfachen. Ich fragte ihn nach der Herkunft dieser merkwürdigen Sentenz, und er antwortete mir, daß *The Anglo-American Cyclopaedia* sie in ihrem Artikel über Uqbar anführe.[24]

Sich Bücher auszudenken und dann eine Geschichte um sie herum zu erfinden ist ein für Borges typischer Trick, der die anfängliche Bereitschaft der Leser zur *suspension of disbelief* unterstützen soll. Wenn es in einem Buch geschrieben steht, warum sollte man nicht glauben, was die Geschichte erzählt? Andererseits werden erfahrene Borges-Leser typischerweise leicht zu der Annahme gelangen, dass die in den Erzählungen erwähnten Bücher sehr wahrscheinlich erfunden sind. Daher lag es für bisherige Interpreten nahe,

---

24 Borges, Jorge Luis, »Tlön, Uqbar, Orbis Tertius«, in: Ders., *Sämtliche Erzählungen*, übersetzt von Karl August Horst u. a., München 1970, S. 137.

dass die *Anglo-American Cyclopaedia* lediglich eine weitere von Borges' Erfindungen sei. Wie Alan White in einer neueren, sehr sorgfältigen Studie gezeigt hat, ist dies nicht der Fall.[25]

White entdeckte, dass es tatsächlich eine *Anglo-American Cyclopaedia* gab, deren Ausgabe von 1917 in der Tat ein exakter Nachdruck der 9. Auflage der *Britannica* war. Die Details, die Borges in seiner Geschichte zu den einzelnen Bänden ausführt, verdienen eine nähere Untersuchung. In der Erzählung sucht Borges vergeblich nach dem Artikel »Uqbar«, zumindest in der Ausgabe in jenem Haus, in dem sich das Gespräch ereignet: »Auf den letzten Seiten von Band XLVI«, so Borges, »stießen wir auf einen Artikel über Uppsala; auf den ersten Seiten von XLVII auf einen über *Ural-Altaic Languages*, aber kein Wort über Uqbar.«[26] Einige Tage später hat Borges die Gelegenheit, Bioys Exemplar der *Cyclopaedia* einzusehen, in dem dieser ursprünglich den Artikel über Uqbar gelesen hatte. Es stellt sich heraus, dass dieses Exemplar sich von Borges' eigenem in einem wesentlichen Punkt unterscheidet:

> Der Band, den Bioy brachte, war tatsächlich Band XLVI der *Anglo-American Cyclopaedia*. Die alphabetische Angabe (Tor-Ups) auf dem Schutzumschlag und dem Buchrücken war dieselbe wie bei unserem Exemplar, doch statt aus 917, bestand es aus 921 Seiten. Diese vier zusätzlichen Seiten enthielten den Artikel über Uqbar; in der alphabetischen Angabe (wie der Leser bemerkt haben wird) war er nicht berücksichtigt. Späterhin stellten wir fest, daß zwischen den beiden Bänden sonst kein Unterschied besteht.[27]

Wenn wir nun die echte *Anglo-American Cyclopaedia* in Augenschein nehmen, wie Alan White es tat, stoßen wir auf diese bemerkenswerten Fakten: Der letzte Artikel in Band XLVI behandelt tatsächlich Uppsala und endet auf Seite 917, während der erste Eintrag in Band XLVII sich in der Tat mit »Ural-Altaic Languages« beschäftigt! Borges siedelt sein imaginäres Land also innerhalb der extrem schmalen Lücke an, die ihm die Wirklichkeit bietet. Der grundsätzliche Vertrag zwischen ihm und dem Leser besagt, dass der letztere während der Lektüre eine *suspension of disbelief* vornimmt. Borges jedoch sieht den Fall voraus, dass der Leser von diesem Vertrag abweichen und zu einer kritischen Lektüre wechseln könnte – dass er also herausfinden wird, ob die erzählte Geschichte »wahr« ist oder nicht. In diesem Fall wird ein solches Verhalten für ihn erschwert, da er erstens nicht sicher sein kann, ob die *Anglo-American Cyclopaedia* wirklich existiert, und, wenn er ein Exem-

---

25 White, Alan, »An Appalling or Banal Reality«, in: *Variaciones Borges*, 15/2003, S. 1503.

26 Borges, Jorge Luis, »Tlön, Uqbar, Orbis Tertius«, S. 137.

27 Ebd., S. 138.

plar findet und auf Seite 917 nachschlägt, selbst entscheiden muss, ob direkt hinter dem Artikel über Uppsala nicht doch ein weiterer über Uqbar stehen könnte.

Die Details von Borges' Erzählweise zu verstehen ist hilfreich, wenn es darum geht, größere Klarheit über die Implikationen einer *suspension of disbelief* zu gewinnen, speziell im Kontrast zur Vorstellung der kritischen Lektüre eines Textes. Es ist daher bemerkenswert, dass viele Interpreten von Borges' Texten diese Trennung nicht vorgenommen und ihr Nichtglauben auch dort weiterhin ausgesetzt haben, wo sie kritisch lesen sollten. Daher kommt es, dass man Borges beispielsweise ein tiefes Verständnis physikalischer und mathematischer Theorien zugeschrieben hat, ja gelegentlich sogar die Fähigkeit, solche Theorien in seinen Erzählungen vorwegzunehmen – so etwa in der folgenden Behauptung: »Borges discovered the essence of bifurcation theory thirty years before scientists formalized it in mathematical terms.«[28]

Als guter Leser, der er war, verwechselte Borges nie diese beiden gegensätzlichen Haltungen, die man einem Text gegenüber einnehmen kann: die kritische und die gutgläubige (in der das Nichtglauben ausgesetzt wird). Dem Sammelband *Discusión* wurden drei kurze Rezensionen beigefügt, unter denen sich, vielleicht überraschenderweise, ein Buch findet, das den meisten Mathematikern, aber nur wenigen allgemeinen Lesern bekannt sein dürfte: *Mathematics and the Imagination* von Edward Kasner und James Newman. Borges schreibt über dieses Buch: »Seine vierhundert Seiten verzeichnen mit Klarheit die unmittelbaren und zugänglichen Reize der Mathematik, die sogar ein bloßer *homme des lettres* verstehen oder zu verstehen sich *einbilden* kann.«[29] »Sich einbilden« (*imaginar* im Spanischen), dass man versteht: Das ist es, was »Science in Fiction« für Borges in erster Linie heißt. Und der Leser kann mit voller Absicht seine Rolle in diesem Spiel einnehmen und sein

---

[28] Das Zitat stammt aus Weissert, Thomas P., »Representation and Bifurcation. Borges's Garden of Chaos Dynamics«, in: Katherine Hayles (Hrsg.), *Chaos Bound. Orderly Disorder in Contemporary Literature and Science*, Ithaca 1990. Ähnliche Ansichten finden sich in: Hayles, N. Katharine, *The Cosmic Web. Scientific Field Models and Literary Strategies in the Twentieth Century*, Ithaca/NY 1984; Merrell, Floyd, *Unthinking Thinking. Jorge Luis Borges, Mathematics, and the New Physics*, West Lafayette/IN 1990. Für eine grundsätzliche Kritik an dieser Herangehensweise siehe Corry, Leo, »Algunas Ideas Científicas en la Obra de Jorge Luis Borges y su Contexto Histórico«, in: Myrna Solotorevsky/Ruth Fine (Hrsg.), *Borges en Jerusalén*, Frankfurt am Main 2003, S. 49–74.

[29] Borges, Jorge Luis, »Edward Kasner and James Newman: *Mathematics and the Imagination*«, in: *Gesammelte Werke. Der Essays erster Teil*, übersetzt von Curt Meyer-Clason und Gisbert Haefs, Gisbert Haefs/Fritz Arnold (Hrsg.), München, Wien, 1999, S. 269 (Hervorhebung L. C.).

Nichtglauben aussetzen, solange die Qualität der Fiktion gut genug ist, dass es diesen Aufwand wert ist.

Wenn wir diese Konzepte im Blick behalten, werden sie uns helfen, einige Grundfragen zur poetischen Freiheit in fiktionalen Erzählungen über mathematische Themen zu klären. Im nächsten Abschnitt werde ich nun zwei spezifische Beispiele analysieren.

IV. Einige Beispiele

Wo liegen die akzeptablen Grenzen der poetischen Freiheit im Hinblick auf *mathematics in fiction*? Gibt es diese Grenzen, oder sollte es sie überhaupt geben? Ich möchte diese Fragen beantworten, indem ich zwei erfolgreiche Beispiele aus der Tradition der *mathematics in fiction* genauer analysiere: Apostolos Doxiadis' Roman *Onkel Petros und die Goldbach'sche Vermutung* und Ira Hauptmans Stück *Partition.*

Onkel Petros ist die Geschichte des fiktiven griechischen Mathematikers Petros Papachristos, wie sie von seinem ihn bewundernden, wenn auch verblüfften Neffen erzählt wird, der auch der namentlich nicht genannte Erzähler des Buches ist. Während seines ganzen Lebens war Petros von der Idee besessen, die zahlentheoretische Vermutung zu beweisen, die Christian Goldbach zuerst 1742 formulierte: dass nämlich jede gerade Zahl größer als 2 sich als Summe zweier Primzahlen ausdrücken lasse. Nach dem Abschluss seiner eigenen Ausbildung zum Mathematiker versucht der Neffe unbedingt die wahre Geschichte seines Onkels herauszufinden, den die anderen Familienmitglieder als Versager betrachten.

Die Handlung der Geschichte ist in einem realen historischen Rahmen angesiedelt, der den fiktionalen Anteilen einen hohen Grad an Glaubwürdigkeit verleiht. Zum einen ist die Goldbach'sche Vermutung tatsächlich ein bis heute ungelöstes mathematisches Problem; zum anderen ist der Lebenslauf des fiktiven Onkels sowohl auf der persönlichen als auch auf der beruflichen Ebene verlässlich in jenen Zeitraum an der Universität von Cambridge eingebettet, in dem dort die Mathematiker Godfrey Hardy (1877–1947), John Littlewood (1885–1977) und Srinivasa Ramanujan (1877–1920) tätig sind. Petros studiert dort von 1917 bis 1919. Es gibt im Text beispielsweise eine Beschreibung des Gegensatzes zwischen analytischer und algebraischer Tradition und ihres jeweiligen Status zu Beginn des zwanzigsten Jahrhunderts, um den Rahmen für Petros' eigene Arbeit zu liefern. Ergebnisse des wichtigen Zerlegungssatzes (*partition theorem*), mit dem sich diese Mathematiker intensiv beschäftigten, werden in Verbindung mit Ramanujan erwähnt. Ramanujans Tod im Jahre 1920 kommt Petros sehr gelegen, da er die Absicht hegt, ein Ergebnis zu beweisen, von dem er fürchtete, dass Ramanujan ihm damit zuvorkommen würde. Kurzum, es gibt ein korrektes historisches und mathematisches *setting* für den fiktiven Petros in der Realität, und der Spannungsbogen der Erzählung lässt sich bequem auf dieser Grundlage errichten. Die Leser des Buches haben allen Grund, auf die *suspension of disbelief* einzugehen und sich vom Autor durch die Geschichte führen zu lassen.

Die Handlung weicht allerdings an einigen Punkten von den historischen Tatsachen ab. Viele davon sind ganz klar unbeabsichtigt, und sie sind von jener Sorte, deren sich die meisten Leser wohl nicht einmal bewusst werden. Zum Beispiel fällt in einem Gespräch zwischen dem Erzähler und seinem Onkel Petros ein Hinweis auf einen berühmten Vortrag von David Hilbert, den dieser beim Internationalen Mathematikerkongress 1900 in Paris hielt. Die Absicht dieses Dialogs ist es, einen Blick auf die Art und Weise zu erlauben, in der um die Jahrhundertwende die Durchsetzung einer absoluten Sicherheit des Wissens auf allen Gebieten der Mathematik erwartet wurde – eine Erwartung, mit der auch Petros seine eigenen mathematischen Aktivitäten in Angriff nimmt. Hilbert wird als der führende Vertreter dieser Meinung dargestellt, wie sie vom Autor in zwei berühmten Hilbert-Zitaten angeführt wird: »Wir müssen wissen, wir werden wissen« und »In der Mathematik gibt es kein *ignorabimus.*« Der Erzähler lässt Onkel Petros feststellen: »So sprach der große David Hilbert auf dem Internationalen Mathematiker-Kongress anno 1900. Ein Zitat, das die Mathematik zum Inbegriff der absoluten Wahrheit machte. Die Vision Euklids, die Vision von Kontinuität und Vollständigkeit ...«[30]

Es gibt jedoch einige Probleme bei der Beschreibung von Hilberts Aussagen in diesem Vortrag, und das offensichtlichste davon betrifft seine Aussage »Wir müssen wissen, wir werden wissen.« Diese Worte (die später auf Hilberts Grabstein standen) waren nicht Teil seines Pariser Vortrags,[31] sondern wurden von ihm erst 1930 bei einer Zusammenkunft in Königsberg vorgetragen, bei der Hilbert die Ehrenbürgerschaft seiner Geburtsstadt verliehen wurde.[32] Im Hinblick auf die poetische Freiheit ist es interessant, dass Onkel Petros selbst die Notwendigkeit eines korrekten Vorgehens beim Ge-

---

30 Doxiadis, Apostolos, *Onkel Petros und die Goldbach'sche Vermutung* (erstmals 1992), übersetzt von Maren Radbruch, Bergisch Gladbach 2001, S. 126.

31 Hilbert, David, »Mathematische Probleme«, in: *Nachrichten von der Königl. Gesellschaft der Wissenschaften zu Göttingen, Mathematisch-physikalische Klasse*, Heft 3, 1900, S. 253–262. Das Ignorabimus-Zitat, mit dem Hilbert auf eine von Emil Du Bois-Reymonds Reden antwortet, findet sich auf S. 262.

32 Hilberts Vortrag wurde auch per Radio übertragen, vgl. http://math.sfsu.edu/smith/Documents/HilbertRadio/HilbertRadio.pdf (Stand: 16. 06. 2009).

brauch des Hilbert-Zitates im Kontext einer fiktionalen Erzählung betont. »Es ist nicht der Hintergrund«, sagt er zu seinem Neffen, als er zu erklären versucht, wie die Einführung von Hilberts vermeintlicher Behauptung in die Rede zu verstehen sei, »es ist die Psychologie. Du musst das emotionale Klima verstehen, in dem die Mathematiker in jenen glücklichen Tagen arbeiteten, bevor Kurt Gödel auftrat.«[33] Da er selbst eine fiktive Figur ist, ist Petros sich völlig bewusst, dass es in diesem Fall nicht entscheidend ist, das wirklich Geschehene zu beschreiben, sondern vielmehr das, was ein Mann von Hilberts Format in einer solchen Situation »mit Wahrscheinlichkeit oder Notwendigkeit [...] sagt«.[34] Es ist der metaphorische, nicht der reale Hilbert, der in diesem Buch die Rede von 1900 hält, und der metaphorische Hilbert hätte ohne weiteres diese dreißig Jahre später gesprochenen Worte schon seiner früheren Rede hinzufügen können.

Dennoch ist es offensichtlich, dass ein Autor wie Doxiadis große Sorgfalt darauf verwendet, seine Erzählung innerhalb der wohldefinierten Grenzen historischer Genauigkeit zu halten und sich nur dann poetische Freiheiten zu gestatten, wenn es wirklich notwendig ist. Der dramatische Effekt der Handlung wird durch eine ausgewogene Balance zwischen beiden Aspekten, Fiktion und historischer Realität, erreicht. Ein näherer Blick auf jene Situationen der Handlung, in denen die Fiktion von den Fakten abweicht, kann instruktiv für unser Verständnis der dreigliedrigen Konstellation zwischen Mathematik, Geschichtsschreibung und fiktionaler Erzählung sein, die wir hier untersuchen. Zum Beispiel berichtet uns der Erzähler, dass Petros seine Dissertation 1916 in Berlin abschloss und dass sein Doktorvater Constantin Carathéodory war – eine tatsächliche historische Figur und der wichtigste griechische Mathematiker seiner Generation, wenn nicht weit darüber hinaus. So wird die bereits etablierte Glaubwürdigkeit der Erzählung weiter unterstützt, indem ein prominenter griechischer Mathematiker, der tatsächlich Professor an der großen Berliner mathematischen Fakultät war, als Doktorvater des fiktiven Petros auftritt; der reale Carathéodory kam allerdings erst 1918 nach Berlin! Hier liegt eine allgemein akzeptierte historische Tatsache vor (z. B. ein Datum, Ort, Name oder eine Publikation), die in der Handlung jedoch inkorrekt zitiert wird. Wie wir zuvor bei Borges gesehen haben, können solche Fehler absichtlich in die Handlung eingearbeitet sein, um den fiktionalen Effekt zu verstärken; wenn sie unabsichtlich geschehen, können sie jedoch das Ergebnis eines schlichten Versehens oder inkorrekter Informationen sein. Im vorliegenden Fall ist der Fehler jedoch so marginal, dass er kaum den Wil-

---

33 Doxiadis, *Onkel Petros*, S. 129.

34 Aristoteles, *Poetik*, S. 30.

len des Lesers zur *suspension of disbelief* aufheben oder einen sonstigen Aspekt seines Interesses an der Handlung beeinträchtigen kann.[35]

Der Fall des Hilbert-Zitates in Doxiadis' Buch ist sehr viel interessanter als die korrekten Daten von Carathéodorys Leben in Berlin – und nicht nur, weil Hilbert hier Worte zugeschrieben werden, die er erst dreißig Jahre später geäußert hat. Der wirklich interessante Punkt betrifft das Bild Hilberts, wie es vom Erzähler präsentiert und von Onkel Petros unterstützt wird: »Ein Zitat, das die Mathematik zum Inbegriff der absoluten Wahrheit machte. Die Vision Euklids, die Vision von Kontinuität und Vollständigkeit.« In diesem Fall sprechen wir von historischen Fragen, die sehr viel subtiler und schwerer zu fassen sind als das Datum der Ankunft eines Mathematikers in einer bestimmten Stadt oder der genaue Wortlaut seiner Äußerungen. Mathematikhistoriker verdienen ihren Lebensunterhalt damit, dass sie komplexe Aussagen wie diese untersuchen und sie kritisch mit neuen Belegen oder frischen Re-Lektüren bekannter Texte vergleichen. Und tatsächlich haben neuere Untersuchungen der Mathematik der Jahrhundertwende, und insbesondere der Rolle Hilberts, dazu geführt, dass wir die Beschreibung im oben angeführten Zitat im Grundsatz als irrig ansehen, obwohl sie in der nicht allzu fernen Vergangenheit von weiten Kreisen als korrekt akzeptiert wurde.[36]

Aus demselben Grund könnten sich Historiker heutzutage unwohl fühlen, wenn die Arbeit Gödels einen unmittelbaren und tief greifenden Effekt auf Petros' Forschungsvorhaben ausübt, von dem er ursprünglich annahm, dass es ihn zum Beweis der Vermutung führen würde. Nichts in dieser Art würde bei wirklichen Mathematikern geschehen. Aus historischen wie aus mathematischen Gründen waren der Weg und die Geschwindigkeit, mit der das Theorem und seine Konsequenzen von etablierten Mathematikern absorbiert wurden, ausgesprochen komplex und langsam. Sollte all dies uns bei

---

[35] Der Mechanismus möglicher Leserreaktionen auf diese Art von Fehlern wird meisterhaft diskutiert in Eco, *Im Wald der Fiktionen*, S. 135–144. Seine Analyse konzentriert sich auf die Pariser Straßen in der Beschreibung von Alexandre Dumas aus dem 19. Jahrhundert, die in einem nächtlichen Spaziergang D'Artagnans im 17. Jahrhundert auftauchen.

[36] Von meinen eigenen neueren Arbeiten kann ich hier die folgenden anführen: Corry, Leo, »Axiomatics, Empiricism, and *Anschauung* in Hilbert's Conception of Geometry: Between Arithmetic and General Relativity«, in: Jeremy Gray/José Ferreirós (Hrsg.), *The Architecture of Modern Mathematics. Essays in History and Philosophy of Mathematics*, Oxford 2006, S. 133–156; Ders., *Hilbert and the Axiomatization of Physics (1898–1918): From »Grundlagen der Geometrie« to »Grundlagen der Physik«*, Dordrecht 2004; Ders., »The Empiricist Roots of Hilbert's Axiomatic Method«, in: Vincent F. Hendricks u. a. (Hrsg.), *Proof Theory. History and Philosophical Significance*, Dordrecht, 2000 S. 35–54.

der Lektüre von *Onkel Petros* stören? Die Antwort wird sehr wahrscheinlich von Leser zu Leser unterschiedlich ausfallen. Ob es seine Absicht war oder nicht: Der Autor hat eine Art von poetischer Freiheit gebraucht, die in einigen Fällen den Leser dazu bringen wird, seine *suspension of disbelief* weiterhin aufrechtzuerhalten, und in anderen Fällen nicht.

Daneben gibt es in Doxiadis' Buch aber noch eine andere Art, in der die Fiktion von den Fakten abweicht, und meiner Meinung nach ist sie die bei weitem schwierigste und interessanteste, und dies sowohl für den Autor wie auch für den Leser von *mathematics in fiction*. Sie betrifft (um mit Gérard Genette zu sprechen) den »Paratext« des Romans: nämlich einen kurzen Satz, den Doxiadis seinem Buch außerhalb der Handlung hinzugefügt hat. Dort dankt er zwei Mathematikern, Ken Ribet und Keith Conrad, dafür, dass sie das überarbeitete Manuskript sorgfältig gelesen und »zahlreiche Fehler«[37] korrigiert haben. Offensichtlich handelt es sich in der Hauptsache um mathematische Fehler, denn niemand, und am wenigsten der Autor, würde mathematische Fehler in einem fiktionalen Werk tolerieren, das sich mit Mathematik beschäftigt, und im Allgemeinen würden solche Fehler für den Wert des Textes als weit schädlicher angesehen als unbeabsichtigte historische Fehler.[38] Die letzteren sind natürlich höchst unwillkommen, werden aber niemals als derart schädlich für das Buch als Ganzes angesehen – jedenfalls nicht als so schädlich wie mathematische Fehler. Darüber hinaus können historische Fehler in einer Gesamtanalyse als Teil des Prozesses der poetischen Freiheit angesehen werden, in dessen Verlauf der Autor sie bewusst eingesetzt hat. Aber – und dies ist der interessante Punkt – während wir *absichtliche* Abweichungen von den historischen Fakten in *mathematics in fiction* (wie in fiktionalen Texten überhaupt) aufgrund der literarischen Ziele der Autoren als solche erkennen können, ist es sehr viel schwieriger, sich solche intendierten Abweichungen von den mathematischen Fakten vorzustellen.

Stellen wir uns zum Beispiel ein imaginäres Buch namens *Tante Maria und die ASM-Vermutung* vor. Hauptfigur ist die ecuadorianische Mathematikerin Maria Madre-de-Dios, die ihren Doktorgrad 1980 am Massachusetts Institute of Technology unter Gian Carlo Rota erworben hat und von der Idee besessen war, die so genannte *Alternating-Sign-Matrix*-Vermutung zu lö-

---

37 Doxiadis, *Onkel Petros*, S. 224.

38 Daher beginnt Keith Devlin seine Besprechung von *Onkel Petros* (http://www.maa.org/reviews/petros.html, Stand: 16.06.2009) damit, dass er mögliche Zweifel an der Qualifikation des Autors ausräumt. Namentlich weist er uns auf Doxiadis' Bachelor in Mathematik von der Columbia University und seinen Master in Angewandter Mathematik von der École Pratique des Hautes Études in Paris hin.

sen.[39] Ihre Nichte, die auch die Erzählerin dieser Geschichte ist, ist zufällig Historikerin für die Geschichte der modernen Mathematik und verfügt daher über eine profunde Kenntnis der gegenwärtigen Konzeptionen führender Wissenschaftler in diesem Feld und selbst der abseitigsten Debatten in ihrem Berufsstand. Sie erzählt eine Geschichte, in der Sylvester, MacMahon, Schur, Mills, Robbins, Rumsey, Zeilberger und all die anderen vorkommen, während sie gleichzeitig sicherstellt, dass kein führender Forscher ihr diese oder jene historische Ungenauigkeit in ihrer Handlung nachweisen kann. Innerhalb des Buches wird die ASM-Vermutung durchgehend (und falsch!) wie folgt definiert:[40]

Sei *An* die Anzahl der *alternating sign matrices* der Dimension $n \times n$ berandet durch +1en; dann gilt

$$A_n = \prod_{j=0}^{n-1} \frac{(4j+1)!}{(n+j)!}$$

Nehmen wir darüber hinaus an, dass der Autor, ausgehend von dieser Formulierung der Vermutung, in der Lage ist, die Basis für die Glaubwürdigkeit der fiktionalen Erzählung, die der Handlung zugrunde liegt, zu vergrößern – zum Beispiel dass diese Formel der Schlüssel zur Lösung einer Serie ungeklärter Morde in einer universitären Mathematik-Abteilung von Weltruhm wäre.[41] Ich würde mir diese imaginäre Handlung als möglichen Rahmen für die ultimative *mathematics in fiction* vorstellen, die, nach allem, was ich weiß, erst noch zu schreiben wäre. Dies ist eine Art poetischer Freiheit, die man weniger häufig findet, wenn man sie denn überhaupt finden kann, und sie bietet eine wirkliche Herausforderung, denn sie wäre für zukünftige Leser eine subtile Übung in intellektueller Flexibilität; in jedem Fall würde sie bei widerwilligen Mathematikern die Grenzen ihres Willens zur *suspension of disbelief* strapazieren, da sie wohl kaum über einen längeren Zeitraum eine falsch wiedergegebene Formel tolerieren würden.

---

39 Zu dieser Vermutung und ihrer Geschichte siehe Bressoud, David M., *Proofs and Confirmations. The Story of the Alternating Sign Matrix Conjecture*, Cambridge 1999.

40 Für die korrekte Formulierung siehe http://mathworld.wolfram.com/AlternatingSignMatrixConjecture.html (Stand: 16. 06. 2009).

41 Tatsächlich existiert ein Roman, der die Geschichte einer Mordserie in einer universitären Mathematik-Abteilung von Weltruhm erzählt; siehe Martínez, Guillermo, *Die Pythagoras-Morde* (erstmals 2003), übersetzt von Angelica Ammar, Frankfurt am Main 2005 (mittlerweile existiert auch eine von Álex de la Iglesia gedrehte Verfilmung unter dem englischen Buchtitel *The Oxford Murders*, 2008, S. H.). Es wäre lohnend, den Roman vor dem Hintergrund dieses Artikels zu diskutieren; leider ist dies aus Platzgründen nicht möglich.

Selbstverständlich wird jeder, der etwas von Mathematik und/oder der Geschichte der Mathematik versteht, automatisch zum misstrauischen, widerspenstigen Mathematiker oder gar zum arroganten Experten (jedenfalls in seiner Reaktion auf *mathematics in fiction*). Solche Leser von *mathematics in fiction* werden es mit Sicherheit als schwierig empfinden, stillschweigend über eine absichtliche Verzerrung historischer oder mathematischer Fakten hinwegzugehen, selbst nachdem sie Aristoteles' hilfreiche Unterscheidung berücksichtigt haben. Diese Unterscheidung wird unserem Intellekt dabei helfen, in solchen Fällen mit Gleichmut auf die poetische Freiheit der Autoren zu reagieren, aber sie wird unseren Emotionen nicht immer im selben Maße beistehen. Denn noch immer sind unsere Befürchtungen voll berechtigt, dass die öffentliche Wahrnehmung der Wissenschaften letzten Endes sehr viel stärker durch *mathematics in fiction* (also Bücher und Filme) als durch wissenschaftliche Forschungen zur Geschichte der Mathematik bestimmt wird. Dies ist für die Mathematik so zutreffend wie für *Amadeus* und die klassische Musik, für den Film *Der Untergang* und die öffentliche Wahrnehmung Hitlers sowie der letzten Tage des Zweiten Weltkriegs, für *The Da Vinci Code* und die Geschichte der Religion und der Kunst und für Mel Gibsons *The Passion of the Christ* auf den betreffenden Gebieten. Zahlreiche Beispiele könnten hinzugefügt werden. Es gibt natürlich große Unterschiede hinsichtlich des symbolischen und emotionalen Gewichtes, das jeweils mit diesen Themen verbunden ist, und der Anzahl von Menschen, für die sie eine direkte Relevanz haben. In diesem Sinn führen der esoterische und relativ neutrale Charakter der Mathematik sowie ihr Abstand zu den »weltlichen Dingen« dazu, dass die Debatte um das Verhältnis von Mathematik und erzählender Fiktion in sehr viel ruhigeren und sachlicheren Bahnen verläuft als im Fall anderer Themen.

Ich komme zu einem zweiten erfolgreichen Beispiel für *mathematics in fiction*: dem Drama *Partition*, das von Ira Hauptman verfasst und am 17. April 2003 im Aurora Theatre in Berkeley, California von Barbara Oliver uraufgeführt wurde.[42] Dieses Stück beschäftigt sich mit der komplexen Beziehung zwischen Godfrey Hardy und Srinivasa Ramanujan an der Universität von Cambridge im frühen zwanzigsten Jahrhundert sowie mit ihrer gemeinsamen Leidenschaft für die Zahlentheorie. Während beide von dieser gleichen Passion erfasst sind, lassen sich hinsichtlich ihres kulturellen Hintergrunds, ihrer religiösen Überzeugungen, ihrer Beziehungen zu anderen Menschen und selbst in ihren grundsätzlichen Auffassungen von Mathematik kaum zwei verschiedenere Individuen vorstellen. Für Hardy macht das Konzept des strengen Beweises die Quintessenz der Mathematik aus, das er daher,

---

[42] Hauptman, Ira, *Partition*, New York 2006.

weitgehend ohne Erfolg, an Ramanujan weiterzugeben versucht. In dem Stück gibt es drei weitere Charaktere: Billington, ein fiktiver Professor am Trinity College und guter Freund Hardys; die Göttin Namagiri, die persönliche Gottheit des realen Ramanujan in Indien; und die geisterhafte Präsenz des Mathematikers Pierre de Fermat aus dem 17. Jahrhundert.

Auf der Ebene des Stückes interagiert Namagiri mit Ramanujan in verschiedenen Bereichen seines Alltagslebens und versorgt ihn kontinuierlich mit mathematischen Ideen und Einsichten; tatsächlich schreibt sie mit dem Finger sogar einige von Ramanujans faszinierenden Gleichungen auf dessen Zunge. Namagiri zieht außerdem Fermat zu Rate, als es um einen möglichen Lösungsweg für Fermats letzten Satz geht; an einer Stelle gesteht dieser, dass er sich nicht mehr an den ursprünglichen Beweis für sein Theorem erinnere, den er vor vielen Jahren an den Rand seines Exemplars von Diophants Buch geschrieben habe. Auf der Grundlage eines Hinweises von Namagiri schlägt Ramanujan Hardy einen möglichen Lösungsweg für Fermats letzten Satz vor, der sich sehr nah an jenem bewegt, mit dem Andrew Wiles 1993 die Taniyima-Shimura-Vermutung bewies, aus welcher sich die Gültigkeit von Fermats letztem Satz herleitet.

Unter Mathematikern ist heute allgemein bekannt, dass Hardy und Ramanujan nie an Fermats letztem Satz gearbeitet haben. Daher kann man sich denken, dass einige Mathematiker, wenn sie *Partition* auf der Bühne sehen, unruhig auf ihren Sitzen hin und her rutschen, in den meisten Fällen wegen dieser Abweichung von den historischen Fakten. Die meisten Mathematiker aber werden es ungerührt hinnehmen, dass eine Hindu-Göttin auf Englisch mit einem Mathematiker des 17. Jahrhunderts über ein tiefes Problem spricht, und dass sie, wiederum auf Englisch, dieses erworbene Wissen an Ramanujan weitergibt. Tatsächlich findet dieser Punkt in einer Besprechung des Stückes Erwähnung, die der Zahlentheoretiker Ken Ribet für die Zeitschrift *Notices of the American Mathematical Society* verfasst hat. Ribet schrieb:

> Professional mathematicians who saw the play were disturbed by the prominent roles given to Fermat and his Last Theorem, since the real Ramanujan and Hardy did no work on this particular problem. I personally was startled by the implicit anachronistic suggestion that Ramanujan was close to finding a proof of Fermat's Last Theorem that relied on Galois representations, modular forms, Euler systems, and Selmer groups.
> In order to enjoy the play, one must relax the implicit identification between the historical Hardy–Ramanujan and the characters on stage. Theater-goers who have little problem observing a goddess in discussion with a seventeenth-century mathematician on stage can make their peace with a historical distortion that allows the audience to hook up with a familiar and famous problem. Once I was able to se-

parate the real Hardy and Ramanujan from their counterparts on stage, I found only good things to say about »Partition«.[43]

Obwohl er zunächst zögert, den mathematischen Anachronismus in der Handlung zu akzeptieren, kann Ribet sich schließlich mit ihm arrangieren, indem er implizit Aristoteles' Unterscheidung hinsichtlich der Handlung und der Figuren im Stück übernimmt. Ich frage mich allerdings, wie es um seine Akzeptanz stehen würde, wenn das Stück statt einer Ungenauigkeit im Hinblick auf die *Geschichte* des Themas eine Ungenauigkeit im Hinblick auf das darin enthaltene *Wissen (body of knowledge)* enthielte, wie etwa die Formulierung eines Ergebnisses oder die Details eines bestimmten Beweises. Leider ist diese Frage nicht leicht zu beantworten, da es an signifikanten, relevanten Beispielen fehlt.

Dass Hauptman Fermats letzten Satz als den mathematischen Fokus seines Stückes wählt, scheint nur natürlich und kaum überraschend. Angesichts der öffentlichen Aufmerksamkeit, die Fermats letzter Satz durch Wiles' Beweis gewann (darüber mehr im nächsten Abschnitt), wurde dieses Problem zu einem Lieblingsgegenstand der Autoren im Bereich der *mathematics in fiction.* Eines der geistreichsten, kunstvollsten Beispiele poetischer Freiheit, die ich kenne, findet sich an einem eher ungewöhnlichen Ort: in der Fernsehserie *The Simpsons.* Hier handelt es sich eher um einen mathematischen Scherz in einem breiteren Kontext als um ein echtes Werk der *mathematics in fiction;* trotzdem berührt es den Kern dessen, was eine wirkliche Prüfung für die poetische Freiheit in *mathematics in fiction* sein mag. Obwohl es sich nur um einen kleinen Ausschnitt handelt, betrifft das Beispiel ein bekanntes mathematisches Ergebnis und verzerrt es auf elegante und zugleich unverfrorene Weise. Fermats letzter Satz legt fest, dass es für $n > 2$ für die Gleichung

$$xn + yn = zn$$

keine nicht-triviale, ganzzahlige Lösung gibt. Zwei »Gegenbeispiele« zu Fermats Satz tauchen in verschiedenen Episoden der Serie auf. Das erste, $1782^{12} + 1841^{12} = 1922^{12}$, ist bis auf neun Stellen hinter dem Komma korrekt, während das zweite, $3987^{12} + 4365^{12} = 4472^{12}$, sogar bis auf zehn Stellen hinter dem Komma korrekt ist. Mit anderen Worten, die mathematischen Fakten werden hier nicht nur verzerrt, sie werden sogar auf eine Art und Weise verzerrt, nach der der Fehler nicht auf Anhieb zu entdecken ist. Denn aufgrund

43 Ribet, Kenneth A., »Review of *Partition*«, *Notices of the American Mathematical Society*, 50/2003, S. 1407f.

von Abrundungsfehlern werden diese Gleichungen auf den meisten einfachen Taschenrechnern als korrekt erscheinen.[44]

Im nächsten Abschnitt möchte ich die dreigliedrige Konstellation aus einer weiteren Perspektive betrachten, nämlich im Hinblick auf das Eindringen der dramatischen Dimension in historische Berichte zur Mathematik, insbesondere in populärwissenschaftlichen Texten.

V. Wie man die Geschichte der Mathematik dramatisiert

Dennis Guedj hat die schöne Metapher vom »Drama der Axiomatik«[45] geprägt, um die Beobachtung zu beschreiben, dass in der axiomatisierten mathematischen Theorie der Inhalt eines Theorems bereits implizit in seinen Axiomen steckt und dass in der Ableitung eines Theorems aus einem Axiom dieselbe Unaufhaltsamkeit und Unumstößlichkeit herrscht wie in einem klassischen Drama. Man kann sich fragen, wie der Weg vom Axiom zum Theorem genau verlaufen wird (d.h. wie die Details der Handlung aussehen), aber es scheint keinen Ausweg aus dem einzig möglichen Ablauf der Geschichte zu geben. Diese Metapher wird jedoch höchst problematisch, wenn man ihren Geltungsbereich über den *logischen* auf den *historischen* Aspekt der Mathematik ausdehnen will. Um dieses Problem näher zu erläutern, werde ich mich auf ein neueres, allgemein bekanntes Beispiel beziehen: auf das Buch *Fermats letzter Satz. Die abenteuerliche Geschichte eines mathematischen Rätsels* (1997, dt. 1998) von Simon Singh.

Fermats letzter Satz ist vielleicht das meistverkaufte und bekannteste Werk einer ganzen Reihe von populärwissenschaftlichen Büchern zur Mathematik, die in den letzten zehn Jahren erschienen sind. Aus diesem Blickwinkel

---

44 Siehe Rogers, Dick, »Homer Math Catches Up with the News«, in: *San Francisco Chronicle*, 16. Dezember 2005. Die populäre Fernsehserie *Star Trek – The Next Generation* beschäftigt sich gleichfalls mit Fermats letztem Satz. Da die Serie in der Zukunft spielt, stellte sich heraus, dass eine der Folgen im Rückblick einen unbeabsichtigten Fehler enthielt, der auf poetische Freiheit zurückging. In einer 1989 gesendeten Episode behauptete Captain Picard, dass Fermats letzter Satz ein seit mehr als 800 Jahren ungelöstes Problem sei. Wiles' Beweis von 1994 stellte daher ein Problem dar. Daher wurde die Äußerung von 1989 in einer Folge von 1995 subtil durch einen Bezug auf »eine der originellsten Lösungen [für Fermats letzten Satz] seit der von Wiles vor über 300 Jahren« korrigiert. Siehe http://www.twiztv.com/scripts/ds9/season3/ds9–325.txt (Stand: 16.06.2009). In Martínez' *Pythagoras-Morden* spielt Fermats letzter Satz gleichfalls eine prominente Rolle.

45 Siehe die Abstracts des Mykonos-Treffens unter http://thalesandfriends.org/ (Stand: 16.06.2009).

kann man mit Recht sagen, dass es der neueren öffentlichen Wahrnehmung der Mathematik einen größeren Dienst erwiesen hat als jeder andere Text. Zum Schreiben seines Buches hat Singh mit Sicherheit große Anstrengungen unternommen, um eine riesige Menge mathematischen Materials zu sammeln, zu verarbeiten und in einer mehr oder weniger populären Art und Weise zu präsentieren. Dies war in jedem Fall eine schwierige und lobenswerte Aufgabe. Um sein Ziel zu erreichen und die Aufmerksamkeit des Lesers während des gesamten Verlaufs der Erzählung aufrechtzuerhalten, entwarf Singh eine umfassende dramatische Struktur. Dies führt jedoch dazu, dass das Buch eine große Zahl falscher Vorstellungen von Mathematik vermittelt, und dies nicht nur in einzelnen Details, sondern auch bei umfassenderen Fragen – letzteres unter anderem, indem es eine Art Überdramatisierung der Mathematik vornimmt. So oder so hat *Fermats letzter Satz* in den letzten zehn Jahren eine ähnliche Rolle gespielt wie Eric Temple Bells *Die großen Mathematiker*[46] einige Jahrzehnte zuvor.

Diese übermäßig dramatisierende Herangehensweise zeigt sich sogar vor Beginn der eigentlichen Lektüre, wenn der Verlag (wenigstens in einigen Auflagen) vom »epic quest to solve the world's greatest mathematical problem«[47] spricht. Sie wird darüber hinaus von keinem geringeren Wissenschaftler als Sir Roger Penrose unterstrichen, der mit dem Satz zitiert wird, das Buch sei »[a]n excellent account of one of the most dramatic and moving events of the century«. Darunter geht es nicht! Und dann ist auf dem Schutzumschlag noch Folgendes zu lesen:

> FLT [Fermat's Last Theorem, Anm. d. Hrsg.] became the Holy Grail of mathematics. Whole and colorful lives were devoted, and even sacrificed, to finding a proof. Leonhard Euler, the greatest mathematician of the eighteenth century, had to admit defeat. Sophie Germain took on the identity of a man to do research in a field forbidden to females, and made the most significant breakthrough of the nineteenth century. Evariste Galois scribbled down the results of his research deep into the night before venturing out into a duel in 1832. Yutaka Taniyama, whose insights would ultimately lead to the solution, tragically killed himself in 1958. On the other hand, Paul Wolfskehl, a famous German industrialist, claimed Fermat had saved him from suicide and established a rich prize for the first person to prove the theorem.[48]

---

46 Bell, Eric Temple, *Men of Mathematics*, London 1937; deutsche Ausgabe: *Die großen Mathematiker*, Düsseldorf 1967.

47 So beispielsweise die amerikanische Ausgabe: Singh, Simon, *Fermat's Enigma. The Epic Quest to Solve the World's Greatest Mathematical Problem*, New York 1997.

48 Ebd.

Leben, die man einem abstrusen mathematischen Problem »widmete, ja opferte« – das ist definitiv eine Geschichte, die Aufmerksamkeit verdient. Bei näherer Betrachtung entpuppt sich jedoch jeder einzelne Satz in dieser Beschreibung bestenfalls als eine dramatische Übertreibung der Fakten.[49] Dieser Geist der Überdramatisierung dominiert den Großteil des Buches. Die Einleitung beginnt beispielsweise mit dem folgenden Abschnitt:

> The story of Fermat's Last Theorem is inextricably linked with the history of mathematics, touching on all the major themes of number theory. [...] The Last Theorem is at the heart of an intriguing saga of courage, skullduggery, cunning, and tragedy, involving all the greatest heroes of mathematics.[50]

Der dramatisierende Effekt ist eng mit der »royal-road-to-X«-Methode verbunden, die im zweiten Teil dieses Aufsatzes beschrieben wird. Nicht nur werden hier viele spannende Episoden aus der Geschichte der Mathematik für den Verlauf des Dramas vereinnahmt, selbst wenn sie nichts oder nur wenig mit Fermats letztem Satz zu tun hatten.[51] Andererseits werden viele wichtige und hochinteressante mathematische Entwicklungen, die zentral für die Versuche waren, die Fermat'sche Vermutung zu beweisen, vollständig ignoriert, weil sie am Ende nicht auf der Seite der Gewinner

---

49 Für eine detaillierte Diskussion von Singhs Buch, besonders eine kritische Untersuchung der Personen in dieser Passage und ihrer Verbindung (oder, in der Mehrzahl der Fälle, zum Fehlen einer solchen Verbindung) zur Arbeit an Fermats letztem Satz, siehe Corry, Leo, »El Teorema de Fermat y sus Historias«, in: *Gaceta de la Real Sociedad Matemática Española*, 9/2006, S. 387–424.

50 Singh, Simon, *Fermats Emigma*, S. xv.

51 Dies ist ganz klar der Fall, wenn es um die Rolle von Galois in Singhs Buch geht. Er war eine der wichtigsten Figuren der Mathematik des frühen 19. Jahrhunderts, besitzt aber überhaupt keine Verbindung zu Fermats letztem Satz. Dass er hier dennoch auftaucht, ist nicht überraschend, denn mehr noch als Fermats Satz sind es sein Leben und seine Arbeit, denen in *mathematics in fiction* größte Aufmerksamkeit zuteil wird und die noch häufiger eine Überdramatisierung in historischen oder pseudo-historischen Texten erfahren haben. Der Grund dafür ist einfach: Die äußeren Faktoren in den Biographien der meisten Mathematiker sind langweilig und wiederholen sich (geboren am ..., studierte an ..., Dissertation zu ..., seine wichtigste Arbeit war ..., wurde ausgezeichnet mit ... und so weiter). Dagegen ist Galois der einzige, dessen Biographie das romantische Detail aufweist, dass er im Duell um eine Frau getötet wurde, und dies noch zusätzlich zu seinem explosiven Naturell und seinen Ausflügen in die politische Gewalt. Eine Liste fiktionaler Werke über Galois findet sich in Rigatelli, Laura Toti, *Evariste Galois, 1811–1832,* Boston 1996, S. 144. Ein neueres Beispiel ist Petsinis, Tom, *The French Mathematician,* New York 1998. Siehe auch Rothman, Tony, »Genius and Biographers. The Fictionalization of Evariste Galois«, in: *American Mathematical Monthly*, 89/1982, S. 84–106.

standen.[52] Es trifft natürlich zu, dass innerhalb der gesamten Geschichte von Fermats letztem Satz die Episode um Wiles wohl derjenige Abschnitt war, der einem echten persönlichen Drama der Art, wie sie in Singhs Bericht dominiert, am nächsten kam. Andererseits ist es genau diese Art von Überdramatisierung der Geschichte als Ganzes, die es verhindert, dass das wahre historische und mathematische Gewicht von Wiles' überragendem Beweis der Taniyama-Shimura-Vermutung dem Leser auf adäquate Weise vermittelt werden kann.

Es wäre zu einfach, Singhs Herangehensweise damit zu erklären, dass es sich um eine Popularisierung handelt, um ein Buch, das seine Aufgabe erfolgreich erfüllt und einige Aspekte übermäßig dramatisiert, um desto besser seinem Ziel zu dienen – nämlich ein breites Publikum an die Welt der Mathematik, ihre Vertreter und ihre Ideen heranzuführen. Unabhängig davon, ob man diese Behauptung akzeptiert oder nicht, muss man im Auge behalten, dass ein solches übermäßig dramatisiertes Image der Wissenschaftsgeschichte grundsätzlich von den Wissenschaftlern selbst geteilt wurde und dass es bis in jüngere Zeit auch häufig im Mainstream akademischer Werke der Wissenschaftsgeschichte zu finden war. In der Tat war diese Sichtweise, wie Yehuda Elkana vor mehr als 25 Jahren betonte, das Produkt einer langlebigen Tradition der westlichen Kultur, die das »Schicksal in der griechischen Tragödie mit der Ordnung der Natur« gleichsetzte und daher »natürliche Vorkommnisse und Ereignisse als unvermeidbar« ansah. Dieser Standpunkt, so behauptete Elkana, wurde später dahingehend ausgeweitet, dass er nicht nur Naturereignisse, sondern auch die Entwicklung des menschlichen Weltwissens einschloss:

> The conviction emerged and grew, leading up to its positivistic absoluteness in the Victorian frame of mind, that not only there is one reality with its immutable laws, but also that we humans are on a sure course to find out all, or at least cumulatively more and more about the reality: one nature, one truth about nature. Science, the chief glory of Western culture since the scientific revolution, is an inevitable unfolding of knowledge; what we know we had to know – if not here, then there, if not now, then at another time, if not discovered by one man, then by another.[53]

---

52 Mathematiker wie z.B. Harry Schultz Vandiver, Emma and Derrick Lehmer, Samuel Wagstaff und andere bewiesen Fermats Theorem für noch größere Werte von *n* mit rechnerbasierten Methoden; siehe Corry, Leo, »FLT Meets SWAC. Vandiver, the Lehmers, Computers, and Number Theory«, in: *IEEE Annals of History of Computing*, 30/2008, S. 38–49.

53 Elkana, Yehuda, »The Myth of Simplicity«, in: Gerald Holton/Yehuda Elkana (Hrsg.), *Albert Einstein. Historical and Cultural Perspectives*, Princeton/NJ 1982, S. 205–251, hier S. 205f.; siehe dazu auch Elkana, Yehuda, *Anthropologie der Erkennt-*

Alfred North Whitehead zum Beispiel setzte den Geist der modernen Wissenschaft explizit mit der griechischen Tragödie gleich und schrieb dem Schicksal eine zentrale Rolle bei der Entwicklung unseres Wissens über die Natur zu: »das hingebungsvolle Interesse an den heroischen Einzelfällen, die als Beispiel und Bestätigung des Schicksalswaltens gelten, taucht in unserer Epoche als das geballte Interesse an den experimenta crucis wieder auf.«[54] Das jüngste und wichtigste Experiment, das Whitehead dabei im Sinn hatte und das er zur Illustration seiner Ansichten einsetzen konnte, betraf die Ergebnisse der Eddington-Sonnenfinsternis-Expedition von 1919, welche die Ablenkung der Sonnenstrahlen durch das Gravitationsfeld der Sonne maß und damit offenbar Einsteins Relativitätstheorie bestätigte. Whitehead beschreibt die Ankündigung des Königlichen Astronomen bei dem gemeinsamen Treffen der Royal Society of London und der Royal Astronomical Society am 6. November 1919, wobei er sorgfältig solche Begriffe wählt, die den theatralischen Charakter der Szene unterstreichen:

> Die ganze Atmosphäre gespannten Interesses war genau die des griechischen Dramas: Wir waren der Chor, der den Schicksalsbeschluß kommentierte, wie er sich im Höhepunkt der Entwicklung offenbarte. Allein schon die Inszenierung hatte etwas Dramatisches: das altehrwürdige Zeremoniell und im Hintergrund das Bild Newtons, um uns daran zu erinnern, daß die größte aller wissenschaftlichen Verallgemeinerungen jetzt, nach mehr als zwei Jahrhunderten, ihre erste Modifikation erfahren sollte.[55]

Man muss gar nicht die überragende historische Bedeutung dieses Ereignisses in Frage stellen, um sich zu fragen, ob die Teilnehmer dieses Treffens tatsächlich die erhabenen Gefühle teilten, die Whitehead rückblickend sechs Jahre später beschrieb. Aus der Perspektive unserer eigenen Zeit, mehr als achtzig Jahre später, hat die detaillierte historische Forschung die komplexe Mischung sozialer, institutioneller, politischer und kultureller Faktoren ans Licht gebracht, die auf dieses interessante Kapitel in der Geschichte der Wissenschaften des 20. Jahrhunderts Einfluss genommen haben. Wenn überhaupt, so liefern die Details dieses Ereignisses (auf die hier nicht eingegangen werden kann)[56] ein erhellendes Beispiel für die Kontingenzen, die die

---

nis. Die Entwicklung des Wissens als episches Theater einer listigen Vernunft, Frankfurt am Main 1986.

54 Whitehead, Alfred North, *Wissenschaft und moderne Welt* (erstmals 1925), übersetzt von Hans Günter Holl, Frankfurt am Main 1984, S. 21.

55 Whitehead, *Wissenschaft und moderne Welt*, S. 21–22.

56 Zwei klassische, gut belegte Untersuchungen dazu sind: Earman, John/Glymour, Clark, »Relativity and Eclipses. The British Eclipse Expeditions of 1919 and Their Predecessors«, in: *Historical Studies in the Physical Sciences*, 11/1980, S. 49–85; sowie

Entwicklung von Einsteins Theorie und insbesondere seinen kometenhaften Aufstieg zum Ruhm infolge von Eddingtons Expedition kennzeichnen. Die »griechische Tragödie« ist wohl kaum die korrekte Metapher, um zu beschreiben, was hier geschah; es wären sehr wohl alternative Szenarien denkbar gewesen, die sich aus nur leichten Veränderungen der äußeren Umstände ergeben hätten.[57]

In der Nachfolge des von Bertolt Brecht im Anschluss an Walter Benjamin entwickelten Konzeptes hat Elkana das »epische Theater« als eine Metapher vorgeschlagen, die den Ereignissen der Wissenschaftsgeschichte bzw. der Struktur der Wissenschaftsgeschichtsschreibung angemessener sei als die des griechischen Dramas. Der Gegensatz zwischen diesen beiden Metaphern ist im folgenden Diagramm zusammengefasst:

Tab. 6: Wissenschaft als griechische Tragödie vs. Wissenschaft als episches Theater

	Die Wissenschaft als Drama/ griechische Tragödie	**Die Wissenschaft als episches Theater (Brecht)**
Handlung	Wir wissen, was geschehen wird: die Dramatik ergibt sich aus unserem Wissen, dass es geschehen wird	„Es kann so kommen, aber es kann auch ganz anders kommen"[59] (Walter Benjamin)
Figuren	Menschliche Emotionen, Ideen und Verhaltensweisen werden als Produkte der oder Antworten auf die Entfaltung des menschlichen Wesens betrachtet	Menschliche Emotionen, Ideen und Verhaltensweisen werden als Produkte oder Antworten auf eine spezifische gesellschaftliche Situation betrachtet
Thema	Universelle Elemente der *conditio humana* und des Schicksals	Konkretes menschliches Verhalten in einer spezifischen gesellschaftlichen Situation

Elkana betrachtet die Metapher des epischen Theaters als eine, die die Realität der Wissenschaftsgeschichte angemessener ausdrückt, welche er als »undramatisch« charakterisiert:

Hentschel, Klaus, »Einstein's Attitude towards Experiments. Testing Relativity Theory, 1907–1927«, in: *Studies in History and Philosophy of Science*, 23/1992, S. 593–624. Für eine neuere Untersuchung zum selben Thema siehe Crelinsten, Jeffrey, *Einstein's Jury. The Race to Test Relativity*, Princeton/NJ 2006.

57 Siehe Rowe, David E., »The Einstein Era, 1920–1955«, in: *The Cambridge Companion to Einstein* (erscheint 2009).

58 Walter Benjamin, »Was ist das epische Theater? (1)«, *Gesammelte Schriften*, Bd. II/2, hrsg. Rolf Tiedemann und Hermann Schweppenhäuser (Frankfurt/Main: Suhrkamp, 1977) S. 519–531, hier S. 525.

> Epic theater, in order to make its point, purposefully avoids historical facts that the audience is aware of, lest they lapse into the tragic mood of knowing what is inevitably coming. Life is unpredictable and events can go in any direction, therefore life is unsensational. What is true of historical inevitability also holds for psychological inevitability, and this, too, is avoided. In short, epic theater is a relaxed, nonsensational, reflective attitude to unpredictable events. To put it in another formulation: the historical question is not what were the sufficient and necessary conditions for an event that took place, but rather, what were the necessary conditions for the ways things happened, although they could have happened otherwise.[59]

Aus unserer heutigen Perspektive – und anders als in Whiteheads Beschreibung – ist der Fall der Sonnenfinsternisexpedition und ihrer Nachwirkungen ein anschauliches Beispiel dafür, wie sich etwas auf eine bestimmte Art und Weise abspielte, aber ebenso gut völlig anders hätte ablaufen können. Tatsächlich muss man auch auf die Gefahr einer zu großen Verallgemeinerung hin feststellen, dass ein gewichtiger Teil der interessanten Forschung in der Wissenschaftsgeschichte der letzten beiden Jahrzehnte sich sehr viel stärker an der Perspektive des epischen Theaters als an der des griechischen Theaters orientiert hat. Es wird abzuwarten sein, wie fiktionale Erzählungen über einen wissenschaftlichen Gegenstand, insbesondere zur Mathematik, oder populärwissenschaftliche Bücher zu den gleichen Themen mit dieser wichtigen Entwicklung Schritt halten.

VI. Schlussbemerkungen: Können *mathematics in fiction* und die mathematische Realität einander in die Quere kommen?

Nach der Auffassung von Umberto Eco lesen wir fiktionale Texte, weil sie unserer metaphysischen Vorstellungsarmut zu Hilfe kommen und die Illusion einer Ordnung in einer Welt bieten, deren vollständige Struktur wir weder erkennen noch beschreiben können. Da wir wissen, dass fiktionale Welten von einer »auktorialen Größe« geschaffen werden, wissen wir auch, dass hinter ihnen eine »Botschaft« zu finden ist. Es ist in erster Linie die Zuversicht, dass eine solche Botschaft existiert, die es uns erlaubt, sie auch zu entschlüsseln oder zumindest zu glauben, dass wir uns auf einem Weg zu ihrer Entschlüsselung befinden. Dies erklärt, dass wir uns in fiktionalen Welten wohl fühlen. Die tatsächliche Welt bietet uns keine solche Zuversicht; eher

---

[59] Elkana, Yehuda, »The Myth of Simplicity«, in: Gerald Holton/Yehuda Elkana (Hrsg.), *Albert Einstein. Historical and Cultural* Perspectives, Princeton/NJ 1982, S. 205–251, hier S. 208.

ist es so, »daß wir uns seit Jahrtausenden fragen, ob [die Welt] eine Botschaft enthält und ob diese Botschaft einen Sinn hat«.[60]

Wir können uns nun fragen: Gilt dieses Argument für Mathematik und *mathematics in fiction*? Wir wissen sicher, dass fiktionale Erzählungen, selbst wenn sie von mathematischen Themen handeln, von einer auktorialen Größe geschaffen werden. Aber wie steht es mit der Mathematik selbst? Was können wir über die »tatsächliche Welt« aussagen, um die herum die Autoren von *mathematics in fiction* ihre fiktionalen Universen erbauen? Man kann sich zunächst fragen, ob diese »tatsächliche Welt« real existiert oder ob sie fiktionaler Natur ist. Man kann sich fragen, ob es eine auktoriale Größe hinter dieser tatsächlichen Welt der Mathematik gibt. Aber niemand wird leugnen, dass diese Art von Wohlbehagen, die Eco unserer Erfahrung in fiktionalen Welten zuschreibt, sich auch auf bemerkenswerte Weise in unseren Begegnungen mit der Mathematik manifestiert. Es trifft zu, dass einige Leser Schwierigkeiten damit haben, die Welt der Mathematik in technischer Hinsicht zu meistern; aber wenn man sie einmal gemeistert hat, bietet sie das vielleicht höchste Beispiel einer fiktionalen oder quasi-fiktionalen *(fictional-like)* Welt, in der sich die Sicherheit einer zugrunde liegenden Botschaft deutlich fühlen lässt und in der tatsächlich kontinuierliche und konsistente Fortschritte bei der Entschlüsselung dieser Botschaft gemacht werden.

Eco macht außerdem auf das auch für die Mathematik bemerkenswerte Phänomen der Intertextualität aufmerksam, wobei Figuren beginnen, aus einem literarischen Werk in das andere zu wandern. Wenn dies geschieht, schreibt er, »heißt das, dass sie Bürgerrecht in der realen Welt erworben und sich von der Fiktion, in der sie entstanden sind, emanzipiert haben«.[61] Wenn man die Mathematik in dieser Hinsicht betrachtet, scheint sich eine ziemlich originelle Erklärung für die platonische Grundhaltung des typischen Mathematikers zu ergeben. Wie auch immer seine expliziten philosophischen Überzeugungen aussehen, der typische Mathematiker wird seine Untersuchungsobjekte als Teil einer externen Realität ansehen, über welche er objek-

---

60 Eco, *Im Wald der Fiktionen*, S. 153. In diesem Buch (und ebenso in den meisten anderen seiner Bücher) weist Eco auf die starke Präsenz von Borges' Ideen in seinen Formulierungen hin. Das gilt besonders für die vorliegende Passage, die direkt aus Borges' Erzählung »Die Inschrift des Gottes« übernommen scheint. Siehe auch Corry, Leo, »Jorge Borges: Author of ›The Name of the Rose‹«, in: Nicholas Gane/Mike Gane (Hrsg.), *Umberto Eco*, Bd. 2, London 2005, S. 389–406.

61 Eco, *Im Wald der Fiktionen*, S. 167.

tives Wissen erwerben kann.[62] Wenn man Ecos Argumentation weiterdenkt, können mathematische Größen (wie z. B. Gruppen, Funktionen, topologische Räume, Algorithmen etc.) als Fiktionen angesehen werden, die in einem Text entstehen und dann in immer neue hineinwandern, bis sie allgegenwärtig werden und schließlich ihren Status als autonome, »reale« Größen erwerben. Hier scheint ein Mechanismus am Werk zu sein, der jenem sehr ähnelt, der Figuren aus fiktionalen Erzählungen betrifft, welche sich an irgendeinem Punkt von den Texten befreien, in denen sie zuerst auftraten – Sherlock Holmes ist eines von Ecos Lieblingsbeispielen.

Und schließlich fragt sich Eco: Wenn uns Fiktionen derart faszinieren, wäre es dann nicht möglich, »daß wir das Leben als Fiktion interpretieren und beim Interpretieren der Realität fiktive Elemente in sie einführen?«[63] An dieser Stelle muss wohl wenig darüber gesagt werden, wie die Wissenschaften seit dem 17. Jahrhundert die Realität mit Hilfe mathematischer Ideen interpretiert haben. Letztere können zumindest in diesem Kontext als Fiktionen angesehen werden, die uns bei der Interpretation der Wirklichkeit helfen. Das spezielle Beispiel, auf das sich Eco bezieht, scheint jedoch in eine andere Richtung zu deuten, die wir hier ebenfalls in Betracht ziehen können. Er zeigt im Detail, wie der Text der *Protokolle der Weisen von Zion* aus verschiedenen, rein fiktionalen Quellen entstand und wie die bloße Tatsache seiner Existenz von seinen Lesern effektiv als Bestätigung der von ihm vermittelten Botschaft gelesen wurde. Dies ist ein besonders anschauliches Beispiel dafür, wie eine Fiktion in das reale Leben eindringen und dort enorme historische Konsequenzen haben kann. Können wir uns einen ähnlichen Fall im Bereich der Mathematik vorstellen? Mir fallen dazu nur sehr wenige Beispiele ein, aber es gibt zumindest eines aus der jüngeren Zeit, über das man nicht hinweggehen kann: Andrew Wiles und Fermats letzter Satz.

Soweit bekannt, begann Wiles' Faszination für Fermats letzten Satz, als er in seiner Kindheit Eric Temple Bells Buch *The Last Problem*[64] las. Dieses Buch gehört zusammen mit Bells bekannterem, ja legendärem *Die großen Mathematiker* zu den anschaulichsten Beispielen für jene Bücher zur Mathematikgeschichte im überdramatisierten Stil, die ich oben als Abfolge zumeist unbe-

---

[62] Oder, wie es Reuben Hersh treffend formuliert: »Most writers on the subject seem to agree that the typical ›working mathematician‹ is a Platonist on weekdays and a formalist on Sundays«; siehe Hersh, Reuben, »Some Proposals for Reviving the Philosophy of Mathematics«, in: *Advances in Mathematics*, 31/1979, S. 31–50.

[63] Eco, *Im Wald der Fiktionen*, S. 174.

[64] Bell, Eric Temple, *The Last Problem*, London 1962.

legter Legenden über Helden der Mathematik behandelt habe.[65] Diese Art der Beschreibung, ein bevorzugtes Hassobjekt ernsthafter Historiker, ergreift jedoch die Vorstellungskraft junger Leser. Einige dieser Leser werden mathematische Forscher, wie es bei Wiles der Fall war. Hätte das mathematisch begabte Kind einen zurückhaltenden, weniger dramatischen Bericht von der Art gelesen, die ich weiter oben wegen ihrer historiographischen und wissenschaftlichen Qualitäten gelobt habe, ist es sehr unwahrscheinlich, dass Wiles' Vorstellungskraft von Fermats letztem Satz in dieser Art und Weise entzündet worden wäre. Er begann seine Berufslaufbahn, ohne seine Forschung Fermats letztem Satz zu widmen, und wurde in der Folge zu einem prominenten Forscher in seinen Fachgebieten. Aber 1986, als bestimmte neuere Entwicklungen darauf hindeuteten, dass Fermats letzter Satz eine mathematische Aufgabe geworden war, die durch den Beweis einer wohldefinierten, aber äußerst komplexen Vermutung zu lösen wäre, erinnerte er sich an seine frühe Faszination und entschied sich, die Herausforderung anzunehmen. Daher war er emotional motiviert, die lange und schwierige Suche nach einem Beweis für Fermats letzten Satz aufzunehmen, die schließlich acht Jahre später zu seinem sensationellen Erfolg führte. Bells Bericht, der im Kern fiktional war, obwohl er sich auf tatsächliche historische Ereignisse bezog, drang daher *tatsächlich* in die reale Welt der Mathematik ein und führte mit Wiles' Hilfe dazu, diese zu verändern.

Und trotzdem würde ich vorschlagen, dass der wahrhaft beste Weg, auf dem eine Fiktion die tatsächliche Welt der Mathematik verändern könnte, ein Roman über mathematische Themen wäre, in dem eine bestimmte mathematische Idee im Mittelpunkt steht (beispielsweise eine bestimmte Methode, eine Lösung eines berühmten Problems), und der schließlich den Leser dazu bewegen würde, selbst eine echte Lösung für dieses Problem zu formulieren. Ich kenne kein solches Beispiel in der Geschichte, und ich bezweifle, dass dies je geschehen wird. Sehr wahrscheinlich sind die Beziehungen zwischen »Realität« und »erzählender Fiktion« doch von einer anderen Art, wenn es um Mathematik geht.

Aus dem Englischen von Stefan Höppner

---

[65] In diesem Zusammenhang ist es wohl nicht unangebracht, zu betonen, dass Eric Temple Bell (1883–1960) auch ein durchaus erfolgreicher Science-Fiction-Autor war, der unter dem Pseudonym John Taine veröffentlichte; siehe dazu Reid, Constance, *The Search for E. T. Bell also Known as John Taine*, Washington/DC 1993.

Lutz Danneberg (Berlin)

»ein Mathematiker, der nicht etwas Poet ist, wird nimmer ein vollkommener Mathematiker sein«

Geschmack, Takt, ästhetisches Empfinden im kulturellen Behauptungsdiskurs der Mathematik und der Naturwissenschaften im 19., mit Blicken ins 20. Jahrhundert[1]

I. Fragestellung

Im Weiteren will ich weder erkunden, was Mathematiker tun oder was sie tun sollten, noch deuten, ob sie sich in einer platonischen (realistischen) Ontologie, in verschiedenen Varianten eines *naturalism, realism* oder *structuralism* bewegen[2] oder die Manipulation allein von ›Zeichen‹ vollziehen (*fictionalism, nominalism*); auch will ich nicht zu klären versuchen, wie sich solche Fragen überhaupt beantworten lassen – also wie sich der Status der Antworten angesichts der vorliegenden mathematischen Praxis darstellt: als technische *ex-post*-Rekonstruktionen mathematischer Sprechweisen in einer bestimmten, ontologisch unbedenklicheren Sprache oder als Erklärung einer aktuellen Praxis.[3] Schließlich werde ich auch nicht erörtern, ob es dabei nicht nur der

---

[1] Diese Untersuchung ist während meines Aufenthalts am FRIAS (*Freiburg Institute for Advanced Studies*) entstanden. Ich danke Andrea Albrecht für ihre Geduld, vor allem für die gründliche Lektüre sowie für zahlreiche Verbesserungsvorschläge.

[2] Vgl. z. B. Parsons, Charles, *Mathematical Thought and Its Objects*, Cambridge 2008; Oliveri, Gianluigi, *A Realist Philosophy of Mathematics*, London 2007; Maddy, Penelope, *Naturalism in Mathematics*, New York 1997; Resnik, Michael, *Mathematics as a Science of Patterns*, Oxford 1997; Chihara, Charles S., *A Structural Account of Mathematics*, New York, Oxford 2004; Shapiro, Stewart, *Philosophy of Mathematics. Structure and Ontology*, Oxford 1997; Balaguer, Mark, *Platonism and Anti-Platonism in Mathematics*, Oxford 1989.

[3] So unterscheiden Burgess, John P./Rosen, Gideon, *A Subject with no Object: Strategies for Nominalistic Interpretation of Mathematics*, Oxford 1997, zwischen einem *revolutionary nominalism*, der die bisherige Sprechweise in der Mathematik als mit einem Nominalismus konfligierend ersetzen will, und einem *hermeneutic nominalism*, bei dem nur – wenn man so will – *Verständnis* verändert wird, nicht die Praxis der Mathematik; zu den Problemen auch Stanley, Jason, »Hermeneutic Fictionalism«, in: *Midwest Studies in Philosophy*, 25/2001, S. 36–71, sowie Leng, Mary, »Revolutionary Fictionalism: A Call to Arms«, in: *Philosophia Mathematica*, 13/2005, S. 277–293. –

Geschmack ist, der den Ausschlag gibt zwischen größerer *Sparsamkeit* auf der einen, größerer *Eleganz* und *Einfachheit* auf der anderen Seite.

Konzentrieren möchte ich mich stattdessen auf einige Ausdrücke der Sprache, mit der man die mathematische Tätigkeit im 19. Jahrhundert verstärkt zu beschreiben beginnt. Dabei wende ich mich vornehmlich solchen Ausdrücken zu, die eine Bereichsverknüpfung vollziehen. Nach den Vorstellungen der Zeit erscheint ihre Verwendung gerade nicht im Blick auf das mathematische Tun als eingeführt oder gängig, sondern sie stammen nach dem Verständnis ihrer Verwender beispielsweise aus dem Bereich der Künste – ältere Beschreibungen wissenschaftlicher Tätigkeit nutzen demgegenüber eher die Sprache der Nautik, der Jurisprudenz, der Jagd oder des Pilgertums. Die Mathematik ist dabei nicht singulär. Blicke auf zeitgenössische Selbstbeschreibungen von Naturwissenschaftlern sowie gelegentlich von Philologen machen das deutlich und erhellen, was man mit der gewählten Sprache zum Ausdruck zu bringen versuchte.

Es handelt sich zwar um *Selbstbeschreibungen,* doch lässt sich daraus nicht ohne Weiteres auf die tatsächliche mathematische Tätigkeit schließen. Zu unterscheiden sind: I. (retrospektive) Aussagen über den eigenen Findeprozess, häufiger sind II. (mehr oder weniger) allgemeine Aussagen über das, was der Mathematiker tut, oder III. Charakterisierungen dessen, was ein bestimmter Mathematiker getan hat. Einige der Ausdrücke können dabei zumindest im untersuchten Zeitraum allein bei Aussagen-Typ II und III verwendet werden – so etwa die Auszeichnung (einer Person, einer Handlung, eines Resultats) als *genial.* Nicht geht es im Folgenden um die Frage der Geltung solcher Aussagen. Das Augenmerk richtet sich allein darauf, *wie* über bestimmte Tätigkeiten gesprochen wird. Mit dieser Beschränkung ist noch nicht die eigentliche Schwierigkeit gelöst; sie liegt in der Ermittlung dessen, was bei solchen Selbstbeschreibungen überhaupt gesagt wird.

Der Grund für die Schwierigkeiten einer Analyse solcher Bekundungen liegt nicht allein darin, dass sie sich mitunter nicht nur deskriptiv auf Gegebenes, sondern auch präskriptiv auf Gewünschtes richten. Er liegt auch nicht darin, dass die gewählten Beispiele aus Texten stammen, die sich zwar durchweg an ein akademisches Publikum richten, aber nicht allein an die Vertreter der eigenen Disziplin. Im Wesentlichen handelt es sich um akademische Re-

---

Kaum mehr als metaphorische Assoziationen bietet der Rückgriff zur Fundierung des Mathematischen auf die Kognitionswissenschaft bei Lakoff, George/Nunez, Rafael E., *Where Mathematics Comes From. How the Embodied Mind Brings Mathematics Into Being*, New York 2000; zur knappen, aber treffenden Kritik Kerkhove, Bart van/Myin, Erik, »Direct Perception in Mathematics: A Case for Epistemological Priority«, in: *Logique et Analyse*, 179 u. 180/2002, S. 357–372, hier S. 358–361.

den, um Antrittsvorlesungen, um Rektoratsreden, aber auch um Nachrufe oder um autobiographisch gestaltete Schriften. Wenn man so will, dann handelt es sich eher um die Verständigung über Sichtweisen in der Außenkommunikation. Daneben wird eine Vielzahl ähnlicher Ausdrücke, mitunter der Wortgestalt nach dieselben, in der eher inneren Kommunikation von Mathematikern verwendet. Auch wenn sich beides nicht immer klar trennen lässt, scheint der innere Gebrauch – etwa von Ausdrücken wie *natürlich*, *fruchtbar* – in Anwendung auf mathematische Gebilde eine oftmals selbstverständliche und verständliche, also eine relativ vertraute und anwendungssichere Verwendungsweise gewesen zu sein, auch wenn es nicht leicht fällt, diesen Gebrauch genauer zu explizieren. Wenn man so will, dann haben solche Ausdrücke im inneren Gebrauch eine Eigenbedeutung erlangt, die dieselben oder ähnliche Ausdrücke in der äußeren Kommunikation (in der Regel) gerade nicht besitzen.

Die Schwierigkeiten einer Analyse solcher Verwendungen entlehnter Ausdrücke in der äußeren Kommunikation liegen in ihrer (*systematischen*) *Vagheit*. Freilich muss das nicht daran hindern, sie daraufhin zu analysieren, welches Problem mit ihnen angesprochen und nach dem Selbstverständnis vielleicht sogar gelöst wird. Eine erste Vermutung liegt nahe: Die Entlehnung bestimmter Ausdrücke vollzieht eine Analogisierung mit einem Bereich menschlicher Tätigkeiten, der aus Sicht der Zeitgenossen hohe kulturelle Wertschätzung genießt, nicht zuletzt deshalb, weil die Ausdrücke besonders ausgezeichnete Eigenschaften menschlicher Tätigkeit bezeichnen. Konzentrieren werde ich mich auf einen Typ von Ausdrücken, dabei vornehmlich auf *Takt* und *Geschmack* – dass es sich um *einen* Typ handelt, wird freilich erst die Analyse zeigen.

II. *Takt*, *Geschmack* und wissenschaftliche Arbeit

Der frühreife und früh verstorbene Gotthold Eisenstein (1823–1852) schreibt nach der Betonung des »mathematisch Schönen« ohne nähere Erläuterungen: »Es gibt einen mathematischen Takt oder Geschmack, der [...] die Betrachtungen und Entwicklungen [...] leitet«.[4] Hier finden sich die beiden Ausdrücke sowie die Vorstellung, dass sie etwas anleiten. Wie berichtet

---

[4] Eisenstein, Gotthold, »Eine Autobiographie«, mit ergänzenden biographischen Notizen hrsg. v. Ferdinand Rudio, in: *Abhandlungen zur Geschichte der Mathematik*, 7/1895, S. 143–168, hier S. 157. Zu ihm auch Biermann, Kurt-Reinhard, »Zur Geschichte der Ehrenpromotion Gotthold Eisensteins«, in: *Forschungen und Fortschritte*, 32/1958, S. 332–335, auch Ders., »Einige neue Ergebnisse der Eisenstein-Forschung«, in: *NTM*, 1, 2/1964, S. 1–12.

wurde, wollte Leopold Kronecker (1823–1891) im Rahmen seiner Inauguraldissertation die These *Mathesis est ars est scientia dicenda* verteidigen.[5] Offenbar hat diese Episode nicht wenig beeindruckt: So fügt der Herausgeber Emil Lampe (1840–1918) der posthum veröffentlichten Rede Paul Du Bois-Reymonds (1831–1889) *Was will die Mathematik und was will der Mathematiker* den Hinweis auf diese These eigens hinzu. Einstein als Opponent stellte die These entgegen, dass die Mathematik *nur* Kunst sei, nicht aber Wissenschaft.[6] Doch auch das allein ist noch nicht erhellend.

Etwas ergiebigere Hinweise zum Gebrauch bietet der ebenfalls früh verstorbene Hermann Hankel (1839–1873),[7] ein Schüler Bernhard Riemanns (1826–1866) und wohl der erste, der in seiner Vorlesung *Theorie der complexen Zahlensysteme insbesondere der gemeinen imaginären Zahlen und der Hamilton'schen Quaternionen nebst ihrer geometrischen Darstellung* von 1867 auf die Ausdehnungslehre Hermann Graßmanns (1809–1877) nicht ohne Resonanz hingewiesen hat. Bei ihm nun heißt es:

> Es ist so zu sagen, ein wissenschaftlicher *Tact,* welcher die Mathematiker bei ihren Untersuchungen leiten und sie davor bewahren muß, ihre Kräfte auf wissenschaftlich wertlose Probleme und abstruse Gebiete zu wenden, ein Tact, der dem *ästhetischen* nahe verwandt, ist das einzige, was in unserer Wissenschaft nicht gelehrt und gelernt werden kann, aber eine unentbehrliche Mitgift eines Mathematikers sein sollte.

Am Ende seines Vortrags nimmt Hankel das Thema erneut auf:

---

5 Vgl. *Leopold Kronecker's Werke*, Kurt Hensel (Hrsg.), Bd. 1, Leipzig 1895, S. 73, dort in der Fassung: »Mathesis et ars et scientia dicenda«.

6 Vgl. Du Bois-Reymond, Paul (1831–1889), »Was will die Mathematik und was will der Mathematiker. Rede« [1874, zuvor unveröffentlicht], in: *Jahresbericht der deutschen Mathematiker-Vereinigung*, 19/1910, S. 190–198, hier S. 198, Anm. 1; es handelt sich dabei um einen Zusatz des Herausgebers der Rede, Emil Lampe (1840–1918).

7 Zu Hankel Monna, Antonie F., »Hermann Hankel«, in: *Nieuw Archief voor Wiskunde*, 21/1973, S. 64–87, sowie Zahn, W. von, »Einige Worte zum Andenken an Hermann Hankel«, in: *Mathematische Annalen*, 7,4/1874, S. 583–590, wo es (S. 583) heißt: »Seine [scil. Hankels] hervorragenden Leistungen in dieser [scil. Mathematik] verschafften ihm in den letzten Schuljahren die Erlaubnis des Rectors der Schule, zum Gegenstand seines Privatstudiums statt der alten Classiker die Schriften der Mathematiker des Altertums in der Ursprache zu wählen, um so in höherem Maasse den philologischen Anforderungen der Schule und seinem der Mathematik zugewandten Wissensdrange zu genügen.« Das scheint denn auch sein Interesse an der Geschichte der Mathematik geprägt zu haben, neben Hankel, Hermann, »Ein Beitrag zur Beurtheilung der Naturwissenschaft des griechischen Altherthums«, in: *Deutsche Vierteljahrsschrift*, 4/1867, S. 120–155, vor allem Ders., *Zur Geschichte der Mathematik im Alterthum und im Mittelalter*, Leipzig 1874.

> So ist denn der schöne gewaltige Bau entstanden, dessen Anblick den Mathematiker mit Stolz erfüllt; denn fest gegründet, auf unerschütterlichen Fundamenten steigt er planmäßig, durch jenen wissenschaftlich-ästhetischen Takt geleitet, gewaltig empor, an seinen Außenwerken durch zierliche Thürme geschmückt und scheinbar vollendet. Während im Innern Hunderte von eifrigen Arbeitern den unendlichen Bau weiter in's Unendliche hinausführen.[8]

Hiernach erzeugt sich durch das Nichtlehr- und Nichtlernbare der »planmäßige« Aufstieg des Wissens.

Festhalten lässt sich zunächst: Immer sind solche Ausdrücke positiv konnotiert, und sie drücken sicherlich auch die Begeisterung für die Mathematik aus; es ist dann die Sprache der Begeisterung, weniger die der Analyse. Sie lassen sich aber auch unter dem Gesichtspunkt sehen, der Mathematik über solche Beschreibungen der mathematischen Tätigkeit angesichts zeitgenössischer kultureller Stereotype zu Zugewinnen zu verhelfen – im Gefüge der Disziplinen genoss die Mathematik in der Zeit keine sonderlich hohe Anerkennung und Wertschätzung. Freilich kann der Hintergrund im Einzelnen sehr unterschiedlich sein. Bei Hankel beispielsweise zeigt er sich indirekt daran, dass er, wenn auch erstaunt, seine Begeisterung über den gegenwärtigen Stand der Mathematik in Deutschland zum Ausdruck bringt:

> Es ist, als ob diese Gabe den Deutschen mit einem Male verliehen worden sei. Denn während man noch am Anfange dieses Jahrhunderts fast nur französische Mathematiker nennen kann [...], und der größte deutsche Mathematiker Gauß seinen kühnen Weg einsam wandelte, so treten um das Jahr 1830 in Deutschland plötzlich eine Reihe von Männern auf, welche sich nicht allein in hervorragender Weise an dem Fortschritte der Wissenschaft beteiligten, sondern auch das Studium der Mathematik mit besonderem Erfolge belebten. Obenan das Triumvirat: *Jacobi, Lejeune-Dirichlet* und *Steiner;* ihnen schließt sich eine ganze Reihe gleichzeitiger trefflicher Mathematiker [...] an. Von diesen ist dann die Generation der jetzt lebenden Mathematiker gebildet [...]. Das Prinzipat fällt jetzt in der Mathematik unstreitig Deutschland zu [...].[9]

In der Tat dürfte es so gewesen sein, dass Frankreich zwischen 1800 und 1840 die bedeutenderen Mathematiker hatte, nicht nur im Vergleich zu Deutschland.[10] Allerdings scheint es nicht leicht zu sein, diese Entwicklung

---

8 Hankel, Hermann, *Die Entwicklung der Mathematik in den letzten Jahrhunderten* [1869], Tübingen 1884, S. 21.

9 Ebd., S. 25.

10 Hierzu auf prallen 1600 Seiten Grattan-Guinness, Ivor, *Convolutions in French Mathematics, 1800–1840. From the Calculus and Mechanics to Mathematical Analysis and Mathematical Physics*, 3 Bde., Basel, Berlin 1990; zu einem Erklärungsversuch für den ›Niedergang‹ auch Herivel, J. W., »Aspects of French Theoretical Physics in the Nineteenth Century«, in: *British Journal of the History of Science*, 3/1967, S. 109–132.

zu erklären.[11] Zumindest die Wahrnehmung einiger Akteure in der Zeit entspricht dem. So schreibt der von Hankel unter dem »Triumvirat« herausgestellte Carl Gustav Jacobi (1804–1851) in der Widmung seiner *Opuscula Mathematica* von 1846 an Friedrich Wilhelm IV.: Erschien Frankreich zur Zeit Napoleons »wie in den Waffen, so auch in der Mathematik unüberwindlich«, habe man, nachdem Frankreich »auf dem Kriegsfeld glücklich besiegt worden« sei, auch »in den Regionen des Gedankens weiter gekämpft«. Da nun habe man »manchen glorreichen Sieg für die Wissenschaften erstritten. Und so rühmen wir uns, auch in der mathematischen Wissenschaft nicht mehr die Zweiten zu sein.«[12] Das beleuchtet die Positionierung der Mathematik in der auch auf die Wissenschaften ausgreifenden Konstellation nationaler Konkurrenz gegenüber Frankreich und kam zwar dem kulturellen Prestige der Mathematik zugute, musste aber nicht die persönliche Wertschätzung und Anerkennung der Leistungen beeinflussen. So hielt sich Jacobi 1829 mehrere Monate in Paris auf und pflegte zu Adrien-Marie Legendre (1752–1833) regen Kontakt.[13]

Unter Umständen jedoch besagt die Wahl bestimmter Ausdrücke bei der Selbstbeschreibung der mathematischen Tätigkeit noch mehr – wenn auch nicht unbedingt bei jeder Verwendung und wenn, dann vermutlich auch nicht immer dasselbe. So kann sie sich auch auf die Wahrnehmung von Problemen der im 19. Jahrhundert sich rasant verändernden Mathematik jenseits nationaler Konkurrenzsituationen beziehen. Allerdings wird das bei den mathematischen Selbstbeschreibungen in der Regel weder direkt noch indirekt angesprochen. Doch gibt es Ausnahmen. So bezieht Friedrich Engel (1861–1941) die Ausführungen in seiner Antrittsvorlesung *Der Geschmack in der neueren Mathematik* explizit auf die bereits im Titel erwähnte *neuere Mathematik*, und das meint die des letzten Drittels des 19. Jahrhunderts. Engel unterscheidet zwei Perioden, die von der »Erfindung« der Differentialrechnung bis in seine Gegenwart reichen. Die erste sei die »naive«, die zweite die erst im 19. Jahrhundert beginnende »kritische«. Kurz gesagt, geht es dabei um veränderte Anforderungen der »Strenge« der Begründung mathematischer

---

11 Deutlich wird das auch am Beitrag von Mehrtens, Herbert, »Mathematicians in Germany circa 1800«, in: Hans Niels Jahnke/Michael Otte (Hrsg.), *Epistemological and Social Problems of the Sciences in the Early Nineteenth Century*, Dordrecht 1981, S. 401–420.

12 Nach dem Abdruck in *C. G. J. Jacobi's Gesammelte Werke*, Bd. 7, Karl Weierstraß (Hrsg.), Berlin 1891, S. 374.

13 Hierzu auch Pieper, Herbert (Hrsg.), *Die Korrespondenz von Adrien-Marie Legendre – Carl Gustav Jacob Jacobi. Correspondance mathématique entre Legendre et Jacobi*, Stuttgart 1998.

Lehrsätze, um »strenge und einwurfsfreie Beweise«.[14] Es habe sich gezeigt, dass man die Mathematik »von Grund auf neu einwandfrei« erbauen müsse – eine Vorstellung, die man in der zweiten Hälfte des 19. Jahrhunderts allenthalben antrifft. Das sei nun erfolgreich abgeschlossen, und man habe wieder »festen Boden« gewonnen. Dass eine »nicht strenge Mathematik keine Mathematik« ist, sei – so Engel – als »Grundsatz« mittlerweile in »Fleisch und Blut übergegangen«. Nun habe man aber nicht allein auf strenge Beweise der Ergebnisse geachtet, sondern der kritische Zugriff erfasse mittlerweile auch »die verschiedenen Methoden«, und man sei bestrebt, unter diesen »Methoden jedes Mal die beste ausfindig zu machen«.[15]

Hier nun ist Engel bei seinem *Problem*, nämlich wie sich die Frage beantworten lasse, welches »in einem gegebenen Fall« die beste mathematische Methode sei. Das Problem stelle sich besonders dann, wenn eine Wahl unter Ökonomiegesichtspunkten, also die »kürzeste« Methode zu wählen als nicht möglich oder als nicht effektiv erscheint und wenn sich dasselbe Ziel durch »zwei verschiedene Methoden erreichen« lasse: »Es wird nichts andres übrig bleiben, als den Geschmack darüber entscheiden zu lassen, welche Methode die beste ist; man wird eine Methode der andern vorziehen, wenn man jene für geschmackvoller hält als diese.«[16] Nach Engel habe sich aus der »Kritik der mathematischen Methoden« eine »ganz neue mathematische Richtung entwickelt«. Diese sei es nun, die »bei der Behandlung der Mathematik nach ästhetischen Gesichtspunkten zu Werke« gehe, und sie lasse sich »dabei von Grundsätzen des Geschmacks leiten«. Engel setzt das explizit davon ab, dass

---

[14] Zu den Veränderungen der Beweisforderung sowie der Anforderungen an die Strenge in der Mathematik des 19. Jahrhunderts u. a. Grabiner, Judith V., »Changing Attitudes Toward Mathematical Rigor: Lagrange and Analysis in the Eighteenth and Nineteenth Centuries«, in: Jahnke/Otte (Hrsg.), *Epistemological and Social Problems*, S. 311–330, auch Goldstein, Catherine, »Zahlen als Liebhaberei und Beruf im 17. und 19. Jahrhundert«, in: Michel Serres (Hrsg.), *Elemente einer Geschichte der Wissenschaften*, Frankfurt am Main 1995, S. 487–525; Dauben, Joseph W., »Are There Revolutions in Mathematics?«, in: Javier Echeverría et al. (Hrsg.), *The Space of Mathematics: Philosophical, Epistemological and Historical Explorations*, Berlin, New York 1992, S. 205–229, spricht für das 19. Jahrhundert von einer »Revolution in Rigor«; Stein, Howard, »*Logos*, Logic, *Logistiké*: Some Philosophical Remarks on Nineteenth-Century Transformation of Mathematics«, in: William Aspray/Philip Kitcher (Hrsg.), *History and Philosophy of Modern Mathematics*, Minneapolis 1988, S. 238–259, ferner Schubring, Gert, *Conflicts Between Generalization, Rigor, and Intuition: Number Concepts Underlying the Development of Analysis in 17–19th Century France and Germany*, New York 2005.

[15] Engel, Friedrich, *Der Geschmack in der neueren Mathematik*, Leipzig 1890, S. 4.

[16] Ebd., S. 5.

man die Mathematik für eine Wissenschaft gehalten habe, in der »nur der Verstand« herrsche und in der »für ästhetisches Empfinden also für Geschmack kein Raum« sei.[17] Zudem sei – wie er hervorhebt – diese ›ästhetische Sicht‹ etwas anderes als die nicht seltene Charakterisierung von Beweisen als »elegant«[18] oder als *theorema pulcherrimum* oder *pulcherrimae veritates*.[19]

Um zu bestimmen, worauf sich die – wenn man so will – *ästhetischen Qualitäten* der Mathematik gründen, setzt Engel sehr allgemein an mit der Unterscheidung von zwei in der Mathematik vorkommenden Arten von »Begriffen«: Die einen werden an den Anfang gesetzt und sind der »Stoff«, den die »Untersuchung bearbeitet«, die anderen bezeichnen »Verknüpfungen«, die man mit den Begriffen der ersten Art vollziehen könne. Die ersten seien die mathematischen »Gebilde«, die zweiten die »Operationen«, die man mit diesen »Gebilden« unternehme. Die Ausführung der »Operationen« erzeuge neue »Gebilde«, die auch zu »neuen Operationen Anlass geben« können.[20] Dabei lasse sich »nirgends ein Ende« absehen, die »Zahl der denkbaren Gebilde und Operationen« sei »einfach unbegränzt und in Folge dessen auch die Zahl der Sätze.« Das *spezifizierte* Problem liegt nun darin, in diesem unbegrenzten Bereich sich auf einen »bestimmten Bereich von Gebilden und Operationen zu beschränken«, einen Bereich, den man bei der unternommenen mathematischen Arbeit vor allem auch nicht zu verlassen brauche. Es geht mithin um eine Art von Abgeschlossenheit hinsichtlich der gewählten »Gebilde« wie der »Operationen«: Die »Gesamtheit der zu betrachtenden Gebilde bei jeder Operation, die benutzt werden soll«, soll »unverändert oder invariant« bleiben. Hinzu kommt als Forderung, dass die Abfolge von zwei »Operationen« selbst wiederum eine Operation in diesem Bereich dar-

---

17 Ebd., S. 6.

18 Wie selbstverständlich diese Redeweise aufgenommen wurde, mag nur ein Beispiel illustrieren: Droysen, Johann Gustav (1808–1884), *Historik* [1857], Textausgabe von Peter Leyh, Stuttgart/Bad Cannstatt 1977, sagt (S. 224) hinsichtlich des Unterschiedes der untersuchenden gegenüber der erzählenden Darstellung, dass jene schwieriger sei, sie fordere »eine größere Sammlung, Schärfe der Gedanken, denn sie will nicht wie die erzählende anschaulich sein, sondern überzeugen, sie will nicht die Phantasie beschäftigen, sondern den Verstand befriedigen.« Sie sei zwar »elegant«, aber in dem Sinn, wie dieser Ausdruck in den »mathematisch-physikalischen Disziplinen« verwendet werde, in denen »die Eleganz die Knappheit, Präzision und Geschlossenheit der Beweisführung bezeichnet.«

19 Zu Letzterem Leibniz, Gottfried Wilhelm, *Akademie-Ausgabe*, Bd. 6,4: *Philosophische Schriften 1677 – Juni 1690*, Teil A, Berlin 1999, S. 532, vgl. auch Breger, Herbert, »Die mathematisch-physikalische Schönheit bei Leibniz«, in: *Revue Internationale de Philosophie*, 48/1994, S. 127–140.

20 Engel, *Der Geschmack* [1890], S. 8.

stellen soll. Es gebe so einen »wirklich abgeschlossenen Kreis von Operationen«[21], oder es bilde sich das, was im »allgemeinsten Sinn des Wortes« »eine Gruppe« genannt werde.

Das, was hier gefordert wird, ist mithin eine Beschränkung auf und Bindung an bestimmte »Hülfsmittel«. Zur *Begründung* dieser Forderung wird allein auf »ein gewisses Wohlgefallen« verwiesen, das diese Beschränkung (beim Mathematiker) erzeuge, und dieses »Wohlgefallen« befriedige dann »ein ästhetisches Bedürfniss«.[22] Engel geht eine Reihe mathematischer Beispiele durch und verschweigt auch nicht, dass die »Theorie der algebraischen Gleichungen« das Vorbild seiner Überlegungen bildete. Die Präferenz für ein bestimmtes mathematisches Arbeiten, respektive eine bestimmte Theorie wird nicht allein als ein »ästhetische[s] Bedürfniss« gedeutet, sondern auch *gerechtfertigt*. Als besonderes Beispiel dient Engel der »Kalkül«, den Graßmann in seiner *Ausdehnungslehre* entwickelt hat. Letztlich will er damit den zunächst unhandlichen »Kalkül« Graßmanns, der nur wenig bekannt sei, noch weniger benutzt werde und nicht »jedermanns Sache« sei,[23] rechtfertigen, denn er sei geschaffen worden, »um einem ästhetischen Bedürfniss zu genügen«. Allerdings erfreue sich der »Grundsatz«, *auch* die Mathematik »nach ästhetischen Gesichtspunkten« zu behandeln,[24] noch »keineswegs allgemeiner Zustimmung«.[25] Der Hinweis auf mathematische Bereiche, die noch nicht so gestaltet seien, dass sie ›ästhetische Bedürfnisse‹ befriedigen (etwa die Zahlentheorie), macht deutlich, dass mit dem Rückgriff auf den »Geschmack« ein »Ideal« aufgestellt und für die mathematische Forschung gerechtfertigt wird. Obwohl dieses »Ideal« längst noch nicht in allen

---

21 Ebd., S. 9.

22 Ebd., S. 11.

23 Hierzu aus zeitgenössischer Sicht Schlegel, Victor (1843–1905), »Die Grassmann'sche Ausdehnungslehre. Ein Beitrag zur Geschichte der Mathematik in den letzten fünfzig Jahren«, in: *Zeitschrift für Mathematik und Physik*, 41/1896, S. 1–21 u. S. 41–59. Zur neueren Forschung die Beiträge in: Schubring, Gert (Hrsg.), *Hermann Günther Graßmann (1809–1877): Visionary Mathematician, Scientist and Neohumanist Scholar*, Dordrecht 1996, dort u. a. Rowe, David E., »On the Reception of Grassmann's Work in Germany During the 1870's«, S. 131–145, auch Lewes, Albert C., »The Unity of Logic, Pedagogy and Foundations in Grassmann's Mathematical Work«, in: *History and Philosophy of Logic*, 25/2004, S. 15–36.

24 Engel hat zusammen mit seinem Freund Eduard Study (1862–1930) Werke Graßmanns ediert, und Study hat über Graßmann promoviert; zu Study die inhaltsreiche Dissertation von Hartwich, Yvonne, *Eduard Study (1862–1920): Ein mathematischer Mephistopheles im geometrischen Gärtchen*, Mainz 2006 (Internet-Publikation, http://deposit.ddb.de/cgi-bin/dokserv?idn=978165624, Stand: 11. 01. 2010).

25 Engel, *Der Geschmack* [1890], S. 19.

Bereichen der Mathematik erreicht sei, solle man sich nicht davon abhalten lassen, es weiter zu verfolgen – wie die abschließende Botschaft Engels lautet.[26]

Das, was bei Engel nur implizit vorliegt, findet sich im Laufe des 19. Jahrhunderts sehr häufig: Es ist der Vergleich des Mathematikers (wie des Naturwissenschaftlers überhaupt) mit dem Künstler, dem Poeten, dem Musiker. Allerdings wird dieser Vergleich erst dann aufschlussreich, wenn sich erkennen lässt, in welcher Hinsicht er unternommen wird. Angeklungen ist das bei Engel, wenn er davon spricht, dass in der Mathematik nicht nur der »Verstand herrsche«. Freilich können auch hier die Konstellationen recht komplex sein. Das zur Illustration zu wählende Beispiel einer Selbstbeschreibung naturwissenschaftlicher Tätigkeit erscheint deshalb als exemplarisch, da es große Teile des Arsenals aktiviert, das die zeitgenössische Bildsprache für die ab- und eingrenzende Umschreibung des Charakters der Wissenserzeugung als *Arbeit* zur Verfügung stellt. Das Beispiel bietet Hermann von Helmholtz' (1821–1894) programmatische Antrittsrede *Das Denken in der Medicin* von 1877, in der es heißt:

> So lange es Leute von hinreichend gesteigertem Eigendünkel geben wird, die sich einbilden, durch Blitze der Genialität leisten zu können, was das Menschengeschlecht sonst nur durch mühsame Arbeit zu erreichen hoffen darf, wird es auch Hypothesen geben, welche, als Dogmen vorgetragen, alle Rätsel auf einmal zu lösen versprechen.[27]

Bei Helmholtz finden sich zahlreiche Stellen dieser wie ähnlicher Art, und gerichtet sind sie zumeist gegen *naturphilosophische* Spekulationen. Als positiv konnotierter Schlüsselausdruck wird dabei durchweg der der *Arbeit* verwendet.

---

26 In seinem Nachwort (S. 21–22), das den Druck seiner Rede nicht zuletzt den Mathematikern gegenüber rechtfertigen soll, weist Engel darauf hin, dass das, was er sagt, nicht wirklich neu sei; es finde sich im Erlanger Programm Felix Kleins, dazu auch die rückblickende Bemerkung Kleins in Ders., *Vorlesungen über die Entwicklung der Mathematik im 19. Jahrhundert*, Bd. 1, Berlin 1926, S. 335f., dass er und Lie ursprünglich ›Gruppen‹ bestimmt hätten als Systeme von Operationen, bei denen jede ihrer Verbindungen selbst zu dem System gehörten; es finde sich aber auch bei Eduard Study, *Methoden zur Theorie der ternaeren Formen, im Zusammenhang mit Untersuchungen anderer dargestellt*, Leipzig 1889; immerhin hat dieses Werk einen Nachdruck erlebt, veranstaltet von Gian-Carlo Rota (1932–1999), der das Werk offenbar schätzte.

27 Helmholtz, Hermann von, »Das Denken in der Medicin« [1877], in: *Philosophische Vorträge und Aufsätze*. Eingel. u. hrsg. v. Herbert Hörz/Siegfried Wollgast, Berlin 1971, S. 219–245, hier S. 236.

Dieser Ausdruck wird zum Synonym für *Forschen* überhaupt.[28] Allerdings muss die Geschichte des Arbeitsbegriffs sowie die seiner Konnotationen zur Beschreibung der Tätigkeiten des Suchens, Vermittelns und Erwerbens von Wissen erst noch geschrieben werden. An dieser Stelle ist es nicht einmal möglich, auch nur einen Überblick über die Verästelungen dieser Geschichte zu geben.[29] Es muss genügen, auf eine für die Zeit wirksame Vorprägung in Kants Schrift *Von einem neuerdings erhobenen vornehmen Ton in der Philosophie* von 1796 hinzuweisen. In dieser Schrift setzt Kant dem *philosophus per inspirationem*, samt der »intellectuellen Anschauung[]«,[30] dem nur vermeintlich schnellen genialischen Erkennen mit einem »einzigen Scharfblick«,[31] das ›bedächtige Fortschreiten‹ entgegen. Zwar konfrontiert er explizit das Philosophieren Platons als ›Erleuchtung‹ mit dem des Aristoteles als ›Arbeit‹, meint freilich nicht so sehr die beiden verblichenen Philosophen,[32] sondern le-

---

28 Die Untersuchung von Hardtwig, Wolfgang, »Geschichtsreligion – Wissenschaft als Arbeit – Objektivität«, in: *Historische Zeitschrift*, 252/1991, S. 1–32, insb. S. 23/24, wird einigen Aspekten des wissenschaftlichen Arbeitsbegriffs (im 19. Jahrhundert) m. E. nicht hinreichend gerecht.

29 Es gibt zwar nicht wenig Philosophisches, Sozialwissenschaftliches, Politisches zum Konzept der Arbeit wie zur Einschätzung der Arbeit im Laufe der Zeit, so mit weiteren Hinweisen u. a. Moser, Simon, »Zum philosophischen und sozialwissenschaftlichen Begriff der Arbeit«, in: *Archiv für Rechts- und Sozialphilosophie*, 50/1964, S. 87–103, Riedel, Manfred, »Arbeit«, in: Hans Michael Baumgartner/ Christoph Wild (Hrsg.), *Handbuch philosophischer Grundbegriffe*, München 1973, S. 125–141, sowie Conze, Werner, »Arbeit«, in: Otto Brunner et al. (Hrsg.), *Geschichtliche Grundbegriffe. Historisches Lexikon zur politisch-sozialen Sprache in Deutschland*, Bd. 1, Stuttgart 1972, S. 154–214; Hoven, Birgit van den, *Work in Ancient and Medieval Thought: Ancient Philosophers, Medieval Monks and Theologians and Their Concept of Work, Occupations and Technology*, Amsterdam 1996; Applebaum, Herbert, *The Concept of Work. Ancient, Medieval and Modern*, New York 1992; abgesehen jedoch von Hinweisen bei Blumenberg, Hans, *Paradigmen zu einer Metaphorologie* [zuerst 1960], Frankfurt am Main (1998) 1999, S. 34ff., sowie den Materialien bei Brocker, Manfred, *Arbeit und Eigentum. Der Paradigmenwechsel in der neuzeitlichen Eigentumstheorie*, Darmstadt 1992, insb. S. 431–459, und von gelegentlichen Untersuchungen in dieser Hinsicht zu Hegels Arbeitsbegriff abgesehen, scheint es keine spezielle Studie zum ›Arbeitscharakter‹ der *wissenschaftlichen Erkenntnis* zu geben.

30 Kant, Immanuel, »Von einem neuerdings erhobenen vornehmen Ton in der Philosophie« [1796], in: *Akademie-Ausgabe*, Bd. 8: *Abhandlungen nach 1781*, Berlin 1968, S. 387–410, hier S. 398.

31 Ebd., S. 390.

32 Zu den verschiedenen Platon-Bildern Kants, vom »erhabenen Philosophen« bis zum Vater der ›Schwärmerei‹, ohne allerdings auf den hier angesprochenen Aspekt näher einzugehen, neben Mollowitz, Gerhard, »Kants Platoauffassung«, in: *Kant-Studien* 40/1935, S. 13–67, Heimsoeth, Heinz, »Kant und Plato«, in: *Kant-*

bende Zeitgenossen, die aus seiner Sicht philosophische ›Schwärmer‹ sind[33] und die unter dem »Einfluß eines höheren Gefühls philosophiren […] wollen«.[34] Erkenntnis entstehe hingegen in »langsamer Entwicklung […], also nur durch Arbeit«.[35] Nicht das Überfliegen der Sinnenwelt, nicht die »Apotheose von oben herab«, sondern die Reflexionsarbeit der Vernunft steige »von unten hinauf« zu Ideen durch »methodische Entwicklung und systematische Zusammenstellung der Begriffe«,[36] nicht ein »gewisser mystischer Takt, ein Übersprung (*salto mortale*) von Begriffen zum Undenkbaren«.[37]

Fraglos gehört die vielfältige Sprache des Aufschwungs zur ältesten Metaphorik im Bereich der geistigen Tätigkeit. Seit alters ist das, was etwa der ›Logik‹ nicht gemäß erscheint, als das ›Sprunghafte‹ gesehen worden:[38] Mitunter offenbar übertragen von der lange unbestrittenen Maxime *natura non*

Studien 56/1965, S. 349–372, Ders., »Plato im Werdegang Kants«, in: *Studien zu Kants philosophischer Entwicklung*, Hildesheim 1967, S. 124–143; Baum, Manfred, »Platon und die Kritische Philosophie«, in: Rainer Adolphi/Jörg Jantzen (Hrsg.), *Das antike Denken in der Philosophie Schellings*, Stuttgart/Bad Cannstatt 2004, S. 579–599; auch Bubner, Rüdiger, »Platon – der Vater aller Schwärmerei. Zu Kants Aufsatz ›Von einem neuerdings erhobenen vornehmen Ton in der Philosophie‹«, in: Ders., *Antike Themen und ihre moderne Verwandlung*, Frankfurt am Main 1992, S. 80–93; sowie Reich, Klaus, *Die Tugend in der Idee* [1964], in: *Gesammelte Schriften*, Manfred Baum (Hrsg.), Hamburg 2001, S. 306–314.

33 Vgl. auch Hinske, Norbert H., »Zur Verwendung der Wörter ›schwärmen‹, ›Schwärmer‹, ›Schwärmerei‹, ›schwärmerisch‹ im Kontext von Kants Anthropologiekolleg«, in: *Aufklärung*, 31/1988, S. 73–81; zum Hintergrund Summerell, Orrin F., »Perspektiven der Schwärmerei um 1800. Anmerkungen zu einer Selbstinterpretation Schellings«, in: Burkhard Mojsisch/Orrin F. Summerell (Hrsg.), *Platonismus und Idealismus. Die platonische Tradition in der klassischen deutschen Philosophie*, München, Leipzig 2003, S. 139–173.

34 Kant, »Von einem neuerdings erhobenen vornehmen Ton« [1796], S. 395.

35 Ebd., S. 403.

36 Ebd., S. 390. – In Kants philosophischen Schriften scheint der Arbeitsbegriff gelegentlich als technischer Ausdruck Verwendung zu finden, etwa Kant, Immanuel, *Kritik der reinen Vernunft*, in: *Akademie-Ausgabe*, Bd. 3: *2. Aufl. 1787*, Berlin 1911/Bd. 4: *1. Aufl. […]*, Berlin 1968, B 1: »den rohen Stoff sinnlicher Eindrücke zu einer Erkenntnis der Gegenstände zu verarbeiten, die Erfahrung heißt […].« Oder B 355/A 298: »den Stoff der Anschauung zu bearbeiten und unter die höchste Einheit des Denkens zu bringen«.

37 Kant, »Von einem neuerdings erhobenen vornehmen Ton« [1796], S. 398.

38 Vgl. z. B. Baumgarten, Alexander G. (1814–1862), *Aesthetica*, Francofurti 1750 u. 1758 (ND Hildesheim 1961), S. 375 (§ 578), wo es heißt: Glaubhaft gemacht durch sprunghafte, in der Logik nicht erlaubte Argumente, wenn auch in schönen, verhüllenden sprachlichen Formulierungen: »aut probantur saltibus logice illegitimis, etiamsi pulcris, formis crypticis […].«

facit saltum auf alle menschlichen Erfindungen.[39] Ausdrücke hierfür sind *saltus*, aber auch *hiatus*. Kant spricht von der »Verhütung kühner Sprünge in Folgerungen«.[40] Das meint bei Kant den Aspekt des *Stetigen*: »Genie«, »Lebhaftigkeit« und »Witz« sieht er als etwas an, das ohne »Stätigkeit« sei.[41] Aber Anklänge dürften sich bei ihm in diesem Zusammenhang auch zu Francis Bacon (1561–1626) finden, von dem er immer wieder Teile seiner Bildersprache entlehnt hat[42] und von dem er in der Vorrede zur *Kritik der reinen Vernunft* als dem ›sinnreichen Bacon‹ spricht. Wohl unter Anspielung auf ein Sprichwort ungewisser Herkunft – bei Augustinus findet sich in den *Confessiones* die wunderbare Geschichte vom federlosen Vogel (dem Exegeten), der aus dem Nest fällt und den Gottes Engel wieder zurücklegt, damit er erst das Fliegen erlerne:[43] Es solle keiner fliegen, wenn ihm keine Flügel gewachsen sind[44] – heißt es bei Bacon: Man solle dem menschlichen Verstand kein Gefieder anheften, sondern ihn eher mit Bleigewichten beschweren – sprich: mit der Methode Bacons –, damit ihm das Springen und Fliegen vergehe: »Itaque hominum intellectui non plumae addendae, sed plumbum potius et pondera; ut cohibeant omnem saltum et volatum.«[45] Dem Fliegen »from the senses and particulars to the most general axiomes«, *advolatio ad generalissima*, stellt Bacon an anderer Stelle »a gradual and unbroken ascent, so that it ar-

---

39 So etwa bei Gottsched, Johann Christoph (1700–1766), *Versuch einer critischen Dichtkunst*, 4. vermehrte Aufl., Leipzig 1751, S. 451 (I. Abschnitt, III. Hauptstück): »In allen menschlichen Dingen und Erfindungen geschieht nichts auf einmal, oder durch einen Sprung; sondern alles wird nach und nach erfunden, verbessert, und allmählich zur Vollkommenheit gebracht.« Ähnlich Ders., *Erste Gründe der gesammten Weltweisheit* [1733, 1756], in: *Ausgewählte Werke,* Joachim Birke/Mitchell Phillip M. (Hrsg.), Bd. 5,1: *Theoretischer Teil*, hier S. 294, § 423: »1) *Die Natur geht allezeit den kürzesten Weg*: [...] 2) *In der Natur geschieht nichts durch einen Sprung*; das ist, alles was entsteht oder geschieht, das geschieht und entsteht nicht auf einmal; sondern nach und nach [...].«

40 Kant, *Kritik der reinen Vernunft*, B XXXVI.

41 Nach einer Logik-Nachschrift, vgl. Kant, Immanuel, *Akademie-Ausgabe*, Bd. 24,1: *Vorlesungen über Logik. Erste Hälfte* (*anonymus Blomberg*), Berlin 1966, S. 179.

42 Hierzu auch Hinweise bei Kim, Shi-Hyong, *Bacon und Kant. Ein erkenntnistheoretischer Vergleich zwischen dem ›Novum Organum‹ und der ›Kritik der reinen Vernunft‹,* Berlin, New York 2008.

43 Vgl. Augustin, *Conf*, 12, 27, 37.

44 Vgl. Agricola, Johannes (1494–1566), *Die Sprichwörtersammlungen* [1528/29, 1546], Bd. 1, Sander L. Gilman (Hrsg.), Berlin, New York 1971, S. 283, Nr. 327.

45 Vgl. Bacon, Francis, *Novum Organum* [1620], in: *The Works of Francis Bacon*, James Spedding et al. (Hrsg.), Bd. 1, London 1858 (ND Stuttgart/Bad Cannstatt 1963), S. 147–365, hier S. 205 (Lib. 1, Aph. 104).

rives at the most general axioms last of all« gegenüber.[46] Als *anticipationes naturae* bezeichnet er weniger die Hypothesenbildung überhaupt als vielmehr die übereilte Annahme von Wissensansprüchen, denen die *interpretationes naturae* gegenüberstehen.[47]

Zwar verwendet Bacon mitunter den Ausdruck *labor* im Zusammenhang der Charakterisierung der von ihm entworfenen geistigen Tätigkeit, aber es ist nicht klar, ob das mehr meint als den Hinweis auf den mühsamen Charakter einer solchen Tätigkeit – zumal das berühmte Vergil-Diktum zur Erklärung der Entstehung der Künste, *labor omnia vincit improbus*, allgegenwärtig war.[48] Zu beachten ist zudem, dass Bacon die Maxime aufstellen konnte: Die Darstellung eines »knowledge broken, do invite men to inquire farther«.[49] Das richtet sich gegen jedes vorschnelle ›System‹, durch welches das bisherige Wissen kodifiziert werden soll:

> Aphorisms, except they should be ridiculous, cannot be made but of the pith and heart of sciences [...]. But in Methods [...] as a man shall make a great shew of an art, which if it were disjointed would come to little. Secondly, Methods are more fit to win consent or belief, but less fit to point to action [...]. And lastly, Aphorisms, representing a knowledge broken, do invite men to inquire farther; whereas Methods, carrying the shew of a total, do secure men, as if they were at furthest.[50]

---

46 Ebd., S. 50 (Lib. 1, Aph. 19).

47 Vgl. ebd., S. 160f. (Lib. 1, Aph. 26–30).

48 Hierzu u. a. Altevogt, Heinrich, *›Labor improbus‹. Eine Vergilstudie*, Münster 1952, vor allem und umfassend Lau, Dieter, *Der lateinische Begriff ›Labor‹*, München 1975.

49 Hierzu vorbildlich, auch unter Absetzung von Bacons Aphorismus-Konzept gegenüber dem zeitgenössischen Gebrauch, Clucas, Stephen, »›A Knowledge Broken‹: Francis Bacon's Aphoristic Style and the Crisis of Scholastic and Humanist Knowledge Systems«, in: Neil Rhodes (Hrsg.), *English Renaissance Prose: History, Language, and Problems*, Temple 1997, S. 147–172. Bacons metaphorische Formulierung »knowledge broken« hat allerlei Spekulationen auf den Plan gerufen, so bei Hattaway, Michael, »Bacon and ›Knowledge Broken‹: Limits for Scientific Method«, in: *Journal of the History of Ideas*, 39/1978, S. 183–197; hierzu als Antidot Horton, Mary, »Bacon and ›Knowledge Broken‹: An Answer to Michael Hattaway«, in: *Journal of the History of Ideas*, 43/1981, S. 487–504.

50 Vgl. Bacon, Francis: »Of the Proficience and Advancement of Learning Divine and Humane« [1605], in: *The Works*, Bd. 3, London 1859 (ND Stuttgart/Bad Cannstatt 1963), S. 259–491, hier S. 405 (Book 2) oder S. 292 (Book 1): »Another error, of a diverse nature from all the former, is the over-early and peremptory reduction of knowledge into arts and methods; from which time commonly sciences receive small or no augmentation. But as young men, when they knit and shape perfectly, do seldom grow to a further stature; so knowledge, while it is in aphorisms and observations, it is in growth; but when it once is comprehended in exact methods, it may perchance be further polished and illustrate, and accommo-

Nur erwähnt sei, dass Bacon zehn verschiedene Stile bzw. Darstellungsweisen unterscheidet.[51] Richten dürfte sich diese Konzeption des Aphorismus unter Umständen gegen die methodischen Aufbereitungen des Wissens bei Ramisten in der Nachfolge ihres Meisters,[52] doch konnte das bei Bacon sehr konkret werden – so im Zusammenhang seiner Kritik an William Gilberts (1544–1603) *De Magnete* von 1600, dem er vorhält, er habe den Magnetismus zwar überaus aufwändig beobachtet (mehr als die ›Chemiker‹), gestalte aber selbst sogleich eine ganze Philosophie in Übereinstimmung mit diesem Gegenstand.[53] Wenn es 150 Jahre später bei Johann Gottfried Herder (1744–1803) heißt: »So lange die Wissenschaft in Aphorismen und Beobachtungen ausgestreuet ist, kann sie wachsen: von der Methode umzäunt und umschlossen, kann sie etwa erläutert, gefeilt, zum Gebrauch bequem gemacht werden, an Gehalt aber nimmt sie nicht mehr

---

dated for use and practice; but it increaseth no more in bulk: and substance.« Vgl. bereits Ders., »Maxims of the Law« [1597, posthum 1630], in: *The Works*, Bd. 7, London 1861 (ND Stuttgart/Bad Cannstatt 1963), S. 307–387, hier S. 321, wo dieser Ausdruck unter Berufung auf Hippokrates gegen »method« und »order« gesetzt wird.

51 Vgl. Bacon, »Of the Proficience« [1605], S. 450.

52 Vgl. u. a. Ders., »De dignitate et augmentis scientiarum«, in: *The Works*, Bd. 1, S. 431–837, hier S. 663 (Lib. IX [1623], Lib. VI, Cap. III); die Kritik zielt unter anderem auf das in der Zeit sprichwörtliche ramistische Dichotomisieren (*series dichotomiae*); etwaige Beziehungen Bacons zum Ramismus sind bislang wenig untersucht worden, vgl. u. a. Walton, Craig, »Ramus and Bacon on Methode«, in: *Journal of the History of Philosophy*, 9/1971, S. 289–302, auch den Hinweis bei Malherbe, Michel, »Bacon's Critique of Logic«, in: William A. Sessions (Hrsg.), *Francis Bacon's Legacy of Texts*, New York 1990, S. 69–87; Fletcher, Angus, »Francis Bacon's Forms and the Logic of Ramist Conversion«, in: *Journal of the History of Philosophy*, 43/2005, S. 157–169, versuchte zu zeigen, dass die *lex sapientiae* (*lex colligationis)*, die zu den *tres leges methodicae* des Ramus gehört, eine wichtige Rolle bei Bacon spiele. – Ein Echo dann bei Leibniz, Gottfried Wilhelm, *Nova methodus discendae docendaeque jurisprudentiae. Ex artis Didacticae Principiis in parte Generali praemissis Experientiaeque Luce* [... 1667], in: *Akademie-Ausgabe*, Bd. 6, 1: *Philosophische Schriften 1663–1672*, Darmstadt 1930, S. 259–364, hier S. 296 (Pars II, § 7), wo es heißt: »Nam, ut recte *Petro Ramo* Ramistisque objecit incomparabilis *Verulamius*, effecêre illi anxietate dichotomiarum, ut rem coangustarent magis quàm comprehenderent, quae intereâ velut anguilla, aut pro grano proprietatum inutiles divisionum paleas relinquebat.«

53 Vgl. Bacon, *Novum Organum* [1620], S. 169 (Lib. I, Aph. 54): »Quinetiam Gilbertus, postquam in contemplationibus magnetisse laboriosissime exercuisset, confinxit statim philosophiam consentaneam rei apud ipsum praepollenti.« – Hierzu auch Hesse, Mary B., »Gilbert and the Historians« (I & II), in: *The British Journal for the Philosophy of Science*, 11/1960,61, S. 1–10 sowie S. 130–142, insb. S. 139ff.

zu«,[54] so ist das auch ein Echo von Bacons zukunftsoffenem Wissenskonzept.

Jakob Friedrich Fries (1773–1843) knüpft in seiner 1803 erschienen, 1824 erweiterten Polemik genau hier an[55] – und die von ihm Gemeinten werden nun auch mit Namen genannt; näherer Anlass für Kants Schrift war Johann Georg Schlossers (1739–1799) *Platos Briefe über die syrakusanische Staatsrevolution* von 1795.[56] Fries bietet in *Reinhold, Fichte und Schelling* die Identifikation von Platon als ›Philosoph des Witzes‹, also des analogisierenden Denkens, und von Aristoteles als ›Philosoph des Scharfsinns‹, also des zergliedernden Denkens, die dann in der Entgegenstellung von Schelling und Kant ihre Vergegenwärtigung findet[57]; zum einen sei es die »Leichtigkeit des Witzes«, zum anderen sei es »die Mühsamkeit scharfsinniger Unterscheidungen […] der arbeitsamen Parthey«.[58] Der Ausdruck *Arbeit* kann bei der Beschreibung einer *Lebensweise* Fleiß als anhaltende (rastlose) Beschäftigung bezeichnen, aber auch eine ebenso nützliche wie wohlgeordnete Tätigkeit konnotieren, und zwar als etwas, das dem *Müßiggang* sowie der *Zerstreuung* entgegengesetzt ist;[59] dabei hat mittlerweile die Forschung weitgehend Abstand davon genommen, solche Konnotation mit dem eng verknüpft zusehen, was Max Weber als protestantische ›Arbeitsethik‹ gefasst hat. Aus der komplizierten

---

54 Herder, Johann Gottfried, »Briefe, das Studium der Theologie betreffend. Dritter Theil« [1781, 1786], in: *Herders Sämmtliche Werke*, Bernhard Suphan (Hrsg.), Bd. 10, Berlin 1879, S. 269–402, hier S. 402.

55 Vgl. Fries, Jakob Friedrich, »Reinhold, Fichte und Schelling« [1803, 1824], in: *Sämtliche Schriften*, Gert König/Lutz Geldsetzer (Hrsg.), Bd. 24, Abt. 6: *Polemische Schriften, Rezensionen, Politische Flugschriften, Ansprachen, Briefe*, Bd. 1, Aalen 1978, S. 33–476, insb. S. 351–368.

56 Vgl. auch Kreienbrink, Ingrete, »Johann Georg Schlossers Streit mit Kant«, in: Albert R. Schmitt (Hrsg.), *Festschrift für Detlev W. Schumann zum 70. Geburtstag*, München 1970, S. 246–255, ferner Vorländer, Karl, *Immanuel Kant: der Mann und das Werk* [1924], 3. erw. Aufl., Hamburg 1992, S. 270–276.

57 Vgl. Fries, »Reinhold, Fichte und Schelling« [1803, 1824], S. 352. – Vgl. z. B. auch Karl Lachmanns (1793–1851) Wort von den »arbeitsscheuen Liebhabern« *in philologicis* in: Ders., »[Vorrede]. Auswahl aus den hochdeutschen Dichtern des dreizehnten Jahrhunderts« [1820], in: *Kleinere Schriften zur deutschen Philologie*, Karl Müllenhoff (Hrsg.), Berlin 1876, S. 158–175, hier S. 171.

58 Fries, »Reinhold, Fichte und Schelling«, S. 362.

59 Hierzu auch die Hinweise aus Fremd- wie Selbstbeschreibungen, dabei auch des Gelehrtenstandes – *nulla dies sine linea* – bei Maurer, Michael, *Die Biographie des Bürgers. Lebensformen und Denkweisen in der formativen Phase des deutschen Bürgertums (1680–1815),* Göttingen 1996, S. 378ff.; zur Arbeit als Mühsal, Drangsal in allen Sprachen vgl. Wiedemann, Konrad, *Arbeit und Bürgertum. Die Entwicklung des Arbeitsbegriffs in der Literatur Deutschlands an der Wende zur Neuzeit*, Heidelberg 1979.

Semantik des Ausdrucks *Arbeit* und aus der Fülle der in der Zeit unterschiedlichen Verwendungsweisen ist es hier, neben der Stetigkeit, das Mühsame als das *Zeitintensive*. Auch wenn die Verwendungen des Ausdrucks nicht selten in dem Sinn blass sind, dass sie nur die Anstrengung (»mühsam«) ausdrücken sollen, kann auch wesentlich mehr gemeint sein.

So steht der Betonung der wissenschaftlichen Tätigkeit als *Arbeit* das Plötzliche des *einen* Blicks – eines »einzigen Scharfblick[s]« (wie Kant sagt) –, das *simul et non successive* als eine Art der *cognitio intuitiva* entgegen. Verbunden damit ist zugleich der Aspekt des Mühelosen, vor allem aber des Nichtzeitraubenden. Kant hat die traditionell Gott vorbehaltene *cognitio intuitiva* in der Gestalt der intellektualen Anschauung, der Gleichzeitigkeit von Einheit und Vielfalt in *einem* Blick, zurückgewiesen. Goethe hingegen, diese Kant-Passage in seinem Sinn deutend, hat sie für seine Anschauung der Natur reklamiert;[60] Ähnliches findet sich aber auch bei Mathematikern.[61] Die *Plötzlichkeit* einer gewonnenen *Einsicht*, die direkte *Schau* ist ein feststehendes Moment in den (anekdotischen) Selbstbeschreibungen von (erlebten) Problemlösungsprozessen, und zugleich ist es bis heute ein anhaltendes Thema in den psychologischen Analysen und Beschreibungen ›schöpferischer Prozesse‹.

Zurück zu Helmholtz: Auch er beschwört die »gewissenhafte Arbeit«,[62] und kurz vor Ende seiner Rede ruft er den Zuhörern zu: »Arbeiten wir wei-

---

60 Goethe, Johann Wolfgang, »Anschauende Urteilskraft« [1820], in: *Goethes Werke: Hamburger Ausgabe in 14 Bänden*, Erich Trunz (Hrsg.), Bd. 13: *Naturwissenschaftliche Schriften*, 10. Aufl., Hamburg 1989, S. 30f., hier S. 30.

61 Für Krull, Wolfgang, »Über die ästhetische Betrachtungsweise in der Mathematik«, in: *Sitzungsberichte der Physikalisch-medizinischen Sozietät zu Erlangen*, 61/1929, S. 207–220, S. 215, erscheint es als wünschenswert, bevor der mathematische Beweis »im einzelnen durchgeprüft« sei, »gleichsam auf einen Blick« zu sehen, »dass die Ergebnisse gar nicht anders hätten lauten können«. Nach Emil Artin (1898–1962), der 1938 Deutschland verlassen musste, besteht das Glück des Mathematikers darin, »to see at one glance the whole architecture and all its ramifications«, wie es in seiner Rezension der *Élements de mathématique* Bourbakis in: *Bulletin of the American Mathematical Society*, 59/1953, S. 474–479, hier S. 475, heißt. – Übernommen wird dies dann auch von Wissenschaftshistorikern – nur ein Beispiel: Miller, Arthur I., *Imagery in Scientific Thought: Creating 20th-Century Physics*, Boston et al. 1984, S. 221: »Wolfgang Amadeus Mozart's auditory imagery permitted to hear a new symphony ›*tout ensemble*‹. The great French mathematician and philosopher Henri Poincare's ›sensual imagery‹ led him to sense a mathematical proof in its entirety ›at a glance‹. Albert Einstein's creative thinking occurred in visual imagery, and words were sought after laboriously only in a secondary stage.«

62 Fries, »Reinhold, Fichte und Schelling« [1803, 1824], S. 239.

ter«.[63] Alle Charakterisierungen des Abzulehnenden – wie der »glückliche« oder der »geistreiche Blick«,[64] die »schnelle Vorahnung«,[65] der »günstige Zufall«,[66] der »Ikarusflug der metaphysischen Spekulation«,[67] die »Einfälle«[68] – implizieren das Nichtsprunghafte als Gegenbild. Das Anhaltende, das Kontinuierliche, das Stetige verweist letztlich auf das Zeitintensive der wissenschaftlichen Tätigkeit als Arbeit. Zudem kommt bei Helmholtz (wie auch bei Kant) das Moment der sozialen Anerkennung und Visibilität ins Spiel. Gerichtet ist das gegen alle diejenigen, die sich als »bevorzugte Kinder des Genius« sehen und »durch plötzliche Geistesblitze einen unerschwingbaren Vorzug vor den Mitlebenden« sich »leicht anzueignen erhoffen«: Die einen finden »das aufregendste Interesse« beim »große[n] Publikum«, die anderen sind »eine kleine Zahl still fortarbeitender Jünger«.[69] Wo bleibt aber der Vergleich mit den ›Künstlern‹?

Selbstverständlich fehlt auch er bei Helmholtz nicht. Er findet sich, wenn er den vermeintlich »bevorzugten Kindern des Genius« das Wissen entgegensetzt, »daß große Leistungen nur durch große Arbeit entstehen«.[70] Denn sogleich fügt er an, dass das nicht allein der ›rechte Forscher‹ wisse, sondern auch der ›rechte Künstler‹ – aber mehr noch: Helmholtz betont, dass das Finden von Wissen in den Naturwissenschaften »von gleicher Art mit den höchsten Leistungen künstlerischer Anschauung« sei.[71] Weder sei es »erzwingbar« noch durch eine »bekannte Methode« erwerbbar. Das ist freilich gerade nicht der Aspekt, der zuvor schon für viele naturwissenschaftliche und mathematische Zeitgenossen gerade den ›Künstler‹ zum Sinnbild werden lässt für das, was der Konnotation des Ausdrucks *Arbeit* widerstreitet. Diese spezielle Konstellation macht deutlich, dass es um den bestimmten *Gebrauch* geht, den man von einem kreativen ›Vermögen‹ zu machen versteht. So richtet sich Helmholtz' Polemik gegen das »leere Hypothesenmachen«, nicht gegen das Finden »bisher verborgener Ähnlichkeiten«[72] – also das, wofür seit Beginn des 18. Jahrhunderts gewöhnlich der »Witz« (*ingenium*) steht.

---

63 Ebd., S. 244.
64 Ebd.
65 Ebd., S. 40.
66 Helmholtz, Hermann von, »Goethes Vorahnungen kommender naturwissenschaftlicher Ideen« [1892], in: Ders., *Philosophische Vorträge*, S. 337–364, hier S. 349.
67 Helmholtz, »Das Denken« [1877], S. 224.
68 Ebd., S. 239.
69 Ebd., S. 243.
70 Ebd., S. 239; ähnlich S. 242.
71 Ebd., S. 238.
72 Ebd., S. 243.

Im Bild des ›rechten Künstlers‹ wie des ›rechten Forschers‹ erscheint bei Helmholtz beides glücklich vereint: Kreativität und gewissenhafte Arbeit, die die Gedankenflüge kritisch kontrolliert und den Kontakt zum Boden wahrt.

II.1. Einbildungskraft versus Induktion, Phantasie versus Methode

In einer allerdings erst posthum veröffentlichten Vorlesung Wilhelm Diltheys heißt es zum »Vorurteil des Denkens als eines rein logischen Vorgangs«:

> Seit Aristoteles bis heute wird nur in den Operationen des Verstandes der Grund aller Wissenschaft gesucht. Dies ist falsch. Schon Liebig macht darauf aufmerksam, daß der Experimentator durch einen Zug schöpferischer Phantasie müsse geleitet werden, analog dem Tun des Künstlers.[73]

Zurückhaltender, im entscheidenden Punkt aber zustimmend, äußert sich dreißig Jahre später Ernst Mach (1838–1916):

> Liebig hat dies [scil. Entdeckungen werden »erschaut«], wenn auch in anderer Form ausgesprochen und zugleich die nahe Verwandtschaft zwischen der Leistung des *Künstlers* und des *Forschers* betont. Die Darlegung Liebig's scheint im Wesentlichen richtig, wenngleich sich gegen seine Ausdrucksweise manches einwenden läßt.[74]

In seiner programmatischen Rede *Induction und Deduction* sieht Liebig 1865 in der »Induction« einen »eigenthümlichen geistigen Proceß, in welchem die Einbildungskraft die Hauptrolle spielt«.[75] Dazu komme die »Combination«. Diese Feststellung sieht Liebig vor allem im Widerstreit zur Bestimmung der Induktion bei Bacon: Die »Einbildungskraft« sei zwar etwas, das »wesentlich

---

73 Dilthey, Wilhelm, *Frühe Vorlesungen zur Logik und zum System der philosophischen Wissenschaften* [1864–1868], in: *Gesammelte Schriften*, Bd. 20: *Logik und System der philosophischen Wissenschaften: Vorlesungen zur erkenntnistheoretischen Logik und Methodologie (1864–1903)*, Hans Ulrich Lessing (Hrsg.), Göttingen 1990, S. 1–126, hier S. 98.

74 Mach, Ernst, *Die Prinzipien der Wärmelehre* [1896], Leipzig 1900, S. 445, zu »Deduktion und Induktion in psychologischer Betrachtung« Ders., *Erkenntnis und Irrtum. Skizzen zur Psychologie der Forschung* [1905], Leipzig 1926 (ND Darmstadt 1987), S. 304–319.

75 Vgl. Liebig, Justus von, *Induction und Deduction. Rede in der öffentlichen Sitzung der königl. Academie der Wissenschaften am 28. März 1865 zur Feier ihres einhundertundsechsten Stiftungstages gehalten*, München 1865, S. 9. – Erhellend für sein Wissenschaftsverständnis und damit auch für seine Sicht auf den Entwicklungsgang von Wissenschaft ist Liebigs späterer Vortrag: »Die Entwicklung der Ideen in der Naturwissenschaft« [1866], in: Ders., *Reden und Abhandlungen,* Georg von Liebig/Moritz Carriere (Hrsg.), Leipzig, Heidelberg 1874, S. 310–319.

den Dichter charakterisiert«,[76] doch erforderlich sei sie überhaupt, weil der »Verstand« – die »Verstandesoperationen« des (Natur-)Forschers – immer »vor einer Lücke« stehe, »die er nicht ausfüllen kann«.[77] Der »Weg zu den Thatsachen« sei dem Forscher »völlig unbekannt; denn wäre er bekannt, so würden ihm Verstandesschlüsse dazu verhelfen können.«[78] Es ist die *Lücke* der partiellen Nichtrationalisierbarkeit des Erkenntnisweges. Auch wenn ein »Zufall« mitunter nicht auszuschließen sei, müsse »das Experimentiren erlernt werden«. Es habe seine »Regeln« und stelle in der Hinsicht eine »Kunst« dar, dass es »auf einer eigenthümlichen geistigen Arbeit« beruht, an welcher der »Verstand als Zuschauer, häufig als guter Rathgeber und Helfer theilnimmt, aber ohne sie zu leiten, oder ohne daß sie abhängig von ihm ist.«[79]

»Kunst« und »Wissenschaft« unterscheiden sich nach Liebig in der Weise, dass jene auf »die Aufsuchung oder Erfindung von Thatsachen« ziele, diese auf die »Erklärung« der gefundenen Tatsachen. Deutlich wird, dass Liebig über einen Auffindungsprozess spricht, der sich nicht nur auf die empirischen (Experimental-)Disziplinen bezieht, sondern sich auch auf die Mathematik erstreckt: *Immer* seien »Kunst« und »künstlerische Begabung« erforderlich.[80] Zwar habe das nichts mit den ›schönen Künsten‹ gemein, doch dem »chemischen und physikalischen Denken« des »Experimentierkünstlers« am »nächsten« komme das »eigenthümliche Vermögen des Tondichters, der in Tönen denkt.«[81] Allerdings ist es nicht so, dass Liebigs Ausführungen zu »Induction« und »Deduction« sich einerseits dem Auffindungs-, andererseits dem Darstellungs- oder Begründungsprozess zuordnen ließen, wie man später unterscheiden wird.[82] Vielmehr handelt es sich um zwei Arten der Erzeugung von Wissen, die nach Liebig untereinander große Ähnlichkeiten besitzen: Die »Induction« vollziehe reale Experimente, und die »Deduction« stelle – den Ausdruck verwendet Liebig allerdings nicht explizit – ›Gedankenexperimente‹ an.[83] Gleichwohl erscheinen aus Liebigs Sicht die Unter-

---

76 Liebig, *Induction* [1865], S. 6.

77 Ebd., S. 7.

78 Ebd., S. 10.

79 Ebd., S. 16.

80 Ebd., S. 16f.

81 Ebd., S. 9.

82 Vgl. Danneberg, Lutz, *Methodologien. Struktur, Aufbau und Evaluation*, Berlin 1989, S. 12–65, sowie Ders., »Die philosophische Analyse im Logischen Empirismus: Explikation und Rekonstruktion«, in: Ders. et al. (Hrsg.), *Hans Reichenbach und die Berliner Gruppe*, Braunschweig, Wiesbaden 1994, S. 229–249.

83 Vgl. Liebig, *Induction* [1865], S. 17f.: »Der deductive Forscher probirt und experimentirt, um die Wahrheit zu finden, mit Verstandesbegriffen genau so wie der inductive mit sinnlichen, um das gesuchte Ding zu finden; beide streifen während

schiede, sentenzenhaft ausgedrückt, deutlich ausgeprägt: »Die Induction unter der Leitung der Phantasie ist intuitiv und schöpferisch, aber unbestimmt und maßlos; die Deduction unter der Leitung des Verstandes analysirt und begränzt, und ist bestimmt und maßvoll.«[84] Das induktive Denken sei zwar vergleichend und unterscheidend, aber nur qualitativ, das deduktive hingegen auch quantitativ, messend.

Freilich ist auch bei Liebig die Konstellation komplizierter. Das wird deutlich, wenn man beachtet, gegen wen sich seine Polemik richtet. Es sind nicht die Naturphilosophen, zu denen er sich, wenn auch nicht sonderlich oft, bereits in den vierziger Jahren mitunter sehr kritisch äußert,[85] sondern es ist Bacon. Zuvor bereits hat er sich ausführlich mit Bacon auseinandergesetzt und dessen Rolle in der Geschichte der Naturwissenschaften überaus kritisch kommentiert.[86] Diese Bacon-Kritik fand nicht allein beachtliche Resonanz, sie blieb auch nicht unwidersprochen. Zu denen, die sich mit ihr eher kritisch auseinandergesetzt haben, gehörten solch namhafte Philosophiehistoriker wie Christoph Sigwart (1830–1904) und Kuno Fischer (1824–1907).[87] Dass Liebig die Bacon-Kritik – an dem ›Helden der Dilettanten‹[88] – besonders

---

der Arbeit, durch Prüfung und Verbesserung, das Irrige ab, und finden die Theile, die ihnen zur Ergänzung der Idee, welche sie in die Untersuchung mitbrachten, fehlten.«

84 Ebd., S. 19.

85 Vgl. Ders., *Ueber das Studium der Naturwissenschaften und über den Zustand der Chemie in Preußen*, Braunschweig 1840.

86 Vgl. Liebig, Justus von, *Francis Bacon von Verulam und die Geschichte der Naturwissenschaften*, München 1863.

87 Vgl. Sigwart, Christoph, »Ein Philosoph und ein Naturforscher über Fr. Bacon von Verulam«, in: *Preußische Jahrbücher*, 12/1863, S. 93–129, sowie Ders., »Noch ein Wort über Fr. Bacon von Verulam. Eine Entgegnung«, in: *Preußische Jahrbücher*, 13/1864, S. 79–89; Fischer, Kuno, *Francis Bacon und seine Schule. Entwicklungsgeschichte und Erfahrungsphilosophie* [1875], 3. Aufl., Heidelberg 1904, S. 332–345.

88 In einem Schreiben an den Freund Friedrich Wöhler (1800–1882) vom 9. April 1863 heißt es, vgl.: *Aus Justus Liebig's und Friedrich Wöhler's Briefwechsel in den Jahren 1829–1873*, August Wilhelm Hofmann (Hrsg.), Braunschweig 1888, Bd. 2, S. 133: »Du wirst erstaunen, welch ein Schwindler dieser Mann [scil. Bacon] ist. Ich beschäftige mich schon seit Juli vorigen Jahres mit ihm und bin dadurch veranlasst worden, die Geschichte der Naturwissenschaften genau zu studiren. Die meisten Entdeckungen und Erfindungen geschehen ohne die Wissenschaft. Diese macht sie fest, klar und ökonomisch. Die Kunst geht allzeit der Wissenschaft voraus. Bacon's Inductionsmethode ist genau die entgegengesetzte von der unsrigen. Er ist der Held der Dilettanten, aber ich denke, seine Adoration wird ein Ende haben wie die Selbstverbrennung.« Wöhler reagiert auf Liebigs Bitte, ihm etwas zu seinem Beitrag zu sagen, wohlwollend, aber ein wenig ausweichend (S. 136): »Was werden die Engländer über diese Verketzerung ihres Abgotts sagen?« Vgl. auch

wichtig war, geht allein schon daraus hervor, dass er replizierte und seine Kritik fortsetzte.[89] Die Auseinandersetzung zeigt dabei nicht zuletzt die unterschiedlichen Perspektivierungen, die der Naturwissenschaftler und der Philosophiehistoriker bei demselben Gegenstand vornehmen.

Nun ist Liebigs Blick auf Bacon nicht immer so kritisch gewesen. In einem Schreiben vom 2. Mai 1847 an den Verleger Eduard Vieweg (1797–1867) heißt es zu John Stuart Mills *System of Logic* – in ihm wird Liebig unter anderem als der *Newton der gegenwärtigen Chemie* bezeichnet, und gelegentlich illustriert Mill seine theoretischen Überlegungen mit Liebigs chemischen Resultaten[90] –, dass es ein Beispiel für die »gesunde englische Philosophie« sei, »welche seit Bacon von Verulam und Galilei die Grundlage« bilde. Als ein weiterer Aspekt kommt womöglich hinzu, dass Bacon stellvertretend für Teile der zeitgenössischen englischen Wissenschaft steht, von der sich Liebig hinsichtlich seiner Theorien verkannt fühlte und mit der seine Vorstellungen der Agrikulturchemie konkurrierten.[91] 1840 hatte Liebig auf Betreiben der *British Association for the Advancement of Science* seine ›Außenseiterarbeit‹ *Die organische Chemie und ihre Anwendung auf Agrikultur und Physiologie* verfasst; seine Überlegungen wurden allerdings kritisiert. Bis 1855 dominierte eine konkurrierende Auffassung hinsichtlich der landwirtschaftlichen Bearbeitung.[92] Angesichts der Ernährungskrise von 1846/47 mit den ihr zugeschriebenen Folgen scheint es dann in Baden zu einer Intensivierung der chemischen Forschung gekommen zu sein – nicht zuletzt mit der Orientierung an Liebigs Agrikulturchemie wegen ihres Einflusses auf den Ackerbau.[93] Wie dem auch im Einzelnen sei: Die Kritik wurde gesehen als gegen

---

Liebigs sich beklagendes Schreiben vom 8. November 1863 (S. 147). Liebigs Rede erschien auch auf Englisch, vgl. Ders., »Lord Bacon as Natural Philosopher«, in: *Macmillan's Magazine*, 8/1863, S. 237–267.

[89] Vgl. Liebig, Justus von, »Ein Philosoph und ein Naturforscher über Bacon von Verulam« [1863], in: *Reden und Abhandlungen*, 1874, S. 255–279, sowie Ders., »Noch ein Wort über Francis Bacon von Verulam« [1864], in: ebd., S. 280–295.

[90] Hierzu auch Munday, Pat, »Politics by Other Means: Justus von Liebig and the German Translation of John Stuart Mill's *Logic*«, in: *British Journal of the History of Science*, 31/1998, S. 403–418, wo allerdings mit keinem Wort Liebigs spätere Bacon-Kritik erwähnt wird.

[91] Hierzu aus der jüngeren Literatur Sonntag, Otto, »Liebig on Francis Bacon and the Utility of Science«, in: *Annals of Science*, 31/1974, S. 373–386.

[92] Ausführlich zu Liebigs *British affairs* Brock, William H., *Justus von Liebig: The Chemical Gatekeeper*, Cambridge 1997.

[93] Hierzu Borscheid, Peter, »Fortschritt und Widerstand in den Naturwissenschaften. Die Chemie in Baden und Württemberg, 1850–1865«, in: Ulrich Engelhardt (Hrsg.), *Soziale Bewegung und soziale Verfassung*, Stuttgart 1978, S. 755–769, mit problematischen Ausdeutungen Krohn, Wolfgang/Schäfer, Wolf, »Origins and

ein bestimmtes (Selbst-)Bild des naturwissenschaftlich-experimentierenden Prozedere gerichtet, für das spätestens seit Voltaires *Lettres philosophiques* Bacon stellvertretend als *le père de la philosophie expérimentale* galt, gleichsam für eine *mechanisch* prozedierende Induktion und für ein ebenso sicheres wie selbstgenügsames Verfahren zur *Erzeugung* naturwissenschaftlichen Wissens. Obwohl er gelegentlich den Anschein erweckte, seine in Aussicht gestellten methodischen Regulierungen der Wissenserzeugung ersetzten weithin den Scharfsinn und besondere Anlagen (»*ingenia et intellectus*«), wie dies beim Zeichnen nicht mit bloßer Hand, sondern unter Verwendung von Lineal und/oder Zirkel der Fall sei,[94] und obwohl er mitunter in solchen Zusammenhängen auch von ›mechanisch‹ spricht,[95] ist das, was Bacon entwirft, auch im eigenen Verständnis keine ›Induktionsmaschine‹.[96] Im Zuge des 19. Jahrhunderts wandelt sich die Bacon-Wertschätzung massiv: Nach Rudolf Virchow (1821–1902) ist es Bacon gewesen – obgleich ein »Schurke«, so doch auch ein »Philosoph« –, der »zuerst mit Bewußtsein, nach einer langen Zeit des Träumens, die naturwissenschaftliche Methode« gelehrt habe.[97]

Structure of Agricultural Chemistry«, in: Gerard Lemaine u. a. (Hrsg.), *New Perspectives of Scientific Disciplines*, Paris 1977, S. 32–52, kritisch zu einer Reihe von Deutungen hinsichtlich eines Wandels bei von Liebigs ist Munday, Pat, »Liebig's Metamorphosis: From Organic Chemistry to the Chemistry of Agriculture«, in: *Ambix*, 38/1991, S. 135–154, zu einem weiteren, womöglich zu berücksichtigenden Aspekt Ders., »Social Climbing Through Chemistry: Justus Liebig's Rise From the *niedere Mittelstand* to the *Bildungsbürgertum*«, in: *Ambix*, 37/1990, S. 1–19.

94 Vgl. Bacon, *Novum Organum* [1620], S. 172 (Lib. I, Aph. 61) im Zusammenhang mit den *Idola Theatri*. Anspielen könnte Bacon auf die von Vasari (1511–1574) überlieferte Geschichte, dass Giotto (1266–1337) als Beleg seines Könnens einen perfekten Kreis aus freier Hand vorgelegt habe.

95 Bacon ebd., S. 152 (»Praefatio«): »ac res veluti per machinas conficiatur.«

96 Solche Verzerrungen haben dann nicht allein die allgemeine Sicht, sondern sogar die Bacon-Forschung lange Zeit in den Bann geschlagen, vgl. hierzu u. a. Horton, Mary, »In Defense of Francis Bacon. A Critique of the Critics of the Inductive Method«, in: *Studies in History and Philosophy of Science*, 4/1973,74, S. 241–278, Urbach, Peter, »Francis Bacon as a Precursor of Popper«, in: *British Journal of the Philosophy of Science*, 33/1982, S. 113–132; Ders., *Francis Bacon's Philosophy of Science: An Account and a Reappraisal*, London 1987; Pérez-Ramos, Antonio, *Francis Bacon's Idea of Science and Maker's Knowledge Tradition*, Oxford 1988; Sargent, Rose-Mary, »General Introduction«, in: Francis Bacon, *Selected Philosophical Works*, Rose-Mary Sargent (Hrsg.), Indianapolis 1999, S. VI–XXXVI; zu seiner Betonung des Experiments als Eingriff u. a. Tiles, J. E., »Experiment as Intervention«, in: *British Journal for the Philosophy of Science*, 44/1993, S. 463–474.

97 Virchow, Rudolf, »Die naturwissenschaftliche Methode und die Standpunkte in der Therapie«, in: *Archiv für pathologische Anatomie und Physiologie und für klinische Medizin*, 3/1849, S. 3–37, hier S. 7.

Bald jedoch ist man eher der Ansicht, dass die Naturwissenschaften sich so prächtig entwickelt hätten, *obwohl* es einen Bacon gegeben habe,[98] der denn auch nicht mehr zu den Heroen der Naturforschung zählte.[99]

Allerdings ist dieser Verlust an Wertschätzung nicht auf den deutschen Sprachraum beschränkt. In der anonym erschienenen, von Thomas B. Macaulay (1800–1859) stammenden, überaus langen Rezension der Edition der Werke Bacons von Basil Montague (1770–1851) geht er auch ausgiebig auf Bacons Darlegungen zur Induktion (»inductive method«) ein: Der Grundtenor der ein wenig weitschweifigen Ausführungen liegt darin, dass das, was Bacon expliziert habe, dem natürlichen Vermögen der menschlichen Tätigkeit entspreche, für die es einer solchen Explikation letztlich nicht bedürfe:[100] Gegen Bacon, der den Nutzen seiner Analyse überschätzt habe, stellt Macaulay heraus, dass der induktive Prozess (»inductive process«), wie andere auch, »is not likely to be better performed mereley because men know how to perform it.«[101] Zwar seien die angeführten Regeln »quite proper; but we do not need them, because they are drawn from our own constant practice«. Vor al-

---

98 Vgl. z. B. Bernard, Claude (1813–1878), *An Introduction to the Study of Experimental Medicin* [*Principes de Médecine Expérimentale,* 1865], New York 1957, S. 51: »Yet Bacon was not a man of science, and he did not understand the mechanism of the experimental method.«

99 In verschiedener Hinsicht ist Walter Frost (1874–1936) ein aufschlussreiches Beispiel für die Rezeption, obwohl sich sein mit *Bacon und die Naturphilosophie* betiteltes Werk weniger als zur Hälfte mit dem engeren Thema Bacon beschäftigt. Der Rest entfällt auf die aus Frosts Sicht eigentlichen Heroen der modernen Naturphilosophie – Leonardo da Vinci, Kopernikus, Kepler, Galilei, Christiaan Huygens und Newton; denn man dürfe sich »ganz hart so ausdrücken: die moderne Naturwissenschaft ist trotz Bacon vorwärtsgekommen«, vgl. Ders., *Bacon und die Naturphilosophie*, München 1927, S. 31. Zwar hält er »des berühmten deutschen Chemikers«, d. h. Liebigs, »Broschüre« für ein »ziemlich schlechtes Buch«, gleichwohl sei »sein Autor bedeutend genug, um gehört zu werden« (S. 33). Frost gibt eine ausführliche Darstellung der Ansichten Liebigs (S. 31–48), ergänzt sie allerdings durch Überlegungen zu den »falschen Maßstäben«, mit denen Bacon nicht gemessen werden sollte. Demgegenüber spricht Scheler, Max (1874–1928), *Erkenntnis und Arbeit. Eine Studie über Wert und Grenzen des pragmatischen Motivs in der Erkenntnis der Welt* [posthum], Frankfurt am Main 1977, S. 3, von »Liebigs glänzender Kritik der Baconschen Induktionsmethode«.

100 Vgl. Macaulay, Thomas B., »The Works of Francis Bacon, Lord Chancellor of England. A new Edition‹. By Basil Montagu […]«, in: *Edinburgh Review,* 65,132/1837, S. 1–104, hier S. 87f.: »The inductive method has been practised ever since the beginning of the world by every human being. It is constantly practised by the most ignorant clown, by the most thoughtless schoolboy, by the very child at the breast.«

101 Ebd., S. 89.

lem ändern sie nichts daran, dass den induktiven Prozess »some men perform [...] well, and some perform it ill. Some are led by it to truth, and some to error.«[102] Die einen vollziehen denselben Prozess »foolishly or carelessly«, die anderen »with patience, attention, sagacity, and judgement.« Der entscheidende Punkt ist, dass Macaulay der (generellen) Ansicht ist, dass »precepts can do little towards making men patient and judicious«; die gebotenen Regeln seien durchweg »too general to be of much practical use«.[103] Schließlich ist Macaulay der Ansicht, man könne zwar »accurate rules« aufstellen, es sei aber unmöglich, »to lay down any precise rule for the performing of that part of the inductive process which a great experimental philosopher performs in one way and a superstitious old woman in another«.

Auf Bacons Versprechen anspielend, besondere menschliche Anlagen (»*ingenia et intellectus*«) würden sich durch seine Regeln ausgleichen lassen, meint Macaulay, dies habe gleichwohl am »interval between a man of talents and a dunce« nichts zu ändern vermocht, obschon seine Regeln seit mehr als 200 Jahren bekannt seien. Das sei»never more clearly discernible than when they engage in researches which require the constant use of induction.«[104] Es handelt sich dabei um die Aufnahme des seit alters immer wieder erörterten Problems, inwiefern und inwieweit eine (mehr oder weniger methodische) Explikation eines natürlichen Vermögens, respektive erworbener Fertigkeiten von Nutzen sein kann – also in diesem Fall die Frage, weshalb man eine *ars inveniendi artificialis* angesichts einer *ars invendiendi naturalis* entwickeln sollte. Auf diese Frage hatte die Tradition und nicht zuletzt das 18. Jahrhundert Antworten, die freilich von Macaulay nicht erwogen werden. So attestiert er denn auch keinen sonderlich praktischen Wert »to the analysis of the inductive method which Bacon has given«, auch wenn diese Analyse durchaus korrekt sei: »But it is an analysis of that which we are all doing from morning to night, and which we continue to do even in our dreams.«[105]

In einer ebenfalls anonymen und umfangreichen Rezension, die von William Whewell (1794–1866) stammen dürfte, heißt es über das Ziel der Methodenvorstellung Bacons, »that this whole business of the search after the ›natures‹ and ›forms‹ of bodies has never led to any scientific truth«.[106] Als *capital mistake* komme hinzu

---

[102] Ebd., S. 90.

[103] Ebd., S. 91.

[104] Ebd., S. 92.

[105] Ebd., S. 88.

[106] [Anonym], »›The Works of Francis Bacon, Baron of Verulam, Viscount St. Alban, and Lord High Chancellor of England‹. Collected and edited by James Spedding [...]«, in: *The Edinburgh Review*, 106, 216/1857, S. 289–322, hier S. 312.

> a belief, that discoveries in science can be made without any special inventive aptitude; that the facts may be collected, and then treated in some regular way, so that the scientific truth shall emerge in virtue of the method alone; all men being alike, or nearly alike, able to perform the operation when the right method is followed [...].[107]

Den Grund für diesen Fehler sieht Whewell bei Bacon und überhaupt denjenigen, die »try to devise technical methods of extracting science from facts«, in der Missachtung der ›großen Wahrheit‹, »that the process of discovery necessarily involves intuition – mind – genius«. Ein Irrtum sei, dass das mit einer Methode getan werden könne, was »must be done by mind«, dass mit einer Regel das getan werden könne, »which must be done by a flight beyond rule«: »that to be mere prose which must have a dash of poetry; that to be a work of mere labour which must be also a work of genius.«[108]

Der schottische Physiker David Brewster (1781–1868), Newtons bedeutendster wissenschaftlicher Biograph des Jahrhunderts, kritisiert in seinem letzten biographischen Werk *Memoirs of the Life, Writings, and Discoveries of Sir Isaac Newton* nicht allein die Vorstellung des induktiven Entdeckens. Vor allem erklärt er den immer wieder hervorgehobenen Einfluss Bacons auf Newton für bedeutungslos.[109] In seiner ein Vierteljahrhundert früher erschienenen Newton-Biographie hält er fest, dass es nicht zuletzt der ›Genius‹ sei, der »the predominating fact« erkenne: »The impatience of genius spurns the restraints of mechanical rules, and never will submit to the plodding drudgery of inductive discipline.«[110] Aber mehr noch, auch hier findet sich der Vergleich mit dem Poeten, wenn es über Newton heißt: »We should be led to ascribe him that [...] exuberance of invention which is more characteristic of poetical than of philosophical genius.«[111] Nur erwähnt sei, dass

107 Ebd., S. 313.

108 Ebd., S. 316.

109 Vgl. Brewster, David, *Memoirs of the Life, Writings, and Discoveries of Sir Isaac Newton*, Bd. 2, 2. Aufl. Edinburgh 1860 (1855), S. 325–330. – Demgegenüber heben den Einfluss Bacons hervor z. B. Pemberton, Henry (1694–1727), *A View Of Sir Isaac Newton's Philosophy*, London 1728 (ND New York 1972), S. 1–26; Maclaurin, Colin (1698–1746), *An Account of Isaac Newton's Philosophical Discoveries*, London 1748 (ND Hildesheim, New York 1971), S. 59f.; auch noch im 20. Jh. vgl. u. a. Bloch, Léon (bis ca. 1947), *La Philosophie de Newton*, Paris 1908, S. 421ff.; More, Louis T., *Isaac Newton. A Biography*, New York, London 1934, S. 48, S. 180 o. S. 497.

110 Brewster, David, *The Life of Newton*, New York 1831, S. 294; dort heißt es auch (S. 298): »Nothing even in mathematical science can be more certain than that a collection of scientific facts are of themselves incapable of leading to discovery [...] unless they contain the predominating fact or relation in which the discovery mainly resides.«

111 Ebd., S. 329.

der andere bedeutende Biograph Newtons, August de Morgan (1806–1871), gleichermaßen kein Freund Bacon'scher Induktion war.[112] Auch wenn auf weitere Muster der Newton-Biographie und -Rezeption hier ebenso wenig eingegangen werden kann[113] wie auf die Formen der Legendenbildung zu Mathematikern des 19. Jahrhunderts,[114] bleibt festzuhalten, dass es sich nur um einen von zahlreichen Aspekten handelt, die in diesem Jahrhundert zum rasanten Prestigeverlust Bacons als ›Vater der experimentierenden Naturwissenschaften‹ geführt haben.[115] Ebenfalls sei nur erwähnt, dass Newtons

---

112 Vgl. etwa De Morgan, Augustus, *Budget of Paradoxes*, 2. Aufl., Chicago, London 1915, Bd. 1, S. 75–80. Anders als Brewster schreckte De Morgan allerdings nicht vor den ›Nachtseiten‹ Newtons zurück – weder vor seiner peinlichen Beteiligung an der Entscheidung im Prioritätsstreit mit Leibniz noch vor seiner theologischen Heterodoxie – vgl. Ders., *Newton: His Friend and His Niece*, Edited by His Wife, and by His Pupil, Arthur Cowper Ranyard, London 1885, vgl. bereits seine anonyme Rezension von Brewsters *Memoirs* in: *The North British Revue*, 23/1855, S. 307–338, wo er ausführlich auf beides eingeht unter Hinweis auf seine eigenen Untersuchungen; vgl. auch Rice, Adrian, »Augustus de Morgan: Historian of Science«, in: *History of Science*, 34/1996, S. 201–240, insb. S. 215ff.

113 Hierzu u. a. Hall, A. Rupert, *Isaac Newton. Eighteenth Century Perspectives*, Oxford 1999; Higgitt, Rebekah, *Recreating Newton: Newtonian Biography and the Making of Nineteenth-Century History of Science*, London 2007; ferner Iliffe, Rob et al. (Hrsg.), *Early Biographies of Isaac Newton 1600–1885*, London 2006; auch Theerman, Paul, »Unaccustomed Role: The Scientist as Historical Biographer – Two Nineteenth Century Portrayals of Newton«, in: *Biography*, 8/1985, S. 145–162. Zur Newton-Rezeption in verschiedener Hinsicht als Vorbild vgl. Yeo, Richard R., »Genius, Method, and Morality: Images of Newton in Britain, 1760–1860«, in: *Science in Context*, 2/1988, S. 257–284, sowie Ders., *Defining Science: William Whewell, Natural Knowledge and Public Debate in Early Victorian Britain*, Cambridge 1993, insb. S. 116–144.

114 Einen kritischen Blick auf die Legendenbildungen am Beispiel Evariste Galois' (1811–1832) wirft Rothman, Tony, »Genius and Biographers: The Fictionalization of Evariste Galois« [1982], in: Ders., *Science à la Mode. Physical Fashions and Fictions*, Princeton 1989, S. 148–193; zudem ist in der neueren Forschung vieles strittig, so denn auch, inwiefern es überhaupt zu einem Duell gekommen sei. Der Versuch, Selbstbeschreibungen unter anderem mit einem *Romanticism* in Verbindung zu bringen – in Kontrast zum Mathematiker des 18. Jahrhunderts – überzeugt aufgrund mangelnder Analyse der wenigen Beispiel (noch) nicht; Alexander, Amir R., »Tragic Mathematics. Romantic Narratives and the Refounding of Mathematics in the Early Nineteenth Century«, in: *Isis*, 97/2006, S. 714–726; zudem dürften Schlüsse, die sich aus der Ikonographie von Mathematikerporträts ziehen lassen, recht begrenzt sein.

115 Zum Bacon-Bild und zur Bacon-Rezeption im 19. Jh. in England Yeo, Richard R., »An Idol of the Market-Place: Baconism in Nineteenth Century Britain«, in: *History of Science*, 23/1985, S. 251–298; Rashid, Salim/Stewart, Dugald, »›Baconian‹ Methodology, and Political Economy«, in: *Journal of the History of Ideas*,

berühmtes Diktum *hypotheses non fingo* immer wieder (sei es zustimmend, sei es kritisch) angeführt wird als Zurückweisung jeglicher Spekulation und gegen Phantasie wie Intuition. Abgesehen davon, dass man im 19. Jahrhundert mit dem Gebrauch des Ausdrucks *fingere* in der *philosophia naturalis* von Kopernikus (1473–1543) bis zu Newton oftmals nicht mehr vertraut war, sind solche Deutungen schon deshalb problematisch, weil solche Dikta ein Eigenleben geführt haben, ohne dass man sich des Kontextes versicherte, in dem sie stehen. Erst so konnte man das Diktum als *allgemeine* Maxime verstehen und deuten. Nach wie vor geben freilich die von Newton verwendeten Ausdrücke, die sein Vorgehen beschreiben: *deduction*[116] (nicht zuletzt angesichts seiner berüchtigten Formel: *deduction from the phenomena*), *induction*, *phaenomena*, *analysis*, *synthesis*, aber auch *query*, noch immer Deutungsprobleme auf.

II.2. *Takt* und *Geschmack* – weder lehrbar noch lernbar, aber erwerbbar

Zwischen den Beschreibungen Liebigs und solchen wie Hankels oder von Helmholtz' gibt es einen entscheidenden Unterschied. Nach Liebig ist »das Experimentiren« erlernbar, habe »Regeln« und stelle in der Hinsicht eine »Kunst« dar. Gewicht erhält das nicht zuletzt angesichts des für die Experi-

---

46/1985, S. 245–257, Elkana, Yehuda, »William Whewell als Historiker« [»William Whewell, Historian«, 1984], in: Ders., *Anthropologie der Erkenntnis*, Frankfurt am Main 1986, S. 295–343; Lanaro, Giorgio, »Il genio e el regole. Osservazioni su Whewell e l'immagine di Bacone nel primo ottocento«, in: *Rivista di storia della filosofia*, 44/1989, S. 37–67; Smith, Jonathan, *Fact and Feeling: Baconian Science and the Nineteenth-Century Literary Imagination*, Madison 1994, insb. S. 11–44; auch Laudan, Larry, »Thomas Reid and the Newtonian Turn of British Methodological Thought«, in: Robert E. Butts/John W. Davis (Hrsg.), *The Methodological Heritage of Newton*, Toronto 1970, S. 103–131, sowie Robertson, J. Charles, »A Bacon-Facing Generation: Scottish Philosophy in the Early Nineteenth Century«, in: *Journal of the History of Philosophy*, 14/1976, S. 37–49.

116 *Deduktion* hat bei Descartes, Hobbes, Newton, Locke nur wenig mit dem zu tun, was sich mit diesem Ausdruck im Zuge der Logikentwicklung des 19. und 20. Jahrhunderts gegenwärtig verbindet; das dürfte wohl auch noch für Kants Gebrauch des Ausdrucks gelten, hierzu u. a. Henrich, Dieter, »Kant's Notion of a Deduction and the Methodological Background of the First Critique«, in: Eckhardt Förster (Hrsg.), *Kant's Transcendental Deductions*, Stanford 1989, S. 29–46; Proops, Ian, »Kant's Legal Metaphor and the Nature of a Deduction«, in: *Journal of the History of Philosophy*, 41/2003, S. 209–229; Seeberg, Ulrich, *Ursprung, Umfang und Grenzen der Erkenntnis. Eine Untersuchung zu Kants transzendentaler Deduktion der Kategorien*, Hamburg 2006, insb. S. 163–212, sowie Ders., »Kants Vernunftkritik als Gerichtsprozess«, in: Brady Bowman (Hrsg.), *Darstellung und Erkenntnis. Beiträge zur Rolle nichtpropositionaler Erkenntnisformen in der deutschen Philosophie und Literatur nach Kant*, Paderborn 2007, S. 9–30.

mentierkultur im 19. Jahrhundert so einflussreichen Aufbaus seines chemischen Labors – an anderer Stelle heißt es bei ihm: »In den Vorlesungen lehren wir das Alphabet, in den Laboratorien den Gebrauch dieser Zeichen; der Schüler erwirbt sich darin Fertigkeit im Lesen der Sprache der Erscheinungen, er lernt die Regeln der Combinationen, so wie die Gewandtheit und die Gelegenheit, sie in Anwendung zu bringen.«[117] Trotz nicht unbeträchtlicher Unterschiede beider ›Räume‹ der Wissensproduktion liegt hier denn auch eine von mehreren Ähnlichkeiten zwischen *Labor* und (philologischem) *Seminar*.[118] Nicht allein die in der Folge von ihm ausgebildeten ›Schüler‹ werden zu einem wissenschaftshistorischen Standardbeispiel für die naturwissenschaftliche Schulbildung des Jahrhunderts,[119] sondern nicht weniger faszinierend erscheint die *complementarity of teaching and research* mit der Ausbildung von Routinen und *skills* in seinem Labor.[120]

Spätestens seit Ende des 18. Jahrhunderts wird der Ausdruck *Kunst* systematisch vage: Er kann (wie der traditionelle *ars*-Begriff) eine Sammlung von anleitenden Kunst-*Regeln* meinen, dann wird er etwa synonym mit dem Ausdruck *Lehre* verwendet (etwa bei *Vernunftlehre* als *Vernunftkunst*); er kann *Fertigkeiten* bezeichnen, die als regelgeleitet gelten, auch wenn man den Regeln nicht wissend (nur unbewusst) folgt; er kann gerade das Entgegengesetzte meinen, nämlich eine Kunst-*Fertigkeit*, die weder Regeln folgt noch sich auf Regeln bringen lässt. Offenkundig meint Liebig *Kunst* in der ersten Bedeutung. Die weitere Charakterisierung, dass dabei zwar »Verstand« hinzu-

---

117 Liebig, Justus von, *Chemische Briefe* [1844], Leipzig, Heidelberg 1865, 1. Brief, S. 9.

118 Hierzu Danneberg, Lutz, *Das ›Seminarium philologicum‹ des 19. Jahrhunderts zwischen ›Takt‹ und ›Methode‹ – mit Blick auf die Geschichte des intensiven Lesens und der Arbeit im naturwissenschaftlichen Labor*, ersch. voraussichtlich Berlin, New York 2010.

119 Neben Morell, Jack B., »The Chemist Breeders: The Research Schools of Liebig and Thomas Thomson«, in: *Ambix*, 19/1972, S. 1–46; ferner Fruton, Joseph S., »The Liebig Research Group – A Reappraisal«, in: *Proceedings of the American Philosophical Society*, 132/1988, S. 1–66; Munday, Pat, »Justus Liebig's Research School: Historiographic Artifact and Anachronism«, in: Brigitte Hoppe (Hrsg.), *Biology Integrating Scientific Fundamentals. Contributions to the History of Interrelations Between Biology, Chemistry and Physics in the 19th and 20th Centuries*, München 1997, S. 398–414; Rocke, Alan J., »Organic Analysis in Comparative Perspective: Liebig, Dumas, and Berzelius, 1811–1837«, in: Frederic L. Holmes/Trevor H. Levere (Hrsg.), *Instruments and Experimentation in the History of Chemistry*, Cambridge 2000, S. 273–310; Ders., »Origins and Spread of the ›Giessen Model‹ in University Science«, in: *Ambix*, 50/2003, S. 90–115; Usselman, Melvyn C./Reinhart, Christina/Foulser, Kelly/Rocke, Alan J., »Restaging Liebig: A Study in the Replication of Experiments«, in: *Annals of Science*, 62/2005, S. 1–55.

120 Vgl. Holmes, Frederic L., »The Complementary of Teaching and Research in Liebig's Laboratory«, in: *Osiris*, N.S. 5/1989, S. 121–164.

komme, aber diese »Kunst« nicht anleite, dürfte im Verständnis der Zeit näherhin das meinen, was man auch mit *Handwerk* bezeichnete und was auf antike Vorstellungen zurückverweist: Die so umschriebene Tätigkeit wird nur als ›empirisch‹ in dem Sinn angesehen, als sie nicht von einer Theorie, einer *scientia*, nicht einmal von einer *ars* angeleitet wird, so dass der Tätige nicht über eine *begründete Einsicht* in seine Tätigkeit verfügt – also nicht weiß, weshalb er Bestimmtes tut. In diesem Sinn wird denn auch in der Zeit etwa der Ausdruck *handwerksmäßig* verwendet, nämlich zur Bezeichnung einer (erfolgreichen) Tätigkeit mit den hierzu erforderlichen *Fähigkeiten* und *Fertigkeiten*, die erlernbar seien, für die sich aber kein theoretisch fundiertes explizites Regelwerk geben lässt.

Hankel betont – wie zitiert –, dass der für den Mathematiker so entscheidende *Takt* das *Einzige* sei, was in der Mathematik »nicht gelehrt und gelernt« werden könne, und nach Helmholtz ist das, was er mit der »künstlerischen Anschauung« beim naturwissenschaftlichen Finden parallelisiert, weder »erzwingbar« noch durch eine »bekannte Methode« erwerbbar. An anderer Stelle sieht Helmholtz ein »psychologisches Taktgefühl« am Werk – zunächst für die Geisteswissenschaften:

> Ueberblicken wir nun die Reihe der Wissenschaften mit Beziehung auf die Art, wie sie ihre Resultate zu ziehen haben, so tritt uns ein durchgehender Unterschied zwischen den Naturwissenschaften und den Geisteswissenschaften entgegen. Die Naturwissenschaften sind meist im Stande, ihre Inductionen bis zu scharf ausgesprochenen Regeln und Gesetzen durchzuführen, die Geisteswissenschaften haben es überwiegend mit Urteilen nach psychologischem Taktgefühl zu tun.[121]

Das nennt Helmholtz die »künstlerische Induction«. Doch auch für den Naturwissenschaftler spiele »ein gewisser künstlerischer Takt« eine Rolle, mitunter seien sie »wesentlich nur einem solchen Takte überlassen, der ohne genau definierbare Regeln verfährt«.[122] Was ist damit gemeint? Ich komme zurück zum Ausdruck *Takt* und werfe dabei einen Blick auf die Philologie, denn dieser Ausdruck spielt in ihr seit Beginn des 19. Jahrhunderts eine zentrale Rolle im Rahmen der Reflexion ihrer Tätigkeit.

Wie viele andere Ausdrücke der Selbstbeschreibungssprache ist auch er *systematisch* vage. Im Grimm'schen Wörterbuch heißt es:

> *das innerliche feine gefühl für das rechte und schickliche, ein feines und richtiges urtheil:* wenn man es auf den ausschlag der im dunklen des gemüths liegenden bestimmungs-

---

121 Vgl. Helmholtz, Hermann von, »Über das Verhältnis der Naturwissenschaften zur Gesamtheit der Wissenschaften« [1862], in: *Philosophische Vorträge*, S. 79–108, hier S. 93.

122 Ebd., S. 96f.

> gründe des urtheils in masse ankommen läszt, welches man den logischen tact nennen könnte [...]; sein ästhetischer takt. [...]; feiner takt für schicklichkeit und anstand.[123]

Was den verschiedenen Taktkonzepten gemeinsam ist, ist genau, dass *Takt* weder als direkt lehrbar noch als direkt erlernbar gilt – und das gleichermaßen in der Mathematik, den Naturwissenschaften wie in der Philologie. Seit der Antike bildet die Trias *natura, ars* und *exercitatio* eine allgemeine Orientierung. *Ars* meint dabei immer ein Allgemeines oder ein Regelwissen; bei *natura*, also dem, was man vor aller Regelkenntnis mitbringen müsse, wird zwischen *ingenium* und *docilis natura* unterschieden. In der Antike variieren nicht nur die Bezeichnungen, sondern vor allem das Gewicht, das den einzelnen Komponenten eingeräumt wird. Beim *Takt* handelt es sich um keine bei den Akteuren gleich verteilte Fähigkeit des Urteilens: Mitunter wird er eher mit den *natürlichen Anlagen* des Wissenschaftlers in Zusammenhang gebracht, die dieser hat oder nicht hat (*ingenium*); er wird aber auch als etwas aufgefasst, dass zwar nicht direkt lehrbar und lernbar ist, das gleichwohl als *erwerbbar* (*docilis natura*) gilt, und zwar nicht zuletzt durch die *exercitationes.*

In Anklang an das alte lateinische Sprichwort unbekannter Herkunft *orator fit, poeta nascitur*[124] findet sich der in ihm ausgedrückte Gedanke später auch auf andere Disziplinen ausgeweitet: *criticus non fit, sed nascitur* oder *interpres non fit, sed nascitur*,[125] lässt sich dann auch auf den *mathematicus* übertragen und meint immer etwas, das erforderlich ist, aber nicht direkt erlernbar oder indirekt erwerbbar sei. Nicht selten bieten die Formulierungen eine Mischung aus beidem – so etwa in Hermann Useners (1834–1904) für die Philologie überaus wirkungsvoller programmatischer Schrift:

> Der spezifische grammatische Takt des Philologen ist das Resultat *eigener* Beanlagung, Erfahrung und Beobachtung, gezeitigt und gereift durch das Streben nach rationellem und geschichtlichem Verständnis der Spracherscheinungen. So not-

---

123 Grimm, Jacob/Grimm, Wilhelm, *Deutsches Wörterbuch*, Bd. 11, Abt. 1, Teil 1, bearb. v. Mathias Lexer, Dietrich Kralik und der Arbeitsstelle des Deutschen Wörterbuches, Leipzig 1935 (ND München 1984), Sp. 92. – Bei Kant, Immanuel, »Anthropologie in pragmatischer Hinsicht« [1798/1800], in: *Akademie-Ausgabe*, Bd. 7: *Der Streit der Fakultäten, Anthropologie in pragmatischer Hinsicht*, Berlin 1968, S. 117–333, hier S. 140 (1. Buch, § 6), heißt es vom »logischen Tact«, die Pointe treffend: »wo die Überlegung den Gegenstand sich auf vielerlei Seiten vorstellig macht und ein richtiges Resultat herausbringt, ohne sich der Acte, die hierbei im innern des Gemüths vorgehen, bewußt zu werden«.

124 Vgl. auch Ringle, William, »Poeta Nascitur Non Fit: Some Notes on the History of an Aphorism«, in: *Journal of the History of Ideas*, 2/1941, S. 497–504.

125 Vgl. z. B. Boeckh, August, *Encyklopädie und Methodologie der philologischen Wissenschaften*, Ernst Bratuscheck (Hrsg.), Leipzig 1877, S. 87.

> wendig nun dafür das Wissen und wissenschaftliches Verstehen ist, so kann doch dies Vermögen selbst nicht überliefert werden. Nur ein Trieb, ein Verlangen und Streben läßt sich erwecken und anerziehen, das, wenn es stark genug sich regt, von selbst zum Erwerb jener Virtuosität hindrängt.[126]

Zumindest zu Beginn wird *Takt* synonym mit dem Ausdruck *Gefühl* gebraucht.[127] Im Laufe der Zeit bilden sich dann Ausdrücke wie *exegetischer* oder *grammatischer Takt* oder die *Takt-Interpretation.*

Das Spezielle bei der Verwendung des Takt-Konzepts ist, wie gesagt, dass *immer* betont wird, er sei weder (anhand von Regeln) lehrbar noch lernbar. Es gibt in der Zeit nicht wenige Ausdrücke, die in gleicher Weise ein *Vermögen* umschreiben sollen. Auch wenn in gewisser Hinsicht die *prudentia*-Lehren (*iudicium prudentiae*), die Klugheit als rechte Vernunft des Tubaren (*recta ratio agibilium*) verstehen, Vorläufer sind, dürfte in der Zeit am bekanntesten Kants *Urteilskraft* sein. Bei ihr handle es sich um ein »Vermögen«, »das Besondere als enthalten unter dem Allgemeinen vorzustellen«.[128] Bekanntlich

---

126 Usener, Hermann, »Philologie und Geisteswissenschaft« [1882], in: *Vorträge und Aufsätze*, Leipzig, Berlin 1907, S. 1–35, hier S. 22.

127 Vgl. z. B. Griesbach, Johann Jacob (1745–1812), *Vorlesungen über die Hermeneutik des N.T. mit Anwendung auf die Leidens- und Auferstehungsgeschichte Christi* [gehalten vor 1809], Johann Carl Samuel Steiner (Hrsg.), Nürnberg 1815, Abschnitt I, S. 16 sowie S. 84: »sicheres, feines Gefühl (Tact)«. Bei Germar, Friedrich Heinrich (1776–1868), *Ueber die Vernachlässigung der Hermeneutik in der protestantischen Kirche*, Halle 1837, S. 9, heißt es: »geistige Gefühle (Resultate des Tacts)«. In Ders., »Vertheidigung der Critik der modernen Exegese gegen den Tadel im Journal für Prediger Bd. 96 St. 2«, in: *Journal für Prediger*, 97 [N.F. 27]/1840, S. 140–153, hier S. 146, »den Erzeugnissen des Tacts (den *intellectuellen, moralischen* und *religiösen* Gefühlen)«, auch Ders., *Die hermeneutischen Mängel der sogenannten grammatisch-historischen, eigentlich aber der ›Takt-Interpretation‹. An einem auffallenden Beispiele dargestellt und erläutert*, o.O., o. J. [1834], S. 73: »wiewohl seine Hülfe [scil. die des Taktes] zur ersten hypothetischen Auffassung unmöglich entbehrt werden kann«. Zudem heißt es in Ders., *Ueber die Vernachlässigung* [1837], S. 8, dass es darum gehe, »die durch den Tact hervorgebrachten Gedanken und deren practische Anwendung zu *prüfen,* welches ohne die Vergleichung mit allgemeinen, bewährten Grundsätzen unmöglich ist«. Und ebd.: »Ebenso falsch ist die Meinung, daß ohne eine wissenschaftliche Kenntniß der Hermeneutik eine richtige und glückliche Exegese durch den bloßen Tact *unmöglich* sey«. Ferner S. 32: »Das *Schaffen* ist, wie das Verhältnis des Tacts zur Wissenschaft zeigt, überhaupt nicht die eigentliche Aufgabe der Wissenschaft. Sie hat es zunächst nur mit der *Prüfung des Vorhandenen zu* thun, wiewohl sie dann auch durch Läuterung und Verfeinerung des Tacts zur Hervorbringung neuer, besonders aber *richtigerer* Gedanken sehr viel beitragen kann, wenn alle übrigen, dazu erforderlichen Requisite vorhanden sind.«

128 Kant, Immanuel, *Kritik der Urteilskraft*, in: *Akademie-Ausgabe*, Bd. 5: *Kritik der praktischen Vernunft. Kritik der Urteilskraft*, Berlin 1968, S. 165–485, hier: S. XXVf. (»Einleitung«).

unterscheidet Kant zwischen *bestimmender Urteilskraft*, die erkennt, wenn das Allgemeine das Besondere ›bestimmt‹, in dem es sich darunter ›subsumieren‹ lässt,[129] und *reflektierender Urteilskraft*, die nur das Besondere hat und zu ihm ein Allgemeines findet.[130] Zu unterscheiden ist mithin das *Anwendungs-* vom *Auffindungs*problem: Beim Anwenden sind die anwendbaren ›Regeln‹ gegeben, aber es ist unklar, welche von ihnen diejenige ist, die ›passt‹; beim Auffinden muss die anwendbare Regel nicht nur erst gebildet werden, sondern es muss sich zugleich um eine solche handeln, die ›passt‹. Nach Kant lässt sich der Verstand »als das Vermögen der Regeln charakterisieren. [...] Dieser ist jederzeit geschäftig, die Erscheinungen in der Absicht zu durchspähen, um an ihnen irgendeine Regel aufzufinden.«[131] Der Verstand verfügt über spontan erzeugte Regeln, welche die Verknüpfung von Erscheinungen steuern. Dem Regress der Regelhaftigkeit der Subsumierung – dass also die Regel selber immer eine Regel ihrer Anwendung voraussetzt – entgeht man nach Kant, wenn die Regel zugleich auch »den Fall anzeigen kann, worauf sie angewandt werden« soll.[132]

Die Frage ist, wie sich ein solches Vermögen der Urteilskraft erwerben und wie es sich gegebenenfalls verbessern lässt, denn es handelt sich um eine ›praktische Tätigkeit‹, deren Ausübung *Gefühl*, *Intuition*, *Witz* (*ingenium*), *Talent*, *feinen Sinn*, *feinen Instinkt*, *Geschmack*,[133] aber eben auch *Takt* erfordere.

---

129 Vgl. Ders., *Kritik der reinen Vernunft*, B 171ff. (»Von der transzendentalen Urteilskraft überhaupt«): »das Vermögen, unter Regeln zu subsumieren, d.i. zu unterscheiden, ob etwas unter einer gegebenen Regel ist (casus datae legis) stehe oder nicht«.

130 Vgl. Ders., *Kritik der Urteilskraft,* Einleitung; sowie Ders., *Anthropologie in pragmatischer Hinsicht* [1798/1800], S. 196–201 (§§ 40–44).

131 Ders., *Kritik der reinen Vernunft,* A 126.

132 Ebd., B 174/75. Das Problem wird mehrfach zum Ausdruck gebracht, so auch in Kant, *Anthropologie* [1798/1800], S. 199 (§ 42): Die Urteilkraft könne »nicht belehrt, sondern nur geübt werden [...] denn Belehrung geschieht durch Mitteilung der Regeln. Sollte es also Regeln für die Urteilskraft geben, so müßte es allgemein Regeln geben, nach welchen man unterscheiden könnte, ob etwas der Fall der Regel sei oder nicht: welches eine Rückfrage ins Unendliche abgibt.«

133 Im 18. Jahrhundert konnte *Geschmack* als eine Fertigkeit aufgefasst und als eine Art urteilender Verstand bestimmt werden, so dass Urteile des Geschmacks nicht nur privat, sondern potenziell allgemeingültig sein konnten, vgl. z. B. Gottsched, *Versuch einer critischen Dichtkunst* [1751], III. Hauptst., § 11 (S. 125): »Es ist nämlich derselbe [scil. der Geschmack] eine Fertigkeit von der Schönheit eines Gedichtes, Gedankens oder Ausdruckes recht zu urtheilen, die man größenteils nur klar empfunden, aber nach den Regeln selbst nicht geprüfet hat.« – Zum Hintergrund auch Schümmer, Friedrich, »Die Entwicklung des Geschmacksbegriffs in der Philosophie des 17. und 18. Jahrhunderts«, in: *Archiv für Begriffsgeschichte*, 1/1955,

Kants Hinweise zu einer Antwort finden sich nicht direkt, sondern indirekt, wenn er über die Gründe reflektiert, weshalb die Anwendung einer allgemeinen Regel scheitern könne: *Erstens*, weil es an »natürlicher Urteilskraft (obgleich nicht am Verstande) mangelt«, dass das »Allgemeine« zwar »in abstracto eingesehen« werde, aber »ob ein Fall in concreto darunter gehöre«, man »nicht unterscheiden kann«. *Zweitens*, weil man nicht »genug durch Beispiele und wirkliche Geschäfte zu diesem Urteil abgerichtet« wurde.[134] Häufig heißt es bei ihm bündig, dass die Urteilskraft ein »besonderes Talent« sei, »welches gar nicht belehrt, sondern nur geübt sein will«.[135] Beim Ersten wird es zum Problem der natürlichen Ausstattung des Menschen, beim Zweiten zu dem des Erwerbens auch ohne explizite ›Belehrung‹: Jeweils das eine oder beides kann die Verwendung des Takt-Ausdrucks in der Beschreibung der mathematischen, naturwissenschaftlichen, aber auch philologischen Tätigkeit konnotieren. Zu fragen bleibt, wie die Urteilskraft den *hiatus* zwischen Regel und Fall schließt. Das soll geschehen mit Hilfe eines Dritten, das Kant »Schema« nennt. Zugleich bestimmt er es als »Bild«, das als »Produkt des empirischen Vermögens der produktiven Einbildungskraft«[136] zu verstehen sei. *Schematismus* benennt die »Methode« oder das »allgemeine Verfahren der Einbildungskraft, einem Begriff sein Bild zu verschaffen«;[137] aber es heißt bei Kant dann auch, dass sich das faktisch nicht explizieren lässt: »Dieser Schematismus unsers Verstandes, in Ansehung der Erscheinungen und ihrer bloßen Form, ist eine verborgene Kunst in den Tiefen der menschlichen Seele, deren wahre Handgriffe wir der Natur schwerlich jemals abraten und sie unverdeckt vor Augen legen werden.«[138] In der Forschung bildet Kants ›Schematismus‹ ein überaus umstrittenes, dunkles Lehrstück der *Kritik der reinen Vernunft*, zumal Kant selbst einräumt, er habe seine Überlegungen nicht sachgerecht dargestellt.[139]

Doch wie unterschiedlich auch immer der Einsatz eines solchen Vermögens sein mochte und wie schwer es fiel, es nicht nur *ex negativo* zu charakte-

---

S. 120–141; Brandt, Reinhard, »Marginalie zur Herkunft des Geschmackbegriffs in der neuzeitlichen Ästhetik (Baltasar Gracián)«, in: *Archiv für Geschichte der Philosophie*, 60/1978, S. 168–174; Strube, Werner, »Zur Geschichte des Sprichworts ›Über den Geschmack läßt sich nicht streiten‹«, in: *Zeitschrift für Ästhetik und allgemeine Kunstwissenschaft*, 30/1985, S. 158–185; Frackowiak, Ute, *Der gute Geschmack. Studien zur Entwicklung des Geschmackbegriffs*, München 1994.

134 Kant, *Kritik der reinen Vernunft*, B 173.

135 Ebd., B. 172; ferner Ders., *Anthropologie* [1798/1800], § 42, S. 199.

136 Kant, *Kritik der reinen Vernunft*, B 181.

137 Ebd., B 179f.

138 Ebd., B 180f.

139 Ebd., A 141/B 180f.

risieren, zwei Momente waren immer klar: *Erstens*, das fortgesetzte Nachfragen (den Regress) stoppt letztlich der Hinweis auf das »besondere Talent«, das – wie gesagt – nicht durch Regeln »belehrt, sondern geübt sein will«; *zweitens*, in irgendeiner Weise vermittelt der *Takt* zwischen ›Theorie‹ und ›Praxis‹[140] – nach Johann Friedrich Herbart (1776–1841) schiebt sich

> zwischen Theorie und Praxis ganz unwillkürlich ein Mittelglied ein, ein gewisser *Tact* nämlich, eine schnelle Beurtheilung und Entscheidung, die nicht [...] ewig gleichförmig verfährt, aber auch nicht, wie eine vollkommen durchgeführte Theorie wenigstens *sollte*, sich rühmen darf, bey strenger Consequenz und in völliger Besonnenheit an die Regel, zugleich die wahre Forderung des individuellen Falles ganz und gerade zu treffen.

Zu einer »solchen Besonnenheit, zu vollkommener Anwendung der wissenschaftlichen Lehrsätze« sei nach Herbart freilich »ein übermenschliches Wesen« erforderlich.[141] An die Stelle, welche die »Theorie leer ließ«, trete »unvermeidlich der Tact«.[142]

Der Ausdruck *Takt* kann dazu dienen, nachträglich über Vorhandenes zu urteilen, und er scheint zugleich verwendet zu werden, um etwas über die heuristische Tätigkeit des Findens auszudrücken. Bei genauerer Betrachtung handelt es sich allerdings um keinen Ausdruck, der etwas Heuristisches umschreibt. Ihre eigentliche Pointe erhält die Verwendung dieses Ausdrucks in der Philologie wie in Mathematik und Naturwissenschaften als Pendant zum Methodenausdruck, zum Methodisierbaren. Zum einen gehört zum Methodenkonzept das Moment der Zielgerichtetheit und damit das der Erleichterung, Abkürzung und Beschleunigung, nicht zuletzt als Verringerung des Arbeitsaufwandes. Es muss sich dabei nicht allein um ein Moment des Forschens handeln, sondern auch um das der Erleichterung *lehrender* Bearbeitung wie *lernender* Aneignung durch die methodische Aufbereitung unterschiedlichster Wissensbereiche, wie es die Verwendung des Methodenkonzepts durchgängig seit dem 16. Jahrhundert begleitet. *Methode* bezeichnet zugleich aber auch eine Begrenzung wissenschaftlicher Tätigkeit. Gleiches gilt zwar auch für den *Takt*, aber bei ihm handelt es sich gerade nicht um eine *methodische* Begrenzung. Er erscheint als ein Urteilen, das gerade da greifen soll, wo sich nichts mehr methodisch kongruent entscheiden lässt. Es handelt sich um eine Begrenzung, die als überaus wichtig erachtet wird, ohne

---

140 Vgl. auch Ders., »Über den Gemeinspruch: Das mag in der Theorie richtig sein, taugt aber nicht für die Praxis« [1793], in: *Akademie-Ausgabe*, Bd. 8, S. 273–313, hier S. 275.

141 Herbart, Johann Friedrich, »Zwei Vorlesungen über Pädagogik« [1802], in: *Sämtliche Werke*, Bd. 1, Langensalza 1887 (ND Aalen 1964), S. 279–290, hier S. 285.

142 Ebd., S. 286.

dass sich für sie Regeln angeben ließen, und die sich daher auch nicht aufgrund eines *Regelverstoßes* sanktionieren lässt.[143] Wenn man die kürzeste Charakterisierung des Ausdrucks *Takt* versuchen will, dann lässt sich sagen: Der *Takt* besteht darin, eine Wahl zu treffen, die sich nach der (vorliegenden) Methode nicht begründen lässt. Doch die eigentliche Pointe tritt erst bei einer etwas veränderten Formulierung zutage: Takt liegt vor, wenn etwas, das nach der Methode nicht ausgeschlossen ist, *unterlassen* wird. Es handelt sich um ein *Gespür* dafür, was in einer bestimmten (wissenschaftlichen) Situation *erlaubt* ist und was nicht.[144]

Die Berufung sowohl auf *Takt* als auch auf *Methode* erfolgt angesichts beständig drohender Gefahr von Willkür. *Takt* umschreibt ein normierendes Konzept, das bestimmte *Spannungen* in der wissenschaftlichen, einschließlich der philologischen, Tätigkeit zu harmonisieren sucht: Er soll das immer drohende Auseinanderdriften zwischen stetigem, methodischem Prozedieren und sprunghafter, zügelloser Phantasietätigkeit unterbinden – oder verhindern, wie es bei Hankel heißt, dass man sich in der Mathematik mit »abstrusen Gebieten« abgibt. *Takt* ist dabei nicht der einzige Ausdruck, dem eine solche Funktion zugewiesen wird. Gelegentliche Alternativen sind beispielsweise *Ernst*, *Gefühl*[145] und vor allem *Besonnenheit* – nur ein herausgegriffenes Beispiel:

---

143 Auf den wichtigen Aspekt, dass dieser Takt eine ethische Komponente besitzt und dass das, was als Verfehlungen ihm gegenüber erschien, daher massiv sanktioniert werden konnte, kann ich hier nicht eingehen, vgl. Danneberg, Lutz, »*Ad personam*-Invektive und philologisches Ethos im 19. Jahrhundert: Wilamowitz-Moellendorff contra Nietzsche«, in: Ralf Klausnitzer/Carlos Spoerhase (Hrsg.), *Kontroversen in der Literaturtheorie/Literaturtheorie in der Kontroverse*, Bern, Frankfurt am Main 2007, S. 93–148.

144 Schleiermacher, Friedrich, *Hermeneutik*, nach den Handschriften neu hrsg. u. eingel. v. Heinz Kimmerle, 2., verb. u. erw. Aufl., Heidelberg 1974, S. 93 [1818]: »Vorzüglich wichtig daneben auch da wo sich keine Schwierigkeiten [beim Verstehen] finden, sonst bekommt man nie einen Tact für das was man sich erlauben darf.«

145 Dabei können unterschiedliche Fragen in der Mathematik als allein vom Gefühl entscheidbar angesehen werden: Nicht nur Fragen, was rechtmäßig zur Disziplin gehört, sondern auch, was als *schön*, als *bedeutend* oder als *groß* gilt – ein Beispiel: Baldus, Richard (1885–1945), »Mathematik und räumliche Anschauung«, in: *Jahresbericht der deutschen Mathematiker-Vereinigung*, 30/1920, S. 1–15, hier S. 2, der beim Urteil des Mathematikers davon spricht, dass er sich »auf sein mathematisches Gefühl« stütze, »auf dasselbe Gefühl, das ihm sagt, daß Kombinatorik zur Mathematik gehört, aber nicht die Theorie des Schachspieles«, es sei das »gleiche Gefühl, das ihm den einen Beweis schöner erscheinen läßt als den anderen, einen Satz bedeutend, einen zweiten nicht, eine Leistung mathematisch groß, eine an-

> Wenn irgendeine Kunst von denen, die sich ihr widmen, Ernst und Besonnenheit erfordert, so ist es die philologische Kritik. Weniger auf Regeln als auf Gefühl vertrauend, weniger dem Fleiße günstig, der in jedes Macht steht, als der Divination, die niemand erzwingen kann, scheint sie eine Geburt der Willkür, ein Spiel des Witzes [...].[146]

Der Appell an Methode *allein* vermag weder vollständig zu erklären, wie bestimmte wissenschaftliche Problemlösungen gefunden worden sind, noch weshalb ihnen bestimmte epistemische Eigenschaften zukommen. Doch ebenso wenig vermag das der Rückgriff *allein* auf den *Takt* (das *Gefühl*, den *Geschmack*, die *Intuition*). Liegt die Betonung zu sehr auf dem *Takt*, so droht noch immer Willkür; liegt sie zu sehr auf der *Methode*, so entspricht es nicht der begleitenden Eigen-, aber auch Fremdwahrnehmung von Kreativität bei der wissenschaftlichen Betätigung, und wahrgenommen wird diese *Kreativität* etwa an der Unerwartetheit, der Plötzlichkeit der erzielten Ergebnisse.

III. *Takt* und *Geschmack* als retrospektive Zuschreibungen epistemischer Güte

Ein letzter Aspekt des Gebrauchs von Ausdrücken wie *Geschmack* und *Takt* zeigt sich, wenn man eine zweifache Perspektivierung bei der Beschreibung wissenschaftlicher Tätigkeiten vollzieht:[147] einerseits ihre *prospektive Offenheit*,

---

dere – obwohl vielleicht in beiden Fällen die gleiche Summe von Schwierigkeiten überwunden wurde – dagegen zurückstehe«. Daraus wird vermutet, dass es »eben eine spezielle, wohl nicht ganz in Worte faßbare Ästhetik in der Mathematik [gibt], wie es eine solche z. B. in der Musik gibt, mit allen Für und Wider in der Stellung zu bestimmten Richtungen und allen Färbungen der subjektiven Auffassung des einzelnen«. Die Mathematik wird des Weiteren, da auf dem »Instrument« der Logik aufruhend, als eine »Kunst des Verstandes« bestimmt; dadurch liege der »Gedanke« nahe, »daß die Beantwortung der Frage, was Mathematik sei, zum großen Teil in dieses Gebiet der Ästhetik in der Mathematik gehört«. Allerdings verfolgt Baldus dann »diese interessanten Fragen« nicht weiter.

146 So in einer Rezension Friedrich August Wolfs (1759–1824), abgedruckt in Arnoldt, Johann F. J. (1816–1892), *Fr. Aug. Wolf in seinem Verhältnisse zum Schulwesen und zur Pädagogik*, Bd. 1: *Biographischer Teil*, Braunschweig 1861, S. 125.

147 Eine spezielle Variante der Unterscheidung zwischen prospektiv und retrospektiv findet sich bei Lambert, Johann Heinrich, »Von dem Stof und den Anläßen der Erfindungen«, in: *Logische und philosophische Abhandlungen*, Bd. 1, Berlin 1782 (ND Hildesheim 1967), S. 444–456, wenn er zwei »Aufgaben« unterscheidet (S. 444): »1. wenn eine Erfindung gegeben, die verschiedenen Wege und Anlässe zu bestimmen durch die man zu derselben hätte gelangen können. 2. Wenn der Anfang zu einer Erfindung gegeben, den Weg zu bestimmen, dadurch man zu selbiger gelangen kann.« Nach Lambert ist die erste Aufgabe die »leichteste«.

andererseits ihre (relative) *retrospektive Abgeschlossenheit.* Ist für die epistemische Situation in prospektiver Perspektive die (grundsätzliche) Nichtprognostizierbarkeit des (konkreten) *Gehalts* einer gesuchten Problemlösung konstitutiv, so verdeckt oder verringert die retrospektive Perspektive *tendenziell* dieses Konstituens.[148] Das Wissen um die Fortsetzung lässt die Elemente der Arbeit in einer bestimmten epistemischen Situation in der Retrospektive so wahrnehmen, als wären die nachfolgenden Denkresultate durch sie gefügt, motiviert, konditioniert oder gar determiniert, während sie von ihnen nur limitiert sind. Auch wenn das Prognose-Argument für die Offenheit epistemischer Situationen erst in den zwanziger und dreißiger Jahren des vorigen Jahrhunderts für eine bestimmte Sicht der Wissenschaftsentwicklung Einsatz gefunden hat,[149] dürfte es selbst wesentlich älter sein. Im 19. Jahrhundert ist es durchweg geläufig.[150] Freilich lässt sich von der Nichtprognostizierbarkeit allein nicht auf die partielle Nichtrationalisierbarkeit schließen.

Es gibt Verhaltensdispositionen, die in bestimmten Situationen (mehr oder weniger) automatisch ausgelöst werden, und es gibt erworbene Handlungskapazitäten, seien sie regelgestützt oder nicht, die sich nach Belieben aktivieren lassen. Beides ist in gewissem Umfang *vorab* zuschreibbar. Bei *Takt* und anderen, ähnlichen Ausdrücken wie *Geschmack* ist das gerade nicht gegeben. Sie sind faktisch immer erst *ex post* zuschreibbar, wenn es sich mithin gezeigt hat, dass man darüber verfügt. Beide erscheinen so als etwas, das sich nicht in Worte fassen lässt, sondern nur zum Ausdruck kommt, das sich –

---

148 Den vielleicht berühmtesten Blick in eine wissenschaftliche Zukunft stellen David Hilberts (1868–1943) 23 zu seiner Zeit ungelöste mathematische Probleme dar, die in der Zukunft zu lösen seien, vgl. Ders., »Mathematische Probleme – Vortrag, gehalten auf dem internationalen Mathematiker-Kongreß zu Paris 1900«, in: *Nachrichten von der Königlichen Gesellschaft der Wissenschaften zu Göttingen. Mathematisch-Physikalische Klasse* 1900, S. 253–297. Bis 1970 haben davon drei Probleme eine negative Lösung gefunden, eine Reihe sind gelöst, eine Reihe noch offen (mitunter aufgrund zu vager Formulierung), vgl. Alexandrov, Pavel S., *Die Hilbertschen Probleme* [russ. 1969], 3. Aufl., Leipzig 1983 (1971); Gray, Jeremy J., *The Hilbert Challenge*, Oxford 2000.

149 Zu diesem Argument auch Danneberg, *Methodologien*, S. 119ff., sowie Rosenberg, Alex, »Scientific Innovation and the Limits of Social Scientific Prediction«, in: *Synthese*, 97/1993, S. 161–182; Lagerspetz, Erik, »Predictability and the Growth of Knowledge«, in: *Synthese*, 141/2004, S. 445–459.

150 Capitaine, Emil, *Das Wesen des Erfindens. Eine Erklärung der schöpferischen Geistesthätigkeit an Beispielen planmässiger Aufstellung und Lösung erfinderischer Aufgaben*, Leipzig 1895, S. 14: »Nun ist aber dieses Ergebnis, nämlich das Neue, ganz unabhängig von dem Willen des betreffenden, er kann es nicht voraussehen, denn was er voraussieht, kann nur ein bekanntes sein.«

wenn man so will – nur *zeigt*. Sie fungieren dabei als Ausdrücke, die jenseits der *Lücken* der methodischen Rekonstruktion das, was stattgefunden hat, als nicht zufällig oder als nur unwesentlich zufällig entstanden und in einem erklärenden Zusammenhang zu sehen erlauben. Sie haben damit eine ähnliche Funktion, auch wenn sie (scheinbar) Diskontinuität stiften, wie die retrospektiven (rationalen) Rekonstruktionen, die Kontinuität erzeugen. So schreibt Albert Einstein *rückblickend*: »Es hat sich als recht einfach erwiesen, die klassische Mechanik [...] abzuändern [...]. Die alte Mechanik gilt eben nur für kleine Geschwindigkeiten und bildet einen Grenzfall der neuen.«[151] Dabei handelt sich aber nicht allein um eine Sicht des beteiligten Akteurs, sondern eine solche Sicht findet sich auch im Rahmen einer *retrospektiven* rationalen Rekonstruktion der Theoriebildung: So lasse sich die Form der Feldgleichungen in der Allgemeinen Relativitätstheorie *im Nachhinein* bis auf zwei Konstanten bestimmen, indem man als Anforderung annimmt oder unterstellt, die relativistischen Gleichungen sollten in einen nichtrelativistischen Grenzfall übergehen.[152]

Einsteins Rekonstruktion muss freilich nicht bedeuten, dass sich ihr irgendetwas Näheres darüber entnehmen lässt, wie die historischen und heuristischen Umstände der Entstehung seiner Theorie gewesen sind – das scheint im Übrigen auch Einsteins eigene Ansicht gewesen zu sein:

> A new idea comes suddenly and in a rather intuitive way. That means it is not reached by conscious logical conclusions. But, thinking it through afterwards, you can always discover the reasons which have led you unconsciously to your guess and you will find a logical way to justify it.[153]

Nicht zuletzt auf Nachfragen hat sich Einstein denn auch vergleichsweise häufig zu diesem Thema geäußert. Es hat sogar eine ausführliche, mehr oder weniger auf seine eigenen Aussagen gestützte, berühmte psychologische Darstellung gegeben,[154] die allerdings in vielfacher Hinsicht mit dem, was

---

151 Einstein, Albert/Infeld, Leopold, *Die Evolution der Physik* [*The Evolution of Physics*, 1938], Wien, Hamburg 1950, S. 213. – Zu Einsteins Sicht auch Klein, Martin J., »Einstein on Scientific Revolutions«, in: *Vistas in Astronomy*, 17/1975, S. 113–121, auch Scheibe, Erhard, »The Physicists' Conception of Progress«, in: *Studies in History and Philosophy of Science*, 19,2/1988, S. 141–159.

152 Vgl. z. B. Misner, Charles W. u. a., *Gravitation*, San Francisco 1973, S. 416–433.

153 So Einstein in einem unveröffentlichten Schreiben von 1949, vgl. Stachel, John, »Einstein and Michelson. The Context of Discovery and the Context of Justification«, in: *Astronomische Nachrichten*, 303/1982, S. 47–53, hier S. 47.

154 Vgl. Wertheimer, Max, *Productive Thinking*, New York 1945. Im gleichen Jahr erscheint bereits eine deutsche Übersetzung, die 1964 eine zweite Auflage erlebt; 1982 findet sich eine letzte im anglophonen Raum.

Einstein selbst an anderen Stellen *en passant* gesagt hat, ferner mit den vorliegenden Informationen über den historischen Problemkontext sowie mit Zügen der Theorie selbst und Momenten ihrer Diskussion unvereinbar erscheint.[155] Es handelt sich mithin ebenfalls um eine *ex-post*-Rekonstruktion, in diesem Fall um eine gestaltpsychologische, die explizit angetreten ist, mehr oder weniger ausdeutend, die Mängel einer eher oder nur logischen Rekonstruktion zu vermeiden.[156]

Die retrospektive Perspektive fördert zudem Vorstellungen, dass es zwischen den erfolgreichen und weniger erfolgreichen Findungsprozessen *Unterschiede* gibt, die sich bereits im Findeweg niederschlagen – also, wenn man so will, eine Asymmetrie in der Erklärung bzw. der Beschreibung des Zustandekommens des *Wahren* und des *Falschen*. William James (1842–1910), der beobachtet, dass die bemerkenswerte Parallele zwischen »the facts of social evolution and the mental growth of the race« und der »zoölogical evolution, as expounded by Mr. Darwin«, bislang nicht wahrgenommen worden sei,[157] geht demgegenüber offenbar von einer Symmetrieannahme aus, wenn es bei ihm heißt, dass die Formulierungen eines Gesetzes (»law«) zu einer Reihe von Daten »a spontaneous variation in the strictest sense of the term« sei. Wichtig sei dabei zu bemerken, »that the good flashes and the bad flashes, the triumphant hypotheses and the absurd conceits, are on an exact equality in respect of their origin«.[158]

Wichtig ist bei den beiden Perspektivierungen: Das, was zuvor, *ex ante* ein *Probieren* und *Suchen* war, erscheint im Nachhinein, *ex post* oftmals als ein *Finden*. Das ist möglich, weil *Takt*, *Gefühl*, *Intuition*, aber auch *Divination* nicht nur Anforderungen an die Akteure umschreiben, sondern sie sich zudem auf den erzielten Erfolg beziehen: Ihre Verwendung zur Erklärung des Zustandekommens einer Problemlösung ist immer daran gebunden, dass sich ihr eine bestimmte *epistemische Güte* zusprechen lässt – *Divinieren* beispielsweise

---

155 Hierzu Miller, Arthur I., »Albert Einstein and Max Wertheimer: A Gestalt Psychologist's View of the Genesis of Special Relativity Theory«, in: *History of Science*, 13/1975, S. 75–103.

156 Vgl. Wertheimer, *Productive Thinking* [1945], S. 8: »If one tries to describe processes of genuine thinking in terms of formal traditional logic, the result is often unsatisfactory: one has, then, a series of correct operations, but the sense of the process and what was vital, forceful, creative in it seems somehow to have evaporated in the formulations.«

157 James, William, »Great Men, Great Thoughts, and the Environment«, in: *The Atlantic Monthly: A Magazine of Literature, Science, Art, and Politics*, 46/1880, S. 441–459, hier S. 441.

158 Ebd., S. 457.

meint dann nicht Raten, sondern *glückliches Erraten.*[159] Das gilt selbst dann, wenn es mitunter sprachlich so zu sein scheint, dass bei solchen Beschreibungen allein der Findeprozess gemeint ist. Wenn es beispielsweise bei Leo Koenigsberger (1837–1921) heißt, dass Jacobis mathematische Erkenntnisse im Anschluss an Carl Friedrich Gauß' (1777–1855) Einführung der komplexen Größen in die Zahlentheorie »durch eine wunderbare Divination geleitet« gewesen seien, und auch im Zusammenhang mit seiner Theorie der Modulargleichungen sei er »wiederum von einer wunderbaren Divination geleitet«,[160] so ist es immer zu deuten als bezogen auf eine epistemische Eigenschaft des betreffenden mathematischen Ergebnisses.[161]

Die Beschreibung von Auffindeprozessen als *zufällig* erscheint als ebenso (systematisch) mehrdeutig wie die Vielzahl der anderen Ausdrücke, die zur Beschreibung der als kreativ wahrgenommenen wissenschaftlichen Findeprozesse dienen. Zumindest zu unterscheiden wäre dabei, worauf die Beurteilung als *zufällige* sich bezieht. Zunächst kann es die Relation zwischen dem Wissenschaftler und einem (für ihn) neuen Wissensanspruch sein – dann kommt so etwas wie ein *unerwartetes*, *unvorausgesehenes*, *unbeabsichtigtes*, *ungesuchtes* Finden infrage; es kann sich auf die Relation zwischen einem vorherigen Wissen (das unabhängig von seiner individuellen Verfügbarkeit zu bestimmen wäre) und einem neuen Wissensanspruch beziehen.[162] Beide Relationen

---

159 Schlegel, August Wilhelm (1768–1845), *Vorlesungen über Encyklopädie* [1803], in: *Kritische Ausgabe der Vorlesungen*, Bd. 3, Frank Jolles/Edith Höltenschmidt (Hrsg.), München u. a. 2006, S. 58f. spricht über den Umstand, dass man oft »von Gegenständen« handle, bei denen uns »anschauliche Kenntniß« fehle, die »nur durch glückliche Divination ergänzt werden« könne; hier meint *Divination* allein ein *Erraten.* An späterer Stelle (S. 365) spricht er von »Divinationsgabe«.

160 Koenigsberger, Leo, »Carl Gustav Jacob Jacobi«, in: *Jahresbericht der deutschen Mathematiker-Vereinigung*, 13/1904, S. 405–433, hier S. 410 sowie S. 418.

161 Im Nachruf auf den Mathematiker William Rowan Hamilton (1805–1865) heißt es bei dem auch als Mathematiker hervorgetretenen Charles Graves (1812–1899) in: *Proceedings of the Royal Irish Academy*, 9/1867, S. 307–316, hier S. 310: »In the Investigations of Hamilton we find abundant instances of the skillful use of all the ordinary expedients and instruments of inventive sagacity.« *Inventive sagacity* ist in der Zeit ein sehr beliebter Ausdruck. Graves fährt fort: »But he seems, also, to have possessed a higher power of divination – an intuitive perception that new truths lay in a particular direction, and that patient and systematic search, carried on within definite limits, must certainly be rewarded by the discovery of a path leading into regions hitherto unexplored.« Dann findet sich der Vergleich mit Kolumbus.

162 So wohl auch Lakatos, Imre, »Die Geschichte der Wissenschaft und ihre rationale Rekonstruktion« [»History of Science and Its Rational Reconstruction«, 1971], in: Werner Diederich (Hrsg.), *Theorien der Wissenschaftsgeschichte*, Frankfurt am

müssen nicht zusammenfallen: Etwas kann nach der einen Bestimmung zufällig sein, was es nach der anderen nicht ist, und offenbar lassen sich dann unterschiedliche Arten sowie verschiedene Grade von Zufälligkeit bzw. Unerwartetheit unterscheiden. Wenn man so will, dann gibt es Abstufungen der Zufälligkeit eines Findens oder eines Fundes: von den die planmäßige Forschung begleitenden glücklichen Umständen über den Irrtum, der sich als ›fruchtbar‹ herausstellt, über den zwar gesuchten, aber unerwarteten Fund zum Zufall des überaus seltenen Ereignisses, dessen unwahrscheinliche Zufälligkeit sich mitunter erst im Zuge der retrospektiven Rekonstruktion mittels eines Wissens zeigt, das in der Findesituation nicht verfügbar war.[163]

Da die Auffindeprozesse in den konkreten Situationen als überaus komplex erscheinen und es daher immer Indeterminiertheiten gibt, erzeugt sich eine Überfülle an Zufälligkeiten,[164] auch wenn immer betont wird, dass der Zufall allein nicht genüge, sondern noch Eigenschaften desjenigen hinzukommen müssten, der aufgrund seines Wissens überhaupt erst den *Zufall* und seine *Bedeutung* erkennt – das Glück, das den Vorbereiteten begünstigt.[165] In *diesem* Sinn kann dann auch Whewell sagen: »*No scientific discovery* can, with any justice, be considered *due to accident*.« Denn:

> In whatever manner facts may be presented to the notice of a discoverer, they can never become the materials of exact knowledge, except they find his mind already provided with precise and suitable conceptions by which they may be analyzed and connected. Indeed, as we have already seen, facts cannot be observed as Facts, except the virtue of the Conceptions which the observer himself unconsciously supplies [...]. [...] in such cases, this previous condition of the intellect, and not the single fact, is really the main and peculiar cause of the success.[166]

Main 1974, S. 55–119, hier S. 67, Anm. 24, wenn er unterscheidet: »Eine experimentelle Entdeckung ist eine Zufallsentdeckung im objektiven Sinn, wenn sie weder eine bewährende noch eine widerlegende Instanz einer Theorie im objektiven Leib der zeitgenössischen Kenntnisse darstellt; sie ist eine Zufallsentdeckung im subjektiven Sinn, wenn ihr Entdecker sie weder als bewährende noch als widerlegende Instanz einer Theorie macht oder anerkennt, an der er persönlich zur Zeit festhält.«

163 So etwa die Entdeckung des Penicillins, die schon zuvor als beispielhaft für eine Zufallsentdeckung galt, nach der Sichtung durch Hare, Ronald, *The Birth of Penicillin and the Disarming of Microbes*, London 1970.

164 So lassen sich denn auch beliebige Geschichten unter ein einem solchen *label* erzählen wie bei Zankl, Heinrich, *Die Launen des Zufalls. Wissenschaftliche Entdeckungen von Archimedes bis heute*, Darmstadt 2002.

165 Zum antiken Sprichwort *fortes fortuna adiuvat* Otto, August, *Die Sprichwörter und sprichwörtlichen Redensarten der Römer gesammelt und erklärt*, Leipzig 1890, S. 141–145.

166 Whewell, William, *The Philosophy of the Inductive Sciences Founded Upon Their History* [1840], A New Edition, Bd. 2, London 1847, S. 23 (Sect. V »Accidental Discove-

Nur eine einzige Illustration dafür, wie die retrospektive Perspektive sich nutzen lässt, um in der Zeit eine Art von Notwendigkeit bei der wissenschaftlichen Entwicklung zu postulieren: Angesichts der physikalischen Entwicklungen (insbesondere des Elektromagnetismus) meint Schelling rückblickend, dass sich seine ›Spekulationen‹ grandios bestätigt hätten: »Was man vor 28 Jahren kaum zu ahnen wagte, Ansichten, die damals ausschweifende Gedanken einer ihre Grenzen verkennenden Speculation genannt wurden« – gemeint sein könnte sein *Erster Entwurf eines Systems der Naturphilosophie* –, »liegen jetzt im Experiment vor Augen.«[167] Noch überschwänglicher heißt es angesichts der nur ein halbes Jahr vorausliegenden Entdeckung der elektromagnetischen Induktion in seiner Rede als Präsident der Bayerischen Akademie, in der er sich selber nicht namentlich erwähnt, sich gleichwohl meint:

> Wirklich hatten, sogar schon vor Erfindung der Voltaschen Säule, einige Deutsche es auszusprechen gewagt, daß Magnetismus, Elektrizität und Chemismus nur drei Formen eines und desselben Processes seien, der eben darum nicht mehr insbesondere magnetischer, elektrischer oder chemischer heißen konnte, sondern mit dem allgemeinen Namen des dynamischen belegt wurde.[168]

Ihm erscheinen dann in einem der publizierten Rede beigegebenen Anhang die ›Entdeckungen‹ in der Retrospektive als eine ›notwendige Entwicklung‹:

> Die Absicht des Vortrages war, die angeführten Entdeckungen nicht bloß historisch aufzuzählen [...], sondern im Gegentheil [...] auseinanderzusetzen, [...] wie die Entdeckungen mit einer gewissen Nothwendigkeit eine aus der anderen sich entwickelten und von denkenden Naturforschern mehr oder weniger vorausgesehen wurden.[169]

---

ries«, § 18). Zitiert und kritisiert wird der gesamte längere Abschnitt, in dem Whewell seine Ansicht rechtfertigt, von einem anonymen Rezensenten: In: *Edinburgh Review*, 74,150/1842, S. 265–306, hier S. 291–293, wo es heißt (S. 292): »With the exception of the first sentence in the preceding extract« – nämlich, dass keine Entdeckung zufällig sei –, »which rational man can admit, there is in it much truth [...]. The question between Mr Whewell and us, is this: – Can a scientific discovery be made by accident?« Um die Frage zu beantworten, unterscheidet der Rezensent zwischen dem Finden von »laws« und »propositions« sowie von »single facts«: Beim ersten konzediert er Whewells Behauptung, bezweifelt sie aber beim zweiten.

167 Vgl. Schelling, Friedrich W. J., »Erste Vorlesung in München« [1827], in: *Schellings Werke*, nach der Originalausgabe in neuer Anordnung hrsg. v. Manfred Schröter, Bd. 5: *Schriften zur geschichtlichen Philosophie: 1821–1854*, München 1965, S. 47–60, hier S. 56.

168 Ders., »Über Faradays neueste Entdeckung. Rede in der öffentlichen Sitzung der Akademie« [1832], in: *Schellings Werke*, Erg.-Bd. 4: *Persönliches, Nachlaß: 1810–1850*, München 1959, S. 375–391, hier S. 379.

169 Ebd., S. 384, Anm. 13.

Auch hier dürfte der ›*denkende* Naturforscher‹ Schelling selbst sein. Die Zeitgenossen hat das freilich nicht unbedingt überzeugt.[170] Wenige Jahre früher in seiner Münchner Antrittsvorlesung von 1827 ist er zwar hinsichtlich der konkreten Bezüge der ihn bestätigenden Wissenschaftsepisoden vager, aber im Blick auf die Einschätzung der Bedeutung, die sie für Philosophie und Wissenschaft besitzen, und im Blick auf die dadurch von ihm gesehene Auszeichnung seiner eigenen naturphilosophischen Spekulationen noch bestimmter. Es ist allein der Machtspruch des Experiments und aus Schellings Sicht damit der ›Natur selbst‹:

> Ich meine […] nicht etwa jene Erfahrungen von allerdings schon aus dem Grunde, weil Menschen dabei ins Spiel kommen, zweideutiger Natur, welche viele einfach schon darum für Betrug und Täuschung zu erklären sich berechtigt halten, weil sie *ihnen* nicht begreiflich sind, gleich als wäre ihr individuelles Begreifungsvermögen der Maßstab der Natur. Ich spreche von ganz unverwerflichen Erscheinungen, denen z. B., zu welchen die chemischen und elektromagnetischen Wirkungen der Voltaschen Säule Veranlassung geben. Nicht mehr die Speculation, sondern die Natur selbst stört die Ruhe der althergebrachten Hypothesen.

Aber auch in anderen Bereichen – die »Naturgeschichte, namentlich die Naturgeschichte der Erde« – führe »die fortschreitende Beobachtung immer mehr auf unleugbare Thatsachen, vor welchen die alles bloß materiell und äußerlich erklärende Naturwissenschaft verstummt.« Ähnliches gelte für »die Geschichte der Menschheit«. Alles das zeige, dass »nur eine bis auf die tiefsten Anfänge zurückgehende Philosophie ihnen«, also den »Thatsachen«, »gewachsen sey«.[171] Schelling schwingt sich angesichts solcher und anderer »Anzeichen« zu einem prospektiven Szenario einer prophetischen Vision naher Zukunft hinsichtlich der »menschliche[n] Erkenntniß und Wissenschaft überhaupt« auf: Es ist die nun sichtbar werdende »Annäherung jenes Zeitpunkts, den die begeisterten Forscher aller Zeiten vorausgesehen« haben,

> wo die innere Identität aller Wissenschaften sich enthüllt, der Mensch endlich des eigentlichen Organismus seiner Kenntnisse und seines Wissens sich bemächtigt, der zwar ins Unendliche wachsen und zunehmen kann, aber ohne in seiner wesentlichen Gestalt sich weiter zu verändern; wo endlich die vieltausendjährige Unruhe des menschlichen Wissens zur Ruhe kommt, und die uralten Mißverständnisse der Menschheit sich lösen.[172]

---

170 Wie sich der kritischen Rezension von Muncke, Georg Wilhelm (1772–1847), »[Rez.] Schelling […] Ueber Faraday's neueste Entdeckung […]«, in: *Heidelberger Jahrbücher für Litteratur*, 25,1/1832, S. 527–528, entnehmen lässt.

171 Schelling, »Erste Vorlesung in München« [1827], S. 362.

172 Ebd., S. 362f.

Es ist die »Ruhe« vor dem »schnellen Wechsel der Systeme«, die dann einkehre; nicht zuletzt aufgrund des Umstandes, dass »ein wesentlich neues und in seinen materiellen Grundlagen anderes System in den letzten fünfundzwanzig Jahren sich erhoben« habe, gebe es nicht mehr verschiedene Philosophien, sondern der Philosophie stehe nur die »Unphilosophie« gegenüber.[173] Die Philosophie habe »durch ihre letzte Krisis einen Punkt erreicht«, »von dem sie nicht wieder herabsinken kann, und auf welchem sie eigentlich nicht mehr mit der Unwissenschaft, sondern nur mit der reinen Entwicklung ihrer selbst beschäftiget ist«.[174] Zu den nicht unwesentlichen Hintergründen, *en passant* von Schelling auch erwähnt, gehört die Vermutung des *zufälligen* Charakters der von Schelling implizit angesprochenen Entdeckung Hans Christian Oersteds (1777–1851).[175] Er hatte bei Schelling studiert und in ihm in der Tat auch einen Ideengeber gesehen. Auch wenn man mittlerweile die Entwicklungen komplexer,[176] nicht zuletzt auch einen Einfluss der kantischen Naturphilosophie sieht,[177] bestreitet Schelling im Rahmen seiner

---

173 Ebd., S. 364.

174 Ebd., S. 365.

175 Hierzu Stauffer, Robert C., »Persistent Errors Regarding Oersted's Discovery of Electromagnetism«, in: *Isis*, 44/1953, S. 397–310.

176 Neben Ders., »Speculation and Experiment in the Background of Ørsteds Discovery of Electromagnetism«, in: *Isis*, 48/1957, S. 33–50, sowie Hennemann, Gerhard, »Der dänische Physiker Hans Christian Oersted und die Naturphilosophie der Romantik«, in: *Philosohia Naturalis*, 10/1967,68, S. 112–122, vor allem Snelders, H.A.M, »Oersted's Discovery of Electromagnetism«, in: Andrew Cuhnningham/Nicholas Jardine (Hrsg.), *Romanticism and the Sciences*, Cambridge 1990, S. 228–240; Christensen, Dan Ch., »The Ørsted-Ritter Partnership and the Birth of Romantic Natural Philosophy«, in: *Annals of Science*, 52/1995, S. 153–185; Ders., »Ørsted's Concept of Force and Theory of Music«, in: Robert M. Brain et al. (Hrsg.), *Hans Christian Ørsted and the Romantic Legacy in Science: Ideas, Disciplines, Practices*, Dordrecht 2007, S. 115–133; Caneva, Kenneth L., »Colding, Ørsted, and the Meaning of Force«, in: *Historical Studies in the Physical Sciences*, 28/1997, S. 1–138, auch Ders., »Physics and *Naturphilosophie*: A Reconnaissance«, in: *History of Science*, 35,107/1997, S. 35–106; Andrade Martins, Roberto de, »Ørsted, Ritter, and Magnetochemistry«, in: Brain u. a. (Hrsg.), *Hans Christian Ørsted*, S. 339–385; neben Mende, Erich, »Der Einfluß von Schellings ›Princip‹ auf Biologie und Physik der Romantik«, in: *Philosophia Naturalis*, 15/1975, S. 461–485, zudem Daston, Lorraine, »Ørsted and the Rational Unconscious«, in: Brain u. a. (Hrsg.), *Hans Christian Ørsted*, S. 235–246; Wilson, Andrew D., »C. Ørsted's Philosophy of Nature«, in: ebd., S. 1–11, sowie Ders., »The Unity of Physics and Poetry: H. C. Ørsted and the Aesthetics of Force, in: *Journal of the History of Ideas*, 69,4/2008, S. 627–646.

177 Vgl. Shanahan, Timothy, »Kant, Naturphilosophie, and Oersted's Discovery of Electromagnetism: A Reassessment«, in: *Studies in History and Philosophy of Science*,

eigenen Naturphilosophie den Zufallsverdacht angesichts der *Voraussehbarkeit* der neuen Entdeckungen, die sich »mit einer gewissen Nothwendigkeit« entwickeln, und damit zugleich gewendet als eine Art Prognosekriterium der epistemischen Güte seiner Naturphilosophie.

Das Argument allerdings, das auf faktische Zufälligkeit als *Normalfall* zurückgreift[178] – sei es gegen eine Rationalisierbarkeit, gegen eine (relative) Unvermeidlichkeit, für eine grundlegende Kontingenz der Entwicklung von Wissen –, erscheint nicht als eindeutig; denn es ließe sich auch von der kritisierten Auffassung als Erklärung für eine Abweichung von dem, was als normal angenommen wird, einsetzen: also Zufall einerseits als das *Normale* und andererseits als die *Abweichung*. Aber mehr noch: Kontrafaktische Imaginationen müssen in der Regel angestellt werden, um die Kontingenz wissenschaftlicher Entwicklungen zu zeigen, da die faktische niemals so groß ist wie die mögliche Vielfalt, aber solche Imaginationen lassen sich ebenso gut verwenden, um die relative Unvermeidbarkeit zu plausibilisieren. Die retrospektive Perspektive braucht die Zufälligkeiten des konkreten Geschehens nicht zu leugnen, aber diese Kontingenz wird beispielsweise durch die ebenfalls kontrafaktische Imagination der prinzipiellen Ersetzbarkeit jedes einzelnen Wissenschaftlers hinsichtlich des von ihm Gefundenen gemildert – wie sie sich durchweg findet etwa bei Heisenberg oder Einstein. Vor allem aber erklärt die Zufallsannahme zu viel: Jedes komplexe menschliche Handeln, das Wissen findet, ließe sich danach als zufällig beschreiben.

Zwar gibt es solche Ausdrücke, die sich *einerseits* auf ein mehr oder weniger willkürliches hypothetisches ›Erraten‹ beziehen, und solche, die *andererseits*

20/1989, S. 287–305, sowie Nielsen, Keld/Andersen, Hanne, »The Influence of Kant's Philosophy on the Young H. C. Ørsted«, in: Brain u. a. (Hrsg.), *Hans Christian Ørsted*, S. 97–114; Friedman, Michael, »Kant – Naturphilosophie – Electromagnetism«, in: ebd., S. 135–158. – In gewisser Hinsicht wäre das nicht verwunderlich, denn Schelling, auch wenn er der Naturphilosophie Kants gegenüber sich immer wieder auf kritische Distanz begibt, hat dabei immer die kantische dynamische Auffassung der Materie geschätzt.

178 Aus einer bestimmten Auffassung von Heuristik ließe sich dann entweder auf so etwas wie eine *Notwendigkeit* des Zufalls beim Entdecken schließen oder auf eine bestimmte Veranlagung desjenigen, der entdeckt; so heißt es bei Bolzano, Bernhard (1781–1848), *Wissenschaftslehre* [1837], in: *Bernard-Bolzano-Gesamtausgabe*, Reihe 1: *Schriften*, Bd. 11: *Teil 1, §§ 1–45*, Jan Berg (Hrsg.), Stuttgart/Bad Cannstatt 1985, S. 70 (§ 9): »Denkt man sich […] unter Heuristik eine Kunst, durch deren Kenntniß man auch bei den unglücklichsten Naturanlagen und ohne alle Hülfe des Zufalls, durch eine bloß mechanische Befolgung ihrer Regeln jede beliebige, bisher verborgene Wahrheit sicheren Schrittes suchen und auffinden könnte: dann denkt man sich etwas, das nicht nur in keiner Logik, sondern auch sonst nirgends auf Erden anzutreffen seyn möchte.«

seits etwas über die epistemischen Qualitäten des Aufgefundenen ausdrücken. Doch bei Ausdrücken wie *Divination, Geschmack* oder *Takt* verbindet sich bei der Beschreibung wissenschaftlicher Tätigkeiten beides zu ihrem spezifischen *Doppelcharakter.* Das zeigt sich beispielsweise dann, wenn die Verwendung zusätzlicher Attribute wie ›glücklich‹ hinzutritt – bei *Takt* oder *Divination* bedarf es dessen nicht (zumindest zumeist[179]), eher dann, wenn nur ein *Vermögen* bezeichnet wird. Das zeigt sich auch am Unterschied zwischen Witz und Mutterwitz: Konnte der Witz auch irren, indem er etwa die Verähnlichung der Dinge überspannte, scheint das gerade beim Mutterwitz im Gebrauch der Zeit nicht der Fall zu sein; den »Mutterwitz« bestimmt Kant als die »natürliche Fähigkeit des gesunden Verstandes und der gesunden Vernunft«, und da er (wie gesehen) unter *gesundem Verstand* den »gemeinen Verstand« versteht, »in so fern er ein richtiger« Verstand ist, würde die Wahl des Ausdrucks *Mutterwitz* (bei Kant; es gibt ältere und auch andere Verwendungen dieses Ausdrucks) eine epistemische Qualität zum Ausdruck bringen.

Ähnliches gilt aber auch für Beschreibungen als *zufällig.* Sie erfolgen durchweg selber retrospektiv, und sie besitzen einen ähnlichen Doppelcharakter. *Zufällig* bezieht sich auf einen Findevorgang und zugleich auf die (zeitweilige) epistemische Güte des Gefundenen; es ist mithin nicht nur der *Zufall,* sondern immer der *glückliche* oder *unglückliche* Zufall.[180] Weder im 19. Jahrhundert noch in der Gegenwart konnte man der Versuchung widerstehen, daraus auf ein *Vermögen*, eine *natürliche Anlage*, eine *angeborene Fähigkeit* des glücklichen Ratens, des glücklichen Spürsinns, letztlich des glücklichen Zufalls zu schließen.[181] Zuschreibungen wie *glücklich* (auch bei anderen Be-

---

[179] In einem Schreiben vom 26. Juni 1821 an Lachmann wählt Wilhelm Grimm (1786–1859) die Formulierung von dessen »Scharfsinn und glückliche[m] Tact«, vgl. Zacher, Julius (Hrsg.), »Briefwechsel über das Nibelungslied von C. Lachmann und Wilhelm Grimm«, in: *Zeitschrift für deutsche Philologie*, 2/1870, S. 193–215, S. 343–365, S. 515–528. Zudem findet sich der Ausdruck »glückliche Induction« im mathematischen Bereich, vgl. Dirichlet, Lejeune (1805–1859), »Gedächtnisrede auf Carl Gustav Jacob Jacobi« [1852], in: Hans Reichardt (Hrsg.), *Nachrufe auf Berliner Mathematiker des 19. Jahrhunderts: C. G. Jacobi, P. G. L. Dirichlet, E. E. Kummer, L. Kronecker, K. Weierstrass; mit Fotos, Dokumenten und Archivalien*, Leipzig 1988, S. 8–32, hier S. 17.

[180] Vgl. auch die zahlreichen Belege für die Bestimmung von *serendipity* in Lexika und Wörterbüchern vornehmlich aus dem anglophonen Sprachraum bei Merton, Robert K./Barber, Elinor, *The Travels and Adventures of Serendipity. A Study in Sociological Semantics and the Sociology of Science*, Princeton 2004, S. 246–249 sowie S. 252–255.

[181] Karin Knorr-Cetina wendet gegen Campbells Ansicht, die wissenschaftlichen Findungen seien als eine Art von *random* oder *blind mutations* zu sehen, ein, dass

schreibungen) lassen sich zudem nicht (restlos) durch *zufällig* ersetzen – das gehört zu den Gründen dafür, dass solche Beschreibungen auch nicht *epistemic luck*, etwa in Gestalt von *lucky guesses*, zuzuschreiben intendieren, auch wenn sich darunter solche Fälle befinden mögen. Zudem scheint es Verwendungen des Ausdrucks *zufällig* zu geben, die zunächst gleichsam als *Leerstelle* nur das bezeichnen, was als nicht methodisierbar angenommen wird, und genau diese *Leerstelle* (*Lücke*, *Hiatus*) versucht man dann mit Hilfe von Ausdrücken, die einen entsprechenden Doppelcharakter besitzen, wie *Takt*, *Gefühl*, *Geschmack*, *Intuition, Divination, Phantasie*, zu schließen. Es handelt sich um Ausdrücke der Umschreibung einer *black box* (*terminus ignorantiae*). Heranziehen lassen sie sich erst im Zuge des Anscheins retrospektiver Geschlossenheit der Erzeugung von *neuem* Wissen, und dabei werden ihnen dann sogar Erklärungsleistungen zugetraut. *Ad-personam*-Zuschreibungen wie *Takt*, *Divination*, *Genie* sind in dem Sinn zumeist *ex post*, da sie nicht unabhängig von erstellten Produkten zuschreibbar sind, und das macht den Rückschluss unsicher.[182]

Diese wie aber auch andere Beschreibungen, einschließlich der ästhetischen, sind *ex post* eher *selektiv*, einige von ihnen bestenfalls prospektiv (heuristisch) *limitierend*, nicht aber kreierend. Zumeist handelt es sich eher um die Umschreibungen eines Evaluationskriteriums des Passens. Gleiches gilt

Innovationen zwar unvorhersehbar seien und »cannot be produced at will«, aber anders als bei biologischen Mutationen handle es sich um »*fortunate* accidents«. Gemeint seien damit »occurrences which scientists perceive and interpret (*preselect*) as felicitous opportunities for success«. Hier wird der Ausdruck zwar prospektiv verwendet, aber die Formulierung setzt sich dem Verdacht aus, zirkulär zu sein. Wie dem auch sei: Gemeint ist die Auswahl aus Gegebenheiten, die dem Wissenschaftler als erfolgversprechend erscheinen, vgl. Knorr-Cetina, Karin, »Evolutionary Epistemology and Sociology of Science«, in: Werner Callebaut/ Rik Pinxten (Hrsg.), *Evolutionary Epistemology: A Multiparadigm Program with a Complete Evolutionary Epistemology Bibliography*, Dordrecht et al. 1987, S. 179–201, hier S. 184.

182 Einen entprechenden Hinweis nutzt zu einem Argument schon Maimon, Salomon, »Ueber den Gebrauch der Philosophie zur Erweiterung der Erkenntniß« [1795], in: *Gesammelte Werke*, Valerio Verra (Hrsg.), Bd. 6, Hildesheim 1971, S. 362–396, hier S. 376: »Das *Genie* ist eine *Gabe der Natur*: wer es erhält, der genießt es; er kann es aber niemanden *mittheilen*. Ja er kann so gar niemanden überzeugen, daß er *Genie* hat. Denn wodurch sollte er es? Durch seine *Erfindungen*? Sind diese *ächt*, so lassen sich *Methoden* angeben, durch die er, auch ohne *Genie*, hätte auf seine Erfindungen gerathen können; sind sie es nicht, desto schlimmer! Die *Erfindungsmethoden* geben einen *Probierstein des ächten Genie's ab*. Alles was sich nicht durch Methoden finden läßt, kann nicht anders als eine *göttliche Eingebung* […] oder ein *Werk des Zufalls* sein.«

auch für die *Abduktion* als – neben Deduktion und Induktion – *logisches* Verfahren von Charles Sanders Peirce (1839–1914),[183] und es gilt zudem für jüngere Versuche der Explikation, bei denen die Abduktion als *ex-post*-selegierendes Kriterium *for pursuing a hypothesis* oder von Erklärungen zu gegebenen Daten (*inference to the best explanation*) aufgefasst wird, aber nicht als Charakterisierung eines in irgendeiner Hinsicht effektiven kreativen Verfahrens des Findens (*discovering causes by hypothetic or abductive inference*, wie es bei Peirce gelegentlich heißt).[184] Entscheidend für die Attraktivität solcher Beschreibungen ist eine letzte Eigenart: Sie erbringen ihre (Erklärungs-)Leistung erst beim Anschein retrospektiver Geschlossenheit, ohne dabei jedoch die prinzipielle prospektive Offenheit zu leugnen.

In *gewisser* Hinsicht ist das freilich nicht neu: Im Rahmen der Methodenvorstellung des *regressus*, der auf analytischem Weg (*resolutio*) von den *effectus* zur Auffindung der *causae* und von dort wieder auf synthetischem Weg (*compositio*) zurück zur Erklärung der *effectus* schreitet, haben die scholastischen Denker wie die der Frühen Neuzeit die unüberbrückbar aufbrechende Lücke, den *hiatus irrationalis* am Ende des ersten Weges, weitgehend nur mit einem Namen – *nova speculatio*, *examen mentale*, *mentalis consideratio*, *rationis negociatio* – zu belegen, das so Bezeichnete aber nicht hinreichend zu analysieren vermocht. Man kann solche Beschreibungen aber auch im Blick auf das Problem der Entstehung neuen Wissens sehen. Dann vermeidet man mit solchen Ausdrücken sowohl den *Reduktionismus*: Das Neue *N* ist nur dem Anschein nach neu; tatsächlich lasse es sich auf das Alte *A* zurückführen, indem *A* so analysiert wird, dass sich daraus *N* schrittweise gewinnen lässt, als auch

183 Hierzu Danneberg, Lutz, »Peirces Abduktionskonzeption als Entdeckungslogik. Eine philosophiehistorische und rezeptionskritische Untersuchung«, in: *Archiv für Geschichte der Philosophie*, 70/1988, S. 305–326, ferner Hofmann, Michael, »Problems With Peirce's Concept of Abduction«, in: *Foundations of Science*, 4/1999, S. 271–305. – Zum engeren Thema bei Peirce wenig ergiebig Campos, Daniel G., »Peirce on the Role of Poietic Creation in Mathematical Reasoning«, in: *Transactions of the Charles S. Peirce Society*, 43/2007, S. 470–489.

184 Das gilt beispielsweise auch für die formal durchaus ansprechende logische Charakterisierung der Struktur der Abduktion als *deduction in reverse plus additional conditions* von Aliseda, Atocha, »Mathematical Reasoning vs. Abductive Reasoning: A Structural Approach«, in: *Synthese*, 134/2003, S. 25–44, auch Dies., *Abductive Reasoning. Logical Investigations Into Discovery and Explanation*, Dordrecht 2006. In dem sehr weiten Begriff von Abduktion, wie er sich bei Schurz, Gerhard, »Patterns of Abduction«, in: *Synthese*, 164/2008, S. 201–234, angenommen findet, trägt die in diesem Sinn anzusprechende Abduktion denn auch die *analogical abduction*, wobei der Ausdruck *abduction* nicht mehr sagt, als was allein mit dem der *Analogie* gesagt worden wäre. Auf die Analogie als heuristisches Vorgehen in der Mathematik ist immer wieder hingewiesen worden.

den *Präformationismus*: Zwar lasse sich das Neue *N* durch Analyse des Alten *A* nicht reduzieren, aber es ist bereits in *A* angelegt, und das zeige sich, indem man *N* analysiert und dann erkennt, dass *A* zu *N* führen musste. *A* ist in beiden Fällen im *ordo temporum* gegenüber *N* das Prius, beim *ordo investigationis* hingegen wird im Präformationismus *A* das Posterius, während es beim Reduktionismus das Prius bleibt.

Versuche der Analyse eines solchen *Wahrheitsgefühls*, einer *Intuition*, eines *Sinns* für das *Richtige*, beruhten durchweg auf dem Gedanken, dass es sich dabei um Prozesse handelt, die besonders schnell Zwischenschritte überspringen und so den Eindruck der Plötzlichkeit hinterlassen. Allerdings lässt sich nicht jeder Gebrauch so auffassen, genau dann nicht, wenn es sich nicht um übersprungene (Zwischen-)*Schritte*, sondern tatsächlich um einen *Hiatus* oder um eine *Lücke* handelt. Das ist alt: So beschreibt Jean Le Ronde d'Alembert (1717–1783) in seinem *Discours préliminaire des éditeurs* von 1751 für das ›Genie‹, dass dieses nur in schnellerer Abfolge räsoniere, während andere mehrere aufeinander folgende Schritte für nötig erachten (und daher auch mehr Zeit brauchen).[185] Es scheint nicht viele philosophische Versuche im 19. Jahrhundert zu geben, dieses Überspringen einzelner Schritte als besonderes »Wahrheitsgefühl« zu sehen. Ein Beispiel bietet Fries; am Ende seiner Darlegungen kommt er jedoch auf eine Art des »Wahrheitsgefühls« zu sprechen, das sich gerade nicht als Überspringen einzelner Schritte auffassen lässt.[186]

---

185 Vgl. d'Alembert, Jean Le Rond, »Discours préliminaire de l'encyclopédie« [1751], in: *Œuvres de D'Alembert*, Bd. 1, T. 1, Paris 1821, S. 17–99, hier S. 34: »La lenteur plus ou moins grande de opérations de l'esprit exige plus ou moins cette chaîne, et l'avantage des plus grands génies se réduit à en avoir moin besoin que les autres, ou plutôt à la former rapidement et presque sans s'en apercevoir.«

186 Vgl. Fries, Jakob Friedrich, *Neue oder anthropologische Kritik der Vernunft*, in: *Sämtliche Schriften*, Bd. 4, Abt. 1: *Schriften zur reinen Philosophie*, Bd. 4: *Selbstrezensionen der »neuen (oder anthropologischen) Kritik der Vernunft« von 1808 und 1829. Neue oder anthropologische Kritik der Vernunft*, Bd. 1 (2. Ausg., 1828,), Aalen 1967, S. 405–415 (5. Abschnitt: »Die Theorie des Wahrheitsgefühls«, § 85,). An anderer Stelle, vgl. Ders., *System der Logik. Ein Handbuch für Lehrer und zum Selbstgebrauch* [1811, 1822, 1837], in: *Sämtliche Schriften*, Bd. 7, Abt. 1, Bd. 7: *Grundriss der Logik (18273), System der Logik (18373),* Aalen 1971, S. 390 (3. Abschnitt »Die Methodenlehre«, § 117), heißt es lakonisch: »Aber gibt es denn überhaupt eine solche logische Erfindungskunst? Ich antworte: Allerdings! Alle wissenschaftliche Ausbildung läßt sich an feste Regeln binden und kann nur methodisch vollständig gelingen.« Doch ist dabei wohl die Ausbildung gemeint und nicht – wie es Fries nennt – die »Erfindung« des »*Autodidacten*«. Seine Darlegung zu den Regeln der »angewandten Logik« ist denn auch sehr allgemein; die »heuristischen Methoden« beschränken sich

Zudem hoffte man schon im 19. Jahrhundert, dass die Wissenschaft das, was die hier untersuchten Ausdrücke zu bezeichnen versuchen – sowohl das Schritte- als auch das Lücken-Überspringen –, als durch Naturgesetze bestimmt erhellen könnte. So schreibt Friedrich Albert Lange (1828–1875) unter dem Eindruck einer 1866 erschienenen Untersuchung von Moritz Wilhelm Drobisch (1802–1896):

> Drobisch hat durch diese bahnbrechenden Untersuchungen nicht etwa nur ein glänzendes Beispiel der Anwendung der numerischen Methode auf die Philologie gegeben, sondern auch den psychologisch wichtigen Beweis geliefert, daß in Sprache und Poesie Regelmäßigkeiten zutage treten, von deren Herstellung im einzelnen die Schriftsteller kein Bewußtsein haben. Was sich subjektiv als Takt, Gefühl, Geschmack darstellt, erscheint objektiv als bestimmten Gesetzen folgender Bildungstrieb. Hierdurch fällt u. a. auch ein ganz neues Licht auf die zahlreichen metrischen ›leges‹, welche man seit Ritschls Plautus-Forschungen in den altlateinischen Dichtern entdeckt hat. Manches, was man, wiewohl mit einiger Verwunderung, als bewußte Regel ansah, stellt sich jetzt als Wirkung eines unbewußt waltenden Naturgesetzes heraus.[187]

Zwar greift man in der Gegenwart im Blick auf recht unterschiedliche Belange nicht selten auf solche Selbstbeschreibungen zurück, aber durchweg stehen als autoritative Zeugen solche des 20. Jahrhunderts im Vordergrund, die sich im Zuge der Kämpfe um die Anerkennung der Theorien der modernen Physik, aber auch im Zusammenhang des Grundlagenstreits in der Mathematik häufen – für Letzteres nur ein Beispiel: Bevor Georg Hamel (1877–1954) in seiner Rektoratsrede an der TU Berlin auf den Grundlagenstreit zu sprechen kommt, beruft er sich nicht allein auf das Diktum Kroneckers, sondern überbietet es noch mit der Parallelisierung der Mathematik mit dem *fiktionalen* Charakter von Literatur[188]:

---

auf das »regressive Verfahren der Urteilskraft«. Auch er kennt »absichtlich herbeygeführte« und »vom Zufall geschenkte« Erfindungen (S. 390f.). Das findet seine Grenzen in dem, was sich nicht auf Regeln bringen lasse; dann komme »alles nur auf den Scharfblick an, mit dem ein kenntnisreicher und geistreicher Mann seine Vergleichungen der Naturerscheinungen anstellt«, Ders., *Lehrbuch der Naturlehre* [1826], in: *Sämtliche Schriften*, Bd. 15, Abt. 3: *Schriften zur angewandten Philosophie: 2, Naturphilosophie und Naturwissenschaft*; Bd. 3: *Lehrbuch der Naturlehre, erster (einziger) Teil: Experimentalphysik (1826)*, Aalen 1996, S. 33 (§ 15, unter *Scharfblick* dürfte Fries *Scharfsinn* als Entdeckung verborgener Ähnlichkeiten verstehen).

187 Lange, Friedrich Albert, *Geschichte des Materialismus* [1866, 1921], Bd. 2: *Geschichte des Materialismus seit Kant*, hrsg. u. eingel. v. Alfred Schmidt, Frankfurt am Main 1974, S. 887f., Anm. 51.

188 Halmos, Paul Richard (1916–2006), »Mathematics as a Creative Art«, in: *American Scientist*, 56/1968, S. 375–389, geht die verschiedenen Künste hinsichtlich ihrer Ähnlichkeit zur (reinen) Mathematik (*Mathology*) durch (S. 387–389). Zu Verglei-

> Der Mathematiker ist ein Dichter. So wie der Dramatiker eine Gestalt schafft und sie durch Beziehungen zu anderen Gestalten lebendig vor unseren Augen entstehen lässt, so schafft der Mathematiker Begriffe und beweist ihre Bedeutung durch Aufhellung oft überraschender Beziehungen zu anderen Begriffen. Auch der Mathematiker gestaltet. Es gibt vollendete Schönheit in der Mathematik, wie sie vielleicht materiell gebundene Kunst nie ganz erreicht.[189]

Der Umstand, dass nicht wenige der Muster solcher Selbstbeschreibungen im 20. Jahrhundert schon älter sind, muss allerdings nicht bedeuten, dass mit ihnen zeitübergreifend Ähnliches ausgedrückt werden soll. Das, was durchweg gleich bleibt, ist jedoch, dass sie ähnlich vage und systematisch mehrdeutig erscheinen wie ihre älteren Geschwister. So taugen sie häufig für nicht mehr als autoritative Versicherungen, dass es hier noch etwas empirisch zu untersuchen gebe. Solche (empirischen) Untersuchungen erscheinen immer dann als problematisch, wenn man zu dem, was durchweg retrospektive Beschreibungen der Akteure selbst sind, die Rolle des externen Beobachters einnimmt und dann versucht, mittels experimenteller Szenarien zu allgemeineren psychologischen Aussagen zu gelangen, mit denen man beansprucht, auch für historische Episoden von Findeprozessen Erhellendes sagen zu

---

chen von Mathematik und (literarischer) Fiktion u. a. Thomas, Robert S. D., »Mathematics and Fiction I: Identification«, in: *Logique et Analyse*, 43/2000, S. 301–340; Ders., »Mathematics and Fiction II: Analogy«, in: *Logique et Analyse*, 45/2002, S. 185–228. Entscheidend sind die Schlussfolgerungen, die aus solchen Vergleichen gezogen werden, auch wenn der literarische Fiktionsbegriff dabei durchweg keine Präzisierung erfährt; solche Probleme entstehen nicht, wenn man wie Blaguer, Mark, »Fictionalism, Theft, and the Story of Mathematics«, in: *Philosophia Mathematica*, 17/2009, S. 131–162, den Fiktionsbegriff für die Mathematik so bestimmt, dass den Platonisten zugestanden wird, dass die Sätze der Mathematik zwar Sätze über ›abstrakte‹ Objekte sind (es zu sein beanspruchen), dass es aber solche Objekte nicht gibt und dass *daher* die Sätze *nicht wörtlich wahr* seien.

189 Hamel, Georg, »Ueber die philosophische Stellung der Mathematik«, in: *Forschungen und Fortschritte*, 4/1928, S. 267. Fünf Jahre später schließt das aus Hamels Sicht, nun freilich als »Führer des Mathematischen Reichsverbandes«, nicht aus, dass die Mathematik »*keine volksfremde Angelegenheit*« sei, sie vielfältigen praktischen Nutzen besitze, etwa für Geländesport, und sie (wie andere kulturelle Produkte auch) etwas exemplifiziere, nämlich eine *Haltung*, die bestens in die Zeit passt, vgl. Ders., »Die Mathematik im Dritten Reich«, in: *Unterrichtsblätter für Mathematik und Naturwissenschaften*, 39/1933, S. 305–309 (auch abgedruckt in: *Forschungen und Fortschritte*, 9/1933, S. 487–489), hier S. 307: »Der Geländesport wird eine wunderbare Gelegenheit sein, die Raumanschauung zu pflegen. Der geometrisch Geschulte wird sich auch hier auszeichnen. […] *Aber das weitaus wichtigere ist der Erziehungswert, der aus der Geistesverbundenheit der Mathematik mit dem Dritten Reich folgt.* Die Grundhaltung beider ist die Heroische.«

können.[190] Mitunter scheint man Ähnliches wie *Takt* durch ein Konzept des *tacit knowledge* in der Mathematik zu berücksichtigen; allerdings hat dieses Konzept seine eigenen Tücken.[191] Nicht besser steht es in dieser Hinsicht mit den Computersimulationen in Gestalt von *Computational Models of Scientific Discovery and Theory Formation.*

IV. »ein Mathematiker, der nicht etwas Poet ist, wird nimmer ein vollkommener Mathematiker sein«

Die ästhetischen Eigenschaften, die mathematische Gebilde besitzen, oder aber die Voraussetzungen, über die Mathematiker verfügen sollten, konnten ihnen aber auch demonstrativ abgesprochen werden. Ein solcher ›Mangel‹ ließ sich dann auch in Verbindung bringen mit (anderen) personalen Eigenschaften. Das konnten dann solche Eigenschaften sein, die zur Erklärung für

---

[190] Vgl. z. B. Weinert, Franz E., *Wissenschaftliche Kreativität: Mythen, Fakten und Perspektiven*, Paderborn 1993, oder Davidson, Janet E., »The Suddenness of Insight«, in: Sternberg, Robert J./Davidson, Janet E. (Hrsg.), *The Nature of Insight*, Cambridge, London 1995, S. 125–155; kritisch hinsichtlich der Begriffsbestimmungen und der mitunter unvereinbaren intuitiven Leitmetaphorik in diesem Band zur Erhellung von *Insight* Scholler, Jonathan W./Fallshore, Marte/Fiore, Stephen M., »Epilogue: Putting Insight into Perspective«, in: ebd., S. 559–587; zu Überblicken u. a. Wehner, L. u. a., »Current Approaches Used in Studying Creativity«, in: *Creativity Research Journal*, 4/1991, S. 261–271, sowie Kasof, Joseph, »Explaining Creativity: The Attributional Perspective«, in: *Creativity Research Journal*, 8/1995, S. 311–366. – Weder für das eine noch das andere erhellend erscheinen Darlegungen im Anschluss an eine vermeintliche Analogie zwischen ›Entdeckungsprozessen‹ in den Naturwissenschaften und dem Lesen von Poesie, so z. B. Valdés, Mario J./Guyon, Etienne, »Serendipity in Poetry and Physics«, in: Elinor S. Shaffer (Hrsg.), *The Third Culture: Literature and Science*, Berlin, New York 1998, S. 28–39; zu weiteren Versuchen, die ›kreativen‹ Prozesse von Wissenschaft und Kunst in einem Zusammenhang zu sehen, vgl. Briskman, Larry, »Creative Product and Creative Process in Science and Art«, in: *Inquiry*, 23/1980, S. 83–106, Henning, Edward/Mesarovic, Mihajlo D., »Analogy in the Creative Processes and the Objects of Creation in Art and Sciences«, in: *Dialectica*, 17/1963, S. 159–165; Tang, Paul C. L., »On the Similarities Between Scientific Discovery and Musical Creativity: A Philosophical Analysis«, in: *Leonardo*, 17/1984, S. 261–268; Rouse, Ken, »Some Psychological Processes in the Development of the Creativity of van Gogh and Faraday«, in: *Leonardo*, 16/1983, S. 217–221.

[191] Vgl. z. B. Breger, Herbert, »Tacit Knowledge in Mathematical Theory«, in: Echeverría et al. (Hrsg.), *The Space*, S. 79–90, sowie Ders., »Know-how in der Mathematik. Mit einer Nutzanwendung auf die unendlichkleinen Größen«, in: Detlef D. Spalt (Hrsg.), *Rechnen mit dem Unendlichen. Beiträge zur Entwicklung eines kontroversen Gegenstandes*, Basel u. a. 1990, S. 43–57.

die Unterschiede dienen können, die man bei der mathematischen Tätigkeit, vor allem aber bei ihren Resultaten wahrnimmt und die man dann etwa rubriziert anhand von gruppenbezogenen *Stileigenschaften.*[192] So kann dann auch beispielsweise das eine *Erklärung* finden, was nach dem Bild einer *rational* ihre Wissensansprüche verhandelnden Mathematik als unerwartet erscheint: der als grundsätzlich wahrgenommene Widerstreit. Nach Wolfgang Krull (1899–1971) zum Beispiel sind die in zwei »große Heerlager« gespaltenen Mathematiker, die »Konkreten« und die »Abstrakten«, keine oberflächliche Erscheinung, sondern es seien »tiefgehende Unterschiede«, denn es handle sich um »verschiedene Geschmacksrichtungen«[193] – zu schlichten dann im Sinn des *de gustibus non est disputandum.*

Es öffnen sich aber auch Möglichkeiten zu ganz anderen Korrelierungen. So schreibt Karl Weierstraß (1818–1897) im August 1883 an Sofja Kowalewskaja (1850–1891) über Kronecker im Unterschied zum »Freund« Ernst Eduard Kummer (1810–1893):

> Unter den ältern Mathematikern gibt es verschiedene Sorten von Menschen, ein trivialer Satz, der aber doch vieles erklärt. [...] Kronecker ist anders [scil. als Kummer], er macht sich mit allem Neuen rasch bekannt, seine leichtes Auffassungsvermögen befähigt ihn dazu, aber es geschieht nicht in eindringender Weise – er besitzt nicht die Gabe, sich mit einer guten fremden Arbeit mit dem gleichen wissenschaftlichen Interesse wie mit einer eigenen Untersuchung zu beschäftigen. Dazu kommt ein Mangel, der sich bei vielen höchst verständigen Menschen, namentlich bei denen semitischen Stammes findet, er besitzt nicht ausreichende Phantasie (Intuition möchte ich lieber sagen) und es ist wahr, ein Mathematiker, der nicht etwas Poet ist, wird nimmer ein vollkommener Mathematiker sein. Vergleiche sind lehrreich: Der allumfassende, auf das Höchste, das Ideale gerichtete Blick zeichnet Abel vor Jacobi, Riemann vor allen seinen Zeitgenossen (Eisenstein, Rosenhain), Helmholtz vor Kirchhoff (obwohl bei dem letztern kein Tröpfchen semitischen Blutes vorhanden) in ganz eclatanter Weise aus.[194]

---

[192] Vgl. z. B. Chevalley, Claude (1909–1984), »Variations du style mathématique«, in: *Revue de Metaphysique et de Morale*, 42/1935, S. 375–384.

[193] Krull, »Über die ästhetische Betrachtungsweise in der Mathematik«, S. 215.

[194] *Briefwechsel zwischen Karl Weierstraß und Sofja Kowalewskaja*, Reinhard Bölling (Hrsg.), Berlin 1993, S. 292. Vgl. auch die Charakterisierung von Jacobi und Abel bei Klein, Felix, *Vorlesungen über die Entwicklung der Mathematik im 19. Jahrhundert*, Berlin 1926 u. 1927 (ND Berlin 1979), S. 163. – Zehn Jahre zuvor konnte Weierstraß noch sagen, dass er »niemals aufhören werde zu bedauern«, dass er nicht bei »Jacobi, de[m] grosse[n] Mathematiker«, den »persönlichen Unterricht [...] genossen« habe (der Hintergrund besteht darin, dass sich Weierstraß seit seinen ersten mathematischen Anfängen mit der Mathematik Jacobis beschäftigt hat), Weierstraß, Karl, »Ansprache bei der Übernahme des Rectorats der Friedrich-Wilhelms-Universität zu Berlin am 15. October 1873«, in: *Mathematische Werke*, Bd. 3: *Abhandlungen 3*, Berlin 1903, S. 331–339, hier S. 336. Fünfzehn Jahre zuvor

Es sind die fortwährend anzutreffenden Stereotype hinsichtlich der personalen Eigenschaften, und sie sind durch Gegenbeispiele auch nicht widerlegbar, da es sich dabei immer um Rückschlüsse handelt, und zwar auf der Grundlage solcher ›Eigenschaften‹ der Präsentationen mathematischer Wissensansprüche, die diese ›Eigenschaften‹ nur *metaphorisch exemplifizieren.* Wenn man so will, dann *rationalisieren Zuschreibungen* Konflikte um mathematische Wissensansprüche, bei denen retrospektiv, aber auch prospektiv keine rationalen Möglichkeiten zur Schlichtung gesehen werden, und bieten so den Beteiligten eine Erklärung (und zwar als unausweichlich) – und so wohl auch hier angesichts des Bruchs der Freundschaft zwischen Kronecker und Weierstraß bei einer Vielzahl von Differenzen, die nach dem zitierten Schreiben noch zunehmen.[195] Anders gesagt: Es handelt sich um Beispiele dafür, dass *Takt* oder *Geschmack* fehlen, und zugleich erscheint es als eine Art Tiefenerklärung, weshalb das so ist.

Veröffentlicht wurde dieser Privatbrief bereits 1902, und er hat früh zu wirken vermocht.[196] Einflussreicher für die folgende Zeit waren allerdings Äußerungen Felix Kleins (1849–1925). In seinen in den Vereinigten Staaten gehaltenen Vorlesungen konnte man lesen:

---

schrieb Kronecker an Rudolf Lipschitz (1832–1903): Scharlau, Winfried (Hrsg.), *Rudolf Lipschitz: Briefwechsel mit Cantor, Dedekind, Helmholtz, Kronecker, Weierstrass und anderen*, Braunschweig, Wiesbaden 1986, Brief vom 05.01.1868 (S. 165–172, hier S. 169): »Da namentlich wir Zwei, Weierstrass und ich uns häufig in den Gebieten unserer Gedanken begegnen, so weiss ich von so manchem was er gemeint hat oder was ich im Laufe meiner hiesigen Zeit erarbeitet habe kaum, wer von uns Beiden zuerst den Gegenstand angeregt oder mit irgend einer glücklichen Idee befruchtet hat.«

195 Weder für Kronecker noch für Weierstraß gibt es eine Darstellung, die das im Einzelnen behandelt, vgl. u. a. Mittag-Leffler, Gösta (1846–1927), »Zur Biographie von Weierstraß«, in: *Acta Mathematica*, 35/1912, S. 29–65; ferner Biermann, Kurt-R., »Karl Weierstraß. Aspekte seiner Biographie«, in: *Journal für die reine und angewandte Mathematik*, 223/1966, S. 191–220; Schubring, Gert, »An Unknown Part of Weierstraß's Nachlaß«, in: *Historia Mathematica*, 25/1998, S. 423–430; zu den Differenzen gehört nicht zuletzt auch Kroneckers strikte Ablehnung der Arbeiten Georg Cantors (1845–1918), hierzu u. a. Schoenflies, Arthur (1853–1928), »Die Krisis in Cantors mathematischem Schaffen«, in: *Acta Mathematica*, 50/1928, S. 1–23, sowie, neben den mehr oder weniger ausführlichen Hinweisen in den Standardwerken zu Cantor, auch Führich, Arnold, *Der Meinungsstreit zwischen Georg Cantor und Leopold Kronecker um Grundlagen der Mathematik in der Zeit der Begründung der Mengenlehre*, Postdam 1983.

196 Vgl. Mittag-Leffler, Gösta, »Une page de la vie de Weierstrass«, in: Ernest Duporcq (Hrsg.), *Compte rendu du deuxième Congrès international des mathématiciens Paris 1900*, Paris 1902, S. 148–150, hier S. 149.

> Finally it must be said that the degree of exactness of the intuition of space may be different in different individuals, perhaps even in different races. It would seem as if a strong naïve space-intuition were an attribute pre-eminently of the Teutonic race, while the critical, purely logical sense is more fully developed in the Latin and Hebrew races. A full investigation of this subject, somewhat on the lines suggested by Francis Galton in his researches on heredity, might be interesting.[197]

Diese Unterscheidung ist für Kleins Selbstverständnis wichtig gewesen, denn er hat sich selbst als Geometer gesehen, der von »Anschauung« ausgehe, und nicht als »Analytiker, der wesentlich mit Formeln operiert«, auch nicht als »Philosoph, der vor allem von den Begriffen aus construiert«. In seinem programmatischen Aufsatz zum mathematischen Unterricht hat er »jeden Mathematiker herzlich« bedauert, »dem die Natur kein lebhaftes Raumvorstellungsvermögen verliehen« habe.[198] Allerdings sind seine Ausführungen zum Anschauungskonzept uneinheitlich gewesen;[199] er scheint daraus selber keine diskriminierenden Konsequenzen gezogen zu haben,[200] auch nicht bei seinem überaus erfolgreichen Eingreifen in die mathematische Berufungspolitik.[201]

Zu sehen ist das – was sich hier ebenfalls nur andeuten lässt – zudem vor dem Hintergrund der sich im Laufe des 19. Jahrhundert verstärkenden Vorstellungen ›national‹ geprägter Kunst-[202] und Wissenschaftsstile – Pierre Duhem (1861–1916), aber auch Henri Poincaré (1854–1912) sind berühmte, aber nicht die einzigen Beispiele in der Zeit. Durchweg beziehen sich solche

---

197 Klein, Felix, *The Evanston Colloquium. Lectures on Mathematics*: Delivered from Aug. 28 to Sept. 9, 1893 at Northwestern Univ., Evanston, ILL, reported by Alexander Ziwet, New York 1894, S. 46.

198 Ders., »Über Aufgabe und Methode des mathematischen Unterrichts«, in: *Jahresbericht der deutschen Mathematiker-Vereinigung*, 7/1899, S. 126–138, hier S. 137; die Unterscheidung auch in Ders., *Elementarmathematik vom höheren Standpunkte aus*, ausgearb. v. Ernst Hellinger. Bd. 1: *Arithmetik, Algebra, Analysis: Vorlesungen gehalten im Wintersemester 1907–08*, Leipzig 1908, S. 90f. sowie S. 224.

199 Hierzu Glas, Eduard, »Model-Based Reasoning and Mathematical Discovery: The Case of Felix Klein«, in: *Studies in History and Philosophy of Science*, 31/2000, S. 71–86; der allerdings mit keinem Wort auf die Ausdeutungen Kleins eingeht.

200 Hierzu Rowe, David E., »›Jewish Mathematics‹ at Göttingen in the Era of Felix Klein«, in: *Isis*, 77/1986, S. 422–449.

201 Hierzu Tobies, Renate, »Zur Berufungspolitik Felix Kleins«, in: *NTM*, 24,2/1987, S. 43–52; dort auch die wiedergegebene Dreiteilung, die sich in unveröffentlichten Aufzeichnungen Kleins findet.

202 Hierzu u. a. Larsson, Lars Olof, »Nationalstil und Nationalismus in der Kunstgeschichte der zwanziger und dreißiger Jahre«, in: Lorenz Dittmann (Hrsg.), *Kategorien und Methoden der deutschen Kunstgeschichte 1900–1930*, Stuttgart 1985, S. 169–184.

Zuschreibungen auf die (empirische) *Erklärung* differierender Wahlhandlungen und Präferenzen im Rahmen der Darbietung von Wissensansprüchen. Freilich kann schon das zur Rechtfertigung diskriminierenden politischen Handelns dienen – und so ist es denn auch geschehen: Nach Theodors Vahlens (1869–1945) *Festrede bei dem feierlichen Akte des Rektoratswechsels* an der Universität Greifswald[203] kommt es zum Versuch Ludwig Bieberbachs (1886–1982), die verwendete rassendiskriminierende Sprache bei der explizit angestrebten Ausgrenzung jüdischer Mathematiker durch den Rückgriff auf psychologische Theorien zu rechtfertigen; er geht dabei allerdings nicht so weit, damit auch eine Rechtfertigung dafür anzustreben, von bestimmten Eigenschaften der Wissensträger auf die *Geltung*, die *epistemische Güte* ihrer mathematischen Wissensansprüche zu schließen: Die biologisch gedeuteten Eigenschaften von Mathematikern drückten sich aus im »Stile des Schaffens und in der Wertung der Ergebnisse«, darüber hinaus in der »Einstellung zu den Grundlagenfragen«.[204]

Das, was sich durchweg *nicht* findet, ist die Verknüpfung solcher Eigenschaften mit der epistemischen Güte von Wissen. Das gegen die Tradition gerichtete Neue bei der Wissenschaftsauffassung liegt nach 1933 dann gerade in den Versuchen der Verknüpfung von (*rassenbiologischer*) *Genese* und *wissenschaftlicher Geltung* (Erhaltung):[205] Wissen besitzt allein dann eine bestimmte epistemische Güte, wenn es ›arteigen‹ entsteht und/oder zur ›Art‹ passt. Es widerstreitet den gängigen Vorstellungen vom Ausschluss solcher Merkmale für die Evaluation von Wissensansprüchen, die sich auf ihre personalen Träger beziehen – der Hinweis auf die religiöse Überzeugung, die Zugehörigkeit zu einer ›Rasse‹ oder zu einem ›Geschlecht‹ gilt danach nicht

---

203 Vgl. Vahlen, Karl Theodor, *Wert und Wesen der Mathematik. Festrede bei dem feierlichen Akte des Rektoratswechsels an der Universität Greifswald am 15. Mai 1923* […], Greifswald 1923.

204 So in Bieberbach, Ludwig, »Stilarten mathematischen Schaffens«, in: *Sitzungsberichte der Preußischen Akademie der Wissenschaften*, Jg. 1934, Berlin 1934, S. 351–360, hier S. 357; expliziter in Ders., *Die völkische Verwurzelung der Wissenschaft (Typen mathematischen Schaffens)*, Heidelberg 1940, S. 27, wo von einem vom »Denktypus« unabhängigen »Bestand«, »einem Inhalt« der Mathematik die Rede ist, explizit auch in Ders., »Persönlichkeitsstruktur und mathematisches Schaffen«, in: *Unterrichtsblätter für Mathematik und Naturwissenschaften*, 40/1934, S. 236–243, hier S. 243, Anm. 2: »Diese Bemerkung sagt über den Geltungsgrund mathematischer Urteile nichts aus.«

205 Vgl. Danneberg, Lutz/Schernus, Wilhelm, »Der Streit um den Wissenschaftsbegriff während des Nationalsozialismus – Thesen«, in: Holger Dainat/Lutz Danneberg (Hrsg.), *Literaturwissenschaft und Nationalsozialismus*, Tübingen 2003, S. 41–53.

als zulässiges *Argument*, um Wissensansprüche zu bestreiten, anzuerkennen oder zu ignorieren. Die mit der Tradition brechende Wissenschaftsauffassung lässt sich nach einigen Formulierungen nicht nur als ein Konzept epistemischer Dependenz auffassen, sondern als Vertauschung bisheriger Hierarchisierung: Wahrheit wird zur Wahrhaftigkeit, und die Möglichkeit hierzu wird an überpersonale Eigenschaften von Wissensträgern gebunden. Die Besonderheit liegt darin, dass biologische Eigenschaften fundierend oder primär werden und dass sowohl die Feststellung überpersonaler Eigenschaften der Wissensträger als auch ihre Verknüpfung mit epistemischen Eigenschaften (Glaubwürdigkeit) von Wissensansprüchen als *(natur)wissenschaftlich begründbar* gelten.

Zu den Autorinnen und Autoren

ANDREA ALBRECHT, Studium der Mathematik, Germanistik und Philosophie in Bremen, Hamburg und Göttingen. 2003 Promotion; 2002–2004 wiss. Mitarbeiterin im Projekt »Jahrhundertwende – Literatur, Künste und Wissenschaften um 1900 in grenzüberschreitender Wahrnehmung« an der Akademie der Wissenschaften zu Göttingen; 2005–2006 University of California, Berkeley; seit Herbst 2007 wiss. Mitarbeiterin und Nachwuchsgruppenleiterin (Emmy Noether-Programm) am Deutschen Seminar II und am Freiburg Institute for Advanced Studies der Universität Freiburg.

Publikationen: Kosmopolitismus. Weltbürgerdiskurse in Literatur, Philosophie und Publizistik um 1800 (2005); Integrität. Europäische Konstellationen im Medium der Literatur. Monatshefte für deutschsprachige Literatur und Kultur (Hrsg. zus. mit H. Adler u. H. Turk, 97.2 (2005)); Mathematische und ästhetische Moderne. Zu Robert Musils Essay »Der mathematische Mensch«, in: Scientia Poetica 12 (2008); Mathematisches Wissen und historisches Erzählen: Michael Köhlmeiers Roman »Abendland«, in: Gegenwartsliteratur. Ein germanistisches Jahrbuch 8 (2009).

RAINER BAYREUTHER, Studium der Musikwissenschaft, Philosophie und ev. Theologie an der Universität Heidelberg. 1994 Promotion; 1994–1996 wiss. Mitarbeiter am Forschungsprojekt »Timbre und Vaudeville« an der Musikhochschule Frankfurt a.M.; Habilitation 2004 an der Universität Halle; 2004–2008 Lehrstuhlvertretungen in Frankfurt a.M., Göttingen und Freiburg i.Br.; 2008–2009 Junior Fellow am Alfried Krupp Wissenschaftskolleg Greifswald.

Publikationen: Richard Strauss' Alpensinfonie (1997); Untersuchungen zur Rationalität der Musik in Mittelalter und früher Neuzeit, Bd. 1: Das platonistische Paradigma (2009); Was ist religiöse Musik? (2010); Musikalische Norm um 1700 (Hrsg., 2010); Musik und kulturelle Identität (Hrsg. zus. mit D. Altenburg (2010)).

CHRISTIAN BERGER, Studium der Schulmusik, Musikwissenschaft, Geschichte und Mathematik in Freiburg, Hamburg, Berlin und Kiel. 1982 Promotion; 1980–1989 wiss. Assistent am Musikwissenschaftlichen Seminar in Kiel; 1989–1994 als Oberassistent; 1990–1995 Vertretungen in Heidelberg, Bonn, Regensburg, Detmold und Greifswald; seit 1995 Ordinarius und Direktor des Musikwissenschaftlichen Seminars der Universität Freiburg.

Publikationen: Phantastik als Konstruktion. Hector Berlioz' »Symphonie fantastique« (1983); Hexachord, Mensur und Textstruktur. Studien zum französischen Lied im 14. Jahrhundert (1992); Musik jenseits der Grenze der Sprache (Hrsg., 2004); Oswald von Wolkenstein. Die Rezeption eines internationalen Liedrepertoires im deutschen Sprachbereich um 1400 (Hrsg. mit Editionen, 2010); Robert Schumanns Eichendorff-Interpretation im *Liederkreis* op. 39, in: A. Aurnhammer/G. Schnitzler (Hrsg.), Dichtung und Musik (2010).

Franziska Bomski, Studium der Germanistik und Mathematik an der Universität Freiburg. 2004–2005 Lektorin an der Yale University; 2005–2007 Stipendiatin des Graduiertenkollegs »Klassizismus und Romantik« der Universität Gießen; 2008–2011 wiss. Mitarbeiterin in der Emmy Noether-Nachwuchsgruppe von Andrea Albrecht am Freiburg Institute for Advanced Studies; 2011/12 Postdoc-Fellowship an der Washington University.

Publikationen: Zwischen Mathematik und Märchen – die Darstellung des Zufalls und ihre erkenntnistheoretische Funktion bei Novalis, in: A. Bauereisen/S. Pabst/A. Vesper (Hrsg.), Kunst und Wissen. Beziehungen zwischen Erkenntnistheorie und Ästhetik im 18. und 19. Jahrhundert (2009); Die dialogische Identität in Robert Musils Novelle ›Die Amsel‹, in: M. Dauss/R. Haekel (Hrsg.), Leib / Seele – Geist / Buchstabe. Dualismen in der Ästhetik und den Künsten um 1800 und 1900 (2009).

Leo Corry, Studium der Mathematik an der Universidad Simón Bolívar in Caracas. Promotion 1990 am Cohn Institute for History and Philosophy of Science der Universität Tel Aviv; 2004–2010 Direktor des Cohn Institute; 1999–2009 Herausgeber von *Science in Context* (CUP); Fellow am Dibner Institute for the History of Science and Technology (MIT), am Max-Planck-Institut für Wissenschaftsgeschichte in Berlin und am Wissenschaftskolleg zu Berlin.

Publikationen: Modern Algebra and the Rise of Mathematical Structures (1996, 2. Aufl. 2004); David Hilbert and the Axiomatization of Physics (1898–1918). From *Grundlagen der Geometrie* to *Grundlagen der Physik* (2004); Hunting Prime Numbers from Human to Electronic Computers, in: The Rutherford Journal 3 (2010); On the History of Fermat's Last Theorem: Fresh Views on an Old Tale, in: Mathematische Semesterberichte 57 (2010), 1; Number Crunching vs. Number Theory: Computers and FLT, from Kummer to SWAC (1850–1960), and beyond, in: Archive for History of Exact Science 62 (2008), 1.

Laurence Dahan-Gaida, Studium der Vergleichenden Literaturwissenschaft an der Universität Paris VII. 1990 Promotion; 1988–1991 Lektorin an der Universität Wien; 1993–2006 Maître de conférences an der Université de Franche-Comté (Besançon); seit 2006 Professorin an der Université de Franche-Comté.

Publikationen: Musil. Savoir et fiction (1994); Le savoir et le secret. Poétique de la science chez Botho Strauss (2008); Conversations entre la littérature, les arts et les sciences (Hrsg., 2006); Logiques du tiers: littérature, culture, société (Hrsg., 2007); L'Autre EnQuête. Médiations littéraires et culturelles de l'altérité (Hrsg. zus. mit N. Arambasin, 2007); Savoir, mémoire, innovation (TLE n°26 (2009)); Dynamiques de la mémoire: arts, savoirs, histoire (Hrsg., 2010).

Lutz Danneberg, Studium der Mathematik, Soziologie, Germanistik und Philosophie in Hamburg und Göttingen. 1986 Promotion; 1990 Habilitation; seit 1992 Professor für Methodologie und Geschichte der Hermeneutik und Germanistik; April 2009–März 2010 Fellow am Freiburg Institute for Advanced Studies.

Publikationen: *Pyrrhonismus hermeneuticus*, *probabilitas hermeneutica* und hermeneutische Approximation, in: C. Spoerhase/D. Werle/M. Wild (Hrsg.), Unsicheres Wissen. Skeptizismus und Wahrscheinlichkeit, 1550–1850 (2009); Schleiermacher und die Hermeneutik, in: A. B. Baertschi/C. G. King (Hrsg.), Die modernen Väter der Antike. Die Entwicklung der Altertumswissenschaften an Akademie und Universität im Berlin des 19. Jahrhunderts (2009); Hermeneutik zwischen Theologie und Naturphilosophie: der *sensus accommodatus*, in: F. M. Zini/D. Thouard/F. Vollhardt (Hrsg.), Philologie als Wissensmodell. La philologie comme modèle de savoir. (2010); Die *eine* Logik des Petrus Ramus, in: J. Biard/F. M. Zini (Hrsg.), Le lieux de l'argumentation. Histoire du syllogisme topique d'Antiquité à Leibniz (2010); Von der *accommodatio ad captum vulgi* über die *accommodatio secundum apparentiam nostri visus* zur *aesthetica* als *scientia cognitionis sensitivae*, in: J. A. Steiger (Hrsg.), *Hermeneutica Sacra*. Studien zur Auslegung der Heiligen Schrift im 16. und 17. Jahrhundert (2010).

Bernd Enders, Studium an der Staatlichen Musikhochschule und Universität in Köln mit mehreren Staatsexamen. 1980 Promotion; seit 1981 Dozent an der Universität Osnabrück; Habilitation 1986; 1992–1994 Professor am Musikwissenschaftlichen Institut der Universität zu Köln (»Musik im 20. Jahrhundert«); seit 1994 Professor für Systematische Musikwissenschaft an der Universität Osnabrück mit dem Schwerpunkt Musikelektronik/Musikalische Informatik; Initiator und geschäftsf. Leiter der 1997 gegründeten Forschungsstelle Musik- und Medientechnologie. Herausgeber des Online-Verlags epOs, u. a. mit eigener Buchreihe zur Systematischen Musikwissenschaft. Vorstandsmitglied seit der Gründung im Institut virtUOS (zur Unterstützung virtueller Lehre an der Universität Osnabrück).

Publikationen: Studien zur Durchhörbarkeit und Intonationsbeurteilung von Akkorden (1981); Die Klangwelt des Musiksynthesizers (1985); Lexikon Musikelektronik (1985, 1987, 1988, 1989, 1997); Bernd Enders/Tillman Weyde: Computerkolleg Musik – Gehörbildung (1999; engl.: Computer Courses – Ear Training (2002)); Musical education and the new media, in: H.-J. Braun (Hrsg.), Music and Technology in the Twentieth Century (2002); Global village – global brain – global music (Hrsg. zus. mit J. Stange-Elbe (2003)); Mathematische Musik – musikalische Mathematik (Hrsg., 2005).

Robert Matthias Erdbeer, Studium der Neueren und Älteren deutschen Sprache und Literatur, Geschichte und Philosophie an der Universität Tübingen und am Trinity College Dublin. 2006 Promotion; 2005/06 wiss. Mitarbeiter des WIN-Kollegs »Konstruktion von Vergangenheit als Raum des Politischen« an der Heidelberger Akademie der Wissenschaften; seit 2005 Assistent am Germanistischen Institut der Universität Münster, Abt. Neuere deutsche Literatur, Dozent für Wissenschaftsgeschichte an der Hochschule Bremen.

Publikationen: Deskriptionspoetik. Humboldts »Kosmos«, die verfahrensanalytische Methode und der wissenschaftsgeschichtliche Diskurs, in: B. Dotzler/S. Weigel (Hrsg.), »fülle der combination«. Literaturforschung und Wissenschaftsgeschichte (2005); Epistemisches Prekariat. Die *qualitas occulta* Reichenbachs und Fechners Traum vom Od, in: D. Rupnow et al. (Hrsg.), Pseudowissenschaft. Konzeptionen von Nichtwissenschaftlichkeit in der Wissenschaftsgeschichte (2008); Kosmische Resonanzen. Theorie und Körper in der Esoterischen Moderne (mit C. Wessely), in: K. Lichau et al. (Hrsg.), Resonanz. Potentiale einer akustischen Figur (2009); Die Signatur des Kosmos. Epistemische Poetik und die Genealogie der Esoterischen Moderne (2010).

Andreas Gormans, Studium der Kunstgeschichte, Baugeschichte und Philosophie an der Rheinisch-Westfälischen Technischen Hochschule Aachen. 1999 Promotion; 2000 Postdoc-Stipendiat im Projekt »Kulturgeschichte und Theologie des Bildes« an der Westfälischen Wilhelms-Universität Münster; 2001–2003 wiss. Mitarbeiter in einem Forschungsprojekt zu frühneuzeitlichen Papstgrabmälern; 2004–2008 Assistent am Lehrstuhl für Kunstgeschichte der RWTH; seit 2008 wiss. Mitarbeiter in einem Forschungsprojekt zu gemalten niederländischen Kircheninterieurs nach 1650.

Publikationen: Geometria et ars memorativa (1999); Des Papstes neue Kleider. Das Grabmal Pauls III. Farnese, in: H. Bredekamp/V. Reinhardt (Hrsg.), Totenkult und Wille zur Macht (2004); Das Bild der Erscheinung. Die Gregorsmesse im Mittelalter (Hrsg. zus. mit Th. Lentes (2007)); Das Medium ist die Botschaft. Theatra als Bühnen des wissenschaftlichen Selbstverständnisses (2008); Perspektiven der Zergliederung. Zum Verhältnis von Anatomie und Wissenschaftspraxis in der Frühen Neuzeit, in: D. Groß/J. Grande (Hrsg.), Objekt Leiche (2010).

Joachim Grage, Studium der Germanistik, Skandinavistik und Chemie an den Universitäten Marburg, Göttingen und Kopenhagen. 1999 Promotion; 1995–1996 Mitarbeiter am Göttinger SFB »Literarische Übersetzung«; 1996–1999 wiss. Mitarbeiter; 1999–2002 wiss. Assistent und 2002–2008 Juniorprofessor am Skandinavischen Seminar der Universität Göttingen; seit April 2008 Professor für Nordgermanische Philologie (Neuere Literatur- und Kulturwissenschaft) an der Universität Freiburg.

Publikationen: Chaotischer Abgrund und erhabene Weite. Das Meer in der skandinavischen Dichtung des 17. und 18. Jahrhunderts (2000); Literatur und Musik in der klassischen Moderne. Mediale Konzeptionen und intermediale Poetologien (Hrsg., 2006), Beiträge zur Wissens- und Wahrnehmungsgeschichte des Meeres (Hrsg., 2011), Aufsätze zu den skandinavischen Literaturen des 17. bis 21. Jahrhunderts, insbesondere zur Naturdichtung, zur Biographik und zur Intermedialität von Literatur und Musik.

Erika Greber, Studium in Tübingen und Göttingen. Promotion und Habilitation in Konstanz (in den Fächern Slavistik und Allgemeine und Vergleichende Literaturwissenschaft); einjährige Professur an der University of California, Irvine; ab 1995 Komparatistik-Professorin an der Universität München; seit 2007 an der Universität Erlangen-Nürnberg; gestorben am 31. Juli 2011. Publikationen: Textile Texte. Poetologische Metaphorik und Literaturtheorie: Studien zur Tradition des Wortflechtens und der Kombinatorik (2002); Materialität und Medialität von Schrift (Hrsg. zus. mit K. Ehlich u. J.-D. Müller (2002)); Manier – Manieren – Manierismen (Hrsg. zus. mit B. Menke (2003)); Intermedium Literatur (Hrsg. zus. mit R. Lüdeke (2004)). Zahlreiche Aufsätze zum Sonett (Gattungstheorie, Vergleichsstudien, Einzelanalysen).

Mairéad Hanrahan, Professorin für Französisch am University College London seit 2006; Direktorin des French Department am University College London seit 2008.

Publikationen: Lire Genet: Une poétique de la différence (1997); Genet (Hrsg., 2004); Literature and the Mathematical (Hrsg., 2007).

LINDA DALRYMPLE HENDERSON, David Bruton, Jr. Centennial Professor für Art History und Regents' Outstanding Teaching Professor an der University of Texas in Austin.

Publikationen: The Fourth Dimension and Non-Euclidean Geometry in Modern Art (1983; zweite, erweiterte Aufl. 2011); Duchamp in Context: Science and Technology in the Large Glass and Related Works (1998); From Energy to Information: Representation in Science and Technology, Art, and Literature (Hrsg. zus. mit B. Clarke (2002)). Gastherausgeberin der Winter-Ausgabe 2004 von *Science in Context* über »Modern Art and Science«.

AURA HEYDENREICH, Studium der Germanistik, Anglistik, Politikwissenschaft und European Studies an den Universitäten Klausenburg und Erlangen-Nürnberg. 2006 Promotion; 2007–2009 Lehrkraft für besondere Aufgaben; seit 2009 Akademische Rätin am Lehrstuhl für Neuere deutsche Literaturgeschichte des Departments für Germanistik und Komparatistik an der Friedrich-Alexander Universität Erlangen-Nürnberg.

Publikation: Wachstafel und Weltformel. Erinnerungspoetik und Wissenschaftskritik in Günter Eichs »Maulwürfen« (2007).

OLAV KRÄMER, Studium der Germanistik, Geschichte und Romanistik an den Universitäten Göttingen, Besançon und Oxford. 2008 Promotion; seit 2006 wiss. Assistent am Deutschen Seminar (Neuere Deutsche Literatur) der Universität Freiburg.

Publikationen: Denken erzählen. Repräsentationen des Intellekts bei Robert Musil und Paul Valéry (2009). Aufsätze zur deutschen und französischen Literatur des 18. bis 20. Jahrhunderts.

DIETER LAMPING, seit 1993 Professor für Allgemeine und Vergleichende Literaturwissenschaft an den Universitäten Wuppertal, München und Mainz; 2008 Fellow am Freiburg Institute for Advanced Studies.

Publikationen: Das lyrische Gedicht (3. Aufl. 2000); Moderne Lyrik (1991 und 2008); Von Kafka bis Celan (1997); »Wir leben in einer politischen Welt« (2008); Die Idee der Weltliteratur (2010); Herausgeber u. a. der Kommentierten Ausgaben der Werke von Rilke, Hofmannsthal, Kafka und Andersch; Rilke und die Weltliteratur (Hrsg. zus. mit M. Engel (1999)); Kafka und die Weltliteratur (Hrsg. zus. mit M. Engel (2006)); Handbuch der literarischen Gattungen (Hrsg. zus. mit S. Poppe, S. Seiler und F. Zipfel (2009)).

Bettina Marten, Studium der Kunstgeschichte, Klassischen Archäologie, Soziologie und Philosophie an der Universität Hamburg. 1995 Promotion; 1996–2000 Tätigkeit am Deutschen Archäologischen Institut, Abteilung Madrid, und am Weserrenaissance-Museum Schloss Brake, Lemgo; 2001–2005 wiss. Mitarbeiterin am Institut für Kunst- und Musikwissenschaft der TU Dresden; seit 2006 Lehrbeauftragte an der TU Dresden und am Kunstgeschichtlichen Institut der Johann-Wolfgang-Goethe Universität Frankfurt a.M.; seit 2007 wiss. Koordinatorin des Projekts »Festung im Fokus – Mathematische Methoden in der *architectura militaris* und ihre Sublimierung in der *architectura civilis*« (Kooperationsprojekt mit TU Dresden, Humboldt-Universität Berlin, Staatliche Kunstsammlungen Dresden).

Publikationen: Die Festungsbauten Vespasiano Gonzagas unter Philipp II von Spanien (1996); Curioso Poliphili – Festgabe für Horst Bredekamp (Hrsg. zus. mit N. Hegener u. C. Lichte (2007)); Stralsund um 1300: Anmerkungen zur städtebaulichen Entwicklung des Wirtschaftszentrums an der Ostsee (2008); Geometrie als Weg der Erkenntnis (2008); La arquitectura de guerra en el cuadro: Consideraciones sobre el desarollo de la presentación gráfica renacentista (2009); Hispaniens Norden im 11. Jahrhundert – Christliche Kunst im Umbruch (Hrsg. zus. mit A. Arbeiter u. C. Kothe (2009)).

Dieter Martin, Studium der Germanistik und Musikwissenschaft. 1992 Promotion; 1993–1999 wiss. Assistent; 1998 Habilitation; 1999–2005 Hochschuldozent, seit 2005 apl. Professor und Akademischer Rat am Deutschen Seminar der Universität Freiburg; seit 2007 ebd. Lehrstuhlvertreter.

Publikationen: Das deutsche Versepos im 18. Jahrhundert (1993); Barock um 1800 (2000); Friedrich Dürrenmatt *Die Physiker* (2010). Mitherausgeber von Editionen (Ariosto: Die Historia vom Rasenden Roland. 3 Bde., 2002), Anthologien (Mythos Ikarus, 1999. 3. Aufl. 2008; Mythos Pygmalion, 2003) und Sammelbänden (Gefühlskultur in der bürgerlichen Aufklärung, 2004; Philipp von Zesen, 2008; Lied und Lyrik um 1900, 2010). Aufsätze zur deutschen Literaturgeschichte des 16. bis 20. Jahrhunderts und zum Verhältnis von Musik und Literatur sowie von Wissenschaft und Literatur.

Anke Niederbudde, Studium der Slavischen Philologie, Geschichte Ost- und Südosteuropas und Neuen Deutschen Literatur an der Ludwig-Maximilians-Universität München. 2003 Promotion; 2000–2003 wiss. Mitarbeiterin am Münchner Projekt »Das System der Intermedialität in der russischen Moderne. Ein Glossarium«; 2003–2006 wiss. Mitarbeiterin am Institut für Slavische Philologie der LMU München; dort seit 2006 Akademische Rätin.

Publikation: Mathematische Konzeptionen in der russischen Moderne (Florenskij – Chlebnikov – Charms) (2006).

Stefan Rieger, Studium der Germanistik und Philosophie. Stipendiat im Graduiertenkolleg »Theorie der Literatur« (Konstanz); im Anschluss daran Mitarbeiter im Sonderforschungsbereich »Literatur und Anthropologie«; Promotion über barocke Datenverarbeitung und Mnemotechnik, Habilitationsschrift zum Verhältnis von Medien und Anthropologie (*Die Individualität der Medien. Eine Geschichte der Wissenschaften vom Menschen*, 2001); seit 2007 Professor für Mediengeschichte an der Ruhr-Universität Bochum.

Publikationen: Kybernetische Anthropologie. Eine Geschichte der Virtualität (2003); Schall und Rauch. Eine Mediengeschichte der Kurve (2009). Vom Übertier. Ein Bestiarium des Wissens (zus. mit B. Bühler, 2006); Das Wuchern der Pflanzen. Ein Florilegium des Wissens (2009); Das holographische Wissen (Hrsg. zus. mit J. Schröter (2009)).

Monika Schmitz-Emans, Studium der Germanistik, Philosophie, Italianistik und Pädagogik an der Universität Bonn. 1984 Promotion; 1983–1989 und 1992 wiss. Mitarbeiterin am Germanistischen Seminar der Universität Bonn; 1992–1995 Professorin für Europäische Literatur der Neuzeit an der FernUniversität Hagen; seit 1995 Professorin für Allgemeine und Vergleichende Literaturwissenschaft an der Ruhr-Universität Bochum.

Publikationen: Die Sprache der modernen Dichtung (1997); Die Literatur, die Bilder und das Unsichtbare. Spielformen literarischer Bildinterpretation vom 18. bis zum 20. Jahrhundert (1999); Seetiefen und Seelentiefen. Literarische Spiegelungen innerer und äußerer Fremde. Würzburg (2002); Einführung in die Literatur der Romantik (2004); Fragen nach Kaspar Hauser. Entwürfe des Menschen, der Sprache und der Dichtung (2007).

Philippe Séguin, Studium der Germanistik, Philosophie und Wissenschaftsgeschichte in Paris an der Ecole Normale Supérieure (Fontenay-aux-Roses/Saint-Cloud), Hamburg und Regensburg. 1994 Promotion in Regensburg. Deutschlehrer an einem französischen Gymnasium.

Publikationen: Vom Unendlichen zur Struktur – Modernität in Lyrik und Mathematik bei Edgar Allan Poe und Georg Cantor (1996); *Ars combinatoria universalis*: un rêve poético-mathématique de Novalis et C. F. Hindenburg, in: L. Dahan-Gaida (Hrsg.), Conversations entre la littérature, les arts et les sciences (2006); *Eureka*, un essai sur l'univers matériel et spirituel de Edgar Allan Poe (1809–1849), in: G. Erle (Hrsg.), La valenza ethica del cosmo (2008); Zu Ehren des menschlichen Geistes – I. Mathematik und deutscher

Idealismus von Novalis (1772–1801) bis Hilbert (1862–1943), in: P. Alexandre (Hrsg.), Culture et Humanité (2008).

FRIEDRICH VOLLHARDT, Studium der Germanistik, Philosophie und Theologie in München und Freiburg. 1984 Promotion in München; Assistent am Literaturwissenschaftlichen Seminar der Universität Hamburg; 1992 Habilitation; 1993–1996 Professor an der Universität Magdeburg; 1996–2004 Professor an der Universität Gießen; 2003 Ruf an die Universität Regensburg (abgelehnt); seit 2004 Ordinarius an der Ludwig-Maximilians-Universität München.

Publikationen: Hermann Brochs geschichtliche Stellung. Studien zum philosophischen Frühwerk und zur Romantrilogie »Die Schlafwandler« (1914–1932) (1986); Heinrich Rickert: Kulturwissenschaft und Naturwissenschaft. Mit Anmerkungen und einem Nachwort (1986); Selbstliebe und Geselligkeit. Untersuchungen zum Verhältnis von naturrechtlichem Denken und moraldidaktischer Literatur im 17. und 18. Jahrhundert (2001); Christian Thomasius: Ausgewählte Werke. a) Band XIX: Cautelae circa praecognita jurisprudentiae; b) Band XX: Cautelen zur Erlernung der Rechtsgelehrtheit. Mit Vorwort und neuen Registern (2006); Felix Hausdorff: Gesammelte Werke Band VIII: Literarisches Werk. Kritische Edition mit Einleitung, Stellenkommentar und Dokumenten (2010).

GABRIELE WERNER, Studium der Kunstgeschichte, Literaturwissenschaft, Politologie und Philosophie an der Universität Hamburg. 1995 Promotion; 2000–2003 wiss. Mitarbeiterin am Hermann von Helmholtz-Zentrum für Kulturtechnik, Humboldt-Universität zu Berlin, Abt. Das technische Bild; 2003–2008 Professorin an der Universität für angewandte Kunst Wien; WS 2008/09 Käthe-Leichter-Gastprofessur für Gender Studies; SS 2009 Universitätsprofessorin für Neuere und Neueste Kunstgeschichte am Institut für Kunstgeschichte an der Universität Wien; WS 2009/10 Universitätsprofessorin für Visuelle Kulturen, Medien und Bildtheorien an der Universität Wien; seit 3/2011 Professorin für Kulturwissenschaften/Sozialgeschichte der Kunst an der Kunsthochschule Berlin-Weißensee.

Publikationen: Mathematik im Surrealismus. Man Ray, Max Ernst, Dorothea Tanning (2002). Zahlreiche Publikationen in den Bereichen Gender Studies, Populärkultur, Gegenwartskunst und Mediengeschichte/-theorie sowie ästhetische Theorien.

FRANÇOISE WILLMANN, Studium in Paris an der Ecole Normale Supérieure (Fontenay-aux-Roses/Saint-Cloud). 1994 Promotion über Alfred Sohn-Rethels Erkenntnistheorie; Habilitation 2008; seit 1994 Maître de conférences an der Université Nancy 2, Fachbereich Germanistik.

Publikationen: T. W. Adorno, W. Benjamin, A. Sohn-Rethel: Echanges et confrontations, in: Le Texte et l'Idée 9 (1994); »Goethe und kein Ende«. Trois physiologistes du 19ème siècle face au savant Goethe, in: Le Texte et l'Idée 12 (1997); Naturwissenschaften und Geheimwissenschaften: Abgrenzungs- und Annäherungsversuche am Beispiel von Ludwig Staudenmaiers *Die Magie als experimentelle Naturwissenschaft*, in: C. Maillard (Hrsg.), Recherches Germaniques (2002); Die Anfänge der Science-Fiction-Literatur im Spannungsfeld von Wissenschaft und Philosophie und deren Popularisierung am Beispiel von Kurd Lasswitz, in: Jahrbuch für Internationale Germanistik 40 (2008); Faust, savant fou?, in: P. Wellnitz (Hrsg.), Goethes Faust I zwischen Tradition und Modernität (2010).

Personenregister

Angaben von Verfassern und Herausgebern in Fußnoten sowie Namensnennungen in den Titeln zitierter Werke sind nicht verzeichnet.

FSC
www.fsc.org
MIX
Papier | Fördert gute Waldnutzung
FSC® C083411

Kolibri 360 GmbH
Ferdinand-Jühlke-Straße 7
99095 Erfurt, Deutschland
produktsicherheit@kolibri360.de